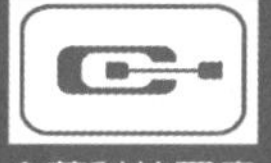

全華科技圖書

CHWA
TECHNOLOGY
全華科技圖書

CHWA
TECHNOLOGY

提供技術新知·促進工業升級
為台灣競爭力再創新猷

資訊蓬勃發展的今日，全華本著「全是精華」的出版理念，
以專業化精神，提供優良科技圖書，滿足您求知的權利；
更期以精益求精的完美品質，為科技領域更奉獻一份心力。

Visual C++.NET 程式設計藝術

Visual C++.NET : How to Program

H. M. Deitel 、P. J. Deitel 、J. P. Liperi、C. H. Yaeger 原著
周伯毓、蔡昌憲 編譯

 全華科技圖書股份有限公司

台灣培生教育出版股份有限公司
Pearson Education Taiwan Ltd.

前言

不再支離破碎。唯有彼此相連。
Edward Morgan Forster

童年時，我們織了一個網，
一片神采飛揚的網。
Charlotte Bronte

歡迎來到 Visual C++ .NET 與 Visual Studio® .NET 與 .NET 平台的 Windows、Internet 與 World-Wide-Web 程式設計世界！Deitel & Associates 撰寫大專程度的程式語言教科書與專業書籍。撰寫 Visual C++ .NET How to Program 是件有樂趣的事。本書與支援教材完全滿足講師與學生所需，提供廣泛、有趣、具挑戰性與娛樂性的學習體驗。此前言亦含一個導覽，幫助講師、學生與業界人士初步了解本書提供 Visual C++ .NET 程式設計的豐富內容。

在此前言中，我們概述《Visual C++ .NET 程式設計藝術 》所用慣例，例如程式碼範例的語法色彩、「洗碼」與重要程式碼片段的標明，幫助學生找到各章重要觀念。我們亦概述本書的特色。

本書內容符合 Microsoft Visual Studio 的最新版本 Visual Studio .NET 2003，其中含最新版的 Visual C++ .NET。每個範例與練習解答均用 Visual C++ .NET 標準版 2003 軟體進行建置與測試。

本書功能廣泛的教材套件，可幫助講師達到最佳教學效果。其中包括一片講師資源 CD，內含本書各章習題解答，以及考題檔案，內含數百題多選題與答案。其它教學資源可於本書指南網站 (www.prenhall.com/deitel) 取得，該網站含 Syllabus Manager 與可自訂的 PowerPoint® Lecture Notes。學生亦可從該指南網站取得 Power Point 投影片與其它支援資料。

《Visual C++ .NET 程式設計藝術 》由著名學者與業界專家組成的團隊進行審查。我們列出其姓名與服務單位， 讓您了解本書審閱的嚴謹程度。本前言最後以作者與 Deitel & Associates, Inc 的相關資訊做結。當您閱讀本書時，若有任何疑問，請寄電子郵件至 deitel@deitel.com；我們將儘速回覆。請不時造訪我們的網站 www.deitel.com，並一定要在 www.deitel.com/newsletter/subscribe.html 訂閱 DEITEL Buzz Online 電子郵報，它提供本公司出版品、公司消息、技術文件鏈結、編程技巧、教學技巧、提問與趣聞等相關資訊。

《Visual C++ .NET 程式設計藝術》特色

本書含諸多特色，包括：

程式碼顏色與使用者輸入顏色

我們加入眾多程式碼顏色，幫助讀者辨認每個程式的特別區段。此特色亦幫助學生在準備考試或作業時，能立即複習教材。螢幕對話框中的所有使用者輸入亦採用不同顏色，以與程式輸出做區別。

「*洗碼*」

我們用這個詞來表示註解、採用有意義的識別字、縮排與使用垂直空白來區分有意義的程式單元。經過此程序，程式便更具可讀性及文件化。我們亦在所有程式碼加入說明性註解，幫助學生深入了解程式的流程。本書與補充教材的所有程式原始碼均經過反覆洗碼。

Web Service

Microsoft 的 .NET 策略將 Internet 與 Web 整合爲軟體發與部署不可或缺的一部份。Web-service 技術可讓人們採用標準 Internet 協定與技術，如超文字傳輸協定 (HTTP)、可延伸標記語言 (XML) 與簡單物件存取協定 (SOAP) 進行資訊共享、電子商務與其它互動。Web service 可讓程式設計師將 Web 轉換成可重複使用的軟體元件函式庫，以包裝應用程式功能。第 20 章介紹一個 Web service，可讓使用者操作「超大整數」，也就是無法存入 .NET 內建資料型別的整數。在此範例中，使用者輸入兩個超大整數並按下按鈕叫用 Web service，以相加、相減或比較這兩個大整數。

物件導向程式設計

物件導向程式設計是開發穩固、可重用軟體所最廣爲使用的技術。本書提供 Visual C++ .NET 物件導向程式設計特色的豐富內容。第 8 章介紹如何建立類別與物件。第 9 章進一步探討這些觀念，討論程式設計師如何「吸收」現有類別的功能，快速建立強大的新類別。第 10 章著重在類別階層內的類別間關係。

XML

可延伸標記語言 (XML) 已大量用於軟體開發產業、電子商業與電子商務社群，亦是整個 .NET 平台密不可分的骨血。由於 XML 是個與平台無關的資料描述與標記語言建立技術，因此 XML 的資料可攜性與 Visual C++ .NET 應用程式碼服務整合良好。第 18 章介紹 XML。本章介紹 XML 標記，並討論文件物件模型 (DOM™)，可以程式化方式操作 XML 文件。

多執行緒

電腦可讓程式設計師平行(同時)執行許多工作，如列印文件、從網路下載檔案與瀏覽網站。程式設計師可透過多執行緒技術，開發出同時執行多項工作的應用程式。以往的，電腦處理器只有一顆，且價格不菲，作業系統會讓所有應用程式共用此處理器。如今處理器價格直直落，已可用合理價格建置一部多顆處理器、平行運作的電腦—此種電腦稱爲多處理器電腦。多執行緒在單一處理器與多處理器系統上都相當有效。.NET 多執行緒能力，可讓該平台及相關技術作好準備，以處理時下成熟的多媒體密集、資料庫密集、網路型、多處理器型與分散式應用程式。第 14 章介紹此強大能力。

ADO .NET

資料庫儲存大量資料，個人與組織須存取這些資料來管理商務。ADO .NET 是 Microsoft ActiveX 資料物件 (ADO) 技術的進化版，也是建置資料庫互動應用程式的新方法。ADO .NET 使用 XML 與增強的物件模型，爲開發者提供所需工具，以存取大規模、可擴充、關鍵性任務、多層式應用程式的資料庫。第 19 章介紹 ADO .NET 與結構化查詢語言 (SQL) 以操作資料庫。

圖形使用者介面

Visual Studio .NET 2003 與 Visual C++ .NET 標準版 2003 均內含視窗表單設計師，可產生圖形使用者介面 (GUI) 程式碼，簡化 GUI 建立程序。GUI 應用程式是顯示圖形元素 (如按鈕與標籤) 的程式，使用者可透過這些元素進行互動。本書介紹諸多 GUI 應用程式，以展現 Visual C++ .NET 的不同主題。Visual Studio .NET 內建 C#、Visual Basic .NET 與 Visual C++ .NET 的 GUI 開發工具。

XHTML™

World Wide Web Consortium (W3C) 已宣佈 HTML 爲過時技術，不再繼續進行開發。HTML 將由可延伸超文字標記語言 (XHTML) 取代，這是一個以 XML 爲基礎的技術，正快速成爲描述網站內容的標準。我們在第 18 章使用了 XHTML，並於附錄 E〈XHTML 簡介：第一部份〉與附錄 F〈XHTML 簡介：第二部份〉提供此技術的簡介。這些附錄概述了標頭、影像、清單、影像地圖、與其它 XHTML 功能。

Unicode®

隨著電腦系統全球化，電腦供應商開發了多種字元集表示法，以及特別符號供各國語言使用。有時，同一種語言有不同表示法。此種不同的字元集阻礙了電腦系統間的溝通。Visual C++ .NET 支援 Unicode 標準 (由一個叫做 Unicode Consortium 的非營利組織進行維護)，它維護單一字元集，爲世界大多數語言的字元與特殊符號指定唯一的數值。附錄 D〈Unicode〉探討此標準，概覽 Unicode Consortium 網站 www.unicode.org 並介紹一個以數種語言顯示「Welcome to Unicode!」的 Visual C++ .NET 應用程式。

位元操作

電腦以二進位格式 (位元) 操作資料，其值不是 1 就是 0。電腦電路執行各種簡單的位元操作，如試驗位元值、設定位元值與反轉一個位元 (從 1 變 0 或從 0 變 1)。作業系統、測試裝置、網路軟體與諸多它類軟體均要求軟體透過位元操作，與硬體「直接進行通訊」。附錄 I (位元操作) 概述 .NET Framework 提供的位元操作能力。

教學方式

《Visual C++ .NET 程式設計藝術》含豐富的範例習題與專案，取材自各個領域，可讓學生面對有趣且實用性的問題。本書著重軟體工程原則，並強調程式簡潔性。我們避免使用艱澀難懂的辭彙和語法規格，以方便用範例教學。本書範例程式碼均以 Microsoft Visual C++ .NET 2003 標準版軟體完整測試過。

我們是在全球業界傳授實用主題的教育家。本書自然著重優質教學方法。

字型慣例

我們使用不同字型來區分 IDE 功能 (如選單名稱與選單項目) 與其它出現在 IDE 上的元素。IDE 功能採用 sans-serif 粗體 **Helvetica** 字型 (例如 **Properties** 視窗)，程式文字則用 `serif Lucida` 字型(`int x = 5`)。

以「實況程式碼」學習 Visual C++ .NET

《Visual C++ .NET 程式設計藝術》 含大量「實況程式碼」(live-code) 範例 (位於本書 CD 中)，每個新觀念均用一個完整、可運作的程式加以呈現，且該程式後緊接著一或多個執行範例，顯示該程式的輸入/輸出對話框。此風格便是我們程式設計教學與寫作的例子。我們將此種教學法稱作「實況程式碼」方法。我們用程式語言來教程式語言。讀這些文字範例，就跟在電腦上敲程式碼執行差不多。

網頁存取

《Visual C++ .NET程式設計藝術》(與我們其它著作)的所有範例原始碼均可在下列網站下載：

```
www.deitel.com
www.prenhall.com/deitel
```

註冊既快速又簡便，下載也是免費的。建議您下載所有範例，並在讀到相關內容時執行每個程式。對範例做點修改，馬上看看有何影響，是增進學習效果的最佳方式。執行本書範例的所有指示，是假設讀者執行 Windows 2000 或 Windows XP，並使用 Microsoft 的 Internet Information Services (IIS)。您可在我們的網站 www.deitel.com 與 www.prenhall.com/deitel 找到 IIS 與其它軟體的額外設定指示與範例。[註：這是有版權的資料。您可在學習時自由使用，但未經 Prentice Hall 與作者的明確同意，不可以任何形式重製任一部份。]

目標

每章開始均敘述該章目標。這可告訴學生該章的預期效果，並讓學生在讀完該章後，判斷自己是否達成這些目標。這可讓他們建立信心，也是學習正面強化的來源。

引言

學習目標後會有一串引言。有些很幽默，有些具哲學性，有些則提供微妙的洞見。我們的學生都喜愛玩味引言與章節內容的關係。在讀完該章後，您或許更能體會某些引言。

概要

章節概要可讓學生以由淺入深的方式學習教材。亦可幫助學生預見接下來的主題，並建立流暢、有效的學習步調。

187 個範例程式，共 22,000 行以上的程式碼（含程式輸出）

我們以完整、可運作的程式來介紹 Visual C++ .NET 的功能。程式大小從幾行程式碼，到數百行扎實的範例都有。所有範例均在本書 CD 上，亦可從我們的網站 www.deitel.com 下載。

884 個圖解 / 圖形

含大量圖表、線條圖與程式輸出。

417 個程式設計技巧

本書內含程式設計技巧，幫助讀者將心力集中在程式開發的重要觀點上。我們以「良好程式設計實務」、「常見程式設計錯誤」、「防止錯誤技巧」、「效能技巧」、「可攜性技巧」、「軟體工程觀點」與「感視介面觀點」的形式，標明出數百條這類技巧。這些技巧與實務，是作者從數十年的編程與教學經驗中累積而來的最佳心得。有位主修數學的客戶告訴我們，她覺得此方式就跟數學課本把公理、定律與推導標明出來一樣，它提供了建構優質軟體的基礎。

良好的程式設計習慣 72 個

「良好程式設計習慣」是撰寫清晰易懂程式的技巧。這些技巧可幫助學生寫出更具可讀性、文件化且更易維護的程式。

常見的程式設計錯誤 135 個

學生在學習語言，尤其是第一個程式設計課程時-常會犯某些類錯誤。留意這些「常見程式設計錯誤」可幫助學生不會犯相同錯誤。學生就不會在辦公室外大排長龍，為講師節省不少上班時間！

避免錯誤的小技巧 31 個

我們初次設計此種「技巧」時，認為應嚴謹地說明程式測試與除錯方法。實際上，許多這類技巧描述 Visual C++ .NET 的觀點，減少臭蟲發生率，因此可簡化測試與除錯的程序。

增進效能的小技巧 49 個

根據我們的經驗，在第一堂程式設計課程中，教導學生撰寫清晰易懂的程式是最重要的目標。但學生也想寫出跑得更快、用更少記憶體、敲最少按鍵、或其它酷炫方法的程式。學生很在乎效能的。他們想知道如何讓程式「全速前進」。因此我們標出可提升程式效能的方法，讓程式執行的更快，或將記憶體用量降至最低。

可攜性的小技巧 10 個

軟體開發是個複雜且所費不貲的活動。軟體開發組織通常得產生多種版本，以適用於多種電腦與作業系統。因此今日十分注重可攜性，也就是做最少的改變，就能在多種電腦系統上執行。

軟體工程的觀點 104 個

物件導向程式設計典範迫使我們徹底重新思考建置軟體的方式。Visual C++ .NET 可有效達成良好的軟體工程。「軟體工程觀點」標明出會影響軟體系統建構（尤其是大規模系統）之架構與設計上的議題。

感視介面的觀點 16 個

我們提供「感視介面的觀點」標出圖形使用者介面的慣例，幫助開發者設計出更吸引人、更友善、符合業界規範的圖形使用者介面。

摘要 (759 條摘要)

每章均以附加的教育性手法做結，有廣泛、條列式的摘要，可幫助學生複習、加深重要觀念。每章平均有 35 條摘要。

術語 (2225 個辭彙)

每章有個「術語」小節，將該章定義的重要辭彙以英文字母順序列出，也可進一步深化學習效果。每章平均有 101 個辭彙。每個辭彙亦出現在索引中，因此學生可快速找到辭彙與定義。

507 個自我複習題與答案 (包含獨立部份)

爲方便自修，各章含豐富的「自我複習題」與「自我複習題答案」。這可幫助學生透過教材建立信心，並準備做正常的習題。

174 個習題 (解答在教師手冊中；此數量包含獨立部份)

每章末均有一組扎實的習題，包括重要術語和觀念的簡單複習、撰寫個別的程式述句、撰寫函式與 Visual C++ .NET 類別的一小部份、撰寫完整函式、Visual C++ .NET 類別與程式，以及特定主題專案。大量習題可讓講師依學員特定需要調整課程，並在每學期變動課堂作業。講師可用這些習題當做家庭作業、小考與大考題目。[註：請不要向我們索取教師手冊。手冊流通受到嚴格管制，只有用此書教學的大學教授可以取得。講師可透過其正規的 Prentice Hall 業務代表取得解答手冊。很遺憾，我們不能將解答提供給業界人士。]

近 5,838 個索引項目 (與近 7,261 個頁數參照)

本書後面含大量的索引，幫助學生以關鍵字查詢任何辭彙與觀念。索引對第一次讀本書的讀者很有幫助，對拿本書當參考的實務程式設計師更是有用。「術語」小節中的大部分辭彙都會出現在索引中（並附有更多每章的索引項目）。因此，學生可將「索引」與「術語」小節配合使用，確保自己已掌握各章主要資料。

Visual C++ .NET 之 D IVE-I NTO™ 系列教學

我們的 *D IVE-I NTO*™ 教學系列可幫讀者入手諸多流行的程式開發環境。可從 www.deitel.com/ books/downloads.html 免費下載。*DIVE-INTO Microsoft© Visual C++©.NET 2003* 介紹如何在 Visual Studio .NET 標準版 2003 中編譯、執行與除錯 Visual C++ .NET 應用程式。該文件亦提供逐步指示與螢幕畫面，幫助讀者安裝軟體，並概覽編譯器與其線上文件。

Visual C++ .NET 程式設計藝術補充套件

《Visual C++ .NET 程式設計藝術》為講師提供豐富的補充教材。講師資源光碟 (IRCD) 含大部分章末習題的解答。此光碟僅供講師使用，請透過 Prentice Hall 業務代表取得。[註：請不要向我們索取。光碟流通受到嚴格管制，只有用此書教學的大學教授可以取得。講師僅可透過其 Prentice Hall 業務代表取得解答手冊。] 本書補充教材亦包含多選題的測驗項目檔案。此外，我們提供 PowerPoint 投影片，內含書中所有程式碼與圖片，以及摘要書中重點的條列項目。講師可自行調整投影片 Power Point 投影片可從 www.deitel.com 下載，亦可從 Prentice Hall 的《Visual C++ .NET 程式設計藝術》指南網站取得 (投影片是網站的一部份)，此網站提供講師與學生的資源。指南網站為講師提供「教學大綱管理員」(Syllabus Manager)，可幫助講師以互動方式規劃課程，並建立線上教學大綱。

學生亦可從指南網站功能獲益。提供給學生的書籍特定資源包括：

- 可自訂的 PowerPoint 投影片
- 所有範例程式的原始碼
- 本書附錄所提到的參考參考資料 (如運算子優先順序圖與網站資源)

提供給學生的章節特定資源包括：

- 本章目標
- 強調項目 (如本章摘要)
- 概要
- 技巧 (如「常見程式設計錯誤」、「良好程式設計實務」、「可攜性技巧」、「效能技巧」、「外觀觀點」、「軟體工程觀點」與「防止錯誤技巧」)
- 線上學習指南：包含自我複習簡答題 (如對/錯與配合題) 與答案，讓學生立刻看到結果。

學生可用「學生設定檔」功能來追蹤小考的結果與課程效果，此功能會記錄並管理「指南網站」上所有測驗的回應與結果。要存取 D EITEL® 指南網站，請造訪 www.prenhall.com/deitel。

DEITEL 數位學習行動

無線裝置之電子書與支援

無線裝置將在未來 Internet 上扮演極重要的角色。近來的頻寬提升與 2.5 和 3G 技術的崛起，可以想見，在數年之內，會有更多人透過無線裝置而非桌上型電腦來存取 Internet。Deitel & Associates 致力於無線存取，並已出版 Wireless Internet & Mobile Business How to Program。我們正在研究新型電子格式 (如無線電子書)，讓學生與教授幾乎可於任何時間、任何地點存取內容。要定期獲得這些活動的更新，請訂閱 DEITEL Buzz Online 電子郵報：www.deitel.com/newsletter/subscribe.html 或造訪 www.deitel.com。

DEITEL Buzz Online 電子郵報

我們免費的電子郵報 DEITEL Buzz Online 含業界趨勢與開發之評論、我們出版品與預定出版品之免費文章與資源的鏈結、產品發佈時間表、勘誤、提問、趣聞以及我們領先業界講師的訓練課程之相關資訊等等。要訂閱此郵報，請造訪

```
www.deitel.com/newsletter/subscribe.html
```

本書導覽

本節導覽《Visual C++ .NET 程式設計藝術》各個章節與附錄。除了每章介紹的主題之外，某些章節還包含「Internet 與網站資源」小節，列出諸多額外資源供讀者參考，以提升 Visual C++ 程式設計的知識。

第 1 章　.NET 與 Visual C++ .NET 簡介

第一章介紹 Internet、World Wide Web 與多種技術 (如 XML 與 SOAP) 的歷史，它們都引領電腦運算的進步。我們簡介 Microsoft .NET 行動與 Visual C++ .NET，包括 Web service。我們探討 .NET 對軟體開發與軟體重用的影響。

第 2 章　Visual Studio .NET IDE 簡介

第 2 章簡介 Visual Studio .NET，它是一個整合開發環境，可讓程式設計師使用標準 C++ 與 Managed Extensions for C++ (Visual C++ .NET) 來建立應用程式。Visual Studio .NET 含除錯與撰碼工具。本章介紹 Visual Studio .NET 的功能，包括其關鍵視窗，並顯示如何編譯與執行程式。本章亦爲讀者簡介 Visual C++ .NET 中的主控台應用程式與視窗應用程式。每個觀念均以完整可運作的 Visual C++ .NET 程式做說明，後面並有一或多個畫面，顯示程式執行的實際輸入與輸出。

第 3 章　Visual C++ .NET 程式設計簡介

本章爲讀者介紹我們的「實況程式碼」方法。每個觀念均以完整可運作的 Visual C++ .NET 程式做說明，後面並有一或多個範例輸出，描述程式的執行。在第一個範例中，我們印出一行文字，並仔細討論每一行程式碼。接著討論基礎作業，譬如程式如何從使用者處輸入資料，以及如何撰寫執行算術的程式。

第 4 章　控制敘述式：初論

本章正式介紹結構化程式設計的原理，這些技術貫通全書，可幫助讀者開發出清晰、易懂、可維護的程式。本章第一部份介紹程式開發與問題解決技術。本章展現如何透過虛擬碼(pseudocode) 由總體到細節、漸進式改善的方式，將手寫規格轉換成程式，接者將整個程序走過一遍，從問題敘述到建構 Visual C++ .NET 程式。亦討論演算法的概念。我們以前一章的資訊爲基礎，來建立互動式程式(也就是可依使用者輸入而改變行爲的程式)。本章接著介紹控制敘述式(control statement)的用法，它可影響敘述式執行的順序。控制敘述式可產生易懂、易於除錯與維護的程式。我們探討三種程式控制，循序 (sequence)、選擇 (selection) 與重複 (repetition)，重點放在 `if... else` 與 `while` 控制敘述式。本章各處均會出現流程圖 (也就是演算法的圖形表示)，以強化、加深解釋。

第 5 章　控制敘述式：再論

介紹更複雜的控制敘述式與邏輯運算元。使用流程圖表示每個控制結構的整體流程控制，包括 `for`、`do... while` 與 `switch` 敘述式。我們解釋 `break` 與 `continue` 敘述式以及邏輯運算元。範例包括簡單的複利計算，以及印出考試成績分布 (含某些錯誤檢查)。本章以一個結構化程式設計摘要做結，包括每個 Visual C++ .NET 的控制敘述式。第 4 與第 5 章討論的技巧，佔傳統結構化程式設計教學的一大部份內容。

第 6 章 函式

函式 (function) 可讓程式設計師建構一段程式碼，讓程式各個地方呼叫。透過「各個擊破」(divide and conquer) 的策略，一群相關函式可分到一個功能區塊 (類別) 中。程式可切分成數個小元件，彼此以簡單方式互動。我們會討論如何建立取得輸入值、執行計算並將其結果傳到輸出的函式。然後會試試 FCL 的 Math 類別，它包含多種複雜運算的方法 (如三角函數與對數運算)。FCL 是.NET 的程式庫或類別的集合，為程式設計師提供多種能力。也介紹遞迴 (Recursive) 函式 (自己呼叫自己的函式) 與函式多載化 (function overloading)，函式多載化可讓多個函式擁有相同名稱。我們建立兩個 `Square` 函式，分別以整數與浮點數 (有小數點的數字) 做引數，來介紹多載化。

第 7 章 陣列

第 7 章探討我們第一個資料結構：陣列。(第 22 章會更深入討論資料結構)。資料結構對儲存、排序、搜尋與操作大量資料至關緊要。陣列 (array) 是一群相關的資料項目，可讓程式設計師直接存取任意元素。與其將一堆彼此相關的資料建成 100 個獨立變數，程式設計師不如建立一個含 100 個元素的陣列，並依其在陣列中的位置存取這些元素。我們探討如何宣告並配置陣列，並利用前一章的技術來建置，將陣列傳入函式中。此外，我們討論如何將數量不固定的引數傳入方法中。第 4 和第 5 章著重在陣列處理，因為重複敘述式是用來迭代陣列中的元素的。這些觀念的組合，可幫助讀者建立高度結構化、組織良好的程式。接著，我們介紹如何對陣列進行排序與搜尋。我們討論多維陣列，它可用來儲存資料表格。

第 8 章 以物件為基礎的程式設計

第 8 章開始深入探討類別。本章是個以「正確」方式教授資料抽象化絕佳機會，因為 MC++ 本身就是一個專門用來實作新型別的語言。本章著重在類別 (程式設計師定義的型別) 及物件的本質和術語。本章討論實作 MC++ 類別、存取類別成員、透過存取飾詞 (access modifier) 達成資訊隱藏、將介面與實作分開、使用屬性 (property) 與公用方法，與透過建構式來初始化物件。本章討論常數的宣告與使用、複合 (composition)、this 參照、static 類別成員，與常見抽象資料結構 (如堆疊與佇列) 的範例。我們概述如何使用組件 (assembly)、命名空間 (namespace) 與動態鏈結函式庫 (Dynamic Link Library，DLL) 檔案來建立可重用的軟體元件。

第 9 章 物件導向程式設計：繼承

第 9 章介紹物件導向程式語言其中一個最基本能力：繼承，它是軟體重用的一種形式，藉由吸收現有類別的能力，並加入適當的新能力，便可快速、輕易地開發新類別。本章討論基礎類別與延伸類別的概念、`protected` 存取飾詞、直接基礎類別、間接基礎類別、在基礎類別與延伸類別中使用建構式，以及採用繼承的軟體工程。本章會比較繼承 (「是一個」關係) 與複合 (「有一個」關係) 的差異。

第 10 章　物件導向程式設計：多型

第 10 章探討物件導向程式設計的另一個基本能力：多型行爲。多型 (Polymorphism) 可以共通方式對待每個類別，讓相同的方法呼叫依照情境不同而做出不同行爲 (例如，將「移動」訊息送給鳥和魚，其行爲大不相同鳥用飛的，魚用游的)。除了用一般化方式對待現有類別外，多型還可讓新類別輕易地加入系統中。本章會區分抽象類別 (abstract class) 與具象類別 (concrete class)。本章的特色是三個多型案例研討：薪資系統、一個以抽象類別做最上層的形狀階層，與一個以介面做最上層的形狀階層。這些程式設計技巧與前一章討論的內容，可讓程式設計師建構具擴充性、可復用的軟體元件。

第 11 章　例外處理

以建置關鍵任務與關鍵商務應用程式的角度而言，例外處理 (exception handling) 是 Visual C++ .NET 最重要的主題之一。人可能把資料輸錯、資料可能損毀，用戶也可能試圖存取根本不存在或受到管制的記錄。簡單的「除以 0」錯誤就可能當掉計算程式，但這種錯誤發生在飛機導航系統，那不就完了？程式設計師該處理這種情況，因爲有時候程式當掉會造成大災難。程式設計師應知道如何辨識出軟體元件可能發生的錯誤 (例外)，並有效處理這些例外，讓程式處理問題並繼續執行，而不是直接當掉。本章概述例外處理技術。我們詳細介紹 Visual C++ .NET 例外處理、例外處理的終結模型、丟出與捕捉例外，以及 FCL 的 Exception 類別。拿其他人寫的可復用元件來建構軟體系統的程式設計師，常要處理這些元件發生問題時所丟出的例外。

第 12 章　圖形使用者介面觀念：初論

第 12 章解釋如何在程式中加入圖形使用者介面 (GUI)，提供一個專業的外觀。透過「快速應用程式開發」(RAD) 的技術，我們可拿可復用控制項來建立 GUI，而不是全部從頭自己寫。Visual Studio .NET IDE 可讓程式設計師透過「視覺化程式設計」(visual programming) 在視窗中定位元件，因此簡化了 GUI 開發。我們討論如何用 Windows Forms GUI 控制項 (如標籤、按鈕、文字方塊、捲動列與圖片方塊) 來建構使用者介面。我們也介紹「事件」(event)，它是個由程式發出的訊息，會送給一個物件或一組物件，告知它們有個動作發生了。事件最常用來通知使用者與 GUI 控制項的互動，但也可以用來通知程式內部動作。我們概述事件處理，並討論如何處理控制項、鍵盤與滑鼠的特定事件。本章各處的技巧可幫助程式設計師建立美觀、組織良好且一致的 GUI。

第 13 章　圖形使用者介面觀念：再論

第 13 章介紹更複雜的 GUI 控制項，包括選單、鏈結標籤、面板、清單方塊與頁籤控制項。在一個頗具挑戰性的練習中，讀者會建立一個以樹狀結構顯示磁碟機目錄結構的應用程式，就跟 Windows 檔案總管很像。這裡會介紹「多文件介面」(Multiple Document Interface，MDI)，它可讓我們在單一 GUI 中同時開啓多個視窗。最後，我們探討如何組合現有控制項來建立自訂控制項。本章介紹的技術可讓讀者建立成熟、組織良好的GUI，增進應用程式的風格與使用性。

第 14 章　多執行緒

我們總希望應用程式能做得更多。不但要從Internet下載檔案、聽音樂、印文件、瀏覽網頁，且全部要同時執行！因此需要多執行緒(multithreading)技術，它可讓應用程式同時執行多項動作。Visual C++ .NET 可讓程式設計師存取 FCL 提供的多執行緒類別，程式設計師就不必爲複雜的細節操心了。Visual C++ .NET處理成熟多媒體、網路與多處理器應用程式的能力，比那些沒有多執行緒功能的程式語言更強。本章概述FCL中的執行緒類別，並討論執行緒、執行緒生命週期、分時、排程與優先權。我們分析生產者與消費者關係、執行緒同步以及環狀暫存區。本章是多執行緒程式的基礎，可建立用戶所需、令人印象深刻的程式。

第 15 章　字串、字元、與正規運算式

本章探討字、句子、字元與字元群組的處理。在 Visual C++ .NET 中，字串 (一群字元) 是個物件。這也是 Visual C++ .NET 著重在物件導向程式設計的另一個好處。String 物件含多種方法，可複製、搜尋、擷取子字串，以及將字串與別的字串接在一起。我們介紹 StringBuilder 類別，它定義了跟字串很像的物件，但在初始化後仍可進行修改。我們建立一個洗牌與發牌模擬程式，當作有趣的字串範例。我們也探討正規運算式 (regular expression)，它是個強大的文字搜尋與操作工具。

第 16 章　圖形與多媒體

本章討論 GDI+ [圖形裝置介面 (Graphics Device Interface-GDI) 的延伸]，它是一個 Windows 服務，可提供 .NET 應用程式所用的圖形功能。GDI+ 豐富的圖形能力可讓程式的建立與使用更加視覺化並充滿樂趣。我們討論 Visual C++ .NET 對圖形物件與色彩控制的處理。我們亦討論如何繪製弧線、多邊形與其它形狀。本章展現如何使用多種筆與刷來創造色彩效果，並包含一個漸層填滿與紋理(texture)的範例。我們亦介紹將文字介面程式轉換成美觀程式的技巧，就算新手程式設計師也能迅速上手。本章後半部份集中在音訊、視訊與語音技術。我們討論在程式中加入音效、視訊和動畫特色(主要透過現有音訊和動畫的剪貼)。您可體會到在 Visual C++ .NET 應用程式中加入多媒體是多麼簡單。本章介紹一個叫做 Microsoft Agent 的技術，可在程式中加入互動式動畫特色。每個特色可讓使用者以更貼近人類溝通的方式(如語音) 與應用程式互動。此代理人特色可回應滑鼠與鍵盤事件，也可回應聽與說 (也就是語音合成以及語音辨識)。透過這些功能，您的應用程式可對使用者說話，並實際回應其語音命令！

第 17 章　檔案與串流

想像一個無法存檔的程式。只要程式一關閉，所有工作成果便消失無蹤。因此，本章對開發商業應用程式的程式設計師來說，是最重要的章節之一。我們介紹輸入與輸出資料的 FCL 類別。一個詳盡範例會讓使用者從檔案讀取/寫入銀行帳戶資訊，以展現這些觀念。我們介紹可讓輸入輸出更加便利的 FCL 類別與方法-它們展現物件導向程式設計與可復用類別的威力。我們探討循序式檔案 (sequential file)、隨機存取檔案 (random-access file) 和緩衝 (buffering) 的好處。本章是第 21 章的基礎。

第 18 章 可擴展標記語言 (XML)

可延伸標記語言 (Extensible Markup Language，XML) 來自 SGML (Standard Generalized Markup Language，標準一般化標記語言)，SGML 在 1986 年成爲業界標準。雖然 SGML 使用於全球的出版應用上，但並沒有打入主流程式設計社群，因爲它太過龐大且複雜。XML 是爲了把 SGML 相似技術應用在更廣大的族群上。XML 由 World Wide Web Consortium (W3C) 建立，用來以可攜式格式描述資料。XML 與 HTML 等標記語言的觀念不同，這些標記語言只描述資訊在瀏覽器內的轉譯方式。XML 技術則用來建立幾乎任何形態資訊的標記語言。文件作者使用 XML 建立全新標記語言來描述特定形態資料，包括數學公式、化學結構式、樂譜、處方等等。使用 XML 建立的標記語言包括 XHTML (Extensible HyperText Markup Language，可延伸超文字標記語言，用在網頁上)、MathML (數學用)、VoiceXML™ (語音用)、SMIL™ (Synchronized Multimedia Integration Language，同步多媒體整合語言，用在多媒體展呈現上)、CML (Chemical Markup Language，化學標記語言，化學用) 與 XBRL (Extensible Business Reporting Language，可延伸商業報告語言，用在財務資料交換上)。XML 的擴充性使它成爲現今業界最重要的技術之一，並整合至幾乎所有領域中。公司與個人都不斷發現 XML 的創新用途。本章範例介紹用 XML 來標記資料的基本知識。我們展現幾個 XML 衍生出來的標記語言，如 XML Schema (用來檢查 XML 文件文法) 與 XSL (Extensible Stylesheet Language Transformations，可延伸樣式語言轉換，用來將一份 XML 文件資料轉換成另一種文字格式，如 XHTML)。(若讀者不熟悉 XHTML，請參閱附錄 E 與附錄 F，該處詳述 XHTML)。

第 19 章 資料庫、SQL 與 ADO .NET

資料儲存與存取是建立強大軟體應用程式不可或缺的一部份。本章討論 .NET 對資料庫操作的支援。時下最流行的資料庫系統是關聯式資料庫。本章介紹結構化查詢語言 (Structured Query Language，SQL) 以在關聯式資料庫上查詢。我們亦介紹 ActiveX 資料物件 (ADO .NET)，它是 ADO 的延伸，可讓 .NET 應用程式存取並操作資料庫。ADO .NET 可將資料匯出成 XML，因此可讓 ADO .NET 應用程式與了解 XML 的程式進行溝通。讀者可學到如何建立資料庫連接、使用 Visual Studio .NET 提供的工具，以及如何使用 ADO .NET 類別查詢資料庫。

第 20 章 Web Service

前一章說明如何建立「在使用者電腦本機執行」的應用程式。本章則介紹 Web service，它是將服務 (就是方法)「暴露」給 Internet、intranet 與外部網路上用戶的程式。Web service 可讓異質平台上的服務以無接縫方式彼此互動，因而提升軟體重用性。我們探討 .NET Web service 的基本與相關技術，包括「簡單物件存取協定」(Simple Object Access Protocol，SOAP) 與 Active Server Pages (ASP) .NET。本章介紹一個有趣的 Web service 範例，可操作極大整數 (最大 100 位數)。我們介紹一個 21 點撲克牌應用程式來展現工作階段追蹤 (session tracking)，這是個人化的一種形式，可讓應用程式「認得」使用者。最後討論 Microsoft 的 Global XML Web Services Architecture (GXA)，這是為 Web service 開發者提供額外功能的系列規格。

第 21 章 網路：串流型通訊端與資料包

第 21 章介紹串流型網路的基礎技術。我們介紹串流型通訊端 (socket) 如何讓程式設計師免去處理網路細節的麻煩。有了 socket，網路動作就跟讀寫檔一樣簡單。我們亦介紹資料包 (datagrams)，封包 (packet) 資訊以此形式在程式間傳送。每個封包均標上收件人並送到網路上，網路會將封包路由到目的地。本章範例著重在應用程式間的通訊。一個範例介紹如何使用串流型 socket 在兩個 Visual C++ .NET 程式間進行通訊。另一個類似範例則在應用程式間傳送 datagram。我們亦介紹如何建立多執行緒伺服器應用程式，以同時與多個用戶端進行通訊。在此用戶端/伺服器的＃字遊戲中，伺服器維護遊戲狀態，兩個用戶端則與伺服器通訊以進行遊戲。

第 22 章 資料結構與群集

本章討論將資料排進某種集成體，如鏈結串列、堆疊、佇列與樹狀結構。每個資料結構的屬性對許多應用程式大有用處，從排序元素到持續追蹤方法呼叫均是。我們探討如何建置每一種資料結構。這也是一個「從頭寫類別」的寶貴經驗。此外，我們介紹 FCL 中預先建置好的群集 (collection) 類別。這些類別可存放一組 (或一群) 資料，並提供諸多功能，可讓開發者排序、插入、刪除與擷取資料項目。不同的群集類別，存放資料的方式也不一樣。本章將重心放在 Array、ArrayList、Stack 與 Hashtable 類別上，討論每個類別的細節。Visual C++ .NET 程式設計師應儘可能使用適當的 FCL 群集，而不是自己寫相似的資料結構。本章強化了諸多第 5 到 7 章討論的物件技術，包括類別、繼承與複合。

附錄 A 運算子優先順序表

本附錄列出 Visual C++ .NET 的運算子及其優先順序。

附錄 B 數值系統

本附錄解釋二進位、八進位、十進位與十六進位數值系統。亦複習這些進位法的轉換，以及每種進位法的數學運算。

附錄 C　ASCII 字元集

本附錄表格列出 128 個 ASCII (American Standard Code for Information Interchange，美國資訊交換標準碼) 英數符號與其對應的整數值。

附錄 D　Unicode ®

本附錄介紹 Unicode 標準，此編碼結構為世界上大部分語言的字元指派唯一的數值。這裡包含一個使用 Unicode 編碼的 Windows 應用程式，它可用多國語言印出「歡迎」訊息。

附錄 E 和 F　XHTML 簡介：第一部份與第二部份

這兩篇附錄介紹可延伸超文字標記語言 (Extensible HyperText Markup Language，XHTML)，它是 W3C 用來取代 HTML 的技術，以成為描述網頁內容主要媒介。因為 XHTML 是以 XML 為基礎的語言，因此穩定性與延伸性都比 HTML 強得多。XHTML 幾乎納入了所有 HTML 元素與屬性，這也是這兩篇附錄的重點。附錄 E 與 F 是為不懂 XHTML 或想在研讀第 18 章〈可延伸標記語言 (XML)〉前先行了解 XHTML 的讀者所準備的。

附錄 G　XHTML 特別字元

本章提供諸多常用的 XHTML 特別字元，稱作「字元實體參照」(character entity references)。

附錄 H　XHTML 顏色

本章列出常用的 XHTML 顏色名稱與其對應的十六進位數值。

附錄 I　位元操作

本附錄討論 Visual C++ .NET 強大的位元操作能力。這有助於程式處理位元字串，設定個別位元的開關狀態，並以更緊密的方式存放資訊。這些能力是低階組合語言的特色，對撰寫系統軟體 (如作業系統與網路系統) 的程式設計師很有價值。

致謝

寫書最愉快的，莫過於對諸多人士的努力表達感謝，他們的名字可能沒出現在封面上，但其努力、合作、友誼與知識對這本書的誕生至關緊要。許多在 Deitel & Associates, Inc. 服務的人都為此專案投入大量心血：

Abbey Deitel
Barbara Deitel
Christi Kelsey
Tem Nieto
Christina Courtemarche

Rashmi Jayaprakash
Laura Treibick
Betsy DuWaldt

我們也要感謝 Deitel & Associates, Inc. 學院實習專案 (College Internship Program) 的參與者，他們對本書出版貢獻良多[1]。特別感謝卡內基美隆大學的 Jim Bai，他幫助我們在緊湊時程內完成本書與教師手冊。

Jim Bai (卡內基美隆大學)
Bei Zhao (東北大學)
Jimmy Nguyen (東北大學)
Nicholas Cassie (東北大學)
Thiago da Silva (東北大學)
Mike Dos'Santos (東北大學)
Emanuel Achildiev (東北大學)

我們有幸與 Prentice Hall 出版高手組成的專門團隊合作此專案。特別感謝我們的資訊科學編輯 Kate Hargett 以及他老闆 (也是我們的出版導師)： Prentice-Hall 工程與資訊科學部門編輯主管 Marcia Horton 的大力投入。Vince O'Brien 與 Tom Manshreck 在本書生產管理上做出了不起的貢獻。Sarah Parker 負責管理本書豐富的補充套件出版。

我們要向諸位審閱者致謝，也要感謝 Prentice Hall 管理審閱程序的 Carole Snyder 與 Jennifer Cappello。爲了趕上緊湊的時程，這些審閱者詳細檢閱了文字與程式，並提供無價的建言，讓本書內容臻於正確與完美。我們誠心感謝諸位審閱者在百忙之中抽出寶貴時間，幫助我們確保本書的品質、正確性與時程。Visual C++ .NET How to Program 審閱者：

Shishir Abhyanker (Accenture 公司)
Rekha Bhowmik (維諾那州立大學)
Chadi Boudiab (喬治亞邊境學院)
Steve Chattargoon (北亞伯達技術學院)
Kunal Cheda (Syntel India, Ltd.)
Dean Goodmanson (Renaissance Learning, Inc.)
Keith Harrow (布魯克林學院)
Doug Harrison (Eluent Software)
James Huddleston (獨立顧問)

---

1 Deitel & Associates, Inc. 學院實習專案提供限額的有給職給波士頓區學院主修資訊科學、資訊技術、行銷、管理與英語的學生。學生於暑期在我們位於麻州 Maynard 的公司總部擔任全職工作，而位於波士頓區學院的學生也可在學年間擔任兼職工作。我們亦提供全職的實習工作，給有興趣離開學校一學期以獲得業界實務經驗的學生。正規全職工作則不時提供給大專院校畢業生。如需進一步資訊，請連絡我們的總裁- abbey.deiteleitel.com-並造訪我們的網站 www.deitel.com。

Terrell Hull (Sun Certified Java Architect，Rational Qualified Practitioner)
Shrawan Kumar (Accenture 公司)
Andrew Mooney (美洲大陸大學)
Neal Patel (Microsoft)
Paul Randal (Microsoft)
Christopher Whitehead (哥倫布州立大學)
Warren Wiltsie (費爾里．狄金生大學)

Visual C++ .NET ： A Managed Code Approach for Experienced Programmers 審閱者：

Neal Patel (Microsoft)
Paul Randal (Microsoft)
Scott Woodgate (Microsoft)
David Weller (Microsoft)
Dr. Rekha Bhowmik (聖克勞州立大學)
Carl Burnham (Hosting Resolve)
Kyle Gabhart (StarMaker Technologies)
Doug Harrison (Eluent Software)
Christian Hessler (Sun Microsystems)
Michael Hudson (Blue Print Tech)
John Paul Mueller (DataCon Services)
Nicholas Paldino (Exis Consulting)
Chris Platt (RealAge Inc./ 加州大學聖地牙哥分校)
Teri Radichel (Radical Software)
Ivan Rancati
Tomas Restrepo (Intergrupo S.A)

連絡 Deitel & Associates

我們竭誠歡迎您的意見、批評、更正與建議，讓這本書變得更好。請來信至：

`deitel@deitel.com`

我們將儘速回覆。

勘誤

我們會將本書所有勘誤登在 www.deitel.com。

客戶支援

所有軟體與安裝問題請與 Pearson Education 技術支援連絡：

- 電話： 1-800-677-6337
- 電子郵件： media.support@earsoned.com
- 網站： 247.prenhall.com

所有 Visual C++ .NET 語言的問題請寄至 deitel@deitel.com。我們將儘速回覆。

再次歡迎您踏入精彩的 Visual C++ .NET 程式設計世界。祝您善用本書，學習愉快。

Dr. Harvey M. Deitel
Paul J. Deitel
Jonathan P. Liperi
Cheryl H. Yaeger

關於作者

Harvey M. Deitel 博士，Deitel & Associates, Inc.主席，在資訊領域耕耘達 42 年，有豐富的業界與學界經驗。Deitel 博士於麻省理工學院取得學士與碩士學位，並在波士頓大學取得博士學位。曾於 IBM 與 MIT 參與先進的虛擬記憶體作業系統專案，其開發技術如今廣泛應用於各系統，如 UNIX、Linux 與 Windows XP。他有 20 年的大專教學經驗，與兒子 Paul J. Deitel 合辦 Deitel & Associates, Inc. 之前，擔任波士頓學院資訊科學系系主任。他是諸多書籍與多媒體套件的作者與共同作者。Deitel 博士的著作已譯爲多國語言版本，廣受國際認同。Deitel 博士已舉辦許多專業研討會給大企業、政府組織與諸多軍方單位。

Paul J. Deitel，Deitel & Associates, Inc. 的執行長與技術長，畢業於麻省理工學院史隆管理學院，他也是在此學習資訊科技的。透過 Deitel & Associates, Inc.，他已舉辦多場專業研討會給給各業界與政府用戶，並在計算機協會 (Association for Computing Machinery，ACM) 波士頓分會教授 C++ 與 Java 課程。他與父親 Harvey M. Deitel 博士是全世界最暢銷的資訊科學教科書作者。

Jonathan P. Liperi 是波士頓大學畢業生，具資訊科學碩士學位。他在波士頓大學的研究重心在化約技術與暫時性資料庫的比對功能。Jon 亦是 Deitel & Associates, Inc. 出版的 Visual C++ .NET ： A Managed Code Approach for Experienced Programmers 與 Python How to Program 的共同作者。Jon 目前擔任 Enterprise Frameworks 的軟體開發測試工程師，以及 Microsoft 工具團隊成員。

Cheryl H. Yaeger，Microsoft 軟體出版品主管，負責與 Deitel & Associates, Inc.合作，波士頓大學畢業，具資訊科學學位。Cheryl 是諸多 Deitel & Associates, Inc.出版品的共同作者，包括 Visual C++ .NET ： A Managed Code Approach for Experienced Programmers、C# How to Program、C#： A Programmer's Introduction、C# for Experienced Programmers、Simply C#、

Visual Basic .NET for Experienced Programmers、Simply Visual Basic .NET、Simply Visual Basic .NET 2003 與 Simply Java™ Programming，也對其他書籍做出貢獻。

關於 Deitel & Associates, Inc.

Deitel & Associates, Inc.是廣受國際肯定的教育訓練與內容建置組織，專攻 Internet/World Wide Web 軟體技術、電子商業 / 電子商務軟體技術、物件技術與電腦程式語言教育。該公司提供領先教育界的課程，包括 Internet 與 World Wide Web 程式設計、無線 Internet 程式設計、物件技術、與主流程式與言和平台，如 C、C++、Visual C++ .NET、Visual Basic .NET、C#、Java、Java 進階、XML、Perl、Python 等等。Deitel & Associates, Inc. 的創辦人是 Harvey M. Deitel 博士與 Paul J. Deitel。客戶包括許多世界最大的電腦公司、政府機構、軍方單位與商業組織。Deitel & Associates, Inc. 與 Prentice Hall 出版合作 28 年，出版最先進的程式設計教科書、專業書籍、以互動式光碟爲基礎的多媒體 Cyber Classrooms 系列、Complete Training Courses 系列、網頁型教學課程，以及常見的課程管理系統 (如 WebCT ™、Blackboard ™ 與 CourseCompassSM) 的電子內容。您可用電子郵件連絡 Deitel & Associates, Inc.與作者：

```
deitel@deitel.com
```

要進一步了解 Deitel & Associates, Inc.、其出版品及其全球企業駐點訓練課程，請參閱本書最後幾頁，或造訪：

```
www.deitel.com
```

想購買 Deitel 書籍、Cyber Classrooms 系列、Complete Training Courses 系列與網頁型教學課程的人，可至書局、線上書店購買，或透過：

```
www.deitel.com
www.prenhall.com/deitel
www.InformIT.com/deitel
www.InformIT.com/cyberclassrooms
```

公司與學術機構的大量訂購應直接向 Prentice Hall 下單。請參閱本書最後幾頁，了解全球訂購方式。

目錄

本書第 19～22 章及附錄 A～I 均放於隨書光碟中

1

.NET 和 Visual C++ .NET 簡介

學習目標

- 學習網際網路和全球資訊網的歷史。
- 熟悉全球資訊網聯盟(W3C)。
- 學習「可延伸標記語言」(XML)的內容以及瞭解它為何是一種重要的技術。
- 瞭解物件技術對軟體發展的影響。
- 瞭解 Microsoft®.NET 的提案。
- 介紹 C++的 Managed 擴充套件。

Things are always at their best in their beginning.
Blaise Pascal

High thoughts must have high language.
Aristophanes

Our life is frittered away by detail...Simplify, simplify.
Henry David Thoreau

Before beginning, plan carefully....
Marcus Tullius Cicero

Look with favor upon a bold beginning.
Virgil

I think I'm beginning to learn something about it.
Auguste Renoir

本章綱要

1.1 簡介
1.2 網際網路和全球資訊網的歷史
1.3 全球資訊網聯盟 (W3C)
1.4 可擴充標記語言 (XML)
1.5 重要的軟體趨勢：物件技術
1.6 介紹 Microsoft .NET
1.7 Visual C++ .NET
1.8 .NET Framework 以及「共通語言執行環境」(CLR)
1.9 網路資源

摘要・詞彙・自我測驗・自我測驗解答・習題

1.1 簡介

歡迎來到Visual C++ .NET的世界！我們很費心的蒐集和提供程式設計師有關Visual C++ .NET 和 .NET 平台最精確和完整的資訊。我們努力提供一個希望對你具有資訊性、趣味性，同時具有挑戰性的學習經驗。在這一章，我們說明有關網際網路和全球資訊網的歷史，並且介紹微軟發展 .NET 的動機。

1.2 網際網路和全球資訊網的歷史

在 1960 年代晚期，於伊利諾大學香檳校區由 ARPA (美國國防部先進研究計畫執行處) 召開的一次會議中，ARPA 提出將其所資助的 12 所大學和研究機構主要電腦系統連接成網路的計畫。他們計劃將這些機構用通訊電纜互相連接起來，且能夠以在那時認爲是驚人的 56kbps (就是每秒鐘傳送 56 個千位元) 的連線速度通訊，一般的網路使用者在那時是透過電話線連結電腦，傳輸速率只有每秒 110 個位元。哈佛的研究者談論如何與橫跨美國遠在猶他大學 (University of Utah) 的「超級電腦」Univac 1108 通訊，處理他們有關電腦繪圖研究方面的計算工作。許多其他有趣的可能性也被廣泛討論。學術研究即將大幅進步。在此項會議之後不久，ARPA 就展開所謂的 *ARPAnet* 網路的實作，也就是今日*網際網路* (*Internet*) 的前身。

事情的發展與當初計劃有所不同。雖然 ARPAnet 確實能讓研究學者將他們的電腦連成網路，不過主要效益是證明能夠透過現在所謂的*電子郵件* (*e-mail*) 快速和容易的通訊。即使在今日的網際網路這也是事實，數以億計的人透過電子郵件，及時訊息或檔案傳輸使通訊建得很容易。

網路設計成不用中央控制的方式運作。這意謂著，如果網路的一部份損壞，其餘的網路部分仍能操作，發送者改將資料封包以不同的路徑傳遞給收件者。

在 ARPAnet 上所使用的通訊協定現在稱爲*傳輸控制協定* (*TCP，Transmission Control Protocol*)。TCP 確保訊息能夠正確地從發信者傳送給收件者，而且訊息能夠完整無缺。

同時和早期網際網路改革並行發展的，就是世界各地的私人企業都在推展自己的網路通訊，分爲企業內部網路 (只在企業內部運作) 和企業之間網路 (在企業之間運作) 的通訊。因而使網路的硬體和軟體都出現多樣化。所面臨的挑戰就是必須讓這些不同的產品能夠彼此通訊。ARPA 發展出*網際網路協定* (*IP，Internet Protocol*) 而達到這個目的，建立了目前網際網路架構的先期網路。這兩種通訊協定形成一般所謂的 *TCP/IP 協定*。

起初，網際網路只使用於大學和研究機構之間，隨後軍方也採用這項技術。最後，政府決定允許透過網際網路從事商業行爲。起初，在研究機構和軍方引起了反彈，他們認爲網路會因爲湧入這麼多的使用者，會讓網路飽和而造成回應時間加長的現象。

事實上剛好相反。商業界很快的體會到，有效運用網際網路，它們就能改良它們的作業，提供客戶更新和更好的服務。許多公司開始投入大量金錢來開發和強化它們在網際網路上的地位。爲了要滿足急速增加的基礎架構需求，在通訊服務供應商和軟、硬體供應商之間引爆了激烈的競爭。結果造成網際網路的頻寬 (指在通訊纜線上傳輸資訊的容量) 大幅增加，而硬體費用直線下降。在過去的十年間，許多工業化國家的經濟成長必須大部分歸功於網際網路的發展。

全球資訊網允許電腦的使用者搜尋和檢視任何主題的多媒體文件 (包含文字、圖片、動畫、聲音或者影片的文件)。雖然網際網路的發展已經超過 30 年，但是全球資訊網的發展只是近幾年的事。在 1989 年，「歐洲粒子物理實驗室」(CERN，the European Organization for Nuclear Research) 的 Tim Berners-Lee 開始發展利用超連結文件達到共享資訊的技術。依據發展成熟的*標準通用標記語言* (*SGML，Standard Generalized Markup Language*) 這是一種提供商業資料交換用的標準，Berners-Lee 稱呼他所發明的語言爲*超文字標記語言* (*HTML，HyperText Markup Language*)。他也撰寫了幾種通訊協定，例如*超文字傳輸協定* (*HTTP，Hypertext Transfer Protocol*)，形成他所創造超文字資訊系統 (全球資訊網) 的骨幹。

必然地，歷史學家會將網際網路和全球資訊網列入人類最重要和影響最深遠的創造之一。在過去，大部分的電腦應用程式都是在電腦單機上執行，也就是電腦彼此並不相連。今天，應用程式可以在世界上幾億部電腦之間彼此通訊。網際網路和全球資訊網融合了電腦的計算和通訊技術，讓我們能夠快速執行和簡化工作，讓資訊能夠迅速和方便的供大量民眾取用，讓個人和小公司也能有全球的知名度，從此改變了我們經營生意的方式，也主導個人的生活。

1.3 全球資訊網聯盟 (W3C)

在 1994 年 10 月，Tim Berners-Lee 成立全球資訊網聯盟 (W3C，World Wide Web Consortium)，主要從事於發展在全球資訊網上非獨佔性、可通用的技術。全球資訊網聯盟的基本目標就是不論使用者的能力、語言或者文化，在全世界各地都能上網。

W3C 也是一個從事標準化的組織，主要包括麻省理工學院 (MIT，Massachusetts Institute of Technology)、歐洲資訊與數學研究聯盟 (ERCIM，European Research Consortium in Informations and Mathematics) 以及日本慶應義塾大學 (Keio University of Japan)，全部大約 450 位成員。成員負擔 W3C 的基本經費，幫助設定聯盟的策略發展方向。要取得有關 W3C 更多的資訊，請拜訪網站 www.w3.org。

Web 技術經過 W3C 加以標準化後稱爲*建議標準* (*Recommendation*)。現有的 W3C 的建議標準包括*可擴充超文字標記語言* (*XHTML*™ ，*Extensible HyperTex Markup Language*) 是用來標記網頁的內容 (會在第 1.4 節討論)，*串接樣式表* (CSS™ ，*Cascading Style Sheets*) 用來描述如何設定網頁內容格式，以及*可擴充標記語言* (*XML*，*Extensible Markup Language*) 用來建立標記語言。建議標準並不是實際軟體程式產品，而是一些文件指明某項技術所擔負的角色、語法和規則。一份文件需要經過三個主要階段才能成爲 W3C 的建議標準：*工作草案* (*Working Draft*)，就如同名稱所表示是，仍在發展中的草案；*候選標準* (*Candidate Recommendation*)，屬於內容比較穩定的文件，而業界可以開始實作；*待審標準* (*Proposed Recommendation*)，當候選標準被認爲成熟，經過一段時間的實作和測試，考慮足以成爲 3C 的建議標準。若想取得有關 W3C 建議標準的歷史資料，請參觀下述網站的「全球資訊網聯盟程序文件」：

```
www.w3.org/Consortium/Process
```

1.4 可延伸標記語言 (XML)

當 1990 年代 Web 網站像爆炸一般大量出現的時候，HTML 的先天限制就暴露出來。雖然 HTML 是 Web 的通用格式，但是 HTML 缺乏延伸性 (就是可以改變或者增加功能) 卻讓程式開發者很氣餒，缺乏正確結構化的說明文件使得錯誤百出的 HTML 到處可見。各種瀏覽器的供應商爲了取得市場佔有率，創造了許多只適用於特殊平台的標記語法。這樣就強迫 Web 開發者必須支援多種瀏覽器，使得 Web 開發工作特別複雜。爲了解決這些問題和其他的問題，W3C 發展出 XML。

XML 是將 SGML 的強大功能和可擴充性加以精簡化而成。XML 是一種*後設語言* (*meta-language*)，可作爲其他語言基礎的一種語言，能夠提供高階層的可擴充性。W3C 利用 XML 建立了*可延伸超文字標記語言* (*XHTML*)，而任何一種以 XML 爲基礎的特定標記語言所形成的 XML *語彙* (*vocabulary*)，就能提供一種 Web 通用和可延伸的語言格式。期望 XHTML 可以取代 HTML。W3C 也發展出*可延伸樣式語言* (*XSL*，*Extensible Stylesheet Language*)，結合了數種技術，可在 XML 文件中操作資料作爲展示之用。XSL 提供彈性讓開發者能將 XML 文件中的資料轉換成其他文件的形式，例如，Web 的網頁或者報表。除了作爲其他標記語言的基礎之外，開發者可以使用 XML 設計資料交換和電子商務系統。在編輯本書的時候，總共有超過 450 種的 XML 語彙。

不像許多其他的技術一開始是屬於私有的技術，最後成爲標準，XML 一開始就定義成公開的標準技術。XML 的發展一直都是在 W3C 的 *XML 工作群組*監督之下進行，由這個群組自行準備、審核和公佈 XML 規格。在 1998 年，XML 的 1.0 版本規格 (www.w3.org/TR/REC-xml) 成爲 *W3C 的建議標準*。這意謂著這項技術已經成熟，可以廣泛地提供業界使用。

W3C 繼續監督 XML 和「簡易物件存取協定」(SOAP，Simple Object Access Protocol) 的發展，這是一種簡單的方式來表達在分散式環境中如何交換資訊的協定。SOAP 首先是由微軟和 DevelopMentor 開發，提交 W3C 成爲工作草案，提供表示應用程式的語意、編寫程式和包裝資料的框架。Microsoft .NET (將在第 1.6 節和第 1.8 節討論) 利用 XML 和 SOAP 標記資料，以及在網際網路上傳輸資料。XML 和 SOAP 成爲 .NET 的核心技術，它們讓軟體元件能夠互相作用 (例如，很容易地彼此通訊)。很多平台都支援 SOAP，因爲它是以 XML 和 HTTP 作爲基礎。我們將會在第 18 章討論 XML，以及在第 20 章討論 SOAP。

1.5　重要的軟體趨勢：物件技術

物件到底是什麼，它們有什麼特別呢？實際上，物件技術只是一種包裝方法，能夠幫助我們建立有意義的軟體元件。這些元件數量龐大而且集中在某些特殊的應用領域。例如日期物件、時間物件、薪資物件、發票物件、聲音物件、影像物件、檔案物件、記錄物件等等。事實上，任何名詞都可表示成軟體的物件。物件都擁有各種*屬性* (*property*)，例如，顏色、大小和重量等*屬性*以及執行動作 (action)，例如，移動、睡眠和繪畫等*行爲* (*behavior*)。物件也會回應一些事件，例如，按一下滑鼠鍵。類別則是建立物件的藍圖。這份類別藍圖可以用來建立許多同種的物件。類別代表一群彼此相關的物件。例如，雖然每一部汽車的製造方法、外型、顏色和配件都會有所不同，但是所有的汽車都屬於「汽車」這個類別。類別會指定它所包含物件的一般形式；物件所擁有性質和所能執行的動作都依據它所隸屬的類別而有不同。

我們生活在一個充滿物件的世界。你只要往四周看一下，到處都是汽車、飛機、人、動物、建築物、交通號誌、電梯等等。在物件導向語言 (object-oriented language) 出現之前，例如 FORTRAN、Pascal、Basic 和 C 等*程序式程式語言* (*procedural programming language*)，都著重於動作 (動詞)，而不是著重在東西或者物件 (名詞) 上。我們生活在一個充滿物件的世界，但是較早期的程式設計語言卻強迫程式設計師必須從動作的觀點來設計程式。當程式設計移轉到以物件爲導向的設計方式後，以動作的觀點來寫程式就多少有一些彆扭。但是，隨著物件導向語言 C++、Java™，C#的日漸普及，程式設計師能夠按照所看到的世界，以物件導向的方式設計程式。這樣就比程序化程式設計顯得更爲自然，而且大幅提昇了生產力。

程序式程式設計的主要問題，在於設計師所建立的程式元件無法有效反應眞實世界的實體，因此很難重複使用。程式設計師時常必須針對不同的設計一再編寫類似的程式碼。如果程式設計師一再重複設計的工作，就是浪費時間和金錢。使用物件技術所建立的軟體元件 (稱爲物件)，就可以在未來的專案中重複使用。利用可重複使用元件庫就能減少實作某些系

統所需投入的心力 (相較於重新設計新專案功能所需投入的心力)。Visual C++ .NET 程式設計師會使用到.NET Framework 類別庫 (一般稱為 FCL)，將會在第 1.8 節介紹。

某些公司反應軟體的重複使用性，事實上並不是物件導向程式設計的主要優點。而是*物件導向程式設計* (*OOP*，*object-oriented programming*) 可以產生更容易瞭解、較佳組織化以及容易維護的軟體。高達 80%的軟體發展費用與當初開發軟體的費用無關，而是來自於軟體生命週期後續的改進和維護費用。物件導向讓程式設計師能夠先將軟體的細節抽取出來，只要專心於大方向的設計。不再需要煩心於細節，程式設計師可以專注於處理物件的行為和物件之間彼此的互動。如果地圖上顯示出每一棵樹、每棟房屋和車道，將會很困難，甚至無法閱讀。當我們將細節從地圖上移走，只留下基本的資料 (道路) 在地圖上，如此地圖就容易瞭解。同樣的方式，如果將程式分割成許多的物件就容易瞭解、修改和更新，因為許多的細節都隱藏起來。物件導向已經確定是下一個十年間最重要的程式設計方法。

軟體工程的觀點 1.1

使用建構區塊方法 (building-block approach) 來建立您的程式。在新專案中使用現有的程式區塊，設計師就可避免重新設計程式的細節。這就是所謂的「軟體重複使用性」，這是物件導向程式設計的中心理念。

【注意：本書中我們會穿插許多的「軟體工程的觀點」，說明影響和改進軟體系統整體架構和品質的一些觀念，特別是影響大型軟體系統的觀念。我們也會強調「良好的程式設計習慣」(能夠幫助你寫出更清晰、易懂、更容易維護、測試和除錯的程式)、「常見的程式設計錯誤」(我們提示出來的問題，可以避免在程式中犯同樣的錯誤)、「增進效能的小技巧」(幫助你所寫的程式，執行的更快，使用更少記憶體的技術) 、「可攜性的小技巧」(讓你所寫的程式只需要一點小修改或者不要修改，就能夠在不同電腦上執行的技術)、「測試和除錯的小技巧」(能夠幫助你從程式移除錯誤的技巧，更重要的是幫助你一開始就寫出不會出錯的程式) 以及「感視介面的觀點」(幫助你設計使用者圖形介面的外觀，容易使用)。這許多的技術和慣例，都只是指導方針，毫無疑問你必須發展你自己的程式設計風格。】

自行編寫程式碼的優點，是你能夠完全了解它是如何運作。你能夠自行檢查、修改和改進程式碼。缺點則是需要花費時間和精力，去設計、開發和測試新的程式碼。

增進效能的小技巧 1.1

重複使用經過驗證的程式碼元件，而不是自行寫出程式碼，可以增進程式的執行效能，因為這些元件一般都很有效率。

軟體工程的觀點 1.2

擁有廣泛的可重複使用軟體元件的類別庫，許多都可以從網際網路和全球資訊網免費取得。

程式語言	
APL	Mondrian
C#	Oberon
COBOL	Oz
Component Pascal	Pascal
Curriculum	Perl
Eiffel	Python
Forth	RPG
Fortran	Scheme
Haskell	Smalltalk
J#	Standard ML
JScript .NET	Visual Basic .NET
Mercury	Visual C++ .NET

圖 1.1 .NET 語言 (資料來自微軟公司網站 msdn.microsoft.com/netframework/technologyinfo/Overview/default.aspx)。

1.6 介紹 Microsoft .NET

在 2000 年六月，微軟宣布*.NET* (發音爲“dot-net”) 的*提案計畫* (*initiative*)。*.NET 平台* (*platform*) 可以大幅提升較早期開發人員使用平台的功能。.NET 提供新的軟體開發模式，允許不同程式設計語言所建立的應用程式彼此通訊。這個平台也允許開發者建立以 Web 爲基礎的應用程式，可以應用於各種裝置 (甚至無線電話) 和桌上型電腦。

微軟的.NET 提案計畫替網際網路和 Web 的發展、工程設計和軟體的使用，開創了一個美好的遠景。.NET 發展策略的一個重點就是不受限制於某個特定的語言或者平台。不再要求程式設計師使用單一的程式語言，開發者可以使用幾種與.NET 相容語言建立.NET 應用程式 (圖 1.1)。一群程式設計師可以使用他們各自最拿手的.NET 語言 (例如，Visual C++ .NET、C#、Visual Basic® .NET 和許多其他的語言) 撰寫同一個軟體的程式碼。

.NET 架構的一個重要部份是 *Web 服務* (*Web service*)，就是某些應用程式透過網際網路提供其他應用程式 (也稱爲客戶) 一些功能。客戶和其他應用程式可以將這些 Web 服務當作可重複使用的建構區塊。我們舉出一個有關 Web 服務的例子就是 Dollar Rent A Car 公司的預約系統 Quick Keys[1]。Dollar 公司希望把主機的系統功能提供給其他公司使用，方便客戶預約租車的服務。Dollar 可能已經提供它的商業夥伴自行研發的功能。Dollar 公司以 Web 服務的方法，實作出可以重複使用的功能。透過新建立的 Web 服務，航空公司和旅館業者可

1 微軟在 2002 年 3 月 15 日於網頁<www.microsoft.com/business/casestudies/b2c/dollarrentacar.asp>上公佈「Dollar Rent A Car 公司使用.NET 連線軟體使得老舊系統獲得新生」。

以使用Dollar的預約系統，替各自的客戶租用汽車。Dollar的商業夥伴並不需要使用與Dollar相同的平台，也不需要知道預約系統是如何實作出來。Dollar將它的應用程式實作成Web服務，賺進數百萬元額外的利潤，以及幾千位新客戶。

Web服務擴展軟體重複使用的觀念，讓程式設計師專注於發揮他們的專長，而不要費心實作每個應用程式的每個元件。公司可以購買 Web 服務，將時間和精力投注在發展自己的產品上。物件導向程式設計的方法已經很普遍，因爲它讓設計師能夠使用預先包裝好的元件很容易的設計出應用程式。同樣地，程式設計師可以使用相關資料庫、安全性、認證、資料儲存和語言翻譯的 Web 服務來設計應用程式，不需要去了解這些元件的詳細內容。

當公司將它們的產品透過 Web 服務連接上網路時，就會出現新的使用方式。例如，利用各種公司不同的 Web 服務，單一的應用程式就可以管理帳單的支付、退稅、貸款和投資等工作。線上銷售網站可以購買有關線上信用卡付款、使用者認證、網路安全以及存貨資料庫的 Web 服務，自行建立一個電子商務 Web 網站。

這種互動所牽涉到的關鍵技術就是 XML 和 SOAP，可以讓 Web 服務互相通訊。XML 將數據賦予意義，而 SOAP 則是讓 Web 服務能夠容易彼此通訊的協定。XML 和 SOAP 就像「膠水」一樣，將許多的 Web 服務黏在一起形成應用程式。

通用資料存取 (*UDA*，*Universal data access*) 是另一個.NET 的基本觀念。如果一個檔案存在兩份副本 (例如，一份存在個人電腦，另一份存在公司電腦)，則較舊的版本必須經常更新，這就是所謂的檔案*同步化* (*synchronization*)。如果檔案不同，就是檔案*不同步* (*unsynchronized*)，這種狀況可能會產生錯誤。利用.NET，資料可以集中放置，而不是存在個別的系統。任何透過網際網路連結的裝置都可以存取這份資料 (當然需要在嚴格的控制下)，如此才可以在存取的裝置上以適當的格式使用或者顯示。因此，在桌上型電腦、PDA、無線電話或者其他裝置上可以看到和編輯相同的文件。使用者不需要進行資訊的同步化工作，因爲集中的資料隨時在進行更新。

.NET 是一個範圍廣泛的架構，我們在這本書會討論.NET 的各種特性。其他的相關資料可從 www.microsoft.com/net 網站獲得。

1.7 Visual C++ .NET

標準 C++是從 C 演進而來，而 C 則是從兩種以前的程式語言 BCPL 和 B 發展而來。BCPL 是在 1967 年由 Martin Richards 開發出來，主要是用於編寫作業系統和編譯器的程式語言。Ken Thompson 模仿的許多 BCPL 的特色於他的程式語言 B 中。在 1970 年，他在貝爾實驗室 (Bell Laboratories) 的一部 Dec PDP-7 的電腦上，使用 B 發展早期版本的 UNIX 作業系統。BCPL 和 B 兩種語言都是「沒有型別」(typeless) 的語言，每個資料項目都佔據一個字組 (word) 的記憶體空間，而如何分別資料的型別，則是程式設計師的責任。

C 語言是由貝爾實驗室的 Dennis Ritchie 從 B 語言衍生出來，於 1972 年在 DEC PDP-11 電腦上實作。C 採用許多 BCPL 和 B 的重要概念，並且加入資料型別和其他的強大功能。C

語言起初是以發展出 UNIX 作業系統而聞名。如今大部分新的主要作業系統都是以 C 和/或者C++撰寫。C可以在大部分的電腦上使用，也與硬體設備無關。經過仔細的設計，　出來的 C 程式可以移植到大部分的電腦。

在 1970 年代晚期，C 已經演化成爲現在所謂的「傳統的 C」。於 1978 年出版的《*The C Programming Language*》，由 Kernighan 和 Ritchie 所撰寫，吸引了大家的注意。這本書成爲有史以來最暢銷的電腦科技書籍之一。

因爲在各種不同電腦 (有時稱爲*硬體平台*) 上，廣泛的使用 C，導致 C 產生了許多相似但又彼此不相容的版本。但是對於想要開發可以在幾種不同平台上執行程式的開發者而言，這形成一個嚴重的問題，顯然需要標準版本的 C。在 1983 年，「美國國家電腦和資訊處理標準委員會 (X3)」(American National Standards Committee on Computers and Information processing X3) 下設立 X3J11 技術委員會，研究對高階語言提出清楚且與設備無關的定義。在 1989 年，這項標準審核通過，並在 1999 年更新。這些標準文件稱爲 *INCITS/ISO/IEC 9899-1999*，可以從「美國國家標準協會」(ANSI，American National Standards Institute，www.ansi.org) 的網站 webstore.ansi.org/ansidocstore 上訂購。

可攜性的小技巧 1.1

因為C是經過標準化、與硬體設備無關且廣為人們使用的語言，所以利用C所撰寫出來的應用程式，只需一點點修改，有時甚至不需要修改，就可在許多不同的電腦系統上執行。

C++是 C 的超集 (superset)，是由 Bjarne Stroustrup 於 1980 年代早期在貝爾實驗室發展出來。C++提供許多的功能，使得C語言更爲豐富，但是更重要的一點，它提供了「物件導向程式設計」的功能。

目前對於新而且功能更爲強大軟體的需求正急速升高之際，想要快速、正確和更經濟的開發出軟體，仍是一個無法想像的目標。如同前面的說明，物件基本上是模擬實際世界的可重複使用軟體元件。軟體開發者發現採用一種模組化、以物件導向的設計和實作方式，比使用以前很流行的程式設計技術(例如結構化程式設計)，更能提高軟體開發團隊的生產力。物件導向程式更容易瞭解、更正和修改。

在 1990 年代早期，Visual C++是微軟將C++實作出來的產品，其中加入許多微軟自行研發的擴充套件。在過去的十年間，微軟推出幾種 Visual C++的版本，最近的就是 Visual C++ .NET。Visual C++ .NET 是一種所謂的視覺化程式語言 (visual programming language)，開發者使用圖形工具，例如Visual Studio .NET，來建立應用程式。我們會在本節稍後討論到Visual Studio .NET。

Visual C++早期的圖形和*圖形使用者介面* (*GUI*，*graphical user interface*) 的程式設計 (例如，設計應用程式的視覺化介面)，是利用 Microsoft Foundation Classes (MFC) 實作出來。MFC 類別庫 (MFC library) 是一組類別的集合，能夠幫助 Visual C++程式設計師建立強大的視窗應用程式。現在有.NET的幫助，微軟提供另一個類別庫 (.NET的FCL，我們會在第 1.8

節討論)實作GUI、圖形、網路、多執行緒和其他的功能。這個類別庫提供和.NET相容的語言使用，例如，Visual C++ .NET、Visual Basic .NET 以及微軟的新語言 C#。但是，開發者仍然能夠使用 MFC。實際上微軟已經將 MFC 升級到 MFC 7，加入一些新的類別和說明文件，可以使用 Visual Studio .NET 取得。通常使用 MFC 來開發 unmanaged 程式碼，或者不會使用到.NET Framework 類別庫的程式。

.NET 平台讓以 Web 為基礎的應用程式可以使用於各種不同的裝置，包括桌上型電腦和手機。.NET 平台提供新的軟體開發模式，允許由不同程式設計語言所建立的應用程式彼此通訊。Visual C++ .NET 是為.NET 平台所特別設計，使得 Visual C++程式設計師可以很容易的轉入.NET 平台。但是，微軟也將 Visual C++ .NET 設計成與前一個版本 Visual C++ 6.0 相容，而且繼續強調符合 C++的 ANSI/ISO 標準。

Visual C++ .NET 引用 *C++的 Managed 擴充套件* (*Managed Extensions for* C++)，讓程式設計師可以使用 .NET Framework 類別庫 (FCL)，建立所需要的物件，提供自動化記憶體管理以及和其他.NET 語言的互通。這樣的物件稱為 *managed 物件*，定義這些物件的程式碼稱為 *managed 程式碼*。【注意：因為 C++和 Visual C++不同的實作產生幾個業界使用的辭彙。在本書後續的部分，我們使用「C++」時表示標準的 C++語言。我們使用「Managed Extensions for C++ (MC++)」則表示 Managed C++的功能或者使用這些功能的程式碼。最後，我們使用「Visual C++ .NET」則是指可用來編寫 managed 和 unmanaged 程式碼的微軟產品/編譯器。】

MC++讓程式設計師可以使用由.NET Framework 提供的新資料型別，這些型別幫助在不同平台和各種.NET 程式設計語言之間，進行標準化的工作。在 MC++中，會將標準 C++的資料型別對應到這些新的資料型別。【*注意*：我們會在第 3 章更詳細的討論.NET 的資料型別。】

在 Visual C++ .NET 中，使用 Visual Studio .NET 建立程式，這是一個*整合的開發環境* (*IDE，Integrated Development Environment*)。程式設計師使用 IDE，就可以方便地建立、執行、測試和除錯程式。因此，比起不使用 IDE，所需要開發時間少很多。使用 IDE 快速建立應用程式的過程一般稱為*快速應用程式開發* (*RAD，Rapid Application Development*)。為了快速設計視窗應用程式，Visual Studio .NET 提供*視窗表單設計師* (*Windows Form designer*)。這是一項視覺化程式設計工具，可以簡化 GUI 和資料庫的程式設計。Visual Studio .NET 利用「視窗表單設計師」，可以從各種不同的動作 (例如，利用滑鼠指示、按一下鍵、和拖放等動作) 產生程式碼。

Visual C++ .NET 提升語言的互通能力，由不同語言建立的軟體元件可以彼此互動，而這是以前無法做到的。開發人員可以將舊的軟體包裝起來，然後與新的 Visual C++ .NET 程式一起操作。此外，只需要使用像「簡易物件存取協定」(SOAP) 和 XML 等業界標準，Visual C++ .NET 的應用程式就可以透過網際網路互動，這些我們將在第 18 章和第 20 章中討論。.NET 和 Visual C++ .NET 在程式設計上的進步，將會產生一種新的程式設計型態，程式可以利用在網路上有的建構區塊產生。

1.8 .NET Framework 以及「共通語言執行環境」(CLR)

.NET Framework 是.NET 平台的核心。這個框架可以管理和執行應用程式，其中包含的 *Framework 類別庫* (簡稱 FCL) 在所有.NET 語言都可使用，加強安全性並且提供許多其他的程式設計功能。.NET Framework 的詳細規格請見*通用語言架構* (*CLI，Common Language Infrastructure*)。CLI 現在已經是 ECMA 國際標準 [歐洲電腦製造商協會 (ECMA，European Computer Manufacturers Association)][2]，這使得獨立軟體供應商可以建立其他平台的.NET Framework。目前只有 Windows 平台有.NET Framework，但是適合其他平台的.NET Framework 也在開發中。微軟的*共用原始程式碼 CLI* (*Shared Source CLI*) 是一個原始程式碼的檔案，提供部分 Microsoft .NET Framework 的功能給 Windows XP、FreeBSD[3] 作業系統和 Mac OS X 10.2 使用。共用程式碼 CLI 中的原始碼符合 ECMA 的國際 CLI 標準。也有一些其他專案計畫正在進行，準備提供.NET Framework 給其他平台。Mono 計畫 (www.go-mono.com) 提供部分.NET Framework 的功能給 UNIX 和 Linux 系統，也可以在 Windows 系統執行。DotGNU Portable .NET 計畫 (www.southern-storm.com.au/portable_net.html) 提供的軟體工具，可以編寫適用於幾種作業系統的.NET 應用程式 (雖然主要的目標是針對 Linux 作業系統)。

可以執行 managed 程式碼的*共通語言執行環境* (*CLR，Common Language Runtime*)，是.NET Framework的另一個重要部份。程式是按照兩個步驟編譯成與電腦硬體有關的指令。首先，程式會先編譯成*微軟中介語言* (*MSIL，Microsoft Intermediate Language*)，此中介語言定義了 CLR 的指令。將其他.NET 語言編寫的程式碼也轉換成 MSIL 語言，然後 CLR 將這些程式碼和原始程式碼編寫在一起。接著，CLR內的另一個編譯器就會將這些MSIL程式碼編譯成某一個特定平台的機器碼，如此就完成單一的應用程式。

為何要多一個步驟將 Visual C++ .NET 程式碼轉換成 MSIL 碼，何不直接編譯成機器碼呢？重要的原因是因為作業系統之間的可攜性、語言之間的互通性和一些有關執行管理的功能，例如記憶體管理和安全性等。

如果某個平台安裝了.NET Framework，則該平台就可以執行任何.NET 的程式。如果程式可以不需要加以修改就能夠在幾個平台上執行，我們稱此程式具有*跨平台性* (*platform independence*)。如果程式碼不需要修改就能在另一台電腦上執行，可以節省時間和金錢。另外，軟體能夠取得更大的市場，以往軟體廠商必須考慮開發不同平台的產品是否划算，有了.NET，不同平台產品的開發工作就簡單不少。

.NET Framework 也提供了*語言互通性* (*language interoperability*)。以不同語言編寫的程式都可以編譯成 MSIL，於是不同的程式部分就可以結合成為一個簡單統一的程式。MSIL 讓.NET Framework 不受語言的限制，因為 MSIL 不會侷限於某個特定的程式設計語言。任

---

2 若想獲得更多有關 CLI 標準的資訊，可拜訪網站 **www.ecma-international.org/publications/standards/Ecma-335.htm**。

3 FreeBSD 專案計畫免費提供類似 UNIX 作業系統的開放程式碼，是依據 UC Berkeley 大學的 *Berkeley System Distribution* (*BSD*)系統建立。若想獲得更多有關 BSD 的資訊，請拜訪網站 **www.freebsd.org**。

何可以編譯成 MSIL 的語言，就稱爲 *.NET 相容語言* (*.NET-compliant language*)。

語言的互通性提供軟體公司許多好處。例如，Visual C++ .NET、Visual Basic .NET 和 C# 的研發人員可以共同開發相同的產品，不需要學習對方的程式設計語言，他們所寫的全部程式碼都會編譯成 MSIL，然後連結成一個程式。另外，.NET Framework 可以將以前開發的元件和 .NET 元件加以包裝使用。這樣可以讓軟體公司重複使用多年來所開發的程式碼，並且將這些程式碼與 .NET 程式碼整合在一起。整合是很重要的，除非軟體公司能夠保持生產力，使用現有的開發人員和軟體，否則無法輕易地轉換到 .NET。

.NET Framework 的另一個優點就是 CLR 所具有的執行管理功能。CLR 可以管理記憶體、安全性和其他的功能，減輕程式設計師的責任。程式設計師使用 C++之類的語言，就必須自行管理記憶體。如果使用記憶體但是忘記釋放，就會造成問題，程式會耗盡所有可用的記憶體，而無法繼續執行應用程式。.NET Framework 代爲管理程式的記憶體，程式設計師就能夠專注於程式的邏輯。

這本書會說明如何使用 Visual C++ .NET 和 FCL，來開發 .NET 軟體。微軟的執行長 Steve Ballmer 在 2001 年五月曾經提過，微軟將「整個公司押寶」在 .NET。這樣重大的承諾很顯然表示，Visual C++ .NET 和使用的開發人員有光明的遠景。

1.9 網路資源

www.deitel.com

這是 Deitel & Associates， Inc.公司的官方網站，可以取得所有 Deitel 出版品的改版、更正、下載和其他的資源。另外，這個網站也提供有關 Deitel & Associates， Inc.公司的消息以及國際翻譯版的資訊和其他資料。

www.deitel.com/newsletter/subscribe.html

你可以在這個網頁上登記訂閱 *DEITEL BUZZ ONLINE* 電子報。這份免費的電子報會通知讀者我們的出版計畫、著名講師的公司人員訓練課程、最熱門的業界趨勢和議題以及許多其他的新聞。電子報的格式包括全彩的 HTML 和純文字。

www.prenhall.com/deitel

這是 Prentice Hall 公司網站上有關 Deitel 出版品的網頁，其中的資訊包括我們的產品、出版品、下載檔案、Deitel 準備的課程和作者。

www.InformIT.com/deitel

這是 Deitel & Associates， Inc.公司在 Pearson's InformIT 公司的網頁。(Pearson 公司擁有我們產品出版商 Prentice Hall 的所有權)。InformIT 是資訊專家一個內容廣泛的資源中心，可以獲得許多的論文、電子出版品和有關今日最熱門資訊技術的資源。

www.w3.org

全球資訊網聯盟 (W3C) 是開發和提供技術給網際網路和全球資訊網的組織。這個網站可以連結到有關 W3C 技術、新聞、宗旨和常見問題集 (FAQ) 的網頁。

www.microsoft.com

微軟的網站提供有關微軟所有產品的資訊和技術資源，包括 .NET、企業軟體和 Windows 作業系統。

www.microsoft.com/net

.NET 的首頁提供下載、新聞和活動消息、認證資訊和訂閱資訊。

摘　要

- 在 1960 年代晚期，於伊利諾大學香檳校區由 ARPA (美國國防部先進研究計畫執行處) 召開的一次會議中，ARPA 提出將其所資助的 12 所大學和研究機構主要電腦系統連接成網路的計畫。在此項會議之後很短的時間，ARPA 就展開所謂的 ARPAnet 的網路實作，也就是今日網際網路的前身。
- 雖然 ARPAnet 確實讓研究學者將他們的電腦連成網路，它的主要成就是證明能夠透過現在所謂的電子郵件 (e-mail) 快速和容易的彼此通訊。即使在今日的網際網路也是事實，就是全世界幾億的使用者透過電子郵件，能夠立即通信和進行檔案傳輸的通訊功能。
- 在 ARPAnet 上所使用的通訊協定現在稱爲傳輸控制協定 (TCP，Transmission Control Protocol)。TCP 確保訊息能夠正確地從發信者傳送給收件者，而且訊息能夠完整的到達。
- ARPA 發展出網際網路協定 (IP，Internet Protocol) 達到這個目的，建立了目前網際網路架構的先期網路。這兩種通訊協定融合成一般所謂的 TCP/IP。
- 在 1989 年，「歐洲粒子物理實驗室」(CERN，the European Organization for Nuclear Research) 的 Tim Berners-Lee 開始發展利用超連結文件達到共享資訊的技術。Berners-Lee 稱呼他自己的發明爲「超文字標記語言」(HTML，HyperText Markup Language)。他也撰寫幾種通訊協定，形成他新創造超文字資訊系統 (全球資訊網) 的骨幹。
- 全球資訊網允許電腦的使用者搜尋和檢視任何主題的多媒體文件 (也就是內含文字、圖片、動畫、聲音或者影片)。
- 在 1994 年 10 月，Berners-Lee 成立全球資訊網聯盟 (W3C，*World Wide Web Consortium*)，主要從事於發展在全球資訊網上非營利、可互通的技術。全球資訊網聯盟的基本目標就是不論使用者的能力、語言或者文化，在全世界各地都能上網。
- XML 是將 SGML 的強大功能和可擴充性加以精簡化而成。
- XML 是一種後設語言，可以提供高階的可擴充性。
- 利用 XML，W3C 建立了「可擴充超文字標記語言」(XHTML，Extensible HyperText Markup Language)，這是能夠提供 Web 使用的通用、可擴充格式的一種 XML 語彙 (XML vocabulary)。
- 除了作爲其他標記語言的基礎之外，開發者可以使用 XML 設計資料交換和電子商務系統。在編輯本書的時候，總共有超過 450 種的 XML 語彙。
- 不像許多其他的技術一開始是屬於私有的技術，最後成爲標準，XML 一開始就定義成公開的標準技術。XML 的發展一直都是在 W3C 的 XML 工作小群組監督之下進行，由這個群組自行準備、審核和公佈 XML 規格。
- 在 1998 年，XML 的 1.0 版本規格 (**www.w3.org/TR/REC-xml**) 成爲 W3C 的建議標準。

- 物件技術只是一種包裝方法，能夠幫助我們建立有意義的軟體元件。
- 物件都擁有各種屬性 (property)，例如，顏色、大小和重量等屬性以及執行動作 (action)，例如，移動、睡眠和繪畫等行為 (behavior)。
- 類別代表一群彼此相關的物件。
- 但是，隨著物件導向語言 C++、Java™ 和 C#的日漸普及，程式設計師能夠按照所看到的世界以物件導向的方式設計程式。這樣就比程序化程式設計顯得更為自然，而且大幅提昇了生產力。
- 使用物件技術所建立的軟體元件 (稱為物件)，就可以在未來的專案中重複使用。
- 利用可重複使用元件庫就能減少實作某些系統所需投入的心力 (相較於重新設計新專案功能所需投入的心力)。
- 利用 Visual C++ .NET 的程式設計師可以使用.NET Framework 類別庫 (FCL，.NET Framework Class Library)
- 在 2000 年六月，微軟宣布.NET 的提案計畫，.NET 平台可以大幅提升較早期開發人員使用平台的功能。
- .NET 提供新的軟體開發模式，允許由不同程式設計語言所建立的應用程式彼此通訊。這個平台也允許開發者建立以 Web 為基礎的應用程式，可以應用於各種裝置 (甚至無線電話) 和桌上型電腦。
- .NET 發展策略的一個重點就是不受限制於某個特定的語言或者平台。不再要求程式設計師使用單一的程式語言，開發者可以使用幾種與.NET 相容的語言 (.NET-compatible language) 建立 .NET 應用程式。一群程式設計師可以使用他們各自最拿手的 .NET 語言撰寫同一個軟體的程式碼。
- .NET 架構的一個重要部份是 Web 服務，就是某些應用程式透過網際網路提供其他應用程式 (也稱為客戶) 一些功能。客戶和其他應用程式可以將這些 Web 服務當作可重複使用的建構區塊。
- 通用資料存取 (UDA，Universal data access) 是另一個 .NET 基本觀念。利用 .NET，資料可以只存在中心位置，而不是存在個別的系統中。任何透過網際網路連結的裝置都可以存取這份資料 (當然需要在嚴格的控制下)，如此才可以在存取的裝置上以適當的格式使用或者顯示。
- 在 1990 年代早期，Visual C++是微軟將 C++實作出來的產品，其中加入許多微軟自行研發出來的擴充套件。在過去的十年間，微軟推出了幾種 Visual C++的版本，最近的版本就是 Visual C++ .NET。
- Visual C++ .NET 是一種所謂的視覺化程式設計語言 (visual programming language)，開發者使用圖形工具，例如 Visual Studio .NET，建立應用程式。
- Visual C++早期的圖形和圖形使用者介面 (GUI， graphical user interface) 的程式設計 (例如，設計應用程式的視覺化介面)，是利用 Microsoft Foundation Classes (MFC) 實作出來。MFC 類別庫 (MFC library) 是一組類別的集合，能夠幫助 Visual C++程式設計師建立強大的 Windows 應用程式。
- 現在，有了.NET的幫助，微軟提供了另一個類別庫 (.NET的FCL) 來實作GUI、圖形、網路、多執行緒和其他的功能。

- FCL 提供和.NET 相容的語言使用，例如，Visual C++ .NET、Visual Basic .NET 以及微軟的新語言 C#。
- 但是，開發者仍然能夠使用 MFC，實際上微軟已經將 MFC 升級到 MFC 7，加入一些新的類別和說明文件，可以使用 Visual Studio .NET 取得。通常使用 MFC 來開發 unmanaged 程式碼，或者不會使用到.NET Framework 類別庫的程式碼。
- Visual C++ .NET 引用了 C++的 Managed 擴充套件 (Managed Extensions for C++)，讓程式設計師可以使用 .NET Framework 類別庫 (FCL)。
- 程式設計師可以使用 .NET Framework 來建立所需要的物件，提供自動化記憶體管理以及和其他 .NET 語言的互通。這樣的物件稱爲 managed 物件；定義這些物件的程式碼稱爲 managed 程式碼。
- 在 Visual C++ .NET 中，使用 Visual Studio .NET 來建立程式，這是一個整合的開發環境 (IDE，Integrated Development Environment)。使用 IDE，程式設計師就可以方便地建立、執行、測試和除錯程式，因此，比不使用 IDE 開發時間少很多。
- 這樣使用 IDE 快速建立應用程式的過程，一般稱爲快速應用程式開發 (RAD， Rapid Application Development)。
- .NET Framework 是 .NET 平台的核心。這個框架可以管理和執行應用程式，所包含的 FCL 可以加強安全性，並且提供許多其他程式設計的功能。
- .NET Framework 的詳細規格是設定在通用語言架構 (CLI，Common Language Infrastructure) 的規格內。
- 通用語言執行環境 (CLR，Common Language Runtime) 可以執行 Visual C++ .NET 的 managed 程式碼。程式是按照兩個步驟編譯成與電腦硬體有關的指令。首先，程式會先編譯成微軟中介語言 (MSIL，Microsoft Intermediate Language)，此中介語言定義了 CLR 的指令。將其他 .NET 語言編寫的程式碼也轉換成 MSIL 語言，然後 CLR 將這些程式碼和原始程式碼編寫在一起。然後，CLR 內的另一個編譯器就會將這些 MSIL 程式碼編譯成某一個特定平台的機器碼，如此就完成單一的應用程式。

詞 彙

動作 (action)
先進研究計畫執行處 (ARPA)
ARPAnet (ARPAnet)
屬性 (attribute)
頻寬 (bandwidth)
行為 (behavior)
C 程式語言 (C programming language)
C++程式語言 (C++ programming language)
串接樣式表 (Cascading Style Sheets (CSS™))
通用語言架構 (CLI) (Common Language Infrastructure (CLI))
共通語言執行環境 (CLR) (Common Language Runtime (CLR))
元件 (component)
DotGNU Portable .NET 專案 (DotGNU Portable .NET project)
可延伸性 (extensibility)
可延伸超文字標記語言 (XHTML) (Extensible Hyper Text Markup Language)
可延伸標記語言 (XML) (Extensible Markup

Language (XML))
可延伸樣式語言 (XSL) (Extensible Stylesheet Language (XSL))
Framework 類別庫 (FCL) (Framework Class Library (FCL))
圖形使用者介面 (GUI) (graphical user interface (GUI))
硬體平台 (hardware platform)
超文字標記語言 (HTML) (HyperText Markup Language (HTML))
超文字傳輸協定 (HTTP) (Hypertext Transfer Protocol (HTTP))
整合發展環境 (IDE) (Integrated Development Environment (IDE))
網際網路 (Internet)
網際網路協定 (IP) (Internet Protocol (IP))
不受程式語言的限制 (language independent)
程式語言的互通性 (language interoperability)
managed 程式碼 (managed code)
C++的 Managed 擴充套件 (MC++) (Managed Extensions for C++ (MC++))
managed 物件 (managed object)
後設語言 (meta-language)
微軟基礎類別庫 (MFC) (Microsoft Foundation Classes (MFC))
微軟中介語言 (MSIL) (Microsoft Intermediate Language (MSIL))
Mono 專案計畫 (Mono project)
.NET Framework (.NET Framework)
.NET 提案計畫 (.NET initiative)
.NET 平台 (.NET platform)
.NET 相容語言 (.NET-compliant language)
物件 (object)
物件導向程式設計 (OOP) (object-oriented programming (OOP))
不受平台限制 (platform independence)
開發適用不同平台的產品 (porting)
程序化程式設計語言 (procedural programming language)
屬性 (property)
快速應用程式開發 (RAD) (Rapid Application Development (RAD))
共用程式碼 CLI (Shared Source CLI)
標準通用標記語言 (SGML) (Standard Generalized Markup Language)
同步化 (synchronization)
TCP/IP 協定 (TCP/IP)
傳輸控制協定 (TCP) (Transmission Control Protocol (TCP))
通用資料存取 (universal data access)
unmanaged 程式碼 (unmanaged code)
不同步 (unsynchronized)
Visual Basic .NET 語言 (Visual Basic .NET)
Visual C++語言 (Visual C++)
Visual C++ .NET 語言 (Visual C++ .NET)
視覺化程式設計語言 (visual programming lan-guage)
Visual Studio .NET 語言 (Visual Studio .NET)
語彙 (XML) (vocabulary (XML))
W3C 建議標準 (W3C Recommendation))
Web 服務 (Web service)
Windows 表單設計師 (Windows Form designer)
全球資訊網 (World Wide Web (WWW)
全球資訊網聯盟 (World Wide Web Consortium (W3C))
XML 工作群組 (XML Working Group)

自我測驗

1.1 填空題：

a) C 語言起初是以發展出 __________ 作業系統而聞名。

b) __________ 提供龐大的類別庫供 .NET 語言程式設計使用。

c) __________ 意指應用程式將所擁有功能透過網際網路提供給客戶使用。

d) Visual Studio .NET 是開發 Visual C++ .NET 程式所使用的 __________。

e) 物件都擁有各種 __________，例如，顏色、大小和重量等*屬性* (*attribute*)，以及執行 __________，例如，移動、睡眠和繪畫等*行爲* (*behavior*)。

f) __________ 代表一群彼此相關的物件。

g) 如果有一個檔案存在兩份副本 (例如，一份存在個人電腦，另一份存在公司電腦)，則較舊的版本必須經常更新，這就是所謂的檔案 __________。

h) __________ 可以產生更容易瞭解、較佳組織化以及容易維護的軟體。

i) 通常使用 MFC 來開發 __________，或者不會使用到 .NET Framework 類別庫的程式碼。

j) 這樣使用 IDE 快速建立應用程式的過程一般稱爲 __________。

k) 如果程式可以不需要加以修改就能夠在幾個平台上執行，我們稱此程式具有 __________。

1.2 說明下列何者爲*眞*，何者爲*僞*。如果答案是*僞*，請說明理由。

a) 通用資料存取 (UDA， Universal data access) 是 .NET 的基本觀念。

b) W3C 的標準就是所謂的建議標準。

c) C++是物件導向的語言。

d) 通用語言執行環境 (CLR) 要求程式設計師自行管理記憶體。

e) Visual C++是能用來設計 .NET 應用程式的唯一語言。

f) 程序化程式設計比物件導向程式設計更自然地模仿這個世界。

g) 不論.NET 程式原來是使用哪一種 .NET 語言編寫，MSIL 是所有 .NET 程式編譯所使用的通用中介格式。

h) .NET Framework 可以將以前開發的元件 (例如，使用在 .NET 之前的工具所建立的元件) 和 .NET 元件加以包裝使用。

i) 利用 FCL，程式設計師就可以不再使用 MFC。

j) 如果某個平台安裝了 .NET Framework，則該平台就可以執行任何 .NET 的程式。

自我測驗解答

1.1 **a)** UNIX。**b)** Framework 類別庫 (FCL)。**c)** Web 服務。**d)** 整合發展環境 (IDE)。**e)** 特性、動作。**f)** 類別。**g)** 同步化。**h)** 物件導向程式設計 (OOP)。**i)** unmanaged 程式碼。**j)** 快速應用程式開發 (RAD)。**k)** 不受平台的限制。

1.2 **a)** 眞。**b)** 眞。**c)** 眞。**d)** 僞。CLR 會自行管理記憶體。**e)** 僞。Visual C++是許多 .NET 語言

中的一種 (其他語言包括 Visual Basic 和 C#)。**f)** 僞。物件導向程式設計比程序化程式設計能更自然地模仿這個世界。**a)** 眞。**b)** 眞。**i)** 僞。實際上微軟已經將 MFC 升級到 MFC 7，加入了一些新的類別和說明文件，可以使用 Visual Studio .NET 取得。**j)** 眞。

習 題

1.3 請說明下述詞彙的差異：

a) C

b) C++

c) Visual C++

d) Visual C++ .NET

e) Managed Extensions for C++ (MC++)

1.4 何謂 HTML、XML 和 XHTML?

1.5 在編譯 .NET 程式時，需要使用哪兩個步驟？為何要使用兩個步驟？

1.6 在新型電腦上執行 .NET 程式時，需要準備什麼？

1.7 請寫出下述縮寫辭彙的原文：

a) W3C

b) XML

c) SOAP

d) TCP/IP

e) GUI

f) CLR

g) CLI

h) FCL

i) MSIL

1.8 請問.NET Framework 和 CLR 的主要優點有哪些？

2

介紹 Visual Studio .NET IDE

學習目標

- 熟悉 Visual Studio .NET 的整合發展環境 (IDE)。
- 熟悉 IDE 功能表和工具箱內的各種命令。
- 能夠辨識和使用 Visual Studio .NET 的各種視窗。
- 瞭解工具箱提供的功能。
- 瞭解 Visual Studio .NET 的說明功能。
- 建立、編譯和執行一個簡單的 Visual C++ .NET 程式。

Seeing is believing.
Proverb
Form ever follows function.
Louis Henri Sullivan
Intelligence … is the faculty of making artificial objects, especially tools to make tools.
Henri-Louis Bergson

本章綱要

2.1 簡介

Visual Studio .NET 是微軟公司的整合發展環境 (IDE)，可用來建立、執行和偵錯以各種 .NET 程式語言編寫的程式。Visual Studio .NET 也提供操作幾種類型檔案的編輯工具。Visual Studio .NET 是建立一般和專業應用軟體的強大而精密的工具。這一章我們將概略說明建立一個簡單 Visual C++ .NET 程式所需要的各種 Visual Studio .NET 功能。在書中你也可以學習到其他的 IDE 功能。

2.2 Visual Studio .NET 整合發展環境 (IDE) 概述

當你第一次執行 Visual Studio .NET 時，圖 2.1 中的**起始頁 (Start Page)** 標籤頁就會顯示在 Visual Studio .NET 的視窗中。其中包含三個標籤頁，使用者可以按一下其中某個標籤頁的名稱，就可以瀏覽它的內容。我們選擇**專案 (Projects)** 標籤頁。我們稱按一下滑鼠左鍵為**選取 (selecting)** 或者**按一下 (clicking)**。我們稱按一下滑鼠右鍵為**按一下右鍵 (right-clicking)**。我們稱按兩下滑鼠左鍵為**按兩下 (double-clicking)**。【*注意*：請留意一下，因為你可能使用不同的版本，所以 Visual Studio .NET 顯示的內容能會有一點差異。我們假設你使用的是 Visual C++ .NET 2003 標準版，本書所附範例無法在舊版的 Visual Studio 執行。】

圖 2.1 顯示的是「**起始頁**」上的「**專案**」標籤頁。「**專案**」標籤頁內包含有最近曾開啓專案的連結，以及專案的修改時間。一個專案 (project) 就是組成應用程式的一組檔案和物件。你也可以透過「**檔案**」**(File)**，點選「**最近使用的專案**」**(Recent Projects)** 檢視最近開啓

過的專案內容。如果你最近並沒有開啓過任何專案，則「專案」清單內容將是空白。請注意在此標籤頁內的兩個按鈕：**新增專案 (New Project)** 和**開啓專案 (Open Project)**。按鈕是指一個矩形區域，按一下就可執行某個動作。

圖 2.2 顯示***線上資源* (*Online Resources*)** 標籤頁的概略檢視圖。標籤頁的左邊包含一些有用的連結，例如，***開始作業* (*Get Started*)**、***最新訊息* (*What's New*)** 和***線上社群* (*Online Community*)**[1]。**「開始作業」**連結可以讓使用者按照主題尋找程式碼範例。**「最新訊息」**連結顯示 Visual Studio .NET 的新功能和更新版本的消息，包括下載程式碼範例和新程式設計工具。**「線上社群」**提供許多方法，利用新聞群組、Web 網頁和其他的線上資源，可以聯絡其他的軟體開發者。***頭條新聞* (*Headlines*)**連結讓你可以瀏覽新聞稿和「如何解決」(how-to) 的說明文件。***線上搜尋* (*Search Online*)**連結讓你能夠瀏覽 *MSDN* [*微軟開發者網路* (*Microsoft Developer Network*)] 線上資料庫 (**`msdn.microsoft.com/library`**)。MSDN 網站包括大量的文章、供下載檔案和許多技術的導覽。***資源下載* (*Downloads*)** 連結讓你可以取得軟體更新檔案以及程式碼範例。**「XML Web Services」**標籤頁有關 *Web 網路服務* (*Web services*) 的資訊，透過網際網路取得可重複使用的部分軟體。***虛擬主機* (*Web Hosting*)** 提供程式設計者有關如何將他們開發的軟體在網路上公佈的資訊，以便供大眾使用 (例如，Web 網路服務)。

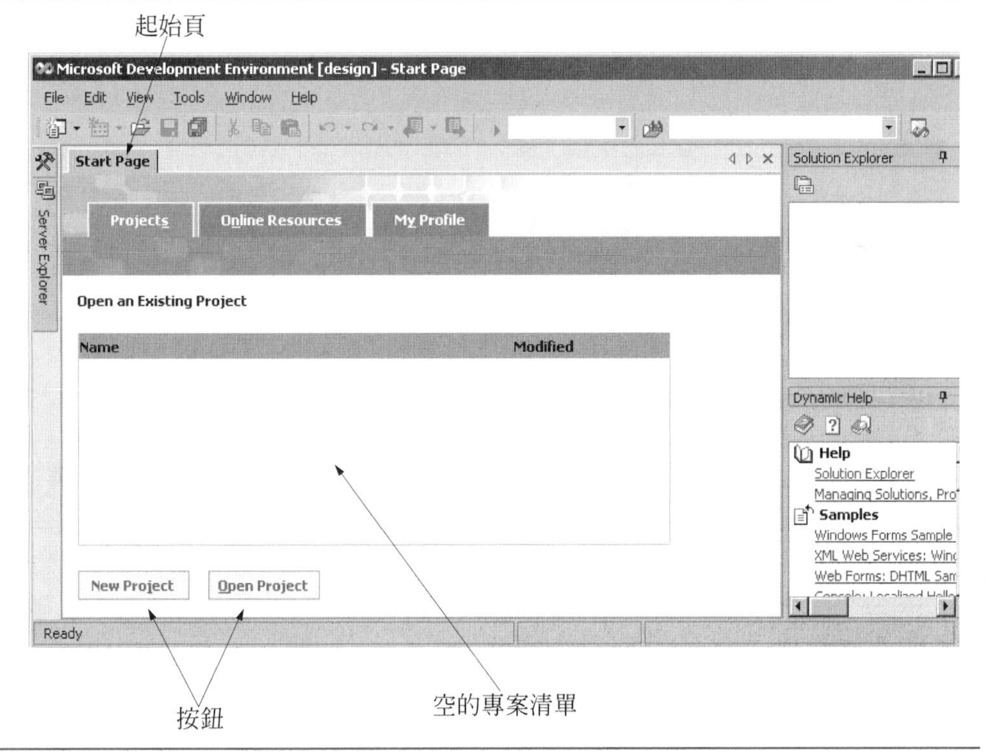

圖 2.1　Visual Studio .NET 顯示的「起始頁」，其中專案清單是空的。

1　請注意，若要使用「線上資源」標籤頁提供的連結，你必須先連線上網際網路。

***我的設定檔* (*My Profile*)** 標籤頁讓使用者可以自訂 Visual Studio .NET 的設定，例如，設定鍵盤和視窗版面的喜好。使用者也可以透過「**工具**」**(Tools)** 功能表，選取「**選項…**」**(Options…)** 或者「**自訂…**」**(Customize…)** 就可自訂 Visual Studio .NET 的設定。【*注意*：我們使用>字元表示選取功能表的命令。例如，我們使用「**工具**」>「**選項…**」**和**「**工具**」>「**自訂…**」分別表示透過「工具」功能表，選取「**選項…**」或者「**自訂…**」等項目。】

使用者可以透過 Visual Studio .NET 瀏覽 Web 網頁，可以從 IDE 叫用 IE 瀏覽器。要連結 Web 網頁，可選擇「**檢視**」**(View)** >「**工具列**」**(Toolbars)** >「**Web**」，然後在位址欄位內輸入 Web 網頁的位址 (圖 2.2)。除了「起始頁」視窗外，還有幾個其他的視窗出現在 IDE 中。我們將會在後面幾節討論這些視窗。

要建立一個新的 Visual C++ .NET 程式，可以按一下「起始頁」的「專案」標籤頁中的「新增專案」按鈕。這個動作就可以顯示出如圖 2.3 的***新增專案* (*New Project*)** 對話方塊，也可以由「**檔案**」**(File)** >「**新增**」**(New)** >「**專案…**」**(Project…)** 的途徑開啓這個對話方塊。Visual Studio .NET 將程式區分爲**專案 (project)** 和**方案 (solution)** 兩種。如前所述，專案是由一群相關的檔案組成，例如，C++程式碼、影像檔和說明文件。而方案則是指一群專案，代表一個完整的應用程式或者一組相關的應用程式。方案中的每個專案都可以執行一項不同的工作。在這一章中，我們建立了兩個方案，各自只包含一個專案。

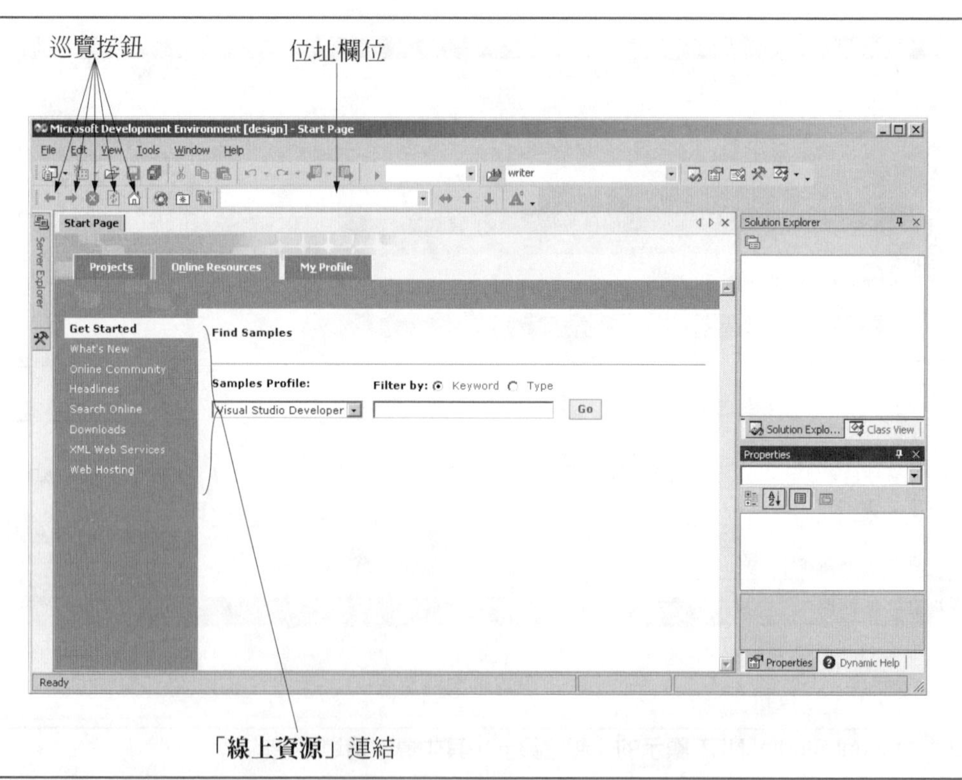

圖 2.2 在 Visual Studio .NET「起始頁」中，選擇「線上資源」標籤頁的內容。

Visual Studio .NET 允許你使用各種程式語言建立專案。本書主要是在討論 Managed C++ (MC++)，所以請選擇**「Visual C++專案」(Visual C++ Projects)**，如圖 2.3。有許多種類的專案可以選擇，本書使用了其中幾種。請選擇***主控台應用程式* (*Console Application* (*.NET*))**。【*注意*：你可能無法看到顯示在圖 2.3 中的所有專案類型，或者你可以看到更多的專案類型，這要看你安裝的是哪一種 Visual Studio .NET 版本。】

主控台應用程式 (*Console application*) *就是在主控台視窗* (*console window*) 中執行的應用程式，也稱爲*命令提示* (*Command Prompt*) 視窗。在這本書中，我們將建立主控台 (console) 和視窗*應用程式*。*視窗應用程式是在視窗作業系統 (OS) 下執行的應用程式，而且有它們自己的視窗，像是微軟的 Word、Internet Explorer 和 Visual Studio .NET 都是。通常，視窗應用程式包含有一些控制項*(*controls*)，也就是圖形元件，例如，按鈕和標籤，可以透過這些控制項和使用者互動。這些控制項放在視窗，或者是*表單*(*form*) 上。在第 12 到 13 章，我們將介紹如何建立使用圖形元件的應用程式。在前面幾章，爲了簡單起見，我們只建立主控台應用程式。在這一章，我們建立一個主控台應用程式和一個視窗應用程式，介紹你如何使用 Visual Studio .NET 建立應用程式。

新專案或者檔案的預設位置就是上一次建立專案或者檔案的資料夾。在儲存專案時，你可以變更資料夾的名稱和位置。要命名專案，可在圖 2.3 中的**「名稱：」(Name:)** 欄位內輸入 **ASimpleProject**。要在圖 2.3 中儲存專案時，按一下**「瀏覽…」(Browse…)** 按鈕，就會開啓**「專案位置」(Project Location)** 對話方塊 (圖 2.4)。尋找並且選定你想要儲存專案的目錄位置，然後按一下「開啓」(Open) 按鈕。使用者就會回到原來的「新增專案」對話方塊，選擇的資料夾也會出現在「位置」(Location) 文字欄位內。當你覺得專案名稱、位置和類型正確時，按一下「確定」(OK) 按鈕。Visual Studio .NET 就會建立和載入新專案。當你建立新專案或者開啓現有的專案時，IDE 的外觀就如圖 2.5 所示。

IDE 視窗的頂端，就是圖 2.5 中的*標題列* (*title bar*) 顯示出**“ASimpleProject-Microsoft Visual C++ [design]”**。這個標題顯示出**專案的名稱 (ASimpleProject)**、**專案的類型 (Microsoft Visual C++)** 以及正在檢視的檔案工作模式 (「設計」模式)。我們將會在第 2.6 節討論各種模式。

2.3　功能表列和工具列

凡是管理 IDE、開發、維護和執行程式的各種命令，都包含在功能表內。圖 2.6 顯示的是功能表列中的功能表。功能表包含分成許多組的各種相關項目，當我們選擇其中的項目時，就能讓 IDE 執行各種不同的動作 (例如，開啓某個視窗)。例如，我們選擇如下的途徑**「檔案」**> **「新增」**> **「專案…」**，就可以建立一個新專案。顯示在圖 2.6 中的功能表，我們摘要列在圖 2.7 中加以說明。Visual Studio .NET 提供使用者不同的檢視模式。其中一個就是設計模式，我們稍後會加以討論。某些功能表項目 (例如，「資料」和「格式」) 只會出現在特殊的 IDE 模式。

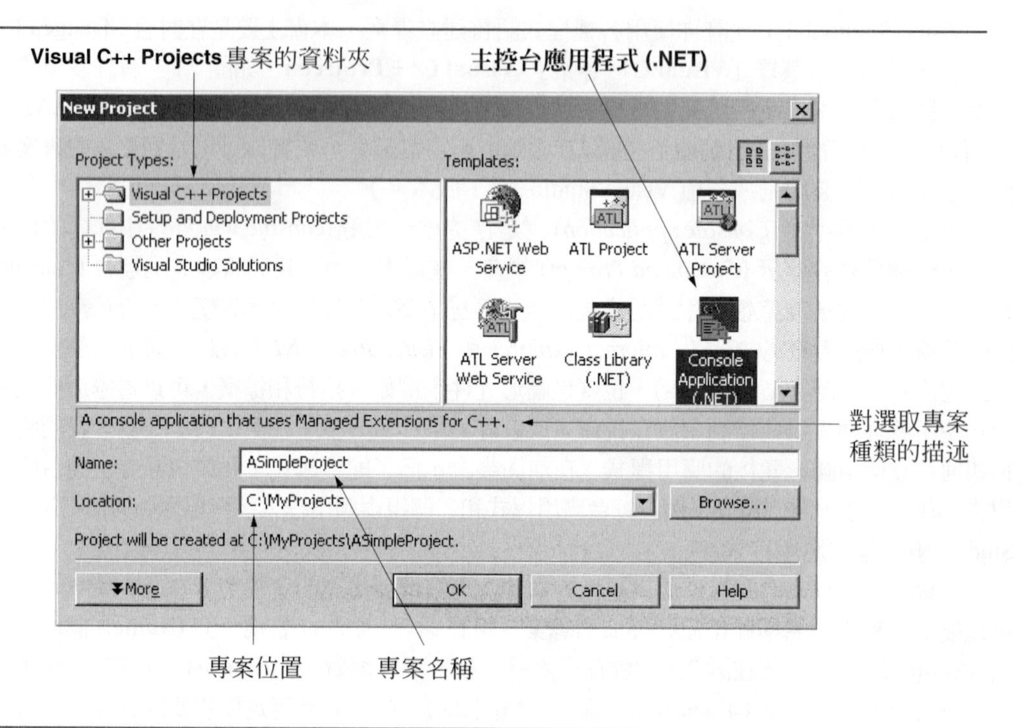

圖 2.3 「新增專案」 (New Project) 對話方塊。

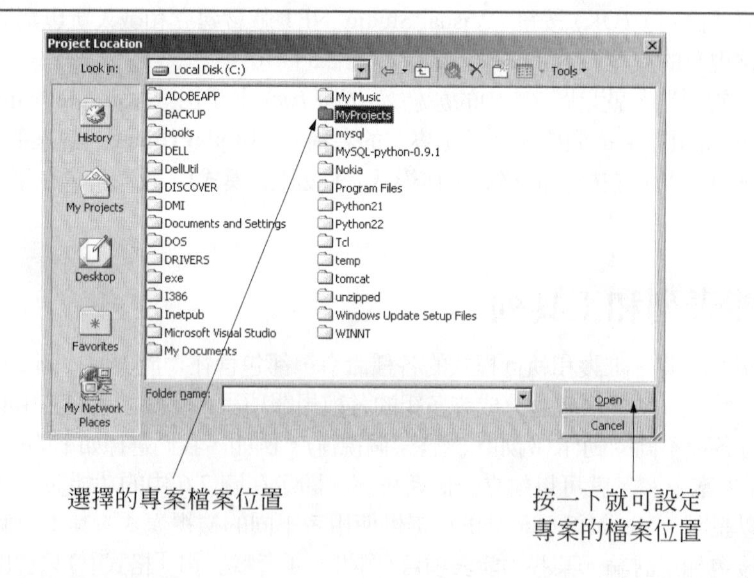

圖 2.4 設定專案的檔案位置。

圖 2.5　建立新專案後，Visual Studio .NET 所顯示設計環境的外觀。

File　Edit　View　Project　Build　Debug　Tools　Window　Help

圖 2.6　Visual Studio .NET 的功能表列。

程式設計師其實不需要在功能表列中，辛苦地尋找一些常用的命令，可以直接從*工具列* (*toolbar*) 上取用這些命令 (圖 2.8)。工具列顯示一些小圖片，我們稱為*圖示* (*icons*)，用來代表一些常用的命令。要執行某個命令，只需要按一下相對應的圖示即可。某些圖示代表多個相關的動作，按一下位於這些圖示旁邊的*向下按鈕* (*down arrows*)，就可顯示出一系列的命令。圖 2.8 顯示標準的 (預設的) 工具列以及一個包含兩個功能表項目的圖示。

將滑鼠游標放在工具列的圖示上方，就會突顯出這個圖示，並且出現一小段簡單說明文字，我們稱為*工具提示* (*tool tip*)，如圖 2.9 所示。工具提示可以幫助使用者瞭解不熟悉圖示的用途。

功能表	說　明
檔案 (File)	包含開啓專案、關閉專案、列印等項目。
編輯 (Edit)	包含剪下、貼上、尋找和取代、復原等項目。
檢視 (View)	包含顯示 IDE 視窗和工具列的項目。
專案 (Project)	包含將一些特色 (例如影像檔案) 加入專案的項目。
建置 (Build)	包含編譯程式的項目。
偵錯 (Debug)	包含偵錯和執行程式的項目。
資料 (Data)	包含與資料庫互動的項目。
格式 (Format)	包含安排表單上各種控制項位置的項目。
工具 (Tools)	包含自訂設計環境的額外 IDE 工具和選項的項目。
視窗 (Window)	包含排列和顯示各種視窗的項目。
說明 (Help)	包含取得各種說明的項目。

圖 2.7　Visual Studio .NET 功能表摘要。

圖 2.8　Visual Studio .NET 的工具列。

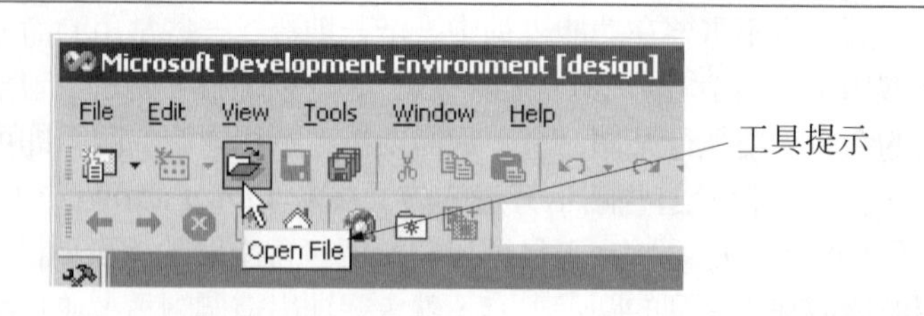

圖 2.9　工具提示說明。

當你選擇功能表「**工具**」>「**自訂…**」，在顯示出來的「**自訂**」**(Customize)** 對話方塊的「**工具列**」**(Toolbars)** 標籤頁中，你可以進一步自訂工具列。你可以刪除圖示、改變圖示的名稱、改變圖示的圖片 (還有其他的選項可調整) 等。

請注意，Visual Studio .NET 提供某些功能表項目的鍵盤快速鍵 (也稱為*助憶鍵*，*mnemonics*)，例如，*Ctrl+Shift+N* 就代表選取「**檔案**」>「**新增**」>「**專案…**」的功能表項目 (圖 2.8)。這些鍵盤快速鍵提供另一種方法來執行常用的命令。有關 Visual Studio .NET 中鍵盤快速鍵的規定，請在位址欄位內輸入下述的 URL 位址，就可取得更多的資訊：

```
ms-help://MS.VSCC.2003/MS.MSDNQTR.2003FEB.1033/vsintro7/html/
vxorikeyboardshortcuts.htm
```

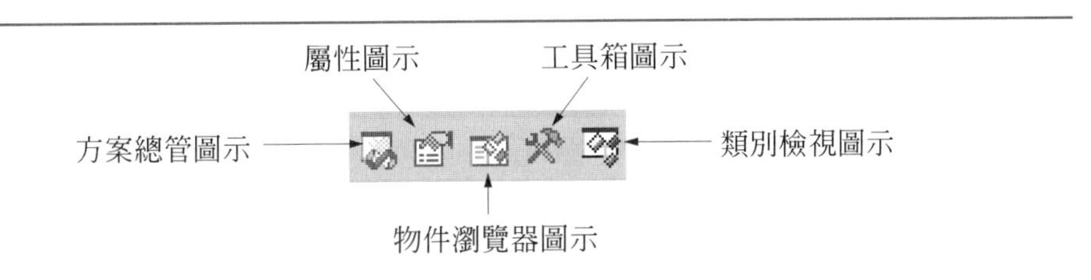

圖 2.10　啟用 Visual Studio .NET 兩種視窗的工具列圖示。

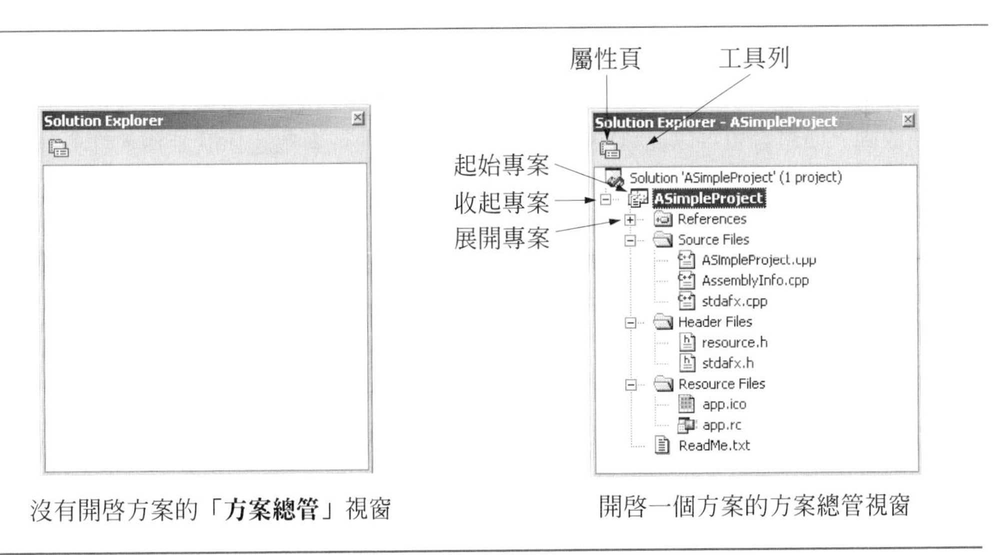

圖 2.11　「方案總管」視窗。

2.4 Visual Studio .NET 視窗

Visual Studio .NET 提供的視窗可用來檢視檔案和設定控制項。在這一節中，我們將討論開發 MC++應用程式所用到的一些基本視窗。可以透過位於功能表列下方的工具列圖示，或者位於右端的工具列 (圖 2.10) 開啓這些視窗，或者從**「檢視」(View)** 功能表內直接選擇所要開啓視窗的名稱。在後續的幾節中，我們將要詳細討論其中的三個視窗「**屬性**」、「**工具列**」和「**方案總管**」。「**類別檢視**」**(Class View)** 視窗安排在第 8 章討論。至於「**物件瀏覽器**」**(Object Browser)** 視窗本書則不會討論。

2.4.1 方案總管

在圖 2.11 的***方案總管 (Solution Explorer)*** 視窗中，列出方案的所有檔案。當首次載入 Visual Studio .NET 時，「方案總管」中是空的，其中沒有任何檔案。在建立新專案或者載入現存專案後，「方案總管」就可顯示出專案的內容。

方案中的*起始專案* (*startup project*) 就是當你執行此方案時，首先執行的專案。起始專案在「方案總管」視窗中是以粗體字顯示。像我們這個只有單一專案的方案，起始專案 (**`ASimpleProject`**) 就是唯一的專案。當我們建立**主控台應用程式 (.NET)** 類型的專案，Visual Studio .NET 會產生各種不同的檔案，包含程式檔案 *ProjectName.cpp*，其中 *ProjectName* 是新專案的名稱。在我們這個範例中，程式檔案就稱爲 **`ASimpleProject.cpp`**。(我們很快會討論 **`.cpp`** 檔案的副檔名)。在第 2.6 節，我們修改這個檔案，以便更改應用程式的功能。我們將在本書稍後討論其他的一些檔案。

在專案和方案名稱左邊具有方框的加號和減號，可分別用來展開和收起樹狀結構 (類似在檔案總管中的用法)。按一下加號方框就可顯示更多選項；按一下減號方框就可將展開的樹狀結構收攏。使用者也可以在資料夾上連按兩下，展開或者收起樹狀結構。許多其他的 Visual Studio .NET 視窗也使用加號/減號方框符號。

「方案總管」包含有工具列 (圖 2.11)。按一下圖中工具列上的唯一圖示，就可顯示出**屬性頁 (Property Pages)** 對話方塊。使用者可利用「屬性頁」對話方塊進行編譯組態的設定。如果沒有開啓任何專案，點選此圖示則可開啓**屬性 (Properties)** 視窗 (第 2.4.3 節)。

2.4.2 工具箱視窗

「工具箱」(圖 2.12) 包含可重複使用的軟體元件 (稱爲控制項)，可用來建立自訂的應用程式。使用視覺化程式設計，你就可以將控制項拖放到表單 (應用程式的視窗) 上，而不需要撰寫實際的程式碼。就像不需要知道如何製造引擎，仍可以駕駛汽車，你不需要知道如何建立控制項，仍然可以使用。這樣可以集中心力在重要的事情上，而不是煩惱每個控制項的複雜內情。程式設計師可以使用的各種複雜工具，就是 Visual C++ .NET 的一項強大功能。在本章稍後建立自己的視窗應用程式時，會說明「工具箱」內各種控制項的功能。【注意：在這一節中討論的許多「工具箱」功能目前你無法體會，只有當你建立或者載入視窗應用程式後才能親眼看到。這些功能在第 2.7 節建立視窗應用程式後，讀者就能在電腦上親眼目睹。】

「工具箱」包含許多組的相關元件(例如，「資料」、「元件」和「視窗表單」)。只需要在群組的名稱上按一下，就可展開群組顯示出成員。使用者可以利用「工具箱」右下角的黑色箭號按鈕，來捲動顯示每一個項目。群組中的第一個項目並不是控制項，它是滑鼠的指標。按一下此滑鼠指標圖示，使用者就可以取消「工具箱」目前的控制項。請注意，「工具箱」沒有提供工具提示，因爲在「工具箱」圖示旁邊已經標示了控制項的名稱。在後面的幾章，我們會討論許多的控制項。

開始時，「工具箱」可能隱藏起來，只有名稱顯示在 IDE 的旁邊 (圖 2.13)。將滑鼠游標移到視窗名稱上，就可開啓這個視窗。將滑鼠游標移到視窗之外，就可關閉這個視窗。這個功能稱爲*自動隱藏* (*auto hide*)。要固定住「工具箱」(亦即，取消自動隱藏的功能)，只需要按一下視窗右上角的圖釘圖示即可 (參見圖 2.13)。要啓用自動隱藏 (如果先前已停用)，可以再按一下圖釘圖示即可。請注意，當啓用自動隱藏後，圖釘方向是朝左，如圖 2.13 所示。

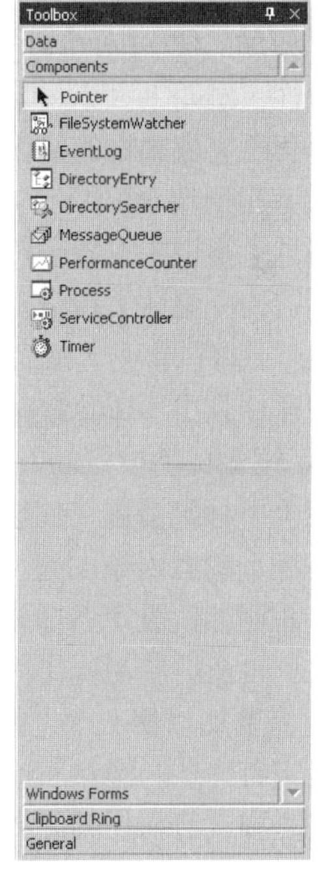

圖 2.12　「工具箱」視窗。

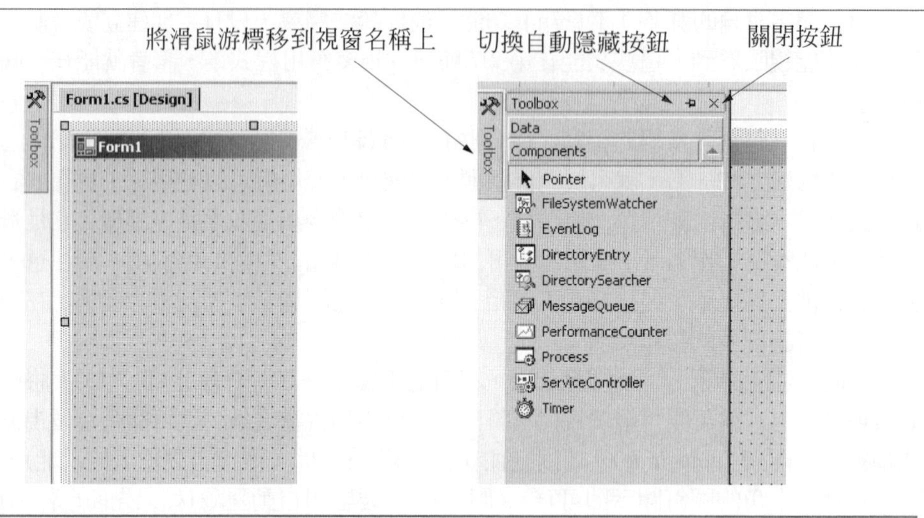

圖 2.13　示範說明視窗自動隱藏功能。

2.4.3 屬性視窗

可以利用「***屬性***」**(*Properties*)** (圖 2.14) 視窗來設定表單或者控制項的屬性。屬性指定控制項的各種特性，例如，大小、顏色和位置。每一種控制項都有一組它自己的屬性。「屬性」視窗的底部有所選取屬性的描述。透過「屬性」視窗也可以設定專案或者類別的屬性，例如完整路徑或者相依性 (如果有的話)。

在「屬性」視窗的左邊一欄列出各種屬性。右邊一欄則顯示出它們的目前值。在「方案總管」內開啓的「屬性」視窗有一個工具列。在這個工具列上的圖示可以將各種屬性按照字母 (按一下字母順序圖示)，或者按照類別 (按一下分類圖示) 加以排列。如果有太多的屬性無法一次在視窗中列出，IDE 會提供一個垂直捲軸供使用者檢視之用。使用者可以藉者拖拉捲軸方塊 (表示捲軸目前位置的方塊) 上下移動 (就是，將滑鼠游標移到捲軸方塊上，按住滑鼠左鍵，然後上下移動滑鼠，然後鬆開滑鼠按鍵)，檢視屬性清單。利用*事件圖示* (*event icon*) 可以設定控制項或者表單回應使用者某些動作。我們將在第 12 章中討論事件。我們將在本章和本書中說明如何設定各種屬性。

「屬性」視窗對於視覺化程式設計也是很重要的功能。當我們從「工具箱」取出控制項後，通常還需要加以修改。「屬性」視窗讓你可以視覺化修改控制項，而不需要撰寫程式碼。這種設定有許多的優點。首先，你可以看到哪些屬性是可以修改，以及可以修改的值，你不需要去查詢或者回想某個特殊屬性有哪些設定值。第二，視窗提供每一個屬性的簡短描述，讓你可以瞭解每一個屬性的用途。第三，使用視窗可以快速設定屬性的值；只需要簡單地按一下滑鼠鍵即可，不需要撰寫程式碼。這些功能都是設計來幫助你在程式設計時，不需要執行許多重複的工作。

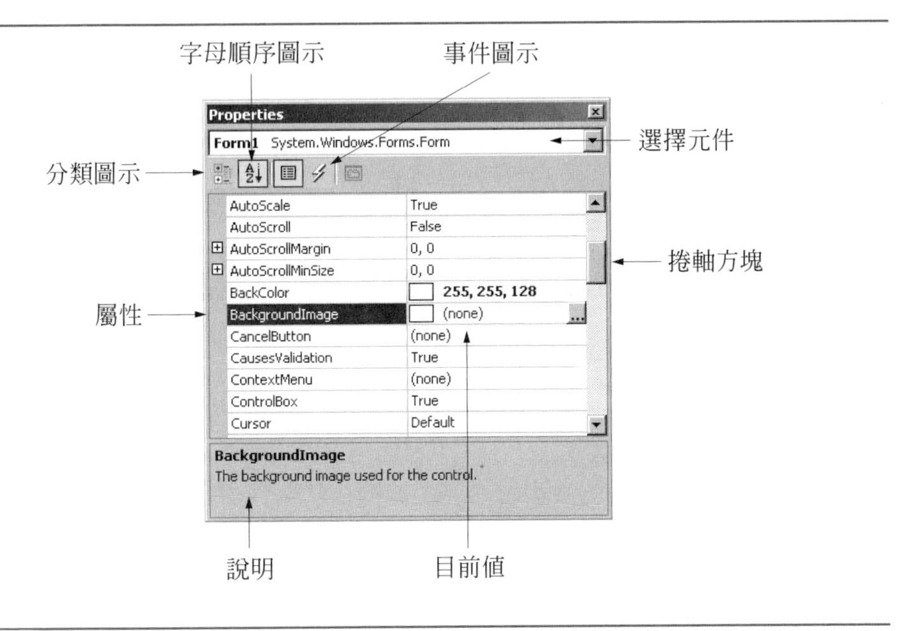

圖 2.14　「屬性」視窗。

在「屬性」視窗的頂端是一個下拉選單，稱為「*選擇元件*」(*component selection*) 清單。這個清單會顯示目前正在修改的元件。程式設計師可以利用這個清單，選擇所要編輯的元件。例如，如果某個 GUI 介面包含幾個按鈕，可以選擇特定按鈕的名稱進行設定。

2.5　說明的用法

Visual Studio .NET 擁有豐富的說明機制。**「*說明*」(*Help*)** 功能表有各種不同的項目。按一下 **「*內容*」(*Contents*)** 功能表項目就可顯示出一個經過分類的內容表，其中列出所有的說明主題。按一下 **「*索引*」(*Index*)** 功能表項目就可顯示出一個按字母順序排列的索引。**「*尋找*」(*Search*)** 功能讓你只要按照幾個搜尋字，就可找到特定的說明文件。這些主題每一個都會有一組子主題，或者可說是 **「篩選」(filter)**，可以縮減搜尋的範圍，只需搜尋 Visual C++ .NET 即可。

在圖 2.15 中的「*動態說明*」(*Dynamic help*) 會依據你目前在 Visual Studio .NET IDE 中的操作 (例如，你正在檢視「起始頁」)，提供一系列的說明文件。要開啓「動態說明」，可以選擇 **「說明」>「動態說明」** 的指令。一旦你按一下在 Visual Studio .NET 顯示的物件，相關的說明文件就會出現在「動態說明」視窗內。這個視窗除了提供一般說明的工具列外，還會列出相關的說明項目、範例和入門資料。「動態說明」是一個很好的方法，用來取得有關 Visual Studio .NET 各種功能的資訊。請注意，對某些使用者來說，「動態說明」可能會降低 Visual Studio 的效能。

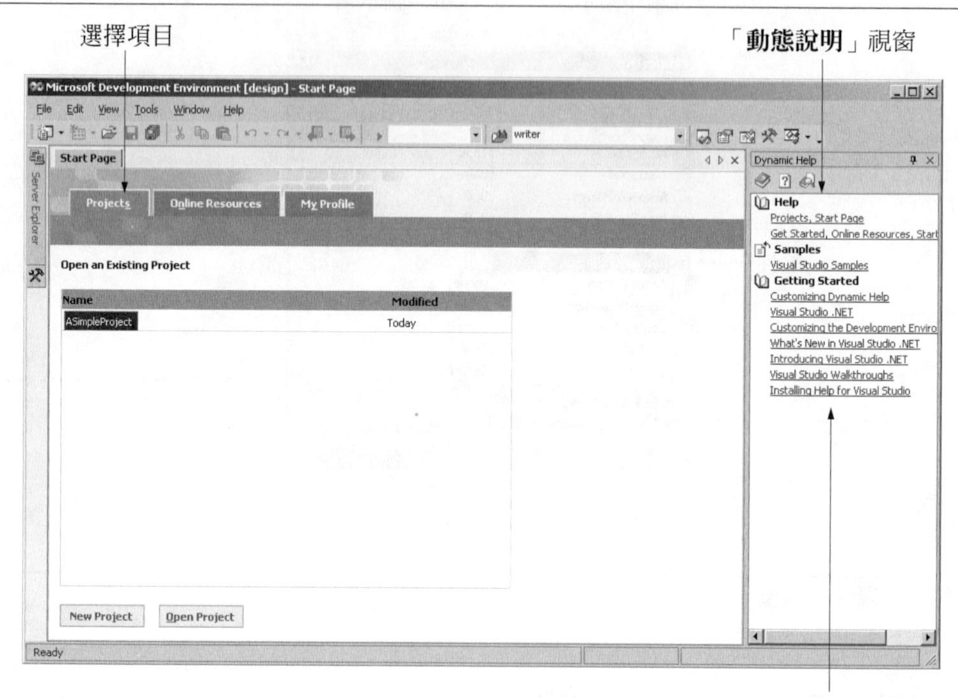

圖 2.15　「動態說明」視窗。

增進效能的小技巧 2.1

如果你感覺 Visual Studio 的反應變慢時，可以按一下「動態說明」視窗右上角的 X 符號按鈕，關閉「動態說明」功能。

除了動態說明外，Visual Studio .NET 還提供*內文相關說明* (*context-sensitive help*)。內文相關說明很類似動態說明，只是內文相關說明可以馬上提供相關的說明文件，而不是只提供清單而已。要利用內文相關說明時，可先選擇需要解釋的項目，然後按下 *F1* 鍵。說明文字可以用*內部* (*internally*) 或者*外部* (*externally*) 兩種方式顯示。如果是外部說明，相關的說明文章會在 IDE 之外，以快顯視窗 (pop up window) 立刻顯示出來。如果是內部說明，相關的說明文章會在 Visual Studio .NET 內，以索引標籤視窗 (tabbed window) 顯示出來。「說明」的選項可以從「起始頁」的「我的設定檔」標籤頁設定，也可以從**「工具」**>**「選項」**>**「環境」**>**「說明」**功能表項目設定。

2.6 簡單的程式：顯示文字

在這一節，我們建立一個主控台應用程式，會在螢幕上顯示一行文字「Welcome to Visual C++ .NET!」，這個程式是由一個顯示訊息的單獨 **.cpp** (代表 MC++程式檔案的副檔名) 檔案組成。圖 2.16 顯示這個程式的輸出。

要建立、執行和最後結束第一個程式，請執行下述的步驟：

1. *建立新專案*：如果你尚未建立專案 (圖 2.5 中的 ASimpleProject)，請參考第 2.2 節建立這個專案。但是，如果你已經開啓另一個專案，請先從功能表上選取**「檔案」>「關閉方案」**關閉該專案。可能會出現一個對話方塊，詢問你是否要儲存目前的方案。將方案的變更儲存起來，然後再建立 **ASimpleProject** 專案。
2. *開啓 IDE 自動產生的程式碼檔案*：要開啓 IDE 自動產生的**程式碼檔案 (ASimpleProject.cpp)**，首先按一下「方案總管」中「**原始程式檔」(Source Files)** 旁邊的加號方框符號，就可展開。接者，在展開的「原始程式檔」資料夾內的「**ASimpleProject.cpp**」檔案上按兩下。則此 IDE 自動產生的 **ASimpleProject.cpp** 檔案，就會如圖 2.17 所示顯示出來。
3. *修改程式*：請注意，這個由 Visual Studio .NET 產生的程式檔案已經包含程式碼。我們將會在第 3 章將程式的語法介紹給讀者。目前，只是修改 **ASimpleProject.cpp** 檔案，使它成為如圖 2.18 所示的程式內容。這個程式會顯示一行訊息。

```
Welcome to Visual C++ .NET!
```

圖 2.16　簡單程式的執行結果。

```
1   // This is the main project file for VC++ application project
2   // generated using an Application Wizard.
3
4   #include "stdafx.h"
5
6   #using <mscorlib.dll>
7
8   using namespace System;
9
10  int _tmain()
11  {
12     // TODO: Please replace the sample code below with your own.
13     Console::WriteLine(S"Hello World");
14     return 0;
15  }
```

圖 2.17　Visual Studio .NET 自動產生的程式檔案。

```
 1  // Fig. 2.18: ASimpleProject.cpp
 2  // Simple welcome program.
 3
 4  #include "stdafx.h"
 5
 6  #using <mscorlib.dll>
 7
 8  using namespace System;
 9
10  int _tmain()
11  {
12     Console::WriteLine( S"Welcome to Visual C++ .NET!" );
13
14     return 0;
15  }
```

圖 2.18　IDE 示範說明的程式碼。

4. *儲存專案*：選取**「檔案」>「全部儲存」(Save All)**，就可儲存整個方案。要儲存某個個別檔案，在「方案總管」內選擇該檔案，再選擇**「檔案」>「儲存 Filename」**，其中 *Filename* 就是你希望儲存的檔案名稱。在我們這個範例中，IDE 將原始程式碼儲存在檔案 **ASimpleProject.cpp**。專案檔 **ASimpleProject.vcproj** 則包含專案中所有檔案的名稱和位置。選取「全部儲存」命令，就是將專案檔、方案檔和程式碼檔案儲存起來。
5. *執行專案*：要執行這個步驟之前，我們必須是在 IDE 的*設計模式* (*design mode*)，也就是正在建立程式而不是執行。在標題列會出現「**Microsoft Visual C++ [design]**」，表示是在設計模式。當在設計模式時，程式設計師可以使用所有的環境視窗(就是「工具箱」和「屬性」視窗)、功能表、工具列等等。當在*執行模式* (*run mode*) 時，程式是在執行，而使用者只可以和少部份 IDE 功能互動。無法使用的功能就被停用，成爲灰色圖案。要執行程式，我們首先需要編譯它，可選擇功能表的**「建置」(Build)** 下的**「*建置方案*」(*Build Solution*)** 命令進行，或者按下複合鍵 *Ctrl + Shift + B* 亦可執行。經過上述步驟，這個程式只要按一下**「*開始*」(*Start*)** 按鈕(工具列上的藍色三角形按鈕)，就可以執行，或者選擇功能表**「偵錯」 (Debug)**下的「開始」命令或者按下 *F5* 按鍵亦可執行。圖 2.19 顯示 IDE 位於執行模式時的外觀。請注意，IDE 的標題列會顯示**[run]**文字，許多工具列的圖示被停用。主空台視窗在程式結束時就會關閉，若要保持開啓，可以選擇**「偵錯」>「啓動但不偵錯」(Start Without Debugging)**或者按下複合鍵 *Ctrl + F5*。這個主控台視窗就會提示使用者在程式結束後，按一下任何鍵才關閉主控台視窗，如此使用者可以觀察程式的輸出。在這本書中，我們都是採用「啓動但不偵錯」的命令來執行主控台應用程式，如此讀者就能夠看到程式的輸出。

6. *終止執行*：要終止程式，可按下任何按鍵或者按一下執行中應用程式的關閉按鈕 (就是在右上角的 **X** 按鈕)。所有這些動作都可以終止程式的執行，並且將 IDE 恢復成設計模式。

2.7 簡單的程式：顯示文字和影像

在這一節，我們建立一個視窗應用程式，會在螢幕上顯示一行文字「Welcome to Visual C++ .NET!」和一張圖片。這個程式是由單一表單組成，使用標籤來顯示文字，以及一個圖片框來顯示影像。圖 2.20 顯示這個程式的輸出。這個範例在隨書光碟中可以找到。

這個程式我們沒有編寫任何一行程式碼，只是使用視覺化程式設計的技術。程式設計師各種手的動作 (例如，使用滑鼠指向某處、按一下滑鼠鍵、拖拉和拖放滑鼠)，就提供 Visual Studio .NET 足夠的資訊來產生所有或者主要部分的程式碼。在下一章，我們開始討論如何撰寫程式碼。在這本書中，我們將逐漸增加程式的內容和功能。Visual C++ .NET 程式設計通常由程式設計師撰寫一部分的程式碼，而 Visual Studio .NET 產生其餘的程式碼。

圖 2.19　在執行模式下的 IDE 外觀。

要建立、執行和最後結束這個程式，請執行下述的步驟：

1. *建立新專案*：如果你已經開啓另一個專案，請先從功能表上選取**「檔案」>「關閉方案」**關閉該專案。可能會出現一個對話方塊，詢問你是否要儲存目前的方案，以便儲存修改的內容。儲存方案後建立新的視窗應用程式。開啓 Visual Studio .NET，然後選擇**「檔案」>「新增」>「專案…」>「Visual C++專案」>「Windows Forms 應用程式 (.NET)」**(圖 2.21)。將專案命名爲 `ASimpleProject2`，選擇儲存專案的目錄。按一下「確定」。Visual Studio .NET 就會載入新的方案，顯示名稱爲 **"Form1"** 的表單 (圖 2.22)。

圖 2.20 簡單程式的執行結果。

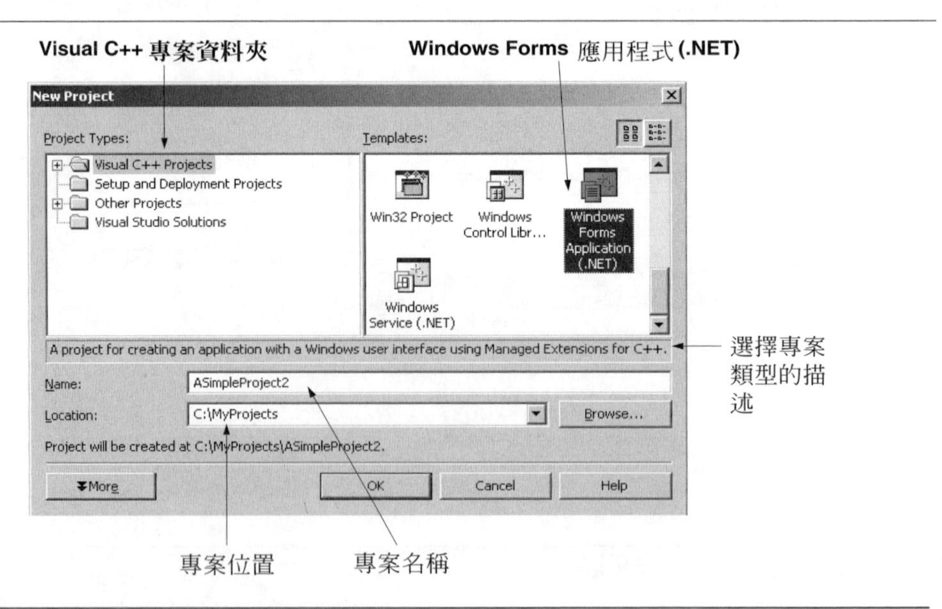

圖 2.21 「新增專案」對話方塊。

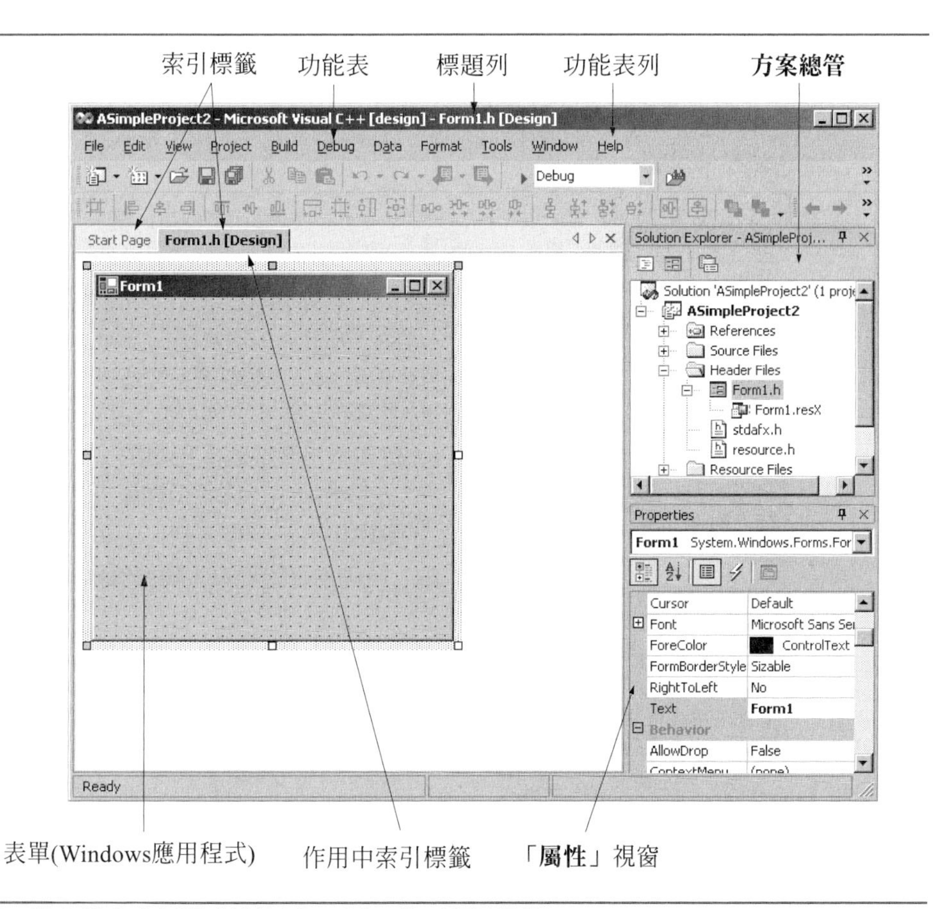

圖 2.22　建立視窗應用程式後的 Visual Studio .NET 外觀。

灰色矩形代表我們的應用程式所使用視窗，這個矩形稱為表單，在本章前面曾經討論過。表單和控制項就是程式的*圖形使用者介面* (*GUI*，*graphical user interface*)，它們是使用者與程式互動時所使用的圖形元件。使用者利用鍵盤和滑鼠按鈕，將資料輸入程式。程式也會在 GUI 輸出指令和資料，讓使用者閱讀。請注意，每一份開啓的文件是以**「索引標籤」(tab)** 方式顯示。在這個範例中，文件包括「起始頁」和「Form1.h [Design]」。要檢視某一份文件，可在具有該份文件名稱的索引標籤上按一下。索引標籤方式可以節省空間，容易從多份文件中找到所要的文件。目前的索引標籤文件是 “**`Form1.cs`**”，也是視窗應用程式所自動建立的預設檔案。在檔案名稱後面接著的 **[Design]** 文字表示我們正在以視覺化設計這份表單，而不是使用程式碼來設計。如果我們已經撰寫程式碼，則標題列將會只顯示 **Form1.h**。

2. *設定表單的標題列文字*：首先，你需要設定標題列上出現的文字。這項文字是由表單的 ***Text*** 屬性 (圖 2.23) 決定。如果沒有開啓表單的「屬性」視窗，可以按一下工具列上的「屬性」圖示，或者選取功能表「檢視」中的「屬性視窗」命令。使用滑鼠選取表單，「屬性」視窗就會顯示目前選取項目的資訊。在視窗中按一下位於 **Text** 屬性右方的欄位，要設定 **Text** 屬性的值，可在此欄位內輸入。在這個範例中，我們輸入 **"A Simple Program"** 如圖 2.23 所示。按下輸入鍵，就可更新設計區域內表單的標題列。

3. *調整表單的大小：按一下表單啓用的縮放控點 (sizing handle)*，就是圍繞表單四週的小方塊 (如圖 2.24 所示)，拖拉此處可改變表單的大小。啓用的縮放控點是白色的。滑鼠游標移到啓用的縮放控點上方時，會改變形狀。停用的縮放控點是灰色的。在表單背景顯示的格子點是用來對齊控制項，當程式執行的時候不會出現。

4. *改變表單的背景顏色:*屬性 **`BackColor`** 可以指定表單或者控制項的背景顏色。按一下「**屬性**」視窗的屬性 **`BackColor`**，在屬性值的右方就會出現一個向下方向的按鈕 (圖 2.25)。按一下此按鈕，就可下拉顯示出其他的顏色選項。(這些選項會因爲屬性不同而有所改變。) 在這個範例中，它會顯示三個索引標籤頁「**系統**」(**System**，預設值)、**"Web"** 和「**自訂**」(**Custom**)。按一下「自訂」索引標籤，就可顯示出「**調色盤**」(**palette**) 的一組顏色。選擇黃色的方塊，調色盤就會消失，而表單的背景顏色也變更爲黃色。

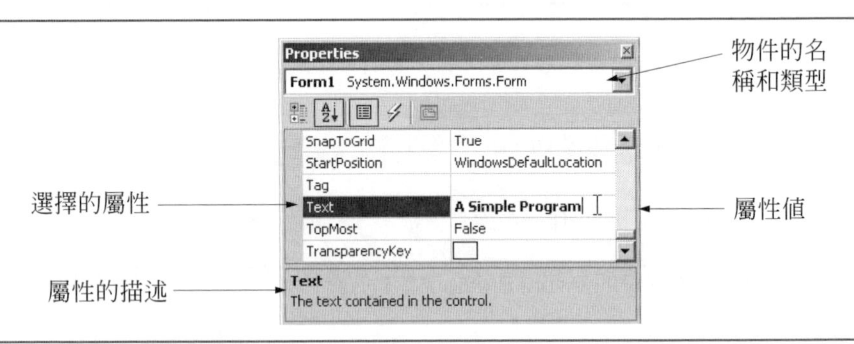

圖 2.23 設定表單的 Text 屬性。

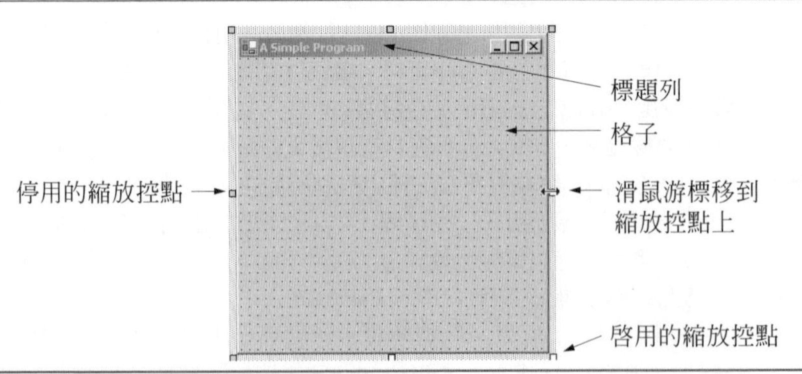

圖 2.24 具有縮放控點的表單。

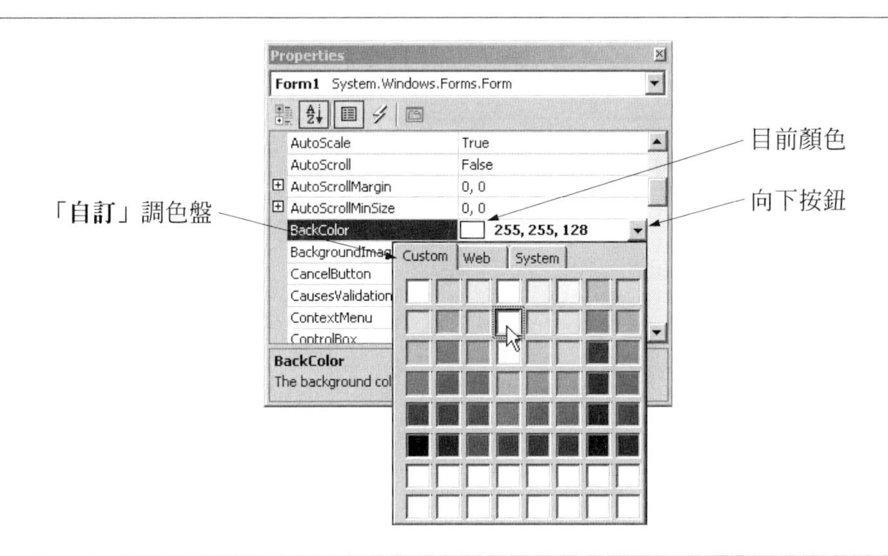

圖 2.25　變更屬性 BackColor。

5. *將標籤控制項加入表單*：在「**工具箱**」中按兩下標籤控制項，如果尚未開啓工具箱，可選擇「**檢視**」>「**工具箱**」開啓。這個動作可以在表單的左上角建立一個具有縮放控點的標籤 (圖 2.26)。按兩下工具箱內的任何控制項，都可將它放在表單上。或者，程式設計者可以從「工具箱」將控制項拖放到表單上。標籤會顯示文字，預設是顯示 **label1**。請注意，我們的標籤和表單的背景顏色同色。表單的背景顏色也是加入控制項的預設背景顏色。
6. *設定標籤的文字*：選擇標籤，它的屬性就會出現在「**屬性**」視窗。標籤的 **Text** 屬性決定標籤所要顯示的文字。表單和標籤每一個都有它們自己的 **Text** 屬性。表單和控制項也可以有相同的屬性，不會產生衝突。我們將會發現許多的控制項有相同的屬性名稱。將標籤的 **Text** 屬性設定為 **"Welcome to Visual C++ .NET!"** (圖 2.27)。使用縮放控點調整標籤大小配合文字。將標籤拖放到表單的正上方，或者使用方向鍵完成。你也可以從功能表列上選擇「**格式**」>「**對齊表單中央**」**(Center In Form)** >「**水平**」**(Horizontally)** 移動標籤。
7. *設定標籤的字型大小，並且對齊標籤文字*：按一下 **Font** 屬性值，就會在右邊出現省略符號 **(…)** 按鈕，如圖 2.28 所示。省略符號按鈕代表當程式設計者按下此按鈕時，就會出現一個對話方塊。當按一下此按鈕時，如圖 2.29 所示的「**字型**」對話方塊就會顯示出來。在這個視窗中，你可以選擇字型 (**Microsoft Sans Serif**、**Arial** 等)、**字型樣式** (**Regular**、**Bold** 等) 以及字型大小 (**8**、**10** 等)。在「**範例**」區域內的文字則顯示所選取的字型。在「**大小**」的欄位內，選擇 **24**，然後按一下「**確定**」**(OK)**。如果文字超過一行，它會換到下一行。如果標籤無法完全容納所有的文字，可以調整標籤的大小。接著，選擇標籤的 **Text Align** 屬性，以便決定文字在標籤內的對齊方式。屬性值採用3乘3的九宮格方式，以便對齊標籤內的文字(圖2.30)。選擇中上格的選項，文字就會出現在標籤的中央上方的位置。

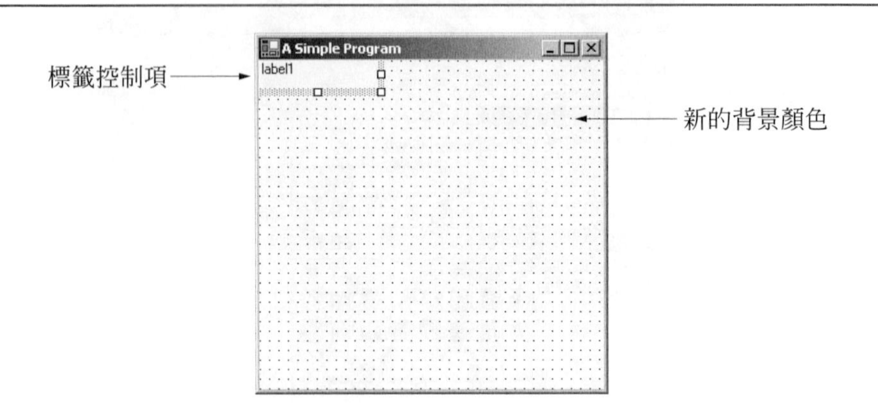

圖 2.26　將新的標籤加入表單。

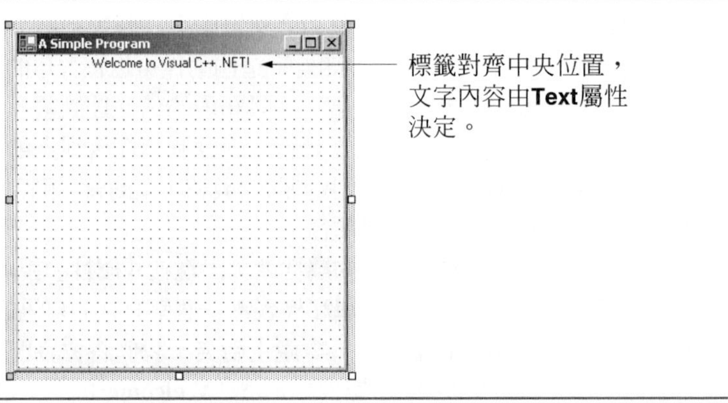

圖 2.27　標籤就定位，並設定好 Text 屬性。

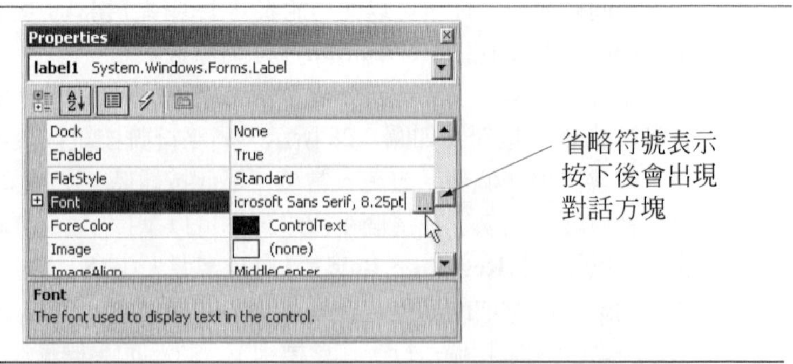

圖 2.28　「屬性」視窗顯示標籤的屬性。

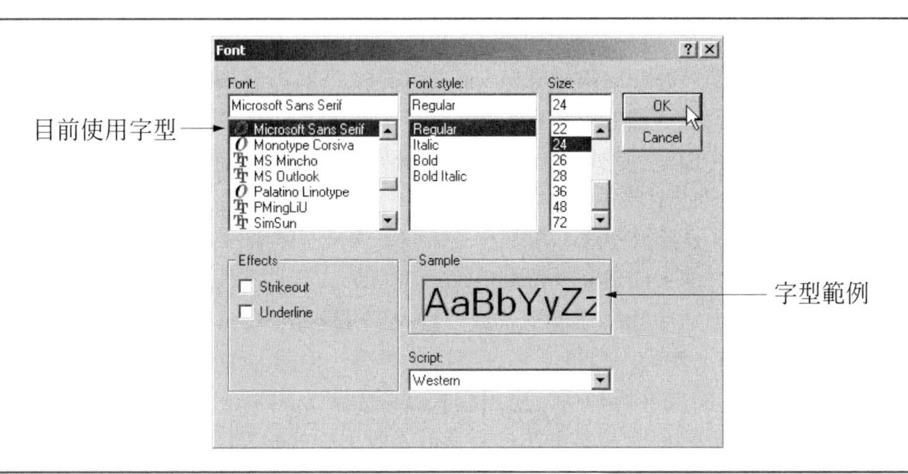

圖 2.29　「字型」視窗可設定字型、樣式和大小。

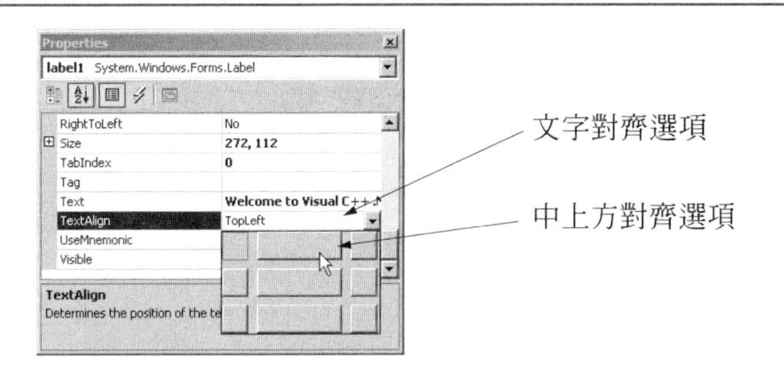

圖 2.30　將標籤的文字對齊中央。

8. *將圖片框加入表單*：圖片框 (picture-box) 控制項可以顯示影像。這個步驟很類似步驟 5。在工具箱中找出圖片框，然後將它加入表單。將圖片框移到表單的正下方，使用滑鼠或者鍵盤均可 (圖 2.31)。
9. *載入影像*：在「**屬性**」視窗中，按一下圖片框就可以顯示出它的屬性，找到 **Image** 屬性。屬性 **Image** 會顯示出目前圖片的預覽。因為還沒有指定圖片，所以屬性 **Image** 顯示不出影像 (圖 2.32)。按一下省略符號按鈕，顯示出「開啟」對話方塊 (圖 2.33)。瀏覽找出需要載入的圖片，按下輸入鍵。可載入的影像檔案格式包括 **PNG** (Portable Networks Graphic)、**GIF** (Graphic Interchange Format) 和 **JPEG** (Joint Photographics Experts Group) 等。這些檔案格式都是廣泛使用於網際網路。要建立新的圖片就得使用影像編輯軟體，例如 Jasc Paint Shop Pro、Adobe Photoshop Elements 或者 Microsoft 小畫家等。我們要載入的圖片為 **ASimpleProgramImage.png**，我們將它隨同本範例放在書附光碟以及我們的網站 (**`www.deitel.com`**) 上。

載入影像檔後，圖片框會盡可能顯示圖片 (按照大小)，屬性 **Image** 可以顯示一個小的預覽圖形。要顯示整個影像，可拖拉圖片框的控點調整圖片框大小 (圖 2.34)。

10. *儲存專案*：選取「**檔案**」>「**全部儲存**」，就可儲存整個方案。
11. *執行專案*：在標題列出現的文字 **Form1.h [Design]** 表示我們正在以視覺化設計這份表單，而不是使用程式碼來設計。如果我們已經撰寫程式碼，則標題列將會只顯示 **Form1.h**。要執行程式，我們首先需要編譯它，可選擇功能表的「**建置**」(**Build**) 下的「**建置方案**」(**Build Solution**) 命令進行，或者按下複合鍵 Ctrl + Shift + B 亦可執行。經過上述步驟，這個程式只要按一下「**開始**」(**Start**) 按鈕 (工具列上的藍色三角形按鈕)，就可以執行，或者選擇功能表「**偵錯**」(**Debug**) 下的「**開始**」命令或者按下 F5 按鍵亦可執行。應用程式就會如圖 2.20 顯示出來。
12. *終止執行*：要終止程式，可按一下執行中應用程式的關閉按鈕 (就是在右上角的 **X** 按鈕)。或者，按一下工具列上的結束按鈕 (藍色方塊)。任何一個動作都可以終止程式的執行，並且將 IDE 恢復成設計模式。

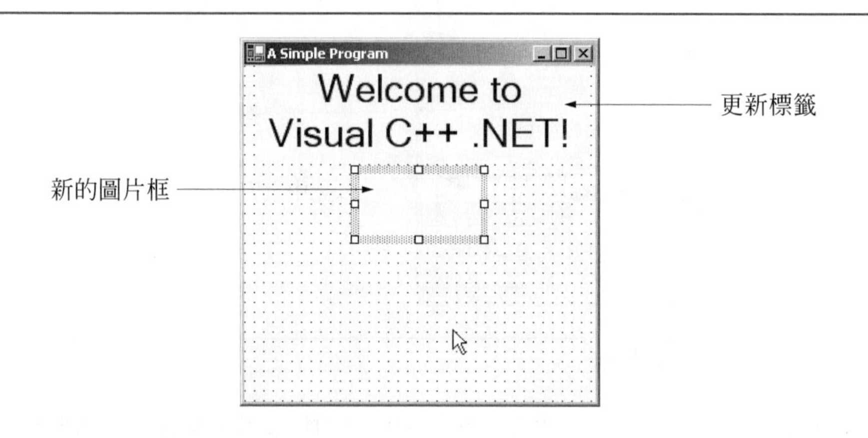

圖 2.31 圖片框的插入和對齊。

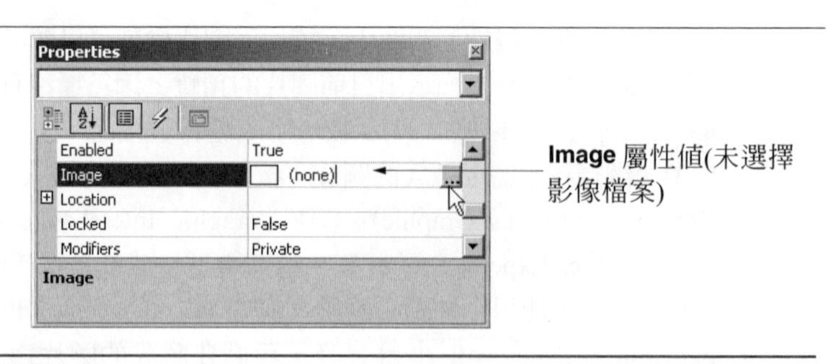

圖 2.32 圖片框的 Image 屬性。

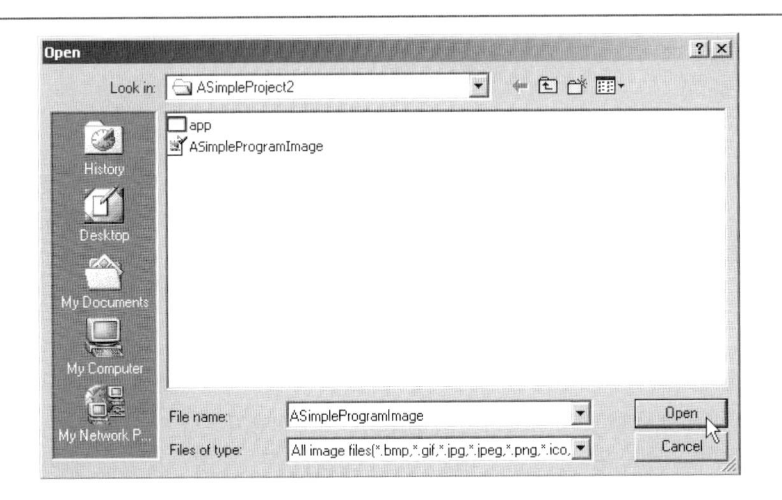

圖 2.33　選取影像檔案載入圖片框。

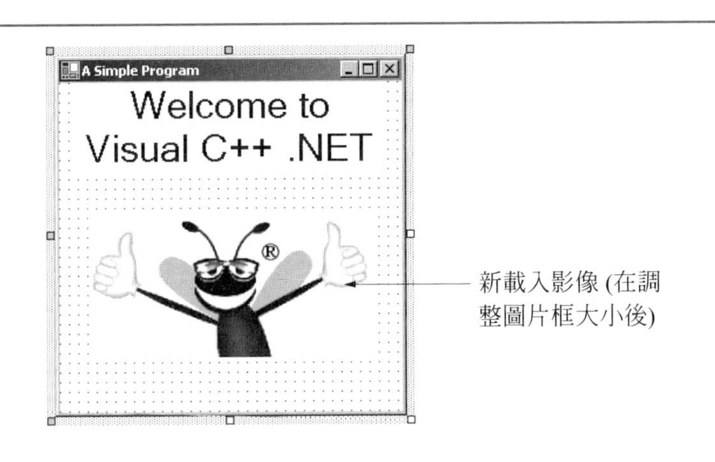

圖 2.34　載入影像後的圖片框。

我們在這一章沒有撰寫任何一行程式碼，就能夠建立一個可以執行的 Visual C++ .NET 程式。視覺化程式設計讓我們能夠使用視窗建立控制項，並且設定屬性，而不需要撰寫許多行的程式碼。在第 3 到 11 章，我們使用主控台應用程式來說明非視覺化或者稱之爲傳統的程式設計方法，我們只使用程式碼建立程式。Visual C++ .NET 程式設計是兩種方式的混合體：視覺化程式設計讓我們能夠設計 GUI 介面而避免繁瑣的工作，而傳統的程式設計則指定程式的行爲。應用程式最重要的部分就是它的行爲，在後面的章節我們會解釋如何設計程式。我們將在第 12 章中重新討論視覺化程式設計。此後，我們會說明如何將兩種程式設計方法結合起來建立應用程式。

軟體工程的觀點 2.1

視覺化程式設計比撰寫程式碼簡單又快速。

軟體工程的觀點 2.2

大部分程式需要的不只是視覺化程式設計的方法而已。在這樣的程式中，還是需要手寫某些程式碼。這些程式包括使用事件處理常式 (用來回應使用者的動作) 的應用程式、資料庫、安全性、網路、文字編輯、圖形和多媒體等程式。

摘　要

- Visual Studio .NET 是微軟公司的整合發展環境 (IDE)，可用來建立、執行和除錯程式。
- 當第一次載入 Visual Studio .NET時，就顯示出「**起始頁**」。在這一頁包含有用的連結，例如，最近開啓的專案、線上新聞群組、下載檔案和使用者設定檔案。
- 「**開始作業**」包含有最近曾開啓過的專案連線。
- 「**我的設定檔**」讓使用者可以自訂 Visual Studio .NET 的設定。
- 在 Visual Studio .NET IDE 中，使用者可以透過 Internet Explorer 瀏覽 Web 網頁。
- 對話方塊就是用來與使用者溝通的視窗。
- Visual Studio .NET 中的程式可分成專案和方案兩種。專案是一群相關的檔案組成。而方案則是指一群專案，代表一個完整的應用程式或者一組相關的應用程式。
- 主控台應用程式就是包含文字輸出的應用程式。主控台應用程式的文字輸出是顯示在主控台視窗 (也稱爲命令提示視窗) 中。
- 視窗應用程式是在 Windows 作業系統 (OS) 下執行的應用程式，而且有它們自己的視窗，像是微軟的 Word、Internet Explorer 和 Visual Studio .NET 都是。它們包含一些控制項，也就是可重複使用的圖形元件，例如，按鈕和標籤，使用者可以透過這些控制項和應用程式互動。
- 標題列顯示專案的名稱、使用的程式設計語言、IDE的工作模式、檢視的檔案和檢視的模式。
- 功能表包含分成許多組的各種命令，當我們選擇其中的某個命令時，就能讓 IDE 執行某個動作。Visual Studio .NET 提供使用者不同的檢視模式。某些功能表項目只有在某些檢視模式下才會出現。
- 工具列包含的圖示就代表功能表項目。要執行某個命令，只需要按一下相對應的圖示即可。按一下圖示旁邊的向下按鈕，就可以顯示其他的項目。
- Visual Studio .NET 提供某些功能表項目的鍵盤快速鍵 (也稱爲助憶鍵)，例如，按下複合鍵 *Ctrl+Shift+N* 就代表選取了「**檔案**」>「**新增**」>「**專案…**」功能表項目。這些鍵盤快速鍵提供另一種方法來執行常用的命令。
- 將滑鼠游標移到圖示上，就能突顯出圖示，並且顯示出工具提示。
- 在方案總管視窗中，列出方案的所有檔案。
- 方案中的起始專案就是當你執行此方案時，首先執行的專案。
- 在專案和方案名稱左邊具有方框的加號和減號，可分別用來展開和收起樹狀結構。

- 「**工具箱**」包含可用來設定表單的控制項。
- 使用視覺化程式設計，你就可以將控制項拖放到表單上，而不需要撰寫實際的程式碼。
- 將滑鼠游標移到自動隱藏視窗的標籤上，就可開啓這個視窗。將滑鼠游標移到視窗之外，就可關閉這個視窗。這個功能稱爲自動隱藏。要固定住「**工具箱**」(例如，取消自動隱藏的功能)，只需要按一下視窗右上角的圖釘圖示即可。
- 可以利用「屬性」視窗來顯示表單或者控制項的屬性。屬性就是有關控制項的各種特性，例如，大小、顏色和位置。
- 每一種控制項都有一組它自己的屬性。
- 「說明」功能表包含幾種項目。「內容」功能表項目顯示出一個經過分類的內容表，其中列出所有的說明主題。「索引」功能表項目顯示出按字母排列的索引，可加以瀏覽搜尋。「尋找」功能表項目讓你只要按照幾個搜尋字，就可找到特定的說明文件。
- 「動態說明」是一個很好的方法，用來取得有關 Visual Studio .NET 各種功能的資訊。
- 「動態說明」按照目前的內容 (就是滑鼠游標所在的位置)，提供一系列的文章。
- 請注意，對某些使用者來說，「動態說明」可能會降低 Visual Studio 的效能。
- 內文相關說明很類似動態說明，只是內文相關說明可以馬上提供相關的說明文件。要利用內文相關說明時，可先選擇需要解釋的項目，然後按下 F1 鍵。
- 開啓 Visual Studio .NET，然後選擇「**檔案**」>「**新增**」>「**專案…**」>「**Visual C++專案**」>「**主控台應用程式 (.NET)**」，就可建立新的主控台應用程式。命名專案，選擇某個目錄，然後按一下「**確定**」。Visual Studio .NET 就會載入這個新的專案。
- 當我們建立主控台應用程式 (.NET) 類型的專案，Visual Studio .NET 會產生一個程式檔案 *ProjectName*`.cpp`，其中 *ProjectName* 是新專案的名稱。
- 選取「**檔案**」>「**全部儲存**」，就可儲存整個方案。要儲存個別檔案，先在「**方案總管**」內選擇該檔案，然後選擇「**檔案**」>「**儲存**」。
- 在 IDE 標題列顯示 **"Microsoft Visual C++ .NET [design]"** 文字，表示 IDE 是位於設計模式。
- 當在執行模式時，程式是在執行中，而使用者只可以和很少的 IDE 功能互動。
- 要執行某個程式，可以按下工具列上的「開始」按鈕 (藍色三角形)，或者選取「**偵錯**」>「**開始**」。請注意，IDE 的標題列會顯示 **[run]** 文字，許多工具列的圖示會被停用。
- 按一下「**關閉**」按鈕，就可以終止執行。也可以按一下工具列上的「**停止偵錯**」(**Stop Debugging**) 按鈕 (藍色方塊) 結束執行。
- 開啓 Visual Studio .NET，然後選擇「**檔案**」>「**新增**」>「**專案…**」>「**Visual C++專案**」>「**Windows Forms 應用程式 (.NET)**」，就可建立新的 Windows Forms 應用程式。命名專案，選擇某個目錄。然後按一下「**確定**」。Visual Studio .NET 就會載入新的方案，顯示名稱爲 **"Form1"** 的空白表單。
- 出現在表單頂端 (標題列) 的文字是由表單的 Text 屬性決定。要設定 Text 屬性的值，可在提供的欄位內輸入屬性值，然後按下輸入鍵。
- 要調整表單的大小，按一下並且拖拉表單啓用的縮放控點 (圍繞表單四週的小方塊)。啓用的縮放控點是白色的，停用的縮放控點是灰色的。
- 在表單背景顯示的格子點是用來對齊控制項，當程式執行的時候不會出現。

- 屬性 **BackColor** 可以指定表單或者控制項的背景顏色。表單的背景顏色也是加入表單控制項的預設背景顏色。
- 按兩下工具箱內的任何控制項，都可將它放在表單上。或者，程式設計者也可以從「**工具箱**」將控制項拖放到表單上。
- 標籤的 **Text** 屬性決定標籤所要顯示的文字。表單和標籤每一個都有它們自己的 Text 屬性。
- 當按下省略符號按鈕，就可以顯示出對話方塊。
- 在「**字型**」對話方塊中，使用者可以選擇字型、樣式和大小。
- 標籤的 **TextAlign** 屬性，可以決定文字在標籤內的對齊方式。
- 圖片框控制項可以讓我們在表單上顯示影像。屬性 **Image** 會顯示出目前圖片的預覽。要選擇影像檔案，按一下省略符號按鈕，顯示出「**開啓**」對話方塊。瀏覽尋找要載入的圖片 (需要適合的格式，例如，PNG、GIF 或者 JPEG)，然後按下輸入鍵。

詞 彙

Alignment 屬性 (**Alignment** property)
字母順序圖示 (alphabetic icon)
自動隱藏 (auto hide)
BackColor 屬性 (**BackColor** property)
背景顏色 (background color)
「**建置**」功能表 (**Build** menu)
「**建置方案**」選項 (**Build Solution** option)
按鈕 (button)
分類圖示 (categorized icon)
按一下 (clicking)
「**關閉**」按鈕圖示 (**Close** button icon)
收起樹狀結構 (collapse a tree)
命令提示視窗 (Command Prompt)
編譯程式 (compile a program)
主控台視窗 (console window)
主控台應用程式 (console application)
「**主控台應用程式 (.NET)**」專案類型 (**Console Application (.NET)** project type)
內文相關說明 (context-sensitive help)
控制項 (control)
自訂 Visual Studio .NET (customize Visual Studio .NET)
「**資料**」功能表 (**Data** menu)
偵錯程式 (debug a program)
「**偵錯**」功能表 (**Debug** menu)
設計模式 (design mode)
對話方塊 (dialog)
按兩下 (double-clicking)
向下按鈕 (down arrow)
動態說明 (dynamic help)
「**動態說明**」視窗 (**Dynamic Help** window)
「**編輯**」功能表 (**Edit** menu)
事件圖示 (event icon)
擴展樹狀結構 (expand a tree)
外部說明 (external help)
F1 說明鍵 (*F1* help key)
「**檔案**」功能表 (**File** menu)
Font 屬性 (Font property)
字型大小 (font size)
字型樣式 (font style)
「**字型**」對話方塊 (**Font** dialog)
表單 (form)
「**格式**」功能表 (**Format** menu)
「**開始作業**」連結 (**Get Started** link)
GUI (使用者圖形介面) (GUI (Graphical User Inteface))

「**說明**」功能表 (**Help** menu)
圖示 (icon)
IDE (整合開發環境) (IDE (integrated development environment))
Image 屬性 (Image property)
輸入 (input)
內部說明 (internal help)
IE (Internet Explorer)
標籤 (label)
功能表 (menu)
Visual Studio .NET 的功能表列 (menu bar in Visual Studio .NET)
助憶按鈕 (mnemonic)
滑鼠游標 (mouse pointer)
「**新增專案**」對話方塊 (**New Project** dialog)
Visual Studio .NET 的新專案 (new project in Visual Studio .NET)
開啓專案 (opening a project)
輸出 (output)
調色盤 (palette)
圖形框 (picture box)
專案 (project)
專案位置 (**Project** location)
「**專案**」功能表 (**Project** menu)
「**屬性**」視窗 (**Properties** window)
屬性 (property)
「**屬性頁**」對話方塊 (**Property Pages** dialog)
最近開啓的專案 (recent project)
按下右鍵 (right-clicking)
「**執行**」功能表 (**Run** menu)
執行模式 (run mode)
「**另存新檔**」對話方塊 (**Save File As** dialog)
捲軸方塊 (scrollbar thumb)
「**搜尋**」功能 (**Search** feature)
選擇 (selecting)
用滑鼠左鍵按一下 (single-clicking with the left mouse button)
用滑鼠右鍵按一下 (single-clicking with the right mouse button)
縮放控點 (sizing handle)
方案 (solution)
方案總管 (**Solution Explorer**)
「**開始**」按鈕 (**Start** button)
起始頁 (**Start Page**)
起始專案 (startup project)
索引標籤視窗 (tabbed window)
Text 屬性 (Text property)
標題列 (title bar)
工具提示 (tool tip)
工具列 (toolbar)
工具列圖示 (toolbar icon)
工具箱 (**Toolbox**)
「**工具**」功能表 (**Tools** menu)
「**檢視**」功能表 (**View** menu)
Visual Studio .NET (Visual Studio .NET)
「**視窗**」功能表 (**Windows** menu)
視窗應用程式 (Windows application)
Windows Forms 應用程式 (.NET) 專案類型 (Windows Forms Application (.NET))

自我測驗

2.1 填空題：

a) ________ 包含一些圖片，稱為圖示，用來代表一些常用的命令。

b) __________ 就是組成應用程式的一組檔案和物件。

c) 方案中的 ________ 就是當你執行此方案時，首先執行的專案。
d) 當滑鼠游標進入圖示範圍時，就會出現 ________ 。
e) 在 ________ 視窗中，列出方案的所有檔案。
f) 加號方框符號表示「方案總管」內的樹狀結構可以 ________ 。
g) 「屬性」視窗可以按照 ________ 或者 ________ 加以分類。
h) ________ 功能表項目顯示分類的內容表。
i) ________ 功能讓你只要按照幾個搜尋字，就可找到特定的說明文件。
j) ________ 可以按照目前的內容，顯示相關的說明文件。

2.2 說明下列何者爲*眞*，何者爲*僞*。如果答案是僞，請說明理由。
a) 標題列可以顯示 IDE 的工作模式。
b) 「**起始頁**」的「**線上資源**」索引標籤可以讓使用者自訂 IDE。
c) “XML Web Services”標籤頁讓使用者可以取得軟體更新檔案以及程式碼範例。
d) 工具列提供執行某些命令的容易方法。
e) 工具列包含的圖示代表能夠加入表單的 GUI 控制項。
f) 將滑鼠游標移到工具列的圖示上，就能顯示圖示的說明，稱爲工具提示。
g) 當在執行模式時，使用者只可以和很少的 IDE 功能互動。
h) 「**內容**」功能表顯示與最近曾開啓過專案的連線。
i) 按一下按鈕通常就可以執行某些動作。
j) 要執行某個程式，按一下「**開始**」按鈕。

自我測驗解答

2.1 **a)** 工具列。**b)** 專案。**c)** 起始專案。**d)** 工具提示。**e)**「**方案總管**」。**f)** 展開。**g)** 字母順序，類別。**h)**「**內容**」。**i)**「**搜尋**」。**j)** 動態說明。

2.2 **a)** 眞。**b)** 僞。「起始頁」的「我的設定檔」索引標籤頁可以讓使用者自訂 IDE。**c)** 僞。「**資源下載**」標籤頁讓使用者可以取得軟體更新檔案以及程式碼範例。**d)** 眞。**e)** 僞。工具列包含的圖示就代表功能表項目。**f)** 眞。**g)** 眞。**h)** 僞。「開始作業」標籤頁包含有最近曾開啓過的專案連線。**i)** 眞。**j)** 眞。

習　題

2.3 填空題：
a) 可以利用「屬性」視窗來設定 ________ 或者 ________ 的屬性。
b) 要將方案的每一個檔案儲存起來，可以選取功能表 ______ 的功能項目 ______ 。
c) ________ 說明能夠立刻提供相關的說明文件。可以按下 ________ 鍵，就可取得。
d) ________ 可以按照目前的內容，顯示說明文件的清單。

2.4 說明下列何者爲*眞*，何者爲*僞*。如果答案是僞，請說明理由。
a) Visual Studio .NET 提供使用者瀏覽檔案的視窗。

b) 按一下減號方框符號，就可將開啓的樹狀結構收攏。

c) 使用者可以從 Visual Studio .NET 瀏覽網際網路。

d) 屬性 **BackColor** 指定表單或者控制項的背景顏色。

e) 內文相關說明按照目前內容，提供一系列說明文件。

2.5 某些功能在 Visual Studio .NET 到處出現，在不同的地方執行類似的動作。請提供範例並且說明加號/減號方框圖示、向下按鈕和工具提示的功能。你認爲 Visual Studio .NET 爲何要如此設計？

2.6 填空題：

a) 在 __________ 視窗的左邊一欄列出各種屬性。

b) __________ 就是結合一群專案來解決開發者的問題。

c) 功能表 __________ 包含的項目，可以安排表單上各種控制項位置。

d) 功能表 __________ 包含的項目，可以編譯程式。

2.7 簡單描述下列每一個 IDE 功能：

a) 工具列。

b) 功能表列。

c) 工具提示。

d) 圖示。

e) 專案。

f) 標題列。

3

介紹 Visual C++ .NET 程式設計

學習目標

- 學習編寫簡單的 Visual C++ .NET 程式。
- 能夠使用輸入和輸出敘述式。
- 能夠熟悉基本的資料型別。
- 瞭解基本的記憶體概念。
- 能夠使用算數運算子。
- 瞭解算數運算子的優先順序。
- 能夠編寫判斷敘述式。
- 能夠使用關係運算子和等號運算子。

Comment is free, but facts are sacred.

C. P. Scott

The creditor hath a better memory than the debtor.

James Howell

When faced with a decision, I always ask, "What would be the most fun?"

Peggy Walker

Equality, in a social sense, may be divided into that of condition and that of rights.

James Fenimore Cooper

本章綱要

3.1 簡介

這一章將介紹 *C++的 Managed 擴充套件* (*MC++*) 程式語言。MC++是擴充自傳統 C++語言，讓程式設計師可以存取和操作 .NET Framework。在這本書中，我們提出許多範例來說明幾個MC++的重要功能。每個範例都是按照敘述式逐行加以分析。在本章一開始，我們會詳細說明如何在Visual C++ .NET中開發程式和控制程式。我們利用命令提示字元(Command Prompt) 操作的主控台應用程式來說明一些重要的概念。在本章稍後，我們會建立圖形使用者介面的視窗應用程式。我們曾在第 2 章說明過主控台應用程式和視窗應用程式的範例。

3.2 簡單的程式：列印一行文字

MC++所使用的一些表示法，對於非設計人員或者標準C++程式設計師可能顯得很奇怪。我們從可以顯示一行文字的簡單主控台應用程式開始介紹。這個程式及其輸出都顯示在圖 3.1 中。程式後面接著是輸出視窗，顯示程式的執行結果。當你執行這個程式，輸出就會以主控台視窗顯示。【*注意*：請複習第 2 章有關如何建立主控台應用程式的指令。】

這個程式說明MC++語言幾個重要的功能。我們在本書所舉出的程式都加入行號，讓讀者方便查閱，這些行號不屬於MC++程式。在圖 3.1 中的第 16 行執行本程式的實際工作，在螢幕上顯示片語“Welcome to Visual C++ .NET Programming!”。

```
1  // Fig. 3.1: Welcome1.cpp
2  // A first program in Visual C++ .NET.
3
4  // includes contents of stdafx.h into this program file
5  #include "stdafx.h"
6
7  // references prepackaged Microsoft code
8  #using <mscorlib.dll>
9
```

圖 3.1 使用 Visual C++ .NET 程式列印一行文字 (第 2 之 1 部分)。

```
10  // declares the use of namespace System
11  using namespace System;
12
13  int _tmain()
14  {
15     // display the string between the two parentheses in the console window
16     Console::WriteLine( S"Welcome to Visual C++ .NET Programming!" );
17
18     return 0; // indicate that program ended successfully
19  } // end _tmain
```

```
Welcome to Visual C++ .NET Programming!
```

圖 3.1　使用 Visual C++ .NET 程式列印一行文字 (第 2 之 2 部分)。

第一行是以//開始，表示該行其餘的部份都是註解。程式設計師可以將註解插入程式中，當作說明，可增進程式碼的可讀性，也能幫助其他程式設計師閱讀和了解你的程式。這行註解只是指明圖的編號和這個程式的檔案名稱。此處，我們將程式碼的檔案命名為 Welcome1.cpp。以//開始的註解稱為單行註解(single-line comment)，因為這個註解是在一行內結束。

你也能寫成*多行註解* (*multiple-line comments*)，例如

```
/* This is a multiple-line
   comment. It can be
   split over many lines. */
```

是以分界符號/*開始，而以分界符號*/結束。在這些分界符號之間的所有文字都被當作註解。在 Visual Studio .NET IDE 中，所有的註解文字預設是以綠色表示[1]。編譯器會忽略//和/*…*/形式的註解，當程式執行的時候，它們不會讓電腦執行任何的動作。在本書中，我們大部份使用單行註解。

常見的程式設計錯誤 3.1

遺漏多行註解分界符號之一是語法錯誤 (syntax error)。當編譯器無法辨識某個敘述式的時候，就會產生語法錯誤。編譯器通常會發出錯誤訊息，幫助程式設計師找出並且修改錯誤的敘述式。語法錯誤就是違反程式語言的規則。語法錯誤也稱為編譯錯誤、編譯時期錯誤，這是因為它們是在編譯階段才發現的錯誤。除非所有的語法錯誤都已經改正，否則程式無法進行編譯或執行。

良好的程式設計習慣 3.1

每個程式的開端應該安排一個或多個註解，描述程式的目的。

1 在 Visual Studio .NET 要改變字型和字體顏色，可以選取「**工具**」>「**選項...**」對話方塊中的「**環境**」>「**字型和色彩**」進行設定。

第 3 行是一行空白。程式設計師時常在程式中安排一行空白和使用空格字元，使程式碼更容易閱讀。空白行、空格字元、換行字元和定位字元全部稱爲空白，(空格字元和定位字元又特別稱爲空白字元)。編譯器會忽略空白行、定位字元和分隔文字的空格。我們將在本章和後續幾章討論空白字元的一些使用慣例。

良好的程式設計習慣 3.2

在程式中使用空白行、空格字元和定位字元，就可提高程式的可讀性。

第 5 行包含一個***#include*** *指令* (*directive*)，告訴編譯器將指定的檔案內容引入目前的檔案內，以取代***#include***敘述式。此處，在第 5 行指出我們希望將 **stdafx.h** 檔案內容引入我們的程式檔案 **welcome1.cpp**。檔案 **stdafx.h** 是由 Visual Studio .NET 產生，指向現有的一些有用的程式碼。我們將在第 8 章中，更詳細地討論**#include** 指令。

第 8 行 (稱爲***#using*** *前置處理器指令*) *參考* **mscorlib.dll**，這是預先包裝起來的一些程式碼。**#using** 前置處理器指令是以**#using** 的語法開始，然後將包含在**.dll** 檔案的資料輸入某個程式之內。我們將在第 8 章更詳細地討論. ***dll*** 檔案 (*動態連結函式庫*)。

在第 11 行的 ***using*** *指令*宣告程式使用*名稱空間* ***System*** (是 **mscorlib.dll** 的一部分) 的一些功能。**using** 指令 (與**#using** 前置處理器指令不同) 由關鍵字 **using** 開始，是在程式中宣布使用某個命名空間 (namespace)。*關鍵字*[2] (有時又稱爲*保留字*)是保留給 Visual C++ .NET 使用的辭彙 (我們將在這本書中討論各種關鍵字)。命名空間將各種不同的 MC++ 功能集合在相關的種類。MC++的強大力量之一就是程式設計師能夠使用 .NET Framework 所提供豐富的命名空間集合。這些命名空間包含程式設計師能夠重複使用的程式碼，而不需要重新設計程式碼。這使得程式設計更容易也更快速。在 .NET Framework 中定義的命名空間包含現有的程式碼，就是所謂的. *NET Framework 類別庫* (*.NET Framework Class Library*)。**System** 命名空間的一個功能就是 **Console** 類別，我們很快會討論到。將各種不同的功能編入各種命名空間，讓程式設計師能夠容易地找到它們。我們在本書中會討論許多的命名空間和它們的功能。

第 13 行開始的函式 ***_tmain***，就是所謂的程式進入點。在 **_tmain** 之後的小括號指出 **_tmain** 是稱爲*函式* (*function*) 的程式建構區塊。函式能夠執行工作，而且當這些工作完成時傳回資料。資訊也可以當作引數 (arguments) 傳給函式。這些資訊可能是函式要完成它的工作所必需的資料。函式將會在第 6 章中詳細地說明。【*請注意*：在 Visual Studio .NET 中，函式有時又稱爲方法或者是副程式。】

MC++應用程式必須要有一個函式作爲應用程式的進入點，否則程式無法執行。在這本書中，我們利用函式 **_tmain** 作爲主控台應用程式的進入點，而函式 ***_tWinMain*** 作爲圖形使用者介面 (GUI， graphical user interface) 應用程式的進入點[3]。GUI 應用程式是用來顯示圖形

2 Visual C++ .NET 全部的關鍵字顯示在圖 4.2 中。

3 如果應用程式支援的話，使用函式_tmain 和_tWinMain 可以確保應用程式使用 Unicode® 字串 (稍後將在本章中加以討論)。如果程式沒有支援 Unicode，應用程式還是可以正常編譯和執行。因為這個原因，我們使用這兩個函式作為應用程式進入點，而不是使用像 main 函式這種更廣為人知的進入點。

元件，例如按鈕和標籤，可供程式和使用者互動時使用。我們將在第 12 章中，更詳細討論 GUI 應用程式以及函數 **_tWinMain**。

第 14 行的左大括號 {，代表函式定義的本體開始之處，可當作程式一部份加以執行的程式碼。對應的右大括號 } 代表函式定義的本體結束之處 (第 19 行)。請注意，在這些大括號之間的數行函式本體程式碼，都加以縮排處理。

良好的程式設計習慣 3.3

將左、右大括號之間的整個函式本體內容縮排一層，就能夠明白定義出函式本體內容的位置。這樣可以讓函式的結構更明白的顯示出來，提高函式定義的可讀性。

第 16 行告訴電腦執行某個動作，就是列印包含在雙引號之間的一連串字元。以這種方法界定的一串字元稱爲*字串* (*strings*)、*字元字串* (*character strings*) 或者*字串常值* (*string literals*)。我們一般將位於雙引號之間的一些字元稱爲字串。編譯器不會忽略字串中的空白字元。

Console 類別讓程式可以將資訊輸出到電腦的*標準輸出裝置* (通常是指電腦螢幕)。*類別* (*Class*) 按照邏輯將成員 (例如函式，它們在類別中稱爲方法) 放在一起簡化，了程式的組織。**Console** 類別提供許多方法，例如 ***WriteLine*** 方法可以讓 MC++程式在 Windows 的 **Console** 視窗顯示字串和其他的資訊。

WriteLine 方法會在主控台視窗*顯示* (或者*列印*) 一行文字。當 **WriteLine** 完成它的工作，就會輸出一個*換行字元*以便將*輸出游標* (下一個字元將要顯示的位置) 移到主控台視窗下一行開端的地方。(這類似在文字編輯器輸入文字時，按下*輸入鍵* (*Enter* key)，游標就會移到檔案下一行開端的位置)。

整行程式碼，包括 **Console::WriteLine**、小括號中的引數 (**S"Welcome to Visual C++ .NET Programming!"**) 以及分號 (**;**)，就叫做「*敘述式*」(*Statement*)。每個敘述式都必須以分號 (也稱爲*敘述式終止符號*) 結束。當執行這個敘述式的時候，它會在主控台視窗中顯示訊息「Welcome to Visual C++ .NET Programming!」(圖 3.2)。

常見的程式設計錯誤 3.2

遺漏敘述式結尾的分號，這是語法錯誤。

避免錯誤的小技巧　3.1

當編譯器發出語法錯誤的訊息時，錯誤可能不是發生在錯誤訊息指出的程式碼位置。首先，檢查錯誤訊息所指出的程式碼位置。如果該行程式碼並未出現語法錯誤，則檢查前面幾行程式碼。

在第 16 行的字首 S 指出後續的字串是屬於 C++ Managed Extension (MC++) 的字串常值。程式設計者可以將幾個字串放在連續的幾行上，然後再串接起來形成一個字串，如下所述：

```
Console::WriteLine( S"Welcome to Visual C++ .NET "
   S"Programming!" );
```

在MC++的敘述式中，我們通常會在每個類別名稱之前加上它的命名空間，以及*範圍解析運算子* (::)。舉例來說，第 16 行通常將會成為

```
System::Console::WriteLine(
   S"Welcome to Visual C++ .NET Programming!" );
```

以便讓程式成功地編譯。第 11 行的 **using** 指令可以省掉這個麻煩，在每次使用 **Console** 之前，不需要加上 **System::**。請注意，我們仍然必須在 **WriteLine** 方法之前加上它的類別名稱 (**Console**)，以及範圍解析運算子 (::)。這樣就可指出我們所使用的是 **Console** 類別的 **WriteLine** 方法。

第 18 行介紹 **return** 敘述式。關鍵字 **return** 是*離開某個函式* (或*方法*) 的幾種方式之一。如圖所示，當在 **_tmain** 函式的結束處使用 **return** 敘述式時，如果傳回 0 值，就表示這個程式成功地結束。在第 6 章我們將會討論使用這個敘述式的理由。目前，你只需要在每一個程式中加入這個敘述式，否則某些系統的編譯器會產生警告訊息。圖 3.2 顯示出執行程式的結果。

使用多行敘述式顯示一行文字

也能夠透過多次方法呼叫顯示訊息「Welcome to Visual C++ .NET Programming!」。圖 3.3 中的檔案 Welcome2.cpp 使用二個敘述式來產生和圖 3.2 相同的輸出。

圖 3.3 的第 13-14 行在 console 視窗上顯示一行文字。第一行敘述式呼叫 **Console** 的 ***Write*** 方法，顯示一個字串。**Write** 不像 **WriteLine**，不會在 console 視窗中顯示它的字串之後，將輸出游標移到下一行的開端。而是將游標移到緊接著所顯示最後一個字元之後。這樣，在主控台視窗要顯示的下一個字元就會緊接著 **Write** 所顯示最後一個字元的後面。因此，當執行第 14 行的時候，第一個要顯示的字元 (**V**) 立刻緊接著出現在 **Write** 所顯示最後一個字元之後 (也就是，在第 13 行的“**to**”之後的空格字元)。

使用單行敘述式顯示多行文字

單獨一行敘述式使用換行字元 (newline character) 也可顯示多行的文字。換行字元指出何時應該將輸出游標移到主控台視窗的下一行開端，以便繼續輸出。圖 3.4 說明如何使用換行字元。

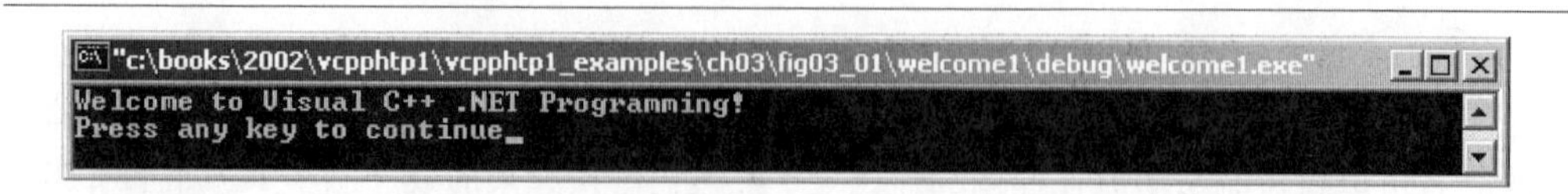

圖 3.2 Welcome1 程式的執行結果。

```
 1  // Fig. 3.3: Welcome2.cpp
 2  // Printing a line with multiple statements.
 3
 4  #include "stdafx.h"
 5
 6  #using <mscorlib.dll>
 7
 8  using namespace System;
 9
10  int _tmain()
11  {
12     // use two Console statements to print a string
13     Console::Write( S"Welcome to " );
14     Console::WriteLine( S"Visual C++ .NET Programming!" );
15
16     return 0;
17  } // end _tmain
```

```
Welcome to Visual C++ .NET Programming!
```

圖 3.3　使用多行敘述式列印一行文字。

```
 1  // Fig. 3.4: Welcome3.cpp
 2  // Printing multiple lines with a single statement.
 3
 4  #include "stdafx.h"
 5
 6  #using <mscorlib.dll>
 7
 8  using namespace System;
 9
10  int _tmain()
11  {
12     // use the new line character to display four lines of output
13     // with a single Console statement
14     Console::WriteLine( S"Welcome\nto\nVisual C++ .NET\nProgramming!" );
15
16     return 0;
17  } // end _tmain
```

```
Welcome
to
Visual C++ .NET
Programming!
```

圖 3.4　利用單行敘述式列印多行文字。

脫序串列	說明
`\n`	換行字元。將螢幕游標移到下一行的開端處。
`\t`	水平定位字元。將螢幕游標移到下一個定位點。
`\r`	游標歸位字元。將螢幕游標移到目前該行的開端處；不用移到下一行。在游標歸位字元後輸出的任何字元會覆蓋先前輸出到該行的字元。
`\\`	反斜線字元。可用來列印出反斜線符號。
`\"`	雙引號字元。可用來列印出雙引號字元(")。

圖 3.5　一些常見的逸出序列。

第 14 行會在主控台視窗產生四行文字。通常，字串的字元會完全按照它們出現在雙引號內的樣子顯示出來。但是請注意，**"\"**和**"n"**這兩個字元不會出現在螢幕上。反斜線符號 (\) 稱為逸出字元 (escape character)，表示要輸出的是一個特殊字元。當字元字串中出現反斜線符號時，則後續的下一個字元就會與反斜線符號結合，形成逸出序列 (escape sequence)。逸出序列**\n** 就是換行字元，會將游標 (就是螢幕現在位置的指標) 移到主控台視窗的下一行開端。一些常用到的逸出序列都顯示在圖 3.5 中。請注意圖 3.5 也包含有反斜線字元 (\) 和雙引號字元 (") 的逸出序列，這些是特殊字元，因此當字串中出現這些字元的時候，程式設計師一定要使用對應的逸出序列加以表示。

常見的程式設計錯誤 3.3

忘記在特殊字元的前面加上逸出字元 (\)，這是一個常見的錯誤，會導致不正確輸出，甚至是語法錯誤。

3.3　另一個簡單的程式：將兩個整數相加

我們下一個應用程式 (圖 3.6) 會由使用者在鍵盤輸入二個整數，然後計算這些數值的總和並且顯示結果。當使用者輸入每個整數後都會按一下輸入鍵，整數就會當作字串讀入程式，然後轉換成為整數以便進行加法計算。第 1-2 行都是單行註解，說明程式碼的檔案編號、檔案名稱和程式的目的。

程式一開始執行的是第 10 行的函式**_tmain**。第 11 行的左大括號開始函式**_tmain**的主體，而對應的右大括號則是函式**_tmain** 的終點。

第 12-17 行則是一些*宣告* (*declarations*)。識別字 **firstNumber**、**secondNumber**、**number1**、**number2** 和 **sum** 都是*變數* (*variable*) 的名稱。變數就是指電腦記憶體的某個位置，可存放數值供程式使用。程式在使用變數之前，所有的變數都必須先宣告其名稱以及資料型別。在 .NET Framework 已經有定義好的一些資料型別，就是所謂的*內建資料型別* (*built-in* *types*)或者*原始資料型別* (*primitive types*)。如下述的型別 **int**、**double** 和**__wchar_t** 都是原始資料型別。原始資料型別的名稱是關鍵字。在第 4 章中將概要說明原始資料型別。

變數名稱可以是任何有效的識別字，是由字母、數字和底線 (_) 的一串字元組成。識別字不能夠以數字開始、不能夠包含空格，而且也不可以是某個關鍵字。有效的識別字例如 **Welcome1**、**_value**、**m_inputField1** 和 **button7**。名稱 **7button** 不是一個有效的識別字，因爲它是以數字開始，至於名稱 **input field** 也不是一個有效的識別字，因爲它包含一個空格。MC++有大小寫之分，大寫和小寫字母是不一樣的字母，所以**a1** 和**A1** 是不一樣的識別字。宣告是以分號 (;) 結束，而且能分成許多行，其中每個變數都是以逗號隔開 (也就是一個以逗號隔開的變數名稱串列)。同一型別的幾個變數可以在同一個敘述式或分別在幾個敘述式中加以宣告。我們可以撰寫兩個宣告，每個變數一個宣告，然而前述的宣告顯得較爲簡潔。請注意在每一行結束處的單行註解，這是程式設計師經常使用的語法，用來指出每個變數的用途。

良好的程式設計習慣 3.4

選擇有意義的變數名稱可以幫助程式達到「自我說明」，只需要看一下變數名稱就能了解，而不需要去閱讀手冊或使用大量註解加以說明。

良好的程式設計習慣 3.5

變數名稱的識別字應該以小寫字母開始。名稱中第一個字組後的每個字組應該以大寫字母開始。舉例來說，識別字 firstNumber 的第二個字組 Number 的第一個字母為大寫的 N。這些習慣讓變數的名稱更容易閱讀。

良好的程式設計習慣 3.6

有些程式設計師較喜歡單獨一行宣告一個變數，能夠很容易地在每個變數宣告後面插入說明性的註解。

第 12-13 行宣告變數 **firstNumber** 和 **secondNumber** 的資料型別是 ***String ****，意謂這些變數將可存入字串常值。我們將在第 6 章討論 **String** 後續的星號 (*)。第 15-17 行宣告變數 **number1**、**number2** 和 **sum** 是 ***int*** 的資料型別，意指這些變數將會存入整數值，也就是像−11、0 和 31914 的整數。相對地，資料型別 **float** 和 **double** 適用於實數 (也就是具有小數點的浮點數，例如 3.4、0.0 和−11.19)，型別**__wchar_t** 的變數則適用於字元資料。型別**__wchar_t**的變數只能存入單一字元，例如 **x**、**$**、**7** 或 *****，或者逸出序列 (例如換行字元**\n**)。通常在程式中，字元是放在單引號內加以表示，例如**'x'**、**'$'**、**'7'**、**'*'**和**'\n'**。MC++也能夠表示所有的統一碼 (Unicode) 字元。*Unicode*® 是一個跨國性的字元集 (字元的集合物件)，讓程式設計師能夠顯示不同語言的字母、數學符號和其他更多的符號。有關這一個主題的更多資訊，參見附錄 D「Unicode」。第 20 和 23 行提示使用者輸入一個整數，而且當成 **String *** 讀進程式，這個整數代表程式將要相加的第一個整數。第 20 行輸出的訊息就叫作*提示* (*prompt*)，因為它指示使用者執行某個特定的動作。***ReadLine*** 方法 (第 23 行) 讓程式暫停，等待使用者輸入數字。使用者在鍵盤上輸入一些字元，然後按一下輸入鍵將字串送入程式。

技術上來說，使用者能將任何事物輸入程式。對於這個程式，如果使用者輸入某個非整數值，就會產生執行時期的邏輯錯誤 (在執行時期才會出現的一種錯誤)。在第 11 章，我們將討論該如何處理這種錯誤，讓你的程式更健全。

當使用者輸入某個數目而且按一下輸入鍵的時候，程式會利用指定運算子 **=**，將這個數目指定給變數 **firstNumber** (第 23 行)。這行敘述式可讀成「**firstNumber** 取得 **ReadLine** 方法傳回的數值」。運算子**=**是一個*二元運算子* (*binary operator*)，因為它有二個*運算元* (*operand*)，就是 **firstNumber** 和運算式 **Console::ReadLine()**的結果。整個敘述式是一個指定敘述式 (assignment statement)，因為它將數值指定給某個變數。在指定敘述式中，首先計算指定的右邊部分，然後將計算結果指定給在左邊的變數。如此，第 23 行執行 **ReadLine** 方法，然後將輸入的字串數值指定給 **firstNumber**。

良好的程式設計習慣 3.7

在二元運算子的兩邊都放置空格。這樣除了突顯出運算子外，並且可以讓程式更有可讀性。

第 26 和 29 行提示使用者輸入第二個整數，然後將此整數值以字串形式讀入程式。在 MC++中，使用者是以字串形式輸入資料 (資料型別為 **String ***)。我們一定要將這些字串轉換成數值，才能執行整數算術運算。

第 32-33 行將使用者輸入的二個字串轉換成 **int** 型別的數值，才能使用於計算。方法 ***Int32::Parse*** (類別 **Int32** 的一個方法) 將它的 **String ***引數轉換成 **int** 型別的整數。類別 **Int32** 是屬於命名空間 **System** 的一部份。第 32 行將 **Int32::Parse** 傳回的整數指定給變數 **number1**。在程式中任何後續提到 **number1** 時，都將使用這個整數值。第 33 行將 **Int32::Parse** 傳回的整數指定給變數 **number2**。在程式中任何後續提到 **number2** 時，都將使用這個整數值。

注意，我們只使用 **String ***變數 **firstNumber** 和 **secondNumber** 暫時儲存使用者輸入的數值，直到程式將這些數值轉換成整數。或者，你可以不需要使用 **String ***變數 **fir-stNumber** 和 **secondNumber**，可將輸入和轉換操作如下結合起來：

```
Console::Write( S"Please enter the first integer: " );
number1 = Int32::Parse( Console::ReadLine() );

Console::Write( S"\nPlease enter the second integer: " );
number2 = Int32::Parse( Console::ReadLine() );
```

前述的敘述式並未使用 **String ***變數。

第 36 行的指定敘述式先計算變數 **number1** 和 **number2** 的總和，然後使用指定運算子**=** 將計算結果指定給變數 **sum**。這個敘述式讀作「**sum** *取得* **number1** 加上 **number2** 的值」。大部份的計算都是利用指定敘述式加以處理。

```
1  // Fig. 3.6: Addition.cpp
2  // An addition program that adds two integers.
3
4  #include "stdafx.h"
5
6  #using <mscorlib.dll>
7
8  using namespace System;
9
10 int _tmain()
11 {
12    String *firstNumber,    // first user input
13           *secondNumber;   // second user input
14
15    int number1,   // first number
16        number2,   // second number
17        sum;       // sum of both numbers
18
19    // prompt first number
20    Console::Write( S"Please enter the first integer: " );
21
22    // obtain first number from user
23    firstNumber = Console::ReadLine();
24
25    // prompt second number
26    Console::Write( S"\nPlease enter the second integer: " );
27
28    // obtain second number from user
29    secondNumber = Console::ReadLine();
30
31    // convert numbers from type String * to type integer
32    number1 = Int32::Parse( firstNumber );
33    number2 = Int32::Parse( secondNumber );
34
35    // add numbers
36    sum = number1 + number2;
37
38    // display the sum as a string
39    Console::WriteLine( S"\nThe sum is {0}.", sum.ToString() );
40
41    return 0;
42 } // end _tmain
```

```
Please enter the first integer: 45

Please enter the second integer: 72

The sum is 117.
```

圖 3.6　將使用者輸入的兩個數值相加的加法程式。

在執行完計算之後，第 39 行顯示相加的結果。下述的語法

```
sum.ToString()
```

首先取得變數 **sum** 的字串表示式，以便輸出。我們利用 **ToString** 方法，就可取得字串表示式。注意，我們呼叫變數 **sum** 的 **ToString** 方法，使用的是*點運算子* (*dot operator*)，而不是範圍解析運算子 (::)。點運算子是使用於物件的方法，而不能用於類別的方法。我們將在第 8 章更詳細地討論物件。

一旦我們取得變數 **sum** 的字串表示式，就會想要使用 **WriteLine** 方法輸出格式化字串。讓我們討論這是如何做到的。

在第 39 行 **Console::WriteLine** 中以*逗號分隔*的引數 (*comma-separated* arguments)

```
"\nThe sum is {0}.", sum.ToString()
```

利用 **{0}** 表示容納某個變數值的佔位符號 (placeholder)。如果我們假定，**sum** 包含數值 117，則運算式依下列方式進行：方法 **WriteLine** 首先遇到放在大括號內的數字 **{0}**，即所謂的*格式* (*format*)。這表示在引數串列中，會先計算位於字串之後的運算式 (在此處就是 **sum.ToString()**)，並且將結果取代格式的位置和字串合併。產生的字串將是 **"The sum is 117."**。同樣的，在下述的敘述式中

```
Console::WriteLine( "The numbers entered are {0} and {1}",
   number1.ToString(), number2.ToString() );
```

number1.ToString() 的數值將會取代 **{0}** (因爲它是第一個運算式)，而 **number2** 的數值將會取代 **{1}** (因爲它是第二個運算式)。產生的字串將是 **"The numbers entered are 45 and 72."**。如果有更多的數值要在字串中顯示，可以使用更多的格式 (**{2}**，**{3}**…等)。

良好的程式設計習慣 3.8

在方法的引數串列中的每個逗號 (，) 後面放一個空格，讓程式更具可讀性。

注意，若要在包含格式字串中顯示大括號，則必須使用兩個大括號，這類似使用逸出序列。例如，如果變數 **sum** 的值爲 117，則下列的敘述式

```
Console::WriteLine( S"{{ The sum is {{{0}}} }}", sum.ToString() );
```

將會輸出 **"{ The sum is {117}}"**。注意，凡是不屬於「格式」的大括弧，每兩個大括弧只會輸出一個。

最後，請注意第 36 和 39 行可以合併成下列的敘述式：

```
Console::WriteLine( S"\nThe sum is {0}.",
   ( number1 + number2 ).ToString() );
```

在此處，會先計算 (**number1 + number2**) 的運算式，然後將結果輸出。

3.4 記憶體的概念

像 **number1**、**number2** 和 **sum** 這些變數的名稱，實際上是對應到電腦記憶體上的某個位置 (location)。每一個變數都有名稱、資料型別、大小和數值。

在圖 3.6 的加法程式中第 32 行的敘述式

```
number1 = Int32::Parse( firstNumber );
```

將使用者輸入的字串轉換成一個整數 **int**。這個 **int** 數值將存入由編譯器指定名稱為 **number1** 的某個記憶體位置。假設使用者輸入字串 45，作為變數 **firstNumber** 的值。這個程式會將 **firstNumber** 轉換成 **int** 型別，並且將整數值 45 存入位置 **number1** 之內，如圖 3.7 所示。

當我們將某個數值存入某個記憶體位置時，這個數值就會取代原來儲存在該位置的數值。前一個數值就會消失 (或者清除)。

當第 33 行的敘述式

```
number2 = Int32::Parse( secondNumber );
```

執行時，我們先假設使用者會輸入數字 72，作為變數 **secondNumber** 的值。這個程式會將 **secondNumber** 轉換成 **int** 型別，並且將整數值 72 存入位置 **number2** 之內，如圖 3.8 所示。

一旦程式取得 **number1** 和 **number2** 的數值，就會將兩個數值相加，然後將總和存入變數 **sum**。下面的敘述式

```
sum = number1 + number2;
```

執行加法運算然後取代(也就是清除) **sum** 先前的數值。在計算出 **sum** 的數值後，記憶體的情形就成為圖 3.9 所示。請注意，變數 **number1** 和 **number2** 的數值確實保持不變，和在計算 **sum** 之前一樣。當電腦執行計算時，這些數值只是被取用而已，並沒有被清除掉。因此，當從記憶體讀取某個數值時，這個讀取的過程是*非破壞性的*，不會影響到原來的數值大小。

number1	45

圖 3.7　顯示出變數 number1 的名稱和數值的記憶體位置。

number1	45
number2	72

圖 3.8　輸入變數 number1 和 number2 數值後記憶體位置的情形。

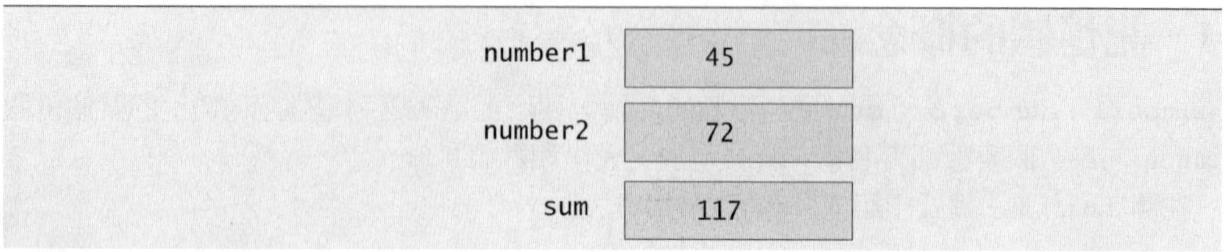

number1	45
number2	72
sum	117

圖 3.9 經過計算後記憶體位置的情形。

3.5 算數運算

大部分的程式都會執行算術計算。圖 3.10 摘要列出*算數運算子* (*arithmetic operators*)。請注意在代數中沒有使用的各種特殊符號。*星號* (*****)[4] 代表乘法，而*百分率符號* (%) 則是*模數運算子* (modulus operator)，我們將很快會討論到。圖 3.10 所列出的算術運算子都是二元運算子 (binary operators)，因為它們都需要兩個運算元。例如，運算式 **sum + value** 包含二元運算子 + 以及兩個運算元 **sum** 和 **value**。

整數除法 (integer division) 包含二個 **int** 運算元。整數除法產生整數的商數；例如運算式 7/4 計算的商數為 **1**，而運算式 17/5 計算的商數為 **3**。請注意，整數除法中的分數部分都會直接捨去(就是截掉)，不會有四捨五入的進位處理 (rounding)。MC++有模數運算子 (modulus operator) %，利用整數除法取得餘數。運算式 **x % y** 得到計算 **x** 除以 **y** 後的餘數。因此，**7 % 4** 就會得到 **3**，而 **17 % 5** 就得 **2**。這個運算子普遍使用於整數運算元，但是也能使用於其他的算術資料型別。在稍後的幾章中，我們討論一些有關模數運算子的有趣應用，例如判斷某數是否是另外一個數的倍數。

MC++的算術運算式必須寫成一行的形式，才能輸入程式。因此，像「**a** 除以 **b**」的運算式就必須寫成 **a/b**，所有的常數、變數和運算子排成一行。通常，編譯器是無法接受下述的代數符號寫法：

$$\frac{a}{b}$$

在 MC++運算式中，小括號將一些項結合在一起的用法與代數運算式的用法相同。例如，將 **a** 乘以 **b + c** 我們可以寫成

```
a * ( b + c )
```

MC++對於這些運算子在算術運算式中的用法，完全依照下述的*運算子優先權原則* (*rules of operator precedence*)，決定運算的順序，一般來說，與代數中的原則相同：

1. 先計算乘法、除法和模數運算。如果運算式包含幾個乘法、除法和模數運算，則這些運算子從左往右計算。因此乘法、除法和模數運算可說是具有相同的優先權。

4 為了不要與型別 **String ***中的*****混淆，我們將在第 6 章討論這個型別。

MC++運算	算數運算子	代數運算式	MC++ 運算式
加法	+	$f+7$	`f + 7`
減法	-	$p-c$	`p - c`
乘法	*	bm	`b * m`
除法	/	x/y 或 $\frac{x}{y}$ 或 $x \div y$	`x / y`
模數除法	%	$r \bmod s$	`r % s`

圖 3.10　算數運算子。

2. 接著再計算加法、減法。如果運算式包含幾個加法和減法運算，則運算子是從左往右計算。加法和減法也具有相同的優先權。

這些有關運算子優先權的原則，讓MC++能夠按照正確的順序使用運算子。當我們說某些運算子是從左往右計算，我們就是指這些運算子的*結合性* (*associativity*)。如果有幾個運算子具有相同的優先權，則結合性會決定這些運算子計算的順序。我們也會看到有些運算子是從右往左結合運算。圖 3.11 摘要列出運算子優先權的規則。當我們介紹其餘的MC++運算子時，這個表格還會增加。請參考附錄 A 有關完整的運算子優先權表。

現在，讓我們依照運算子的優先權原則，來討論幾種運算式。每個例子都會列出代數運算式和相等的 MC++運算式。下面的例子是計算五個變數的算術平均數：

代數：$m = \frac{a+b+c+d+e}{5}$

MC++: `m = ( a + b + c + d + e ) / 5;`

此處的小括號是需要的，因爲除法比加法擁有更高的優先權。總數 (**a + b + c + d + e**) 要再除以 **5**。如果小括號遺漏，式子就成爲 **a + b + c + d + e / 5**，就會照下述方式計算

$$a+b+c+d+\frac{e}{5}$$

運算子	運算	計算順序 (優先權)

`*`
`/`
`%`
	乘法
	除法
	模數除法
		最先計算。如果有幾個這種運算子排在一起，則從左往右計算。

`+` `-`	加法 減法	其次計算。如果有幾個這種運算子排在一起，則是從左往右計算。

圖 3.11　算數運算子的優先順序。

下面是將方程式寫成一行的例子：

代數: $y = mx + b$

MC++: `y = m * x + b;`

此處不需要小括號。首先計算乘法，因爲乘法的優先權高於加法。最後才進行指定運算，因爲指定運算的優先權低於乘法和加法。

下面的例子包括模數除法 (%)、乘法、除法、加法和減法等運算：

代數: $z = pr\%q + w/x - y$

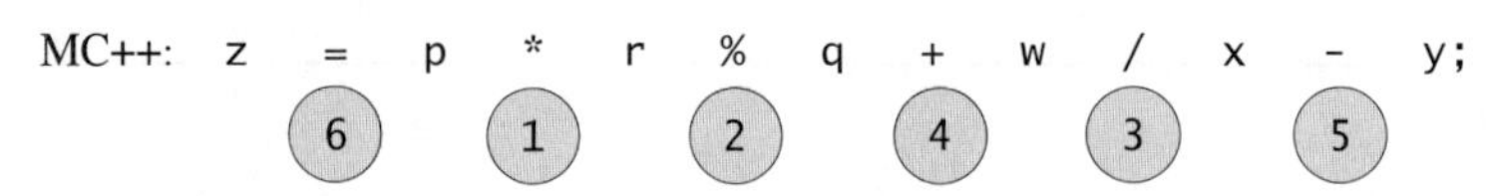

在運算式底下有圈起來的數字，表示在MC++中執行這些運算子的順序。會先按照從左到右順序計算乘法、模數除法和除法(也就是這些運算子從左到右結合運算)。然後再計算加法和減法。它們也是從左到右加以計算。

要能夠更了解運算子優先權的原則，我們可以藉者討論如何計算二次多項式($y=ax^2+bx+c$)得知：

```
y = a * x * x + b * x + c;
```

6 1 2 4 3 5

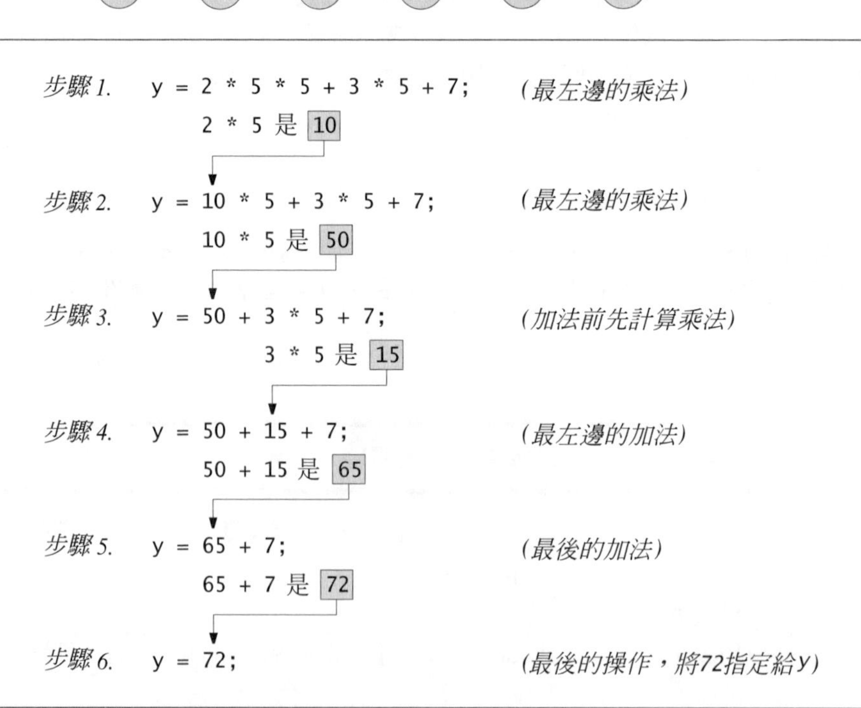

步驟 1. y = 2 * 5 * 5 + 3 * 5 + 7; (最左邊的乘法)
2 * 5 是 10
步驟 2. y = 10 * 5 + 3 * 5 + 7; (最左邊的乘法)
10 * 5 是 50
步驟 3. y = 50 + 3 * 5 + 7; (加法前先計算乘法)
3 * 5 是 15
步驟 4. y = 50 + 15 + 7; (最左邊的加法)
50 + 15 是 65
步驟 5. y = 65 + 7; (最後的加法)
65 + 7 是 72
步驟 6. y = 72; (最後的操作，將72指定給y)

圖 3.12 二次多項式的計算順序。

在運算式底下有圈起來的數字，表示在MC++中執行這些運算子的順序。在Visual C++ .NET中並沒有可以執行取冪運算(exponentiation)的算術運算子，因此我們將 x^2 表示成 **x*x**。.NET Framework 類別庫也提供了方法 **Math::Pow** 來執行取冪運算。(在第 6 章我們將討論該如何執行 MC++的取冪運算)。

首先假設變數 **a**、**b**、**c** 和 **x** 初始化成：**a = 2**、**b = 3**、**c = 7** 和 **x = 5**。圖 3.12 舉例說明這些運算子的計算順序。

就如同代數運算，在運算式中加入非必要的小括號，讓運算式的計算順序更為清楚，這樣的做法是可以接受的。這些非必要的小括號稱為冗餘括號(redundant parentheses)。舉例來說，前述的指定敘述式可以加上括號成為

```
y = ( a * x * x ) + ( b * x ) + c;
```

良好的程式設計習慣 3.9

在更複雜的算術運算式中使用小括號，即使這些小括號並非必要，但是仍能讓算術運算式更容易閱讀。

3.6 判斷：等號和關係運算子

這一節我們將討論 ***if*** *敘述式*，可以讓程式按照某個*條件式*是眞或是假，作出判斷。如果條件式吻合，就是條件式是*眞* (*true*)，就會執行在 **if** 結構中的敘述式。如果條件式不吻合，就是條件式是*僞* (*false*)，就不會執行在 **if** 結構中的敘述式。在 **if** 結構中的條件式，可以利用*等號運算子* (*equality operator*) 和*關係運算子* (*relational operator*) 加以組成，這些運算子摘要列在圖 3.13 中。所有的關係運算子都擁有相同的優先權，以及從左到右的結合性。兩種等號運算子擁有相同的優先權，但是低於關係運算子的優先權。等號運算子也是從左到右結合運算。

標準代數等號或關係運算子	MC++ 等號或關係運算子	MC++條件式範例	MC++條件式的涵義
等號運算子			
==	==	**x == y**	**x** 等於 **y**
≠	!=	**x != y**	**x** 不等於 **y**
關係運算子			
>	>	**x > y**	**x** 大於 **y**
<	<	**x < y**	**x** 小於 **y**
≥	>=x	>=y	**x** 大於或者等於 **y**
≤	<=x	<=y	**x** 小於或者等於 **y**

圖 3.13　等號和關係運算子。

常見的程式設計錯誤 3.4

如果運算子==、!=、>=和<=的兩個符號中間，出現空格 (如= =、! =、> =和< =) 就會產生語法錯誤。

常見的程式設計錯誤 3.5

如果運算子>=和<=的兩個符號順序顛倒 (如=>和=<)，就會產生語法錯誤。如果運算子!=的兩個符號順序顛倒 (如=!)，就會產生邏輯錯誤。

常見的程式設計錯誤 3.6

將等號運算子 ==和指定運算子=弄混淆，這是邏輯錯誤。等號運算子應該唸成「等於」(is equal to)，而指定運算子應該唸成「取得」(gets) 或者「取值自」(gets the value of)。有些人喜歡將等號運算子讀成「雙等號」(double equals) 或者「等號等號」(equals equals)。

下面這個例子使用 6 個 **if** 敘述式，來比較使用者輸入的兩個數目。在這些 **if** 敘述式中有任何一個條件式爲眞，就會執行該**if**敘述式內的指定敘述式。使用者輸入程式的數值，會先轉換成整數，然後再存入變數 **number1** 和 **number2**。程式會先比較這兩個數目，然後再以命令提示方式顯示出比較的結果。這個程式及其輸出都顯示在圖 3.14 中。

_tmain函式是從第 **11** 行開始。第 **13-14** 行宣告使用於**_tmain**函式的變數。注意，有二個資料型別爲 **int** 的變數。請記得，同一型別的幾個變數可以在同一個敘述式或分別在多個敘述式中加以宣告。也請記得，如果在一個宣告中有超過一個以上的變數 (第 **13-14** 行)，這些變數必須以逗號 (**,**) 隔開。

第 16 行會呼叫 **Write** 函式指示使用者採取特定的動作。第 17 行的 ***ReadLine*** *方法*會讓程式暫停，等待使用者輸入第一個整數的 **String ***表示式，程式將會比較這個整數。使用者在鍵盤上輸入一些字元，然後按一下輸入鍵將此字串送入程式。在第 17 行會讀取使用者輸入的第一個數目，利用類別 ***System::Int32*** 的方法 ***Parse***，將這個 **String ***字串轉換成 **int** 整數，並且將結果存入變數 **number1**。

```
 1  // Fig. 3.14: Comparison.cpp
 2  // Using if statements, relational operators and equality
 3  // operators.
 4
 5  #include "stdafx.h"
 6
 7  #using <mscorlib.dll>
 8
 9  using namespace System;
10
11  int _tmain()
12  {
13     int number1,
14         number2;
```

圖 3.14 等號運算子和關係運算子的使用方法 (第 3 之 1 部分)。

```
15
16     Console::Write( S"Please enter first integer: " );
17     number1 = Int32::Parse( Console::ReadLine() );
18
19     Console::Write( S"Please enter second integer: " );
20     number2 = Int32::Parse( Console::ReadLine() );
21
22     if ( number1 == number2 )
23        Console::WriteLine( S"\n{0} == {1}", number1.ToString()
24           number2.ToString() );
25
26     if ( number1 != number2 )
27        Console::WriteLine( S"\n{0} != {1}", number1.ToString(),
28           number2.ToString() );
29
30     if ( number1 < number2 )
31        Console::WriteLine( S"{0} < {1}", number1.ToString(),
32           number2.ToString() );
33
34     if ( number1 > number2 )
35        Console::WriteLine( S"{0} > {1}", number1.ToString(),
36           number2.ToString() );
37
38     if ( number1 <= number2 )
39        Console::WriteLine( S"{0} <= {1}", number1.ToString(),
40           number2.ToString() );
41
42     if ( number1 >= number2 )
43        Console::WriteLine( S"{0} >= {1}", number1.ToString(),
44           number2.ToString() );
45
46     return 0;
47  } // end _tmain
```

```
Please enter first integer: 2000
Please enter second integer: 1000

2000 != 1000
2000 > 1000
2000 >= 1000
```

```
Please enter first integer: 1000
Please enter second integer: 2000

1000 != 2000
1000 < 2000
1000 <= 2000
```

圖 3.14　等號運算子和關係運算子的使用方法 (第 3 之 2 部分)。

```
Please enter first integer: 1000
Please enter second integer: 1000

1000 == 1000
1000 <= 1000
1000 >= 1000
```

圖 3.14　等號運算子和關係運算子的使用方法 (第 3 之 3 部分)。

在 MC++中，資料型別 **int** 是 **Int32** 結構的一個別名 (也就是，**int** 是 **Int32** 的一個替代名稱，而且此二者是可互換)，這是 .NET Framework 所提供的一個基本資料型別[5]。在這本書中，我們使用 **int** 而不是 **Int32**，是爲了使用標準 C++程式設計者的方便。然而，當使用到 **Int32** 的方法或屬性的時候，我們就會明確地使用 **Int32**。圖 3.15 列出 .NET Framework 所提供的一些資料型別[6]，以及它們在 MC++中的別名。[7,8]

第 17 和 20 行取得使用者輸入的字串，然後將它們轉換成型別 **int**，並且將結果指定給適當的變數。注意，這些敘述式可以和變數宣告結合，形成如下述的一行敘述式

```
int number1 = Int32::Parse( Console::ReadLine() );
```

除了宣告變數外，還讀取使用者輸入的字串，將字串轉換成整數並且將該整數儲存到變數內。

第 22-24 行的 **if** 敘述式會比較變數 **number1** 和 **number2** 是否相等。如果數值相等，則程式會輸出"**{0}=={1}**"字串，其中 **{0}** 表示 **number1.ToString()**，而 **{1}** 表示 **number2.ToString()**。**{0}** 和 **{1}** 的格式可當作兩個數值的佔位符號。

當程式執行完 **if** 敘述式，這些 **Console::WriteLine** 敘述式會輸出更多的字串。舉例來說，若 **number1** 和 **number2** 的數值是 1000，則在第 38 行 (**<=**) 和 42 行 (**>=**) 的 **if** 條

---

5 結構 (structure) 是由關鍵字 struct 定義的聚合資料型別(aggregate data types)，是由其他資料型別的元件組成。圖 3.14 中的 String 只是一個類別而不是結構 struct。我們將會在第 15 章「字串、字元與正規表示法」中詳細討論「結構」。

6 資料型別__wchar_t 是微軟自訂的資料型別，而 wchar_t 則是標準的 C++資料型別。若要 Visual C++ .NET 的編譯器能夠辨識 wchar_t 資料型別，程式設計者必須指定如下的編譯器選項 /Zc:wchar_t，可以循下述的途徑選取「**專案**」**功能表**>「**屬性**」>「**多重組態**」**對話方塊**>「**C/C++**」**資料夾**>「**語言**」**屬性頁**>「**將 wchar_t 當作 Built-in 型別**」屬性勾選「**是**」。為了簡單起見，我們在這本書中使用的都是 **__wchar_t** 資料型別。

7 若想獲得更多有關.NET 資料型別的資訊，可以拜訪下述網站 **msdn.microsoft.com/library/en-us/cpguide/html/cpconthene-tframeworkclasslibrary.asp**。

8 MC++的 **String ***型別是.NET 的 **String** 類別的別名，所以有些程式碼傾向於交互使用這些項目，或者只使用其中一種而不使用另一種。在本書中，我們將使用 **String ***來表示具有型別 **String *** 的物件，而使用 **String** 來表示 **String** 類別。

件式也將成眞。因此，顯示的輸出將是

```
1000 == 1000
1000 <= 1000
1000 >= 1000
```

圖 3.14　的第三個輸出視窗說明這一種狀況。注意，在整個程式的所有 **if** 敘述式都加上縮排。這樣的縮排可以增進程式的可讀性。

常見的程式設計錯誤 3.7

*將 **if** 敘述式中的條件式運算子==，例如 **if (x==1)**，寫成運算子=，例如 **if (x=1)**，這是一個邏輯錯誤。因為任何的非零數值在C++中代表「真」，所以這個敘述式實際上就會執行指定計算並且判斷為真。*

良好的程式設計習慣 3.10

*若將 **if** 結構中的主體部分的敘述式加以縮排，就能讓結構的主體明顯表示出來，因而能夠增進程式的可讀性。*

良好的程式設計習慣 3.11

在程式中的每一行只寫一個敘述式。這樣可以增進程式的可讀性。

常見的程式設計錯誤 3.8

*在 **if** 敘述式中，忘記在條件式加上左邊和右邊的小括號，這是一個語法錯誤。小括號是必要的。*

FCL 結構/類別名稱	說明	MC++資料型別
Int16	16 位元有號整數 (就是可能爲正或者可能爲負)	**short**
Int32	32 位元有號整數	**int** 或者 **long**
Int64	64 位元有號整數	**__int64**
Single	單精準度浮點數 (32 位元)	**float**
Double	雙精準度浮點數 (64 位元)	**double**
Boolean	布林值 (**眞**或**僞**)	**bool**
Char	Unicode 字元 (16 位元)	**wchar_t** 或者 **__wchar_t**
String	不會改變、固定長度的 Unicode 字元字串	**String ***

圖 3.15　由 .NET Framework 和它們的別名所提供的一些資料型別。

在每個**if**敘述式的第一行結束處，不需要加上分號(;)。如果加上分號將會在執行時期造成邏輯錯誤。舉例來說，

```
if ( number1 == number2 );
   Console::WriteLine( S"{0} == {1}", number1.ToString(),
      number2.ToString() );
```

實際上，編譯器將會解釋成

```
if ( number1 == number2 )
   ;

Console::WriteLine( S"{0} == {1}", number1.ToString(),
   number2.ToString() );
```

此時分號自成一行敘述式，稱爲*空敘述式* (*null statement*) 或者*空置敘述式* (*empty statement*)，就是當條件式爲眞時就會執行的敘述式。當執行空敘述式的時候，不會執行任何工作。不論條件式是眞或僞，程式都會從 **Console::WriteLine** 敘述式繼續執行。

常見的程式設計錯誤 3.9

*如果在 **if** 敘述式中的條件式右方小括號後面加上一個分號，這通常會造成邏輯錯誤。如果編譯器遇到一個空的 **if** 敘述式，就會產生一個警告訊息。這個多出來的分號就會造成 **if** 敘述式有一個空的本體，於是不論條件式是否成真，**if** 敘述式都不會執行任何動作。更糟糕的是，**if** 敘述式原來的本體敘述式反而成為 **if** 敘述式的後續敘述式，而且永遠都會執行。*

請注意，在圖 3.14 中出現的空白行。請記得，編譯器一般會忽略空白字元，例如定位字元 (tab)、換行字元 (newline) 和空格 (space) 等。因此，敘述式可以完全按照程式設計者的意思分成幾行，也可以任意加入空格，並不會影響到程式的含意。舉例來說，第 20 行 (圖 3.14)通常可改寫成

```
number2 = Int32::Parse(
   Console::ReadLine() );
```

但是，如果將識別字和字串常值分開來就是不正確的做法。理想狀況下，敘述式應該保持簡短，但是不一定做得到。

良好的程式設計習慣 3.12

夠長的敘述式可能會寫成好幾行。如果單一的敘述式需要分成好幾行，所選擇的斷句點必須要有意義，例如可選在逗號分隔序列中某個逗號後面斷句，或者在一個長運算式中的運算子後面斷句。如果一個敘述式被分成兩行或更多行，則從第二行開始都要縮排一層。

圖 3.16 中的表格列出在本章所介紹過運算子的優先權。運算子的優先權是從上到下遞減。請注意，所有這些運算子，除了指定運算子**=**，其餘都是從左往右結合運算。加法是左結合運算，所以像 **x + y + z** 這樣的運算式必須和 **(x + y)+ z** 一樣的計算方式。指定運算子 **=** 是從右往左結合運算，所以像 **x = y = 0** 這樣的運算式必須和 **x =(y = 0)** 一樣的計算方式。後面這個運算式 **x =(y = 0)**，首先會將數值 0 指定給變數 **y**，然後將指定的結果 0 再指定給 **x**。

運算子	結合性	類型
`::`	從左至右	範圍解析
`*  /  %`	從左至右	乘法
`+  -`	從左至右	加法
`<  <=  >  >=`	從左至右	關係
`==  !=`	從左至右	等號
`=`	從右至左	指定

圖 3.16　本章到目前為止所討論過運算子的優先權和結合性。

良好的程式設計習慣 3.13

在撰寫包含許多運算子的運算式時，可參考運算子優先權表。確認運算式中的運算子是按照所預期的順序執行。如果你無法確定複雜運算式中的計算順序，可使用小括號將運算式分成幾組，就如同你在代數運算式中的做法一樣。請記得某些運算子，像指定運算子(=)是從右往左結合運算，而不是從左往右。

在這一章我們已經介紹許多 MC++重要的功能，包括在螢幕上顯示資料、從鍵盤輸入資料、執行計算和作出判斷等。下一章我們會說明許多類似的技術。我們也會介紹*結構化程式設計* (*structured programming*)，而且讓讀者更進一步熟悉縮排技術。我們會探討如何指定和變更敘述式的執行順序，這個順序就是我們所謂的*流程控制* (*flow of control*)。

摘　要

- 程式設計師可以將註解加入程式中加以說明，如此就可增進程式的可讀性。每一個程式開始都需加上一行註解，說明這個程式的目的。
- 以`//`開頭的註解稱爲*單行註解* (*single-line comment*)，因爲註解就只有一行。以`//`開始的註解可以從該行的中央處開始，然後繼續到該行的結束處。多行註解是以分界符號`/*` 開始，而以分界符號`*/`結束。編譯器會忽略在註解分界符號之間的所有文字。
- 命名空間會將各種不同的MC++功能聚集在一起，形成相關的種類，讓程式設計者能夠很快地找出所要的這些功能。
- **`#include`** 指令 (directive) 會告訴編譯器將指定檔案的內容引入目前的檔案內，以取代**`#include`** 敘述式。
- **`#using`** 前置處理器指令是以**`#using`** 開始，然後將包含在.dll 檔案的資料輸入程式。
- **`using`** 指令 (與**`#using`** 前置處理器指令不同) 是由關鍵字 **`using`** 開始，用途是在程式中宣布使用某個命名空間 (namespace)。
- 空白行、空格字元、以及定位字元就是所謂的空白字元。編譯器會忽略這些字元，但是使用這些字元可以增進程式的可讀性。

- 函式 **_tmain** 是 MC++程式的進入點。
- 函式能夠執行工作，而且當完成這些工作時就可傳回資料。資訊也可以傳給函式，這項資訊可能是函式要完成它的工作所必需的資料，也稱爲引數。
- 字串有時也稱爲字元字串、訊息或者字串常值。編譯器不會忽略字串中的空白字元。字串必須以雙引號包括起來。
- 每一個敘述式都必須以分號結束，也稱爲敘述式終止符號 (statement terminator)。省略敘述式結尾的分號，這是語法錯誤。
- 當編譯器無法辨識某個敘述式的時候，就會產生語法錯誤。編譯器通常會發出錯誤訊息，幫助程式設計者找出並且修改不正確的敘述式。語法錯誤就是違反了程式語言的規則。
- 當編譯器發出語法錯誤的訊息時，錯誤可能不是發生在錯誤訊息所指出的程式碼位置。首先，檢查錯誤訊息所指出的程式碼位置。如果該行程式碼並未出現語法錯誤，則檢查前面幾行程式碼。
- 單獨一行輸出敘述式使用換行字元 (newline character) 可以顯示多行的文字。
- 反斜線符號 (****) 也稱爲逸出字元，表示要輸出一個特殊字元。當字元字串中出現反斜線符號時，則後續的下一個字元就會與反斜線符號結合，形成逸出序列。
- 變數就是指在電腦記憶體的某個位置，可存放數值供程式使用。
- 程式在使用變數之前，所有的變數都必須先宣告其名稱以及資料型別。
- 變數名稱可以是任何有效的識別字。
- 有效的識別字是由一串字元，例如字母、數字和底線 (**_**) 組成。識別字不能夠以數字開始、不能夠包含空格，而且也不可以是某個關鍵字。
- 當某個數值存入記憶體的某個位置後，這個數值就會取代原來在該位置所儲存的數值。先前的數值就清除 (消失) 了。
- 當從記憶體某個位置讀取數值時，這個讀取的過程是非破壞性的。
- 宣告是以分號 (;) 結束，而且可以分成許多行，其中每個變數都是以逗號隔開。
- 同一型別的幾個變數，可以在同一個敘述式或分別在多個敘述式中加以宣告。
- 關鍵字 **int**、**double** 和 **__wchar_t** 代表的都是原始資料型別。
- 算術運算式必須寫成一行的形式，才能輸入程式。
- 在 MC++運算式中，小括號的用法很像在代數運算式的用法。
- MC++會按照運算式中運算子的優先權和結合性原則，來執行算術運算。
- 就如同代數運算，在運算式中加入重複非必要的小括號，讓運算式的計算順序更爲清楚，這樣的做法是可以接受的。
- **if** 敘述式允許程式依據某項條件是眞或是假，而作出某種判斷。如果條件吻合，就是條件式是眞 (**true**)，就會執行在 **if** 敘述式本體中的敘述式。如果條件不吻合，就是條件式是假 (false)，就不會執行在 **if** 敘述式本體中的敘述式。
- 在 **if** 敘述式中的條件式，一般是利用等號運算子和關係運算子組成。

詞　彙

!=不等號運算子 (!= is-not-equal-to operator)
" 雙引號 (" double quotation)
%模數除法運算子 (% modulus operator)
/多行註解的右終止符號 (/ end a multiline comment)
/*多行註解的左開始符號 (/* start a multiline comment)
//單行註解 (// single-line comment)
;敘述式的終止符號 (; statement terminator)
\\反斜線逸出序列 (\\ backslash escape sequence)
\n 換行逸出序列 (\n newline escape sequence)
\r 游標歸位逸出序列 (\r carriage return escape sequence)
\t 定位逸出序列 (\t tab escape sequence)
_底線字元 (_ underscore)
{左大括號 ({ left brace)
}右大括號 (} right brace)
<小於運算子 (< is-less-than operator)
<=小於或者等於運算子 (<= is-less-than-or-equal -to operator)
=指定運算子 (= assignment operator)
==等號運算子 (== is-equal-to operator)
>大於運算子 (> is-greater-than operator)
>=大於或者等於運算子 (>= is-greater-than-or-equal-to operator)
代數符號 (algebraic notation)
應用程式 (application)
引數 (argument)
算數計算 (arithmetic calculation)
算數運算子 (arithmetic operators)
指定敘述式 (assignment statement)
運算子的結合性 (associativity of operators)
星號 (*) 表示乘法 (asterisk (*) indicating multiplication)
平均數 (average)
反斜線字元 (\) (backslash (\))
二元運算子 (binary operator)
空白行 (blank line)
函式定義的本體 (body of a function definition)
內建資料型別 (built-in data type)
游標歸位 (carriage return)
對大小寫有區別 (case sensitive)
字元集 (character set)
字元字串 (character string)
逗號 (,) (comma)
以逗號分隔的變數名稱串列 (comma-separated list of variable names)
註解 (comment)
編譯器 (compiler)
編譯時期錯誤 (compile-time error)
條件式 (condition)
Console 類別 (**Console** class)
Console::ReadLine 方法 (**Console::ReadLine** method)
Console::Write 方法 (**Console::Write** method)
Console::WriteLine 方法 (**Console::WriteLine** method)
判斷 (decision)
宣告 (declaration)
顯示輸出 (display output)
說明文件 (documentation)
double 型別 (double)
嵌入的小括號 (embedded parentheses)
輸入鍵 (Enter key)
程式的進入點 (entry point of a program)
脫序串列 (escape sequence)
取冪運算 (exponentiation)
float 型別 (float)
流程控制 (flow of control)
格式 (format)
識別字 (identifier)

if 敘述式 (if statement)
if 敘述式中的縮排 (indentation in if statements)
縮排技術 (indentation techniques)
從鍵盤輸入資料 (inputting data from the keyboard)
Int32::Parse 方法 (**Int32::Parse** method)
整數除法 (integer division)
整數商數 (integer quotient)
鍵盤 (keyboard)
關鍵字 (keyword)
從左到右計算 (left-to-right evaluation)
在電腦記憶體中的位置 (location in the computer's memory)
邏輯錯誤 (logic error)
作出判斷 (making decisions)
配對的左大括號和右大括號 (matching left and right braces)
多行註解 (/*... */)
變數的名稱 (name of a variable)
命名空間 (namespace)
空敘述式 (;) (null statement (;))
物件 (object)
運算元 (operand)
運算子優先權 (operator precedence)
輸出 (output)
小括號 ( ) (parentheses ( ))
Parse 方法 (Parse method)
執行計算 performing a calculation)
多項式 (polynomial)
優先權 (precedence)
原始資料型別 (primitive type)
提示 (prompt)
Console 類別的 **ReadLine** 方法 (**ReadLine** method of class **Console**)
實數 (real number)
冗餘小括號 (redundant parentheses)
從頭設計 (reinventing the wheel)
重複使用 (reuse)
執行時期的邏輯錯誤 (run-time logic error)
能夠自我說明的程式碼 (self-documenting code)
單行註解 (single-line comment)
變數的大小 (size of a variable)
空格字元 (space character)
空行慣例 (spacing convention)
特殊字元 (special character)
標準輸出 (standard output)
敘述式 (statement)
一行的形式 (straight-line form)
字串 (string)
字串常值 (string literal)
一串字元 (string of characters)
String *型別 (**String** * type)
結構化程式設計 (structured programming)
語法錯誤 (syntax error)
System 命名空間 (**System** namespace)
定位字元 (tab character)
文字編輯器 (text editor)
_tmain 程式進入點 (**_tmain** entry point)
截斷 (truncate)
變數的型別 (type of a variable)
統一碼 (Unicode)
#using 前置處理器指令 (#using preprocessor directive)
using 指令 (using directive)
變數的值 (value of a variable)
變數 (variable)
空白字元 (white-space character)
Console 類別的 **Write** 方法 (**Write** method of class **Console**)
Console 類別的 **WriteLine** 方法 (**WriteLine** method of **Console**)

自我測驗

3.1 填空題：

a) 函式的本體是由 ________ 開始，以 ________ 結束。

b) 每一個敘述式都必須以 ________ 結束，稱為敘述式終止符號 (statement terminator)。

c) ________ 敘述式是用來作出判斷。

d) 單行註解 (single-line comment) 是以 ________ 開始。

e) ________、________ 和 ________ 就是所謂的空白字元。

f) 在執行時期產生的錯誤稱為 ________。

g) MC++應用程式是從 ________ 函式開始執行。

h) 方法 ________ 和 ________ 可以在 console 視窗顯示資訊。

i) 在 MC++程式中所包含的 ________ 指令，指出我們從某些命名空間引入的類別。

j) 當我們將某個數值存入某個記憶體位置時，這個數值就會 ________ 原來儲存在該位置的數值。

k) 我們說運算子是從左至右應用，這就是指運算子的 ________。

l) MC++的 if 敘述式可以讓程式依據某項條件是 ________ 或是 ________，而作出某種判斷。

m) 例如型別 `int`、`float`、`double` 和 `__wchar_t` 通常稱為 ________ 資料型別。

n) 變數就是指在電腦 ________ 的某個位置，可存放數值。

o) 通常位於指定運算子 (=) ________ 方的運算式會先計算。

p) 資料型別 ________ 和 ________ 包含小數點，可用來儲存像 3.44 或者 1.20846 的數值。

q) MC++的算術運算式必須寫成 ________ 的形式，才能輸入程式。

3.2 說明下列何者為*真*，何者為*偽*。如果答案是*偽*，請說明理由。

a) 當程式執行時，註解會讓電腦在螢幕上印出符號`//`後面的文字。

b) 所有的變數在宣告的時候，都必須指定一種型別。

c) MC++會將變數 `number` 和 `NuMbEr` 視為完全相同。

d) 算術運算子`*`、`/`、`%`、`+` 和`-`都擁有相同的優先權。

e) 方法 `Int32::Parse` 可將整數轉換成字串 `String`。

f) 以符號`//`開始的註解稱為單行註解。

g) 在雙引號之間的一串字元稱為片語 (phrase) 或者字面片語 (phrase literal)。

h) 在字串之外的空白行、換行字元和定位字元一般都會被編譯器忽略掉。

i) 定義 `if` 敘述式本體的大括號並不需要成對出現。

j) MC++應用程式是從某個進入點開始執行。

k) `class` 敘述式指出 MC++程式所參考的命名空間。

l) 整數除法會產生一個整數商數 (integer quotient)。

自我測驗解答

3.1 a) 左大括號 **{**，右大括號 **}**。b) 分號 (;)。c) **if**。d) **//**。e) 空格字元、換行字元、定位字元。f) 執行時期錯誤。g) **_tmain**。h) **Console::WriteLine**、**Console::Write**。i) **using**。j) 取代。k) 結合性。l) 眞、假。m) 原始 (或者，內建)。n) 記憶體。o) 右方。p) **float**、**double**。q) 一行。

3.2 a) 僞。註解並不會在程式執行時，執行任何動作。註解是用來說明程式，如此就可增進程式的可讀性。b) 眞。c) 僞。MC++會區分大小寫，所以這些變數彼此不同。d) 僞。運算子*****、**/**和**%**有相同的優先權，而運算子**+**和**-**的優先權較低。e) 僞。方法 **Int32::Parse** 可將字串 (**String**) 轉換成整數 (**int**)。f) 眞。g) 僞。一串字元就稱爲字串或者字面字串。h) 眞。i) 僞。沒有配對的大括號會造成語法錯誤。j) 眞。k) 僞。編譯器使用 **using** 指令來辨識和載入命名空間。l) 眞。

習　題

3.3 編寫可以完成下列各項工作的 MC++敘述式：

a) 在 console 視窗顯示資訊"Enter two numbers"。

b) 將變數 **b** 和 **c** 的乘積指定給變數 **a**。

c) 說明處理薪資計算範例程式的工作原理 (例如，使用文字來幫助說明程式的原理)。

3.4 當執行下述每一行 MC++敘述式時，會在 console 視窗顯示出什麼？假定 **x** 的數值是 **2**，而 **y** 的數值是 **3**。

a)
```
Console::WriteLine( S"x = ", x.ToString() );
```

b)
```
Console::WriteLine( S"The value of x + x is {0}",
    ( x + x ).ToString() );
```

c)
```
Console::WriteLine( S"x =" );
```

d)
```
Console::WriteLine( S"{0} = {1}", ( x + y ).ToString(),
    ( y + x ).ToString() );
```

3.5 現有一個代數方程式 $y = ax^3 + 7$，請問下列哪一個是此方程式的正確敘述式？

a) `y = a * x * x * x + 7;`

b) `y = a * x * x * ( x + 7 );`

c) `y = ( a * x ) * x * ( x + 7 );`

d) `y = ( a * x ) * x * x + 7;`

e) `y = a * ( x * x * x ) + 7;`

f) `y = a * x * ( x * x + 7 );`

3.6 請說出下列 MC++敘述式所有運算子的計算順序，然後說明執行每個敘述式後的 **x** 值。

a) `x = 7 + 3 * 6 / 2 - 1;`

b) `x = 2 % 2 + 2 * 2 - 2 / 2;`

c) `x = ( 3 * 9 * ( 3 + ( 9 * 3 / ( 3 ) ) ) );`

3.7 編寫一個應用程式，能在同一行顯示出 1 到 4 的數字，而相鄰的兩個數字間相隔一個空格。利用下述方法寫出這個程式：

a) 使用一個 **Console::Write** 的敘述式。

b) 使用四個 **Console::Write** 的敘述式。

3.8 編寫一個應用程式，要求使用者輸入兩個數字，然後印出這兩個數字的和、積、差及商。

3.9 編寫出一個應用程式，可從使用者輸入圓的半徑，然後印出圓的直徑、圓周以及面積。使用下述公式 (r 是半徑)：*直徑* = 2r、*圓周* = 2πr *以及面積* = πr^2 。[提示：**Math::PI** 會傳回一個 double 型別的π值。舉例來說，下列的敘述式會將π值存入變數 **myPI** 內。]

```
double myPI = Math::PI;
```

3.10 編寫出一個應用程式，能夠使用星號 (*) 顯示出如下的矩形、橢圓形、箭號和菱形的圖案：

```
*********       ***          *           *
*       *     *     *       ***         * *
*       *    *       *     *****       *   *
*       *    *       *       *        *     *
*       *    *       *       *       *       *
*       *    *       *       *        *     *
*       *    *       *       *         *   *
*       *     *     *        *          * *
*********       ***          *           *
```

3.11 下述的程式碼會印出何種圖形？

```
Console::WriteLine( S"*\n**\n***\n****\n*****" );
```

3.12 下述的程式碼會印出何種圖形？

```
Console::Write( S"*" );
Console::Write( S"***" );
Console::WriteLine( S"*****" );
Console::Write( S"****" );
Console::WriteLine( S"**" );
```

3.13 編寫出一個應用程式，能夠讀入兩個整數，並且判斷第一個數目是否為第二個數目的倍數，並且將結果印出。舉例來說，如果使用者輸入 15 和 3，第一個數目就是第二個數目的倍數。如果使用者輸入 2 和 4，第一個數目就不是第二個數目的倍數。[*提示*：使用模數除法運算子。]

3.14 我們先作如下的測試。在本章中，你已經學過整數和資料型別 **int**。MC++也能夠表示出大寫字母、小寫字母和大量的特殊符號。每個字元都有一個對應的整數表示法。電腦所使用的一組字元，和這些字元對應的整數表示，我們稱之為電腦的「字元集」(character set)。你只要將字元放在一對單引號的中間，如同 **'A'**，就能在程式中指出該字元的數值。你可以照下述方式決定一個字元的整數對應值，只需要將字元放在小括號內，前面加

上 **static_cast< int >**，就是所謂的強制轉型即可。(我們將會在第四章更詳細討論強制轉型。)

```
static_cast< int >( 'A' )
```

下列的敘述式將會輸出一個字元和它的整數對應值：

```
Console::WriteLine( S"The character A has the value {0}",
   ( static_cast< int >( 'A' ) ).ToString() );
```

當執行前面的敘述式，它會顯示出字元 **A** 和數值 **65** (源自 Unicode 字元集)，成爲所顯示字串的一部分。

編寫出一個應用程式，能夠顯示出某些大寫字母、小寫字母、數字和特殊符號的對應整數值。最起碼，要能顯示出下述字元和空白字元 (" ") 的等效整數值：**A B C a b c 0 1 2 $ * + /**。

3.15 編寫一個應用程式，能夠從使用者接收一個五位數。先將這個數目分成個別的數字，然後將每個數字分別印出，數字中間相隔 3 個空格。例如，如果使用者輸入 42339，則程式必須印出：

```
4   2   3   3   9
```

[*提示*：這個習題只能使用你在本章中所學到的技術。你將需要使用除法和模數除法，以便將每個數字分開。]

在這個習題中，假設使用者輸入正確位數的數字。當你執行這個程式，但是你輸入的數目比五位數還多位數，請問會發生什麼事情？當你執行這個程式，但是你輸入的數目比五位數還少位數，請問會發生什麼事情？

3.16 只能使用你在本章中所學到的技術，編寫出一個應用程式，能夠計算從 0 到 10 的平方數和立方數，然後以表格形式將計算的結果列印出來：

```
number  square  cube
0       0       0
1       1       1
2       4       8
3       9       27
4       16      64
5       25      125
6       36      216
7       49      343
8       64      512
9       81      729
10      100     1000
```

[*注意*：這個程式並不需要使用者輸入任何數值。]

3.17 編寫一個程式，能夠讀取使用者所輸入的名字和姓氏，而且將名字和姓氏串接起來，中間只隔開一個空格。在命令提示符號下，顯示串接後的姓名。

4

控制敘述式初論

學習目標

- 瞭解解決問題的基本程式設計技巧。
- 從總體到細節，逐步進行細部修改過程來發展演算法。
- 使用 **`if`** 和 **`if...else`** 選擇敘述式來選擇動作。
- 使用 **`while`** 重複敘述以便在程式中重複執行某些敘述式。
- 瞭解計數器控制重複結構和警示值控制重複結構。
- 能夠使用遞增、遞減和指定運算子。

Let's all move one place on.
Lewis Carroll

The wheel is come full circle.
William Shakespeare, *King Lear*

How many apples fell on Newton's head before he took the hint?
Robert Frost

本章綱要

4.1 簡介

在著手開始撰寫解決問題的程式之前，基本上要先對問題進行充分的了解，然後再仔細的規劃方法來解決問題。當開始寫程式後，同樣重要的是要了解所能使用的方法，以及採用經過驗證的程式架構原則。在本章和下一章中，當我們解說結構化程式設計的原理和規則時，都會討論到這些議題。你所學到的技術，都可以運用到大部分的高階語言，包括MC++。當我們在第 8 章更深入的討論以物件為基礎的程式設計時，我們將見識到此處所學到的觀念在建立和操作物件時是多麼有幫助。

4.2 演算法

任何有關計算的問題，都可藉著執行一連串特定順序的動作加以解決。包含下述兩項組成以解決問題的*程序* (*procedure*)，就是所謂的*演算法* (*algorithm*)：

1. 所要執行的*動作* (*actions*)，以及
2. 執行這些動作的*順序* (*order*)

下述的範例說明正確指出所要執行動作順序的重要性。

我們試著考慮一位年輕主管「早起上班演算法」的情形，從早上起床到上班之間，要作以下的動作：(1) 起床，(2) 脫掉睡衣，(3) 沖一個澡，(4) 穿上衣服，(5) 吃早餐，(6) 共乘汽

車上班。這些日常工作讓這位主管做好準備迎接挑戰。

如果相同的步驟卻以稍微不同的順序執行：(1) 起床，(2) 脫掉睡衣，(3) 穿上衣服，(4) 沖一個澡，(5) 吃早餐，(6)共乘汽車上班。在這種狀況下，我們的主管就會全身沾滿肥皂，濕淋淋的去上班。

正確指出執行動作的順序，對電腦程式也同樣重要。*程式控制* (*Program control*) 就是指將程式的敘述按照正確的順序排列起來。在本章中，我們將會探討MC++的程式控制功能。

4.3 虛擬碼

虛擬碼 (*Pseudocode*) 是一種人工的、非正式的程式語言，但是可以幫助程式設計師發展出所需要的演算法。此處我們所介紹的虛擬碼，有助於發展MC++程式中結構化部分所使用的演算法。虛擬碼很類似我們一般日常使用的英文，雖然它並不是實際的電腦程式語言，但是使用起來卻很方便且頗具親和力。

虛擬碼並不能在電腦上執行，但是卻能幫助程式設計師想出如何設計程式，然後再用程式語言 (例如 MC++) 寫出來。在這一章中，我們提供幾個使用虛擬碼的演算法範例。

軟體工程的觀點 4.1

在設計程式的過程中，虛擬碼幫助程式設計師將程式概念化，然後再將虛擬碼轉換成 MC++ 程式碼。

我們所提到的虛擬碼主要是由字元組成，如此程式設計師就能很方便的使用編輯器輸入虛擬碼。程式設計師可以很容易地將仔細準備好的虛擬碼程式轉成對應的MC++程式。在很多的情況下，這種轉換只是將虛擬碼敘述式利用等效的 MC++敘述式加以替換。

虛擬碼一般描述的只有可執行的敘述式，就是將虛擬碼轉換成MC++程式碼，程式執行時所採取的動作。宣告並不是能夠執行的敘述式。舉例來說，下面這個宣告

```
int integerValue;
```

會告訴編譯器變數 **integerValue** 的型別，並且指示編譯器替這個變數保留記憶體空間。這個宣告在程式執行時，並不會讓電腦採取任何行動，譬如，輸入、輸出或者計算。某些程式設計師會選擇在虛擬碼程式的開頭，將變數和它們的涵義一次列出。

4.4 控制結構 [1]

一般來說，程式中的敘述式會按照它們撰寫的順序，一個接著一個執行。這就是所謂的*循序執行* (*sequential execution*)。我們不久就會討論到各種不同的MC++敘述式，能夠讓程式設計師指定程式不要按照程式撰寫的順序，執行敘述式。當程式執行的不是下一個敘述式時，此

1 「控制結構」(control structure)是源自於電腦科學領域。當我們在提到 MC++控制結構的執行，我們使用的是 Visual C++.NET 的說明詞彙，就是將它們視為「敘述式」(statements)。

時就發生了*控制權移轉* (*transfer of control*)。

在 1960 年代，人們開始知道，任意使用控制權轉移，會造成軟體發展人員的困擾。大家抱怨的對象都指向 *goto* 這個敘述式，在某些程式語言中，這個敘述式允許程式設計師將控制權轉移到程式中的任何位置。這會造成程式很沒有結構化，也很難了解。而*結構化程式設計* (*structured programming*) 這個觀念，幾乎就是「*不用 goto*」的同義字。

Bohm 和 Jacopini [2] 的研究發現所有使用 **goto** 敘述式的程式，都可以不使用 **goto** 敘述式重新寫過。經過世代的考驗，現在程式設計師都已經轉換成「儘量不用 **goto**」的程式設計風格。直到 1970 年代，程式設計師才開始大量地接受結構化設計的方式。所得到的結果讓人印象深刻，軟體發展組織報告，這種方式可以減少發展的時間，能夠更準時的完成系統的設計，在預算的允許範圍內完成軟體的發展專案。這些成功的基本原因就是因爲結構化程式設計顯得更清楚，更容易除錯和修改，更能夠從頭就避免程式錯誤的發生。

Bohm 和 Jacopini 的論文說明，所有的程式可以只使用三種*控制結構* (*control structures*) 加以撰寫，就是*循序控制結構* (*sequence control structure*)、*選擇控制結構* (*selection control structure*) 和*重複控制結構* (*repetition structure*)。循序控制結構是內建於 MC++中，除非另外有所指定，電腦會按照程式中敘述式的撰寫順序，一個接著一個執行MC++的敘述式。圖 4.1 中的*流程圖* (*flowchart*) 片段，說明標準的循序控制結構，此結構會按照順序執行兩個計算。

流程圖是以圖形顯示演算法或者演算法的一部份。流程圖是以一些特殊涵義的符號繪製，例如，矩形、菱形、橢圓形以及小圓圈。這些符號彼此用箭號連接，這些箭號稱爲流程線(flowlines)，表示執行演算法的動作順序。這個順序就是所謂的流程控制。

流程圖就像虛擬碼一樣，對於發展和表示演算法很有幫助，雖然很多程式設計師比較喜歡使用虛擬碼。流程圖很清楚地顯示控制結構如何運作，我們在本書中也是這樣利用流程圖。讀者應該仔細地比較虛擬碼和流程圖對每一種控制結構的表示方法。

讓我們討論一下圖 4.1 中循序結構的流程圖片段。我們使用*矩形符號* (*rectangle symbol*)，也稱爲*動作符號* (*action symbol*)，表示所要採取的任何動作，包括計算或者輸入/輸出操作。圖中的流程線指出執行動作的順序，首先將 **studentGrade** 與 **total** 相加，然後再將 **counter** 加 **1**。我們可以在循序結構中，加入任意數目的動作。我們可以在動作序列的任何位置，插入幾個動作來代替原來的單一動作。

當我們繪製代表一個完整演算法的流程圖時，內有"Begin"字樣的橢圓形符號代表流程圖的開始處；而同樣是橢圓形符號內有"End"字樣，代表流程圖結束。當我們只繪出演算法的一部份時，如同圖 4.1 所示，橢圓形符號已省略，取代的是*小圓圈符號* (*small circle symbol*)，也稱爲*連結端符號* (*connector symbol*)。

流程圖中最重要的符號就是*菱形符號* (*diamond symbol*)，也稱爲*判斷符號* (*decision symbol*)，指出所要做的判斷。我們將會在第 4.5 節討論菱形符號。

---

2 Bohm, C.和 G. Jacopini 聯合在 1966 年五月號的《*Communications of the ACM*》雜誌，第九卷第 336-371 頁，發表 "Flow Diagrams, Turing Machines, and Languages with Only Two Formation Rules" 一文。

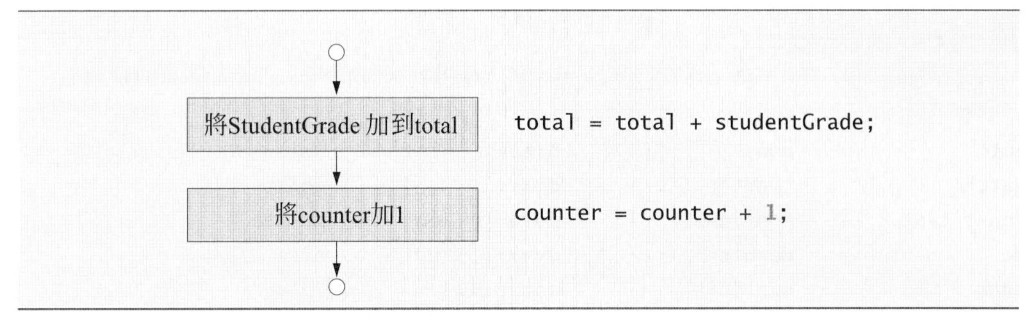

圖 4.1　Visual C++ .NET 循序結構的流程圖。

MC++有七種控制結構：一種*循序結構* (*循序執行*)，三種*選擇結構*以及三種*重複結構*。每個程式都是按照需要，結合各種控制結構所組成。

在 MC++中，選擇結構是由*選擇敘述式* (*selection statements*) 所構成。MC++提供三種選擇敘述式，我們將在本章和下一章討論。若條件爲眞 (true)，則 **if** 選擇敘述式就會執行(選擇)某個動作，若條件是僞 (false)，則會跳過不執行該動作。若條件爲眞 (true)，則 **if...else** 敘述式會執行某個動作，若條件是僞 (false)，則會執行另一個動作。我們將在第五章討論的 **switch** 選擇敘述式會依據一個運算式 (expression) 的值，從許多動作中選出一個來執行。

if 敘述式又稱爲*單一選擇結構* (*single-selection structure*)，因爲它會選擇執行或者忽略單一動作 (或者單獨一群動作)。而 **if...else** 敘述式又稱爲*雙重選擇結構* (*double-selection structure*)，因爲它會從兩個不同的動作(或者兩群不同的動作)中選擇一個執行。而 **switch** 敘述式又稱爲*多重選擇結構* (*multiple-selection structure*)，因爲它會從許多不同的動作 (或者幾群不同的動作)中選擇一個執行。

在 MC++中，重複結構是由*重複敘述式* (*repetition statements*) 所構成[3]。MC++提供三種重複敘述式：**while**、**do...while** 和 **for**。而 **if**、**else**、**switch**、**while**、**do** 和 **for** 都是 **MC++**的標準關鍵字 (Keywords)。這些關鍵字可以用來實作各種不同的 MC++功能，例如控制結構。關鍵字不可以用來當作識別字，例如，當成變數名稱使用。圖 4.2 列出 MC++程式設計師可以使用的關鍵字[4]。第一個段落顯示的是 C++的標準關鍵字。第二個段落顯示的是微軟新增加到C++語言核心的關鍵字。第三個也是最後一個段落則列出MC++的關鍵字。在前面兩個段落的關鍵字可以應用於 managed 和 unmanaged 程式碼，而最後一個段落的關鍵字則只能使用於 managed 程式碼。MC++應用程式可以使用列在圖 4.2 中的所有關鍵字。 請注意許多微軟專用的關鍵字前面都會加上兩個底線字元。

3　「重複敘述式」也稱為「*迭代敘述式*」(*iteration statements*)。若想獲得更多有關不同型態敘述式的資訊，請參訪 msdn.microsoft.com/library/default.asp? url=/library/en-us/vclang/html/_pluslang_Statements.asp 網頁。

4　若想獲得更多有關關鍵字的資訊，請參訪 msdn.microsoft.com/library/default.asp? url=/library/en-us/vclang/html/_pluslang_c.2b2b_.keywords.asp 網頁。

Visual C++ .NET 關鍵字

標準 C++關鍵字

auto	bool	break	case
catch	char	class	const
const_cast	continue	default	delete
do	double	dynamic_cast	else
enum	explicit	extern	false
float	for	friend	goto
if	inline	int	long
mutable	namespace	new	operator
private	protected	public	register
reinterpret_cast	return	short	signed
sizeof	static	static_cast	struct
switch	template	this	throw
true	try	typedef	typeid
typename	union	unsigned	using
virtual	void	volatile	wchar_t
while			

微軟專用 C++關鍵字

__alignof	__asm	__assume	__based
__cdecl	__declspec	deprecated	dllexport
dllimport	__event	__except	__fastcall
__finally	__forceinline	__hook	__identifier
__if_exists	__if_not_exists	__inline	__int8
__int16	__int32	__int64	__interface
__leave	__m64	__m128	__m128d
__m128i	__multiple_inheritance		naked
noinline	__noop	noreturn	nothrow
novtable	property	__raise	selectany
__single_inheritance		__stdcall	__super
thread	__try/__except	__try/__finally	__unhook
uuid	__uuidof	__virtual_inheritance	
__w64	__wchar_t		

MC++關鍵字 (也是微軟專用)

__abstract	__box	__delegate	__gc
__nogc	__pin	__property	__sealed
__try_cast	__value		

圖 4.2 Visual C++ .NET 關鍵字。

這種*單一入口/單一出口的控制結構* (*single-entry/single-exit control structures*)，就可以很容易建立程式，只需要將一個控制結構的離開點接到下一個控制結構的進入點，就可將控制結構一個接一個連結起來。這種架構很類似堆疊起來的建築磚塊，因此我們稱它爲*堆疊式控制結構* (*control-structure stacking*)。控制結構還有另外一種連結方式，就是巢狀控制結構 (control-structure nesting)，就是將一個或者更多個控制結構放在另一個控制結構內。因此，C++ 程式的演算法只需要將七種不同的控制結構，按照兩種不同的連結方式加以組合即可。

4.5 **if** 選擇敘述式

程式的選擇敘述式會在許多動作中選擇。例如，假設某項考試的及格分數定爲 60 (滿分是 100)。則虛擬碼的敘述式可寫成

If student's grade is greater than or equal to 60
　　Print "Passed"

可用來判定條件式"student's grade is greater than or equal to 60"是眞還是僞。如果條件式是眞，就會印出"Passed"字樣，然後再按照順序執行下一個虛擬碼的敘述式。(請記得虛擬碼並不是眞正的程式設計語言。) 如果條件式是僞，就不會執行列印的敘述式，就會按照順序執行下一個虛擬碼的敘述式。請注意，這個選擇結構的第二行是加上縮排。這樣的縮排(indentation) 可用可不用，但還是非常建議你如此排列，因爲這樣就強調出結構化程式設計的本色。前面提到虛擬碼的 **if** 敘述式，在 MC++中可以改寫成如下的程式碼

```
if ( studentGrade >= 60 )
   Console::WriteLine( S"Passed" );
```

請注意MC++程式碼很近似虛擬碼，這正說明使用虛擬碼當作程式發展工具是很有用的。在 **if** 敘述式本體內的敘述式會將字元字串"*Passed* "顯示在主控台視窗內。

在圖 4.3 中的流程圖則說明單一選擇的 **if** 敘述式的執行情形。流程圖中最重要的流程符號就是*判斷符號* (*decision symbol*)，也稱爲*菱形符號* (*diamond symbol*)，指出所要做的判斷。這個判斷符號中包含一個條件式，其值可爲眞或僞。此判斷符號會發出兩條流程線(flowline)。其中一條流程線指出當符號中的運算式爲眞時，所應選擇的方向；而另外一條線則指出當符號中的運算式爲僞時，所應選擇的方向。我們可以按照任何運算式計算出來的值作決定，而這個數值是屬於 MC++的 **bool** *型別* (就是任何運算式的計算結果可以是 **true** 或者 **false**)。請注意任何非零值可視爲眞，而零則視爲僞。

if敘述式是一個單一入口/單一出口的結構。我們將很快學習到其他控制結構的流程圖，除了小圓圈符號和流程線外，也包含矩形符號指出所要執行的動作，以及菱形符號指出所要做的判斷。這就是我們一再強調*動作/判斷的程式設計模式* (*action/decision model of programming*)。

我們可以想像有七個儲藏箱，每一個箱內只裝有七種控制結構之一。在每一個儲藏箱內的控制敘述式都是空的，在矩形符號或者菱形符號內都沒有寫入任何東西。程式設計師的工

作，就是將許多演算法所要求的各種控制敘述式組合起來，只有兩種方法(堆疊或者巢狀方式)可以將控制敘述式結合起來，然後再以演算法要求的方式填入動作和判斷。我們將會討論各種動作和判斷的不同寫法。

4.6 if...else 選擇敘述式

if 單一選擇敘述式只有當條件式爲眞時才會執行某個指定的動作，否則會跳過不執行。**if...else** 選擇敘述式當條件分別是眞或僞時，允許程式設計師分別指定執行不同的動作。例如下面這個虛擬碼的敘述式

If student's grade is greater than or equal to 60
    Print "Passed"
Else
    Print "Failed"

如果學生的分數超過或者等於 60 時，就會印出"*Passed* "的字樣，如果學生成績少於 60，就會印出"*Failed* "。在兩種狀況下，都會在執行完列印的動作後，再接續執行下一個虛擬碼的敘述式。前面提到虛擬碼的 *If...else* 敘述式，在 MC++中可以改寫成如下的程式碼

```
if ( studentGrade >= 60 )
   Console::WriteLine( S"Passed" );
else
   Console::WriteLine( S"Failed" );
```

良好的程式設計習慣 4.1

*將 **if...else** 敘述式中兩個本體的敘述式，都予以縮排處理。*

請注意，***else*** 敘述式的本體部分也需縮排處理。不論你所選擇的縮排量規定爲何，都必須在整個程式內遵守。如果空白長度沒有統一，這個程式將難以閱讀。

圖 4.4 的流程圖說明在 **if...else** 結構中的流程控制。請注意，在流程圖中除了小圓圈符號和箭號之外，只有矩形 (表示動作) 和菱形 (表示判斷) 的兩種符號。我們繼續要強調這種動作/判斷的電腦運作模式。

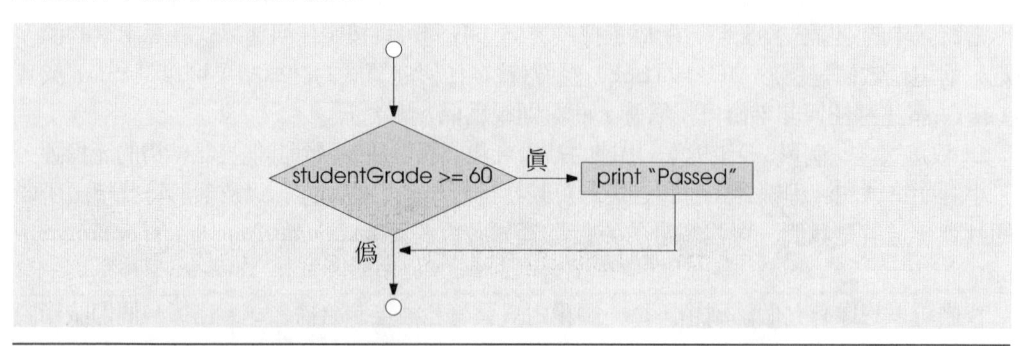

圖 4.3 單一選擇 if 敘述式的流程圖。

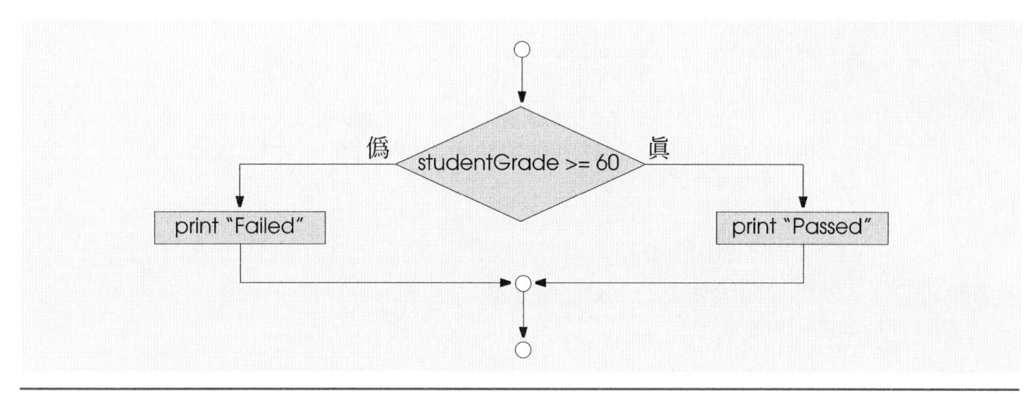

圖 4.4　雙重選擇 if...else 敘述式的流程圖。

條件運算子 (conditional operator) (**?:**) 很類似 **if...else** 敘述式，是 MC++中唯一的三元運算子，需要三個運算元。運算元和 **?:** 就形成條件式 (conditional expression)。第一個運算元就是條件式 (可以計算出 bool 值的運算式)，第二個運算元就是當條件式爲眞時，條件式的值，第三個運算元就是當條件式爲僞時的值。例如，下面的輸出敘述式

```
Console::WriteLine( studentGrade >= 60 ? S"Passed" : S"Failed" );
```

包含一個條件式，當條件式 **grade >= 60** 爲眞時，則此條件式的值爲字串 **"Passed"**，當條件式爲僞時，則條件式的值爲字串 **"Failed"**。

因此，帶有條件運算子的敘述式，執行起來基本上與前面所提到的 **if...else** 敘述式的功用相同。因爲條件運算子的優先權很低，因此整個條件運算式通常需要加上小括弧。條件運算式可以使用在 **if...else** 敘述式無法使用的場合，例如作爲 **WriteLine** 方法的引數。

良好的程式設計習慣 4.2

*雖然條件運算了可以提供比 **if...else** 敘述式更方便的方法，但有時候會讓程式碼很難了解。只有在執行簡單、較直接的工作時，才使用條件運算子。*

只需要將 **if...else** 敘述式放在另一個 **if...else** 敘述式中，*巢狀 **if...else*** 敘述式就可測試多種狀況。例如，下述虛擬碼的敘述式，如果考試分數高於或等於 90 時印出 A，分數在 80 到 89 時印出 B，分數在 70 到 79 的範圍時印出 C，分數在 60 到 69 的範圍時印出 D，其他分數就印出 F：

If student's grade is greater than or equal to 90
　　Print "A"
Else
　　If student's grade is greater than or equal to 80
　　　　Print "B"

Else
If student's grade is greater than or equal to 70
Print "C"
Else
If student's grade is greater than or equal to 60
Print "D"
Else
Print "F"

這些虛擬碼的程式就可改寫成如下的 MC++敘述式

```
if ( studentGrade >= 90 )
   Console::WriteLine( S"A" );
else
   if ( studentGrade >= 80 )
      Console::WriteLine( S"B" );
   else
      if ( studentGrade >= 70 )
         Console::WriteLine( S"C" );
      else
         if ( studentGrade >= 60 )
            Console::WriteLine( S"D" );
         else
            Console::WriteLine( S"F" );
```

如果 **studentGrade** 高於或等於 90，則前四個條件都爲眞，但是只有在第一個測試條件中的 **Console::WriteLine** 敘述式會執行。在執行完這個特殊的 **Console::WriteLine** 敘述式後，就會跳過外圍的 **if...else** 敘述式的 **else** 部份。

良好的程式設計習慣 4.3

如果需要多層的縮排，每一層都必須有相同的縮排量。

許多 MC++程式設計師較喜歡將前述的 **if** 敘述式寫成下述的形式

```
if ( studentGrade >= 90 )
   Console::WriteLine( S"A" );
else if ( studentGrade >= 80 )
   Console::WriteLine( S"B" );
else if ( studentGrade  >= 70 )
   Console::WriteLine( S"C" );
else if ( studentGrade >= 60 )
   Console::WriteLine( S"D" );
else
   Console::WriteLine( S"F" );
```

這兩種方式是相等的。後面這種方式較爲普遍，因爲如此寫法可以避免向內縮排的層次太多，使得程式碼向右位移太大，造成一行沒剩下多少空間，許多行程式碼都被迫必須分成兩行，因而降低程式的可讀性。

MC++編譯器通常會將 **else** 與前一個最近的 **if** 配對，除非另外用大括弧 (**{}**) 規定。這就會產生所謂的*懸置* ***else*** *問題* (dangling-else problem)。例如：

```
if ( x > 5 )
   if ( y > 5 )
      Console::WriteLine( S"x and y are > 5" );
else
   Console::WriteLine( S"x is <= 5" );
```

顯示如果 **x** 大於 **5**，則位於其主體內的 **if** 敘述式會判斷是否 **y** 也是大於 **5**。如果如此，就會輸出字串 **"x and y are > 5"**。否則，如果 **x** 不大於 **5**，則位於外圍 **if** 敘述式的 **else** 區塊就會輸出字串 **"x is <= 5"**。但是，前述的*巢狀* ***if*** *敘述式*並不會照著縮排的意思執行。編譯器實際上是將上述的敘述式解釋成

```
if ( x > 5 ) {
   if ( y > 5 )
      Console::WriteLine( S"x and y are > 5" );
   else
      Console::WriteLine( S"x is <= 5" );
}
```

在第一個 **if** 敘述式的主體內，將之解釋成同一個 **if...else** 敘述式。這個敘述式會測試是否 **x** 大於 **5**。如果如此，接著就會繼續測試是否 **y** 也大於 **5**。如果第二個條件也是眞，就會顯示正確的字串 **"x and y are > 5"**。但是，如果第二個條件是僞，此時即使我們知道 **x** 大於 **5**，仍然會顯示字串 **"x is <= 5"**。

避免錯誤的小技巧 4.1

讀者可以利用 Visual Studio .Net 的功能將程式碼正確的加以縮排。要檢查縮排是否正確，讀者只需要選取相關的程式碼，然後連續的按下 Ctrl-K 和 Ctrl-F，這樣就會將選取的程式碼正確地縮排。

若想要強迫前述的巢狀 **if** 敘述式依照原始的縮排意思執行，則敘述式必須照下述方式寫：

```
if ( x > 5 ) {
   if ( y > 5 )
      Console::WriteLine( S"x and y are > 5" );
}
else
   Console::WriteLine( S"x is <= 5" );
```

大括弧 (**{}**) 告訴編譯器第二個 **if** 敘述式是位於第一個 **if** 敘述式的主體內，而 **else** 則是與第一個 **if** 敘述式配對。

if 選擇敘述式一般希望在其主體內只包含一行敘述式。若要在 **if** 敘述式內放入數行敘述式，可將這些敘述式放在一對大括弧 (**{** 和 **}**) 內。放在一對大括弧內的一組敘述式，我們稱爲一個*區塊* (*block*)。

軟體工程的觀點 4.2

區塊可以放在程式中任何可容納單行敘述式的地方。

在下面的範例中，我們在 **if...else** 敘述式的 **else** 部分，加入一組區塊。

```
if ( studentGrade >= 60 )
   Console::WriteLine( S"Passed" );
else {
   Console::WriteLine( S"Failed" );
   Console::WriteLine( S"You must take this course again." );
}
```

在這個範例中，如果 **studentGrade** 少於 60，則程式就會執行 **else** 本體內的兩行敘述式，並且列印出

```
Failed
You must take this course again.
```

請注意在 **else** 部份，包圍這兩個敘述式的大括弧。這些大括弧很重要。沒有這些大括弧，則下述的敘述式

```
Console::WriteLine( S"You must take this course again." );
```

將會被排除在 **else** 本體之外，結果不論分數是否少於 60，都會執行這個敘述式。

例如，程式中某個區塊的一邊大括弧遺漏，編譯器就會捕捉這種語法的錯誤。但是當程式中某個區塊的兩邊大括弧都遺漏，像這種*邏輯錯誤* (*logic error*) 會在執行時期產生影響。*致命的邏輯錯誤* (*fatal logic error*) 會造成程式執行失敗而突然當掉。*非致命的邏輯錯誤* (*non-fatal logic error*) 仍然允許程式繼續執行，但是可能會產生不正確的結果。

常見的程式設計錯誤 4.1

忘記加上界定區塊範圍的一邊大括弧，可能會導致語法錯誤。忘記加上界定區塊範圍兩邊的大括弧，可能會導致語法錯誤以及/或邏輯錯誤。

良好的程式設計習慣 4.4

*如果在 **if...else** 敘述式(或者其他的敘述式)中，先放入一對大括弧，這樣就能預防不小心遺漏的問題，特別是稍後才要在 **if** 或者 **else** 部分加入敘述式時更要注意。有些程式設計師喜歡一開始就加上區塊前後兩邊的大括弧，然後再於大括弧內輸入個別的敘述式，如此就可以避免遺漏大括弧的一邊或者兩邊符號。*

在本節中，我們介紹了區塊的觀念。區塊可以包含宣告。區塊中的宣告通常是放在區塊的最前面，其次才是動作的敘述式，但是宣告可以和動作敘述式混雜在一起。

就像在任何可容納單一敘述式的地方，也可以放置區塊，我們當然也可以放置空敘述式 (null statement)，就是在原來放敘述式的位置上，只放一個分號 (;)。

常見的程式設計錯誤 4.2

*如果在 **if** 敘述式或者 **if...else** 敘述式的條件式後面多放置一個分號，會在單一選擇的 **if** 敘述式中造成邏輯錯誤，以及在雙重選擇的 **if...else** 敘述式中造成語法錯誤 (此時在 **if** 條件式中包含一個非空置的敘述式)。*

4.7 while 重複敘述式

重複敘述式 (也稱爲迭代敘述式) 可以讓程式設計師在某項條件維持在眞的狀況下，重複執行的動作。如下述的虛擬碼敘述式

While there are more items on my shopping list
Purchase next item and cross it off my list

描述在購物旅行中發生的重複動作。條件式 "there are more items on my shopping list" 可以是眞或僞。如果它爲眞，就會執行動作 "Purchase next item and cross it off my list"。當條件式保持眞時，就會一直重複執行這項動作。在 *While 重複敘述式中所包含*的敘述式，組成 *While* 結構的本體。*While 敘述式*的本體可以是單一的敘述式或者是區塊。最後，條件式的值將成爲僞 (當採購單上的最後一項也從採購單上畫掉後)。此時，重複動作就會終止，然後就會執行緊跟著 **while** 敘述式後面的第一個敘述式。

舉一個 **while** 敘述式的範例，現在有一個程式區塊可以找出大於 1000 的最小 2 的冪次方數。假設 **int** 型別的變數 **product** 包含數值 2。當下述的 **while** 敘述式結束執行時，**product** 就包含大於 1000 的最小 2 的冪次方數。

```
int product = 2;

while ( product <= 1000 )
   product = 2 * product;
```

當 **while** 敘述式開始執行時，**product** 的數值爲 2。變數 **product** 會重複地乘以 2，連續產生 4、8、16、32、64、128、256、512 和 1024 等值。當 **product** 成爲 1024 時，在 **while** 敘述式中的條件式 **product <= 1000** 就成爲僞，這樣就會終止重複的動作，而 **product** 最後的值爲 1024。程式就會繼續執行 **while** 之後的下一個敘述式。【*注意*：如果 **while** 敘述式的條件式一開始就是僞，則主體內的敘述式就永遠不會執行。】

圖 4.5 的流程圖說明在 **while** 重複敘述式中的流程控制。再一次強調，注意流程圖中除了小圓圈和箭號以外，只包含矩形符號和菱形符號。

常見的程式設計錯誤 4.3

*在 **while** 敘述式的本體內，沒有任何一個狀況能最後讓其條件式成為偽，這就是邏輯錯誤。通常，這樣的敘述式將永遠不會終止，這種錯誤就是所謂的「無窮迴圈」。*

常見的程式設計錯誤 4.4

*將關鍵字 **while** 的開頭字母寫成大寫 **W** 的 **While**，這是一種語法錯誤。請記得 MC++是一種區分大小寫的程式設計語言。所有 MC++的關鍵字，如 **while**、**if** 和 **else** 都只包含小寫字母。*

避免錯誤的小技巧 4.2

除非關鍵字拼對，大小寫也正確，否則 Visual Studio .NET 不會將關鍵字加上應有的顏色。

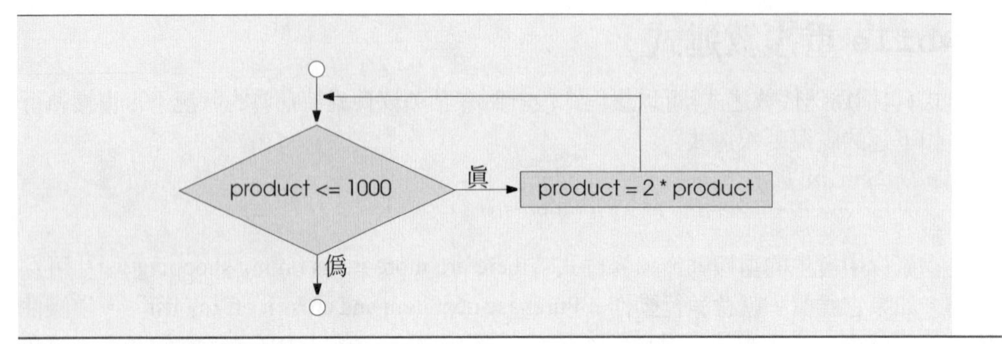

圖 4.5 while 敘述式的流程圖。

將空的 **while** 敘述式想像成一個深的箱子，可以和其他的控制敘述式以堆疊或巢狀的方式，實作出任何演算法的結構化流程控制。空的矩形和菱形符號填入適當的動作(例如，**product = 2 * product**) 和判斷 (例如，**product <= 1000**)。流程圖清楚地顯示出其中的重複動作。流程線從矩形符號發出，指出這個程式利用判斷來控制程式的進行，每個迴圈都會測試條件，直到最後成爲僞，才會終止。此時，**while** 敘述式就會終止，將控制權交給程式中緊接著 **while** 敘述式的下一個敘述式。

4.8 規劃演算法：範例研究 1 (計數器控制重複結構)

爲了解釋如何發展演算法，我們試著解決兩個關於整個班級考試平均分數的問題。考慮下述的問題：

> *某個班級有 10 個學生參加考試，你已經取得這次考試的所有分數(範圍是從 0 到 100)。請算出這次考試的全班平均分數。*

全班平均分數等於全班分數的總和，再除以學生的人數。要在電腦上解出這個問題的演算法，就是必須輸入每一位學生的分數，然後執行平均值的計算，最後再印出結果。

讓我們先使用虛擬碼將需要執行的動作列出來，並且指定執行這些動作的次序。因爲分數的個數已經預先知道，因此我們使用*計數器控制重複結構* (*counter-controlled repetition*) 一次輸入一個分數。這項技術是使用一個叫做*計數器* (***counter***) 的變數，來控制一組敘述式所要執行的次數。在這個範例中，當計數器超過 10 的時候，重複動作就會終止。計數器控制重複結構也常被稱爲*確定的重複結構* (*definite repetition*)，因爲在開始執行迴圈動作時，就已經知道重複動作執行的次數。在本節中，我們列出一組虛擬碼的演算法 (圖 4.6)，以及對應的程式碼 (圖 4.7)。在下一節，我們會說明如何發展出虛擬碼的演算法。

請注意虛擬碼演算法 (圖 4.6) 中有關總和 (total) 和計數器 (counter) 的說明。虛擬碼中的變數*總和* (*total*) 會將一串數值相加起來，以便求出總和。計數器就是用來計算次數的變數，在這個範例中，就是輸入分數的次數。用來儲存總和的變數，開始在程式中使用之前，一般必須先清除爲零，否則總和就會將先前儲存此變數所在記憶體的值一起計算進來。

避免錯誤的小技巧 4.3

先將表示計數器和總和的變數加以初始化。

Set total to zero
Set grade counter to one

While grade counter is less than or equal to ten
　　Input the next grade
　　Add the grade to the total
　　Add one to the grade counter

Set the class average to the total divided by ten
Print the class average

圖 4.6　使用計數器控制重複結構來解決全班平均分數問題的虛擬碼演算法。

```
 1  // Fig. 4.7: Average1.cpp
 2  // Class average with counter-controlled repetition.
 3
 4  #include "stdafx.h"
 5
 6  #using <mscorlib.dll>
 7
 8  using namespace System;
 9
10  int _tmain()
11  {
12     int total,          // sum of grades input by user
13         gradeCounter,   // number of grade to be entered next
14         gradeValue,     // grade value
15         average;        // average of grades
16
17     // initialization phase
18     total = 0;          // initialize total
19     gradeCounter = 1;   // initialize loop counter
20
21     // processing phase
22     while ( gradeCounter <= 10 ) {  // loop 10 times
23
24        // prompt for input and read and convert grade from user
25        Console::Write( S"Enter integer grade: " );
26        gradeValue = Int32::Parse( Console::ReadLine() );
27
28        total = total + gradeValue;        // add grade to total
29
30        gradeCounter = gradeCounter + 1;  // increment counter
31     } // end while
32
```

圖 4.7　使用計數器控制重複結構計算全班平均分數的程式 (第 2 之 1 部分)。

```
33      // termination phase
34      average = total / 10;   // integer division
35
36      // display average of exam grades
37      Console::WriteLine( S"\nClass average is {0}", average.ToString() );
38
39      return 0;
40   } // end _tmain
```

```
Enter integer grade: 100
Enter integer grade: 88
Enter integer grade: 93
Enter integer grade: 55
Enter integer grade: 68
Enter integer grade: 77
Enter integer grade: 83
Enter integer grade: 95
Enter integer grade: 73
Enter integer grade: 62

Class average is 79
```

圖 4.7　使用計數器控制重複結構計算全班平均分數的程式 (第 2 之 2 部分)。

第 12-15 行 (圖 4.7) 將變數 **total**、**gradeCounter**、**gradeValue** 和 **average** 宣告成型別 **int**。會將使用者輸入程式的數值先從 **String** 轉換成 **int** 型別，然後再儲存在變數 **gradeValue**。

良好的程式設計習慣 4.5

記得在宣告和可執行敘述式之間要加入一行空白。這會讓宣告在程式中顯得比較突出，而增進程式的清晰度。

第 18-19 行是指定敘述式，將變數 **total** 初始化爲 0，將 **gradeCounter** 初始化爲 **1**。變數 **total** 和 **gradeCounter** 在使用之前，必須先加以初始化。請注意，若在計算的過程中使用未初始化的變數可能會造成不正確的結果。

第 22 行指出只要 **gradeCounter** 的數值小於或者等於 10，則 **while** 敘述式就會繼續執行下去。第 25 和 26 行對應到虛擬碼敘述式"*input the next grade*"。第 25 行敘述式會在螢幕上顯示出"**Enter integer grade:**"的提示。第 26 行會讀取使用者輸入的資料，並且將它轉換成 **int** 型別，然後將該數值儲存在 **gradeValue**。接著，第 28 行會利用新的 **gradeValue** 數值更新 **total** 變數，就是先將 **gradeValue** 和原來 **total** 的數值相加，然後將結果再指定給 **total**。

現在程式就要將變數 **gradeCounter** 遞增 1，表示已經處理完一個分數。第 30 行會將 **gradeCounter** 加 **1**，所以在 **while** 敘述式中的條件式最後會成爲僞，結束這個迴圈。第 34 行會將計算出來的平均值指定給變數 **average**。第 37 行會顯示出字串 **"Class average is "** 以及變數 **average** 的值。

請注意，因爲在這個計算平均值的過程中使用了兩個整數 (**total** 和 10)，因此產生一個整數的結果 (在此處是 79)。實際上，在這例子中的分數總和是 794，當除以 10 時，應該產生 79.4 的結果。帶有小數點的數目我們稱爲浮點數，我們將會在下一節討論有關浮點數的計算。

4.9 從總體到細節，逐步修改方式規劃演算法：範例研究 2 (警示值控制重複結構)

讓我們將全班平均分數的問題一般化。考慮下述的問題：

發展一個計算全班平均分數的程式，每次可以處理任意個分數

在第一個計算全班平均成績的例子，事先已經知道考試分數的個數 (10)。現在這個例子，則不會提示會輸入多少個考試分數。這個程式必須能夠處理任意個考試分數。但是程式如何能夠判斷何時需要停止輸入分數？如何知道何時要計算和列印出全班的平均分數呢？

有一個方法可以解決這個問題，就是使用一個特殊的數值，稱爲*警示值* (*sentinel value*)，也稱爲*訊號值* (*signal value*)、*模擬值* (*dummy value*) 或者*旗標值* (*flag value*)，來表示「資料輸入結束」(end of data entry)。使用者輸入完所有分數後，才輸入警示值，表示最後一個分數已經輸入。警示值控制重複結構也常被稱爲*非限定次數重複結構* (*indefinite repetition*)，因爲在開始執行迴圈之前，無法得知重複執行的次數。

警示值不可以和可接受的輸入值混淆。因爲考試分數一般都是非負數的整數值，因此可以使用-1 作爲本問題的警示值。執行一個求全班平均分數的程式，必須處理一連串輸入值，例如，95、96、75、74、89 和−1。這個程式就會開始計算並且印出全班分數 95、96、75、74、89 的平均值。因爲−1 是警示值，所以不會併入平均值內計算。

常見的程式設計錯誤 4.5

如果選擇的警示值也是合法的資料值就會產生邏輯錯誤 (logic error)，阻止警示值控制迴圈正常結束，這種錯誤就是無窮迴圈 (infinite loop)。

我們使用一種*從總體到細節*、*逐步改進*的技術來發展求全班平均成績的程式，這種技術對於發展良好結構化的演算法是很重要的。我們先由單獨一行的虛擬碼敘述式表示總體，說明程式的整個目的。

Determine the class average for the quiz

因此，開端實際上就是程式的完整說明。很不幸地，總體無法充分提供撰寫 MC++演算法所需要的詳細資料。所以我們現在開始進行細部修改的過程。我們先將總體切割成一連串更小的工作，並且按照它們執行的先後次序排列出來。這就會產生下述第一次修改的結果。

Initialize variables
Input, sum and count the quiz grades
Calculate and print the class average

此處只使用循序結構，列出的步驟會按照順序一個接著一個執行。

軟體工程的觀點 4.3

原來的總體和每一次的修改都是完整的演算法，只是詳細程度的差別。

要進行下一階段的細部修改，就是第二*次細部修改* (**second refinement**)，我們必須指定一些特殊的變數。我們需要一個變數代表現有輸入分數的總和，統計有多少個分數已經計算的變數，接收每一個輸入分數的變數，然後還有一個變數儲存計算出來的平均值。則下述的虛擬碼敘述式

Initialize variables

可細部修改成下述的敘述式：

Initialize total to zero
Initialize counter to zero

請注意，只有變數 *total* 和 *counter* 在使用前需要初始化爲零；至於變數 *average* 和 *grade* (分別存放計算出來的平均值和使用者輸入的分數) 就不需要初始化爲零，因爲它們的值在經過計算或者輸入後，就會被新的數值覆蓋過去。

則虛擬碼的敘述式可寫成

Input, sum and count the quiz grades

此虛擬碼需要使用一個重複敘述式 (例如，迴圈)，能夠連續輸入每一個分數。因爲我們無法預知有多少個分數要處理，所以必須使用警示值控制重複結構。使用者一次輸入一個合法的分數。在輸入最後一個合法的分數後，使用者就需要輸入警示值。程式會在輸入每一個分數後，測試是否輸入的是警示值，如果使用者輸入的是警示值，程式就會結束迴圈。則前述虛擬碼敘述式的第二次細部修改就成爲

Input the first grade (possibly the sentinel)

While the user has not as yet entered the sentinel
    Add this grade to the running total
    Add one to the grade counter
    Input the next grade (possibly the sentinel)

我們並沒有將 *While 敘述式本體用大括號括起來*，只是將 *while* 以下的敘述式加以縮排處理，顯示它們是屬於 *While* 敘述式。請注意，在程式執行到達迴圈之前，以及到達迴圈本體的結尾時，我們會輸入分數。當我們進入迴圈，在迴圈之前輸入的分數會加以測試，以決定它是否是警示值。如果確實是警示值，迴圈就會終止，否則就會執行迴圈的主體。迴圈主體就會

處理輸入的分數，然後再輸入下一個分數。然後，新輸入的分數就會在迴圈的頂端加以測試，以便決定這個分數是否是一個警示值。

下述的虛擬碼敘述式

Calculate and print the class average

可以細部修改成如下的敘述式：

If the counter is not equal to zero
　　Set the average to the total divided by the counter
　　Print the average
Else
　　Print "No grades were entered"

我們會測試是否出現除以零 (division by zero) 的可能性，這是一種邏輯錯誤，如果沒有偵測出來，將會造成程式當掉。有關班級平均分數問題，其虛擬碼演算法第二次細部修改的完整內容顯示在圖 4.8。

避免錯誤的小技巧 4.4

當我們執行除法的運算式的值可能為零時，就要在程式明確地測試這個狀況是否會發生，適當地加以處理，例如顯示錯誤訊息。

良好的程式設計習慣 4.6

在虛擬碼中加入空白行，以便增加程式碼的可讀性。這些空白行會將程式的各種控制敘述式和階段加以區隔。

Initialize total to zero
Initialize counter to zero

Input the first grade (possibly the sentinel)

While the user has not as yet entered the sentinel
　　Add this grade to the running total
　　Add one to the grade counter
　　Input the next grade (possibly the sentinel)

If the counter is not equal to zero
　　Set the average to the total divided by the counter
　　Print the average
Else
　　Print "No grades were entered"

圖 4.8　使用警示值控制重複結構來計算全班平均分數問題的虛擬碼演算法。

軟體工程的觀點 4.4

許多演算法都可以按照邏輯區分為三個階段：初始化階段，將程式中的變數設定初始值；其次是處理階段，輸入資料並且修改相關的變數值；最後則是結束階段，計算出最後的結果並且加以印出。

圖 4.8 中的虛擬碼演算法，能夠解決更通用的全班平均分數問題。這個演算法只經過兩階段的細部修改。有時候需要更多階段的細部修改。

軟體工程的觀點 4.5

當虛擬碼演算法已能提供程式設計師詳盡的資料，可以轉成 MC++的程式碼，此時設計師就會終止從總體到細節，逐步的細部修改程序。然後，實作 MC++程式通常就很簡單。

這個虛擬碼的 MC++程式顯示在圖 4.9。請注意，從輸出的值我們知道輸入的每一個分數都是整數，但是平均後很可能產生帶有小數點的數目。型別 **int** 無法表示實數，因此這個程式使用型別 **double** 來處理浮點數。程式中也介紹了*強制轉型運算子* (*cast operator*) ***static_cast*** 來處理計算平均分數所遭遇的型別轉換問題。這些功能會在討論圖 4.9 時詳細加以說明。

在這個範例中，我們將討論如何將這些控制結構按照順序堆疊在另一個控制結構上。而 **while** 敘述式 (第 28 到 35 行) 後面緊接著是一個 **if...else** 結構 (第 39 到 44 行)。這個程式中有許多程式碼和圖 4.7 中的程式碼相同，因此我們只針對這個範例中的新功能加以討論。

第 16 行宣告 **double** 型別的變數 **average**。這項變更讓我們可以將全班平均分數儲存成浮點數。第 20 行將 **gradeCounter** 初始化為 0，因為此時還沒有輸入任何分數，請記得這個程式使用的是警示值控制的重複結構。為了要準確記錄輸入分數的個數，變數 **gradeCounter** 只有在輸入有效分數的時候才會遞增 **1**。

請注意在警示值控制重複結構和計數器控制重複結構圖 4.7 的差異。在計數器控制重複結構中，每一次我們執行 **while** 敘述式時，就會讀取使用者輸入的值，並且按照這個方式執行指定的次數。在使用警示值控制重複結構中，我們是在程式到達 **while** 敘述式之前讀取一個數值 (第 25 行)。這個數值是用來判斷程式的流程控制是否需要進入 **while** 敘述式的主體。如果 **while** 敘述式的條件式的值是偽 (就是使用者輸入的是警示值)，就不會執行 **while** 敘述式的主體 (就是不會輸入任何分數)。如果，另一方面換成條件式為眞，就會開始執行 **while** 敘述式的主體，處理使用者輸入的數值 (就是將輸入的數值加入 **total**)。在程式結束 **while** 敘述式之前，使用者會輸入下一個數值 (第 34 行)。當程式的控制權到達主體結束的右大括號 (}) 時，程式就會繼續測試 **while** 敘述式的條件。使用者輸入的新數值會決定是否應該再一次執行 **while** 敘述式的主體。注意使用者輸入的下一個數值，都是正好在程式開始檢查 **while** 敘述式的條件式之前 (第 34 行)。這會讓程式先判斷使用者剛輸入的數值是否是警示值，以便決定是否要當作有效分數加以處理。如果輸入的數值就是警示值，則 **while** 敘述式就會終止，而此數值就不會加入 **total**。

```
 1  // Fig. 4.9: Average2.cpp
 2  // Class average with sentinel-controlled repetition.
 3
 4  #include "stdafx.h"
 5
 6  #using <mscorlib.dll>
 7
 8  using namespace System;
 9
10  int _tmain()
11  {
12     int total,          // sum of grades
13         gradeCounter,   // number of grades entered
14         gradeValue;     // grade value
15
16     double average;     // number with decimal point for average
17
18     // initialization phase
19     total = 0;
20     gradeCounter = 0;
21
22     // processing phase
23     // get first grade from user
24     Console::Write( S"Enter integer grade, -1 to Quit: " );
25     gradeValue = Int32::Parse( Console::ReadLine() );
26
27     // loop until sentinel value is read from user
28     while ( gradeValue != -1 ) {
29        total = total + gradeValue;
30
31        gradeCounter = gradeCounter + 1;   // increment counter
32
33        Console::Write( S"Enter integer grade, -1 to Quit: " );
34        gradeValue = Int32::Parse( Console::ReadLine() );
35     } // end while
36
37     // termination phase
38     // if user entered at least one grade...
39     if ( gradeCounter != 0 ) {
40        average = static_cast< double >( total ) / gradeCounter;
41        Console::WriteLine( S"\nClass average is {0}", average.ToString() );
42     } // end if
43     else
44        Console::WriteLine( S"No grades were entered." );
45
46     return 0;
47  } // end _tmain
```

圖 4.9　使用警示值控制的重複結構來計算全班平均分數的程式(第 2 之 1 部分)。

```
Enter integer grade, -1 to Quit: 97
Enter integer grade, -1 to Quit: 88
Enter integer grade, -1 to Quit: 72
Enter integer grade, -1 to Quit: -1

Class average is 85.6666666666667
```

圖 4.9 使用警示值控制的重複結構來計算全班平均分數的程式(第 2 之 2 部分)。

請注意組成圖 4.9 中 **while** 迴圈的區塊。如果沒有加上這些大括弧，則迴圈主體的最後三個敘述式就會被排除在迴圈的範圍之外，使得電腦會錯誤地解釋這些程式碼如下：

```
while ( gradeValue != -1 )
   total = total + gradeValue;

gradeCounter = gradeCounter + 1; // increment counter

Console::Write( S"Enter Integer Grade, -1 to Quit: " );
gradeValue = Int32::Parse( Console::ReadLine() );
```

如果使用者在第 25 行 (在 **while** 敘述式之前) 並沒有輸入警示值 **-1**，則程式就會產生無窮迴圈。

常見的程式設計錯誤 4.6

界定重複敘述式區塊範圍的大括號如果省略，將會導致邏輯錯誤，例如無窮迴圈。

良好的程式設計習慣 4.7

在利用警示值控制迴圈中，要求輸入資料的提示必須提醒使用者規定的警示值。

計算平均值時，並不一定會得到整數值。通常，平均值都會包含有小數的部分，例如 3.333 或者 2.7。這些數值都是浮點數，一般是用型別 **double** 表示。我們將變數 **average** 宣告爲型別 **double**，可將計算出來帶有小數的數值存入此變數。但是，計算 **total/gradeCounter** 的結果應爲整數，因爲 **total** 和 **gradeCounter** 兩個變數都是屬於整數型別。在*整數除法* (*integer division*) 中將兩個整數相除，會將計算出來的小數部份截掉，使得結果成爲整數。因爲會先執行計算，結果的小數部分會先捨棄，然後才指定給 **average**。

若要對整數進行浮點數運算，我們必須先產生浮點數的暫時值，才能進行計算。強制轉型運算子 **static_cast** (第 40 行) 可以進行資料型別之間的轉換。要強制轉換型別的數值 (例如 **total**)必須放在強制轉型運算子 **static_cast** 的小括號內，而需要轉換成的型別則是放在角括號內 (例如**<double>**)。第 40 行明確地將 **total** 數值強制轉換成 **double**，以便在計算平均值時使用。

常見的程式設計錯誤 4.7

認為整數除法會將計算結果進位成整數而不是直接截掉小數部分，這樣會導致不正確的結果。

常見的程式設計錯誤 4.8

如果將浮點數顯示出來的數值當作精確實數值使用，則會導致不正確的結果。電腦只會以近似值來表示實數。

良好的程式設計習慣 4.8

不要比較浮點數之間是否相等或不相等，而是要測試它們之間差值的絕對值，是否小於某個指定的微小值。

浮點數不一定是 100%的精確，但是仍有許多的用處。例如，當我們說正常的人體體溫是 98.6 度時，我們實在不需要精確到很多位小數的地步。當我們檢查體溫計中的溫度時，讀出的值如果是 98.6，它實際上可能是 98.5999473210643 的溫度。我們稱這樣的體溫是 98.6 其實已經足夠應付大部分的應用。

除法也可能產生浮點數的結果。當我們計算 10 除以 3 時，結果應是 3.3333333...，一連串無窮的數字 3。電腦只能配置固定數量的記憶體來容納這樣的數值，因此儲存的浮點數值只能是一個近似值。

第 41 行利用 **`WriteLine`** 方法來顯示 **`average`** 的數值。我們可以將 **`average.ToString( )`**指定爲 **`WriteLine`** 的第二個引數，就可以將一個數值轉換成字串 **`String`**。

4.10　從總體到細節，逐步修改方式規劃演算法：範例研究 3 (巢狀控制結構)

讓我們討論另一個完整的問題。再一次使用虛擬碼從總體到細節，逐步進行細部修改的方式，來規劃演算法，並撰寫出相對應的 MC++程式。

考慮下述的問題敘述：

> *某個學院開了一門課程，提供學生參加不動產經紀人國家證照考試的課程。去年，幾位修完課程的學生參加了這項證照考試。學院希望知道這些學生考試的表現如何。現在要求你寫出一個程式，能夠將學生考試的成果摘要列出。你取得這 10 位學生的名單。在名單上，如果該名學生通過考試，就會在名字的後面註明 1，如果沒有通過，則註明 2。如果超過 8 位學生通過考試，就顯示出 "Raise tuition " (調高學費)的訊息。*

在仔細讀完問題的敘述後，我們得出下列的重點：

1. 這個程式必須能夠處理 10 位學生的考試成績。必須使用計數器控制重複結構的方式處理。
2. 每個考試分數都是一個數目，不是 1 就是 2。每次程式讀取一個考試分數時，程式必須判斷該數目到底是 1 還是 2。在我們的演算法中，測試是否爲 1。如果這個數目不是 1，就假設它是 2。(在本章末的某個習題中，我們會討論這項假設的後果)。

3. 必須使用兩個計數器來記錄考試的分數，一個計算通過考試的學生人數，另一個則計算沒有通過考試的學生人數。
4. 在程式處理完全部的考試分數後，再決定是否有超過 8 位學生通過這項考試。

我們會採取從總體到細節，逐步進行細部修改的方式處理。以虛擬碼表示的開端如下：

Analyze exam results and decide if tuition should be raised

再一次強調，在虛擬碼的總體寫出程式的完整說明是很重要的，但是在能夠將虛擬碼轉寫成 MC++程式之前，必須要進行幾次的細部修改才行。我們第一次細部修改如下

Initialize variables
Input the ten exam grades and count passes and failures
Print a summary of the exam results and decide if tuition should be raised

即使已經寫出整個程式的完整說明，但是仍是需要進一步的細部修改。我們現在要指定一些特殊的變數，需要計數器來記錄通過和沒有通過考試的人數。一個計數器來控制迴圈的處理，以及一個變數來儲存使用者輸入的數值。則下述的虛擬碼敘述式

Initialize variables

就可以細部修改成如下的敘述式：

Initialize passes to zero
Initialize failures to zero
Initialize student to one

只需要將記錄通過考試人數、沒有通過考試的人數以及學生人數的記錄器初始化即可。則下述的虛擬碼敘述式

Input the ten quiz grades and count passes and failures

需要一個迴圈結構，能夠連續輸入每位學生的考試成績。因爲已經事先知道確定有 10 位學生的考試成績，因此使用計數器控制重複結構是很適合。在迴圈的內部 (就是形成巢狀迴圈)，利用一個雙重選擇結構來判斷每一個考試成績是否通過，然後就依照判斷的結果將正確的計數器遞增。則前述虛擬碼敘述式就可細部修改成爲

```
While student counter is less than or equal to ten
     Input the next exam result

     If the student passed
     Add one to passes
Else
     Add one to failures

Add one to student counter
```

請注意，使用空白行將 *If...else* 控制敘述式隔開，可增進程式的可讀性。則下述的虛擬碼敘述式

Print a summary of the exam results and decide if tuition should be raised

就可以細部修改成如下的敘述式：

Print the number of passes
Print the number of failures

If more than eight students passed
Print "Raise tuition"

圖 4.10 顯示出完整的第二次細部修改的內容。請注意，仍然使用空白行將 *While* 敘述式隔開，以便增進程式的可讀性。

現在虛擬碼已經過充分地細部修改，可以進行轉換成 MC++程式碼的工作。這個 MC++程式和執行的示範結果顯示在圖 4.11。

第 12-15 行宣告 **_tmain** 函式用來處理考試成績的所需使用的一些變數。我們已經利用 MC++的功能，可以在宣告變數的同時也初始化該變數 (將變數 **passes** 的初始值指定為 0，**failures** 指定為 0，**student** 指定為 1)。請注意在 **while** 敘述式主體內使用巢狀 **if...else** 敘述式 (第 23-26 行)。第 33-34 行顯示 **passes** 和 **failures** 的終值。

軟體工程的觀點 4.6

利用電腦解決問題最困難的地方，就是如何發展出解決問題的演算法。一旦正確的演算法確定下來，通常很容易從演算法直接導出可執行的 MC++程式。

軟體工程的觀點 4.7

許多有經驗的程式設計師在寫程式的時候，都不曾使用過像虛擬碼這種程式發展工具。這些程式設計師認為他們最終的目標，就是在電腦上解決問體，如果還要寫虛擬碼只會耽誤最後的結果。雖然對於一些簡單和常見的問題可能沒問題，但是遇到大型又複雜的專案時，就會導致嚴重的問題。

4.11 指定運算子

C++提供幾種指定運算子，可以縮簡指定運算式。例如下面這個敘述

```
c = c + 3;
```

可以利用*加法指定運算子* (addition assignment operator) **+=** 縮寫成

```
c += 3;
```

運算子**+=**會將運算式中，位於運算子右方的數值和位於運算子左方變數的值相加，然後將結果存入位於運算子左方的變數。任何具有下述格式的敘述式

variable = *variable operator expression*;

Initialize passes to zero
Initialize failures to zero
Initialize student to one

While student counter is less than or equal to ten
  Input the next exam result

  If the student passed
    Add one to passes
  Else
    Add one to failures

  Add one to student counter

Print the number of passes
Print the number of failures

If more than eight students passed
  Print "Raise tuition"

圖 4.10 解決考試成績問題的虛擬碼。

```
 1  // Fig. 4.11: Analysis.cpp
 2  // Analysis of examination results.
 3
 4  #include "stdafx.h"
 5
 6  #using <mscorlib.dll>
 7
 8  using namespace System;
 9
10  int _tmain()
11  {
12     int passes = 0,      // number of passes
13         failures = 0,    // number of failures
14         student = 1,     // student counter
15         result;          // one exam result
16
17     // process 10 students; counter-controlled loop
18     while ( student <= 10 ) {
19        Console::Write( S"Enter result (1=pass, 2=fail): " );
20        result = Int32::Parse( Console::ReadLine() );
21
22        // if result is 1, increment passes; if...else nested in while
23        if ( result == 1 )
24           passes = passes + 1;
25        else
26           failures = failures + 1;
27
```

圖 4.11 解決考試成績問題的程式和示範執行結果 (第 2 之 1 部分)。

```
28          // increment student counter so loop eventually terminates
29          student = student + 1;
30       } // end while
31
32       // termination phase
33       Console::WriteLine( S"\nPassed: {0}\nFailed: {1}",
34          passes.ToString(), failures.ToString() );
35
36       // determine whether more than 8 students passed
37       if ( passes > 8 )
38          Console::WriteLine( S"Raise Tuition\n" );
39
40       return 0;
41    }
```

```
Enter result (1=pass, 2=fail): 1
Enter result (1=pass, 2=fail): 2
Enter result (1=pass, 2=fail): 2
Enter result (1=pass, 2=fail): 2
Enter result (1=pass, 2=fail): 2
Enter result (1=pass, 2=fail): 2
Enter result (1=pass, 2=fail): 1
Enter result (1=pass, 2=fail): 1
Enter result (1=pass, 2=fail): 1
Enter result (1=pass, 2=fail): 1

Passed: 5
Failed: 5
```

圖 4.11　解決考試成績問題的程式和示範執行結果 (第 2 之 2 部分)。

其中的運算子若屬於二元運算子**+**、**-**、*****、**/**、**%**之一，都可以寫成如下的格式

variable operator= expression;

圖 4.12 顯示一些算術指定運算子，以及使用這些運算子的運算式範例和說明。

常見的程式設計錯誤 4.9

在算術指定運算子的組成符號之間加上空白，這是語法錯誤。

4.12　遞增和遞減運算子

MC++提供單元*遞增運算子* **++**，和單元*遞減運算子* **--**，我們將兩者摘要列在圖 4.13。*單元運算子*就是只需要一個運算元的運算子。在第三章中，我們曾討論過二元算術運算子。Java 也支援單元的正號 (**+**) 和負號 (**-**) 運算子，如此程式設計師就能撰寫像**-7** 或者**+5** 的運算式。如果程式需要將變數 **c** 遞增 **1**，則可以使用遞增運算子**++**來取代運算式 **c = c + 1** 或者 **c += 1**。如果將遞增或遞減運算子放在變數的前面，就會分別被視爲*前置遞增運算子* (*prein-*

crement operator) 或*前置遞減運算子* (predecrement operator)。如果將遞增或遞減運算子放在變數的後面，就會分別被視爲*後置遞增運算子* (postfix increment operator)或*後置遞減運算子* (postfix decrement operator)。

指定運算子	運算式範例	說明	指定值
假設：`int c = 3, d = 5, e = 4, f = 6, g = 12;`			
+=	c += 7	c = c + 7	將10指定給c
-=	d -= 4	d = d - 4	將1指定給d
*=	e *= 5	e = e * 5	將20指定給e
/=	f /= 3	f = f / 3	將2指定給f
%=	g %= 9	g = g % 9	將3指定給g

圖 4.12 算術指定運算子。

運算子	名稱	運算式範例	說明
++	前置遞增	**++a**	先將 **a** 遞增 1，然後使用 **a** 的新值進行運算。
++	後置遞增	**a++**	使用 **a** 目前的值進行運算，然後將 **a** 遞增 1。
--	前置遞減	**--b**	先將 **b** 遞減 1，然後使用 **b** 的新值進行運算。
--	後置遞減	**b--**	使用 **b** 目前的值進行運算，然後將 **b** 遞減 1。

圖 4.13 遞增和遞減運算子。

將變數前置遞增 (或者前置遞減)，會先將變數遞增 (或者遞減)1，然後在變數出現的運算式中再使用此變數的新值。將變數後置遞增 (或者後置遞減)，會先在變數出現的運算式中使用此變數現有的值，然後再將變數遞增 (或者遞減)1。

在圖 4.14 中的應用程式，說明使用 **++** 遞增運算子的前置遞增和後置遞增之間的差異。將變數 **c** 後置遞增，會先在 **Console::WriteLine** 方法呼叫 (第 17 行) 中使用變數 **c** 的現值後，才再將變數 **c** 遞增 1。將變數 **c** 前置遞增，會先將變數 **c** 遞增 1，然後才在 **Console::WriteLine** 方法呼叫 (第 25 行) 中使用變數 **c** 的現值。

這個程式會在使用 **++** 運算子之前和之後，顯示出變數 **c** 的值。遞減運算子 (**--**) 的用法類似。第 20 行使用 **Console::WriteLine** 方法來輸出一行空白。

良好的程式設計習慣 4.9

為了增加可讀性，單元運算子必須緊跟著運算元，其間不可有任何空格。

```
 1  // Fig. 4.14: Increment.cpp
 2  // Preincrementing and postincrementing.
 3
 4  #include "stdafx.h"
 5
 6  #using <mscorlib.dll>
 7
 8  using namespace System;
 9
10  int _tmain()
11  {
12     int c;
13
14     // demostrate postincrement
15     c = 5;                       // assign 5 to c
16     Console::WriteLine( c );    // print 5
17     Console::WriteLine( c++ ); // print 5 then postincrement
18     Console::WriteLine( c );    // print 6
19
20     Console::WriteLine();       // skip a line
21
22     // demonstrate preincrement
23     c = 5;                       // assign 5 to c
24     Console::WriteLine( c );    // print 5
25     Console::WriteLine( ++c ); // preincrement then print 6
26     Console::WriteLine( c );    // print 6
27
28     return 0;
29  } // end _tmain
```

```
5
5
6

5
6
6
```

圖 4.14　前置遞增和後置遞增變數。

請注意，當敘述式中只有變數單獨一個，此時將變數遞增或遞減，則前置遞增和後置遞增的運算方式，都有相同的效果，而前置遞減和後置遞減也有相同的效果。只有當變數出現在較大的運算式中，變數的前置遞增和後置遞增才會有不同的結果 (對於前置遞減和後置遞減也是有類似的情形發生)。

常見的程式設計錯誤 4.10

*如果嘗試將遞增或者遞減運算子使用在運算式上，而不是使用在左值 (**lvalue**)，這是語法錯誤。左值 (**lvalue**) 就是可以出現在指定運算左邊的變數或者運算式。例如，寫成 **++(x + 1)** 就是語法錯誤，因為 **(x + 1)** 不是一個左值。*

圖 4.15 顯示到目前爲止，曾經介紹過運算子的優先權和結合性。運算子的優先權是以從上往下降低的方式排列。第二欄則說明在每一個優先權層級運算子的結合性。請注意，條件運算子 **(?:)**、單元運算子遞增 **(++)**、遞減 **(- -)**、正號 **(+)**、負號 **(-)** 以及指定運算子**=**、**+=** 、**-=**、***=**、**/=**和**%=**都是按照從右至左的方向結合。在圖 4.15 運算子優先權圖表中，所有其他的運算子都是按照從左至右的方向結合。第三欄則是對每一層級的運算子分類名稱。

運算子	結合性	類型
`::`	從左至右	範圍解析 (scope resolution)
`++ --`	從左至右	單元後置 **(unary postfix)**
static_cast < *type* **>**	從左至右	單元強制轉換 (unary cast)
`++ -- + -`	從右至左	單元前置 (unary prefix)
`* / %`	從左至右	乘法性 (multiplicative)
`+ -`	從左至右	加法性 (additive)
`< <= > >=`	從左至右	關係 (relational)
`== !=`	從左至右	等號 (equality)
`?:`	從右至左	條件 (conditional)
`= += -= *= /= %=`	從右至左	指定 (assignment)

圖 4.15　到目前討論過運算子的優先權和結合性。

摘　要

- 任何有關計算的問題，都可藉著執行一連串經過特殊安排的動作，加以解決。
- 爲了解決問題，必須安排所要採取的行動和執行這些行動的順序，這些過程就是所謂的演算法。
- 程式控制會指定在電腦程式中敘述式執行的順序。
- *虛擬碼* (*Pseudocode*) 是一種人工的、非正式的程式語言，但是可以幫助程式設計師發展出所需要的演算法，以及在程式設計階段能夠「想出」程式。
- MC++程式碼與虛擬碼有很密切的對應關係。這是虛擬碼的一種特性，使得虛擬碼成爲一種很有用的程式開發工具。
- 一般來說，程式中的敘述式會按照它們撰寫的順序，一個接著一個執行。這就是所謂的「*循序執行*」(*sequential execution*)。
- 各種不同的MC++敘述式，能夠讓程式設計師不要按照程式撰寫的順序，另外指定程式所要執行的敘述式。這就是所謂的「控制權轉移」(transfer of control)。
- 在 1960 年代，許多程式設計上的混亂都是因爲誤用了 **goto** 這個敘述式，這個敘述式允許程式設計師指定將控制權轉移到程式中的任何位置。而*結構化程式設計* (*structured programming*) 這個觀念，幾乎成爲「不用 goto」的同義字。

- Bohm 和 Jacopini 的論文指出，所有的程式可以只使用三種控制結構撰寫，就是循序結構 (sequence structure)、選擇結構 (selection structure) 和重複結構 (repetition structure)。
- 循序控制結構是內建於MC++中。除非另外的指示，電腦會按照撰寫的順序，一個接著一個執行 MC++的敘述式。
- 流程圖是以圖形顯示演算法或者演算法的一部份。流程圖是以一些符號繪製，例如，矩形、菱形、橢圓形以及小圓圈；這些符號彼此用箭號連接，這些箭號稱爲「流程線」，表示演算法執行動作的順序。
- 若條件爲眞 (true)，則 if 選擇敘述式就會執行 (選擇) 某個動作，若條件是僞 (false)，則會跳過不執行該動作。
- 而 **if...else** 選擇敘述式，若條件爲眞 (true)，則會執行某個動作，若條件是僞 (false)，則會執行另一個動作。
- 單一選擇結構會選擇或者忽略某個單獨動作。
- 雙重選擇結構 (double-selection structure) 會在兩個動作之間進行選擇。
- 多重選擇結構 (multiple-selection structure) 會在許多動作之間進行選擇。
- 關鍵字是由程式語言保留供實作各種功能之用，例如 **MC++**的控制敘述式。關鍵字不能當作識別字使用。
- 每個程式都是由許多MC++的七種控制敘述式組合而成，這些控制敘述式都適合程式實作的演算法。
- MC++程式的演算法是將控制敘述式只按照兩種方式：堆疊式控制結構和巢狀控制結構加以組合而成。
- 單一入口/單一出口的控制結構 (single-entry/single-exit control structure) 能夠輕易地建構起程式。這種控制結構只需要某個控制結構的離開點接到下一個控制結構的進入點，就可將控制結構一個接一個連結起來。這就是所謂的堆疊式控制結構。
- 判斷符號會發出兩條流程線。其中一條流程線指出當符號中的運算式爲眞時，所應選擇的方向；而另外一條線則指出當符號中的運算式爲僞時，所應選擇的方向。
- 控制結構流程圖除了小圓圈符號和流程線外，也只包含矩形符號指出所要執行的動作，以及菱形符號指出所要做的判斷。這就是我們程式設計的動作/判斷模式 (action/decision model of programming)。
- 三元條件運算子 (ternary conditional operator, **?:**) 與 **if...else** 敘述式的關係密切。運算元和?: 就形成條件運算式 (conditional expression)。第一個運算元就是條件式 (可以計算出 **bool** 值的運算式)，第二個運算元就是當條件式爲眞 (**true**) 時，條件運算式的值，第三個運算元就是當條件式爲僞時，條件運算式的值。
- 只需要將 **if...else** 敘述式放在其他的 **if...else** 敘述式中，就形成巢狀的 **if...else** 敘述式，可以測試多種狀況。
- 放在一對大括號內的一組敘述式，我們稱爲一個區塊 (block)。區塊可以放在程式中任何可容納單行敘述式的位置。

- 在編譯期間，編譯器會找出語法錯誤，而邏輯錯誤則是在程式執行時才會顯現。
- 致命性的邏輯錯誤會造成程式執行失敗而當掉。非致命的邏輯錯誤 (nonfatal logic error) 仍然允許程式繼續執行，但是可能會產生不正確的結果。
- 當某些條件維持在眞的狀況下，重複敘述式重複執行某項動作 (或者一組動作)。
- 最後，在 **while** 敘述式中的條件式的值將會成爲僞。此時，重複動作就會終止，接著就會執行緊跟在 **while** 敘述式後面的第一個敘述式。
- 如果重複敘述永遠不會終止就是一個「無窮迴圈」。
- 計數器控制重複結構也常被稱爲限定重複結構 (definite repetition)，因爲在迴圈開始執行的時候，就已經知道迴圈執行的次數。這項技術使用一個叫做計數器 (counter) 的變數，來控制一組敘述式將要執行的次數。
- 警示值控制重複結構也常被稱爲非限定次數重複結構 (indefinite repetition)，因爲在迴圈開始執行之前，無法得知迴圈將要執行的次數。
- 警示值 (也稱爲訊號值、模擬值或者旗標值) 會判斷何時終止一個重複敘述式。
- 我們使用一種從總體到細節、逐步改正的技術來解決程式設計的問題，這種技術對於發展良好結構化的演算法是很重要的。
- 總體只是單獨一行的敘述式，說明程式的整個功能。如此，實際上就是程式的完整表達。
- 我們先將開端分成一連串更小的工作，並且按照它們必須執行的先後次序排列出來。每一次的修改和原來的總體，都是演算法的一個完整內容，只是詳細程度的差別。
- 許多演算法都會按照邏輯區分爲三個階段。初始化階段，將程式中的變數賦予初始值；其次是處理階段，輸入資料並且隨之改變的相關變數值。最後則是結束階段，計算最後的結果並且加以印出。
- 當虛擬碼演算法已能提供程式設計師詳盡的資料，將虛擬碼轉成 MC++的程式碼，此時設計師就會終止進一步的從總體到細節，逐步修改的程序。
- 將兩個整數相除就是整數除法 (integer division)，計算出來的小數部份就會捨棄掉 (截掉)。
- 單元運算子就是只需要一個運算元的運算子。
- MC++提供有單元遞增運算子 (unary increment operator) **++**，以及單元遞減運算子 (unary decrement operator) **--**。這些運算子分別會將它們的運算元增加 1 或者減少 1。
- 如果將遞增或遞減運算子放在變數的前面，就會分別被視爲前置遞增運算子 (preincrement operator) 或前置遞減運算子 (predecrement operator)。
- 如果將遞增或遞減運算子放在變數的後面，就會分別被視爲後置遞增運算子 (postfix increment operator) 或後置遞減運算子 (postfix decrement operator)。

詞　彙

%= (模數指定運算子)
***=** (乘法指定運算子)
-- (單元遞減運算子)
/= (除法指定運算子)
; (空的敘述式)
?: (條件運算子)
{ (開始大括號)
} (結束大括號)

++ (單元遞增運算子)
+= (加法指定運算子)
= (指定運算子)
-= (減法指定運算子)
縮寫指定運算式 (abbreviating an assignment expression)
動作符號 (action symbol)
動作/判斷模式的程式設計 (action/decision model of programming)
演算法 (algorithm)
指定運算子 (=) (assignment operator (=))
區塊 (block)
while 重複敘述式的主體 (body of the **while**)
界定區塊範圍的大括號 (braces that delimit a block)
架構區塊 (building block)
程式的完整表示 (complete representation of a program)
條件運算式 (conditional expression)
條件運算子 (?:) (conditional operator (?:))
連結端符號 (connector symbol)
控制結構 (control structure)
巢狀控制結構 (control-structure nesting)
堆疊式控制結構 (control-structure stacking)
計數器控制重複結構 (counter-controlled repetition)
懸置 **else** 的問題 (dangling-**else** problem)
判斷符號 (decision symbol)
宣告 (declaration)
確定的重複結構 (definite repetition)
設計階段 (design phase)
菱形符號 (diamond symbol)
除以零 (division by zero)
do...while 重複敘述式 (**do...while** repetition statement)
double
雙重選擇結構 (double-selection structure)
else
控制結構的進入點 (entry point of control structure)
控制結構的離開點 (exit point of control structure)
明確的轉換 (explicit conversion)
false
致命的邏輯錯誤 (fatal logic error)
旗標值 (flag value)
浮點除法 (floating-point division)
浮點數 (floating-point number)
流程控制 (flow of control)
流程圖 (flowchart)
流程線 (flowline)
for 重複敘述式 (**for** repetition statement)
運算結果的小數部分 (fractional result)
演算法的圖形表示 (graphical representation of an algorithm)
if 選擇敘述式 (**if** selection statement)
if...else 選擇敘述式 (**if...else** selection statement)
非限定次數的重複結構 (indefinite repetition)
縮排規定 (indentation convention)
無窮迴圈 (infinite loop)
初始化階段 (initialization phase)
初始化變數 (initialize a variable)
輸入/輸出操作 (input/output operation)
整數除法 (integer division)
關鍵字 (keyword)
迴圈 (loop)
左值 (lvalue)
多重選擇結構 (multiple-selection structure)
非致命的邏輯錯誤 (nonfatal logic error)
橢圓形符號 (oval symbol)
後置遞減運算子(--) (postfix decrement operator (--))
後置遞增運算子(++) (postfix increment operator (++))
前置遞減運算子(--) (prefix decrement operator (--))
前置遞增運算子(++) (prefix increment operator (++))
解決問題的過程 (procedure for solving a problem)

處理階段 (processing phase)
程式控制 (program control)
程式發展工具 (program development tool)
虛擬碼 (pseudocode)
實數 (real number)
矩形符號 (rectangle symbol)
逐步修正過程 (refinement process)
重複結構 (repetition structure)
選擇結構 (selection structure)
警示 (sentinel value)
警示值控制重複結構 (sentinel-controlled repetition)
循序結構 (sequence structure)
循序執行 (sequential execution)
訊號值 (signal value)
單一入口/單一出口控制結構 (single-entry/single-exit control structure)
單一選擇結構 (single-selection structure)
小圓圈符號 (small circle symbol)
static_cast 強制轉換型別運算子 (**static_cast** operator)
結構化程式設計 (structured programming)
暫時值 (temporary value)
終止階段 (termination phase)
三元運算子 (?:) (ternary operator (?:))
從總體到細節，逐步修正 (top-down, stepwise refinement)
控制權移轉 (transfer of control)
true
截掉 (truncate)
單元運算子 (unary operator)
while 重複敘述式 (**while** repetition statement)

自我測驗

4.1 填充題：

a) 所有的程式都可以利用三種類型的控制結構撰寫：__________、__________和__________。

b) __________ 選擇敘述式，若條件為真 (true)，則會執行某個動作，若條件是偽 (false)，則會執行另一個動作。

c) 依照指定的次數重複執行一組指令，就是所謂的 __________。

d) 當無法預先知道要重複執行一組敘述式多少次時，就得採用 __________ 數值來終止重複的動作。

e) 指定程式中敘述式的執行順序，就是所謂的 __________。

f) __________ 是一種人工的、非正式的程式語言，可以幫助程式設計師發展出所需要的演算法。

g) __________ 是由 MC++所保留，供實作各種功能之用，例如程式語言的控制敘述式。

h) __________ 敘述式表示不會執行任何動作，只要在原來放置敘述式的位置上，只放一個分號 (;) 即可。

i) 遞增運算子 (++) 和遞減運算子 (--) 運算子，可用來將變數的值遞增或遞減 __________。

j) 可以利用 __________ 運算子來執行資料型別的轉換。

4.2 試判斷下列的敘述式是真或偽。如果答案是偽，請說明原因。

a) 將虛擬碼轉換成可操作的 MC++程式碼是很困難的。

b) 循序執行模式會一個接著一個執行程式中的敘述式。

c) 我們建議 MC++程式設計師使用 **goto** 敘述式。

d) **if** 敘述式就是所謂的單一選擇敘述式。

e) 結構化的程式很清楚，容易除錯和修改，比沒有結構化的程式更能夠從頭避免程式錯誤的發生。

f) 循序控制結構不是內建於 MC++中。

g) 虛擬碼通常類似於實際的 MC++程式碼。

h) 在 **if** 敘述式的條件式之後加上分號，這是語法錯誤。

i) **while** 敘述式的主體可以是單一的敘述式或者是區塊。

4.3 寫出四種不同的 MC++敘述式，每個敘述式都能將整數變數 **x** 加 1，然後將結果存入 **x**。

4.4 撰寫 MC++敘述式來完成下述的動作：

a) 將變數 **x** 和 **y** 的總和指定給變數 **z**，接著再將變數 **x** 的值遞增 1。只使用一行敘述式。

b) 測試變數 **count** 的值是否大於 10。如果確實大於 10，則印出"Count is great than 10"。

c) 將變數 **x** 遞減 1，然後再從變數 **total** 扣除。只使用一行敘述式。

d) 計算出變數 **q** 除以 **divisor** 的餘數，並將此餘數指定給變數 **q**。利用兩種方式寫出這個敘述式。

4.5 撰寫 MC++敘述式來完成下述的動作：

a) 將變數 **sum** 和 **x** 宣告為型別 **int**。

b) 將 1 指定給變數 **x**。

c) 將 0 指定給變數 **sum**。

d) 將變數 **x** 和 **sum** 的值相加，然後再將結果指定給變數 **sum**。

e) 先印出 **"The sum is:"**，然後接著再印出變數 **sum** 的值。

4.6 將你在習題 4.5 中所寫的敘述式合成一個MC++程式，能夠計算出整數 1 到 10 的總和，並將結果列印出來。使用 **while** 敘述式，執行循環計算和遞增的動作。當變數 **x** 的值成為 11 時，迴圈就必須終止。

4.7 試求出計算後每一個變數的值。假設開始執行每一個敘述式時，所有的變數都是整數值 5。

a)
```
product *= x++;
```

b)
```
quotient /= ++x;
```

4.8 找出並且更正下列敘述式中的錯誤：

a)
```
while ( c <= 5 ) {
   product *= c;
   ++c;
```

b)
```
if ( gender == 1 )
   Console::WriteLine( S"Woman" );
else;
   Console::WriteLine( S"Man" );
```

4.9 下述 **while** 重複敘述式有何錯誤之處？

```
while ( z >= 0 )
   sum += z;
```

自我測驗解答

4.1 **a)** 循序、選擇、重複結構。**b)** **if...else**。**c)** 計數器控制或者限定的。**d)** 警示值、訊號值、旗標值或者模擬值。**e)** 程式控制。**f)** 虛擬碼。**g)** 關鍵字。**h)** 空的。**i)** 1。**j)** **static_cast**。

4.2 **a)** 僞。適當修正後的虛擬碼很容易轉換成 MC++程式碼。**b)** 眞。**c)** 僞。**goto** 敘述式會破壞結構化程式設計，因而造成大量的問題。**d)** 眞。**e)** 眞。**f)** 僞。循序結構是內建於 MC++；除非明確地指明以別的方式執行，不然就按照程式碼編寫的順序執行。**g)** 眞。**h)** 僞。在 **if** 敘述式的條件式之後加上分號，這是語法錯誤。**i)** 眞。

4.3
```
x = x + 1;
x += 1;
++x;
x++;
```

4.4 **a)**
```
z = y + x++;
```
b)
```
if ( count > 10 )
   Console::WriteLine( S"Count is greater than 10" );
```
c)
```
total -= --x;
```
d)
```
q %= divisor;
q = q % divisor;
```

4.5 **a)** `int sum, x;`

b) `x = 1;`

c) `sum = 0;`

d) `sum += x;` or `sum = sum + x;`

e) `Console::WriteLine( S"The sum is: {0}", sum.ToString() );`

4.6 將你在習題 4.5 中所寫的敘述式合成一個MC++程式，能夠計算出整數 1 到 10 的總和，並將結果列印出來。使用 **while** 敘述式，執行循環計算和遞增的動作。當變數 **x** 的值成爲 11 時，迴圈就必須終止。

4.7 **a)** `product = 25, x = 6;`

b) `quotient = 0, x = 6;`

4.8 **a)** 錯誤：在 **while** 結構的主體中，沒有加上表示結束的右大括號。
更正：在敘述式**++c;**之後，加上表示結束的右大括號。

b) 錯誤：在 **else** 之後加上分號，就是邏輯錯誤。將只會執行第二個輸出敘述式。
更正：將 **else** 後面的分號移除。

4.9 在 **while** 敘述式中的變數 **z** 的值永遠不會改變。因此，如果迴圈-繼續條件式 **(z >= 0)** 爲眞時，就會形成無窮迴圈。爲了防止無窮迴圈的發生，變數 **z** 必需遞減，使它最後小於 0。

```
1   // Calculate the sum of the integers from 1 to 10
2
3   #include "stdafx.h"
4
5   #using <mscorlib.dll>
6
7   using namespace System;
8
9   int _tmain()
10  {
11     int sum, x;
12
13     x = 1;
14     sum = 0;
15
16     while ( x <= 10 ) {
17        sum += x;
18        x++;
19     } // end while
20
21     Console::WriteLine( S"The sum is: {0}", sum.ToString() );
22
23     return 0;
24  }  // end _tmain
```

習　題

針對習題 4.10 和習題 4.11，執行下述每一個步驟：

a) 首先閱讀問題的內容。

b) 再利用虛擬碼和從上而下，逐步進行細部修改的方式，規劃出演算法。

c) 撰寫 Visual C++ .NET 程式。

d) 測試、除錯和執行 Visual C++ .NET 程式。

e) 處理三組資料。

4.10 汽車駕駛都很關心汽車的行駛里程數。汽車駕駛每次在油箱中加滿汽油後，都會記錄下所加的汽油量和汽車已經行駛的里程數。請設計一個 MC++程式，能夠輸入每次油箱加滿後，到下一次加油前所行駛的里程和所用掉的油量(兩者型別都是 **int**)。程式必須計算並且顯示每次加完油後每一加侖行駛的里程數 (以型別 **double** 顯示)，並且印出到目前為止，每次加油後的每加侖行駛的里程數。所有平均值必須以浮點數表示。[提示：使用警示值來判斷何時使用者結束輸入。]

```
Enter the number of miles traveled, -1 to quit: 50
Enter the number of gallons used: 3
Average miles / gallon: 16.6666666666667.
Combined miles / gallon: 16.6666666666667.
Enter the number of miles traveled, -1 to quit: 100
Enter the number of gallons used: 5
Average miles / gallon: 20
Combined miles / gallon: 18.75
Enter the number of miles traveled, -1 to quit: -1
```

4.11 請發展一個MC++應用程式，能夠判斷百貨公司的顧客是否已經刷爆了他/她的信用卡。我們可以知道每一位顧客的下述資料：

a) 帳戶號碼。

b) 該帳戶在當月初的餘額。

c) 該顧客在當月的所有進出帳戶明細。

d) 這個顧客帳戶在當月的所有簽帳明細。

e) 該帳戶信用卡的信用額度。

設計的程式必須能夠以整數輸入上述的資料，並且算出該帳戶新的餘額 (就是當月月初的餘額 ＋已付清金額－當月簽帳金額)，然後顯示新的餘額並且決定新的餘額是否超過顧客的信用額度。如果該客戶使用超過信用額度，程式必須顯示訊息「信用額度用罄」。

```
Enter account, -1 to quit: 153
Enter balance: 200
Enter charges: 300
Enter credits: 150
Enter credit limit: 400
New balance is 350.
Enter account, -1 to quit: 257
Enter balance: 200
Enter charges: 300
Enter credits: 50
Enter credit limit: 400
New balance is 450.

CREDIT LIMIT EXCEEDED
Enter account, -1 to quit: -1
```

4.12 編寫一個 MC++應用程式，能夠使用迴圈結構印出下述的數值表格：

```
N       10*N    100*N   1000*N

1       10      100     1000
2       20      200     2000
3       30      300     3000
4       40      400     4000
5       50      500     5000
```

4.13 (*懸置的 Else 問題*) 當分別 **x** 爲 **9** 和 **y** 是 **11** 以及 **x** 是 **11** 和 **y** 是 **9** 時，試求出下列程式碼的輸出爲何。請注意編譯器會忽略掉 MC++程式中的縮排。同時，MC++編譯器會自動將 **else** 與前一個最近的 **if** 配合在一起，除非你使用一對大括號告訴編譯器另外的作法。因爲在一瞥之下，程式設計師可能無法確定哪一個 **if** 和 **else** 要配在一起，這就是所謂的「懸置的 **else** 問題」(dangling else)。我們已經將下述程式碼中的縮排刪除，讓題目顯得更具有挑戰性。【*提示*：使用你已經學過的縮排規定。】

a)
```
if ( x < 10 )
if ( y > 10 )
Console::WriteLine( S"*****" );
else
Console::WriteLine( S"#####" );
Console::WriteLine( S"$$$$$" );
```

b)
```
if ( x < 10 ) {
if ( y > 10 )
Console::WriteLine( S"*****" );
}
else {
Console::WriteLine( S"#####" );
Console::WriteLine( S"$$$$$" );
}
```

4.14 迴文是指某個數字或者文字片語，不論從開頭或從尾端讀起都是相同的。例如，下面的幾個五位數的整數都是屬於迴文的一種：12321、55555 、45554 和 11611。設計一個程式，能夠輸入一個五位數的整數，並且判斷是否屬於迴文。如果數字不是五位數，就顯示錯誤訊息，告訴使用者這個問題。然後允許使用者輸入新的數值。

4.15 一家公司想要在電話線上傳輸資料，但是他們擔心電話可能被竊聽。因此希望所有的資料都以四位數的整數傳送。他們要求你設計出一個程式，可以將他們的資料加密，如此就能更安全地傳送資料。你的程式應該能夠讀取使用者輸入的四位數字整數，然後按照下述方式加密：將每個數字以該數字加 7 後再除以 10，然後取餘數來取代該數字。然後，將第一個位數的數字與第三個位數的數字交換，第二個位數的數字和第四個位數的數字交換。然後將加密過的整數印出。設計另外一個程式，能夠輸入加密的四位數整數，然後將它解密還原成原來的數目。【請注意：對於加密的應用程式，加密過的整數可能會顯示成只有三位數，因爲第一個整數可能會變成 0。】

4.16 一個正整數 n 的階乘寫成 $n!$ (念成「n 的階乘」)，其定義如下：

$n! = n \cdot (n-1) \cdot (n-2) \ldots \cdot 1$ (當 n 大於或等於 1)

以及

$n! = 1$ (當 $n=0$)

例如，$5! = 5 \cdot 4 \cdot 3 \cdot 2 \cdot 1$ 結果就是 120。

a) 設計一個程式，能夠利用輸入對話方塊讀入一個正整數，然後計算並印出它的階乘數。

b) 設計一個程式，能夠利用下面的公式，估算出數學常數 e 的估計值。

$$e = 1 + \frac{1}{1!} + \frac{1}{2!} + \frac{1}{3!} + \ldots$$

c) 設計一個程式，能夠利用下面的公式，計算出 e^x 的值。

$$e^x = 1 + \frac{x}{1!} + \frac{x^2}{2!} + \frac{x^3}{3!} + \ldots$$

5

控制敘述式再論

學習目標

- 能夠使用 **for** 和 **do...while** 重複敘述式，重複執行程式中的一些敘述式。
- 瞭解如何使用 **switch** 選擇敘述式的多重選擇架構。
- 能夠使用 **break** 和 **continue** 等程式控制敘述式。
- 能夠使用邏輯運算子。

Who can control his fate?
William Shakespeare, *Othello*

The used key is always bright.
Benjamin Franklin

Man is a tool-making animal.
Benjamin Franklin

Intelligence ... is the faculty of making artificial objects, especially tools to make tools.
Henri Bergson

本章綱要

5.1 簡介

我們從第 4 章開始介紹可用來解決問題的建構區塊種類，以及使用這些建構區塊來實作經過驗證的程式建構原則。在這一章，我們繼續介紹MC++其餘的控制敘述式，以便說明結構化程式設計的原理和原則。與第 4 章類似地，你在本章中所學到的MC++技巧可以運用到大部分的高階語言。當我們在第 8 章正式開始討論以物件為基礎的程式設計時，我們將會體會到在第 4 章和本章所學到的控制結構，對於建構和操作物件有很大的幫助。

5.2 計數器控制重複結構的基本概念

在上一章，我們介紹過以計數器控制的重複結構觀念。在這一節，我們正式訂出計數器控制重複結構中的要素，也就是：

1. 使用*控制變數* (*control variable*) 或者稱為迴圈計數器 (loop counter) 來決定迴圈是否要繼續。
2. 控制變數的*初值* (*initial value*)。
3. 在每次迴圈 (又稱為*迴圈的迭代*) 中，控制變數*遞增* (或*遞減*) 的值。
4. 判斷控制變數*終值* (*final value*) 的條件式 (就是檢查迴圈是否要繼續執行)。

圖 5.1 顯示的簡單程式就運用了計數器控制重複結構的四個元素，這個程式可以印出 1 到 5 的數字。

在第 12 行將控制變數*命名為* **`counter`**，並且宣告為整數型別，替此變數在記憶體中保留一個空間，然後將它的*初值* (*initial value*) 設為 **`1`**。**`counter`** 的宣告、初始化也可以利用下述兩行敘述式完成：

```
int counter;   // declare counter
counter = 1;   // initialize counter to 1
```

宣告敘述式是不可執行的，但是指定敘述式則可以執行。在這本書中我們使用這兩種方法進行初始化。

第 14-17 行定義**while**敘述式。在每次執行迴圈時，第 15 行會顯示**counter**的現値，而第 16 行則會將控制變數*遞增* **1**。在 **while** 敘述式中的迴圈繼續條件式 (loop-continuation condition) 會檢驗控制變數的值是否會小於或等於 **5**，也就是使條件式爲眞的*終値* (*final value*)。即使控制變數爲 **5** 時，仍會執行 **while** 結構的內容。當控制變數超過 **5** 時(也就是 **counter** 的值成爲 **6** 時)，迴圈就會終止。

良好的程式設計習慣 5.1

使用整數值來控制迴圈的次數。

良好的程式設計習慣 5.2

在每個主要控制敘述式的前後都加上一行空白，可以讓它們在程式中顯得較為醒目。

```
1   // Fig. 5.1: WhileCounter.cpp
2   // Counter-controlled repetition.
3
4   #include "stdafx.h"
5
6   #using <mscorlib.dll>
7
8   using namespace System;
9
10  int _tmain()
11  {
12     int counter = 1; // initialization
13
14     while ( counter <= 5 ) { // repetition condition
15        Console::WriteLine( counter );
16        counter++; // increment
17     } // end while
18
19     return 0;
20  } // end _tmain
```

```
1
2
3
4
5
```

圖 5.1　使用 while 敘述式的計數器控制重複結構。

良好的程式設計習慣 5.3

在控制敘述式的前後安排空行，並且將控制敘述式的本體縮排，可以讓程式有層次感，而大幅增加程式的可讀性。

請注意，在第 15 行我們將變數 **counter** 的值傳給方法 **WriteLine**，而不是指定給從 **counter.ToString ()**所取得的 **String ***。這是可行的，因爲方法 **WriteLine** 也接受單一的數值，然後會暗自呼叫變數的 **ToString** 方法將此數值轉換成字串。

5.3 for 重複敘述式

for重複敘述式可以處理計數器控制重複結構的所有動作細節。爲了說明**for**重複敘述式的功能，我們重新寫過圖 5.1 中的程式。重寫的程式顯示在圖 5.2。

_tmain函式 (第 10-19 行) 的操作情形如下所述：當開始執行**for**敘述式 (第 14 行)，程式會先將控制變數 **counter** 初始化爲 1 (計數器控制重複結構最前面兩個元素控制變數的*名稱*和*初值*)。接著，程式會檢驗迴圈繼續條件式 **counter <= 5**。因爲 **counter** 的初值爲 1，滿足此條件式，因此第 15 行就會輸出 **counter** 的值。然後，程式在運算式 **counter++** 中將變數 **counter** 遞增，然後在下一次進入迴圈時再次對迴圈繼續條件式進行檢驗。控制變數現在等於 **2**。因爲這個數值並未超過控制變數的終值，因此程式會再次執行迴圈主體的敘述式 (也就是執行下一個迴圈)。這個過程會一直持續下去，直到控制變數 **counter** 成爲 **6**，使得迴圈繼續條件式不成立而終止迴圈的進行。程式會繼續執行 **for** 敘述式之後的第一個敘述式。(在這個例子中，因爲程式執行到第 18 行的 **return** 敘述式，因此函式**_tmain** 就會結束。)

在圖 5.3 中，我們更仔細的檢視圖 5.2 的 **for** 敘述式。**for** 敘述式的第一行 (包括關鍵字 **for** 以及後續小括號中的所有內容) 有時又稱爲 **for***敘述式的標頭*。請注意，**for** 敘述式必須指定利用控制變數的計數器控制重複結構所需要的所有條件。如果在 **for** 結構的本體中有超過一個以上的敘述式，就需要使用大括號 (**{**和**}**) 將迴圈的本體包圍起來。

在圖 5.2 使用迴圈繼續條件式 **counter <= 5** 檢查是否符合。如果程式設計師不小心寫成 **counter < 5**，則迴圈將會只執行 4 次。這種常見的邏輯錯誤稱作大小差一錯誤 (off-by-one error)。

常見的程式設計錯誤 5.1

*在 **while**、**for** 或者 **do...while** 敘述式 (將在第 5.6 節介紹) 的條件式中，使用不精確的關係運算子，或者是迴圈計數器使用了不精確的終值，都會造成大小差一錯誤。*

常見的程式設計錯誤 5.2

因為浮點數只是一個近似值，如果採用浮點數來控制迴圈的計數，則會產生不正確的計算次數，以及不正確的終止測試。

```
1  // Fig. 5.2: ForCounter.cpp
2  // Counter-controlled repetition with the for statement.
3
4  #include "stdafx.h"
5
6  #using <mscorlib.dll>
7
8  using namespace System;
9
10 int _tmain()
11 {
12    // initialization, repetition condition and incrementing
13    // are all included in the for statement
14    for ( int counter = 1; counter <= 5; counter++ ) {
15       Console::WriteLine( counter );
16    } // end for
17
18    return 0;
19 } // end _tmain
```

```
1
2
3
4
5
```

圖 5.2　使用 **for** 敘述式的計數器控制重複結構。

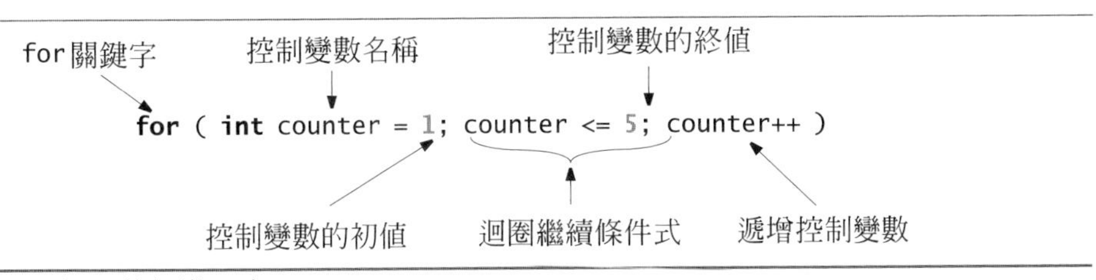

圖 5.3　**for** 標頭的標準要素。

避免錯誤的小技巧 5.1

*在 **while** 或者 **for** 敘述式的條件式中，使用終值和 **<=** 關係運算子，將可避免產生大小差一錯誤。對於用來印出 1 到 10 的迴圈，則其迴圈繼續條件式就要寫成 **counter <= 10**，而不是 **counter < 10** (會產生大小差一錯誤) 或者 **counter < 11** (雖然這也可正確執行)。這種方法就是一般所謂的從一開始計數 (one-based counting)。當我們在第 7 章討論陣列的時候，我們就會接觸到所謂從零開始計數 (zero-based counting) 的方式，若要讓迴圈執行 10 次，就將 **counter** 的值初始化為零，而迴圈繼續條件式則是 **counter < 10**。*

for (*expression1*; *expression2*; *expression3*)
    statement;

其中 *expression1* 替迴圈的控制變數命名並且提供初值，而 *expression2* 就是迴圈繼續條件式 (包含控制變數的終值)，最後 *expression3* 通常是用來遞增或遞減控制變數。在大多數的狀況下，**for** 敘述式可以表示成等效的 **while** 敘述式，只是將 *expression1*、*expression2 和 expression3* 的位置重新排列如下：

```
expression1;

while ( expression2 ) {
    statement
    expression3;
}
```

在第 5.7 節，我們會討論這項原則的一個例外。

程式設計師可以在 **for** 敘述式標頭的 *expression1 處宣告控制變數 (控制變數的型別必須在變數名稱之前指定)，而不是在更早的程式碼宣告*。在 Visual C++ .NET，這個方法其實就等於在 **for** 敘述式緊臨的前面宣告控制變數。因此，以下的 **for** 敘述式

```
for ( int counter = 1; counter <= 5; counter++ )
   Console::WriteLine( counter );
```

就等於

```
int counter;

for ( counter = 1; counter <= 5; counter++ )
   Console::WriteLine( counter );
```

兩個程式段落都能建立變數 **counter**，而其生*存範圍* (*scope*) 讓 **counter** 在 **for** 敘述式之後仍可使用。變數的生存範圍規定變數在程式中所能使用的區域。我們會在第六章「函式」中詳細的討論。【*請注意*：在標準C++中，在 **for** 標頭宣告的變數只能使用於 **for** 敘述式。[1]】

良好的程式設計習慣 5.4

*當在 **for** 敘述式標頭的初始化區 (例如 expression1) 宣告了一個控制變數，應該避免在 **for** 敘述式的本體之後又再次宣告該控制變數。*

在 **for** 敘述式內的 ***expression1*** *和* ***expression3*** 也可以是用以逗號隔開的運算式，如此程式設計師就能夠指定多個初始化運算式或者多個遞增 (或者遞減) 運算式。例如，在一個單獨的 **for** 敘述式中，可能會使用到幾個控制變數，這些變數都需要加以初始化、遞增或者遞減處理。

---

1. 你可以使用編譯器選項 **/Zc:forScope** 來模擬標準 C++的行為。這個選項可以在 IDE 中，經由 **Project > Properties > Configuration Properties > C/C++ > Language** 設定，將選項 **force Conformance In for Loop Scope** 改成 **Yes (/Zc:forScope)**。

良好的程式設計習慣 5.5

*在 **for** 敘述式中的初始化和遞增、遞減區中，只放入包含控制變數的運算式。對於其他變數的操作就只能在迴圈之前 (如果他們像初始化敘述式一樣，只執行一次)，或者在迴圈的本體中執行 (如果它們像遞增或者遞減敘述式一樣，在每次迴圈都會執行一次)。*

在 **for** 敘述式中的三個運算式都是可有可無的，但是兩個分號則必須要有。如果省略掉 *expression2* 這個條件式，則 MC++就會假設迴圈繼續條件式永遠成立，因此就產生一個無窮迴圈。如果程式在迴圈之前已經初始化控制變數，則程式設計師就可以省略掉 *expression1*。如果在 **for** 敘述式的本體中，已經有敘述式在執行遞增或者遞減的工作，或者根本不需要進行遞增或者遞減的計算，則 *expression3* 就可省略掉。在 **for** 敘述式中的遞增 (或者遞減) 運算式，它就像在 **for** 的本體末端的一個獨立敘述式般執行。因此，以下的運算式

```
counter = counter + 1
counter += 1
++counter
counter++
```

當它們用在 *expression3 的遞增遞減區時，是有相同的功用*。某些程式設計師比較喜歡使用 **counter++** 這種形式的運算式，因爲 **++** 是位於此運算式的末端，所以程式會先執行 **for** 迴圈的本體部分，然後才會進行遞增的計算。基於這個理由，先使用變數的現值然後再進行遞增計算的後置遞增 (或者後置遞減) 的形式就顯得比較自然。因爲此處遞增或者遞減的變數並未出現在某個更大的運算式中，因此前置遞增和後置遞增有相同的效果。

常見的程式設計錯誤 5.3

*將 **for** 敘述式標頭中必要的兩個分號，寫成逗號，這是一種語法錯誤。*

常見的程式設計錯誤 5.4

*如果在 **for** 敘述式標頭右邊的小括號外邊緊接著放置一個分號，會使得 **for** 敘述式的本體成為空敘述式。這通常是一種邏輯錯誤。*

在 **for** 敘述式中的初始化、迴圈繼續條件式和遞增或者遞減三個區中，可以使用算術運算式。例如，假設 **x = 2** 和 **y = 10**。如果在迴圈主體中不會修改 **x** 和 **y** 的值，則下面的這行敘述式

```
for ( int j = x; j <= 4 * x * y; j += y / x )
```

就等於下面的敘述式

```
for ( int j = 2; j <= 80; j += 5 )
```

在 **for** 敘述式中的「遞增量」也可以是負值，如此其實就是遞減的動作，迴圈實際上是向下計數。

如果 **for** 敘述式的迴圈繼續條件式一開始就不成立，就不會執行 **for** 敘述式的本體。

而是直接執行 **for** 敘述式後面的第一個敘述式。

控制變數經常在 **for** 敘述式的本體中，用來計算或者列印出數值，但也不一定非如此不可。通常控制變數只是用來控制重複的次數，不會在 **for** 敘述式中提到。

避免錯誤的小技巧 5.2

*避免在 **for** 迴圈的本體中變更控制變數的值，如此就可避免微妙的錯誤，例如，程式提早終止或者產生無窮迴圈。*

for 敘述式的流程圖很類似於 **while** 敘述式的流程圖。例如，在圖 5.2 中的 **for** 敘述式流程圖就出現在圖 5.4。流程圖明白顯示出，初始化的動作只執行一次，而遞增的動作則會在每次執行本體的敘述式之後，執行一次。請注意在流程圖中，除了小圓圈和流程線以外，只包含矩形符號和菱形符號。在矩形和菱形符號中，填入適合此演算法的動作和判斷。

5.4 使用 for 敘述式的範例

下面這些範例顯示出如何在 **for** 敘述式中改變控制變數的方法。在每一種狀況，我們都會寫出適當的 **for** 敘述式標頭定義。請注意，在遞減控制變數的迴圈中，關係運算子的不同。

a) 將控制變數從 1 變動到 100，每次的遞增量為 1。

```
for ( int i = 1; i <= 100; i++ )
```

b) 將控制變數從 100 變動到 1，每次的遞增量為−1 (遞減量為 1)。

```
for ( int i = 100; i >= 1; i-- )
```

c) 將控制變數從 7 變動到 77，每次的遞增量為 7。

```
for ( int i = 7; i <= 77; i += 7 )
```

d) 將控制變數從 20 變動到 2，每次的遞增量為−2。

```
for ( int i = 20; i >= 2; i -= 2 )
```

e) 將控制變數按照下面的數列變動：2、5、8、11、14、17 和 20。

```
for ( int j = 2; j <= 20; j += 3 )
```

f) 將控制變數按照下面的數列變動：99、88、77、66、55、44、33、22、11 和 0。

```
for ( int j = 99; j >= 0; j -= 11 )
```

常見的程式設計錯誤 5.5

*在倒數計次迴圈的迴圈繼續條件式中，沒有使用正確的關係運算子 (例如，在倒數到 1 的迴圈中，誤用 **i <= 1**)，這是一種邏輯錯誤，執行程式時，將會產生不正確的結果 (或無窮迴圈)。*

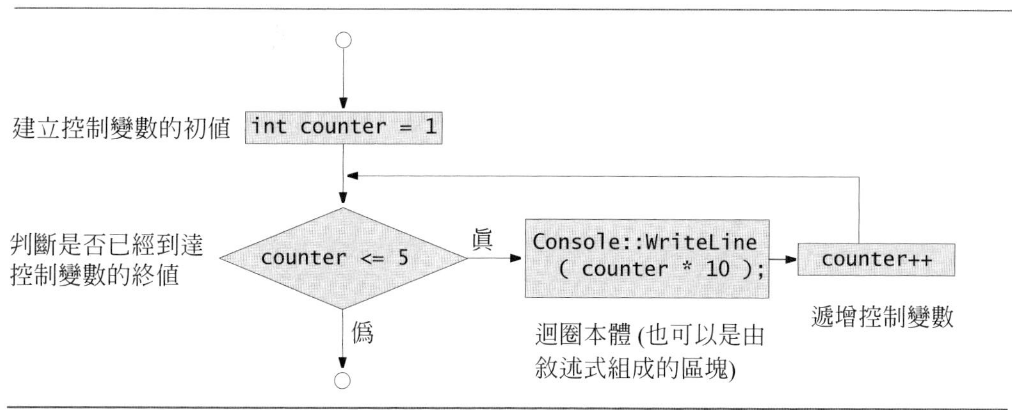

圖 5.4　標準 for 重複敘述式的流程圖。

將 2 到 100 的偶數整數加總

下面的兩個範例程式說明 **for** 重複敘述式的簡單應用。在圖 5.5 中的程式，使用 **for** 敘述式將 2 到 100 的所有偶數相加，然後顯示出結果。

請注意在圖 5.5 中，**for** 敘述式的主體如果採用下述逗號運算子的寫法，就可實際合併到 **for** 敘述式標頭最右邊的遞增區：

```
for ( int number = 2; number <= 100;
      sum += number, number += 2 )
   ; // null statement
```

```
1   // Fig. 5.5: Sum.cpp
2   // Summation with the for statement.
3
4   #include "stdafx.h"
5
6   #using <mscorlib.dll>
7
8   using namespace System;
9
10  int _tmain()
11  {
12     int sum = 0;
13
14     for ( int number = 2; number <= 100; number += 2 )
15        sum += number;
16
17     Console::WriteLine( S"The sum is {0}", sum.ToString() );
18
19     return 0;
20  } // end _tmain
```

圖 5.5　使用 **for** 敘述式進行加總 (第 2 之 1 部分)。

```
The sum is 2550
```

圖 5.5　使用 **for** 敘述式進行加總 (第 2 之 2 部分)。

同樣的，進行初始化的指定運算式 **sum = 0** 也可以合併到 **for** 敘述式的初始化區。在 **for** 結構之前的敘述式和位於 **for** 結構主體的敘述式經常可以合併到 **for** 結構的標頭內。但是，這樣合併會降低程式的可讀性。

良好的程式設計習慣 5.6

儘量將控制敘述式的標頭大小限制在一行內。

複利的計算

下述的範例使用 **for** 敘述式來計算複利。請看下述的問題描述：

> *某人在儲蓄帳戶內存入$1000 元，年利率是百分之五。假設所有的利息仍留在帳戶內不提出，試計算並列印出十年內，每年年終帳戶內的餘額。要計算餘額，可使用下述的公式：*
>
> $a = p(1 + r)^n$
>
> *其中*
>
> p 是原始存入的本金
> r 是年利率
> n 是年數
> a 是在第 n 年年終的帳戶餘額

這個問題需要使用一個迴圈來計算十年間，每年年終帳戶的餘額。解答如圖 5.6 所顯示的程式。在函式 **_tmain** 的第 12 行宣告了兩個 ***Decimal*** 型別的變數 **amount** 和 **principal**，並且將 **principal** 初始化成 **1000.00**。**Decimal** 型別是用於貨幣計算 (我們很快會討論到)。第 13 行宣告 **double** 型別的變數 **rate**，並且初始化成 **.05**。

for 敘述式(第 17-22 行)會執行迴圈的本體 10 次，將控制變數 **year** 從 1 增加到 10，每次的遞增量為 1。請注意，**year** 代表問題描述中的 n。**MC++** 並不提供取冪運算子 **(exponentiation operator)**，所以我們使用類別 **Math** 的方法 **Pow** 來完成這項任務。**Math::Pow (x, y)** 會計算 **x** 的 **y** 次方。方法 **Math::Pow (x,y)** 接受兩個型別為 **double** 的引數，傳回型別為 **double** 的值。第 18 行會執行下述在問題描述中的公式

$$a = p(1 + r)^n$$

```
1  // Fig. 5.6: interest.cpp
2  // Calculating compound interest.
3
4  #include "stdafx.h"
5
6  #using <mscorlib.dll>
7
8  using namespace System;
9
10 int _tmain()
11 {
12    Decimal amount, principal = 1000.00;
13    double rate = .05;
14
15    Console::WriteLine( S"Year\tAmount on deposit" );
16
17    for ( int year = 1; year <= 10; year++ ) {
18       amount = principal * Math::Pow( 1.0 + rate, year );
19
20       Console::WriteLine( String::Concat( year.ToString(), S"\t",
21          amount.ToString( "C" ) ) );
22    } // end for
23
24    return 0;
25 } // end _tmain
```

```
Year    Amount on deposit
1       $1,050.00
2       $1,102.50
3       $1,157.63
4       $1,215.51
5       $1,276.28
6       $1,340.10
7       $1,407.10
8       $1,477.46
9       $1,551.33
10      $1,628.89
```

圖 5.6　使用 for 敘述式計算複利 。

其中 a 是 **amount**，p 是 **principal**，r 是 **rate** 以及 n 是 **year**。

第 20-21 行使用類別 **Sytem::String** 中的 **Concat** 方法，來產生輸出的 **String** 。***Concat*** 方法會將多個字串 **String** 串接起來，然後將新字串傳回，其中包含原來所有字串中的字元。我們將會在第 15 章詳細討論 **Concat** 方法。

常見的程式設計錯誤 5.6

*使用+來串接 **String***是語法錯誤。*

串接的文字 (第 20-21 行) 包括年數 (**year**) 的現值 (**year.ToString ()**)，一個定位字

元 (**\t**) 將位置移到第二欄，帳戶內的餘額 (**amount.ToString("C")**) 以及換行字元，以便將輸出游標移到下一行。請注意 **amount** 呼叫的是 **ToString**，可以將 **amount** 轉換成 **String***的型別，並且將此 **String***格式化成貨幣金額。**ToString** 方法的引數會指定字串的格式，因此稱爲*格式碼* (*formatting code*)。在此範例中，我們使用的格式碼是 *C* (代表「貨幣」)，表示這個字串必須以貨幣金額的格式顯示。另外還有幾種格式碼，你可以在 MSDN 的說明文件中找到[2]。【*請注意*：**ToString** 方法使用 .NET 的字串格式碼，以適合執行環境的格式表示數字和貨幣金額。例如，美元表示成**$634,307.08**，而馬幣零吉 (ringgit) 則表示成**R634,307.08**。】圖 5.7 顯示幾種格式碼。如果沒有指定格式碼 (例如，**year.ToString()**)，則會使用格式碼 **G**。

我們在第 12 行宣告 **Decimal** 型別的變數 **amount** 和 **principal**，這是因爲程式會處理不滿一元的金額。在這種情形下，程式需要一種型別在計算貨幣時不會產生進位的錯誤。此處我們舉出一個簡單的例子，來說明當使用 **double** (或者 **float**) 型別表示金額時，進位的錯誤是如何產生的 (假設金額表示到小數第二位)：兩個儲存在電腦中 double 型別的金額是 14.234 (爲了顯示在螢幕上，一般進位成 14.23) 以及 18.673 (爲了顯示在螢幕上，一般進位成 18.67)。當我們將這兩筆金額相加時，在電腦內部產生的總額是 32.907，爲了顯示的緣故一般會進位成 32.91。於是你的輸出資料可能如下所示

```
  14.23
+ 18.67
-------
  32.91
```

但是如果以人工方式將兩個金額相加，顯示的結果卻是 32.90。因爲這個原因，程式設計師必須使用型別 **Decimal** 來計算金額。

良好的程式設計習慣 5.7

*不要使用型別為 **double** (或者 **float**) 的變數，來執行精確的貨幣計算。因為浮點數的不精確性，會造成計算出來的金額產生誤差。因此，需要使用型別 **Decimal** 來進行金額的計算。*

變數 **rate** 的型別是 **double**，這是用來計算 **1.0+rate**，以便作爲類別 **Math** 的方法 **Pow** 的引數。請注意，**1.0+rate** 是在 **for** 敘述式的主體中計算。事實上，每次迴圈進行這項計算的結果都是相同的，因此不需要重複進行這項計算。我們將 **1.0+rate** 放在迴圈內，只是爲了讓程式清楚而已。但是，爲了效率的緣故，這項計算可以移到迴圈之前執行。

增進效能的小技巧 5.1

避免將數值不會變動的運算式放在迴圈之內，這樣的運算式應該在進入迴圈之前計算一次就好。

---

2. 要取得更多有關字串格式化的資訊，請參觀下述網站
msdn.microsoft.com/library/default.asp? url=/library/en-us/cpguide/html/cpconformattingtypes.asp.

格式碼	說明
C 或 c	將字串的格式設定成貨幣形式。在數字前面加上適當的貨幣符號 ($代表美元)。每隔幾位數字就用適當的分隔字元隔開，預設是將小數部分設定爲兩位。
D 或 d	將字串的格式設定成十進位。
N 或 n	將字串的格式設定成以逗號字元分隔，以及兩位小數。
E 或 e	按照科學計數法設定字串格式，預設有六位小數 (例如，數值 **27,900,000** 就成爲 **2.790000E+007**)。
F 或 f	將字串的格式設定成固定數目的小數位數 (預設兩位小數)。
G 或 g	將字串的格式設定爲十進位，若要表示成最簡化的格式，可以採用 **E** 或者 **F** 格式碼。
P 或 p	將字串的格式設定成百分率形式。預設是將數值乘以 100，然後再加上百分率符號。
R 或 r	確認數值可以轉換成字串，也可以轉換回來 (例如，使用 **Int32::Parse**)，也不會損失精準度或者資料內容。
X 或 x	將字串的格式設定成十六進位。

圖 5.7　數値格式碼。

5.5 switch 多重選擇敘述式

在前一章我們已經討論過 **if** 單選擇敘述式和 **if...else** 雙重選擇敘述式。有時，演算法在做一連串的判斷之前，必須分別測試某個變數或者運算式是否符合可能的每一個*常數整數運算式*。常數整數運算式包括字元和整數常數，且此運算式計算結果是一個整數值 (例如，型別 **int** 或者 **_wchar_t** 的數值)。演算法會按照這些數値採取不同的動作。MC++提供 ***switch 多重選擇敘述式***來處理這樣的判斷。

在下面的範例 (圖 5.8) 中，讓我們假設一個班級有十個學生參加考試，每個學生都會獲得一個按字母 A、B、C、D 或者 F 分級的成績。程式會先輸入字母分級，然後使用 **switch** 結構來統計學生的考試成績，計算每個不同等級成績的人數。

第 12 行宣告變數 **grade** 的型別爲 **_wchar_t**。第 13-17 行定義用來計算每個字母等級數目的計數器變數 (**aCount** 包含 **A** 等級的個數，**bCount** 包含 **B** 等級的個數等等)。從第 19 行開始 **for** 敘述式，將會執行 10 次。在每次執行迴圈時，第 20 行就會提示使用者輸入下一個分數等級，第 21 行就會呼叫 **Char** 的 **Parse** 方法，讀取使用者輸入的等級。請回憶一下在 MC++中，**_wchar_t** 是型別 **Char** 的一個別名 (參見第 3 章)。**Char** 結構代表 Unicode 字元。位於 **for** 敘述式本體內的是一個 **switch** 敘述式 (第 23-54 行)，用來處理按字母分級的輸入。**switch** 敘述式是由一連串的 ***case* 標籤**和一個可選用的 ***default* 標籤**所組成。

```
 1  // Fig. 5.8: swi tchTest.cpp
 2  // Counting letter grades.
 3
 4  #include "stdafx.h"
 5
 6  #using <mscorlib.dll>
 7
 8  using namespace System;
 9
10  int _tmain()
11  {
12     __wchar_t grade;   // one grade
13     int aCount = 0,    // number of As
14         bCount = 0,    // number of Bs
15         cCount = 0,    // number of Cs
16         dCount = 0,    // number of Ds
17         fCount = 0;    // number of Fs
18
19     for ( int i = 1; i <= 10; i++ ) {
20        Console::Write( S"Enter a letter grade: " );
21        grade = Char::Parse( Console::ReadLine() );
22
23        switch ( grade ) {
24           case 'A':       // grade is uppercase A
25           case 'a':       // or lowercase a
26              ++aCount;
27              break;
28
29           case 'B':       // grade is uppercase B
30           case 'b':       // or lowercase b
31              ++bCount;
32              break;
33
34           case 'C':       // grade is uppercase C
35           case 'c':       // or lowercase c
36              ++cCount;
37              break;
38
39           case 'D':       // grade is uppercase D
40           case 'd':       // or lowercase d
41              ++dCount;
42              break;
43
44           case 'F':       // grade is upppercase F
45           case 'f':       // or lowercase f
46              ++fCount;
47              break;
48
49           default:        // processes all other characters
50              Console::WriteLine(
51                 S"Incorrect letter grade entered."
52                 S"\nGrade not added to totals." );
53              break;
54        // en       ch
```

圖 5.8　使用 switch 多重選擇敘述式的範例 (第 2 之 1 部分)。

```
55      } // end for
56
57      Console::WriteLine(
58         S"\nTotals for each letter grade are: \nA: {0} "
59         S"\nB: {1}\nC: {2}\nD: {3}\nF: {4}", aCount.ToString(),
60         bCount.ToString(), cCount.ToString(), dCount.ToString(),
61         fCount.ToString() );
62
63      return 0;
64   } // end _tmain
```

```
Enter a letter grade: a
Enter a letter grade: A
Enter a letter grade: c
Enter a letter grade: F
Enter a letter grade: z
Incorrect letter grade entered.
Grade not added to totals.
Enter a letter grade: D
Enter a letter grade: d
Enter a letter grade: B
Enter a letter grade: a
Enter a letter grade: C
Totals for each letter grade are:
A: 3
B: 1
C: 2
D: 2
F: 1
```

圖 5.8　使用 switch 多重選擇敘述式的範例 (第 2 之 2 部分)。

當控制流程到達 **switch** 敘述式，程式就會計算位於關鍵字 **switch** 後面小括號中的*控制運算式* (在這個範例中是指 **grade**)。這個運算式的值會拿來與每一個 **case** 標籤比較，直到找到符合的標籤爲止。假設使用者輸入的分數等級爲字母 **B**，會拿 **B** 來與 **switch** 敘述式中的每一個 **case** 比較，直到在第 29 行找到符合的情形 (**case 'B':**)。當找到相符的情形，就會執行該 **case** 的敘述式。對於字母 **B**，第 31 行會將儲存在變數 **bCount** 的 **B** 等級個數遞增，然後因爲 **break** 敘述式 (第 32 行) 就立刻離開 **switch** 敘述式。***break** 敘述式*會讓程式的控制權移轉到它所在控制敘述式之後緊接的第一個敘述式。當此動作發生時，我們就會到達 **for** 敘述式本體的最後，所以控制權就會移轉到 **for** 敘述式標頭的遞增運算式。在 **for** 敘述式中的計數器變數就會遞增，然後計算迴圈繼續條件式，判斷是否要再執行一次迴圈。

良好的程式設計習慣 5.8

*將 **switch** 敘述式中每個 **case** 本體內的敘述式加以縮排處理。*

如果在控制運算式和 **case** 標籤之間無法找到相符的情形，就會執行 **default** 的敘述

式 (第 49 行)。第 50-52 行會顯示一個錯誤訊息。請注意，在 **switch** 敘述式中，**default** 是可有可無的。如果控制運算式無法找到相符的 **case**，也沒有 **default** 條件，程式的控制權就會移轉到 **switch** 敘述式後的下一個敘述式。

每一個 **case** 條件下可以包含許多個動作或者根本沒有動作。如果 **case** 條件下沒有任何的敘述式，就稱為*空的* **case** *條件* (*empty case*)。**switch** 敘述式的最後一個 **case** 不可以是一個空的 **case**，否則就會產生語法錯誤。

如果某個 **case** 標籤與控制運算式相符，但是該 **case** 並未包含 **break** 敘述式，就會發生*連串執行* (*fall through*) 的情形。這意謂著 **switch** 敘述式會執行相符 **case** 的敘述式，以及後續 **case** 的敘述式。如果後續的 **case** 也未包含 **break** 敘述式，這個過程將會繼續下去，直到出現 **break** 敘述式，或者執行到最後一個 **case** 的敘述式。這樣程式設計師就可以指定在幾個 **case** 中應該執行的共同敘述式。在圖 5.8 中說明這點，對於第 24-25 行的兩個 **case**，都會執行第 26-27 行的敘述式 (如果輸入的等級是 **A** 或者 **a**)，對於第 29-30 行的兩個 **case**，都會執行第 31-32 行的敘述式 (如果輸入的等級是 **B** 或者 **b**)，以下相同。再進一步說，如果從圖 5.8 移除所有的 **break** 敘述式，然後使用者輸入字母 **A**，則每一個 **case** 的敘述式都會執行 (包括 **default** 條件)。

常見的程式設計錯誤 5.7

*在 **switch** 敘述式的每一個 **case** 中並未加上 **break** 敘述式，可能會導致邏輯錯誤。只有在必須連串執行的 **case** 中，才可以省略掉 **break** 敘述式。*

常見的程式設計錯誤 5.8

*要檢查確認在 **switch** 敘述式的所有 **case** 中，沒有任何兩個 **case** 是對應於同一個整數值。如果有相同的整數值發生，在編譯時就會產生錯誤。*

最後，需要特別注意的是 **switch** 敘述式與其他的控制敘述式不同，就是在每一個 **case** 下的幾個敘述式，並不需要使用大括號將它們包括起來。【*注意*：有一個例外，就是當 **case** 中包含有某個變數的宣告和初始化 (例如，**int x = 2**)。在這種情形下，**case** 的敘述式就必須以大括號包括起來。】一般的 **switch** 敘述式 (在每個 **case** 中都使用 **break** 敘述式) 的流程圖顯示在圖 5.9 中。請再注意流程圖中，除了小圓圈和流程線以外，只包含矩形符號和菱形符號。在矩形符號和菱形符號中，程式設計師可以填入適合此演算法的動作和判斷。雖然巢狀的控制敘述式較為普遍，但是卻很少在程式中發現使用巢狀 **switch** 敘述式。

良好的程式設計習慣 5.9

*在每一個 **switch** 敘述式中，提供 **default** 條件。如果在 **switch** 結構中沒有安排 **default** 條件，則所有未經測試的條件就會被程式給忽略掉。在 **switch** 結構中加上 **default** 條件，就可以讓程式設計師專心處理例外條件。可是也有不需要加上 **default** 條件的情形。*

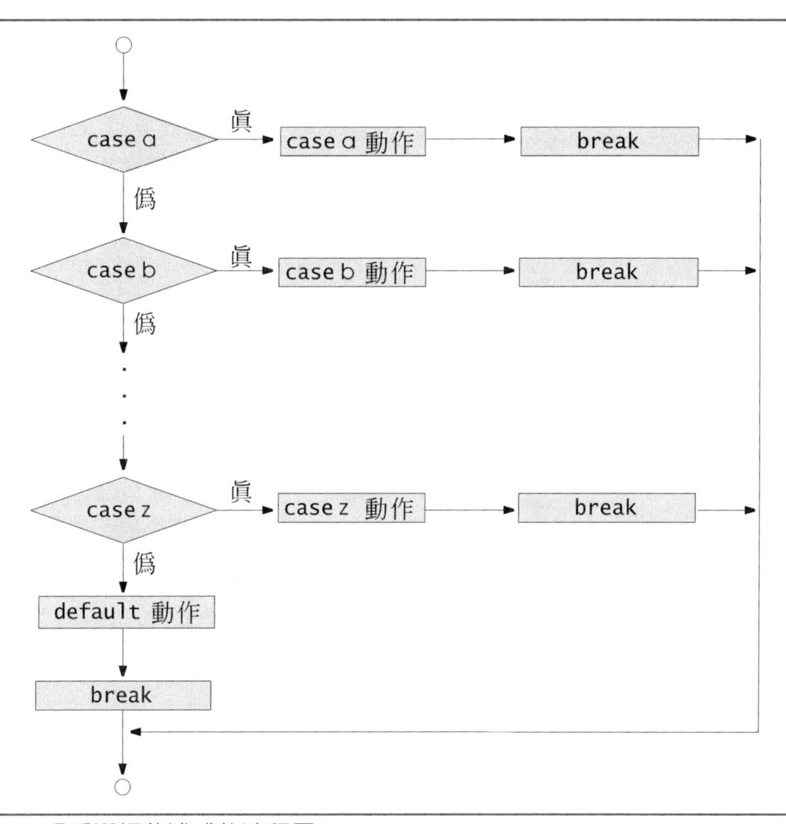

圖 5.9　switch 多重選擇敘述式的流程圖。

良好的程式設計習慣 5.10

*雖然在 **switch** 敘述式中的 **case** 條件可以任意順序排列，但是按照邏輯排列是良好的程式設計習慣。*

當使用 **switch** 敘述式時，記得在每個 **case** 條件後的運算式必須是常數整數運算式，就是指由字元常數和整數常數組成的運算式，且其計算結果是常數整數值。*字元常數* (*character constant*) 就是將某個特別字元放在單引號內表示，例如 **'A'**。整數常數則只是一個整數值。在每個 **case** 內的運算式也可以是常數，就是一個變數，但其所包含的數值在整個程式都不會改變。這樣的變數是利用關鍵字 ***const*** 加以宣告 (將在第 6 章中加以討論)。

在第 10 章討論物件導向程式設計時，我們會以更簡潔的方法實作 **switch** 邏輯。使用一種稱爲*多型* (*polymorphism*) 的技術，比使用 **switch** 邏輯更能夠建立較清楚、更易於維護和擴充的程式。

5.6 do...while 重複敘述式

do...while 重複敘述式類似 **while** 敘述式。在 **while** 敘述式中，會在每個迴圈開始的時候，先測試迴圈繼續條件式，決定是否要執行迴圈本體中的敘述式。而 **do...while** 敘述式則是在執行完迴圈本體後，才來測試迴圈繼續條件式。因此，*迴圈本體至少會執行一次*。當 **do...while** 敘述式終止時，就會繼續執行 **while** 部分之後的敘述式。在圖 5.10 中的程式使用 **do...while** 敘述式來輸出數值 1 到 5。

第 14-17 行說明 **do...while** 敘述式。當程式執行到 **do...while** 敘述式時，程式就會執行第 15-16 行，這兩行程式會顯示出 **counter** 的數值 (在此處爲 **1**) 並且將 **counter** 遞增 **1**。然後，程式就會在第 17 行檢查條件式。此時，變數 **counter** 的值是 **2**，符合小於或者等於 **5** 的條件，所以就會再一次執行 **do...while** 敘述式的本體，如此繼續。當第五次執行 **do...while** 敘述式時，第 15 行就會輸出數值 **5**，而第 16 行就會將 **counter** 遞增爲 **6**。然後第 17 行的條件計算後不成立，程式就會離開 **do...while** 敘述式。

do...while 流程圖 (圖 5.11) 清楚地顯示至少會先執行迴圈本體一次後，才會進行迴圈繼續條件式的測試。流程圖中只包含矩形符號和菱形符號。在矩形符號和菱形符號中，程式設計師可以填入適合此演算法的動作和判斷。

```
 1  // Fig. 5.10: DoWhileLoop.cpp
 2  // The do...while repetition statement.
 3
 4  #include "stdafx.h"
 5
 6  #using <mscorlib.dll>
 7
 8  using namespace System;
 9
10  int _tmain()
11  {
12     int counter = 1;
13
14     do {
15        Console::WriteLine( counter );
16        counter++;
17     } while ( counter <= 5 );
18
19     return 0;
20  } // end _tmain
```

```
1
2
3
4
5
```

圖 5.10 **do...while** 重複敘述式。

請注意，如果在 **do...while** 敘述式的本體中只有一個敘述式，就不需要使用到大括號。但是，爲了避免在 **while** 和 **do...while** 敘述式之間造成混淆，通常還是會使用大括號。例如：

```
while ( condition )
```

一般就會被視爲 **while** 敘述式的標頭。而 **do...while** 敘述式本體的唯一敘述式要是不使用大括弧的話，就會成爲

```
do
    statement;
while ( condition );
```

就會造成混淆。最後一行的 **while** (*condition*) **;** 就會被讀者誤認爲是一個包含空敘述式 (分號本身) 的 **while** 敘述式。因此，**do...while** 敘述式如果只包含一個敘述式，通常會寫成如下的格式，以避免混淆：

```
do
{
    statement;
} while ( condition );
```

良好的程式設計習慣 5.11

*有些程式設計師在 **do...while** 敘述式中都會加入大括號，即使大括號看起來並不需要。這樣做可以幫助消除 **while** 敘述式和只包含一個敘述式的 **do...while** 敘述式之間的混淆。*

常見的程式設計錯誤 5.9

*如果在 **while**、**for** 或者 **do...while** 敘述式中的迴圈繼續條件式永遠不會不成立時，就會產生無窮迴圈。為了防止這種情況發生，必須確定在 **while** 或者 **for** 敘述式標頭的後面不會緊跟著一個分號。在計數器控制迴圈的主體內，要確定控制變數會被遞增 (或遞減)。在警示值控制的迴圈中，要確定最後會輸入**警示值** (就是表示「資料輸入終止」的數值)。*

常見的程式設計錯誤 5.10

*在 **do...while** 敘述式的 **do** 部分之後緊接著加上分號，這是語法錯誤。*

5.7 break 和 continue 敘述式

break 和 **continue** 敘述式會改變流程控制的途徑。當我們在 **while**、**for**、**do...while** 或者 **switch** 敘述式中執行 **break** 敘述式時，程式會立即離開該敘述式，接著執行這些控制敘述式之後的第一個敘述式。通常使用 **break** 敘述式會造成提早離開迴圈，或者離開 **switch** 敘述式 (如同圖 5.8 所示)。圖 5.12 說明 **for** 敘述式中使用 **break** 敘述式的方法。

當第 16 行的 **if** 敘述式偵測到 **counter** 等於 **5** 時，就會執行 **break** 敘述式。於是就會終止 **for** 敘述式，然後程式繼續執行到 **for** 結構後的第 22 行。輸出敘述式就會產生第 22-23 行所顯示的字串。迴圈只會執行本體 4 次。

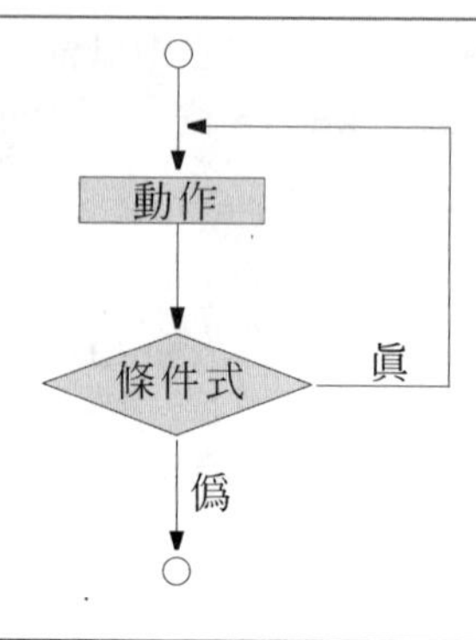

圖 5.11 do...while 重複敘述式的流程圖。

```
1  // Fig. 5.12: BreakTest.cpp
2  // Using the break statement in a for statement.
3
4  #include "stdafx.h"
5
6  #using <mscorlib.dll>
7
8  using namespace System;
9
10 int _tmain()
11 {
12    int count;
13
14    for ( count = 1; count <= 10; count++ ) {
15
16       if ( count == 5 )
17          break;    // skip remaining code in loop if count == 5
18
19       Console::Write( String::Concat( count.ToString(), S" " ) );
20    } // end for
21
22    Console::WriteLine( S"\nBroke out of loop at count = {0}",
23       count.ToString() );
24
25    return 0;
26 } // end _tmain
```

```
1 2 3 4
Broke out of loop at count = 5
```

圖 5.12 在 **for** 敘述式中使用 break 敘述式的方法。

在 **while**、**for** 或者 **do...while** 敘述式中執行 **continue** 敘述式，就會跳過該控制敘述式本體中剩下來的敘述式，然後進入下一次的迴圈操作。在 **while** 和 **do...while** 敘述式中，執行 **continue** 敘述式之後，就會馬上測試迴圈繼續條件式。在 **for** 敘述式，先執行遞增/遞減運算式，然後才測試迴圈繼續條件式。

請回想第 5.3 節，在大部分的情形下，**while** 敘述式都可以取代 **for** 敘述式。唯一的例外，就是在 **while** 敘述式中，跟在 **continue** 敘述式後面的遞增/遞減運算式。在這種情形下，除非先測試迴圈繼續條件式，否則是不會執行遞增/遞減的動作，於是 **while** 敘述式的動作和 **for** 敘述式並不相同。

在圖 5.13 中，當第 14 行的 **if** 敘述式判斷 **count** 的值是 **5** 時，在 **for** 敘述式中的 **continue** 敘述式就會跳過第 18 行的輸出敘述式。當執行 **continue** 敘述式，程式就會繼續遞增在 **for** 敘述式中的控制變數。

增進效能的小技巧 5.2

*如果適當地使用 **break** 和 **continue** 敘述式，會比它們所對應的結構化程式執行得更快。*

```
1   // Figure 5.13: continueTest.cpp
2   // Using the continue statement in a for statement.
3
4   #include "stdafx.h"
5
6   #using <mscorlib.dll>
7
8   using namespace System;
9
10  int _tmain()
11  {
12     for ( int count = 1; count <= 10; count++ ) {
13
14        if ( count == 5 )
15           continue;  // skip remaining code in loop
16                      // only if count == 5
17
18        Console::Write( String::Concat( count.ToString(), S" " ) );
19     } // end for
20
21     Console::WriteLine( S"\nUsed continue to skip printing 5" );
22
23     return 0;
24  } // end _tmain
```

```
1 2 3 4 6 7 8 9 10
Used continue to skip printing 5
```

圖 5.13　在 **for** 敘述式中使用 continue 敘述式的方法 。

軟體工程的觀點 5.1

某些程式設計師覺得 break 和 continue 違反結構化程式設計的原則。因為可以利用結構化程式設計技術達到這些敘述式的效果，所以程式設計師會避免使用 break 和 continue。

軟體工程的觀點 5.2

在追求品質的軟體工程和追求最佳執行效率的軟體之間，總是存在著爭議。通常，為了達到某一個目標，必須犧牲另一個目標。針對只追求效率的情形，可應用下述的經驗法則：首先，將程式碼簡化並且正確。然後只有在需要的情形下，讓程式更快和更小。

5.8 邏輯運算子

到目前為止，我們只討論過一些簡單的條件式，例如 **counter <= 10**、**total > 1000** 以及 **number != sentinelValue** 等。這些條件式是以關係運算子 **>**、**<**、**>=** 和 **<=** 以及等號運算子**==**和**!=**表示。做每個判斷之前，一定先測試某個條件。但是若在作判斷之前需要測試許多條件式的話，我們就會在個別的敘述式或者在巢狀的 **if** 或 **if...else** 敘述式中，執行這些測試的動作。

MC++提供幾種*邏輯運算子* (*logical operator*)，可用來結合簡單的條件式，形成複雜的條件式。這些運算子包括**&&** (*邏輯 AND*)、**||** (*邏輯 OR*) 以及 **!** (*邏輯 NOT*，也稱為*邏輯否定*)。我們將會舉例說明這些運算子。

常見的程式設計錯誤 5.11

*在**&&** 或者 **||** 運算子的中間加上空白，這是語法錯誤。*

假設我們希望在選擇執行某個方法之前，先要確定兩個條件式均為真。在這種情況下，我們可以下述方式使用**&&** (邏輯 AND) 運算子：

```
if ( gender == FEMALE && age >= 65 )
   ++seniorFemales;
```

這個 **if** 敘述式包含兩個簡單的條件式。條件式 **gender == FEMALE** 可判斷某人是否為女性。條件式 **age >= 65** 可判斷某人是否為退休老人。因為**==**和**>=**運算子的優先權高於**&&**運算子，所以會先檢查這兩個簡單條件。然後 **if** 敘述式才會測試下述的合併條件

```
gender == FEMALE && age >= 65
```

只有這兩個簡單條件式皆為真，此合併條件式才為真。最後，如果此合併條件式確實為真的話，主體內的敘述式就會將 **seniorFemales** 的數值遞增 **1**。如果兩個簡單條件式中有一個或兩個都是偽時，程式就會跳過遞增動作，繼續執行 **if** 後面的敘述式。前述的合併條件式可以加上小括號使其更具可讀性：

```
( gender == FEMALE ) && ( age >= 65 )
```

圖 5.14 中的表格摘要列出**&&**運算子的各種眞偽值。這個表格顯示 *expression1* 和 *expression2*

所有四個 **false** 和 **true** 值的組合結果。這樣的表格通常稱爲*眞值表* (*truth table*)。所有包含關係運算子、等號運算子、和邏輯運算子的運算式，在 MC++中都可以決定其值爲 **true** 或是 **false**。

現在讓我們來討論 || (邏輯 OR) 運算子。假設我們希望在選擇執行某個方法之前，先要確定兩個條件式的任一個或者兩個均爲眞。在這種情況下，我們使用||運算子來測試兩個簡單的條件，如下述程式所示：

```
if ( semesterAverage >= 90 || finalExam >= 90 )
   Console::WriteLine( S"Student grade is A" );
```

條件式 **semesterAverage >= 90** 可用來判斷學生的這一門課程，是否因爲整個學期優秀的表現，而應該得到"**A**"的成績。條件式 **finalExam >= 90** 可用來判斷學生的這一門課程，是否因爲期末考試優秀的表現，而應該得到"**A**"的成績。然後 **if** 敘述式才會測試如下述的合併條件

```
semesterAverage >= 90 || finalExam >= 90
```

如果任一個或者兩個簡單條件式均爲眞時，便給這個學生"**A**"的成績。請注意，只有當兩個簡單條件式皆爲僞時，訊息"**Student grade is A**"才不會顯示出來。圖 5.15 是邏輯 OR 運算子 (||) 的眞值表。

&&運算子比||運算子有較高的優先權。兩個運算子都是從左到右進行結合運算。對於包含&&以及||運算子的運算式會加以判斷，直到確定眞假値爲止。因此，對於下面這個運算式的眞假判斷

```
gender == FEMALE && age >= 65
```

如果 **gender** 不等於 **FEMALE** 的話 (如果有一個條件式爲 **false**，則整個運算式爲 **false**)，就會立刻停止條件檢查，如果 **gender** 等於 **FEMALE** 的話，才會繼續判斷後面的條件 (如果條件式 **age>=65** 爲 **true** 的話，則整個運算式仍然可以爲 **true**)。這種能夠有效率的評估邏輯 AND 和邏輯 OR 運算式的眞假值，我們稱之爲*捷徑評估* (*short-circuit evaluation*)。

增進效能的小技巧 5.3

在使用&&運算子的運算式中，如果個別條件式都是獨立於其他的條件式，將最有可能不成立的條件式放在最左邊的位置。在使用 || 運算子的運算式中，將最有可能成立的條件式放在最左邊的位置。這樣使用捷徑評估方式就可以縮短程式的執行時間。

當某個條件可能會讓程式產生錯誤時，捷徑評估方式就很有用處。舉例來說，下面這個運算式

```
grades > 0 && ( total / grades > 60 )
```

如果 **grades** 不大於 0，就會立刻停止檢查；否則運算式就會檢查第二個條件。請注意，如果我們省略掉第一個條件 (**grades > 0**)，而 **grades** 等於 **0**，則第二個條件 (**total/grades > 60**) 就會嘗試將 **total** 除以 **0**。這會讓程式產生所謂例外 (exception) 的錯誤，這個錯誤會

讓程式終止。我們將會在第 11 章中詳細討論。

MC++提供! (邏輯否定) 運算子，讓程式設計師能夠將條件式的意義加以「反轉」。不像運算子&&和||需要結合兩個條件式 (二元運算子)，邏輯否定運算子只需要一個條件式做爲運算元 (單元運算子)。邏輯否定運算子是放置在條件式前面，如果原條件式 (尚未加上邏輯否定運算子) 爲僞的話，就會執行所選擇的方法。我們以下述的程式說明：

```
if ( !( grade == sentinelValue ) )
   Console::WriteLine( S"grade is {0}" + grade.ToString() );
```

包圍條件式 **grade == sentinelValue** 的小括號是必需的，因爲邏輯否定運算子比等號運算子有更高的優先權。圖 5.16 爲邏輯否定運算子的眞值表。

在大部份的情況下，程式設計師可以透過適當的關係或者等號運算子，以不同的方法表達條件式，如此可以避免使用邏輯否定運算子。例如，前面這個敘述也可以如下改寫：

```
if ( grade != sentinelValue )
   Console::WriteLine( S"grade is {0}" + grade.ToString() );
```

這種彈性可以幫助程式設計師以更自然的方式來表示條件式。

圖 5.17 中的應用程式，藉著將邏輯運算子的眞值表顯示在主控視窗，來說明邏輯運算子的用法。

expression1	expression2	expression1 && expression2
false	false	false
false	true	false
true	false	false
true	true	true

圖 5.14 && (邏輯 AND) 運算子的真值表。

expression1	expression2	expression1 || expression2
false	false	false
false	true	true
true	false	true
true	true	true

圖 5.15 || (邏輯 OR) 運算子的真值表。

expression	!expression
false	true
true	false

圖 5.16 ! (邏輯否定) 運算子的真值表。

第 13-18 行說明**&&**運算子，第 21-26 行說明**||**運算子以及第 29-32 行說明**!**運算子的用法。這個應用程式利用 **ToString** 方法將運算式以字串表示的方式輸出。

圖 5.18 顯示到目前爲止，介紹過的MC++運算子的優先權和結合性。運算子的優先權是從上到下逐漸降低。

5.9 結構化程式設計摘要

就像建築師利用各種專業知識來設計建築物，程式設計師也應該如此設計程式。我們的領域比建築學的發展歷史短，而我們的智慧結晶也少很多。我們知道結構化程式設計方式所產生的程式，比非結構化程式更容易瞭解、測試、除錯、修改以及在數學上證明是正確的。

```
 1  // Fig. 5.17: LogicalOperators.cpp
 2  // Demonstrating the logical operators.
 3
 4  #include "stdafx.h"
 5
 6  #using <mscorlib.dll>
 7
 8  using namespace System;
 9
10  int _tmain()
11  {
12     // testing the logical AND operator (&&)
13     Console::WriteLine( String::Concat(
14        S"Logical AND (&&)",
15        S"\nfalse && false: ", ( false && false ).ToString(),
16        S"\nfalse && true:  ", ( false && true ).ToString(),
17        S"\ntrue && false:  ", ( true && false ).ToString(),
18        S"\ntrue && true:   ", ( true && true ).ToString() ) );
19
20     // testing the logical OR operator (||)
21     Console::WriteLine( String::Concat(
22        S"\n\Logical OR (||)",
23        S"\nfalse || false: ", ( false || false ).ToString(),
24        S"\nfalse || true:  ", ( false || true ).ToString(),
25        S"\ntrue || false:  ", ( true || false ).ToString(),
26        S"\ntrue || true:   ", ( true || true ).ToString() ) );
27
28     // testing the logical NOT operator (!)
29     Console::WriteLine( String::Concat(
30        S"\n\nLogical NOT (!)",
31        S"\n!false: ", ( !false ).ToString(),
32        S"\n!true: ", ( !true ).ToString() ) );
33
34     return 0;
35  } // end _tmain
```

圖 5.17　說明邏輯運算子的用法 (第 2 之 1 部分)。

```
Logical AND (&&)
false && false: False
false && true:  False
true && false:  False
true && true:   True


Logical OR (||)
false || false: False
false || true:  True
true || false:  True
true || true:   True
Logical NOT (!)
!false: True
!true:  False
```

圖 5.17 說明邏輯運算子的用法 (第 2 之 2 部分)。

運算子	結合性	類型
`::`	由左至右	範圍解析
`++ --`	由左至右	單元後置
`static_cast< type >`	由左至右	單元轉型
`++ -- + - !`	由右至左	單元前置
`* / %`	由左至右	乘法
`+ -`	由左至右	加法
`< <= > >=`	由左至右	關係
`== !=`	由左至右	等號
`&&`	由左至右	邏輯 AND
`||`	由左至右	邏輯 OR
`?:`	由右至左	條件
`= += -= *= /= %=`	由右至左	指定

圖 5.18 運算子的運算優先順序和結合性。

圖 5.19 摘要列出 MC++的各種控制敘述式。圖中使用小圓圈指出每個控制敘述式的單一入口和單一出口。將個別流程圖上的符號任意連接，就會產生非結構化的程式。因此，程式設計專家就想出將流程圖上的符號結合起來，形成有限的控制結構，然後只要以二種簡單的方式將控制敘述式結合起來，就可以設計出結構化的程式。

簡單地說，只要使用單一入口/單一出口的控制敘述式，就只有一種方式進入和一種方式可以離開每個控制敘述式。將控制敘述式按照順序連接起來，就形成結構化程式，將某個控制敘述式的出口接到下一個控制敘述式的入口 (也就是說將控制敘述式一個接一個在程式中排好)。我們稱呼這種過程為「堆疊式控制結構」。結構化程式設計的原則允許使用巢狀方式處理控制結構。圖 5.20 列出建立正確結構化程式的一些原則。這些原則假設你是由最基本的流程圖 (圖 5.21) 開始，使用矩形的流程圖符號表示任何需要執行的動作，包括輸入/輸出。

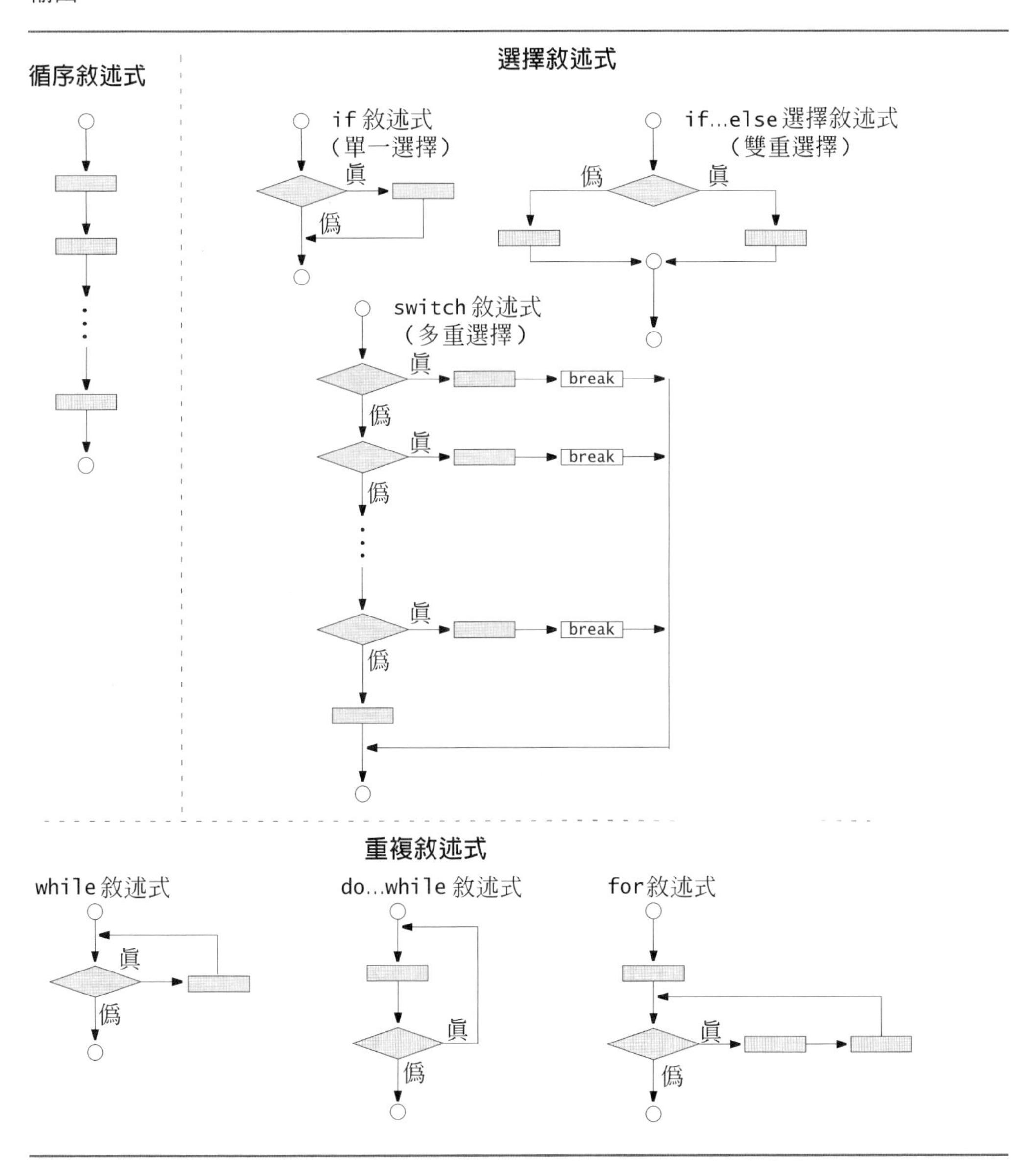

圖 5.19　Visual C++ .NET 單一入口/單一出口的循序、選擇和重複敘述式。

建立結構化程式的原則

1) 從圖 5.21 所示的「最基本的流程圖」開始。
2) 任何矩形符號 (代表動作) 都可以利用兩個串聯的矩形符號 (兩個動作) 取代。
3) 任何矩形符號 (代表動作) 都可以利用任何控制敘述式 (循序、**`if`**、**`if...else`**、**`switch`**、**`while`**、**`do...while`** 或者 **`for`**) 取代。
4) 你可以按照任意次數和任意的順序使用原則 2 和 3。

圖 5.20　建立結構化程式的原則。

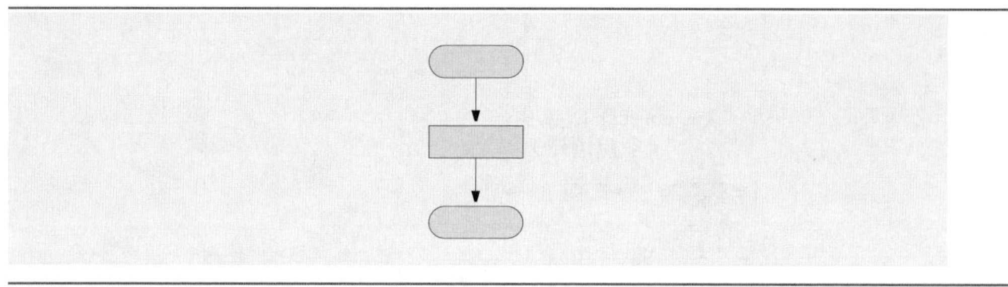

圖 5.21　最基本的流程圖。

應用圖 5.20 中的這些原則，就可以產生整齊的、像建築方塊般的結構化流程圖。例如，在最基本的流程圖中重複的應用原則 2，就會產生包含許多矩形符號串列的結構化流程圖 (如圖 5.22)。請注意，原則 2 可以產生控制敘述式的堆疊，因此稱原則 2 爲*堆疊原則* (*stacking rule*)。

原則 3 則是*巢狀原則* (*nesting rule*)。在最基本的流程圖中重複應用原則 3，就會產生包含許多巢狀整齊排列的控制敘述式流程圖。例如，在圖 5.23 中，先將最基本流程圖的矩形符號用一個雙重選擇 (**`if...else`**) 敘述式加以取代。然後將原則 3 應用於此雙重選擇敘述式中的兩個矩形符號，將每一個矩形符號取代成雙重選擇敘述式。包圍每個雙重選擇敘述式的虛線方框，代表取代原來最基本流程圖中矩形符號的位置。

良好的程式設計習慣 5.12

如果一個程式的巢狀結構有太多層，會使得程式很難了解。一般的原則，避免使用超過三層的巢狀結構。

使用原則 4 則會產生更大、內容更多且更多層次的巢狀敘述式。應用這些原則於圖 5.20，就可由最基本的流程圖產生出所有的結構化流程圖，和所有的結構化程式。結構化方法的優點，就是只需要使用八個簡單的單一入口/單一出口的組件，然後只需要以兩種簡單的方式將它們組合起來。圖 5.24 顯示利用原則 2 將建構方塊正確堆疊起來的方法，和應用原則 3 將建構方塊正確安排成巢狀的方法。圖中也顯示一種重疊安排建構方塊的方法，但是這種方式不可以用在結構化流程圖中 (這是因為取消使用 **goto** 敘述式)。

如果依照圖 5.20 的原則，就絕對不會產生像圖 5.25 這樣非結構化的流程圖。如果你無法確定某個流程圖是否是結構化流程圖，應用圖 5.20 的原則倒推回去，試著看能否將此流程圖簡化回到最基本流程圖。如果這個流程圖可以簡化回最基本流程圖，則原來的流程圖就是結構化流程圖。

簡單地說，結構化的程式設計促進設計的單純化。Bohm 和 Jacopini 發現只需要三種控制方式：

- 循序式
- 選擇式
- 重複式

循序式控制就不必說了。選擇式控制則分為下列三種方式：

- **if** 敘述式 (單一選擇)
- **if...else** 敘述式 (雙重選擇)
- **switch** 敘述式 (多重選擇)

事實上，只需要 **if** 敘述式就足夠產生任何形式的選擇方法。使用 if...else 和 switch 敘述式所能夠表示的結構，都能夠利用 **if** 敘述式組合而成 (雖然看起來不是很優美)。

重複式控制則分為下列三種方式：

- **while** 敘述式
- **do...while** 敘述式
- **for** 敘述式

只需要 **while** 敘述式就足夠產生任何形式的重複結構。任何 **do...while** 和 **for** 敘述式所表示的結構，都可以使用 **while** 敘述式加以取代 (雖然可能不是很優美)。

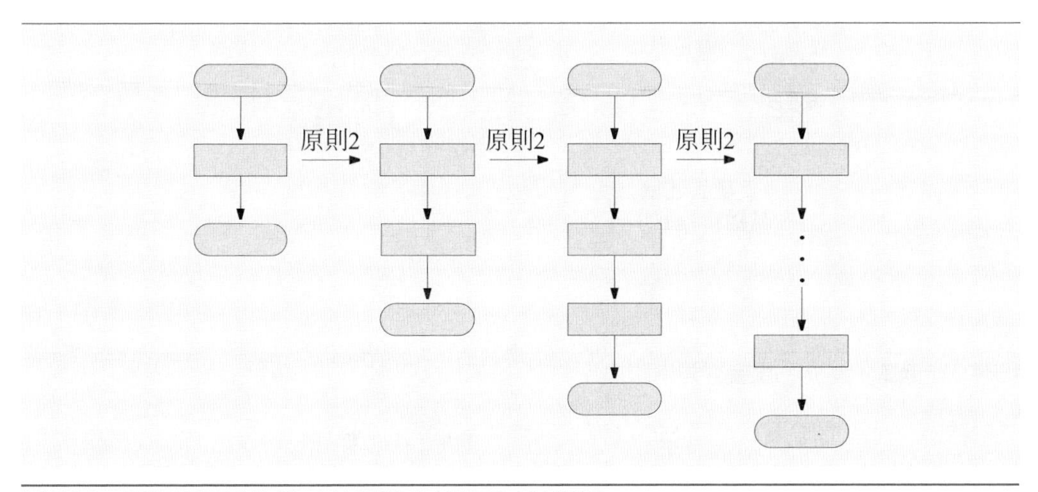

圖 5.22 重複應用圖 5.20 中的原則 2 於最基本流程圖。

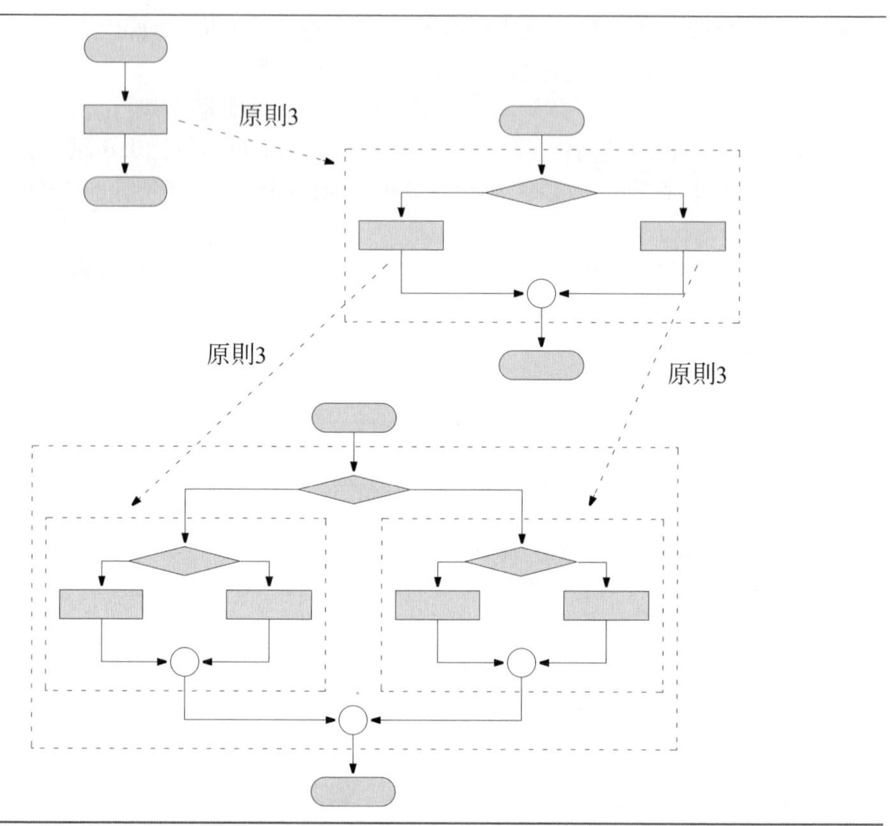

圖 5.23 應用圖 5.20 中的原則 3 於最基本流程圖。

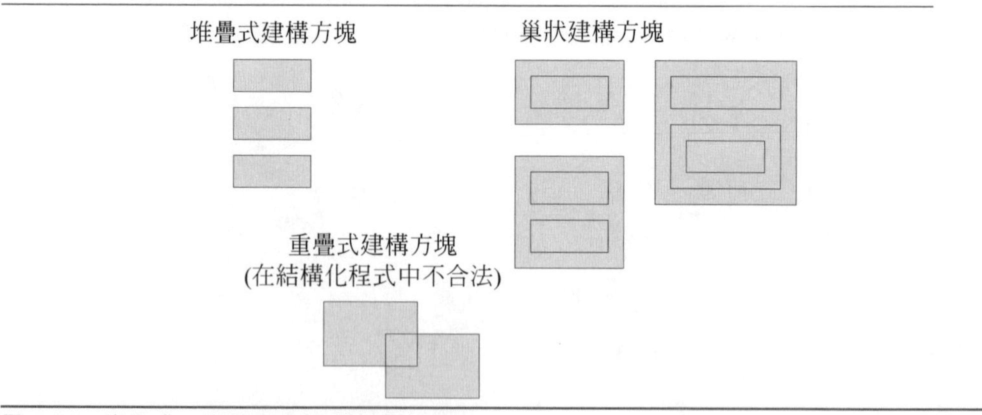

圖 5.24 堆疊式、巢狀和重疊式建構方塊。

總結這些討論的結果，說明 MC++程式只需要下述的控制結構：

- 循序式

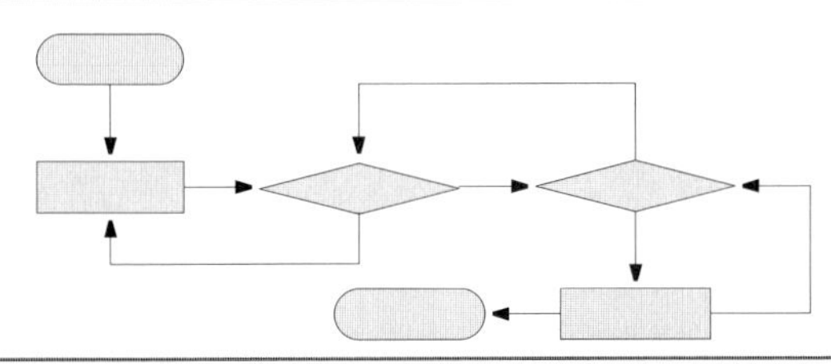

圖 5.25　非結構化流程圖。

- **if** 敘述式 (選擇性結構)
- **while** 敘述式 (重複性結構)

而這些控制敘述式只需要利用兩種方式加以組合，就是堆疊和巢狀方式。結構化程式設計促進設計的單純化。

在本章和前一章中，我們討論過如何利用內含動作和判斷的控制敘述式來組合成程式。在第 6 章，我們將介紹另一個程式的結構單位，稱爲*函式* (*function*)。我們將學習如何將內含控制敘述式的函式組合成大型程式。我們也將討論函式如何促進程式的可重複使用性。在第 8 章將討論另一個程式的結構單位，稱爲*類別* (*class*)。我們將會從類別建立物件，然後再進行物件導向程式設計方法，這也是本書的重點。

摘　要

- 計數器控制重複結構需要控制變數 (或者迴圈計數器) 的名稱、控制變數的初值、每次執行迴圈時控制變數的遞增量 (或者遞減量) 以及測試控制變數終值的條件式 (以便判斷迴圈是否要繼續)。
- 包含初始化的宣告就是一個可執行的敘述式。
- 因爲浮點數只是一個近似值，如果採用浮點數來控制迴圈的計數，可能會產生不正確的計算次數，使得終止測試不精確。
- 在 **while**、**for** 或者 **do...while** 敘述式的條件式內，使用不正確的關係運算子或者迴圈計數器的終值，都會造成大小差一的錯誤。
- **for** 敘述式就是一個以計數器控制重複敘述式的例子。**for** 敘述式的一般格式如下

  for (*expression1*; *expression2*; *expression3*)
  　　statement

  其中 *expression1* 替迴圈控制變數命名並且提供初值，而 *expression2* 就是迴圈繼續條件式 (包含控制變數的終值)，最後 *expression3* 通常用來遞增控制變數。
- 如果在 **for** 結構的本體中有超過一個以上的敘述式，則這些敘述式必須以區塊形式出現。
- 在 **for** 敘述式標頭中的三個運算式都是可有可無的。在 **for** 敘述式中的兩個分號都是必需的。
- 如果迴圈繼續條件式一開始就不成立，就不會執行 **for** 結構的本體。
- 在 **for** 迴圈本體中修改控制變數的值，可能會導致微妙的邏輯錯誤。
- 在大多數的狀況下，**for** 敘述式可以表示成等效的 **while** 敘述式，只是將 expression1 、ex-

pression2 和 expression3 的位置重新排列如下：

```
while ( expression2 ) {
    statement
    expression3;
}
```

- 變數的生存範圍規定變數在程式中所能使用的區域。
- 不像標準 C++，**for** 敘述式的控制變數 (在 **for** 敘述式的標頭中宣告) 可以在 **for** 敘述式的外部使用。
- 不要使用型別爲 **float** 或者 **double** 的變數，來進行有關貨幣方面的計算。因爲浮點數的不精確性，會造成計算出來的金額產生誤差。型別 **Decimal** 可用來正確地計算貨幣金額。
- **switch** 敘述式是由一連串的 **case** 標籤和一個可選用的 **default** 標籤所組成。
- 當控制流程到達 **switch** 敘述式，程式就會計算位於關鍵字 **switch** 後面小括號中的*控制運算式*。這個運算式的值會拿來與每一個 **case** 標籤比較，直到找到符合的標籤爲止。
- 如果在控制運算式和 **case** 標籤之間無法找到相符的情形，就會執行 **default** 下的敘述式。請注意，在 **switch** 敘述式中，**default** 是可有可無的。如果控制運算式無法找到相符的 **case**，也沒有 **default** 條件，程式的控制權就會移轉到 **switch** 敘述式後的下一個敘述式。
- 每一個 **case** 條件下可以包含許多個動作或者根本沒有動作。如果 **case** 條件下沒有任何的敘述式，就稱爲空的 **case** 條件 (empty case)。**switch** 敘述式的最後一個 **case** 不可以是一個空的 **case**，否則就會產生語法錯誤。
- 如果某個 **case** 標籤與控制運算式相符，但是該 **case** 並未包含 **break** 敘述式，就會發生*連串執行* (*fall through*) 的情形。這意謂著 **switch** 敘述式會執行相符 **case** 的敘述式，以及後續 **case** 的敘述式。如果後續的 **case** 也未包含 **break** 敘述式，這個過程將會繼續下去，直到出現 **break** 敘述式，或者執行到最後一個 **case** 的敘述式。這樣程式設計師就可以指定在幾個 **case** 中應該執行的共同敘述式。
- 在 **switch** 敘述式的每一個 **case** 中沒有加上 **break** 敘述式，可能會導致邏輯錯誤。只有在必須連串執行的 **case** 中，才可以省略 **break** 敘述式。
- 當使用 **switch** 敘述式時，記得在每個 **case** 條件中的運算式必須有一個常數整數運算式，就是指由字元常數和整數常數組成的運算式，且其計算結果必須是常數整數值。
- 但是 **do...while** 敘述式則是在執行完迴圈本體的敘述式後，才測試迴圈-繼續條件式是否成立，因此最少會執行迴圈本體一次。
- 當我們在 **while**、**for**、**do...while** 或者 **switch** 敘述式中執行 **break** 敘述式時，程式會立即離開該控制敘述式。接著就會去執行這些控制敘述式後面的第一個敘述式。
- 在 **while**、**for** 或者 **do...while** 敘述式中執行 **continue** 敘述式，就會跳過該控制敘述式本體中剩下來的敘述式，然後進入下一次的迴圈操作。
- MC++使用邏輯運算子將簡單條件式結合起來，形成複雜的條件式。
- 邏輯運算子就是**&&** (邏輯 AND)、**||** (邏輯 OR) 和**!** (邏輯 NOT，也稱爲邏輯否定)。
- 邏輯運算子**&&**在選擇某條件執行路徑之前，必須先確定兩個條件式均爲 **true**。
- 邏輯運算子**||**在選擇某條件執行路徑之前，必須先確定兩個條件式中最少有一個爲 **true**。
- **!** (邏輯否定) 運算子會將條件式的意義加以「反轉」。

- 流程圖是以圖形表示程式的控制流程。
- 在流程圖中，使用小圓圈代表每個控制敘述式的單一入口和單一出口。
- 將個別流程圖上的符號任意連接，就會產生非結構化的程式。因此，程式設計專家就想出將流程圖上的符號結合起來，形成一些控制結構，然後利用二種方法將控制結構適當地結合起來，這兩種方法就是堆疊式和巢狀。
- 包含本章所討論的重複敘述式和條件運算子的結構化程式設計，可以促進程式的單純化。
- Bohm 和 Jacopini 告訴我們，結構化設計只需要三種形式的控制方式－循序、選擇和重複。
- 選擇式設計是以下述三種控制敘述式 **if**、**if...else** 和 **switch** 進行。
- 重複式設計是以下述三種控制敘述式 **while**、**do...while** 和 **for** 進行。
- 只要使用 **if** 敘述式就足夠提供任何形式的選擇結構。
- 只要使用 **while** 敘述式就足夠提供任何形式的重複結構。

詞　彙

!邏輯 NOT (! logical NOT)
&&邏輯 AND (&& logical AND)
||邏輯 OR (|| logical OR)
二元運算子 (binary operator)
迴圈本體 (body of a loop)
bool 值 (**bool** values)
大括號 ({ 和 }) (braces ({ and })
break 敘述式 (**break** statement)
case
常數整數運算式 (constant integral expression)
continue 敘述式 (**continue** statement)
控制變數 (control variable)
控制運算式 (controlling expression)
巢狀控制結構 (control-structure nesting)
堆疊式控制結構 (control-structure stacking)
計數器變數 (counter variable)
計數器控制重複結構 (counter-controlled repetition)
Decimal
遞減運算式 (decrement expression)
default 敘述式 (**default** statement)
do...while 敘述式 (**do...while** statement)
雙重選擇敘述式 (double-selection statement)
空的 **case** (empty **case**)
控制敘述式的入口 (entry point of a control statement)
連串執行 (fall through)
for 敘述式 (**for** statement)
for 敘述式標頭 (**for** statement header)
格式碼 (formatting code)
goto 敘述式 (**goto** statement)
if 敘述式 (**if** statement)
if...else 敘述式 (**if...else** statement)
遞增運算式 (increment expression)
for 敘述式的初始化區 (initialization section of a for statement)
switch 敘述式的標籤 (labels in a **switch** statement)
巢狀層數 (levels of nesting)
邏輯 AND 運算子 (&&) (logical AND operator (&&))
邏輯否定或者邏輯 NOT 運算子 (**!**) (logical negation or logical NOT operator (!))
OR 運算子 **||** (logical OR operator (||))
迴圈本體 (loop body)
迴圈計數器 (loop counter)
迴圈繼續條件式 (loop-continuation condition)
Math 類別 (**Math** class)
多重選擇敘述式 (multiple-selection statement)
巢狀排列建構方塊 (nested building block)
巢狀控制敘述式 (nested control statement)

巢狀原則 (nesting rule)
大小差一的錯誤 (off-by-one error)
從 1 開始的計數 (one-based counting)
最佳化 (optimization)
類別 **Math** 的 **Pow** 方法 (**Pow** method of class **Math**)
矩形符號 (rectangle symbol)
變數的範圍 (scope of a variable)
捷徑評估 (short-circuit evaluation)
簡單條件式 (simple condition)
最基本流程圖 (simplest flowchart)
單一入口/單一出口的控制敘述式 (single-entry/single-exit control statement)
堆疊式 (stacking)
堆疊原則 (stacking rule)
String 字串格式碼 (**String** formatting codes)
結構化程式設計 (structured programming)
switch 敘述式 (**switch** statement)
真值表 (truth table)
單元運算子(unary operator)
從零開始計數 (zero-based counting)

自我測驗

5.1 試判斷下列的敘述式是眞或假。如果答案是僞，請說明原因。

a) 在 **switch** 選擇敘述式中，一定要加入 **default** 的處理條件。

b) 如果在 **for** 結構的本體中有超過一個以上的敘述式，則必須以大括號 (**{** 和 **}**) 將迴圈本體包括起來。

c) 如果運算式 **x > y** 的值爲眞或者運算式 **a < b** 的值爲眞，則運算式 (**x > y && a < b**) 就爲眞。

d) 如果含有**||**運算子的運算式，任一個或者兩個運算元都是眞，則此運算式的値就爲眞。

e) 如果 **x** 的值小於或者等於 **y**，或者 **y** 大於 **4**，則運算式 (**x <= y && y > 4**) 就爲眞。

f) **for** 迴圈的標頭內必須要有兩個逗號。

g) 當迴圈繼續條件式永遠爲眞時，就會產生無窮迴圈。

h) 下述的語法當 **10 < x < 100** 時，就會繼續進行迴圈操作：

```
while ( x > 10 && x < 100 )
```

當我們在重複敘述式中執行 break 敘述式時，程式會立即離開該重複敘述式。

j) **||**運算子比**&&**運算子有較高的優先權。

5.2 填充題：

a) 指定程式中敘述式的執行順序，就是所謂的 __________ 。

b) 在 **for** 敘述式的後面加上分號，就會產生 __________ 錯誤。

c) 迴圈的次數應該以 __________ 值計算。

d) 在迴圈必須執行 10 次的 **while** 重複敘述式的條件式中，將 **<=** 關係運算子替換成<運算子 (如下圖所示)，就會造成 __________ 錯誤：

```
int x = 1;
while ( x < 10 ) …
```

e) 變數的 __________ 規定變數在程式中所能使用的範圍。

f) 在 **for** 迴圈中，在執行完敘述式的本體 __________ ，就會進行遞增的動作。(填前、後)

g) 在 **for** 敘述式標頭內的多重初始化必須以 __________ 隔開。

h) 使用格式碼 ________ 可以將數字用科學計數法表示。

i) 在關鍵字 **switch** 後面緊接著小括號內的數值稱爲 ________。

5.3 寫出一行敘述式或者一組敘述式，完成下述的動作：

a) 使用 **for** 結構將 **1** 到 **99** 之間的所有奇數相加，求出總數。假設已宣告整數變數 **sum** 和 **count**，但尚未設定初值。

b) 使用 **Math** 類別的 **Pow** 方法，計算 2.5 的三次方值。

c) 利用 **while** 迴圈和計數器變數 **x**，印出數字 **1** 到 **20**。假設已宣告變數 **x**，但尚未設定初值。每一行只印出 5 個整數。【*提示*：使用 **x % 5** 求餘數的計算方法。當餘數爲 **0** 時，就印出換行字元 (**newline**)；否則，就印出定位字元 (**tab**)。使用 **Console::WriteLine ()** 方法輸出換行字元，再使用 **Console::Write('\t')** 方法輸出定位字元。】

d) 使用 **for** 敘述式來重作習題 (c)。

自我測驗解答

5.1 **a)** 僞。**default**處理條件可有可無。如果沒有預設的動作需要執行，就不需要安排default處理條件。**b)** 眞。 **c)** 僞。兩個關係運算式都必須爲眞，整個運算式的值才爲眞。**d)** 眞。 **e)** 僞。如果 **x** 的值小於或者等於 **y**，以及 **y** 大於 **4**，則運算式 (**x <= y && y > 4**) 就爲眞。**f)** 僞。**for** 迴圈的標頭內必須要有兩個分號。**g)** 僞。當迴圈—繼續條件式永遠爲僞時，才會產生無窮迴圈。**h)** 眞。 **i)**眞。 **j)** 僞。**&&**運算子比**||** 運算子有較高的優先權。

5.2 **a)** 程式控制權。**b)** 邏輯。**c)** 整數。**d)** 大小差一。**e)** 範圍。**f)** 後。**g)** 逗號。**h)** E 或者 e。 **i)** 控制運算式。

5.3 **a)**

```
sum = 0;
for ( count = 1; count <= 99; count += 2 )
     sum += count;
```

b)

```
Math::Pow( 2.5, 3 )
```

c)

```
x = 1;

while ( x <= 20 ) {
   Console::Write( x );

   if ( x % 5 == 0 )
      Console::WriteLine();

   else
      Console::Write( S"\t" );

   ++x;
}
```

d)
```
for ( x = 1; x <= 20; x++ ) {
   Console::Write( x );

   if ( x % 5 == 0 )
      Console::WriteLine();
   else
      Console::Write( S"\t" );
}
```

或者

```
for ( x = 1; x <= 20; x++ )

   if ( x % 5 == 0 )
      Console::WriteLine( x );
   else
      Console::Write( S"{0}\t", x.ToString() );
```

習　題

5.4 *階乘* (*factorial*) 經常應用在求機率的問題。正整數n的階乘數 (寫成 *n*! ，唸成「*n* 的階乘」) 等於從 1 到 *n* 所有正整數的連乘積。設計一個程式，能夠以不同的整數資料型別計算從 1 到 20 整數的階乘。以三欄位的輸出表格顯示結果。【*提示*：使用兩組迴圈來正確對齊欄位，建立一個獨立應用程式。】第一個欄位應該顯示 *n* 的數值 (1-20)。第二個欄位應該顯示 *n*! ，以型別 **int** 計算 (**Int32**，32 位元的整數值)。第三個欄位應該顯示 *n*! ，以型別_ **int64** 計算 (**Int64**，64 位元的整數值)。當 **int (Int32)** 太小而無法存入階乘的結果時，會發生什麼狀況？

5.5 設計兩個程式，每一個都能夠將 1 到 256 的十進位數，以表格印出等值的二進位、八進位和十六進位數字。如果你尚未熟悉這些數字系統，請先閱讀附錄 B「數字系統」。

a) 第一個程式不使用任何的 **String** 字串格式，將結果列印出來。

b) 第二個程式使用十進位和十六進位 **String** 字串格式，將結果列印出來 (在 MC++沒有二進位和八進位格式)。

5.6 (*畢氏定理三合數*) 直角三角形三邊的長可以全部都是整數值。直角三角形三邊長的三個整數值，稱爲畢氏定理的三合數 (Pythagorean triple)。這三個邊的長度必須滿足兩股長的平方和，等於斜邊長平方的關係。找出符合畢氏定理的所有直角三角形三邊 **side1**、**side2** 和 **hypotenuse** 的長度，且此三邊的長不超過 30。使用三層巢狀的 **for** 迴圈，來嘗試所有可能的數值。這就是一種「使用蠻力」計算方式的例子。你將會在一些進階的電腦課程中發現，有幾個問題沒有演算法可以解答。

5.7 設計一個程式，能夠一個接著一個分別印出下列的圖案。使用 **for** 迴圈來產生這些圖案。所有的星號 (*) 必須使用 **Console::Write (S"*")**；格式的單一敘述式印出 (這樣就能讓星號一個緊接著一個印出)。使用 **Console::WriteLine()**；形式的敘述式就可移到下一行。使用 **Console::WriteLine (" ")**;形式的敘述式來顯示最後兩種圖案中的空白。程式中不可有其他的輸出敘述式。【*提示*：最後兩個圖案需要在每一行的開頭，有適當數

量的空格。】

```
(A)          (B)          (C)          (D)

*            **********   **********            *
**           *********     *********           **
***          ********       ********          ***
****         *******         *******         ****
*****        ******           ******        *****
******       *****             *****       ******
*******      ****               ****      *******
********     ***                 ***     ********
*********    **                   **    *********
**********   *                     *   **********
```

5.8 修改習題 5.7，將印出四個個別星號三角形的程式碼合併成一個單獨程式，使用巢狀 **`for`** 迴圈，將四個圖案一個接著一個印出。

5.9 設計一個程式，能夠印出下述像鑽石的形狀。你可以使用輸出敘述式印出單一的星號(**`*`**)、單一空白或者單一的換行字元。儘量使用重複結構(巢狀的 **`for`** 敘述式)，來減少輸出敘述式的數目。

```
    *
   ***
  *****
 *******
*********
 *******
  *****
   ***
    *
```

5.10 修改你在習題 5.9 所寫的程式，能夠讀取 1 到 19 的奇數，用來指定鑽石形狀的列數。你的程式必須顯示出適當大小的鑽石形狀。

6

函式

學習目標

- 能夠瞭解如何利用函式，以模組化的方式建立程式。
- 熟悉使用 Framework 類別庫常用 Math 類別的方法。
- 建立函式。
- 瞭解在函式之間傳遞資料的機制。
- 介紹隨機產生亂數的模擬技術。
- 瞭解如何將識別字的適用範圍限定在程式的特定區域。
- 瞭解如何撰寫和使用能夠呼叫自己的函式。

Form ever follows function.

Louis Henri Sullivan

E pluribus unum.

(One composed of many.)

Virgil

O! call back yesterday, bid time return.

William Shakespeare

Call me Ishmael.

Herman Melville

When you call me that, smile.

Owen Wister

本章綱要

6.1 簡介
6.2 C++ Managed Extensions 的函式和方法
6.3 **Math** 類別的方法
6.4 函式
6.5 函式定義
6.6 引數型別的提升
6.7 C++ Managed Extensions 的命名空間
6.8 數值型別和參考型別
6.9 指標和參考
6.10 傳遞引數：傳值和傳參考
6.11 預設引數
6.12 亂數的產生
6.13 範例：機率遊戲
6.14 變數的持續期間
6.15 範圍規則
6.16 遞迴
6.17 使用遞迴的範例：Fibonacci 級數
6.18 遞迴與迭代
6.19 函式的多載

摘要 · 詞彙 · 自我測驗 · 自我測驗解答 · 習題

6.1 簡介

大多數的程式都是為了解決真實世界的問題，一般比我們在前幾章討論的程式要大。經驗告訴我們，要研發和維護一個龐大程式的最好方法，就是利用小而簡單的元件或者*模組* (*module*) 來建構這個大程式。這種技術就是所謂的*各個擊破* (*divide and conquer*) 的方法。本章說明了許多 MC++語言的重要功能，可用來設計、實作、操作和維護龐大的程式。

6.2 C++ Managed Extensions 的函式和方法

在 MC++中有三種模組：*函式* (*functions*)、*方法* (*methods*) 和*類別* (*classes*)。MC++程式的撰

寫，通常是將程式設計師所寫的新函式、方法和類別與 *.NET Framework 類別庫* (FCL，*Framework Class Library*) 事先寫好的方法和類別結合起來構成一個程式。在本章中，我們將著重在函式和方法的討論。在第 8 章再詳細討論類別。

方法 (method) *就是類別成員的函式。FCL 類別庫提供豐富的類別和方法，能夠執行一般的數學計算、字串處理、字元處理、輸入/輸出操作、錯誤檢查和許多其他有用的操作。因爲這些預先寫好的程式碼提供的許多需要功能，使得程式設計師的工作輕鬆許多。FCL的方法是.NET Framework 的一部份，包含我們在前幾個範例中所使用的 FCL 類別* **`Console`** *和* **`String`** 等。

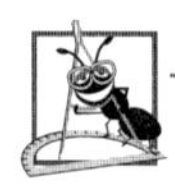

軟體工程的觀點 6.1

請讓自己熟悉 FCL 程式庫 (msdn.microsoft.com/library/en-us/cpref/html/cpref_start.asp) 中豐富的類別和方法。

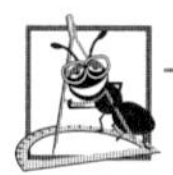

軟體工程的觀點 6.2

儘可能使用.NET Framework 的類別和方法，而不要自己重新撰寫類別和方法。這種習慣可以減少程式的研發時間和錯誤。

程式設計師可以撰寫一些執行特殊工作的函式，這些函式可以在程式的許多地方使用。這些函式就是所謂的*程式設計師自訂* (或者*使用者自訂*) *函式*。這些函式實際內容的敘述式只需要撰寫一次，但是可以使用許多次，而且其他的函式無從得知其內容。

函式是由函式呼叫 (fuxtion call) 來啓動的 (亦即，令它去執行指定的工作)。呼叫函式必須指出函式的名稱，並且提供資料 (當作*引數傳入*)，然後被呼叫的函式就會依照這些資料執行工作。當函式呼叫完成時，函式就會將結果傳回給*呼叫函式* (*calling function*) 或者*呼叫者* (*caller*)，或者只是將控制權傳回給呼叫函式。與這種情形相似的例子就是階層式的管理。例如，一位老闆 (呼叫者) 要求員工 (*被呼叫函式*) 執行某項工作，然後再回報 (就是*傳回*) 工作執行的結果。呼叫函式並不知道被呼叫函式是如何執行指定的工作。員工也可以呼叫其他的員工函式，可以不讓老闆知道。這種將執行細節隱藏起來的方式可以促進良好的軟體工程。圖 6.1 顯示 **`boss`** 函式如何與幾個位於不同階層的 **`worker`** 函式，彼此溝通。**`boss`** 函式會將工作分配給不同的 **`worker`** 函式。請注意 **`worker1`** 函式可視爲 **`worker4`** 和 **`worker5`** 函式的老闆函式。函式之間的關係可能與圖中顯示的階層結構有所不同。

6.3 Math 類別的方法

`Math` 類別提供許多方法，讓你能夠執行某些常用的數學計算。我們利用不同的 **`Math`** 類別方法來介紹一般的函式觀念。在整本書中，我們也討論了 Framework 類別庫中其他的方法。

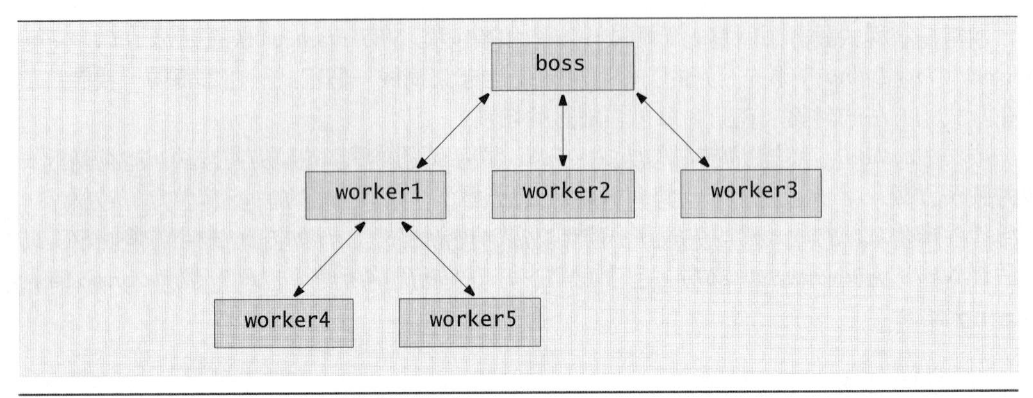

圖 6.1　boss 函式/worker 函式的階層關係。

一般呼叫方法以及函式就是先寫出方法(或函式)的名稱，然後加上左括號，接著就是方法(或函式)的*引數*(或者是以逗號分隔的引數列)，再加上右括號即可。如果我們呼叫的方法(或函式)不需要資料去執行工作，則在括號中可以是空的。例如，程式設計師如果想要計算並列印出 **900.0** 的平方根，可以如下方式表示

```
Console::WriteLine( Math::Sqrt( 900.0 ) );
```

當程式執行這個敘述式時，就會呼叫 **Math** 類別庫的方法 **sqrt** 計算小括號內數字的平方根。數字 **900.0** 就是方法 **Math::Sqrt** 的引數。方法 **Math::Sqrt** 會接收一個型別是 **double** 的引數，而傳回型別也是 **double** 的計算結果。前面的敘述式將方法 *Math::Sqrt* 的結果當作方法 **Console::WriteLine** 的引數，並且顯示 30。請注意，在呼叫所有的 **Math** 類別的方法時，必須在方法名稱的前面加上類別名稱 **Math** 以及範圍解析運算子(**::**)。這是因爲類別 **Math** 的方法都是 ***static*** *方法*。我們將在第八章「以物件爲基礎的程式設計」再詳細討論 **static** 方法。

常見的程式設計錯誤 6.1

*在呼叫 **Math** 類別方法時，忘了在前面加上類別名稱 **Math** 和範圍解析運算子 (::)，就會造成編譯錯誤。*

方法的引數可以是常數、變數或者是運算式。如果 **c = 13.0**、**d = 3.0** 和 **f = 4.0**，則下面的敘述式

```
Console::WriteLine( Math::Sqrt( c + d * f ) );
```

就會計算並顯示出 **13.0 + 3.0 * 4.0 = 25.0** 的平方根 5。

圖 6.2 摘要列出一些 **Math** 類別方法[1]。在這份表格中，變數 **x** 和 **y** 都是型別 **double**。

---

1 若想要取得類別 **Math** 所有方法的完整清單，可以拜訪下述網站 **msdn.microsoft.com/library/en-us/cpref/html/frlrfSystemMathMethodsTopic.asp.**

但是，許多方法都提供接受其他型別數值的引數。**Math** 類別也定義兩個常用的數學常數，**Math::PI** (大約是 3.14159265358979) 和 **Math::E** (大約是 2.7182818 2845905)。常數 **Math::PI** 是一個圓的圓周和其直徑的比。常數 **Math::E** 是自然對數 (利用方法 **Math::Log** 來計算) 的基底數。

方法	說明	範例

`Abs( x )`	x 的絕對值	`Abs( 23.7 )`是`23.7`
		`Abs( 0 )`是`0`
		`Abs( -23.7 )`是`23.7`

`Ceiling( x )`	將 x 進位成不少於 x 的最小整數	`Ceiling( 9.2 )`是`10.0` `Ceiling( -9.8 )`是`-9.0`
`Cos( x )`	x 的三角餘弦函數值 (x 是以弳度表示)	`Cos( 0.0 )`是`1.0`

`Exp( x )`	指數方法 e^x	`Exp( 1.0 )`大約是
		`2.7182818284590451`
		`Exp( 2.0 )`大約是
		`7.3890560989306504`

`Floor( x )`	將 x 進位成不大於 x 的最大整數	`Floor( 9.2 )`是`9.0` `Floor( -9.8 )`是`-10.0`

`Log( x )`	x 的自然對數 (基底數爲 e)	`Log( 2.71828182845905 )`
		大約是`1.0`
		`Log( 7.38905609893065 )`
		大約是 `2.0`

`Max( x, y )`	x 和 y 的較大值 (也有適用`float`、`int`和`long`數值的版本)	`Max( 2.3, 12.7 )`是`12.7` `Max( -2.3, -12.7 )`是`-2.3`
`Min( x, y )`	x 和 y 的較小值 (也有適用`float`、`int`和`long`數值的版本)	`Min( 2.3, 12.7 )`是`2.3` `Min( -2.3, -12.7 )`是`-12.7`
`Pow( x, y )`	x 的 y 次方數　(x^y)	`Pow( 2.0, 7.0 )`是`128.0` `Pow( 9.0, .5 )`是`3.0`
`Sin( x )`	x 的三角正弦函數值 (x 是以弳度表示)	`Sin( 0.0 )`是`0.0`
`Sqrt( x )`	x 的平方根值	`Sqrt( 900.0 )`是`30.0` `Sqrt( 9.0 )`是`3.0`
`Tan( x )`	x 的三角正切函數值 (x 是以弳度表示)	`Tan( 0.0 )`是`0.0`

圖 6.2　常用的 Math 類別方法。

6.4 函式

函式可以讓程式設計師以模組化的方式撰寫程式。所有在函式定義中宣告的變數都是*區域變數* (*local variables*)，只能在所定義的函式中使用。大多數的函式都有*參數列* (*list of parameters*)，讓各種函式可以利用函式呼叫方式彼此交換資訊。函式的參數也是該函式的區域變數，其他函式無法得知其內容。我們將會在第 6.15 節詳細討論區域變數。

有幾項動機促使我們利用函式將程式模組化 (modularizing)。各個擊破的方式可以更有效的管理程式的研發工作。另一個動機就是*軟體的重複使用性* (*software reusability*) -使用現有的函式當作架構元件，組成新的程式。如果函式有正確的命名方式和定義，我們就可以利用標準化的函式建立程式，而不需自行撰寫程式碼。例如，我們不需要定義如何將字串 **String** 轉換成整數，.NET Frmework 類別庫已經替我們定義好這樣的方法 (**Int32::Parse**)。第三個動機就是在程式中避免重複的程式碼出現。將程式碼包裝成爲函式，只需要呼叫這個函式，就可以從程式中不同的地方執行該段程式碼。

良好的程式設計習慣 6.1

多利用模組化設計可以增加你的程式的清晰度和組織性。這樣不但能夠幫助別人瞭解你的程式，而且也能幫助程式的研發、測試和除錯。

軟體工程的觀點 6.3

為了提升可重複使用性，每個函式必須限制只能執行單獨一項經過嚴密定義的工作，而且函式的名稱必須有效地表達出該項工作的內容。

軟體工程的觀點 6.4

如果無法找到能夠表示函式工作內容的簡潔名稱，可能是你的函式需要執行太多不同的工作。通常最好是將這樣的函式再分成幾個較小的函式。

6.5 函式定義

到目前爲止，每一個所提到的程式都包含一個稱爲**_tmain**的函式。這個函式會呼叫FCL的方法來完成程式的所有工作。我們現在就來討論程式設計師是如何撰寫自訂的函式。

請看圖 6.3 的程式，它可以計算從 1 到 10 整數的平方。在第 16 行程式會呼叫設計師自訂的函式 **Square**。在 **Square** 之後的一對小括號**( )**，就是*函式呼叫運算子* (*function-call operator*)。當程式執行函式呼叫時，就會準備 **counter** 的數值副本(就是函式呼叫所需的引數)，然後將程式的控制權移轉給 **Square** 函式 (定義在第 22-25 行)。**Square** 函式利用*參數* **y** 接收 **counter** 的數值副本。然後 **Square** 函式就會在第 24 行的 ***return*** 敘述式計算 **y * y** 的值，將計算結果傳回給原來呼叫 **Square** 的敘述式 (第 16 行)。第 15-16 行顯示**"The square of"**，**counter**的值，**"is"**，接著是函式呼叫所傳回的值，最後再加上換行字元。

for 迴圈重複這整個過程 10 次。在第 16 行，請注意呼叫 **Square** 時後面緊跟著 **ToString ( )**。這樣會將 **Square** 傳回的值轉換成 **String** *，以便輸出。

Square 函式的定義 (第 22-25 行) 顯示它使用整數參數 **y** 來接收傳給 **Square** 的引數值。參數名稱讓我們可以傳入引數值，讓函式本體中的程式碼可以使用這個數值。函式名稱前面的關鍵字 **int**，表示 **Square** 函式傳回一個整數型別的結果。**Square** 函式中的 **return** 敘述式 (第 24 行)，將 **y * y** 的計算結果傳回給呼叫 **Square** 的敘述式。

```
1   // Fig. 6.3: SquareInt.cpp
2   // Demonstrates a programmer-defined square function.
3
4   #include "stdafx.h"
5
6   #using <mscorlib.dll>
7
8   using namespace System;
9
10  int Square( int );   // function prototype
11
12  int _tmain()
13  {
14     for ( int counter = 1; counter <= 10; counter++ )
15        Console::WriteLine( S"The square of {0} is {1}",
16           counter.ToString(), Square( counter ).ToString() );
17
18     return 0;
19  } // end _tmain
20
21  // function definition
22  int Square( int y )
23  {
24     return y * y;  // return square of y
25  } // end function Square
```

```
The square of 1 is 1
The square of 2 is 4
The square of 3 is 9
The square of 4 is 16
The square of 5 is 25
The square of 6 is 36
The square of 7 is 49
The square of 8 is 64
The square of 9 is 81
The square of 10 is 100
```

圖 6.3　使用程式設計師自訂函式 Square 。

第 10 行是 **Square** 函式的*函式原型* (*function prototype*)。編譯器使用函式原型來驗證函式呼叫是否正確[2]。在小括號內的型別 **int** 通知編譯器，**square** 函式需要從呼叫函式傳過來一個整數值。位於函式名稱左邊的型別 **int** 通知編譯器，**square** 函式會將一個整數值的結果傳回給呼叫函式。編譯器會參考函式原型的規定，檢查 **square** 函式的呼叫，是否提供正確數目的引數、正確的引數型別和引數的排列順序是否正確。此外，編譯器也使用函式原型[3]，來確認函式傳回值的型別是否可以正確地使用於呼叫此函式的運算式。如果傳給函式的引數並不符合函式原型所指定的型別，編譯器會嘗試將引數轉換成原型所指定的型別。在第 6.19 節將會討論這些轉換的原則。函式原型會在第 6.6 節詳細說明。

良好的程式設計習慣 6.2

在函式定義之間安排空白行，將函式隔離開來，可增進程式的可讀性。

函式定義的一般格式

函式定義的格式為

```
return-value-type  function-name( parameter-list )
{
    declarations and statements
}
```

第一行就是所謂的*函式標頭* (function header)。*函式名稱* (function-name) 可以是任何合法的識別字。*傳回值的型別* (return-value-type) 就是函式傳回給呼叫者執行結果的資料型別。傳回值的型別如果是 **void**，表示函式不會傳回值。函式最多只能傳回一個數值。

常見的程式設計錯誤 6.2

在函式定義中省略傳回值的型別，這是一種語法錯誤。如果函式不會傳回值，則傳回值型別就必須宣告為 **void**。

常見的程式設計錯誤 6.3

如果函式需要傳回值，但是卻忘記傳回，這是一種編譯錯誤。如果指定的傳回值型別不是 **void**，*則此函式必須要有一行* **return** *敘述式，傳回的資料和傳回值的型別相同。*

常見的程式設計錯誤 6.4

如果一個函式已經宣告為 **void**，*卻又傳回值的話，就是一種編譯錯誤。*

2　編譯器使用函式的*簽名* (*signatures*)來分辨不同的函式。我們將在第 6.19 節介紹這個名詞並且詳細討論這個函式驗證的過程。

3　函式的原型都是放在「標頭檔」(header files)。我們會在第 8 章討論標頭檔。

參數列 (*Parameter-list*) 就是以逗號隔開的清單，函式在此清單宣告每個參數的型別和名稱。函式呼叫必須針對函式定義中的每一個參數指定一個引數，而且引數必須按照函式定義中參數的相同順序排列。這些引數也必須符合參數所規定的型別。例如，型別`double`的參數可以接受 7.35、22 或者−0.03456 等數值，但是`"hello"`則不可以，因爲型別 `double` 的變數不可以包含字串值。如果函式並沒有接收到任何數值，參數列就是空的，也就是函式名稱後面跟著一組空的小括號。函式參數列中的每一個參數都必須有其型別；否則就會產生語法錯誤。

常見的程式設計錯誤 6.5

將函式相同型別的參數一起宣告，如 `float x, y`，而不是分開像 `float x, float y` 一般宣告，這是語法錯誤，因為參數列中的每一個參數都需要宣告型別。

常見的程式設計錯誤 6.6

在函數定義中，在參數列的右小括號後面接著一個分號，這是一種語法錯誤。

常見的程式設計錯誤 6.7

在函式本體內重新宣告一個函式的參數就會造成編譯錯誤。

常見的程式設計錯誤 6.8

如果傳給函式的引數型別並不符合對應參數的型別，則會造成編譯錯誤。

良好的程式設計習慣 6.3

挑選有意義的函式名稱以及參數名稱，可以讓程式更具有可讀性，而且也有助於避免使用大量的註解。

軟體工程的觀點 6.5

一個需要大量參數的函式，可能是需要處理太多的工作。考慮將函式分成更小的函式，可以處理個別的工作。依據經驗，函式的標頭如果可能的話盡量保持在一行以內。

軟體工程的觀點 6.6

一般來說，在函式呼叫時所傳送的引數數目、型別和排列順序必須完全符合函式標頭內的對應參數。

在大括號中的宣告及敘述式構成了*函式的主體* (*function body*)。函式主體也可視爲一個*程式區塊* (*block*)。變數可以宣告在任何區塊內，而區塊也可以形成巢狀結構。

常見的程式設計錯誤 6.9

在一個函式中定義另一個函式，這是一種語法錯誤 (也就是函式不可以形成巢狀結構)。

有三種方式可以將程式控制權送回呼叫函式的地點。如果函式不會傳回值 (例如，函式的傳回值型別是 **void**)，當程式執行到達函式結束的右大括號或者執行到

```
return;
```

敘述式，控制權就會返回。如果函式有傳回結果，則下面的敘述

return *expression*;

會將*運算式* (expression) 計算出來的值傳回給呼叫者。當執行 **return** 敘述式時，程式控制權就會立刻回到呼叫函式的地點。

軟體工程的觀點 6.7

依據經驗，函式的長度不應該超過一頁。最好，函式的長度不應該超過半頁。不管函式有多長，它應該只需好好處理一項工作。簡短的函式可以增進軟體的重複使用性。

避免錯誤的小技巧 6.1

小函式比大函式更容易測試、除錯和了解。

請注意在圖 6.3 的第 16 行呼叫 **Square** 函式的語法，我們使用函式名稱，後面加上放在小括號內的引數。有四個方式可利用引數來呼叫函式或者方法，其中三種我們已經說明過。第一個是單獨使用函式名稱 (例如 **Square (counter)**)，第二個使用代表物件的變數名稱，後面接點號運算子 (.) 和函式名稱 (例如 **counter.ToString ( )**)，第三個使用類別名稱，後面加上範圍解析運算子和方法名稱 (例如 **Math::Sqrt (9.0)**)。我們會在第 6.12 節討論呼叫函式或者方法的第四種方式。

程式設計師自訂方法 Maximum

我們討論的下一個範例程式 (圖 6.4)，使用程式設計師自訂的函式 **Maximum**，判斷並傳回使用者輸入三個浮點數中的最大值。

```
1   // Fig. 6.4: MaximumValue.cpp
2   // Finding the maximum of three double values.
3
4   #include "stdafx.h"
5
6   #using <mscorlib.dll>
7
8   using namespace System;
9
10  double Maximum( double, double, double );  // function prototype
11
12  int _tmain()
13  {
```

圖 6.4 程式設計師自訂函式 Maximum。(第 2 之 1 部分)

```
14       // get input and convert strings to doubles
15       Console::Write( S"Enter first number: " );
16       double number1 = Double::Parse( Console::ReadLine() );
17
18       Console::Write( S"Enter second number: " );
19       double number2 = Double::Parse( Console::ReadLine() );
20
21       Console::Write( S"Enter third number: " );
22       double number3 = Double::Parse( Console::ReadLine() );
23
24       // invoke function Maximum to determine the largest value
25       double max = Maximum( number1, number2, number3 );
26
27       // display maximum value
28       Console::WriteLine( S"Maximum is: {0}", max.ToString() );
29
30       return 0;
31    } // end _tmain
32
33    // function Maximum definition
34    double Maximum( double x, double y, double z )
35    {
36       return Math::Max( x, Math::Max( y, z ) );
37    }
```

```
Enter first number: 37.3
Enter second number: 99.32
Enter third number: 27.1928
Maximum is: 99.32
```

圖 6.4　程式設計師自訂函式 Maximum。(第 2 之 2 部分)

第 16、19 和 22 行呼叫 **Double** 類別的方法 **Parse** 來處理使用者輸入的數值。第 25 行呼叫 **Maximum** 函式傳回最大的數目。第 25 行更將結果儲存在型別 **double** 的變數 **max**。第 28 行將結果顯示給使用者。

現在讓我們檢視 **Maximum** 函式的實際內容 (第 34-37 行)。標頭指出這個函式會傳回一個 **double** 數值，函式的名稱是 **Maximum**，而此函式接收三個 **double** 參數 (**x**、**y** 和 **z**)。在函式本體中的敘述式 (第 36 行) 會呼叫 **Math::Max** 方法兩次，以便傳回三個浮點數中的最大值。首先，在呼叫方法 **Math::Max** 時傳進變數 **y** 和 **z**，以便決定者兩個數何者較大。其次，將變數 **x** 的值和第一次呼叫 **Math::Max** 的結果再傳給方法 **Math::Max**。最後，將第二次呼叫 **Math::Max** 所得結果傳回給呼叫者。

6.6　引數型別的提升

當我們呼叫某個函式，傳給該函式的引數與指定參數的型別並不符合時，就會發生*引數提升* (*Argument promotion*) 或者稱為*引數強迫轉型* (*coercion of arguments*) 的情形。在這種情形下，編譯器會嘗試將引數轉換成指定參數的型別。這種過程一般稱為*隱含轉型* (*implicit conversion*) 就是不使用明顯的強制轉型方式將引數的值轉換成不同的型別。使用明顯的方式進行強制轉型的操作，就稱為*明顯轉型* (*Explicit conversion*)。這種轉型的工作也可經由命名空間 **System** 的類別 ***Convert*** 完成。MC++支援兩種轉型，若轉換後的型別可以儲存至少與原來型別相同範圍的數值時，就是*擴大轉型* (*widening conversion*)。若轉換的型別可以儲存的數值範圍比原來型別小，就是*縮小轉型* (*narrowing conversion*)。圖 6.5 提供有關.NET 各種內建型別範圍大小的資訊，而圖 6.6 則顯示安全的擴大轉型的情形，就是不會造成資料遺失擴大轉型的。請注意圖 6.5 與圖 6.6 所顯示的型別都是 .NET Framework 所提供[4]。它們的 MC++別名則是顯示在圖 6.5 左邊欄位中的小括號內[5]。

舉一個隱含轉型的例子，雖然類別 **Math** 的方法 **Sqrt** 規定必須接收 **double** 引數，但是仍然可以用整數引數來呼叫類別 **Math** 的這個方法。下面這個敘述式

```
Console::WriteLine( Math::Sqrt( 4 ) );
```

會正確地計算出 **Math::Sqrt(4)** 並且顯出其值為 **2**。MC++會將 **int** 數值 **4** 隱含轉型成 **double** 數值 **4.0**，然後再將此數值傳給 **Math::Sqrt**。在許多情況下，MC++會將無法完全符合函數定義中對應參數型別的引數，進行隱含轉型的操作。在某些情況，若想要進行隱含轉型的動作會產生編譯器警告的訊息，因為 Visual C++ .NET 有一套轉型規則來決定是否可以進行擴大轉型的操作。在我們前述的 **Math::Sqrt** 範例中，MC++會將型別 **int** 轉型成 **double**，且不會改變其值。但是，如果將 **double** 型別轉換成 **int** 時，會將 **double** 數值的小數部分截掉。將大範圍的整數型別轉換成小範圍的整數型別 (例如，將 **int** 轉型成 **short**)，可能會造成數值的改變。這樣的縮小轉型和某些擴大轉型都可能會造成資訊的喪失。因此，程式設計師被迫必須採取強制轉型操作才能避免編譯器發出警告。這些轉型規則適用於包含兩種或更多型別數值的運算式 (也稱為*混合型別運算式*)，或者當成引數傳給函式的基本型別數值 (例如，內建型別 **int**)。MC++會將混合型別運算式中每個數值的型別轉換成運算式中的最高型別 (就是能夠儲存最大範圍數值的型別)。MC++會建立每個數值的暫時副本，而原始的數值則保持不變。函式的引數型別可以提升到任何更高的型別。圖 6.6 中的表格可用來決定運算式中的最高型別。對於左邊欄位的每一個型別，在右邊欄位內的對應型別都是較高的型別。例如，型別 **Int64**、**Double** 和 **Decimal** 就高於型別 **Int32**。

將數值轉換成較低型別，可能會產生不正確的數值。萬一在轉型的過程中因為資料遺失而產生不正確數值，編譯器可能會發出警告訊息 (雖然程式仍然可以執行)。程式設計師可以使用強制轉型方式，避免編譯器發出警告。請記得我們的 **Square** 函式 (圖 6.3) 需要的是 **int**

---

4 若想取得更多有關.NET 的型別轉換資料，請拜訪下述網站 **msdn.microsoft.com/library/en-us/cpguide/html/cpcontypeconversiontables.asp**

5 在圖 6.5 中的每個資料型別是按照位元大小(8 個位元等於一個位元組)和數值範圍加以排列。而.NET 設計者希望所編寫的程式碼是可攜式的：因此，他們使用國際認可的標準 Unicode(字元格式)和 IEEE 754(浮點數)。有關 Unicode 在附錄 D 中討論。

引數。若要使用 **double** 變數 **y** 來呼叫 **Square**，則函數呼叫必須寫成如下

```
int result = Square( static_cast< int >( y ) );
```

這行敘述式明確地將 **y** 值的副本強制轉型成整數，以便使用於函式 **Square**。例如，如果 **y** 的值是 **4.5**，則 **Square** 函式會接收到數值 **4** 並且傳回 **16**，而不是 **20.25**。【*請注意*：要複習 **static_cast** 運算子的語法，請參考第 4 章。】

常見的程式設計錯誤 6.10

*當執行縮小轉型的時候 (例如，從 **double** 轉 **int**)，從一個基本型別數值轉換到另一個基本型別可能會遺失資料 (例如將 **double** 數值的小數部分截掉)。*

型別	位元	數值	標準
Boolean (**bool**)	8	true 或 false	
Char (**__wchar_t**)	16	'\u0000' 到 '\uFFFF'	(Unicode 字元集)
Byte (**char**)	8	0 到 255	(不含正負號)
SByte (**signed char**)	8	–128 到 +127	
Int16 (**short**)	16	–32,768 到 +32,767	
UInt16 (**unsigned short**)	16	0 或 65,535	(不含正負號)
Int32 (**int** 或 **long**)	32	–2,147,483,648 to +2,147,483,647	
UInt32 (**unsigned int/long**)	32	0 到 4,294,967,295	(不含正負號)
Int64 (**__int64**)	64	–9,223,372,036,854,775,808 to +9,223,372,036,854,775,807	
UInt64 (**unsigned __int64**)	64	0 到 18,446,744,073,709,551,615	(不含正負號)
Decimal (**Decimal**)	96	$-7.9 \infty 10^{28}$ 到 $+7.9 \infty 10^{28}$	
Single (**float**)	32	$-3.4 \infty 10^{38}$ 到 $+3.4 \infty 10^{38}$	(IEEE 754 浮點數)
Double (**double**)	64	$-1.7 \infty 10^{308}$ 到 $+1.7 \infty 10^{308}$	(IEEE 754 浮點數)
Object (Object *)			
String (String *)			(Unicode 字元集)

圖 6.5　.NET Framework 內建的資料型別　。

型別	可以安全轉換的型別
Byte	UInt16, Int16, UInt32, Int32, UInt64, Int64, Single, Double 或 Decimal
SByte	Int16, Int32, nt64, Single, Double 或 Decimal
Int16	Int32, Int64, Single, Double 或 Decimal
UInt16	UInt32, Int32, UInt64, Int64, Single, Double 或 Decimal
Char	UInt16, UInt32, Int32, UInt64, Int64, Single, Double 或 Decimal
Int32	Int64, Double 或 Decimal
UInt32	Int64, Double 或 Decimal
Int64	Decimal
UInt64	Decimal
Single	Double

圖 6.6 安全擴大轉型。

6.7 C++ Managed Extensions 的命名空間

我們已經知道，MC++將許多事先定義的類別再分組成各種命名空間。整體來說，我們將這些事先定義的程式碼稱爲.NET Framework 類別庫 (FCL，Framework Class Library)。這些類別的實際程式碼是位於*.dll* 檔案，稱爲*組件* (*assembly*)。組件是應用程式的套裝單位。【*請注意*：組件可以包含許多不同類型的檔案。】

在這本書中，我們在每個程式利用 **using** 指令來指定使用的命名空間。例如，程式包含的下述指令

```
using namespace System;
```

告訴編譯器我們使用 **System** 這個命名空間。這個 **using** 指令讓我們在整個程式中，只需要寫 **Console::WriteLine** 而不需要完整寫出 **System::Console::WriteLine** 。

在本書中，我們練習使用大量 FCL 的類別。圖 6.7 列出 FCL 一些命名空間，並且加上簡短的說明。在本書中，我們使用許多來自這些命名空間和其他命名空間的類別。這個列表介紹給讀者 FCL 中許多可重複使用的元件。在學習 MC++時，多花一些時間閱讀有關 FCL 類別的說明文件，以便熟悉它們的功能。

在FCL中有極多的命名空間可以使用。除了在圖 6.7 中摘要列出的命名空間之外，FCL 也包含下述功能的命名空間：複雜繪圖、進階圖形使用者介面、列印、進階網路功能、安全、多媒體、殘障人士使用功能和其他功能。若想要取得 FCL 所有命名空間的概略說明，請查閱「說明」(**Help**) 索引的「類別庫」項目，或者拜訪下述網站：

```
msdn.microsoft.com/library/default.asp?url=/library/en-us/cpref/
html/cpref_start.asp
```

命名空間	說　明
`System`	包含基本的類別和型別 (`Int32`、`Char`、`String` 等)。
`System::Data`	包含 ADO .NET 的類別，可用來存取和操作資料庫。
`System::Drawing`	包含用來繪圖和圖形處理的類別。
`System::IO`	包含輸入和輸出資料的類別，例如處理檔案。
`System::Threading`	包含處理多執行緒的類別，可用來同時執行程式的多個部分
`System::Windows::Forms`	包含的類別可用來建立圖形使用者介面。
`System::Xml`	包含的類別可用來處理 XML 資料。

圖 6.7　Framework 類別庫的一些命名空間。

6.8　數值型別和參考型別

在第 6.10 節，我們將會討論在MC++中如何將引數傳遞給函式。要瞭解這個議題，我們首先需要討論MC++的兩種型別*數值型別*和*參考型別*。數值型別的變數含有該型別的資料。相對的，參考型別的變數則包含儲存著該型別資料的記憶體的位址。

數值型別可直接存取，參考型別則需透過*指標*或者*參考*加以存取，就是我們將在下一節討論的特殊變數。數值型別通常包含基本型別資料，例如 **int** 或者 **bool** 數值。參考型別通常是用來參考一些物件。所有非數值型別就是參考型別。非數值型別的例子像 **String ***。程式利用參考型別的變數來參考和操作物件。我們將在第 8 到 10 章再詳細討論物件。

MC++包含有內建的數值型別和參考型別。圖 6.5 列出.NET的內建型別，可用來建構更複雜的型別[6]。它們在MC++的別名則顯示在小括號內。內建的數值型別包括*整數型別* (**signed char**、**char**、**__wchar_t**、**short**、**unsigned short**、**int**、**unsigned int**、**long**、**unsigned long**、**__int64** 和 **unsigned __int64**)、*浮點數型別* (**float** 和 **double**) 以及型別 **Decimal** 和 **bool**。在 MC++中，這些型別對應於.NET Framework 的型別 (**Int32**、**Char**、**Double**)，及其他。內建的參考型別是 **String ***和 **Object ***。程式設計師可以建立新的數值型別和參考型別；其中包括類別 (第 8 章)、介面 (第 8 章) 和委派 (第 9 章)。像 C、C++和 MC++要求所有的變數在使用前，需先設定型別。因此，MC++是一種*強型別的語言* (*strongly typed language*)。

6.9　指標和參考

在上一節，我們討論過參考型別。現在我們要介紹*指標*和*參考*，讓程式可以透過物件的記憶體位址來操作參考型別的物件。為什麼要使用指標和參考呢？因為某些型別 (例如字串) 可能

6　若想取得由 .NET Framework (以及它們在 MC++中的別名) 所提供資料型別的資訊，請參觀網站 **msdn.microsoft.com/library/en-us/cpguide/html/cpconthenetframeworkclasslibrary.asp**。

會佔用極多的記憶體，當這樣的物件必須在函式間傳遞時，就會影響到程式的執行效率。相反的，記憶體位址是小的數值，可以很快地在函式間傳遞。如同你將在第 22 章所學到的，程式可以使用指標來建立和操作動態資料結構(就是可以長大和縮小的資料結構)，例如鏈結串列、佇列、堆疊和樹。

內含記憶體位址的變數就是指標和參考。一般來說，變數都會直接包含某個特定數值。指標卻不相同，它所包含的是另一個變數的位址，而此變數包含某個特定數值。這就是說，變數可以*直接*參考某個數值，而指標卻是*間接*參考某個數值 (圖 6.8)。通常指標是間接參考某個數值。請注意一般在圖形中表示指標，是以一個箭號從包含位址的變數指向位於該位址的變數。

指標

指標也要像任何其他的變數一樣，在使用前必須先加以宣告。舉例來說，下面這個宣告

```
int *countPtr, count;
```

宣告變數 **countPtr** 的型別為 **int *** (就是指向 **int** 數值的指標)，讀作「**countPtr** 是指向 **int** 型別的指標」。同時，在前述宣告中的 **count** 變數宣告成 **int** 型別，而不是指向 **int** 型別的指標。宣告中的*只作用於 **countPtr**。每一個被宣告成指標的變數前面必須加上一個星號 (*)。舉例來說，下面這個宣告

```
double *xPtr, *yPtr;
```

表示 **xPtr** 和 **yPtr** 是兩個指向 **double** 數值的指標。當*出現在宣告中，它不是一個運算子，而是表示宣告的變數是一個指標。指標可以宣告成指向任何型別的物件。

常見的程式設計錯誤 6.11

*認為用來宣告指標的*會作用到宣告中以逗號分開串列的所有變數名稱，這樣會導致錯誤。在宣告每一個指標時，必須在名稱前面加上*。*

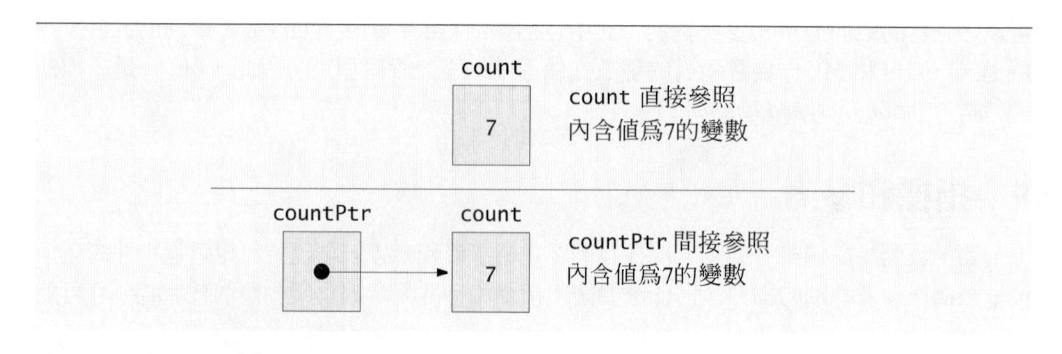

圖 6.8　直接和間接參考變數。

指標必須在宣告時就初始化，或者在使用前利用指定敘述式加以初始化。指標可以初始化成 0、***NULL*** 或者某個位址。包含數值 0 或者 **NULL** 的指標不會指向任何位址。符號常數 **NULL** 定義代表數值 0。將指標初始化成 **NULL** 就等於將指標初始化成 0，但是在 C++，慣例是使用 0 來初始化指標。數值 0 是能夠直接指定給指標變數的唯一整數值。

避免錯誤的小技巧 6.2

將指標初始化，可以防止指標指向未知或者未經過初始化的記憶體區塊。

取址運算子 **(&)** 是一個單元運算子，可以傳回其運算元的記憶體位址。舉例來說，下面這個宣告

```
int y = 5;
int *yPtr;
```

以及下面這個敘述式

```
yPtr = &y;
```

會將變數 **y** 的位址指定給指標變數 **yPtr**。然後變數 **yPtr** 就可說是「指向」**y**。現在，**yPtr** 間接參考到變數 **y** 的數值。圖 6.9 顯示在執行完前述的指定操作後，以圖形表示記憶體的情形。在圖中，我們從表示 **yPtr** 在記憶體位置的方塊畫一個箭號到表示變數 **y** 在記憶體位置的方塊，來顯示它們的「指向關係」。

圖 6.10 以另一種方式呈現記憶體中的指標。假設整數變數 **y** 是儲存在位址 **600000**，而指標變數 **yPtr** 則是儲存在位址 **500000**。取址運算子的運算元必須是一個*左值* (lvalue)，不可作用於常數或者無法產生參考值的運算式。

*****運算子一般稱爲*間接運算子* (*indirection operator*) 或者*解參照運算子* (*dereferencing operator*)，它會將它的運算元 (就是指標) 所指向物件的同義字 (就是別名或者暱稱) 傳回。舉例來說，下面這個宣告

```
*yPtr = 9;
```

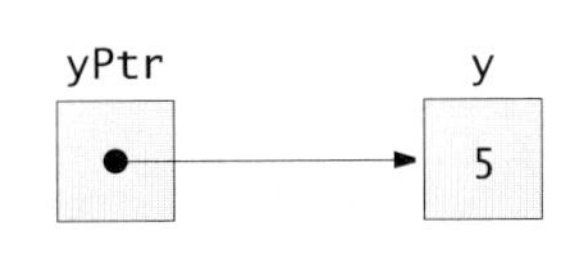

圖 6.9　以圖形表示指向記憶體中變數的指標。

	yPtr		y
500000	600000	600000	5

圖 6.10　y 和 yPtr 在記憶體中的表示法。

會將 **9** 指定給 **y**。解參照的指標是一個*左值*。以這種方式使用*稱爲*指標解參照* (*dereferencing a pointer*)。而 **yPtr** 所指向的數值可以利用下列敘述式加以顯示出來

```
Console::WriteLine( ( *yPtr ).ToString() );
```

小括號是必要的，因爲點號運算子的優先權高於*運算子。如果將小括號移除，則*運算子會作用於 **yPtr.ToString** 傳回的值 (你很快會發現，這不是一個有效的方法呼叫)。

參考

參考的功能類似於指標。設計師可以使用參考來存取和修改物件，就像指標一樣只是使用的語法稍微不同。下述的程式碼

```
int count = 1;
int &cRef = count;
++cRef;
```

會建立一個參考 **cRef**，可以作爲 **count** 的別名使用。第三行敘述式使用變數 **count** 的別名 **cRef**，將變數 **count** 的值加一。參考型別的變數必須在宣告時就設定初值，而且它們無法重新指定爲其他變數的別名。一旦參考型別的變數宣告成另一個變數的別名後，對此參考執行的所有操作都會作用到原始變數。別名只是原始變數的另一個名稱。

在大部分的情形，不會在函式內部宣告參考，而是在函式定義中當作參數使用。這樣的參考會在函式被呼叫時初始化。我們會在第 6.10 節說明這種參考的使用方式。

使用指標和參考來呼叫方法

有兩種不同的成員存取運算子可用來呼叫物件的方法－*箭號運算子* (*arrow operator* **->**) 和*點號運算子* (*dot operator* **.**)。點號運算子透過物件的變數名稱或者指向物件的參考，存取某個類別成員。例如，我們通常使用點號運算子來存取變數的 **ToString** 方法。箭號運算子 (由減號和大於符號組成，中間沒有空格) 則是透過指向物件的指標存取類別成員。例如，**String** 的 ***EndsWith*** 方法會傳回一個布林值，來表示某個 **String *** 是否以某些字元結束。考慮下列敘述式

```
String *text = "hello";

if ( text->EndsWith( "lo" ) )
   Console::WriteLine( "{0} ends with lo", text );
```

因爲 **text** 是一個指標，必須使用**->**運算子來存取 **String** 物件的方法。這個方法會傳回 true，這是因爲**"hello"**的結尾就是字元**"lo"**。**if** 敘述式的輸出將會是**"hello ends with lo"**。

若要使用解參照指標來存取某個物件成員，則必須用點號運算子取代箭號運算子。因此，上述呼叫 **EndsWith** 的方式也可以寫成

```
if ( ( *text ).EndsWith( "lo" ) )
   Console::WriteLine( "{0} ends with lo", text );
```

6.10 傳遞引數：傳值和傳參考

許多程式語言有兩種方式將引數傳給函式，就是*傳值呼叫* (call-by-value) 和*傳參考呼叫* (call-by-reference)。當使用傳值呼叫來傳遞引數的時候，被呼叫函式就會接收到引數的副本。

增進效能的小技巧 6.1

傳值呼叫的缺點之一，就是如果要傳送大量的資料項目，光是複製那些資料就會耗費可觀的執行時間和記憶體空間。

避免錯誤的小技巧 6.3

使用傳值呼叫的話，對引數副本的更改不會影響原有變數的值。這樣就可以避免那些會阻礙正確、可靠的軟體系統發展的副作用發生。

當引數是利用參考傳遞時，呼叫者讓函式可以直接存取和修改呼叫者的原始資料。傳參考呼叫可以增進效率，因為避免複製諸如物件等大量資料項目的負擔。但是，傳參考呼叫當降低安全性，因為被呼叫函式可以修改呼叫者的資料。

在第 6.8 節，我們曾經討論過數值型別和參考型別。在兩種型別之間的主要差異，就是數值型別的變數是以傳值呼叫方式傳遞給函式，而參考型別變數就是以傳參考呼叫方式傳遞給函式。萬一程式設計師希望以傳參考呼叫方式傳遞數值型別的變數，怎麼辦？在這一節，我們會介紹*參考參數* (reference parameter)，這是 MC++執行傳參考呼叫的一種方法。

參考參數可視為其對應引數的一個別名。若要指定某個函式的參數是以參考方式傳遞 (利用參考)，我們只需在函式原型中宣告參數為參考 (例如，如果某個 **double** 型別數值是以參考傳遞，就必須指定為 **double &**)；在函式的標頭宣告參數的時候，也需使用同樣的方式。如此在呼叫函式時，只需要將變數的名稱當作參考參數的對應引數，變數就會以傳參考的方式傳入函式。利用被呼叫函式的參考參數，就可直接修改呼叫函式的原始變數。

在這一節中，我們也會使用*指標參數* (pointer parameter) 的方式來說明傳參考呼叫。若要指定某個函式的參數是以參考方式傳遞 (利用指標)，我們只需在函式原型中宣告參數為指標 (例如，如果某個 **double** 型別數值是以參考傳遞，就指定為 **double ***)；在函式的標頭宣告參數型別的時候，也需使用同樣的方式。如此在呼叫函式時，只需要將變數的位址 (使用**&**運算子) 當作是指標參數的對應引數，變數就會以傳參考的方式傳入函式。只需要對被呼叫函式的指標參數進行解參照取值，就可直接修改呼叫函式的原始變數。但是，要在被呼叫函式中存取變數的值，參數必須先進行解參照取值，因為它是一個指標。

軟體工程的觀點 6.8

當從函式中利用 return 敘述式傳回資料時，數值型別的變數都是以傳值方式傳遞，而參考型別的變數都是以傳參考方式傳遞。

在圖 6.11 中，比較傳值和傳參考兩種方式 (對於傳參考使用參考參數和指標參數兩種方式)。請注意，在呼叫 **SquareByValue** (第 23 行) 和 **SquareByReference** (第 27 行) 時所傳遞的引數形式是相同的，兩個變數都只提到名稱。但是，在呼叫 **SquareByPointer** (第 31 行) 時，卻使用**&**運算子傳遞變數 **z** 的位址。因此，若不檢查 **SquareByValue** 和 **SquareByReference** 的函式原型或函式定義，就無法單獨從函式呼叫來分辨出那一個函式可以修改傳入的引數。在 **SquareByReference** 函式 (第 44-47 行)，請注意參數 **cRef** 被修改。因為，**cRef** 實際上是函式 **_tmain** 中變數 **y** 的一個別名，當執行第 46 行以回應第 27 行的函式呼叫時，就修改了變數 **y**。在 **SquareByPointer** 函式中 (第 50-53 行)，必須先對 **cPtr** 進行解參考取值，才能存取函式 **_tmain** 的變數 **z** 的值。當執行第 52 行來回應第 31 行的函式呼叫時，**cRef** 所指到位置的值會乘上它自己本身，然後存入相同的記憶體位置 (就是變數 **z**)，如此就修改了 **z** 的值。

```
 1  // Fig. 6.11: PassByReference.cpp
 2  // Comparing pass-by-value and pass-by-reference.
 3
 4  #include "stdafx.h"
 5
 6  #using <mscorlib.dll>
 7
 8  using namespace System;
 9
10  int SquareByValue( int );
11  void SquareByReference( int & );
12  void SquareByPointer( int * );
13
14  int _tmain()
15  {
16     int x = 2, y = 3, z = 4;
17
18     Console::WriteLine( S"Original value of x: {0}", x.ToString() );
19     Console::WriteLine( S"Original value of y: {0}", y.ToString() );
20     Console::WriteLine( S"Original value of z: {0}", z.ToString() );
21
22     Console::Write( S"Value of x after SquareByValue: " );
23     SquareByValue( x );
24     Console::WriteLine( x.ToString() );
25
26     Console::Write( S"Value of y after SquareByReference: " );
27     SquareByReference( y );
28     Console::WriteLine( y.ToString() );
29
30     Console::Write( S"Value of z after SquareByPointer: " );
31     SquareByPointer( &z );
32     Console::WriteLine( z.ToString() );
33
34     return 0;
35  } // end _tmain
36
```

圖 6.11 傳參考的示範說明 (第 2 之 1 部分)。

```
37  // function definition with the parameter passed by value
38  int SquareByValue( int a )
39  {
40     return a * a;  // caller's argument not modified
41  }
42
43  // function definition with a reference parameter
44  void SquareByReference( int &cRef )
45  {
46     cRef *= cRef;  // caller's argument modified
47  }
48
49  // function definition with a pointer parameter
50  void SquareByPointer( int *cPtr )
51  {
52     *cPtr *= *cPtr; // caller's argument modified
53  }
```

```
Original value of x: 2
Original value of y: 3
Original value of z: 4
Value of x after SquareByValue: 2
Value of y after SquareByReference: 9
Value of z after SquareByPointer: 16
```

圖 6.11　傳參考的示範說明 (第 2 之 2 部分)。

常見的程式設計錯誤 6.12

由於參考參數在被呼叫函式的本體內只是提到名稱，因此程式設計師可能誤將該參考參數當成傳值呼叫的參數。如果變數的原始值被呼叫函式更改，就會導致不可預期的副作用。

6.11　預設引數

我們常見到程式會針對函式的某個特定參數，重複以相同的引數呼叫該函式。在這種情況下，程式設計師可以指定此參數有*預設引數* (*default argument*)，並且提供此參數預設值。當程式在函式呼叫中省略某個預設引數，編譯器會重寫該函式呼叫，插入該引數的預設值。

預設引數必須位於函式參數列的最右邊 (尾端)。當被呼叫的函式包含了兩個或兩個以上的預設引數，如果某個被省略的引數不是位於引數列的最右邊，那麼所有在該引數右方的引數也都必須省略。當函式名稱在程式中第一次出現時，必須指明所有預設引數，一般是在函式原型中規定。預設引數的值可以是常數、全域變數或函式呼叫。

圖 6.12 示範如何使用預設引數來計算盒子的體積。第 11 行的 **BoxVolume** 函式原型指定所有三個引數的預設值均為 **1**。請注意，預設引數的值只能在函式原型中加以定義。也請注意，我們在函式原型也提供了參數的變數名稱，以便提高可讀性。當然，函式原型不一定要指定變數名稱。

第一次呼叫函式 **BoxVolume** (第 17 行) 並未指定任何引數，因此使用全部三個預設值。第二次呼叫時 (第 22 行)，傳入 **length** 引數，所以只使用 **width** 和 **height** 這兩個引數的預設值。第三次呼叫 (第 27 行) 傳入了 **length** 及 **width** 引數，所以使用 **height** 這個引數的預設值。最後一次呼叫 (第 32 行) 則同時傳入 **length**、**width** 和 **height** 三個引數的值，因此就沒有使用任何預設值。請注意，任何明確傳給函式的引數都會按照從左到右指定給函式的參數。因此，當 **BoxVolume** 接收到一個引數，函式就會將該引數值指定給它的 **length** 參數 (就是參數列中最左邊的參數)。當 **BoxVolume** 接收到兩個引數，函式就會將這些引數值按照次序指定給它的 **length** 和 **width** 參數。最後，當 **BoxVolume** 接收到所有的三個引數，函式就會將這些引數值分別指定給它的 **lengthnd**、**width** 和 **height** 參數。

```
 1  // Fig. 6.12 DefaultArguments.cpp
 2  // Using default arguments
 3
 4  #include "stdafx.h"
 5
 6  #using <mscorlib.dll>
 7
 8  using namespace System;
 9
10  // function prototype that specifies default arguments
11  int BoxVolume( int length = 1, int width = 1, int height = 1 );
12
13  int _tmain()
14  {
15     // no arguments--use default values for all dimensions
16     Console::WriteLine( S"The default box volume is: {0}",
17        BoxVolume().ToString() );
18
19     // specify length; default width and height
20     Console::WriteLine( S"\nThe volume of a box with length 10," );
21     Console::WriteLine( S"width 1 and height 1 is: {0}",
22        BoxVolume( 10 ).ToString() );
23
24     // specify length and width; default height
25     Console::WriteLine( S"\nThe volume of a box with length 10," );
26     Console::WriteLine( S"width 5 and height 1 is: {0}",
27        BoxVolume( 10, 5 ).ToString() );
28
29     // specify all arguments
30     Console::WriteLine( S"\nThe volume of a box with length 10," );
31     Console::WriteLine(
32        S"width 5 and height 2 is: {0}", BoxVolume( 10, 5, 2 ).ToString() );
33
34     return 0;
35  } // end _tmain
36
```

圖 6.12 函式的預設引數 (第 2 之 1 部分)。

```
37  // function BoxVolume calculates the volume of a box
38  int BoxVolume( int length, int width, int height )
39  {
40     return length * width * height;
41  } // end function BoxVolume
```

```
The default box volume is: 1

The volume of a box with length 10,
width 1 and height 1 is: 10

The volume of a box with length 10,
width 5 and height 1 is: 50

The volume of a box with length 10,
width 5 and height 2 is: 100
```

圖 6.12　函式的預設引數 (第 2 之 2 部分)。

良好的程式設計習慣 6.4

使用預設引數可以簡化函式呼叫的撰寫。不過有些程式設計師則認為將所有的引數皆寫出來會讓程式更清楚。如果函式的預設值改變，可能程式無法產生所預期的結果。

常見的程式設計錯誤 6.13

指定並嘗試使用一個不在最右邊 (尾端) 的預設引數，而且在此引數右方的所有引數並未同時使用預設值，這是一種語法錯誤。

6.12　亂數的產生

現在，我們先暫時將話題轉到一項應該會有很有趣且受歡迎的程式設計應用，也就是模擬和電腦遊戲。在本節和下一節中，我們將發展出使用多種函式的結構化電腦遊戲程式。這個程式使用到目前我們學過的大部分控制敘述式，也介紹幾種新的觀念。

賭場的空氣中無疑含有某種成分，鼓起了每一個人的高昂興致，從坐在高級桃花心木賭桌旁的高尚人士到手握點六三大型手槍的獨臂惡棍，那種成分就是機會－幸運可能會降臨讓一個人乾癟的荷包，變成堆積如山的財富。我們只需使用命名空間 **System** 中的類別 ***Random***，就可以將機會這個因素，導入電腦應用程式中使用。使用類別 **Random** 的物件 (屬於參考型別) 就可產生亂數。下述的敘述式可以建立一個 **Random** 物件，然後利用它產生一個亂數：

```
Random *randomObject = new Random();
int randomNumber = randomObject->Next();
```

第一行使用 ***new*** *運算子*建立類別 **Random** 物件並且配置記憶體空間。這對於 MC++的參考型別物件是必需的。我們將在第 8 章再進一步討論 **new** 運算子。變數 **randomObject** 是一個指標，它包含新建立 **Random** 物件的記憶體位址。第二行呼叫 ***Next*** 方法產生一個在零和常數 ***Int32::MaxValue*** 之間的正 **int** 數值，此常數代表 **Int32** 可能的最大數值 (即 2,147,483,647)[7]。如果 **Next** 函式是以隨機方式產生數值，則在此範圍內的每一個數字都有相同的機會(或者是可能性)被選中。請注意**Next**傳回的數值實際上是一個*虛擬亂數* (*pseudo-random number*)，由複雜的數學計算所產生的一串數值。在這種數學計算的過程中，需要使用到一個種子數值。當我們建立 **Random** 物件時，我們使用的是預設的種子數值。在建立 **Random** 物件時，我們也可以提供一個種子數值當作整數引數(即是 **Random * randomObject = new Random(3)**)。特定的種子數值在每次執行程式時，都會產生相同的亂數序列。程式設計師通常利用當時的時間作爲種子數值，因爲每一秒鐘時間都會改變，因此每一次執行程式都會產生不同的亂數序列。如果在建立**Random**物件時沒有指定引數，就會使用系統時間當作種子數值。

直接由 **Next** 產生的數值範圍，通常和特定應用程式所需要的數值不同。例如，一個模擬擲銅板的程式可能只需要代表正面的 0 以及代表背面的 1 而已。一個模擬投擲六面骰子的程式可能需要 1 到 6 的隨機整數。在電玩遊戲程式中，隨機預測下一艘飛過畫面的太空船型式(有 4 種可能)，可能需要 1 到 4 的隨機整數。

擁有一個引數的 **Next** 方法傳回的數值範圍是從零到該引數的數值 (但不包括該引數)。例如，

```
value = randomObject->Next( 6 );
```

產生從 0 到 5 的數值。這就是所謂的*規模調整* (*scaling*)，因爲產生的數值範圍已經從超過二十億降到只有六的大小。數字 6 就是所謂的*規模係數* (*scaling factor*)。包含兩個引數的 **Next** 方法可以讓我們移位並且調整數值的範圍。例如，我們可以如下使用 **Next** 方法

```
value = randomObject->Next( 1, 7 );
```

產生從1到6的整數。在此情形下，我們已經將這些數值移位到從1到7的範圍(但不包括7)。

圖 6.13 中的應用程式模擬投擲六面骰子 20 次，並且顯示出每次擲出的整數值。第 15-27 行的 **for** 迴圈會重複呼叫**Random**類別的**Next**方法(第 18 行)，來模擬投擲骰子。(請注意，此處我們使用箭號運算子來呼叫 **Next**，這是因爲 **randomInteger** 是一個指向 **Random** 物件的指標) 第 21 行顯示擲出的點數。在每投擲五次後，第 25 行的程式碼就會加入一行空白，讓輸出更具可讀性。因爲預設種子數值使用的是系統時間，所以每次執行程式都會產生不同的一串數值。如果在第 12 行提供某個種子數值，則每次執行程式就會產生相同的一串數值。

圖 6.14 說明藉著一些簡單的統計原則，**Random**類別產生的數值之間都有大略相同的出現機率。這個範例利用前一個例子來模擬投擲骰子。

---

7 這種方法呼叫說明了呼叫函式或者方法的最後一種方式－使用指向物件的指標，後面加上箭號運算子(->)以及函式或者方法的名稱。我們將在第 8 章中討論這個箭號運算子。

第 16-45 行的 **for** 迴圈模擬投擲骰子 6,000 次。第 20-44 行的 switch 敘述式判斷擲出的點數並且將代表該點數的計算次數遞增 1。第 47-63 行計算每個點數的機率然後顯示出結果。如同程式輸出所顯示，在大量的投擲次數下，從 1「陣列」後，我們將說明如何用一行敘述式來取代程式中的整個 **switch** 結構。

```
 1  // Fig. 6.13: RandomInt.cpp
 2  // Generating random integer values.
 3
 4  #include "stdafx.h"
 5
 6  #using <mscorlib.dll>
 7
 8  using namespace System;
 9
10  int _tmain()
11  {
12     Random *randomInteger = new Random();
13
14     // loop 20 times
15     for ( int counter = 1; counter <= 20; counter++ ) {
16
17        // pick random integer between 1 and 6
18        int nextValue = randomInteger->Next( 1, 7 );
19
20        // output value
21        Console::Write( S"{0} ", nextValue.ToString() );
22
23        // add newline after every 5 values
24        if ( counter % 5 == 0 )
25           Console::WriteLine();
26
27     } // end for
28
29     return 0;
30  } // end _tmain
```

```
4 2 1 5 4
1 4 2 6 6
2 4 3 6 6
2 3 1 1 5
```

圖 6.13　擲骰子程式的隨機化處理 。

```
1  // Fig. 6.14: RollDie.cpp
2  // Rolling 12 dice with frequency chart.
3
4  #include "stdafx.h"
5
6  #using <mscorlib.dll>
7
8  using namespace System;
9
10 int _tmain()
11 {
12    Random *randomNumber = new Random();
13    int face;
14    int ones = 0, twos = 0, threes = 0, fours = 0, fives = 0, sixes = 0;
15
16    for ( int roll = 1; roll <= 6000; roll++ ) {
17       face = randomNumber->Next( 1, 7 );
18
19       // add one to frequency of current face
20       switch ( face ) {
21          case 1:
22             ones++;
23             break;
24
25          case 2:
26             twos++;
27             break;
28
29          case 3:
30                threes++;
31                break;
32
33          case 4:
34             fours++;
35             break;
36
37          case 5:
38             fives++;
39             break;
40
41          case 6:
42             sixes++;
43             break;
44        } // end switch
45    } // end for loop
46
47    double total = ones + twos + threes + fours + fives + sixes;
48
49    // display the current frequency values
50    Console::WriteLine( S"Face\t\tFrequency\tPercent" );
51
```

圖 6.14 擲骰子的機率圖 (第 2 之 1 部分)。

```
52      Console::WriteLine( S"1\t\t{0}\t\t{1}%",
53         ones.ToString(), ( ones / total * 100 ).ToString() );
54      Console::WriteLine( S"2\t\t{0}\t\t{1}%",
55         twos.ToString(), ( twos / total * 100 ).ToString() );
56      Console::WriteLine( S"3\t\t{0}\t\t{1}%",
57         threes.ToString(), ( threes / total * 100 ).ToString() );
58      Console::WriteLine( S"4\t\t{0}\t\t{1}%",
59         fours.ToString(), ( fours / total * 100 ).ToString() );
60      Console::WriteLine( S"5\t\t{0}\t\t{1}%",
61         fives.ToString(), ( fives / total * 100 ).ToString() );
62      Console::WriteLine( S"6\t\t{0}\t\t{1}%",
63         sixes.ToString(), ( sixes / total * 100 ).ToString() );
64
65      return 0;
66   } // end _tmain
```

```
Face            Frequency       Percent
1               978             16.3%
2               1011            16.85%
3               981             16.35%
4               980             16.3333333333333%
5               1003            16.7166666666667%
6               1047            17.45%
```

```
Face            Frequency       Percent
1               971             16.1833333333333%
2               1027            17.1166666666667%
3               1021            17.0166666666667%
4               961             16.0166666666667%
5               1036            17.2666666666667%
6               984             16.4%
```

```
Face            Frequency       Percent
1               1020            17%
2               996             16.6%
3               1051            17.5166666666667%
4               994             16.5666666666667%
5               972             16.2%
6               967             16.1166666666667%
```

圖 6.14 擲骰子的機率圖 (第 2 之 2 部分)。

6.13 範例：機率遊戲

最風行的機率遊戲之一就是所謂的“craps”擲骰子遊戲，在全世界的賭場和暗巷裡都會拿來賭博。遊戲的規則很簡單：

參加遊戲的玩家一次擲兩粒骰子。每粒骰子都有六個面。這六個面分別標示 1, 2, 3, 4, 5 和 6 的點數。當骰子停下來，將兩粒骰子朝上的點數相加。如果第一次投擲的總點數是 7 或者 11 就算玩家贏。如果第一次投擲的總點數是 2, 3 或者 12 (稱爲“craps”)，就算玩家輸 (也就是賭場莊家贏)。如果第一次投擲的總點數是 4, 5, 6, 8, 9 或者 10，則此總點數就會成爲玩家的點數。爲了要贏，玩家必須持續地擲骰子，直到再次擲出玩家的點數。如果在擲出玩家的點數之前，玩家擲出點數 7，那就算玩家輸。

圖 6.15 顯示模擬這個 craps 遊戲的程式。

請注意玩家每次要擲出兩粒骰子。第 71-82 行的函式 **RollDice** 會模擬投擲兩粒骰子的動作，並且傳回總點數。應用程式會顯示擲出的結果。示範的輸出顯示數回執行遊戲的結果。

```
 1  // Fig. 6.15: CrapsGame.cpp
 2  // Simulating the game of Craps.
 3
 4  #include "stdafx.h"
 5
 6  #using <mscorlib.dll>
 7
 8  using namespace System;
 9
10  int RollDice( Random *randomNumber );
11
12  int _tmain()
13  {
14     int myPoint; // player's point value
15     int sum;
16
17     enum DiceNames
18     {
19        SNAKE_EYES = 2,
20        TREY = 3,
21        CRAPS = 7,
22        LUCKY_SEVEN = 7,
23        YO_LEVEN = 11,
24        BOX_CARS = 12,
25     };
26
27     enum Status { CONTINUE, WON, LOST };
28
29     Status gameStatus = CONTINUE;
30     Random *randomNumber = new Random();
31
32     sum = RollDice( randomNumber );    // first roll of the dice
33
34     switch ( sum ) {
```

圖 6.15 模擬 Craps 遊戲 (第 3 之 1 部分)。

```
35          case LUCKY_SEVEN:
36          case YO_LEVEN:
37             gameStatus = WON;   // win on first roll
38             break;
39
40          case SNAKE_EYES:
41          case TREY:
42          case BOX_CARS:
43             gameStatus = LOST;   // lose on first roll
44             break;
45
46          default:
47             gameStatus = CONTINUE;
48             myPoint = sum;   // remember point
49             Console::WriteLine( S"Point is {0}", myPoint.ToString() );
50             break;   // optional
51       } // end switch
52
53       while ( gameStatus == CONTINUE ) {   // keep rolling
54          sum = RollDice( randomNumber );
55
56          if ( sum == myPoint )   // win by making point
57             gameStatus = WON;
58          else
59             if ( sum == CRAPS )   // lose by rolling 7
60                gameStatus = LOST;
61
62       } // end while
63
64          Console::WriteLine(
65             gameStatus == WON ? S"Player wins!" : S"Player loses" );
66
67       return 0;
68    } // end _tmain
69
70    // roll dice, calculate sum and display results
71    int RollDice( Random *randomNumber )
72    {
73       int die1, die2, workSum;
74
75       die1 = randomNumber->Next( 1, 7 );
76       die2 = randomNumber->Next( 1, 7 );
77       workSum = die1 + die2;
78       Console::WriteLine( S"Player rolled {0} + {1} = {2}",
79          die1.ToString(), die2.ToString(), workSum.ToString() );
80
81       return workSum;
82    } // end function RollDice
```

圖 6.15　模擬 Craps 遊戲 (第 3 之 2 部分)。

```
Player rolled 6 + 1 = 7
Player wins!
```

```
Player rolled 5 + 3 = 8
Point is 8
Player rolled 6 + 2 = 8
Player wins!
```

```
Player rolled 6 + 3 = 9
Point is 9
Player rolled 3 + 3 = 6
Player rolled 2 + 5 = 7
Player loses
```

圖 6.15 模擬 Craps 遊戲 (第 3 之 3 部分)。

這個程式在第 17-25 行和第 27 行宣告兩個*列舉* (*enumeration*)。列舉都是以 MC++ 關鍵字 **enum** 開頭，然後接著一個*型別的名稱*，這是一個數值型別，包含一組常數整數值。這些常數稱為*列舉常數* (*enumeration constant*) 或者是*列舉值* (*enumerator*)，除非有另外指定不然都是以 0 開頭，每個數以遞增 1 的方式排列。在 **enum** 中的識別字都必須是唯一的，但是個別的列舉常數倒是可以有相同的整數值。

良好的程式設計習慣 6.5

使用者自訂型別名稱的識別字，第一個字母使用大寫。

常見的程式設計錯誤 6.14

將與列舉常數同樣大小的整數指定給列舉型別的變數，這是語法上的錯誤。

一個常見的列舉如下顯示

```
enum Months {
   JAN = 1, FEB, MAR, APR, MAY, JUN, JUL, AUG, SEP, OCT, NOV, DEC };
```

建立一個使用者自訂型別的 **Months**，其中的列舉常數分別代表一年中的月份名稱。因為在前述列舉中的第一個數值明確地設定為 1，因此餘下的數值就會從 **1** 逐個遞增，產生從 **1** 到 **12** 的數值。任何列舉常數都可在列舉的定義中，指定一個整數值，然後定義中的後續常數就會比前一個常數的指定值多 **1**。

常見的程式設計錯誤 6.15

一個列舉常數定義好之後，又把另一個數值指定給這個列舉常數，就會產生語法錯誤。

良好的程式設計習慣 6.6

只用大寫字母來代表列舉常數的名稱。這樣做可以讓這些列舉常數在程式中特別醒目，提醒程式設計師列舉常數不是變數。

良好的程式設計習慣 6.7

使用列舉而不採用整數常數，可以讓程式更清楚。

列舉是定義整個程式所要使用常數値的一個方便方法。第 17-25 行宣告列舉 `DiceNames`。識別字 `SNAKE_EYES`、`TREY`、`CRAPS`、`LUCKY_SEVEN`、`YO_LEVEN` 和 `BOX_CARS` 在 craps 遊戲中代表重要的數値。第 27 行的列舉 `Status` 代表骰子擲出的可能結果。使用這些識別字可讓程式更有可讀性。同時，如果我們需要改變這些數値，我們可以修改列舉，而不必找出這些數値在整個程式出現地方再一一修改。使用者自訂型別 `Status`(第 27 行)的變數，只能指定為列舉 `Status` 中所宣告三個數値之一 (`CONTINUE`、`WON` 或者 `LOST`)。

第 32 行呼叫 `RollDice` 函式 (定義在第 71-82 行)，會模擬投擲骰子、顯示點數並且傳回總點數。第 34-51 行使用一個 `switch` 敘述式來判斷玩家是贏、輸還是取得「玩家點數」。如果玩家因為擲出 `LUCKY_SEVEN` 或者 `YO_LEVEN` 的點數 (即 7 或者 11) 而贏了，第 64-65 行就會顯示出 `"Player wins"`。如果玩家因為擲出 `SNAKE_EYES`、`TREY` 或者 `BOX_CARS` 的點數 (即 2、3 或者 12) 而輸了，第 64-65 行就會顯示出 `"Player loses"`。

在第一次擲出後，如果遊戲尚未結束，則 `sum` 的値就會存在變數 `myPoint` 中 (第 48 行)。當 `gameStatus` 等於 `CONTINUE` 時，遊戲就會繼續執行。在每一次進入 `while` 迴圈 (第 53-62 行) 時，`RollDice` 函式就會產生一個新的總和 `sum`。如果 `sum` 等於 `myPoint`，則玩家贏。如果 `sum` 等於 `7` (`CRAPS`)，則玩家輸。如果兩種狀況都沒有發生，就會在下一次進入迴圈時，再擲一次骰子。

6.14 變數的持續期間

變數的屬性包括名稱、型別、大小和數値。程式中的每一個變數都還有其他的屬性，包括*持續期間* (duration) 和*生存範圍* (scope)。

變數的持續期間 (也稱為它的*生命期*) 就是指變數存在於記憶體的時期。有些變數只是短暫存在，有些是重複地建立和消滅，而其他的變數則是在程式執行期間全程存在。

變數的*生存範圍* (scope) 就是指在程式中可以參照到此變數識別字 (就是名稱) 的區域。某些變數在整個程式中都可以參照，而其他變數只能從程式的有限區域參照。這一節我們討論變數的持續期間，第 6.15 節討論識別字的生存範圍。

函式的區域變數 (即是在函式本體中宣告的參數和變數) 具有*自動持續期* (*automatic duration*)。當程式的控制權到達這些變數的宣告時，程式就會自動建立起這些變數，當程式的控制權還停留在這些變數宣告所在的區塊時，這些變數就繼續存在，當控制權離開區塊後，就會清除這些變數。在本書的其餘部分，我們將這些具有自動持續期的變數稱為*自動變數* (*automatic variables*) 或者*區域變數* (*local variable*)。自動變數必須在使用前，由程式設計師賦予初値。

擁有*靜態持續期* (*static duration*) 的變數則是從定義它們的區塊載入記憶體時，就開始存在。這些變數會持續存在直到程式終止。當它們的類別載入記憶體時，就配置記憶體空間並且設定初值。靜態持續期變數的名稱從它們的類別載入記憶體時就存在，但是這並不是意謂著整個程式都可以使用這些識別字，它們的生存範圍還是有所限制。我們將在下一節再多討論靜態變數。

6.15 範圍規則

變數、指標或者函式所使用識別字的*生存範圍*，有時稱爲*宣告空間*(declaration space)，就是指在程式中能夠使用此識別字的區域。在某個區塊中宣告的區域變數或者指標，只能在這個區塊或者在此區塊內的巢狀區塊中使用。識別字共有四種生存範圍，就是*檔案範圍* (*file scope*)、*函式範圍* (*function scope*)、*區域範圍* (*local scope*) 也稱作*區塊範圍* (*block scope*) 以及*原型範圍* (*prototype scope*)。在第 8 章我們將要討論另一個範圍：*類別範圍* (*class scope*)。

在任何函式之外宣告的識別字都具有檔案範圍。這種識別字可以從識別字的宣告處開始到檔案結尾，提供給所有的函式使用。可以在應用程式任何地方使用的*全域變數* (*global variable*)、位於函式外部的函式原型以及函式定義都具有檔案範圍。

標記(在識別字後面接著冒號，就像 **`start:`**) 是函式彼此隱藏的實作細節。標記是唯一擁有函式範圍的識別字。標記可以從所在函式的任何位置使用，但是在該函式主體之外就無法參照到。標記使用於 **`switch`** 敘述式 (如 **`case`** 標記)。將實作細節隱藏起來，較正式的說法是*資訊隱藏* (*information hiding*) ，它是優良軟體工程的基本原則之一。

在程式區塊中宣告的識別字則具有*區域範圍* (*local scope*)，也稱爲*區域變數宣告空間* (*local-variable declaration space*)。區域範圍從識別字的宣告處開始，在區塊的終止右大括號 (**}**) 結束。函式的區域變數擁有區域範圍，函式的參數也是如此，因爲函式的參數也算是函式的區域變數。任何區塊都可以包含變數的宣告。當區塊在函式主體內形成巢狀結構時，如果外層區塊宣告的識別字與內層區塊宣告的識別字有相同的名稱，則外層區塊的識別字將會隱藏起來，直到內層區塊結束爲止。當程式執行到內層區塊的時候，內層區塊只看得到自己的區域識別字，而不是在外層區塊相同名稱識別字的值。在第 8 章我們將討論如何存取這些隱藏起來的變數。讀者必須注意區域範圍也適用於函式和 **`for`** 敘述式。但是，任何在 **`for`** 標頭的初始化區宣告的變數在 **`for`** 敘述式終止後，仍然可以使用[8]。請參考第 5 章有關 **`for`** 敘述式範圍的討論。

常見的程式設計錯誤 6.16

如果不小心在內層區塊和外層區塊中使用相同的識別字名稱，但是事實上程式設計師原意是在程式執行內層區塊時，外層區塊的識別字仍然有效，這樣就形成邏輯錯誤。

良好的程式設計習慣 6.8

避免在內層範圍使用的變數名稱，掩蓋外層範圍中相同的名稱。

---

8 回想在第 5 章曾討論過，這種行為可以使用編譯器選項 **`/Zc:forScope`** 加以防止。

唯一擁有*原型範圍* (*prototype scope*) 的識別字，就是函式原型參數列中的識別字。函式原型的參數列並不一定要將參數的名稱寫出來，只需要標明型別即可。如果函式原型的參數列加入了參數的名稱，編譯器也會將這些名稱予以忽略。因此，在函式原型中使用的識別字，可以在程式的其他地方重複宣告和使用，並不會造成混淆。

圖 6.16 中的程式說明有關全域變數、*自動區域變數*和 **static** 區域變數的範圍規定。當程式的控制權進入自動區域變數宣告區塊時，就會建立這些變數，當控制權離開這些區塊後，就會清除這些變數。區域變數如果宣告成 **static**，在此變數的生存範圍之外，仍能保有它們原來的數值。

```
1   // Fig. 6.16: Scoping.cpp
2   // Demonstrating variable scope.
3
4   #include "stdafx.h"
5
6   #using <mscorlib.dll>
7
8   using namespace System;
9
10  void FunctionA();
11  void FunctionB();
12  void FunctionC();
13
14  int x = 1;    // global variable
15
16  int _tmain()
17  {
18     int x = 5;    // local variable to _tmain
19
20     Console::WriteLine( S"local x in outer scope of _tmain is {0}",
21        x.ToString() );
22
23     {  // start new scope
24        int x = 7;
25        Console::WriteLine( S"local x in inner scope of _tmain is {0}",
26           x.ToString() );
27     } // end new scope
28
29     Console::WriteLine( S"local x in outer scope of _tmain is {0}",
30        x.ToString() );
31
32     FunctionA();    // FunctionA has automatic local x
33     FunctionB();    // FunctionB has static local x
34     FunctionC();    // FunctionC uses global x
35     FunctionA();    // FunctionA reinitializes automatic local x
36     FunctionB();    // static local x retains its previous value
37     FunctionC();    // global x also retains its value
38
39     Console::WriteLine( S"\nlocal x in _tmain is {0}", x.ToString() );
40
```

圖 6.16　變數的生存範圍 (第 3 之 1 部分)。

```
41        return 0;
42     } // end _tmain
43
44     void FunctionA()
45     {
46        int x = 25;    // initialized each time FunctionA is called
47
48        Console::WriteLine( S"\nlocal x in FunctionA is {0} {1}",
49           x.ToString(), S"after entering FunctionA" );
50
51        ++x; // increment local variable x
52
53        Console::WriteLine( S"local x in FunctionA is {0} {1}",
54           x.ToString(), S"before exiting FunctionA" );
55     } // end FunctionA
56
57     void FunctionB()
58     {
59        static int x = 50;   // static initialization only
60                             // first time FunctionB is called
61
62        Console::WriteLine( S"\nlocal static x is {0} {1}",
63           x.ToString(), S"on entering FunctionB" );
64
65        ++x;
66
67        Console::WriteLine( S"local static x is {0} {1}",
68           x.ToString(), S"before exiting FunctionB" );
69     } // end FunctionB
70
71     void FunctionC()
72     {
73        Console::WriteLine( S"\nglobal x is {0} {1}", x.ToString(),
74           S"on entering FunctionC" );
75
76        x *= 10;
77
78        Console::WriteLine( S"global x is {0} {1}", x.ToString(),
79           S"on exiting FunctionC" );
80     } // end FunctionC
```

```
local x in outer scope of _tmain is 5
local x in inner scope of _tmain is 7
local x in outer scope of _tmain is 5

local x in FunctionA is 25 after entering FunctionA
local x in FunctionA is 26 before exiting FunctionA

local static x is 50 on entering FunctionB
local static x is 51 before exiting FunctionB
```

圖 6.16　變數的生存範圍 (第 3 之 2 部分)。

```
global x is 1 on entering FunctionC
global x is 10 on exiting FunctionC

local x in FunctionA is 25 after entering FunctionA
local x in FunctionA is 26 before exiting FunctionA

local static x is 51 on entering FunctionB
local static x is 52 before exiting FunctionB

global x is 10 on entering FunctionC
global x is 100 on exiting FunctionC

local x in _tmain is 5
```

圖 6.16　變數的生存範圍 (第 3 之 3 部分)。

第 14 行宣告全域變數 **x** 並且將其初值設為 **1**。這個全域變數在任何另外宣告有變數名稱 **x** 的區塊或函式中，都會被遮蓋起來。在 **_tmain** 函式中，宣告區域變數 **x** 並且將其初值設為 **5** (第 18 行)。當我們將變數 **x** 列印出來時，就顯示全域變數 **x** 在函式 **_tmain** 中已被隱藏起來。

其次，在 **_tmain** 函式中定義新的區塊 (第 23-27 行)，於此區塊中設定另一個區域變數 **x** 初值為 **7**。將這個變數 **x** 列印出來，顯示出在函式 **_tmain** 外層區塊中的變數 **x** 已被隱藏起來。含有數值 **7** 的變數 **x** 在區塊結束時，就會清除掉，此時將位於外層區塊的區域變數 **x** 列印出來，顯示此變數不再被隱藏起來。

程式中定義了三個函式，每個函式都不需要引數並且不會傳回任何值。函式 **FunctionA** (定義在第 44-55 行) 定義自動變數 **x** 並且將其初值設定為 **25**。當程式呼叫函式 **FunctionA** (第 32 和 35 行) 時，就會將變數 **x** 列印出來，將其遞增後，再一次將其值印出，然後結束函式。每一次呼叫這個函式，自動變數 **x** 就會重新建立並且將其初值設定為 25，所以每一次呼叫這個函式都會產生相同的輸出。

函式 **FunctionB** (定義在第 57-69 行) 定義了 **static** 變數 **x** 並且將其初值設定為 **50**。當程式呼叫函式 **FunctionB** 時，就會將變數 **x** 列印出來，將其遞增後，再一次將其值印出，然後結束函式。在下一次呼叫此函式時，**static** 區域變數 **x** 就會包含數值 **51**，這是因為 **static** 區域變數 **x** 在函式呼叫之間會保留它的數值。

函式 **FunctionC** (定義在第 71-80 行) 並沒有宣告任何變數。因此，當程式參照到變數 **x** 時，就會使用全域變數 **x**。當程式呼叫函式 **FunctionC** 時，就會將全域變數列印出來，將其乘以 **10** 後，再一次將其值印出，然後結束函式。在下一次呼叫此函式時，全域變數就擁有修改過的值 **10**。

最後，這個程式會將 **_tmain** 函式中的區域變數 **x** 再列印一次，顯示沒有一次函式呼叫會修改到 **_tmain** 函式區域變數 **x** 的值，這是因為所有的函式都參照到其他範圍的變數。

6.16 遞迴

到目前我們所討論過程式的架構，都是以階層方式安排函式呼叫另外一個函式。但是對於某些問題，如果安排函式呼叫函式自己倒是很有效的方法。*遞迴函式* (*recursive function*) 就是能夠直接或間接透過另外一個函式來呼叫自己的函式。遞迴在高階的電腦課程中都是需要詳細討論的重要議題。在這一節和下一節，我們舉出兩個有關遞迴的簡單範例。首先我們討論遞迴的觀念。

以遞迴方式解決問題有一些相同的步驟。呼叫遞迴函式來解決某個問題。當呼叫遞迴函式解決問題時，這種函式實際上只能夠解決最簡單的狀況，或者所謂的*基本狀況* (*base case*)。如果呼叫這種函式去解決基本狀況，函式就會傳回結果。如果呼叫這種函式去解決較複雜的問題，函式就會將問題分成兩個部分，一個部分就是函式知道如何去解決的部分 (基本狀況)，另一個部分就是函式不知道如何解決的部分。要讓遞迴可行，則要將函式無法解決的部分仍然安排成類似原始的問題，但是比原始問題稍微簡單，或者規模較小。函式會呼叫本身來處理這個較小的問題，這次的呼叫稱爲*遞迴呼叫* (*recursive call*) 或是*遞迴步驟* (*recursion step*)。遞迴步驟一般也包含有關鍵字 **return**，這是因爲它的結果將會和函式已經知道如何解決的問題部份組合起來。這樣的組合結果將會傳回給原始的呼叫者。

當遞迴步驟執行時，原來呼叫函式的動作仍然會持續下去，也就是原始的呼叫動作尚未結束。如果函式持續將每一個新問題加以分割成兩個觀念部份，遞迴步驟就會產生更多的遞迴呼叫。每一次函式呼叫它自己來處理比原始問題稍微簡單一點的問題，一連串越來越小的問題最後一定會收斂成基本狀況，如此遞迴動作最後能夠終止。此時，函式識別出此基本狀況並且將結果傳回給先前的函式呼叫。一連串的回傳動作，最後是原始的函式呼叫將最後的結果傳回給呼叫者。要舉出運用這些觀念的範例，讓我們寫一個遞迴程式來執行一個常見的數學計算。

遞迴方式計算階乘

對於非負數的整數 n，其階乘寫成 $n!$ (發音爲「n 階乘」)，就是下述的連乘積

$$n \cdot (n-1) \cdot (n-2) \cdot \ldots \cdot 1$$

其中 1! 等於 1，而 0! 則定義爲 1。例如，5! = 5 ・ 4 ・ 3 ・ 2 ・ 1，其值就等於 120。

大於或等於 0 的整數 **number** 的階乘，可以利用下述 **for** 結構的*迭代* (*iteratively*) 方式，也就是非遞迴 (nonrecursively) 方式計算出來：

```
int factorial = 1;

for ( int counter = number; counter >= 1; counter-- )
   factorial *= counter;
```

階乘函式的遞迴定義可以下述關係式表示：

$$n! = n \cdot (n-1)!$$

例如，5!很明顯就等於 5 ・ 4!，可由下面的式子證明：

$$5! = 5 \cdot 4 \cdot 3 \cdot 2 \cdot 1$$
$$5! = 5 \cdot (4 \cdot 3 \cdot 2 \cdot 1)$$
$$5! = 5 \cdot (4!)$$

5!的遞迴計算過程顯示在圖 6.17 中。圖 6.17a 顯示連續的遞迴呼叫是如何進行，直到計算 1! 得出 1 的值，就會終止遞迴的步驟。每個矩形符號代表一次函式呼叫。圖 6.17b 顯示每次遞迴呼叫傳回給呼叫者的值，直到計算出最後的數值並且傳回給最初的呼叫者爲止。

圖 6.18 使用遞迴方式計算並列印出整數 0 到 10 的階乘。遞迴函式 **Factorial** (第 22-28 行) 首先測試函式終止條件是否爲 **true**，此終止條件就是 **number** 小於或者等於 **1**。如果 **number** 小於或者等於 **1**，則函式 **Factorial** 就會傳回 **1**，就不需要再進行遞迴的步驟，程式也就終止。如果 **number** 大於 **1**，第 27 行就將原來的問題表示成 **number** 和遞迴呼叫 **Factorial** 函式的乘積，此時 **Factorial** 計算的是 **number - 1** 的階乘。請注意，**Factorial (number - 1)** 比原來 **Factorial(number)** 的計算稍微簡單一點。

函式 **Factorial** 接收一個型別 **int** 的引數，而傳回型別也是 **int** 的結果。可從圖 6.18 看出，階乘數值增加的非常快速。不幸地，**Factorial** 函式很快就產生出極大的數值，型別 **int** 甚至 **_int64** (此型別可以存入比 **int** 更大的整數) 也無法在數值溢滿前計算出很多的階乘數。

這一點也是大多數程式語言的弱點，就是無法輕鬆的擴充語言以便處理不同應用程式的一些獨特要求。從第 8 章開始，你將看到我們如何處理物件導向程式設計，MC++是一個可擴充的語言，程式設計師可以用新的型別 (稱爲類別) 擴充語言來處理獨特的需求。例如，程式設計師可以建立 **HugeInteger** 類別，讓程式計算任意大數目的階乘。

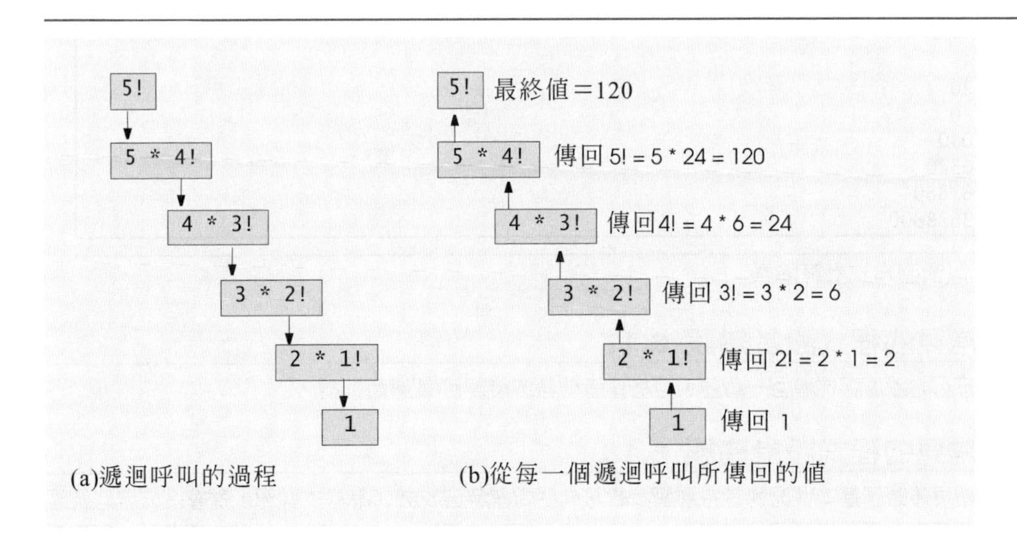

圖 6.17　以遞迴方式計算 5!。

```
1  // Fig. 6.18: FactorialTest.cpp
2  // Calculating factorials with recursion.
3
4  #include "stdafx.h"
5
6  #using <mscorlib.dll>
7
8  using namespace System;
9
10 int Factorial( int );
11
12 int _tmain()
13 {
14    for ( int i = 0; i <= 10; i++ )
15       Console::WriteLine( S"{0}! = {1}", i.ToString(),
16          Factorial( i ).ToString() );
17
18    return 0;
19 } // end _tmain
20
21 // recursive declaration of function factorial
22 int Factorial( int number )
23 {
24    if ( number <= 1 )  // base case
25       return 1;
26    else
27       return number * Factorial( number - 1 );  // recursive step
28 }  // end function Factorial
```

```
0! = 1
1! = 1
2! = 2
3! = 6
4! = 24
5! = 120
6! = 720
7! = 5040
8! = 40320
9! = 362880
10! = 3628800
```

圖 6.18 以遞迴方式計算階乘。

常見的程式設計錯誤 6.17

忘記從遞迴函式傳回一個值，可能會造成語法錯誤和/或邏輯錯誤。

常見的程式設計錯誤 6.18

如果省略了基本狀況或者將遞迴步驟寫成使問題無法收斂成為基本狀況，就會造成無窮遞迴的情形，最後導至記憶體耗盡。這種狀況很類似使用迭代 (非遞迴) 方式解決問題時，所造成的無窮迴圈的情形。

6.17 使用遞迴的範例：Fibonacci 級數

下述的 Fibonacci 級數

0、1、1、2、3、5、8、13、21、…

是以 0 和 1 作爲最前面的兩項，而此級數有一個特性，就是每一個後續的數目都是前面兩個數目的和。

這種級數是在自然界發現，尤其是在描述一種螺旋的形狀時就需使用到這種數學級數。Fibonacci 級數前後兩個數字的比值，最後會收斂成爲一個常數值 1.618...。這個常數也重複地出現在自然界中，稱爲*黃金比率* (*golden ratio*) 或者*黃金平均* (*golden mean*)。人類的審美觀有尋找黃金比率的傾向。建築設計師時常將窗戶、房間和建築物的長度和寬度設計成黃金比率，追求美感。郵局的明信片也特意設計成符合黃金比率的長寬比。

Fibonacci 級數的遞迴定義如下：

$Fibonacci(0) = 0$
$Fibonacci(1) = 1$
$Fibonacci(n) = Fibonacci(n-1) + Fibonacci(n-2)$

請注意 **Fibonacci** 計算有兩個基本狀況：*Fibonacci (0)* 的值爲 0，而 *Fibonacci (1)* 的值爲 **1**。圖 6.19 的程式利用 **Fibonacci** 函式遞迴地計算出第 *i* 個 Fibonacci 級數的大小。使用者輸入一個整數，表示要計算的 **Fibonacci** 級數值。在圖 6.19 中，輸出範例顯示計算幾個 Fibonacci 級數的結果。

在第 18 行呼叫 **Fibonacci** 函式並不是遞迴呼叫，但是第 31 行所有後續呼叫 **Fibonacci** 函式都屬於遞迴呼叫。每一次叫用 **Fibonacci** 函式，就會馬上測試基本狀況是否成立，number 是否等於 0 或者 1 (第 28 行)。如果這項條件成立，**Fibonacci** 函式就傳 **number** (*fibonacci (0)* 是 0 以及 *fibonacci (1)* 是 1)。有趣的是，如果 **number** 大於 **1**，則遞迴步驟就會產生兩個遞迴呼叫 (第 31 行)，每一次的遞迴呼叫都會將原來的問題稍加以簡化。圖 6.20 顯示如何計算出 **Fibonacci(3)** 的數值。

此圖提出一些有關 MC++ 編譯器按照何種順序計算運算元的議題。圖 6.20 顯示，在計算 **Fibonacci(3)** 時，會產生兩個遞迴呼叫，就是 **Fibonacci(2)** 和 **Fibonacci(1)**。但是呼叫的前後順序又是如何呢？大部分的程式設計師都只會假設運算元是從左到右計算，但是在 MC++ 這條規則可不一定成立。

C 和 C++ 語言並未指定大部份運算子 (包括 **+**) 以何種順序去計算運算元。因此，在 Visual C++ .NET，程式設計師不可以預設這些呼叫以何種順序執行。事實上，這些呼叫可能先執行 **Fibonacci(2)** 再執行 **Fibonacci(1)**，或者以相反次序先執行 **Fibonacci(1)** 然後 **Fibonacci(2)**。

良好的程式設計習慣 6.9

不要撰寫運算元計算必須有固定順序的運算式。如此作時常會讓程式碼難以閱讀、除錯、修改和維護。

```
 1  // Fig. 6.19: FibonacciTest.cpp
 2  // Recursive fibonacci function.
 3
 4  #include "stdafx.h"
 5
 6  #using <mscorlib.dll>
 7
 8  using namespace System;
 9
10  int Fibonacci( int );
11
12  int _tmain()
13  {
14     int number, result;
15
16     Console::Write( S"Enter an integer: " );
17     number = Int32::Parse( Console::ReadLine() );
18     result = Fibonacci( number );
19     Console::WriteLine( S"Fibonacci({0}) = {1}",
20        number.ToString(), result.ToString() );
21
22     return 0;
23  } // end _tmain
24
25  // calculates Fibonacci number
26  int Fibonacci( int number )
27  {
28     if ( number == 0 || number == 1 )
29        return number;
30     else
31        return Fibonacci( number - 1 ) + Fibonacci( number - 2 );
32  }
```

```
Enter an integer: 0
Fibonacci(0) = 0
```

```
Enter an integer: 1
Fibonacci(1) = 1
```

```
Enter an integer: 2
Fibonacci(2) = 1
```

```
Enter an integer: 3
Fibonacci(3) = 2
```

圖 6.19　以遞迴方式產生 Fibonacci 數 (第 2 之 1 部分)。

```
Enter an integer: 4
Fibonacci(4) = 3
```

```
Enter an integer: 5
Fibonacci(5) = 5
```

```
Enter an integer: 6
Fibonacci(6) = 8
```

```
Enter an integer: 10
Fibonacci(10) = 55
```

```
Enter an integer: 20
Fibonacci(20) = 6765
```

```
Enter an integer: 30
Fibonacci(30) = 832040
```

圖 6.19　以遞迴方式產生 Fibonacci 數 (第 2 之 2 部分)。

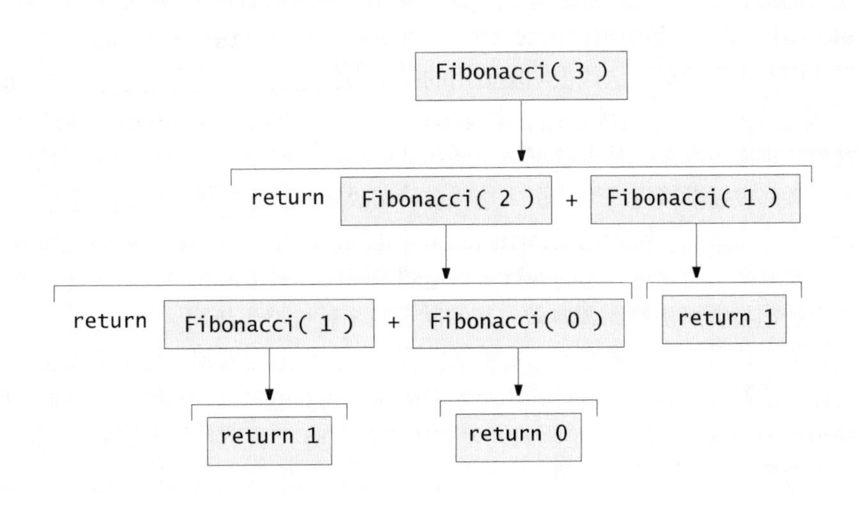

圖 6.20　呼叫 Fibonacci 函式的一組遞迴呼叫。

有關使用遞迴程式來產生 Fibonacci 級數，我們有下述的警告：每一次呼叫 **Fibonacci** 函式，如果並未符合基本狀況 (即 0 或 1) 之一，就會產生兩次遞迴呼叫 **Fibonacci** 函式。這樣就會很快產生許多的函式呼叫。使用圖 6.19 中的程式計算 **Fibonacci** 數 20，就需要 21,891 次呼叫 **Fibonacci** 函式；計算 Fibonacci 數 30，就需要 2,692,537 次呼叫 **Fibonacci** 函式。

當程式設計師嘗試計算較大數值，每一個後續的 Fibonacci 數就會讓程式大量增加呼叫 **Fibonacci** 函式的次數和計算的時間。例如，Fibonacci 數 31 需要 4,356,617 次的呼叫，Fibonacci 數 32 需要 7,049,155 次的呼叫。你可以看出，呼叫 **Fibonacci** 函式的次數增加很快在 Fibonacci 數 30 和 31 的呼叫次數差是 1,664,080 次，而在 Fibonacci 數 31 和 32 的呼叫次數差則是 2,692,538 次。在 Fibonacci 數 31 和 32 的呼叫次數差是 Fibonacci 數 30 和 31 的呼叫次數差的 1.5 倍多。面對這樣的問題，即使是世界上最強大的電腦也得低頭了！在所謂的*複雜度理論* (*complexity theory*) 的領域中，電腦專家判斷演算法 (algorithm) 完成任務的困難度。有關複雜度的議題會在高階電腦課程「演算法」中詳細討論。

增進效能的小技巧 6.2

儘量避免寫出像 Fibonacci 這樣的遞迴程式，否則會產生指數一樣爆炸數量的函式呼叫。

6.18 遞迴與迭代

我們在之前的章節研究過兩個函式，能夠分別以遞迴或者迭代方式實作。而在本節，我們會比較這兩種方式，並且討論爲何程式設計師會選擇其中之一而不用另一種方法。

迭代和遞迴兩者都是依賴控制敘述式，迭代使用的是重複敘述式 (例如 **for**、**while** 或者 **do...while**)，遞迴則是使用選擇敘述式 (例如 **as**、**if...else** 或者 **switch**)。迭代和遞迴兩者都使用到重複結構，迭代很明顯使用的是重複敘述式，遞迴則是透過一再的函式呼叫，達到重複操作的目的。迭代和遞迴兩者都包含有終止測試，當迴圈繼續條件式不成立時，迭代就會終止。而當達到基本狀況時，遞迴就會終止。使用計數器控制重複結構的迭代以及遞迴，兩者都會逐漸接近終止情況。迭代會持續改變計數器的值，直到計數器的值讓迴圈繼續條件式不成立爲止。遞迴則是持續將原始問題加以簡化，直到將問題簡化成基本狀況爲止。迭代和遞迴都可能會無止盡的執行，當迴圈繼續條件式永遠都成立時，迭代就發生無窮迴圈。如果遞迴步驟無法將問題收斂成基本狀況時，就會發生無窮遞迴。

遞迴有許多的負面效果。例如，它會重複整個函式呼叫運作機制，當然會產生時間和資源的額外消耗，這對處理器的計算時間和記憶體空間造成沉重的負擔。每一次遞迴呼叫都會產生另一個函式的副本 (實際上只是函式的變數產生副本)，這會消耗掉可觀的記憶體。迭代一般是在函式內發生，因此重複的函式呼叫和額外記憶體的配置，就都可以避免。那麼程式設計師還會選擇遞迴嗎？

軟體工程的觀點 6.9

任何可以用遞迴方式解決的問題，也可以用迭代的方式 (就是非遞迴方式) 解決。當遞迴方式的解法能更自然的反應問題，並且讓產生的程式更易於了解和除錯，我們當然選擇遞迴方式。當迭代方式的解法不是很明確的時候，也可能會選擇遞迴方式的解法。

增進效能的小技巧 6.3

在比較注重執行效率的狀況下，避免使用遞迴。遞迴呼叫既浪費時間，也會消耗額外的記憶體。

常見的程式設計錯誤 6.19

意外地讓非遞迴函式透過另一個函式呼叫它本身，可能會造成無窮遞迴。

大多數程式設計的教科書都會在很後面的課程才介紹遞迴的觀念，本書提早介紹。我們覺得遞迴是一個很豐富且複雜的議題，最好能提早介紹，並且在本書的其餘章節多介紹一些範例。

6.19　函式的多載

MC++允許在相同的生存範圍內，定義幾個擁有相同名稱的函式，只要這些函式的參數列不同 (就是參數的數目、型別或者順序不同)。這就是所謂的*函式多載* (*function overloading*)。當呼叫一個多載函式時，Visual C++ .NET 編譯器會檢查函式呼叫所傳送的引數個數、型別及排列順序，以便選出適當的函式。函式的多載通常用來建立幾個相同名稱的函式，而這些函式會針對不同型別執行類似工作。圖 6.21 使用多載函式 **square** 來計算 **int** 和 **double** 型別數值的平方。

良好的程式設計習慣 6.10

利用多載函式來執行密切相關的工作，可使程式更具可讀性也更容易瞭解。

編譯器會依據多載函式的簽名加以區別。函式的*簽名* (*signature*) 就是指函式的名稱和參數型別的組合。如果編譯器在編譯時只檢查函式的名稱，則圖 6.21 中的程式碼將會混淆不清，編譯器將無法區分這兩個 **Square** 函式。編譯器使用*多載解析* (*overload resolution*) 來決定應該呼叫那一個函式。這個過程首先按照引數的數目和型別，搜尋所有能夠使用的函式。似乎看來只有一個函式會符合要求，但是請記得MC++會暗中將引數轉換成其他型別。一旦所有符合的函式都找到，就會選擇最接近的函式。這是按照「最適合的」演算法來決定，這個演算法會分析所需要採取的隱含轉型。如果仍然有兩個或者更多函式符合，編譯器就會發出錯誤訊息。

```
1  // Fig. 6.21: FunctionOverload.cpp
2  // Using overloaded functions.
3
4  #include "stdafx.h"
5
6  #using <mscorlib.dll>
7
8  using namespace System;
9
10 int Square( int );
11 double Square( double );
12
13 int _tmain()
14 {
15    Console::Write( S"The square of integer 7 is " );
16    Console::WriteLine( Square( 7 ) );
17
18    Console::Write( S"The square of double 7.5 is " );
19    Console::WriteLine( Square( 7.5 ) );
20
21    return 0;
22 } // end _tmain
23
24 // first version, takes one integer
25 int Square( int x )
26 {
27    return x * x;
28 }
29
30 // second version, takes one double
31 double Square( double y )
32 {
33    return y * y;
34 }
```

```
The square of integer 7 is 49
The square of double 7.5 is 56.25
```

圖 6.21　函式的多載。

讓我們來看一個例子。在圖 6.21 中，針對第 10 行指定 **int** 參數的 **Square** 函式，編譯器會賦予「**int** 型別的 **Square**」(**Square** of **int**) 的邏輯名稱，至於第 11 行指定 **double** 參數的 **Square** 函式，編譯器會賦予「**double** 型別的 **Square**」(**Square** of **double**) 的邏輯名稱。如果函式 **Foo** 的定義如下

```
void Foo( int a, float b )
```

編譯器可能賦予「**int** 和 **float** 型別的 **Foo**」(**Foo** of **int** and **float**) 的邏輯名稱。如果參數指定如下

```
void Foo( float a, int b )
```

```
 1  // Fig. 6.22: InvalidFunctionOverload.cpp
 2  // Demonstrating incorrect function overloading.
 3
 4  #include "stdafx.h"
 5
 6  #using <mscorlib.dll>
 7
 8  using namespace System;
 9
10  int Square( double x )
11  {
12     return x * x;
13  } // end Square()
14
15  // ERROR! Second Square function takes same number, order
16  // and type of arguments.
17  double Square( double y )
18  {
19     return y * y ;
20  } // end Square()
```

Task List - 3 Build Error tasks shown (filtered)

!		☑	Description
			Click here to add a new task
!		☐	error C2371: 'Square' : redefinition; different basic types
!		☐	error C2556: 'double Square(double)' : overloaded function differs only by return type from 'int Square(double)'
		☐	warning C4244: 'return' : conversion from 'double' to 'int', possible loss of data

圖 6.22　不正確的函式多載。

編譯器就可能使用「**float** 和 **int** 型別的 **Foo**」(**Foo** of **float** and **int**) 的邏輯名稱。對於編譯器來說，參數的順序是很重要的；編譯器認爲前述兩個 **Foo** 函式不同。

到目前爲止，對於編譯器使用的函式邏輯名稱還沒有提到函式的傳回值的型別。這是因爲函式呼叫無法從傳回值的型別加以區分。在圖 6.22 中的程式說明，當兩個函式擁有相同的簽名，但是傳回的型別不同會產生語法錯誤。使用不同參數列的多載函式可以有不同傳回值的型別。多載函式不一定要有相同個數的參數。

常見的程式設計錯誤 6.20

將數個多載函式定義為擁有相同參數列但傳回值型別不同，是語法錯誤。

摘　要

- 要研發和維護一個龐大程式的最好方法，就是利用小而簡單的元件或*模組* (module) 來建構這個大程式。這種技術就是所謂的「各個擊破」的方法。
- 在 MC++中有三種模組：*函式* (functions)、*方法* (methods) 和*類別* (classes)。

- MC++程式的撰寫，通常是將程式設計師所寫的新函式、方法和類別與 *.NET Framework 類別庫* (*FCL，Framework Class Library*) 事先寫好的方法和類別結合起來構成一個程式。
- .NET Framework 類別庫提供豐富的類別和方法，能夠執行一般的數學計算、字串處理、字元處理、輸入/輸出操作、錯誤檢查和許多其他有用的運算。
- 程式設計師可以撰寫一些執行特殊工作的函式，這些函式可以在程式的許多地方使用。這些函式有時也稱爲*程式設計師定義函式* (*programmer-defined functions*)。
- 函式的實際內容 (敘述式) 只需要撰寫一次，而且其他的函式無法得知其內容。
- 一般呼叫函式就是先寫出函式的名稱，然後加上左括號，接著就是函式的引數 (*argument*，或是以逗號分隔的引數列)，再加上右括號即可。
- 所有在函式定義中宣告的變數都是*區域變數* (*local variables*)，它們只能在所定義的函式中使用。
- 將程式碼包裝成爲函式，只需要呼叫這個函式，就可以從程式不同的地方執行該段程式碼。
- 函式中的 **return** 敘述式，會將函式的計算結果傳回給呼叫函式。
- 函式定義的格式爲

```
return-value-type function-name( parameter-list )
{
    declarations and statements
}
```

- 函式定義的第一行就是所謂的*函式標頭* (*function header*)。函式標頭內的屬性和修飾詞可用來指定有關函式的資料。
- 函式的*傳回值型別* (*return-value-type*) 就是函式傳回給呼叫函式結果的資料型別。函式最多只能傳回一個數值。
- *參數列* (*parameter-list*) 是以逗點分開的清單，就是當函式被呼叫時，所需接收的參數都是在此清單中宣告。在函式呼叫時，對於函式定義中的每一個參數必須提供一個引數。
- 在函式標頭後面大括號中的宣告及敘述式構成了*函式的主體* (*function body*)。
- 變數可以宣告在任何區塊內，而區塊也可以形成巢狀結構。
- 函式不能定義在另一個函式之內。
- 在很多情況下，傳入函式的引數型別如果與函式定義的參數型別不符合時，通常都會在叫用函式之前，將該引數轉換成適合的型別。
- 型別分爲數值型別或參考型別。數值型別的變數含有屬於該型別的資料。相對的，參考型別的變數則包含儲存著該型別資料的記憶體位址。
- 數值型別可以直接存取，並且以傳值方式傳遞；參考型別則是透過指標或參考存取，並且以傳參考方式傳遞。
- 數值型別通常包含少量的資料，例如 **int** 或 **bool** 數值。另一方面，參考型別則通常是指向物件。
- MC++包含有內建的數值型別和參考型別。內建的數值型別包括*整數型別* (**signed char**、**char**、**_wchar_t**、**short**、**unsigned short**、**int**、**unsigned int**、**long**、**unsigned long**、**_int64** 和 **unsigned _int64**)、*浮點數型別* (**float** 和 **double**) 以及型別 **Decimal** 和 **bool**。在 MC++中，這些型別對應於 .NET Framework 提供的 **Int32**、**Char**、**Double** 等型別。內建的參考型別是 **String *** 和 **Object ***。

- 程式設計師可以建立新的數值型別和參考型別；其中包括類別、介面和委派。
- 程式可以使用指標來建立和操作動態資料結構 (就是可以長大和縮小的資料結構)，例如鏈結串列、佇列、堆疊和樹。
- 指標包含的是另一個變數的位址，而此變數包含某個特定數值。
- 取址運算子 (**&**) 是一個單元運算子，可以將其運算元的記憶體位址傳回。
- *****運算子一般稱爲*轉向運算子* (*indirection operator*) 或*解參照運算子* (*dereferencing operator*)，它會將它的運算元 (就是指標) 所指向物件的同義字 (就是別名或暱稱) 傳回。
- 程式研發者可以使用參考來存取和修改物件。
- 箭號運算子由減號和大於符號組成，中間沒有空格，用以透過指向物件的指標存取類別成員。
- 當使用傳值呼叫來傳遞引數的時候，會先產生引數的一個副本，然後傳入被呼叫的函式。
- 使用傳參考呼叫，呼叫者賦予被呼叫函式權力，能夠直接存取和修改呼叫者的資料。
- 我們常見到程式會針對函式的某個特定參數，重複以相同的引數呼叫該函式。在這種情況下，程式設計師可以指定此參數爲*預設引數* (*default argument*)，並且提供此參數預設值。
- 可以使用類別 **Random** 來產生亂數。
- 列舉都是以 MC++關鍵字 **enum** 開頭，然後是型別的名稱，這是一個數值型別，包含一組常數值。這些常數稱爲*列舉常數* (*enumeration constant*) 或是*列舉值* (*enumerator*)，除非有另外指定，否則都是以 0 開頭，並且以遞增 1 的方式排列。
- 在 **enum** 中的識別字都必須是唯一的，但是個別的列舉常數倒是可以有相同的整數值。
- 識別字的持續期間 (它的生命期) 就是該識別字存在於記憶體的時期。
- 表示函式區域變數的識別字都具有自動持續期。當程式控制權到達擁有自動持續期的變數宣告時，就會自動建立這些變數。當程式的控制權進入宣告這些變數的區塊時，這些自動區域變數就開始存在，當控制權離開這些區塊後，就會清除這些變數。
- 變數、參考或函式所使用識別字的*生存範圍* (*scope*)，有時稱爲*宣告空間* (*declaration space*)，就是指在程式中能夠使用此識別字的區域。
- 在某個區塊中宣告的區域變數或參考，只能在這個區塊或在此區塊內的巢狀區塊中使用。
- *遞迴函*式 (*recursive function*) 就是能夠呼叫自己的函式，不論是直接或間接透過另一個函式呼叫。
- 遞迴函式只能夠解決最簡單的狀況或所謂的基本狀況。如果呼叫這種函式去解決基本狀況，函式就會傳回結果。如果呼叫這種函式去解決較複雜的問題，函式就會將問題分成兩個觀念部分，一個部分就是函式知道如何去解決的部分 (基本狀況)，另一個部分就是函式不知道如何解決的部分。
- 要使遞迴可行，則要將函式無法解決的部分仍然安排成類似原始的問題，但是比原始問題稍微簡單或規模上稍微小一些。
- 某些遞迴函式可能會導致函式呼叫次數指數式的爆增。
- 迭代和遞迴兩者都依據控制敘述式。迭代使用重複敘述式 (例如，**for**、**while** 或 **do...while**)；遞迴使用選擇敘述式 (例如，**if**、**if...else** 或 **switch**)。
- 迭代和遞迴兩者都包含重複結構。迭代明確地使用重複敘述式；遞迴則是透過重複的函式呼叫達到重複的目的。

- 迭代和遞迴都包含終止測試。當迴圈繼續條件式不成立時，迭代就會終止；而遞迴則當問題縮減成基本狀況時，就會終止。
- 迭代和遞迴兩者都可能不斷地執行。當迴圈繼續條件式永遠都會成立時，迭代就發生無窮迴圈；如果遞迴步驟無法將問題收斂縮減成基本狀況時，無盡遞迴就會發生。
- 當遞迴方式的解決方法能更自然的反應問題，並且讓產生的程式更易於了解和除錯，我們通常便選擇遞迴方式而非迭代方式。
- 數個函式可以擁有相同的名稱，只要這些函式的參數列不同(就是參數的數目、型別或順序不同)。這就是所謂的函式多載。
- 函式的多載通常用於建立數個相同名稱的函式，這些函式會針對不同型別執行類似工作。
- 函式的簽名 (*signature*) 就是指函式的名稱和參數型別的組合。

詞　彙

取址運算子 (&) (address-of operator (&))
函式呼叫的引數 (argument to a function call)
箭號運算子 (->) (arrow operator (->))
組件 (assembly)
自動持續期 (automatic duration)
遞迴的基本狀況 (base case in recursion)
呼叫函式 (calling function)
強制轉型運算子 (cast operator)
引數強迫轉型 (coercion of arguments)
以逗號隔開的引數列 (comma-separated list of arguments)
複雜度理論 (complexity theory)
常數變數 (constant variable)
迭代的控制敘述式 (control statements in iteration)
遞迴的控制敘述式 (control statements in recursion)
預設引數 (default argument)
「各個擊破」的方式 (divide-and-conquer approach)
識別字的持續期 (duration of an identifier)
列舉 (enumeration)
列舉常數 (enumeration constant)
列舉值 (enumerator)
enum 關鍵字 (**enum** keyword)
耗盡記憶體 (exhausting memory)
遞迴的指數爆炸數量的呼叫 (exponential "explosion" of calls in recursion)
階乘 (factorial)
遞迴定義的 Fibonacci 級數 (Fibonacci series defined recursively)
函式 (function)
函式主體 (function body)
函式呼叫 (function call)
函式標頭 (function header)
函式多載 (function overloading)
函式原型 (function prototype)
黃金比率 (golden ratio)
轉向運算子 (*) (indirection operator (*))
無窮迴圈 (infinite loop)
無窮遞迴 (infinite recursion)
呼叫函式 (invoke a function)
識別字的生命期 (lifetime of an identifier)
區域變數 (local variable)
方法 (method)
混合型別的運算式 (mixed-type expression)
使用函式模組化程式 (modularizing a program with functions)
巢狀區塊 (nested block)
new 運算子 (**new** operator)
多載函式 (overloaded function)
參數列 (parameter list)
傳參考方式 (pass-by-reference)

傳值方式 (pass-by-value)
程式設計師自訂函式 (programmer-defined function)
基本型別的提升 (promotions for primitive types)
`Random` 類別 (`Random` class)
遞迴函式 (recursive function)
參考 (reference)
參考型別 (reference type)
`return` 關鍵字 (`return` keyword)
傳回值的型別 (return-value type)
規模係數 (scaling factor)
識別字的範圍 (scope of an identifier)
一串亂數 (sequence of random numbers)
函式的簽名 (signature of a function)
模擬 (simulation)
軟體的重複使用性 (software reusability)
`static` 持續期 (`static` duration)
`static` 方法 (`static` method)
靜態變數 (static variable)
終止測試 (termination test)
使用者自訂函式 (user-defined function)
數值型別 (value type)
傳回值的型別 `void` (`void` return-value type)
指標 (pointer)

自我測驗

6.1　填空題：

a) MC++的程式模組就是所謂的 ________、________ 和 ________。
b) 使用 ________ 的方式來叫用函式。
c) 一個只能在它所定義的函式內才能使用的變數稱爲 ________。
d) 被呼叫函式內的 ________ 敘述式可用來將運算式的值傳回給呼叫函式。
e) 在函式的標頭使用關鍵字 ________ 指出此函式不會傳回值。
f) 識別字的 ________ 就是指在程式中能夠使用此識別字的區域。
g) 將控制權從被呼叫函式傳回給呼叫者的三種方法 ________、________ 以及 ________。
h) 類別 `Random` 的 ________ 方法會產生亂數。
i) 在區塊或函式的參數列中宣告的變數擁有 ________ 持續期。
j) 能夠直接或間接呼叫自己本身的函式就是 ________ 函式。
k) 遞迴函式一般包含兩個部份：一個部份就是能夠藉著測試 ________ 狀況而終止遞迴的執行，另一個部份則是將問題以遞迴呼叫的方式，逐次將問題再簡化一些成新的問題。
l) 在 MC++裡，幾個函式可以具有相同的名稱，不過每個函式處理不同的引數型別或引數的個數。這就是所謂函式的 ________。
m) 在函式宣告的區域變數擁有 ________ 範圍，函式的參數也是如此，可視爲函式的區域變數。
n) 迭代依據控制敘述式。它使用 ________ 敘述式。
o) 遞迴也是依據控制敘述式。它使用 ________ 敘述式。
p) 遞迴透過重複的 ________ 呼叫來達到重複的目的。
q) 研發和維護大型程式的最佳方法，就是將程式分割成幾個更小的程式 ________，每一個都比原來的程式更容易管理。

r) 可將幾個函式都定義成相同的 ________，但是各有不同的參數列。

s) 在函數參數列定義的右小括號右方，接著一個分號，這是一種 ________ 錯誤。

t) ________ 是以逗點分開的串列，其中包含被呼叫函式所需接收參數的宣告。

u) ________ 就是被呼叫函式所傳回結果的型別。

6.2 試判斷下列的敘述式是眞或僞。如果答案是僞，請說明原因。

a) **Math** 類別的 **Abs** 方法會將它的參數進位成最小的整數。

b) 變數的型別 **float** 可以提升到型別 **double**。

c) 變數的型別 **__wchar_t** 不可以提升到型別 **int**。

d) 遞迴函式就是可以呼叫自己的函式。

e) 當函式以遞迴方式呼叫自己時，這項呼叫就是所謂的基本狀況。

f) 0! 等於 1。

g) 忘記必須從遞迴函式傳回值，就會產生語法錯誤。

h) 當函式收斂成基本狀況時，就會發生無窮遞迴。

i) **Fibonacci** 函式的遞迴實作都是執行很快。

j) 任何可以用遞迴方式解決的問題，也可以用迭代的方式解決。

6.3 設計一個程式，測試圖 6.2 所示 Math 類別方法呼叫的範例，是否確實能夠產生所顯示的結果。

6.4 針對下述函式提供函式標頭。

a) 函式 **hypotenuse**，接收兩個倍精準浮點數的引數 **side1** 和 **side2**，並傳回一個倍精準浮點數的結果。

b) 函式 **smallest**，接收三個整數 **x**、**y**、**z**，並傳回一個整數。

c) 函式 **instructions** 並沒有接收任何的引數，也不會傳回值。[*注意*：這種函式一般是用來顯示提示給使用者。]

d) 函式 **intToFloat** 接受一個整數引數 **number**，並傳回一個浮點數的結果。

6.5 找出下列每個程式片段的錯誤，並解釋如何更正錯誤：

a)
```
int g() {
   Console::WriteLine( S"Inside function g" );
   int h() {
      Console::WriteLine( S"Inside function h" );
   }
}
```

b)
```
int sum( int x, int y ) {
   int result;
   result = x + y;
}
```

c)
```
int sum( int n ) {
   if ( n == 0 )
      return 0;
   else
      n + sum( n - 1 );
}
```

d)
```
void f( float a ); {
   float a;
   Console::WriteLine( a );
}
```

e)
```
void product() {
   int a = 6, b = 5, c = 4, result;
   result = a * b * c;
   Console::WriteLine( S"Result is {0} ", result.ToString() );
   return result;
}
```

自我測驗解答

6.1 **a)** 函式、方法、類別。**b)** 函式呼叫。**c)** 區域變數。**d)** **return**。**e)** **void**。**f)** 範圍。**g)** **return** 敘述式、**return** 運算式、執行直到函式代表結束的右大括號。**h)** **Next**。**i)** 自動。**j)** 遞迴。**k)** 基本。**l)** 多載。**m)** 區塊。**n)** 重複。**o)** 選擇。**p)** 函式。**q)** 模組。**r)** 名稱。**s)** 語法。**t)** 參數列。**u)** 傳回值型別。

6.2 **a)** 偽。**Math** 類別的 **Abs** 方法會傳回數目的絕對值。**b)** 真。**c)** 偽。變數的型別 **_wchar_t** 可以提升到型別 **int**、**float**、**__int64** 和 **double**。**d)** 真。**e)** 偽。當函式以遞迴方式呼叫自己時，就是所謂的遞迴呼叫或遞迴步驟。**f)** 真。**g)** 真。**h)** 偽。當遞迴函式無法收斂成基本狀況時，就會發生無窮遞迴。**i)** 偽。它會重複呼叫整個函式運作機制，當然會產生時間和資源的額外消耗。**j)** 真。

6.3 下述程式碼說明某些 **Math** 類別方法呼叫的使用方法：

```
1  // Exercise 6.3: MathMethods.cpp
2  // Demonstrates Math class methods.
3
4  #include "stdafx.h"
5
6        <mscorlib.dll>
7
8                 System;
9
10    _tmain()
11 {
12
13    Console::WriteLine( S"Math::Abs( 23.7 ) = {0}",
14       Math::Abs( 23.7 ).ToString() );
15    Console::WriteLine( S"Math::Abs( 0.0 ) = {0}" ,
16       Math::Abs( 0.0 ).ToString() );
17    Console::WriteLine( S"Math::Abs( -23.7 ) = {0}",
18       Math::Abs( -23.7 ).ToString() );
19    Console::WriteLine( S"Math::Ceiling( 9.2 ) = {0}",
20       Math::Ceiling( 9.2 ).ToString() );
21    Console::WriteLine( S"Math::Ceiling( -9.8 ) = {0}",
22       Math::Ceiling( -9.8 ).ToString() );
23    Console::WriteLine( S"Math::Cos( 0.0 ) = {0}",
24       Math::Cos( 0.0 ).ToString() );
25    Console::WriteLine( S"Math::Exp( 1.0 ) = {0}",
```

```
26          Math::Exp( 1.0 ).ToString() );
27       Console::WriteLine( S"Math::Exp( 2.0 ) = {0}",
28          Math::Exp( 2.0 ).ToString() );
29       Console::WriteLine( S"Math::Floor( 9.2 ) = {0}",
30          Math::Floor( 9.2 ).ToString() );
31       Console::WriteLine( S"Math::Floor( -9.8 ) = {0}",
32          Math::Floor( -9.8 ).ToString() );
33       Console::WriteLine( S"Math::Log( 2.718282 ) = {0}",
34          Math::Log( 2.718282 ).ToString() );
35       Console::WriteLine( S"Math::Log( 7.389056 ) = {0}",
36          Math::Log( 7.389056 ).ToString() );
37       Console::WriteLine( S"Math::Max( 2.3, 12.7 ) = {0}",
38          Math::Max( 2.3, 12.7 ).ToString() );
39       Console::WriteLine( S"Math::Max( -2.3, -12.7 ) = {0}",
40          Math::Max( -2.3, -12.7 ).ToString() );
41       Console::WriteLine( S"Math::Min( 2.3, 12.7 ) = {0}",
42          Math::Min( 2.3, 12.7 ).ToString() );
43       Console::WriteLine( S"Math::Min( -2.3, -12.7 ) = {0}",
44          Math::Min( -2.3, -12.7 ).ToString() );
45       Console::WriteLine( S"Math::Pow( 2, 7 ) = {0}",
46          Math::Pow( 2, 7 ).ToString() );
47       Console::WriteLine( S"Math::Pow( 9, .5 ) = {0}",
48          Math::Pow( 9, .5 ).ToString() );
49       Console::WriteLine( S"Math::Sin( 0.0 ) = {0}",
50          Math::Sin( 0.0 ).ToString() );
51       Console::WriteLine( S"Math::Sqrt( 25.0 ) = {0}",
52          Math::Sqrt( 25.0 ).ToString() );
53       Console::WriteLine( S"Math::Tan( 0.0 ) = {0}",
54          Math::Tan( 0.0 ).ToString() );
55
56       return 0;
57    } // end _tmain
```

```
Math::Abs( 23.7 ) = 23.7
Math::Abs( 0.0 ) = 0
Math::Abs( -23.7 ) = 23.7
Math::Ceiling( 9.2 ) = 10
Math::Ceiling( -9.8 ) = -9
Math::Cos( 0.0 ) = 1
Math::Exp( 1.0 ) = 2.71828182845905
Math::Exp( 2.0 ) = 7.38905609893065
Math::Floor( 9.2 ) = 9
Math::Floor( -9.8 ) = -10
Math::Log( 2.718282 ) = 1.00000006310639
Math::Log( 7.389056 ) = 1.99999998661119
Math::Max( 2.3, 12.7 ) = 12.7
Math::Max( -2.3, -12.7 ) = -2.3
Math::Min( 2.3, 12.7 ) = 2.3
Math::Min( -2.3, -12.7 ) = -12.7
Math::Pow( 2, 7 ) = 128
Math::Pow( 9, .5 ) = 3
Math::Sin( 0.0 ) = 0
Math::Sqrt( 25.0 ) = 5
Math::Tan( 0.0 ) = 0
```

6.4 a) `double hypotenuse( double side1, double side2 )`

b) `int smallest( int x, int y, int z )`

c) `void instructions()`

d) `float intToFloat( int number )`

6.5 a) 錯誤：函式 **h** 定義在函式 **g** 之內。
更正：將函式 **h** 的定義移到函式 **g** 的定義之外。

b) 錯誤：此函式假設會傳迴一個整數，但是並沒有傳回。
更正：刪除變數 **result** 並將下面的敘述式加入函式中：

```
return x + y;
```

或將下面的敘述式加入函式主體的最後：

```
return result;
```

c) 錯誤：這個遞迴函式並未將 **n + sum (n - 1)** 的結果傳回；產生語法錯誤。
更正：將 **else** 部分的敘述式重寫成

```
return n + sum( n - 1 );
```

d) 錯誤：位在參數列右括號後的分號，以及在函式定義中將參數 **a** 重新定義。
更正：刪除參數列右括號後的分號，並刪除 **float a;** 的宣告。

e) 錯誤：**void** 函式傳回一個數值。
更正：將傳回值的型別改成 **int**，或刪除 **return** 敘述式。

習 題

6.6 下述每個函式呼叫會傳回何值？

a) `Math::Abs( 7.5 );`

b) `Math::Floor( 7.5 );`

c) `Math::Abs( 0.0 );`

d) `Math::Ceiling( 0.0 );`

e) `Math::Abs( -6.4 );`

f) `Math::Ceiling( -6.4 );`

g) `Math::Ceiling( -Math::Abs( -8 + Math::Floor( -5.5 ) ) );`

6.7 某個停車場收費$2.00 最多可停三個小時。超過三個小時後，停車場每個小時收費$0.50，不滿一小時以一小時計算。滿 24 小時最多收費$10.00。假設沒有任何汽車一次停車會超過 24 小時。請設計一個程式，能針對昨天將車停入停車場的每一位顧客，計算並印出每一位的停車費用。你必須輸入每位客戶的停車時數。程式必須顯示目前離開停車場客戶的停車費。這個程式必須使用函式 **CalculateCharges** 計算出每位顧客的費用。

6.8 設計一個函式 integerPower (base, exponent) 能傳回下述運算式的值

$base^{exponent}$

例如，**IntegerPower (3, 4) = 3 * 3 * 3 * 3**。假設 **exponent** 是正值、非零的整數，而 **base** 則是一個整數。函式 **IntegerPower** 應該使用 **for** 或 **while** 結構來控制計算。不可使用任何 **Math** 類別的方法。將這個函式納入程式，這個程式可以讀入使用者輸入的 **base** 和 **exponent** 的整數，利用函式 **IntegerPower** 計算結果。

6.9 定義一個函式 **Hypotenuse**，利用兩個已知的股長求出直角三角形的斜邊長。函式應該接收兩個型別是 **double** 的引數，而傳回型別也是 **double** 的斜邊長。將這個函式納入程式，這個程式可以讀入使用者輸入的 **side1** 和 **side2** 的整數，利用函式 **Hypotenuse** 計算結果。決定圖 6.23 中每一個三角形的斜邊長：

三角形	股長1	股長2
1	3.0	4.0
2	5.0	12.0
3	8.0	15.0

圖 6.23 習題 6.9 中三角形的兩股長。

6.10 撰寫出一個程式 **SquareOfAsterisks**，能夠顯示一個星號的實心正方形，正方形的邊長則是由整數參數 **side** 指定。例如，如果 **side** 為 **4**，那麼函式就應該顯示

```
****
****
****
****
```

將這個函式納入程式，這個程式可以讀入使用者輸入的 **side** 整數值，利用函式 **SquareOfAsterisks** 繪出圖形。這個函式應該依據使用者輸入值來顯示圖形。

6.11 修改習題 6.10 所建立的函式，將正方形以字元參數 **fillCharacter** 所規定的字元繪出。如此，如果 **side** 是 **5**，以及 **fillCharacter** 是 **'#'**，則這個函式應該印出

```
#####
#####
#####
#####
#####
```

6.12 撰寫一個能夠模擬拋擲銅板的應用程式。讓程式繼續拋擲銅板，直到使用者不想繼續為止。計算銅板每一面出現的次數。顯示出結果。程式應該呼叫函式 **Flip**，此函式不接收引數，遇到出現銅板反面就傳回 **false (0)**，正面就傳回 **true (1)**。【*注意*：如果程式逼真地模擬銅板拋擲的情形，銅板每一面應該會出現大約一半的次數。】

6.13 電腦在教育上扮演的角色越來越吃重。撰寫一個程式幫助小學生學習乘法。使用型別 **Random** 物件的 **Next** 函式，產生兩個一位數的正整數。它應該能夠印出像下述的問題：

```
How much is 6 times 7?
```

然後學生必須輸入答案。你的程式需要檢查學生的答案。如果答案正確，就顯示出"**Very good!**"的字樣，然後提出另一個乘法問題。如果答案不正確的話，就顯示“**No. Please try again.**"，然後讓學生再重新回答相同的題目，直到他最後答對為止。必須使用另一個函式來產生每一個新的問題。這個程式每次開始以及使用者正確回答問題後，就必須呼叫這個函式一次。

6.14 (*「河內塔」套環問題*) 每一個電腦新手必須嘗試解決一些古典的難題，而圖 6.24 的「河內塔」(Tower of Hanoi) 問題是最有名的一題。傳說是在遠東的一座寺廟，祭司嘗試將一堆套環從一個柱子移到另一個柱子。一開始有 64 個套環，從大到小，一起套在同一個柱子上。祭司們嘗試將這堆套環從一個柱子移到另一個柱子，但是有下面這些限制：一次只能移動一個套環，較大的套環不可以放在較小的套環上面。可以利用第三個柱子暫時放置套環。據說當這些祭司完成這個工作，世界就會結束，我們好像不需要幫忙他們吧。

讓我們先假設祭司們嘗試將套環從柱子 1 移動到柱子 3。我們希望能夠發展出一套演算法，能夠將柱子和柱子之間所有套環移動的詳細順序印出來。

如果我們以這種傳統方式來解這個問題，我們會很快發現自己無助地陷在一堆套環中。但是，如果我們利用遞迴的原則來想這個問題，問題馬上變得好辦多了。移動 n 個套環現在可以利用移動 $n-1$ 個套環來檢視 (也就是遞迴的觀念)，如下面的想法：

a) 將 $n-1$ 個套環從柱子 1 先移動到柱子 2，利用柱子 3 作為暫放區。

b) 將最後一個套環 (就是最大的套環) 從柱子 1 移到柱子 3。

c) 將 $n-1$ 個套環從柱子 2 移動到柱子 3，利用柱子 1 作為暫放區。

這個過程最後會縮減到只移動 $n=1$ 個套環時結束，這也就是基本狀況。要移動這最後一個套環就很簡單，不需要動用到暫存區了。

撰寫一個程式來解決這個「河內塔」套環問題。允許使用者輸入套環的數目。使用一個具有下述四個參數的遞迴函式 **Tower**：

a) 需要移動的套環數目

b) 這些套環最初堆疊的柱子

c) 這些套環要移往的柱子

d) 作為暫存區的柱子

你的程式應該印出套環將要從哪個柱子移動到目的柱子的詳細指令。例如，要將三個套環從柱子 1 移到柱子 3，你的程式就應該列印出下述的移動順序：

1→3 (代表將一個套環從柱子 1 移到柱子 3。)

1→2

3→2

1→3

2→1

2→3

1→3

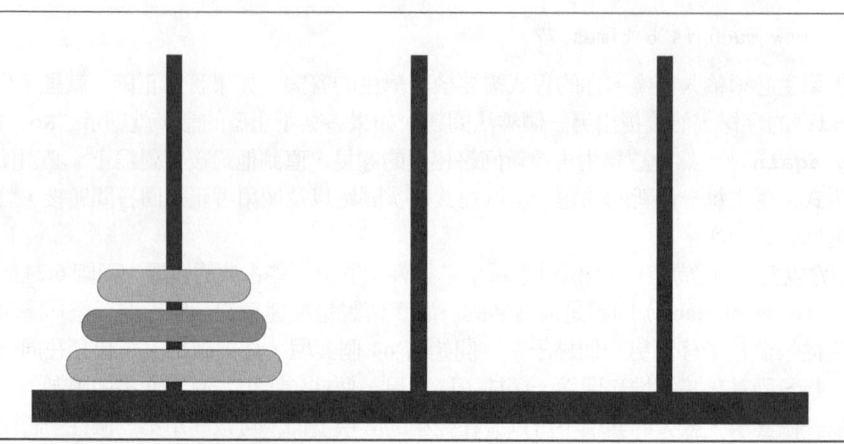

圖 6.24　三個套環的「河內塔」問題。

6.15 整數 `x` 和 `y` 的*最大公因數* (*GCD*) 就是能夠同時整除 `x` 和 `y` 的最大整數。撰寫一個遞迴函式 `Gcd`，能夠傳回 `x` 和 `y` 的最大公因數。`x` 和 `y` 的遞迴函式 `Gcd` 的定義如下：如果 `y` 等於 0，則 `Gcd ( x, y )` 的值就是 `x`，否則 `Gcd ( x, y )` 的值就是 `Gcd ( y, x % y )`，其中 `%` 是模數運算子。

7

陣列

學習目標

- 熟悉陣列的資料結構。
- 瞭解 managed 陣列如何儲存、排序和搜尋序列以及數值表格。
- 瞭解如何宣告和初始化 managed 陣列。
- 能夠參照到 managed 陣列的個別元素。
- 瞭解如何將 managed 陣列傳遞給函式。
- 瞭解基本的排序技術。
- 能夠宣告和操作多維的 managed 陣列。

With sobs and tears he sorted out
Those of the largest size …
Lewis Carroll

Attempt the end, and never stand to doubt;
Nothing' s so hard, but search will find it out.
Robert Herrick

Now go, write it before them in a table,
and note it in a book.
Isaiah 30:8

'Tis in my memory lock'd,
And you yourself shall keep the key of it.
William Shakespeare

本章綱要

7.1 簡介

本章介紹有關資料結構的議題。*陣列*是由相同型別資料項目所組成的資料結構。陣列是「靜態」實體，從建立以後始終都保持相同的大小。MC++提供managed陣列，它實際上是 **System::Array**類別的物件，因此能夠使用此類別的各種方法和屬性。我們開始先討論如何建立和存取managed陣列，然後利用這些知識作基礎再討論更複雜的陣列操作，包括搜尋和排序的技術。接著，我們再說明多維陣列。在第 22 章中，我們介紹可以隨著程式的執行而加長和縮短的動態資料結構，例如串列 (list)、佇列 (queue)、堆疊 (stack) 和樹 (tree) 等，來總結我們對資料結構的討論。第 22 章也介紹了 Visual C++ .NET 預先定義好的資料結構，能夠讓程式設計師使用串列、佇列、堆疊和樹的現有資料結構，而不需要重新撰寫程式碼。

7.2 陣列

陣列是一群具有相同名稱和型別的記憶體位置。為了要參照陣列中某個特定記憶體位置或元素，我們必需指出陣列名稱和陣列中我們所要參照特定元素的*位置編號* (表示在陣列中某個特定位置的數值)。

圖 7.1 顯示一個名稱為 **c** 的整數陣列。這個陣列包含 12 個*元素* (*element*)。只需在陣列名稱之後加上中括號 ([ ])，並放入位置編號，程式就能參照到陣列中的任何元素。每個陣列裡的第一個元素就是第零個元素 (zeroth element)。因此，陣列 **c** 的第一個元素表示為 **c[0]**，第二個元素表示為 **c[1]**，第七個元素則表示為 **c[6]**，等等。一般來說，陣列 **c** 的第 *i* 個元素表示成 **c[i - 1]**。陣列名稱是依照第三章所討論過其他變數名稱相同的慣例加以命名。

在方括號中的位置編號更正式的名稱是*索引* (*index*) 或者是*下標* (*subscript*)。索引必須是一個整數或者一個整數的運算式。如果程式使用運算式作為索引，那麼程式首先會計算運算式決定索引值。舉例來說，如果我們假設變數 **a** 等於 **5**，而變數 **b** 等於 **6**，則下列的敘述式

```
c[ a + b ] += 2;
```

會將 2 加到陣列元素 **c[11]**。注意，加上索引的陣列名稱是一個*左值* (*lvalue*) —它可以用在指定運算符號的左邊，將新的數值指定給陣列元素。

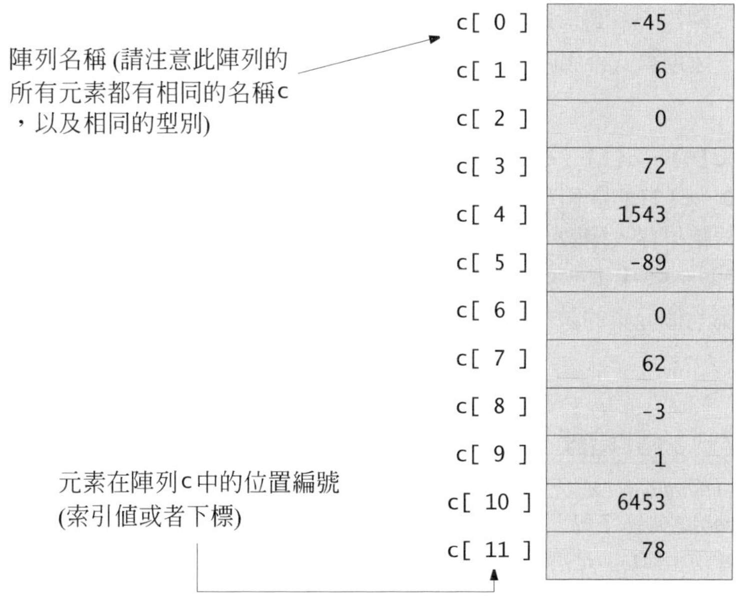

c[0]	-45
c[1]	6
c[2]	0
c[3]	72
c[4]	1543
c[5]	-89
c[6]	0
c[7]	62
c[8]	-3
c[9]	1
c[10]	6453
c[11]	78

陣列名稱 (請注意此陣列的所有元素都有相同的名稱c，以及相同的型別)

元素在陣列c中的位置編號 (索引值或者下標)

圖 7.1　12 個元素的陣列。

運算子	結合性	型別
`::`	從左至右	範圍解析
`[ ]  .  ->  ++  --`	從左至右	後置
`static_cast< type >`	從左至右	單元轉型
`++  --  +  -  !`	從右至左	前置
`&` `*`	從右至左	取址 反參照
`*  /  %`	從左至右	乘法
`+  -`	從左至右	加法
`<  <=  >  >=`	從左至右	關係
`==  !=`	從左至右	等號
`&&`	從左至右	邏輯 AND
`||`	從左至右	邏輯 OR
`?:`	從右至左	條件
`=  +=  -=  *=  /=  %=`	從右至左	指定

圖 7.2 運算子的優先權和結合性。

讓我們更仔細地檢視一下圖 7.1 中的陣列 **c**。在 MC++中的每一個陣列都「知道」它自己的長度。可利用下述運算式得出陣列 **c** 的長度：[1]

```
c->Length
```

它的 12 個元素就是 **c[0]**、**c[1]**、**c[2]**、…、**c[11]**。**c[0]**的數值是 **-45**，**c[1]**的數值是 **6**，**c[2]**的數值是 **0**，**c[7]**的數值是 **62**，以及 **c[11]**的數值是 **78**。要計算陣列 **c** 最初三個元素的總和，並且將結果存入變數 **sum**，我們可以寫成

```
sum = c[ 0 ] + c[ 1 ] + c[ 2 ];
```

為了要將陣列 **c** 的第七個元素的數值除以 **2**，然後將計算結果指定給變數 **x**，我們可以寫成

```
x = c[ 6 ] / 2;
```

常見的程式設計錯誤 7.1

請特別注意「陣列的第七個元素」(seventh element of the array) 和「陣列元素七」(array element seven) 之間的不同。因為陣列下標是從 0 開始，因此「陣列的第七個元素」的下標是 6，而「陣列元素七」是指元素的下標是 7，但實際上是陣列的第八個元素。這項混淆是差一錯誤的來源。

1 注意，此處我們使用的是箭號運算子(**->**)而不是點號運算子(**.**)來存取陣列的成員。如果使用了點號運算子和陣列名稱，Visual Studio .NET 編譯器會自動將它換成箭號運算子。我們將會在第八章「以物件為基礎的程式設計」再更詳細討論成員存取運算子。

用來包住陣列下標的方括號，實際上是一個運算子。方括號和後置遞增和後置遞減運算子有著相同層級的優先權。圖 7.2 顯示本書到目前為止，所曾介紹過運算子的優先權和結合性。它們是從上到下按照優先權遞減的順序排列，並顯示出它們的結合性和型別。讀者需要注意在第二列的 **++** 和 **--** 運算子分別代表後置遞增和後置遞減運算子，而第三列的 **++** 和 **--** 運算子分別代表前置遞增和前置遞減運算子。

7.3 陣列宣告和記憶體配置

陣列會使用到記憶體空間。程式設計師指定元素的型別，然後使用 ***new*** *運算子*動態配置每個陣列所需要的元素數目。陣列利用 **new** 配置記憶體空間，因為陣列是物件，而所有物件必須以 **new** 建立。我們很快會討論到這項原則的一個例外。

下面的陣列宣告

```
int c __gc[] = new int __gc[ 12 ];
```

配置 12 個元素給整數陣列 **c**。前面這行敘述式可以寫成兩個步驟：

```
// 宣告managed陣列
int c __gc[];

// 配置記憶體空間給陣列；設定指向該記憶體空間的指標
c = new int __gc[ 12 ];
```

當配置記憶體空間給 managed 陣列 (如同前述配置記憶體) 時，元素若是數值基本型別的變數則設定初值為零，若為 **bool** 變數則設定初值為 **false**，若為指標則設定初值為 **0**。

在陣列宣告中的 MC++關鍵字 ***__gc*** 指出此陣列是 managed 陣列[2]。一般來說，關鍵字 ***__gc*** 就是在宣告一個 *managed 型別*[3]。Managed 型別會回收廢棄記憶體 (就是不再使用的記憶體會加以釋放)，它是由 .NET Framework 的 CLR[4] 部分所控制。CLR 可以用來執行 MC++ 程式，也稱為*執行環境* (*runtime environment*)。Managed 陣列 (有時也稱為 **__gc** 陣列) 是繼承自類別 **System::Array**。我們將會在第 8 章和第 9 章討論 **__gc** 類別和記憶體回收。

相反的，關鍵字 ***__nogc*** 則宣告的是 *unmanaged 陣列* (*unmanaged array*)。Unmanaged 陣列 (有時稱為 **__nogc** 陣列) 就是標準的 C++陣列，它沒有 managed 陣列所擁有的優點，例如

---

2 若想取得更多有關 managed 陣列的資料，請拜訪下述網站 **msdn.microsoft.com/library/default.asp? url=/library/en-us/vcmxspec/html/vcManagedExtensionsSpec_4_5.asp**。

3 若想取得更多有關 managed 型別的資料，請拜訪下述網站 **msdn.microsoft.com/library/default.asp?url=/library/en-us/vcmex/html/vclrf__gc.asp**。

4 若想取得更多有關 CLR 的資料，請拜訪下述網站 **msdn.microsoft.com/library/default.asp? url=/library/en-us/cpguide/html/cpconthecommonlanguageruntime.asp**。

回收記憶體。Unmanaged陣列在C++中的不是物件，不像managed陣列在MC++中是物件。在這本書中，如果沒有另外說明，我們使用的都是managed陣列。

我們可以在一個宣告內，替幾個陣列保留記憶體。下面的宣告就替 **String** *陣列 **b** 的 100 個元素和 **String** *陣列 **x** 的 27 個元素保留所需的記憶體空間：

```
String *b[] = new String*[ 100 ],
   *x[] = new String*[ 27 ];
```

同樣地，下面的宣告就替陣列 **array1** 的 10 個元素和陣列 **array2** 的 20 個元素保留所需的記憶體空間(兩者的型別均為 **double**)：

```
double array1 __gc[] = new double __gc[ 10 ],
   array2 __gc[] = new double __gc[ 20 ];
```

請注意，在宣告 **String** *陣列時，我們必須在 **x[]** 前面加上*，以便宣告它為一個 **String** *陣列(同樣我們也在 **b[]** 的前面加上*)。也請注意我們不需要加上關鍵字 **__gc**。**String** * 表示指向 managed 型別(**System::String**)的指標，所以陣列 **b** 和 **x** 預設是 managed 陣列。當宣告 managed 陣列具有 managed 型別 (例如 **Int32**、**Double**、**Boolean** 和 **String** *) 時，關鍵字 **__gc** 是可有可無。但是，當我們使用 MC++的別名 (例如，**int**、**double** 和 **bool**) 宣告 managed 陣列時，就需要加上 **__gc**。例如，當我們宣告 **array1** 和 **array2** 時，就需要使用到關鍵字 **__gc**，因為 **double** 是.NET 型別 **Double** (屬於名稱空間 **System**) 的 MC++別名。如果我們將 **double** 換成 **Double**，我們就可以將這些陣列如下宣告：

```
Double array1[] = new Double[ 10 ],
   array2[] = new Double[ 20 ];
```

參考圖 6.5，複習一下.NET Framework 的型別以及它們在 MC++中的別名。

managed陣列可以宣告成包含任何managed型別。在包含數值型別的陣列裡，陣列的每一個元素都包含一個所宣告型別的數值。例如，**int** 陣列的每一個元素都是 **int** 數值。

在包含指標的陣列裡，陣列的每一個元素都是指向陣列型別物件的一個指標。例如，**String** *陣列的每一個元素卻是指向 **String** 類別物件的指標。

7.4 使用陣列的例子

這一節我們提出幾個有關陣列的範例，來示範說明如何宣告陣列、配置記憶體給陣列、設定陣列的初值以及用不同方式來操作陣列元素。為了簡化起見，這一節所舉出的大部分範例都是包含 **int** 型別元素的陣列。請記得程式可以宣告大部分型別的陣列。

7.4.1 配置陣列的記憶體並且設定其元素的初值

圖 7.3 建立三個整數陣列，每一個都包含 10 個元素，然後以表格形式顯示出這些陣列。這個程式示範說明幾種宣告和初始化陣列的方法。

```
1  // Fig. 7.3: InitArray.cpp
2  // Different ways of initializing arrays.
3
4  #include "stdafx.h"
5
6  #using <mscorlib.dll>
7
8  using namespace System;
9
10 int _tmain()
11 {
12    int x __gc[];                 // declare array x
13    x = new int __gc[ 10 ];       // dynamically allocate array
14
15    // initializer list specifies value of each element in y; number of
16    // elements in array determined by number of initializer values
17    int y __gc[] = { 32, 27, 64, 18, 95, 14, 90, 70, 60, 37 };
18
19    const int ARRAY_SIZE = 10;    // named constant
20    int z __gc[];                 // declare array z
21
22    // allocate array of ARRAY_SIZE (i.e., 10) elements
23    z = new int __gc[ ARRAY_SIZE ];
24
25    // set the values in array z
26    for ( int i = 0; i < z->Length; i++ )
27       z[ i ] = 2 + 2 * i;
28
29    Console::WriteLine( S"Subscript\tArray x\t\tArray y\t\tArray z" );
30
31    // output values for each array
32    for ( int i = 0; i < ARRAY_SIZE; i++ )
33       Console::WriteLine( S"{0}\t\t{1}\t\t{2}\t\t{3}", i.ToString(),
34          x[ i ].ToString(), y[ i ].ToString(), z[ i ].ToString() );
35
36    return 0;
37 } // end _tmain
```

```
Subscript       Array x         Array y         Array z
0               0               32              2
1               0               27              4
2               0               64              6
3               0               18              8
4               0               95              10
5               0               14              12
6               0               90              14
7               0               70              16
8               0               60              18
9               0               37              20
```

圖 7.3　以三種不同方式設定陣列元素的初值 。

第 12 行宣告陣列 **x** 爲 **int** 數值型別的 managed 陣列。陣列 **x** 的名稱實際上就是一個指向陣列第一個元素的指標。陣列的每一個元素都具有 **int** 型別。變數 **x** 的型別是 **int __gc [ ]**，表示這是一個 managed 陣列，元素的型別是 **int**。第 13 行則是利用 **new** 配置記憶體給此陣列的 10 個元素，然後將此陣列指定給指標 **x**。這個陣列的每一個元素的預設值都是 **0**。

第 17 行建立另外一個 **int** 陣列，並且按照*初值串列* (*initializer list*) 設定每一個元素的初值。在這種情況下，初值串列中所含數值的個數就決定陣列的大小。例如，第 17 行建立一個擁有 10 個元素的陣列，索引值從 0 到 9，元素的值則指定在等號右邊的大括號內。請注意這個宣告並不需要使用到 **new** 運算子去建立陣列物件，當編譯器遇到一個陣列宣告包含有初值序列時，它就會自動配置記憶體給該陣列物件。

在第 19 行，我們利用關鍵字 **const** 建立了常數整數 **ARRAY_SIZE**。常數就是指在程式執行期間都不會改變的數值。常數必須在宣告的敘述式內設定其初值，而且以後就不可以修改。如果嘗試去修改一個已經宣告的 **const** 變數，編譯器就會發出編譯錯誤的訊息。常數也稱爲*名稱常數* (*named constant*)，通常用來讓程式更清楚易懂，而且常常以全部字母大寫的變數名稱來表示。

常見的程式設計錯誤 7.2

將一個值指定給已經宣告的常數變數，這是編譯錯誤。

良好的程式設計習慣 7.1

使用常數取代文字常數 (literal constants, 例如 8 這樣的數值寫法)，可以讓程式更清楚。使用這種技術可以避免所謂的「魔術數字」 (magic numbers) 效應。也就是當你重複提到 10 這個數字作為某個迴圈的計數器時，很自然地在讀者心中，10 這個數字就有了特殊的意義。很不幸的，當程式中出現另一個數字 10，但是與計數器無關時，讀者就會感到困惑了。

第 23 行建立一個長度 10 的整數陣列 **z**，其中使用名稱常數 **ARRAY_SIZE** 來指定陣列元素的個數。第 26 — 27 行的 **for** 敘述式設定陣列 **z** 的每一個元素。這個迴圈利用陣列的成員 **Length** 來決定陣列元素的個數。陣列 **z** 可以取用屬性 **Length**，因爲 **z** 是一個 managed 陣列，也是型別 **System::Array** 的一個物件 (陣列 **x** 和 **y** 也是)。在第 27 行，將連續的迴圈計數的值乘以 **2** 再加上 **2**，然後指定給對應的元素作爲初值。在完成初值設定後，陣列 **z** 就包含偶數整數 **2, 4, 6,…20**。

第 32-34 行的 **for** 敘述式顯示陣列 **x**、**y** 和 **z** 的值。從零開始計數的方式 (請記得陣列的下標是從 0 開始) 可以讓迴圈存取每一個陣列元素。在 **for** 敘述式條件區的常數 **ARRAY_SIZE** (第 32 行) 指定陣列的長度。

7.4.2 求陣列中所有元素的總和

通常，陣列的元素代表一連串可用來計算的數值。例如，如果陣列的元素代表某家公司在不同區域的個別總銷售額，這家公司可能希望將陣列的各元素值相加起來，以便計算出全部區域的總銷售額。

圖 7.4 將整數陣列 **a** (在第 12 行宣告、配置記憶體和設定初值) 的 10 個元素所包含的數值相加起來。在 **for** 迴圈主體內的第 16 行將該次迴圈計數所代表陣列位置的元素值加入總和。【*請注意*：這些被當成初值序列提供給陣列 **a** 的數值，一般會先讀入程式。例如，使用者可以透過 GUI 介面上的文字方塊輸入數值，或者這些數值可以存成檔案再讀入程式。(參見第十七章)】

7.4.3 使用直方圖顯示陣列資料

許多程式是以圖形方式將資料顯示給使用者。例如，在長條圖中數值通常是顯示成長條狀的圖形。在這樣的圖形中，越長代表越大的數值。另一個可以圖形顯示數值資料的簡單方法就是利用*直方圖* (*histogram*)，以星號 (*****) 組成的長條形狀來表示數值大小。

我們下一個應用程式 (圖 7.5) 會從陣列讀入數值，然後以長條圖或者直方圖的圖形方式顯示資料。程式會先顯示每一個數字，然後接著顯示一列對應數目的星號。巢狀的 **for** 迴圈 (第 17 至 25 行) 會將這些星號列輸出。請注意在第 21 行的內層 **for** 敘述式 (**j <= array[i]**)，就是迴圈繼續的條件式。每當程式執行到這個內層的 **for** 敘述式，迴圈就會從 1 執行到 **array[i]** 次，使用陣列 **array** 內一個元素的值來決定控制變數的終值 **j**，以及需要顯示的星號數目。

```
 1  // Fig. 7.4: SumArray.cpp
 2  // Computing the sum of the elements in an array.
 3
 4  #include "stdafx.h"
 5
 6  #using <mscorlib.dll>
 7
 8  using namespace System;
 9
10  int _tmain()
11  {
12     int a __gc[] = { 1, 2, 3, 4, 5, 6, 7, 8, 9, 10 };
13     int total = 0;
14
15     for ( int i = 0; i < a->Length; i++ )
16        total += a[ i ];
17
18     Console::WriteLine( S"Total of array elements: {0}",
19        total.ToString() );
20
21     return 0;
22  } // end _tmain
```

```
Total of array elements: 55
```

圖 7.4　計算陣列所有元素的總和。

```
1  // Fig. 7.5: Histogram.cpp
2  // Using data to create a histogram.
3
4  #include "stdafx.h"
5
6  #using <mscorlib.dll>
7
8  using namespace System;
9
10 int _tmain()
11 {
12    int array __gc[] = { 19, 3, 15, 7, 11, 9, 13, 5, 17, 1 };
13
14    Console::WriteLine( S"Element\tValue\tHistogram" );
15
16    // output histogram
17    for ( int i = 0 ; i < array->Length; i++
18       Console::Write(
19          S"{0}\t{1}\t", i.ToString(), array[ i ].ToString() );
20
21       for ( int j = 1; j <= array[ i ]; j++ ) // print a bar
22          Console::Write( S"*" );
23
24       Console::WriteLine(); // move cursor to next line
25    } // end outer for loop
26
27    return 0;
28 } // end _tmain
```

```
Element Value   Histogram
0       19      *******************
1       3       ***
2       15      ***************
3       7       *******
4       11      ***********
5       9       *********
6       13      *************
7       5       *****
8       17      *****************
9       1       *
```

圖 7.5　印出直方圖的程式。

7.4.4　使用陣列元素作為計數器

有時候程式會使用一連串的計數器變數來求出資料的總數，例如某項調查的數據結果。在第六章「函式」的擲骰子程式中一次擲兩顆骰子，我們使用一連串的計數器變數，來記錄骰子六個點數的出現次數。我們也指出有一個比圖 6.14 更好的技術可用於擲骰子程式，這個程式的陣列顯示在圖 7.6。

```
1  // Fig. 7.6: RollDie.cpp
2  // Rolling 12 dice.
3
4  #include "stdafx.h"
5
6  #using <mscorlib.dll>
7
8  using namespace System;
9
10 int _tmain()
11 {
12    Random *randomNumber = new Random();
13    int face;
14    int frequency __gc[] = new int __gc[ 7 ];
15    double total;
16
17    for ( int roll = 1; roll <= 6000; roll++ ) {
18       face = randomNumber->Next( 1, 7 );
19       ++frequency[ face ];
20    } // end for loop
21
22    total = 0;
23
24    for ( int i = 1; i < 7; i++ )
25       total += frequency[ i ];
26
27    Console::WriteLine( S"Face\tFrequency\tPercent" );
28
29    // output frequency values
30    for ( int x = 1; x < frequency->Length; x++ )
31       Console::WriteLine( S"{0}\t{1}\t\t{2}%", x.ToString(),
32          frequency[ x ].ToString(),
33          ( frequency[ x ] / total * 100 ).ToString( "N" ) );
34
35    return 0;
36 } // end _tmain
```

```
Face    Frequency       Percent
1       988             16.47%
2       1010            16.83%
3       1060            17.67%
4       972             16.20%
5       1047            17.45%
6       923             15.38%
```

圖 7.6　使用陣列而不用 switch 運算式的擲骰子程式。

圖 7.6 的程式使用七個元素的陣列 **frequency**，計算骰子每個點數的出現次數。第 19 行取代圖 6.14 中的第 20 到 44 行。第 19 行使用一個亂數 **face** 的值作爲陣列 **frequency** 的下標，以便決定在每次迴圈中應該將那一個元素遞增。第 18 行會產生介於 1 到 6 (代表骰子的六個點數) 之間的亂數，因此陣列 **frequency** 的下標必須能夠容納 1 到 6 的數值。陣列

要能容納這些下標值的元素數量，最少必須要有七個 (下標值 0 到 6)。在這個程式中，因為不會擲出骰子 0 點，我們忽略陣列 **frequency** 的元素 0。第 27-33 行取代了圖 6.14 中的第 50-63 行。我們可以迴圈來處理陣列 **frequency**，因此我們不需要像圖 6.14 一樣，做出每一行文字再顯示它們。

7.4.5 使用陣列來分析調查結果

我們下一個範例使用陣列，將問卷調查中所收集資料加以總結。考慮下述的問題敘述式：

> *有 40 位學生被要求對學生自助餐廳食物的品質評分，分數從從 1 到 10 (1 表示極差，10 表示極佳)。將這 40 份回覆的資料放在一個整數陣列裡，然後將每個評等的結果總結出來。*

這是一個典型處理陣列的應用程式 (見圖 7.7)。我們希望每種評等的回覆 (即 1 到 10 級) 的件數總結出來。陣列 **responses** 是一個有 40 個元素的整數陣列，其中存有學生對問卷的回覆。我們使用有 11 個元素的陣列 **frequency**，來計算每種評等的回覆次數。我們故意忽略第一個元素 **frequency[0]**，因為如果我們獲得一個評等為 1 的回覆，就應該將 **frequency[1]** 遞增，會比遞增 **frequency[0]** 更合乎邏輯。這樣我們就可直接將每種評等的回覆，直接對照到 **frequency** 陣列的下標來加以處理。陣列的每一個元素可作為每一種調查評等的計數器。

良好的程式設計習慣 7.2

盡力保持程式清晰。有時候放棄使用記憶體和處理器時間的最有效方式，以換取能夠寫出更清晰的程式還是值得。

而 **for** 迴圈 (第 19-20 行) 從陣列 **responses** 一次取出一個回覆，然後將陣列 **frequency** 裡的 10 個計數器之一 (從 **frequency[1]** 到 **frequency[10]**) 遞增。迴圈的主要敘述式是第 20 行，會依照元素 **responses[answer]** 的值去遞增陣列 **frequency** 中正確的計數器。

讓我們考慮 **for** 結構的前幾個迴圈的情形。當計數器變數 **answer** 為 **0** 時，則 responses **[answer]** 的值就是陣列 **responses** 第一個元素的值 (亦即，**1**)。在這種情形下，程式會將 **++frequency[responses[answer]]** 解釋成 **++frequency[1]**，把陣列元素 1 的值遞增。在計算這個運算式時，是從最內層方括號內的數值 (**answer**) 開始。一旦你知道 **answer** 的值，就可將此值插入運算式中，然後再計算更外一層的方括號內的數值 (**responses[answer]**)。然後使用該數值作為陣列 **frequency** 的下標，來決定要遞增那一個計數器。

當 **answer** 為 **1** 時，則 **responses[answer]** 的值就是陣列 **responses** 第二個元素的值 (亦即，**2**)，所以程式就會解釋下述運算式

```
++frequency[ responses[ answer ] ];
```

```
1  // Fig. 7.7: StudentPoll.cpp
2  // A student poll program.
3
4  #include "stdafx.h"
5
6  #using <mscorlib.dll>
7
8  using namespace System;
9
10 int _tmain()
11 {
12    int responses __gc[] = { 1, 2, 6, 4, 8, 5, 9, 7, 8, 10, 1,
13       6, 3, 8, 6, 10, 3, 8, 2, 7, 6, 5, 7, 6, 8, 6, 7, 5, 6, 6,
14       5, 6, 7, 5, 6, 4, 8, 6, 8, 10 };
15
16    int frequency __gc[] = new int __gc[ 11 ];
17
18    // increment the frequency for each response
19    for ( int answer = 0; answer < responses->Length; answer++ )
20       ++frequency[ responses[ answer ] ];
21
22    Console::WriteLine( S"Rating\tFrequency" );
23
24    // output results
25    for ( int rating = 1; rating < frequency->Length; rating++ )
26       Console::WriteLine( S"{0}\t{1}", rating.ToString(),
27          frequency[ rating ].ToString() );
28
29    return 0;
30 } // end _tmain
```

```
Rating  Frequency
1       2
2       2
3       2
4       2
5       5
6       11
7       5
8       7
9       1
10      3
```

圖 7.7　學生意見調查分析程式。

成爲**++frequency[2]**，然後遞增陣列 **frequency** 的元素 2 (就是陣列的第三個元素)。**answer** 爲 2 時，則 **responses[answer]** 的值就是陣列 **responses** 第三個元素的值 (亦即，6)，所以程式就會解釋下述運算式

```
++frequency[ responses[ answer ] ];
```

成爲**++frequency[6]**，然後遞增陣列 **frequency** 的元素 6 (就是陣列的第七個元素)，如此繼續下去。請注意，不論在這次調查中所處理的回覆次數有多少，只需要有 11 個元素的陣列(忽略元素 0 不用)來處理總結結果，因爲所有的回覆值都是在 1 到 10 之間，而對於 11 個元素陣列所需的下標值爲 0 到 10。因爲當初我們使用 **new** 配置陣列的記憶體時，就將 **frequency** 陣列的元素設定初值爲零，所以結果是正確的。

如果資料包含無效值，像 13 的話，程式會試圖將 **frequency[13]** 加 **1**。這就超出陣列的範圍。在 C 和 C++程式設計語言，不會做檢查以防止程式讀取陣列範圍以外的資料。在執行時期，程式會越過陣列的結尾，到它認爲元素 13 應該在的位置，然後將儲存在該記憶體位置的資料加 1。這樣有可能會修改到程式中的另一個變數或者讓程式提早結束。而.NET framework 提供例外處理機制來防止程式存取超過陣列範圍外的元素。當程式產生一個無效的陣列參考時，Visual C++ .NET 就會產生一個例外 ***IndexOutOfRangeException***，而不會執行一個無效的陣列參考。我們將會在第 11 章再更詳細討論例外。

避免錯誤的小技巧 7.1

當 MC++程式執行時，都會檢查陣列的下標是否有效 (就是下標必須大於或者等於 0，以及比陣列的長度小)。

避免錯誤的小技巧 7.2

當程式發生錯誤時，就會拋出例外。程式設計師可以編寫程式碼，讓程式從例外恢復然後繼續執行程式，而不是異常地終止程式。

常見的程式設計錯誤 7.3

參照一個超出陣列範圍的元素就會產生 IndexOutOfRangeException 例外。

避免錯誤的小技巧 7.3

當以迴圈方式執行陣列的時候，陣列的下標值絕不應該低於 0，而且必須永遠小於陣列元素的總數 (比陣列的長度少 1)。迴圈結束條件必須防止存取超出這個範圍的元素。

避免錯誤的小技巧 7.4

程式應該驗證所有輸入値的正確性，以避免錯誤的資訊影響到程式的計算。

7.5 將陣列傳遞給函式

要將陣列當成引數傳給函式，只需要指出陣列的名稱，但不要加上中括號。例如，如果陣列 **hourlyTemperatures** 如下宣告

```
int hourlyTemperatures __gc[] = new int __gc[ 24 ];
```

則下述的函式呼叫

```
ModifyArray( hourlyTemperatures );
```

就會將陣列 **hourlyTemperatures** 以傳參考方式傳給函式 **ModifyArray**。每一個陣列物件都知道自己的大小(透過 **Length** 屬性)，因此當我們將陣列物件傳入一個函式，我們不需要將陣列大小當作額外引數傳遞。

雖然整個陣列是以傳參考方式傳遞，但是基本型別的個別陣列元素則是以傳值方式傳遞。(由非基本型別陣列的個別元素所參照的物件則是以傳參考方式傳遞)。像這種簡單的一筆小資料有時就稱爲「純量」(*scalar* 或者 *scalar quantity*)。要將陣列的元素傳給函式，可在呼叫函式時，將帶有下標的陣列元素名稱當作引數傳給函式。例如，陣列 **scores** 的第零個元素就是以 **scores[0]** 的值傳遞。

函式如果是透過函式呼叫來接收陣列，則函式的參數列必須指明將會接收陣列。例如，函式 **ModifyArray** 的標頭必須寫成如下格式

```
void ModifyArray( int b __gc[] )
```

指出函式 **ModifyArray** 希望參數 **b** 接收到一個整數陣列。陣列是以傳參考方式傳遞；當被呼叫函式使用陣列參數名稱 **b** 時，此參數名稱就參照到原始的陣列。

程式設計師只需要將 **__gc[ ]** 附加在函式原型和函式定義的標頭，就可從函式傳回陣列[5]。例如，下述就是一個可以傳回整數 managed 陣列的函式原型

```
int FunctionName( parameter-list ) __gc[];
```

其中 **__gc[ ]** 指出這個函式 *FunctionName* 會傳回一個 managed 陣列，而 **int** 表示傳回的陣列是一個整數陣列。函式定義的標頭式依照相同的語法，只是不需要加上分號。就如同 managed 陣列的宣告一樣，如果我們不是在使用 managed 型別的別名時，**__gc** 可以省略。例如：

```
Int32 FunctionName( parameter-list ) [];
```

也可用來宣告一個可以傳回 managed 整數陣列的函式。

圖 7.8 中的程式說明傳遞整個陣列和只傳遞單一陣列元素的差別。第 20-21 行顯示整數陣列 **array1** 的五個元素。第 23 行呼叫函式 **ModifyArray**，並且將陣列 **array1** 當作引數傳給它。第 43-47 行的函式 **ModifyArray** 會將此陣列的每個元素乘以 **2**。爲了要說明陣列 **array1** 的元素已經修改，第 28-29 行會再一次顯示此陣列的元素。如同輸出所顯示，陣列 **array1** 的元素確實被函式 **ModifyArray** 修改。

第 31-33 行會在呼叫函式 **ModifyElement** 之前，先顯示 **array1[3]** 的值和其他資訊。第 36 行會呼叫函式 **ModifyElement** (定義在第 50-59 行)，並且提供引數 **array1[3]**。請記得 **array1[3]** 是陣列 **array1** 裡的一個 **int** 數值。也請記得，基本型別的數值永遠是以傳值方式 (預設) 傳給函式。因此，就會將 **array1[3]** 的一個副本傳遞過去。函式 **ModifyElement** 會將傳入的引數乘以 **2**，再將結果存回它的參數 **element**。函式 **ModifyEle-**

5　這是用來指出函式會傳回一維陣列的語法。我們將會在第 7.8 節討論如何從函式傳回多維陣列。

ment 的參數是一個區域變數，所以當此函式終止時，就會清除此區域變數。因此，當程式的控制權傳回函式 **_tmain** 時，則 **array1[3]** 未被修改的數值就會顯示出來(第 38-39 行)。

```
1  // Fig. 7.8: PassArray.cpp
2  // Passing arrays and individual elements to functions.
3
4  #include "stdafx.h"
5
6  #using <mscorlib.dll>
7
8  using namespace System;
9
10 void ModifyArray( int __gc[] );
11 void ModifyElement( int );
12
13 int _tmain()
14 {
15    int array1 __gc[] = { 1, 2, 3, 4, 5 };
16
17    Console::WriteLine( S"Effects of passing entire array "
18       S"pass-by-reference:\n\nOriginal array's values:" );
19
20    for ( int i = 0; i < array1->Length; i++ )
21       Console::Write( S"   {0}", array1[ i ].ToString() );
22
23    ModifyArray( array1 );   // array is passed pass-by-reference
24
25    Console::WriteLine( S"\nModified array's values:" );
26
27    // display elements of array array1
28    for ( int i = 0; i < array1->Length; i++ )
29       Console::Write( S"   {0}", array1[ i ].ToString() );
30
31    Console::Write( S"\n\nEffects of passing array "
32       S"element pass-by-value:\n\narray1[ 3 ] before " );
33    Console::Write( S"ModifyElement: {0}", array1[ 3 ].ToString() );
34
35    // array element passed pass-by-value
36    ModifyElement( array1[ 3 ] );
37
38    Console::WriteLine( S"\narray1[ 3 ] after ModifyElement: {0}",
39       array1[ 3 ].ToString() );
40 } // end _tmain
41
42 // function modifies the array it receives
43 void ModifyArray( int array2 __gc[] )
44 {
45    for ( int j = 0; j < array2->Length; j++ )
46       array2[ j ] *= 2;
47 } // end ModifyArray
48
```

圖 7.8　將陣列和個別元素傳遞給函式 (第 2 之 1 部分)。

```
49  // function modifies the integer passed to it, original not modified
50  void ModifyElement( int element )
51  {
52     Console::WriteLine( S"\nvalue received in ModifyElement: {0}",
53        element.ToString() );
54
55     element *= 2;
56
57     Console::WriteLine( S"value calculated in ModifyElement: {0}",
58        element.ToString() );
59  } // end ModifyElement
```

```
Effects of passing entire array pass-by-reference:

Original array's values:
   1   2   3   4   5
Modified array's values:
   2   4   6   8   10

Effects of passing array element pass-by-value:

array1[ 3 ] before ModifyElement: 8
value received in ModifyElement: 8
value calculated in ModifyElement: 16

array1[ 3 ] after ModifyElement: 8
```

圖 7.8　將陣列和個別元素傳遞給函式 (第 2 之 2 部分)。

7.6　陣列的排序

將資料排序 (也就是按照某種特殊的順序，例如上升或下降的次序，將資料加以排列) 是電腦最重要的一種應用。銀行將所有的支票按照帳戶號碼排列，以便在每個月底準備每個帳戶的餘額對帳單。電話公司將它們的客戶先按照姓氏排序，然後再按照名字排序，如此就很容易找到所要的電話號碼。每家公司必須將某些資料加以虛擬排序，很多時候，都是在處理大量的資料。資料排序是一個很容易引起好奇心的問題，在這個電腦領域中已經吸引許多人投入大量的研究。在這一節，我們將討論一個最簡單的排序方案。在習題中，我們要研究一個更精細複雜的排序演算法。

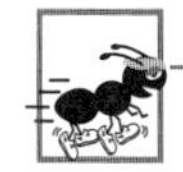

增進效能的小技巧 7.1

有時候，最簡單的演算法執行的效果最差。它們的好處是容易編寫、測試和除錯。有時要產生最高的執行效率需要使用複雜的演算法。

圖 7.9 中的程式，會將擁有 10 個元素的陣列 **a** 按照上升順序加以排序。我們所使用的技術稱為氣泡排序法 (bubble sort)，這樣取名是因為較小的數值會逐漸地像水中的氣泡升到陣列的上端 (朝向第一個元素)。這種技術有時候稱為*下降排序法* (*sinking sort*)，因為較大的

數值會下降到陣列的底端。氣泡排序法使用巢狀迴圈來回檢查陣列的排序。在每一次來回檢查陣列時，會連續對許多對的元素進行比較。如果有一對數值是按照遞增的順序排列 (或者兩個數值相等)，我們就讓這對數值保持原來的順序。如果這對數值是按照遞減的順序排列，則氣泡排序法就會將它們的順序交換。這個程式總計使用了函式 **_tmain** (第 13-32 行)、**BubbleSort** (第 35-43 行) 以及 **Swap** (第 46-53 行)。第 15 行建立陣列 **a**。第 23 行呼叫函式 **BubbleSort** 來排序陣列 **a**。在函式 **BubbleSort** 主體內的第 42 行呼叫函式 **Swap**，以便交換陣列的兩個元素。

函式 **BubbleSort** 是以參數 **b** 來接收此陣列。第 37-42 行的巢狀 **for** 迴圈結構則執行排序的工作。而外層的 **for** 迴圈則控制檢查陣列的次數。至於內層 **for** 迴圈則控制每次檢查時的比較工作。如果必要的話，在第 41-42 行內層迴圈的 **if** 敘述式就會將沒有按照順序排列的相鄰元素交換。

首先，程式 **BubbleSort** 會將 **b[0]** 和 **b[1]** 加以比較，然後比較 **b[1]** 和 **b[2]**，再來比較 **b[2]** 和 **b[3]**，如此下去，一直比較到 **b[8]** 和 **b[9]**。雖然總共有 10 個元素，但全部只會比較九次。這樣連續的比較，較大的數值在一次檢查過程中，就可能會向陣列下方移動許多位置，有時候會一直移到陣列的底部。但是，小數值則只會向上移動一個位置。在第一檢查陣列的過程中，最大的數值保證一定會向下降到陣列的最底端位置 **b[9]**。在第二次檢查的過程中，第二大的數值保證會下降到 **b[8]** 的位置。在第九次的檢查過程中，第九大的數值會下降到 **b[1]** 的位置。這樣就會讓最小的數值留在 **b[0]** 的位置，於是只需要進行九個比較過程，就能將陣列的 10 個元素排序完成。

如果經過比較顯示這兩個元素是下降順序排列，則 **BubbleSort** 就會呼叫 **Swap** 將兩個元素交換位置，使它們成爲上升順序排列。函式 **Swap** 會接收一個指向陣列的指標 (命名爲 **c**)，另外接收一個整數代表要交換的第一個元素的下標值。在第 50-52 行的三個指定敘述是會執行交換的工作，另外一個變數 **hold** 只是用來暫時儲存要交換的數值之一。如果只用下述兩個指定敘述式，是無法完成交換的動作

```
c[ first ] = c[ first + 1 ];
c[ first + 1 ] = c[ first ];
```

例如，如果 **c[first]** 是 **7** 而 **c[first + 1]** 是 **5**，則經過第一個指定敘述式後，兩個元素的值都將是 **5**，而 **7** 就會遺失掉，因此需要另外一個變數 **hold**。

這種氣泡排序法的優點是很容易寫程式。但是，氣泡排序法執行得很慢，尤其當排序大型陣列時狀況就很明顯。較進階的課程，例如「資料結構」、「演算法」、「計算理論」(Computational Complexity) 則會更深入的探討有關排序和搜尋的理論。請注意，.NET framework 包含有一個內建的陣列排序功能，可以進行高速排序。要將圖 7.9 中的陣列 **a** 排序，你可以使用下面的敘述式[6]

```
Array::Sort( a );
```

---

6 若想取得更多有關類別 System::Array 的資料，包括方法 Sort，你可以在第 22 章「資料結構和群集」找到相關資料，或者拜訪網站 **msdn.microsoft.com/library/en-us/cpref/html/frlrfSystemArrayClassTopic.asp**。

```
 1  // Fig. 7.9: BubbleSorter.cpp
 2  // Sorting an array's values into ascending order.
 3
 4  #include "stdafx.h"
 5
 6  #using <mscorlib.dll>
 7
 8  using namespace System;
 9
10  void BubbleSort( int __gc[] );
11  void Swap( int __gc[], int );
12
13  int _tmain()
14  {
15     int a __gc[] = { 2, 6, 4, 8, 10, 12, 89, 68, 45, 37 };
16
17     Console::WriteLine( S"Data items in original order" );
18
19     for ( int i = 0; i < a->Length; i++ )
20        Console::Write( S"   {0}", a[ i ].ToString() );
21
22     // sort elements in array a
23     BubbleSort( a );
24
25     Console::WriteLine( S"\nData items in ascending order" );
26
27     for ( int i = 0; i < a->Length; i++ )
28        Console::Write( S"   {0}", a[ i ].ToString() );
29     Console::WriteLine();
30
31     return 0;
32  } // end _tmain
33
34  // sort the elements of an array with bubble sort
35  void BubbleSort( int b __gc[] )
36  {
37     for ( int pass = 1; pass < b->Length; pass++ ) // passes
38
39        for ( int i = 0; i < b->Length - 1; i++ )   // one pass
40
41           if ( b[ i ] > b[ i + 1 ] )      // one comparison
42              Swap( b, i );           // one swap
43  } // end function BubbleSort
44
45  // swap two elements of an array
46  void Swap( int c __gc[], int first )
47  {
48     int hold;      // temporary holding area for swap
49
50     hold = c[ first ];
51     c[ first ] = c[ first + 1 ];
52     c[ first + 1 ] = hold;
53  } // end function Swap
```

圖 7.9 以氣泡排序法將陣列排序 (第 2 之 1 部分)。

```
Data items in original order
   2   6   4   8   10   12   89   68   45   37
Data items in ascending order
   2   4   6   8   10   12   37   45   68   89
```

圖 7.9　以氣泡排序法將陣列排序 (第 2 之 2 部分)。

7.7　陣列的搜尋：線性搜尋和二元搜尋

通常，程式設計師會操作儲存在陣列中的大量資料，此時可能需要判斷是否陣列含有符合某個*關鍵值* (key value) 的數值。找出陣列中特定元素的過程，就是所謂的*搜尋* (searching)。在本節中，我們會討論兩種搜尋的技術—簡單的*線性搜尋法* (*linear search*) 和更有效率的*二元搜尋法* (*binary search*)。在本章結尾處的習題 7.8 和後續習題 7.9 會要求你以遞迴的方式實作出線性尋法和二元搜尋法。

7.7.1　利用線性搜尋法搜尋陣列

圖 7.10 的應用程式實作出線性搜尋演算法。在圖 7.10 的程式中，函式 **LinearSearch** (第 32-41 行) 使用一個 **for** 敘述式，主體內則有一個 **if** 敘述式利用搜尋關鍵值 (search key) 來跟陣列的每一個元素比較 (第 36 行)。如果找到搜尋關鍵值，函式就會將該元素的下標值傳回，指出陣列中該搜尋關鍵值的確實位置。如果沒有發現搜尋關鍵值，函式就會傳回 **-1**。(數值**-1** 是一個正確的選擇，因爲它不是一個有效的下標值)。如果陣列的元素並不是按照任何特殊的順序排列，則該搜尋關鍵值在首尾出現的機會都相同。平均來說，程式必須將搜尋關鍵值與陣列的一半元素加以比較。程式中包含一個內有 25 個元素的陣列，是從 2 到 50 的所有偶數。使用者是在命令列提示下，輸入搜尋關鍵值。

7.7.2　利用二元搜尋法搜尋已排序陣列

線性搜尋法對於小型陣列或尚未排序的陣列，執行的效果較好。但是，對於大型陣列，線性搜尋就有些無能爲力了。如果陣列已經過排序，就可以使用高速的*二元搜尋法* (*binary search*)。二元搜尋的演算法是每經過一次比較，就會淘汰陣列中一半的元素。這個演算法會找出位於陣列中央的元素，並且將它與搜尋關鍵值加以比較。如果兩個值相等，則搜尋關鍵值就找到了，然後傳回該元素的陣列下標值。否則，問題就簡化成只需搜尋陣列一半的元素。如果搜尋的關鍵值小於陣列中央元素的值，就會繼續搜尋陣列前半的元素；反之，則會搜尋陣列的後半的元素。如果搜尋關鍵值仍然不等於指定子陣列 (原來陣列的一部份) 的中央元素的值，就會在原來陣列的四分之一的元素中，再執行一次相同的演算法。搜尋會持續下去，直到搜尋關鍵值等於某個子陣列中央元素的值，或者是直到子陣列只剩下一個元素，但並不等於搜尋關鍵值 (就是指尚未找到搜尋關鍵值)。

```
1   // Fig. 7.10: LinearSearcher.cpp
2   // Demonstrating linear searching of an array.
3
4   #include "stdafx.h"
5
6   #using <mscorlib.dll>
7
8   using namespace System;
9
10  int LinearSearch( int __gc[], int );
11
12  int _tmain()
13  {
14     int a __gc[] = { 2, 4, 6, 8, 10, 12, 14, 16, 18, 20, 22, 24,
15        26, 28, 30, 32, 34, 36, 38, 40, 42, 44, 46, 48, 50 };
16
17     Console::Write( S"Please enter a search key: " );
18     int searchKey = Int32::Parse( Console::ReadLine() );
19
20     int elementIndex = LinearSearch( a, searchKey );
21
22     if ( elementIndex != -1 )
23        Console::WriteLine( S"Found value in element {0}",
24           elementIndex.ToString() );
25     else
26        Console::WriteLine( S"Value not found" );
27
28     return 0;
29  } // end _tmain
30
31  // search array for the specified key value
32  int LinearSearch( int array __gc[], int key )
33  {
34     for ( int n = 0; n < array->Length; n++ ) {
35
36        if ( array[ n ] == key )
37           return n;
38     } // end for
39
40     return -1;
41  } // end function LinearSearch
```

```
Please enter a search key: 6
Found value in element 2
```

```
Please enter a search key: 15
Value not found
```

圖 7.10　線性搜尋陣列。

在最壞的狀況下，搜尋擁有 1023 個元素的陣列，使用二元搜尋法只需要執行 10 次比較。將 1024 重複除以 2(因為在每一次比較之後，我們就能夠淘汰陣列的一半元素)，於是就會產生 512、256、128、64、32、16、8、4、2 和 1。數字 1024 （2^{10}）只需要除以 2 十次，就能得出 1。除以 2 其實就等於在二元搜尋演算法中的一次比較。含有 1,048,576 個(2^{20})元素的陣列，最多只需要 20 次的比較，就能夠找出搜尋的關鍵值。含有十億個元素的陣列，最多也只需要 30 次的比較，就能夠找出搜尋的關鍵值。這與線性搜尋法比較起來，在執行效率上有著驚人改進，線性搜尋法平均需要將陣列中的一半元素與搜尋關鍵值比較。對於含有十億個元素的陣列，會形成平均五億次的比較和最多 30 次必較的對比。對於任何排序過的陣列，若要進行二元搜尋所需要執行的比較，其次數就是剛好大於陣列元素數目的第一個 2 次方數的指數。

圖 7.11 顯示採用迭代版本搜尋的 **BinarySearch** 函式。此函式會接受兩個引數－整數陣列 **array** (要搜尋的陣列)，整數 **key** (搜尋關鍵值)。第 43 行將目前要判斷的陣列部分的元素數目，先除以 2，以便決定搜尋陣列的中央元素。請記得，我們使用**/**運算子來計算整數，這個整數除法會將計算結果的小數部分捨掉。所以當陣列中具有偶數個元素，就不會有中央的元素，因為此時陣列的中央是在兩個元素之間。當這種情形發生時，第 43 行的的計算過程就會將兩個中央元素的較小索引值傳回。

如果變數 **key** 和子陣列的中央元素的索引值 **middle** 相同 (第 50 行)，**BinarySearch** 就會傳回**middle**值，表示找到搜尋關鍵值，於是搜尋就會結束。如果**key**與子陣列的中央元素索引值 **middle** 不同，**BinarySearch** 就會調整下標 **low** 或 **high**，以便在更小範圍的子陣列中再進行搜尋。如果**key**比中央元素的值小(第 52 行)，則將下標**high**的值設為**middle -1**，於是搜尋就會在 **low** 到 **middle -1** 的範圍內繼續搜尋。如果 **key** 比中央元素的值大(第 54 行)，則將下標**low**的值設為**middle +1**，於是搜尋就會在**middle +1** 到**high** 的範圍內繼續搜尋。這些比較是在第 50 至 55 行的巢狀 **if…else** 敘述式中進行。

這個程式使用的陣列有 15 個元素。第一個大於陣列元素個數的 2 的次方數是 16(2^4)，因此要找出**key**最多只需要 4 次比較即可。要說明這個觀念，函式**Binary Search** 會呼叫函式 **ShowOutput**(第 62-77 行)，將二元搜尋過程中的每一個子陣列輸出。函式**ShowOutput** 會將每一個子陣列的中央元素標上星號(*****)，指出 **key** 是和這個元素比較。在這個範例中的每一次搜尋，最多會產生四行的輸出，每次比較輸出一行。請注意，.NET framework 包含有一個內建的搜尋陣列的功能，可以執行二元搜尋的演算法。要從圖 7.11 中已排序的陣列 **a** 搜尋出關鍵值 7，你可以使用下面的敘述式

```
Array::BinarySearch( a, 7 );
```

```
1  // Fig. 7.11: BinarySearchTest.cpp
2  // Demonstrating a binary search of an array.
3
4  #include "stdafx.h"
5
6  #using <mscorlib.dll>
7
8  using namespace System;
9
10 int BinarySearch( int __gc[], int );
11 void ShowOutput( int __gc[], int, int, int );
12
13 int _tmain()
14 {
15    int a __gc[] = { 0, 2, 4, 6, 8, 10, 12, 14, 16,
16       18, 20, 22, 24, 26, 28 };
17
18    Console::Write( S"Please enter a search key: " );
19    int searchKey = Int32::Parse( Console::ReadLine() );
20
21    Console::WriteLine( S"\nPortions of array searched" );
22
23    // perform the binary search
24    int element = BinarySearch( a, searchKey );
25
26    if ( element != -1 )
27       Console::WriteLine( S"\nFound value in element {0}",
28           element.ToString() );
29    else
30       Console::WriteLine( S"\nValue not found" );
31
32    return 0;
33 } // end _tmain
34
35 // search array for specified key
36 int BinarySearch( int array __gc[], int key )
37 {
38    int low = 0; // low index
39    int high = array->Length - 1; // high index
40    int middle; // middle index
41
42    while ( low <= high ) {
43       middle = ( low + high ) / 2;
44
45       // the following line displays the portion
46       // of the array currently being manipulated during
47       // each iteration of the binary search loop
48       ShowOutput( array, low, middle, high );
49
50       if ( key == array[ middle ] )   // match
51          return middle;
```

圖 7.11　在已排序陣列中進行二元搜尋 (第 3 之 1 部分)。

```
52          else if ( key < array[ middle ] )
53             high = middle - 1;  // key less than middle, set new high
54          else
55             low = middle + 1; // key greater than middle, set new low
56       } // end binary search
57
58       return -1; // search key not found
59    } // end function BinarySearch
60
61    // show current part of array being processed
62    void ShowOutput( int array __gc[], int low, int mid, int high )
63    {
64       for ( int i = 0; i < array->Length; i++ ) {
65
66          if ( i < low || i > high )
67             Console::Write( S"    " );
68
69          // else mark middle element in output
70          else if ( i == mid )
71             Console::Write( S"{0}* ", array[ i ].ToString( "00" ) );
72          else
73             Console::Write( S"{0}  ", array[ i ].ToString( "00" ) );
74       } // end for
75
76       Console::WriteLine();
77    } // end function ShowOutput
```

```
Please enter a search key: 6

Portions of array searched
00  02  04  06  08  10  12  14* 16  18  20  22  24  26  28
00  02  04  06* 08  10  12

Found value in element 3
```

```
Please enter a search key: 8

Portions of array searched
00  02  04  06  08  10  12  14* 16  18  20  22  24  26  28
00  02  04  06* 08  10  12
                08  10* 12
                08*

Found value in element 4
```

圖 7.11　在已排序陣列中進行二元搜尋 (第 3 之 2 部分)。

```
Please enter a search key: 25

Portions of array searched
00  02  04  06  08  10  12  14* 16  18  20  22  24  26  28
                                16  18  20  22* 24  26  28
                                                24  26* 28
                                                24*

Value not found
```

圖 7.11　在已排序陣列中進行二元搜尋 (第 3 之 3 部分)。

7.8　多維陣列

到目前爲止，我們曾討論過一維 (或者單下標) 陣列，就是包含單獨數值序列的陣列。在這一節，我們將介紹多維 (有時稱爲多下標) 陣列。這樣的陣列需要兩個以上的下標才能找到特定的元素。需要 2 個下標才能找到特定元素的陣列，稱爲二維陣列 (two-subscripted array)。我們將著重在二維陣列的討論。有兩個索引值的多維陣列通常用來表示數值表格，將內含的資料按照*列* (*row*) 和*行* (*column*) 排列，每一列的資料都擁有相同的行數。要找出某一個特定的表格元素，我們必須指定兩個索引值，按照慣例第一個索引值表示元素的列數，第二個索引值代表元素的行數。多維陣列可以有兩個以上的下標。圖 7.12 中的陣列 **a** 包含三列和四行，又稱爲三乘四陣列。具有 m 列 n 行的陣列稱爲 *m* 乘 *n* (*m-by-n*) 陣列。

圖 7.12 中陣列 **a** 的每個元素都是以 **a[i,j]** 形式的名稱來加以區別；**a** 爲陣列的名稱，而 **i** 和 **j** 代表可以唯一辨識出每個元素的列和行下標。請注意，第一列所有元素的第 1 個下標都是 **0**；第 4 行所有元素名稱的第 2 個下標都是 **3**。

多維陣列可以像一維陣列的相同宣告設定初值。具有兩列和兩行的二維陣列 **b** 可以如下宣告和設定初值

```
int b __gc[,] = new int __gc[ 2, 2 ];

b[ 0, 0 ] = 1;
b[ 0, 1 ] = 2;
b[ 1, 0 ] = 3;
b[ 1, 1 ] = 4;
```

方法 ***GetLength*** 可以傳回陣列特定維度的長度。在前述的範例中，**b->GetLength (0)** 會傳回 **b** 陣列第零維度的長度 **2**。陣列的維度數目稱爲陣列的秩 (rank)。陣列的秩數會比陣列宣告中所用逗號的數目多一。例如，陣列 **b** 的宣告中有個記號 **[,]**，其中包含一個逗號。因此，陣列 **b** 的秩數就是 **2**。要宣告一個三維陣列，我們必須使用記號 **[, ,]**。

我們在第 7.5 節討論過如何從函式傳回陣列。程式設計師也可以使用上述的記號來指定要傳回的多維陣列。例如，下述就是可以傳回一個二維整數陣列的函式原型

```
int FunctionName( parameter-list ) __gc[,];
```

二維陣列範例：顯示陣列元素的值

圖 7.13 示範如何設定多維陣列的初值，以及使用巢狀 **for** 迴圈來掃過整個陣列 (例如，操作每一個陣列元素)。

在陣列 **array** 的宣告中 (第 15 行) 會建立一個二乘三的 managed 陣列。第 17-20 行決定多維陣列個別元素的值。陣列的第一列元素的值爲 **1**、**2** 和 **3**。陣列的第二列元素的值爲 **2**、**4** 和 **6**。

第 31-40 行的函式 **DisplayArray** 會將此陣列 **array** 的每個元素顯示出來。請注意，我們使用巢狀的 **for** 敘述式來輸出二維陣列的每一列元素。在陣列 **array** 的巢狀 **for** 敘述式中，我們使用方法 **GetLength** 來決定陣列每一個維度有多少個元素。第 33 行藉著呼叫 **array->GetLength(0)** 來決定陣列的列數，在第 35 行藉著呼叫 **array->GetLength(1)** 來決定陣列的行數。如果陣列還有其他的維度就需要額外的巢狀 **for** 迴圈。

利用 for 敘述式執行一般多維陣列的操作

許多常見的陣列操作，都會使用 **for** 重複敘述式。現有一個多維陣列 **a** 包含三列。下述的 **for** 敘述式會將陣列 **a** 第三列的所有元素都設定爲零：

```
for ( int column = 0; column < a->GetLength( 0 ); column++ )
   a[ 2, column ] = 0;
```

我們指定的是*第三列*，因此我們知道第一個下標一定都是 **2**。(**0** 爲第 1 列，而 1 爲第 2 列) 而 **for** 迴圈只需要變動第二個下標 (即代表行的下標)。請注意，我們在 **for** 敘述式的條件運算式中使用了 **a->GetLength(0)**。假設這個陣列包含四行，前述的 **for** 敘述式就等於四行指定敘述式

```
a[ 2, 0 ] = 0;
a[ 2, 1 ] = 0;
a[ 2, 2 ] = 0;
a[ 2, 3 ] = 0;
```

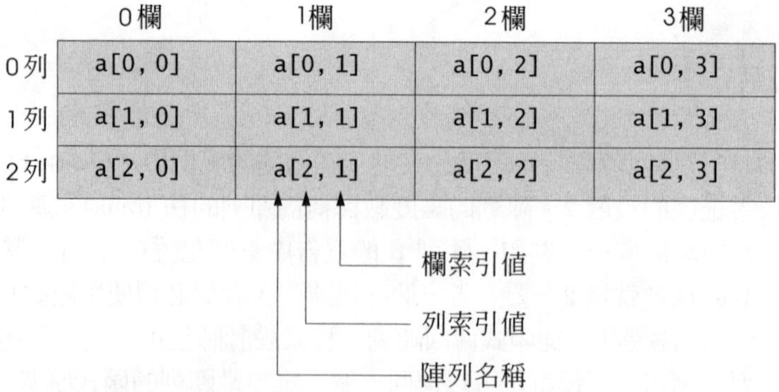

	0 欄	1欄	2 欄	3 欄
0 列	a[0, 0]	a[0, 1]	a[0, 2]	a[0, 3]
1 列	a[1, 0]	a[1, 1]	a[1, 2]	a[1, 3]
2 列	a[2, 0]	a[2, 1]	a[2, 2]	a[2, 3]

圖 7.12　有三列和四行的二維陣列。

```
1   // Fig. 7.13: TwoDimensionalArrays.cpp
2   // Initializing two-dimensional arrays.
3
4   #include "stdafx.h"
5
6   #using <mscorlib.dll>
7
8   using namespace System;
9
10  void DisplayArray( int __gc[,] );
11
12  int _tmain()
13  {
14     // declaration and initialization of 2D array
15     int array __gc[,] = new int __gc[ 2, 3 ];
16
17     for ( int i = 0; i < array->GetLength( 0 ); i++ )
18
19        for ( int j = 0; j < array->GetLength( 1 ); j++ )
20           array[ i, j ] = ( i + 1 ) * ( j + 1 );
21
22     Console::WriteLine( S"Values in the array by row are" );
23
24     // display 2D array
25     DisplayArray( array );
26
27     return 0;
28  } // end _tmain
29
30  // display rows and columns of a 2D array
31  void DisplayArray( int array __gc[,] )
32  {
33     for ( int i = 0; i < array->GetLength( 0 ); i++ ) {
34
35        for ( int j = 0; j < array->GetLength( 1 ); j++ )
36           Console::Write( S"{0} ", array[ i, j ].ToString() );
37
38        Console::WriteLine();
39     } // end for
40  } // end function DisplayArray
```

```
Values in the array by row are
1 2 3
2 4 6
```

圖 7.13　設定二維陣列的初值。

下述的巢狀 **for** 敘述式會將陣列 **a** 中的元素相加起來。我們在外層的 **for** 敘述式的條件運算式中使用 **a->Length**，以便決定陣列 **a** 的列數 (就是子陣列的數目)，此處就是 **3**。

```
int total = 0;

for ( int row = 0; row < a->GetLength( 0 ); row++ )

   for ( int column = 0; column < a->GetLength( 1 ); column++ )
      total += a[ row, column ];
```

而 **for** 敘述式會一次計算出陣列一列元素的總和。外層 **for** 敘述式開始將索引值 **row**(表示列的下標) 設爲 **0**，這樣第 1 列的元素就可以在內層的 **for** 敘述式算出總和。然後，外層 **for** 敘述式就會將 **row** 增加爲 **1**，這樣第 2 列就可以加入總和中。然後，外層 **for** 敘述式就會將 **row** 增加爲 **2**，這樣第 3 列就可以加入總和中。當巢狀 **for** 敘述式結束的時候，結果就可以列印出來。

二維陣列範例：將學生考試分數相加起來

圖 7.14 中的程式會對三乘四的陣列 **grades** 執行幾種常見的陣列操作。此陣列的每一列代表一位學生，而每一行則代表學生在學期中所參加四次考試中的一次成績。陣列的操作是藉著三個函式執行。函式 **Minimum**(第 62-74 行) 會決定學生在該學期中的最低分數。函式 **Maximum** (第 77-89 行) 會決定學生在該學期中的最高分數。函式 **Average** (第 92-100 行) 則會決定某位學生該學期的平均分數。

函式 **Minimum** 和 **Maximum** 使用陣列 **grades** 以及變數 **students** (陣列的列數) 和 **exams** (陣列的行數)。每個函式都會利用巢狀 **for** 敘述式，來檢查陣列 **grades**。**Minimum** 函式的巢狀 **for** 敘述式 (第 66-71 行)，外層 **for** 敘述式是會從設定 **i** (表示列的下標) 爲 **0** 開始，這樣第 1 列的元素就可以和內層的 **for** 敘述式本體中的變數 **lowGrade** 加以比較。內層的 **for** 敘述式會檢查某特定列的四次成績，然後將每次分數與 **lowGrade** 互相比較。如果某項分數少於 **lowGrade**，則會將該分數設定給 **lowGrade**。而外層的 **for** 敘述式就會將列下標遞增爲 **1**。則第二列的元素就會與變數 **lowGrade** 加以比較。然後外層的 **for** 敘述式就會將列下標遞增爲 **2**。則第三列的元素就會與變數 **lowGrade** 加以比較。當巢狀結構執行完畢後，**lowGrade** 就會有此二維陣列的最少的分數。函式 **Maximum** 操作情形與函式 **Minimum** 極爲相似。

函式 **Average** 會接收兩個引數：指向代表某位特定學生考試成績的一維陣列的指標，以及陣列中考試分數的個數。當呼叫函式 **Average** 時 (第 54 行)，引數 **&grades[i, 0]** 指定將二維陣列 **grades** 的某列傳給 **Average**。引數 **&grades[i, 0]** 產生一個 managed 整數指標。例如，引數 **&grades[i, 0]** 代表儲存在二維陣列 **grades** 第二列的四個值 (含有分數的一維陣列)。函式 **Average** 會計算陣列元素的總和，再將總和除以測試的個數，然後將浮點數結果強迫轉型成 **double** 數值 (第 99 行)。

```
1  // Fig. 7.14: DoubleArray.cpp
2  // Manipulating a double-subscripted array.
3
4  #include "stdafx.h"
5
6  #using <mscorlib.dll>
7
8  using namespace System;
9
10 int Minimum( int __gc[,], int, int );
11 int Maximum( int __gc[,], int, int );
12 double Average( int __gc *, int );
13
14 int _tmain()
15 {
16    int grades[,] = new int __gc[ 3, 4 ];
17    grades[ 0, 0 ] = 77;
18    grades[ 0, 1 ] = 68;
19    grades[ 0, 2 ] = 86;
20    grades[ 0, 3 ] = 73;
21    grades[ 1, 0 ] = 96;
22    grades[ 1, 1 ] = 87;
23    grades[ 1, 2 ] = 89;
24    grades[ 1, 3 ] = 81;
25    grades[ 2, 0 ] = 70;
26    grades[ 2, 1 ] = 90;
27    grades[ 2, 2 ] = 86;
28    grades[ 2, 3 ] = 81;
29
30    int students = grades->GetLength( 0 );  // number of students
31    int exams = grades->GetLength( 1 );     // number of exams
32
33    // line up column headings
34    Console::Write( S"                " );
35
36    // output the column headings
37    for ( int i = 0; i < exams; i++ )
38       Console::Write( S"[{0}]", i.ToString() );
39
40    // output the rows
41    for ( int i = 0; i < students; i++ ) {
42       Console::Write( S"\ngrades[{0}]      ", i.ToString() );
43
44       for ( int j = 0; j < exams; j++ )
45          Console::Write( S"{0} ", grades[ i, j ].ToString() );
46    } // end for
47
48    Console::WriteLine( S"\n\nLowest grade: {0}\nHighest grade: {1}",
49       Minimum( grades, students, exams ).ToString(),
50       Maximum( grades, students, exams ).ToString() );
51
```

圖 7.14　二維陣列的操作範例 (第 3 之 1 部分)。

```
52      for ( int i = 0; i < students; i++ )
53         Console::Write( S"\nAverage for student {0} is {1}", i.ToString(),
54            Average( &grades[ i, 0 ], exams ).ToString( ".00" ) );
55
56      Console::WriteLine();
57
58      return 0;
59   } // end _tmain
60
61   // find minimum grade in grades array
62   int Minimum( int grades __gc[,], int students, int exams )
63   {
64      int lowGrade = 100;
65
66      for ( int i = 0; i < students; i++ )
67
68         for ( int j = 0; j < exams; j++ )
69
70            if ( grades[ i, j ] < lowGrade )
71               lowGrade = grades[ i, j ];
72
73      return lowGrade;
74   } // end function Minimum
75
76   // find maximum grade in grades array
77   int Maximum( int grades __gc[,], int students, int exams )
78   {
79      int highGrade = 0;
80
81      for ( int i = 0; i < students; i++ )
82
83         for ( int j = 0; j < exams; j++ )
84
85            if ( grades[ i, j ] > highGrade )
86               highGrade = grades[ i, j ];
87
88      return highGrade;
89   } // end function Maximum
90
91   // determine average grade for a particular student
92   double Average( int __gc *setOfGrades, int grades )
93   {
94      int total = 0;
95
96      for ( int i = 0; i < grades; i++ )
97         total += setOfGrades[ i ];
98
99      return static_cast< double >( total ) / grades;
100  } // end function Average
```

圖 7.14 二維陣列的操作範例 (第 3 之 2 部分)。

```
              [0] [1] [2] [3]
grades[0]      77  68  86  73
grades[1]      96  87  89  81
grades[2]      70  90  86  81

Lowest grade: 68
Highest grade: 96

Average for student 0 is 76.00
Average for student 1 is 88.25
Average for student 2 is 81.75
```

圖 7.14　二維陣列的操作範例 (第 3 之 3 部分)。

摘　要

- 陣列是一群具有相同名稱和型別的記憶體位置。
- Visual C++ .NET 支援 managed 陣列。使用關鍵字 **new** 替 managed 陣列動態配置記憶體。
- managed 陣列是「靜態」實體，從建立以後都保持相同的大小。
- 爲了要參照陣列中某個特定位置或者元素，我們必需指出陣列的名稱和該元素在陣列中的位置編號。
- 每個陣列的第一個元素就是第 0 個元素 (就是元素 0)。
- 在方括號中的位置編號更正式的名稱是*索引* (*index*)，或者是*下標* (*subscript*)。索引必須是一個整數或者一個整數的運算式。
- 要參照到一維陣列的第 *i* 個元素，必須使用 *i* - 1 作爲索引。
- 包圍住陣列索引的方括號和後置遞增和後置遞減運算子有著相同層級的優先權。
- 當我們替陣列配置記憶體時，元素若爲數值型基本資料型別的變數則設定初值爲 **0**，若爲布林值變數 (**bool**) 則設定初值爲 **false**，或是指標則設定初值爲 **0**。
- 在陣列宣告中的 MC++關鍵字 **__gc** 指出此陣列是 managed 陣列。
- 一般來說，關鍵字 **__gc** 就是宣告一個 managed 型別。managed 型別的廢棄記憶體會被回收 (就是不再使用的記憶體會被釋放)，它是由 .NET Framework 提供的執行時期環境 CLR 所管理。
- managed 陣列 (有時也稱爲 **__gc** 陣列) 是繼承自類別 **System::Array**。
- 關鍵字 **__nogc** 則宣告 unmanaged 陣列。Unmanaged 陣列 (有時稱爲 **__nogc** 陣列) 就是標準的 C++陣列，它沒有 managed 陣列所擁有的優點，例如回收記憶體。
- managed 陣列可被宣告爲包含任何 managed 型別的元素。
- 在包含數值型別的陣列裡，陣列的每一個元素都包含一個所宣告型別的數値。例如，**int** 陣列的每一個元素就是一個 **int** 數値。
- 在包含指標的陣列裡，陣列的每一個元素都是指向陣列型別物件的一個指標。例如，**String ***陣列的每一個元素就是一個指向類別 **String** 物件的指標；每一個 **String ***物件的預設值是指向包含空字串的物件。
- 常數就是指在程式執行期間都不會改變大小的數値。常數是利用關鍵字 **const** 宣告，而且必須在宣告的同一敘述式內設定其初值，以後就不可以修改。

- 如果嘗試去修改一個已經宣告的 **const** 變數，編譯器就會發出編譯錯誤的訊息。
- 常數也稱爲名稱常數 (named constant)。
- 與.NET 相容的語言 MC++可提供機制來防止程式存取超過陣列範圍外的元素，而它們的前身 C 和 C++則否。
- 參照到陣列中不存在的元素時，就會產生 IndexOutOfRangeException 的例外。
- 函式如果是透過函式呼叫來接收陣列，則函式的參數列必須指明函式將會接收陣列。例如，函式 **ModifyArray** 的標頭必須寫成如下格式

```
void ModifyArray( int b __gc[] )
```

指出函式 **ModifyArray** 希望參數 **b** 接收一個整數陣列。

- 陣列是以傳參考方式傳遞；當被呼叫函式使用陣列參數名稱**b**時，此參數名稱就參照到呼叫者實際的陣列。
- 程式設計師只需要將**__gc[ ]**附加在函式原型和函式定義的標頭，就可從函式傳回陣列。例如，下述就是一個可以傳回整數陣列的函式原型

```
int FunctionName( parameter-list ) __gc[];
```

其中**__gc[ ]**指出這個函式 *FunctionName* 會傳回一個 managed 陣列，而 **int** 表示傳回的陣列是一個整數陣列。

- 要將陣列引數傳遞給一個函式，只需指定陣列的名稱，不需要加上方括號。
- 雖然整個陣列是以傳參考方式傳遞，但是基本型別陣列元素則是以傳值方式傳遞，如同簡單的變數。
- 要將陣列的元素傳給函式，可在呼叫函式時，將帶有下標的陣列元素名稱當作引數傳給函式。
- 將資料排序 (也就是按照某種特殊的順序，例如上升或下降的次序，將資料加以排列) 是電腦最重要的應用之一。
- 氣泡排序法的優點是很容易寫出程式。但是，氣泡排序法執行得很慢，尤其當排序大型陣列時狀況就很明顯。
- 線性搜尋法對於小型陣列或尚未排序的陣列，執行的效果較好。但是，對於大型陣列，線性搜尋就有些無能爲力了。
- 二元搜尋演算法每經過一次比較，就會淘汰掉陣列中一半的元素。對於任何排序過的陣列，若要進行二元搜尋所需要執行的比較，其次數就是大於陣列元素數目的第一個 2 次方數。
- 一般來說，帶有 m 列 n 行的陣列稱爲 m 乘 n (m-by-n) 陣列。

詞 彙

[ ] (下標運算子)
陣列 (array)
利用 **new** 運算子配置記憶體給陣列 (array allocated with **new**)
陣列會自動設定初值為零 (array automatically initialized to zeros)
陣列界限 (array bounds)
Array 類別 (**Array** class)

陣列宣告 (array declaration)
長條圖 (bar chart)
二元搜尋演算法 (binary search algorithm)
氣泡排序法 (bubble sort)
行 (column)
`const` 關鍵字，表示常數 (const)
常數變數 (constant variable)
宣告陣列 (declare an array)
二維陣列 (double-subscripted array)
陣列的元素 (element of an array)
例外 (exception)
直方圖 (histogram)
索引 (index)
`IndexOutOfRangeException`
初值序列 (initializer list)
關鍵值 (key value)
陣列長度 (length of an array)
`Length` 屬性 (`Length` property)
線性搜尋 (linear search)
lvalue (左值) (*lvalue* “left value”)
`managed` 陣列 (`managed` array)
m 乘 *n* 陣列 (*m* -by-*n* array)
多維陣列 (multiple-subscripted array)
名稱常數 (named constant)
`new` 運算子 (`new` operator)
差一的錯誤 (off-by-one error)
一維陣列 (one-dimensional array)
氣泡排序法的迴圈檢查 (pass of a bubble sort)
將陣列元素傳遞給函式 (passing array element to function)
將陣列傳遞給函式 (passing array to function)
位置編號 (position number)
執行時期環境 (runtime environment)
搜尋 (searching)
搜尋關鍵值 (search key)
一維陣列 (single-subscripted array)
下降排序法 (sinking sort)
陣列的大小 (size of an array)
排序 (sorting)
方括號 (`[ ]`) (square brackets (`[ ]`))
子陣列 (subarray)
部分初值序列 (sub-initializer list)
下標 (subscript)
交換 (swap)
`System::Array` 類別 (`Syatem::Array` class)
表格 (table)
表格元素 (table element)
二維陣列 (two-dimensional array)
超過陣列邊界 ("walk" past end of an array)
從零開始計數 (zero-based counting)
第零個元素 (zeroth element)

自我測驗

7.1　填充題：

a) 以序列和表格顯示的數值可以儲存在 ________ 。
b) 陣列的元素彼此有關聯，這是因爲它們有相同的 ________ 和 ________ 。
c) 用來參照到陣列某一個特定元素的數字，就是所謂的 ________ 。
d) 將陣列的元素按順序排列的過程，就是所謂陣列的 ________ 。
e) 判斷陣列是否包含某個關鍵值的過程，就是所謂陣列的 ________ 。
f) 陣列使用兩個以上的下標稱爲 ________ 陣列。
g) ________ 變數必須在同一行敘述式中宣告和設定初值，否則就會產生語法錯誤。
h) 許多常見的陣列操作，都會使用 ________ 重複敘述式。

i) 當我們使用的是無效的陣列參考時，就會產生 __________。

7.2 試判斷下列的敘述式是眞或僞。如果答案是僞，請說明原因。

a) 陣列可以同時儲存許多不同型別的數值。

b) 陣列的下標通常應該是 **`float`** 資料型別。

c) 一個陣列的個別元素傳入函式並在該函式中加以修改，當被呼叫的函式執行完畢後，該陣列的元素就會包含修改過的值。

d) 對於任何排序過的陣列，若要進行二元搜尋所需要執行的比較，其次數就是大於陣列元素數目的第一個 2 次方數。

e) 二元搜尋演算法每經過一次比較，就會淘汰被搜尋陣列中三分之一的元素。

f) 要決定陣列中的元素數目，我們可以使用陣列的屬性 **`NumberOfElements`**。

g) 線性搜尋法對於小型陣列或尚未排序的陣列，執行的效果較好。

h) 在一個 *m* 乘 *n* 陣列裡，*m* 代表行數，*n* 代表列數。

自我測驗解答

7.1 **a)** 陣列。**b)** 名稱、型別。**c)** 索引、下標或者位置編號。**d)** 排序。**e)** 搜尋。**f)** 多維。**g)** **`const`**。 **h)** **`for`**。**i)** **`IndexOutofRangeException`** 例外。

7.2 **a)** 僞。陣列只可以儲存相同型別的數值。

b) 僞。陣列索引必須是一個整數或者一個整數的運算式。

c) 僞。對於陣列的個別基本型別元素都是以傳値方式傳遞。如果傳遞的是指向陣列元素的參考，則對陣列元素的修改就會修改到原來的陣列元素。參考型別的個別元素則是以傳參考方式傳遞給函式。

d) 眞。

e) 僞。二元搜尋演算法每經過一次比較，就會淘汰掉被搜尋陣列中一半的元素。

f) 僞。要決定陣列中的元素數目，我們可以使用陣列的屬性 **`Length`**。

g) 眞。

h) 僞。在一個 *m* 乘 *n* 陣列裡，*m* 代表列數，*n* 代表行數。

習 題

7.3 寫出完成下述工作的敘述式：

a) 將字元陣列 **`f`** 的第七個元素的值顯示出來。

b) 將一維整數陣列 **`g`** 的五個元素，每一個都設定初值爲 **`8`**。

c) 將擁有 100 個元素的浮點數陣列 **`c`** 的所有元素相加。

d) 將包含 11 個元素的陣列 **`a`** 複製到包含 34 個元素陣列 **`b`** 的前面部份。

e) 判定出含有 99 個元素的浮點數陣列 **`w`** 中所包含的最小值和最大值。

7.4 使用一維陣列來解下述問題：公司以佣金制度支付銷售人員的薪資。銷售人員的底薪是每星期$200 美元，加上該週銷售毛額的百分之九。例如，某個銷售人員該週共售出價值五千美元的產品，因此，他的薪水是$200 加上五千美元的百分九，或者全部薪水是$650。編寫出一個程式(使用計數器的陣列)，判斷有多少的銷售人員薪資是在下述的範圍(假設每位銷售人員的薪資都捨去小數成爲整數金額)：

a) $200 — 299
b) $300 — 399
c) $400 — 499
d) $500 — 599
e) $600 — 699
f) $700 — 799
g) $800 — 899
h) $900 — 999
i) $1000 以上

7.5 使用一維陣列來解下述的難題：讀入 20 個數字，這些數字都是在 10 到 100 之間(包括 10 和 100)。每讀入一個數字，如果它和先前已讀入的數字不同，就將它列印出來。已知最壞的狀況就是所有 20 個數字都不相同。使用最小的陣列來解這個問題。

7.6 (*烏龜繪圖*) Logo 語言最有名的就是烏龜繪圖 (turtle graphics) 這個概念。假設有一個機械龜能在程式控制下，自由地在房間內走動。此機械龜手上拿著一支筆，方向有兩種，朝上或朝下。當筆朝下時，機械龜會描繪出它的足跡；當筆朝上時，機械龜就四處移動不會繪出任何東西。在這個問題中，你必須模擬機械龜的動作，以便建立一個電腦化的畫圖板。

使用一個 20×20 的陣列 **`floor`**，並且設定其初值爲零。從某個陣列讀入相關的命令。全程將機械龜當時的位置和方向記錄下來，以及當時的筆是朝上還是朝下。假設機械龜永遠是從地板的位置 (0,0) 開始移動，筆朝上。程式必須處理對機械龜所下的命令，如圖 7.15 所示。

命令	意義
`1`	筆朝上
`2`	筆朝下
`3`	向右轉
`4`	向左轉
`5, 10`	向前移動 10 步 (或者 10 以外的步數)
`6`	印出 20×20 陣列內容
`9`	資料結束 (警示值)

圖 7.15　烏龜繪圖命令。

假設機械龜接近房間地板的中央。則下述的程式將在螢幕上繪出一個 12×12 的方格圖，最後筆的位置是朝上：

```
2
5,12
3
5,12
3
5,12
3
5,12
1
6
9
```

當機械龜的筆朝下並且移動時，將陣列 **floor** 的相關元素設為 1。當對機械龜下 6 號指令(印出)時，就在陣列元素為 1 的位置上，顯示一個星號或者任何其他字元。如果元素是零，則顯示空白。寫出一個程式，實作具有以上所說的烏龜繪圖功能。再寫幾個烏龜繪圖的程式，用以繪出幾個有趣的圖案。加入其它的指令，來增加你的烏龜繪圖程式的功能。

特殊章節：遞迴習題

7.7 (*迴文*) 迴文 (palindrome) 是指某個字串的正向拼法和逆向拼法都相同。一些迴文的例子，如“radar”、“able was I ere I saw elba”以及如果忽略空格的話“a man a plan a canal panama”也算迴文。撰寫一個遞迴函式 **TestPalindrome**，當儲存在陣列中的字串是迴文時，就傳回 **true**，否則就傳回 **false**。函式應該忽略字串中間的空白和標點符號。

7.8 (*線性搜尋法*) 修改圖 7.10 改用遞迴函式 **LinearSearch** 對陣列執行線性搜尋。函式應該接收一個整數陣列和陣列大小作為引數。如果發現搜尋關鍵值，則傳回該元素的陣列下標；否則，傳回 −1 。

7.9 (二元搜尋法) 修改圖 7.11 中的程式，使用遞迴函式 **BinarySearch** 對陣列執行二元搜尋。函式應該接受一個整數陣列、起始下標和終止下標等作為引數。如果發現搜尋關鍵值，則傳回該元素的陣列下標；否則，傳回−1。

7.10 (快速排序法) 在本章中，我們已經討論過氣泡排序法。我們現在要討論的是所謂的快速排序法 (Quicksort)。對於一維陣列的基本演算法如下：

a) *分割步驟*。先選取尚未排序陣列的第一個元素，先決定出它在排序後陣列的最終位置(亦即，陣列中在該元素左邊的所有數值都小於該元素，在該元素右邊的所有數值都大於該元素)。我們現在有了一個在正確位置的元素，以及兩個仍未排序的子陣列。

b) *遞迴步驟*。在每一個仍未排序的子陣列繼續執行步驟一。

每一次在子陣列上執行步驟 1 時，就會找到另一個元素在最後排序陣列上的最終位置，以及兩個尚待排序的子陣列。當子陣列只剩最後一個元素時，它必定是排序好的；因此，這個元素正好在它最終位置。

基本的演算法看起來簡單，但是我們如何決定每個子陣列第一個元素的最終位置呢？

考慮下述的一組數值 (分割元素是粗體字，它將會放在排序好陣列的最終位置)：

37 2 6 4 89 8 10 12 68 45

a) 從此陣列的最右邊元素開始，將每個元素與 **37** 互相比較，直到找到一個數值小於 **37**，就將該元素與 **37** 交換位置。第一個小於 **37** 的元素是 12，所以 **37** 和 12 交換。新的陣列成為

12 2 6 4 89 8 10 **37** 68 45

元素 12 我們將它表示成斜體，表示它剛與 **37** 交換過。

b) 從此陣列的左邊開始，但是要跳過元素 12，將每個元素與 **37** 互相比較，直到找到一個數值大於 **37**，就將該元素與 **37** 交換位置。現在第一個大於 **37** 的元素是 89，所以 **37** 和 89 交換。新的陣列成為

12 2 6 4 **37** 8 10 89 68 45

c) 再從此陣列的右邊開始，但是從 89 前面的元素開始，將每個元素與 **37** 互相比較，直到找到一個數值小於 **37**，就將該元素與 **37** 交換位置。現在第一個小於 **37** 的元素是 10，所以 **37** 和 10 交換。新的陣列成為

12 2 6 4 *10* 8 **37** 89 68 45

d) 再從此陣列的左邊開始，但是從 10 後面的元素才開始，將每個元素與 **37** 互相比較，直到找到一個數值大於 **37**，就將該元素與 **37** 交換位置。現在沒有元素比 **37** 更大，所以當我們將 **37** 與其自身比較時，我們知道 **37** 已經在排序好陣列的最終位置。

一旦對前述陣列執行一次分割的步驟，我們就會得到兩個尚未排序的子陣列。一個子陣列是包含小於 **37** 的元素，有 12、2、6、4、10 和 8。另一個子陣列則是包含大於 **37** 的元素，有 89、68 和 45。排序會繼續以相同方式對兩個子陣列進行分割的步驟。

利用前述的討論，嘗試寫出一個遞迴函式 **QuickSort** 將一維整數陣列加以排序。這個函式應該接受一個整數陣列、起始下標和終止下標等作為引數。函式 **QuickSort** 必須呼叫函式 **Partition** 執行分割步驟。

7.11 (*迷宮圖*) 下面以 **#** 號和點號 (**.**) 所組成的方格圖，是以一個二維陣列所代表的迷宮圖：

```
# # # # # # # # # # # #
# . . . # . . . . . . #
. . # . # . # # # # . #
# # # . # . . . . # . #
# . . . . # # # . # . .
# # # # . # . # . # . #
# . . # . # . # . # . #
# # . # . # . # . # . #
# . . . . . . . . # . #
# # # # # # . # # # . #
# . . . . . . # . . . #
# # # # # # # # # # # #
```

其中的 **#** 字號代表迷宮的牆壁，點號則代表通過迷宮的可能路徑。只能在陣列中點號的位置做移動。

有一個簡單的演算法能夠幫助我們保證找到迷宮的出口(假設有一個出口存在)。如果沒有找到出口，便會再次回到起始位置。將你的右手放到你右手的牆壁，然後開始往前移動。絕對不要讓手離開牆壁。如果迷宮往右轉，你就摸著牆壁往右轉。只要你不讓手離開牆壁，最後你就會到達迷宮的出口。也許有比這個方法更便捷的路徑，但是如果你依照這項演算法，保證你一定可以走出迷宮。

撰寫一個遞迴函式 **MazeTraverse** 來走出迷宮。這個函式必須接收一個 12 乘 12 的字元陣列代表這個迷宮，以及迷宮的起始位置作爲引數。當**MazeTraverse**函式嘗試找出迷宮的出口時，它必須在經過路徑的每一步放置一個字元 **X**。這個函式必須在每移動一步後，顯示出迷宮的情形，如此使用者才能清楚如何走出迷宮。

8

以物件爲基礎的程式設計

學習目標

- 瞭解封裝和資訊隱藏。
- 瞭解資料抽象化和抽象資料型別的概念。
- 學習建立、使用和清除物件。
- 瞭解如何控制資料成員和方法的存取。
- 利用屬性來維持物件的可靠狀態。
- 瞭解 **this** 指標的用法。
- 瞭解命名空間和組件。
- 學習使用 Visual Studio.NET 的「類別檢視」。

My object all sublime
I shall achieve in time.
W. S. Gilbert

Is it a world to hide virtues in?
William Shakespeare

Your public servants serve you right.
Adlai Stevenson

This above all: to thine own self be true.
William Shakespeare

本章綱要

8.1 簡介

在本章中，我們討論MC++的物件導向。有些讀者可能會問，爲什麼我們會延到現在才討論這個主題？有幾個理由。首先，我們在這一章中所建立的物件，部份是由結構化程式區塊組成。爲了要說明物件如何組織起來，我們需要利用控制敘述式，建立結構化程式設計的基礎。我們也想要在介紹物件導向之前，詳細地探討函式。

讓我們簡單地複習一些有關物件導向的重要概念和詞彙。物件導向將資料(*屬性*)和方法(*行爲*)*封裝*(也就是，一起包裝)在類別裡。物件有能力隱藏他們的實作內容，不讓其他的物件知道(這項原則稱爲*資訊隱藏*)。雖然某些物件能夠利用清楚的*介面*彼此溝通(就像司機利用包括方向盤、油門、煞車和變速箱等，來控制汽車)，但是物件不知道其他物件的操作詳情(正如司機不清楚轉向系統、引擎、煞車和傳動機制的操作情形一樣)。通常，物件實作的詳細內容是隱藏在物件本身內部。當然，會開車並不一定需要知道引擎、傳動及排氣系統的內部是如何運作。我們將會了解，爲什麼資訊隱藏對良好的軟體工程是那麼的重要。

在程序化程式語言(就像C語言)中，程式設計是以*動作導向*。但是，MC++程式設計則是以*物件導向*的程式設計方法。C的程式設計單元是*函式*，MC++的程式設計單元則是*類別*。物件最終是由這些類別所產生，而函數在類別中稱爲*方法* (*method*)。

C語言的程式設計師只需將注意力集中在撰寫函式上。將執行某些工作的一群動作集合成爲函式，再將一些函式組合成爲程式。在C裡資料當然是重要的，不過主要是用來輔助函式所執行的動作。C 程式設計師依據系統規格說明文件中的*動詞*，來決定所需要的函式。

相對地，MC++的程式設計師則將重點放在如何建立自己的*使用者自訂型別* (*user-defined type*)，稱爲類別。我們也稱類別爲*程式設計師自訂型別* (*programmer-defined type*)。每個類別都包含資料及操作這些資料的一組方法。某個類別的資料元件稱爲*資料成員*、*成員變數*、或者*實體變數* (許多MC++程式設計師較喜歡使用*輸入項 (field)* 這個詞彙)。就像內建型別 (如 **int**) 的實體稱爲變數，使用者自訂型別 (即類別) 的實體稱爲*物件*。在 MC++裡，注重的是類別而不是函式。C 程式設計師利用的是系統規格說明文件中的動詞，MC++程式設計師則利用其中的*名詞*設計程式。這些名詞可以用來決定設計程序開始時所需要的類別。程式設計師利用這些類別產生一些物件，可用來實作出某個系統。

本章說明如何建立和使用類別以及物件，這就是所謂的*以物件爲基礎的程式設計* (*OBP*)。然後，在第 9 章及第 10 章會介紹繼承及多型，這才是*物件導向程式設計* (*object-oriented programming，OOP*) 眞正的技術所在。

8.2 利用類別實作 Time 抽象資料型別

MC++的類別可以產生*抽象資料型別* (ADT，*abstract data type*)，隱藏它們的實作內容不讓用戶端 (或類別物件的使用者) 知道。程序化程式語言的問題是在於，用戶端的程式碼時常要按照程式碼中的資料實作內容。如果資料實作內容改變，這種依賴性可能就必須重寫用戶端的程式碼。抽象資料型別藉著提供客戶與實作內容無關的介面，就可避免這個問題。某個類別的建立者可以更改該類別的內部實作內容，不會影響到該類別客戶的使用方式。

軟體工程的觀點 8.1

撰寫可以理解而且又容易維護的程式是非常重要的。改變是常規而非例外。程式設計師應該知道他們的程式碼有一天會需要加以修改。本章後續將會討論，類別如何讓程式容易修改。

我們的第一個例子包括類別 **Time1** (圖 8.1 和圖 8.2) 和驅動程式 **Time1Test.cpp** (圖 8.3)，驅動程式是用來測試類別。*驅動程式* (*driver*) 是一個用來測試軟體的應用程式。類別 **Time1** 是以 24 小時的時間格式來顯示每天的時間。程式 **Time1Test.cpp** 包含有函式 **_tmain**，會建立類別 **Time1** 的一個實體，而且顯示該類別的功能。

```
1  // Fig. 8.1: Time1.h
2  // Demonstrating class Time1.
3
4  #pragma once
5
6  #using <mscorlib.dll>
7
8  using namespace System;
9
10 public __gc class Time1
11 {
12 public:
13    Time1();    // constructor
14    void SetTime( int, int, int ); // set method
15    String *ToUniversalString();
16    String *ToStandardString();
17
18 private:
19    int hour;     // 0-23
20    int minute;   // 0-59
21    int second;   // 0-59
22 }; // end class Time1
```

圖 8.1 以類別實作抽象資料型別 Time1。

```
1  // Fig. 8.2: Time1.cpp
2  // Implementing class Time1.
3
4  #include "stdafx.h"
5  #include "Time1.h"
6
7  // Time1 constructor initializes variables to
8  // zero to set default time to midnight
9  Time1::Time1()
10 {
11    SetTime( 0, 0, 0 );
12 }
13
14 // set new time value in 24-hour format. Perform validity
15 // checks on the data. Set invalid value to zero.
16 void Time1::SetTime( int hourValue, int minuteValue, int secondValue )
17 {
18    hour = ( hourValue >= 0 && hourValue < 24 ) ? hourValue : 0;
19    minute = ( minuteValue >= 0 && minuteValue < 60 ) ? minuteValue : 0;
20    second = ( secondValue >= 0 && secondValue < 60 ) ? secondValue : 0;
21 }
22
23 // convert time to universal-time (24 hour) format string
24 String *Time1::ToUniversalString()
25 {
```

圖 8.2 類別 Time1 的方法定義 (第 2 之 1 部分)。

```
26      return String::Concat( hour.ToString( S"D2" ), S":",
27         minute.ToString( S"D2" ), S":", second.ToString( S"D2" ) );
28   }
29
30   // convert time to standard-time (12 hour) format string
31   String *Time1::ToStandardString()
32   {
33      return String::Concat(
34         ( ( hour == 12 || hour == 0 ) ? 12 : hour % 12 ).ToString(),
35         S":", minute.ToString( S"D2" ), S":", second.ToString( S"D2" ),
36         S" ", ( hour < 12 ? S"AM" : S"PM" ) );
37   }
```

圖 8.2　類別 Time1 的方法定義 (第 2 之 2 部分)。

```
 1   // Fig. 8.3: Time1Test.cpp
 2   // Demonstrating class Time1.
 3
 4   #include "stdafx.h"
 5   #include "Time1.h"
 6
 7   #using <mscorlib.dll>
 8   #using <system.windows.forms.dll>
 9
10   using namespace System;
11   using namespace System::Windows::Forms;
12
13   int _tmain()
14   {
15      Time1 *time = new Time1(); // calls Time1 constructor
16      String *output;
17
18      // assign string representation of time to output
19      output = String::Concat( S"Initial universal time is: ",
20         time->ToUniversalString(), S"\nInitial standard time is: ",
21         time->ToStandardString() );
22
23      // attempt valid time settings
24      time->SetTime( 13, 27, 6 );
25
26      // append new string representations of time to output
27      output = String::Concat( output,
28         S"\n\nUniversal time after SetTime is: ",
29         time->ToUniversalString(),
30         S"\nStandard time after SetTime is: ",
31         time->ToStandardString() );
32
33      // attempt invalid time settings
34      time->SetTime( 99, 99, 99 );
```

圖 8.3　抽象資料型別的運用 (第 2 之 1 部分)。

```
35
36      output = String::Concat( output,
37         S"\n\nAfter attempting invalid settings: ",
38         S"\nUniversal time: ", time->ToUniversalString(),
39         S"\nStandard time: ", time->ToStandardString() );
40
41      MessageBox::Show( output, S"Testing Class Time1" );
42
43      return 0;
44   } // end _tmain
```

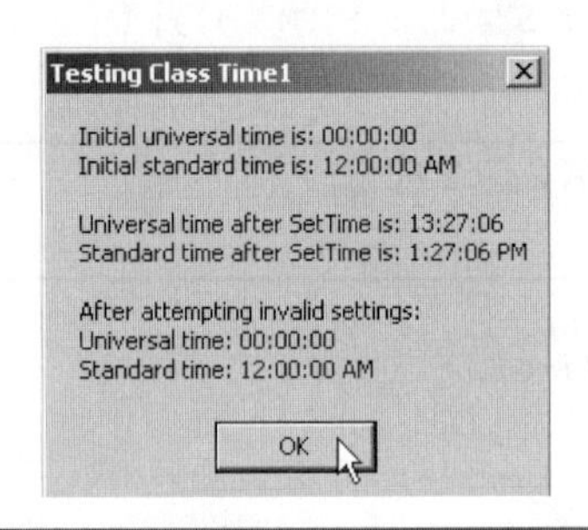

圖 8.3　抽象資料型別的運用 (第 2 之 2 部分)。

當我們建立 MC++的程式時，通常將每個類別的定義 (有時稱為類別的宣告) 放在*標頭檔* (*header file*) 裡，而將此類別的方法定義 (有時稱為類別的實作內容) 放在相同主檔名的*原始碼檔案* (*source-code file*) 裡，副檔名為 **.cpp**。標頭檔 (副檔名 **.h**) 包含所有方法 (或稱為*成員函式*[1]) 的原型，所有資料成員的名稱和型別，以及編譯器所需要的其他類別資訊。可以利用 ***#include*** 將標頭檔引入每個使用到此類別的檔案，至於內含原始碼檔案則經過編譯後與 ***main*** 函式所在的檔案進行連結。**#include** 指令會將指定檔案的副本放入該指令的位置，以便取代指令。在 Visual Studio .NET 中，若想要建立一個新的標頭檔而且將它加入一個目前開啟的專案，可執行下列的步驟 (這些步驟假定你已經建立某個「控制台」(console) 應用程式 **Time1Test**，而且圖 8.3 中的程式碼包含在 **Time1Test.cpp** 中)：

1. *建立新的標頭檔*：選取**「檔案」**>**「新增」**>**「檔案…」**來開啟新的檔案。在「新增檔案」對話方塊中 (圖 8.4)，選取所需要的檔案類型，然後按一下「開啟」。針對這個範例，我們從「Visual C++」資料夾中選取「標頭檔 **(.h)**」。Visual Studio .NET 預設會將檔案命名為 **Header1**。如果已經有一個名稱 **Header1** 的標頭檔，檔案將預設命名為 **Header2**，如此直到找出一個尚未使用的名稱為止，就可建立一個新的檔案 (空白檔案)。若要將檔案重新命名，選取**「檔案」**>**「另存 Header1 為…」**，並且在「另存新檔」對話方塊中 (圖 8.5) 指定新的檔案名稱 (此處為 **Time1.h**)。找到專案檔案夾，將檔案存入正確的檔案夾中，然後按一下「儲存」。請注意，只有當 **Header1** 的文字編輯視窗是使用中的視窗，**「檔案」**>**「另存 Header1 為…」**的選項才會出現。

1 在 C++中，類別的方法通常稱為「成員函式」。但是在.NET 社群裡，習慣使用的詞彙是「方法」。因此，我們在這本書中都使用「方法」這個名詞。

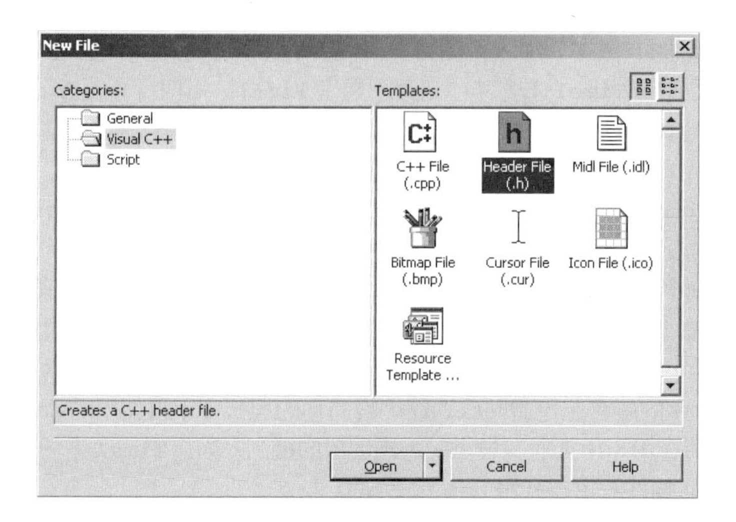

圖 8.4 建立新的標頭檔案。

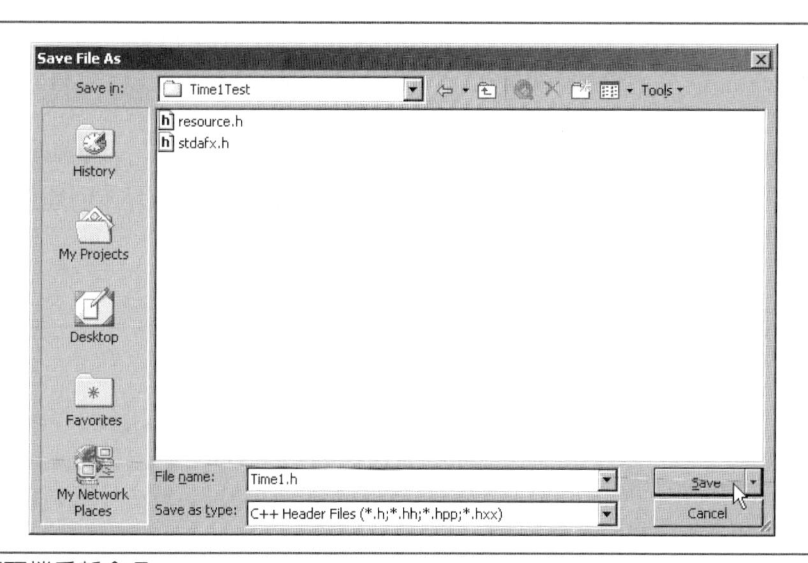

圖 8.5 標頭檔重新命名。

2. *將標頭檔加入專案*：選取「**檔案**」>「**將 `Time1.h` 移入專案**」(或者在編輯視窗內按一下右鍵，然後從彈出選單中選取「**將 `Time1.h` 移入專案**」)。顯示出來的子選單會列出所有開啓的專案。從這項清單選取 **`Time1Test`**。【注意：有些使用者比較喜歡將步驟 1 和 2 結合起來，直接在「**方案總管**」的「**標頭檔**」上按一下右鍵，從彈出選單中選取「**加入**」>「**加入新項目…**」。】

如果標頭檔已經存在，只需要在「**方案總管**」的「**標頭檔**」上按一下右鍵，從彈出選單中選取「**加入**」>「**加入現有項目…**」。注意，若想將新的原始程式檔 (**`.cpp`**) 加入某個專案內，可以利用類似的方法在「加入新項目」對話方塊中，選取「C++檔案 (**.cpp**)」。

圖 8.1 顯示的是標頭檔 **Time1.h**，其中定義了類別 **Time1**。第四行介紹 ***#pragma once*** 指令。這個指令告訴編譯器只要處理標頭檔一次即可，即使這個標頭檔在某個專案出現一次以上。如果某個類別定義被引入超過一次，編譯器通常會產生錯誤訊息。

第 10 行開始 **Time1** 類別定義。類別 **Time1** 隱含地繼承自類別 ***Object*** (命名空間 **System**)。MC++程式設計者利用*繼承*的方式，就可從現有的類別建立起自己的類別。MC++的每個類別 (**Object** 除外) 都是繼承自一個已存在的類別定義。並不需要先瞭解繼承，就能學習本章所提到的概念和程式。我們將在第 9 章詳細討論繼承以及 **Object** 類別。

第 10 行使用關鍵字 **__gc** 指出 **Time1** 是一個 **managed** 類別 (也就是，CLR 管理它的生命期)。.NET Framework 的廢棄記憶體回收功能，會將你的程式中不再使用的 **managed** 類別物件加以清除。我們將在第 8.10 節討論廢棄記憶體回收的機制。因為 **Time1** 是一個 **managed** 類別，所有這個類別的物件一定要利用 **new** 指令建立。

第 11 行開始的左大括號 **{** 和第 22 行結束的右大括號 **}** 定出類別 **Time1** 本體的範圍。我們放在這個本體內的任何訊息，稱為封裝 (也就是，包裝) 在這個類別中。舉例來說，類別 **Time1** 的第 19-21 行宣告三個型別為 **int** 的變數 **hour**、**minute** 和 **second**，以*世界時間* (*universal-time*) 格式 (24 小時的時間格式) 表示每天的時間。在類別定義中宣告的變數，但不是宣告在某個方法定義中，稱為*資料成員*或者*實體變數*，類別的每個實體 (物件) 都會包含類別資料成員 (實體變數) 的個別副本。在圖 8.22 中，我們將無論如何把其他的變數 (稱為 **static** 變數) 加入某個類別。第 22 行的分號 (**;**) 代表 **managed** 類別定義結束的地方。每個 **managed** 類別定義必須用分號結束。

常見的程式設計錯誤 8.1

忘記在類別定義的結束處加上分號，這是語法錯誤。

在第 12 和 18 行的 ***public:*** 和 ***private:*** 標記 (label) 稱為成員存取指定詞 (member access specifiers)，也稱為*成員存取修飾詞* (*member access modifiers*)。任何宣告在成員存取指定詞 **public** 之後 (並且在下一個成員存取指定詞之前) 的資料成員或者方法，程式都能夠使用指向 **Time1** 類別物件的指標或者參考來加以存取。而任何宣告在成員存取指定詞 **private** 之後 (並且在下一個成員存取指定詞之前) 的資料成員或者方法，則只能由此類別的方法存取。成員存取指定詞之後總是接著一個冒號 (**:**)，而且在類別的定義裡，可以多次以任意順序出現。在本書其餘的內文部分，我們提到成員存取指定詞 **public** 及 **private** 時，就不再加上冒號。在第九章裡，當我們討論繼承 (inheritance) 以及它在物件導向程式設計中所扮演的角色時，會再介紹第三種成員存取指定詞 **protected**。

良好的程式設計習慣 8.1

*即使 **private** 和 **public** 成員可以混合排列，為了程式的明確及易讀性，通常在類別的定義裡，每一種成員存取指定詞只使用一次。並且將 **public** 成員置於最前面，以便於尋找。*

類別成員的預設成員存取模式是**private**。因此，如果我們在圖 8.1 中沒有指明任何的成員存取指定詞，所有的資料成員和類別的方法都將視為**private**。*結構* (*Structure*) 很類似類別，預設的成員存取模式為 **public**。結構是以關鍵字 ***struct*** 加以宣告。[2]

有三個整數成員出現在成員存取指定詞 **private** 之後。第 19-21 行宣告三個 **private int** 資料成員—**hour**、**minute** 和 **second**，指出這些的類別資料成員只能由此類別的方法存取。「這就是所謂的*資訊隱藏* (*data hiding*)」通常，資料成員會宣告成 **private**，而方法則宣告成**public**。然而，有可能出現**private**方法和**public**資料成員，稍後我們將會討論到。通常，**private** 方法稱為*工具方法* (*utility method*)，或者*輔助方法* (*helper method*)，因為它們只可以被該類別的其他方法呼叫。使用工具方法的目的是為了支援類別其他方法的操作。將資料成員和工具方法宣告成 **public**，這是一個危險的動作，因為其他類別可能會將 **public** 資料成員設定成無效值，這就會產生潛在的災難結果。

軟體工程的觀點 8.2

*將類別的所有資料成員宣告為 **private**。透過 **public** 方法存取 **private** 資料的方式，首先會驗證資料是否有效，讓程式開發者能夠確定物件的資料保持可靠的狀態，亦即資料是永遠有效的。*

軟體工程的觀點 8.3

如果類別的成員不需要提供給類別的外部存取，應將該類別成員設定為 private。

類別通常包括*取值方法* (*accessor method*)，而這些方法可以讀取資料或者將讀取的資料顯示出來。取值方法另一項常見的用法就是用來測試條件式的真偽，此種方法通常又稱為*判斷方法* (*predicate method*)。例如，我們可以設計*容器類別* (*container class*) 的判斷方法 **IsEmpty**，而所謂的容器類別就是可以容納許多物件的類別，例如鏈結串列、堆疊或佇列。(這些資料結構將會在第 22 章中詳細地討論)。如果容器類別是空的，**IsEmpty** 將會傳回 **true**，否則傳回 **false**。當程式嘗試從容器物件中讀取另一個項目前，會先呼叫 **IsEmpty** 來測試此容器物件是否是空的。同樣地，程式可能在嘗試將一個項目加入某個容器物件內之前，會先呼叫另一個判斷方法 (舉例來說，**IsFull**)。

類別 **Time1** (圖 8.1) 包含建構式 **Time1** (第 13 行) 和方法 **SetTime** (第 14 行)、**ToUniversalString**(第 15 行) 和 **ToStandardString**(第 16 行) 的原型。這些方法是類別的*公用方法* (*public method*)，也稱為*公用服務* (*public service*)、*公用介面* (*public interface*) 或*公用行為* (*public behavior*)。類別 **Time1** 的客戶，例如類別 **Time1Test.cpp** (圖 8.3) 利用 **Time1** 的**public**介面來操作儲存在**Time1** 物件內的資料，或者讓類別**Time1** 執行它的服務項目。類別的資料成員則支援類別提供給客戶的服務。

2　在這本書中我們不討論「結構」。若想取得有關「結構」更多的資訊，請拜訪下述網址 **msdn.microsoft.com/library/default.asp?url=/library/en-us/vclang/html/vcsmpstruct.asp**。

原始碼檔案 **Time1.cpp** (圖 8.2) 則定義類別 **Time1** 的方法。第 5 行使用 **#include** 來連結類別的標頭檔。編譯器利用 **Time1.h** 的資訊，來確定方法的標頭已經正確定義，如此方法才能正確地利用類別的資料。第 9-12 行定義類別 **Time1** 的建構式，可以初始化該類別的物件。當程式利用運算子 **new** 建立類別 **Time1** 的物件時，就會呼叫建構式來初始化該物件。類別 **Time1** 建構式第 11 行呼叫方法 **SetTime** (第 16-21 行)，將變數 **hour**、**minute** 和 **second** 初始化成 0 (表示午夜)。建構式能夠接收引數，但是不能夠傳回數值。就像我們將會討論的一樣，類別可以多載建構式。建構式和其他方法之間的重要差別，就是建構式不能夠指定傳回的資料型別。通常，建構式都是 **public**。注意，建構式的名稱一定要和類別的名稱完全相同。

常見的程式設計錯誤 8.2

嘗試從建構式傳回一個數值，這是語法錯誤。

方法 **SetTime** (第 16-21 行) 是一個 **public** 方法，需要接收三個 **int** 引數，利用它們設定時間。會有一個條件運算式來測試每個引數，判斷引數的數值是否是在某個指定的範圍內。舉例來說，**hour** 的數值必須大於等於 0 且小於 24，因爲世界時間的格式是以從 0 到 23 的整數代表小時。同樣地，分鐘和秒的數值必須要大於等於 0，而且小於 60。在這些範圍以外的任何數值都是無效值，並且預設是設成零值。將無效值設定爲 0，可確定該 **Time1** 物件永遠包含有效資料 (因爲在這個例子中，0 對於 **hour**、**minute** 和 **second** 都是有效的數值)。除了單純指定預設數值外，程式開發者可能想要指出客戶輸入的時間是無效的。在第 11 章中，我們會討論到「例外處理」，可以用來指出無效的初始值。

軟體工程的觀點 8.4

定義類別時，一定要讓它的每一個變數都包含有效的數值。

方法 **ToUniversalString** (第 24-28 行) 沒有接收引數，而且傳回一個以世界時間格式表示的字串 **String ***，共有六位數字，小時有兩個數字，分鐘有兩個數字，秒有兩個數字。舉例來說，如果時間是下午 1:30:07，方法 **ToUniversalString** 就會傳回 13:30:07。第 26-27 行使用 **String** 類別的方法 **Concat** 設定世界時間格式的字串。每個數字都呼叫方法 **ToString**，提供的引數爲格式是 ***D2*** (二位數的十進位數字格式) 的整數，以便顯示之用。**D2** 格式的規格會在一位數的數值前面加一個 0，成爲二位數 (例如，8 就會表示成 08)。在產生的字串物件 **String ***中，利用冒號來區隔小時、分鐘和秒。

方法 **ToStandardString** (第 31-37 行) 沒有接收引數，但是會傳回標準時間格式的 **String ***字串物件，由 **hour**、**minute** 和 **second** 的值組成，中間以冒號隔開而且後面加上 AM 或者 PM (舉例來說，1:27:06 PM)。在第 34 行決定 **String ***字串物件中 **hour** 的數值，如果 **hour** 是 0 或 12 (AM 或 PM)，**hour** 就會表示成 12；其他的時候 **hour** 就會表示成 1 到 11 的數值。

在定義類別之後，我們可以將它當作型別一般宣告，例如以下所述

```
Time1 *sunset; // pointer to a Time1 object
```

就宣告了一個指向 **Time1** 物件的指標。類別名稱 **(Time1)** 現在成了一種型別的名稱。類別能夠產生許多的物件，就如同原始的資料型別 **int**，能夠產生許多的變數。程式設計師能夠依照需要建立類別；這就是爲什麼 MC++稱爲可擴展的語言。

主程式 **Time1Test**(圖 8.3) 說明類別 **Time1**。注意，第 5 行使用**#include** 來連結類別的標頭檔。這允許主程式使用我們的新資料型別 **Time1**。

雖然前面章節的所有程式都是以命令提示方式來顯示輸出，大多數的MC++應用程式則是利用視窗或*對話方塊* (*dialog*) 顯示輸出。對話方塊一般用來顯示重要的訊息給應用程式使用者的視窗。.NET Framework 類別庫包含的 ***MessageBox*** 類別可用來建立對話方塊。類別 **MessageBox** 是定義在命名空間 ***System::Windows::Forms***(參考第 11 行)。定義這個命名空間的程式碼則是在第八行引入這個應用程式，我們將很快會討論到。圖 8.3 的程式使用類別 **MessageBox** 的訊息對話方塊來顯示它的輸出。

函式 **_tmain**(第 13-44 行) 宣告並且利用類別 **Time1** 的物件來初始化 **Time1** 的指標 **time** (第 15 行)。當物件產生的時候，*運算子* ***new*** 會配置記憶體以便儲存 **Time1** 物件，然後呼叫 **Time1** 建構式 (圖 8.2 的第 9-12 行) 來初始化 **Time1** 物件的資料成員。如前所述，這個建構式會呼叫類別 **Time1** 的方法 **SetTime**，將每個 **private** 變數初始化爲 **0**。然後運算子 **new** (圖 8.3 的第 15 行) 傳回一個指標指向此新建立的物件，將這個指標指定給 **time**。

軟體工程的觀點 8.5

注意運算子 new 和類別的建構式之間的關係。當運算子 new 建立指向某個類別物件的指標時，就會呼叫該類別的建構式來初始化該物件的變數。

第 16 行宣告 **String** 指標 **output**，儲存時間轉換結果的字串，這些字串稍後將在 **MessageBox** 對話方塊中顯示。第 19-21 行以世界時間格式 (藉著呼叫 **Time1** 物件的方法 **ToUniversalString**) 和標準時間格式 (藉著呼叫 **Time1** 物件的方法 **ToStandardString**) 將時間指定給 **output**。注意每種方法呼叫的語法，指標 **time** 後面接著成員存取運算子 **(->)**，然後接方法的名稱。類別的成員可利用成員存取運算子一點運算子 **(.)** 和 **(->)** 加以存取。若要存取某個類別成員，可以使用點運算子加上該物件的變數名稱或指向該物件的參考。例如，我們通常使用點運算子來存取變數的 **ToString** 方法。箭號運算子是由減號 **(-)** 和大於符號 **(>)** 所組成，其中沒有間隔，可透過指向物件的指標存取類別成員。

第 24 行將有效的小時、分鐘和秒的引數傳給 **Time1** 方法 **SetTime**，就可設定 **time** 所指向 **Time1** 物件的時間。第 27-31 行將世界和標準時間格式的新時間附加在要輸出的 **output** 字串，以確定正確地設定時間。

爲了說明方法 **SetTime** 會確認傳給它的數值是否有效，我們在第 34 行將無效的時間引數傳給方法 **SetTime**。第 36-39 行以兩種格式將新的時間附加在輸出字串 **output**。所有三

個傳給 **SetTime** 的數值都是無效的，因此變數 **hour**、**minute** 和 **second** 都被設定成 0。第 41 行將程式的結果顯示在一個 **MessageBox** 對話方塊中。注意在輸出視窗的最後二行，當無效的引數傳給 **SetTime** 的時候，時間的確被設定在午夜。

請記得類別將資料成員 **hour**、**minute** 和 **second** 宣告成 **private**。這些變數在它們被宣告的類別之外，是無法存取的。類別的用戶不需要關心該類別的資料表示方式，應該只對該類別所提供的服務感興趣。舉例來說，類別可以將從前一天午夜開始計算的秒數，作爲內部表示時間的方式。假如資料表示方式改變。使用者雖然不知道內部表示的方式已經改變，但是仍能使用相同的**public**方法得到相同的結果。依此觀點，類別的實作內容對客戶而言就被隱藏起來了。

軟體工程的觀點 8.6

資訊隱藏促進程式的可修改性，而且簡化客戶對類別的看待方式。

軟體工程的觀點 8.7

客戶使用類別時，可不必知道此類別內部的詳細實作內容。當類別的實作內容改變時 (例如，為了增進效率)，但是類別的介面並未更改，所以客戶的程式碼亦無須修改。這樣就可以很容易地修改系統。

在這個程式中，**Time1** 的建構式會將資料成員初始化成 0 (世界時間就是指午夜的 12 點鐘)，以便確定建立的物件都呈現*可靠的狀態* (*consistent state*)，也就是所有資料成員的數值都是有效的。當建立 **Time1** 物件的時候，呼叫建構式來初始化成資料成員，就會呼叫 **Set-Time**，所以此 **Time1** 物件的資料成員就不會儲存無效值。方法 **SetTime** 仔細檢查客戶修改資料成員的內容。

一般來說，類別的資料成員是在類別的建構式中設定初值，但是它們也可以在類別本體內宣告時設定初值。如果程式設計師沒有明確地初始化資料成員，編譯器便會隱含地初始化它們。當這種情況發生的時候，編譯器會將基本的數字變數設爲 **0**、**bool** 的數值爲 **false**、指標設爲 **NULL**。【注意，讀者必須記得在 MC++中，**0** 代表空指標 (null pointer)。然而，有時在這本書中，我們利用 **NULL** 取代 0。**NULL** 在許多標頭檔中都有定義，包括 ***tchar.h***，可以和 0 互相取代。】

請注意，在圖 8.2 中每個方法的定義 (第 9、16、24 和 31 行) 中，都使用了*二元範圍解析運算子* (**::**)。一旦某個類別定義好，而且宣告了它的方法，這些方法就必須加以定義。對於每個經過定義的方法，方法名稱的前面必須加上類別名稱及二元範圍解析運算子(**::**)。這樣就會將方法的名稱和類別的名稱連接在一起，如此就能指定某個特殊類別的方法。

常見的程式設計錯誤 8.3

當在類別之外定義類別的方法時，在方法的名稱前未加上類別名稱和範圍解析運算子，這是語法錯誤。

雖然類別的方法可以在類別的定義內宣告，而在類別之外再加以定義 (可透過二元範圍解析運算子表示與類別的關係)，不過該方法仍然屬於該類別的範圍之內；也就是說，只有此類別的其他成員能夠直接使用此方法，否則，就得透過此類別的物件、或指到此類別物件的參考、或指向此類別物件的指標才能使用。很快我們會再多討論有關類別的範圍。

方法 **ToUniversalString** 和 **ToStandardString** 不需接收引數，因爲這些方法在被呼叫時，預設就會操作它們所呼叫 **Time1** 物件的資料成員。如此使得方法的呼叫要比程序式程式設計的傳統函式呼叫簡單許多，也減少傳遞錯誤引數、錯誤的引數型別、或錯誤的引數個數量的機會。

軟體工程的觀點 8.8

物件導向程式設計由於減少傳遞引數的數目，因此可以簡化方法的呼叫。這項優點來自於物件導向程式設計將資料成員及方法封裝在同一物件內，並且讓物件的方法擁有存取物件資料成員的權力。

因爲類別的客戶只需要關心物件可使用的**public**操作，所以類別可以簡化程式設計的工作。通常，這些操作方法都是按照客戶的需求設計，而不是按照類別內部實作的需求來設計。客戶既不會知道，也不會牽涉到類別的實作內容。介面通常比實作較少改變。當實作改變的時候，依據實作內容所寫的程式碼也必須跟著改變。藉著將實作部份隱藏起來，我們就可以避免程式的其他部份會依賴類別的實作內容。

通常，程式設計師不必「從頭開始」建立類別。而是從能夠提供所需要行爲的類別衍生出新的類別。類別也可以將指向物件的指標當成自己的成員。這種*軟體重複使用性*可以大幅提昇程式設計師的生產力。第 9 章討論*繼承* (*inheritance*) 一從現有類別衍生出新類別的過程。在第 8.8 節我們將討論*複合* (*composition*) 或者稱爲聚合 (*aggregation*)，就是類別將其他類別物件或者指向其他類別物件的指標當成自己的成員。

在.NET Framework 類別庫中有許多編譯過的類別 (包括 **MessageBox**)，程式在使用它們之前，必須先要經過參照。按照我們建立的應用程式種類，類別可以編譯成具有***.exe***副檔名的檔案 (可執行檔)，副檔名是***.dll*** 的*動態連結函式庫*檔案 (*dynamic link library*)，或者幾種其他副檔名的檔案。動態連結函式庫 **(DLL)** 本身單獨無法像一般程式可以執行，但是它們包含有可執行的程式碼 (例如，函式和類別)。程式連結到**DLL**，多個執行中的程式可以共享相同的 **DLL**。**DLL** 是在執行時間動態地載入。可執行的檔案包含一個應用程式的進入點 (例如，**_tmain** 函式)。這樣的檔案稱爲*組件* (*assembly*)，是 MC++程式碼的封裝單位【注意：組件可以包含不同類型的檔案，包括 **.h** 和 **.cpp** 檔案】。組件包含由專案編譯成的微軟中介語言 (MSIL，Microsoft Intermediate Language) 程式碼，再加上這些類別所需要的任何其他訊息。我們需要參考的組合可以在 Visual Studio .NET 中有關我們所想使用類別的說明文件找到。要取得這項訊息的最容易方法，就是在 Visual Studio .NET 中點選「說明」選單，然後再選擇「索引」選項。讀者可以鍵入類別名稱，取得相關的說明文件。類別**Message-Box**是位於組件 **System.Windows.Forms.dll** 中 (參考圖 8.3 的第 8 行)。其他建立 GUI 元件的類別將在第 12 章和第 13 章中說明。

在**_tmain** 的第 41 行，呼叫類別 **MessageBox** 的方法 ***Show*** (圖 8.3)。這個多載的方法接收二個字串作爲引數。第一個引數字串 (**output**) 是要顯示的訊息。第二個引數字串是訊息對話方塊的標題 ("Testing Class Time1")。如果第二個引數省略，訊息對話方塊就會沒有標題。方法 **Show** 稱爲 ***static*** 方法。要呼叫這種方法都是使用它們的類別名稱 (此處是 **MessageBox**)，後面接範圍解析運算子 (**::**) 和方法名稱 (此處是 **Show**)，我們將在第 8.11 節討論 **static** 方法。

第 41 行會顯示出圖 8.6 中的對話方塊。對話方塊包括一個「OK」按鈕，使用者可以按一下此按鈕關閉對話方塊。將滑鼠游標 (也稱爲滑鼠指標) 移到「OK」按鈕上，然後按一下滑鼠的按鈕，就可關閉對話方塊。使用者也可以按一下對話方塊右上角的關閉按鈕，關閉對話方塊。按下此按鈕後，因爲 **_tmain** 函式結束，程式也就跟著結束。

8.3 類別範圍

在第 6.15 節中，我們討論了方法的生存範圍；現在，我們將討論類別的生存範圍。類別成員屬於該類別的範圍。在 **{}** 類別的範圍之內，類別成員可被該類別的方法存取，或者利用名稱加以參照。在類別的範圍之外，類別成員就無法直接使用它們的名稱參照。那些從類別之外也能看見的類別成員 (例如 **public** 成員) 只可以透過某種「代碼」才能存取，例如指向某個物件的指標 (利用格式 ***pointerName->memberName***)、指向某個物件的參考 (利用格式 ***referenceName.memberName***)、或某個數值型別物件的名稱 (利用格式 ***objectName.memberName***)。

如果變數是定義在某個方法中，只有該方法能夠存取這個變數 (也就是說，這個變數是區域變數)。這樣的變數就是具有*區域範圍* (*local scope*) 或者是*區塊範圍* (*block scope*)。如果某個方法定義了一個變數，其名稱與類別範圍內某個變數 (也就是資料成員) 名稱相同，那麼在此方法的範圍內，類別範圍的變數將被方法範圍的變數所取代。在方法中仍然可以使用被取代的類別範圍變數，只要在它的名稱前面加上關鍵字 **this** 和箭號成員存取運算子，例如，**this->hour**。我們將在第 8.9 節討論關鍵字 **this**。

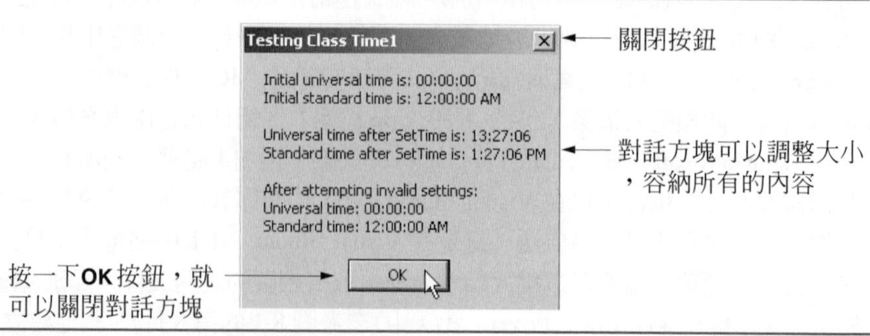

圖 8.6 呼叫 MessageBox::Show 顯示的對話方塊。

8.4 對成員存取的控制

成員存取指定詞 **public** 和 **private** 控制使用類別資料和方法的權限。(在第 9 章「物件導向程式設計：繼承」中，我們會介紹另一個存取指定詞 **protected**)。

如前所述，**public** 方法就代表類別提供給客戶的一些*服務*(也就是，類別的 **public** 介面)。先前，我們提到過將方法編寫爲只執行一項工作的優點。如果某個方法一定要執行其他的工作來獲得最後結果，這些工作應該由輔助方法執行。客戶不需要呼叫這些輔助方法，他也不需要關心類別如何使用它的輔助方法。因爲這些理由，應該將輔助方法被宣告爲類別的 **private** 成員。

常見的程式設計錯誤 8.4

*嘗試從類別以外存取某個 **private** 類別成員，這是編譯錯誤。*

圖 8.7 的應用程式 (利用圖 8.1 及圖 8.2 的類別 **Time1**) 說明，從類別之外無法存取 **private** 類別成員。第 17-19 行，嘗試存取由 **time** 所指向 **Time1** 物件的 **private** 物件變數 **hour**、**minute** 和 **second**。當我們編譯此程式時，編譯器將會產生錯誤訊息，告訴你不可存取 **private** 成員 **hour**、**minute** 和 **second**。

8.5 類別物件的初始化：建構式

當程式建立類別的實體時，會呼叫類別的建構式來初始化類別的資料成員。類別可以包含多載建構式 (overloaded constructors)，提供多種方式初始化類別的物件。

常見的程式設計錯誤 8.5

只有 static 變數可以在 managed 類別本體的宣告中，進行初始化的動作 (也就是，在 managed 類別內，但是在該類別方法之外)。嘗試在 managed 類別的本體內，於非 static 變數的宣告中進行初始化的動作，這是語法錯誤。非 static 變數一定要在建構式中設定初值。

不論資料成員是否接收到明確的初始值，資料成員永遠會設定初值。在這種情況下，資料成員接的是預設值 (對於基本的數字型別變數爲 **0**，對於 **bool** 變數則爲 **false**，對於指標爲 0)。

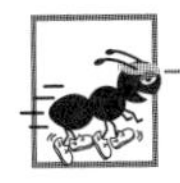

增進效能的小技巧 8.1

資料成員都會在執行時期初始化成預設值；因此，避免在建構式中將資料成員初始化成預設值。

軟體工程的觀點 8.9

在適當的時候，提供建構式以確保每個物件都會初始化成有意義的值。

```
 1  // Fig. 8.7: RestrictedAccess.cpp
 2  // Demonstrate compilation errors from attempt to access
 3  // private class members.
 4
 5  #include "stdafx.h"
 6  #include "Time1.h"
 7
 8  #using <mscorlib.dll>
 9
10  using namespace System;
11
12  // main entry point for application
13  int _tmain()
14  {
15     Time1 *time = new Time1();
16
17     time->hour = 7;
18     time->minute = 15;
19     time->second = 30;
20
21     return 0;
22  } // end _tmain
```

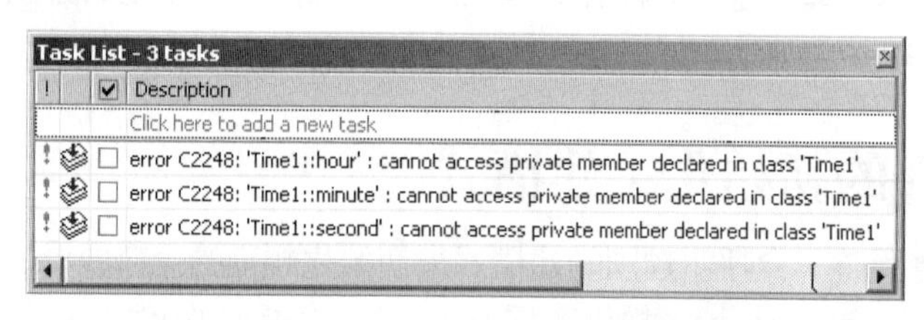

圖 8.7 從類別用戶的程式存取類別的 private 成員，將會產生編譯錯誤。

當建立某個類別物件時，程式設計師可以在類別名稱右邊的小括號內提供*初始值序列* (*initializer*)。這些初始值序列就會被當成引數傳給此類別的建構式。一般來說，物件可按下述方式建立

ClassName **objectPointer* = **new** *ClassName*(*arguments*);

其中 ***objectPointer*** 是一個適當資料型別的指標，**new** 指出正在建立一個物件，***ClassName*** 指出此新物件的資料型別 (和所呼叫建構式的名稱)，以及 ***arguments*** 是建構式用來初始化物件資料成員的逗號分隔數值序列。

如果某個類別沒有定義任何的建構式，編譯器會提供一個*預設建構式* (*default constructor*)，就是*無引數* (*no-argument*) 的建構式。這個由編譯器提供的預設建構式不包含程式碼 (也就是，建構式有一個空的本體) 而且沒有參數。程式設計師也能提供無引數的建構式，如同我們在類別 **Time1** 中的說明一樣 (圖 8.1 和圖 8.2)。程式設計師提供的無引數建構式，在它們的本體中可以加入程式碼。

常見的程式設計錯誤 8.6

*如果某個類別有幾個建構式，但是沒有一個 **public** 建構式是預設建構式，當程式嘗試呼叫某個無引數建構式來初始化類別的物件，就會產生編譯錯誤。只有當類別沒有建構式 (在這種情況下，就會呼叫由編譯器提供的預設建構式)，或者類別定義了一個**public**無引數建構式，才能呼叫無引數的建構式 。*

8.6 使用多載的建構式

就像方法一樣，類別建構式可以多載。圖 8.2 中的 **Time1** 建構式，呼叫方法 **SetTime** 將 **hour**、**minute** 和 **second** 初始化成 0 (也就是，世界時間格式的午夜)。然而，類別 **Time2** (圖 8.8 和圖 8.9) 將建構式多載，以便提供多種方式來初始化 **Time2** 物件。每個建構式都會呼叫 **Time2** 方法 **SetTime**，可將超出範圍的數值設定為 **0**，以確保物件開始時都是設定在可靠的狀態。MC++藉著將呼叫建構式時所提供引數的數目、型別和順序，與每個建構式定義中的參數數目、型別和順序互相比較，以便呼叫正確的建構式。圖 8.8 及圖 8.10 說明如何使用初始值序列和多載的建構式。

類別 **Time2** 的大部份程式碼和類別 **Time1** 相同，因此，在這段討論中只集中討論多載的建構式。圖 8.9 中的第 9-12 行，定義將時間設定為午夜的無引數建構式。第 16-19 行定義了一個**Time2** 建構式，接收代表**hour**的單獨**int**引數，而且利用此**hour**數值，以及**minute** 和 **second** 為零值來設定時間。第 23-26 行定義了一個 **Time2** 建構式，接收代表 **hour** 和 **minute** 的兩個 **int** 引數，而且利用這兩個數值，以及 **second** 為零值來設定時間。第 29-32 行定義了一個**Time2** 建構式，接收代表**hour**、**minute**和**second**的三個**int**引數，而且利用這些數值來設定時間。第 35-38 行定義了一個 **Time2** 建構式，接收指向另一個 **Time2** 物件的指標作為引數。當呼叫最後一個建構式時，便使用來自另一個 **Time2** 物件的引數值來初始化新的 **Time2** 物件的 **hour**、**minute** 和 **second** 數值。即使類別 **Time2** 宣告 **hour**、**minute** 和 **second** 為 **private** (圖 8.8 的第 27-29 行)，這個 **Time2** 建構式仍能利用指標 **time** 和箭號運算子的表示式 **time->hour**、**time->minute** 和 **time->second** 直接存取另一個 **Time2** 物件的引數值。

軟體工程的觀點 8.10

當類別的某個物件使用指向相同類別另一個物件的指標時，第一個物件就能存取第二個物件的所有資料和方法 (包括 private 的資料和方法)。

注意，第二個、第三個和第四個建構式 (在圖 8.9 中，分別從第 16、23 和 29 行開始) 有共同的某些引數，而且那些引數是按照相同順序排列。舉例來說，從第 23 行開始的建構式有二個整數引數，一個代表小時而另一個代表分鐘。從第 29 行開始的建構式有相同順序的二個相同引數，接著是最後一個引數 (這個整數代表秒)。

```
 1  // Fig. 8.8: Time2.h
 2  // Class Time2 header file.
 3
 4  #pragma once
 5
 6  #using <mscorlib.dll>
 7
 8  using namespace System;
 9
10  // Time2 class definition
11  public __gc class Time2
12  {
13  public:
14     Time2();
15
16     // overloaded constructors
17     Time2( int );
18     Time2( int, int );
19     Time2( int, int, int );
20     Time2( Time2 * );
21
22     void SetTime( int, int, int );
23     String *ToUniversalString();
24     String *ToStandardString();
25
26  private:
27     int hour;     // 0-23
28     int minute;   // 0-59
29     int second;   // 0-59
30  }; // end class Time2
```

圖 8.8　多載的建構式可以提供多種物件初始化的方法。

```
 1  // Fig. 8.9: Time2.cpp
 2  // Class Time2 provides overloaded constructors.
 3
 4  #include "stdafx.h"
 5  #include "Time2.h"
 6
 7  // Time2 constructor initializes variables to
 8  // zero to set default time to midnight
 9  Time2::Time2()
10  {
11     SetTime( 0, 0, 0 );
12  }
13
14  // Time2 constructor: hour supplied, minute and second
15  // defaulted to 0
16  Time2::Time2( int hourValue )
17  {
18     SetTime( hourValue, 0, 0 );
19  }
```

圖 8.9　Time2 類別方法的定義 (第 2 之 1 部分)。

```
20
21  // Time2 constructor: hour and minute supplied, second
22  // defaulted to 0
23  Time2::Time2( int hourValue, int minuteValue )
24  {
25     SetTime( hourValue, minuteValue, 0 );
26  }
27
28  // Time2 constructor: hour, minute, and second supplied
29  Time2: Time2( int hourValue, int minuteValue, int secondValue )
30  {
31     SetTime( hourValue, minuteValue, secondValue);
32  }
33
34  // Time2 constructor: initialize using another Time2 object
35  Time2::Time2( Time2 *time )
36  {
37     SetTime( time->hour, time->minute, time->second );
38  }
39
40  // set new time value in 24-hour format. Perform validity
41  // check on the data. Set invalid values to zero.
42  void Time2::SetTime( int hourValue, int minuteValue, int secondValue )
43  {
44     hour = ( hourValue >= 0 && hourValue < 24 ) ? hourValue : 0;
45     minute = ( minuteValue >= 0 && minuteValue < 60 ) ? minuteValue : 0;
46     second = ( secondValue >= 0 && secondValue < 60 ) ? secondValue : 0;
47  }
48
49  // convert time to universal-time (24 hour) format string
50  String *Time2::ToUniversalString()
51  {
52     return String::Concat( hour.ToString( S"D2" ), S":"
53        minute.ToString( S"D2" ), S":", second.ToString( S"D2" ) );
54  }
55
56  // convert time to standard-time (12 hour) format string
57  String *Time2::ToStandardString()
58  {
59     return String::Concat(
60        ( ( hour == 12 || hour == 0 ) ? 12 : hour % 12 ).ToString(),
61        S":", minute.ToString( S"D2" ), S":", second.ToString( S"D2" ),
62        S" ", ( hour < 12 ? S"AM" : S"PM" ) );
63  }
```

圖 8.9　Time2 類別方法的定義 (第 2 之 2 部分)。

良好的程式設計習慣 8.2

當定義多載的建構式的時候，儘可能保持類似的引數順序，這樣可以讓用戶寫程式時比較容易。

常見的程式設計錯誤 8.7

不像函式，建構式和方法不能夠有預設引數。嘗試指定建構式或者方法的引數預設值，會產生編譯錯誤。

建構式不能夠指定傳回的型別；如此做會造成語法錯誤。同時，注意每個建構式會接受不同數目或不同型別的引數。即使只有上述建構式中的二個會接收 **hour**、**minute**、和 **second** 的數值，每個建構式會使用接收的 **hour**、**minute** 和 **second** 數值呼叫 **SetTime** (如果必要的話，利用零替代未接收到的數值)，來滿足 **SetTime** 需要三個引數的要求。

主程式 **Time2Test** (圖 8.10) 說明類別 **Time2** 的多載建構式。第 16 行宣告六個 **Time2** 指標和第 18-23 行建立這些 Time2 物件，使用多載的建構式初始化這些物件。第 18 行在類別名稱之後接著一對空的小括號，就可呼叫無引數建構式。第 19 行呼叫接收一個 **int** 引數的單一引數建構式。第 20 行呼叫二個引數的建構式。第 21-22 行呼叫三個引數的建構式。第 23 行呼叫接收一個 **Time2** 指標的單一引數建構式。呼叫適當的建構式，將適當數目、型別和排列順序的引數 (由建構式的定義指定) 傳給建構式。第 25-53 行替每個 **Time2** 物件呼叫方法 **ToUniversalString** 和 **ToStandardString**，說明建構式如何正確地初始化物件。

每個 **Time2** 建構式也可以加入從 **SetTime** 方法抄來的適當敘述式，就可取代呼叫 **SetTime** 方法。由於不必額外呼叫 **SetTime**，可以使程式執行的稍微更有效率。然而，我們考慮萬一程式設計師改變了內部時間的表示法，從三個 **int** 型別的數值 (需要 12 個位元組記憶體) 改成單獨一個 int 數值 (需要 4 個位元組記憶體)，這個數值代表當天已經過去的秒數，這種改變會有什麼結果發生。因爲每個建構式的本體都需要修改成操作單一 **int** 數值資料，而不是三個 **int** 數值的方式，所以將相同的程式碼放在 **Time2** 建構式和方法 **SetTime** 內，使得修改類別更爲困難。所以，我們讓 **Time2** 直接呼叫 **SetTime**，當任何 **SetTime** 的程式碼變更時，我們只需更改 **SetTime** 本體的程式碼即可。當改變實作內容的時候，因爲我們只需要在類別中更改一個地方，而不是更改每個建構式和方法 **SetTime**，就可以減少程式設計錯誤的機會。

軟體工程的觀點 8.11

如果類別中有一個方法可提供類別的建構式 (或其他方法) 所需要的功能，就可從建構式 (或其他方法) 直接呼叫該方法。如此可簡化程式碼的維護，並減少因修改程式碼實作內容時，發生錯誤的可能性。

8.7 屬性

類別的方法能夠使用類別的 **private** 資料成員。一種常見的應用就是結算客戶在銀行帳戶裡的餘額，利用方法 **ComputeInterest** 處理類別 **BankAccount** 的這項 **private** 資料成員。

```
1   // Fig. 8.10: Time2Test.cpp
2   // Using overloaded constructors.
3
4   #include "stdafx.h"
5   #include "Time2.h"
6
7   #using <system.dll>
8   #using <system.windows.forms.dll>
9
10  using namespace System;
11  using namespace System::Windows::Forms;
12
13  // main entry point for application
14  int _tmain()
15  {
16     Time2 *time1, *time2, *time3, *time4, *time5, *time6;
17
18     time1 = new Time2();                  // 00:00:00
19     time2 = new Time2( 2 );               // 02:00:00
20     time3 = new Time2( 21, 34 );          // 21:34:00
21     time4 = new Time2( 12, 25, 42 );      // 12:25:42
22     time5 = new Time2( 27, 74, 99 );      // 00:00:00
23     time6 = new Time2( time4 );           // 12:25:42
24
25     String *output = String::Concat( S"Constructed with: ",
26        S"\ntime1: all arguments defaulted",
27        S"\n\t", time1->ToUniversalString(),
28        S"\n\t", time1->ToStandardString() );
29
30     output = String::Concat( output,
31        S"\ntime2: hour specified; minute and ",
32        S"second defaulted", S"\n\t", time2->ToUniversalString(),
33        S"\n\t", time2->ToStandardString() );
34
35     output = String::Concat( output,
36        S"\ntime3: hour and minute specified; ",
37        S"second defaulted", S"\n\t", time3->ToUniversalString(),
38        S"\n\t", time3->ToStandardString() );
39
40     output = String::Concat( output,
41        S"\ntime4: hour, minute and second specified", S"\n\t",
42        time4->ToUniversalString(), S"\n\t",
43        time4->ToStandardString() );
44
45     output = String::Concat( output,
46        S"\ntime5: all invalid values specified ",
47        S"\n\t", time5->ToUniversalString(), S"\n\t",
48        time5->ToStandardString() );
49
```

圖 8.10 建構式的多載方法。(第 2 之 1 部分)

```
50      output = String::Concat( output,
51         S"\ntime6: Time2 object time4 specified", S"\n\t",
52         time6->ToUniversalString(), S"\n\t",
53         time6->ToStandardString() );
54
55      MessageBox::Show( output,  S"Demonstrating Overloaded Constructors" );
56
57      return 0;
58   } // end _tmain
```

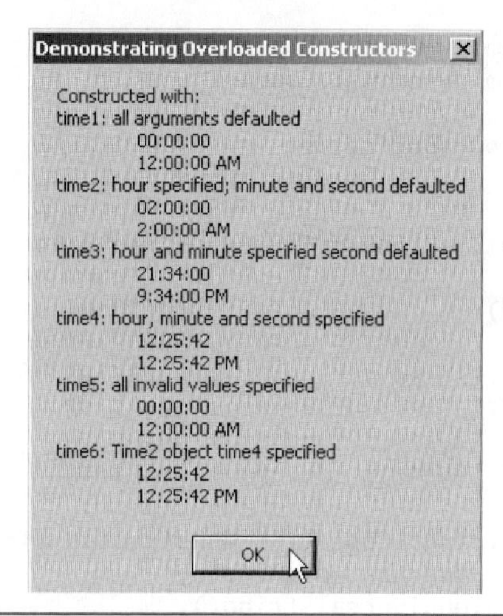

圖 8.10　建構式的多載方法。(第 2 之 2 部分)

類別通常會提供 **public** *屬性* (*property*)，讓使用者能夠*設定* (*set*，就是寫入數值) 或者*擷取* (*get*，讀取數值) **private** 資料成員。在圖 8.11 中我們加強類別 **Time** 的功能，現在稱爲 **Time3**，包含三個屬性：**Hour**、**Minute** 和 **Second**，是相對於 **private** 資料成員 **hour**、**minute** 和 **second** 的屬性。每個屬性都會包含一個 *get* 方法 (或者 *get 存取子*) 來取得數值，一個 *set* 方法 (或者 *set 存取子*) 來修改數值或者同時包括這兩個方法。其中這些屬性的 *set* 方法會嚴格控制設定資料成員爲有效值，而 *get* 方法則會傳回適當的資料成員值。圖 8.12 包含類別 **Time3** 方法的定義，而圖 8.13 說明 **Time3** 類別。

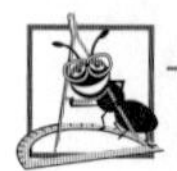

軟體工程的觀點 8.12

*類別的設計者不需要為每一個 **private** 資料成員提供 set 或者 get 方法，而必須視實際需要來決定是否提供這兩個功能。*

避免錯誤的小技巧 8.1

*將類別的變數設為 **private**，而將類別的方法和屬性設為 **public**，有助於程式的除錯。因為如果使用資料發生問題的話，問題的範圍就會侷限在使用資料的方法內。*

```
1   // Fig. 8.11: Time3.h
2   // Class Time3 introduces properties.
3
4   #pragma once
5
6   #using <mscorlib.dll>
7
8   using namespace System;
9
10  // Time3 class definition
11  public __gc class Time3
12  {
13  public:
14     Time3();
15     Time3( int );
16     Time3( int, int );
17     Time3( int, int, int );
18     Time3( Time3 * );
19     void SetTime( int, int, int );
20
21     // get method for property Hour
22     __property int get_Hour()
23     {
24        return hour;
25     }
26
27     // set method for property Hour
28     __property void set_Hour( int value )
29     {
30        hour = ( ( value >= 0 && value < 24 ) ? value : 0 );
31     }
32
33     // get method for property Minute
34     __property int get_Minute()
35     {
36        return minute;
37     }
38
39     // set method for property Minute
40     __property void set_Minute( int value )
41     {
42        minute = ( ( value >= 0 && value < 60 ) ? value : 0 );
43     }
44
45     // get method for property Second
46     __property int get_Second()
47     {
48        return second;
49     }
```

圖 8.11　利用屬性可控制物件資料的存取。(第 2 之 1 部分)

```
50
51       // set method for property Second
52       __property void set_Second( int value )
53       {
54          second = ( ( value >= 0 && value <  0 ) ? value : 0 );
55       }
56
57       String *ToUniversalString();
58       String *ToStandardString();
59
60    private:
61       int hour;    // 0-23
62       int minute; // 0-59
63       int second; // 0-59
64    }; // end class Time3
```

圖 8.11 利用屬性可控制物件資料的存取。(第 2 之 2 部分)

```
 1    // Fig. 8.12: Time3.cpp
 2    // Method definitions for class Time3.
 3
 4    #include "stdafx.h"
 5    #include "Time3.h"
 6
 7    // Time3 constructor initializes variables to
 8    // zero to set default time to midnight
 9    Time3::Time3()
10    {
11       SetTime( 0, 0, 0 );
12    }
13
14    // Time3 constructor: hour supplied, minute and second
15    // defaulted to 0
16    Time3::Time3( int hourValue )
17    {
18       SetTime( hourValue, 0, 0 );
19    }
20
21    // Time3 constructor: hour and minute supplied, second
22    // defaulted to 0
23    Time3::Time3( int hourValue, int minuteValue )
24    {
25       SetTime( hourValue, minuteValue, 0 );
26    }
27
28    // Time3 constructor: hour, minute and second supplied
29    Time3::Time3( int hourValue, int minuteValue, int secondValue )
30    {
```

圖 8.12 Time3 類別方法的定義。(第 2 之 1 部分)

```
31       SetTime( hourValue, minuteValue, secondValue );
32    }
33
34    // Time3 constructor: intialize using another Time3 object
35    Time3::Time3( Time3 *time )
36    {
37       SetTime( time->Hour, time->Minute, time->Second );
38    }
39
40    // set new time value in 24-hour format
41    void Time3::SetTime( int hourValue, int minuteValue, int secondValue )
42    {
43       Hour = hourValue;
44       Minute = minuteValue;
45       Second = secondValue;
46    }
47
48    // convert time to universal-time (24 hour) format string
49    String *Time3::ToUniversalString()
50    {
51       return String::Concat( Hour.ToString( S"D2" ), S":",
52          Minute.ToString( S"D2" ), S":", Second.ToString( S"D2" ) );
53    }
54
55    // convert time to standard-time (12 hour) format string
56    String *Time3::ToStandardString()
57    {
58       return String::Concat(
59          ( ( Hour == 12 || Hour == 0 ) ? 12 : Hour % 12 ).ToString(),
60          S":", Minute.ToString( S"D2" ), S":",
61          Second.ToString( S"D2" ), S" ",
62          ( Hour < 12 ? S"AM" : S"PM" ) );
63    }
```

圖 8.12　Time3 類別方法的定義 (第 2 之 2 部分)。

提供 *set* 和 *get* 功能，就如同將變數設定為 **public** 是一樣的。然而，從軟體工程的觀點來看，這是 MC++另外一個精妙之處，使它如此吸引注意。如果某個變數是 **public**，那麼此變數就可讓程式的任何方法或屬性讀取或寫入。如果某個變數是**private**，則**public** 的 *get* 方法似乎可以讓其他的方法或屬性任意讀取資料。然而，*get* 方法能夠控制傳回給客戶程式碼的資料格式。舉例來說，時間可以儲存成從午夜以後所經過的總秒數。此處，資料成員**hour**的*get*方法會傳回小時的數值，而不是傳回從午夜以後的總秒數。同樣地，**public** 的 *set* 方法會仔細檢查任何嘗試修改變數數值的動作，如此就能確定新的數值適合該資料成員。舉例來說，嘗試 *set* 某天為該月的第 37 天將會被拒絕，要 *set* 某人的體重為負數也會被拒絕。所以，*set* 和 *get* 可以存取 **private** 資料，但是這些存取方法的實作內容則可管制客戶程式碼對資料的使用方式。

將變數宣告為 **private**，並不能夠保証它們的可靠性。程式設計師一定要提供「有效性檢查」(validity checking) 的功能，MC++只提供能夠設計更好程式的架構。

避免錯誤的小技巧 8.2

*用來設定**private**資料的 set 方法應該要能夠檢查所欲設定的數值是否有效；如果數值不正確的話，此方法應該採取適當的處理。set 方法可以顯示錯誤訊息，它們可以將一些**private**變數設定成適當的可靠狀態，或者維持變數目前的值。*

屬性的 *set* 方法無法傳回數值，表示將無效資料指定給類別物件的動作已經失敗。如能傳回這樣的數值，對於類別的客戶處理錯誤可能非常有用。如果物件成為無效狀態，客戶就可採取適當的處理方法。第 11 章討論例外處理的方式，這個機制可用來指出發生了將物件成員設定為無效值的情形。

第 22-55 行 (圖 8.11) 定義 **Time3** 屬性 **Hour**、**Minute** 和 **Second**，以及它們的 *get* 和 *set* 方法。屬性不一定必需要同時擁有 *get* 和 *set* 兩個方法。*set* 方法的定義一般形式如下

```
__property void set_PropertyName( type value )
```

它的對應 *get* 方法則有如下的一般形式

```
__property type get_PropertyName()
```

每個屬性的方法名稱前面一定要加上 **set_** 或者 **get_**。方法宣告中的 ***PropertyName*** 指出屬性的名稱。

get 方法是在第 22-25 行、34-37 行、和 46-49 行。這些方法會分別傳回 **hour**、**minute** 和 **second** 的值。*set* 方法是在第 28-31 行、40-43 行和 52-55 行。每個 *set* 方法本體所執行的條件敘述式，與之前 **SetTime** 方法設定 **hour**、**minute** 和 **second** 時所執行的是相同的。

常見的程式設計錯誤 8.8

*屬性的方法前面一定要加上 **get** 或 **set** 字首。如果字首 **get** 或 **set** 字首省略，就會產生編譯錯誤。*

方法 **SetTime** (圖 8.12 的第 41-46 行) 現在利用屬性 **Hour**、**Minute** 和 **Second**，來確定資料成員 **hour**、**minute** 和 **second** 的值為有效的數值。屬性 **Hour**、**Minute** 和 **Second** 是*純量屬性* (*scalar property*)。純量屬性是可以像變數一般存取的屬性。我們使用 **=** (指定) 運算子將一些數值指定給純量屬性。當我們執行指定運算的時候，就會執行在該屬性 *set* 方法中的程式碼。同樣地，方法 **ToUniversalString** (第 49-53 行) 和 **ToStandardString** (第 56-63 行) 現在就會利用屬性 **Hour**、**Minute** 和 **Second**，來取得資料成員 **hour**、**minute** 和 **second** 的值。可利用參照純量屬性方式來執行該屬性的 *get* 方法。

在 **Time3** 類別的建構式及其他方法中，都使用 *set* 和 *get* 方法，如此一來當我們要改變 **hour**、**minute** 和 **second** 等資料的表示方式 (例如，以當天經過的總秒數來表示時間) 時，就可以將類別定義的修改工作減到最少。當要進行這樣的改變時，我們只須提供新的 *set* 和

get 方法的本體內容。使用個技巧也能夠讓程式設計師改變某個類別的實作內容，而不會影響到該類別的客戶 (只要類別的所有 **public** 方法仍然維持同樣的呼叫方式)。

軟體工程的觀點 8.13

經由 ***set*** *和* ***get*** *方法存取* ***private*** *資料，不但可以防止資料成員接收到無效的數值，還能夠將資料成員的內部表示方式隱藏起來，不讓客戶知道。因此，如果資料的表示方式改變 (通常是為了減少所需的貯存記憶體或增進效率)，只需更改方法的實作部份即可，只要類別方法提供的介面不變，客戶的程式就不需要修改。*

圖 8.13 中的 **Time3Test.cpp** 定義了一個在主控台中執行的應用程式，來操作類別 **Time3** 的物件。第 13 行建立類別 **Time3** 的一個物件，並且將它指定給 **time**。第 15 行建立 **bool** 變數 **finished**，並且初始化成 **false**，表示使用者尚未結束程式。**while** 迴圈 (第 18-77 行) 會一直執行，直到 **finished** 成爲 **true**。第 21-24 行利用 **Time3** 屬性來顯示 **hour**、**minute** 和 **second** 的數值。第 25-27 行使用 **Time3** 類別的方法 **ToUniversal-String** 和 **ToStandardString** 來顯示世界時間和標準時間格式的字串。

第 30-34 行顯示一些選項選單給使用者選擇。**switch** 敘述式 (第 38-75 行) 所執行的內容分別對應到使用者的選擇。選項 1 至 3 (第 41-56 行) 會改變 **Time3** 某個屬性的數值 (**Hour**、**Minute** 或者 **Second**)。選項 4 (第 59-69 行) 可以每次遞增 **second** 一秒。第 60-67 行利用 **Time3** 物件的屬性來決定和設定新的時間。舉例來說，當使用者選取選項 4 的時候，23:59:59 就會變成 00:00:00。任何其他的選擇 (例如，**-1**) 都會將 **finished** 設定爲 **false**，而結束程式。

屬性不是只能用來存取 **private** 資料，屬性也可以用來計算與物件有關的數值。舉例來說，有個 **student** 物件擁有代表學生學期成績平均點數的屬性 (稱爲 **GPA**)。

8.8 複合：將物件指標當作其他類別的資料成員

在許多情況中，參考現有的物件比在新專案中重寫新類別物件的程式碼要方便。假設我們要實作一個 **AlarmClock** 物件，就需要知道何時應該讓它報時。參考一個現有的 **Time** 物件 (像本章稍早的那些例子) 會比重寫一個新的 **Time** 物件要容易。將指向先前已經存在類別物件的指標當成新物件的成員，就是所謂的*複合或聚合* (*composition* 或 *aggregation*)。【注意：類別的資料成員也可以是數值型別。大部分的類別都包含數值型別和參考型別兩種的資料成員。】

軟體工程的觀點 8.14

軟體重複使用最常見的方式就是複合，即類別可以將指向其他類別物件的指標當作自己的成員。

```
 1  // Fig. 8.13: Time3Test.cpp
 2  // Demonstrating Time3 properties Hour, Minute and Second.
 3
 4  #include "stdafx.h"
 5  #include "Time3.h"
 6
 7  #using <mscorlib.dll>
 8
 9  using namespace System;
10
11  int _tmain()
12  {
13     Time3 *time = new Time3();
14     int choice;
15     bool finished = false;
16
17     // loop until user decides to quit
18     while ( !finished ) {
19
20        // display current time
21        Console::WriteLine( String::Concat( S"\nHour: ",
22           time->Hour.ToString(), S"; Minute: ",
23           time->Minute.ToString(), S"; Second: ",
24           time->Second.ToString() ) );
25        Console::WriteLine( String::Concat( S"Standard time: ",
26           time->ToStandardString(), S"\nUniversal time: ",
27           time->ToUniversalString() ) );
28
29        // display options
30        Console::WriteLine( S"   1: Set Hour" );
31        Console::WriteLine( S"   2: Set Minute" );
32        Console::WriteLine( S"   3: Set Second" );
33        Console::WriteLine( S"   4: Add 1 to Second" );
34        Console::WriteLine( S"  -1: Quit" );
35        Console::Write( S"=> " );
36        choice = Int32::Parse( Console::ReadLine() );
37
38        switch ( choice ) {
39
40           // set Hour property
41           case 1:
42              Console::Write( S"New Hour: " );
43              time->Hour = Int32::Parse( Console::ReadLine() );
44              break;
45
46           // set Minute property
47           case 2:
48              Console::Write( S"New Minute: " );
49              time->Minute = Int32::Parse( Console::ReadLine() );
50              break;
51
```

圖 8.13 類別 Time3 屬性的說明。(第 3 之 1 部分)

```
52            // set Second property
53            case 3:
54               Console::Write( S"New Second: " );
55               time->Second = Int32::Parse( Console::ReadLine() );
56               break;
57
58            // add one to Second property
59            case 4:
60               time->Second = ( time->Second + 1 ) % 60;
61
62               if ( time->Second == 0 ) {
63                  time->Minute = ( time->Minute + 1 ) % 60;
64
65                  if ( time->Minute == 0 )
66                     time->Hour = ( time->Hour + 1 ) % 24;
67               } // end if
68
69               break;
70
71            // exit loop
72            default:
73               finished = true;
74               break;
75         } // end switch
76
77      } // end while
78
79      return 0;
80   } // end _tmain
```

```
Hour: 0; Minute: 0; Second: 0
Standard time: 12:00:00 AM
Universal time: 00:00:00
   1: Set Hour
   2: Set Minute
   3: Set Second
   4: Add 1 to Second
  -1: Quit
=> 1
New Hour: 23
```

```
Hour: 23; Minute: 0; Second: 0
Standard time: 11:00:00 PM
Universal time: 23:00:00
   1: Set Hour
   2: Set Minute
   3: Set Second
   4: Add 1 to Second
  -1: Quit
=> 2
New Minute: 59
```

圖 8.13 類別 Time3 屬性的說明。(第 3 之 2 部分)

```
Hour: 23; Minute: 59; Second: 0
Standard time: 11:59:00 PM
Universal time: 23:59:00
   1: Set Hour
   2: Set Minute
   3: Set Second
   4: Add 1 to Second
  -1: Quit
=> 3
New Second: 58
```

```
Hour: 23; Minute: 59; Second: 58
Standard time: 11:59:58 PM
Universal time: 23:59:58
   1: Set Hour
   2: Set Minute
   3: Set Second
   4: Add 1 to Second
  -1: Quit
=> 4
```

```
Hour: 23; Minute: 59; Second: 59
Standard time: 11:59:59 PM
Universal time: 23:59:59
   1: Set Hour
   2: Set Minute
   3: Set Second
   4: Add 1 to Second
  -1: Quit
=> 4
```

```
Hour: 0; Minute: 0; Second: 0
Standard time: 12:00:00 AM
Universal time: 00:00:00
   1: Set Hour
   2: Set Minute
   3: Set Second
   4: Add 1 to Second
  -1: Quit
=> -1
```

圖 8.13　類別 Time3 屬性的說明。(第 3 之 3 部分)

圖 8.14 到圖 8.18 的應用程式說明「複合」(composition) 的關係。這個程式包含兩個類別。圖 8.14 和圖 8.15 中的類別 **Date** 將關於特定日期的資訊封裝起來。圖 8.16 和圖 8.17 的類別 ***Employee*** 將員工的姓名，和兩個分別代表 **Employee** 的生日和受雇日期的 ***Date*** 物件

封裝起來。主程式 ***CompositionTest*** (圖 8.18) 建立類別 ***Employee*** 的一個物件，用來說明「複合」的關係。

類別 **Date** 宣告三個 **int** 變數 **month**、**day** 和 **year** (圖 8.14 的第 21-23 行)。圖 8.15 的第 10-23 行定義建構式，接收 **month**、**day** 和 **year** 的數值作爲引數，在確定數值有效之後，將這些數值指定給這些變數。注意第 17-18 行，如果建構式接收到一個無效的月份數值，就會列印出錯誤訊息。通常，建構式不會列印出錯誤訊息，而是「拋出一個例外」(throw an exception)。我們將在第 11 討論例外。第 49-53 行的 **ToDateString** 方法會傳回 **Date** 的 **String ***表示。

```
 1  // Fig. 8.14: Date.h
 2  // Date class definition encapsulates month, day and year.
 3
 4  #pragma once
 5
 6  #using <mscorlib.dll>
 7
 8  using namespace System;
 9
10  // Date class definition
11  public __gc class Date
12  {
13  public:
14     Date( int, int, int );
15     String *ToDateString();
16
17  private:
18
19     int CheckDay( int ); // utility method
20
21     int month;   // 1-12
22     int day;     // 1-31 based on month
23     int year;    // any year
24  }; // end class Date
```

圖 8.14　Date 類別將年、月、日的資訊封裝起來。

```
 1  // Fig. 8.15: Date.cpp
 2  // Method definitions for class Date.
 3
 4  #include "stdafx.h"
 5  #include "Date.h"
 6
 7  // constructor confirms proper value for month;
 8  // call method CheckDay to confirm proper
 9  // value for day
10  Date::Date( int theMonth, int theDay, int theYear )
```

圖 8.15　Date 類別的方法定義 (第 2 之 1 部分)。

```
11  {
12     // validate month
13     if ( theMonth > 0 && theMonth <= 12 )
14        month = theMonth;
15     else {
16        month = 1;
17        Console::WriteLine( S"Month {0} invalid. Set to month 1.",
18           theMonth.ToString() );
19     } // end else
20
21     year = theYear;              // could validate year
22     day = CheckDay( theDay );  // validate day
23  } // end Date constructor
24
25  // utility method confirms proper day value
26  // based on month and year
27  int Date::CheckDay( int testDay )
28  {
29     int daysPerMonth[] =
30        { 0, 31, 28, 31, 30, 31, 30, 31, 31, 30, 31, 30, 31 };
31
32     // check if day in range for month
33     if ( testDay > 0 && testDay <= daysPerMonth[ month ] )
34        return testDay;
35
36     // check for leap year
37     if ( month == 2 && testDay == 29 &&
38        ( year % 400 == 0 ||
39        ( year % 4 == 0 && year % 100 != 0 ) ) )
40        return testDay;
41
42     Console::WriteLine( S"Day {0} invalid. Set to day 1.",
43        testDay.ToString() );
44
45     return 1; // leave object in consistent state
46  } // end method CheckDay
47
48  // return date string as month/day/year
49  String *Date::ToDateString()
50  {
51     return String::Concat( month.ToString(), S"/",
52        day.ToString(), S"/", year.ToString() );
53  } // end method ToDateString
```

圖 8.15　Date 類別的方法定義 (第 2 之 2 部分)。

```
1  // Fig. 8.16: Employee.h
2  // Employee class definition encapsulates employee's first name,
3  // last name, birthday and hire date.
4
5  #pragma once
6
7  #using <mscorlib.dll>
8
9  using namespace System;
10
11 #include "Date.h"
12
13 // Employee class definition
14 public __gc class Employee
15 {
16 public:
17    Employee( String *, String *, int, int, int, int, int, int );
18    String *ToEmployeeString();
19
20 private:
21    String *firstName;
22    String *lastName;
23    Date *birthDate;   // pointer to a Date object
24    Date *hireDate;    // pointer to a Date object
25 }; // end class Employee
```

圖 8.16　Employee 類別將員工的姓名、生日和受雇日期等資料封裝起來。

```
1  // Fig. 8.17: Employee.cpp
2  // Method definitions for class Employee.
3
4  #include "stdafx.h"
5  #include "Employee.h"
6
7  // constructor initializes name, birthday and hire date
8  Employee::Employee( String *first, String *last, int birthMonth,
9     int birthDay, int birthYear, int hireMonth, int hireDay, int hireYear )
10 {
11    firstName = first;
12    lastName = last;
13
14    // create and initialize new Date objects
15    birthDate = new Date( birthMonth, birthDay, birthYear );
16    hireDate = new Date( hireMonth, hireDay, hireYear );
17 } // end Employee constructor
18
19 // return Employee as String * object
20 String *Employee::ToEmployeeString()
21 {
22    return String::Concat( lastName, S", ", firstName,
23       S" Hired: ", hireDate->ToDateString(), S" Birthday: ",
24       birthDate->ToDateString() );
25 }
```

圖 8.17　Employee 類別的方法定義。

類別 **Employee** 利用變數 **firstName**、**lastName**、**birthDate** 和 **hireDate**，將有關員工姓名、生日和受雇日期(圖 8.16 的第 21-24 行)的資訊封裝起來。其中成員 **birthDate** 和 **hireDate** 是指向 **Date** 物件的指標，每一個物件都包含有變數 **month**、**day** 和 **year**)。在這個例子中，類別 **Employee** 是由二個 **String** 型別的指標和二個類別 **Date** 的指標組成。類別 **Employee** 的建構式 (圖 8.17 的第 8-17 行) 接收八個引數 (**first**、**last**、**birthMonth**、**birthDay**、**birthYear**、**hireMonth**、**hireDay** 和 **hireYear**)。第 15 行傳遞引數 **birthMonth**、**birthDay** 和 **birthYear** 給類別 **Date** 的建構式，以便建立 **birthDate** 物件。同樣地，第 16 行傳遞引數 **hireMonth**、**hireDay** 和 **hireYear** 給類別 **Date** 的建構式，以便建立 **hireDate** 物件。方法 **ToEmployeeString**(第 20-25 行) 傳回一個字串指標，其中包含員工 **Employee** 的姓名和 **Employee** 的 **birthDate** 和 **hireDate** 的字串表示式。

CompositionTest(圖 8.18) 執行應用程式的函式 **_tmain**。第 16-17 行產生一個 **Employee** 物件，而第 19 行顯示以字串呈現的 **Employee** 給使用者。

```
1  // Fig. 8.18: CompositionTest.cpp
2  // Demonstrates an object with member object pointer.
3
4  #include "stdafx.h"
5  #include "Employee.h"
6
7  #using <mscorlib.dll>
8  #using <system.windows.forms.dll>
9
10 using namespace System;
11 using namespace System::Windows::Forms;
12
13 // main entry point for application
14 int _tmain()
15 {
16    Employee *e = new Employee( S"Bob", S"Jones",
17       7, 24, 1949, 3, 12, 1988 );
18
19    MessageBox::Show( e->ToEmployeeString(), S"Testing Class Employee" );
20
21    return 0;
22 } // end _tmain
```

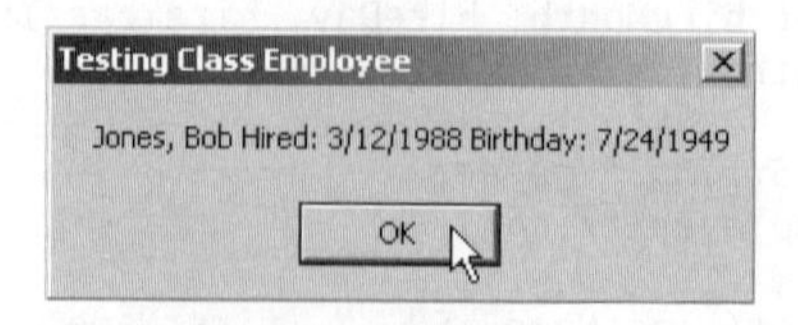

圖 8.18　說明複合的用法。

8.9 this 指標的運用

每個物件都能使用一個指向它自己的指標，就是所謂的 ***this 指標***。可以利用物件的屬性和方法使用 **this** 指標，隱含地參考此物件的資料成員、屬性和方法。這個 **this** 指標也可以明確地使用。關鍵字 **this** 通常是在方法裡使用，其中 **this** 是指向該方法所操作物件的指標。

我們現在說明如何隱含地和明確地使用 **this** 指標，來顯示 **Time4** 物件的 **private** 資料。類別 **Time4** (圖 8.19 和圖 8.20) 定義了三個 **private** 變數 **hour**、**minute** 和 **second** (圖 8.19 的第 20-22 行)。圖 8.20 第 8-13 行的建構式接收三個 **int** 引數，用來初始化 **Time4** 物件。注意，對於這一個例子，我們已經將建構式的參數名稱 (第 8 行) 與類別資料成員的名稱 (圖 8.19 的第 20-22 行) 設成一樣。我們如此做是為了說明 **this** 指標的明確用法。如果方法包含一個區域變數，而此區域變數的名稱又和該類別的某個資料成員相同，如果該方法提到這個名稱，則指的是區域變數而不是資料成員 (也就是，在方法的範圍內，區域變數遮蓋了資料成員)。然而，方法可以利用 **this** 指標明確地參考到被遮蓋的資料成員 (圖 8.20 的第 10-12 行)。

請記得在第 7 章曾討論過，解參照運算子 (*****，dereferencing operator) 可以使用於指標，以便直接參照某個物件。因此，圖 8.20 第 10 行的敘述式可寫成

```
( *this ).hour = hour;
```

```
1   // Fig. 8.19: Time4.h
2   // Class Time4 demonstrates the this pointer.
3
4   #pragma once
5
6   #using <mscorlib.dll>
7
8   using namespace System;
9
10  // Time4 class definition
11  public __gc class Time4
12  {
13  public:
14     Time4( int, int, int );
15
16     String *BuildString();
17     String *ToStandardString();
18
19  private:
20     int hour;       // 0-23
21     int minute;     // 0-59
22     int second;     // 0-59
23  }; // end class Time4
```

圖 8.19　this 指標可以隱含地和明確地使用，讓物件能夠使用它自己的資料，以及呼叫它自己的方法。

```
 1  // Fig. 8.20: Time4.cpp
 2  // Method definitions for class Time4.
 3
 4  #include "stdafx.h"
 5  #include "Time4.h"
 6
 7  // constructor
 8  Time4::Time4( int hour, int minute, int second )
 9  {
10     this->hour = hour;
11     this->minute = minute;
12     this->second = second;
13  }
14
15  // create string using this and implicit pointers
16  String *Time4::BuildString()
17  {
18     return String::Concat(
19        S"this->ToStandardString(): ", this->ToStandardString(),
20        S"\n( *this ).ToStandardString(): ", ( *this ).ToStandardString(),
21        S"\nToStandardString(): ", ToStandardString() );
22  }
23
24  // convert time to standard-time (12 hour) format string
25  String *Time4::ToStandardString()
26  {
27     return String::Concat(
28        ( ( this->hour == 12 || this->hour == 0 ) ? S"12"
29        : ( this->hour % 12 ).ToString( S"D2" ) ), S":",
30        this->minute.ToString( S"D2" ), S":",
31        this->second.ToString( S"D2" ), S" ",
32        ( this->hour < 12 ? S"AM" : S"PM" ) );
33  }
```

圖 8.20　Time4 類別的方法定義。

請注意，當使用點號成員選擇運算子 **(.)** 時，***this** 必須加上小括號。由於點號運算子比星號運算子 **(*)** 擁有較高的優先權，所以此處的小括號是必須的。我們會在方法 **BuildString** 說明另一種的用法。

方法 **BuildString** (第 16-22 行) 傳回一個 **String** 指標，這個 **String** 字串是明確地或者隱含地利用 **this** 指標所建立。第 19 和 20 行明確地使用 **this** 指標呼叫方法 **ToStandardString**，而第 21 行則是隱含地使用 **this** 指標呼叫相同的方法。注意第 19、20 和 21 行全都執行相同的工作。因此，程式設計師通常在操作的物件中，不會明確地使用 **this** 指標參考方法。

方法 **ToStandardString** (第 25-33 行) 建立和傳回一個 **String** 指標，這個 **String** 字串以 12 小時格式表示指定的時間。

常見的程式設計錯誤 8.9

如果方法的某個參數 (或區域變數) 和該類別物件的某個資料成員有相同的名稱，則應利用 this 指標來使用這個資料成員；否則，程式就會參照到該方法的參數 (或區域變數)。

避免錯誤的小技巧 8.3

避免參數名稱 (或者區域變數名稱) 與資料成員使用相同名稱，如此就可避免微妙的、難以找出的毛病。

良好的程式設計習慣 8.3

在可以選用 this 指標的區塊中，明確地使用 this 指標可以增加程式的清晰度。

在圖 8.21 中，執行應用程式的主程式 **ThisTest.cpp** 說明如何明確地使用 **this** 指標。第 15 行產生類別 **Time4** 的一個實體。第 17-18 行呼叫 **Time4** 物件的方法 **BuildString**，然後利用 **MessageBox** 將結果顯示給使用者。

```
 1  // Fig. 8.21: ThisTest.cpp
 2  // Using the this pointer.
 3
 4  #include "stdafx.h"
 5  #include "Time4.h"
 6
 7  #using <mscorlib.dll>
 8  #using <system.windows.forms.dll>
 9
10  using namespace System;
11  using namespace System::Windows::Forms;
12
13  int _tmain()
14  {
15     Time4 *time = new Time4( 12, 30, 19 );
16
17     MessageBox::Show( time->BuildString(),
18        S"Demonstrating the \"this\" Pointer" );
19
20     return 0;
21  } // end _tmain
```

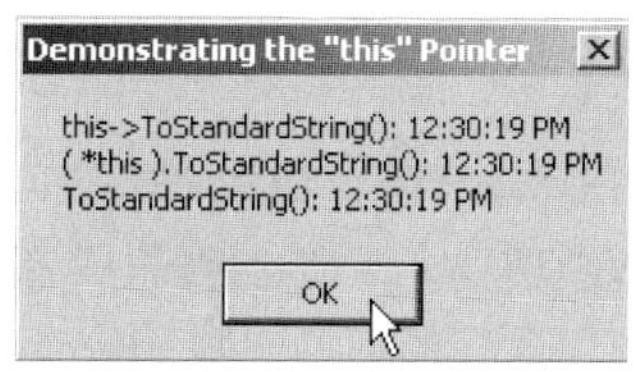

圖 8.21　this 指標的用法說明。

使用屬性可以解決這種因為參數(或者區域變數)而隱藏資料成員的問題。如果我們有一個屬性 **Hour** 可以存取 **hour** 資料成員，我們就不需要使用 **(*this).hour** 或者 **this->hour** 來區別某個參數(或者區域變數)和資料成員 **hour**，我們只需要將 **hour** 指定給屬性 **Hour** 即可。

8.10 廢棄記憶體的回收

在先前的例子中，我們已經討論過在建立物件之後，建構式如何初始化該類別物件。運算子 **new** 會配置記憶體給該物件，然後呼叫該個物件的建構式。建構式可能需要獲得其他的系統資源，例如網路連線、資料庫或檔案。當程式不再使用這些物件的時候，物件一定要能夠以有效的方法釋放記憶體和資源。如果沒有將這些資源釋放，就會造成*資源遺漏* (*resource leaks*) 的現象，有可能會耗盡程式要繼續執行所需要的可用資源。

不像 C 和標準 C++的程式設計師一定要明確地自行處理記憶體，managed C++會在內部執行記憶體管理的工作。.NET Framework 會自動執行*廢棄記憶體回收* (*garbage collection*) 的工作，不再需要將記憶體釋回系統。當程式執行廢棄記憶體回收時，會找出應用程式不再參考或以指標指到的物件。這些物件可以在當時或者在後續執行廢棄記憶體回收工作時再處理。因此，在像 C 和 C++這樣的語言中很普遍的*記憶體遺漏*現象(在執行時期不回收記憶體)，在 managed C ++中是很罕見的。

其他的資源，例如網路連線、連結資料庫和檔案，其配置和解除配置必須要由程式設計師明確地自行處理。一種用來處理這些資源的技術(類似廢棄記憶體回收)就是定義一個*解構式* (*destructor*)，將資源歸還系統。廢棄記憶體回收會呼叫物件解構式來執行物件的*終止結束作業* (*termination housekeeping*)，這項作業就是在廢棄記憶體回收開始收回物件的記憶體(稱為*終結*，*finalization*) 之前的工作。

每個類別都只能包含一個解構式。解構式的名稱就是在類別名稱前加上波浪符號 **(～)**。舉例來說，類別 **Time** 的解構式就是 **~Time( )**。解構式不接受引數，因此不能夠多載。當廢棄記憶體回收正在把一個物件從記憶體移除的時候，廢棄記憶體回收首先呼叫該物件的解構式清除物件所使用的資源。然而，因為我們不能夠決定進行廢棄記憶體回收的實際時間點，因此也不能夠決定呼叫解構式的實際時間點。

8.11 static 類別成員

類別的每個物件都會有該類別全部資料成員的副本。但在某些狀況，類別的所有物件必須共享一份特殊變數的副本，這樣的變數稱為 ***static* 變數**(或者*類別變數*)。無論這個類別已經產生多少物件，程式在記憶體中只包含該類別每一個 **static** 變數的一份副本。**static** 變數代表*涉及整個類別的資料* (*class-wide information*)，所有類別物件共用相同的 **static** 資料項目。

static 成員的宣告是以關鍵字 **static** 開始。**static** 變數可以在宣告中設定初值，就是在變數名稱後面加上=和一個初值。如果 **static** 變數需要更複雜的初始化設定時，程式設計師可以定義一個 ***static 建構式***，只初始化 **static** 成員。這樣的建構式是可選用的，而且一定要利用 **static** 關鍵字宣告，其後接著類別的名稱。在使用任何 **static** 成員，以及產生任何的類別物件之前，必須先呼叫 **static** 建構式。

讓我們以一個電玩遊戲範例，來證明爲何需要使用**static**類別範圍的資料。假設該電玩遊戲中的角色有 **Martian** 及其他的太空生物。當 **Martian** 知道至少有五個以上的 **Martian** 在場的時候，每個**Martian**就會變得很勇敢，而且會想要攻擊其他的太空生物。如果少於五個**Martian**在場的話，那麼每個**Martian**就都變得十分膽小。因爲這個原因，所以每個 **Martian** 都需要知道 **Martian** 的數目，也就是 **martianCount** 的值。我們可以在類別 **Martian** 內加入 **martianCount** 資料成員。如果我們這樣做的話，那麼每個 **Martian** 都需要有一份這個資料成員的副本，每次我們建立一個新的 **Martian**，我們就需要更新每個**Martian**物件的**martianCount**資料成員。這些多餘的副本浪費記憶體空間，而且更新這些副本是很耗費時間的。取而代之，我們宣告 **martianCount** 爲 **static**，於是 **martianCount**就成爲整個類別範圍的資料。每個**Martian**都可以取得**martianCount**的值，就好像它是每個**Martian**的資料成員一樣，但是實際上只保留一份**static**的變數**martianCount**的副本以便節省記憶體空間。這項技術也可以節省時間；因爲只有一份副本，所以我們就不需要對每個**Martian**物件遞增**martianCount**個別副本的值了。

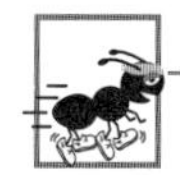

增進效能的小技巧 8.2

*如果單獨一份資料副本就足夠的時候，也可使用 **static** 變數節省貯存空間。*

雖然 **static** 變數看起來有點像其他的程式語言中的*全域變數* (*global variable*)，也就是可以從程式的任何地方參考到的變數，但**static**變數並不需要供全域存取，它的範圍只及於整個類別。

從客戶的程式碼可以透過使用某個類別名稱加上範圍解析運算子，就可存取該類別的 **public static** 資料成員 (例如，**Math::PI**)。**private static** 成員只可以透過類別的方法或屬性存取。**static** 成員當類別在執行時期載入記憶體時就能使用，而且在程式的執行期間都會存在，即使沒有該類別的任何物件存在也一樣。當沒有該類別的物件存在的時候，爲了讓客戶程式能夠存取某個**private static**成員，類別必須提供**public static** 方法或者屬性。

static方法不能夠存取非**static**資料成員。不像非**static**方法，**static**方法沒有 **this** 指標，因爲即使 **static** 成員定義的類別沒有物件存在，但是該類別的 **static** 變數和 **static** 方法仍然存在。

常見的程式設計錯誤 8.10

*在 **static** 方法或者 **static** 屬性中使用 **this** 指標，會產生編譯錯誤。*

常見的程式設計錯誤 8.11

*從 **static** 方法呼叫某個非 **static** 方法，或者嘗試存取某個資料成員，這是編譯錯誤。*

類別**Employee**(圖 8.22 和圖 8.23)說明**public static**屬性可以讓程式取得某個**private static**變數的值。**static** 變數 **count** (圖 8.22 的第 42 行) 並未明確地設定初值，因此，它接受預設的數值 **0**。類別變數 **count** 會儲存類別 **Employee** 產生的物件數目，包括那些已經標示要回收，但是還沒有被廢棄記憶體回收器收回的物件。

當類別**Employee**物件存在的時候，**static**成員**count**可以在任何一個**Employee**物件的方法中使用，在本範例中，建構式(圖 8.23 的第 8-18 行)會將**count**遞增 1，而解構式(第 21-28 行) 會將 **count** 遞減 **1**。如果沒有類別 **Employee** 的物件存在，成員 **count** 的數值可以透過 **static** 屬性 **Count** 獲得 (圖 8.22 的第 34-37 行)。當記憶體中存在 **Employee** 的物件時，也適用此方式。

在圖 8.24 中，主程式 **StaticTest.cpp** 會執行應用程式，此程式說明如何使用類別 **Employee** 的 **static** 成員 (圖 8.22 和圖 8.23)。第 14-16 行在程式建立 **Employee** 物件之前，會先使用類別 **Employee** 的 **static** 屬性 **Count** 取得 **count** 目前的數值。請注意用來存取 **static** 成員的語法是

ClassName::*StaticMember*

在第 16 行中，類別名稱是 **Employee**，而 **static** 成員是 **Count**。請記得我們在之前的例子中使用過這種語法，呼叫類別**Math**的**static**方法(例如，**Math::Pow**，**Math::Abs**等)以及其他的方法，例如 **Int32::Parse** 和 **MessageBox::Show**。

然後，第 19-20 行產生二個**Employee**物件，而且將它們指定給指標**employee1**和**employee2**。每次呼叫**Employee**建構式，就會將**count**數值遞增**1**。第 22-30 行顯示**Count**數值和二位員工的姓名。請注意現在計算的次數是 2。第 34-35 行設定指標 **employee1** 和 **employee2** 爲 **0**，因此它們不再指向 **Employee** 物件。這兩個指標是程式中唯一使用到指向 **Employee** 物件的指標，因此，這些物件使用的記憶體現在可以回收。

廢棄記憶體回收器無法由程式直接呼叫。當執行時期判斷應該將廢棄記憶體回收的時候，廢棄記憶體回收器就會收回物件使用的記憶體，或者當程式結束的時候，作業系統就會收回記憶體。然而，有可能會要求廢棄記憶體回收器收回仍存在物件的記憶體。第 38 行使用類別 ***GC*** (命名空間是 **System**) 的 **public static** 方法 ***Collect*** 要求廢棄記憶體回收器回收記憶體。廢棄記憶體回收器並不保証會回收目前所有可回收物件的記憶體。如果廢棄記憶體回收器決定回收物件，首先它會呼叫每個物件的解構式。重要的是要瞭解廢棄記憶體回收器是一個能獨立執行的實體，稱爲「執行緒」 (thread)。(我們會在第 14 章中討論執行緒) 在多處理器系統可以平行地執行許多的執行緒，或者在單一處理器系統共用一個處理器來執行多個執行緒。因此，程式可以平行地執行廢棄記憶體的回收工作。因爲這個原因，我們呼叫類別 **GC** 的 **static** 方法 ***WaitForPendingFinalizers*** 方法 (第 41 行)，強迫程式等待直到廢棄記憶體回收器呼叫所有可回收物件的解構式，收回這些物件的記憶體。當程式執行到

第 43-45 行的時候，程式確認兩個解構式都呼叫完畢，而且 **count** 的數值也依序遞減。

軟體工程的觀點 8.15

通常程式不會明確地呼叫方法 GC::Collect 和 GC:: WaitForPendingFinalizers，因為它們可能降低效能。

```
 1  // Fig. 8.22: Employee.h
 2  // Employee class contains static data and a static property.
 3
 4  #pragma once
 5
 6  #using <mscorlib.dll>
 7
 8  using namespace System;
 9
10  // Employee class definition
11  public __gc class Employee
12  {
13  public:
14
15     // constructor increments static Employee count
16     Employee( String *fName, String *lName );
17
18     // destructor decrements static Employee count
19     ~Employee();
20
21     // FirstName property
22     __property String *get_FirstName()
23     {
24        return firstName;
25     }
26
27     // LastName property
28     __property String *get_LastName()
29     {
30        return lastName;
31     }
32
33     // static Count property
34     __property static int get_Count()
35     {
36        return count;
37     }
38
39  private:
40     String *firstName;
41     String *lastName;
42     static int count;     // Employee objects in memory
43  }; // end class Employee
```

圖 8.22　類別的所有物件都可以存取 static 成員。

```
1   // Fig. 8.23: Employee.cpp
2   // Method definitions for class Employee.
3
4   #include "stdafx.h"
5   #include "Employee.h"
6
7   // constructor increments static Employee count
8   Employee::Employee( String *fName, String *lName )
9   {
10     firstName = fName;
11     lastName = lName;
12
13     ++count;
14
15     Console::WriteLine( String::Concat(
16        S"Employee object constructor: ", firstName, S" ",
17        lastName, S"; count = ", Count.ToString() ) );
18  }
19
20  // destructor decrements static Employee count
21  Employee::~Employee()
22  {
23     --count;
24
25     Console::WriteLine( String::Concat(
26        S"Employee object destructor: ", firstName, S" ",
27        lastName, S"; count = ", Count.ToString() ) );
28  }
```

圖 8.23　Employee 類別方法的定義 。

```
1   // Fig. 8.24: StaticTest.cpp
2   // Demonstrating static class members.
3
4   #include "stdafx.h"
5   #include "Employee.h"
6
7   #using <mscorlib.dll>
8
9   using namespace System;
10
11  // main entry point for application
12  int _tmain()
13  {
14     Console::WriteLine( String::Concat(
15        S"Employees before instantiation: ",
16        Employee::Count.ToString(), S"\n" ) );
17
```

圖 8.24　static 成員的示範說明。(第 2 之 1 部分)

```
18      // create two Employees
19      Employee *employee1 = new Employee( S"Susan", S"Baker" );
20      Employee *employee2 = new Employee( S"Bob", S"Jones" );
21
22      Console::WriteLine( String::Concat(
23         S"Employees after instantiation: ",
24         Employee::Count.ToString(), S"\n" ) );
25
26      // display Employees
27      Console::WriteLine( String::Concat( S"Employee1: ",
28         employee1->FirstName, S" ", employee1->LastName,
29         S"\nEmployee2: ", employee2->FirstName, S" ",
30         employee2->LastName, S"\n" ) );
31
32      // remove references to objects to indicate that
33      // objects can be garbage collected
34      employee1 = 0;
35      employee2 = 0;
36
37      // force garbage collection
38      GC::Collect();
39
40      // wait until collection completes
41      GC::WaitForPendingFinalizers();
42
43      Console::WriteLine(
44         String::Concat( S"\nEmployees after garbage collection: ",
45         Employee::Count.ToString() ) );
46
47      return 0;
48   } // end _tmain
```

```
Employees before instantiation: 0

Employee object constructor: Susan Baker; count = 1
Employee object constructor: Bob Jones; count = 2
Employees after instantiation: 2

Employee1: Susan Baker
Employee2: Bob Jones

Employee object destructor: Bob Jones; count = 1
Employee object destructor: Susan Baker; count = 0

Employees after garbage collection: 0
```

圖 8.24 static 成員的示範說明。(第 2 之 2 部分)

在這個例子中，輸出顯示每個 **Employee** 物件的解構式都會被呼叫，而且將 **count** 遞減 2 (每個回收的 **Employee** 遞減 1)。第 43-45 行在呼叫廢棄記憶體回收器之後，使用屬性

Count 取得 **count** 的數值。如果這些物件沒有被收回，**count** 將會大於 0。

在輸出結束時，請注意 **Employee** 的物件 **Bob Jones** 在 **Employee** 物件 **Susan Baker** 之前先終結 (finalized)。然而，在你的電腦系統中，這個程式的輸出可能不太一樣。廢棄記憶體回收器並不保証會按照特定順序回收物件的記憶體。

8.12 關鍵字 const 和唯讀屬性

MC++允許程式設計師建立*常數* (*constant*)，在程式執行期間不會改變其值。

避免錯誤的小技巧 8.4

如果某個變數的數值從不改變，就應該將它設成常數。這可以幫助避免該變數的數值如果改變可能產生的錯誤。

要建立某個類別的常數資料成員，可以使用關鍵字 ***const*** 宣告該成員，或者爲該資料成員建立一個屬性，而且只提供**get**方法。在這一節中，我們把重心集中在常數資料成員，也就是 **static** 資料成員。當我們宣告某些資料成員爲 **static const** 時，一定要在它們的宣告中設定初值。一旦它們被設定初值，**const** 數值就不能夠修改。

常見的程式設計錯誤 8.12

宣告某個類別資料成員為 ***static const***，*但是卻沒有在該類別宣告中設定這些資料成員的初值，這是語法錯誤。*

常見的程式設計錯誤 8.13

在設定某個 ***const*** *資料成員的初值後，又再指定一個數值給該資料成員，這是一個編譯錯誤。*

唯讀屬性只能提供一個*get*方法。沒有*set*方法的話，客戶程式就無法修改屬性的數值。屬性通常用來控制對 **private** 資料成員的存取。資料成員的數值可以在它所屬的類別裡面加以修改。

成員如果被宣告成 **const**，就必須在編譯時期指定其數值。因此，**const** 成員只可以使用其他的常數值來設定其初值，例如整數、字面字串、一些字元和其他的 **const** 成員。如果常數成員的數值不能夠在編譯時期決定，必須將它們宣告爲屬性，但是不提供*set*方法。然後常數成員就可以在建構式中指定數值，而且程式設計師只能使用*get*方法取得**private**常數資料成員的數值。

圖 8.25 到圖 8.27 中的應用程式說明「常數」(constant)。類別 **Constants** 定義常數 **PI** (圖 8.25的第16行)，原始碼檔案則實作建構式 (圖 8.26的第7-10行)，而主程式**UsingConst.cpp** (圖 8.27) 則說明類別 **Constants** 的常數。

```
1  // Fig. 8.25: Constants.h
2  // Class Constants contains a const data member.
3
4  #pragma once
5
6  #using <mscorlib.dll>
7
8  using namespace System;
9
10 // Constants class definition
11 public __gc class Constants
12 {
13 public:
14
15    // create constant PI
16    static const double PI = 3.14159;
17
18    Constants( int );
19
20    // radius is readonly
21    __property int get_Radius()
22    {
23       return radius;
24    }
25
26 private:
27    int radius;
28 }; // end class Constants
```

圖 8.25　const 類別成員的示範說明。

```
1  // Fig. 8.26: Constants.cpp
2  // Method definitions for class Constants.
3
4  #include "stdafx.h"
5  #include "Constants.h"
6
7  Constants::Constants( int radiusValue )
8  {
9     radius = radiusValue;
10 }
```

圖 8.26　Constants 類別的方法定義。

類別 **Constants** (圖 8.25) 的第 16 行使用關鍵字 **const** 建立常數 **PI**，並且初始化 **PI** 爲 **double** 型別的數值 3.14159，這是 π 的一個近似值，程式可以用它來計算圓周的周長。請注意，我們可以使用類別 **Math** 中預先定義的常數 **PI** (**Math::PI**) 來代替這個數值，但是我們想要說明如何明確地定義一個 **const** 成員。編譯器必須能夠在編譯時期決定 **const** 變數的數值，否則會產生編譯錯誤。舉例來說，如果第 16 行改用下列的運算式來初始化 **PI**

```
Double::Parse( S"3.14159" )
```

```
1   // Fig. 8.27: UsingConst.cpp
2   // Demonstrating constant values.
3
4   #include "stdafx.h"
5   #include "Constants.h"
6
7   #using <mscorlib.dll>
8   #using <system.windows.forms.dll>
9
10  using namespace System;
11  using namespace System::Windows::Forms;
12
13  // create Constants object and display its values
14  int _tmain()
15  {
16     Random *random = new Random();
17
18     Constants *constantValues = new Constants( random->Next( 1, 20 ) );
19
20     String *output = String::Concat( S"Radius = ",
21        constantValues->Radius.ToString(), S"\nCircumference = ",
22        ( 2 * Constants::PI * constantValues->Radius ).ToString() );
23
24     MessageBox::Show( output, S"Circumference" );
25
26     return 0;
27  } // end _tmain
```

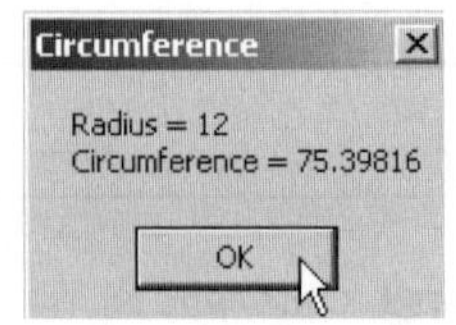

圖 8.27　const 資料成員的使用說明。

編譯器將會產生一個錯誤。雖然這個運算式利用 **String ***字面字串**"3.14159"** (一個常數值) 作爲引數，編譯器在編譯時期是無法呼叫方法 **Double::Parse**。

宣告爲 **const** 的變數不需要也宣告爲 **static**。我們只需要省略在圖 8.25 第 16 行的關鍵字 **static**，就可以將 **PI** 宣告爲非 **static** 的 **const** 資料成員。非 **static** 的 **const** 資料成員不能夠在宣告的時候設定初值。爲了要初始化這樣的資料成員，我們需要利用*成員初值串列* (*member initializer list*)。成員初值串列是位在建構式參數列和建構式本體開始的左大括號之間。成員初值串列與參數列之間以冒號 **(:)** 分開。下列的建構式會初始化非 **static const PI**：

```
Constants::Constants( int radiusValue )
   : PI( 3.14159 )
{
   // constructor body
}
```

使用這種語法，就可以利用傳給建構式的引數，而設定某個 **const** 常數的值。在上述的程式碼中，3.14159 可以用 **radiusValue** 取代。這讓程式設計師建立某個類別實體特定的 **const** 常數。因爲 π 的數值對類別 **Constants** 的每個實體都是相同的，因此，我們在圖 8.25 中將 **PI** 設定爲 **static**。

第 27 行宣告變數 **radius**，但是並沒有初始化它。屬性 **Radius** 只有一個 *get* 方法 (第 21-24 行)。在 **private** 資料成員 **radius** 設定初值之後，類別的客戶才能讀取它的數值。當程式建立一個 **Constants** 物件，**Constants** 的建構式 (圖 8.26 的第 7-10 行) 就會接收一個 **int** 數值而且將它指定給 **radius**。請注意，**radius** 也可使用更複雜的運算式來設定初值，例如呼叫某個方法傳回 **int** 數值。

第 16 行 (圖 8.27) 建立一個 **Random** 物件；第 18 行使用類別 **Random** 的方法 **Next** 產生一個 **int** 的亂數，在 1 和 20 之間，對應到某個圓圈的半徑 **radius**。然後，該數值就會傳給 **Constants** 的建構式，來初始化此唯讀的變數 **radius**。

第 21 行使用指標 **constantValues** 存取唯讀屬性 **Radius**。然後第 22 行使用 **const** 變數 **Constants::PI** 和屬性 **Radius**，來計算圓圈的周長。第 24 行會在 **MessageBox** 的對話方塊中顯示半徑和周長。

8.13　索引屬性

有時候類別會將資料封裝起來，讓程式可以像操作一連串的元件般使用這些資料。這樣的類別可以定義出一些特別的屬性稱爲*索引屬性* (*indexed property*)，允許使用陣列的方式按照索引存取串列的元件。傳統的managed陣列，下標的數字必須是一個整數值。索引屬性的優點是在於程式設計師可以定義整數和非整數的下標。舉例來說，程式設計師可以讓客戶利用字串當下標，來表示資料項目的的名稱或描述，以便使用這些資料。當操作managed陣列元素的時候，陣列下標運算子永遠會傳回相同的資料型別，也就是陣列的資料型別。索引屬性就更有彈性，它們可以傳回任何資料型別，甚至與該資料元件串列的型別不同。雖然索引屬性的下標運算子的用法很像一般陣列下標運算子，但是索引屬性卻定義成類別的屬性。

常見的程式設計錯誤 8.14

將索引屬性定義成 static，這是語法錯誤。

圖 8.28 至圖 8.30 中的應用程式說明索引屬性。圖 8.28 至圖 8.29 定義類別 **Box**，它是具有長度、寬度和高度的方盒子。圖 8.30 說明類別 **Box** 索引屬性的應用程式主要進入點。

類別 **Box** 的 **private** 資料成員就是 **String ***型別的陣列 **names** (圖 8.28，第 60 行)，其中包含 **Box** 的維度名稱 (也就是 **length**、**width** 和 **height**)，以及 **double** 型別的陣列 **dimensions** (第 61 行)，其中包含每個維度的大小。陣列 **names** 的每個元素都會對應到陣列 **dimensions** 的一個元素 (例如，**dimensions[2]**包含 **Box** 的高度)。

```
1  // Fig. 8.28: Box.h
2  // Class Box represents a box with length,
3  // width and height dimensions.
4
5  #pragma once
6
7  #using <mscorlib.dll>
8
9  using namespace System;
10
11 public __gc class Box
12 {
13 public:
14
15    // constructor
16    Box( double, double, double );
17
18    // access dimensions by index number
19    __property double get_Dimension( int index )
20    {
21       return ( index < 0 || index > dimensions->Length ) ?
22          -1 : dimensions[ index ];
23    }
24
25    __property void set_Dimension( int index, double value )
26    {
27       if ( index >= 0 && index < dimensions->Length )
28          dimensions[ index ] = value;
29
30    } // end numeric indexed property
31
32    // access dimensions by their names
33    __property double get_Dimension( String *name )
34    {
35       // locate element to get
36       int i = 0;
37
38       while ( i < names->Length &&
39          name->ToLower()->CompareTo( names[ i ] ) != 0 )
40          i++;
41
42       return ( i == names->Length ) ? -1 : dimensions[ i ];
43    }
44
45    __property void set_Dimension( String *name, double value )
46    {
47       // locate element to set
48       int i = 0;
49
50       while ( i < names->Length &&
51          name->ToLower()->CompareTo( names[ i ] ) != 0 )
52          i++;
```

圖 8.28 Box 類別可以用來表示具有長度、寬度和高度的方盒子。(第 2 之 1 部分)

```
53
54         if ( i != names->Length )
55            dimensions[ i ] = value;
56
57      } // end String indexed property
58
59   private:
60      static String *names[] = { S"length", S"width", S"height" };
61      static double dimensions __gc[] = new double __gc[ 3 ];
62   }; // end class Box
```

圖 8.28　Box 類別可以用來表示具有長度、寬度和高度的方盒子。(第 2 之 2 部分)

Box 定義二個索引屬性 (第 19-30 行和第 33-57 行)，每個索引屬性都會傳回一個 double 數值，代表該屬性參數所指定維度的大小。索引屬性可以像方法一般多載(overloaded)。第一個索引屬性使用一個 **int** 下標，來操作 **dimensions** 陣列的元素。第二個索引屬性使用一個 **String ***下標來表示維度的名稱，來操作 **dimensions** 陣列的元素。不像純量屬性，索引屬性的 *get* 方法可以接受引數。如果圖 8.28 中每個屬性的*get*方法碰到無效的下標，都會傳回**-1**。只有當索引有效時，每個索引屬性的 *set* 方法就會將它的 **value** 引數指定給陣列 **dimensions** 的適當元素。通常，如果索引屬性收到一個無效的索引，程式設計師會讓它拋出一個例外。

注意 **String** 索引屬性使用 **while** 敘述式，來搜尋 **names** 陣列中相配的 **String ***物件。如果找到相配的物件，索引屬性就會操作陣列 **dimensions** 中的對應元素。

BoxTest.cpp (圖 8.30) 是一個主控台應用程式，透過 **Box** 的索引屬性來操作類別 **Box** 的 **private** 資料成員。圖 8.30 宣告變數 **box**，並且將它的所有維度都初始化爲 **0.0** (第 17 行)。**while** 迴圈 (第 24-76 行) 會一直執行，直到布林變數 **finished** 成爲 **true** (第 72 行)。第 27-29 行顯示一些選項的選單供使用者選擇。選項 **1** (第 35-39 行) 和選項 **3** (第 53-57 行) 分別從指定的索引或名稱處取回數值。選項 **1** 呼叫方法 **ShowValueAtIndex** (第 82-86 行) 在指定的索引處取回數值。相同，選項 **3** 呼叫方法 **ShowValueAtIndex** (第 89-93 行) 在指定的名稱處取回數值。選項 **2** (第 42-50 行) 和選項 **4** (第 60-68 行) 分別在指定的索引或名稱處設定數值。任何其他的選擇 (例如，−1) 都會將 **finished** 設定爲 **false**，而結束程式。

```
1   // Fig. 8.29: Box.cpp
2   // Method definitions for class Box.
3
4   #include "stdafx.h"
5   #include "Box.h"
6
7   Box::Box( double length, double width, double height )
8   {
9      dimensions[ 0 ] = length;
10     dimensions[ 1 ] = width;
11     dimensions[ 2 ] = height;
12  }
```

圖 8.29　Box 類別的方法定義。

```
1   // Fig. 8.30: BoxTest.cpp
2   // Indexed properties provide access to an object's members
3   // via a subscript operator.
4
5   #include "stdafx.h"
6   #include "Box.h"
7
8   #using <mscorlib.dll>
9
10  using namespace System;
11
12  void ShowValueAtIndex( Box *, String *, int );
13  void ShowValueAtIndex( Box *, String *, String * );
14
15  int _tmain()
16  {
17     Box *box = new Box( 0.0, 0.0, 0.0 );
18     int choice;
19     bool finished = false;
20     int index = 0;
21     String *name = S"";
22
23     // loop until user decides to quit
24     while ( !finished ) {
25
26        // display options
27        Console::Write( S"\n   1: Get Value by Index\n"
28           S"   2: Set Value by Index\n   3: Get Value by Name\n"
29           S"   4: Set Value by Name\n  -1: Quit\n=> " );
30        choice = Int32::Parse( Console::ReadLine() );
31
32        switch ( choice ) {
33
34           // get value at specified index
35           case 1:
36              Console::Write( S"Index to get: " );
37              ShowValueAtIndex( box, S"get: ",
38                 Int32::Parse( Console::ReadLine() ) );
39              break;
40
41           // set value at specified index
42           case 2:
43              Console::Write( S"Index to set: " );
44              index = Int32::Parse( Console::ReadLine() );
45              Console::Write( S"Value to set: " );
46              box->Dimension[ index ] = Double::Parse(
47                 Console::ReadLine() );
48
49              ShowValueAtIndex( box, S"set: ", index );
50              break;
51
```

圖 8.30　索引屬性提供下標方式來存取物件的成員。(第 3 之 1 部分)

```
52             // get value with specified name
53             case 3:
54                Console::Write( S"Name to get: " );
55                ShowValueAtIndex( box, S"get: ",
56                   Console::ReadLine() );
57                break;
58
59             // set value with specified name
60             case 4:
61                Console::Write( S"Name to set: " );
62                name = Console::ReadLine();
63                Console::Write( S"Value to set: " );
64                box->Dimension[ name ] = Double::Parse(
65                   Console::ReadLine() );
66
67                ShowValueAtIndex( box, S"set: ", name );
68                break;
69
70             // exit loop
71             default:
72                finished = true;
73                break;
74          } // end switch
75
76       } // end while
77
78       return 0;
79    } // end _tmain
80
81    // display value at specified index number
82    void ShowValueAtIndex( Box *box, String *prefix, int index )
83    {
84       Console::WriteLine( String::Concat( prefix, S"box[ ",
85          index.ToString(), S" ] = ", box->Dimension[ index ] ) );
86    }
87
88    // display value with specified name
89    void ShowValueAtIndex( Box *box, String *prefix, String *name )
90    {
91       Console::WriteLine( String::Concat( prefix, S"box[ ",
92          name, S" ] = ", box->Dimension[ name ] ) );
93    }
```

```
   1: Get Value by Index
   2: Set Value by Index
   3: Get Value by Name
   4: Set Value by Name
  -1: Quit
=> 2
Index to set: 0
Value to set: 123.45
set: box[ 0 ] = 123.45
```

圖 8.30 索引屬性提供下標方式來存取物件的成員。(第 3 之 2 部分)

```
   1: Get Value by Index
   2: Set Value by Index
   3: Get Value by Name
   4: Set Value by Name
  -1: Quit
=> 3
Name to get: length
get: box[ length ] = 123.45
```

```
   1: Get Value by Index
   2: Set Value by Index
   3: Get Value by Name
   4: Set Value by Name
  -1: Quit
=> 4
Name to set: width
Value to set: 33.33
set: box[ width ] = 33.33
```

```
   1: Get Value by Index
   2: Set Value by Index
   3: Get Value by Name
   4: Set Value by Name
  -1: Quit
=> 1
Index to get: 1
get: box[ 1 ] = 33.33
```

圖 8.30　索引屬性提供下標方式來存取物件的成員 (第 3 之 3 部分)。

8.14　資料抽象化和資訊的隱藏

如同我們在本章開始時所指出，類別通常會將它們的詳細實作內容隱藏起來，不讓它們的客戶知道。這就是所謂的資訊隱藏 (information hiding)。讓我們考慮一種資料結構稱為*堆疊* (*stack*)，可作為資訊隱藏的例子。

讀者可將堆疊想像成一堆碟子。當我們將一個碟子放到一堆碟子上的時候，必須將它放在頂端，可視為將碟子「推入」堆疊 (*pushing* the dish onto the stack)。相同地，當我們將一個碟子從一堆碟子移走的時候，必須從頂端取下，可視為將碟子從堆疊「取出」(*popping* the dish off the stack)。堆疊通常被視為*後進先出* (*last-in first-out*，LIFO) 類型的資料結構，即最後放入的項目會最先被取出。

堆疊可以利用陣列和其他的資料結構加以實作，例如鏈結串列。(我們將會在第 22 章中詳細地討論堆疊和鏈結串列)。堆疊類別的客戶不需要關心堆疊的實作內容。只知道資料項目何時被放入堆疊內，這些資料項目將會按照後進先出的順序取用。客戶只關心堆疊會提供什麼樣的功能，但是不會關心如何實作該項功能。這個概念就稱爲*資料抽象化* (*data abstraction*)。雖然程式設計師可能會知道類別的實作細節，但卻不能撰寫依賴這些實作細節的程式。這就能夠讓某個特定的類別 (例如，實作堆疊和它的 *push* 和 *pop* 操作的類別) 由另一個版本取代，但不會影響到系統的其餘部分。只要類別的 **public** 服務項目不改變 (也就是，在新類別定義中的每個方法仍然有相同的名稱、傳回的資料型別和參數列)，系統的其餘部分就不會受到影響。

大部分的程式語言都強調行爲 (action)。在這些程式語言中，資料的存在只是爲了支援程式必須執行的動作而已。資料不像行爲那般受到重視，資料是「自然產生的」。只有少數幾種內建資料型別 (built-in data types) 存在，程式設計師想要建立他們自己的資料型別非常困難。MC++和物件導向程式設計風格提升了資料的重要性。MC++中的物件導向程式設計的主要動作，就是在建立新的資料型別 (也就是類別)，以及表現這些資料型別物件之間的互動情形。爲了建立強調資料的程式語言，程式語言社群就需要將一些有關資料的概念加以定形化。而此處我們所考慮的定型化 (formalization) 就是*抽象資料型別* (*ADT*，*abstract data type*) 的概念。目前，ADT 受到關注的程度，就如同幾十年前結構化程式設計 (structured programming) 所受到的重視一樣。ADT 並沒有取代結構化程式設計，反而是提供額外的定型化方式，來進一步改善程式發展的程序。

考慮內建資料型別 **int**，大多數的人都會聯想到數學裡的整數。然而，**int** 是整數的一種抽象的表示方式。不像數學的整數，電腦的 **int** 在數目的大小上是固定的。例如，.NET 的 **int** 大小限制在大約−20 億到+20 億之間。因此，當計算結果超過這個範圍時，就會發生錯誤，電腦就會以自己的方式回應。它可能，舉例來說，會「安靜地」產生一個不正確的結果。數學上的整數就沒有這個問題。因此，電腦的 **int** 概念只是很接近眞實世界的整數。對於 **float** 和其他的內建資料型別來說，也有同樣的情形。

直到這一刻，我們一直認爲 **int** 的觀念是理所當然。但是，現在我們必須以一種新的方向去思考。像 **int**、**float**、**__wchar_t** 以及其他的資料型別，都是抽象化資料型別的例子。這些資料型別就是使用電腦系統來表達眞實世界到某種層次準確度的表示方法。

抽象資料型別確實掌握到二個觀念：一個是資料的表示方法 (*data rcpresentation*)，以及在該資料上可以執行的操作。舉例來說，在 MC++中，**int** 包含一個整數值 (資料)，並且提供加法、減法、乘法、除法和模數除法等操作，然而除以零 (division by zero) 則沒有定義。MC++程式設計師利用類別來實作抽象資料型別。

軟體工程的觀點 8.16

程式設計師可以利用類別的機制來建立新的型別。這些新的型別可以設計得和內建型別一樣容易使用。所以，MC++ 是可擴展的程式語言。雖然我們可以很容易的使用這些新的資料型別來擴展語言的功能，但程式設計師無法改變語言本身的基本性質。

我們要討論的另一個抽象資料型別是佇列，很類似「排隊等待的隊伍」。電腦系統內部使用許多佇列，因爲佇列的功能對使用者來說是再明白不過了。客戶可以利用*放入佇列* (*en-*

queue) 操作，把項目一次一個放入佇列，並且利用*取出佇列* (*dequeue*) 操作，一次一個把那些項目取回來。佇列內項目的取回是按先進先出 (FIFO，first-in first-out) 的順序，即第一個放入的項目就是第一個可被取用的項目。理論上，一個佇列可以無限地延長，但是實際的佇列則是有限的。

佇列隱藏了內部資料的排列情形，可以追蹤記錄下來目前正在等待的項目，它提供了一組操作佇列的方法，即*放入佇列* (*enqueue*) 和*取出佇列* (*dequeue*)。客戶並不需要關心佇列的實作內容，客戶只需要讓佇列自行操作即可。當客戶放入佇列一個項目時，佇列應該接受那個項目，並且按照內部規定放在某個先進先出的資料結構內。同樣地，當使用者想要從佇列的前端取出下一個項目時，佇列應該按照 FIFO 的順序，從它的內部排列中移出這個項目，並且傳送出來；也就是說在佇列待最久的項目，就是下一個*取出佇列* (*dequeue*) 動作所要傳回的項目。

佇列的抽象資料型別能夠保證其內部資料結構的完整性。客戶不能夠直接操作這個資料結構，只有佇列 ADT 可以存取它的內部資料。客戶只能夠執行資料所允許的操作，ADT 會拒絕它的 `public` 介面未提供的操作。

8.15 軟體的重複使用性

MC++程式設計師只需專注於製作新的類別或重複使用 FCL (Framework 類別庫) 中的類別，FCL 中包含數以千計預先定義好的類別。開發者只需將程式設計師定義的類別加上定義完善、經過仔細測試、參考資料完備、可移植以及廣泛應用的 FCL 類別，就可建構出軟體。這種軟體的重複使用特性將可以加速功能強而品質又高軟體的發展。*快速應用軟體開發* (*Rapid applications development，RAD*) 現在有很多人很感興趣。

FCL 允許 MC++程式設計師設計出跨平台重複使用並且支援.NET 的軟體，以及快速應用程式的開發。MC++程式設計師專注於高層次的程式設計工作，將低層次實作內容留給 FCL 的類別去處理。舉例來說，設計繪圖程式的 MC++程式設計師不需要知道每個 .NET 繪圖功能的詳細內容，只需專注於學習和使用 FCL 的圖形類別。

FCL讓MC++開發者藉著重複使用先前已經存在，而且經過廣泛測試的類別，就可更快速的建立應用程式。除了減少開發時間之外，FCL 類別也能促進除錯和維護應用程式的能力，因爲使用的軟體元件已經過驗證。爲了善加利用 FCL 類別，程式設計師必須熟悉 FCL 豐富的功能。

軟體重複使用性並不是限制只能使用在視窗應用程式的開發上。FCL 也包含建立*網路服務* (*Web services*) 的類別，這些包裝的應用程式可讓客戶經由網際網路取得服務。任何的 MC++應用程式都可能成爲潛在的網路服務，因此，程式設計師能夠重複使用現有的應用程式作爲建構方塊，組成更大、更複雜的網路應用程式。Visual C++ .NET 提供所有的必要功能，建立可擴充、健全的網路服務。我們將在第 20 章正式介紹網路服務。

8.16 命名空間和組件

如同我們在本書中幾乎每個例子都可看到，已存在類別庫 (例如 FCL) 中的類別，利用一個參考指向適當的類別庫，才能將必須使用的類別庫引入 MC++的程式 (就是我們在第 3.2 節中說明的程序)。請記得在 FCL 中的每個類別都屬於某個特定的命名空間，FCL 現有的程式碼促成軟體的重複使用性。

程式設計師應該專注於讓他們建立的軟體元件可以重複使用。然而，如此做通常會造成*名稱衝突* (*naming collision*)。舉例來說，二個由不同的程式設計師定義的類別可能有相同的名稱。如果某個程式需要那兩個類別，必須有某個方法可以區別這二個類別的程式碼。

常見的程式設計錯誤 8.15

嘗試編譯的程式碼若包含名稱衝突，將產生編譯錯誤。

命名空間提供*唯一類別名稱* (*unique class names*) 的使用慣例，幫助將這個問題減到最少。在某個已知的命名空間中沒有二個類別可以有相同的名稱，但是不同的命名空間能夠包含相同名稱的類別。有數十萬計的人在寫MC++程式，有很大的機會某位程式設計師選擇的類別名稱和其他程式設計師所選擇的類別名稱相同。

我們在圖 8.31 至圖 8.32 開始討論如何重複使用現有的類別定義，提供程式碼給類別 **`Time3`** (本來是定義在圖 8.11 至圖 8.12)。當在程式之間重複使用某些類別定義的時候，程式設計師可以建立類別庫，透過 **`#using`** 前置處理器指令，將該類別庫引入程式中使用 (舉例來說，圖 8.3 的第 7 和 8 行)，或者使用 IDE 加入一個指向該類別庫的參考 (我們不久將說明該如何做)。只有 **`public`** 類別可以從類別庫取出重複使用。非 **`public`** 類別則只能在相同的組件中，由其他類別使用。

如果程式設計師沒有指定某個類別的命名空間 (如同圖 8.11 至圖 8.12 的狀況)，此類別會放在*預設命名空間* (*default namespace*) 之內，而此命名空間包含在現行目錄下的被編譯類別。這個例子的類別 **`Time3`** 以及圖 8.11 和圖 8.12 的版本之間唯一的差別，就是我們將類別 **`Time3`** 定義在命名空間 **`TimeLibrary`** 內。每個類別庫都是定義在某個命名空間內，該命名空間包含類別庫的所有類別。我們很快會說明如何將類別 **`Time3`** 包裝到 **`TimeLibrary.dll`** 內，這個*動態連結類別庫* (*dynamic link library*) 就是我們為了在其他程式重複使用所建立的類別庫。程式可在執行時期載入動態連結類別庫，以便使用在許多程式中共用的功能。動態連結類別庫代表一個組件 (assembly)。當某個專案使用到某個類別庫的時候，專案必須包含一個參考，指向定義該類別庫的組件。

```
1  // Fig. 8.31: TimeLibrary.h
2  // Class Time3 is defined within namespace TimeLibrary.
3
4  #pragma once
5
6  using namespace System;
7
8  namespace TimeLibrary
9  {
10    // Time3 class definition
11    public __gc class Time3
12    {
13    public:
14       Time3();
15       Time3( int );
16       Time3( int, int );
17       Time3( int, int, int );
18       Time3( Time3 * );
19       void SetTime( int, int, int );
20
21       __property int get_Hour()
22       {
23          return hour;
24       }
25
26       __property void set_Hour( int value )
27       {
28          hour = ( ( value >= 0 && value < 24 ) ? value : 0 );
29       }
30
31       __property int get_Minute()
32       {
33          return minute;
34       }
35
36       __property void set_Minute( int value )
37       {
38          minute = ( ( value >= 0 && value < 60 ) ? value : 0 );
39       }
40
41       __property int get_Second()
42       {
43          return second;
44       }
45
46       __property void set_Second( int value )
47       {
48          second = ( ( value >= 0 && value < 60 ) ? value : 0 );
49       }
50
```

圖 8.31 組合 TimeLibrary 包含類別 Time3。(第 2 之 1 部分)

```
51         String *ToUniversalString();
52         String *ToStandardString();
53
54      private:
55         int hour;    // 0-23
56         int minute; // 0-59
57         int second; // 0-59
58      }; // end class Time3
59   } // end namespace TimeLibrary
```

圖 8.31　組合 TimeLibrary 包含類別 Time3。(第 2 之 2 部分)

```
1    // Fig. 8.32: TimeLibrary.cpp
2    // Method definitions for class Time3.
3
4    #include "stdafx.h"
5
6    #include "TimeLibrary.h"
7
8    using namespace TimeLibrary;
9
10   // Time3 constructor initializes variables to
11   // zero to set default time to midnight
12   Time3::Time3()
13   {
14      SetTime( 0, 0, 0 );
15   }
16
17   // Time3 constructor: hour supplied, minute and second
18   // defaulted to 0
19   Time3::Time3( int hourValue )
20   {
21      SetTime( hourValue, 0, 0 );
22   }
23
24   // Time3 constructor: hour and minute supplied, second
25   // defaulted to 0
26   Time3::Time3( int hourValue, int minuteValue )
27   {
28      SetTime( hourValue, minuteValue, 0 );
29   }
30
31   // Time3 constructor: hour, minute and second supplied
32   Time3::Time3( int hourValue, int minuteValue, int secondValue )
33   {
34      SetTime( hourValue, minuteValue, secondValue );
35   }
36
37   // Time3 constructor: intialize using another Time3 object
```

圖 8.32　Time3 類別方法的定義。(第 2 之 1 部分)

```
38  Time3::Time3( Time3 *time )
39  {
40     SetTime( time->Hour, time->Minute, time->Second );
41  }
42
43  // set new time value in 24-hour format
44  void Time3::SetTime(
45     int hourValue, int minuteValue, int secondValue )
46  {
47     Hour = hourValue;
48     Minute = minuteValue;
49     Second = secondValue;
50  }
51
52  // convert time to universal-time (24 hour) format string
53  String *Time3::ToUniversalString()
54  {
55     return String::Concat( Hour.ToString( S"D2" ), S":",
56        Minute.ToString( S"D2" ), S":", Second.ToString( S"D2" ) );
57  }
58
59  // convert time to standard-time (12 hour) format string
60  String *Time3::ToStandardString()
61  {
62     return String::Concat(
63        ( ( Hour == 12 || Hour == 0 ) ? 12 : Hour % 12 ).ToString(),
64        S":", Minute.ToString( S"D2" ), S":",
65        Second.ToString( S"D2" ), S" ",
66        ( Hour < 12 ? S"AM" : S"PM" ) );
67  }
```

圖 8.32　Time3 類別方法的定義。(第 2 之 2 部分)

我們現在逐步說明，該如何建立包含類別 **Time3** 的類別庫 **TimeLibrary**：

1. *建立類別庫專案*。首先選擇「**檔案**」>「**新增**」「**專案…**」。在「新增專案」對話方塊中，先確定在「專案類型」方框中選取「Visual C++專案」，然後按一下「類別庫(.NET)」。將專案命名為 **TimeLibrary**，然後選擇儲存專案的目錄。就可建立一個簡單的類別庫，如圖 8.33 所示。對於產生的程式碼有二個重點需要注意。第一個就是這個類別並未包含 **_tmain** 函式。這表示在此類別庫中的類別不能夠用來執行某個應用程式。這個類別是設計供其他的程式使用。也請注意 **Class1** 是一個 **public** 類別。如果另一個專案使用這個類別庫，只有類別庫的 **public** 類別可以存取。我們建立的類別 **Time3** 就是為了這個目的設定成 **public** (圖 8.31 的第 11 行)，將類別 **Class1** (由 Visual Studio .NET 建立，是專案的一部份) 重新命名為 **Time3**。
2. *在類別 **Time3** 中加入程式碼*。刪除 **Class1** 的程式碼 (圖 8.33 的第 9-12 行)。從圖 8.31 複製 **Time3** 的程式碼 (第 10-58 行) 取代這段程式碼。將圖 8.31 中的第 1、2 和 59 行的註解加入 **TimeLibrary.h**。同樣方式，複製圖 8.32 的程式碼取代 **TimeLibrary.cpp** 中的程式碼。

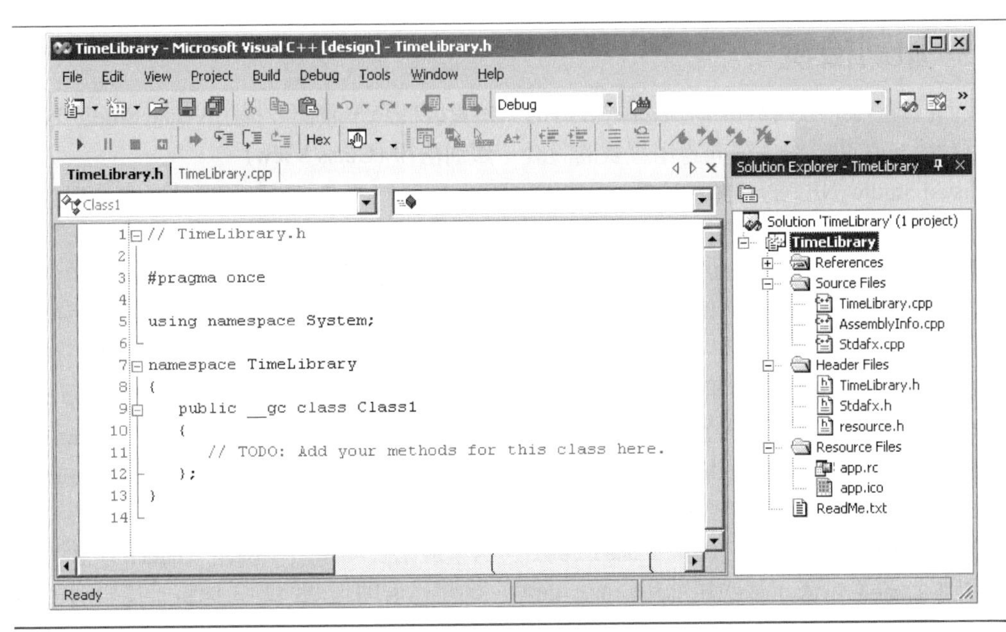

圖 8.33　簡單的類別庫。

3. *編譯程式碼*。從「建置」選單，選取「建置方案」選項。程式碼應該編譯成功。請記得，這個程式碼不能夠執行，因為沒有進入點可以進入程式。事實上，如果你嘗試選擇「偵錯」>「開始」來執行程式，Visual Studio .NET 會提示程式設計師請確定可執行檔案的位置。

編譯這個專案可以建立一個組件 (動態連結類別庫)，代表新的類別庫。這個組件可以在主要專案目錄的 Debug 檔案夾中找到。預設情形是組件的名字將包括命名空間的名字。(在目前的狀況，這個名稱是 **TimeLibrary.dll**)。組件檔案包含類別 **Time3**，其他的專案也能使用。組件檔案的副檔名可以是 **.dll** 和 **.exe** (以及其它的副檔名)，是 MC++應用程式的一部分。Windows 作業系統使用可執行檔 (**.exe**) 來執行應用程式，使用類別庫檔案 (.dll 檔案或者*動態連結類別庫*) 來代表程式碼類別庫，可以由許多應用程式動態載入以及由這些應用程式共用。

在圖 8.34 中，我們定義一個主控台應用程式 (**AssemblyTest.cpp**)，利用組件 **TimeLibrary.dll** 的類別 **Time3** 來建立一個 **Time3** 物件，而且顯示它的標準和通用時間字串格式。

在 **AssemblyTest.cpp** 可以使用類別 **Time3** 之前，它的專案還必須加上一個指向組件 **TimeLibrary** 的參考。要加入這個參考，必須在「方案總管」的專案 **AssemblyTest** 上，按一下右鍵，然後選擇「加入參考…」。按一下「瀏覽…」按鈕，選擇 **TimeLibrary.dll** (在 **TimeLibrary** 專案的 **Debug** 目錄中可找到)，然後點一下「開啓」，把資源加入專案。在加入參考之後，再將 **using** 指令加入，以便通知編譯器我們將使用命名空間 **TimeLibrary** 的類別 (圖 8.34 的第 9 行)。

8.17 類別檢視

現在我們已經介紹了以物件爲基礎程式設計的一些重要概念，我們要提出 Visual Studio .NET 的一個功能，有助於物件導向應用程式的設計：**類別檢視 (Class View)**。

Visual Studio .NET 的「類別檢視」可以顯示專案中所有類別的變數和方法。要使用這項功能，選取**「檢視」>「類別檢視」**。圖 8.35 顯示圖 8.1、圖 8.2、和圖 8.3 **Time1Test** 專案的「類別檢視」(類別 **Time1**)。檢視依照某個階層結構，將專案名稱 (**Time1Test**) 當作根目錄，然後包括一連串節點 (例如，類別、變數、方法等)。如果某個節點的左邊出現一個加號 **(+)**，表示該節點可以展開，顯示其他的節點。相對地，如果某個節點的左邊出現一個減號 **(-)**，表示該節點已經展開 (可以再收攏回來)。依照「類別檢視」，專案 **Time1Test** 包含「全域函式和變數」，以及類別 **Time1** 和內容。類別 **Time1** 包含方法 **SetTime**、**Time1**、**ToStandardString** 和 **ToUniversalString** (由紫色方盒表示)，以及資料成員 **hour**、**minute** 和 **second** (由藍色方盒代表)。放置在藍色方盒圖示左邊的掛鎖圖示，表示該資料成員爲 **private** 資料成員。專案 **Time1Test** 包括全域函式和變數，例如 **_tmain** 函式。注意，類別 **Time1** 包含「基底類別和介面」節點。如果你展開這個節點，你將看見類別 **Object**，因爲每個類別都是從類別 **System::Object** 繼承而來 (在第 9 章討論)。

```
 1  // Fig. 8.34: AssemblyTest.cpp
 2  // Using class Time3 from assembly TimeLibrary.
 3
 4  #include "stdafx.h"
 5
 6  #using <mscorlib.dll>
 7
 8  using namespace System;
 9  using namespace TimeLibrary;
10
11  int _tmain()
12  {
13     Time3 *time = new Time3( 13, 27, 6 );
14
15     Console::WriteLine(
16        S"Standard time: {0}\nUniversal time: {1}\n",
17        time->ToStandardString(), time->ToUniversalString() );
18
19     return 0;
20  } // end _tmain
```

```
Standard time: 1:27:06 PM
Universal time: 13:27:06
```

圖 8.34　組合 TimeLibrary 的用法。

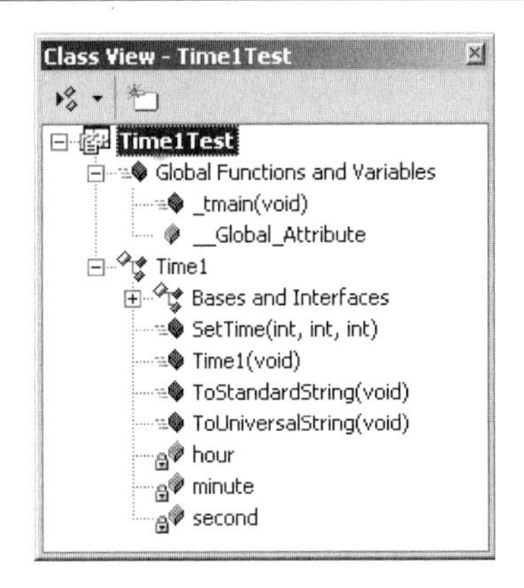

圖 8.35　類別 Time1 (圖 8.1) 的「類別檢視」。

這章是一系列說明以物件爲基礎和物件導向程式設計原則三章中的第一章。在這一章中，我們討論了如何建立類別定義，如何控制類別成員的存取，以及常用來製作一些有價值類別的幾種功能，以便提供給其他程式設計者重複使用。第 9 章專注在繼承上。在第 9 章中，你將學習到如何從現有類別定義繼承資料和功能，來建立類別你也將學習對於類別之間的繼承關係很特別的其他MC++功能。這些功能可作爲物件導向程式設計概念的基礎，這些功能就是我們在第 10 章中討論的多型 (polymorphism)。

摘　要

- 物件導向將資料 (*屬性*) 和方法 (*行爲*) *封裝* (也就是，一起包裝) 在類別裡。
- 物件有能力隱藏它們的實作內容，不讓其他的物件知道 (這項原則稱爲*資訊隱藏*)。
- MC++的程式設計師專注在如何建立他們自己的自訂型別 (即類別)。每個類別都包含資料及操作這些資料的一組方法。
- 類別的資料元件或資料成員也稱爲成員變數或實體變數。
- **public** 和 **private** 等關鍵字稱爲*成員存取指定詞* (*member access specifier*)。
- 資料成員和方法使用成員存取指定詞**public**加以宣告，可以利用一個指向該類別所屬物件的代碼 (例如，某個指標) 加以存取。
- 資料成員和方法使用成員存取指定詞**private**加以宣告，只可以利用此**private**成員所定義類別的非 **static** 方法存取。
- 通常，**private** 方法稱爲*工具方法* (*utility method*) 或者*輔助方法* (*helper method*)，因爲它們只可以被該類別的其他方法呼叫，只是用來支援其他方法的操作。
- 因爲類別的客戶只需要關心封裝在類別所屬物件裡的**public**操作，所以類別可以簡化程式設計的工作。
- 存取方法可用來讀取或顯示資料。存取方法另一項常見的用法就是用來測試條件式的眞僞，此種方法通常又稱爲*判斷方法* (*predicate method*)。

- 當產生類別物件的時候，就會叫用類別的建構式。經常將類別的建構式加以多載。一般來說，建構式都是 `public`。
- 如果類別沒有定義建構式，編譯器就會提供一個空的本體和沒有引數的預設建構式。
- 類別的方法和建構式可以多載。要將類別的方法/建構式多載，只需要提供具有相同名稱的另一個方法/建構式的定義，就可以定義出另一個版本的方法/建構式。多載的方法/建構式必須有不同的參數列。
- 資料成員可以經由類別的建構式來設定初值，或者利用其他屬性的 set 方法來設定其初值。
- 若資料成員未經由程式設計師明確地設定初值，則編譯器就會設定其初值。(基本的數值變數會被設定成 0，`bool` 數值設定成 `false`，而指標被設定成 0)。
- MC++的每個類別，例如，.NET Framework的類別，屬於某個命名空間，該命名空間包含一群相關的類別和介面。
- 如果程式設計師沒有指定某個類別的命名空間，此類別就會放在預設命名空間內，而此命名空間包含現行目錄下的被編譯類別。
- 命名空間提供軟體重複使用的機制。
- `MessageBox` 類別 (屬於 `System::Windows::Forms`) 讓你可以顯示訊息的對話方塊。
- `MessageBox::Show` 方法是 `MessageBox` 類別的 `static` 方法。
- 呼叫 `static` 方法，是以它們的類別名稱後面接著範圍解析運算子 (`::`) 和方法的名稱。
- 類別的非 `static` 變數和方法屬於該類別的範圍。在類別的範圍之內，類別成員可被該類別的所有非 `static` 方法存取或者利用名稱加以參照。在類別的範圍之外，類別成員就無法直接使用它們的名稱參照。
- 在某些狀況下，類別的所有物件必須共享一份某個特定變數的副本。程式設計師因爲這項理由和其他的理由使用 `static` 變數。
- `static` 變數代表*類別範圍的資料* (*class-wide information*)，亦即該類別所有物件共用的相同資料。
- `static` 成員的宣告是以關鍵字 `static` 開始。這樣的變數擁有類別的範圍。
- 透過類別名稱加上範圍解析運算子，就可存取該類別的 `public static` 資料成員 (例如，`Math::PI`)。
- 類別的 `private static` 成員只可以透過類別的方法或屬性存取。
- 宣告爲 `static` 的方法不能夠存取非 `static` 資料成員。
- 在 .NET Framework 類別庫中有許多編譯過的類別 (包括 `MessageBox`)，程式在使用它們之前，必須先要經過參照的程序。
- 按照我們建立的應用程式種類，類別可以編譯成具有 .exe 副檔名的檔案 (可執行檔案)，副檔名是 *.dll* 的*動態連結類別庫檔案* (*dynamic link library*)，或者幾種其他副檔名的檔案。
- 動態連結類別庫本身單獨無法像一般程式可以執行，但是它們包含有可執行的程式碼 (例如，函式和類別)。程式都會連結到 DLL，一些執行中的程式可以共享相同的 DLL。DLL 是在執行時期動態載入。
- 可執行的檔案包含一個應用程式進入點 (例如，`_tmain` 函式)。這樣的檔案稱爲*組件* (*assembly*)

，是 MC++程式碼的封裝單位。

- 組件就是一組套裝軟體，包含編譯成微軟中介語言 (MSIL，Microsoft Intermediate Language) 程式碼的專案，再加上這些類別所需要的任何其他訊息。
- 爲了讓客戶能夠操作 **private** 資料，類別能提供屬性的定義，讓使用者能夠以安全的方式存取這個 **private** 資料。
- 屬性的定義包含處理修改和傳回資料詳細動作的方法。屬性的定義可以包含 set 方法、get 方法或兩者都包括。
- *get* 方法可以讓客戶讀取欄位數值，而 *set* 方法可以讓客戶修改數值。
- 雖然 *set* 和 *get* 方法可以存取 **private** 的資料，但是仍然受到程式設計師實作那些方法內容的限制。
- 純量屬性是可以像資料成員或者變數一般存取的屬性。
- 軟體的重複使用性加速功能強而品質又高軟體的發展。快速應用軟體開發 (Rapid applications development, RAD) 現在有很多人很感興趣。
- 軟體重複使用最常見的方式就是複合 (composition)，即類別可以將指向其他類別物件的指標當作自己的成員。
- 每個物件都能使用一個指向它自己的指標，就是所謂的 **this** 指標。**this** 指標可以隱含地和明確地使用，用來參考物件的非 **static** 成員。
- .NET Framework 會自動執行廢棄記憶體回收的工作。
- 每個類別都有程式設計師定義的解構式，一般是用來將資源歸還給系統。在廢棄記憶體回收器開始收回物件的記憶體之前，保證會呼叫該物件的解構式來執行物件的終止結束作業 (termination housekeeping)，這項作業稱爲終結 (finalization) 工作。
- 爲了要建立類別的常數成員，程式設計師必須使用關鍵字 **const** 宣告該成員。
- 當資料成員宣告爲 **static const** 時，一定要在它們的宣告中設定初值。
- 一旦它們設定好初值，**const** 數值就不能夠修改。
- 類別可以定義索引屬性，提供下標方式來存取該類別物件的資料。
- 索引屬性可以定義使用任何資料型別作爲下標。
- 每個索引屬性可以定義 *get* 和 *set* 方法。
- 索引屬性可以多載。
- Visual Studio .NET 的「類別檢視」可以顯示專案中所有類別的變數和方法。要使用這項功能，選取**「檢視」**>**「類別檢視」**。

詞 彙

抽象資料型別 (ADT) (abstract data type (ADT))
存取子 (accessor)
行為 (action)
行為導向 (action-oriented)
聚合 (aggregation)
組件 (assembly)
屬性 (資料) (attribute (data))
行為 (方法) (behavior (method))
區塊範圍 (block scope)
類別定義的主體 (body of a class definition)

內建資料型別 (built-in data types)
類別 (class)
類別定義 (class definition)
類別庫 (class library)
類別範圍 (class scope)
類別範圍的資訊 ("class-wide" information)
類別的客戶 (client of a class)
編譯類別 (compile a class)
複合 (composition)
一致的狀態 (consistent state)
關鍵字 **const** (**const** keyword)
常數 (constant)
建構式 (constructor)
資料抽象化 (data abstraction)
資料完整性 (data integrity)
資料成員 (data member)
預設建構式 (default constructor)
預設命名空間 (default namespace)
取出佇列操作 (dequeue operation)
解構式 (destructor)
.dll
主程式 (driver)
動態連結類別庫 (dynamic link library)
封裝 (encapsulate)
放入佇列操作 (enqueue operation)
.exe
明確地使用 **this** 指標 (explicit use of **this** pointer)
可擴充語言 (extensible language)
欄位 (field)
終結作業 (finalization)
「先進先出」 (FIFO) 資料結構 (first-in, first-out (FIFO) data structure)
廢棄記憶體回收器 (garbage collector)
屬性的 *get* 方法 (*get* method of a property)
輔助方法 (helper method)
隱藏資料成員 (hide a data member)
隱藏實作詳細內容 (hide implementation details)
實作 (implementation)
索引屬性 (indexed property)
索引屬性的 *get* 方法 (indexed property *get* method)
索引屬性的 *set* 方法 (indexed property *set* method)
資訊隱藏 (information hiding)
繼承 (inheritance)
初始化類別物件 (initialize a class object)
初始化資料成員 (initialize a data member)
初始化成預設值 (initialize to default values)
內建資料型別的實體 (instance of a built-in type)
使用者自訂資料型別的實體 (instance of a user-defined type)
實體變數 (instance variable)
產生 (或者建立) 物件 (instantiate (or create) an object)
物件之間的互動關係 (interactions among objects)
介面 (interface)
內部資料表示方法 (internal data representation)
「後進先出」 (LIFO) 資料結構 (last-in, first-out (LIFO) data structure)
區域範圍 (local scope)
區域變數 (local variable)
成員存取指定詞 (member access specifier)
成員變數 (member variable)
記憶體遺漏 (memory leak)
MessageBox 類別 (**MessageBox** class)
方法多載 (method overloading)
命名空間 (namespace)
new 運算子 (**new** operator)
無引數建構式 (no-argument constructor)
物件 (或實體) (object (or instance))
Object 類別 (**Object** class)
以物件為基礎程式設計 (OBP) (object-based programming (OBP))
物件導向程式設計 (OOP) (object-oriented programming (OOP))
多載建構式 (overloaded constructor)
多載方法 (overloaded method)
取出堆疊 (popping off a stack)

判斷方法 (predicate method)
private 成員存取指定詞 (**private** member access specifier)
程序式程式設計語言 (procedural programming language)
程式開發過程 (program-development process)
程式設計師自訂型別 (programmer-defined type)
public 成員存取指定詞 (**public** member access specifier)
public 方法 (**public** method)
封裝在物件中的 **public** 操作 (**public** operations encapsulated in an object)
public 服務 (**public** service)
推入堆疊 (pushing onto a stack)
佇列 (queue)
快速應用軟體開發 (RAD) (rapid applications development (RAD))
收回記憶體 (reclaim memory)
資源遺漏 (resource leak)
重複使用軟體元件 (reusable software component)
純量屬性 (scalar property)
範圍解析運算子(::) (scope resolution operator (::))
類別的服務 (service of a class)
屬性的 *set* 方法 (*set* method of a property)
軟體的重複使用 (software reuse)
堆疊 (stack)
標準時間格式 (standard-time format)
static 關鍵字 (**static** keyword)
static 變數 (**static** variable)
終止結束作業 (termination housekeeping)
this 關鍵字 (**this** keyword)
世界時間格式 (universal-time format)
使用者自訂型別 (user-defined type)
工具方法 (utility method)
有效性檢查 (validity checking)

自我測驗

8.1 填充題：

a) 將類別的成員宣告爲 ＿＿＿＿＿，則只有該成員所定義類別的成員可以存取。
b) ＿＿＿＿＿ 可初始化類別的資料成員。
c) 屬性的 ＿＿＿＿＿ 方法可用來指定數値給類別的 **private** 資料成員。
d) 類別的方法通常宣告成 ＿＿＿＿＿，而類別的資料成員通常宣告成 ＿＿＿＿＿。
e) 屬性的 ＿＿＿＿＿ 方法可用來從類別的 **private** 資料成員取出數値。
f) 關鍵字 ＿＿＿＿＿ 指出某個類別是 managed。(例如，共同語言執行時期處理它的生命期)
g) 類別中的成員若宣告爲 ＿＿＿＿＿，可在此類別物件範圍內的任何地方存取。
h) ＿＿＿＿＿ 運算子可動態地爲指定型別的物件配置記憶體，並且傳回一個指向該新建立物件的 ＿＿＿＿＿。
i) ＿＿＿＿＿ 變數表示類別範圍的資訊。
j) 關鍵字 ＿＿＿＿＿ 指出，資料成員必須在它的宣告中設定初値，而且一旦設定初値就不能夠再修改。
k) 宣告爲 **static** 的方法不能夠存取 ＿＿＿＿＿ 類別成員。

8.2 試判斷下列的敘述式是*眞*或*僞*。若答案是僞，請說明理由。

a) 當類別物件產生的時候，如果沒有設定初値，則基本的數値變數會被設定成 **0**，**bool**

數值設定成 **false**，而指標被設定成 0。

b) 建構式可以傳回數值。

c) 屬性必須定義 *get* 和 *set* 方法。

d) 物件的 **this** 指標是指向物件本身的指標。

e) 當沒有該資料型別物件存在的時候，仍然可以參考到 **static** 成員。

f) 變數宣告成 **const**，必須在宣告或者類別的建構式中設定初值。

g) 不同的命名空間不能夠有相同名稱的類別/方法。

h) 索引屬性可以像方法一般多載 (overloaded)。

i) 索引屬性可以傳回 Visual C++ .NET 的任何型別。

自我測驗解答

8.1 **a)** **private**。**b)** 建構式。**c)** *set*。**d)** **public**、**private**。**e)** *get*。**f)** **_gc**。**g)** **public**。**h)** **new** 、指標。**i)** **static**。**j)** **const**。**k)** 非 **static**。

8.2 **a)** 眞。**b)** 僞。建構式不允許傳回值。**c)** 僞。屬性的定義可以指定 *set* 方法、*get* 方法或兩者。**d)** 眞。**e)** 眞。**f)** 僞。變數宣告成 **const**，必須在宣告的時候就設定初值。**g)** 僞。不同的命名空間可以有相同名稱的類別/方法。**h)** 眞。 **i)** 眞。

習　題

8.3 建立一個 **Complex** 類別，可用來執行複數的算數運算。並撰寫一個主程式來測試所寫的類別。

複數的格式爲

```
realPart + imaginaryPart * i
```

其中的 *i* 是

$$\sqrt{-1}$$

使用浮點變數來代表類別的 **private** 資料。提供一個建構式，可以讓此類別的物件在宣告時就同時設定初值。如果無法提供初值，必須提供含有預設值的無引數建構式。提供下列運算的 **public** 方法：

a) *將兩個複數相加*。將兩個複數的實部和實部相加，虛部和虛部相加。

b) *將兩個複數相減*。將右運算元的實部從左運算元的實部減掉，再將右運算元的虛部從左運算元的虛部減掉。

c) *以 (a,b) 這種格式將複數列印出來，其中 a 表示實部，b 表示虛部*。

8.4 修改圖 8.14 至圖 8.15 中的 **Date** 類別，提供方法 **NextDay**、**NextMonth** 和 **NextYear**，以便可以將日、月和年分別遞增 **1**。**Date** 物件必須永遠保持在一致的狀態。撰寫一個程式，可用來測試這些新的方法，以便這些新的方法操作正確。確定要測試下列的狀況：

a) 遞增年的數目。
b) 遞增月的數目，並且進位到明年。
c) 遞增日的數目，並且進位到下個月。

8.5 撰寫一個主控台應用程式，能夠實作繪出一個矩形 `Square`。類別 `Square` 應該包含屬性 `Side`，具有 *get* 和 *set* 方法提供受控制存取類別 `Square` 的 `private` 資料的方式。提供二個建構式：一個不接收引數，而另外一個則接收 `Side` 長度的數値作爲引數。撰寫一個應用程式類別，可以用來測試類別 `Square` 的功能。

8.6 建立一個具有下列功能的 `Date` 類別：

a) 以多種格式輸出日期，如

```
MM/DD/YYYY
June 14, 2001
DDD YYYY
```

其中 `DDD` 是從該年初開始計算的天數。

b) 使用多載的建構式建立 `Date` 物件，並按照 (a) 項的格式設定初値。

8.7 建立類別 `SavingsAccount`。利用 `static` 變數 `annualInterestRate` 儲存所有存款人的利率。該類別的每一個物件皆含有一個 `private` 的資料成員 `savings Balance`，指出每位存款者帳戶內目前的存款餘額，並且提供一個屬性能夠傳回此值。提供方法 `CalculateMonthlyInterest` 用來計算每月的存款利息，就是將 `savingsBalance` 乘上 `annualInterestRate` 再除以 12；利息計算出來後須加入 `SavingsBalance`。提供 `static` 方法 `ModifyInterestRate` 將 `annualInterestRate` 設定爲新値。撰寫一個主程式，來測試 `SavingsAccount` 類別。產生兩個 `savingAccount` 物件，`saver1` 及 `saver2`，其存款餘額分別爲$2000.00 及$3000.00。將 `annualInterestRate` 設成 4%，然後計算出每月的利息，並印出每位存款者的新餘額。接著，將 `annualInterestRate` 設爲 5 %，然後計算下個月的利息，並印出每位存款者新的存款餘額。

8.8 撰寫一個完整程式，並建立類別 `TicTacToe` 來實作一個在主控台執行的井字遊戲。類別中包含一個 3×3 的二維字元陣列作爲 `private` 資料。建構式會將空的棋盤上所有的方格都初始化爲 ' '。此遊戲可供兩位使用者玩。每當第一位遊戲者移動，就可將 `"X"` 放入指定的方格內，然後第二位遊戲者則將 `"O"` 放入其他移動的方格內。當然，每一次只能移入空白的方格內。在每一次移動之後，必須利用 `gameStatus` 方法判斷是否有人贏了或是和局。【*提示*：利用一個列舉常數來記錄下述的各項狀態：贏和局、繼續。】撰寫一個 `TicTacToeTest` 程式來測試所寫的類別。若您想有所突破，可以試著修改程式和電腦比賽。也可讓遊戲者決定誰先下誰後下。若你仍格外有興趣的話，可以發展出一個程式，利用 4×4×4 的陣列來玩三度空間的井字遊戲【注意：這可是一個具有挑戰性的專案，可能耗掉你幾個禮拜的時間！】

9

物件導向程式設計：繼承

學習目標

- 瞭解繼承和軟體的重複使用性。
- 瞭解基本類別和衍生類別的概念。
- 瞭解成員存取指定詞 **`protected`**。
- 瞭解基本類別和衍生類別的建構式和解構式的使用方法。
- 提出個案研究說明繼承的機制。

Say not you know another entirely, till you have divided an inheritance with him.

Johann Kasper Lavater

This method is to define as the number of a class the class of all classes similar to the given class.

Bertrand Russell

Good as it is to inherit a library, it is better to collect one.

Augustine Birrell

本章綱要

9.1 簡介

在這一章中，我們繼續討論*物件導向程式設計* (*OOP*，*object-oriented programming*)，並且介紹它的主要特色：*繼承* (*inheritance*)。繼承就是「重複使用」軟體，將現有類別的資料和行爲加上所需要的功能，就成爲新的類別。軟體的重複使用可以節省程式開發的時間。它也鼓勵重複使用經過驗證和除錯的高品質軟體，可讓系統實作時更有效率。

程式設計師在建立新的類別時，不需要重寫全新的資料成員和方法，只需指定新類別去繼承另一個類別的資料成員、屬性和方法。先前定義好的類別稱爲*基本類別* (*base class*)，而新類別則稱爲*衍生類別* (*derived class*)。[其他的程式設計語言，例如 Java 語言，基本類別稱爲*父類別* (*superclass*)，而衍生類別則稱爲*子類別* (*subclass*)]。每個衍生類別一旦建立起來，就能成爲未來再衍生類別的基本類別。因爲衍生類別一般會加入一些獨特的類別變數、屬性和方法，通常比它的基本類別更大。因此，衍生類別會比它的基本類別更明確，代表的是更特殊的一群物件。一般來說，衍生類別包含基本類別的行爲和一些其他的行爲。*直接基本類別* (*direct base class*) 是衍生類別所明確繼承的基本類別。*間接基本類別* (*indirect base class*) 就是繼承自*類別階層* (class hierarchy) 高二層或更多層的基本類別。*單一繼承* (*single inheritance*) 是指類別衍生自一個基本類別。MC++不像標準 C++，前者並不支援*多重繼承* (*multiple inheritance*)，也就是某個類別衍生自兩個以上直接基本類別的功能。

衍生類別的每個物件也可視爲其基本類別的物件。然而，基本類別物件不是其衍生類別的物件。舉例來說，所有的汽車都是交通工具，但是並非所有的交通工具都是汽車。我們會繼續研究物件導向程式設計，在第 10 章將利用這種關係執行一些有趣的操作。

由建立軟體系統的經驗指出，大部分的程式碼都是在處理一些彼此關係密切的特殊情況。當程式設計師專注在一些特殊狀況的時候，細微末節反而混淆了大局。藉著物件導向程式設計，程式設計師專注於系統中物件的共通性，而不是在一些特殊狀況上。這個過程稱爲*抽象化* (*abstraction*)。

在討論繼承的時候，重要的是要能區別出「是一個」和「有一個」這兩種關係。「是一個」關係就是指繼承。但是在「是一個」關係中，衍生類別的物件也可視爲它的基本類別物件。舉例來說，汽車是一個車輛。相對地，「有一個」代表複合 (composition，在第 8 章中曾討論過)。在「有一個」的關係中，類別物件可以包含其他類別的物件 (或者指向物件的指標) 作爲成員。舉例來說，汽車有一個動力方向盤。

衍生類別的方法可能需要存取它們基本類別的資料成員、屬性和方法。衍生類別可以存取基本類別的非 **`private`** 成員。如果基本類別中的成員不想讓衍生類別的屬性或方法存取，就應該在基本類別中宣告爲 **`private`**。衍生類別可以影響、改變基本類別 **`private`** 成員的狀態，但是只有透過基本類別所提供，而且經由衍生類別繼承的非 **`private`** 方法和屬性才能進行。

軟體工程的觀點 9.1

衍生類別的屬性和方法不可以直接存取基本類別的 private 成員。

軟體工程的觀點 9.2

將 private 成員隱藏起來，可以幫助程式設計師測試、除錯以及正確地修改系統。如果衍生類別可以存取基本類別的 **`private`** *成員，則從衍生類別再衍生出來的類別也可以照樣存取這些資料。這樣就會將原本是* **`private`** *資料的存取權繼續對外開放出去，而喪失資訊隱藏的優點。*

繼承會產生一個問題，就是衍生類別會繼承到它不需要或甚至不應該繼承的屬性和方法。這是類別設計師的責任，要確定基本類別提供的功能是否適合未來衍生出來的類別，如第 9.4 節所描述。即使基本類別的屬性或方法適合衍生類別，衍生類別通常仍需要這些屬性或方法以衍生類別指定的方式執行。在這種情況下，基本類別的屬性或方法可以在衍生類別中*改寫* (*overridden*，重新定義) 成適當的實作內容。

新類別可以從豐富的類別庫繼承。世界上許多機構都在發展自己的類別庫，或者利用其他現有的類別庫。總有一天，軟體可以像今天的硬體一般，大部份新的軟體可以使用標準化可重複使用元件產生，這將有助於開發功能更強、更豐富的軟體。

9.2　基本類別和衍生類別

我們經常看到某個類別的物件也可以視爲另一個類別的物件。舉例來說，矩形是一個四邊形 (包括正方形、平行四邊形和梯形)。因此，類別 **`Rectangle`** 可以說是「繼承」自類別 **`Quadrilateral`**。語意上來說，類別 **`Quadrilateral`** 是基本類別，而類別 **`Rectangle`** 是衍生類別。矩形是四邊形的一種特殊形狀，但是如果說四邊形是矩形那就不對了，因爲四邊形有可能是平行四邊形或者其他形狀的四邊形。圖 9.1 列出幾個基本類別和衍生類別的簡單例子。

基本類別	衍生類別
Student	GraduateStudent, UndergraduateStudent
Shape	Circle, Triangle, Rectangle
Loan	CarLoan, HomeImprovementLoan, MortgageLoan
Employee	FacultyMember, StaffMember
Account	CheckingAccount, SavingsAccount

圖 9.1 繼承的例子。

每個衍生類別物件都是基本類別的物件，而且一個基本類別可以有許多的衍生類別，因此一般來說，基本類別代表的物件比它的衍生類別所代表的物件數目更多。舉例來說，基本類別 **Vehicle** 代表所有的交通工具，包括汽車、卡車、船、腳踏車等等。相對地，衍生類別 **Car** 只能代表所有交通工具 **Vehicle** 的一個較小的子集合。

繼承關係看來很像樹狀的階層式結構。基本類別和它的衍生類別共同形成階層關係。雖然類別能夠獨立存在，但是一旦它們加入了繼承的架構，就和其他的類別產生緊密的連繫關係。類別可以是基本類別，提供資料和行爲給其他的類別，或者也可以是衍生類別，繼承其他類別的資料和行爲。

讓我們來設計一個簡單的繼承階層 (inheritance hierarchy)。某個大學校區有數以千計成員，包括學校的受僱人員 (employees)、學生 (students) 和校友 (alumni)。受僱人員又分成教師 (faculty) 和職員 (staff)。教師又可分爲行政人員 (例如，學院院長和系主任) 以及一般老師。組織架構就產生像圖 9.2 所描述的繼承階層。注意繼承階層還可以包含許多其他的類別。舉例來說，學生可以是研究生或者大學部學生。大學部的學生可以是大一新生、大二學生、大三學生和大四學生。階層的每個箭號表示「是一個」的關係。當我們順著這個類別階層的箭號方向，我們可以說「受僱人員 **Employee** 是校區人員 **CommunityMember**」和「某位老師 **Teacher** 是教師 **Faculty** 成員」。**CommunityMember** 是 **Employee**、**Student** 和 **Alumnus** 的直接基本類別。除此之外，**CommunityMember** 是階層圖 (hierarchy diagram) 中所有其他類別的間接基本類別。

從圖的底部開始，讀者可以隨著箭頭應用「是一個」的關係，可以一直到達最高的基本類別。舉例來說，行政人員 (**Administrator**) 是一個教師 (**Faculty**) 成員、也是一個受雇人員 (**Employee**)、更是一個校區成員 (**CommunityMember**)。在 MC++中，**Administrator** 也是一個物件 (**Object**)，因爲所有的類別[1] 都將 **System::Object** 當作直接或間接基本類別。因此，所有的類別都可透過階層關係，互相連接起來，而且它們共用由 **Object** 類別所定義的方法 (有八個這樣的方法)。我們在本書中會討論這些 **Object** 的方法。

1 在這本書中，我們一般在使用詞彙「類別」的時候，除非另有指定，我們都是指 **__gc** managed 類別。

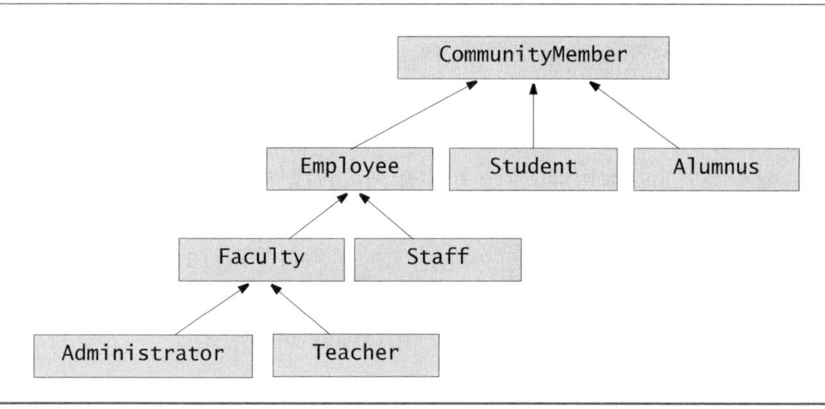

圖 9.2　大學校區 CommunityMember 的繼承階層。

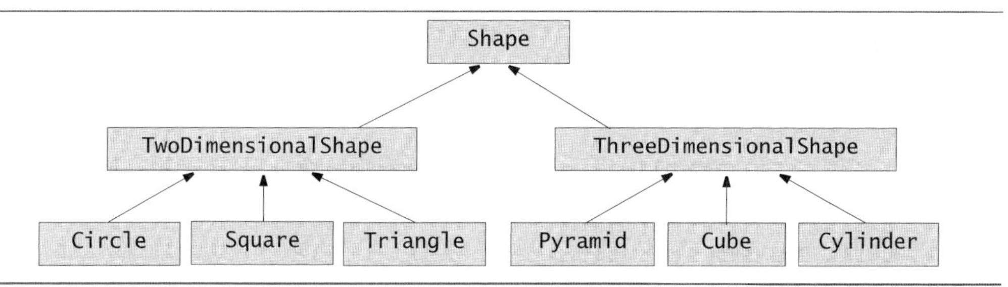

圖 9.3　Shape 類別的階層。

另外一個繼承階層就是如圖 9.3 所描述的 **Shape** 階層。爲了指定類別 **TwoDimensionalShape** 是衍生自 (或者繼承自) 類別 **Shape**，在 MC++中類別 **TwoDimensionalShape** 可如下定義：

```
public __gc class TwoDimensionalShape : public Shape
```

常見的程式設計錯誤 9.1

當建立新的衍生類別的時候，在基本類別名稱之前使用關鍵字 private 或省略關鍵字 public 會導致編譯錯誤，因為 MC++嚴格禁止 private 的類別繼承。[2]

在第 8 章中，我們簡短地討論過 「有一個」關係，是指類別將其他類別的物件、或者指向其他類別的指標當成自己的成員。這是利用*複合* (*composition*) 的關係來建立類別。舉例來說，有三個類別分別是 **Employee**，**BirthDate** 與 **TelephoneNumber**，如果我們說 **Employee** 是一個 **BirthDate**，或者 **Employee** 是一個 **TelephoneNumber** 就不恰當。但我們卻可以說，**Employee** 有一個資料 **BirthDate**，以及 **Employee** 有一個 **TelephoneNumber** 。

2　目前來說，MC++只有支援基本類別的 **public** 繼承。

依據繼承的規定，不可以讓衍生類別直接存取基本類別的 **private** 成員，但是這些基本類別的 **private** 成員仍然被繼承了。當所有的基本類別成員成爲衍生類別成員的時候，它們仍然保有原來的成員存取模式(例如，基本類別的**public**成員成爲衍生類別的**public**成員，我們也將很快可以看到，基本類別的**protected**成員成爲衍生類別的**protected**成員)。透過這些繼承過來的基本類別成員，衍生類別可以操作基本類別的 **private** 成員 (如果這些繼承過來的成員在基本類別中提供了這樣的功能)。

用類似的方式來看待基本類別的物件和衍生類別的物件是可行的，它們的共同點被表示爲基本類別的資料成員、屬性和方法。所有從共同基本類別衍生的類別物件，均可視爲該基本類別的物件。在第 10 章中，我們討論許多利用這種關係的例子。

軟體工程的觀點 9.3

建構式絕對不可以繼承，它們專屬於定義它們的類別。

9.3 protected 成員

在第 8 章中，我們曾討論過 **public** 和 **private** 成員存取指定詞。只要利用一個指標指向基本類別的物件，或者它的衍生類別物件，就可以在程式的任何地方存取基本類別的**public**成員。基本類別的 **private** 成員只能夠在基本類別的主體內存取。在這一節中，我們介紹另一個成員存取指定詞 **protected**。

protected 存取模式的保護程度，是介於 **public** 和 **private** 存取模式之間。基本類別的 **protected** 成員只有在基本類別或衍生類別中才可以存取。

衍生類別的方法一般只需要使用成員名稱，就可存取基本類別的**public**和**protected**成員。請注意將資料設定成**protected**會破壞類別的封裝，修改基本類別的**protected**成員，可能需要將所有的衍生類別作同樣的修改。

9.4 基本類別和衍生類別之間的關係

在這一節中，我們利用點到圓的階層[3]來討論基本類別和衍生類別之間的關係。我們把點與圓關係的討論分爲幾個部份進行。首先，我們建立類別 **Point**，直接繼承自 **System::Object** 類別，以及包含 x-y 座標對作爲 **private** 資料。然後，我們建立類別 **Circle**，也是直接繼承自 **System::Object** 類別，以及包含 x-y 座標對 (代表圓的中心位置) 和半徑作爲 **private** 資料。我們不是利用繼承來建立類別 **Circle**，而是逐行編寫類別所需要的程式碼。接下來，我們建立一個 **Circle2** 類別，直接從類別 **Point** 繼承而來 (也就是，類別 **Circle2** 是一個 **Point**，也包含半徑)，並且嘗試使用類別 **Point** 的 **private** 成員，這會

3 當我們在討論圓「是一個」點的時候，這種點和圓的關係似乎有些不自然。這個例子教我們所謂的「結構化繼承」，也就是著重於繼承的「機制」，以及基本類別和衍生類別的關係。

造成編譯錯誤，因為衍生類別不能存取基本類別的 **private** 資料。然後我們說明，如果 **Point** 的資料被宣告為 **protected**，則從類別 **Point2** 繼承而來的 **Circle3** 類別就可以存取該項資料。繼承的和非繼承的 **Circle** 類別都包含相同的功能，但是我們說明繼承的 **Circle3** 類別較容易建立和處理。在討論使用 **protected** 資料的優點之後，我們再把 **Point** 資料設定回 **private**，然後說明 **Circle4** 類別 (繼承自類別 **Point3**) 如何使用 **Point3** 的方法和屬性來操作 **Point3** 的 **private** 資料。

建立和使用 Point 類別

我們首先看一下類別 **Point** 的定義 (圖 9.4 及圖 9.5)。類別 **Point** 的 **public** 服務包括二個 **Point** 建構式 (圖 9.4 的第 14-15 行)，屬性 **X** 和 **Y** (第 18-37 行) 和方法 **ToString** (第 39 行)。**Point** 的變數 **x** 和 **y** 設定為 **private** (第 41-42 行)，因此，其他類別的物件就不能夠直接存取 **x** 和 **y**。技術上來說，即使 **Point** 的變數 **x** 和 **y** 宣告為 **public**，因為 $x-y$ 的座標平面向兩個維度方向無限延伸，因此，**x** 和 **y** 可以是任何的 **int** 數值，所以 **Point** 不會維持在不一致的狀態。一般來說，當提供非 **private** 屬性來操作和執行資料的驗證檢查時，將資料宣告為 **private** 是一個良好的軟體工程習慣。

```
 1  // Fig. 9.4: Point.h
 2  // Point class represents an x-y coordinate pair.
 3
 4  #pragma once
 5
 6  #using <mscorlib.dll>
 7
 8  using namespace System;
 9
10  // Point class definition implicitly inherits from Object
11  public __gc class Point
12  {
13  public:
14     Point();                          // default constructor
15     Point( int, int );                // constructor
16
17     // property X
18     __property int get_X()
19     {
20        return x;
21     }
22
23     __property void set_X( int value )
24     {
25        x = value;
26     }
27
28     // property Y
29     __property int get_Y()
```

圖 9.4　表示 x-y 座標對的 Point 類別 (第 2 之 1 部分)。

```
30      {
31         return y;
32      }
33
34      __property void set_Y( int value )
35      {
36         y = value;
37      }
38
39      String *ToString();   // return string representation of Point
40
41   private:
42      int x, y;           // point coordinates
43   }; // end class Point
```

圖 9.4 表示 x-y 座標對的 Point 類別 (第 2 之 2 部分)。

```
1    // Fig. 9.5: Point.cpp
2    // Method definitions for class Point.
3
4    #include "stdafx.h"
5    #include "Point.h"
6
7    // default (no-argument) constructor
8    Point::Point()
9    {
10      // implicit call to Object constructor occurs here
11   }
12
13   // constructor
14   Point::Point( int xValue, int yValue )
15   {
16      // implicit call to Object constructor occurs here
17      x = xValue;
18      y = yValue;
19   }
20
21   // return string representation of Point
22   String *Point::ToString()
23   {
24      return String::Concat( S"[", x.ToString(), S", ",
25         y.ToString(), S"]" );
26   }
```

圖 9.5 Point 類別方法定義。

我們在第 9.2 節提到建構式不可以繼承。因此，類別 **Point** 不會繼承類別 **Object** 的建構式。然而，類別 **Point** 的建構式 (圖 9.5 的第 8-19 行) 隱含地呼叫類別 **Object** 的建構式。事實上，任何衍生類別建構式的第一個工作，就是隱含地或明確地呼叫它的直接基本類別的建構式。(在本節稍後，當我們定義類別 **Circle4** 的時候，會討論呼叫基本類別建構式的語法)。如果程式碼沒有明確的呼叫基本類別建構式，就會隱含的呼叫基本類別的預設建構式 (無引數)。第 10 行和 16 行的註解指出隱含呼叫基本類別 **Object** 的預設建構式。驅動程式 (圖 9.6) 會執行這個應用程式。

在 MC++中每一個 **_gc** 類別 (例如類別 **Point**) 會直接或間接地繼承類別 **System::Object**，這是類別階層的起點。

軟體工程的觀點 9.4

當程式沒有明確地指出基本類別的時候，Visual C++ .NET 的編譯器就會將衍生類別的基本類別設定為 Object。

如同我們先前提過，這意謂每個類別都會繼承類別**Object**的八個方法。這些方法其中一個是 **ToString**，可以傳回指向某個 **String** 物件的指標。這個方法的預設實作內容會傳回一個字串，其中包含物件的資料型別，字串最前面是物件的命名空間。有時會隱含地呼叫 **ToString** 方法，取得物件的字串表示 (例如，當我們要將物件串接到某個字串的時候)。**Point** 類別的 **ToString** 方法時，*改寫* **Object** 類別的原始 **ToString** 方法，**Point** 類別的 **ToString** 方法在呼叫時傳回包含二個數值 **x** 和 **y** 的有序數對字串 (圖 9.5 的第 24-25 行)。當衍生類別的方法需要和基本類別方法有不同結果的時候，衍生類別可以改寫基本類別的方法。衍生類別爲了要改寫某個方法，必須將方法的標頭定義成基本類別完全一樣。

PointTest (圖 9.6) 測試 **Point** 類別。第 16 行產生一個 **Point** 類別的物件，並且將此物件的 *x* 座標初始化成 72，*y* 座標初始化爲 115。第 19-20 行使用屬性 **X** 和 **Y** 取回這些數值，然後將這些資料附加到字串 **output**。第 22-23 行改變屬性 **X** 和 **Y** 的數值 (隱含地呼叫它們的 *set* 方法)，第 27 行呼叫 **Point** 的 **ToString** 方法來取得 **Point** 的字串表示。

```
 1  // Fig. 9.6: PointTest.cpp
 2  // Testing class Point.
 3
 4  #include "stdafx.h"
 5  #include "Point.h"
 6
 7  #using <mscorlib.dll>
 8  #using <system.windows.forms.dll>
 9
10  using namespace System;
11  using namespace System::Windows::Forms;
12
13  int _tmain()
14  {
15     // instantiate Point object
16     Point *point = new Point( 72, 115 );
17
18     // display point coordinates via X and Y properties
19     String *output = String::Concat( S"X coordinate is ",
20        point->X.ToString(), S"\nY coordinate is ", point->Y.ToString() );
21
```

圖 9.6　PointTest 說明類別 Point 的功能 (第 2 之 1 部分)。

```
22      point->X = 10;      // set x-coordinate via X property
23      point->Y = 10;      // set y-coordinate via Y property
24
25      // display new point value
26      output = String::Concat( output,
27         S"\n\nThe new location of point is ", point->ToString() );
28
29      MessageBox::Show( output, S"Demonstrating Class Point" );
30
31      return 0;
32   } // end _tmain
```

```
Demonstrating Class Point

X cooridnate is 72
Y coordinate is 115

The new location of point is [10, 10]

OK
```

圖 9.6 PointTest 說明類別 Point 的功能 (第 2 之 2 部分)。

不使用繼承方式建立 Circle 類別

現在我們利用建立和測試類別**Circle**的機會 (圖 9.7 及圖 9.8)，來介紹繼承的第二部分，這個類別是直接繼承自 **System::Object** 類別，用來表示*x*–*y*座標數對 (代表圓心位置) 和半徑。第 58-59 行 (圖 9.7) 宣告變數 **x**、**y** 和半徑 **radius**，作爲 **private** 資料。類別 **Circle** 的**public**服務包括二個**Circle**建構式 (第 14-15 行)，屬性**X**、**Y**和**Radius** (第 18-49 行)；以及方法 **Diameter**、**Circumference**、**Area** 和 **ToString** (第 51-55 行)。這些屬性和方法封裝所有 **circle** 必需的特色 (也就是，「解析幾何」方面的資料)。在下一節中，我們顯示這套封裝方法如何讓我們重複使用並且擴展這個類別。建構式和方法定義在圖 9.8 中。

CircleTest (圖 9.9) 會測試 **Circle** 類別。第 16 行產生一個 **Circle** 類別的物件，並且將此物件的*x*座標初始化成 37，*y*座標初始化爲 43，以及半徑爲 2.5。第 19-22 行使用屬性 **X**、**Y** 和 **Radius** 取回這些數值，然後將這些資料附加到字串 **output**。第 25-27 行使用 **Circle** 類別的屬性 **X**、**Y** 和 **Radius** 來分別更改*x*–*y*的座標和半徑。屬性 **Radius** 確保成員變數 **radius** 不會被指定成負數 (圖 9.7 的第 47-48 行)。第 30-31 行 (圖 9.9) 呼叫 **Circle** 的 **ToString** 方法，取得 **Circle** 的字串表示，以及第 34-43 行呼叫 **Circle** 的 **Diameter**、**Circumference** 和 **Area** 方法。

在編寫**Circle**類別所有的程式碼之後 (圖 9.7 及圖 9.8)，我們注意到這個類別中有一大段的程式碼很類似類別 **Point** 的許多程式碼，但是仍有些微不同。舉例來說，**Circle** 類別的 **private** 變數 **x** 和 **y** 和屬性 **X** 和 **Y** 的宣告，就和 **Point** 類別的部分相同。除此之外，**Circle** 類別的建構式和 **ToString** 方法幾乎和 **Point** 類別相同，除了它們另外提供有關半徑的資料。**Circle** 類別唯一增加的部分，就是 **private** 資料成員 **radius**、屬性 **Radius** 和方法 **Diameter**、**Circumference** 和 **Area**。

```
1   // Fig. 9.7: Circle.h
2   // Circle class contains x-y coordinates pair and radius.
3
4   #pragma once
5
6   #using <mscorlib.dll>
7
8   using namespace System;
9
10  // Circle class definition implicitly inherits from Object
11  public __gc class Circle
12  {
13  public:
14     Circle();                        // default constructor
15     Circle( int, int, double );   // constructor
16
17     // property X
18     __property int get_X()
19     {
20        return x;
21     }
22
23     __property void set_X( int value )
24     {
25        x = value;
26     }
27
28     // property Y
29     __property int get_Y()
30     {
31        return y;
32     }
33
34     __property void set_Y( int value )
35     {
36        y = value;
37     }
38
39     // property Radius
40     __property double get_Radius()
41     {
42        return radius;
43     }
44
45     __property void set_Radius( double value )
46     {
47        if ( value >= 0 )     // validation needed
48           radius = value;
49     }
50
51     double Diameter();       // calculate diameter
52     double Circumference(); // calculate circumference
```

圖 9.7　Circle 類別包含 x-y 座標和半徑 (第 2 之 1 部分)。

```
53      double Area();           // calculate area
54
55      String *ToString();      // return string representation of Circle
56
57   private:
58      int x, y;                // coordinates of Circle's center
59      double radius;           // Circle's radius
60   }; // end class Circle
```

圖 9.7 Circle 類別包含 x-y 座標和半徑 (第 2 之 2 部分)。

```
 1   // Fig. 9.8: Circle.cpp
 2   // Method definitions for class Circle.
 3
 4   #include "stdafx.h"
 5   #include "Circle.h"
 6
 7   // default constructor
 8   Circle::Circle()
 9   {
10      // implicit call to Object constructor occurs here
11   }
12
13   // constructor
14   Circle::Circle( int xValue, int yValue, double radiusValue )
15   {
16      // implicit call to Object constructor occurs here
17      x = xValue;
18      y = yValue;
19      radius = radiusValue;
20   }
21
22   // calculate diameter
23   double Circle::Diameter()
24   {
25      return radius * 2;
26   }
27
28   // calculate circumference
29   double Circle::Circumference()
30   {
31      return Math::PI * Diameter();
32   }
33
34   // calculate area
35   double Circle::Area()
36   {
37      return Math::PI * Math::Pow( radius, 2 );
38   }
39
```

圖 9.8 Circle 類別方法的定義 (第 2 之 1 部分)。

```
40  // return string representation of Circle
41  String *Circle::ToString()
42  {
43     return String::Concat( S"Center = [", x.ToString(),
44        S", ", y.ToString(), S"]; Radius = ", radius.ToString() );
45  }
```

圖 9.8　Circle 類別方法的定義 (第 2 之 2 部分)。

```
 1  // Fig. 9.9: CircleTest.cpp
 2  // Testing class Circle.
 3
 4  #include "stdafx.h"
 5  #include "Circle.h"
 6
 7  #using <mscorlib.dll>
 8  #using <system.windows.forms.dll>
 9
10  using namespace System;
11  using namespace System::Windows::Forms;
12
13  int _tmain()
14  {
15     // instantiate Circle
16     Circle *circle = new Circle( 37, 43, 2.5 );
17
18     // get Circle's initial x-y coordinates and radius
19     String *output = String::Concat( S"X coordinate is ",
20        circle->X.ToString(), S"\nY coordinate is ",
21        circle->Y.ToString(), S"\nRadius is ",
22        circle->Radius.ToString() );
23
24     // set Circle's x-y coordinates and radius to new values
25     circle->X = 2;
26     circle->Y = 2;
27     circle->Radius = 4.25;
28
29     // display Circle's string representation
30     output = String::Concat( output, S"\n\nThe new location and "
31        S"radius of circle are \n", circle->ToString(), S"\n" );
32
33     // display diameter
34     output = String::Concat( output, S"Diameter is ",
35        circle->Diameter().ToString( S"F" ), S"\n" );
36
37     // display circumference
38     output = String::Concat( output, S"Circumference is ",
39        circle->Circumference().ToString( S"F" ), S"\n" );
40
41     // display area
42     output = String::Concat( output, S"Area is ",
43        circle->Area().ToString( S"F" ) );
```

圖 9.9　CircleTest 說明類別 Circle 的功能 (第 2 之 1 部分)。

```
44
45      MessageBox::Show( output, S"Demonstrating Class Circle" );
46
47      return 0;
48   } // end _tmain
```

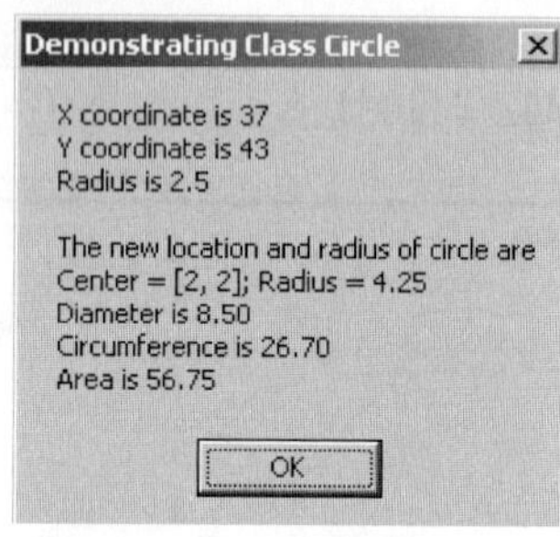

圖 9.9　CircleTest 說明類別 Circle 的功能 (第 2 之 2 部分)。

如果我們以複製文字的方式，從 **Point** 類別將程式碼複製過來，再將這些程式碼貼在 **Circle** 類別中，然後修改 **Circle** 類別加入半徑。這種「複製和貼上」的方式通常容易產生錯誤和耗費時間。更糟糕的是，實際上在系統各處產生許多複製的程式碼，造成程式碼維護的「夢魘」。有沒有一個方法可以將某個類別的屬性和行為「吸收」成為其他類別的一部分，這樣就不需要複製程式碼？在下一個例子中，我們使用一個更精緻的類別建構方法，強調繼承的優點，來回答這個問題。

使用繼承建立的 Point-Circle 階層

現在，我們建立並且測試類別 **Circle2** (圖 9.10 及圖 9.11)，此類別從 **Point** 類別 (圖 9.4) 繼承變數 **x** 和 **y**、屬性 **X** 和 **Y**。(圖 9.4) 這個類別 **Circle2** 是一個 **Point** 物件 (因為繼承吸收 **Point** 類別的功能)，但是也有它自己的成員半徑 **radius** (圖 9.10 的第 34 行)。在類別定義中第九行的冒號 **(:)**，代表的就是繼承關係。除了建構式以外，衍生類別 **Circle2** 繼承 **Point** 類別的所有成員。因此，**Circle2** 類別的 **public** 服務包括二個 **Circle2** 建構式 (第 12-13 行)、從 **Point** 類別繼承來的 **public** 方法、屬性 **Radius** (第 16-25 行) 以及 **Circle2** 類別的 **Diameter**、**Circumference**、**Area** 和 **ToString** 等方法 (第 27-31 行)。

圖 9.11 第 11 行和 17 行，說明當呼叫預設的 **Point** 建構式的時候，就會將 **Circle2** 物件屬於基本類別的部分初始化成 **0** (從類別 **Point** 繼承的變數 **x** 和 **y**)。然而，因為參數化的建構式 (第 15-21 行) 應該設定 $x-y$ 座標為某個特定的數值，第 18-19 行嘗試將引數值指定給 **x** 和 **y**。即使第 18-19 行明確地嘗試設定 **x** 和 **y** 的值，第 17 行首先呼叫 **Point** 預設建構式，將這些變數初始化成它們的預設值。因為衍生類別 **Circle2** 不可存取基本類別 **Point** 的 **private** 成員 **x** 和 **y**，所以編譯器在第 18-19 行產生語法錯誤 (以及第 44-45 行，**Circle2** 的 **ToString** 方法嘗試直接使用 **x** 和 **y** 的數值)。MC++嚴格限制存取 **private** 資料成員，即使是衍生類別 (也就是，與基本類別有密切關係) 也不能夠存取基本類別 **private** 資料。

```
1   // Fig. 9.10: Circle2.h
2   // Circle2 class that inherits from class Point.
3
4   #pragma once
5
6   #include "Point.h"
7
8   // Circle2 class definition inherits from Point
9   public __gc class Circle2 : public Point
10  {
11  public:
12     Circle2();                          // default constructor
13     Circle2( int, int, double );     // constructor
14
15     // property Radius
16     __property double get_Radius()
17     {
18        return radius;
19     }
20
21     __property void set_Radius( double value )
22     {
23        if ( value >= 0 )
24           radius = value;
25     }
26
27     double Diameter();
28     double Circumference();
29     double Area();
30
31     String *ToString(); // return string representation of Circle2
32
33  private:
34     double radius;        // Circle2's radius
35  }; // end class Circle2
```

圖 9.10　繼承自類別 Point 的類別 Circle2。

```
1   // Fig. 9.11: Circle2.cpp
2   // Method definitions for class Circle2.
3
4   #include "stdafx.h"
5   #include "Point.h"
6   #include "Circle2.h"
7
8   // default constructor
9   Circle2::Circle2()
10  {
11     // implicit call to Point constructor occurs here
12  }
13
```

圖 9.11　Circle2 類別的方法定義 (第 2 之 1 部分)。

```
14  // constructor
15  Circle2::Circle2( int xValue, int yValue, double radiusValue )
16  {
17     // implicit call to Point constructor occurs here
18     x = xValue
19     y = yValue;
20     Radius = radiusValue;
21  }
22
23  // calculate diameter
24  double Circle2::Diameter()
25  {
26     return radius * 2;
27  }
28
29  // calculate circumference
30  double Circle2::Circumference()
31  {
32     return Math::PI * Diameter();
33  }
34
35  // calculate area
36  double Circle2::Area()
37  {
38     return Math::PI * Math::Pow( radius, 2 );
39  }
40
41  // return string representation of Circle2
42  String *Circle2::ToString()
43  {
44     return String::Concat( S"Center = [", x.ToString(),
45        y.ToString(), S"]; Radius = ", radius.ToString() );
46  }
```

Task List - 4 Build Error tasks shown (filtered)

!		☑	Description	File	Line
			Click here to add a new task		
!		☐	error C2248: 'Point::x' : cannot access private member declared in class 'Point'	c:\Books\...\Circle2.cpp	18
!		☐	error C2248: 'Point::y' : cannot access private member declared in class 'Point'	c:\Books\...\Circle2.cpp	19
!		☐	error C2248: 'Point::x' : cannot access private member declared in class 'Point'	c:\Books\...\Circle2.cpp	44
!		☐	error C2248: 'Point::y' : cannot access private member declared in class 'Point'	c:\Books\...\Circle2.cpp	45

圖 9.11　Circle2 類別的方法定義 (第 2 之 2 部分)。

使用 protected 資料建立的 Point-Circle 階層

為了要讓 **Circle2** 類別直接存取 **Point** 成員變數 **x** 和 **y**，我們可以宣告這些變數為 **protected**。如同我們在第 9.3 節所討論，基本類別的 **protected** 成員只有在基本類別或衍生類別中才可以存取。我們的下個例子定義類別 **Point2** 和 **Circle3**。**Point2** 類別 (圖 9.12

及圖 9.13) 修改 **Point** 類別 (圖 9.4)，宣告變數 **x** 和 **y** 爲 **protected** (圖 9.12 的第 43 行) 取代 **private**。**Circle3** 類別 (圖 9.14 及圖 9.15) 繼承自 **Point2** 類別。

```
 1  // Fig. 9.12: Point2.h
 2  // Point2 class contains an x-y coordinate pair as protected data.
 3
 4  #pragma once
 5
 6  #using <mscorlib.dll>
 7
 8  using namespace System;
 9
10  // Point2 class definition implicitly inherits from Object
11  public __gc class Point2
12  {
13  public:
14     Point2();                 // default constructor
15     Point2( int, int );       // constructor
16
17     // property X
18     __property int get_X()
19     {
20        return x;
21     }
22
23     __property void set_X( int value )
24     {
25        x = value;
26     }
27
28     // property Y
29     __property int get_Y()
30     {
31        return y;
32     }
33
34     __property void set_Y( int value )
35     {
36        y = value;
37     }
38
39     // return string representation of Point2
40     String *ToString();
41
42  protected:
43     int x, y;                 // point coordinate
44  }; // end class Point2
```

圖 9.12　Point2 類別將一個 x-y 座標數對作為 protected 資料。

```
 1  // Fig. 9.13: Point2.cpp
 2  // Method definitions for class Point2.
 3
 4  #include "stdafx.h"
 5  #include "Point2.h"
 6
 7  // default constructor
 8  Point2::Point2()
 9  {
10     // implicit call to Object constructor occurs here
11  }
12
13  // constructor
14  Point2::Point2( int xValue, int yValue )
15  {
16     // implicit call to Object constructor occurs here
17     x = xValue;
18     y = yValue;
19  }
20
21  // return string representation of Point2
22  String *Point2::ToString()
23  {
24     return String::Concat( S"[", x.ToString(),
25        S", ", y.ToString(), S"]" );
26  }
```

圖 9.13　Point2 類別方法的定義。

Circle3 類別 (圖 9.14 及圖 9.15) 修改 **Circle2** 類別 (圖 9.10 及圖 9.11)，從 **Point2** 類別繼承而不是繼承 **Point** 類別。作爲 **Point2** 類別的衍生類別，**Circle3** 類別可以直接存取 **Point2** 類別的 **protected** 資料成員 **x** 和 **y**。這顯示衍生類別受到特別允許可以存取 ***protected*** 基本類別的資料成員。但是衍生類別也可以存取基本類別的 ***protected*** 屬性和方法。驅動程式 (圖 9.16) 執行應用程式。

CircleTest3 (圖 9.16) 對 **Circle3** 類別所做的測試，與 **CircleTest** (圖 9.9) 對 **Circle** 類別所做測試相同。注意這兩個程式的輸出也是相同的。我們建立 **Circle** 類別並沒有使用到繼承，但是使用繼承建立 **Circle3** 類別。然而，兩個類別提供相同的功能。而且，現在只有 **Point** 功能的一份副本。

在先前的例子中，我們宣告基本類別資料成員爲 **protected**，於是衍生類別就可以直接修改它們的數值。因爲我們避免呼叫屬性的 *set* 或者 *get* 方法所引起的額外資源消耗，所以使用 **protected** 變數會稍微增加一些執行效能。然而，在大多數 MC++的應用程式中，與使用者的互動耗去大部分的執行時間，透過使用 **protected** 變數所獲得的改善少到幾乎可以忽略。

```
1   // Fig. 9.14: Circle3.h
2   // Circle2 class that inherits from class Point2.
3
4   #pragma once
5
6   #include "Point2.h"
7
8   public __gc class Circle3 : public Point2
9   {
10  public:
11     Circle3();                       // default constructor
12     Circle3( int, int, double );     // constructor
13
14     // property Radius
15     __property double get_Radius()
16     {
17        return radius;
18     }
19
20     __property void set_Radius( double value )
21     {
22        if ( value >= 0 )
23           radius = value;
24     }
25
26     double Diameter();               // calculate diameter
27     double Circumference();          // calculate circumference
28     double Area();                   // calculate area
29
30     // return string representation of Circle3
31     String *ToString();
32
33  private:
34     double radius;                   // Circle3's radius
35  }; // end class Circle3
```

圖 9.14　Circle3 類別繼承自類別 Point2。

使用 **protected** 資料成員會產生二個主要的問題。首先，衍生類別物件不須要使用屬性來設定基本類別的 **protected** 資料的數值。因此，衍生類別物件可以輕易地指定一個不適當的數值給 **protected** 資料，如此使得該物件成爲不一致的狀態。舉例來說，如果我們宣告 **Circle3** 的資料成員 **radius** 爲 **protected**，則衍生類別的物件 (例如，**Cylinder**) 就可能指定負數值給 **radius**。第二個使用 **protected** 資料的問題是，衍生類別的方法較傾向依照基本類別的實作內容設計。在實務中，衍生類別應該只能依照基本類別的服務加以設計 (也就是，非 **private** 方法和屬性) 而不是依照基本類別的實作內容。對於基本類別的 **protected** 資料，如果基本類別實作內容改變，我們可能需要修改基本類別的所有衍生類別。舉例來說，如果爲了某些理由我們要將變數 **x** 和 **y** 的名稱換成 **xCoordinate** 和 **yCoordinate**，則我們必須將衍生類別中所有直接參考這些基本類別變數的地方加以更改。在這種情況下，軟體可說是十分脆弱。程式設計師應該能夠自由更改基本類別的實作內容，但是仍然能夠提供衍生類別相同的服務。(當然，如果基本類別的服務改變，我們必須重新再設計我們的衍生類別。然而，良好的物件導向程式設計會試著避免這種事情)。

```
1  // Fig. 9.15: Circle3.cpp
2  // Method definitions for class Circle3.
3
4  #include "stdafx.h"
5  #include "Circle3.h"
6
7  // default constructor
8  Circle3::Circle3()
9  {
10    // implicit call to Point2 constructor occurs here
11 }
12
13 // constructor
14 Circle3::Circle3( int xValue, int yValue, double radiusValue )
15 {
16    // implicit call to Point2 constructor occurs here
17    x = xValue;
18    y = yValue;
19    Radius = radiusValue;
20 }
21
22 // calculate diameter
23 double Circle3::Diameter()
24 {
25    return radius * 2;
26 }
27
28 // calculate circumference
29 double Circle3::Circumference()
30 {
31    return Math::PI * Diameter();
32 }
33
34 // calculate area
35 double Circle3::Area()
36 {
37    return Math::PI * Math::Pow( radius, 2 );
38 }
39
40 // return string representation of Circle3
41 String *Circle3::ToString()
42 {
43    return String::Concat( S"Center = [", x.ToString(),
44       S", ", y.ToString(), S"]; Radius = ", radius.ToString() );
45 }
```

圖 9.15　Circle3 類別的方法定義。

軟體工程的觀點 9.5

使用 protected 存取指定詞的最適當時機，就是基本類別應該只提供衍生類別服務的時候 (也就是，基本類別不應該提供服務給其他的客戶)。

軟體工程的觀點 9.6

宣告基本類別的資料成員為 private (相對於宣告為 protected) 讓程式設計師改變基本類別實作內容後，可以不需要改變衍生類別的實作內容。

避免錯誤的小技巧 9.1

若可能的話，避免將 protected 資料放入基本類別，而是將可以存取 private 資料的非 private 屬性和方法放入基本類別，以確定物件維持穩定的狀態。

```
1   // Fig. 9.16: CircleTest3.cpp
2   // Testing class Circle3.
3
4   #include "stdafx.h"
5   #include "Circle3.h"
6
7   #using <mscorlib.dll>
8   #using <system.windows.forms.dll>
9
10  using namespace System;
11  using namespace System::Windows::Forms;
12
13  int _tmain()
14  {
15     // instantiate Circle3
16     Circle3 *circle = new Circle3( 37, 43, 2.5 );
17
18     // get Circle3's initial x-y coordinates and radius
19     String *output = String::Concat( S"X coordinate is ",
20        circle->X.ToString(), S"\nY coordinate is ",
21        circle->Y.ToString(), S"\nRadius is ",
22        circle->Radius.ToString() );
23
24     // set Circle3's x-y coordinates and radius to new values
25     circle->X = 2;
26     circle->Y = 2;
27     circle->Radius = 4.25;
28
29     // display Circle3's string representation
30     output = String::Concat( output, S"\n\n",
31        S"The new location and radius of circle are\n",
32        circle, S"\n" );
33
34     // display diameter
```

圖 9.16　CircleTest3 說明類別 Circle3 的功能 (第 2 之 1 部分)。

```
35       output = String::Concat( output, S"Diameter is ",
36          circle->Diameter().ToString( S"F" ), S"\n" );
37
38       // display circumference
39       output = String::Concat( output, S"Circumference is ",
40          circle->Circumference().ToString( S"F" ), S"\n" );
41
42       // display area
43       output = String::Concat( output, S"Area is ",
44          circle->Area().ToString( S"F" ) );
45
46       MessageBox::Show( output, S"Demonstrating Class Circle3" );
47
48       return 0;
49    } // end _tmain
```

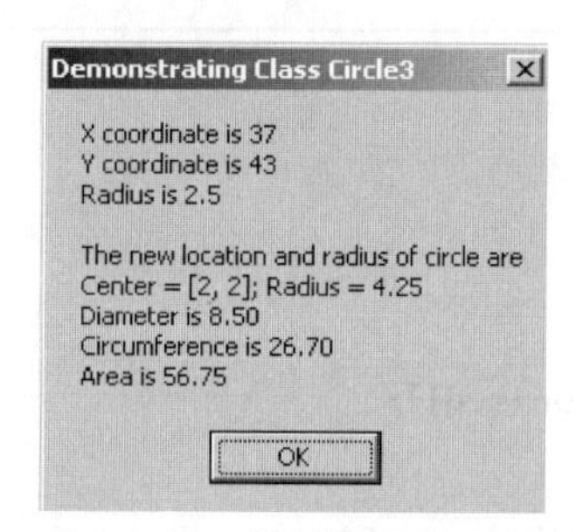

圖 9.16 CircleTest3 說明類別 Circle3 的功能 (第 2 之 2 部分)。

使用 private 資料建立的 Point-Circle 階層

我們再一次檢視我們的點－圓階層例子；這次，我們嘗試利用最好的軟體工程技術。我們利用 **Point3** (圖 9.17 及圖 9.18)，宣告變數 **x** 和 **y** 爲 **private**，而且利用 **ToString** 方法的屬性來存取這些數值。我們示範衍生類別 **Circle4** (圖 9.19 及圖 9.20) 如何呼叫基本類別的非 **private** 方法和屬性來操作這些變數。驅動程式 (圖 9.21) 會執行這個應用程式。

軟體工程的觀點 9.7

若可能的話，盡量利用屬性來改變和取得成員變數的數值，即使那些數值可以直接修改。屬性的 set 方法可以避免將不適當的數值指定給成員變數，屬性的 get 方法可以幫助控制資料顯示給客戶的形式。

增進效能的小技巧 9.1

使用屬性來存取變數的值會比直接存取變數稍慢。然而，嘗試利用直接參考資料的方式將程式最佳化，通常是沒有必要的，因為編譯器會隱含地將程式最佳化。今天所謂的「最佳化編譯器」經過仔細設計，以便隱含地執行許多最佳化的動作，即使程式設計師所寫程式並不是最佳化的程式碼也無所謂。好的原則就是「不要去揣測編譯器的行為」。

```
1  // Fig. 9.17: Point3.h
2  // Point3 class represents an x-y coordinate pair.
3
4  #pragma once
5
6  #using <mscorlib.dll>
7
8  using namespace System;
9
10 public __gc class Point3
11 {
12 public:
13    Point3();             // default constructor
14    Point3( int, int );   // constructor
15
16    // property X
17    __property int get_X()
18    {
19       return x;
20    }
21
22    __property void set_X( int value )
23    {
24       x = value;
25    }
26
27    // property Y
28    __property int get_Y()
29    {
30       return y;
31    }
32
33    __property void set_Y( int value )
34    {
35       y = value;
36    }
37
38    // return string representation of Point3
39    String *ToString();
40
41 private:
42    int x, y;             // point coordinate
43 }; // end class Point3
```

圖 9.17　Point3 類別使用屬性來操作 private 資料。

這個例子的目的，是要說明如何明確地和隱含地呼叫基本類別的建構式，因此我們加入第二個建構式，以便明確地呼叫基本類別的建構式。第 14-18 行 (圖 9.20) 宣告 Circle4 建構式，此建構式會明確地呼叫第二個 **Point3** 建構式 (圖 9.20 的第 5 行)。在這種情況下，**xValue** 和 **yValue** 會用來初始化基本類別的 **private** 成員 **x** 和 **y**。冒號 **(:)** 後面接著類別名稱就可明確地呼叫基本類別的建構式。藉著這項呼叫，我們可以將基本類別的 **x** 和 **y** 初始化成特定的數值，而不是初始化成 0。

Circle4 類別的 **ToString** 方法 (圖 9.20 的第 39-44 行) 改寫 **Point3** 類別的 **ToString** 方法 (圖 9.18 的第 22-26 行)。**Circle4** 類別的 **ToString** 方法藉著呼叫基本類別的 **ToString** 方法 (此處，就是指 **Point3** 的 **ToString** 方法)，顯示 **Point3** 類別的 **private** 變數 **x** 和 **y**。這個呼叫是利用圖 9.20 第 42 行中的運算式 **__super::ToString( )** 進行 (我們不久會討論到)，然後將 **x** 和 **y** 的數值變成 **Circle4** 的部份字串表示。在方法名稱前面加上 **__super** 和範圍解析運算子，指出應該呼叫基本類別的方法。使用下述的方式是一個良好的軟體工程實例：**Point3** 類別的 **ToString** 方法可以執行一部份我們本來想要 **Circle4** 類別的 **ToString** 方法去執行的工作。因此，我們從 **Circle4** 類別的 **ToString** 來呼叫 **Point3** 的 **ToString** 方法，就不需要複製程式碼。請注意，運算式 **__super::ToString( )** 等於 **Point3::ToString( )**。然而，我們在圖 9.20 的第 15 行中並沒有使用關鍵字 **__super**，反而明確地指出類別 **Point3**。這是因為關鍵字 **__super** 只可以在方法的本體中出現。

軟體工程的觀點 9.8

雖然可以改寫 ToString 方法去執行任何的行動，根據 .NET 社群的共識，ToString 方法的改寫應該是用來取得物件的字串表示。

```
1  // Fig. 9.18: Point3.cpp
2  // Method definitions for class Point3.
3
4  #include "stdafx.h"
5  #include "Point3.h"
6
7  // default constructor
8  Point3::Point3()
9  {
10    // implicit call to Object constructor occurs here
11 }
12
13 // constructor
14 Point3::Point3( int xValue, int yValue )
15 {
16    // implicit call to Object constructor occurs here
17    x = xValue;            // use property X
18    y = yValue;            // use property Y
19 }
20
21 // return string representation of Point3
22 String *Point3::ToString()
23 {
24    return String::Concat( S"[", X.ToString(), S", ",
25       Y.ToString(), S"]" );
26 }
```

圖 9.18 Point3 類別的方法定義。

```
1  // Fig. 9.19: Circle4.h
2  // Circle4 class that inherits from class Point3.
3
4  #pragma once
5
6  #include "Point3.h"
7
8  // Circle4 class definition inherits from Point3
9  public __gc class Circle4 : public Point3
10 {
11 public:
12    Circle4();                    // default constructor
13    Circle4( int, int, double );  // constructor
14
15    // property Radius
16    __property double get_Radius()
17    {
18       return radius;
19    }
20
21    __property void set_Radius( double value )
22    {
23       if ( value >= 0 )          // validation needed
24          radius = value;
25    }
26
27    double Diameter();          // calculate diameter
28    double Circumference();     // calculate circumference
29    double Area();              // calculate area
30
31    // return string representation of Circle4
32    String *ToString();
33
34 private:
35    double radius;
36 }; // end class Circle4
```

圖 9.19　Circle4 類別繼承自類別 Point3，而類別 Point3 並未提供 protected 資料。

常見的程式設計錯誤 9.2

在衍生類別中改寫了基本類別的方法時，通常會讓衍生類別的方法去呼叫基本類別的方法，以便執行一些額外的工作。當參考基本類別的方法時，沒有使用 ***_super*** *關鍵字加上二元解析運算子* ***(::)*** *，就會造成無窮迴圈，因為使用方法的名稱會導致衍生類別的方法呼叫它自己本身。*

CircleTest4 (圖 9.21) 對 **Circle4** 類別 (圖 9.19 及圖 9.20) 所做的測試，與 **CircleTest** 類別 (圖 9.9) 和 **CircleTest3** 類別 (圖 9.16) 所做測試相同。 注意這三個例子的輸出也是相同的。雖然每個 **circle** 的類別有相同的操作，**Circle4** 類別使用最好的軟體工程。我們使用繼承，有效率地建構起一個設計良好的類別。

```
1   // Fig. 9.20: Circle4.cpp
2   // Method definitions for class Circle4.
3
4   #include "stdafx.h"
5   #include "Circle4.h"
6
7   // default constructor
8   Circle4::Circle4()
9   {
10     // implicit call to Point3 constructor occurs here
11  }
12
13  // constructor
14  Circle4::Circle4( int xValue, int yValue, double radiusValue )
15     : Point3( xValue, yValue )
16  {
17     Radius = radiusValue;
18  }
19
20  // calculate diameter
21  double Circle4::Diameter()
22  {
23     return Radius * 2;   // use property Radius
24  }
25
26  // calculate circumference
27  double Circle4::Circumference()
28  {
29     return Math::PI * Diameter();
30  }
31
32  // calculate area
33  double Circle4::Area()
34  {
35     return Math::PI * Math::Pow( Radius, 2 ); // user property
36  }
37
38  // return string representation of Circle4
39  String *Circle4::ToString()
40  {
41     // return Point3 string representation
42     return String::Concat( S"Center= ", __super::ToString(),
43        S"; Radius = ", Radius.ToString() ); //use propert  Radius
44  }
```

圖 9.20　Circle4 類別的方法定義。

9.5　範例：三層的繼承階層

讓我們有另一個內容更豐富的繼承例子，包括一個三層的點到圓到圓柱體的階層。在第 9.4 節中，我們發展了類別 **Point3** (圖 9.17 及圖 9.18) 和 **Circle4** (圖 9.19 及圖 9.20)。現在，我們再提出一個範例，並從 **Circle4** 類別衍生出一個新類別 **Cylinder**。

```
1  // Fig. 9.21: CircleTest4.cpp
2  // Testing class Circle4.
3
4  #include "stdafx.h"
5  #include "Circle4.h"
6
7  #using <mscorlib.dll>
8  #using <system.windows.forms.dll>
9
10 using namespace System;
11 using namespace System::Windows::Forms;
12
13 int _tmain()
14 {
15    // instantiate Circle4
16    Circle4 *circle = new Circle4( 37, 43, 2.5 );
17
18    // get Circle4's initial x-y coordinates and radius
19    String *output = String::Concat( S"X coordinate is ",
20       circle->X.ToString(), S"\nY coordinate is ",
21       circle->Y.ToString(), S"\nRadius is ",
22       circle->Radius.ToString() );
23
24    // set Circle4's x-y coordinates and radius to new values
25    circle->X = 2;
26    circle->Y = 2;
27    circle->Radius = 4.25;
28
29    // display Circle4's string representation
30    output = String::Concat( output, S"\n\n",
31       S"The new location and radius of circle are\n",
32       circle, S"\n" );
33
34    // display diameter
35    output = String::Concat( output, S"Diameter is ",
36       circle->Diameter().ToString( S"F" ), S"\n" );
37
38    // display circumference
39    output = String::Concat( output, S"Circumference is ",
40       circle->Circumference().ToString( S"F" ), S"\n" );
41
42    // display area
43    output = String::Concat( output, S"Area is ",
44       circle->Area().ToString( S"F" ) );
45
46    MessageBox::Show( output, S"Demonstrating Class Circle4" );
47
48    return 0;
49 } // end _tmain
```

圖 9.21　CircleTest4 說明類別 Circle4 的功能。(第 2 之 1 部分)

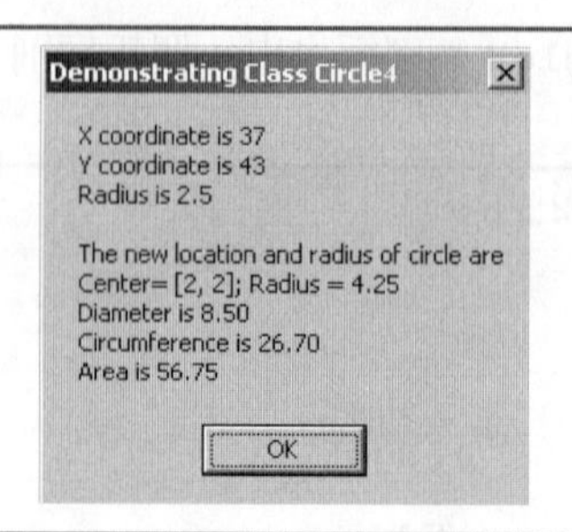

圖 9.21 CircleTest4 說明類別 Circle4 的功能。(第 2 之 2 部分)

在我們的例子中使用的第一個類別是 **Point3** 類別 (圖 9.17 及圖 9.18)。我們宣告 **Point3** 的資料成員爲 **private**。**Point3** 類別也包含屬性 **X** 和 **Y**，以便能夠存取 **x** 和 **y**，也包含 **ToString** 方法 (是 **Point3** 從 **Object** 類別改寫的方法)，用來取得 $x-y$ 座標數對的字串表示。

我們也建立了 **Circle4** 類別 (圖 9.19 及圖 9.20)，繼承 **Point3** 類別。除此之外，**Circle4** 提供屬性 **Radius** (確定半徑 **radius** 資料成員不會有負數的值) 和方法 **Diameter**、**Circumference**、**Area** 和 **ToString**。

圖 9.22 及圖 9.23 顯示 **Cylinder** 類別，這個類別繼承 **Circle4** 類別 (圖 9.22 的第 9 行)。**Cylinder** 類別的 **public** 服務包括繼承自 **Circle4** 的 **Diameter**、**Circumference**、**Area** 和 **ToString** 等方法，繼承自 **Circle4** 的屬性 **Radius**，間接繼承自 **Point3** 的屬性 **X** 和 **Y** 以及 **Cylinder** 的建構式、屬性 **Height** 和方法 **Volume**。

圖 9.23 顯示 **Cylinder** 類別的方法定義。**Area** 方法 (第 21-24 行) 重新定義類別 **Circle4** 的 **Area** 方法，以便計算表面積的大小。**ToString** 方法 (圖 9.23 的第 33-37 行) 可以取得 **Cylinder** 的字串表示。**Cylinder** 類別也包括 **Volume** 方法 (圖 9.23 的第 27-30 行)，用來計算圓柱體的體積。

CylinderTest (圖 9.24) 測試 **Cylinder** 類別。第 16 行產生 **Cylinder** 類別的物件。因爲 **CylinderTest** 不能夠直接參考 **Cylinder** 類別的 **private** 資料，第 19-23 行使用屬性 **X**、**Y**、**Radius** 和 **Height**，取得關於 **Cylinder** 物件的資訊。第 26-29 行使用屬性 **X**、**Y**、**Radius** 和 **Height**，重新設定 **Cylinder** 的 $x-y$ 坐標 (我們假定圓柱體的 $x-y$ 坐標指出它在 $x-y$ 平面上的位置)、半徑和高度。因爲 **Cylinder** 類別間接繼承自 **Point3** 類別，所以 **Cylinder** 類別可以使用 **Point3** 類別的 **X** 和 **Y** 屬性，**Cylinder** 類別直接從 **Circle4** 類別繼承屬性 **X** 和 **Y**，而 **Circle4** 類別直接從 **Point3** 類別繼承。第 33 行隱含地呼叫 **ToString** 方法，取得 **Cylinder** 物件的字串表示。第 36-41 行呼叫 **Diameter** 和 **Circumference** 等方法，這些方法是從 **Circle4** 繼承來的。第 44-49 行呼叫 **Area** 和 **Volume** 等方法。**Cylinder** 類別重新定義 **Area** 方法，因此在第 45 行中呼叫 **Cylinder** 類別版本的 **Area** 方法。

```
1   // Fig. 9.22: Cylinder.h
2   // Cylinder class that inherits from class Circle4.
3
4   #pragma once
5
6   #include "Circle4.h"
7
8   // Cylinder class definition inherits from Circle4
9   public __gc class Cylinder : public Circle4
10  {
11  public:
12     Cylinder();                               // default constructor
13     Cylinder( int, int, double, double );     // constructor
14
15     // property Height
16     __property double get_Height()
17     {
18        return height;
19     }
20
21     __property void set_Height( double value )
22     {
23        if ( value >= 0 )        // validate height
24           height = value;
25     }
26
27     // override Circle4 method Area to calculate Cylinder Area
28     double Area();              // calculate area
29     double Volume();            // calculate volume
30     String *ToString();         // convert Cylinder to string
31
32  private:
33     double height;
34  }; // end class Cylinder
```

圖 9.22　Cylinder 類別繼承自類別 Circle4 和改寫方法 Area。

```
1   // Fig. 9.23: Cylinder.cpp
2   // Method definitions for class Cylinder.
3
4   #include "stdafx.h"
5   #include "Cylinder.h"
6
7   // default constructor
8   Cylinder::Cylinder()
9   {
10     // implicit call to Circle4 constructor occurs here
11  }
12
13  // constructor
14  Cylinder::Cylinder( int xValue, int yValue, double radiusValue,
15     double heightValue ) : Circle4( xValue, yValue, radiusValue )
```

圖 9.23　Cylinder 類別的方法定義 (第 2 之 1 部分)。

```
16  {
17     height = heightValue;
18  }
19
20  // override Circle4 method Area to calculate Cylinder Area
21  double Cylinder::Area()
22  {
23     return 2 * __super::Area() + __super::Circumference() * Height;
24  }
25
26  // calculate volume
27  double Cylinder::Volume()
28  {
29     return __super::Area() * Height;
30  }
31
32  // convert Cylinder to string
33  String *Cylinder::ToString()
34  {
35     return String::Concat( __super::ToString(),
36        S"; Height = ", Height.ToString() );
37  }
```

圖 9.23　Cylinder 類別的方法定義 (第 2 之 2 部分)。

```
 1  // Fig. 9.24: CylinderTest.cpp
 2  // Tests class Cylinder.
 3
 4  #include "stdafx.h"
 5  #include "Cylinder.h"
 6
 7  #using <mscorlib.dll>
 8  #using <system.windows.forms.dll>
 9
10  using namespace System;
11  using namespace System::Windows::Forms;
12
13  int _tmain()
14  {
15     // instantiate object of class Cylinder
16     Cylinder *cylinder = new Cylinder( 12, 23, 2.5, 5.7 );
17
18     // properties get initial x-y coordinates, radius and height
19     String *output = String::Concat( S"X coordinate is ",
20        cylinder->X.ToString(), S"\nY coordinate is ",
21        cylinder->Y.ToString(), S"\nRadius is ",
22        cylinder->Radius.ToString(), S"\nHeight is ",
23        cylinder->Height.ToString() );
24
25     // properties set new x-y coordinate, radius and height
26     cylinder->X = 2;
```

圖 9.24　CylinderTest 說明類別 Cylinder 的功能 (第 2 之 1 部分)。

```
27      cylinder->Y = 2;
28      cylinder->Radius = 4.25;
29      cylinder->Height = 10;
30
31      // get new x-y coordinate and radius
32      output = String::Concat( output, S"\n\nThe new location, ",
33         S"radius and height of cylinder are\n", cylinder, S"\n\n" );
34
35      // display diameter
36      output = String::Concat( output, S"Diameter is ",
37         cylinder->Diameter().ToString( S"F" ), S"\n" );
38
39      // display circumference
40      output = String::Concat( output, S"Circumference is ",
41         cylinder->Circumference().ToString( S"F" ), S"\n" );
42
43      // display area
44      output = String::Concat ( output, S"Area is ",
45         cylinder->Area().ToString( S"F" ), S"\n" );
46
47      // display volume
48      output = String::Concat( output, S"Volume is ",
49         cylinder->Volume().ToString( S"F" ) );
50
51      MessageBox::Show( output, S"Demonstrating Class Cylinder" );
52
53      return 0;
54   } // end _tmain
```

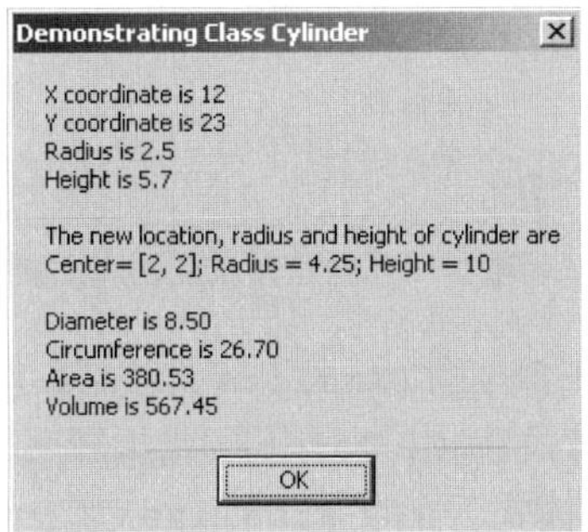

圖 9.24　CylinderTest 說明類別 Cylinder 的功能 (第 2 之 2 部分)。

我們已經使用點到圓到圓柱體的例子，說明繼承的用法和優點。如果使用繼承的方式，比從頭開始寫這些程式碼，會更快的發展出類別 **Circle4** 和 **Cylinder**。繼承可以避免重複的程式碼和伴隨的程式碼維護問題。

9.6　衍生類別的建構式和解構式

如同我們在前一節的說明，要產生一個衍生類別物件，就要進行一連串的建構式呼叫。衍生類別的建構式會在開始執行它自己的工作之前，先明確地或隱含地呼叫基本類別的建構式。

類似地，如果基本類別也是從另一個類別衍生出來，基本類別建構式就必須呼叫上一個階層類別的建構式，如此重複下去。在一連串被呼叫的建構式中，最後一個就是 **Object** 類別的建構式，實際上這個建構式的本體會最先執行結束，而原來的衍生類別建構式的本體則是最後執行結束的建構式。每個基本類別建構式都會初始化一些資料成員，而這些成員則會由衍生類別物件繼承。舉例來說，讓我們考慮 **Point3/Circle4** 階層。當程式建立 **Circle4** 物件的時候，就會呼叫 **Circle4** 的建構式之一。那個建構式就會呼叫 **Point3** 類別的建構式，依次最後會呼叫到 **Object** 類別的建構式。當 **Object** 類別的建構式執行完畢的時候，它會將控制權傳回 **Point3** 類別的建構式，這個建構式會初始化 **Circle4** 物件的 *x*-*y* 坐標。當 **Point3** 類別的建構式執行完畢的時候，它會將控制權傳回 **Circle4** 類別的建構式，這個建構式會初始化 **Circle4** 物件的半徑。

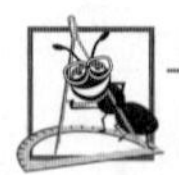

軟體工程的觀點 9.9

當程式建立衍生類別物件的時候，衍生類別的建構式立刻呼叫基本類別建構式，接著執行基本類別建構式的本體，然後再執行衍生類別建構式的本體。

當廢棄記憶體回收器把衍生類別物件從記憶體移除的時候，就會呼叫該物件的解構式。於是開始一連串的解構式呼叫，衍生類別解構式、直接和間接基本類別的解構式則是按照建構式的相反順序執行。在廢棄記憶體回收器收回該物件的記憶體之前，解構式應該釋放該物件所獲得的所有資源。當廢棄記憶體回收器呼叫某個衍生類別物件解構式的時候，解構式執行它的工作，然後呼叫基本類別的解構式。這個程序會重複進行，直到呼叫 **Object** 類別的解構式爲止。

軟體工程的觀點 9.10

解構式就像建構式一樣無法被繼承，它們是特別配合所定義的類別而設。

MC++實際上是利用 **Object** 類別的 ***Finalize*** 方法 (這是每個 **__gc** 類別都會繼承的八個方法之一)，來實作類別的解構式 (例如 **~Point**)。當編譯某個包含解構式類別的時候，編譯器會將該解構式解譯爲執行解構式工作的 **Finalize** 方法，然後當執行到衍生類別 **Finalize** 方法的最後一行敘述式時，呼叫基本類別 **Finalize** 方法。如同在第 8 章中所提到，我們無法確定何時會執行解構式，因爲我們無法確定廢棄記憶體回收何時會進行。然而，藉著定義解構式，可以在廢棄記憶體回收器移除記憶體中的物件之前執行指定的程式碼。

我們的下個例子，藉著定義 **Point4** 類別 (圖 9.25 及圖 9.26) 和 **Circle5** 類別 (圖 9.27 及圖 9.28) 所包含的建構式和解構式，再次討論點到圓的階層，這些建構式和解構式會在執行時列印出訊息，我們利用這些訊息說明何時會呼叫建構式和解構式。

Point4 類別 (圖 9.25 及圖 9.26) 包含的功能顯示在圖 9.4 和圖 9.5。我們修改建構式 (圖 9.26 的第 8-21 行)，當呼叫這些建構式時就會輸出一行文字。然後加入一個解構式 (第 24-27 行)，當呼叫此解構式時會輸出一行文字。在每個輸出敘述式 (第 11、20 和 26 行) 將 **this** 指標加入輸出字串。這會隱含地呼叫類別的 **ToString** 方法，取得 **Point4** 物件座標的字串表示。

```
1   // Fig. 9.25: Point4.h
2   // Point4 class represents an x-y coordinate pair.
3
4   #pragma once
5
6   #using <mscorlib.dll>
7
8   using namespace System;
9
10  // Point4 class definition
11  public __gc class Point4
12  {
13  public:
14     Point4();                     // default constructor
15     Point4( int, int );           // constructor
16     ~Point4();                    // destructor
17
18     // property X
19     __property int get_X()
20     {
21        return x;
22     }
23
24     __property void set_X( int value )
25     {
26        x = value;
27     }
28
29     // property Y
30     __property int get_Y()
31     {
32        return y;
33     }
34
35     __property void set_Y( int value )
36     {
37        y = value;
38     }
39
40     // return string representation of Point4
41     String *ToString();
42
43  private:
44     int x, y;                     // point coordinate
45  }; // end class Point4
```

圖 9.25　Point4 基本類別包含建構式和解構式。

```
 1  // Fig. 9.26: Point4.cpp
 2  // Method definitions for class Point4.
 3
 4  #include "stdafx.h"
 5  #include "Point4.h"
 6
 7  // default constructor
 8  Point4::Point4()
 9  {
10     // implicit call to Object constructor occurs here
11     Console::WriteLine( S"Point4 constructor: {0}", this );
12  }
13
14  // constructor
15  Point4::Point4( int xValue, int yValue )
16  {
17     // implicit call to Object constructor occurs here
18     x = xValue;
19     y = yValue;
20     Console::WriteLine( S"Point4 constructor: {0}", this );
21  }
22
23  // destructor
24  Point4::~Point4()
25  {
26     Console::WriteLine( S"Point4 destructor: {0}", this );
27  }
28
29  // return string representation of Point4
30  String *Point4::ToString()
31  {
32     return String::Concat( S"[", x.ToString(), S", ", y.ToString(), S"]" );
33  }
```

圖 9.26　Point4 類別的方法定義。

Circle5 類別 (圖 9.27 及圖 9.28) 包含 **Circle4** 類別的功能 (圖 9.19 及圖 9.20)。我們修改兩個建構式 (圖 9.28 的第 8-20 行)，在呼叫它們的時候會輸出一行文字，並且加入一個解構式 (第 23-26 行)，在呼叫的時候輸出一行文字。在每個輸出敘述式 (第 11、19 和 25 行) 將 **this** 指標加入輸出字串。就會隱含地呼叫 **Circle5** 類別的 **ToString** 方法，取得 **Point5** 物件座標和半徑的字串表示。

圖 9.29 說明繼承階層中的類別呼叫建構式和解構式的順序。**_tmain** 函式 (第 12-30 行) 從產生 **Circle5** 類別的物件開始，然後將它指定給 **circle1** 指標 (第 17 行)。這個動作會呼叫 **Circle5** 建構式，而 **Circle5** 建構式則會立刻呼叫 **Point4** 建構式。然後，**Point4** 建構式會呼叫 **Object** 建構式。當 **Object** 建構式 (不會列印任何事物) 歸還控制權給 **Point4** 建構式的時候，**Point4** 建構式初始化 *x-y* 坐標，然後輸出一個字串指出呼叫了 **Point4** 建構式。輸出敘述是也會隱含地呼叫 **ToString** 方法 (使用指標 **this**)，取得正在建構物件的

字串表示。然後，控制權會回到 **Circle5** 建構式，初始化半徑後，呼叫 **ToString** 方法輸出 **Circle5** 的 x-y 坐標和半徑。

```
 1  // Fig. 9.27: Circle5.h
 2  // Circle5 class that inherits from class Point4.
 3
 4  #pragma once
 5
 6  #include "Point4.h"
 7
 8  // Circle5 class definition inherits from Point4
 9  public __gc class Circle5 : public Point4
10  {
11  public:
12     Circle5();                         // default constructor
13     Circle5( int, int, double );       // constructor
14     ~Circle5();   // destructor
15
16     // property Radius
17     __property double get_Radius()
18     {
19        return radius;
20     }
21
22     __property void set_Radius( double value )
23     {
24        if ( value >= 0 )
25           radius = value;
26     }
27
28     double Diameter();                 // calculate diameter
29     double Circumference();            // calculate circumference
30     double Area();                     // calculate area
31
32     // return string representation of Circle5
33     String *ToString();
34
35  private:
36     double radius;
37  }; // end class Circle5
```

圖 9.27　Circle5 類別繼承自類別 Point4 以及宣告一個解構式。

```
1  // Fig. 9.28: Circle5.cpp
2  // Method definitions for class Circle5.
3
4  #include "stdafx.h"
5  #include "Circle5.h"
6
7  // default constructor
8  Circle5::Circle5()
```

圖 9.28　Circle5 類別的方法定義 (第 2 之 1 部分)。

```
 9  {
10     // implicit call to Point4 constructor occurs here
11     Console::WriteLine( S"Circle5 constructor: {0}", this );
12  }
13
14  // constructor
15  Circle5::Circle5( int xValue, int yValue, double radiusValue )
16     : Point4( xValue, yValue )
17  {
18     Radius = radiusValue;
19     Console::WriteLine( S"Circle5 constructor: {0}", this );
20  }
21
22  // destructor
23  Circle5::~Circle5()
24  {
25     Console::WriteLine( S"Circle5 destructor: {0}", this );
26  }
27
28  // calculate diameter
29  double Circle5::Diameter()
30  {
31     return Radius * 2;
32  }
33
34  // calculate circumference
35  double Circle5::Circumference()
36  {
37     return Math::PI * Diameter();
38  }
39
40  // calculate area
41  double Circle5::Area()
42  {
43     return Math::PI * Math::Pow( Radius, 2 );
44  }
45
46  // return string representation of Circle5
47  String *Circle5::ToString()
48  {
49     // return Point4 string
50     return String::Concat( S"Center = ", __super::ToString(),
51        S"; Radius = ", Radius.ToString() );
52  }
```

圖 9.28 Circle5 類別的方法定義 (第 2 之 2 部分)。

注意這個程式輸出的前二行爲 **Circle5** 物件 **circle1** 的半徑值和 *x*-*y* 坐標。當建構 **Circle5** 物件的時候，在 **Circle5** 和 **Point4** 建構式本體中所使用的 **this** 指標，都是指向正在建構的 **Circle5** 物件。當程式呼叫某個物件的 **ToString** 方法的時候，執行的 **To-String** 都是定義在該物件類別中的版本。指標 **this** 指向目前正在建構的 **Circle5** 物件，因此即使是從類別 **Point4** 的建構式本體呼叫 **ToString**，執行的仍然是 **Circle5** 的 **To-**

String 方法。【請注意：如果呼叫 **Point4** 建構式來初始化的物件，實際上是一個新的 **Point4** 物件，就不會如此進行。】當 **Point4** 建構式呼叫的 **ToString** 方法是屬於正在建構 **Circle5** 物件的時候，程式會顯示 **radius** 的數值爲 0，這是因爲 **Circle5** 建構式本體尚未初始化 **radius**。請記得該 0.0 (顯示爲 0) 是 **double** 變數的預設値。輸出的第二行顯示出適當的 **radius** 的値 (4.5)，因爲該行是在 **radius** 設定初値之後才輸出。

```
1  // Fig. 9.29: ConstructorAndDestructor.cpp
2  // Display order in which base-class and derived-class
3  // constructors and destructors are called.
4
5  #include "stdafx.h"
6  #include "Circle5.h"
7
8  #using <mscorlib.dll>
9
10 using namespace System;
11
12 int _tmain()
13 {
14    Circle5 *circle1, *circle2;
15
16    // instantiate Circle5 objects
17    circle1 = new Circle5( 72, 29, 4.5 );
18    circle2 = new Circle5( 5, 5, 10 );
19
20    Console::WriteLine();
21
22    // mark objects for garbage collection
23    circle1 = 0;
24    circle2 = 0;
25
26    // inform garbage collector to execute
27    GC::Collect();
28
29    return 0;
30 } // end _tmain
```

```
Point4 constructor: Center = [72, 29]; Radius = 0
Circle5 constructor: Center = [72, 29]; Radius = 4.5
Point4 constructor: Center = [5, 5]; Radius = 0
Circle5 constructor: Center = [5, 5]; Radius = 10

Circle5 destructor: Center = [5, 5]; Radius = 10
Point4 destructor: Center = [5, 5]; Radius = 10
Circle5 destructor: Center = [72, 29]; Radius = 4.5
Point4 destructor: Center = [72, 29]; Radius = 4.5
```

圖 9.29　建構式和解構式的呼叫順序。

圖 9.29 的第 18 行產生 **Circle5** 類別的另一個物件，然後將它指定給指標 **circle2**。再次開始一連串的建構式呼叫，其中有 **Circle5** 建構式、**Point4** 建構式和 **Object** 建構式。在輸出中請注意，**Point4** 建構式的本體是在 **Circle5** 建構式的本體之前執行。這說明了物件是以「由內往外」順序建構 (也就是，最先呼叫基本類別的建構式)。

第 23-24 行將指標 **circle1** 和 **circle2** 設定為 **0**。這會移除程式中唯一指向這些 **Circle5** 物件的指標。因此，廢棄記憶體回收器就可以釋放這些物件佔用的記憶體。請記得，我們不能夠保證何時會執行廢棄記憶體回收器，也不能保證廢棄記憶體回收器在執行的時候，會回收所有的廢棄物件。為了要說明如何呼叫二個 **Circle5** 物件的解構式，第 27 行呼叫類別 **GC** 的 **Collect** 方法，要求執行廢棄記憶體回收器。請注意每一個 **Circle5** 物件的解構式在呼叫 **Point4** 類別的解構式之前，會輸出訊息。物件則是以「由外向內」的順序清除 (也就是，在呼叫基本類別解構式之前，先執行衍生類別解構式)。

9.7 運用繼承的軟體工程

在這一節中，我們討論了如何使用繼承來針對現有的軟體客製化。當我們利用繼承，從現有的類別建立一個新類別的時候，新類別繼承資料成員、屬性和現有類別的方法。我們可以針對需求設計新類別，可以加入額外的資料成員、屬性和方法，以及改寫基本類別的成員。

有時很難讓讀者了解程式設計師在實際大型軟體專案中，所面對的廣泛問題。經歷過這樣專案的人會說有效的軟體重複使用，可以加速軟體開發的過程。物件導向程式設計促進軟體重複使用，也縮短開發的時間。

Visual C++ .NET 提供.NET Framework 類別庫 (FCL) 鼓勵軟體的重複使用，透過繼承呈現軟體重複使用的最大優點。隨著大家對.NET 興趣的增加，對於 FCL 類別庫的興趣也增加起來。針對各式各樣的應用程式，FCL 類別庫的持續進步有其重要性。FCL 會隨著.NET 的成熟而增長。

軟體工程的觀點 9.11

在物件導向的系統設計階段，設計師通常會決定某些類別彼此關係密切。設計師應該「整理出」通用的屬性和行為，將這些放在基本類別，然後利用繼承產生衍生類別，在它們從基本類別繼承過來的功能之外，再加入一些其他的功能。

軟體工程的觀點 9.12

建立衍生類別並不會影響到基本類別的程式碼。繼承會保持基本類別的完整性。

軟體工程的觀點 9.13

就像非物件導向系統的設計師必須避免方法的累積，物件導向系統的設計師要避免類別的累積。因為類別的累積會產生管理問題，而且也會阻礙軟體的重複使用，這會讓客戶很難找出最適當的類別使用。替代的方案就是建立較少的類別，而每個類別提供更多的基本功能，但是這樣的話，類別又可能提供太多的功能了。

增進效能的小技巧 9.2

如果經由繼承所產生的類別超過所需要的功能，可能就會浪費記憶體和資源。儘量從那些「最符合」需要的類別，繼承你所需要的功能。

請注意，閱讀衍生類別的宣告有時會產生混淆，因爲所繼承過來的成員並沒有明白的顯示在衍生類別中，但是它們確實在衍生類別中出現。當在說明衍生類別成員的時候，類似的問題一樣存在。

在這一章，我們介紹了繼承，就是吸收現有類別的資料成員和行爲，加上所需要的新功能，成爲新的類別。在第 10 章中，我們繼續討論與繼承有關的「*多型*」(*polymorphism*)，就是一種物件導向的技術，讓我們能夠編寫程式，以更一般的方法來處理各式各樣有著繼承關係的類別。在學習完第 10 章之後，你將熟悉封裝、繼承和多型，這些是物件導向程式設計最重要的知識。

摘　要

- 「是一個」關係就是指繼承。在「是一個」關係中，衍生類別的物件也可視爲基本類別的物件。
- 「有一個」關係就是指複合。在「有一個」關係中，類別物件可以包含其他類別一個或多個物件，或者把指向其他類別物件的指標當作成員。
- 繼承關係看來很像樹狀的階層式結構。類別和它的衍生類別共同形成階層關係。
- *直接基本類別* (*direct base class*) 是衍生類別 (利用冒號) 所明確繼承的基本類別。間接基本類別 (indirect base class) 就是繼承自*類別階層* (*class hierarchy*) 高二層或更多層的基本類別。
- 單一繼承 (single inheritance) 是指衍生類別只繼承自一個基本類別。 Visual C++ .NET 並不支援 managed 類別的多重繼承。
- 衍生類別可以加入屬於它自己的資料成員、屬性和方法，因此衍生類別通常會比它的基本類別大。
- 衍生類別會比它的基本類別要求更多，因此代表較少的一群物件。
- 衍生類別的每個物件也可視爲基本類別的物件。然而，基本類別物件就不是其衍生類別的物件。
- 可用類似的方式來處理基本類別的物件和衍生類別的物件；它們的共同點就是在基本類別的資料成員、屬性和方法。
- 衍生類別可以直接存取基本類別的 **`public`** 和 **`protected`** 成員。
- 衍生類別不可以直接存取基本類別的 **`private`** 成員。
- 只要利用一個指標指向基本類別的物件，或者它的衍生類別的物件，就可以在程式的任何地方存取基本類別的 **`public`** 成員。
- 基本類別的 **`private`** 成員只能夠在基本類別的主體內存取。
- **`protected`** 存取模式的保護程度，是介於 **`public`** 和 **`private`** 存取模式之間。基本類別的

protected 成員只有在基本類別或任何衍生類別中才可以存取。

- Visual C++ .NET 硬性規定限制存取 **private** 資料成員，即使是衍生類別也不能夠存取基本類別的 **private** 資料。
- 一般來說，當提供非 **private** 屬性來操作和執行資料的驗證檢查時，將資料宣告為 **private** 是一個良好的軟體工程習慣。
- 當基本類別的成員不適合衍生類別時，就可在衍生類別中將這些成員改寫 (重新定義) 成適當的實作內容。
- 衍生類別可以使用相同的方法結構來重新定義基本類別方法；這就是所謂的改寫基本類別方法。
- 當衍生類別改寫某個方法，而且某個衍生類別物件呼叫該方法的時候，就是在呼叫衍生類別的方法 (不是基本類別的方法)。
- 當產生某個衍生類別物件的時候，就會立刻呼叫基本類別的建構式 (不論是明確地或隱含地)，將衍生類別物件中任何有關基本類別資料成員進行必要初始化動作 (在初始化衍生類別資料成員之前)。
- 基本類別的建構式和解構式不可由衍生類別繼承。
- 軟體的重複使用可以節省程式開發的時間。
- 如果某個物件的方法或屬性可以執行另一個物件所需要的動作，呼叫該方法或屬性而不要複製它的程式碼。複製程式碼會產生程式碼維護的問題。

詞　彙

抽象化 (abstraction)
基本類別 (base class)
基本類別建構式 (base-class constructor)
基本類別預設建構式 (base-class default constructor)
基本類別解構式 (base-class destructor)
基本類別物件 (base-class object)
行為 (behavior)
類別階層 (class hierarchy)
類別庫 (class library)
冒號 (:) 表示繼承 (colon (:) to indicate inheritance)
複合 (composition)
建構式 (constructor)
預設建構式 (default constructor)
衍生類別 (derived class)
衍生類別建構式 (derived-class constructor)
解構式 (destructor)
直接基本類別 (direct base class)
Finalize 方法 (**Finalize** method)
廢棄記憶體回收器 (garbage collector)
「有一個」關係 (“has-a” relationship)
階層圖 (hierarchy diagram)
間接基本類別 (indirect base class)
資訊隱藏 (information hiding)
繼承 (inheritance)
繼承階層 (inheritance hierarchy)
「是一個」關係 (“is-a” relationship)
多重繼承 (multiple inheritance)
Object 類別 (**Object** class)
基本類別物件 (object of a base class)
衍生類別物件 (object of a derived class)
物件導向程式設計 (OOP) (object-oriented programming (OOP))
多載 (overloading)

改寫 (overriding)
改寫基本類別方法 (overriding a base-class method)
private 基本類別成員 (**private** base-class member)
protected 成員存取指定詞 (**protected** member access specifier)
protected 基本類別成員 (**protected** base-class member)
public 基本類別成員 (**public** base-class member)
可重複使用元件 (reusable component)
單一繼承 (single inheritance)
軟體的重複使用 (software reuse)
子類別 (subclass)
父類別 (superclass)

自我測驗

9.1 填充題：

a) ________ 就是軟體的「重複使用」，接收現有類別的屬性和行為，加上新的功能，就可產生出新類別。

b) 基本類別的 ________ 成員只有在基本類別或衍生類別中才可以存取。

c) 在 ________ 的關係中，衍生類別的物件也可視為基本類別的物件。

d) 在 ________ 的關係中，類別物件可以包含其他類別一個或多個物件的參考作為成員。

e) 類別和它的衍生類別共同形成 ________ 關係。

f) 只要利用一個參考指向基本類別的物件，或者它的衍生類別的物件，就可以在程式的任何地方存取基本類別的 ________ 成員。

g) 基本類別的 **protected** 存取模式的保護程度，是介於 **public** 和 ________ 存取模式之間。

h) 某個基本類別的**public**和**protected**成員可以利用衍生類別的 ________ 加以存取。

i) 當產生某個衍生類別物件的時候，就會明確地或隱含地呼叫基本類別的 ________，將衍生類別物件中任何有關基本類別資料成員進行必要初始化動作。

9.2 試判斷下列的敘述式是*真*或*偽*。若答案是偽，請說明理由。

a) 有可能以類似的方式處理基本類別物件和衍生類別物件。

b) 基本類別的建構式不可由衍生類別繼承。

c) 「有一個」的關係是透過繼承進行實作。

d) 衍生類別通常比它的基本類別更大。

e) 衍生類別不可以直接存取基本類別的 **private** 成員。

f) 衍生類別可以使用相同的方法結構來重新定義基本類別方法；這就是所謂的多載基本類別方法。

g) 某個 **Car** 類別和它的 **SteeringWheel** 以及 **Brakes** 有「是一個」的關係。

h) 繼承鼓勵重複使用經過驗證、高品質的軟體。

自我測驗解答

9.1 **a)** 繼承。**b)** `protected`。**c)**「是一個」或者繼承。**d)**「有一個」、複合或者聚合。**e)** 階層的。**f)** `public`。**g)** `private`。**h)** 成員的名稱。**i)** 建構式。

9.2 **a)** 眞。**b)** 眞。**c)** 僞。「有一個」的關係是透過複合進行實作。「有一個」的關係是透過繼承進行實作。**d)** 眞。**e)** 眞。**f)** 僞。衍生類別可以使用相同的方法結構來重新定義基本類別方法；這就是衍生類別改寫基本類別的方法。**g)** 僞。這是「有一個」關係的一個例子。類別 `Car` 和類別 `Vehicle` 有「是一個」關係。**h)** 眞。

習　題

9.3 很多利用繼承所寫的程式，也可以利用類別「複合」的方式改寫，反之亦然。請使用複合方式，重寫類別 `Point3`，`Circle4` 和 `Cylinder`，而不是使用繼承。在完成後，請評估上述有關 `Point3`、`Circle4` 和 `Cylinder` 問題兩種方式的優缺點，並順便討論此兩種方法對物件導向程式一般的效果如何。那一個方式比較自然，爲什麼？

9.4 某些程式設計師比較不喜歡使用 `protected` 存取模式，因爲這會破壞基本類別的封裝特性。試論在基本類別中使用 `protected` 存取和 `private` 存取的相對優缺點。

9.5 重寫第 9.5 節有關 `Point`、`Square`、`Cube` 程式的個案研究。以兩種方式完成，一個使用繼承，另一個使用複合方式。

9.6 試寫一個有關 `Quadrilateral`、`Trapezoid`、`Parallelogram`、`Rectangle` 和 `Square` 等類別的繼承階層。將 `Quadrilateral` 作爲階層的基本類別。階層的層數越多越好。`Quadrilateral` 類別的 `private` 資料成員必須包括 `Quadrilateral` 四個頂點的座標 (x, y) 數對。撰寫一個程式，能夠產生階層中每一個類別的物件，並且以「多型」的方式輸出每個物件的大小和面積。

9.7 修改類別 `Point3`、`Circle4` 和 `Cylinder`，加入解構式。然後修改圖 9.29 中的程式說明建構式和解構式在這一個階層中呼叫的順序。

9.8 寫下所有你想得到的圖形，平面和立體的都可以，並且將這些圖形組合成一個形狀階層。你的階層必須要有基本類別 `Shape`，以及衍生出來的兩個類別 `TwoDimensionalShape` 和 `ThreeDimensionalShape`。一旦你發展出階層架構，就定義出該階層的每一個類別。我們將在第 10 章的習題中使用這個階層，把所有的形狀當作基本類別 `Shape` 的物件處理。(這個技術就是所謂的多型)。

10

物件導向程式設計：多型

學習目標

- 瞭解多型的概念。
- 瞭解多型如何讓系統更有彈性和更容易維護
- 瞭解抽象類別與具象類別的區別
- 學習如何建構 `__sealed` 類別、介面和委派。

One Ring to rule them all, One Ring to find them, One Ring to bring them all and in the darkness bind them.

John Ronald Reuel Tolkien

General propositions do not decide concrete cases.

Oliver Wendell Holmes

A philosopher of imposing stature doesn' t think in a vacuum. Even his most abstract ideas are, to some extent, conditioned by what is or is not known in the time when he lives.

Alfred North Whitehead

本章綱要

10.1 簡介

前一章的物件導向程式設計 (OOP) 集中討論 OOP 的關鍵性技術「繼承」。在本章裡，我們將繼續討論物件導向程式設計，並且說明和示範「*多型*」(*polymorphism*) 的技術。繼承和多型是開發複雜軟體的決定性技術。多型讓我們寫出的程式能使用共通的方法處理各種相關類別，並且易於將新類別和功能加入某個系統。

使用多型，就可以設計和實作出更容易擴充的系統。程式可以用共通的方式，將類別階層中所有類別的物件當作共同基本類別的物件來處理。此外，只要這些新的類別屬於程式能夠用共通方式處理的繼承階層，則只需將程式的共通部分稍加修改或者根本不需修改，就能把新的類別加入程式。程式唯一需要改寫以便容納新類別的部分，就是需要與新加入階層的這個類別直接配合的程式部分。在這一章中，我們會說明二種重要的類別階層，而且示範以多型方式操作這些階層的物件。

10.2 將衍生類別物件轉換成基本類別物件

在第 9 章中，我們建立了一個「點到圓」的類別階層，**Circle** 類別是繼承自 **Point** 類別。程式都是利用指向 **Point** 物件的 **Point** 指標和指向 **Circle** 物件的 **Circle** 指標，來操作這些類別的物件。在這一節中，我們將討論階層中類別之間的關係，有了這重關係，程式便能將基本類別指標指向衍生類別的物件，這是程式以多型方式處理物件的基礎。這一節也將討論如何在類別階層中，進行資料型別之間的明確強制轉換。

衍生類別的物件也可以視為基本類別的物件，如此一來便能進行各種有意思的操作。舉例來說，程式可以建立基本類別指標的陣列，指向許多不同衍生類別的物件。儘管這些衍生類別物件事實上屬於不同的資料型別，但是這樣的操作還是允許的。但是，反過來說基本類別的物件就不是其衍生類別的物件。舉例來說，在第 9 章中定義的階層中，**Point**的物件就不是**Circle**的物件。如果基本類別指標指向的是衍生類別物件，就有可能將該基本類別指標轉換指向該物件的實際資料型別，然後將此物件當作該資料型別來操作。

```
1   // Fig. 10.1: Point.h
2   // Point class represents an x-y coordinate pair.
3
4   #pragma once
5
6   #using <mscorlib.dll>
7
8   using namespace System;
9
10  // Point class definition implicitly inherits from Object
11  public __gc class Point
12  {
13  public:
14     Point();                    // default constructor
15     Point( int, int );          // constructor
16
17     // property X
18     __property int get_X()
19     {
20        return x;
21     }
22
23     __property void set_X( int value )
24     {
25        x = value;
26     }
27
28     // property Y
29     __property int get_Y()
30     {
31        return y;
32     }
33
34     __property void set_Y( int value )
35     {
36        y = value;
37     }
38
39     // return string representation of Point
40     String *ToString();
41
42  private:
43     int x, y;                   // point coordinate
44  }; // end class Point
```

圖 10.1　用來表示x−y座標數對的 Point 類別。

```
1   // Fig. 10.2: Point.cpp
2   // Method definitions for class Point.
3
4   #include "stdafx.h"
5   #include "Point.h"
6
7   // default constructor
8   Point::Point()
9   {
10     // implicit call to Object constructor occurs here
11  }
12
13  // constructor
14  Point::Point( int xValue, int yValue )
15  {
16     // implicit call to Object constructor occurs here
17     X = xValue;
18     Y = yValue;
19  }
20
21  // return string representation of Point
22  String *Point::ToString()
23  {
24     return String::Concat( S"[", X.ToString(), S", ",
25        Y.ToString(), S"]" );
26  }
```

圖 10.2　Point 類別方法的定義。

圖 10.1 到圖 10.5 的例子說明如何將衍生類別物件指定給基本類別指標，以及再將基本類別指標強制轉型爲衍生類別指標。我們在第 9 章中討論的 **Point** 類別 (圖 10.1 及圖 10.2)，用來表示 *x*-*y* 座標數對。我們在第 9 章中也討論到 **Circle** 類別 (圖 10.3 及圖 10.4)，用來表示一個圓，是繼承自 **Point** 類別。每個 **Circle** 物件都是 **Point** 物件，並且擁有一個半徑 (利用屬性 **Radius** 表示)。**PointCircleTest.cpp** (圖 10.5) 說明指定和強制轉型的操作。

請注意，在類別 **Circle** (圖 10.3) 中，方法 **Area** 宣告爲 **virtual** (第 29 行)。使用*虛擬方法* (*Virtual methods*)，程式設計師就可以設計和實作出更具彈性的系統。利用虛擬方法，程式就可將階層中所有的類別物件都當作基本類別物件操作。

爲了說明爲何 **virtual** 方法用處很廣，我們假設有一組圖形類別，例如 **Circle**、**Triangle**、**Rectangle** 與 **Square** 等，都是由基本類別 **Shape** 衍生出來。在物件導向的程式設計裡，這些類別每個都有繪出自己形狀的能力。雖然每個類別都有自己的 **draw** 方法，但是每個圖形的 **draw** 方法都大不相同。不管繪什麼圖形，最好是能夠將所有圖形都視爲基本類別 **Shape** 的物件。然後在繪出任何圖形時，就只需呼叫基本類別 **Shape** 的 **draw** 方法，讓程式動態地 (也就是在執行時期) 決定要使用那個衍生類別的 **draw** 方法。要能如此做，就得在基本類別中宣告 **draw** 方法爲虛擬方法，然後在每一個衍生類別中改寫 **draw** 方法，以便繪出適當的圖形。

```
1   // Fig. 10.3: Circle.h
2   // Circle class that inherits form class Point.
3
4   #pragma once
5
6   #include "Point.h"
7
8   // Circle class definition inherits from Point
9   public __gc class Circle : public Point
10  {
11  public:
12     Circle();                          // default constructor
13     Circle( int, int, double );        // constructor
14
15     // property Radius
16     __property double get_Radius()
17     {
18        return radius;
19     }
20
21     __property void set_Radius( double value )
22     {
23        if ( value >= 0 )               // validate radius
24           radius = value;
25     }
26
27     double Diameter();
28     double Circumference();
29     virtual double Area();
30
31     // return string representation of Circle
32     String *ToString();
33
34  private:
35     double radius;                     // Circle's radius
36  }; // end class Circle
```

圖 10.3　繼承自類別 Point 的類別 Circle。

事實上，**Object** 類別的 **ToString** 方法宣告爲 **virtual**。爲了要檢視 **ToString** 方法的標頭，請選擇「說明」>「索引…」，然後在搜尋文字方塊中輸入「Object.ToString method」(使用 .NET Framework 篩選)。顯示出來的說明頁包含 **ToString** 方法的描述，其中包括下列標頭：

```
public: virtual String * ToString();
```

任何類別都可以改寫 **Object** 類別的 **ToString** 方法。事實上，我們已經在幾個類別中改寫 **Object** 的 **ToString** 方法 (因爲 MC++的所有類別都是衍生自 **Object** 類別)。當某個衍生類別的物件呼叫 **ToString** 方法的時候，就會呼叫正確的 **ToString** 實作方法。如果衍生類別並沒有改寫 **ToString**，衍生類別就會繼承它直接基本類別的方法。如果 **Point** 類別

並沒有改寫 **ToString**，在某個 **Point** 物件呼叫 **ToString** 方法，就會呼叫基本類別 **Object** 的方法。我們很快就會將看見使用 **virtual** 方法的優點。

軟體工程的觀點 10.1

一旦方法宣告為 ***virtual*** *，則在以後的繼承階層都會保持* ***virtual*** *，即使某個類別改寫此方法時，並沒有宣告此方法為* ***virtual*** *，此方法仍保持為* ***virtual*** *。*

```
1  // Fig. 10.4: Circle.cpp
2  // Method definitions for class Circle.
3
4  #include "stdafx.h"
5  #include "Circle.h"
6
7  // default constructor
8  Circle::Circle()
9  {
10    // implicit call to Point constructor occurs here
11 }
12
13 // constructor
14 Circle::Circle( int xValue, int yValue, double radiusValue )
15    : Point( xValue, yValue )
16 {
17    Radius = radiusValue;
18 }
19
20 // calculate diameter
21 double Circle::Diameter()
22 {
23    return Radius * 2;
24 }
25
26 // calculate circumference
27 double Circle::Circumference()
28 {
29    return Math::PI * Diameter();
30 }
31
32 // calculate area
33 double Circle::Area()
34 {
35    return Math::PI * Math::Pow( Radius, 2 );
36 }
37
38 // return string representation of Circle
39 String *Circle::ToString()
40 {
41    return String::Concat( S"Center = ", __super::ToString(),
42       S"; Radius = ", Radius.ToString() );
43 }
```

圖 10.4　類別 Circle 方法的定義。

良好的程式設計習慣 10.1

某些方法因為在基本類別中宣告為 **virtual** *方法，所以這些方法仍然隱含的是* **virtual** *方法，但是如果能在每個衍生類別中明確地宣告為* **virtual**，*就可增進程式的可讀性。*

軟體工程的觀點 10.2

如果衍生類別並沒有定義 **virtual** *方法，則衍生類別就會繼承它直接基本類別的 virtual 方法的定義。*

圖 10.5 的例子說明如何先將衍生類別指標指定給基本類別指標，以及將基本類別指標強制轉型為衍生類別指標。第 15-16 行宣告一個 **Point** 指標 (**point1**) 和一個 **Circle** 指標 (**circle1**)，然後分別利用新的 **Point** 和 **Circle** 物件初始化這些指標。第 18-19 行將每個物件的字串表示附加到 **output**，以便顯示用來初始化這些物件的數值。**point1** 是指向 **Point** 物件的指標，因此，呼叫 **point1** 的 **ToString** 方法，就會傳回 **Point** 物件的字串表示。同樣地，**circle1** 是指向 **Circle** 物件的指標，因此，呼叫 **circle1** 的 **ToString** 方法，就會傳回 **Circle** 物件的字串表示。

第 23 行 (圖 10.5) 將指標 **circle1** (指向衍生類別物件的指標) 指定給 **point2** (基本類別指標)。因為繼承是「是一個」關係，所以這個指定操作是可接受的。類別 **Circle** 繼承類別 **Point**，因此 **Circle**「是一個」**Point** (至少，在結構上來說是如此)。然而，將基本類別指標指定給衍生類別指標有其潛在的危險，如果未經過明確的強制轉型是不允許如此操作 (如同我們將討論的方式)。

第 25-26 行呼叫 **point2->ToString**，然後將結果附加到 **output**。當我們呼叫某個 **virtual** 方法的時候，編譯器會由呼叫該方法的物件型別來決定應該呼叫那一個版本的方法，而不是從指向該物件的指標型別來判斷。在這種情況下，**point2** 指向 **Circle** 物件，因此，就會呼叫 **Circle** 的 **ToString** 方法，而不是 **Point** 的 **ToString** 方法 (因為 **point2** 指標被宣告為型別 **Point***，程式設計師可能會誤以為應該如此呼叫)。決定應該呼叫那一個方法就是*多型* (*polymorphism*) 的一個例子，這個概念我們將在這一章詳細討論。注意，如果 **point2** 指向的是一個 **Point** 物件而不是一個 **Circle** 物件，則會改成呼叫 **Point** 的 **ToString** 方法。

在前面幾章，我們使用了方法 **Int32::Parse** 和 **Double::Parse** 在各種不同的內建型別之間進行轉換。現在，這個例子是在程式設計師定義型別的物件指標之間進行轉換，我們利用明確的強制轉型來執行這些轉換。Managed C++支援五種強制轉型運算子，分別是 **static_cast**、**dynamic_cast**、**reinterpret_cast**、**const_cast** 和 **__try_cast**。運算子 **static_cast** 可以在編譯時期的最基本資料型別之間執行轉換。運算子 **dynamic_cast** 在執行時期可以將基本類別物件轉換為衍生類別物件。如果強制轉型成功，**dynamic_cast** 運算子就會傳回一個指向衍生類別物件的指標。然而，如果強制轉型無效，運算子就會傳回 0，表示該基本類別物件無法轉換成指定的衍生類別物件。運算子 ***reinterpret_cast*** 執行*非標準強制轉型* (*nonstandard casts*) 例如，從某個指標資料型別轉換成另一個不同的、毫無關係的指標型別。運算子 **reinterpret_cast** 可以在彼此沒有階層關係的指標之間進行資料型別的轉換。運算子 **reinterpret_cast** 不能夠用來執行標準的強制轉型 (也就是，將 **double** 轉換成 **int** 等)。運算子 **const_cast** 可以用來強制移除物件或指標的 **const** 或 **volatile** [1] 屬性。運算子 **__try_cast** 是 MC++的一個新的功能，與 **dynamic_cast** 很類似，只是如果強制轉型無法完成，這個運算子會拋出 ***InvalidCastException*** 的例外，表示強制轉型操作失敗。因爲有這種特性，在我們的例子中通常使用 ***__try_cast*** 而不是運算子 **dynamic_cast**。我們在第 11 章中詳細討論例外。

```
 1  // Fig. 10.5: PointCircleTest.cpp
 2  // Demonstrating inheritance and polymorphism.
 3
 4  #include "stdafx.h"
 5  #include "Circle.h"
 6
 7  #using <mscorlib.dll>
 8  #using <system.windows.forms.dll>
 9
10  using namespace System;
11  using namespace System::Windows::Forms;
12
13  int _tmain()
14  {
15     Point *point1 = new Point( 30, 50 );
16     Circle *circle1 = new Circle( 120, 89, 2.7 );
17
18     String *output = String::Concat( S"Point point1: ",
19        point1->ToString(), S"\nCircle circle1: ", circle1->ToString() );
20
21     // use 'is a' relationship to assign
22     // Circle *circle1 to Point pointer
23     Point *point2 = circle1;
24
25     output = String::Concat( output, S"\n\n",
26        S"Circle circle1 (via point2): ", point2->ToString() );
27
28     // downcast point2 to Circle *circle2
29     Circle *circle2 = __try_cast< Circle * >( point2 );
30
31     output = String::Concat( output, S"\n\n",
32        S"Circle circle1 (via circle2): ", circle2->ToString() );
33
34     output = String::Concat( output,
35        S"\nArea of circle1 (via circle2): ",
36        circle2->Area().ToString( "F" ) );
```

圖 10.5　將衍生類別的指標指定給基本類別的指標 (第 2 之 1 部分)。

1 **volatile** 型別識別字是用來定義可從程式外部加以改變的某個變數 (也就是，這個變數不是完全由程式控制，可能會被作業系統、硬體裝置改變)。

```
37
38      // attempt to assign point1 object to Circle pointer
39      if ( point1->GetType() == __typeof( Circle ) ) {
40         circle2 = __try_cast< Circle * >( point1 );
41         output = String::Concat( output, S"\n\ncast successful" );
42      } // end if
43      else {
44         output = String::Concat( output,
45            S"\n\npoint1 does not refer to a Circle" );
46      } // end else
47
48      MessageBox::Show( output, S"Demonstrating the 'is a' relationship" );
49
50      return 0;
51   } // end _tmain
```

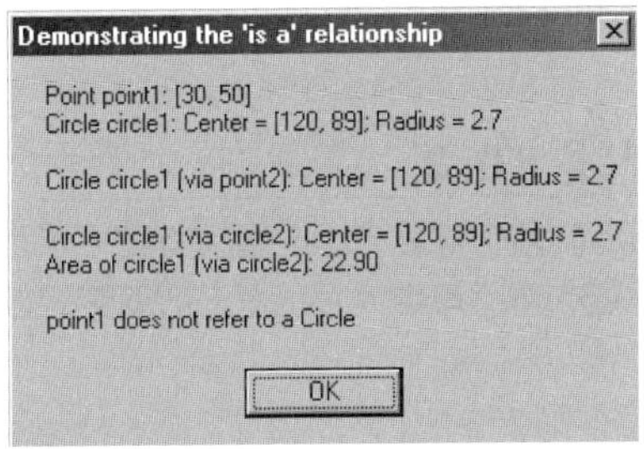

圖 10.5　將衍生類別的指標指定給基本類別的指標 (第 2 之 2 部分)。

第 29 行將目前指向 **Circle** 物件 (**circle1**) 的 **point2** 強制轉型成為 **Circle***，然後將結果指定給 **circle2**。我們很快會討論到，如果 **point2** 指向某個 **Point** 物件，這種強制轉型將會很危險。第 31-32 行呼叫 **circle2** 現在所指向的 **Circle** 物件 **ToString** 方法 (注意，在輸出視窗中第三行文字說明呼叫的是 **Circle** 的 **ToString** 方法)。第 34-36 行計算並且輸出 **circle2** 的 **Area**，說明我們能夠透過 **Circle2** 的指標存取類別 **Circle** 的其他方法。

常見的程式設計錯誤 10.1

如果不使用明確地強制轉型，就將基本類別的物件(或者基本類別指標)指定給衍生類別的指標，這是語法上的錯誤。

軟體工程的觀點 10.3

如果某個衍生類別物件已經被指定給它的直接或間接基本類別的指標，把該基本類別指標強制轉型回衍生類別的指標，這是可以接受的。事實上，要做到這個地步，必須傳送某些並未在基本類別中出現的訊息給該物件 (也就是，呼叫方法或利用屬性)。

第 40 行明確地將 **point1** 指標強制轉型為 **Circle***。因為 **point1** 指向的是 **Point** 物件，而 **Point** 不是一個 **Circle***物件，所以這樣的操作是危險的。物件只可以強制轉型成它們自己的型別或者它們的基本類別型別。如果要執行這一行敘述式，CLR將會判斷**point1**指向**Point**物件，要強制轉型成**Circle**是危險的，就會發出**InvalidCastException**訊息，指出這是一個不合適的強制轉型。然而，我們只需要加入一個 **if…else** 敘述式 (第39-46行)就可停止執行這一行敘述式。這個條件式(第39行)利用**GetType**方法和**__typeof**關鍵字，決定**point1**所指向的物件是否是一個**Circle**物件。***GetType***方法是從**System::Object**繼承過來的八個方法之一，它會傳回該物件的型別。同樣地，**__typeof** 關鍵字傳回該 managed 類別、數值類別或 managed 介面的型別。在我們的例子中，**GetType** 傳回**Point**，而**__typeof**傳回**Circle** 。當某個**Point**物件不是一個**Circle**物件的時候，條件式不成立，於是在第44-45行會將某個字串附加到**output**顯示。注意，如果左邊的運算元是一個指標，指向右邊運算元的一個實體，或者左邊的運算元是一個指標，指向一個衍生自右邊運算元的某個類別實體，則**if**條件式將是**true**。

常見的程式設計錯誤 10.2

*若想嘗試把某個基本類別指標強制轉型成衍生類別指標，可以使用**__try_cast** 運算子。如果這個指標指向的是一個基本類別物件，而不是一個適當的衍生類別物件，將會產生 InvalidCastException 例外。*

如果我們移除**if**條件式的測試，並且直接執行程式，就會顯示出與圖10.6類似的**MessageBox**。我們在第11章中詳細討論如何處理這種狀況。

先不管衍生類別物件也「是一個」基本類別物件的事實，衍生類別物件和基本類別物件終究是不同的。如同我們先前所討論的，衍生類別物件可以視為基本類別的物件。因為衍生類別包含的成員，都會對應到基本類別的所有成員，所以這是一種邏輯關係，但是衍生類別可以有更多的成員。因為這個原因，如果沒有經過明確的強制轉型，是不允許將一個基本類別物件的位址指定給衍生類別指標。這樣的指定會讓指標指向一個沒有額外衍生類別成員的物件。

有下述四種方式將基本類別和衍生類別的指標以及物件混合使用：

1. 使用基本類別指標指向基本類別物件，這是直接可行的。
2. 使用衍生類別指標指向衍生類別物件，這也是直接可行的。
3. 使用基本類別的指標指向衍生類別的物件，這是安全的做法，因為衍生類別的物件可以是基本類別的物件。但是，這種指標祇能指到這個衍生類別物件中原本屬於基本類別的成員。如果程式使用這種基本類別指標指向衍生類別才有的成員，編譯器會發出錯誤的警告。
4. 使用衍生類別的指標指向基本類別的物件，會產生編譯器錯誤。要避免這種錯誤，必須先將衍生類別的指標強制轉型成指向基本類別的指標。利用這種強制轉型，衍生類別指標必須指向衍生類別物件，否則在.NET執行時期會產生執行時期錯誤。

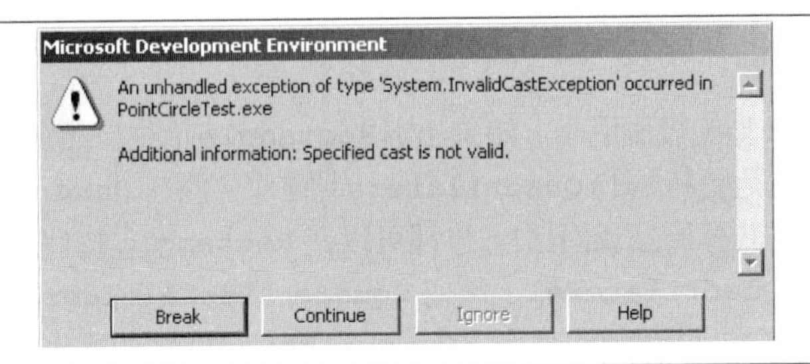

圖 10.6　System.InvalidCastException 錯誤訊息。

常見的程式設計錯誤 10.3

將衍生類別的物件指定給基本類別指標之後，又試圖利用基本類別指標來參照衍生類別才有的成員，這會產生編譯錯誤。

常見的程式設計錯誤 10.4

將基本類別物件視為衍生類別物件會造成錯誤。

10.3　型別欄和 switch 敘述式

在較大型的程式中，判斷物件的資料型別所採用的就是 **switch** 敘述式。這樣我們就可以區別各種物件的資料型別，然後為某個特定物件呼叫適當的動作。舉例來說，在圖形階層中，每一個圖形物件都會有一個 **ShapeType** 屬性，可以使用 **switch** 敘述式，然後針對物件的 **ShapeType** 來決定呼叫那一個 **Print** 方法。

但是，使用 **switch** 邏輯會讓程式產生一些潛在的問題。舉例來說，程式設計師可能在必須進行資料型別測試的地方，忘了加入這個程序，或者並沒有在 **switch** 敘述式中測試所有可能的狀況。如果要修改程式的 **switch** 判斷，再加入新的型別時，程式設計師可能忘了在所有相關的 **switch** 結構中加入新的判斷狀況。每當新增或刪除類別時，系統中每個 **switch** 敘述都要修改；要追蹤修改這些敘述式很耗時間，也容易造成錯誤。

軟體工程的觀點 10.4

利用多型的程式設計方法，可以省掉不需要的 switch 邏輯。使用多型機制也可以達到相同的邏輯效果，如此程式設計師就可以避免因為 switch 邏輯所帶來的錯誤。

避免錯誤的小技巧　10.1

使用多型的一個有趣結果，就是程式變簡潔。它們包含較少的分支邏輯選擇、較簡潔的循序程式碼。這樣可以簡化程式的測試、除錯和維護。

10.4 多型範例

在這一節我們將討論多型的幾個例子。如果類別 **Rectangle** 衍生自類別 **Quadrilateral**，則 **Rectangle** 物件就是更特殊的 **Quadrilateral** 物件。能在 **Quadrilateral** 物件上執行的任何運算 (例如，計算周長或面積)，也都可以在 **Rectangle** 物件上執行。這樣的操作也可以在其他類型的 **Quadrilateral**，例如 **Square**、**Parallelogram** 和 **Trapezoid** 上執行。當程式透過基本類別指標 (也就是，**Quadrilateral**) 呼叫衍生類別的方法時，編譯器就會以多型方式在衍生類別中選擇正確的改寫方法。我們會在稍後的例子中探討這種行爲。

假如我們設計某個電動遊戲，其中必須操縱許多不同型別的物件，包括類別 **Martian**、**Venutian**、**Plutonian**、**SpaceShip** 和 **LaserBeam**。也想像每一個類別都是繼承自共同的基本類別 **SpaceObject**，其中包含有 **DrawYourself** 方法。每個衍生類別都會實作這個方法。螢幕管理程式 (screen-manager program) 會有一個容器類別 (例如 **SpaceObject** 陣列)，以便容納各種不同類別物件的指標。爲了要更新螢幕畫面，螢幕管理程式將會定期傳送每個物件相同的訊息，也就是 **DrawYourself**。但是，每個物件都會以獨特的方式回應。舉例來說，**Martian** 物件將會以紅色繪出自己，並且有適當數目的天線。**SpaceShip** 物件將繪出一架亮銀色的飛碟。**LaserBeam** 物件繪出一道亮紅色的雷射光束劃過螢幕。因此，送給許多不同物件的相同訊息，會得到許多不同形式的結果，這就是*多型* (*polymorphism*)。

以多型操作的螢幕管理程式，只需要小幅修改系統的程式碼，就能將新類別加入系統中。假如我們想要把類別 **Mercurians** 加入我們的遊戲。我們必須建立繼承自 **SpaceObject** 類別的 **Mercurian** 類別，但是提供它自己的 **DrawYourself** 方法。然後，將類別 **Mercurian** 的物件加入容器時，程式設計師不需要修改螢幕管理程式的程式碼。畫面管理員會不論物件的資料型別，呼叫容器內每個物件的 **DrawYourself** 方法，因此，只需要將新的 **Mercurian** 物件加入容器內即可。所以不需要修改系統 (除了建立類別本身加入容器之外)，程式設計師就可以利用多型，將系統當初建立的時候尚未出現的新類別加入系統。

藉著多型的應用，同一種方法可以產生不同的動作，只需要按照物件的型別來決定呼叫那一個方法。這賦予程式設計師更多的表達能力。在下面幾節中，我們提供幾種多型的例子來加以說明。

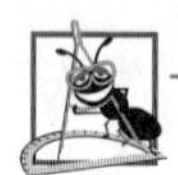

軟體工程的觀點 10.5

程式設計師利用多型，可以用共通的方式處理程式，讓程式在執行時期自行處理其中的差異部分即可。程式設計師即使並不知道每個物件的型別，也能以適當的方式操作每一個物件。

軟體工程的觀點 10.6

多型提升程式的可擴展性。以多型方式編寫的程式碼，可以不考慮訊息(例如，方法的呼叫)送達物件的型別。於是，程式設計師要在這樣的系統中，加入能夠回應現存訊息的新物件型別，並不需要修改基本系統。

10.5 抽象類別

當我們將類別視為一種型別時，通常假設程式將會產生這種型別的物件。但是，在許多狀況下，如果程式設計師定義了類別，但又不想產生任何的物件，對於程式設計反而有利。這樣的類別我們稱為*抽象類別* (*abstract classes*)。抽象類別的主要目的，是提供一個適當的基本類別，好讓其他的類別可以繼承。我們稱呼這種類別為*抽象基本類別* (*abstract base classes*)，因為這樣的類別通常是當作繼承階層的基本類別。這些類別不能夠用來產生物件，因為抽象類別是不完整的類別。必須在衍生類別中再定義出那些「缺少的部分」。抽象類別通常包含一個或多個*純虛擬方法* (*pure* **virtual** *methods*)，有時稱為*抽象方法* (*abstract methods*)，我們不久將會討論到。衍生類別必須改寫繼承來的純 **virtual** 方法和屬性，才能產生這些衍生類別的物件。我們將在第 10.6 和 10.8 節中，廣泛地討論抽象類別。

能夠產生實體物件的類別稱為*具象類別* (*concrete classes*)。這樣的類別提供它們定義的每個方法和屬性的實作內容。我們可以定義一個抽象基本類別 **TwoDimensionalShape**，然後衍生出 **Square**、**Circle** 與 **Triangle** 等具象類別。同樣的，我們也能定義一個抽象基本類別 **ThreeDimensionalShape**，然後衍生出 **Cube**，**Sphere** 與 **Cylinder** 等具象類別。通常抽象基本類別太過一般化而無法產生實際物件；所以我們需要提供更具體的資料才能產生物件。舉例來說，如果有人要求你「繪出圖形」，你會描繪出什麼形狀？具象類別就會提供詳細的特定資料，才能合理地產生物件。

我們可以使用關鍵字 **__abstract**，宣告類別為抽象類別，或者將類別的一個或多個 **virtual** 方法宣告為「純虛擬」，此類別就成為抽象類別。純 **virtual** 方法就是在宣告時，初始化為零值 **(=0)**，如下列的敘述式

```
virtual double earnings() = 0; // pure virtual
```

我們也可以宣告屬性的 *get* 和 *set* 方法為純 **virtual** 方法，如下列的敘述式

```
__property virtual String *get_Name() = 0; // pure virtual
```

為了清楚起見，我們明確地使用關鍵字 **__abstract** 宣告抽象類別。然而，如果 **_gc** 類別包含一個或多個純 **virtual** 方法，關鍵字 **__abstract** 是可用可不用。使用關鍵字 **__abstract** 宣告一個抽象類別，並不會影響到類別的方法或屬性，只是確保類別不會產生物件。**__abstract** 類別的方法和屬性並不隱含地意指 **virtual**。

繼承階層不一定需要有抽象類別，但是我們會發現許多優良的物件導向系統都會在類別階層的開始處，放置抽象基本類別。有時候，階層的最上幾層都是由抽象類別所組成。一個不錯的例子就是圖 9.3 中的圖形階層。這個階層最上層就是抽象基本類別 **Shape**。再下一層是兩個抽象基本類別，也就是 **TwoDimensionalObject** 與 **Three-DimensionalObject**。接下來的階層就開始定義二維圖形 (例如，**Circle** 和 **Square**) 的具象類別，以及三維圖形 (例如，**Sphere** 和 **Cube**) 的具象類別。

軟體工程的觀點 10.7

*抽象類別替類別階層中的每個類別成員定義一組共同的 **public** 方法和屬性。抽象類別一般包含有一個或多個純 **virtual** 方法，而衍生類別必須將這些方法加以改寫。階層中的所有類別成員都可使用這一組共同的 **public** 方法和屬性。*

抽象類別必須指定它們自己的方法和屬性原型。衍生的具象類別必須改寫抽象類別的虛擬方法和屬性，並且提供這些方法或屬性的具體實作內容。然而，要想成爲具象類別，衍生類別必須改寫抽象類別的所有純 **virtual** 方法。

常見的程式設計錯誤 10.5

嘗試產生抽象類別的物件，會造成編譯錯誤。

常見的程式設計錯誤 10.6

在衍生類別中沒有改寫純 virtual方法，會產生編譯錯誤，除非衍生類別也是一個抽象類別。

軟體工程的觀點 10.8

抽象類別可以有實體資料和非 vitual 的方法 (包括建構式)，衍生類別必須依照繼承的一般原則。

軟體工程的觀點 10.9

*間接繼承自抽象類別的具象類別，不一定需要改寫抽象類別的純 **virtual** 方法。如果在較高階層的任何類別已經改寫純 virtual方法，目前的類別就會繼承該版本的方法，而不需要另行提供實作內容。*

雖然我們不能夠產生抽象基本類別的物件，但是我們可以利用抽象基本類別宣告指標，這些指標可以指向衍生自抽象類別的任何具象類別物件。程式可以利用這樣的指標，以多型方式操作衍生類別的實體。

讓我們考慮多型的另一種應用。螢幕管理程式需要顯示各種不同的物件，包括在編寫完成螢幕管理程式後，才要加入的新型別物件。系統可能需要顯示各種不同的圖形，如 **Circle**、**Triangle** 或者 **Rectangle** 等類別，都是衍生自抽象類別 **Shape**。螢幕管理程式利用指向基本類別 **Shape** 的指標，來管理所有要顯示的物件。要繪出任何物件 (不管該物件出現在繼承階層的那一層)，螢幕管理程式都會利用一個基本類別的指標指向該物件，然後再呼叫該物件的 **Draw** 方法。在 **__abstract** 類別 **Shape** 中宣告 **Draw** 方法爲純 **virtual** 方法；因此，每個衍生類別都應該實作出 **Draw** 方法。在繼承階層中的每個 **Shape** 物件都知道如何繪出自己。螢幕管理程式不需要煩惱每個物件的資料型別，或者擔憂螢幕管理程式是否曾經處理過該資料型別的物件。

對於實作多層級 (layered) 的軟體系統，多型的方式特別有用。例如，在作業系統裡，每個實體裝置的操作方式都會與別的裝置不同。即使如此，將資料從裝置讀出或寫入的命令都有某些的共通性。送到某個驅動程式的寫入訊息，必須按照該裝置驅動程式的內容加以特別地解譯，以便決定該驅動程式如何操作此特定的裝置。然而，「寫入」(write) 命令本身對於系統中的任何裝置沒有什麼差別，都只是從記憶體將一些位元組資料移入裝置罷了。物件導向的作業系統可以利用抽象基本類別，提供適用於所有裝置驅動程式的介面。然後，透過此抽象基本類別的繼承，所有衍生類別就有類似的操作方式。裝置驅動程式所提供的功能(例如，**public** 服務)，就是抽象基本類別提供的純 **virtual** 方法。而在衍生類別中提供的這些純 **virtual** 方法實作內容，則是按照每個裝置特定的驅動程式處理。

通常在物件導向程式設計中，都會定義一個*迭代子類別* (*iterator class*)，可以檢視某個容器 (例如陣列) 內的所有物件。舉例來說，程式藉著建立一個迭代子物件，然後每次呼叫此迭代子，就能取得鏈結串列中的下一個元素，如此就能夠列印出鏈結串列中的一連串物件。在使用多型的程式設計中，通常使用迭代子來檢視各種不同繼承階層的物件陣列或物件鏈結串列。在這樣串列中的指標全都是基本類別指標。(請參考第 22 章，有更多關於鏈結串列和迭代子的討論)。基本類別 **TwoDimensionalShape** 的物件串列，可以包含類別 **Square**、**Circle**、**Triangle** 等等的物件。只要使用多型方式，將 **Draw** 訊息送到串列上的每個物件，就可以在螢幕上正確繪出圖案。

10.6　範例研究：繼承介面與實作

我們下一個例子 (圖 10.7 至圖 10.15) 重新討論我們在第 9 章已介紹過的 **Point**、**Circle** 和 **Cylinder** 繼承階層。在這個例子中，階層最上層開始就是抽象基本類別 **Shape** (圖 10.7 及圖 10.8)。這個階層技巧地說明多型的能力。

```
 1  // Fig. 10.7: Shape.h
 2  // Demonstrate a shape hierarchy using an abstract base class.
 3
 4  #pragma once
 5
 6  #using <mscorlib.dll>
 7
 8  using namespace System;
 9
10  // __abstract classes cannot be instantiated
11  __abstract __gc class Shape
12  {
13  public:
14     virtual double Area();
15     virtual double Volume();
16
17     // property Name's get method is a pure virtual method
18     __property virtual String *get_Name() = 0;
19  }; // end class Shape
```

圖 10.7　Shape 抽象基本類別。

```
 1  // Fig. 10.8: Shape.cpp
 2  // Method definitions for class Shape.
 3
 4  #include "stdafx.h"
 5  #include "Shape.h"
 6
 7  // return area
 8  double Shape::Area()
 9  {
10     return .00;
11  }
12
13  // return volume
14  double Shape::Volume()
15  {
16     return 0.0;
17  }
```

圖 10.8 Shape 類別的方法定義。

抽象類別 **Shape** 定義二個 **virtual** 方法和一個純 **virtual** 方法。這個階層中的所有圖形都有面積和體積，因此，我們加入 **virtual** 方法 **Area** (圖 10.7 的第 14 行) 和 **Volume** (第 15 行)，可以分別地傳回圖形的面積和體積。二維圖形的體積永遠是零，然而三維圖形就擁有正値和非零的體積。在圖 10.8 的類別中，**Area** 和 **Volume** 方法預設會傳回零。當這些類別需要有不同的面積和體積計算方法的時候，程式設計師可以在衍生類別中改寫這些方法。唯讀屬性 **Name** (圖 10.7 的第 18 行) 宣告爲純 **virtual** 方法，因此衍生類別必須實作這個方法才能成爲具象類別。因爲類別 **Shape** 並未包含足夠的資訊決定 **Shape** 的名稱，所以這個方法是純 **virtual**，這個資訊則是由 **Shape** 的具象子類別提供。

類別 **Point2** (圖 10.9 及圖 10.10) 繼承自 **__abstract** 類別 **Shape**，並且改寫屬性 **Name**，使 **Point2** 成爲一個具象類別。點的面積和體積都是零，因此，類別 **Point2** 並未改寫基本類別 **Area** 和 **Volume** 方法。第 39-42 行 (圖 10.9) 實作 **Name** 屬性。如果我們沒有提供這個實作內容，**Point2** 類別將會是一個抽象類別 (儘管事實上並未宣告成抽象類別)，而且我們也不能夠產生 **Point2** 物件。

```
 1  // Fig. 10.9: Point2.h
 2  // Point2 inherits from abstract class Shape and represents
 3  // an x-y coordinate pair.
 4
 5  #pragma once
 6
 7  #include "Shape.h"
 8
 9  // Point2 inherits from abstract class Shape
10  public __gc class Point2: public Shape
11  {
```

圖 10.9 Point2 類別繼承自抽象類別 Shape (第 2 之 1 部分)。

```
12  public:
13     Point2();                    // default constructor
14     Point2( int, int );          // constructor
15
16     // property X
17     __property int get_X()
18     {
19        return x;
20     }
21
22     __property void set_X( int value )
23     {
24        x = value;
25     }
26
27     // property Y
28     __property int get_Y()
29     {
30        return y;
31     }
32
33     __property void set_Y( int value )
34     {
35        y = value;
36     }
37
38     // implement property Name of class Shape
39     __property virtual String *get_Name()
40     {
41        return S"Point2";
42     }
43
44     String *ToString();
45
46  private:
47     int x, y;                    // Point2 coordinates
48  }; // end class Point2
```

圖 10.9　Point2 類別繼承自抽象類別 Shape (第 2 之 2 部分)。

```
1   // Fig. 10.10: Point2.cpp
2   // Method definitions for class Point2.
3
4   #include "stdafx.h"
5   #include "Point2.h"
6
7   // default constructor
8   Point2::Point2()
9   {
10     // implicit call to Object constructor occurs here
11  }
12
```

圖 10.10　Point2 類別的方法定義。(第 2 之 1 部分)

```
13  // constructor
14  Point2::Point2( int xValue, int yValue )
15  {
16     X = xValue;
17     Y = yValue;
18  }
19
20  // return string representation of Point2 object
21  String *Point2::ToString()
22  {
23     return String::Concat( S"[", X.ToString(),
24        S", ", Y.ToString(), S"]" );
25  }
```

圖 10.10 Point2 類別的方法定義。(第 2 之 2 部分)

```
1  // Fig. 10.11: Circle2.h
2  // Circle2 inherits from class Point2 and overrides key members.
3
4  #pragma once
5
6  #include "Point2.h"
7
8  // Circle2 inherits from class Point2
9  public __gc class Circle2 : public Point2
10 {
11 public:
12    Circle2();                         // default constructor
13    Circle2( int, int, double );       // constructor
14
15    // property Radius
16    __property double get_Radius()
17    {
18       return radius;
19    }
20
21    __property void set_Radius( double value )
22    {
23
24       // ensure non-negative radius value
25       if ( value >= 0 )
26          radius = value;
27    }
28
29    // override property Name of class Point2
30    __property virtual String *get_Name()
31    {
32       return S"Circle2";
33    }
34
35    double Diameter();
36    double Circumference();
```

圖 10.11 類別 Circle2 繼承自類別 Point2。(第 2 之 1 部分)

```
37       double Area();
38       String *ToString();
39
40    private:
41       double radius;                   // Circle2 radius
42    }; // end class Circle2
```

圖 10.11　類別 Circle2 繼承自類別 Point2。(第 2 之 2 部分)

```
 1   // Fig. 10.12: Circle2.cpp
 2   // Method definitions for class Circle2.
 3
 4   #include "stdafx.h"
 5   #include "Circle2.h"
 6
 7   // default constructor
 8   Circle2::Circle2()
 9   {
10      // implicit call to Point2 constructor occurs here
11   }
12
13   Circle2::Circle2( int xValue, int yValue, double radiusValue )
14      : Point2( xValue, yValue )
15   {
16      Radius = radiusValue;
17   }
18
19   // calculate diameter
20   double Circle2::Diameter()
21   {
22      return Radius * 2;
23   }
24
25   // calculate circumference
26   double Circle2::Circumference()
27   {
28      return Math::PI * Diameter();
29   }
30
31   // calculate area
32   double Circle2::Area()
33   {
34      return Math::PI * Math::Pow( Radius, 2 );
35   }
36
37   // return string representation of Circle2 object
38   String *Circle2::ToString()
39   {
40      return String::Concat( S"Center = ",
41         __super::ToString(), S"; Radius = ", Radius.ToString() );
42   }
```

圖 10.12　Circle2 類別的方法定義。

```
 1  // Fig. 10.13: Cylinder2.h
 2  // Cylinder2 inherits from class Circle2 and overrides key members.
 3
 4  #pragma once
 5
 6  #include "Circle2.h"
 7
 8  // Cylinder2 inherits from class Circle2
 9  public __gc class Cylinder2 : public Circle2
10  {
11  public:
12     Cylinder2();                                 // default constructor
13     Cylinder2( int, int, double, double );  // constructor
14
15     // property Height
16     __property double get_Height()
17     {
18        return height;
19     }
20
21     __property void set_Height( double value )
22     {
23
24        // ensure non-negative height value
25        if ( value >= 0 )
26           height = value;
27     }
28
29     // override property Name of class Circle2
30     __property virtual String *get_Name()
31     {
32        return S"Cylinder2";
33     }
34
35     double Area();
36     double Volume();
37     String *ToString();
38
39  private:
40     double height;          // Cylinder2 height
41  }; // end class Cylinder2
```

圖 10.13　類別 Cylinder2 繼承自類別 Circle2。

圖 10.11 定義了類別 **Circle2**，繼承自類別 **Point2**。類別 **Circle2** 包含屬性 **Radius** (第 16-27 行)，可用來存取圓的半徑。圓的體積為零，因此，我們不改寫基本類別方法 **Volume**，而是讓 **Circle2** 繼承類別 **Point2** 的方法 **Volume**，此方法原是繼承自 **Shape**。圓確實有面積，因此，**Circle2** 改寫 **Shape** 的方法 **Area** (圖 10.12 的第 32-35 行)。屬性 **Name** (圖 10.11 的第 30-33 行) 改寫類別 **Point2** 的屬性 **Name**，否則類別將會繼承 **Point2** 的屬性 **Name**。如果發生那種狀況，**Circle2** 的 **Name** 屬性將會錯誤地傳回“**Point2**”。

```
1  // Fig. 10.14: Cylinder2.cpp
2  // Cylinder2 inherits from class Circle2 and overrides key members.
3
4  #include "stdafx.h"
5  #include "Cylinder2.h"
6
7  Cylinder2::Cylinder2()
8  {
9     // implicit call to Circle2 constructor occurs here
10 }
11
12 // constructor
13 Cylinder2::Cylinder2( int xValue, int yValue, double radiusValue,
14    double heightValue ) : Circle2( xValue, yValue, radiusValue )
15 {
16    Height = heightValue;
17 }
18
19 // calculate area
20 double Cylinder2::Area()
21 {
22    return 2 * __super::Area() + __super::Circumference() * Height;
23 }
24
25 // calculate volume
26 double Cylinder2::Volume()
27 {
28    return __super::Area() * Height;
29 }
30
31 // return string representation of Circle2 object
32 String *Cylinder2::ToString()
33 {
34    return String::Concat( __super::ToString(), S"; Height = ",
35       Height.ToString() );
36 }
```

圖 10.14　Cylinder2 類別的方法定義。

圖 10.13 定義類別 **Cylinder2**，是繼承自類別 **Circle2**。類別 **Cylinder2** 包含屬性 **Height**(第 16-27 行)，可用來存取圓柱體的高度。圓柱體與圓有不同的面積和體積的計算方法，因此，這個類別改寫 **Area** 方法 (圖 10.14 的第 20-23 行) 來計算圓柱體的表面積，而且也改寫 **Volume** 方法 (第 26-29 行)。**Name** 屬性 (圖 10.13 的第 30-33 行) 改寫類別 **Circle2** 的屬性 **Name**，否則類別將會繼承類別 **Circle2** 的屬性 **Name**，錯誤地傳回“**Circle2**”。

AbstractShapesTest.cpp (圖 10.15) 替這三個具象類別各建立一個物件，而且使用 **Shape** 指標陣列以多型方式來操作這些物件。第 16-18 行分別產生一個 **Point2** 物件、一個 **Circle2** 物件和一個 **Cylinder2** 物件。其次，第 21 行配置了陣列 **arrayOfShapes**，其中包含三個 **Shape** 指標。第 24 行將指標 **point** 指定給陣列元素 **arrayOfShapes[0]**，第 27

行將指標 **circle** 指定給陣列元素 **arrayOfShapes[1]**，以及第 30 行將指標 **cylinder** 指定給陣列元素 **arrayOfShapes[2]**。這些指定都是可行的，因爲 **Point2** 是一個 **Shape**，而 **Circle2** 也是一個 **Shape**，而且 **Cylinder2** 仍然是一個 **Shape**。因此，我們可以將衍生類別 **Point2**、**Circle2** 和 **Cylinder2** 的指標指定給基本類別 **Shape** 的指標。

第 32-34 行存取屬性 **Name**，並且隱含地呼叫 **point**、**circle** 和 **cylinder** 物件的 **ToString** 方法。屬性 **Name** 會傳回物件的類別名稱，而 **ToString** 方法會傳回物件的字串表示 (也就是依照每個物件的資料型別，傳回 $x-y$ 座標數對、半徑和高度)。請注意，第 32-34 行使用衍生類別指標來呼叫每個衍生類別物件的方法和屬性。

```
1  // Fig. 10.15: AbstractShapesTest.cpp
2  // Demonstrates polymorphism in Point-Circle-Cylinder hierarchy.
3
4  #include "stdafx.h"
5  #include "Cylinder2.h"
6
7  #using <mscorlib.dll>
8  #using <system.windows.forms.dll>
9
10 using namespace System;
11 using namespace System::Windows::Forms;
12
13 int _tmain()
14 {
15    // instantiates Point2, Circle2, Cylinder2 objects
16    Point2 *point = new Point2( 7, 11 );
17    Circle2 *circle = new Circle2( 22, 8, 3.5 );
18    Cylinder2 *cylinder = new Cylinder2( 10, 10, 3.3, 10 );
19
20    // create empty array of Shape base-class pointers
21    Shape *arrayOfShapes[] = new Shape *[ 3 ];
22
23    // arrayOfShapes[ 0 ] points to Point2 object
24    arrayOfShapes[ 0 ] = point;
25
26    // arrayOfShapes[ 1 ] points to Circle2 object
27    arrayOfShapes[ 1 ] = circle;
28
29    // arrayOfShapes[ 2 ] points to Cylinder2 object
30    arrayOfShapes[ 2 ] = cylinder;
31
32    String *output = String::Concat( point->Name, S": ", point,
33       S"\n", circle->Name, S": ", circle, S"\n",
34       cylinder->Name, S": ", cylinder );
35
36    // display Name, Area and Volume for each object
37    // in arrayOfShapes polymorphically
```

圖 10.15 AbstractShapesTest 說明在 point-circle-cylinder 繼承階層中的多型用法 (第 2 之 1 部分)。

```
38      Shape *shape;
39
40      for ( int i = 0; i < arrayOfShapes->Length; i++ ) {
41
42         output = String::Concat( output, S"\n\n", arrayOfShapes[ i ]->Name,
43            S": ", arrayOfShapes[ i ], S"\nArea = ",
44            arrayOfShapes[ i ]->Area().ToString( S"F" ), S"\nVolume = ",
45            arrayOfShapes[ i ]->Volume().ToString( S"F" ) );
46      } // end for
47
48      MessageBox::Show( output, S"Demonstrating Polymorphism" );
49
50      return 0;
51   } // end _tmain
```

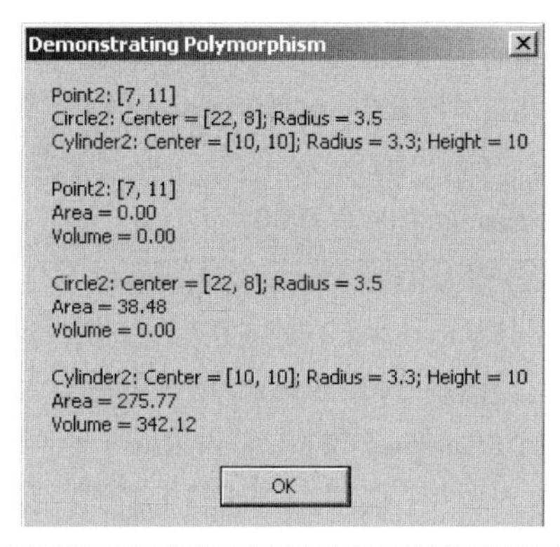

圖 10.15　AbstractShapesTest 說明在 point-circle-cylinder 繼承階層中的多型用法 (第 2 之 2 部分)。

相對地，第 40-46 行的 **for** 敘述式使用基本類別指標 **Shape** 來呼叫每一個衍生類別物件的方法和屬性。**for** 敘述式使用屬性 **Name**，並且呼叫 **arrayOfShapes** 中的每一個 **Shape** 指標的 **ToString**、**Area** 和 **Volume** 方法。呼叫的是在 **arrayOfShapes** 中每一個物件的屬性和方法。當每次編譯器遇到呼叫方法/屬性的時候，編譯器就會判斷每個 **Shape** 指標 (在 **arrayOfShapes** 中) 是否可以執行這些呼叫。這也就是屬性 **Name** 以及方法 **Area** 和 **Volume** 所發生的狀況，因爲它們都是定義在類別 **Shape** 中。然而，類別 **Shape** 並未定義 **ToString** 方法。針對這個方法，編譯器會檢查 **Shape** 的基本類別 (也就是類別 **Object**)，並且判斷 **Shape** 是否從類別 **Object** 繼承了一個無引數的 **ToString** 方法。一旦編譯器判斷出可以呼叫所有 **Shape** 的 **Name** 屬性，以及方法 **ToString**、**Area** 和 **Volume**，程式就可以成功地編譯。然而在執行時期，是依據被呼叫物件型別 (也就是，**Point2**、**Circle2** 或 **Cylinder2**) 來呼叫正確的 **Name** 屬性和方法 **ToString**、**Area** 和 **Volume**。

在圖 10.15 的螢幕擷取畫面中，說明呼叫了 **arrayOfShapes** 每一個類型物件的適當屬性 **Name** 以及方法 **ToString**、**Area** 和 **Volume**。所謂「適當的」，我們意指所呼叫的每一個屬性和方法都對應到正確的物件。舉例來說，在 **for** 敘述式的第一個迴圈，指標 **arra-**

yOfShapes[0] (是一個指向 **Shape** 型別的指標) 卻指向 **point** 物件 (就是指向一個 **Point2** 物件)。**Point2** 類別改寫了屬性 **Name** 和方法 **ToString**，而且繼承 **Shape** 類別的 **Area** 和 **Volume** 方法。在執行時期，**arrayOfShapes[0]** 存取屬性 **Name**，而且呼叫 **Point2** 物件的方法 **ToString**、**Area** 和 **Volume**。編譯器決定出正確的物件型別，然後使用該型別來決定每次呼叫的正確方法。透過多型方式，呼叫屬性 **Name** 就會傳回字串"**Point2:**"，呼叫方法 **ToString** 就會傳回 **point** 的 *x-y* 座標數對的字串表示式；而 **Area** 和 **Volume** 方法都會傳回 0.00(如同圖 10.15 中第二個輸出段落所示)。

在 **for** 敘述式的下二個迴圈中，也產生多型的判斷輸出。指標 **arrayOfShapes[1]** 指向一個 **circle** 物件 (就是指向 **Circle2** 物件)。類別 **Circle2** 提供屬性 **Name**，方法 **ToString** 和方法 **Area** 的實作內容，而且從類別 **Point2** 繼承方法 **Volume** (**Point2** 也是從類別 **Shape** 繼承了方法 **Volume**)。編譯器將 **Circle2** 物件的屬性 **Name**，以及方法 **ToString**、**Area** 和 **Volume** 連結到 **arrayOfShapes[1]**。結果，屬性 **Name** 傳回字串"**Circle2:**"，**ToString** 方法傳回 **circle** 的 *x-y* 座標數對和半徑的字串表示式；**Area** 方法傳回面積 (38.48)，而 **Volume** 方法傳回 0.00。

在 **for** 敘述式的最後一個迴圈，指標 **arrayOfShapes[2]** 指向一個 **cylinder** 物件 (就是指向 **Cylinder2** 物件)。類別 **Cylinder2** 提供它自己的實作內容給屬性 **Name** 和方法 **ToString**、**Area** 和 **Volume**。編譯器將 **Cylinder2** 物件的屬性 **Name**，以及方法 **ToString**、**Area** 和 **Volume** 連結到 **arrayOfShapes[2]**。屬性 **Name** 傳回字串"**Cylinder2:**"，**ToString** 方法傳回 **cylinder** 的 *x-y* 座標數對、半徑和高度的字串表示式；**Area** 方法傳回圓柱體的表面積 (275.77)，而 **Volume** 方法傳回圓柱體的體積 (342.12)。

10.7 __sealed 類別和方法

在方法和類別中使用關鍵字 **__sealed**，分別可以防止改寫和繼承。方法若被宣告為 **__sealed**，就不能夠在衍生類別中改寫。

增進效能的小技巧 10.1

如果指定正確的命令列選項，編譯器就可以決定是否要將__sealed方法呼叫直接放入程式碼內 (inline)，而且編譯器對於小而簡單的__sealed方法確實會如此處理。將方法呼叫直接放入程式碼內，並不會違反封裝或資訊隱藏的原則 (但是確實會增進效率，因為避免方法呼叫所需的時間和資源)。

增進效能的小技巧 10.2

管線處理器藉著同時執行部分後續幾個指令，可以增進效率，但是如果那些指令是接在某個方法呼叫之後，就無法增進效率。將簡潔的方法呼叫直接放入程式碼內 (編譯器可以在某個__sealed 方法上執行)，可以增進這些處理器的效率，因為它避免了方法呼叫必須傳遞控制權的操作。

軟體工程的觀點 10.10

類別宣告為__sealed 就不可成為基本類別 (也就是，類別不能夠繼承某個__sealed 類別)。在__sealed 類別內的所有方法都隱含地是__sealed 方法。

將類別加上關鍵字 **__sealed**，允許在執行時期執行一些其他的最佳化程序。舉例來說，**virtual** 方法呼叫可以轉換成非 **virtual** 方法呼叫。

宣告爲 **__sealed** 的類別，不可以有任何的衍生類別。類別不可以同時宣告爲 **__sealed** 和 **__abstract**。

10.8　範例研究：使用多型機制的薪資系統

讓我們利用 **__abstract** 類別和多型，針對各種不同的員工進行薪資計算。我們開始先建立抽象基本類別 **Employee**。類別 **Employee** 的衍生類別有 **Boss** (按照固定週薪支付薪水，不計算他每週工作的時數)、類別 **CommissionWorker** (按照單一的基本薪資，加上銷售金額的某個百分比，作爲薪資)、**PieceWorker** (則是按照所生產出來的件數，計算單一薪資)，以及 **HourlyWorker** (則是按照工作時數，加班時數按照一倍半時數，計算薪資)。

應用程式必須爲所有的員工算出每週的所得，所以每個衍生自 **Employee** 的類別都需要 **Earnings** 方法。但是，每個衍生類別都會利用不同的計算方式，替每種員工計算出薪資所得。因此，我們宣告中的 **Earnings** 方法爲純 **virtual** 方法，宣告類別 **Employee** 是一個 **__abstract** 類別。每個衍生類別都會改寫這個方法，以便計算出該類型員工的薪資所得。

要計算任何員工的所得，程式可以使用一個基本類別指標，再將這個指標指到某個衍生類別物件，並呼叫 **Earnings** 方法。眞正的薪資計算系統可能需要利用 **Employee** 指標陣列的個別元素，來參考到各種不同的 **Employee** 物件。程式會一次檢視陣列一個元素，使用 **Employee** 指標呼叫每個物件的適當 **Earnings** 方法。

軟體工程的觀點 10.11

宣告純 virtual 方法，讓類別設計師可以嚴密控制如何在類別階層中定義衍生類別。任何類別直接繼承自包含純 virtual 方法的基本類別，就必須改寫這個方法。否則新的類別也將成為抽象類別，而且嘗試產生該類別的物件都將失敗。

我們首先考慮類別 **Employee** (圖 10.16 至圖 10.17)。其中 **public** 成員包括一個建構式 (圖 10.17 的第 8-12 行)，該建構式接收員工的名稱和姓氏作爲引數；屬性 **FirstName** (圖 10.16 的第 16-24 行) 和 **LastName** (第 27-35 行)；方法 **ToString** (圖 10.17 的第 15-18 行)，傳回名稱和姓氏，中間以空格隔開；以及純 **virtual** 方法 **Earnings** (圖 10.16 的第 38 行)。關鍵字 **__abstract** (第 10 行) 指出類別 **Employee** 是抽象類別；因此，不可以用來產生 **Em-ployee** 物件。方法 **Earnings** 定義成純 **virtual** 方法，因此類別不會提供方法的實作內容。所有直接從 **Employee** 類別衍生出來的類別，除了抽象衍生類別以外，都必須實作這個方法。因為我們無法替使用一般員工的名義計算薪資所得，所以方法 **Earnings** 在 **Employee** 類別中必須定義為 **virtual** 方法。要決定薪資所得，我們必須先知道員工的種類。我們將這個方法設定為純 **virtual** 方法，表示我們將會在每個衍生的具象類別中，提供這個函式的實作內容，但是在基本類別本身並不提供。

```
 1  // Fig. 10.16: Employee.h
 2  // Abstract base class for company employees.
 3
 4  #pragma once
 5
 6  #using <mscorlib.dll>
 7
 8  using namespace System;
 9
10  __abstract __gc class Employee
11  {
12  public:
13     Employee( String *, String * );        // constructor
14
15     // property FirstName
16     __property String *get_FirstName()
17     {
18        return firstName;
19     }
20
21     __property void set_FirstName( String *value )
22     {
23        firstName = value;
24     }
25
26     // property LastName
27     __property String *get_LastName()
28     {
29        return lastName;
30     }
31
32     __property void set_LastName( String *value )
33     {
34        lastName = value;
35     }
36
37     String *ToString();
38     virtual Decimal Earnings() = 0;          // pure virtual method
39
40  private:
41     String *firstName;
42     String *lastName;
43  }; // end class Employee
```

圖 10.16 Employee 抽象基本類別的定義。

```
1   // Fig. 10.17: Employee.cpp
2   // Method definitions for class Employee.
3
4   #include "stdafx.h"
5   #include "Employee.h"
6
7   // constructor
8   Employee::Employee( String *firstNameValue, String *lastNameValue )
9   {
10     FirstName = firstNameValue;
11     LastName = lastNameValue;
12  }
13
14  // return string representation of Employee
15  String *Employee::ToString()
16  {
17     return String::Concat( FirstName, S" ", LastName );
18  }
```

圖 10.17 Employee 類別的方法定義。

類別 **Boss** (圖 10.18 及圖 10.19) 繼承自類別 **Employee**。類別 **Boss** 的建構式 (圖 10.19 的第 8-13 行) 接收名稱、姓氏和薪資作為引數。建構式將名稱和姓氏傳給 **Employee** 建構式 (第 10 行)，如此就初始化衍生類別物件中屬於基本類別部份的 **FirstName** 和 **LastName** 成員。類別 **Boss** 的其他 **public** 方法，包括定義如何計算老闆薪資的方法 **Earnings** (第 16-19 行)，以及會傳回字串指出員工類型 (例如，"Boss:") 和老闆名稱的方法 **ToString** (第 22-25 行)。類別 **Boss** 也包括屬性 **WeeklySalary** (圖 10.18 的第 14-24 行)，可以用來計算成員變數 **salary** 的數值。注意，這個屬性只是確認在實際的薪資計算系統中，**salary** 不會存入負數，這項確認必須更為廣泛和小心地控制。

```
1   // Fig. 10.18: Boss.h
2   // Boss class derived from Employee.
3
4   #pragma once
5
6   #include "Employee.h"
7
8   public __gc class Boss: public Employee
9   {
10  public:
11     Boss( String *, String *, Decimal );     // constructor
12
13     // property WeeklySalary
14     __property Decimal get_WeeklySalary()
15     {
16        return salary;
17     }
18
```

圖 10.18 類別 Boss 繼承自類別 Employee。(第 2 之 1 部分)

```
19      __property void set_WeeklySalary( Decimal value )
20      {
21         // ensure positive salary value
22         if ( value >= 0 )
23            salary = value;
24      }
25
26      Decimal Earnings();
27      String *ToString();
28
29   private:
30      Decimal salary; // Boss's salary
31   }; // end class Boss
```

圖 10.18 類別 Boss 繼承自類別 Employee。(第 2 之 2 部分)

```
1    // Fig. 10.19: Boss.cpp
2    // Method definitions for class Boss.
3
4    #include "stdafx.h"
5    #include "Boss.h"
6
7    // constructor
8    Boss::Boss( String *firstNameValue, String *lastNameValue,
9       Decimal salaryValue )
10      : Employee ( firstNameValue, lastNameValue )
11   {
12      WeeklySalary = salaryValue;
13   }
14
15   // override base-class method to calculate Boss's earnings
16   Decimal Boss::Earnings()
17   {
18      return WeeklySalary;
19   }
20
21   // return string representation of Boss
22   String *Boss::ToString()
23   {
24      return String::Concat( S"Boss: ", __super::ToString() );
25   }
```

圖 10.19 Boss 類別的方法定義。

類別 **CommissionWorker** (圖 10.20 至圖 10.21) 也是繼承自類別 **Employee**。這個類別的建構式 (圖 10.21 的第 8-16 行) 接收名稱、姓氏、薪資、佣金和銷售項目的數量作為引數。第 11 行將名稱和姓氏傳遞給基本類別 **Employee** 的建構式。類別 **CommissionWorker** 也提供屬性 **WeeklySalary** (圖 10.20 的第 14-24 行)、**Commission** (第 27-37 行) 和 **Quantity** (第 40-50 行)；以及計算工人工資的方法 **Earnings** (圖 10.21 的第 20-23 行)；和傳回字串指出員工的種類 (例如，"**CommissionWorker:**") 和工人名稱的方法 **ToString** (第 26-29 行)。

```
1  // Fig. 10.20: CommissionWorker.h
2  // CommissionWorker class derived from Employee.
3
4  #pragma once
5
6  #include "Employee.h"
7
8  public __gc class CommissionWorker : public Employee
9  {
10 public:
11    CommissionWorker( String *, String *, Decimal, Decimal, int );
12
13    // property WeeklySalary
14    __property Decimal get_WeeklySalary()
15    {
16       return salary;
17    }
18
19    __property void set_WeeklySalary( Decimal value )
20    {
21       // ensure non-negative salary value
22       if ( value >= 0 )
23          salary = value;
24    }
25
26    // property Commission
27    __property Decimal get_Commission()
28    {
29       return commission;
30    }
31
32    __property void set_Commission( Decimal value )
33    {
34       // ensure non-negative salary value
35       if ( value >= 0 )
36          commission = value;
37    }
38
39    // property Quantity
40    __property int get_Quantity()
41    {
42       return quantity;
43    }
44
45    __property void set_Quantity( int value )
46    {
47       // ensure non-negative salary value
48       if ( value >= 0 )
49          quantity = value;
50    }
51
52    Decimal Earnings();
```

圖 10.20　類別 CommissionWorker 繼承自類別 Employee (第 2 之 1 部分)。

```
53       String *ToString();
54
55    private:
56       Decimal salary;        // base weekly salary
57       Decimal commission;    // amount paid per item sold
58       int quantity;          // total items sold
59    }; // end class CommissionWorker
```

圖 10.20　類別 CommissionWorker 繼承自類別 Employee (第 2 之 2 部分)。

```
 1    // Fig. 10.21: CommissionWorker.cpp
 2    // Method definitions for class Employee.
 3
 4    #include "stdafx.h"
 5    #include "CommissionWorker.h"
 6
 7    // constructor
 8    CommissionWorker::CommissionWorker( String *firstNameValue,
 9       String *lastNameValue, Decimal salaryValue,
10       Decimal commissionValue, int quantityValue )
11       : Employee( firstNameValue, lastNameValue )
12    {
13       WeeklySalary = salaryValue;
14       Commission = commissionValue;
15       Quantity = quantityValue;
16    }
17
18    // override base-class method to calculate
19    // CommissionWorker's earnings
20    Decimal CommissionWorker::Earnings()
21    {
22       return WeeklySalary + Commission * Quantity;
23    }
24
25    // return string representation of CommissionWorker
26    String *CommissionWorker::ToString()
27    {
28       return String::Concat( S"CommissionWorker: ", __super::ToString() );
29    }
```

圖 10.21　CommissionWorker 類別的方法定義。

類別 **PieceWorker** (圖 10.22 至圖 10.23) 繼承自類別 **Employee**。這個類別的建構式 (圖 10.23 的第 8-14 行) 接收名稱、姓氏、每件產品的工資和生產出來的數量作為引數。第 10 行將名稱和姓氏傳遞給基本類別 **Employee** 的建構式。類別 **PieceWorker** 也提供屬性 **WagePerPiece** (圖 10.22 的第 14-24 行) 和 **Quantity** (第 27-37 行) 以及計算按件計酬工人工資的方法 **Earnings** (圖 10.23 的第 17-20 行) 和傳回字串指出員工種類 (例如，"**PieceWorker:**") 和按件計酬工人名稱的方法 **ToString** (第 23-26 行)。

```
1   // Fig. 10.22: PieceWorker.h
2   // PieceWorker class derived from Employee.
3
4   #pragma once
5
6   #include "Employee.h"
7
8   public __gc class PieceWorker : public Employee
9   {
10  public:
11     PieceWorker( String *, String *, Decimal, int );
12
13     // property WagePerPiece
14     __property Decimal get_WagePerPiece()
15     {
16        return wagePerPiece;
17     }
18
19     __property void set_WagePerPiece( Decimal value )
20     {
21        // ensure non-negative salary value
22        if ( value >= 0 )
23           wagePerPiece = value;
24     }
25
26     // property Quantity
27     __property int get_Quantity()
28     {
29        return quantity;
30     }
31
32     __property void set_Quantity( int value )
33     {
34        // ensure non-negative salary value
35        if ( value >= 0 )
36           quantity = value;
37     }
38
39     Decimal Earnings();
40     String *ToString();
41
42  private:
43     Decimal wagePerPiece;  // wage per piece produced
44     int quantity;          // quantity of pieces produced
45  }; // end class PieceWorker
```

圖 10.22　PieceWorker 類別繼承自類別 Employee。

類別 **HourlyWorker** (圖 10.24 至圖 10.25) 也是繼承自類別 **Employee**。這個類別的建構式 (圖 10.25 的第 8-14 行) 接收名稱、姓氏、工資和已經工作時數作爲引數。第 10 行將名稱和姓氏傳遞給基本類別 **Employee** 的建構式。類別 **HourlyWorker** 也提供屬性 **Wage** (圖

10.24 的第 14-24 行) 和 **HoursWorked** (第 27-37 行) 以及計算計時工人工資的方法 **Earnings** (圖 10.25 的第 17-33 行)；和傳回字串指出員工種類 (例如，"**HourlyWorker:**") 和計時工人名稱的方法 **ToString** (第 36-39 行)。計時工人若一週工作超過 40 小時，超時加班工資是按一般工資的 1.5 倍計算。

類別 **EmployeesTest** (圖 10.26) 的函式 **_tmain** (第 20-60 行) 宣告 **Employee** 指標 **employee** (第 33 行)。每種員工在函式 **_tmain** 中都是以類似方式處理，所以我們只討論 **Boss** 物件的操作方法。

第 22 行建立一個新的 **Boss** 物件，並且將老闆的名稱 "**John**"、姓氏 "**Smith**" 和固定的週薪 (800) 傳遞給它的建構式。第 33 行將衍生類別指標 **boss** 指定給基本類別 **Employee** 指標 **employee**，因此，我們才可以說明如何以多型方式決定 **boss** 的薪資所得。第 35-36 行將指標 **employee** 當作引數傳給函式 **GetString** (第 63-67 行)，這個函式會以多型方式呼叫 **Employee** 物件的 **ToString** 和 **Earnings** 方法。因此第 65-66 行透過 **Employee** 指標呼叫 **Boss** 的方法 **ToString** 和 **Earnings**。這些是多型操作的一些典型範例。

方法 **Earnings** 傳回一個 **Decimal** 物件，然後在第 66 行呼叫 **ToString** 方法。在這種情況下，字串 "**C**" 就會傳給 **Decimal** 類別多載的 **ToString** 方法，表示要轉換成貨幣格式，於是 **ToString** 就會將字串格式化成貨幣金額。

```
1   // Fig. 10.23: PieceWorker.cpp
2   // Method definitions for class PieceWorker.
3
4   #include "stdafx.h"
5   #include "PieceWorker.h"
6
7   // constructor
8   PieceWorker::PieceWorker( String *firstNameValue,
9      String *lastNameValue, Decimal wagePerPieceValue,
10     int quantityValue ) : Employee( firstNameValue, lastNameValue )
11  {
12     WagePerPiece = wagePerPieceValue;
13     Quantity = quantityValue;
14  }
15
16  // override base-class method to calculate PieceWorker's earnings
17  Decimal PieceWorker::Earnings()
18  {
19     return Quantity * WagePerPiece;
20  }
21
22  // return string representation of PieceWorker
23  String *PieceWorker::ToString()
24  {
25     return String::Concat( S"PieceWorker: ", __super::ToString() );
26  }
```

圖 10.23 PieceWorker 類別的方法定義。

```
1   // Fig. 10.24: HourlyWorker.h
2   // HourlyWorker class derive from Employee.
3
4   #pragma once
5
6   #include "Employee.h"
7
8   public __gc class HourlyWorker : public Employee
9   {
10  public:
11     HourlyWorker( String *, String *, Decimal, double );
12
13     // property Wage
14     __property Decimal get_Wage()
15     {
16        return wage;
17     }
18
19     __property void set_Wage( Decimal value )
20     {
21        // ensure non-negative wage value
22        if ( value >= 0)
23           wage = value;
24     }
25
26     // property HoursWorked
27     __property double get_HoursWorked()
28     {
29        return hoursWorked;
30     }
31
32     __property void set_HoursWorked( double value )
33     {
34        // ensure non-negative hoursWorked value
35        if ( value >= 0 )
36           hoursWorked = value;
37     }
38
39     Decimal Earnings();
40     String *ToString();
41
42  private:
43     Decimal wage;           // wage per hour of work
44     double hoursWorked;     // hours worked during week
45     static const int STANDARD_HOURS = 40;
46  }; // end class HourlyWorker
```

圖 10.24　HourlyWorker 類別繼承自類別 Employee。

```
1   // Fig. 10.25: HourlyWorker.cpp
2   // Method definitions for class HourlyWorker.
3
4   #include "stdafx.h"
5   #include "HourlyWorker.h"
6
7   // constructor
8   HourlyWorker::HourlyWorker( String *firstNameValue,
9      String *lastNameValue, Decimal wageValue, double hoursWorkedValue )
10     : Employee( firstNameValue, lastNameValue )
11  {
12     Wage = wageValue;
13     HoursWorked = hoursWorkedValue;
14  }
15
16  // override base-class method to calculate HourlyWorker earnings
17  Decimal HourlyWorker::Earnings()
18  {
19     // compensate for overtime (paid "time-and-a-half")
20     if ( HoursWorked <= STANDARD_HOURS ) {
21        return Wage * static_cast< Decimal >( HoursWorked );
22     }  // end if
23
24     else {
25        // calculate base and overtime pay
26        Decimal basePay = Wage *
27           static_cast< Decimal >( STANDARD_HOURS );
28        Decimal overtimePay = Wage * 1.5 *
29           static_cast< Decimal >( HoursWorked - STANDARD_HOURS );
30
31        return basePay + overtimePay;
32     } // end else
33  } // end method Earnings
34
35  // return string representation of HourlyWorker
36  String *HourlyWorker::ToString()
37  {
38     return String::Concat( S"HourlyWorker: ", __super::ToString() );
39  }
```

圖 10.25　Hourly Worker 類別的方法定義。

```
1   // Fig. 10.26: EmployeesTest.cpp
2   // Domesticates polymorphism by displaying earnings
3   // for various Employee types.
4
5   #include "stdafx.h"
6   #include "PieceWorker.h"
7   #include "CommissionWorker.h"
8   #include "HourlyWorker.h"
9   #include "Boss.h"
10
```

圖 10.26　使用 EmployeesTest 類別來測試 Employee 類別階層 (第 3 之 1 部分)。

```
11   #using <mscorlib.dll>
12   #using <system.windows.forms.dll>
13
14   using namespace System;
15   using namespace System::Windows::Forms;
16
17   // return string that contains Employee information
18   String *GetString( Employee *worker );
19
20   int _tmain()
21   {
22      Boss *boss = new Boss( S"John", S"Smith", 800 );
23
24      CommissionWorker *commissionWorker =
25         new CommissionWorker( S"Sue", S"Jones", 400, 3, 150 );
26
27      PieceWorker *pieceWorker = new PieceWorker( S"Bob", S"Lewis",
28         static_cast< Decimal >( 2.5 ), 200 );
29
30      HourlyWorker *hourlyWorker = new HourlyWorker( S"Karen",
31         S"Price", static_cast< Decimal >( 13.75 ), 50 );
32
33      Employee *employee = boss;
34
35      String *output = String::Concat( GetString( employee ), boss,
36         S" earned ", boss->Earnings().ToString( "C" ), S"\n\n" );
37
38      employee = commissionWorker;
39
40      output = String::Concat( output, GetString( employee ),
41         commissionWorker, S" earned ",
42         commissionWorker->Earnings().ToString( "C" ), S"\n\n" );
43
44      employee = pieceWorker;
45
46      output = String::Concat( output, GetString( employee ),
47         pieceWorker, S" earned ",
48         pieceWorker->Earnings().ToString( "C" ), S"\n\n" );
49
50      employee = hourlyWorker;
51
52      output = String::Concat( output, GetString( employee ),
53         hourlyWorker, S" earned ",
54         hourlyWorker->Earnings().ToString( "C" ), S"\n\n" );
55
56      MessageBox::Show( output, S"Demonstrating Polymorphism",
57         MessageBoxButtons::OK, MessageBoxIcon::Information );
58
59      return 0;
60   } // end _tmain
61
```

圖 10.26　使用 EmployeesTest 類別來測試 Employee 類別階層 (第 3 之 2 部分)。

```
62  // return string that contains Employee information
63  String *GetString( Employee *worker )
64  {
65     return String::Concat( worker->ToString(), S" earned ",
66        worker->Earnings().ToString( "C" ), S"\n" );
67  } // end function GetString
```

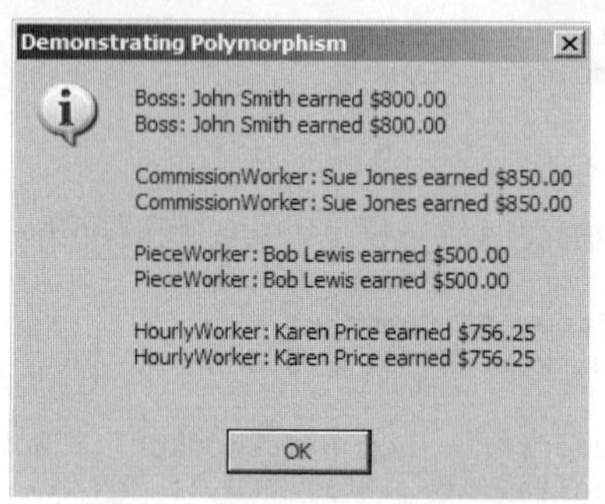

圖 10.26　使用 EmployeesTest 類別來測試 Employee 類別階層 (第 3 之 3 部分)。

當函式 **GetString** 將控制權傳回 **_tmain** 的時候，第 35-36 行明確地透過衍生類別 **Boss** 指標 **boss** 呼叫方法 **ToString** 和 **Earnings**，顯示這些方法呼叫並沒有使用多型方式處理。在第 35-36 行產生的輸出，對於使用基本類別 **Employee** 指標和衍生類別 **Boss** 指標，結果是相同的，證明方法 **GetString** 以多型方式，都會呼叫到衍生類別 **Boss** 的適當方法。

爲了證明基本類別指標 **employee** 可以爲其他類型員工呼叫適當衍生類別的方法 **ToString** 和 **Earnings**，第 38、44 和 50 行將基本類別指標 **employee** 指定給不同類型的 **Employee** 物件 (分別是 **CommissionWorker**、**PieceWorker** 和 **HourlyWorker**)。在每次指定後，應用程式就會呼叫方法 **GetString** 經由基本類別指標傳回結果。然後，應用程式透過每個衍生類別指標去呼叫方法 **ToString** 和 **Earnings**，顯示編譯器正確地將每個方法呼叫連結到對應的衍生類別物件。

10.9　範例研究：介面的建立和使用

我們現在再舉二個多型的例子，如何使用*介面* (*interface*) 指出類別必須實作的 **public** 服務 (也就是方法和屬性)。當基本類別沒有預設實作內容可以繼承時 (也就是，沒有資料成員和沒有預設的方法實作內容)，就可以使用介面。不過，最好使用抽象類別提供資料和服務給階層中的物件，介面則是提供服務給「集合在一起」彼此不相干的物件，這些物件只有共同介面的關係。

介面的定義是以關鍵字 ***__interface*** 開始，並且包含一系列的 **public** 方法和屬性。介面包含的所有方法和屬性都是純 **virtual** 方法並且是 **public**。介面不可以包含資料成員。介面可以繼承其他的介面，但是不可以繼承類別。若要使用介面，類別必須指出它要實作的介面 (又稱爲「繼承介面」)，而且必須提供介面定義中指定的每個方法和屬性的實作內容。類別若要實作某個介面，它必須遵守編譯器的規定：「這個類別會定義出介面所指定的所有方法和屬性」。

軟體工程的觀點 10.12

*介面的所有方法和屬性都是 **public** 和純 **virtual**；因此，**public** 和 **virtual** 這兩個關鍵字和方法的初始值「**= 0**」均可以省略。*

常見的程式設計錯誤 10.7

*當非抽象類別實作 **__interface** 介面的時候，即使只有一個 **__interface** 介面的方法或屬性未加以定義，也是一種錯誤。類別必須定義 **__interface** 內的每一個方法和屬性。*

介面提供不同類別物件一致的方法和屬性，讓程式可以用多型方式處理那些不同類別的物件。舉例來說，考慮表示人、樹、汽車和檔案的不同物件。這些物件彼此之間沒有任何關係，人有名稱和姓氏，樹有樹幹、許多的樹枝和樹葉，汽車有輪子、變速箱和其他的機制，能讓汽車移動，而檔案包含了資料。由於在這些類別之間缺乏共通性，因此想透過共用基本類別的繼承階層，讓這些類別有相同的行為模式，這種想法是不合邏輯的。然而，這些物件最少還是有一個共通的特性，就是「年齡」。人的年齡是按照出生後的年數計算，樹的年齡是以樹幹中的年輪表示，汽車的年齡是以它的出廠日期表示，而檔案的年齡則是按它的建立日期表示。我們可以利用一個介面，提供某個方法或屬性讓這些個別的類別物件可以實作，以便傳回每個物件的年齡。

繼承 IAge 介面

在這個例子中，我們利用介面 **IAge** (圖 10.27) 傳回類別 **Person** (圖 10.28 及圖 10.29) 和 **Tree** (圖 10.30 及圖 10.31) 的年齡訊息。介面 **IAge** 的定義範圍是從第 10 行的 **public __gc __interface** 開始，到第 15 行的右大括號為止。第 13-14 行指定唯讀屬性 **Age** 和 **Name**，每個實作介面 **IAge** 的類別都必須提供實作內容。介面不一定非要宣告唯讀屬性，也可以提供方法、唯寫屬性以及具有 *get* 和 *set* 方法的屬性。藉著指定這些屬性的宣告，讓實作介面 **IAge** 的物件能夠分別地傳回它的年齡和名稱。實作介面 **IAge** 的類別必須提供介面屬性的實作內容。

良好的程式設計習慣 10.2

*依照慣例，每個介面名稱的開頭是「**I**」。*

第 8 行 (圖 10.28) 利用 MC++的繼承符號 (也就是，*ClassName*：*InterfaceName*) 指出類別 **Person** 實作介面 **IAge**。在這個例子中，類別 **Person** 只實作一個介面。一個類別可以從另一個類別繼承，並且實作任意多個的介面。類別若要實作超過一個以上介面，或者從另一個類別繼承並且實作一些介面，則類別的定義必須在冒號後面加上一個以逗號隔開的名稱

串列，如下所述

```
public __gc class MyClass2 : public IFace1, public IFace2,
   public MyClass1
```

類別 **Person** (圖 10.28) 擁有 **private** 資料成員 **firstName**、**lastName** 和 **yearBorn** (第 26-28 行)，以及建構式 (圖 10.29 的第 8-19 行) 來設定數值。類別 **Person** (圖 10.28) 實作介面 **IAge**，因此，類別 **Person** 必須實作屬性 **Age** 和 **Name** 的內容，分別定義在第 14-17 行和第 20-23 行中。屬性 **Age** 允許用戶取得人的年齡，而屬性 **Name** 傳回包含 **firstName** 和 **lastName** 的一個字串。請注意屬性 **Age** 是從今年的年數 (經由傳回目前日期的屬性 **DateTime::Now** 的屬性 **Year**) 減去 **yearBorn**，來計算人的年齡。這些屬性就是在介面 **IAge** 中需要定義的實作內容，因此類別 **Person** 已經符合編譯器的要求。

類別 **Tree** (圖 10.30 及圖 10.31) 也實作了介面 **IAge**。類別 **Tree** 擁有 **private** 資料成員 **rings** (圖 10.30 的第 27 行)，表示在樹幹中的年輪數目，這個變數直接對應到樹的年齡。建構式 **Tree** (圖 10.31 的第 8-16 行) 接收一個 **int** 數值作爲引數，指出該樹是在那一年種的。類別 **Tree** 也包括方法 **AddRing** (第 19-22 行)，讓程式能夠增加樹的年輪數目。類別 **Tree** 也實作介面 **IAge**，因此，類別 **Tree** (圖 10.30) 必須實作屬性 **Age** 和 **Name** 的內容，分別定義在第 15-18 行和第 21-24 行中。屬性 **Age** 傳回 **rings** 的數值，而屬性 **Name** 則傳回字串 "**Tree**"。

InterfacesTest.cpp (圖 10.32) 說明針對不同類別 **Person** 和 **Tree** 物件的多型操作。第 16 行產生型別 **Tree *** 的指標 **tree**，第 17 行產生型別 **Person *** 的指標 **person**。第 20 行宣告 **iAgeArray**，此陣列包含二個指向 **IAge** 物件的指標。第 23 和 26 行將 **tree** 和 **person** 的位址，分別指定給陣列 **iAgeArray** 的第一個和第二個指標。第 29-30 行呼叫 **tree** 的 **ToString** 方法，然後呼叫它的屬性 **Age** 和 **Name**，以便傳回物件 **tree** 的年齡和名稱等訊息。第 **33-34** 行呼叫 **person** 的 **ToString** 方法，然後呼叫它的屬性 **Age** 和 **Name**，以便傳回物件 **person** 的年齡和名稱等訊息。其次，我們利用指向 **IAge** 物件的指標陣列 **AgeArray**，就能夠以多型方式操作這些物件。第 39-44 行定義一個 **for** 敘述式，利用屬性 **Age** 和 **Name** 取得陣列 **iAgeArray** 的每個 **IAge** 指標元素的年齡和名稱。注意，程式也可以使用任何的介面指標，來呼叫類別 **Object** 的 **public** 方法 (例如，**ToString**)。因爲每個物件都是直接或間接地繼承自 **Object** 類別，所以這是可能的。因此，保証每個物件擁有 **Object** 類別的 **public** 方法。

軟體工程的觀點 10.13

*在 MC++中，介面指標可以呼叫該介面宣告的方法和屬性，以及類別 **Object** 的 **public** 方法。*

軟體工程的觀點 10.14

在 MC++中，介面只提供那些在介面中宣告的 public 服務，然而抽象類別則提供在抽象類別中定義的 public 服務，以及從本身的基本類別繼承過來的那些成員。

```
 1  // Fig. 10.27: IAge.h
 2  // Interface IAge declares property for setting and getting age.
 3
 4  #pragma once
 5
 6  #using <mscorlib.dll>
 7
 8  using namespace System;
 9
10  public __gc __interface IAge
11  {
12  public:
13     __property int get_Age() = 0;
14     __property String *get_Name() = 0;
15  }
```

圖 10.27　IAge 介面可以讓不同的類別物件傳回年齡。

```
 1  // Fig. 10.28: Person.h
 2  // Class Person has a birthday.
 3
 4  #pragma once
 5
 6  #include "IAge.h"
 7
 8  public __gc class Person : public IAge
 9  {
10  public:
11     Person( String *, String *, int );
12
13     // property Age implementation of interface IAge
14     __property int get_Age()
15     {
16        return DateTime::Now.Year - yearBorn;
17     }
18
19     // property Name implementation of interface IAge
20     __property String *get_Name()
21     {
22        return String::Concat( firstName, S" ", lastName );
23     }
24
25  private:
26     String *firstName;
27     String *lastName;
28     int yearBorn;
29  }; // end class Person
```

圖 10.28　Person 類別實作 IAge 介面。

```
1  // Fig. 10.29: Person.cpp
2  // Method definitions of class Person.
3
4  #include "stdafx.h"
5  #include "Person.h"
6
7  // constructor
8  Person::Person( String *firstNameValue, String *lastNameValue,
9     int yearBornValue )
10 {
11    firstName = firstNameValue;
12    lastName = lastNameValue;
13
14    if ( ( yearBornValue > 0 ) &&
15       ( yearBornValue <= DateTime::Now.Year ) )
16          yearBorn = yearBornValue;
17    else
18       yearBorn = DateTime::Now.Year;
19 }
```

圖 10.29 Person 類別的方法定義。

```
1  // Fig. 10.30: Tree.h
2  // Class Tree contains number of rings corresponding to its age.
3
4  #pragma once
5
6  #include "IAge.h"
7
8  public __gc class Tree : public IAge
9  {
10 public:
11    Tree( int );              // constructor
12    void AddRing();
13
14    // property Age implementation of interface IAge
15    __property int get_Age()
16    {
17       return rings;
18    }
19
20    // property Name implementation of interface IAge
21    __property String *get_Name()
22    {
23       return "Tree";
24    }
25
26 private:
27    int rings;    // number of rings in tree trunk
28 }; // end class Tree
```

圖 10.30 Tree 類別實作 IAge 介面。

```
1   // Fig. 10.31: Tree.cpp
2   // Method definitions for class Tree.
3
4   #include "stdafx.h"
5   #include "Tree.h"
6
7   // constructor
8   Tree::Tree( int yearPlanted )
9   {
10     if ( yearPlanted >= 0 && yearPlanted <= DateTime::Now.Year )
11
12        // count number of rings in Tree
13        rings = DateTime::Now.Year - yearPlanted;
14     else
15        rings = 0;
16  }
17
18  // increment rings
19  void Tree::AddRing()
20  {
21     rings++;
22  }
```

圖 10.31　Tree 類別的方法定義。

```
1   // Fig. 10.32: InterfacesTest.cpp
2   // Demonstrating polymorphism with interfaces.
3
4   #include "stdafx.h"
5   #include "Person.h"
6   #include "Tree.h"
7
8   #using <mscorlib.dll>
9   #using <system.windows.forms.dll>
10
11  using namespace System;
12  using namespace System::Windows::Forms;
13
14  int _tmain()
15  {
16     Tree *tree = new Tree( 1978 );
17     Person *person = new Person( S"Bob", S"Jones", 1971 );
18
19     // create array of IAge pointers
20     IAge *iAgeArray[] = new IAge *[ 2 ];
21
22     // IAgeArray[ 0 ] points to Tree object
23     iAgeArray[ 0 ] = tree;
24
25     // IAgeArray[ 1 ] points to Person object
26     iAgeArray[ 1 ] = person;
27
```

圖 10.32　利用不同的類別物件示範說明多型的用法 (第 2 之 1 部分)。

```
28       // display tree information
29       String *output = String::Concat( tree, S": ", tree->Name,
30          S"\nAge is ", tree->Age, S"\n\n" );
31
32       // display person information
33       output = String::Concat( output, person, S": ", person->Name,
34          S"\nAge is ", person->Age, S"\n\n" );
35
36       // display name and age for each IAge object in iAgeArray
37       IAge *agePtr;
38
39       for ( int i = 0; i < iAgeArray->Length; i++ ) {
40          agePtr = iAgeArray[ i ];
41
42          output = String::Concat( output, agePtr->Name,
43             S": Age is ", agePtr->Age.ToString(), S"\n" );
44       } // end for
45
46       MessageBox::Show( output, S"Demonstrating Polymorphism" );
47
48       return 0;
49    } // end _tmain
```

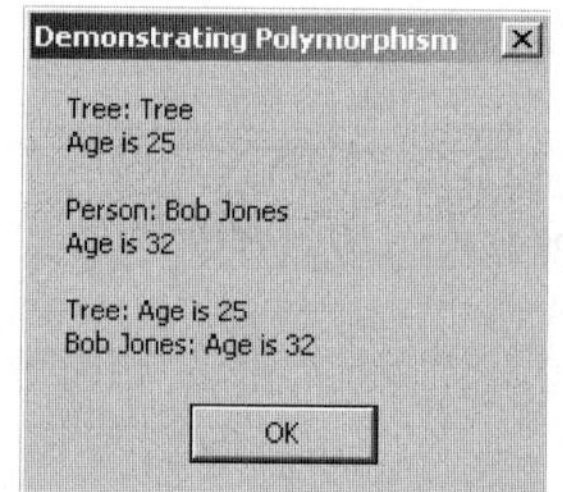

圖 10.32 利用不同的類別物件示範說明多型的用法 (第 2 之 2 部分)。

使用介面實作 Point-Circle-Cylinder 階層

我們的下一個例子使用介面而不是使用抽象類別，來檢視 **Point-Circle-Cylinder** 階層，如何描述階層中類別的共同方法和屬性。我們現在先說明類別如何實作一個介面，然後當作基本類別，供衍生類別繼承實作內容。我們建立介面 **IShape** (圖 10.33)，指定方法 **Area** 和 **Volume** 和屬性 **Name** (第 14、15 和 16 行)。每個實作介面 **IShape** 的類別，必須提供這二個方法和這個唯讀屬性的實作內容。注意，即使在這個例子中，介面的方法並沒有接受引數，但是介面的方法是可以接受引數 (正如一般的方法可以接受引數)。

類別 **Point3** (圖 10.34 及圖 10.35) 實作介面 **IShape**；因此，類別 **Point3** 必須實作所有三個 **IShape** 的成員。因爲點的面積爲零，所以第 28-31 行 (圖 10.35) 實作的方法 **Area**，會傳回 0 值。因爲點的體積爲零，所以第 34-37 行實作的方法 **Volume**，會傳回 0 值。第 43-46 行 (圖 10.34) 實作的唯讀屬性 **Name**，會傳回類別的名稱 “**Point3**” 。

```
1   // Fig. 10.33: IShape.h
2   // Interface IShape for Point, Circle, Cylinder Hierarchy.
3
4   #pragma once
5
6   #using <mscorlib.dll>
7
8   using namespace System;
9
10  public __gc __interface IShape
11  {
12     // classes that implement IShape must implement these methods
13     // and this property
14     double Area();
15     double Volume()
16     __property String *get_Name();
17  }; // end interface IShape
```

圖 10.33　IShape 介面提供方法 Area 和 Volume 以及屬性 Name。

```
1   // Fig. 10.34: Point3.h
2   // Point3 implements interface IShape and represents
3   // an x-y coordinate pair.
4
5   #pragma once
6
7   #include "IShape.h"
8
9   // Point3 implements IShape
10  public __gc class Point3 : public IShape
11  {
12  public:
13     Point3();                       // default constructor
14     Point3( int, int );             // constructor
15
16     // property X
17     __property int get_X()
18     {
19        return x;
20     }
21
22     __property void set_X( int value )
23     {
24        x = value;
25     }
26
27     // property Y
28     __property int get_Y()
29     {
30        return y;
31     }
32
```

圖 10.34　Point3 類別實作介面 IShape。(第 2 之 1 部分)

```
33      __property void set_Y( int value )
34      {
35         y = value;
36      }
37
38      String *ToString();
39      virtual double Area();
40      virtual double Volume();
41
42      // property Name
43      __property virtual String *get_Name()
44      {
45         return S"Point3";
46      }
47
48   private:
49      int x, y;                     // Point3 coordinates
50   }; // end class Point3
```

圖 10.34 Point3 類別實作介面 IShape。(第 2 之 2 部分)

當類別實作某個介面的時候，這個類別就會進入與繼承架構相同的「是一個」關係。在這個例子中，**Point3** 類別實作介面 **IShape**。因此，**Point3** 物件是一個 **IShape** 物件，任何繼承 **Point3** 的類別物件也是 **IShape** 物件。舉例來說，類別 **Circle3** (圖 10.36 及圖 10.37) 繼承自 **Point3** 類別，因此，**Circle3** 是一個 **Ishape** 物件。類別 **Circle3** 隱含地實作介面 **Ishape**，而且繼承 **Point** 類別實作的 **IShape** 方法。圓沒有體積，因此類別 **Circle3** 不需要改寫類別 **Point3** 的 **Volume** 方法，這個方法會傳回零。然而，我們在類別 **Circle3** 中不想使用 **Point3** 類別的 **Area** 方法或者 **Name** 屬性。因為圓的面積和名稱與點都不相同，所以 **Circle3** 類別對於這些方法應該提供它自己的實作內容。第 33-36 行 (圖 10.37) 改寫 **Area** 方法，以便傳回圓的面積，第 35-38 行 (圖 10.36) 改寫 **Name** 屬性，傳回字串 "**Circle3**"。

Cylinder3 類別 (圖 10.38 及圖 10.39) 繼承自類別 **Circle3**。因為 **Cylinder3** 間接地衍生自 **Point3**，而 **Point3** 實作介面 **IShape**，所以圓柱體 **Cylinder3** 隱含地必須實作介面 **IShape**。**Cylinder3** 從 **Circle3** 繼承了方法 **Area** 和屬性 **Name**，而且從 **Point3** 繼承方法 **Volume**。然而，**Cylinder3** 改寫屬性 **Name**、方法 **Area** 和 **Volume**，以便執行 **Cylinder3** 特有的操作。第 21-24 行 (圖 10.39) 改寫方法 **Area**，傳回圓柱體的表面積，第 27-30 行改寫方法 **Volume**，傳回圓柱體的體積，第 34-37 行 (圖 10.38) 改寫屬性 **Name**，傳回字串 "**Cylinder3**"。

Interfaces2Test.cpp (圖 10.40) 說明使用介面的 **point-circle-cylinder** 階層。圖 10.40 幾乎和圖 10.15 的例子相同，而圖 10.15 測試的類別階層是以 **__abstract** 基本類別 **Shape** 建立。在圖 10.40，第 22 行宣告 **arrayOfShapes** 陣列是以 **IShape** 介面指標作為元素，而不是以 **Shape** 基本類別指標作為元素。

```
1   // Fig. 10.35: Point3.cpp
2   // Method definitions for class Point3.
3
4   #include "stdafx.h"
5   #include "Point3.h"
6
7   // default constructor
8   Point3::Point3()
9   {
10     // implicit call to Object constructor occurs here
11  }
12
13  // constructor
14  Point3::Point3( int xValue, int yValue )
15  {
16     X = xValue;
17     Y = yValue;
18  }
19
20  // return string representation of Point3 object
21  String *Point3::ToString()
22  {
23     return String::Concat( S"[", X.ToString(), S", ",
24        Y.ToString(), S"]" );
25  }
26
27  // implement interface IShape method Area
28  double Point3::Area()
29  {
30     return 0;
31  }
32
33  // implement interface IShape method Volume
34  double Point3::Volume()
35  {
36     return 0;
37  }
```

圖 10.35　Point3 類別的方法定義。

```
1   // Fig. 10.36: Circle3.h
2   // Circle3 inherits from class Point3 and overrides key members.
3
4   #pragma once
5
6   #include "Point3.h"
7
8   // Circle3 inherits from class Point3
9   public __gc class Circle3 : public Point3
10  {
11  public:
12     Circle3();                      // default constructor
13     Circle3( int, int, double );    // constructor
```

圖 10.36　Circle3 類別繼承自類別 Point3 (第 2 之 1 部分)。

```
14
15      // property Radius
16      __property double get_Radius()
17      {
18         return radius;
19      }
20
21      __property void set_Radius( double value )
22      {
23
24         // ensure non-negative radius value
25         if ( value >= 0 )
26            radius = value;
27      }
28
29      double Diameter();
30      double Circumference();
31      double Area();
32      String *ToString();
33
34      // override property Name from class Point3
35      __property String *get_Name()
36      {
37         return S"Circle3";
38      }
39
40   private:
41      double radius;                    // Circle3 radius
42   }; // end class Circle3
```

圖 10.36　Circle3 類別繼承自類別 Point3。(第 2 之 2 部分)

```
1   // Fig. 10.37: Circle3.cpp
2   // Method definitions for class Circle3.
3
4   #include "stdafx.h"
5   #include "Circle3.h"
6
7   // default constructor
8   Circle3::Circle3()
9   {
10     // implicit call to Point3 constructor occurs here
11  }
12
13  // constructor
14  Circle3::Circle3( int xValue, int yValue, double radiusValue )
15     : Point3( xValue, yValue )
16  {
17     Radius = radiusValue;
18  }
19
```

圖 10.37　Circle3 類別的方法定義。

```
1   // Fig. 10.38: Cylinder3.h
2   // Cylinder3 inherits from class Circle3 and overrides key members.
3
4   #pragma once
5
6   #include "Circle3.h"
7
8   // Cylinder3 inherits from class Circle3
9   public __gc class Cylinder3 : public Circle3
10  {
11  public:
12     Cylinder3();                            // default constructor
13     Cylinder3( int, int, double, double ); // constructor
14
15     // property Height
16     __property double get_Height()
17     {
18        return height;
19     }
20
21     __property void set_Height( double value )
22     {
23
24        // ensure non-negative height value
25        if ( value >= 0 )
26           height = value;
27     }
28
29     double Area();                         // calculate area
30     double Volume();                       // calculate volume
31     String *ToString();
32
33     // override property Name from class Cylinder3
34     __property String *get_Name()
35     {
36        return S"Cylinder3";
37     }
38
39  private:
40     double height;                         // Cylinder3 height
41  }; // end class Cylinder3
```

圖 10.38　Cylinder3 類別繼承自類別 Circle3。

10.10　委派 (Delegates)

在第 9 章中，我們討論了物件如何將成員變數當作引數傳給方法。但是有的時候，物件將方法當做引數傳給其他的方法，倒是很有用處。舉例來說，假設你想將一連串數值按照遞增和遞減順序排列。我們不需要分別提供遞增和遞減排序方法 (每種比較各一種)，而是只提供單一方法，接收比較方法的指標作爲引數。若要執行遞增排序，我們可以將一個指向「遞增排序比較法」的指標傳給排序方法；若要執行遞減排序，我們可以將一個指向「遞減排序比較法」的指標傳給排序方法。然後，排序方法就會使用這個比較方法來排序串列，排序方法不需要知道是進行遞增還是遞減排序，或者比較方法是如何實作。

MC++並不允許將指向方法的指標當作引數，直接傳遞給其他的方法，但是提供了*委派* (*delegate*)，這是將幾組方法的指標封裝成類別。包含方法指標的「委派」物件可以傳給另一個方法。物件不需要直接傳遞方法指標，而是傳遞委派的實體，其中包含我們想要傳送的方法指標。方法如果接收到指向委派的指標，就可以呼叫委派所包含的方法。

```
1   // Fig. 10.39: Cylinder3.cpp
2   // Method definitions for class Cylinder3.
3
4   #include "stdafx.h"
5   #include "Cylinder3.h"
6
7   // default constructor
8   Cylinder3::Cylinder3()
9   {
10     // implicit call to Circle3 constructor occurs here
11  }
12
13  // constructor
14  Cylinder3::Cylinder3( int xValue, int yValue, double radiusValue,
15     double heightValue ) : Circle3( xValue, yValue, radiusValue )
16  {
17     Height = heightValue;
18  }
19
20  // calculate area
21  double Cylinder3::Area()
22  {
23     return 2 * __super::Area() + __super::Circumference() * Height;
24  }
25
26  // calculate volume
27  double Cylinder3::Volume()
28  {
29     return __super::Area() * Height;
30  }
31
32  // return string representation of Circle3 object
33  String *Cylinder3::ToString()
34  {
35     return String::Concat( __super::ToString(),
36        S"; Height = ", Height.ToString() );
37  }
```

圖 10.39　Cylinder3 類別的方法定義。

```
1   // Fig. 10.40: Interfaces2Test.cpp
2   // Demonstrating polymorphism with interfaces in
3   // Point-Circle-Cylinder hierarchy.
4
5   #include "stdafx.h"
6   #include "Cylinder3.h"
7
8   #using <mscorlib.dll>
9   #using <system.windows.forms.dll>
10
11  using namespace System;
12  using namespace System::Windows::Forms;
13
14  int _tmain()
15  {
16     // instantiate Point3, Circle3 and Cylinder3 objects
17     Point3 *point = new Point3( 7, 11 );
18     Circle3 *circle = new Circle3( 22, 8, 3.5 );
19     Cylinder3 *cylinder = new Cylinder3( 10, 10 , 3.3, 10 );
20
21     // create array of IShape pointers
22     IShape *arrayOfShapes[] = new IShape*[ 3 ];
23
24     // arrayOfShapes[ 0 ] points to Point3 object
25     arrayOfShapes[ 0 ] = point;
26
27     // arrayOfShapes[ 1 ] points to Circle3 object
28     arrayOfShapes[ 1 ] = circle;
29
30     // arrayOfShapes[ 2 ] points to Cylinder3 object
31     arrayOfShapes[ 2 ] = cylinder;
32
33     String *output = String::Concat( point->Name, S": ",
34        point->ToString(), S"\n", circle->Name,
35        S": ", circle, S"\n", cylinder->Name,
36        S": ", cylinder->ToString() );
37
38     IShape *shape;
39
42        output = String::Concat( output, S"\n\n",
43           arrayOfShapes[ i ]->Name, S": ", arrayOfShapes[ i ],
44           S"\nArea = ", arrayOfShapes[ i ]->Area().ToString( S"F" ),
45           S"\nVolume = ", arrayOfShapes[ i ]->Volume().ToString( S"F" ) );
46     } // end for
47
48     MessageBox::Show( output, S"Demonstrating Polymorphism" );
49
50     return 0;
51  } // end _tmain
```

圖 10.40 Interfaces2Test 使用介面來說明在 point-circle-cylinder 階層中的多型操作 (第 2 之 1 部分)。

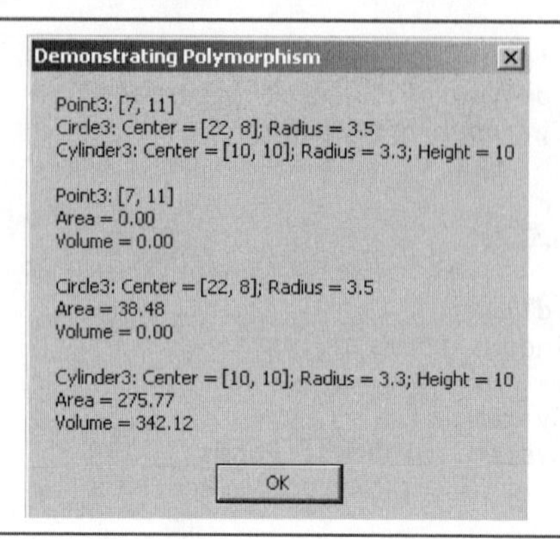

圖 10.40 Interfaces2Test 使用介面來說明在 point-circle-cylinder 階層中的多型操作 (第 2 之 2 部分)。

委派可以包含一個或幾個方法，是從類別 ***MulticastDelegate*** 衍生或者構建而來 (而這個類別則是從類別 ***Delegate*** 衍生而來)。兩種委派類別都屬於命名空間 **System**。

我們要使用委派必須先宣告。委派的宣告會指定方法的原型 (包括參數和傳回值)。當編譯應用程式的時候，委派的宣告可以建立一個 managed 類別，繼承自類別 **MulticastDelegate**，這個類別的名稱和委派的名稱相同。包含在委派物件中的指標指到的方法，必須和委派宣告中所定義的方法有相同的簽名碼 (signature)。然後，我們建立擁有這個簽名碼的方法。下一步驟就是利用產生的類別來建立一個委派的實體，其中包含的指標指向該方法。委派必須接受二個參數，一個指標指向封裝該方法定義的物件，另一個指標就是指向該方法。在我們建立委派的實體後，我們就能呼叫其中包含的方法指標。我們會在下一個例子中，說明這個過程。

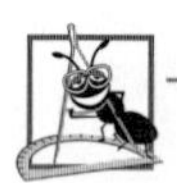

軟體工程的觀點 10.15

委派不可以多載。

類別 **DelegateBubbleSort** (圖 10.41 及圖 10.42) 利用委派將一個整數陣列，按照遞增或者遞減順序加以排序。第 13 行 (圖 10.41) 提供委派 **Comparator** 的宣告。委派的宣告，就像我們宣告方法的原型一樣，先是關鍵字 **__delegate**，接著是傳回值的型別、委派的名稱和參數列。委派 **Comparator** 定義了方法的簽名碼，此方法會接收兩個 **int** 引數，以及傳回一個 **bool** 值。注意，委派 **Comparator** 的主體並未在圖 10.42 中定義。我們很快就會討論到，類別 **BubbleSort** (圖 10.43 及圖 10.44) 所實作的方法會符合委派 **Comparator** 所規定的方法簽名碼，然後將這些方法 (當作型別 **Comparator** 的引數) 傳遞給方法 **SortArray**。委派的宣告並不會定義它所預期扮演的角色或實作內容。我們的應用程式在比較二個 **int** 數值的時候，會使用這個特別的委派，但是其他的應用程式可能利用它作不同的操作。

```
1   // Fig. 10.41: DelegateBubbleSort.h
2   // Demonstrating delegates for sorting numbers.
3
4   #pragma once
5
6   #using <mscorlib.dll>
7
8   using namespace System;
9
10  public __gc class DelegateBubbleSort
11  {
12  public:
13     __delegate bool Comparator( int, int );
14
15     // sort array using Comparator delegate
16     static void SortArray( int __gc[], Comparator * );
17
18  private:
19
20     // swap two elements
21     static void Swap( int __gc *, int __gc * );
22  }; // end class DelegateBubbleSort
```

圖 10.41　氣泡排序法所使用的委派。

第 8-17 行 (圖 10.42) 定義方法 **SortArray**，接收一個陣列和一個指向 **Comparator** 委派物件的指標作爲引數。請記得，當編譯應用程式的時候，委派所建立的類別和委派 (**Comparator**) 有相同的名稱。這就是爲什麼我們可以建立資料型別 **Comparator** 物件的原因。方法 **SortArray** 會將陣列的內容加以排序。第 15 行使用委派的方法決定該如何排序陣列。在第 15 行，將委派指標當作委派物件包含的方法，呼叫包含在委派物件裡的方法。MC++將參數 **array[i]** 和 **array[i+1]** 傳遞給它，直接呼叫所包含的方法指標。**Comparator** 會依照它的二個引數決定排序的順序。如果 **Comparator** 傳回 **true**，表示這二個元素並未按照順序排列，因此，第 16 行呼叫方法 **Swap** (第 20-26 行) 將兩個元素交換。如果 **Comparator** 傳回 **false**，表示這二個元素按照正確的順序排列。爲了按照遞增順序排列，當比較的第一個元素比第二個元素大的時候，**Comparator** 傳回 **true**。同樣地，爲了按照遞減順序排列，當比較的第一個元素比第二個元素小的時候，**Comparator** 傳回 **true**。

類別 **BubbleSort** (圖 10.43 至圖 10.44) 包含需要排序的陣列 (圖 10.43 的第 23 行)。建構式 (圖 10.44 的第 7-10 行) 呼叫方法 **PopulateArray** (第 25-34 行)，會將陣列填滿隨機的整數數值。

方法 **SortAscending** (圖 10.44 的第 13-16 行) 和 **SortDescending** (第 19-22 行) 各有自己的簽名碼，分別對應到由 **Comparator** 委派的宣告所定義的原型 (也就是，每個方法都會接收二個 **int** 數值，並且傳回一個 **bool** 值)。如同我們很快會討論到，程式傳遞給類別 **DelegateBubbleSort** 所包含方法 **SortArray** 的委派，包含指向方法 **SortAscending** 和 **SortDescending** 的指標，這兩個方法將會指定類別 **DelegateBubbleSort** 的排序行爲。

```
 1  // Fig. 10.42: DelegateBubbleSort.cpp
 2  // Method definitions for class DelegateBubbleSort.
 3
 4  #include "stdafx.h"
 5  #include "DelegateBubbleSort.h"
 6
 7  // sort array using Comparator delegate
 8  void DelegateBubbleSort::SortArray( int array __gc[],
 9     Comparator *Compare )
10  {
11     for ( int pass = 0; pass < array->Length; pass++ )
12
13        for ( int i = 0; i < array->Length - 1; i++ )
14
15           if ( Compare( array[ i ], array [ i + 1 ] ) )
16              Swap( &array[ i ], &array[ i + 1 ] );
17  }
18
19  // swap two elements
20  void DelegateBubbleSort::Swap( int __gc *firstElement,
21     int __gc *secondElement )
22  {
23     int hold = *firstElement;
24     *firstElement = *secondElement;
25     *secondElement = hold;
26  }
```

圖 10.42　DelegateBubbleSort 類別的方法定義。

```
 1  // Fig. 10.43: BubbleSort.h
 2  // Demonstrates bubble sort using delegates to determine
 3  // the sort order.
 4
 5  #pragma once
 6
 7  #include "DelegateBubbleSort.h"
 8
 9  public __gc class BubbleSort
10  {
11  public:
12     BubbleSort();   // constructor
13
14     void PopulateArray();
15
16     // sort the array
17     void SortArrayAscending();
18     void SortArrayDescending();
19
20     String *ToString();
21
22  private:
23     static int elementArray __gc[] = new int __gc[ 10 ];
```

圖 10.43　BubbleSort 類別使用委派來決定排序的順序 (第 2 之 1 部分)。

```
24
25       // delegate implementation for ascending sort
26       bool SortAscending( int, int );
27
28       // delegate implementation for descending sort
29       bool SortDescending( int, int );
30    }; // end class BubbleSort
```

圖 10.43　BubbleSort 類別使用委派來決定排序的順序 (第 2 之 2 部分)。

```
 1   // Fig. 10.44: BubbleSort.cpp
 2   // Method definitions for class BubbleSort.
 3
 4   #include "stdafx.h"
 5   #include "BubbleSort.h"
 6
 7   BubbleSort::BubbleSort()
 8   {
 9      PopulateArray();
10   }
11
12   // delegate implementation for ascending sort
13   bool BubbleSort::SortAscending( int element1, int element2 )
14   {
15      return element1 > element2;
16   }
17
18   // delegate implementation for descending sort
19   bool BubbleSort::SortDescending( int element1, int element2 )
20   {
21      return element1 < element2;
22   }
23
24   // populate the array with random numbers
25   void BubbleSort::PopulateArray()
26   {
27
28      // create random-number generator
29      Random *randomNumber = new Random();
30
31      // populate elementArray with random integers
32      for ( int i = 0; i < elementArray->Length; i++ )
33         elementArray[ i ] = randomNumber->Next( 100 );
34   } // end method PopulateArray
35
36   // sort randomly generated numbers in ascending order
37   void BubbleSort::SortArrayAscending()
38   {
39      DelegateBubbleSort::SortArray( elementArray,
40         new DelegateBubbleSort::Comparator(
41         this, SortAscending ) );
42   }
43
```

圖 10.44　BubbleSort 類別的方法定義 (第 2 之 1 部分)。

```
44  // sort randomly generated numbers in descending order
45  void BubbleSort::SortArrayDescending()
46  {
47     DelegateBubbleSort::SortArray( elementArray,
48        new DelegateBubbleSort::Comparator(
49        this, SortDescending ) );
50  }
51
52  // return the contents of the array
53  String *BubbleSort::ToString()
54  {
55     String *contents;
56
57     for( int i = 0; i < elementArray->Length; i++ ) {
58        contents = String::Concat( contents,
59           elementArray[ i ].ToString(), S" " );
60     } // end for
61
62     return contents;
63  } // end method ToString
```

圖 10.44 BubbleSort 類別的方法定義 (第 2 之 2 部分)。

方法 **SortArrayAscending** (第 37-42 行) 和 **SortArrayDescending** (第 45-50 行) 分別會按照遞增和遞減順序排列陣列。方法 **SortArrayAscending** 會將陣列 **elementArray** 以及指向方法 **SortAscending** 的指標，傳給類別 **DelegateBubbleSort** 的方法 **SortArray**。這項語法是列在第 40-41 行

```
new DelegateBubbleSort::Comparator( this, SortAscending )
```

建立一個 **Comparator** 委派，其中包含一個指向方法 **SortAscending** 的指標。

圖 10.45 說明類別 **BubbleSort**，而且以對話方塊 **MessageBox** 顯示結果。我們在本書中，將會繼續說明如何使用委派。

10.11 運算子多載

要操作類別物件一般都是傳送訊息(就是方法呼叫)給這些物件來完成。對於某些類別來說，這種方法呼叫的形式是很繁雜的，尤其是牽涉到數學計算的類別。針對這些類別，如果使用 MC++豐富的內建運算子來操作物件，將會是很方便的一件事。在這一節中，我們將會說明如何透過稱為*運算子多載* (*operator overloading*) 的程序，使用 MC++的運算子來操作類別物件。

軟體工程的觀點 10.16

當使用運算子比使用明確的方法呼叫，能讓程式的操作更清楚的時候，請使用運算子多載的方式。

```
1  // Fig. 10.45: DelegatesTest.cpp
2  // Demonstrates bubble-sort program.
3
4  #include "stdafx.h"
5  #include "BubbleSort.h"
6
7  #using <mscorlib.dll>
8  #using <system.windows.forms.dll>
9
10 using namespace System;
11 using namespace System::Windows::Forms;
12
13 int _tmain()
14 {
15    BubbleSort *sortPtr = new BubbleSort();
16
17    String *output = String::Concat( S"Unsorted array:\n",
18       sortPtr->ToString() );
19
20    sortPtr->SortArrayAscending();
21    output = String::Concat( output, S"\n\nSorted ascending:\n",
22       sortPtr->ToString() );
23
24    sortPtr->SortArrayDescending();
25    output = String::Concat( output, S"\n\nSorted descending:\n",
26       sortPtr->ToString() );
27
28    MessageBox::Show( output, S"Demonstrating delegates" );
29
30    return 0;
31 } // end _tmain
```

圖 10.45　利用氣泡排序法應用程式來說明委派的用法。

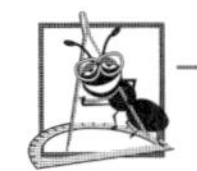

軟體工程的觀點 10.17

避免過度或不一致的使用運算子多載，因為這樣會讓程式更艱深難懂。

MC++讓程式設計師可以多載大多數的運算子，讓它們更能配合使用的場合。某些運算子時常被多載，尤其是指定運算子和各種不同的算術運算子，例如＋和－。多載的運算子可以執行的操作，也可以藉著明確的方法呼叫執行，但是使用運算子符號通常比較自然。後續的幾個程式是有關在複數類別中，如何使用運算子多載的範例。

類別 **ComplexNumber** (圖 10.46 及圖 10.47) 多載了加號 **(+)**、減號 **(-)** 和乘號 **(*)** 等運算子，讓程式可以使用一般的數學符號對複數類別 **ComplexNumber** 進行加法、減法和乘法的運算。

在圖 10.46 中的第 11 行，示範說明了關鍵字 **__value** 的用法。不像 **__gc** 類別是參考型別，**__value** 類別則是數值型別[2]。對於生命期短暫的小物件，建立 **__value** 類別可增進程式的執行效率，因爲減少了傳遞物件 (或類別) 參考的資源消耗。使用 **__value** 類別而不使用 **__gc** 類別，也讓我們可以直接存取用物件，而不是使用指標。**__value** 類別的成員可以使用點運算子 **(.)** 存取。我們很快會看見在 **__value** 類別中多載運算子的優點。

第 27-32 行 (圖 10.47) 多載加法運算子 **(+)** 執行 **ComplexNumber** 的加法運算。在 MC++中，採用特定的方法名稱來表示多載的運算子。方法名稱 **op_Addition** (第 27 行) 表示這個方法將多載加法運算子。同樣地，方法名稱 **op_Subtraction** (第 35 行) 和 **op_Multiply** (第 43 行) 表示這兩個方法將會分別多載減法和乘法運算子[3]。

要多載二元運算子的方法必須接收二個引數。第一個引數是左運算元，而第二個引數是右運算元。類別 **ComplexNumber** 的多載加法運算子會接收兩個 **ComplexNumber** 當作引數，並且傳回一個 **ComplexNumber** 代表這兩個引數的總和。注意，這個方法標記爲 **public** 和 **static** (圖 10.46 的第 13 和 41 行)，多載運算子必須如此標記。方法的主體 (圖 10.47 的第 30-31 行) 會執行加法運算，然後傳回一個新的 **ComplexNumber** 結果。第 35-49 行提供類似的多載運算子，以便執行 **ComplexNumber** 的減法和乘法運算。

軟體工程的觀點 10.18

多載運算子在類別物件上執行的操作，最好和此運算子在內建資料型別物件上執行的運算相同或類似。避免非直覺性的使用運算子。

軟體工程的觀點 10.19

*運算子多載的方法至少要有一個引數必須指向多載此運算子的類別物件。這樣可以防止程式設計師改變運算子在內建資料型別上的操作方式。(舉例來說，如果我們定義方法 **op_Addition** 使用二個 **int** 引數，就會改變 + 運算子對於 **int** 型別的操作方式。)*

ComplexNumberTest.cpp (圖 10.48) 示範說明對 **ComplexNumber** 的加法、減法和乘法的操作。第 16-22 行建立兩個 **ComplexNumber**，並且把它們的字串表示加到輸出。第 25-26 行使用多載的加法運算子 **op_Addition**，執行兩個 **ComplexNumber** 的加法運算。因爲 **x** 和 **y** 是數值型別，而不是參考型別，第 26 行可以利用熟悉的語法呼叫方法 **op_Addition** 。這個語法等於直接呼叫方法 **op_Addition** (例如，**ComplexNumber::op_Addition(x,y)**)。第 29-34 執行兩個 **ComplexNumber** 類似的減法和乘法運算。第 36 行以對話方塊 **MessageBox** 顯示結果。

---

2 可在第 6 章獲得更多有關數值型別和參考型別的資訊。

3 若想獲得更多運算子方法的名稱，請上網站 **msdn.microsoft.com/library/default.asp? url=/library/en-us/cpgenref/html/cpconoperatoroverloadingusageguidelines.asp.**

```
 1  // Fig. 10.46: Comp lexNumber.h
 2  // Class that overloads operators for adding, subtracting
 3  // and multiplying complex numbers.
 4
 5  #pragma once
 6
 7  #using <mscorlib.dll>
 8
 9  using namespace System;
10
11  public __value class ComplexNumber
12  {
13  public:
14     ComplexNumber();                       // default constructor
15     ComplexNumber( int, int );             // constructor
16     String *ToString();
17
18     // property Real
19     __property int get_Real()
20     {
21        return real;
22     }
23
24     __property void set_Real( int value )
25     {
26        real = value;
27     }
28
29     // property Imaginary
30     __property int get_Imaginary()
31     {
32        return imaginary;
33     }
34
35     __property void set_Imaginary ( int value )
36     {
37        imaginary = value;
38     }
39
40     // overload the addition operator
41     static ComplexNumber op_Addition( ComplexNumber,
42        ComplexNumber );
43
44     // overload the subtraction operator
45     static ComplexNumber op_Subtraction( ComplexNumber,
46        ComplexNumber );
47
48     // overload the multiplication operator
49     static ComplexNumber op_Multiply( ComplexNumber,
50        ComplexNumber );
51
```

圖 10.46　多載運算子以便計算複數 (第 2 之 1 部分)。

```
52 private:
53    int real;
54    int imaginary;
55 }; // end class ComplexNumber
```

圖 10.46 多載運算子以便計算複數 (第 2 之 2 部分)。

```
 1 // Fig. 10.47: ComplexNumber.cpp
 2 // Method definitions for class ComplexNumber.
 3
 4 #include "stdafx.h"
 5 #include "ComplexNumber.h"
 6
 7 // default constructor
 8 ComplexNumber::ComplexNumber() {}
 9
10 // constructor
11 ComplexNumber::ComplexNumber( int a, int b )
12 {
13    Real = a;
14    Imaginary = b;
15 }
16
17 // return string representation of ComplexNumber
18 String *ComplexNumber::ToString()
19 {
20    return String::Concat( S"( ", real.ToString(),
21       ( imaginary < 0 ? S" - " : S" + " ),
22       ( imaginary < 0 ? ( imaginary * -1 ).ToString() :
23       imaginary.ToString() ), S"i )" );
24 }
25
26 // overload the addition operator
27 ComplexNumber ComplexNumber::op_Addition( ComplexNumber x,
28    ComplexNumber y )
29 {
30    return ComplexNumber( x.Real + y.Real,
31       x.Imaginary + y.Imaginary );
32 }
33
34 // overload the subtraction operator
35 ComplexNumber ComplexNumber::op_Subtraction( ComplexNumber x,
36    ComplexNumber y )
37 {
38    return ComplexNumber( x.Real - y.Real,
39       x.Imaginary - y.Imaginary );
40 }
41
42 // overload the multiplication operator
43 ComplexNumber ComplexNumber::op_Multiply( ComplexNumber x,
44    ComplexNumber y )
45 {
```

圖 10.47 ComplexNumber 類別的方法定義 (第 2 之 1 部分)。

```
46      return ComplexNumber(
47         x.Real * y.Real - x.Imaginary * y.Imaginary,
48         x.Real * y.Imaginary + y.Real * x.Imaginary );
49   }
```

圖 10.47　ComplexNumber 類別的方法定義 (第 2 之 2 部分)。

```
1    // Fig. 10.48: ComplexNumberTest.cpp
2    // Example that uses operator overloading.
3
4    #include "stdafx.h"
5    #include "ComplexNumber.h"
6
7    #using <mscorlib.dll>
8    #using <system.windows.forms.dll>
9
10   using namespace System;
11   using namespace System::Windows::Forms;
12
13   int _tmain()
14   {
15      // create two ComplexNumbers
16      ComplexNumber x = ComplexNumber( 1, 2 );
17      String *output = String::Concat(
18         S"First Complex Number is: ", x.ToString() );
19
20      ComplexNumber y = ComplexNumber( 5, 9 );
21      output = String::Concat( output,
22         S"\nSecond Complex Number is: ", y.ToString() );
23
24      // perform addition
25      output = String::Concat( output, S"\n\n",
26         x.ToString(), S" + ", y.ToString(), S" = ", ( x + y ) );
27
28      // perform subtraction
29      output = String::Concat( output, S"\n",
30         x.ToString(), S" - ", y.ToString(), S" = ", ( x - y ) );
31
32      // perform multiplication
33      output = String::Concat( output, S"\n",
34         x.ToString(), S" * ", y.ToString(), S" = ", ( x * y ) );
35
36      MessageBox::Show( output, S"Operator Overloading" );
37
38      return 0;
39   } // end _tmain
```

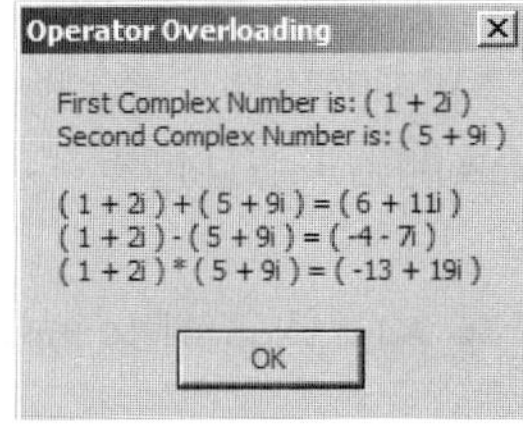

圖 10.48　ComplexNumberTest 類別示範說明運算子的多載。

我們現在討論如何在__gc 類別中多載運算子。如果 **ComplexNumber** 是一個__gc 類別，我們可能必須使用指向 **ComplexNumber** 的一些指標(也就是，**x** 和 **y** 的型別將是 **ComplexNumber ***)。在這種情況下，我們必須把方法 **op_Addition** 當作 **(*x +*y)** 一般呼叫，並且修改 **op_Addition** 能夠接受和傳回參考，如下所述

```
ComplexNumber& ComplexNumber::op_Addition( ComplexNumber &x,
   ComplexNumber &y )
{
   return *( new ComplexNumber( x.Real + y.Real,
      x.Imaginary + y.Imaginary ) );
}
```

注意，**op_Addition** 傳回指向某個__gc型別的參考。因此，在呼叫 **String::Concat** 時，我們必須明確地呼叫 **ToString** 方法(例如，**(*x +*y).ToString()**)[4]。

摘　要

- 多型讓程式設計師可以用共通的方式來處理各種現有的相關類別，和其他將來尚待加入的類別。
- 要處理許多不同型別物件，有一種方法就是使用 **switch** 敘述式，就能依照每個物件的型別採取適當的行動。使用多型的程式設計方法，可以省掉 **switch** 邏輯。
- 當我們在衍生類別改寫基本類別的方法時，我們隱藏了該方法在基本類別的實作內容。
- 藉著多型，在建立系統時尚無法想像的新型別物件，也可以在不修改系統的情形下，加入系統(除了新類別本身之外)。
- 多型允許同一個方法依照接受呼叫物件的型別，執行不同的動作。因爲假設相同的訊息有許多的「型式」，因此，我們採用「多型」這個詞彙。
- 利用多型，程式設計師可以一般方式處理程式，讓程式按照差異部分自行處理即可。
- 方法若沒有被宣告爲 **virtual**，就不能夠在衍生類別中改寫。宣告爲 **static** 或者 **private** 的方法隱含地意指爲非 **virtual** 方法。
- 我們可以使用關鍵字 **__abstract**，宣告類別爲抽象類別，或者將類別中的一個或多個 **virtual** 方法宣告爲「純虛擬」，此類別就成爲抽象類別。
- 雖然程式不能夠產生抽象類別物件，但是程式可以宣告指向抽象類別的指標。程式可以利用這樣的指標，以多型方式操作衍生類別的實體。
- 類別宣告爲 **__sealed** 就不能成爲基本類別(也就是，類別不能夠繼承自某個 **__sealed** 類別)。
- 當類別沒有基本類別預設實作內容可以繼承時(也就是，沒有資料成員和沒有預設的方法實作內容)，就可以使用介面。然而，最好使用抽象類別提供資料和服務給階層中的物件，介面則是提供服務給「集合在一起」彼此不相干的物件，這些物件只有共同介面的關係。
- 介面的定義是以關鍵字 **__interface** 開始，並且包含一系列的 **public** 方法和屬性。

---

4 有機會可避免此事發生，只需要讓方法 **op_Addition** 傳回 **ComplexNumber ***。然而，一般會讓多載的運算子傳回和引數一樣的型別。

- 若要使用介面，類別必須指出它要實作的介面，而且必須提供介面定義中指定的每個方法和屬性的實作內容。類別實作某個介面時，就是遵守編譯器的規定：「這個類別將會定義出介面所指定的所有方法和屬性」。
- 在MC++中，不可以將方法指標當作引數，直接傳遞給另一個方法。爲了解決這個問題，MC++允許建立「委派」，這是把指向某些方法的一組指標封裝成爲一種類別。
- MC++讓程式設計師可以多載大多數的運算子，讓它們更能配合使用的場合。
- 要多載二元運算子的方法必須接收二個引數。第一個引數是左運算元，而第二個引數是右運算元。
- 方法名稱 **op_Addition** 表示這個方法將多載加法運算子。同樣地，方法名稱 **op_Subtraction** 和 **op_Multiply** 表示這兩個方法將會分別多載減法和乘法運算子。

詞　彙

抽象基本類別 (abstract base class)
__abstract 類別 (**__abstract** class)
抽象方法 (abstract method)
強制型別轉換 (casting)
類別階層 (class hierarchy)
具象類別 (concrete class)
委派 (delegate)
__delegate 關鍵字 (**__delegate** keyword)
類別 **Object** 的方法 **GetType** (**GetType** method of class **Object**)
資訊隱藏 (information hiding)
繼承 (inheritance)
繼承階層 (inheritance hierarchy)
介面 (interface)
__interface 關鍵字 (**__interface** keyword)
InvalidCastException
迭代子類別 (iterator class)
方法指標 (method pointer)
物件導向程式設計(OOP) (object-oriented programming (OOP))
加法運算的多載方法 **op_Addition** (**op_Addition** method)
乘法運算的多載方法 **op_Multiply** (**op_Multiply** method)
減法運算的多載方法 **op_Subtraction** (**op_Subtraction** method)
運算子多載 (operator overloading)
多型程式設計 (polymorphic programming)
多型 (polymorphism)
純 virtual 方法 (pure virtual method)
參考型別 (reference type)
reinterpret_cast 運算子 (**reinterpret_cast** operator)
__sealed 關鍵字 (**__sealed** keyword)
switch 邏輯 (**switch** logic)
__try_cast 運算子 (**__try_cast** operator)
__typeof 關鍵字 (**__typeof** keyword)
__value 關鍵字 (**__value** keyword)

自我測驗

10.1　填空題：

a) 將基本類別物件視爲 ________ 會造成錯誤。

b) 多型可以幫助消除不需要的 __________ 邏輯。

c) 如果一個類別包含一個或多個純 **virtual** 方法，它就是 __________ 類別。

d) 能夠產生物件的類別稱爲 __________ 類別。

e) 類別以關鍵字 __________ 宣告，就無法繼承。

f) 嘗試將一個物件強制轉型成它的衍生類別的型別，會造成 __________ 例外。

g) 多型利用基本類別的參考來操作 __________。

h) 抽象類別是以關鍵字__________ 加以宣告。

i) __________ 是一種類別，它可以包含指向方法的指標。

10.2 試判斷下列的敘述式是眞或僞。若答案是僞，請說明理由。

a) 使用基本類別指標指向衍生類別物件，這是很危險的。

b) 類別若包含一個純 **virtual** 方法，就必須宣告爲 **_abstract**。

c) 類別以關鍵字 **__sealed** 宣告，就無法成爲基本類別。

d) 多型允許程式設計師以指向基本類別指標來操作衍生類別。

e) 多型的程式設計方法，就可以不需要使用 **switch** 邏輯。

f) **__abstract** 類別的方法隱含地就是 **virtual** 方法。

g) 委派的宣告必須指定它的實作內容。

自我測驗解答

10.1 **a)** 衍生類別物件。**b)** **switch**。**c)** 抽象。**d)** 具象。**e)** **__sealed**。**f)** **InvalidCastException**。**g)** 衍生類別物件。**h)** **__abstract**。**i)** 委派 (Delegates)。

10.2 **a)** 僞。使用衍生類別指標指向基本類別物件，才是危險的。**b)** 僞。包含純 **virtual** 方法的類別是隱含的抽象類別。**c)** 眞。**d)** 眞。**e)** 眞。**f)** 僞。**__abstract** 類別的方法並不隱含爲 **virtual** 方法。**g)** 僞。委派的宣告只會指定方法的原型 (包括方法的名稱、參數和傳回值)。

習 題

10.3 請說明爲何使用多型就能按照一般化設計程式，而不是按照特殊性設計程式？並請討論一般性程式設計有何優點。

10.4 請討論以 switch 邏輯設計程式所會產生的問題。並解釋爲何多型會比使用 switch 邏輯來得有效率。

10.5 請說出繼承服務和繼承實作之間的區別。爲何設計給繼承服務使用的繼承階層與設計給繼承實作的階層有所不同？

10.6 修改圖 10.16 到圖 10.26 的薪資系統，在類別 **Employee** 中增加 **private** 變數 **birthDate** (使用圖 8.14 及圖 8.15 的 **Date** 物件)。假設這個薪資系統，每個月執行一次。建立元素是指向 **Employee** 參考的陣列，用來儲存各種不同的員工物件。每當你的程式計算每位 **Employee** (多型方式) 的薪資時，如果該位員工的生日是在當月，就將 100.00 元的生日禮金加入他的薪資內。

10.7 實作圖 9.3 所顯示的 **Shape** 階層。每個 **TwoDimensionalShape** 應該包含 **Area** 方法，以便計算二維圖形的面積。每個 **ThreeDimensionalShape** 應該包含 **Area** 和 **Volume** 方法，以便分別計算三維圖形的表面積和體積。撰寫一個程式，使用一個 **Shape** 參考陣列，其中的元素是指向階層中每個具象類別物件的參考。程式應該把陣列中每個物件的字串表示加以輸出。同時，在處理陣列的所有圖形過程中，要判斷每個圖形是 **TwoDimensionalShape** 或是 **ThreeDimensionalShape**。如果圖形是一個 **TwoDimensionalShape**，就顯示它的面積 **Area**。如果圖形是一個 **ThreeDimensionalShape**，就顯示它的面積 **Area** 和體積 **Volume**。

10.8 重新實作習題 10.7 中的程式，要讓類別 **TwoDimensionalShape** 和 **ThreeDimensionalShape** 實作 **IShape** 介面，而不是衍生自抽象類別 **Shape**。

[illegible]

10.7 [illegible] Shape [illegible] TwoDimensionalShape [illegible] Area [illegible] ThreeDimensionalShape [illegible] Area [illegible] Volume [illegible] Shape [illegible] TwoDimensionalShape [illegible] ThreeDimensionalShape [illegible] TwoDimensionalShape [illegible] Area [illegible] ThreeDimensionalShape [illegible] Area [illegible] Volume [illegible]

10.8 [illegible] TwoDimensionalShape [illegible] ThreeDimensionalShape [illegible] Shape [illegible] Shape [illegible]

11

例外處理

學習目標

- 瞭解例外以及錯誤處理。
- 使用 **try** 區塊來界定可能發生例外的程式碼範圍。
- 學習如何拋出例外。
- 利用捕捉區塊指定例外處理常式。
- 利用 **__finally** 區塊來釋放資源。
- 瞭解.NET 的例外類別階層關係。
- 學習建立程式設計師定義的例外。

It is common sense to take a method and try it. If it fails, admit it frankly and try another. But above all, try something.

Franklin Delano Roosevelt

O! throw away the worser part of it,
And live the purer with the other half.

William Shakespeare

If they're running and they don't look where they' re going I have to come out from somewhere and catch them.

Jerome David Salinger

And oftentimes excusing of a fault
Doth make the fault the worse by the excuse.

William Shakespeare

I never forget a face, but in your case I'll make an exception.

Groucho (Julius Henry) Marx

本章綱要

11.1 簡介

在本章中，我們會介紹*例外處理* (*exception handling*)。例外 (exception) 是指在程式執行期間發生問題。我們使用「例外」這個名詞描述程式發生問題，這是因為一般程式的敘述式都會正確執行，可視為一項「原則」，因此若發生問題就像是「對原則的一個例外」。「例外處理」讓程式設計師可以在應用程式中解決 (或處理) 例外。在許多情況下，將例外加以處理，就可讓程式繼續執行，好像沒有發生過問題一樣。若是更嚴重的問題可能會讓程式無法正常執行，轉而要求程式通知使用者問題的嚴重性，然後以控制的方式結束程式。此處所介紹的技術，可以讓程式設計師寫出清楚的、健全的和更能*容忍錯誤* (*fault-tolerant*) 的程式。

在 MC++中，例外處理所採用的模式和細節，部分是根據 Andrew Koenig 和 Bjarne Stroustrup 的論文〈Exception Handling for C++ (revised)〉[1]。MC++設計師延用標準 C++的例外處理機制。

本章開始先大略說明例外處理的概念，然後示範說明基本的例外處理技術，再繼續概略說明 .NET 的例外類別階層。在程式執行期間，一般程式會請求和釋放資源 (例如，開啓或關閉磁碟上的檔案)。通常，這些資源是有限的，或者每次只有一個程式可以使用。我們先說明在例外處理的機制中，如何讓程式利用某項資源，接著保證該程式會釋放資源供其他的程式使用。然後提出一個例子，說明 `System::Exception` 類別 (所有例外類別的基本類別) 的幾個屬性，接著是另一個例子說明程式設計師如何建立和使用他們自己的例外類別。

11.2 例外處理概述

程式的邏輯通常是先測試條件，然後決定程式該如何繼續執行。我們先開始執行一項工作，

---

1 Koenig, A.和 B. Stroustrup 所著〈Exception Handling for C++ (revised)〉，見《*Proceedings of the Usenix C++ Conference*》，舊金山，1990 年四月，第 149 至 176 頁。

然後再檢驗該項工作是否已經正確執行。如果未正確執行，我們就需執行錯誤處理。如果沒有發生錯誤，我們就會繼續下一項工作。雖然這種形式的錯誤處理邏輯可行，但是將錯誤處理邏輯和程式的邏輯混雜在一起，會讓程式難以瞭解、修改、維護和除錯，特別是在大型應用程式中更是如此。事實上，許多的潛在問題雖然並不會經常發生，但是因爲程式必須檢驗額外的條件才能決定下一個工作是否可以執行，所以將一般的程式碼和錯誤處理程式碼混雜在一起，可能會降低程式的效能。

例外處理的功能可以讓程式設計師將「處理錯誤」的程式碼(例如，解決錯誤的程式碼)，從程式的主要執行過程中移走。這樣增進了程式的清晰性，並且加強了可修改性。程式設計師可以選擇決定他們所要處理的例外種類，例如處理所有種類的例外、某種特定種類的例外、或者一群相關種類的所有例外。這樣的彈性降低了忽略錯誤的可能性，因此也增加了程式的周全性。

避免錯誤的小技巧 11.1

例外處理可以增進程式對錯誤的容忍度。如果可以很容易的撰寫處理錯誤的程式碼，程式設計師會更樂於使用它。

軟體工程的觀點 11.1

雖然可以將例外處理當作傳統的流程控制使用，但是千萬不要這麼做。要掌握大量的例外狀況是有困難的，而且在程式中出現很多的例外狀況也很難閱讀和維護。

例外處理方式是設計用來處理所謂的*同步錯誤* (synchronous error)，也就是在程式正常的流程中所發生的錯誤。這些錯誤常見的有陣列下標超出範圍、算數溢位 (例如，某個數值超過可表示的範圍)、除以零、無效的方法參數和耗盡可使用的記憶體等。例外處理也可用來處理某些*非同步事件* (asynchronous event)，例如磁碟 I/O 完成。

良好的程式設計習慣 11.1

應該避免在錯誤處理之外的地方使用例外處理，因為這會降低程式的清晰度。

如果使用的程式語言並未支援例外處理，程式設計師通常會懶於撰寫處理錯誤的程式碼，有時甚至忘記將它加入程式，這樣會產生不健全的軟體產品。MC++讓程式設計師可以很容易地從專案的開端就能處理例外。儘管如此，程式設計師仍必須花費相當多的心力，將例外處理的策略納入軟體專案中。

軟體工程的觀點 11.2

最好從一開始設計時就將例外處理策略加入系統。如果系統已經開始實作後，就很難再加入有效的例外處理方法。

軟體工程的觀點 11.3

過去的程式設計師使用許多技術來實作處理錯誤的程式碼。例外處理提供一種簡單的、統一的技術來處理錯誤。這可以幫助大型專案的程式設計師，瞭解彼此的錯誤處理程式碼。

當程式與軟體元件例如方法、建構式、組件和類別互動時產生問題，例外處理機制也能夠處理。當問題發生時，雖然這些軟體元件也可以在內部將問題處理掉，但它們通常會利用例外通知程式。這能讓程式設計師爲每個應用程式量身訂做錯誤處理機制。

常見的程式設計錯誤 11.1

終止程式元件的運作可能會棄置某項資源，例如檔案串流或者 I/O 裝置，使得其他的程式無法使用獲得此項資源。這就是所謂的「資源遺漏」。

增進效能的小技巧 11.1

如果沒有例外產生，則例外處理程式碼對效能的影響很少。因此，實作例外處理的程式比透過程式邏輯結構來處理錯誤，執行起來更有效率。

增進效能的小技巧 11.2

例外處理應該只用來處理不常發生的問題。以下有個「經驗法則」：如果某個敘述式執行時至少有 30%的機率會產生問題，程式就應該在程式碼內直接檢驗該錯誤，否則例外處理所消耗的資源將導致程式執行得更慢[2]*。*

軟體工程的觀點 11.4

方法產生一般性的錯誤時應該傳回空指標 (或者另一個適當的數值)，而不是抛出例外。程式在呼叫該方法時，只需要檢查傳回值就可以決定方法呼叫是否成功[3]*。*

複雜的應用程式通常使用預先定義的軟體元件 (例如，在 .NET Framework 中定義的元件)，以及由預先定義元件組成的應用程式特有元件。若某個預先定義的元件發生問題時，該元件就需要有一個機制能將問題傳達給應用程式的特有元件，預先定義的元件無法預知每個應用程式將如何處理發生的問題。例外處理簡化了軟體元件的結合，而且讓預先定義的元件可以將發生的問題傳給應用程式特有的元件，使特有元件能以特定方式爲應用程式處理問題，如此這兩種元件便能合作無間發揮功用。

當方法或者函式偵測到發生錯誤，但又無法處理時，就適合使用例外處理的方式來處理錯誤。此時方法或者函式就會*抛出一個例外* (*throws an exception*)。這並不保證當程式偵測到抛出的例外時，會有例外處理常式 (exception handler，程式偵測到錯誤時所執行的程式碼) 來

2 有關「例外處理的最佳實例」(Best Practices for Handling Exceptions)，.NET Framework Developer's Guide, Visual Studio .NET 線上說明，可參閱網頁 **<msdn.microsoft.com/library/default.asp? url=/library/en-us/cpguide/html/cpconbestpracticesforhandlingexceptions.asp>**

3 參見「例外處理的最佳實例」(Best Practices for Handling Exceptions)。

處理這個例外。如果有例外處理常式存在，就會捕捉並處理這個例外。未被捕捉的例外所引起的後果，則視程式是在除錯模式，還是在標準的執行模式而定。如果是在除錯模式中，程式若發現一個未被捕捉到的例外時，會顯示出一個對話方塊，讓程式設計師選擇在除錯軟體 (debugger) 中檢視問題，或者忽視發生的問題繼續程式的執行。在標準的執行模式中，如果是一個 Windows 的應用程式則會顯示對話方塊，讓使用者選擇繼續或者結束程式的執行，如果是一個主控台應用程式則會顯示對話方塊，讓使用者決定在除錯軟體中開啓程式或者結束程式的執行。

MC++使用 ***try 區塊*** (**try** *blocks*) 來處理例外。**try** 區塊是由關鍵字 **try** 後面接著一對大括號 (**{}**)，其中定義可能產生例外的程式碼區塊範圍。**try** 區塊包含了可能會造成例外的敘述式，如果產生例外則不應該再執行任何敘述式。緊接在 **try** 區塊後面的可以有多個 ***catch 區塊*** (**catch** *blocks*)，也稱爲 ***catch 處理區塊*** (**catch** *handlers*)，當然也可能沒有接任何的 **catch** 區塊。每個 **catch** 處理區塊都會在小括號中指定一個例外參數，用來表示 **catch** 處理區塊可以處理的例外類型。如果此例外參數有一個可選用的參數名稱，則 **catch** 處理區塊可以利用該參數名稱，來處理被捕捉的例外物件。程式設計師可以選用*無參數* ***catch*** *處理區塊* (*parameterless catch handler*)，也稱爲「完全捕捉」(catch-all) 處理區塊，可以捕捉所有類型的例外。在最後一個 **catch** 處理區塊之後，可選擇加上一個 ***__finally 區塊*** (***__finally*** *block*)，不論是否會產生例外，其中包含的程式碼都會執行 (只要程式執行進入 **try** 區塊)。**try** 區塊後面必須接著至少一個 **catch** 區塊或者一個 **__finally** 區塊。

常見的程式設計錯誤 11.2

*無參數 **catch** 處理區塊必須是某個 **try** 區塊後續的最後一個 **catch** 處理區塊，否則，就會發生語法錯誤。*

當程式呼叫某個方法或函式的時候偵測到例外，或者當「共通語言執行環境」(CLR, Common Language Runtime) 發現某個問題的時候，則此方法/函式或 CLR 就會拋出一個例外。在程式中例外發生的地點稱爲*拋出點* (*throw point*)，這對於除錯是很重要的位置 (如同我們在第 11.6 節的說明)。所有的例外都是衍生自 **System** 命名空間的 **Exception** 類別的衍生類別物件。如果例外是在 **try** 區塊中產生，**try** 區塊就會立刻結束，而且程式控制權就會移轉給 **try** 區塊後續的第一個 **catch** 處理區塊。MC++可說是採用了*例外處理的終止模式* (*termination model of exception handling*)，這是因爲包含會拋出例外的 **try** 區塊，該例外產生的時候，就會立刻終止[4]。就如同其他的區塊程式碼一樣，當 **try** 區塊終止時，定義在區塊中的區域變數就會成爲無效變數。接著，CLR 會尋找第一個能夠處理所發生例外的 **catch** 處理區塊。CLR 會比較被拋出例外的型別和每一個 **catch** 區塊的例外參數型別，直到找出某個匹配的 **catch** 區塊。如果型別相同或者被拋出的例外型別是例外參數型別的衍生類別，就找到匹配的情況。當 **catch** 處理區塊處理完畢的時候，定義在 **catch** 處理區塊的區域變

---

4 某些語言採取「例外處理的回復模式」(resumption model of exception handling)，在處理完例外後，程式控制權就會傳回給例外拋出點，然後程式再從該點繼續恢復執行。

數(包括 **catch** 參數)都會成為無效的變數。如果找到某個匹配情況，在匹配的 **catch** 處理區塊內的程式碼就會執行。則對應於此 **try** 區塊的所有剩餘 **catch** 處理區塊，都將被忽略，程式的執行權會移轉到 **try**…**catch** 結構後的第一行程式碼。

如果在 **try** 區塊中沒有發生例外，CLR 就會忽略該區塊後續的例外處理常式。程式會繼續執行 **try**…**catch** 結構之後的下一個敘述式。如果發生在 **try** 區塊中的例外，並沒有相匹配的 **catch** 處理區塊，或者例外是由某個敘述式產生，而不是在某個 **try** 區塊中產生，則包含該敘述式的方法或函式會立刻結束，而且 CLR 嘗試在呼叫的方法或者函式中，找出另一個更大包容範圍的 **try** 區塊。這個程序就是所謂的*堆疊回溯* (*stack unwinding*)，我們將在第 11.6 節中討論。

11.3 範例：DivideByZeroException

現在讓我們介紹一個例外處理的簡單例子。圖 11.1 中的應用程式分別使用 **try** 和 **catch** 區塊，指出某個範圍的程式碼可能拋出例外，以及處理那些例外的程式碼區塊。應用程式提示使用者輸入兩個整數。程式會將輸入數值轉換成 **int** 型別，而且將第一個數字 (**numerator**) 除以第二個數字 (**denominator**)。假設使用者輸入了兩個整數，並且指定的第二個整數不是 0，則第 24 行就會顯示出相除的結果。然而，如果使用者輸入非整數值或者提供 0 作為分母，就會產生例外。這個程式說明該如何捕捉這些例外。

```
 1  // Fig. 11.1: DivideByZero.cpp
 2  // Divide-by-zero exception handling.
 3
 4  #include "stdafx.h"
 5
 6  #using <mscorlib.dll>
 7
 8  using namespace System;
 9
10  int _tmain()
11  {
12     try {
13        Console::Write( S"Enter an integral numerator: " );
14
15        int numerator = Convert::ToInt32( Console::ReadLine() );
16
17        Console::Write( S"Enter an integral denominator: " );
18        int denominator = Convert::ToInt32( Console::ReadLine() );
19
20        // division generates DivideByZeroException if
21        // denominator is 0
22        int result = numerator / denominator;
23
24        Console::WriteLine( result );
25     } // end try
26
```

圖 11.1　除以零的例外處理範例 (第 2 之 1 部分)。

```
27       // process invalid number format
28       catch ( FormatException * ) {
29          Console::WriteLine( S"You must enter two integers." );
30       } // end catch
31
32       // user attempted to divide by zero
33       catch ( DivideByZeroException *divideByZeroException ) {
34          Console::WriteLine( divideByZeroException->Message );
35       } // end catch
36
37       return 0;
38    } // end _tmain
```

```
Enter an integral numerator: 100
Enter an integral denominator: 7
14
```

```
Enter an integral numerator: 10
Enter an integral denominator: hello
You must enter two integers.
```

```
Enter an integral numerator: 100
Enter an integral denominator: 0
Attempted to divide by zero.
```

圖 11.1　除以零的例外處理範例 (第 2 之 2 部分)。

在我們開始詳細討論程式之前，先看一下圖 11.1 的輸出範例。第一個輸出顯示出一個成功的計算，使用者輸入的被除數 (分子) 100 和除數 (分母) 7。請注意計算結果 (14) 是一個整數，因爲整數除法永遠產生整數結果。第二個輸出顯示輸入一個非整數值的結果，在這種情況下，使用者在第二個提示輸入 **"hello"** 字串。程式嘗試利用方法 **Convert::ToInt32** 將使用者輸入的字串轉換成一個 **int** 數值。如果 **Convert::ToInt32** 的引數不是一個整數的正確表示 (此處，一個整數的正確字串表示應爲像 **"14"**)，就會產生 ***FormatException*** (屬於 **System** 命名空間)。程式偵測到這個例外，顯示錯誤訊息，指出使用者必須輸入二個整數。最後一個輸出說明嘗試除以零所產生的結果。在整數算術運算中，CLR 會測試是否發生除以零的情形，如果除數是零，就會產生 ***DivideByZeroException*** (屬於 **System** 命名空間) 的例外。程式偵測到這個例外，顯示錯誤訊息，指出發生嘗試除以零的情況[5]。

5　CLR 允許浮點數除以零，產生的是一個正值或負值無限大的結果，要看被除數 (分子) 是正或者負而定。零除以零是一個特殊狀況，產生的結果是一個「非數字」的數值。程式可以利用正無限大 (PositiveInfinity)、負無限大 (NegativeInfinity) 和非數字(NaN)等常數，來測試這些結果，而這些常數是定義在結構 Double (針對 double 型別的計算) 以及 Single (針對 float 型別的計算)。

讓我們討論與上述輸出結果相關的使用者互動以及流程控制。第 12-25 行定義一個 **try** 區塊，所包含的程式碼會拋出例外，而且如果產生例外就不應該繼續執行。舉例來說，除非第 22 行的計算成功地完成，否則程式不應該顯示新的結果(第 24 行)。請記得，如果產生例外，**try** 區塊就會立刻結束，因此，在 **try** 區塊中的其餘程式碼就不會執行。

在第 15 行和 18 行的二個敘述式讀取輸入的整數，都會呼叫方法 **Convert::ToInt32** 將字串轉換成 **int** 數值。這個方法如果無法將它的引數 **String *** 轉換成一個整數，就會拋出 ***FormatException*** 例外。如果第 15 行和 18 行可以適當地轉換數值 (也就是，沒有例外產生)，則第 22 行就會將 **numerator** 除以 **denominator**，並且將結果指定給變數 **result**。如果除數 (分母) 是零，第 22 行就會讓 CLR 拋出一個 **DivideByZeroException** 例外。如果第 22 行不會產生例外，則第 24 行就會顯示相除的結果。如果在 **try** 區塊中沒有產生例外，程式就會成功地結束 **try** 區塊，並且忽略第 28-30 行和 33-35 行的 **catch** 處理區塊，繼續執行在 **try…catch** 結構之後的第一行敘述式。

緊接在 **try** 區塊之後的是二個 **catch** 處理區塊 (也稱爲 ***catch** 區塊或例外處理常式*)，第 28-30 行定義例外 **FormatException** 的處理區塊，而第 33-35 行則定義例外 **DivideByZeroException** 的捕捉處理區塊。每個 **catch** 處理區塊都是在關鍵字 **catch** 後面加上小括號，其中的一個例外參數表示 **catch** 處理區塊可以處理的例外類型。處理例外的程式碼則是位於 **catch** 處理區塊內。一般來說，當 **try** 區塊中發生例外的時候，會有某個 **catch** 處理區塊捕捉到這個例外，並且加以處理。在圖 11.1 中，第一個 **catch** 處理區塊會捕捉型別 **FormatException** (由方法 **Convert::ToInt32** 拋出)，而第二個 **catch** 處理區塊則會捕捉型別 **DivideByZeroException** (由 CLR 拋出)。如果發生例外，則只有相匹配的 **catch** 處理區塊會執行。這個例子中的兩個例外處理常式都會顯示錯誤訊息給使用者。當程式執行完某個 **catch** 處理區塊，程式就會認爲例外已經處理完畢，而繼續執行 **try…catch** 結構後的第一個敘述式 (在這個例子中，就是函式 **__tmain** 的 **return** 敘述式)。

在第二個輸出範例中，使用者輸入 **hello** 作爲除數。當執行第 18 行的時候，**Convert::ToInt32** 無法將這個字串轉換成 **int** 數值，因此 **Convert::ToInt32** 拋出 **FormatException** 物件，指出這個方法無法將字串 **String *** 轉換成 **int** 數值。當例外發生的時候，**try** 區塊就會終止。任何在 **try** 區塊中定義的區域變數都會成爲無效變數。因此，這些變數 (在這個例子中的 **numerator**、**denominator** 和 **result**) 在例外處理常式就不能再使用。CLR 嘗試找出匹配的 **catch** 處理區塊，先從第 28 行的 **catch** 開始。程式把拋出的例外型別 (**FormatException**) 與關鍵字 **catch** 之後小括號內的型別 (也是 **FormatException**) 加以比較。程式發覺相符，於是執行例外處理常式，而且會忽略對應 **try** 區塊之後的所有其他例外處理常式。一旦 **catch** 處理區塊執行完畢，定義在 **catch** 處理區塊的區域變數都會成爲無效的變數。如果這次比較並不相符，程式就會把拋出例外的型別和後續的下一個 **catch** 處理區塊互相比較，如此重複這種比較過程，直到發現相符爲止。

軟體工程的觀點 11.5

把程式會拋出例外的幾個敘述式放在 try 區塊中的重要邏輯區段內，而不是將會拋出例外的每個敘述式個別放在單獨的一個 **try** *區塊。然而，為了安排適當大小的例外處理常式，每個* **try** *區塊所包含的程式碼能夠盡量縮小，當例外產生的時候，可以知道相關的特定上下文，讓 catch 處理區塊能夠適當地處理例外。*

常見的程式設計錯誤 11.3

嘗試從 **try** *區塊的相關* **catch** *處理區塊使用* **try** *區塊的區域變數，會產生錯誤。因為在對應的 catch 處理區塊能夠執行之前，***try** *區塊就會終止，於是它的區域變數就會成為無效變數。*

常見的程式設計錯誤 11.4

在 **catch** *處理區塊中，使用以逗號隔開的例外參數串列，這是一種語法上的錯誤。每一個 catch 處理區塊只能有一個例外參數。*

在第三個輸出範例中，使用者輸入了一個 0 作爲除數。當執行第 22 行的時候，CLR 拋出一個 **DivideByZeroException** 物件，指出程式嘗試除以零。**try** 區塊在遇到例外時立刻結束，而且程式嘗試從第 28 行的 **catch** 處理區塊開始，找出某個匹配的 **catch** 處理區塊。程式把拋出的例外型別(**DivideByZeroException**)與關鍵字 **catch** 之後小括號內的型別(**FormatException**)加以比較。在這個情況下，因爲它們不是相同的例外型別，而且 **FormatException** 不是 **DivideByZeroException** 的基本類別，所以並不匹配。於是程式就會執行第 33 行，把拋出的例外型別(**DivideByZeroException**)與關鍵字 **catch** 之後小括號內的型別(也是 **DivideByZeroException**)加以比較。此時發現匹配的狀況，於是就會執行這個例外處理常式。在這個處理區塊的第 34 行，就會使用類別 **Exception** 的屬性 ***Message***，將錯誤訊息顯示給使用者。如果後續還有其他的 **catch** 處理區塊，程式將會忽略它們。

請注意，從第 33 行開始的 **catch** 處理區塊指出參數名稱是 **divideByZeroException**。第 34 行使用這個參數(型別 **DivideByZeroException ***)與被捕捉的例外互動，存取它的 **Message** 屬性。然而，從第 28 行開始的處理區塊並未指出參數名稱，因此，這個 **catch** 處理區塊就無法與被捕捉的例外物件互動。

11.4 .NET 的例外階層關係

這種例外處理機制只會拋出和捕捉 **Exception** 類別和它的衍生類別物件[6]。在這一節我們會

6 使用無參數 **catch** 處理區塊確實有可能捕捉到不是衍生自類別 **Exception** 的例外類型。對於想要在其他語言撰寫的程式碼中處理例外，這樣做是有幫助的，因為這種程式碼並不會要求所有的例外都是衍生自.NET framework 的 **Exception** 類別。

概略介紹幾種.NET Framework 的例外類別。此外，我們也會討論如何判斷某個特定方法是否會拋出例外。

System 命名空間的 **Exception** 類別是 .NET Framework 例外階層的基本類別。**Exception** 類別最重要的兩個衍生類別就是 ***ApplicationException*** 和 ***SystemException***。程式設計師可以從 **ApplicationException** 這個基本類別衍生，建立應用程式所需要特別的例外型別。我們會在第 11.7 節討論如何建立程式設計師自訂的例外類別。程式可以從大部分的 **ApplicationException** 例外恢復，然後繼續執行。

在程式執行的時候，CLR 可以在程式執行的任何時刻產生 **SystemException** 例外。這些例外中有很多只需要適當地編寫程式碼，就可以避免發生。這些就是所謂的執行時期例外(runtime exceptions)，它們是衍生自 **SystemException** 類別。舉例來說，如果程式嘗試使用一個超出範圍的陣列下標，CLR 就會拋出一個型別 **IndexOutOfRangeException** 例外 (衍生自 **SystemException** 的類別)。同樣地，當程式嘗試使用空指標來操作某個物件的時候，就會產生執行時期例外。嘗試使用空指標就會產生 **NullReferenceException** 例外，這是另一種 **SystemException**。若想取得類別 **Exception** 的衍生類別完整清單，可在 Visual Studio .NET 線上說明文件中的索引查詢「**Exception** 類別」。

使用例外類別階層的一個優點就是，利用 **catch** 處理區塊可以捕捉某個特別型別的例外，或者可以使用某個基本類別來捕捉相關階層的例外型別。舉例來說，某個 **catch** 處理區塊指定 **Exception** 型別的例外參數，也可以捕捉所有衍生自 **Exception** 類別的例外，因爲 **Exception** 是所有例外類別的基本類別，這樣就可以採用多型方式來處理一些相關的例外。後者方式的優點就是例外處理常式可以利用例外參數來操作被捕捉的例外。如果例外處理常式不需要處理被捕捉的例外，則該例外參數可以省略。如果並未指定例外型別，則 **catch** 處理區塊就可以捕捉所有的例外。【*請注意*：在這種情況下，**catch** 處理區塊的參數會表示成省略符號 **(...)**。我們將在第 11.5 節學習更多有關省略部分的規定。】

使用例外的繼承，讓例外處理常式只需使用簡潔的語法就可以捕捉相關的一些例外。當然，例外處理常式可以個別捕捉每一種衍生類別的例外，但是讓處理區塊捕捉基本類別的例外會更簡潔。然而，只有在基本類別例外和它的衍生例外類別的處理方式相同，這樣做才有意義。否則，還是只能個別捕捉每一個衍生類別的例外。

到目前爲止，我們知道有許多不同的例外。我們也知道方法和CLR兩者都能拋出例外。但是，我們如何決定程式可能發生那一種例外？對於 .NET Framework 類別的方法，我們可以查看線上說明中關於該方法的詳細說明。如果方法會拋出例外，則在它的描述中會出現一段稱爲「例外」的說明，指出此方法會拋出的例外種類，並且簡短說明造成此例外的潛在原因。例如，在Visual Studio .NET線上說明文件中的索引中尋找「**Convert.ToInt32** 方法」。在線上說明文件中，輸入連結「**public: static int ToInt32(String *);**」。在說明文件的「例外」一段說明中，指出此方法 **Convert.ToInt32** 會拋出三種例外型別：**ArgumentException**、**FormatException** 和 **OverflowException**，以及每一種例外發生的條件。

良好的程式設計習慣 11.2

在每一個方法加上註解標頭，明確列出可能抛出的例外，讓程式碼以後的維護能夠更輕鬆一些。

軟體工程的觀點 11.6

如果某個方法會抛出例外，則呼叫該方法的敘述式應該置於 try 區塊中，以便能捕捉和處理這些例外。

11.5 __finally 區塊

程式經常會動態地（也就是，在執行時期）請求和釋放資源。舉例來說，程式若想讀取磁碟上的某個檔案，首先得試著開啓這個檔案。如果這個開啓檔案的要求成功，程式就能夠讀取檔案的內容。作業系統一般禁止超過一個以上程式同時操作同一個檔案。因此，當程式處理完某個檔案時，通常就會關閉該檔案(也就是，釋放資源)，好讓另一個程式使用這個檔案。關閉檔案可以幫助避免*資源遺漏* (*resource leak*) 的狀況，就是前一個程式未關閉檔案，造成檔案資源無法讓另一個程式使用。程式在取用某些形式的資源(例如，檔案)後，必須明確地將這些資源歸還系統，以避免發生資源遺漏的狀況。

在像 C 和 C++的程式語言中，程式設計師必須負責動態記憶體管理，最常見的資源遺漏就是*記憶體遺漏* (*memory leak*)。通常程式會配置記憶體(當我們使用運算子 **new**)，但是當程式不再需要這段記憶體後，卻忘記將記憶體釋放，因此常發生記憶體遺漏的情形。在MC++中，這通常不是問題，因爲當執行的程式不再需要某段記憶體時，CLR 會執行「廢棄記憶體回收」(garbage collection) 的工作。但是，其他的資源遺漏(例如，前面提到的未關閉檔案情形)仍會在 MC++中發生。

避免錯誤的小技巧 11.2

CLR 無法完全避免記憶體遺漏的現象。除非程式不再有指標指向某個物件，否則 CLR 不會對該物件進行「廢棄記憶體回收」的工作。此外，CLR不會回收 unmanged 記憶體。因此，當程式設計師錯誤地讓指標繼續指向不需要的物件，便會發生記憶體遺漏的狀況。

大多數需要明確釋放的資源，都可能產生與處理資源有關的潛在例外。舉例來說，程式若想處理某個檔案，在處理時就可能會收到 **IOException**。因此，處理檔案的程式碼通常都會出現在 **try** 區塊中。不論程式是否成功地處理完一個檔案，當檔案不再需要時，程式都應該關閉該檔案。假設程式將所有「要求資源」和「釋放資源」的程式碼放在 **try** 區塊中。如果沒有例外發生，則 **try** 區塊就會正常地執行，並且在使用完畢後將資源釋放。然而，如果發生例外，則在執行釋放資源的程式碼之前，**try** 區塊就會終止。我們可以將所有釋放資源的程式碼複製到 **catch** 處理區塊內，但是這樣做會讓程式碼更難以修改和維護。

例外處理機制提供 ***__finally*** 區塊，只要程式執行對應的 **try** 區塊，就保證一定會執行這個區塊。不論 **try** 區塊執行成功或者發生例外，都會執行 **__finally** 區塊。對於在 **try**

區塊中使用過的資源，**__finally**區塊成爲釋放這些資源的程式碼最佳放置地點。如果**try**區塊成功地執行完畢，就會立刻執行**__finally** 區塊。如果在 **try** 區塊發生例外，則在**catch**處理區塊處理完例外後，就會立刻執行**__finally**區塊。如果例外未被相關的**catch**處理區塊捕捉，或者是某個**catch**處理區塊也抛出一個例外，就會執行**__finally**區塊，然後，例外就會交予下一個外圍的**try**區塊處理。

避免錯誤的小技巧 11.3

***__finally** 區塊一般包含程式碼能夠釋放在對應 **try** 區塊中獲得的資源；這讓**__finally** 區塊成為避免資源遺漏的有效方法。*

避免錯誤的小技巧 11.4

*唯一讓**__finally** 區塊無法執行的情況，就是程式已經進入對應 **try** 區塊，在**__finally** 區塊可以執行前，程式就結束了。*

增進效能的小技巧 11.3

通常，一旦資源在程式中不再需要時就應該釋放，讓那些資源立刻能夠重複使用，如此提高程式的資源利用率。

如果有一個或者多個**catch**處理區塊接在**try**區塊之後，那麼**__finally**區塊就可以選用。如果沒有任何的**catch**處理區塊接在**try**區塊之後，那麼**__finally**區塊就必須緊接在**try**區塊之後。如果有任何的**catch**處理區塊接在**try**區塊之後，那麼**__finally**區塊就必須出現在最後一個**catch**區塊之後。只有空格和註解可以出現在**try...catch...__finally**結構中間，將它們分隔開來。

常見的程式設計錯誤 11.5

*將**__finally**區塊放在 **catch** 處理區塊的前面，這是語法錯誤。*

在圖 11.2 中的MC++應用程式，說明即使在對應的**try**區塊沒有例外發生，**__finally**區塊仍會執行。在這個程式中，**__tmain** 會呼叫四個函式來說明**__finally**的用法，就是**DoesNotThrowException** (第 62-81 行)、**ThrowExceptionWithCatch** (第 84-107 行)、**ThrowExceptionWithoutCatch** (第 110-128 行) 以及 **ThrowExceptionCatchRethrow** (第 131-160 行)。

第 20 行呼叫函式**DoesNotThrowException** (第 62-81 行)。在此函式中，先用**try**區塊 (第 65-67 行) 輸出一行訊息 (第 66 行)。這個**try**區塊並不會抛出任何例外，所以程式會一直執行到**try**區塊的右大括號。程式會跳過**catch**處理區塊 (第 70-72 行)，因爲此時並沒有抛出例外，然後程式就直接執行**__finally**區塊 (第 75-78 行)，也會輸出一行訊息。在此處，程式會繼續執行**__finally**區塊後的第一行敘述式 (第 80 行)，也會輸出一行訊息，指出執行到函式的結尾。然後，程式的控制權就回到**__tmain**。請注意，第 70 行在關鍵字

catch 之後的小括號內放入省略符號 **(...)**，指出這是一個無參數的 **catch** 處理區塊。請回憶一下，無參數的 **catch** 處理區塊可以捕捉任何例外。

```
1   // Fig. 11.2: UsingExceptionTest.cpp
2   // Demonstrating __finally blocks.
3
4   #include "stdafx.h"
5
6   #using <mscorlib.dll>
7
8   using namespace System;
9
10  void DoesNotThrowException();
11  void ThrowExceptionWithCatch();
12  void ThrowExceptionWithoutCatch();
13  void ThrowExceptionCatchRethrow();
14
15  // main entry point for application
16  int _tmain()
17  {
18     // Case 1: no exceptions occur in called function
19     Console::WriteLine( S"Calling DoesNotThrowException" );
20     DoesNotThrowException();
21
22     // Case 2: exception occurs and is caught
23     Console::WriteLine( S"\nCalling ThrowExceptionWithCatch" );
24     ThrowExceptionWithCatch();
25
26     // Case 3: exception occurs, but not caught
27     // in called function, because no catch handlers
28     Console::WriteLine(
29        S"\nCalling ThrowExceptionWithoutCatch" );
30
31     // calls ThrowExceptionWithoutCatch
32     try {
33        ThrowExceptionWithoutCatch();
34     } // end try
35
36     // process exception returned from ThrowExceptionWithoutCatch
37     catch ( ... ) {
38        Console::WriteLine( S"Caught exception from: "
39           S"ThrowExceptionWithoutCatch in _tmain" );
40     } // end catch
41
42     // Case 4: exception occurs and is caught
43     // in called function, then rethrown to caller
44     Console::WriteLine(
45        S"\nCalling ThrowExceptionCatchRethrow" );
46
47     // call ThrowExceptionCachRethrow
48     try {
```

圖 11.2　說明不論例外是否發生，__finally 區塊都會執行 (第 4 之 1 部分)。

```
49        ThrowExceptionCatchRethrow();
50     } // end try
51
52     // process exception returned from ThrowExceptionCatchRethrow
53     catch (...) {
54        Console::WriteLine( String::Concat ( S"Caught exception from ",
55           S"ThrowExceptionCatchRethrow in _tmain" ) );
56     } // end catch
57
58     return 0;
59  } // end _tmain
60
61  // no exception thrown
62  void DoesNotThrowException()
63  {
64     // try block does not throw any exceptions
65     try {
66        Console::WriteLine( S"In DoesNotThrowException" );
67     } // end try
68
69     // this catch never executes
70     catch ( ... ) {
71        Console::WriteLine( S"This catch never executes" );
72     } // end catch
73
74     // __finally executes because corresponding try executed
75     __finally {
76        Console::WriteLine(
77           S"Finally executed in DoesNotThrowException" );
78     } // end finally
79
80     Console::WriteLine( S"End of DoesNotThrowException" );
81  } // end function DoesNotThrowException
82
83  // throw exception and catches it locally
84  void ThrowExceptionWithCatch()
85  {
86     // try block throws exception
87     try {
88        Console::WriteLine( S"In ThrowExceptionWithCatch" );
89
90        throw new Exception(
91           S"Exception in ThrowExceptionWithCatch" );
92     } // end try
93
94     // catch exception thrown in try block
95     catch ( Exception *error ) {
96        Console::WriteLine( String::Concat( S"Message: ",
97           error->Message ) );
98     } // end catch
99
```

圖 11.2 說明不論例外是否發生，__finally 區塊都會執行 (第 4 之 2 部分)。

```
100      // __finally executes because of corresponding try executed
101      __finally {
102         Console::WriteLine(
103            S"Finally executed in ThrowExceptionWithCatch" );
104      } // end finally
105
106      Console::WriteLine( S"End of ThrowExceptionWithCatch" );
107   } // end function ThrowExceptionWithCatch
108
109   // throw exception and does not catch it locally
110   void ThrowExceptionWithoutCatch()
111   {
112      // throw exception, but do not catch it
113      try {
114         Console::WriteLine( S"In ThrowExceptionWithoutCatch" );
115
116         throw new Exception(
117            S"Exception in ThrowExceptionWithoutCatch" );
118      }// end try
119
120      // __finally executes because of corresponding try executed
121      __finally {
122         Console::WriteLine( String::Concat( S"Finally executed in ",
123            S"ThrowExceptionWithoutCatch" ) );
124      } // end finally
125
126      // unreachable code; would generate logic error
127      Console::WriteLine( S"This will never be printed" );
128   } // end function ThrowExceptionWithoutCatch
129
130   // throws exception, catches it and rethrows it
131   void ThrowExceptionCatchRethrow()
132   {
133      // try block throws exception
134      try {
135         Console::WriteLine( S"In ThrowExceptionCatchRethrow" );
136
137         throw new Exception(
138            S"Exception in ThrowExceptionCatchRethrow" );
139      } // end try
140
141      // catch any exception, place in object error
142      catch ( Exception *error ) {
143         Console::WriteLine( String::Concat( S"Message: ",
144            error->Message ) );
145
146         // rethrow exception for further processing
147         throw error;
148
149         // unreachable code; would generate logic error
150      } // end catch
151
```

圖 11.2　說明不論例外是否發生，__finally 區塊都會執行 (第 4 之 3 部分)。

```
152      // __finally executes because of corresponding try executed
153      __finally {
154         Console::WriteLine( String::Concat( S"Finally executed in ",
155            S"ThrowExceptionCatchRethrow" ) );
156      } // end finally
157
158      // unreachable code; would generate logic error
159      Console::WriteLine( S"This will never be printed" );
160   } // end function ThrowExceptionCatchRethrow
```

```
Calling DoesNotThrowException
In DoesNotThrowException
Finally executed in DoesNotThrowException
End of DoesNotThrowException

Calling ThrowExceptionWithCatch
In ThrowExceptionWithCatch
Message: Exception in ThrowExceptionWithCatch
Finally executed in ThrowExceptionWithCatch
End of ThrowExceptionWithCatch

Calling ThrowExceptionWithoutCatch
In ThrowExceptionWithoutCatch
Finally executed in ThrowExceptionWithoutCatch
Caught exception from: ThrowExceptionWithoutCatch in _tmain

Calling ThrowExceptionCatchRethrow
In ThrowExceptionCatchRethrow
Message: Exception in ThrowExceptionCatchRethrow
Finally executed in ThrowExceptionCatchRethrow
Caught exception from ThrowExceptionCatchRethrow in _tmain
```

圖 11.2　說明不論例外是否發生，__finally 區塊都會執行 (第 4 之 4 部分)。

函式 **_tmain** 的第 24 行呼叫函式 **ThrowExceptionWithCatch** (第 84-107 行)，這個函式一開始就利用 **try** 區塊 (第 87-92 行) 輸出一行訊息。接者，**try** 區塊先建立一個新的 **Exception** 例外物件，然後使用 **throw** 敘述式將此例外物件拋出 (第 90-91 行)。而傳給此建構式的字串成爲此例外物件要顯示的錯誤訊息。當在 **try** 區塊內執行 **throw** 敘述式時，此 **try** 區塊會立刻停止執行，而程式的控制權就會移到 **try** 區塊之後的第一個 **catch** 處理區塊 (第 95-98 行)。在這個例子中，被拋出的例外型別 (**Exception**) 與在 **catch** 中指定的型別相符，因此第 96-97 行輸出一行訊息，指出發生的例外種類。然後，就會執行 **__finally** 區塊 (第 101-104 行)，輸出一行訊息。在此處，程式會繼續執行 **__finally** 區塊後的第一行敘述式 (第 106 行)，也會輸出一行訊息，指出執行到函式的結尾，然後程式控制權就會傳回 **__tmain**。請注意，在第 97 行，我們使用例外物件的 **Message** 屬性，來取得與該例外相關的錯誤訊息，也就是傳給 **Exception** 建構式的訊息。我們將在第 11.6 節討論類別 **Exception** 的幾種屬性。

常見的程式設計錯誤 11.6

在 MC++中，throw 敘述式中的運算式 (也就是例外物件)，必須屬於類別 Exception 或者它的衍生類別。

函式__tmain 的第 32-34 行定義一個 try 區塊，其中呼叫了函式 ThrowExceptionWithoutCatch (第 110-128 行)。這個 try 區塊讓__tmain 可以捕捉任何被 ThrowExceptionWithoutCatch 拋出的例外。在此函式 ThrowExceptionWithoutCatch 的 try 區塊 (第 113-118 行) 中，先輸出一行訊息。接著，此 try 區塊拋出一個 Exception 的例外 (第 116-117 行)，然後 try 區塊就立刻結束。通常，程式控制權會移到 try 區塊之後的第一個 catch 區塊繼續執行。但是，這個 try 區塊並沒有任何對應的 catch 處理區塊。因此，這個例外並不會在函式 ThrowExceptionWithoutCatch 內捕捉。一般程式除非在例外被捕捉到和處理後，才會繼續執行。因此，CLR 就會終止 ThrowExceptionWithoutCatch，並且程式控制權會傳回給__tmain。在程式控制權傳回給__tmain 之前，會先執行__finally 區塊(第 121-124 行)，輸出一行訊息。此時，程式控制權就會傳回給__tmain，任何出現在__finally 區塊之後的敘述式就不會執行。在這個例子中，因為 ThrowExceptionWithoutCatch 函式並未被捕捉在第 116-117 行拋出的例外，在執行完__finally 區塊後終止。在__tmain 中，第 37-40 行的 catch 處理區塊會捕捉這個例外，並且顯示一行訊息，表示這個例外是在__tmain 中捕捉。

函式__tmain 的第 48-50 行定義一個 try 區塊，其中__tmain 呼叫了函式 ThrowExceptionCatchRethrow (第 131-160 行)。這個 try 區塊讓__ tmain 可以捕捉任何被 ThrowExceptionCatchRethrow 拋出的例外。在此函式 ThrowExceptionCatchRethrow 的 try 區塊 (第 134-139 行) 中，先輸出一行訊息 (第 135 行)，然後拋出一個 Exception (第 137-138 行)。此 try 區塊會立刻停止執行，而程式的控制權就會移到 try 區塊之後的第一個 catch 處理區塊 (第 142-150 行)。在這個例子中，被拋出的型別 (Exception) 與在 catch 中指定的型別相符，因此第 143-144 行輸出一行訊息，指出發生的例外類型。第 147 行使用 throw 敘述式*重新拋出* (*rethrow*) 例外。這表示此 catch 處理區塊只處理了部分例外 (或者根本沒有處理)，然後就將例外傳回給呼叫函式 (在此處就是函式__tmain) 去處理。請注意，在 throw 敘述式中的運算式是一個指向被捕捉例外物件的指標。當要將原始的例外重新拋出的時候，你也可以使用下列的敘述式

```
throw;
```

沒有運算式。我們將在第 11.6 節討論帶有運算式的 throw 敘述式，讓程式設計師能夠捕捉例外，建立一個例外物件，然後從 catch 處理區塊拋出一個不同型別的例外。類別庫的設計師經常如此做，以便從類別庫中的方法拋出自訂型別的例外，或者提供其他的除錯資訊。

軟體工程的觀點 11.7

如果可能的話，方法應該能夠立刻處理該方法所拋出的例外，而不是將例外送到程式的另外一個區域去處理。

軟體工程的觀點 11.8

在將例外拋出給呼叫方法之前，拋出例外的方法應該將該方法在例外發生之前所取得的任何資源都加以釋放[7]。

在函式 **ThrowExceptionCatchRethrow** 中的例外處理並沒有完成，因爲程式沒有機會去執行在呼叫 **throw** 敘述式 (第 147 行) 之後的 **catch** 處理區塊中的程式碼。因此，函式 **ThrowExceptionCatchRethrow** 就會終止，並且將程式控制權傳回給函式 **__tmain**。再一次說明，在程式控制權傳回給 **__tmain** 之前，會先執行 **__finally** 區塊 (第 153-156 行)，輸出一行訊息。當控制權傳回給 **__tmain** 時，第 53-56 行的 **catch** 處理區塊會捕捉這個例外，並且顯示一行訊息，表示例外已經捕捉。

注意，在 **__finally** 區塊執行之後，程式控制權繼續的位置必須按照例外處理的狀態而定。如果 **try** 區塊成功執行完畢，或者某個 **catch** 處理區塊捕捉和處理例外，程式控制會從 **__finally** 區塊的下一行敘述式繼續。如果例外並未被捕捉，或者 **catch** 處理區塊將例外重新拋出，程式控制就會從下一個外圍的 **try** 區塊開始。這個外圍的 **try** 區塊可能是呼叫函式或它的呼叫者之一。可以在 **try** 區塊中安排巢狀的 **try...catch** 結構，在這種情況下，屬於較外圍 **try** 區塊的 **catch** 處理區塊就會捕捉和處理任何在較內層 **try...catch** 結構來捕捉到的例外。如果 **try** 區塊有對應的 **__finally** 區塊，即使 **try** 區塊因爲 **return** 敘述式必須結束，仍會執行 **__finally** 區塊；然後才執行 **return** 的程序。

常見的程式設計錯誤 11.7

*從 **__finally** 區塊拋出例外是危險的動作。如果一個未被捕獲的例外已經在等待處理，此時執行 **__finally** 區塊時又拋出一個無法捕捉的新例外，則第一個例外就會遺失，程式會將新的例外傳遞給較外層包圍的 try 區塊去處理。*

避免錯誤的小技巧 11.5

*若會在 **__finally** 區塊中加入會拋出例外的程式碼，記得將該程式碼改放入能夠捕捉此例外型別的 **try...catch** 順序結構中。這樣可以避免在執行 **__finally** 區塊之前，遺失未捕捉的例外，而重新拋出其他的例外。*

增進效能的小技巧 11.4

*在原來程式中增加額外數目的 **try-catch-__finally** 區塊，會降低執行效率。*

11.6 例外屬性

如同我們在第 11.4 節的討論，例外的型別是衍生自 **Exception** 類別，此類別有幾個屬性。這些屬性經常用來格式化錯誤訊息，以便說明捕捉到的例外。其中兩個重要的屬性是 ***Mess-***

---

7 參見「例外處理的最佳實例。」

age 和 ***StackTrace***。屬性 **Message** 所儲存的是有關於 **Exception** 物件的錯誤訊息。這個訊息可以是預設的訊息內容，或者是自訂的訊息，這些訊息會在建構例外物件時，傳遞給例外物件的建構式。屬性 **StackTrace** 包含的字串，則是在描述*方法呼叫堆疊* (*method call stack*)的情形。執行環境會保存一份到目前為止所執行過的方法呼叫清單。而 **StackTrace** 字串則表示到例外發生的時候，尚未執行完畢方法的順序清單。在程式中例外實際發生的位置，我們稱為例外的*拋出點* (*throw point*)。

避免錯誤的小技巧 11.6

堆疊記錄 (*stack trace*)，會顯示出在例外發生的時候完整的方法呼叫堆疊，讓程式設計師可以檢視導致例外發生的一連串方法呼叫。在堆疊記錄中的資料包括在例外發生時，方法呼叫堆疊中所有方法的名稱，這些方法所屬類別的名稱，以及這些類別所定義的命名空間和行號。堆疊記錄中的第一行代表的是拋出點，後續的行數則指出堆疊記錄中每個呼叫過方法的位置。

另外一個經常被類別庫程式設計師使用的屬性，就是 ***InnerException***。一般而言，程式設計師使用這個屬性將捕捉的例外物件「包裹」(wrap) 起來，然後以類別庫中的例外型別重新拋出新的例外物件。舉例來說，要實作一個會計系統，可能有一些程式碼要用來處理以字串形式輸入的帳號，但是這些帳號在程式碼中又是以整數表示。如同你知道的，程式可以利用 **Convert::ToInt32** 將字串轉換成 **Int32** 數值，這個方法在遇到無效的數字格式時，就會拋出一個 **FormatException** 例外。當程式遇到無效的帳號格式時，這個會計系統的程式設計師可能希望顯示出一個錯誤訊息，而且與預設由 **FormatException** 提供的錯誤訊息有不同的內容，或者拋出新的例外型別，例如，**InvalidAccountNumberFormatException**。在這些狀況下，程式設計師可以在程式碼中安排捕捉 **FormatException** 例外，然後在 **catch** 處理區塊中建立一個例外物件，將原來的例外物件當成引數傳給此建構式。原來的例外物件就成為新例外物件的 **InnerExceptionnd**。當 **InvalidAccountNumberFormatException** 出現在使用會計系統程式庫的程式碼，**catch** 處理區塊就會捕捉這個例外，並且透過屬性 **InnerException** 檢視原來的例外物件。於是，此例外物件指出輸入的是一個無效的帳號，而且問題出在無效的數字格式。

我們下一個例子 (圖 11.3 到圖 11.5) 說明屬性 **Message**、**StackTrace** 和 **InnerException**，以及方法 **ToString**。此外，這個例子也說明*堆疊回溯* (*stack unwinding*)，就是嘗試替無法捕捉的例外尋找適當的 **catch** 處理區塊的過程。我們討論這個例子時，會持續追蹤呼叫堆疊的方法，就可以討論屬性 **StackTrace** 和堆疊回溯的機制。

程式一開始就呼叫函式 **__tmain** (圖 11.5)，成為方法呼叫堆疊的第一個方法 (**__tmain** 實際上是一個函式，但是函式和方法兩者都可以加入方法呼叫堆疊)。函式 **__tmain** 的 **try** 區塊第 17 行呼叫 **Method1** (圖 11.4 的第 8-11 行)，成為堆疊中的第二個方法。如果 **Method1** 拋出一個例外，則在第 23-35 行 (圖 11.5) 的 **catch** 處理區塊就會處理這個例外，然後輸出一個發生例外有關的訊息。方法 **Method1** 在第 10 行 (圖 11.4) 呼叫 **Method2** (第 14-17 行)，成為堆疊中的第三個方法。方法 **Method2** 在第 16 行呼叫 **Method3** (定義在第 20-31 行)，成為堆疊中的第四個方法。

```
 1  // Fig. 11.3: Properties.h
 2  // Stack unwinding and Exception class properties.
 3
 4  #pragma once
 5
 6  #using <mscorlib.dll>
 7
 8  using namespace System;
 9
10  // demonstrates using the Message, StackTrace and
11  // InnerException properties
12  public __gc class Properties
13  {
14  public:
15     static void Method1();
16     static void Method2();
17     static void Method3();
18  }; // end class Properties
```

圖 11.3 Exception 類別 Properties 的屬性和堆疊舒展。

```
 1  // Fig. 11.4: Properties.cpp
 2  // Method definitions for class Properties.
 3
 4  #include "stdafx.h"
 5  #include "Properties.h"
 6
 7  // calls Method2
 8  void Properties::Method1()
 9  {
10     Method2();
11  } // end method Method1
12
13  // calls Method3
14  void Properties::Method2()
15  {
16     Method3();
17  } // end method Method2
18
19  // throws an Exception containing an InnerException
20  void Properties::Method3()
21  {
22     // attempt to convert non-integer string to int
23     try {
24        Convert::ToInt32( S"Not an integer" );
25     } // end try
26
27     // catch FormatException and wrap it in new Exception
28     catch ( FormatException *error ) {
29        throw new Exception( S"Exception occurred in Method3", error );
30     } // end try
31  } // end method Method3
```

圖 11.4 Properties 類別的方法定義 。

避免錯誤的小技巧 11.7

閱讀堆疊記錄是從記錄的頂端開始，先讀取錯誤訊息。然後閱讀堆疊記錄的其他部分，尋找其中第一個有顯示你在程式中所撰寫程式碼的那一行。通常，這就是造成例外的位置。

在此時，方法呼叫堆疊內容是

```
Method3
Method2
Method1
_tmain
```

其中最後呼叫的方法 (**Method3**) 位於頂端，而最先呼叫的方法 (**__tmain**) 則位於底端。在方法 **Method3** 中的 **try** 區塊 (圖 11.4 中的第 23-25 行)，呼叫方法 **Convert::ToInt32** (第 24 行)，並嘗試將字串轉換成 **int** 數值。在此處，**Convert::ToInt32** 成為方法呼叫堆疊中的第五個也是最後一個方法。

```
1   // Fig. 11.5: PropertiesTest.cpp
2   // PropertiesTest demonstrates stack unwinding.
3
4   #include "stdafx.h"
5   #include "Properties.h"
6
7   #using <mscorlib.dll>
8
9   using namespace System;
10
11  // entry point for application
12  int _tmain()
13  {
14     // calls Method1, any Exception it generates will be
15     // caught in the catch handler that follows
16     try {
17        Properties::Method1();
18     } // end try
19
20     // output string representation of Exception, then
21     // output values of InnerException, Message,
22     // and StackTrace properties
23     catch( Exception *exception ) {
24        Console::WriteLine( S"exception->ToString(): \n{0}\n",
25           exception->ToString() );
26
27        Console::WriteLine( S"exception->Message: \n{0}\n",
28           exception->Message );
29
30        Console::WriteLine( S"exception->StackTrace: \n{0}\n",
31           exception->StackTrace );
32
33        Console::WriteLine( S"exception->InnerException: \n{0}",
34           exception->InnerException );
35     } // end catch
```

圖 11.5　PropertiesTest 說明堆疊舒展的原理 (第 2 之 1 部分)。

```
36
37      return 0;
38   } // end _tmain
```

```
exception->ToString():
System.Exception: Exception occurred in Method3 ---> System.FormatException:
Input string was not in a correct format.
   at System.Number.ParseInt32(String s, NumberStyles style,
      NumberFormatInfo info)
   at System.Convert.ToInt32(String value)
   at Properties.Method3() in c:\books\2003\vcpphtp1\vcpphtp1_examples\ch11\
      fig11_03-05\propertiestest\properties.cpp:line 24
   --- End of inner exception stack trace ---
   at Properties.Method3() in c:\books\2003\vcpphtp1\vcpphtp1_examples\ch11\
      fig11_03-05\propertiestest\properties.cpp:line 29
   at Properties.Method2() in c:\books\2003\vcpphtp1\vcpphtp1_examples\ch11\
      fig11_03-05\propertiestest\properties.cpp:line 16
   at Properties.Method1() in c:\books\2003\vcpphtp1\vcpphtp1_examples\ch11\
      fig11_03-05\propertiestest\properties.cpp:line 10
   at main() in c:\books\2003\vcpphtp1\vcpphtp1_examples\ch11\
      fig11_03-05\propertiestest\propertiestest.cpp:line 17

exception->Message:
Exception occurred in Method3
```

```
exception->StackTrace:
   at Properties.Method3() in c:\books\2003\vcpphtp1\vcpphtp1_examples\ch11\
      fig11_03-05\propertiestest\properties.cpp:line 29
   at Properties.Method2() in c:\books\2003\vcpphtp1\vcpphtp1_examples\ch11\
      fig11_03-05\propertiestest\properties.cpp:line 16
   at Properties.Method1() in c:\books\2003\vcpphtp1\vcpphtp1_examples\ch11\
      fig11_03-05\propertiestest\properties.cpp:line 10
   at main() in c:\books\2003\vcpphtp1\vcpphtp1_examples\ch11\
      fig11_03-05\propertiestest\propertiestest.cpp:line 17

exception->InnerException:
System.FormatException: Input string was not in a correct format.
   at System.Number.ParseInt32(String s, NumberStyles style,
      NumberFormatInfo info)
   at System.Convert.ToInt32(String value)
   at Properties.Method3() in c:\books\2003\vcpphtp1\vcpphtp1_examples\ch11\
      fig11_03-05\propertiestest\properties.cpp:line 24
```

圖 11.5 PropertiesTest 說明堆疊舒展的原理 (第 2 之 2 部分)。

傳給方法 **Convert::ToInt32** 的引數並不是整數格式，所以圖 11.4 中的第 24 行拋出一個 **FormatException** 例外，並且在 **Method3** 方法的第 28 行捕捉到這個例外。這個例外終止呼叫 **Convert::ToInt32**，於是這個方法就從方法呼叫堆疊中移除。**catch** 處理區塊就會建立一個 **Exception** 物件，然後將它拋出。傳給 **Exception** 物件建構式的第一個引數，就是在例子中我們自訂的錯誤訊息：「Exception occurred in Method3」。第二個引數就

是 **InnerException** 物件，這是物件 **FormatException** 被捕捉後，包裹成新的例外物件。請注意，在堆疊記錄 **StackTrace** 上顯示的這個新例外物件，正反映出例外被拋出的位置 (第 29 行)。現在，方法 **Method3** 終止，因爲在 **catch** 處理區塊拋出的例外並沒有在此方法的本體中捕獲。因此，程式的控制權傳回給原來呼叫 **Method3**，位於呼叫堆疊上的前一個方法 (**Method2**)。這個回溯的動作，將 **Method3** 從方法呼叫堆疊中移除。

良好的程式設計習慣 11.3

*當程式捕捉和重新拋出例外時，可以在重新拋出的例外中提供更多的除錯資訊。如此做的方法是先建立一個具有更具體除錯資訊的 **Exception** 物件，然後將原來捕捉的例外傳給此新例外物件的建構式，以便初始化 **InnerException** 屬性* [8]。

當程式控制權回到 **Method2** 的第 16 行，CLR 判斷第 16 行並不是位於一個 **try** 區塊內。因此，這個例外並不會在方法 **Method2** 內捕捉，於是 **Method2** 終止。這樣會將 **Method2** 從方法呼叫堆疊中移除，然後將控制權傳回給 **Method1** 的第 10 行。此處又再次顯示，第 10 行並不是位於一個 **try** 區塊內，所以這個例外無法在 **Method1** 中捕捉。這個方法就會終止，並且從呼叫堆疊中移除，然後將控制權傳回函式 **__tmain** 的第 17 行，此處是在一個 **try** 區塊內。函式 **__tmain** 中的 **try** 區塊執行完畢，而第 23-35 行的 **catch** 處理區塊會捕獲這個例外。而 **catch** 處理區塊使用方法 **ToString** 以及屬性 **Message**、**StackTrace** 和 **InnerException** 來產生輸出。請注意，堆疊回溯會繼續下去，直到某個 **catch** 處理區塊捕獲例外或者程式結束爲止。

在圖 11.5 中輸出的第一個段落 (我們將它重新格式化，以方便閱讀)，顯示從方法 **ToString** 傳回例外的字串表示。這個區塊開始是例外類別的名稱，接著是 **Message** 屬性值。後續的八行則顯示 **InnerException** 例外物件的字串表示。在這個輸出區塊的剩餘部份則顯示從 **Method3** 拋出例外的 **StackTrace** 堆疊記錄。請注意，**StackTrace** 堆疊記錄顯示例外在拋出點的方法呼叫堆疊的狀況，而不是例外最後被捕捉點的記錄狀況。堆疊記錄 **StackTrace** 每一行都是以 "at" 開頭，表示在方法呼叫堆疊中的方法。這幾行指出發生例外的方法，方法所在的檔案，以及方法在檔案中的行號。也請注意，堆疊記錄也包括內層例外(inner-exception)的堆疊記錄。【*注意*：對於 FCL 的類別和方法，程式不會顯示出檔案和行號的資料。】

下一個輸出段落 (有兩行) 只是顯示從 **Method3** 拋出例外的屬性 **Message** (**Exception occured in Method3**)。

輸出的第三段則顯示從 **Method3** 拋出例外的 **StackTrace** 屬性。請注意，**StackTrace** 屬性包括從方法 **Method3** 的第 29 行開始的堆疊記錄，因爲這裡就是物件 **Exception** 的建立和拋出點。堆疊記錄通常都是從例外的拋出點開始。

---

8 有關「InnerException 屬性」(InnerException Property) .NET Framework Developer's Guide, Visual Studio .NET 線上說明，可參閱網頁 **<msdn.microsoft.com/library/default.asp? url=/library/en-us/cpref/html/frlrfsystemexceptionclassinnerexceptiontopic.asp>**。

最後，輸出的最後一個段落顯示屬性 **InnerException** 的 **ToString** 字串表示，包括該例外物件所屬的命名空間和類別名稱，以及此物件的**Message**屬性和**StackTrace**屬性。

11.7 程式設計師自訂的例外類別

在許多狀況下，程式設計師可以利用.NET Framework 現有的例外類別，來表示在他們程式中發生的例外。但是，在某些狀況，程式設計師可能希望建立更適合他們程式所發生問題的例外。*程式設計師自訂例外類別* (*Programmer-defined exception classes*) 應該直接或者間接衍生自 **System** 命名空間的 **ApplicationException** 類別。

良好的程式設計習慣 11.4

將每種錯誤都賦與一個適當命名的例外物件，可以增加程式的清晰度。

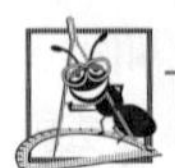

軟體工程的觀點 11.9

在建立程式設計師自訂例外類別之前，請先檢視在.NET Framework 現有的例外類別中，是否已經有合用的例外型別。

軟體工程的觀點 11.10

程式設計師只有在需要捕捉和處理的例外與現有的例外型別不同時，才需要建立新的例外類別。

軟體工程的觀點 11.11

任何你所建立和拋出的例外，一定要加以捕捉和處理。

良好的程式設計習慣 11.5

每個例外類別只處理一個問題。絕不要多載一個例外類別，來處理幾種例外。

良好的程式設計習慣 11.6

例外類別要使用既醒目又有意義的名稱。

圖 11.6 到圖 11.8 說明如何定義和使用程式設計師自訂例外類別。類別 **NegativeNumberException** (圖 11.6 及圖 11.7) 是一個程式設計師自訂例外類別，表示對負數執行不合法運算時所產生的例外，例如，求負數的平方根。

程式設計師自訂例外類別應該衍生自 **ApplicationException** 類別，應該有一個以 “**Exception**” 結束的類別名稱，而且應該定義三個建構式：一個預設建構式，一個建構式接收字串引數 (錯誤訊息) 和一個建構式接受字串引數和 **Exception** 引數 (錯誤訊息和內層例外物件)[9]。

---

9 參見「處理例外的最佳實例」(Best Practices for Handling Exceptions)。

```
1  // Fig. 11.6: NegativeNumberException.h
2  // NegativeNumberException represents exceptions caused by illegal
3  // operations performed on negative numbers.
4
5  #pragma once
6
7  #using <mscorlib.dll>
8
9  using namespace System;
10
11 // NegativeNumberException represents exceptions caused by
12 // illegal operations performed on negative numbers
13 public __gc class NegativeNumberException : public ApplicationException
14 {
15 public:
16    NegativeNumberException();
17    NegativeNumberException( String * );
18    NegativeNumberException( String *, Exception * );
19 }; // end class NegativeNumberException
```

圖 11.6　當程式執行負數的不合法運算時，就會拋出ApplicationException的例外子類別。

```
1  // Fig. 11.7: NegativeNumberException.cpp
2  // Method definitions for class NegativeNumberException.
3
4  #include "stdafx.h"
5  #include "NegativeNumberException.h"
6
7  // default constructor
8  NegativeNumberException::NegativeNumberException()
9     : ApplicationException( S"Illegal operation for a negative number" )
10 {
11 }
12
13 // constructor for customizing error message
14 NegativeNumberException::NegativeNumberException( String *message )
15    : ApplicationException( message )
16 {
17 }
18
19 // constructor for customizing error message and
20 // specifying inner exception object
21 NegativeNumberException::NegativeNumberException( String *message,
22    Exception *inner ) : ApplicationException( message, inner )
23 {
24 }
```

圖 11.7　NegativeNumberException 類別的方法定義。

NegativeNumberException最可能發生在執行算數運算時，所以**NegativeNumberException**類別衍生自**ArithmeticException**類別是很合邏輯。但是，**ArithmeticException**類別則衍生自CLR所抛出的**SystemException**類別。特別提出的一點，**ApplicationException**是由使用者程式所抛出例外的基本類別，而不是由CLR抛出的例外。

```
1   // Fig. 11.8: SquareRoot.cpp
2   // Demonstrating a programmer-defined exception class.
3
4   #include "stdafx.h"
5   #include "NegativeNumberException.h"
6
7   #using <mscorlib.dll>
8
9   using namespace System;
10
11  double FindSquareRoot( double );
12
13  // obtain user input, convert to double and calculate square root
14  int _tmain()
15  {
16     // catch any NegativeNumberExceptions thrown
17     try {
18        Console::Write( S"Please enter a number: " );
19
20        double result =
21           FindSquareRoot( Double::Parse( Console::ReadLine() ) );
22
23        Console::WriteLine( result );
24     } // end try
25
26     // process invalid number format
27     catch ( FormatException *notInteger ) {
28        Console::WriteLine( notInteger->Message );
29     } // end catch
30
31     // display message if negative number input
32     catch ( NegativeNumberException *error ) {
33        Console::WriteLine( error->Message );
34     } // end catch
35
36     return 0;
37  } // end _tmain
38
39  // computes the square root of its parameter; throws
40  // NegativeNumberException if parameter is negative
41  double FindSquareRoot( double operand )
42  {
43     // if negative operand, throw NegativeNumberException
```

圖11.8　如果計算平方根時發生錯誤，則函式FindSquareRoot會抛出例外(第2之1部分)。

```
44        if ( operand < 0 )
45           throw new NegativeNumberException(
46              S"Square root of negative number not permitted." );
47
48        // compute the square root
49        return Math::Sqrt( operand );
50     } // end function FindSquareRoot
```

```
Please enter a number: 33
5.74456264653803
```

```
Please enter a number: hello
Input string was not in a correct format.
```

```
Please enter a number: -12.45
Square root of negative number not permitted.
```

圖 11.8　如果計算平方根時發生錯誤，則函式 FindSquareRoot 會拋出例外 (第 2 之 2 部分)。

圖 11.8 說明程式設計師自訂的例外類別。應用程式讓使用者可以輸入一個數字，然後呼叫函式 **FindSquareRoot** (第 41-50 行) 計算此數值的平方根。爲了這個目的，**FindSquareRoot** 呼叫 **Math** 類別的 ***Sqrt*** 方法，此方法接收一個正值的 **double** 數值作爲引數。如果此引數是負數，**Sqrt** 方法通常會傳回一個屬於 **Double** 類別的常數「**NaN**」，表示「非數字」。在這個程式中，我們希望使用者避免計算負數的平方根。如果使用者輸入的數值是一個負數，則方法 **FindSquareRoot** 會拋出一個 **NegativeNumberException** 例外 (第 45-46 行)。否則，方法 **FindSquareRoot** 就會呼叫類別 **Math** 的方法 ***Sqrt*** 來計算平方根。

而 **try** 區塊 (第 17-24 行) 嘗試呼叫 **FindSquareRoot** 方法來處理使用者輸入的數值。如果使用者輸入的數值不是一個有效的數字，則會產生 **FormatException** 例外，而在第 27-29 行的 **catch** 處理區塊會處理這個例外。如果使用者輸入的數值是一個負數，則方法 **FindSquareRoot** 會拋出一個 **NegativeNumberException** 例外 (第 45-46 行)。在第 32-33 行的 **catch** 處理區塊就會捕捉和處理這個例外。

摘　要

- 例外 (exception) 是表示在程式執行期間發生問題。
- 例外處理讓程式設計師所建立的應用程式能夠解決例外，通常可以讓程式繼續執行，就好像沒有問題發生一樣。
- 例外處理讓程式設計師能夠撰寫出清楚、健全和更能承受錯誤的程式。
- 例外處理讓程式設計師能夠將「處理錯誤」的程式碼，從程式的主要執行過程中移開。這樣增進了程式的清晰度，並且加強了可修改性。

- 例外處理是設計來處理同步發生的錯誤，例如，超出範圍的陣列下標、算數運算的溢位、除以零、無效的方法參數和記憶體耗盡等問題，以及非同步事件，例如磁碟的 I/O 完成。
- 當程式呼叫某個方法或者 CLR 偵測出發生問題，則此方法或者 CLR 就會拋出例外。程式中發生例外的地方就稱為拋出點。
- 但這不保證會有任何的例外處理常式來處理這種例外。如果有這種例外處理常式，就會捕捉和處理例外。
- **try** 區塊是由關鍵字 **try** 後面接著一對大括號 (**{}**)，用來界定可能產生例外的程式碼範圍。
- 緊接在try區塊後面的可以有多個**catch**處理區塊，也可能沒有任何**catch**區塊。每個**catch**處理區塊都會在小括號中指定一個例外參數，用來表示**catch**處理區塊可以處理的例外類型。
- 如果例外參數有一個參數名稱，則 **catch** 處理區塊可以利用該參數名稱，來處理被捕捉的例外物件。
- 有一種無參數 **catch** 處理區塊可以捕捉所有類型的例外。
- 在最後一個 **catch** 處理區塊之後，可選擇加上一個**__finally** 區塊，不論是否會產生例外，其中的程式碼都會執行。
- MC++使用例外處理的終止模式。如果在 **try** 區塊中產生例外，**try** 區塊就會立刻結束，而且程式控制權就會移轉給 **try** 區塊後續的第一個 **catch** 處理區塊，來處理發生的例外。
- 適當的處理區塊就是第一個與被拋出例外型別相匹配的處理區塊，或者與衍生自 **catch** 處理區塊例外參數所指定例外型別相匹配。
- 如果在 **try** 區塊中沒有發生例外，CLR 就會忽略該區塊的例外處理常式。
- 如果沒有例外發生，或者發生的例外被捕獲和經過處理，程式就會將執行權移到**try...catch ...__finally** 結構後的第一個敘述式。
- 如果例外是發生在 **try** 區塊之外的敘述式，則包含該敘述式的方法就會立刻終止，這個程序稱為堆疊回溯。
- 這種MC++例外處理機制只會拋出和捕捉**Exception**類別和它的衍生類別的物件。**System**命名空間的 **Exception** 類別是 .NET Framework 例外階層的基本類別。
- 例外是直接或者間接繼承自 **Exception** 類別的類別物件。

詞 彙

ApplicationException 類別 (**ApplicationException** class)
算數運算的溢位 (arithmetic overflow)
呼叫堆疊 (call stack)
捕捉所有例外型別 (catch all exception types)
catch 區塊(或，處理區塊)(catch block (or handler))
磁碟 I/O 完成 (disk I/O completion)
除以零 (divide by zero)
DivideByZeroException 類別 (**DivideByZeroException** class)
Double 類別 (**Double** class)
消除資源遺漏的現象 (eliminate resource leaks)
處理錯誤的程式碼 (error-processing code)
例外 (exception)
Exception 類別 (**Exception** class)
例外處理常式 (exception handler)
能夠容忍錯誤的程式 (fault-tolerant program)

__finally 區塊 (**__finally** block)
FormatException 類別 (**FormatException** class)
IndexOutOfRangeException 類別 (**IndexOutOfRangeException** class)
繼承例外 (inheritance with exceptions)
Exception 類別的屬性 **InnerException** (**InnerException** property of **Exception**)
記憶體遺漏 (memory leak)
Exception 類別的屬性 **Message** (**Message** property of class **Exception**)
方法呼叫堆疊 (method call stack)
類別 **Double** 的常數 **NaN** (**NaN** constant of class **Double**)
負無限大 (negative infinity)
NullReferenceException
超出範圍的陣列下標 (out-of-range array subscript)
溢位 (overflow)
OverflowException 類別 (**OverflowException** class)
多型方式處理相關例外 (polymorphic processing of related exceptions)
正無限大 (positive infinity)
程式設計師自訂例外類別 (programmer-defined exception classes)
釋放資源 (release a resource)
資源遺漏 (resource leak)
產生未捕獲的例外 (result of an uncaught exception)
例外處理的恢復模式 (resumption model of exception handling)
重新拋出例外 (rethrow an exception)
執行時期例外 (runtime exception)
堆疊回溯 (stack unwinding)
Exception 類別的屬性 **StackTrace** (**StackTrace** property of **Exception**)
同步錯誤 (synchronous error)
SystemException 類別 (**SystemException** class)
例外處理的終止模式 (termination model of exception handling)
拋出一個例外 (throw an exception)
拋出點 (throw point)
throw 敘述式 (**throw** statement)
Convert 類別的 **ToInt32** 方法 (**ToInt32** method of **Convert**)
try 區塊 (**try** block)
未捕獲例外 (uncaught exception)

自我測驗

11.1 填空題：

a) 當方法偵測到發生問題，方法就會 __________ 一個例外。
b) 與 **try** 區塊關聯的 __________ 區塊永遠都會執行。
c) MC++的例外類別都是衍生自類別 __________ 。
d) 拋出例外的敘述式稱為例外的 __________ 。
e) __________ 區塊所包含的程式碼可能會拋出一個例外，因此，如果發生例外，其中的程式碼就不應該執行。
f) 如果一個能夠捕捉所有例外的處理區塊宣告在另一個例外處理常式之前，就會產生 __________ 錯誤。
g) 在某個方法中未被捕捉的例外會讓該方法從方法呼叫堆疊中 __________ 。
h) 如果它的引數不是一個有效的整數值，方法 **Convert::ToInt32** 就會拋出一個 ____

______ 例外。

i) 執行時期的例外類別都是衍生自類別 __________。

j) 類別 **Exception** 的屬性 __________ 代表例外抛出點的方法呼叫堆疊的狀態。

11.2 試判斷下列的敘述式是*眞*或*僞*。若答案是僞，請說明理由。

a) 例外都是在第一個偵測到該例外的方法中處理。

b) 程式設計師自訂的例外類別應該衍生自 **SystemException** 類別。

c) 存取一個超出範圍的陣列下標，會讓 CLR 抛出一個例外。

d) **__finally** 區塊位在 **try** 區塊之後，是可有可無的。

e) 如果 **__finally** 區塊出現在某個方法內，則一定保證會執行 **__finally** 區塊。

f) 使用關鍵字 **return**，程式的控制權就可以返回例外的抛出點。

g) 例外可以被重新抛出。

h) MC++的例外是直接或者間接繼承自 **Exception** 類別的類別物件。

i) **Exception** 類別的屬性 **Message** 會傳回一個指標，指出例外是從哪個方法抛出。

j) 例外只能從 **try** 區塊中明確呼叫的方法抛出。

自我測驗解答

11.1 **a)** 抛出。**b)** **__finally**。**c)** **Exception**。**d)** 抛出點。**e)** **try**。**f)** 語法錯誤。**g)** 回溯 (unwind)。**h)** **FormatException**。**i)** **SystemException**。**j)** **StackTrace**。

11.2 **a)** 僞。例外是由 **try** 區塊後續第一個相匹配的 **catch** 處理區塊處理。**b)** 僞。程式設計師自訂的例外類別應該衍生自 **ApplicationException** 類別。**c)** 眞。**d)**僞。只有在最少有一個 **catch** 處理區塊時，**__finally** 區塊才是選用的。如果沒有 **catch** 處理區塊，則 **__finally** 區塊就必須加上。**e)** 僞。只有當程式控制進入對應的 **try** 區塊時，才會執行 **__finally** 區塊。**f)** 僞。關鍵字 **return** 會讓程式控制權回到呼叫的方法。**g)** 眞。**h)** 眞。**i)** 僞。屬性 **Message** 會傳回一個指標 **String ***，指向錯誤訊息物件。**j)** 僞。例外可以從任何方法抛出，不論是否從 **try** 區塊呼叫。而且，CLR 也可以抛出例外。

習　題

11.3 利用繼承的方式，建立一個例外基本類別和各種不同的例外衍生類別。撰寫一個程式，說明使用基本類別的 **catch** 處理區塊能夠捕捉衍生類別的例外。

11.4 撰寫一個 MC++程式，示範說明如何使用下列敘述式來捕捉各種例外。

```
catch ( Exception *exception )
```

11.5 撰寫一個MC++程式，顯示例外處理常式排列順序的重要性。撰寫兩個程式：一個擁有正確順序的**catch**處理區塊，而另一個則是不正確的順序 (例如，將基本類別例外處理常式放在衍生類別例外處理常式的前面)。證明如果你在衍生類別例外之前，嘗試先捕捉基本類別例外，則衍生類別例外就永遠不會捕捉到 (在執行時期，可能產生邏輯錯誤)。請說明爲何會發生這些錯誤。

11.6 例外可用來指出建立一個物件時所發生的問題。撰寫一個MC++程式，說明建構式如何將執行失敗的資訊，傳遞給 **try** 區塊之後的處理區塊。拋出的例外也應該包含傳遞給建構式的引數。

11.7 撰寫一個 MC++程式，說明如何重新拋出一個例外。

11.8 撰寫一個 MC++程式，說明方法雖然擁有它自己的 **try** 區塊，但是並不一定能夠捕捉 **try** 區塊中產生的每個可能錯誤。某些例外可能會遺漏到外界，而由其他的處理區塊加以處理。

12

圖形使用者介面觀念：初論

學習目標

- 瞭解圖形使用者介面的設計原則。
- 瞭解、使用和建立事件的處理常式。
- 瞭解包含圖形使用者介面元件的命名空間，以及事件處理類別和介面。
- 學習建立圖形使用者介面。
- 能夠建立和操作按鈕、標籤、清單、文字方塊和面板。
- 能夠處理滑鼠和鍵盤產生的事件。

… the wisest prophets make sure of the event first.
Horace Walpole

…The user should feel in control of the computer; not the other way around. This is achieved in applications that embody three qualities: responsiveness, permissiveness, and consistency.
Inside Macintosh, Volume 1
Apple Computer, Inc. 1985

All the better to see you with, my dear.
The Big Bad Wolf to Little Red Riding Hood

本章綱要

12.1 簡介

圖形使用者介面 (*GUI*，*graphical user interface*) 讓使用者可以透過圖形與程式互動。GUI (發音類似"GOO-EE") 提供程式特殊的「外觀」與「感覺」。GUI 提供不同應用程式一致的使用者介面元件，讓使用者只需花少許時間記憶該按那些按鍵才能執行那些功能，而將時間多投注在程式的使用上，提高生產力。

感視介面的觀點 12.1

一致的使用者介面讓使用者更快地學會新的應用程式。

我們舉一個 GUI 的範例，如圖 12.1 的 Internet Explorer 視窗，上面標示了一些 GUI 元件。在這個視窗中，有一個功能表列 (menu bar)，包含一些*功能表* (*menu*)，其中有選項**檔案**、**編輯**、**檢視**、**我的最愛**、**工具**和**說明**等等。功能表列下方有一組*按鈕* (*button*)；每個按鈕都代表 Internet Explorer 的一項功能。在這些按鈕下方則是一個*文字方塊* (*text box*)，使用者可以輸入想要拜訪的 World Wide Web 網址。文字方塊的左邊是一個*標籤* (*label*)，指出此文字方塊的用途。在最右端和底部則有*捲軸* (*scrollbar*)，當視窗要顯示的資料超過畫面能夠顯示的數量時，就可以使用捲軸。藉著上下左右移動捲軸，使用者就能夠檢視網頁不同的部分。這些功能表、按鈕、文字方塊、標籤和捲軸都是 Internet Explorer 的 GUI 一部份。它們形成友善的介面，使用者可以透過這些介面使用 Internet Explorer 瀏覽器。

圖形使用者介面是利用 *GUI 元件*組合而成。GUI 元件是使用者可以藉著滑鼠或者鍵盤操作的物件。圖 12.2 列出幾個常用的.NET GUI 元件類別。在接下的章節裡，我們會詳細地討論這些 GUI 元件。在下一章，我們會討論更進階的 GUI 元件。

圖 12.1　具有 GUI 元件的 Internet Explorer 視窗。

控制項	說明
標籤 (**Label**)	顯示圖形或者不可編輯文字的區域。
文字方塊 (**TextBox**)	使用者可以利用鍵盤輸入資料的區域。此區域也可以用來顯示文字資訊。
按鈕 (**Button**)	可以按一下滑鼠鍵來觸發事件的區域。
核取方塊 (**CheckBox**)	可以選取或不選取的 GUI 控制項。
組合方塊 (**ComboBox**)	使用者可以在下拉選單上點選所要的項目，或者在方塊中輸入所要選取項目。
清單方塊 (**ListBox**)	可以顯示項目清單的區域，使用者可以在所要項目上按一下，就可選取該項目。可以同時選取多個項目。
面板 (**Panel**)	可以放置元件的容器。

圖 12.2　一些基本的 GUI 元件 (第 2 之 1 部分)。

控制項	說明
水平捲軸 (`HscrollBar`)	水平捲軸。讓使用者可以選取無法在水平方向納入容器的資料。
垂直捲軸 (`VscrollBar`)	垂直捲軸。讓使用者可以選取無法在垂直方向納入容器的資料。

圖 12.2　一些基本的 GUI 元件 (第 2 之 2 部分)。

12.2　視窗表單

視窗表單 (*Windows Forms*，也稱爲 *WinForm*) 可用來建立程式的 GUI 介面。表單 (form) 是出現在桌面的圖形元件。表單可以是對話方塊、*SDI 視窗* (單一文件介面視窗) 或者 *MDI 視窗* (多重文件介面視窗，我們將在第 13 章討論)。例如，按鈕或者標籤等*控制項* (*control*) 都是圖形的元件。

圖 12.3 顯示 Visual Studio .NET 的「**工具箱**」 **(Toolbox)** 所包含視窗表單 (Form) 的控制項和元件，左邊兩個畫面顯示的是控制項，最後一個畫面顯示的是元件。使用者先選取某個元件或者控制項，然後再將元件或者控制項加入表單。請注意位於清單頂端的圖示 **Pointer** 並不是一個元件，它代表的是預設的滑鼠動作。點選它後，程式設計師就可移動滑鼠游標，而不是在表單中加入一個項目。在這一章和下一章，我們會討論許多這樣的控制項。

當與視窗互動時，我們稱*工作視窗* (*active window*) 擁有*焦點* (*focus*)。工作視窗就是最上層的視窗，而且其標題列呈現反白顯示。當使用者在某個視窗的範圍內按一下按鍵，這個視窗就成爲工作視窗。當某個視窗擁有焦點時，作業系統會將使用者利用鍵盤或者滑鼠的輸入送入該應用程式。

表單一般是作爲元件和控制項的*容器* (*container*)，控制項必須利用程式碼才能加入表單。當使用者利用滑鼠或者鍵盤操作控制項時，就會產生事件 (event)，我們將在第 12.3 節討論，然後利用*事件處理常式* (*event handler*) 來處理這些事件。事件一般會造成某件事情發生，以回應使用者的動作。舉例來說，當我們在訊息方塊 `MessageBox` 中按一下「**確定**」**(OK)** 按鈕時，就會產生一個事件。類別 `MessageBox` 的事件處理常式會關閉 `MessageBox` 訊息方塊，以回應這個事件。

我們在本章所提到的每一個 .NET Framework 類別都是屬於 ***`System::Windows::`*** `Form` 這個*命名空間* (*namespace*)。視窗應用程式所使用的基本視窗 `Form` 類別，可以 `System::Windows::Forms::Form` 表示。同樣地，類別 `Button` 實際上也是以 `System::Windows::Forms::Button` 表示。

建立視窗應用程式的一般設計程序，要求先建立一個視窗表單，設定好它的屬性，然後加入控制項，再設定控制項的屬性，並且實作事件處理常式的程式碼。在圖 12.4 中列出 `Form` 的常用屬性和事件。

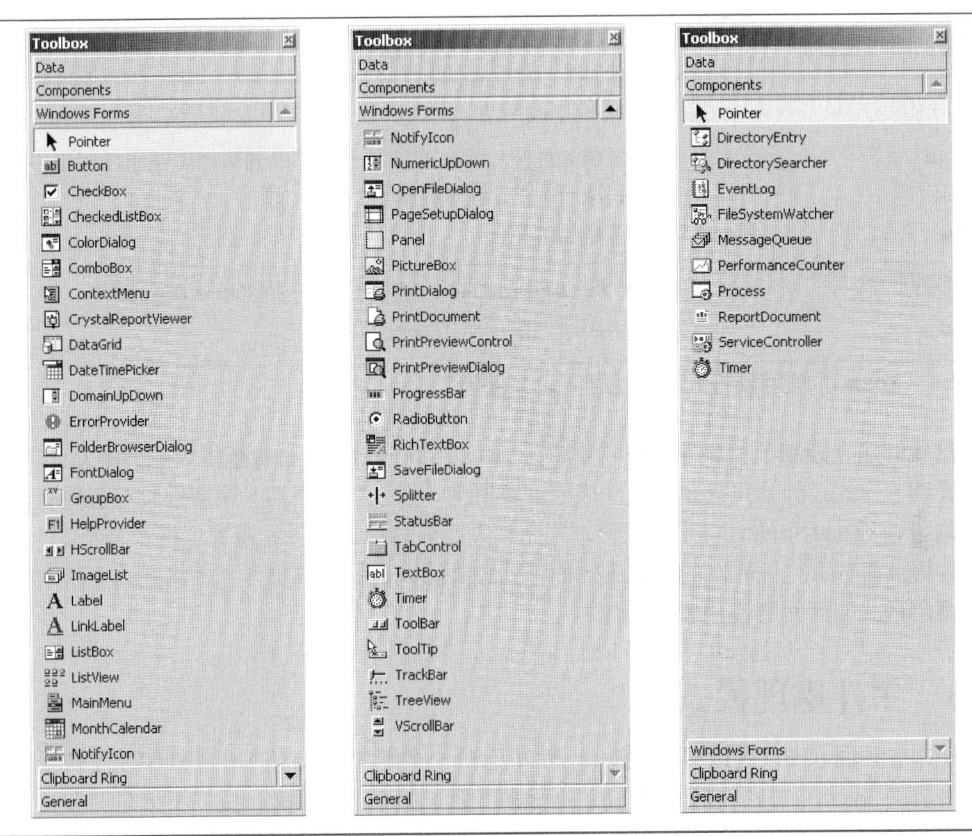

圖 12.3　Windows 表單 (Form) 包含的元件和控制項。

表單的屬性和事件	說明 / 委派和事件的引數
常用屬性	
AcceptButton	當使用者按下*輸入鍵* (***Enter***)時，指定應該由那一個按鈕承接此項動作。
AutoScroll	如果資料超過一個畫面能夠顯示的數量時，指定是否要顯示出捲軸。
CancelButton	當使用者按下*退出鍵* (***Escape***)時，指定應該由那一個按鈕承接此項動作。
FormBorderStyle	指定表單的邊框樣式 (例如，**none**、**single**、**3D**、**sizable**)。
Font	指定表單顯示文字的字型，以及加入表單的控制項預設字型。
Text	指定表單標題列顯示的文字。

圖 12.4　Form 的常用屬性和事件 (第 2 之 1 部分)。

表單的屬性和事件	說明 / 委派和事件的引數
常用方法	
`Close`	關閉表單並且釋放所有的資源。關閉的表單無法回應任何事件。
`Hide`	隱藏表單 (但是不會釋放資源)。
`Show`	顯示隱藏的表單。
常用事件	*(委派 **`EventHandler`**，以及事件的引數 **`EventArgs`**)*
`Load`	在顯示表單之前，必須執行的程序。

圖 12.4　**`Form`** 的常用屬性和事件 (第 2 之 2 部分)。

當我們建立控制項和事件處理常式時，Visual Studio .NET 就會產生大部分與 GUI 有關的程式碼。程式設計師只需要將元件拖放到表單中，然後在「屬性」視窗中設定各種屬性，就能夠透過 Visual Studio .NET 以圖形方式完成大部分的程式碼。在視覺化程式設計中，IDE 一般會提供與 GUI 介面相關的程式碼，而程式設計師則負責撰寫事件處理常式的主體內容，指定應用程式如何回應使用者的動作。

12.3　事件處理模式

圖形使用者介面 (GUI) 是以*事件驅動* (*event driven*)，意指當程式的使用者與 GUI 互動時，就會產生*事件* (*event*)。許多常見的互動包括移動滑鼠、按一下滑鼠鍵、按一下按鈕、在文字方塊內輸入資料、選取功能表項目和關閉視窗等等。事件處理常式就是能夠處理事件和執行工作的方法。舉例來說，按一下按鈕後表單改變顏色的情形。當按一下按鈕後，按鈕就會產生一個事件，並且將此事件傳給事件處理常式，而此事件處理常式的程式碼就會改變表單的顏色。

每一個會產生事件的控制項都有一個關聯的「委派」 (delegate)，定義此控制項的事件處理常式的簽名碼 (signature)。請回憶，在第 10 章曾提到「委派」是一些物件，其中包含指向方法的指標。「事件委派」 (Event delegate) 是*多點傳送* (*multicast*) 事件 (**`MulticastDelegate`** 類別)，它們包含數串方法指標。每個方法必須有相同的簽名碼 (亦即相同的參數列)。在事件處理模式，委派可作爲產生事件的物件和處理這些事件的方法之間的媒介 (圖 12.5)。

圖 12.5　使用委派的事件處理模式。

軟體工程的觀點 12.1

*委派可以讓類別先指定所需要的方法，但不需要加以命名或者實作出來，直到需要產生此類別的實體時，才實作出方法。這種方法在建立事件處理常式時特別有幫助。例如，類別 **Form** 的建立者並不需要對於按一下控制項所呼叫的方法，先加以命名或者定義。使用委派，類別可以指定何時呼叫這樣的事件處理常式。程式設計師先建立自己的表單，然後再命名和定義事件處理常式。只要事件處理常式在適當的委派登錄，委派就會在適當時間呼叫適當的事件處理常式。*

一旦某個事件發生，委派就會呼叫所參考到的每一個方法。在委派中的每一個方法都必須有相同的簽名碼，因為它們將傳遞相同的資訊。

12.3.1　基本的事件處理

在大部分的情況下，我們並不需要建立我們自己的事件。反之，我們只需要處理由 .NET 控制項產生的事件即可。這些控制項已經為它們所產生的事件登錄相關的委派。程式設計師建立事件處理常式，然後在相關的委派登錄，Visual Studio .NET 可以幫助完成這項工作。在下面的例子中，我們建立一個表單，當在表單上按一下時，就會顯示出一個訊息方塊。接著，我們分析 Visual Studio .NET 所產生的事件程式碼。

首先，建立一個「視窗應用程式 (.NET) 」 (**Windows Forms Application (.NET)**) 類型的新專案，並且命名為 **SimpleEventTest**。當你建立這種類型的應用程式時，就會產生一個空白表單。要登錄和定義此表單的事件處理常式，可在表單的「屬性」 (Properties) 視窗 (圖 12.6) 中，按一下「**事件**」 (**Events**) 圖示 (黃色閃電符號)，然後再按一下「**字母順序**」 (**Alphabetic**) 圖示，就可看到如圖 12.6 中的清單。這個視窗讓程式設計師可以存取、修改和建立某個控制項的事件處理常式。左邊一欄列出物件能夠產生的事件。右邊一欄則列出對應事件的登錄事件處理常式，開始時這個欄位均是空的。若在此欄中出現下拉按鈕，表示這個事件可以有幾個登錄的處理常式。對事件的簡短描述出現在視窗的底部。

在這個例子中，當在表單中按一下滑鼠按鍵就會執行一個動作。在「屬性」視窗的 "Click" 事件上按兩下，就可以在程式碼中建立一個空白的事件處理常式。Visual Studio .NET 插入的程式碼如下格式：

```
private: System::Void FormName_Click(System::Object *sender,
            System::EventArgs *e)
         {
         }
```

這就是在表單上按一下滑鼠按鍵就會呼叫的方法。我們可以讓表單顯示一個訊息方塊作為回應。要如此做，只需要將下面的敘述式

```
MessageBox::Show( S"Form was pressed" );
```

插入事件處理常式的主體內即可。

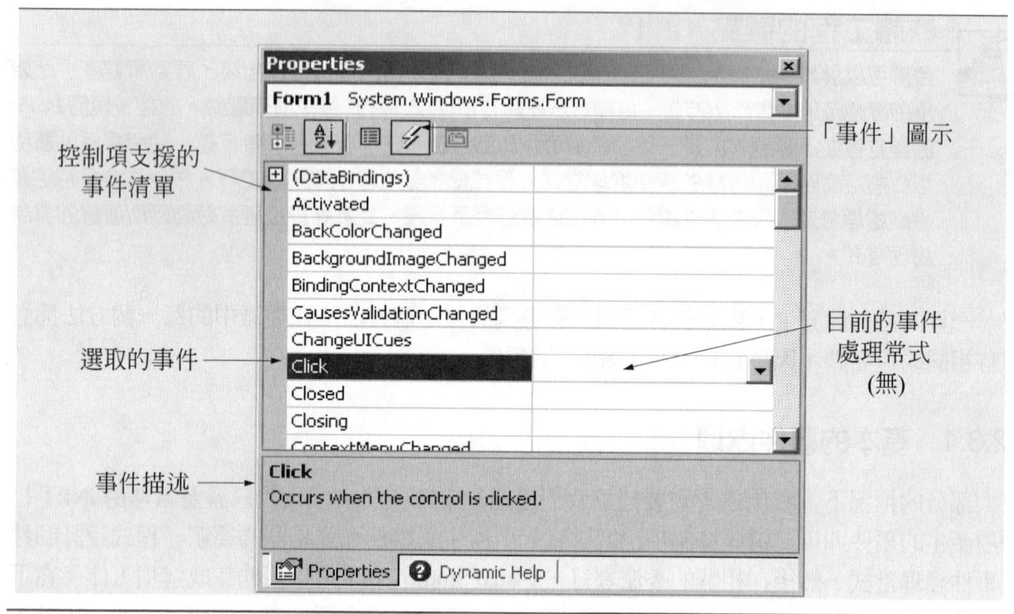

圖 12.6　「屬性」視窗的「事件」區段。

我們現在要詳細討論圖 12.8 中的程式。類別 **Form1** (Visual Studio .NET 所選用的預設名稱) 繼承自.NET Framework 類別庫命名空間 **System::Windows::Forms** 的類別 **Form** (表示一個表單)，見圖 12.7 中的第 26 行。從 **Form** 類別繼承的主要優點是其他人已經都定義好 **Form** 的所有特性。Windows 作業系統認為每一個表單 (例如，視窗) 應該具有某些屬性和行為。然而，因為 **Form** 類別已經能夠提供那些功能，程式設計師不需要自行從頭開始設計那些功能。**Form** 類別擁有超過 400 種方法！從 **Form** 類別衍生的方式，可以讓程式設計師快速建立表單。

在這個例子中，當在表單中按一下滑鼠按鍵就會出現一個訊息方塊。首先，我們檢視由 Visual Studio .NET 插入的事件處理常式 (圖 12.7 中的第 53-57 行)。每一個事件處理常式都必須具有對應事件委派所指定的簽名碼。事件處理常式都會傳入兩個物件參考。第一個就是指向引發事件的物件 (**sender**) 指標，第二個則是指向 **EventArgs** 物件 (**e**) 的指標。**EventArgs** 類別是包含事件資訊的物件基本類別。【*請注意*：我們將第 53-54 行分成兩行以方便閱讀。但是，當此事件處理常式產生的時候，這些程式碼只有佔一行。在本書的光碟中所提供的程式碼並沒有將這行程式碼分開。】

圖 12.8 顯示的函式 ***_tWinMain*** (第 10-19 行) 是 GUI 程式的進入點。第 10-13 行的引數可以用來指定應用程式的資訊，例如表單應該如何顯示 (例如，最大化或者隱藏)。在這本書中我們不會使用這些引數。(也是由 IDE 插入的) 第 15-16 行，讓你的程式使用者能夠利用 Windows 的剪貼簿，執行剪下、複製和貼上等操作，並且讓 .NET 視窗應用程式利用較舊的視窗技術，例如，*元件物件模型* (*COM*，*Component Object Model*) 和 ActiveX。在這本書中我們將不討論 COM 或 ActiveX 技術。

```
1   // Fig. 12.7: Form1.h
2   // Creating an event handler.
3
4   #pragma once
5
6
7   namespace SimpleEventTest
8   {
9      using namespace System;
10     using namespace System::ComponentModel;
11     using namespace System::Collections;
12     using namespace System::Windows::Forms;
13     using namespace System::Data;
14     using namespace System::Drawing;
15
16     /// <summary>
17     /// Summary for Form1
18     ///
19     /// WARNING: If you change the name of this class, you will need to
20     ///          change the 'Resource File Name' property for the managed
21     ///          resource compiler tool associated with all .resx files
22     ///          this class depends on.  Otherwise, the designers will not
23     ///          be able to interact properly with localized resources
24     ///          associated with this form.
25     /// </summary>
26     public __gc class Form1 : public System::Windows::Forms::Form
27     {
28     public:
29        Form1(void)
30        {
31           InitializeComponent();
32        }
33
34     protected:
35        void Dispose(Boolean disposing)
36        {
37           if (disposing && components)
38           {
39              components->Dispose();
40           }
41           __super::Dispose(disposing);
42        }
43
44     private:
45        /// <summary>
46        /// Required designer variable.
47        /// </summary>
48        System::ComponentModel::Container * components;
49
50     // Visual Studio .NET generated GUI code
51
```

圖 12.7　SimpleEvent 說明事件處理的程序 (第 2 之 1 部分)。

```
52      // display a MessageBox when the user clicks the form
53      private: System::Void Form1_Click(System::Object *  sender,
54                  System::EventArgs *   e)
55               {
56                  MessageBox::Show( S"Form was pressed" );
57               }
58
59      };
60   }
```

圖 12.7 SimpleEvent 說明事件處理的程序 (第 2 之 2 部分)。

```
1    // Fig. 12.8: Form1.cpp
2    // Demonstrating an event handler.
3
4    #include "stdafx.h"
5    #include "Form1.h"
6    #include <windows.h>
7
8    using namespace SimpleEventTest;
9
10   int APIENTRY _tWinMain(HINSTANCE hInstance,
11                          HINSTANCE hPrevInstance,
12                          LPTSTR    lpCmdLine,
13                          int       nCmdShow)
14   {
15      System::Threading::Thread::CurrentThread->ApartmentState =
16         System::Threading::ApartmentState::STA;
17      Application::Run(new Form1());
18      return 0;
19   }
```

SimpleEventExample

Form was pressed

OK

圖 12.8 事件處理的示範說明。

函式 **_tWinMain** 會將一個*訊息迴圈* (*message loop*) 賦予目前的應用程式，由應用程式的類別 **Form** 處理。命名空間 **System::Windows::Forms** 包含類別 ***Application***。類別 **Application** 包含可用於 managed 視窗應用程式的 **static** 方法。方法 **Run** (第 17 行) 可以顯示視窗的表單，並且開始訊息迴圈。視窗應用程式利用*訊息* (*messages*) 彼此通訊，而訊息就是事件的描述。訊息迴圈會將每一個訊息放入佇列，然後一次一個送往適當的事件處理常式。.NET Framework 會隱藏訊息處理的複雜詳情，以方便程式設計師使用。方法 **Run** 也會產生 **Closed** 事件的事件處理常式，當使用者關閉視窗或者程式呼叫方法 **Close** 時，就會產生這個事件。

若要建立事件處理常式，我們只要在「屬性」視窗中的事件名稱上按兩下按鍵。這樣就會讓 Visual Studio .NET 建立具有適當簽名碼的方法 (依據事件的委派所指定的簽名碼)。Visual Studio .NET 產生的事件處理常式所使用名稱慣例是*控制項名稱_事件名稱* (*ControlName_EventName*)，在這個例子的事件處理常式就是 **Form1_Click**。【請注意：程式開發者可以使用「屬性」視窗來設定控制項所產生的事件，或者藉著查詢事件引數的類別，檢視有關該事件的更多資訊。查詢*控制項名稱*類別 (*ControlName* **class**) 項下的說明索引 (例如，**Form class**)，然後按一下 **events** 區段 (圖 12.9)。就會顯示出此類別可以產生的所有事件清單。按一下事件的名稱，就可顯示出該事件的委派、事件引數型別和相關描述 (圖 12.10)。】

事件處理方法的格式一般是

```
private: System::Void ControlName_EventName(System::Object *sender,
            System::EventArgs *e)
        {
            event-handling code
        }
```

預設事件處理常式的名稱是控制項名稱加上底線 (_)，然後再加上事件名稱。事件處理常式傳回的型別為 **System::Void** (此為 FCL 的結構，等同於傳回型別 **void**)。我們在下面幾節，將會討論各種 **EventArgs** 類別的差異。

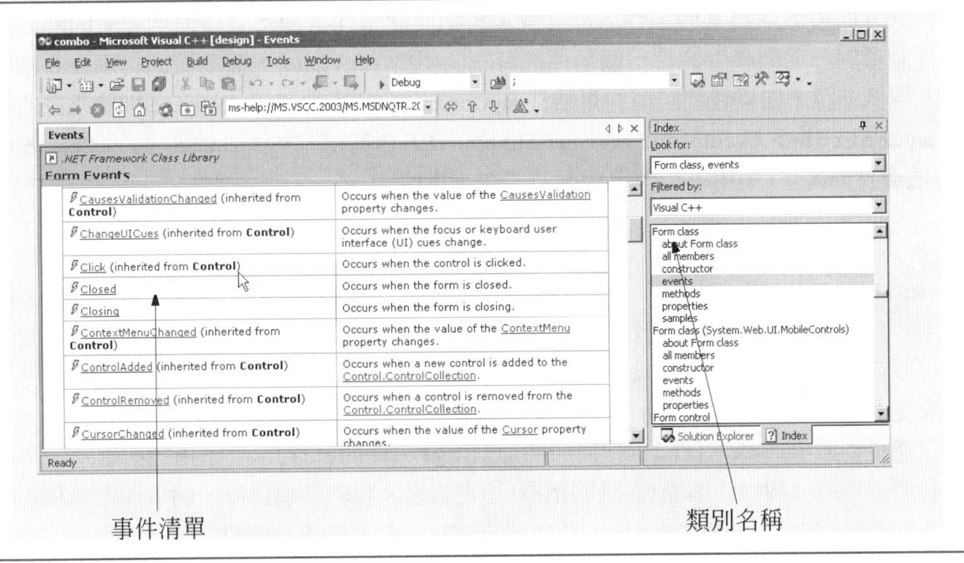

圖 12.9　表單 Form 的事件清單。

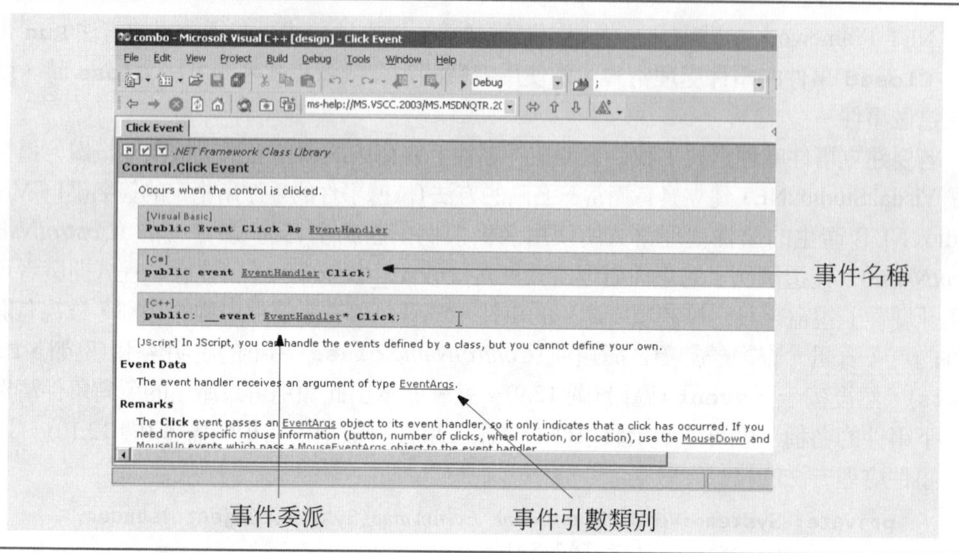

圖 12.10　Click 事件的詳細說明。

良好的程式設計習慣 12.1

使用事件處理常式的命名慣例「控制項名稱_事件名稱」，可以系統化的管理方法。這樣可以讓使用者知道該方法所處理的事件，以及屬於那個控制項。Visual Studio .NET 從「屬性」視窗建立事件處理常式時，都是遵循這種名稱慣例。

在建立事件處理常式後，我們必須在某個委派登錄，在委派中有一系列可以呼叫的事件處理常式。向委派登錄某個事件處理常式，包括將此事件處理常式新增到委派的呼叫清單內。控制項對於它們產生的每一個事件都有一個*委派* (*delegate*)，而委派則和事件有相同的名稱。舉例來說，如果我們處理的是物件 **myControl** 的事件 *EventName*，則此委派的指標就是 **myControl->** EventName。Visual Studio .NET 會利用方法 **Initia lizeComponent** (此方法會自動產生) 使用下列敘述式替我們登錄事件：

```
this->Click += new System::EventHandler( this, Form1_Click );
```

而 **EventHandler** 建構式的第一個引數是一個指標，指向包含處理事件方法的物件，而此方法則作爲建構式的第二個引數，因爲方法 **Form1_Click** 是類別 **Form1** 的方法。這個參數指定接收方法呼叫的物件。如果 **Form1_Click** 是一個 **static** 方法，則建構式的第一個參數將會是 0，第二個引數指定所需呼叫的事件處理方法。

左邊是委派 **Click**。(**this** 指向一個類別 **MyForm** 的物件)。委派指標初始是一個空指標，我們必須將一個物件指標(右邊的指標)指定給它。我們必須爲每一個事件處理常式建立一個新的委派物件。我們可以下面的敘述式來建立一個新的委派物件

```
new System::EventHandler( this, methodName )
```

傳回一個委派物件，並且是以方法 *methodName* 初始化。而 *methodName* 就是事件處理常式的名稱，在我們這個例子就是 **MyForm_Click**。運算子 **+=** 可以將委派 **EventHand ler** 加入目前的委派呼叫清單中。委派指標初始是一個空指標，所以登錄第一個事件處理常式就會建立一個委派物件。一般來說，要登錄一個事件處理常式，可以寫成

```
objectName->EventName += new System::EventHandler( this, MyEventHandler );
```

我們可以使用類似的敘述式，加入更多的事件處理常式。*事件多點傳送* (*Event multicast ing*) 就是一個事件有多個處理常式的能力。當事件發生時，就會呼叫每一個事件處理常式，但是呼叫的順序則是不固定的。使用運算子 **-=** 就可以從委派物件移除某個事件處理常式。

常見的程式設計錯誤 12.1

假設針對同一個事件登錄了幾個事件處理常式，而且要求按照特定順序呼叫，會導致邏輯錯誤。如果呼叫的順序很重要，可在登錄第一個事件處理常式時，讓它按照順序呼叫其他的處理常式，傳遞 sender 和事件引數。

軟體工程的觀點 12.2

*預製套裝的 .NET 元件所產生的事件通常依照下述的命名方式：如果事件的名稱為 **EventName**，則它的委派為 **EventNameEventHandler**，而事件引數類別則是 **EventNameEventArgs**。使用類別 **EventArgs** 的事件通常就會使用委派 **Event Handler**。*

複習：登錄事件所需要的資訊就是 **EventArgs** 類別 (事件處理常式的參數) 和委派 **EventHandler** (用來登錄事件處理常式)。Visual Studio .NET 可以替我們產生程式碼。對於簡單的事件和事件處理常式，通常讓 Visual Studio .NET 產生程式碼會比較容易。對於比較複雜的方案，可能需要登錄你自己的事件處理常式。在後面的幾節裡，我們將會指出我們討論的每一個事件所需要的 **Event-Args** 類別和委派 **EventHandler**。若想獲得有關某一個特殊型別事件的更多資訊，可搜尋 *ClassName* 類別的說明文件，事件將會隨同類別的其他成員一起說明。

12.4　控制項屬性和版面配置

這一節我們將會概略介紹許多控制項共有的屬性。控制項衍生自類別 **Control** (屬於命名空間 **System::Windows::Forms**)。在圖 12.11 中列出類別 **Control** 常用屬性和事件的清單。屬性 **Text** 指出顯示在控制項上的文字，依照需要可能會有所改變。舉例來說，視窗表單的文字出現在標題列，而按鈕的文字則出現在按鈕的表面。方法 ***Focus*** 可以將程式控制的焦點移到某個控制項。當焦點位於某個控制項時，它就成爲作用控制項 (active control)。當按下*定位鍵* (*Tab key*) 後，屬性 ***TabIndex*** 就會決定焦點停駐在控制項的順序。這對無法使用滑鼠的殘障使用者，以及需要在螢幕上許多不同位置輸入資料的使用者很有幫助，使用者輸入資料後，只需要按下*定位鍵* (*Tab key*) 就能快速選取下一個控制項。屬性 ***Enabled*** 指出控

制項是否可以使用。當某個選項不提供給使用者時，程式可以將屬性**Enabled**設成**false**。在大多數的情形，當控制項無法使用時，控制項上的文字會成爲灰色(而不是原來的黑色)。不需要取消某個控制項，只需要將屬性***Visible***設成**false**，或者呼叫方法**Hide**，就可把控制項隱藏起來。當控制項的屬性**Visible**設成**false**時，控制項仍然存在，但是在表單上沒有顯示出來。

控制項的屬性和方法	說　明
常用屬性	
BackColor	控制項的背景顏色。
BackgroundImage	控制項的背景影像
Enabled	指定控制項是否可以使用(例如，是否使用者可以與它互動)。一個無法使用的控制項仍然會顯示出來，但是控制項的部分將會成爲灰色。
Focused	指定控制項是否擁有焦點。
Font	用來顯示控制項文字的字型。
ForeColor	控制項的前景顏色。通常是用來顯示控制項的Text屬性的顏色。
TabIndex	控制項的定位順序。當按下*定位鍵*(*Tab key*)後，焦點就會按照遞增的定位順序移往各個控制項。如果屬性**TabStop**設爲**true**，則程式設計師就能設定這個順序。
TabStop	如果這個屬性設爲**true**(預設值)，使用者就可以使用定位鍵來選擇控制項。
Text	控制項上的文字。文字的位置和外形隨著控制項的種類改變。
TextAlign	排列位於控制項上的文字。水平有三個位置 (左、中央或者右)，而垂直也有三個位置(頂端、中央或者底端)。
Visible	指定控制項是否可見。
常用方法	
Focus	將焦點移到控制項。
Hide	隱藏控制項 (等於將屬性**Visible**設成**false**)。
Show	顯示控制項 (等於將屬性**Visible**設成**true**)。

圖 12.11　Control 類別的屬性和方法。

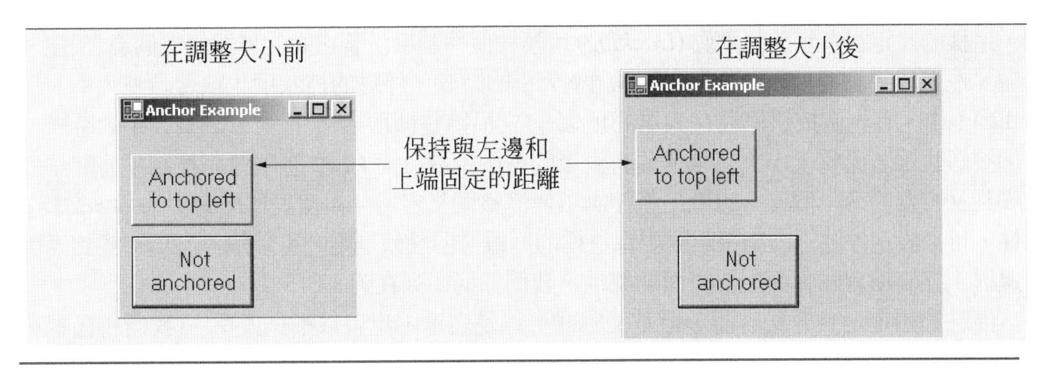

圖 12.12　示範說明錨定的作用。

Visual Studio .NET 允許程式設計師可以*錨定* (*anchor*) 和*停駐* (*dock*) 控制項，幫助設計師指定控制項在容器 (例如，表單) 內部配置的位置。即使控制項調整大小，錨定仍然可以讓控制項與容器的邊框保持固定的距離。停駐可以讓控制項沿著容器的邊緣擴展。

即使表單重新調整大小，使用者可能仍希望控制項出現在表單的某個位置 (頂端、底端、左邊或右邊)。使用者可以將控制項*錨定* (*anchoring*) 在容器的某一個邊 (頂端、底端、左邊或右邊)。控制項就可以和父容器 (parent container) 的邊緣保持一個固定的距離。在大部分的情況，父容器就是一個表單，但是，其他的控制項也可當作父容器使用。

當父容器調整大小的時候，所有的控制項都會移動。未錨定的控制項會移到相對於它們在表單內的原來位置，而錨定的控制項則會移到新的位置，但是仍然保持與父容器的邊緣相同的錨定距離。舉例來說，在圖 12.12 中最上端的按鈕是錨定在父表單的左上端。當表單重新調整大小的時候，錨定的按紐就會移到新的位置，但是仍然保持與父表單的上端和左邊固定的距離。而未錨定的按鈕在表單調整大小的時候，則改變了位置。

建立一個簡單的「視窗應用程式 (.NET) 」，其中包含兩個控制項，就像在圖 12.12 中的兩個按鈕控制項。在「**工具箱**」(**Toolbox**) 的控制項按兩下，就可以將該控制項加入表單，或者在「工具箱」內選擇一個控制項，然後按住滑鼠按鍵將控制項拖拉到表單上。利用滑鼠可將控制項拖拉到表單上的特定位置。使用「**屬性**」(**Properties**) 視窗就可以設定控制項的各種屬性。要顯示控制項的屬性，先選擇控制項。如果控制項的事件正在「屬性」視窗顯示，可以選按「字母順序」或「分類」(categorized) 圖示加以顯示。

可依照圖 12.13 所示設定 **Anchor** 屬性，就可將控制項錨定在右邊。將另一個控制項保持未錨定的狀況。現在，將表單的右邊向右拖拉，調整大小。(你可以用這種方式調整許多的控制項，或者修改控制項的 **`Size`** 屬性也可以)。請注意，現在兩個控制項都移動了。錨定的控制項移動，以便保持與右邊框相同的距離。而未錨定的控制項則移動到相對於表單每一邊的相同位置。這個控制項仍會繼續靠近它原來較接近的邊框，當使用者又再次調整應用程式視窗的時候，它仍會調整自己的位置。

有時候程式設計師希望控制項能夠橫跨表單的整個邊，即使表單重新調整大小也能保持狀況。當我們希望某個控制項能夠在表單上佔有特別狹長的位置，例如位於程式底部的狀態列，這樣的設定很有幫助。*停駐* (*Docking*) 可讓一個控制項沿著它的父容器的整個邊 (頂端、底端、左邊或者右邊) 延伸。當父容器調整大小的時候，停駐的控制項也跟著調整大小。在圖 12.14 中，有一個按鈕停駐在表單的頂端。(它橫跨整個頂端)。當表單調整大小的時候，這個按鈕也跟著調整大小，它永遠佔有表單的整個頂端。而 ***Fill*** 選項會將控制項停駐並且碰觸到父容器的每一個邊，也就是讓控制項填滿整個父容器。視窗表單擁有 ***DockPadding*** 屬性，可以設定停駐的控制項離開表單邊框的距離。預設值是零，可以讓控制項碰觸到表單的邊框。控制項有關版面配置方面的屬性，我們都摘要列在圖 12.15 中。

停駐和錨定是參考父容器，但是父容器可以是表單，也可以不是表單。(我們將在本章稍後討論到其他種類的父容器)。可以分別利用屬性 **MinimumSize** 和 **MaximumSize**，來設定表單的最小和最大尺寸。兩個屬性都使用 **Size** 結構，擁有指定表單大小的屬性 **Height** 和 **Width**。這些屬性讓程式設計師可以在某個大小範圍內，設計 GUI 的版面配置。要將表單設定成固定的大小，可將它的尺寸的最小值和最大值設成相同的數值。

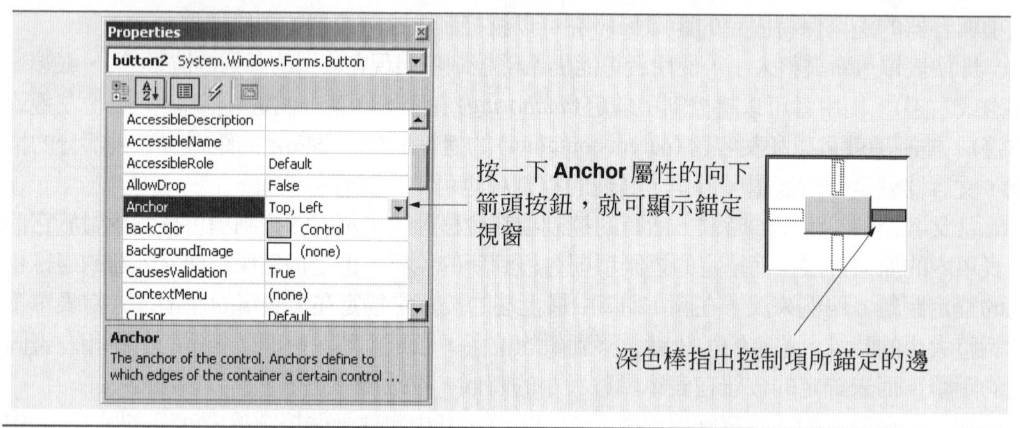

圖 12.13 控制項 Anchor 屬性的設定方法。

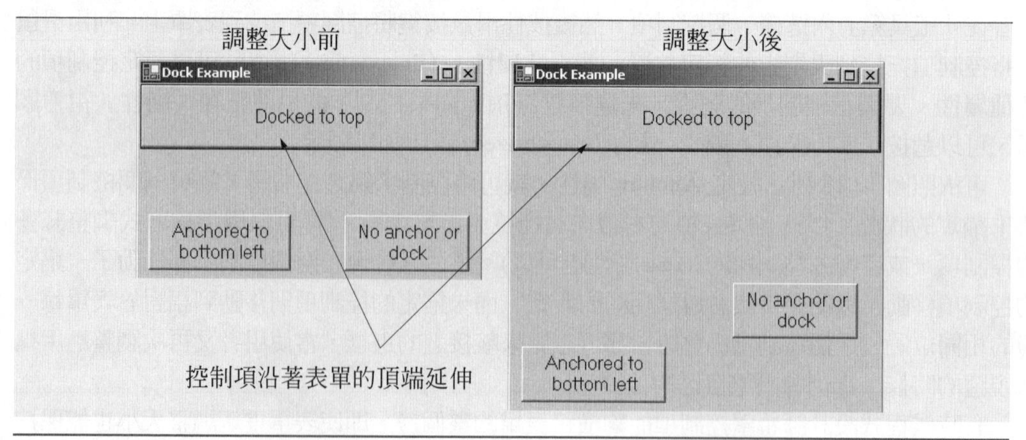

圖 12.14 示範說明停駐的操作方法。

常用版面的配置屬性	說明
常用屬性	
Anchor	表示控制項可以錨定的父容器邊框，可以合併同時設定，例如 **Top** 和 **Left** 等。
Dock	表示控制項可以停駐的父容器邊框，不可以合併設定。
DockPadding (適用於容器)	設定控制項停駐在容器內部的距離。預設值爲零，所以控制項會填滿容器內部。
Location	設定控制項左上角相對於容器的位置。
Size	設定控制項的大小。採用 **Size** 結構，也有屬性 **Height** 和 **Width**。
MinimumSize，**MaximumSize** (適用於視窗表單)	設定表單尺寸的最小值和最大值。

圖 12.15　Control 類別的版面配置屬性。

感視介面的觀點 12.2

允許視窗表單重新調整大小，這樣可以讓使用者充分利用有限的螢幕面積或者同時執行幾個應用程式，能夠更容易的使用應用程式。檢查 GUI 的版面配置，是否符合表單所有的允許大小。

12.5　標籤、文字方塊和按鈕

標籤提供和程式有關的文字指示或訊息。標籤是定義在類別 ***Label*** 中，是衍生自類別 **Control**。標籤顯示的是*唯讀文字 (read-only text)*，或者使用者無法修改的文字。標籤一旦建立，程式很少會去改變它們的內容。在圖 12.16 中列出一般的 **Label** 屬性。

標籤的屬性	說明/委派和事件引數
常用屬性	
Font	標籤上的文字所使用的字型。
Text	出現在標籤上的文字。
TextAlign	排列對齊控制項上的標籤文字。可設定三個水平位置 (左邊、中央或者右邊)，以及三個垂直位置 (頂端、中央或者底端)。

圖 12.16　標籤 Label 的屬性。

文字方塊的屬性和事件	說明/委派和事件引數
常用屬性	
AcceptsReturn	如果設定為 **true**，若文字方塊需要輸入多行文字，按下*輸入鍵* (*Enter*) 就可以移到下一行。如果設定為 **false**，則按下*輸入鍵* (*Enter*) 就等於按一下表單的預設操作按鈕。
Multiline	如果設定為 **true**，文字方塊可以輸入多行文字。預設值為 **false**。
PasswordChar	使用設定的單一字元來取代顯示的輸入文字，讓文字方塊成為加密的文字方塊。如果沒有指定字元，文字方塊就會顯示輸入的文字。
ReadOnly	如果設定為 **true**，文字方塊就會有灰色的背景顏色，它的文字也無法編輯。預設值為 **false**。
ScrollBars	對於多行的文字方塊，指定可出現一種捲軸出現的捲軸種類。(**none**，**horizontal**，**vertical** 或 **both**)
Text	在文字方塊中顯示的文字。
*常用的事件 (委派 **EventHandler**、事件引數 **EventArgs**)*	
TextChanged	當文字方塊中的文字改變 (使用者新增或者刪除字元) 時，就會引發這個事件。

圖 12.17　文字方塊 TextBox 的屬性和事件。

文字方塊 (*text box*) 屬於類別 **TextBox**，是可以讓使用者利用鍵盤輸入文字或者顯示文字的一個區域。程式設計師也可以將文字方塊設定成唯讀屬性。使用者可以從唯讀的文字方塊中，讀取、選擇和複製文字，但是使用者無法改變其中的內容。*加密的文字方塊* (*password text box*) 則會隱藏使用者輸入的文字內容。當使用者輸入字元時，加密的文字方塊只會顯示某些特定字元 (通常是*)。變更文字方塊的 **PasswordChar** 屬性，就可以將此文字方塊設定成加密的文字方塊，並且設定適當的顯示字元。在圖 12.17 中，列出文字方塊常用的屬性和事件。

按鈕 (*button*) 是一種控制項，使用者按一下就可以觸發特定的動作。程式也可以使用幾種其他類型的按鈕，例如，*核取方塊* (*checkbox*) 和*圓形按鈕* (*radio button*)。所有種類的按鈕都是衍生自 ***ButtonBase*** 類別 (屬於命名空間 **System::Windows::Form**，其中定義了一般的按鈕功能。在這一節，我們主要介紹用來啟動命令的 **Button** 類別。其他種類的按鈕將會在後續的幾節中再討論。出現在按鈕表面的文字稱為*按鈕標籤* (*button label*)。在圖 12.18 中，列出按鈕常用的屬性和事件。

按鈕的屬性和事件	說明/委派和事件引數
常用的屬性	
Text	顯示在按鈕表面的文字。
常用的事件 (委派 ***EventHandler****，事件引數* ***EventArgs****)*	
Click	當使用者按一下控制項時，就會引發此事件。

圖 12.18　按鈕 Button 的屬性和事件。

感視介面的觀點 12.3

雖然標籤、文字方塊和其他的控制項對於按一下滑鼠鍵會有反應，但是用按鈕還是比較自然。使用按鈕 (例如，「確認」按鈕)，而不要使用其他的控制項來開始使用者的動作。

在圖 12.19 及圖 12.20 的程式，使用一個文字方塊、一個按鈕和一個標籤。使用者在加密方塊內輸入文字，然後按一下按鈕。文字就會出現在標籤內。一般來說，我們不會想要顯示出這些文字，使用加密的文字方塊目的是要把使用者輸入的文字隱藏起來，避免其他的人偷看。

```
 1  // Fig. 12.19: Form1.h
 2  // Using a Textbox, Label and Button to display
 3  // the hidden text in a password field.
 4
 5  #pragma once
 6
 7
 8  namespace LabelTextBoxButtonTest
 9  {
10     using namespace System;
11     using namespace System::ComponentModel;
12     using namespace System::Collections;
13     using namespace System::Windows::Forms;
14     using namespace System::Data;
15     using namespace System::Drawing;
16
17     /// <summary>
18     /// Summary for Form1
19     ///
20     /// WARNING: If you change the name of this class, you will need to
21     ///          change the 'Resource File Name' property for the managed
22     ///          resource compiler tool associated with all .resx files
23     ///          this class depends on.  Otherwise, the designers will not
24     ///          be able to interact properly with localized resources
25     ///          associated with this form.
26     /// </summary>
```

圖 12.19　使用加密欄位 (第 3 之 1 部分)。

```
27      public __gc class Form1 : public System::Windows::Forms::Form
28      {
29      public:
30         Form1(void)
31         {
32            InitializeComponent();
33         }
34
35      protected:
36         void Dispose(Boolean disposing)
37         {
38            if (disposing && components)
39            {
40               components->Dispose();
41            }
42            __super::Dispose(disposing);
43         }
44      private: System::Windows::Forms::Button *  displayPasswordButton;
45      private: System::Windows::Forms::TextBox *  inputPasswordTextBox;
46      private: System::Windows::Forms::Label *  displayPasswordLabel;
47
48      private:
49         /// <summary>
50         /// Required designer variable.
51         /// </summary>
52         System::ComponentModel::Container * components;
53
54         /// <summary>
55         /// Required method for Designer support - do not modify
56         /// the contents of this method with the code editor.
57         /// </summary>
58         void InitializeComponent(void)
59         {
60            this->displayPasswordButton =
61               new System::Windows::Forms::Button();
62            this->inputPasswordTextBox =
63               new System::Windows::Forms::TextBox();
64            this->displayPasswordLabel =
65               new System::Windows::Forms::Label();
66            this->SuspendLayout();
67            //
68            // displayPasswordButton
69            //
70            this->displayPasswordButton->Location =
71               System::Drawing::Point(96, 96);
72            this->displayPasswordButton->Name = S"displayPasswordButton";
73            this->displayPasswordButton->Size =
74               System::Drawing::Size(96, 24);
75            this->displayPasswordButton->TabIndex = 1;
76            this->displayPasswordButton->Text = S"Show Me";
77            this->displayPasswordButton->Click += new System::EventHandler(
78               this, displayPasswordButton_Click);
```

圖 12.19 使用加密欄位 (第 3 之 2 部分)。

```
79           //
80           // inputPasswordTextBox
81           //
82           this->inputPasswordTextBox->Location =
83              System::Drawing::Point(16, 16);
84           this->inputPasswordTextBox->Name = S"inputPasswordTextBox";
85           this->inputPasswordTextBox->PasswordChar = '*';
86           this->inputPasswordTextBox->Size =
87              System::Drawing::Size(264, 20);
88           this->inputPasswordTextBox->TabIndex = 0;
89           this->inputPasswordTextBox->Text = S"";
90           //
91           // displayPasswordLabel
92           //
93           this->displayPasswordLabel->BorderStyle =
94              System::Windows::Forms::BorderStyle::Fixed3D;
95           this->displayPasswordLabel->Location =
96              System::Drawing::Point(16, 48);
97           this->displayPasswordLabel->Name = S"displayPasswordLabel";
98           this->displayPasswordLabel->Size =
99              System::Drawing::Size(264, 23);
100          this->displayPasswordLabel->TabIndex = 2;
101          //
102          // Form1
103          //
104          this->AutoScaleBaseSize = System::Drawing::Size(5, 13);
105          this->ClientSize = System::Drawing::Size(296, 133);
106          this->Controls->Add(this->displayPasswordLabel);
107          this->Controls->Add(this->inputPasswordTextBox);
108          this->Controls->Add(this->displayPasswordButton);
109          this->Name = S"Form1";
110          this->Text = S"LabelTextBoxButtonTest";
111          this->ResumeLayout(false);
112
113       }
114
115    // display user input on label
116    private: System::Void displayPasswordButton_Click(
117                System::Object *  sender, System::EventArgs *  e)
118             {
119                displayPasswordLabel->Text = inputPasswordTextBox->Text;
120             }
121
122    };
123 }
```

圖 12.19　使用加密欄位 (第 3 之 3 部分)。

要建立這個應用程式，先要建立一個「**視窗應用程式 (.NET)** 」的新專案，並且命名爲 **LabelTextBoxButtonTest**。然後把元件 (按鈕、標籤和文字方塊) 從「**工具箱**」拖放到表單上，建立 GUI 介面。一旦元件就定位，再將每個控制項的 **Name** 屬性從它們在「**屬性**」視窗內的預設名稱 **textBox1**、**label1**、**button1** 改成更具特色的 **dis playPasswordLa-**

bel、**inputPasswordTextBox** 和 **displayPasswordButton**。在「**屬性**」視窗內，設定表單的 **Text** 屬性，將表單的標題改成 **LabelTextBoxButtonTest**。Visual Studio.NET 會建立相關程式碼，並且將這些程式碼放在方法 **InitializeComponent** 內。

把 **displayPasswordButton** 的 **Text** 屬性設定成"**Show Me**"，然後清除 **displayPasswordLabel** 和 **inputPasswordTextBox** 的 **Text** 屬性內容，讓程式開始執行時，它們是空白的。把 **displayPasswordLabel** 的 **BorderStyle** 屬性設定成"**Fixed3D**"，就可以讓 **Label** 顯示出 **3D** 立體的外觀。注意，文字方塊的 **BorderStyle** 屬性預設是設定成"**Fixed3D**"。把星號字元(*)設定給 **inputPasswordTextBox** 的 **PasswordChar** 屬性，就可以設定加密字元。這個屬性只能夠接受一個字元。

在設計視窗上按一下右鍵，選擇「檢視原始檔」(**View Code**)，就可以檢視由 Visual Studio .NET 產生的程式碼。這個步驟很重要，因爲並不是每一項更改都可以在「**屬性**」視窗中進行。

我們在前幾章已經學習過，Visual Studio .NET 如何在程式碼中加入註解。這些註解會隨時出現在程式碼的任何地方，例如，圖 12.19 的第 17-26 行。在後面的範例，我們將會移除一些這種註解，讓程式比較簡潔和容易閱讀 (除非這些註解說明一些我們尚未討論過的功能)。每個程式的完整程式碼都可以在隨書光碟中找到。

```
 1  // Fig. 12.20: Form1.cpp
 2  // Displaying the hidden text in a password field.
 3
 4  #include "stdafx.h"
 5  #include "Form1.h"
 6  #include <windows.h>
 7
 8  using namespace LabelTextBoxButtonTest;
 9
10  int APIENTRY _tWinMain(HINSTANCE hInstance,
11                         HINSTANCE hPrevInstance,
12                         LPTSTR    lpCmdLine,
13                         int       nCmdShow)
14  {
15     System::Threading::Thread::CurrentThread->ApartmentState =
16        System::Threading::ApartmentState::STA;
17     Application::Run(new Form1());
18     return 0;
19  }
```

LabelTextBoxButtonTest

****

Visual C++ .NET is great!

Show Me

圖 12.20　在加密欄位內顯示隱藏文字。

Visual Studio.NET 會插入一些我們加入表單的控制項宣告 (第 44-46 行)，也就是標籤、文字方塊和按鈕。IDE 會替我們管理這些宣告，讓我們更容易新增和移除控制項。第 52 行宣告指標 **components**，指向一個陣列來存放我們加入的元件。我們在這個程式中，不會使用任何元件 (只有使用到控制項)，所以這個指標我們將它設爲 **null**。

IDE 也替我們建立好表單的建構式，它會呼叫方法 **InitializeComponent**。方法 **InitializeComponent** 會建立表單中的元件和控制項，並且設定它們的屬性。由 Visual Studio .NET 所產生常見的 "to do" 註解已經移除，因爲已經沒有程式碼需要加入這個建構式。當程式碼包含這樣的註解時，它們在 Visual Studio .NET 的「工作清單」視窗中是以「提示」出現。方法 **Dispose** 會清除配置的資源，但在我們的程式中不會明確地呼叫它。

方法 **InitializeComponent**(第 58-113 行) 會設定加入表單的控制項屬性 (文字方塊、標籤和按鈕)。此處顯示的程式碼，是在你把控制項加入表單，並且設定它們的屬性時產生。第 60-66 行針對我們加入的控制項，建立新的物件 (按鈕、文字方塊和標籤)。第 84-85 行和第 89 行設定 **inputPasswordTextBox** 的屬性 **Name**、**PasswordChar** 和 **Text**。而屬性 **TabIndex** 通常一開始是由 Visual Studio .NET 設定，但是開發者隨後可以更改。

第 54-57 行的註解告訴我們不要嘗試修改方法 **InitializeComponent** 的內容。我們在本書中，爲了格式化的目的，已經稍微更改了它的內容，但是我們不建議你如此做。我們這麼做，只是要讓讀者能夠看到程式碼中的重要部份。Visual Studio .NET 依賴這個方法建立程式碼的設計模式檢視。如果我們改變這個方法，Visual Studio .NET 可能無法辨識我們的修改之處，而無法適當的顯示出我們的設計。重要的是要注意到，設計模式的檢視是依據程式碼來決定，但是反過來並不成立。

避免錯誤的小技巧 12.1

*要保持正確的設計模式檢視，就不要修改方法 **InitializeComponent** 中的程式碼。要在設計模式視窗或者屬性視窗中進行修改。*

當按一下控制項時，就會啓動 **Click** 事件。我們使用在第 12.3.1 節所描述的程序來建立事件處理常式。我們希望能夠回應 **displayPasswordButton** 的 **Click** 事件，所以我們首先顯示「**屬性**」視窗中 **displayPasswordButton** 的事件，然後在 **Click** 事件的右邊按兩下按鍵。(我們也可以在設計模式檢視中，在 **displayPasswordButton** 上按兩下按鍵)。這樣會建立一個空白的事件處理常式，名稱爲 **displayPasswordButton_Click**(第 116 行)。Visual Studio .NET 也會替我們登錄這個事件處理常式 (第 77-78 行)。它會使用 **EventHandler** 委派，將事件處理常式加入 **Click** 事件。然後我們必須實作事件處理常式的主體內容。只要按一下 **displayPasswordButton**，就會呼叫這個事件處理常式，而將 **inputPasswordTextBox** 內的文字顯示在 **displayPass-wordLabel** 上。即使 **inputPasswordTextBox** 顯示的全是星號，它還是會將輸入的文字保留在它的 **Text** 屬性內。爲了顯示出這段文字，我們將 **displayPasswordLabel** 的 **Text** 屬性內容設定給 **inputPas-**

swordTextBox 的 **Text** 屬性 (第 119 行)。你必須自行輸入這行程式碼。只要按一下 **displayPasswordButton**，就會引發 **Click** 事件，然後執行事件處理常式 **displayPasswordButton_Click** (更新 **displayPassword Label** 的內容)。

Visual Studio .NET 會產生這個程式的大部分程式碼，簡化許多的工作，例如，建立控制項、設定它們的屬性，和登錄事件處理常式。但是，我們也需要注意到這些工作是如何完成，在另外的程式中，我們也可以利用程式碼來自己設定屬性。

12.6 群組方塊和面板

群組方塊 (Group boxes) 屬於類別 ***GroupBox***，以及面板 (panels) 屬於類別 ***Panel***，可用來排列 GUI 上的元件。舉例來說，與某個特殊工作有關的一群按鈕，就可以放入同一個群組方塊或者面板。當群組方塊或面板移動時，所有這些按鈕都會一起移動。

這兩個類別的主要差別就是群組方塊可以顯示標題，而面板則可以使用捲軸。捲軸讓使用者可以在面板內捲動可視區域，就能檢視面板內更多的控制項。群組方塊預設的是細邊線，但是面板只要改變 BorderStyle 屬性，就可以設定加上邊框。

感視介面的觀點 12.4

面板和群組方塊可以包含其他的面板和群組方塊。

感視介面的觀點 12.5

把擁有類似功能的控制項錨定和停駐在同一個群組方塊或者面板內，就能夠把 GUI 的元件組織起來。然後把群組方塊或者面板錨定或者停駐在表單中。這樣將許多的控制項分成幾個功能性的群組，就可以容易地安排了。

要建立一個群組方塊，可將它從工具箱拖放到表單上。建立新的控制項，並且將它們放在群組方塊內，使它們成為這個類別的一部分。這些控制項加入群組方塊的 **Controls** 屬性內。群組方塊的 **Text** 屬性決定它的標題。下列的表格列出群組方塊 **GroupBox** (圖 12.21) 和面板 **Panel** (圖 12.22) 的常用屬性。

感視介面的觀點 12.6

面板使用捲軸，可以避免 GUI 的版面凌亂和被迫縮減 GUI 的大小。

群組方塊的屬性	說　明
常用屬性	
Controls	群組方塊所包含的控制項。
Text	顯示在群組方塊頂端的文字 (標題)。

圖 12.21　群組方塊 GroupBox 的屬性。

面板的屬性	說　明
常用屬性	
AutoScroll	當面板過小無法容納所有的控制項時，可用來指定是否要加上捲軸。預設值為 **false**。
BorderStyle	面板的邊框樣式 (預設是 **None**；其他的選項有 **Fixed3D** 和 **FixedSingle**)。
Controls	面板所包含的控制項。

圖 12.22　面板 Panel 的屬性。

要建立面板，可以將它拖放到表單上，再加入元件。要讓捲軸可以操作，把在「**屬性**」視窗中 **Panel** 的 **AutoScroll** 屬性設為 **true**。如果面板調整大小，無法容納它的所有控制項，就會出現捲軸 (圖 12.23)。包括在執行時期和設計表單時期，都可以使用這些捲軸來檢視面板的所有元件。這樣可以讓程式設計師看到 GUI 顯示給客戶的實際樣子。

在圖 12.24 及圖 12.25 中的程式，使用了一個群組方塊和一個面板放置按鈕。這些按鈕會改變標籤上的文字。

此群組方塊 (名稱為 **mainGroupBox**) 有兩個按鈕，**hiButton** (標示為 **Hi**) 以及 **byeButton** (標示為 **Bye**)。而面板 (名稱為 **mainPanel**) 也有兩個按鈕，**leftButton** (標示為 **Far Left**) 和 **rightButton** (標示為 **Far Right**)。控制項 **mainPanel** 也把它的 **AutoScroll** 屬性設定為 **True**，如果面板有需要 (就是面板的內容所佔空間超過面板本身的面積) 可以使用捲軸。標籤 (名稱為 **messageLabel**) 開始時是空白的。

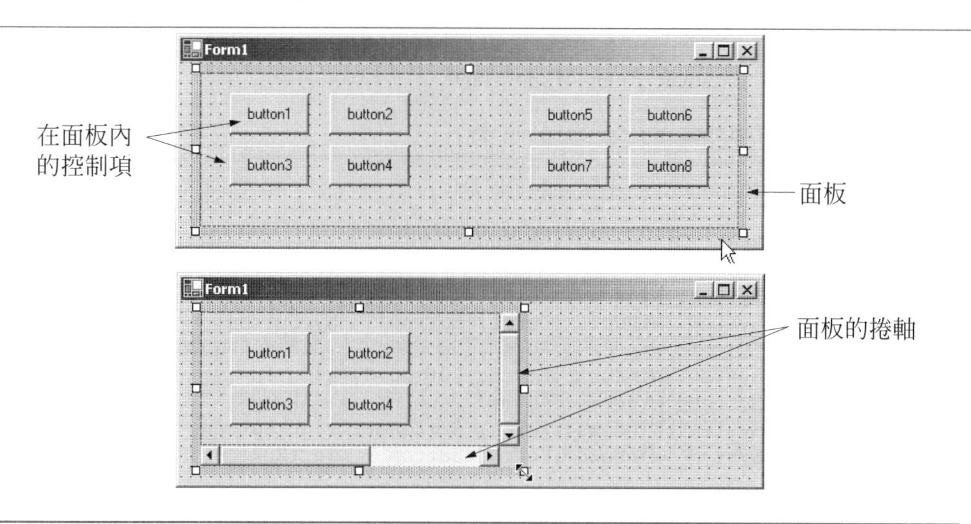

圖 12.23　建立具有捲軸的面板 panel。

```
1  // Fig. 12.24: Form1.h
2  // Using GroupBoxes and Panels to hold buttons.
3
4  #pragma once
5
6
7  namespace GroupBoxPanelTest
8  {
9     using namespace System;
10    using namespace System::ComponentModel;
11    using namespace System::Collections;
12    using namespace System::Windows::Forms;
13    using namespace System::Data;
14    using namespace System::Drawing;
15
16    /// <summary>
17    /// Summary for Form1
18    ///
19    /// WARNING: If you change the name of this class, you will need to
20    ///          change the 'Resource File Name' property for the managed
21    ///          resource compiler tool associated with all .resx files
22    ///          this class depends on.  Otherwise, the designers will not
23    ///          be able to interact properly with localized resources
24    ///          associated with this form.
25    /// </summary>
26    public __gc class Form1 : public System::Windows::Forms::Form
27    {
28    public:
29       Form1(void)
30       {
31          InitializeComponent();
32       }
33
34    protected:
35       void Dispose(Boolean disposing)
36       {
37          if (disposing && components)
38          {
39             components->Dispose();
40          }
41          __super::Dispose(disposing);
42       }
43    private: System::Windows::Forms::Label *  messageLabel;
44    private: System::Windows::Forms::Button *  byeButton;
45    private: System::Windows::Forms::GroupBox *  mainGroupBox;
46    private: System::Windows::Forms::Button *  hiButton;
47    private: System::Windows::Forms::Panel *  mainPanel;
48    private: System::Windows::Forms::Button *  rightButton;
49    private: System::Windows::Forms::Button *  leftButton;
50
51    private:
```

圖 12.24 容納按鈕的群組方塊 GroupBox 和面板 Panel (第 2 之 1 部分)。

```
52          /// <summary>
53          /// Required designer variable.
54          /// </summary>
55          System::ComponentModel::Container * components;
56
57       // Visual Studio .NET generated GUI code
58
59       // event handlers to change messageLabel
60
61       // event handler for hi button
62       private: System::Void hiButton_Click(System::Object *  sender,
63                   System::EventArgs *  e)
64                {
65                   messageLabel->Text = S"Hi pressed";
66                }
67
68       // event handler for bye button
69       private: System::Void byeButton_Click(System::Object *  sender,
70                   System::EventArgs *  e)
71                {
72                   messageLabel->Text = S"Bye pressed";
73                }
74
75       // event handler for far left button
76       private: System::Void leftButton_Click(System::Object *  sender,
77                   System::EventArgs *  e)
78                {
79                   messageLabel->Text = S"Far left pressed";
80                }
81
82       // event handler for far right button
83       private: System::Void rightButton_Click(System::Object *  sender,
84                   System::EventArgs *  e)
85                {
86                   messageLabel->Text = S"Far right pressed";
87                }
88       };
89    }
```

圖 12.24　容納按鈕的群組方塊 GroupBox 和面板 Panel (第 2 之 2 部分)。

這四個按鈕的事件處理常式位於圖 12.24 的第 62-87 行。要建立一個空的 **Click** 事件處理常式，可在設計模式下，在按鈕上按兩下按鍵 (取代使用 **Events** 視窗)。我們在每一個處理常式內加入一行程式碼，用來改變 **messageLabel** 顯示的文字 (第 65、72、79 和 86 行)。請注意，在這個程式碼範例中，我們使用註解取代了許多 Visual Studio .NET 產生的程式碼 (第 57 行)。再強調一次，我們如此做是要讓程式碼更簡潔和容易閱讀，但是在隨書光碟中，我們沒有修改程式碼。

```
1  // Fig. 12.25: Form1.cpp
2  // GroupBox and Panel demonstration.
3
4  #include "stdafx.h"
5  #include "Form1.h"
6  #include <windows.h>
7
8  using namespace GroupBoxPanelTest;
9
10 int APIENTRY _tWinMain(HINSTANCE hInstance,
11                        HINSTANCE hPrevInstance,
12                        LPTSTR    lpCmdLine,
13                        int       nCmdShow)
14 {
15    System::Threading::Thread::CurrentThread->ApartmentState =
16       System::Threading::ApartmentState::STA;
17    Application::Run(new Form1());
18    return 0;
19 }
```

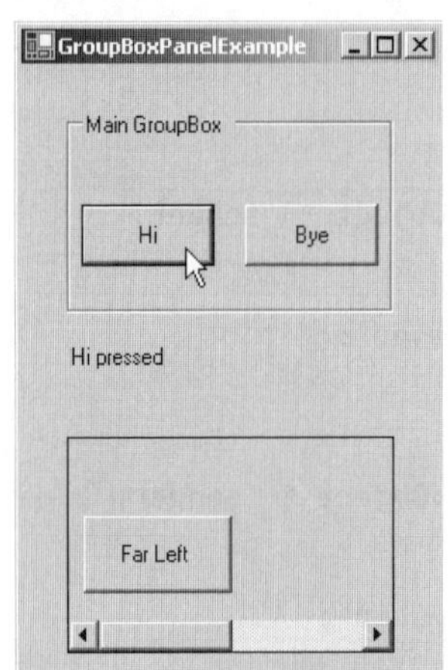

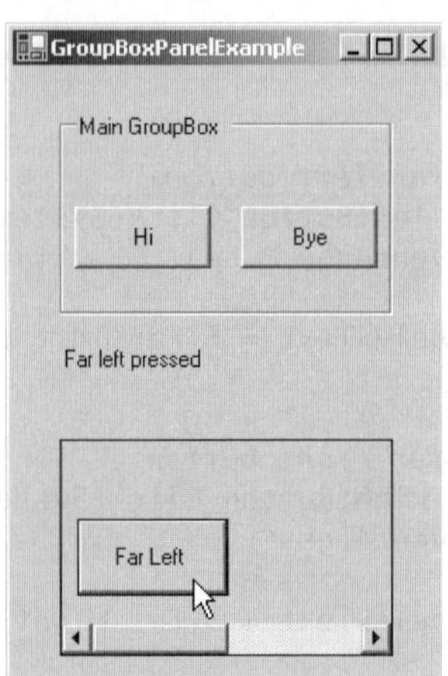

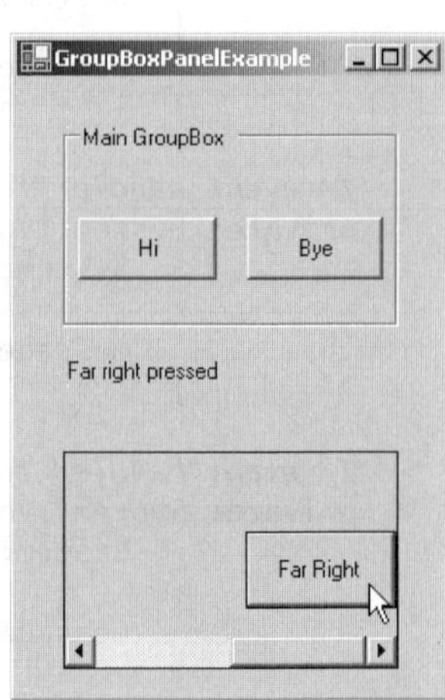

圖 12.25　示範說明群組方塊 GroupBox 和面板 Panel。

12.7　核取方塊和圓型按鈕

MC++有兩種*狀態按鈕* (*state button*)；核取方塊 (check box) 屬於 ***CheckBox*** 類別，以及圓形按鈕 (radio button) 屬於 ***RadioButton*** 類別，可以設定成 on/off 或者 true/false 狀態。類別 ***CheckBox*** 和 ***RadioButton*** 都是衍生自類別 ***ButtonBase***。一組核取方塊讓使用者可以同時選取幾個核取方塊。圓形按鈕與核取方塊不同之處，在於通常會有幾個圓形按鈕組合在一起，無論何時只能選擇其中一個圓形按鈕 (將其設為 **true**)。

核取方塊是一個小型空白方框，可以是空白的，內含核取符號或者是模糊淡色 (表示核取方塊處於未定狀態)。當我們選取了核取方塊，就會有一個黑色核取符號出現在方塊中。

沒有限制如何使用核取方塊：一次可以選取任何數目的核取方塊。出現在核取方塊旁邊的文字稱為*核取方塊標籤* (*checkbox label*)。在圖 12.26 中，列出 **Checkbox** 類別的常用屬性和事件。

在圖 12.27 及圖 12.28 中的程式，讓使用者可以選擇某個核取方塊來改變標籤的字型樣式。其中一個核取方塊用於粗體樣式，另一個是斜體樣式。如果同時選取兩個核取方塊時，字型的樣式就是粗斜體。當程式一開始執行時，沒有選取任何的核取方塊。

核取方塊的事件和屬性	說明/委派和事件引數
常用屬性	
Checked	指出核取方塊是否被核取。
CheckState	指出核取方塊是否被核取 (包含黑色的核取記號) 或者未核取 (空白)。列舉中的數值有 **Checked**、**Unchecked** 或者 **Indeterminate**。
Text	顯示在核取方塊右邊的文字 (稱為標籤)。
常用事件	*(委派* ***EventHandler****，事件引數* ***EventArgs****)*
CheckedChanged	每當選取或者取消選取核取方塊時，就會引發此事件。在設計模式時，按兩下這個控制項就會引發預設事件。
CheckStateChanged	當 **CheckState** 屬性改變時，就會引發此事件。

圖 12.26　核取方塊 CheckBox 的屬性和事件。

```
 1  // Fig. 12.27: Form1.h
 2  // Using CheckBoxes to toggle italic and bold styles.
 3
 4  #pragma once
 5
 6
 7  namespace CheckBoxTest
 8  {
 9     using namespace System;
10     using namespace System::ComponentModel;
11     using namespace System::Collections;
12     using namespace System::Windows::Forms;
13     using namespace System::Data;
14     using namespace System::Drawing;
15
16     /// <summary>
17     /// Summary for Form1
18     ///
19     /// WARNING: If you change the name of this class, you will need to
20     ///          change the 'Resource File Name' property for the managed
21     ///          resource compiler tool associated with all .resx files
```

圖 12.27　使用 CheckBox 切換設定斜體和粗體樣式 (第 2 之 1 部分)。

```
22      ///          this class depends on.  Otherwise, the designers will not
23      ///          be able to interact properly with localized resources
24      ///          associated with this form.
25      /// </summary>
26      public __gc class Form1 : public System::Windows::Forms::Form
27      {
28      public:
29         Form1(void)
30         {
31            InitializeComponent();
32         }
33
34      protected:
35         void Dispose(Boolean disposing)
36         {
37            if (disposing && components)
38            {
39              components->Dispose();
40            }
41            __super::Dispose(disposing);
42         }
43      private: System::Windows::Forms::CheckBox *  boldCheckBox;
44      private: System::Windows::Forms::Label *  outputLabel;
45      private: System::Windows::Forms::CheckBox *  italicCheckBox;
46
47      private:
48         /// <summary>
49         /// Required designer variable.
50         /// </summary>
51         System::ComponentModel::Container * components;
52
53      // Visual Studio .NET generated GUI code
54
55      // make text bold if not bold, if already bold make not bold
56      private: System::Void boldCheckBox_CheckedChanged(
57                  System::Object *  sender, System::EventArgs *  e)
58               {
59                  outputLabel->Font = new Drawing::Font(
60                     outputLabel->Font->Name, outputLabel->Font->Size,
61                     static_cast< FontStyle >(
62                     outputLabel->Font->Style ^ FontStyle::Bold ) );
63               }
64
65      // make text italic if not italic, if already italic make not italic
66      private: System::Void italicCheckBox_CheckedChanged(
67                  System::Object *  sender, System::EventArgs *  e)
68               {
69                  outputLabel->Font = new Drawing::Font(
70                     outputLabel->Font->Name, outputLabel->Font->Size,
71                     static_cast< FontStyle >(
72                     outputLabel->Font->Style ^ FontStyle::Italic ) );
73               }
74      };
75   }
```

圖 12.27 使用 CheckBox 切換設定斜體和粗體樣式 (第 2 之 2 部分)。

```
 1  // Fig. 12.28: Form1.cpp
 2  // CheckBox demonstration.
 3
 4  #include "stdafx.h"
 5  #include "Form1.h"
 6  #include <windows.h>
 7
 8  using namespace CheckBoxTest;
 9
10  int APIENTRY _tWinMain(HINSTANCE hInstance,
11                         HINSTANCE hPrevInstance,
12                         LPTSTR    lpCmdLine,
13                         int       nCmdShow)
14  {
15     System::Threading::Thread::CurrentThread->ApartmentState =
16        System::Threading::ApartmentState::STA;
17     Application::Run(new Form1());
18     return 0;
19  }
```

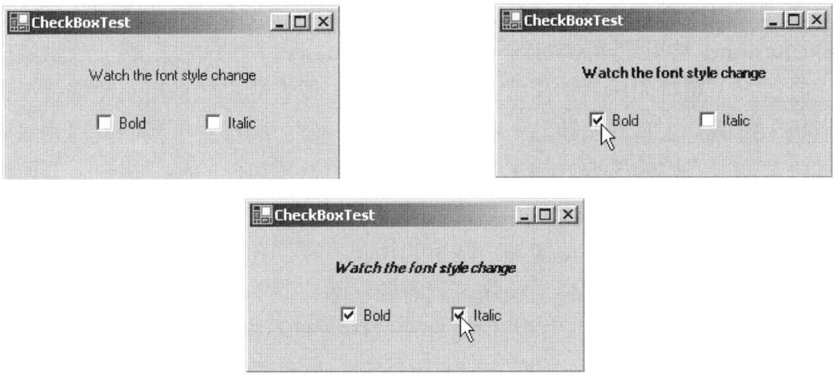

圖 12.28　核取方塊 CheckBox 的示範說明。

第一個核取方塊命名為 **boldCheckBox**，將它的 **Text** 屬性設定為 **Bold**。另一個核取方塊命名為 **italicCheckBox**，將它的 **Text** 屬性設定為 **Italic**。標籤則命名為 **outputLabel**，並且標示出“**Watch the font style change**”的文字。

在建立好這些元件後，我們要定義它們的事件處理常式。加入事件處理常式中的程式碼，我們首先討論 **outputLabel** 的屬性 **Font**。要改變字型設定，則 **Font** 屬性必須設定給一個 **Font** 物件。我們採用的 **Font** 物件建構式，可以接受字型的名稱、大小和樣式。前面兩個引數使用的是 **outputLabel** 的 **Font** 物件，就是 **outputLabel->Font->Name** 和 **outputLabel->Font->Size** (圖 12.27 的第 60 行)。第三個引數則指定字型的樣式。樣式是列舉 ***FontStyle*** 的一個成員，其中包含有字型樣式 **Regular**、**Bold**、**Italic**、**Strikeout** 和 **Underline**。(樣式 **Strikeout** 會在文字中央畫上一條橫線，而樣式 **Underline** 則在文字下方加上底線。) 當建立 **Font** 物件時，就會設定 **Font** 物件的 ***Style*** 屬性，而 ***Style*** 屬性本身是唯讀屬性。

可以使用*位元運算子* (*bitwise operators*) 或者能夠操作位元的運算子，合併設定的樣式。電腦是以一連串的 0 和 1 表示所有的資料。每一個 0 或者 1 稱爲一個位元。操作這些位元值就可執行一些動作和修改資料。在這個程式中，我們需要設定字型樣式讓文字成爲粗體，或者改爲非粗體。請注意在第 62 行我們使用了*逐位元 XOR 運算子* (**^**， bitwise XOR operator) 來執行這項工作。使用這個運算子來操作兩個位元，就可執行下述的動作：如果其中確實只有一個位元是 1，運算結果是 1。如同我們在第 62 行中使用 ^ 運算子的方式，我們可以同樣方式設定粗體的位元值。右運算元 (**FontStyle::Bold**) 的位元值永遠設定爲粗體。如果要將樣式設定爲粗體，則左運算元 (**outputLabel->Font->Style**) 必須不是粗體。(請記得 XOR 運算，如果其中一個運算元設定爲 1，則另一個運算元必須爲 0，否則運算結果將不會成爲 1)。如果 **outputLabel->Font->Style** 是粗體，則運算出來的樣式就不會是粗體。這個運算子也可以讓我們設定合併樣式。舉例來說，如果文字原來是斜體，現在它的樣式是斜體加上粗體，而不只是粗體。

我們可以測試目前的樣式，然後按照需要改變設定。舉例來說，在方法 **bold Check-Box_CheckChanged** 中我們測試如爲一般樣式 (**regular**)，則改成粗體，測試如爲粗體樣式，改成一般樣式，測試如爲斜體樣式，改成粗斜體，或者測試如爲粗斜體樣式，則改成斜體樣式。但是，這個方法有一個缺點，每當我們加入一個新的樣式，我們就得測試兩倍數目的結合樣式。若加入底線的核取方塊，我們就必須測試八種可能的樣式組合。若再增加刪除線的核取方塊，我們就必須在每一個事件處理常式中測試 16 種狀況。使用位元 XOR 運算子，我們就可以免除這種困擾。每增加一個新的樣式，我們在事件處理常式中只要增加一行敘述式即可。此外，樣式也可以容易移除，只需要移除它們的處理常式。如果我們測試每一項條件，我們就得移除處理常式和在其他處理常式中所有不需要的測試條件。

圓形按鈕 (*Radio buttons*) 類似核取方塊，因爲它們也有兩種狀態，就是*選取的* (*selected*) 和*未選取的* (*not selected*，也稱爲 *deselected*)。然而，圓形按鈕通常會以*群組* (*group*) 的方式出現，且同一時間只能選取一個圓形按鈕。在圓形按鈕群組中選取某個按鈕後，就無法選取其他的按鈕。圓形按鈕通常用來表示一組*互斥的* (*mutually exclusive*) 選項 (意指不能同時選取群組中的多個選項)。

感視介面的觀點 12.7

如果使用者只能從選項群組中選擇一個選項時，就使用圓形按鈕。

感視介面的觀點 12.8

如果使用者要想從選項群組中選擇多個選項時，就使用核取方塊。

加入同一個容器 (例如表單) 的所有圓形按鈕都成爲同一個群組的一部分。要建立新的群組，則圓形按鈕必須加入其他的容器，例如群組方塊或者面板。在圖 12.29 中，列出 **Radio-Button** 類別的常用屬性和事件。

圓形按鈕的屬性和事件	說明/委派和事件引數
常用屬性	
Checked	指定圓形按鈕是否被選取。
Text	顯示在圓形按鈕右邊的文字 (稱爲標籤)。
常用事件	(*委派* ***EventHandler***，*事件引數* ***EventArgs***)
Click	當使用者按一下這個控制項時，就會引發此事件。
CheckedChanged	每當選取或者取消選取圓形按鈕時，就會引發此事件。

圖 12.29　圓形按鈕 RadioButton 的屬性和事件。

軟體工程的觀點 12.3

表單、群組方塊和面板可以作為圓形按鈕的邏輯群組。位於同一個群組內的圓形按鈕會彼此互斥，但是在不同群組內的圓形按鈕則沒有這種情形。

在圖 12.30 到圖 12.31 中的程式，使用一些圓形按鈕來選擇訊息方塊 **MessageBox** 的選項。使用者選擇他們所要的屬性，然後按一下顯示按鈕，訊息方塊 **MessageBox** 就會顯示出來。在圖下方顯示出訊息方塊 **MessageBox** 的屬性 (**Yes**、**No**、**Cancel** 等)。各種不同的訊息方塊 **MessageBox** 的圖示和按鈕已經顯示在第 8 章的表格。

爲了儲存使用者所選擇的選項，我們建立和初始化物件 **iconType** 和 **buttonType** (圖 12.30 中的第 59-60 行)。可以把列舉 **MessageBoxIcon** 的值—**Asterisk**、**Error**　、**Exclamation**、**Hand**、**Information**、**Question**、**Stop** 或 **Warning** 指定給物件 **iconType**。在這個範例中，我們只使用了 **Error**、**Exclamation**、**Information** 和 **Question**。

可以把列舉 **MessageBoxButton** 的值：**AbortRetryIgnore**、**OK**、**OKCancel**、**RetryCancel**、**YesNo** 或 **YesNoCancel** 指定給物件 **buttonType**。名稱指出那些按鈕會出現在訊息方塊 **MessageBox** 中。在這個範例中，我們使用了所有 **MessageBoxButton** 列舉的值。

針對這個列舉的選項，我們建立了圓形按鈕 (圖 12.30 中的第 44-49 行和 51-54 行)，以及適當安排的標籤。把這些圓形按鈕加以分組；因此，每個群組中只能選擇一個選項。共建立了兩個群組方塊 (第 43 行和第 50 行)，每個列舉一個群組方塊。它們的標題分別是「Button Type」和「Icon」。我們使用**標籤 (promptLabel)** 來提示使用者，只要顯示出使用者選用的訊息方塊 **MessageBox**，而另一個**標籤 (displayLabel)** 就會顯示按下的是那一個按鈕。也使用一個按鈕 (**displayButton**)，顯示出文字「**Display**」。

至於事件處理方面，對於 **buttonTypeGroupBox** 內的所有圓形按鈕安排一個事件處理常式，而 **iconTypeGroupBox** 內的所有圓形按鈕則由另一個事件處理常式處理。按下每一個圓形按鈕就會產生一個 **CheckedChanged** 事件。按下每一個按鈕，都會在方法 **button-**

Type_CheckedChanged 中 (第 71-96 行) 處理，而按下其他與圖示有關的圓形按鈕，都會在方法 **iconType_CheckedChanged** 中 (第 99-115 行) 處理。

```
 1  // Fig. 12.30: Form1.h
 2  // Using RadioButtons to set message window options.
 3
 4  #pragma once
 5
 6
 7  namespace RadioButtonTest
 8  {
 9     using namespace System;
10     using namespace System::ComponentModel;
11     using namespace System::Collections;
12     using namespace System::Windows::Forms;
13     using namespace System::Data;
14     using namespace System::Drawing;
15
16     /// <summary>
17     /// Summary for Form1
18     ///
19     /// WARNING: If you change the name of this class, you will need to
20     ///          change the 'Resource File Name' property for the managed
21     ///          resource compiler tool associated with all .resx files
22     ///          this class depends on.  Otherwise, the designers will not
23     ///          be able to interact properly with localized resources
24     ///          associated with this form.
25     /// </summary>
26     public __gc class Form1 : public System::Windows::Forms::Form
27     {
28     public:
29        Form1(void)
30        {
31           InitializeComponent();
32        }
33
34     protected:
35        void Dispose(Boolean disposing)
36        {
37           if (disposing && components)
38           {
39              components->Dispose();
40           }
41           __super::Dispose(disposing);
42        }
43     private: System::Windows::Forms::GroupBox *  buttonTypeGroupBox;
44     private: System::Windows::Forms::RadioButton *  retryCancelButton;
45     private: System::Windows::Forms::RadioButton *  yesNoButton;
46     private: System::Windows::Forms::RadioButton *  yesNoCancelButton;
47     private: System::Windows::Forms::RadioButton *  abortRetryIgnoreButton;
48     private: System::Windows::Forms::RadioButton *  okCancelButton;
```

圖 12.30 使用圓形按鈕 RadioButton 設定訊息視窗選項 (第 4 之 1 部分)。

```
49      private: System::Windows::Forms::RadioButton *  okButton;
50      private: System::Windows::Forms::GroupBox *  iconTypeGroupBox;
51      private: System::Windows::Forms::RadioButton *  questionButton;
52      private: System::Windows::Forms::RadioButton *  informationButton;
53      private: System::Windows::Forms::RadioButton *  exclamationButton;
54      private: System::Windows::Forms::RadioButton *  errorButton;
55      private: System::Windows::Forms::Label *  displayLabel;
56      private: System::Windows::Forms::Button *  displayButton;
57      private: System::Windows::Forms::Label *  promptLabel;
58
59      private: static MessageBoxIcon iconType = MessageBoxIcon::Error;
60      private: static MessageBoxButtons buttonType = MessageBoxButtons::OK;
61
62      private:
63         /// <summary>
64         /// Required designer variable.
65         /// </summary>
66         System::ComponentModel::Container * components;
67
68      // Visual Studio .NET generated GUI code
69
70      // change button based on option chosen by sender
71      private: System::Void buttonType_CheckedChanged(
72                  System::Object *  sender, System::EventArgs *  e)
73               {
74                  if ( sender == okButton ) // display OK button
75                     buttonType = MessageBoxButtons::OK;
76
77                  // display OK and Cancel buttons
78                  else if ( sender == okCancelButton )
79                     buttonType = MessageBoxButtons::OKCancel;
80
81                  // display Abort, Retry and Ignore buttons
82                  else if ( sender == abortRetryIgnoreButton )
83                     buttonType = MessageBoxButtons::AbortRetryIgnore;
84
85                  // display Yes, No and Cancel buttons
86                  else if ( sender == yesNoCancelButton )
87                     buttonType = MessageBoxButtons::YesNoCancel;
88
89                  // display Yes and No buttons
90                  else if ( sender == yesNoButton )
91                     buttonType = MessageBoxButtons::YesNo;
92
93                  // only one option left--display Retry and Cancel buttons
94                  else
95                     buttonType = MessageBoxButtons::RetryCancel;
96               } // end method buttonType_CheckedChanged
97
98      // change icon based on option chosen by sender
99      private: System::Void iconType_CheckedChanged(
100                 System::Object *  sender, System::EventArgs *  e)
101              {
```

圖 12.30　使用圓形按鈕 RadioButton 設定訊息視窗選項 (第 4 之 2 部分)。

```
102                 if ( sender == errorButton ) // display error icon
103                    iconType = MessageBoxIcon::Error;
104
105                 // display exclamation point
106                 else if ( sender == exclamationButton )
107                    iconType = MessageBoxIcon::Exclamation;
108
109                 // display information icon
110                 else if ( sender == informationButton )
111                    iconType = MessageBoxIcon::Information;
112
113                 else // only one option left--display question mark
114                    iconType = MessageBoxIcon::Question;
115              } // end method iconType_CheckedChanged
116
117     // display MessageBox and button user pressed
118     private: System::Void displayButton_Click(
119                 System::Object *  sender, System::EventArgs *  e)
120              {
121                 DialogResult = MessageBox::Show(
122                    S"This is Your Custom MessageBox.",
123                    S"Custom MessageBox", buttonType, iconType );
124
125                 // check for dialog result and display it in label
126                 switch ( DialogResult ) {
127
128                    case DialogResult::OK:
129                       displayLabel->Text = S"OK was pressed.";
130                       break;
131
132                    case DialogResult::Cancel:
133                       displayLabel->Text = S"Cancel was pressed.";
134                       break;
135
136                    case DialogResult::Abort:
137                       displayLabel->Text = S"Abort was pressed.";
138                       break;
139
140                    case DialogResult::Retry:
141                       displayLabel->Text = S"Retry was pressed.";
142                       break;
143
144                    case DialogResult::Ignore:
145                       displayLabel->Text = S"Ignore was pressed.";
146                       break;
147
148                    case DialogResult::Yes:
149                       displayLabel->Text = S"Yes was pressed.";
150                       break;
151
152                    case DialogResult::No:
153                       displayLabel->Text = S"No was pressed.";
154                       break;
```

圖 12.30 使用圓形按鈕 RadioButton 設定訊息視窗選項 (第 4 之 3 部分)。

```
155                 } // end switch
156             } // end method displayButton_Click
157     };
158 }
```

圖 12.30　使用圓形按鈕 RadioButton 設定訊息視窗選項 (第 4 之 4 部分)。

```
 1  // Fig. 12.31: Form1.cpp
 2  // RadioButton demonstration.
 3
 4  #include "stdafx.h"
 5  #include "Form1.h"
 6  #include <windows.h>
 7
 8  using namespace RadioButtonTest;
 9
10  int APIENTRY _tWinMain(HINSTANCE hInstance,
11                         HINSTANCE hPrevInstance,
12                         LPTSTR    lpCmdLine,
13                         int       nCmdShow)
14  {
15     System::Threading::Thread::CurrentThread->ApartmentState =
16        System::Threading::ApartmentState::STA;
17     Application::Run(new Form1());
18     return 0;
19  }
```

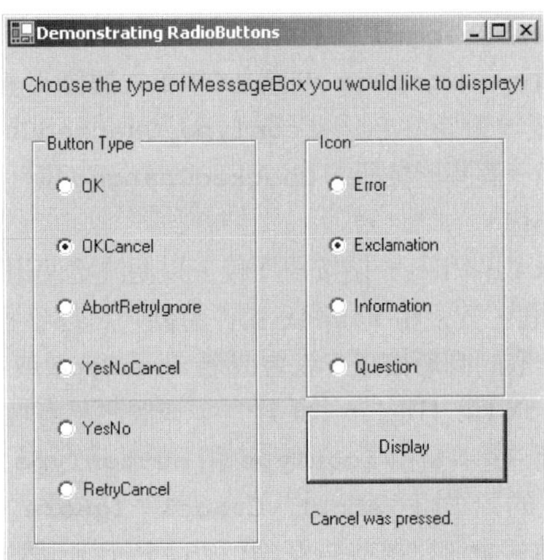

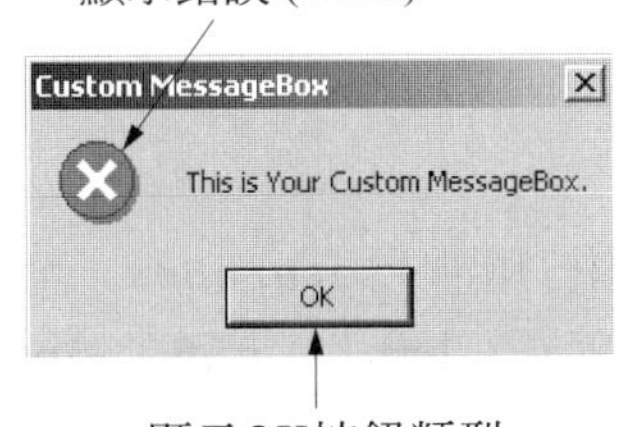

圖 12.31　圓形按鈕 RadioButton 的示範說明 (第 2 之 1 部分)。

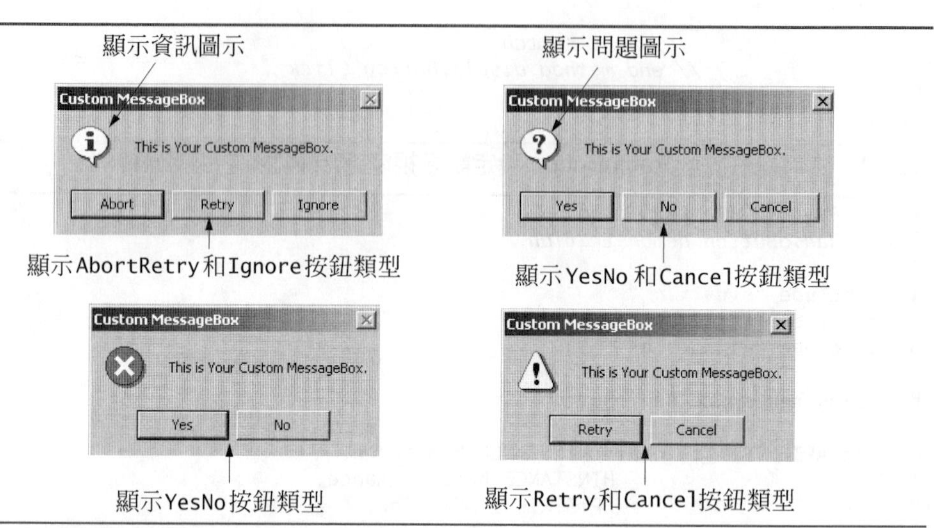

圖 12.31 圓形按鈕 RadioButton 的示範說明 (第 2 之 2 部分)。

請記得，要設定某個事件的事件處理常式，可以使用「屬性」視窗的事件區段。針對 **buttonTypeGroupBox** 群組中的每一個圓形按鈕，建立一個新的 **CheckedChanged** 事件處理常式，重新命名爲 **buttonType_CheckedChanged**。然後把 **buttonTypeGroupBox** 群組中的每一個圓形按鈕，**CheckedChanged** 事件處理常式，設定成方法 **buttonType_CheckedChanged**。針對 **iconTypeGroupBox** 群組中的每一個圓形按鈕，建立第二個 **CheckedChanged** 事件處理常式，重新命名爲 **iconType_CheckedChanged**。最後，把 **iconTypeGroupBox** 群組中的每一個圓形按鈕的 **CheckedChanged** 事件處理常式，設成給方法 **iconType_CheckedChanged**。

兩個處理常式都會把 **sender** 物件和每一個按鈕比較，以便決定使用者所選取的是那一個按鈕。請注意，當比較每一個圓形按鈕和 **sender** 物件時候，可以參考圓形按鈕的 **Name** 屬性 (例如，第 74 行)。依照所選取的圓形按鈕，就會改變 **iconType** 或者 **buttonType**。

方法 **displayButton_Click** (第 118-156 行) 建立了一個訊息方塊 **MessageBox** (第 121-123 行)。某些 **MessageBox** 的選項是由 **iconType** 和 **buttonType** 設定。而訊息方塊產生的結果就是 **DialogResult** 的列舉值—**Abort**、**Cancel**、**Ignore**、**No**、**None**、**OK**、**Retry** 或者 **Yes**。而 **switch** 敘述式會測試這些結果 (第 126-155 行)，然後正確的設定 **displayLabel->Text**。

12.8 圖片框

圖片框 (picture box) 屬於類別 ***PictureBox***，可以顯示影像。可利用 ***Image*** 類別物件設定影像檔，格式可以是點陣圖 (**.bmp**)、**.gif**、**.jpg**、**.jpeg**，圖示或者是中繼檔格式 (例如，**.emf** 或者 **.mwf**)。(影像和多媒體會在第 16 章討論)。*圖形交換格式* (*GIF*，*Graphics Interchange Format*) 和*聯合圖像專業群組* (*JPEG*，*Joint Photographic Expert Group*) 這兩種檔案格式是廣

泛使用的影像檔案格式。

類別 **PictureBox** 的 ***Image*** 屬性可用來設定要顯示的影像物件 **Image**，而 ***SizeMode*** 屬性則是用來設定影像如何顯示 (**Normal**、**StretchImage**、**AutoSize** 或 **CenterImage**)。圖 12.32 列出類別 **PictureBox** 的重要屬性和事件。

在圖 12.33 及圖 12.34 中的程式使用圖片框分別顯示三個點陣圖的影像檔：**image0**、**image1** 或者 **image2**。它們位於目前專案資料夾下的目錄 images。當在圖片框 **imagePictureBox** 上按一下，就可以更換影像圖片。在表單頂端的標籤 (名稱爲 **promptLabel**) 內含有指示文字「在圖片框上按一下，就可檢視影像圖片」 (Click On Picture Box to View Images)。

爲了回應使用者按下滑鼠按鍵，我們必須處理 **Click** 事件 (圖 12.33 的第 58-67 行)。在事件處理常式中，我們使用整數變數 (**imageNum**) 來儲存一個整數，代表我們想要顯示的影像。然後我們將 **imagePictureBox** 的 **Image** 屬性設定成一個 **Image** 物件。類別 **Image** 我們會在第 16 章討論，但是在此處我們先概略說明其中的方法 ***FromFile***，此方法會接收一個指向某個字串 **String** 的指標 (就是到影像檔的路徑)，然後建立一個 **Image** 物件。

圖片框的屬性和事件	說明/委派和事件引數
常用屬性	
Image	在圖片框中顯示的影像。
SizeMode	可從列舉 **PictureBoxSizeMode** 取得設定值，來控制影像的大小和位置。設定值可爲 **Normal** (預設值)、**StretchImage**、**AutoSize** 和 **CenterImage**。**Normal** 會將影像放在圖片框的左上角，而 **CenterImage** 則將影像放在中央。如果影像太大，兩者都會裁剪影像。) **StretchImage** 會調整影像尺寸，以配合圖片框大小。**AutoSize** 會調整圖片框大小來配合影像。
常用事件	*(委派 **EventHandler**，事件引數 **EventArgs**)*
Click	當使用者按一下這個控制項時，就會引發此事件。

圖 12.32　圖片框 PictureBox 的屬性和事件。

```
1   // Fig. 12.33: Form1.h
2   // Using a PictureBox to display images.
3
4   #pragma once
5
6
7   namespace PictureBoxTest
8   {
```

圖 12.33　使用圖片框 PictureBox 來顯示影像 (第 3 之 1 部分)。

```
 9      using namespace System;
10      using namespace System::ComponentModel;
11      using namespace System::Collections;
12      using namespace System::Windows::Forms;
13      using namespace System::Data;
14      using namespace System::Drawing;
15      using namespace System::IO;
16
17      /// <summary>
18      /// Summary for Form1
19      ///
20      /// WARNING: If you change the name of this class, you will need to
21      ///          change the 'Resource File Name' property for the managed
22      ///          resource compiler tool associated with all .resx files
23      ///          this class depends on.  Otherwise, the designers will not
24      ///          be able to interact properly with localized resources
25      ///          associated with this form.
26      /// </summary>
27      public __gc class Form1 : public System::Windows::Forms::Form
28      {
29      public:
30         Form1(void)
31         {
32            InitializeComponent();
33         }
34
35      protected:
36         void Dispose(Boolean disposing)
37         {
38            if (disposing && components)
39            {
40               components->Dispose();
41            }
42            __super::Dispose(disposing);
43         }
44      private: System::Windows::Forms::Label *  promptLabel;
45      private: System::Windows::Forms::PictureBox *  imagePictureBox;
46
47      private: static int imageNum = -1;
48
49      private:
50         /// <summary>
51         /// Required designer variable.
52         /// </summary>
53         System::ComponentModel::Container * components;
54
55      // Visual Studio .NET generated GUI code
56
57      // change image whenever PictureBox clicked
58      private: System::Void imagePictureBox_Click(
59                 System::Object *  sender,System::EventArgs *  e)
60               {
61                 imageNum = ( imageNum + 1 ) % 3; // imageNum from 0 to 2
```

圖 12.33　使用圖片框 PictureBox 來顯示影像 (第 3 之 2 部分)。

```
62
63                  // create Image object from file, display on PictureBox
64                  imagePictureBox->Image = Image::FromFile( String::Concat(
65                     Directory::GetCurrentDirectory(), S"\\images\\image",
66                     imageNum.ToString(), S".bmp" ) );
67               }
68      };
69   }
```

圖 12.33　使用圖片框 PictureBox 來顯示影像 (第 3 之 3 部分)。

```
 1   // Fig. 12.34: Form1.cpp
 2   // PictureBox demonstration.
 3
 4   #include "stdafx.h"
 5   #include "Form1.h"
 6   #include <windows.h>
 7
 8   using namespace PictureBoxTest;
 9
10   int APIENTRY _tWinMain(HINSTANCE hInstance,
11                          HINSTANCE hPrevInstance,
12                          LPTSTR    lpCmdLine,
13                          int       nCmdShow)
14   {
15      System::Threading::Thread::CurrentThread->ApartmentState =
16        System::Threading::ApartmentState::STA;
17      Application::Run(new Form1());
18      return 0;
19   }
```

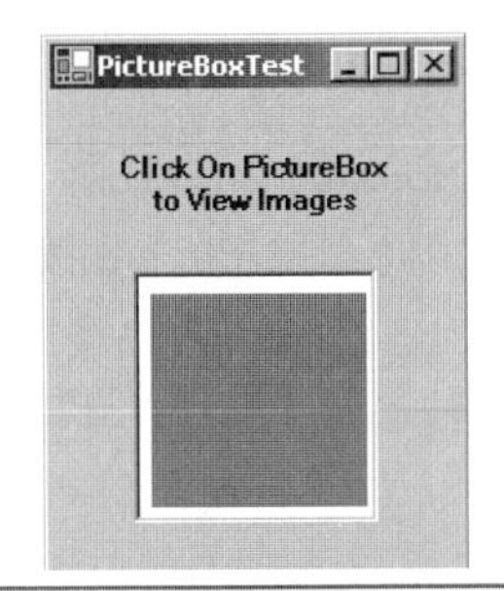

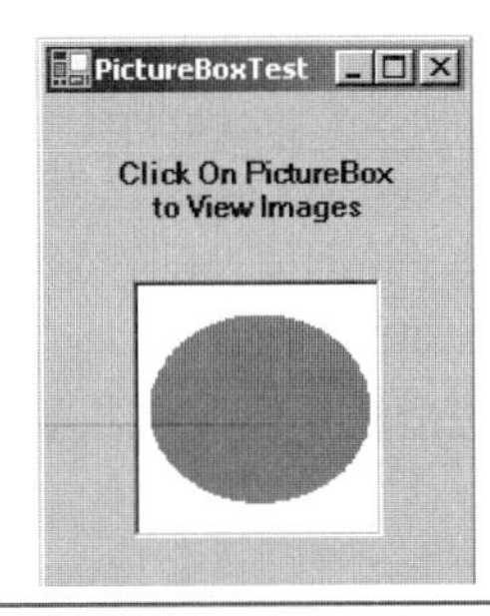

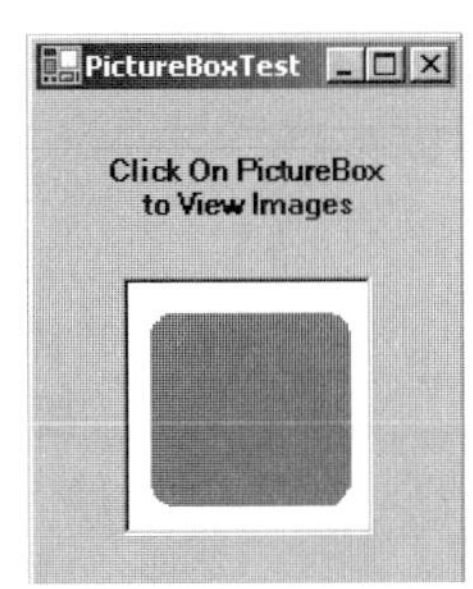

圖 12.34　圖片框 PictureBox 的示範說明。

為了找到影像檔，我們使用類別 ***Directory*** (屬於命名空間 **System::IO**，在圖 12.33 中的第 15 行) 的方法 ***GetCurrentDirectory*** (在圖 12.33 中的第 65 行)。這個方法會將可執行檔案的目前目錄 (通常是 **bin\Debug**) 當作一個 **String** 字串指標傳回。要存取 **images** 子目錄，我們取目前的目錄後面加上" **\\images**" ，再接上 " ****" 和檔案名稱。我們使用雙斜線，原因是要在字串中表示單斜線就必須在前面多加一個逸出字元。我們使用 **imageNum** 再接上適當的數字，以便能載入檔案 **image0**、**image1** 或者 **image2**。整數 **imageNum** 在 0 到 2 之間，因為我們使用模數 (modulus) 除法運算 (第 61 行)。最後，我們將「.bmp」副檔名接上檔案名稱。因此，如果我們希望載入 **image0**，字串就成為” *CurrentDir* **\images\image0.bmp**”，其中 *CurrentDir* 就是可執行檔案的目錄。

12.9 滑鼠事件處理

這一節說明如何處理*滑鼠事件* (mouse events)，例如，按一下滑鼠鍵 (clicks)、按住滑鼠鍵 (presses) 和移動滑鼠 (moves)。當滑鼠與控制項互動時，就會產生滑鼠事件。衍生自類別 **System::Windows::Forms::Control** 的任何 GUI 控制項均可產生和處理滑鼠事件。滑鼠事件資訊是利用類別 ***MouseEventArgs*** 傳遞，建立滑鼠事件處理常式的委派就是 ***MouseEventHandler***。每個處理滑鼠事件的方法都必須接收一個 **object** 和一個 **MouseEventArgs** 物件作為引數。我們稍早曾討論過的 **Click** 事件，使用委派 **EventHandler** 和事件引數 **EventArgs**。

類別 **MouseEventArgs** 包含有關滑鼠事件的資訊，例如，滑鼠指標的 *x* 和 *y* 座標，滑鼠按鈕是否按下，按下按鍵的次數，以及滑鼠滑輪轉過的刻度。請注意，**MouseEventArgs** 物件的 x 和 y 座標是相對於引起事件的控制項。點 (0, 0) 是在控制項的左上角。各種不同的滑鼠事件在圖 12.35 中加以描述。

滑鼠的事件、委派和事件引數	
滑鼠事件	(*委派* ***EventHandler***，*事件引數* ***EventArgs***)
MouseEnter	如果滑鼠游標進入控制項的範圍時，就會引發這個事件。
MouseLeave	如果滑鼠游標離開控制項的範圍時，就會引發這個事件。
滑鼠事件	(*委派* ***MouseEventHandler***，*事件引數* ***MouseEventArgs***)
MouseDown	當滑鼠游標位於控制項的範圍內時，如果按下滑鼠任何一個按鍵，就會引發此事件。
MouseHover	如果滑鼠游標滑過 (hover) 控制項的範圍時，就會引發這個事件。
MouseMove	如果滑鼠游標在控制項的範圍內移動時，就會引發這個事件。
MouseUp	當滑鼠游標位於控制項的範圍內時，如果釋放滑鼠任何一個按鍵，就會引發此事件。
類別 ***MouseEventArgs*** *的屬性*	
Button	按下的滑鼠按鍵 (左、右、中央或者無)。
Clicks	滑鼠按鍵按下的次數 (包括任何一個按鍵)。
X	事件發生時，相對於控制項位置的 **x** 座標。
Y	事件發生時，相對於控制項位置的 **y** 座標。

圖 12.35　滑鼠的事件、委派和事件引數。

圖 12.36 到圖 12.37 中的程式使用滑鼠事件在表單上繪圖。只要使用者拖拉滑鼠(就是按住滑鼠按鍵，然後移動滑鼠)，就可在表單上繪出藍紫色。

```
 1  // Fig. 12.36: Form1.h
 2  // Using the mouse to draw on a form.
 3
 4  #pragma once
 5
 6
 7  namespace PainterTest
 8  {
 9     using namespace System;
10     using namespace System::ComponentModel;
11     using namespace System::Collections;
12     using namespace System::Windows::Forms;
13     using namespace System::Data;
14     using namespace System::Drawing;
15
16     /// <summary>
17     /// Summary for Form1
18     ///
19     /// WARNING: If you change the name of this class, you will need to
20     ///          change the 'Resource File Name' property for the managed
21     ///          resource compiler tool associated with all .resx files
22     ///          this class depends on.  Otherwise, the designers will not
23     ///          be able to interact properly with localized resources
24     ///          associated with this form.
25     /// </summary>
26     public __gc class Form1 : public System::Windows::Forms::Form
27     {
28     public:
29        Form1(void)
30        {
31           InitializeComponent();
32        }
33
34     protected:
35        void Dispose(Boolean disposing)
36        {
37           if (disposing && components)
38           {
39              components->Dispose();
40           }
41           __super::Dispose(disposing);
42        }
43
44     private: static bool shouldPaint = false; // whether to paint
45
46     private:
47        /// <summary>
48        /// Required designer variable.
49        /// </summary>
```

圖 12.36　滑鼠事件處理 (第 2 之 1 部分)。

```
50        System::ComponentModel::Container * components;
51
52     // Visual Studio .NET generated GUI code
53
54     // should paint after mouse button has been pressed
55     private: System::Void Form1_MouseDown(System::Object *  sender,
56                 System::Windows::Forms::MouseEventArgs *  e)
57              {
58                 shouldPaint = true;
59              }
60
61     // stop painting when mouse button released
62     private: System::Void Form1_MouseUp(System::Object *  sender,
63                 System::Windows::Forms::MouseEventArgs *  e)
64              {
65                 shouldPaint = false;
66              }
67
68     // draw circle whenever mouse button moves (and mouse is down)
69     private: System::Void Form1_MouseMove(System::Object *  sender,
70                 System::Windows::Forms::MouseEventArgs *  e)
71              {
72                 if ( shouldPaint ) {
73                    Graphics *graphics = CreateGraphics();
74                    graphics->FillEllipse( new SolidBrush(
75                       Color::BlueViolet ), e->X, e->Y, 4, 4 );
76                 } // end if
77              }
78     };
79  }
```

圖 12.36　滑鼠事件處理 (第 2 之 2 部分)。

```
1   // Fig. 12.37: Form1.cpp
2   // Mouse event handling demonstration.
3
4   #include "stdafx.h"
5   #include "Form1.h"
6   #include <windows.h>
7
8   using namespace PainterTest;
9
10  int APIENTRY _tWinMain(HINSTANCE hInstance,
11                         HINSTANCE hPrevInstance,
12                         LPTSTR    lpCmdLine,
13                         int       nCmdShow)
14  {
15     System::Threading::Thread::CurrentThread->ApartmentState =
16        System::Threading::ApartmentState::STA;
17     Application::Run(new Form1());
18     return 0;
19  }
```

圖 12.37　示範說明滑鼠事件的處理 (第 2 之 1 部分)。

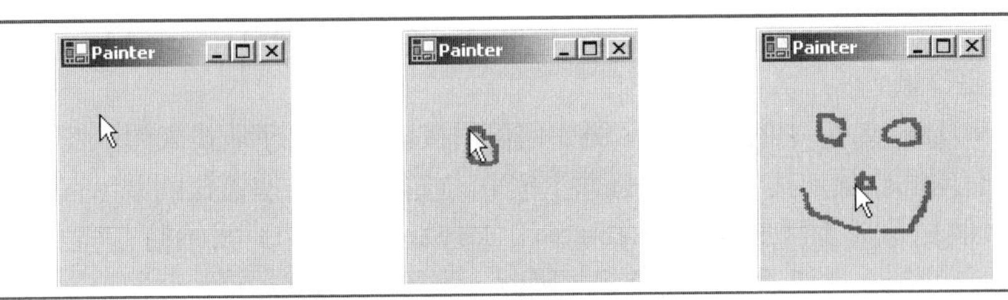

圖 12.37　示範說明滑鼠事件的處理 (第 2 之 2 部分)。

圖 12.36 中的第 44 行宣告變數 **shouldPaint**，用來決定是否我們應該在表單上繪圖。我們希望只有當我們按下滑鼠按鍵時，才能夠繪圖。在 **MouseDown** 事件的事件處理常式中，**shouldPaint** 是設定成 **true** (圖 12.36 的第 58 行)。只要放開滑鼠按鍵，程式就應該停止繪圖，所以 **MouseUp** 事件處理常式將 **shouldPaint** 設定成 **false** (第 65 行)。

按住滑鼠鍵然後移動滑鼠，就會產生 **MouseMove** 事件。這個事件可以重複產生。在 **Form1_MouseMove** 事件處理常式中 (圖 12.36 中的第 69-77 行)，只有 **shouldPaint** 是 **true** 時程式才會繪圖 (表示按下滑鼠鍵)。第 73 行建立表單的 ***Graphics*** 物件，提供可繪製各種圖形的方法。方法 ***FillEllipse*** (第 74-75 行) 會在滑鼠游標移動的每一個點繪出一個圓圈 (需按下滑鼠鍵)。方法 **FillEllipse** 的第一個參數是 ***SolidBrush*** 物件，可以決定所繪出形狀的顏色。我們建立一個新的 **SolidBrush** 物件，並且傳給建構式一個 ***Color*** 值。結構 **Color** 包含有許多預先定義的顏色常數，我們選擇 **Color::BlueViolet** (第 75 行)。這個 **SolidBrush** 物件可以繪出一個填滿的橢圓形區域，這個區域是位於週框 (bounding rectangle) 內。這個週框是由橢圓區域左上角的 *x* 和 *y* 座標，以及高度和寬度決定。這四個參數就是傳給 **FillEllipse** 方法的最後四個引數。*x* 和 *y* 座標是發生滑鼠事件發生時的位置：它們可以利用滑鼠事件引數 (**e->X** 和 **e->Y**) 取得。要繪製一個圓圈，我們也可以改設定一樣的週框高度和寬度，目前這個例子，它們每一個都是四個像素 (pixel)。

12.10　鍵盤事件處理

這一節我們要說明如何處理*按鍵事件* (*key events*)。當按下和放開鍵盤上的按鍵時，就會產生按鍵事件。衍生自類別 **System::Windows::Forms::Control** 的任何控制項均可處理這些按鍵事件。有三種按鍵事件，第一個是事件 ***KeyPress***，當按下代表 ASCII 字元的按鍵 (是由 ***KeyPressEventArgs*** 的屬性 ***KeyChar*** 決定) 後，就會引發這個事件。ASCII 是一組共 128 字元集的文數符號 (alphanumeric symbol)。(全部的字元集收集在附錄 C「ASCII 字元集」中。)

我們無法使用按鍵事件判斷*輔助按鍵* (*modifier keys*，例如 *Shift*、*Alt* 和 *Ctrl* 按鍵) 是否按下。要判斷這些動作，可以使用其餘的兩個按鍵事件，***KeyUp*** 或 ***KeyDown***。類別 ***KeyEventArgs*** 包含有關特殊輔助按鍵的資訊，可以傳回按鍵的 **Key** *列舉值* (**Key** *enumeration value*)，可以提供許多非 ASCII 按鍵的資訊。輔助按鍵通常與滑鼠合併使用，以便選擇或者反白資訊。這兩個類別的委派是 ***KeyPressEventHandler*** (事件引數類別是 **KeyPressEv-**

entArgs)和***KeyEventHandler***(事件引數類別是**KeyEventArgs**)。在圖 12.38 中列出有關按鍵事件的重要資訊。

在圖 12.39 及圖 12.40 中的程式，示範如何使用按鍵事件處理常式來顯示按下的按鍵。程式的表單含有兩個標籤。其中一個標籤顯示按下的按鍵，另一個標籤則顯示有關輔助按鍵的狀況。這兩個標籤 (名稱是 **charLabel** 和 **keyInfoLabel**) 開始時是空白的。事件 **KeyDown** 和 **KeyPress** 會傳遞不同的資訊，因此，表單 (**KeyDemo**) 就可處理它們。

事件 **KeyPress** 的處理常式 (圖 12.39 中的第 55-60 行) 可以存取 **KeyPressEventArgs** 物件的 **KeyChar** 屬性。這個方法會以字串 **__wchar_t** 傳回按下按鍵的資訊，然後在 **charLabel** 中顯示 (第 58-59 行)。如果按下的按鍵不是一個表示 ASCII 字元的按鍵，則不會發生 **KeyPress** 事件，而 **charLabel** 標籤仍是空白的。ASCII 是針對字母、數字、標點符號和其他字元的共同編碼格式。但是它並不支援*功能鍵* (*function keys*，像 F1) 或者輔助按鍵 (*Alt*、*Ctrl* 和 *Shift*)。

而 **KeyDown** 事件處理常式 (第 63-73 行) 會顯示更多資訊，所有資訊是透過 **KeyEventArgs** 物件取得。它會使用 **Alt**、**Shift** 和 **Control** 屬性來測試 *Alt*、*Shift* 和 *Ctrl* 按鍵的狀況，每一個都會傳回 **bool** 值。然後它會顯示 **KeyCode**、**KeyData** 和 **KeyValue** 屬性。

屬性 **KeyCode** 傳回一個 **Keys** 列舉值，然後再轉換成字串。屬性 **KeyCode** 會傳回按下按鍵的按鍵碼，但是不會提供有關輔助按鍵的任何資訊。因此，大寫和小寫的 "a" 都會表示成 "A" 按鍵。

鍵盤事件、委派和事件引數

按鍵事件 (委派 ***KeyEventHandler***，*事件引數* ***KeyEventArgs***)	
KeyDown	當一按下按鍵時，就會引發這個事件。
KeyUp	當放開按鍵時，就會引發這個事件。
按鍵事件 (委派 ***KeyPressEventHandler***，*事件引數* ***KeyPressEventArgs***)	
KeyPress	當按住按鍵時，就會引發這個事件。當按住按鍵時，會持續重複發生這個事件，事件的產生頻率由作業系統決定。
類別 ***KeyPressEventArgs*** *的屬性*	
KeyChar	傳回代表按下按鍵的 ASCII 字元。
Handled	指出 **KeyPress** 事件是否已經處理 (也就是，是否對此事件有一個處理常式)。
類別 ***KeyEventArgs*** *的屬性*	
Alt	指出是否按下 *Alt* 按鍵。
Control	指出是否按下 *Cltr* 按鍵。
Shift	指出是否按下 *Shift* 按鍵。

圖 12.38 鍵盤事件、委派和事件引數 (第 2 之 1 部分)。

鍵盤事件、委派和事件引數	
類別 ***KeyEventArgs*** *的屬性*	
Handled	指出事件是否已經處理 (也就是，是否對此事件有一個處理常式)。
KeyCode	傳回按鍵的按鍵碼，以 **Keys** 列舉傳回。其中並沒有包含輔助按鍵的資訊。用來測試某個特定按鍵的狀況。
KeyData	傳回按鍵的按鍵碼，以 **Keys** 列舉傳回，並且加上輔助按鍵的資訊。用來決定按下按鍵的所有資訊。
KeyValue	傳回按鍵的按鍵碼，以 **int** 整數型別傳回，而不是以 **Keys** 列舉傳回。用來取得按下按鍵的數字表示。
Modifiers	傳回任何按下輔助按鍵 (*Alt*、*Control* 和 *Shift*) 的 **Keys** 列舉。只能用來決定輔助按鍵的資訊。

圖 12.38　鍵盤事件、委派和事件引數 (第 2 之 2 部分)。

```
 1  // Fig. 12.39: Form1.h
 2  // Displaying information about the key the user pressed.
 3
 4  #pragma once
 5
 6
 7  namespace KeyDemoTest
 8  {
 9     using namespace System;
10     using namespace System::ComponentModel;
11     using namespace System::Collections;
12     using namespace System::Windows::Forms;
13     using namespace System::Data;
14     using namespace System::Drawing;
15
16     /// <summary>
17     /// Summary for Form1
18     ///
19     /// WARNING: If you change the name of this class, you will need to
20     ///          change the 'Resource File Name' property for the managed
21     ///          resource compiler tool associated with all .resx files
22     ///          this class depends on.  Otherwise, the designers will not
23     ///          be able to interact properly with localized resources
24     ///          associated with this form.
25     /// </summary>
26     public __gc class Form1 : public System::Windows::Forms::Form
27     {
28     public:
29        Form1(void)
30        {
31           InitializeComponent();
32        }
```

圖 12.39　鍵盤事件處理 (第 2 之 1 部分)。

```
33
34      protected:
35         void Dispose(Boolean disposing)
36         {
37            if (disposing && components)
38            {
39               components->Dispose();
40            }
41            __super::Dispose(disposing);
42         }
43      private: System::Windows::Forms::Label *  charLabel;
44      private: System::Windows::Forms::Label *  keyInfoLabel;
45
46      private:
47         /// <summary>
48         /// Required designer variable.
49         /// </summary>
50         System::ComponentModel::Container * components;
51
52      // Visual Studio .NET generated GUI code
53
54      // display the name of the pressed key
55      private: System::Void Form1_KeyPress(System::Object *  sender,
56                 System::Windows::Forms::KeyPressEventArgs *  e)
57               {
58                  charLabel->Text = String::Concat( S"Key pressed: ",
59                     ( e->KeyChar ).ToString() );
60               }
61
62      // display modifier keys, key code, key data and key value
63      private: System::Void Form1_KeyDown(System::Object *  sender,
64                 System::Windows::Forms::KeyEventArgs *  e)
65               {
66                  keyInfoLabel->Text = String::Concat(
67                     S"Alt: ", ( e->Alt ? S"Yes" : S"No" ), S"\n",
68                     S"Shift: ", ( e->Shift ? S"Yes" : S"No" ), S"\n",
69                     S"Ctrl: ", ( e->Control ? S"Yes" : S"No" ), S"\n",
70                     S"KeyCode: ", __box( e->KeyCode ), S"\n",
71                     S"KeyData: ", __box( e->KeyData ), S"\n",
72                     S"KeyValue: ", e->KeyValue );
73               }
74
75      // clear labels when key released
76      private: System::Void Form1_KeyUp(System::Object *  sender,
77                 System::Windows::Forms::KeyEventArgs *  e)
78               {
79                  keyInfoLabel->Text = S"";
80                  charLabel->Text = S"";
81               }
82      };
83   }
```

圖 12.39 鍵盤事件處理 (第 2 之 2 部分)。

```
1  // Fig. 12.40: Form1.cpp
2  // Keyboard event handling demonstration.
3
4  #include "stdafx.h"
5  #include "Form1.h"
6  #include <windows.h>
7
8  using namespace KeyDemoTest;
9
10 int APIENTRY _tWinMain(HINSTANCE hInstance,
11                        HINSTANCE hPrevInstance,
12                        LPTSTR    lpCmdLine,
13                        int       nCmdShow)
14 {
15    System::Threading::Thread::CurrentThread->ApartmentState =
16       System::Threading::ApartmentState::STA;
17    Application::Run(new Form1());
18    return 0;
19 }
```

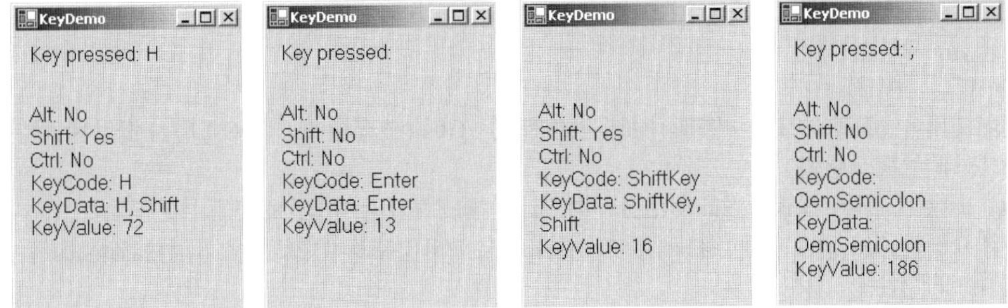

圖 12.40　示範說明鍵盤事件的處理。

而屬性 **KeyData** 也會傳回一個 **Keys** 列舉值，但是會包括有關輔助按鍵的資料。因此，如果輸入“A”，則屬性 **KeyData** 顯示按下的按鍵是“*A*”按鍵和“*Shift*”按鍵。最後，屬性 **KeyValue** 會傳回按下按鍵的按鍵碼，傳回值是以整數表示。這個整數就是 *Windows 虛擬按鍵碼* (*Windows virtual key code*)，可以提供許多按鍵和滑鼠按鍵的整數值。測試非 ASCII 按鍵 (例如，F12) 時，Windows 虛擬按鍵碼很有用。

列舉 **Keys** 是一個數值型別。方法 **String::Concat** (第 66-72 行) 需接收 managed 物件作爲參數。要使用列舉的列舉值 (例如，**KeyCode**)，我們需要將列舉值的數值型別轉換，或者 **__gc** 物件 [1]。我們可以藉著“*boxing*”操作，將數值從數值型別轉換成參考型別 (第 70-71 行)。Boxing 可將數值型別轉換成 managed 物件。關鍵字 ***__box*** 會建立一個 managed 物件，把數值型別的資料複製到新的 managed 物件內，然後傳回此 managed 物件的位址。

1　有關數值型別和參考型別的資訊，請參考第 6 章。

常見的程式設計錯誤 12.2

*關鍵字 **__box** 傳回的指標指向原來數值的副本。修改經過 **boxed** 的數值，並不會改變原來 **unboxed** 的物件。*

當放開按鍵時，**KeyUp** 事件處理常式會將兩個標籤的內容清除 (第 79-80 行)。當我們檢視輸出的情形，因為不會產生 **KeyPress** 事件，非 ASCII 按鍵並不會顯示在上面的 **charLabel** 標籤內。仍然會引發 **KeyDown** 事件，而 **keyInfoLabel** 仍會顯示有關按鍵的資訊。可運用 **Keys** 列舉值來測試特殊按鍵，只需要把按下的按鍵與特殊的按鍵碼 **KeyCode** 加以比較。Visual Studio .NET 的說明文件有完整的 **Keys** 列舉值說明。

軟體工程的觀點 12.4

*當按下某個按鍵 (例如，按下輸入鍵) 時，要讓控制項能有所反應，就得處理按鍵事件並且能夠測試出按下的是那一個按鍵。若在表單中按下輸入鍵，就好像按一下某個按鈕時，可以設定表單的 **AcceptButton** 屬性就能作到。*

摘 要

- 圖形使用者介面 (GUI) 是以圖形介面來表現程式。GUI (發音類似“GOO-EE”) 提供程式特殊的「外觀」與「感覺」。
- GUI 提供不同應用程式一致的使用者介面元件，讓使用者能在程式的使用上更有生產力。
- GUI 介面是利用 GUI 元件 (有時稱為控制項) 建立。GUI 控制項是使用者可以藉著滑鼠或者鍵盤操作的物件。
- 視窗表單可以建立 GUI 介面。表單是出現在桌面的圖形元件。表單可以是對話方塊或者視窗。
- 控制項則是圖形元件，例如，按鈕。無法看見的只能當作元件使用。
- 作用中的視窗擁有焦點。工作視窗就是最上層的視窗，而且其標題列反白顯示。
- 表單一般是作為元件的容器。
- 當使用者操作控制項時，就會產生事件。這個事件可以觸發各種方法，以便回應使用者的動作。
- 所有的表單、元件和控制項都是類別。
- 建立視窗應用程式的一般設計程序，包括先建立一個視窗表單，設定好它的屬性，然後加入控制項，再設定控制項的屬性，並且實作事件處理常式的程式碼。
- GUI 是以事件驅動。當使用者操作控制項時，就會產生事件。然後有關事件的資訊就會傳遞給事件處理常式。
- 事件是依據「委派」的概念。委派可當作產生事件的物件和處理事件的方法之間的中介步驟。
- 在許多狀況下，程式設計師需要處理由封裝好的控制項所產生的事件。在這個狀況下，所有的程式設計師需要作的就是建立和登錄事件處理常式。
- 登錄事件所需要的資訊就是 **EventArgs** 類別 (定義了事件處理常式) 和委派 **Event Handler** (用來登錄事件處理常式)。

- 在圖形使用者介面中，標籤 (類別 **Label**) 顯示唯讀的文字指示或是訊息。
- 文字方塊是一個只能輸入單行文字的區域，可以輸入文字。在輸入文字時，加密文字方塊只顯示某些字元 (例如*)。
- 按鈕 (button) 是一種控制項，使用者按一下就可以觸發特定的動作。按鈕一般都會回應 **Click** 事件。
- 群組方塊以及面板可用來排列 GUI 上的元件。這兩個類別的主要差別就是群組方塊可以顯示文字，而面板則可以使用捲軸。
- Visual C++ .NET 有兩種狀態按鈕 (state buttons)，即核取方塊和圓形按鈕，都擁有 on/off 或者 true/false 的數值。
- 核取方塊是一個小形的白色方框，可以是空白或者包含一個核取符號。
- 使用 XOR 位元運算子 (^) 就可結合或者取消設定的字型樣式。
- 圓形按鈕 (類別 **RadioButton**) 擁有兩種狀態—被選取和沒有被選取。通常圓形按鈕會以群組的方式出現，只能選取其中一個圓形按鈕。要建立新的群組，則圓形按鈕必須加入其他的容器，例如群組方塊或者面板。每一個群組方塊或者面板就是一個群組。
- 圓形按鈕和核取方塊都是利用 **CheckChanged** 事件。
- 圖片框 (類別 **PictureBox**) 可以顯示影像 (由類別 **Image** 的物件設定)。
- 衍生自類別 **System::Windows::Forms::Control** 的任何 GUI 控制項均可產生和處理滑鼠事件 (按一下、按住以及移動)。滑鼠事件使用類別 **MouseEventArgs** (委派是 **MouseEventH-andler**) 和類別 **EventArgs** (委派是 **EventHandler**)。
- 類別 **MouseEventArgs** 包含有關滑鼠事件的資訊，例如，滑鼠指標的 x 和 y 座標，使用的滑鼠按鍵，按下按鍵的次數，以及滑鼠滑輪轉過的刻度。
- 當按下和放開鍵盤上的按鍵時，就會產生按鍵事件。衍生自類別 **System::Windows::For-ms::Control** 的任何控制項均可處理這些按鍵事件。
- 事件 **KeyPress** 會針對所按下的 ASCII 字元按鍵，傳回一個 **__wchar_t** 字串。單獨一個 **KeyPress** 事件無法判斷是否按下了特殊的輔助按鍵 (例如，*Shift*、*Alt* 和 *Ctrl*)。
- 事件 **KeyUp** 和 **KeyDown** 會利用 **KeyEventArgs** 來測試特殊的輔助按鍵的狀況。使用的委派就是 **KeyPressEventHandler** (**KeyPressEventArgs**) 和 **KeyEventHan dler** (**KeyEv-entArgs**)。
- 類別 **KeyEventArgs** 擁有 **KeyCode**、**KeyData** 和 **KeyValue** 屬性。
- 屬性 **KeyCode** 會傳回按下按鍵的按鍵碼，但是不會提供有關輔助按鍵的任何資訊。
- 屬性 **KeyData** 包含有關輔助按鍵的資訊。
- 屬性 **KeyValue** 會傳回按下按鍵的按鍵碼，傳回值是以整數表示。

辭　彙

工作視窗 (active window)
類別 **KeyEventArgs** 的 **Alt** 屬性 (**Alt** property of class **KeyEventArgs**)
錨定控制項 (anchoring a control)
ASCII 字元 (ASCII character)
自動調整大小 (autoscaling)

背景顏色 (background color)
位元運算子 (bitwise operator)
逐位元 XOR 運算子 (^) (bitwise XOR operator (^))
關鍵字__box (__box keyword)
Boxing 處理數值 (boxing values)
按鈕 (button)
類別 **Button** (**Button** class)
按鈕標籤 (button label)
核取方塊 (checkbox)
類別 **CheckBox** (**CheckBox** class)
核取方塊標籤 (checkbox label)
CheckedChanged 事件 (**CheckedChange** event)
按一下某個按鈕 (click a button)
按一下某個滑鼠鍵 (click a mouse button)
事件 **Click** (**Click** event)
元件 (component)
容器 (container)
控制項 (control)
類別 **KeyEventArgs** 的屬性 **Control** (**Control** property of class **KeyEventArgs**)
委派 (delegate)
未選取的圓形按鈕 (deselected radio button)
停駐某個控制項 (docking a control)
拖放 (drag and drop)
類別 **Control** 的 **Enabled** 屬性 (**Enabled** property of class **Control**)
滑鼠事件 **Enter** (**Enter** mouse event)
事件 (event)
事件引數 (event argument)
事件的委派 (event delegate)
事件驅動 (event driven)
事件處理常式 (event handler)
事件多點傳送 (event multicasting)
類別 **EventArgs** (**EventArgs** class)
事件處理模式 (event-handling model)
焦點 (focus)
類別 **Control** 的 **Font** 屬性 (**Font** property of class **Control**)
類別 **Form** 的 **Font** 屬性 (**Font** property of class **Form**)
類別 **Label** 的屬性 **Font** (**Font** property of class **Label**)
字型樣式 (font style)
列舉 **FontStyle** (**FontStyle** enumeration)
表單 (form)
類別 **Form** (**Form** class)
功能鍵 (function key)
類別 **Directory** 的方法 **GetCurrentDirectory** (**GetCurrentDirectory** method of **Directory**)
圖形使用者介面 (GUI) (graphical user interface (GUI))
GroupBox
GUI 元件 (GUI component)
處理事件 (handle event)
類別 **Control** 的方法 **Hide** (**Hide** method of class **Control**)
類別 **Form** 的方法 **Hide** (**Hide** method of class **Form**)
類別 **PictureBox** 的屬性 **Image** (**Image** property of class **PictureBox**)
方法 **InitializeComponent** (**InitializeComponent** method)
按鍵碼 (key code)
按鍵資訊 (key data)
按鍵事件 (key event)
按鍵值 (key value)
按鍵盤 (keyboard)
事件 **KeyDown** (**KeyDown** event)
類別 **KeyEventArgs** (**KeyEventArgs** class)
委派 **KeyEventHandler** (**KeyEventHandler** delegate)
事件 **KeyPress** (**KeyPress** event)
KeyPressEventArgs 類別 (**KeyPressEventArgs** class)
委派 **KeyPressEventHandler** (**KeyPressEventHandler** delegate)

事件 **KeyUp** (**KeyUp** event)
標籤 (label)
類別 Label (Label class)
清單 (list)
功能表 (menu)
功能表列 (menu bar)
輔助按鍵 (modifier key)
滑鼠 (mouse)
按一下滑鼠鍵 (mouse click)
滑鼠事件 (mouse event)
移動滑鼠 (mouse move)
按住滑鼠鍵 (mouse press)
事件 **MouseDown** (**MouseDown** event)
事件 **MouseEnter** (**MouseEnter** event)
類別 **MouseEventArgs** (**MouseEventArgs** class)
委派 **MouseEventHandler** (**MouseEventHandler** delegate)
事件 **MouseHover** (**MouseHover** event)
事件 **MouseLeave** (**MouseLeave** event)
事件 **MouseMove** (**MouseMove** event)
事件 **MouseUp** (**MouseUp** event)
事件 **MouseWheel** (**MouseWheel** event)
移動滑鼠 (moving the mouse)
多點傳送 (multicast)
類別 **MulticastDelegate** (**MulticastDelegate** class)
互斥 (mutually exclusive)
類別 **Control** 的 **Name** 屬性 (**Name** property of class **Control**)
面板 (panel)
類別 **Panel** (**Panel** class)
加密文字方塊 (password text box)
類別 **TextBox** 的 **PasswordChar** 屬性 (**PasswordChar** property of class **TextBox**)
圖片框 (picture box)
類別 **PictureBox** (**PictureBox** class)
圓形按鈕 (radio button)
類別 **RadioButton** (**RadioButton** class)
圓形按鈕群組 (radio-button group)
引發事件 (raise an event)
唯讀文字 (read-only text)
登錄某個事件處理常式 (register an event handler)
類別 **Control** 的 **ResumeLayout** 方法 (**ResumeLayout** method of class **Control**)
捲軸 (scrollbar)
面板上的捲軸 (scrollbar in panel)
從功能表選取一個項目 (selecting an item from a menu)
類別 **KeyEventArgs** 的屬性 **Shift** (**Shift** property of class **KeyEventArgs**)
類別 **PictureBox** 的屬性 **SizeMode** (**SizeMode** property of class **PictureBox**)
標準呼叫慣例 (standard calling convention)
關鍵字 **__stdcall** (**__stdcall** keyword)
類別 **Control** 的方法 **SuspendLayout** (**SuspendLayout** method of class **Control**)
命名空間 **System::Windows::Forms** (**System::Windows::Forms** namespace)
類別 **Control** 的屬性 **TabIndex** (**TabIndex** property of class **Control**)
文字方塊 (text box)
類別 **Button** 的 **Text** 屬性 (**Text** property of class **Button**)
類別 **CheckBox** 的 **Text** 屬性 (**Text** property of class **CheckBox**)
類別 **Control** 的 **Text** 屬性 (**Text** property of class **Control**)
類別 **Form** 的 **Text** 屬性 (**Text** property of class **Form**)
類別 **GroupBox** 的 **Text** 屬性 (**Text** property of class **GroupBox**)
類別 **Label** 的 **Text** 屬性 (**Text** property of class **Label**)
類別 **RadioButton** 的 **Text** 屬性 (**Text** property of class **RadioButton**)

類別 **TextBox** 的 **Text** 屬性 (**Text** property of class **TextBox**)
類別 **TextBox** (**TextBox** class)
事件 **TextChanged** (**TextChanged** event)
觸發一個事件 (trigger an event)
虛擬按鍵碼 (virtual key code)
類別 **Control** 的 **Visible** 屬性 (**Visible** property of class **Control**)
視覺化程式設計 (visual programming)
視窗表單 (Windows Form)
函式 **__tWinMain** (**__tWinMain** function)
XOR (XOR)

自我測驗

12.1 試判斷下列的敘述式是*真*或是*僞*。如果答案是*僞*，請說明理由。

a) 圖形使用者介面 (GUI) 是以圖形介面來與程式溝通。
b) 通常使用視窗表單來建立 GUI 介面。
c) 控制項是一個不可見的元件。
d) 所有的表單、元件和控制項都是類別。
e) 在事件處理模式，屬性可作爲產生事件的物件和處理這些事件的方法之間的媒介。
f) 類別 **Label** 是用來提供唯讀文字的指示或者資訊。
g) 按下按鈕就會引發事件。
h) 在同一個群組中的核取方塊彼此是互斥的。
i) 捲軸允許使用者將一組資料放大到最大或者縮到最小。
j) 所有的滑鼠事件都使用相同的事件引數類別。
k) 當按下和放開鍵盤上的按鍵時，就會產生按鍵事件。

14.2 填空題：

a) 工作視窗可說是擁有 __________ 。
b) 表單可當作加入元件的 __________ 。
c) GUI 是以 __________ 驅動。
d) 處理相同事件的每一種方法都必須擁有相同的 __________ 。
e) 登錄某個事件處理常式所需要的資訊就是 __________ 類別和 __________ 。
f) 當使用者輸入文字時，__________ 文字方塊只顯示單一字元 (例如星號 *)。
g) 類別 __________ 和類別 __________ 幫助排列 GUI 上的元件，並且提供圓形按鈕的邏輯群組。
h) 標準的滑鼠事件包括 __________ 、__________ 和 __________ 。
i) 當按下和放開鍵盤上的按鍵時，就會產生 __________ 事件。
j) 輔助按鍵有 __________ 、__________ 和 __________ 。
k) __________ 事件或者委派可以呼叫多個方法。

自我測驗解答

12.1 **a)** 眞。**b)** 眞。**c)** 僞。 控制項是可見元件。**d)** 眞。**e)** 僞。在事件處理模式，委派可作爲產生事件的物件和處理這些事件的方法之間的媒介。**f)** 眞。**g)** 眞。**h)** 僞。在同一個群組中的圓形按鈕彼此是互斥的。**i)** 僞。捲軸讓使用者可以檢視一般無法容納在容器內的資料。**j)** 僞。某些滑鼠事件使用 EventArgs，而其他使用 Mouse EventArgs。**k)** 眞。

12.2 **a)** 焦點。**b)** 容器。**c)** 事件。**d)** 簽名碼 (signature)。**e)** 事件引數，委派。**f)** 加密的 (password)。**g)** GroupBox， Panel。**h)** 按一下滑鼠、按住滑鼠、移動滑鼠。**i)** 按鍵。**j)** *Shift*、*Ctrl*、*Alt*。**k)** 多點傳送 (multicast)。

習　題

12.3 延伸在圖 12.27 及圖 12.28 中的程式，以便能夠使用一些核取方塊來選擇每一個字型樣式的選項。【*提示*：使用 XOR 而不要明確地在程式碼中測試每一個位元。】

12.4 建立如圖 12.41 中的 GUI 介面。你不需提供任何的功能。

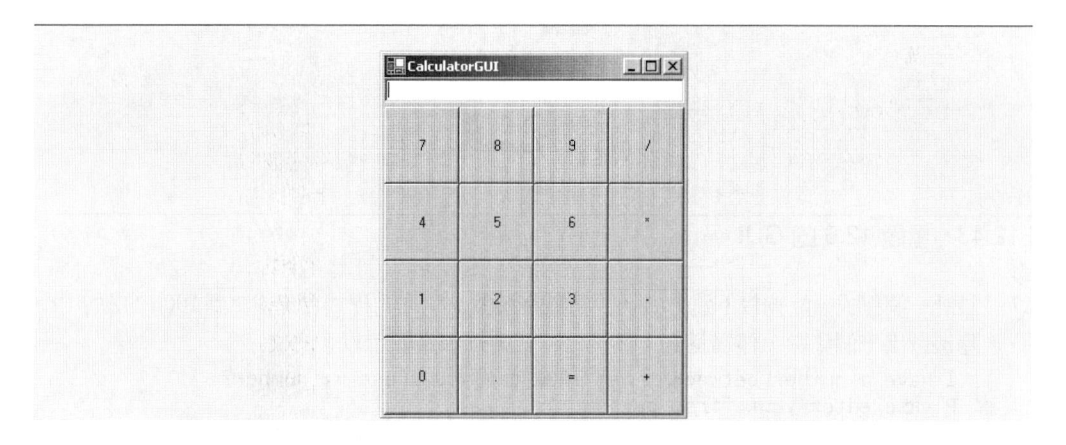

圖 12.41　習題 12.4 的 GUI。

12.5 建立如圖 12.42 中的 GUI 介面。你不需提供任何的功能。

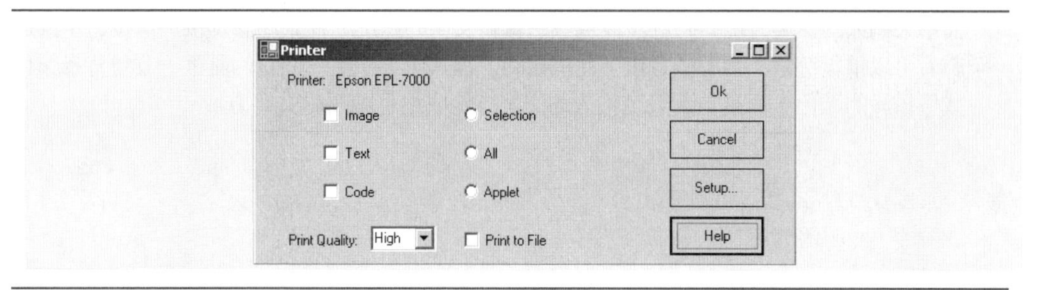

圖 12.42　習題 12.5 的 GUI。

12.6 延續圖 12.36 及圖 12.37 中的程式，加入可以改變所繪製線條粗細和顏色的選項。建立一個類似圖 12.43 中的 GUI 介面。【*提示*：設定變數能夠記錄目前所選擇的粗細 (`int`) 和顏色 (`Color` 物件)。使用圓形按鈕的事件處理常式來設定它們。對於顏色，採用各種不同的 `Color` 常數 (例如，`Color::Blue`)。當要回應滑鼠移動事件時，只使用粗細和顏色變數來決定適當的粗細大小和顏色。】

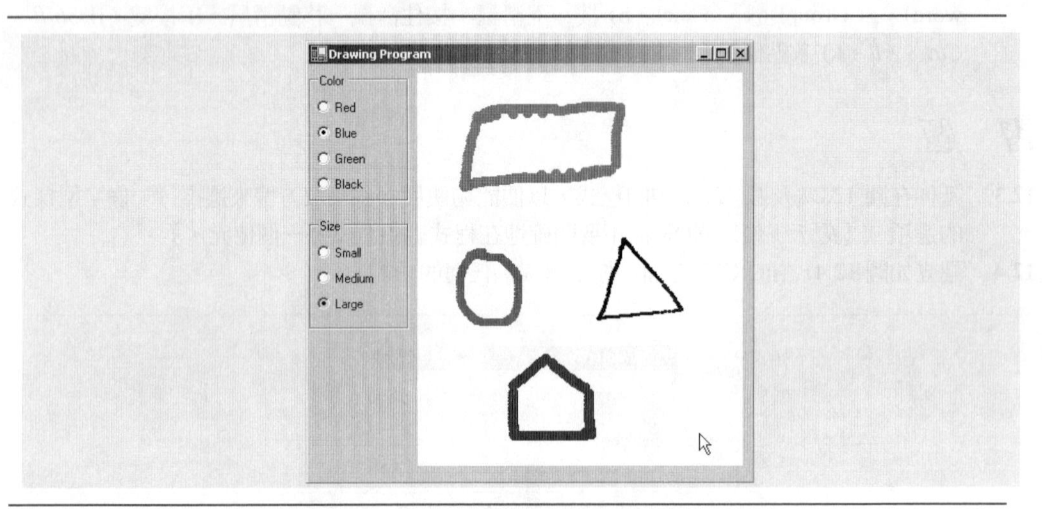

圖 12.43　習題 12.6 的 GUI。

12.7 設計一個程式，能夠以下述方式玩「猜數字遊戲」：你的程式會先從 1 到 1000 的數字中，隨機選出一個整數，作爲謎底。然後，程式會以標籤顯示以下的文字：

```
I have a number between 1 and 1000—can you guess my number?
Please enter your first guess.
```

必須使用文字方塊來輸入你所猜測的數字。每當輸入猜測數字時，背景顏色應該變成紅色或藍色。其中，紅色表示使用者猜測的結果較接近正確的答案，而藍色則表示遠離正確答案。程式應該使用一個標籤來提醒遊戲者，所猜的數字過高或太低，幫助遊戲者逐漸猜中數字。當使用者猜中正確的答案，應該顯示”`Correct!`”字樣。背景顏色應該成爲綠色，而用來輸入的文字方塊此時應該成爲無法編輯文字的狀況。程式應該提供一個按鈕，讓遊戲者可以重玩遊戲。當遊戲者按下此按鈕時，程式應該產生一個新的亂數，改變背景顏色成爲預設的顏色，而且重新設定輸入的文字方塊成爲可編輯的文字方塊。

13

圖形使用者介面觀念：再論

學習目標

- 能夠利用 **LinkLabel** 控制項進行超連結。
- 能夠使用清單方塊和組合方塊顯示清單。
- 瞭解如何使用 **ListView** 和 **TreeView** 控制項，顯示資訊。
- 能夠建立具有功能表、視窗標籤頁和多重文件介面（MDI）的程式。
- 能夠建立自訂的控制項。

I claim not to have controlled events, but confess plainly that events have controlled me.

Abraham Lincoln

A good symbol is the best argument, and is a missionary to persuade thousands.

Ralph Waldo Emerson

Capture its reality in paint!

Paul Cézanne

But, soft! what light through yonder window breaks ? It is the east, and Juliet is the sun!

William Shakespeare

An actor entering through the door, you've got nothing. But if he enters through the window, you've got a situation.

Billy Wilder

本章綱要

13.1 簡介

在本章裡，我們將繼續探討 GUI。我們開始討論更進階的一些主題，就是常見到的 GUI 元件：*功能表* (*menu*)，這個元件可以顯示多個有邏輯組織的選項供使用者選擇。我們也會介紹 **LinkLabel**，這是很有用的 GUI 元件，讓使用者只需要按一下滑鼠鍵就能夠到達目的地。

我們會討論一些 GUI 元件，其內部封裝更小型 GUI 元件。我們會示範說明如何透過清單方塊 (list box) 來操作一系列的數值，以及如何將幾個核取方塊合併在一個 **CheckedListBox** 使用。我們也會利用組合方塊 (combo box) 建立下拉清單，和使用 **TreeView** 控制項以階層方式顯示資料。我們提出兩個重要的 GUI 元件，索引標籤控制項 (tab control) 和多重文件介面 (MDI) 的視窗，加以討論。這些元件讓開發者可以利用精緻的圖形使用者介面，建立實用的程式。

本書使用的大部分 GUI 元件都包括在 Visual Studio .NET 內。我們將說明如何設計自訂的控制項，並且將這些控制項加入「**工具箱**」(**Toolbox**) 工具箱內。本章討論的技術提供你建立複雜 GUI 和自訂控制項所需的技術基礎。

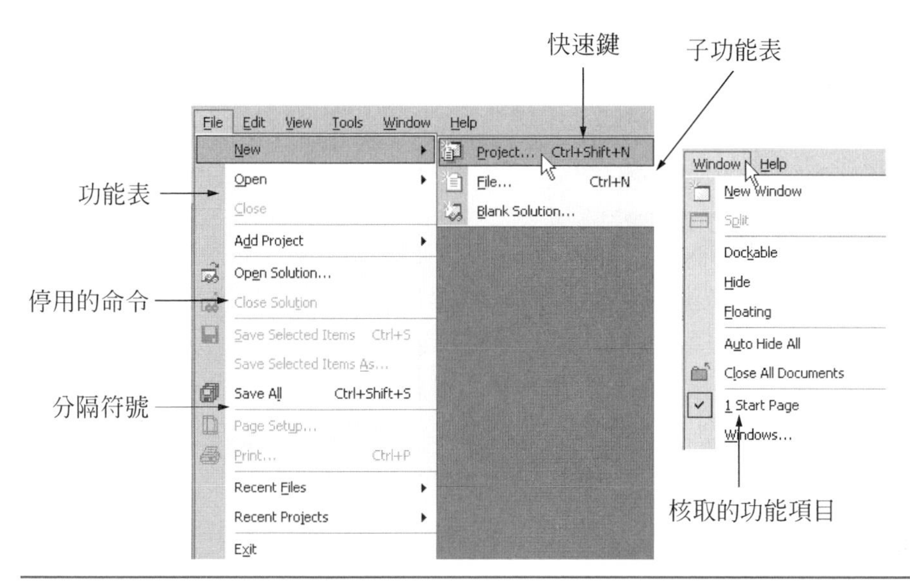

圖 13.1　展開的和核取的功能表。

13.2　功能表

功能表 (*Menus*) 提供 Windows 應用程式一些相關的命令群組。雖然這些命令會隨程式而有所不同，但是許多應用程式都有「**開啓舊檔**」(**Open**) 和「**儲存檔案**」(**Save**) 等命令。功能表是 GUI 介面整體的一部分，讓使用者可以執行各種命令而不會有凌亂的 GUI 介面。

在圖 13.1 中，展開的功能表列出各種不同的命令，稱爲*功能表項目* (*menu item*) 以及*子功能表* (*submenu*)，也就是功能表中的功能表。請注意，頂層的功能表出現在圖的左邊，而下一層的子功能表則會逐層顯示在右邊。包含子功能表的功能表項目就是該子功能表的*父功能表* (*parent menu*)。

所有的功能表項目都安排有 *ALT 快速鍵* (*Alt key shortcuts*)，也稱爲*存取快速鍵* (*access shortcuts*) 或*熱鍵* (*hot keys*)，只需要按下 *ALT* 按鍵以及標示底線的字母鍵，例如，按下 *Alt + F* 組合鍵就可開啓「**檔案**」(**File**) 功能表項目。這項功能可透過功能表項目的屬性 **Mnemonic** 加以設定 (圖 13.3)。屬性 ***Mnemonic*** 是唯讀屬性，可在功能表項目的 **Text** 屬性中設定的字元前面加上「**&**」符號，就可指定快速鍵。非頂層的功能表也能夠設定快速鍵，就是結合 *Ctrl*、*Shift*、*Alt*、*F1*、*F2* 和字母鍵等。快速鍵也可以透過 ***ShortCut*** 屬性設定。某些功能表項目會顯示核取符號，通常表示可以同時選取功能表上的幾個選項。

要建立功能表，可開啓「**工具箱**」(**Toolbox**)，將 ***MainMenu*** 控制項拖放到表單上。這樣就可以在表單的頂端建立功能表列，會有一個 **MainMenu** 圖示出現在表單的下方。要建立功能表 **MainMenu**，可按一下此圖示。這種設計就是所謂的 Visual Studio .NET 的「**功能表設計工具**」(**Menu Designer**)，可以讓使用者建立和編輯功能表。功能表就像其他的控制項一樣，也有屬性和事件，可以透過「屬性」視窗或者「功能表設計工具」進行設計 (圖 13.2)。

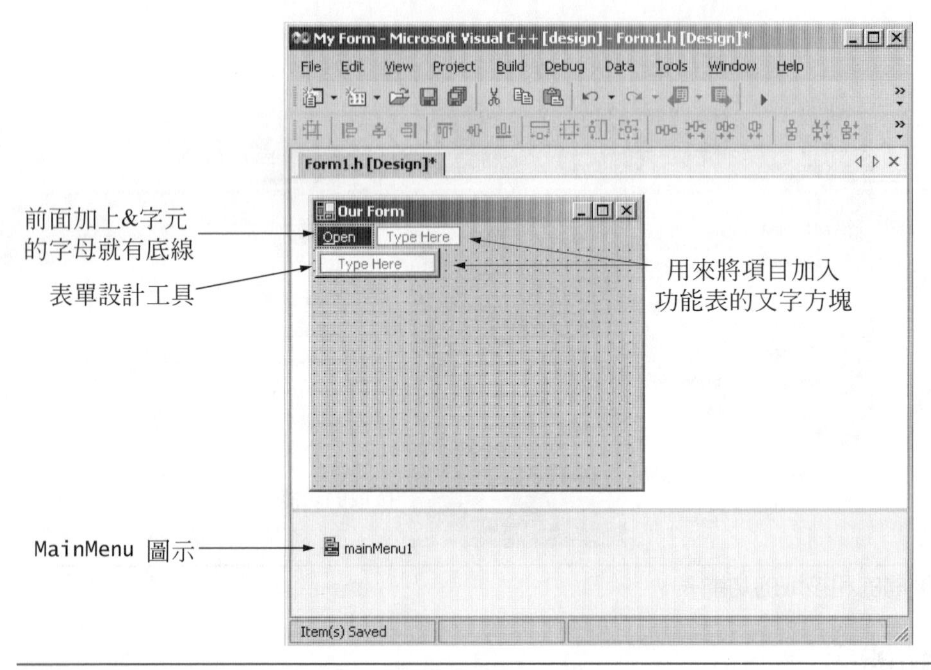

圖 13.2 Visual Studio .NET 的功能表設計工具 (Menu Designer)。

感視介面的觀點 13.1

*按鈕 **Button** 也可以有存取快速鍵。將&符號放在按鈕 **Text** 屬性中快速鍵字元的前面。使用者按下 Alt 鍵和加上底線的字元按鍵，就等於按下了這個按鈕。*

要將項目 (entry) 加入功能表，只需要按一下「**在這裡輸入**」(**Type Here**) 文字方塊，然後輸入應該出現在功能表的文字。功能表的每一個項目都具有型別 ***MenuItem***，屬於 **System::Windows::Forms** 命名空間。功能表本身則是具有型別**MainMenu**。程式設計師按下輸入鍵後，就可將功能表項目加入功能表。然後會出現更多的「**在這裡輸入**」文字方塊，可以讓我們在原來功能表項目下方或者兩側增加項目 (圖 13.2)。要建立存取快速鍵時，需在要加底線的字元前面加上&字元。舉例來說，要建立「**檔案**」(**File**) 功能表項目，需要輸入 "**&File**"。實際的&字元則要輸入&&，才能顯示出來。要加入其他的快速鍵 (例如，*Ctrl+F9*)，就得設定 **MenuItem** 的 **Shortcut** 屬性。

要移除功能表項目時，程式設計師可以利用滑鼠選取該功能項目，然後按下刪除鍵 (Delete)。在功能表按下右鍵，然後選取「插入分隔符號」(Insert Separator)，或者在加入功能表項目時，只輸入 "-" 當作項目名稱就可加入分隔符號。

選取功能表項目時，會產生一個 **Click** 事件。若要建立一個空的事件處理常式，可在設計模式下，在功能表項目 (**Menu Item**) 上按二下，功能表也可在多重文件介面 (MDI) 表單中，顯示已開啓視窗的名稱 (見第 13.9 節)。圖 13.3 摘要列出功能表的各種屬性和事件。

感視介面的觀點 13.2

依照慣例，將一個省略符號 (...) 放在功能表項目之後，表示會顯示對話方塊，例如，「另存新檔...」(Save As...)。如果功能表項目產生的是不會提示使用者的立即動作，【例如「儲存檔案」(Save)】，就不應該加上省略符號。

MainMenu 和 MenuItem 的事件和屬性	說明/委派和事件引數
一般 MainMenu 的屬性	
MenuItems	表示包含在功能表 (**MainMenu**) 中的功能表項目 (**MenuItem**)。
RightToLeft	使功能表的文字從右到左顯示。對於從右到左方式閱讀的語言很方便。
*一般 **MenuItem** 的屬性*	
Checked	指出某個功能表項目是否被核取。預設值是 **false**，意指該功能表項目未被核取。
Index	指定功能表項目在父功能表中的位置。
MenuItems	列出某個特定功能表項目的子功能表項目。
MergeOrder	當父功能表與其他功能表合併在一起時，指定其功能表項目的位置。
MergeType	從列舉 **MenuMerge** 中採用某個數值。指定父功能表以何種方式與另一個功能表合併。可能的數值是 **Add**、**MergeItems**、**Remove** 和 **Replace**。
Mnemonic	指定表示某個功能表項目的字元 (例如，**Alt +** 指定字元就等於按一下某個特定的功能表項目)。只提供 **get** 方法。想要在功能表項目的屬性中設定助憶字元的話，在 **Text** 屬性的該字元之前加上**&**字元。
RadioCheck	表示被選取的功能表項目是以圓形按鈕 (黑色圓圈) 或者核取符號顯示。**true** 表示為圓形按鈕，**false** 顯示核取符號；預設值是 **false**。
Shortcut	指定功能表項目的快速鍵 (例如，***Ctrl + F9*** 可以等於按一下某個特定的功能表項目)。
ShowShortcut	指出某個功能表項目的文字旁邊是否顯示快速鍵。預設是 **true**，顯示出快速鍵。
Text	指定顯示在功能表項目中的文字。要建立一個使用 **Alt** 按鍵的存取快速鍵，可在字元的前面加上**&**字元 (例如，「檔案」使用**& File**)。

圖 13.3　MainMenu 和 MenuItem 的屬性和事件 (第 2 之 1 部分)。

MainMenu 和 MenuItem 的事件和屬性	說明/委派和事件引數
*一般的 **MainMenu** 和 **MenuItem** 的事件*	*(委派 **EventHandler**，事件引數 **EventArgs**)*
Click	當按一下功能表或者功能表項目，或者使用快速鍵時，就會產生此事件。

圖 13.3 MainMenu 和 MenuItem 的屬性和事件 (第 2 之 2 部分)。

類別 **Form1** (從圖 13.4 的第 26 行開始) 可以在表單上建立一個簡單的功能表。這個表單有一個最上層的 **"File"** (**檔案**) 功能表，下面有兩個功能表項目 **"About"** (顯示一個訊息方塊) 和 **"Exit"** (終止程式)。這個表單也包含一個 **"Format"** (**格式**) 功能表，可以改變標籤上的文字。**Format** 功能表有子功能表 **"Color"** (**顏色**) 和 **"Font"** (**字型**)，可以改變標籤文字的顏色和字型。函式 **_tWinMain** (圖 13.5) 定義 GUI 應用程式的進入點。

感視介面的觀點 13.3

使用一般 Windows 慣用的快速鍵 (例如，「搜尋」採用 Ctrl+F，「儲存」則採用 Ctrl+S)，可降低使用者學習新應用程式的困難度。

首先將控制項 **MainMenu** 從「**工具箱**」(**ToolBox**) 拖放到表單上，然後利用「功能表設計工具」(Menu Designer) 建立完整的功能表結構。功能表 **"File"** 有 **"About"** (**aboutMenuItem**，第 52 行) 和 **"Exit"** (**exitMenuItem**，第 53 行) 兩個功能表項目；以及 **"Format"** 功能表 (**formatMenu**，第 56 行) 則有兩個子功能表，第一個子功能表 **"Color"** (**colorMenuItem**，第 59 行)，包含功能表項目 **"Black"** (**blackMenuItem**，第 60 行)、**"Blue"** (**blueMenuItem**，第 61 行)、**"Red"** (**redMenuItem** ，第 62 行) 和 **"Green"** (**greenMenuItem**，第 63 行)。第二個子功能表 **"Font"** (**fontMenuItem**，第 66 行)，包含功能表項目 **"Times New Roman"** (**timesMenuItem**，第 67 行)、**"Courier"** (**courierMenuItem**，第 68 行)、**"Comic Sans"** (**comicMenuItem**，第 69 行)、一條分格線 (**separatorMenuItem**，第 70 行)、**"Bold"** (**boldMenuItem**，第 71 行) 和 **"Italic"** (**italicMenuItem**，第 72 行)。

點選在功能表 **"File"** 下的功能表項目 **"About"** (第 83-89 行)，就會顯示一個訊息方塊 **MessageBox**。點選功能表項目 **"Exit"** ，就會呼叫類別 **Application** 的 **static** 方法 **Exit** (第 95 行)，關閉此應用程式。類別 **Application** 包含的 **static** 方法可以用來控制程式的執行。

```
1  // Fig. 13.4: Form1.h
2  // Using menus to change font colors and styles.
3
4  #pragma once
5
6
7  namespace MenuTest
8  {
9     using namespace System;
10    using namespace System::ComponentModel;
11    using namespace System::Collections;
12    using namespace System::Windows::Forms;
13    using namespace System::Data;
14    using namespace System::Drawing;
15
16    /// <summary>
17    /// Summary for Form1
18    ///
19    /// WARNING: If you change the name of this class, you will need to
20    ///          change the 'Resource File Name' property for the managed
21    ///          resource compiler tool associated with all .resx files
22    ///          this class depends on.  Otherwise, the designers will not
23    ///          be able to interact properly with localized resources
24    ///          associated with this form.
25    /// </summary>
26    public __gc class Form1 : public System::Windows::Forms::Form
27    {
28    public:
29       Form1(void)
30       {
31          InitializeComponent();
32       }
33
34    protected:
35       void Dispose(Boolean disposing)
36       {
37          if (disposing && components)
38          {
39             components->Dispose();
40          }
41          __super::Dispose(disposing);
42       }
43
44    // display label
45    private: System::Windows::Forms::Label *  displayLabel;
46
47    // main menu (contains file and format menu)
48    private: System::Windows::Forms::MainMenu *  mainMenu;
49
50    // file menu
```

圖 13.4　改變文字和字型顏色的功能表 (第 5 之 1 部分)。

```
51      private: System::Windows::Forms::MenuItem *  fileMenuItem;
52      private: System::Windows::Forms::MenuItem *  aboutMenuItem;
53      private: System::Windows::Forms::MenuItem *  exitMenuItem;
54
55      // format menu
56      private: System::Windows::Forms::MenuItem *  formatMenuItem;
57
58      // color submenu
59      private: System::Windows::Forms::MenuItem *  colorMenuItem;
60      private: System::Windows::Forms::MenuItem *  blackMenuItem;
61      private: System::Windows::Forms::MenuItem *  blueMenuItem;
62      private: System::Windows::Forms::MenuItem *  redMenuItem;
63      private: System::Windows::Forms::MenuItem *  greenMenuItem;
64
65      // font submenu
66      private: System::Windows::Forms::MenuItem *  fontMenuItem;
67      private: System::Windows::Forms::MenuItem *  timesMenuItem;
68      private: System::Windows::Forms::MenuItem *  courierMenuItem;
69      private: System::Windows::Forms::MenuItem *  comicMenuItem;
70      private: System::Windows::Forms::MenuItem *  separatorMenuItem;
71      private: System::Windows::Forms::MenuItem *  boldMenuItem;
72      private: System::Windows::Forms::MenuItem *  italicMenuItem;
73
74      private:
75         /// <summary>
76         /// Required designer variable.
77         /// </summary>
78         System::ComponentModel::Container * components;
79
80      // Visual Studio .NET generated GUI code
81
82      // display MessageBox
83      private: System::Void aboutMenuItem_Click(System::Object *  sender,
84                  System::EventArgs *  e)
85               {
86                  MessageBox::Show( S"This is an example\nof using menus.",
87                     S"About", MessageBoxButtons::OK,
88                     MessageBoxIcon::Information );
89               } // end method aboutMenuItem_Click
90
91      // exit program
92      private: System::Void exitMenuItem_Click(System::Object *  sender,
93                  System::EventArgs *  e)
94               {
95                  Application::Exit();
96               } // end method exitMenuItem_Click
97
98      // reset color
99      private: void ClearColor()
100              {
```

圖 13.4　改變文字和字型顏色的功能表 (第 5 之 2 部分)。

```
101                  // clear all checkmarks
102                  blackMenuItem->Checked = false;
103                  blueMenuItem->Checked = false;
104                  redMenuItem->Checked = false;
105                  greenMenuItem->Checked = false;
106               } // end method ClearColor
107
108      // update menu state and color display black
109      private: System::Void blackMenuItem_Click(System::Object *  sender,
110                  System::EventArgs *  e)
111               {
112                  // reset checkmarks for color menu items
113                  ClearColor();
114
115                  // set color to black
116                  displayLabel->ForeColor = Color::Black;
117                  blackMenuItem->Checked = true;
118               } // end method blackMenuItem_Click
119
120      // update menu state and color display blue
121      private: System::Void blueMenuItem_Click(System::Object *  sender,
122                  System::EventArgs *  e)
123               {
124                  // reset checkmarks for color menu items
125                  ClearColor();
126
127                  // set color to blue
128                  displayLabel->ForeColor = Color::Blue;
129                  blueMenuItem->Checked = true;
130               } // end method blueMenuItem_Click
131
132      // update menu state and color display red
133      private: System::Void redMenuItem_Click(System::Object *  sender,
134                  System::EventArgs *  e)
135               {
136                  // reset checkmarks for color menu items
137                  ClearColor();
138
139                  // set color to red
140                  displayLabel->ForeColor = Color::Red;
141                  redMenuItem->Checked = true;
142               } // end method redMenuItem_Click
143
144      // update menu state and color display green
145      private: System::Void greenMenuItem_Click(System::Object *  sender,
146                  System::EventArgs *  e)
147               {
148                  // reset checkmarks for color menu items
149                  ClearColor();
150
```

圖 13.4　改變文字和字型顏色的功能表 (第 5 之 3 部分)。

```
151                // set color to green
152                displayLabel->ForeColor = Color::Green;
153                greenMenuItem->Checked = true;
154             } // end method greenMenuItem_Click
155
156       // reset font types
157       private: void ClearFont()
158             {
159                // clear all checkmarks
160                timesMenuItem->Checked = false;
161                courierMenuItem->Checked = false;
162                comicMenuItem->Checked = false;
163             } // end method ClearFont
164
165       // update menu state and set font to Times
166       private: System::Void timesMenuItem_Click(System::Object *  sender,
167                System::EventArgs *  e)
168             {
169                // reset checkmarks for font menu items
170                ClearFont();
171
172                // set Times New Roman font
173                timesMenuItem->Checked = true;
174                displayLabel->Font = new Drawing::Font(
175                   S"Times New Roman", 14, displayLabel->Font->Style );
176             } // end method timesMenuItem_Click
177
178       // update menu state and set font to Courier
179       private: System::Void courierMenuItem_Click(System::Object *  sender,
180                System::EventArgs *  e)
181             {
182                // reset checkmarks for font menu items
183                ClearFont();
184
185                // set Courier font
186                courierMenuItem->Checked = true;
187                displayLabel->Font = new Drawing::Font(
188                   S"Courier New", 14, displayLabel->Font->Style );
189             } // end method courierMenuItem_Click
190
191       // update menu state and set font to Comic Sans MS
192       private: System::Void comicMenuItem_Click(System::Object *  sender,
193                System::EventArgs *  e)
194             {
195                // reset checkmarks for font menu items
196                ClearFont();
197
198                // set Comic Sans font
199                comicMenuItem->Checked = true;
200                displayLabel->Font = new Drawing::Font(
```

圖 13.4　改變文字和字型顏色的功能表 (第 5 之 4 部分)。

```
201                     S"Comic Sans MS", 14, displayLabel->Font->Style );
202             } // end method comicMenuItem_Click
203
204     // toggle checkmark and toggle bold style
205     private: System::Void boldMenuItem_Click(System::Object *  sender,
206                 System::EventArgs *  e)
207             {
208                 // toggle checkmark
209                 boldMenuItem->Checked = !boldMenuItem->Checked;
210
211                 // use Xor to toggle bold, keep all other styles
212                 displayLabel->Font = new Drawing::Font(
213                    displayLabel->Font->FontFamily, 14,
214                    static_cast< FontStyle >
215                    ( displayLabel->Font->Style ^ FontStyle::Bold ) );
216             } // end method boldMenuItem_Click
217
218     // toggle checkmark and toggle italic style
219     private: System::Void italicMenuItem_Click(System::Object *  sender,
220                 System::EventArgs *  e)
221             {
222                 // toggle checkmark
223                 italicMenuItem->Checked = !italicMenuItem->Checked;
224
225                 // use Xor to toggle bold, keep all other styles
226                 displayLabel->Font = new Drawing::Font(
227                    displayLabel->Font->FontFamily, 14,
228                    static_cast< FontStyle >
229                    ( displayLabel->Font->Style ^ FontStyle::Italic ) );
230             } // end method italicMenuItem_Click
231     };
232  }
```

圖 13.4　改變文字和字型顏色的功能表 (第 5 之 5 部分)。

```
 1  // Fig. 13.5: Form1.cpp
 2  // Demonstrating menus.
 3
 4  #include "stdafx.h"
 5  #include "Form1.h"
 6  #include <windows.h>
 7
 8  using namespace MenuTest;
 9
10  int APIENTRY _tWinMain(HINSTANCE hInstance,
11                         HINSTANCE hPrevInstance,
12                         LPTSTR    lpCmdLine,
13                         int       nCmdShow)
14  {
15     System::Threading::Thread::CurrentThread->ApartmentState =
16        System::Threading::ApartmentState::STA;
17     Application::Run(new Form1());
```

圖 13.5　功能表的示範說明 (第 2 之 1 部分)。

```
18        return 0;
19    } // end _tWinMain
```

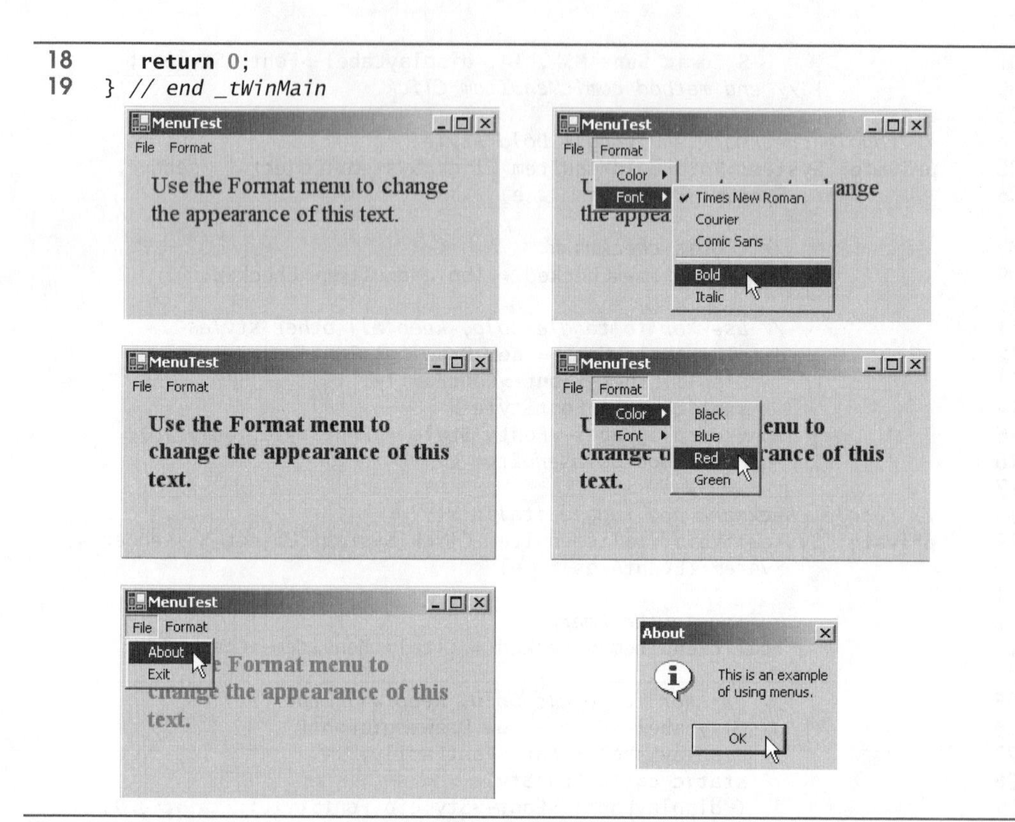

圖 13.5 功能表的示範說明 (第 2 之 2 部分)。

我們將 **"Color"** 子功能表下的項目 (**Black**、**Blue**、**Red** 和 **Green**) 設定爲互斥，使用者一次只能選一個 (我們很快會說明如何設計)。要讓使用者知道這件事的話，需要將這個功能表項目的 **RadioCheck** 屬性設定爲 **True**。當使用者選取顏色功能表的選項時，在項目左邊會出現一個圓形按鈕 (而不是核取符號)。

每個 **Color** 功能表項目都有自己的事件處理常式。顏色 **Black** 的事件處理常式爲 **blackMenuItem_Click** (第 109-118 行)。而顏色 **Blue**、**Red** 和 **Green** 的事件處理常式分別是 **blueMenuItem_Click** (第 121-130 行)、**redMenuItem_Click** (第 133-142 行) 和 **greenMenuItem_Click** (第 145-154 行)。每一個事件處理常式都使用 ***Color*** 結構，將新值指定給 **displayLabel** 的 **ForeColor** 屬性 (第 116、128、140、和 152 行)。而 **Color** 結構 (屬於名稱空間 **System::Drawing**) 包含幾個事先定義的顏色成員。舉例來說，可以利用 **Color::Red** 指定顏色爲紅色。我們將在第 16 章，詳細討論 **Color** 結構。每一個 **Color** 功能表項目彼此必須互斥，所以每一個事件處理常式在設定它的對應屬性 **Checked** 爲 **true** 之前，必須先呼叫 **ClearColor** 方法 (第 99-106 行)。方法 **ClearColor** 會將每一個顏色功能表項目 **MenuItem** 的 **Checked** 屬性設定爲 **false**，就能有效防止一次核取超過一個以上的功能表項目。

軟體工程的觀點 13.1

*功能表項目彼此間的互斥作用並非來自於 **MainMenu**，因為即使將屬性 **Radiocheck** 設定為 **true** 也無法辦到。我們必須自行撰寫程式來達成這個功能。*

功能表“**Font**”包含三個字型的功能表項目 (**Courier**、**Times New Roman** 和 **Comic Sans**) 以及兩個字型樣式的功能表項目 (**Bold** 和 **Italic**)。我們在字型和字型樣式功能表項目之間加上分隔線，表示它們之間有所區別：字型項目之間是彼此互斥的，但是字型樣式之間則否。這意謂著**Font**物件一次只可以指定一個字型，但是卻可以同時指定多個字型樣式(例如，字型可以同時是粗體和斜體)。點選字型功能表項目時，會顯示出核取符號。至於“**Color**”功能表，我們也是必須在事件處理常式中規定其中的功能表項目必須互斥。

而字型的功能表項目 **TimesRoman**、**Courier** 和 **ComicSans** 的事件處理常式分別是 **timesMenuItem_Click** (第 166-176 行)、**courierMenuItem_Click** (第 179-189 行) 和 **comicMenuItem_Click** (第 192-202 行)。這些事件處理常式的操作方式和“**Color**”功能表項目的事件處理常式類似。每一個事件處理常式都會呼叫 **ClearFont** 方法 (第 157-163 行)，先將所有的字型功能表項目的 **Checked** 屬性設定為 **false**，然後再將產生該事件的功能表項目的 **Checked** 屬性設定為 **true**。這樣就會造成字型功能表項目之間成互斥的效果。

至於 **Bold** 和 **Italic** 功能表項目的事件處理常式(第 205-230 行)則是使用 XOR 逐位元操作子。對於每一種字型樣式，互斥或運算子 (**^**，exclusive OR operator) 會將文字設定成該樣式，如果文字已經具有該樣式，則會將該樣式移除。有關 **XOR** 運算子如何交換設定字型樣式，已經在第 12 章說明。如同在第 12 章的說明，這種程式事件處理結構讓我們在加入或者移除功能表項目時，只需要稍微更動程式碼即可。

13.3　控制項 LinkLabel

控制項 ***LinkLabel*** 可以顯示與其他物件 (例如，檔案或者網頁) 的連線 (圖 13.6)。**LinkLabel** 是以加上底線的文字顯示 (顏色預設是藍色)。當滑鼠經過連線位置時，滑鼠指標就會成為手形掌形狀，這類似網頁中的超連結功能。連線圖形可以改變顏色，指出這是新的連線、曾經瀏覽過或者正在使用的連線。按一下 **LinkLabel**，就會產生 ***LinkClicked*** 事件。類別 **LinkLabel** 是衍生自類別 **Label**，因此會繼承所有類別 **Label** 的功能。控制項 **LinkLabel** 的一般屬性和事件摘要列在圖 13.7 中。

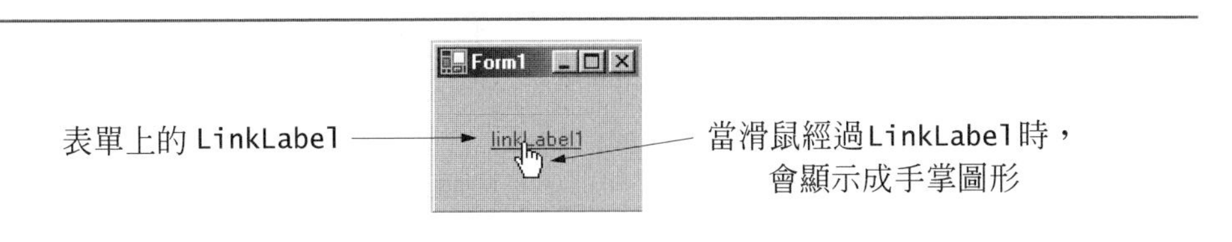

圖 13.6　在程式執行時的 LinkLabel 控制項。

LinkLabel 控制項的屬性和事件	說明/委派和事件引數
一般的屬性	
ActiveLinkColor	指定按一下使用中連結所變成的顏色。
LinkArea	指定 **LinkLabel** 中的那些文字部分是屬於連結。
LinkBehavior	指定連結的行爲，例如當滑鼠移到連結上方時，連結如何回應等。
LinkColor	指定所有連線在瀏覽前的原始顏色。預設是藍色。
Links	列出 **LinkLabel** 所包含的連結 (**LinkLabel::Link** 物件)。
LinkVisited	如果此屬性設定爲 **true**，則連結會顯示爲曾經瀏覽過。(連結的顏色就會改變成 **VisitedLinkColor** 屬性所指定的顏色。) 預設是 **false**。
Text	指定顯示在控制項的文字。
UseMnemonic	如果此屬性設定爲 **true**，則在 **Text** 屬性中的&符號字元就成爲快速鍵 (如同功能表中的 *Alt* 快速鍵)。
VisitedLinkColor	指定曾經瀏覽過連結的顏色。預設是紫紅色。
一般的事件	*(委派 **LinkLabelLinkClickedEventHandler**，事件引數 **LinkLabelLinkClickedEventArgs**)*
LinkClicked	按一下連結，就會產生此事件。

圖 13.7　LinkLabel 控制項的屬性和事件。

在圖 13.8 中的 **Form1** 類別使用三個 **LinkLabel**，分別連結到 “**C:\ drive**”、Deitel 網頁 (www.deitel.com) 以及記事本 (Notepad)。型別 **LinkLabel** 控制項的 **driveLinkLabel** (圖 13.8 中的第 45 行)、**deitelLinkLabel** (第 46 行) 和 **notepadLinkLabel** (第 47 行) 的 **Text** 屬性，分別設定顯示每個連結用途的文字。函式 **_tWinMain** (圖 13.9) 定義應用程式的進入點。

感視介面的觀點 13.4

*雖然其他的控制項也能夠執行類似 **LinkLabel** 的功能 (例如，開啓某個網頁)，但是 **LinkLabel** 只要按一下就能進行連線，而這是一般標籤或者按鈕無法做到的。*

```
1  // Fig. 13.8: Form1.h
2  // Using LinkLabels to create hyperlinks.
3
4  #pragma once
5
6
7  namespace LinkLabelTest
8  {
9     using namespace System;
10    using namespace System::ComponentModel;
11    using namespace System::Collections;
12    using namespace System::Windows::Forms;
13    using namespace System::Data;
14    using namespace System::Drawing;
15
16    /// <summary>
17    /// Summary for Form1
18    ///
19    /// WARNING: If you change the name of this class, you will need to
20    ///          change the 'Resource File Name' property for the managed
21    ///          resource compiler tool associated with all .resx files
22    ///          this class depends on.  Otherwise, the designers will not
23    ///          be able to interact properly with localized resources
24    ///          associated with this form.
25    /// </summary>
26    public __gc class Form1 : public System::Windows::Forms::Form
27    {
28    public:
29       Form1(void)
30       {
31          InitializeComponent();
32       }
33
34    protected:
35       void Dispose(Boolean disposing)
36       {
37          if (disposing && components)
38          {
39             components->Dispose();
40          }
41          __super::Dispose(disposing);
42       }
43
44    // linklabels to C: drive, www.deitel.com and Notepad
45    private: System::Windows::Forms::LinkLabel *  driveLinkLabel;
46    private: System::Windows::Forms::LinkLabel *  deitelLinkLabel;
47    private: System::Windows::Forms::LinkLabel *  notepadLinkLabel;
48
49    private:
50       /// <summary>
```

圖 13.8　可利用 LinkLabel 連結資料夾、網頁和應用程式 (第 3 之 1 部分)。

```
51          /// Required designer variable.
52          /// </summary>
53          System::ComponentModel::Container * components;
54
55      // Visual Studio .NET generated GUI code
56
57      // browse C:\ drive
58      private: System::Void driveLinkLabel_LinkClicked(
59                  System::Object *  sender,
60                  System::Windows::Forms::LinkLabelLinkClickedEventArgs *  e)
61               {
62                  driveLinkLabel->LinkVisited = true;
63
64                  try {
65                     Diagnostics::Process::Start( S"C:\\" );
66                  } // end try
67                  catch ( ... ) {
68                     MessageBox::Show( S"Error", S"No C:\\ drive" );
69                  } // end catch
70               } // end method driveLinkLabel_LinkClicked
71
72      // load www.deitel.com in Web broswer
73      private: System::Void deitelLinkLabel_LinkClicked(
74                  System::Object *  sender,
75                  System::Windows::Forms::LinkLabelLinkClickedEventArgs *  e)
76               {
77                  deitelLinkLabel->LinkVisited = true;
78
79                  try {
80                     Diagnostics::Process::Start( S"IExplore",
81                        S"http://www.deitel.com" );
82                  } // end try
83                  catch ( ... ) {
84                     MessageBox::Show( S"Error",
85                        S"Unable to open Internet Explorer" );
86                  } // end catch
87               } // end method deitelLinkLabel_LinkClicked
88
89      // run application Notepad
90      private: System::Void notepadLinkLabel_LinkClicked(
91                  System::Object *  sender,
92                  System::Windows::Forms::LinkLabelLinkClickedEventArgs *  e)
93               {
94                  notepadLinkLabel->LinkVisited = true;
95
96                  try {
97
98                     // program called as if in run
99                     // menu and full path not needed
100                    Diagnostics::Process::Start( S"notepad" );
```

圖 13.8 可利用 LinkLabel 連結資料夾、網頁和應用程式 (第 3 之 2 部分)。

```
101                 } // end try
102                 catch ( ... ) {
103                    MessageBox::Show( S"Error",
104                       S"Unable to start Notepad" );
105                 } // end catch
106              } // end method notepadLinkLabel_LinkClicked
107        };
108  }
```

圖 13.8　可利用 LinkLabel 連結資料夾、網頁和應用程式 (第 3 之 3 部分)。

```
 1   // Fig. 13.9: Form1.cpp
 2   // LinkLabel demonstration.
 3
 4   #include "stdafx.h"
 5   #include "Form1.h"
 6   #include <windows.h>
 7
 8   using namespace LinkLabelTest;
 9
10   int APIENTRY _tWinMain(HINSTANCE hInstance,
11                          HINSTANCE hPrevInstance,
12                          LPTSTR    lpCmdLine,
13                          int       nCmdShow)
14   {
15      System::Threading::Thread::CurrentThread->ApartmentState =
16         System::Threading::ApartmentState::STA;
17      Application::Run(new Form1());
18      return 0;
19   } // end _tWinMain
```

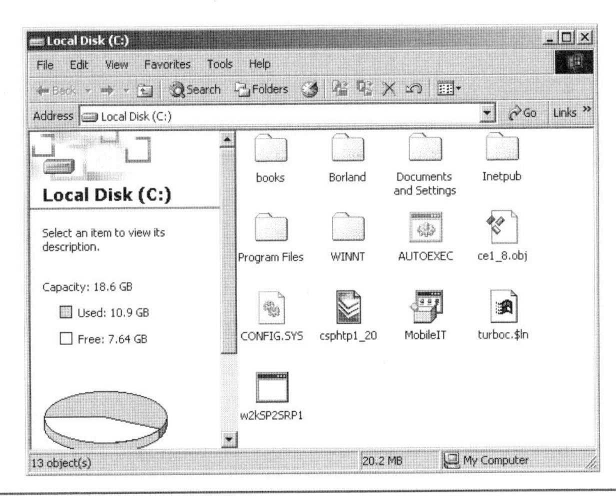

圖 13.9　LinkLabel 的示範說明 (第 2 之 1 部分)。

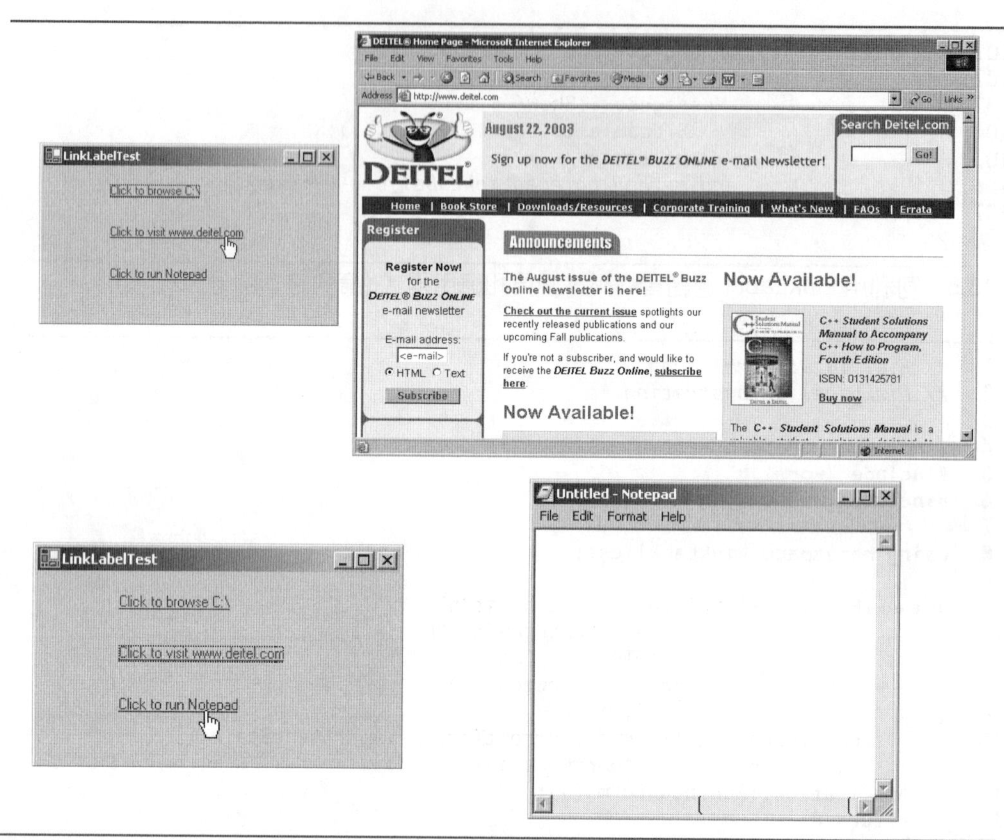

圖 13.9　LinkLabel 的示範說明 (第 2 之 2 部分)。

LinkLabel 的事件處理常式會呼叫類別 ***Process*** (屬於命名空間 ***System::Diagnostics***) 的 **static** 方法 ***Start***。這個方法可以讓我們從目前的應用程式執行其他的程式。方法 **Start** 可以接收的引數，包括要開啓的檔案 (一個 ***String ****物件) 或者所要執行應用程式的名稱，以及該應用程式命令列的引數(兩個 **String ***物件)。方法 **Start** 的引數就像在 Windows 的「**執行**」(**Run**) 命令框中，所輸入名稱或路徑的格式一樣。開啓一個 Windows 認得格式的檔案，只需要輸入該檔案的完整路徑。Windows 作業系統就能夠使用與該檔案副檔名相關聯的應用程式，開啓這個檔案。

控制項 **driveLinkLabel** 的 **LinkClicked** 事件處理常式會瀏覽 **C:** 磁碟 (第 58-70 行)。第 62 行將屬性 **LinkVisited** 設定爲 **true**，將連結的顏色從藍色改成紫紅色 (我們可以從 Visual Studio .NET 的 IDE「屬性」視窗中設定連結後 **LinkVisited** 的顏色)。在第 65 行，事件處理常式將"**C:**"傳給方法 **Start**，就會開啓一個「**Windows 檔案總管**」(**Windows Explorer**) 視窗。

控制項 **deitelLinkLabel** 的 **LinkClicked** 事件處理常式 (第 73-87 行) 會利用 Internet Explorer 開啓 www.deitel.com 網站的 Web 首頁。我們將字串"**IExplore**"和網址傳給 **Start**

方法 (第 80-81 行)，就可開啓 Internet Explorer。第 77 行會將 **LinkVisited** 屬性設定爲 **true**。

控制項 **notepadLinkLabel** 的 **LinkClicked** 事件處理常式會開啓「記事本」(Notepad) 應用程式 (第 90-106 行)。第 94 行可將連結設定成已瀏覽過的連結顏色。第 100 行將引數**"notepad"**傳給方法 **Start**，就會呼叫 **notepad.exe**。請注意，在第 100 行並不需要加上**.exe** 副檔名，Windows 可自行判斷傳給方法 **Start** 的引數是否是一個可執行檔案。

13.4　控制項 ListBox 和 CheckedListBox

清單方塊控制項 (類別 ***ListBox***) 讓使用者能夠檢視清單，並且在幾個項目中選擇。(使用者可以從一個清單方塊中同時選擇幾個項目，但是預設並非如此)。*核取清單方塊* (***CheckedListBox***) 控制項衍生自清單方塊，在原來清單的每一個項目旁邊加上核取方塊。這樣可讓使用者一次可在幾個項目前加上核取符號，就如同核取方塊 (**CheckBox**) 控制項一樣。在圖 13.10 中，顯示一個清單方塊和核取清單方塊 (**CheckedListBox**) 的例子。在兩個控制項中，如果項目的數目太多，無法同時顯示，就會出現捲軸。圖 13.11 列出清單方塊 (**ListBox**) 的一般屬性、方法和事件。

屬性 ***SelectionMode*** 決定能夠選擇的項目數量。這個屬性可以有下述的數值 ***None***、***One***、***MultiSimple*** 和 ***MultiExtended*** (這些數值來自於 ***SelectionMode*** *列舉*)，其中的差異我們在圖 13.11 中加以說明。當使用者選取一個新的項目時，就會發生 ***SelectedIndexChanged*** 事件。

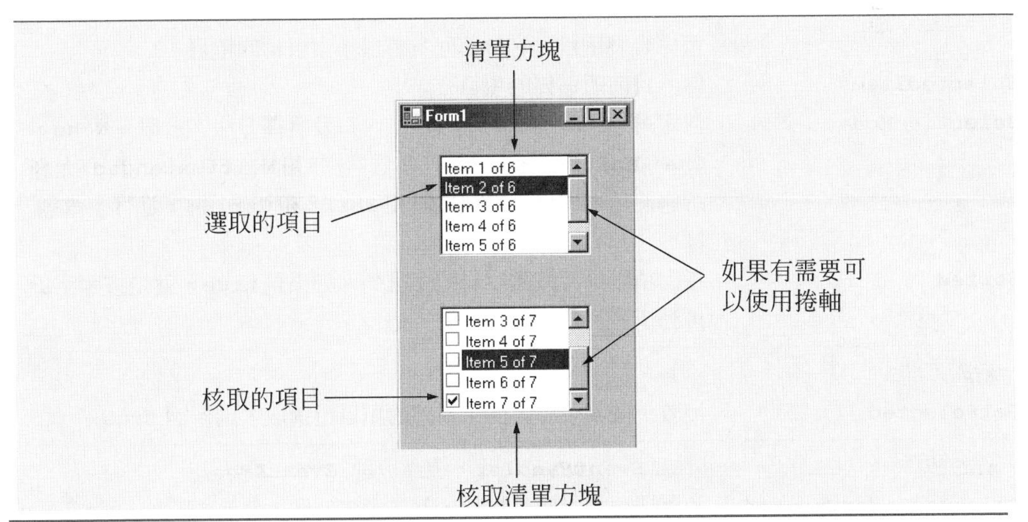

圖 13.10　位於表單內的清單方塊 ListBox 和核取清單方塊 CheckedListBox。

控制項**ListBox**和**CheckedListBox**都有屬性**Items**、**SelectedItem**和**Selected-Index**。屬性 **Items** 可以將清單中的所有物件當作一個群集物件傳回。在.NET Framework中，通常是利用群集物件來顯示物件清單。許多.NET GUI 控制項 (例如，清單方塊) 使用群集物件來顯示內部物件的清單 (例如，清單方塊包含的項目)。我們會在第 22 章進一步討論群集物件。屬性**SelectedItem**會傳回目前所選擇的項目。如果使用者可以選擇多個項目，應使用群集物件 **SelectedItems** 將所有選取的項目當作一個群集物件傳回。屬性 **SelectedIndex** 會傳回選取項目的索引，如果選取的項目有好幾個，可以使用屬性 **SelectedIndices**。如果沒有選擇任何項目，屬性 **SelectedIndex** 就會傳回**-1**。方法 **GetSelected** 所接收的索引值，如果就是對應的選取項目，則傳回 **true**。

清單方塊的屬性、方法和事件	說明/委派和事件引數
一般的屬性	
Items	列出清單方塊內的項目。
MultiColumn	指出清單方塊是否可以分成多行顯示。如果可以多行顯示，就不需要垂直捲軸。
SelectedIndex	這個屬性會傳回目前所選擇項目的索引。如果沒有選擇任何項目，這個屬性就會傳回 −1 。
SelectedIndices	傳回目前所選擇所有項目的索引。
SelectedItem	這個屬性會傳回一個指標，指向目前所選擇的項目。(如果同時選擇幾個項目，它會傳回具有最小索引值的項目。)
SelectedItems	傳回目前所選擇的項目。
SelectionMode	決定可以同時選擇的項目數量，以及選擇方法。數值有 **None**、**One**、**MultiSimple** (允許多重選擇) 和 **MultiExtended** (允許透過使用方向鍵、滑鼠按鍵和 **Shift** 和 **Ctrl** 鍵，進行多重選擇)。
Sorted	指出項目是否按照字母順序排列。如果是 **true**，就是按照字母排列；預設是 **false**。
一般的方法	
GetSelected	接收一個索引值，如果對應的項目已選取，則傳回 **true**。
一般的事件	*(委派 **EventHandler**，事件引數 **EventArgs**)*
SelectedIndexChanged	當選擇的索引值改變時，就會產生這個事件。

圖 13.11 清單方塊 ListBox 的屬性、方法和事件。

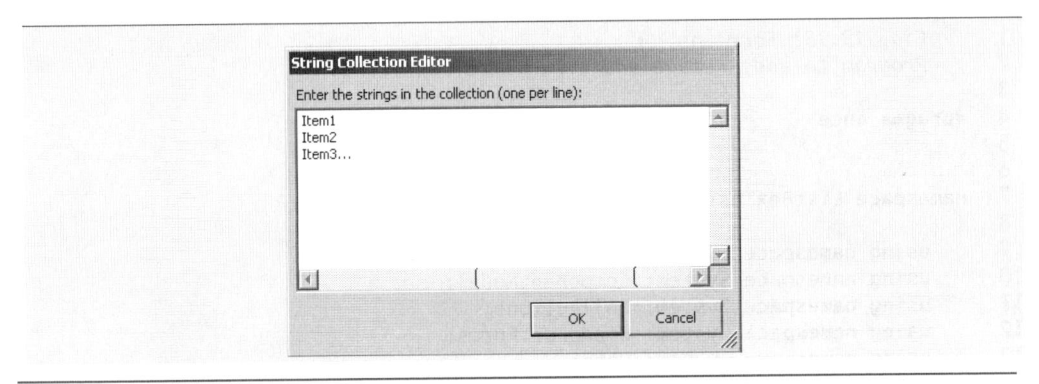

圖 13.12　字串群集編輯器 (String Collection Editor)。

要將項目加入清單方塊或者核取清單方塊，我們必須將物件加入它的 **Items** 群集物件。這需要呼叫方法 **Add**，將 **String ***加入清單方塊或者核取清單方塊的 **Items** 群集物件中，就可以完成這個步驟。舉例來說，我們可以寫成

```
myListBox->Items->Add( "myListItem" )
```

將 **String *myListItem*** 加入清單方塊 ***myListBox*** 中。要加入幾個物件，程式設計師可以使用幾次 **Add** 方法，或者使用 **AddRange** 方法加入一個物件陣列。類別 **ListBox** 和 **CheckedListBox** 使用加入物件的 **ToString** 方法，來判斷清單中加入物件的名稱。這樣開發者可以將不同物件加入清單方塊或者是核取清單方塊 (**CheckedListBox**)，稍後可以透過屬性 **SelectedItem** 和 **SelectedItems** 傳回。

還有另一種方式，我們也可以透過「屬性」視窗的 **Items** 屬性，直接將項目加入清單方塊和核取清單方塊。按一下省略符號，就可開啓「**字串群集編輯器**」(**String Collection Editor**)，我們就可以將要加入的項目輸入其中的文字區域，每一個項目必須另開始一行輸入 (圖 13.12)。Visual Studio.NET 然後將這些字串 (**String**) 加入方法 **InitializeComponent** 內的 **Items** 群集物件。

13.4.1　清單方塊 ListBox

在圖 13.13 (**Form1 類別**) 的程式和圖 13.14 讓使用者可以新增、移除和清空清單方塊 **displayListBox** (圖 13.13 中的第 45 行) 中的項目。這個類別使用 **inputTextBox** (第 48 行) 讓使用者能夠輸入一個新的項目。當使用者按一下按鈕 **addButton** (第 51 行)，新的項目就會出現在清單方塊 **displayListBox** 中。同樣的，如果使用者選取某個項目，然後按一下按鈕 **removeButton** (第 52 行)，就可以移除該項目。控制項 **clearButton** (第 53 行) 可以刪除 **displayListBox** 中的所有項目。使用者按一下按鈕 **exitButton** (第 54 行) 就可以終止這個應用程式。

```
1   // Fig. 13.13: Form1.h
2   // Program to add, remove and clear list box items.
3
4   #pragma once
5
6
7   namespace ListBoxTest
8   {
9      using namespace System;
10     using namespace System::ComponentModel;
11     using namespace System::Collections;
12     using namespace System::Windows::Forms;
13     using namespace System::Data;
14     using namespace System::Drawing;
15
16     /// <summary>
17     /// Summary for Form1
18     ///
19     /// WARNING: If you change the name of this class, you will need to
20     ///          change the 'Resource File Name' property for the managed
21     ///          resource compiler tool associated with all .resx files
22     ///          this class depends on.  Otherwise, the designers will not
23     ///          be able to interact properly with localized resources
24     ///          associated with this form.
25     /// </summary>
26     public __gc class Form1 : public System::Windows::Forms::Form
27     {
28     public:
29        Form1(void)
30        {
31           InitializeComponent();
32        }
33
34     protected:
35        void Dispose(Boolean disposing)
36        {
37           if (disposing && components)
38           {
39              components->Dispose();
40           }
41           __super::Dispose(disposing);
42        }
43
44     // contains user-input list of elements
45     private: System::Windows::Forms::ListBox *  displayListBox;
46
47     // user input textbox
48     private: System::Windows::Forms::TextBox *  inputTextBox;
49
50     // add, remove, clear and exit command buttons
51     private: System::Windows::Forms::Button *  addButton;
52     private: System::Windows::Forms::Button *  removeButton;
```

圖 13.13 新增、移除和清空 ListBox 清單方塊內項目的程式 (第 2 之 1 部分)。

```
53      private: System::Windows::Forms::Button *  clearButton;
54      private: System::Windows::Forms::Button *  exitButton;
55
56      private:
57         /// <summary>
58         /// Required designer variable.
59         /// </summary>
60         System::ComponentModel::Container * components;
61
62      // Visual Studio .NET generated code
63
64      // add new item (text from input box) and clear input box
65      private: System::Void addButton_Click(System::Object *  sender,
66                  System::EventArgs *  e)
67               {
68                  if ( inputTextBox->Text->Length > 0 ) {
69                     displayListBox->Items->Add( inputTextBox->Text );
70                     inputTextBox->Clear();
71                  } // end if
72               } // end method addButton_Click
73
74      // remove item if one selected
75      private: System::Void removeButton_Click(System::Object *  sender,
76                  System::EventArgs *  e)
77               {
78                  // remove only if item selected
79                  if ( displayListBox->SelectedIndex != -1 )
80                     displayListBox->Items->RemoveAt(
81                     displayListBox->SelectedIndex );
82               } // end method removeButton_Click
83
84      // clear all items
85      private: System::Void clearButton_Click(System::Object *  sender,
86                  System::EventArgs *  e)
87               {
88                  displayListBox->Items->Clear();
89               } // end method clearButton_Click
90
91      // exit application
92      private: System::Void exitButton_Click(System::Object *  sender,
93                  System::EventArgs *  e)
94               {
95                  Application::Exit();
96               } // end method exitButton_Click
97      };
98   }
```

圖 13.13　新增、移除和清空 ListBox 清單方塊內項目的程式 (第 2 之 2 部分)。

```
1   // Fig. 13.14: Form1.cpp
2   // List box demonstration.
3
```

圖 13.14　清單方塊 ListBox 的示範說明 (第 2 之 1 部分)。

```
 4  #include "stdafx.h"
 5  #include "Form1.h"
 6  #include <windows.h>
 7
 8  using namespace ListBoxTest;
 9
10  int APIENTRY _tWinMain(HINSTANCE hInstance,
11                         HINSTANCE hPrevInstance,
12                         LPTSTR    lpCmdLine,
13                         int       nCmdShow)
14  {
15     System::Threading::Thread::CurrentThread->ApartmentState =
16        System::Threading::ApartmentState::STA;
17     Application::Run(new Form1());
18     return 0;
19  } // end _tWinMain
```

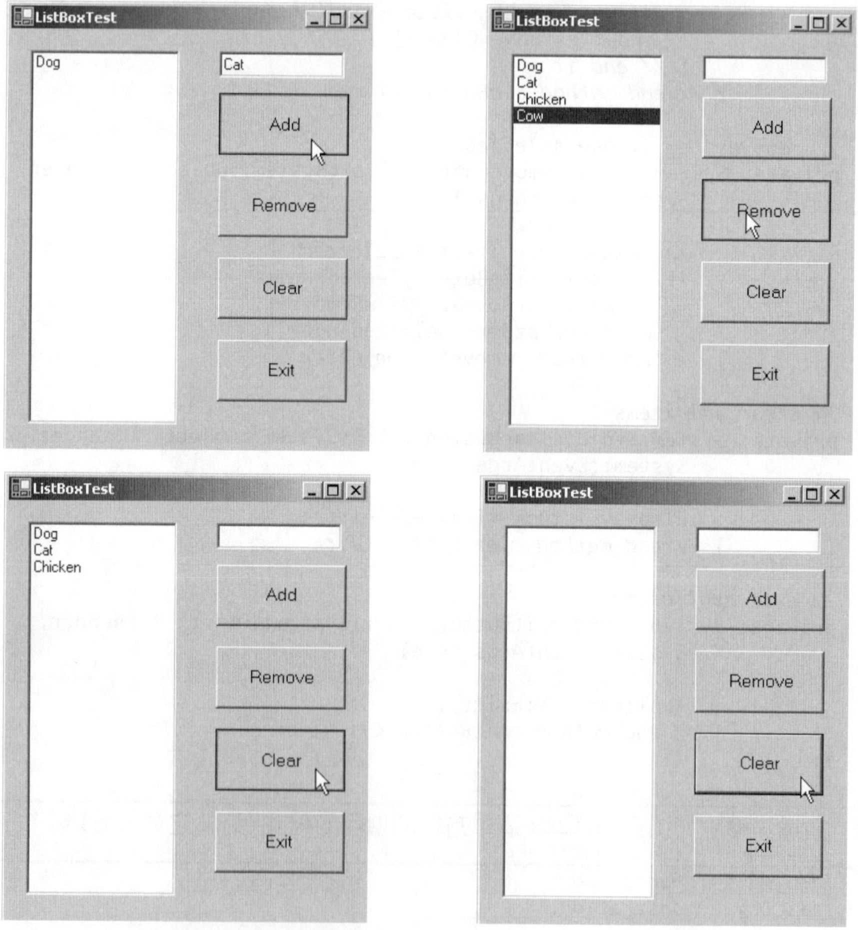

圖 13.14　清單方塊 ListBox 的示範說明 (第 2 之 2 部分)。

事件處理常式 **addButton_Click** (第 65-72 行) 呼叫 **Items** 群集物件的 **Add** 方法，將項目加入清單方塊內。這個方法可以接收一個 **String ***引數，然後加入 **display-ListBox** 中。在這個例子中，**String ***就是使用者輸入的文字，也就是 **inputTextBox->Text** (第 69 行)。在將此項目加入清單方塊後，就會清除 **inputTextBox->Text** (第 70 行)。

事件處理常式 **removeButton_Click** (第 75-82 行) 呼叫 **Items** 群集物件的 ***Remove*** 方法，將清單方塊內的某個項目移除。事件處理常式 **removeButton_Click** 首先使用屬性 **SelectedIndex** 檢查選取項目的索引值。除非 **SelectedIndex** 是 **-1** (第 79 行)，否則處理常式就會將選取的索引值所對應的項目移除。

事件處理常式 **clearButton_Click** (第 85-89 行) 呼叫 **Items** 群集物件的 ***Clear*** 方法 (第 88 行)。這個方法會將 **displayListBox** 內的所有項目都移除。最後，事件處理常式 **exitButton_Click** (第 92-96 行) 使用 **Application::Exit** 方法 (第 95 行)，結束此應用程式。

13.4.2　核取清單方塊 CheckedListBox

核取清單方塊 (**CheckedListBox**) 控制項衍生自類別 **ListBox**，在原來清單的每一個項目旁邊加上核取方塊。核取清單方塊 (**CheckedListBox**) 意指其中的項目可以多重選取，而屬性 **SelectionMode** 的值只能使用 **SelectionMode::None** 和 **SelectionMode::One**。**SelectionMode::One** 允許多重選取，因爲核取方塊對於項目之間沒有設定邏輯限制，使用者可以隨意選取所要的項目。因此，唯一的選擇就是讓使用者可以多重選擇，否則就是根本不可以選擇。這樣就可以讓 **CheckedListBox** 的行爲和 **CheckBox** 一致。程式設計師不應該使用到 **SelectionMode** 最後兩個數值：**MultiSimple** 和 **MultiExtended**，因爲 **None** 和 **One** 是唯一符合邏輯的選擇。控制項 **CheckedListBoxes** 的一般屬性和事件摘要列在圖 13.15 中。

常見的程式設計錯誤 13.1

*如果程式設計師嘗試將某個 **CheckedListBox** 的屬性 **SelectionMode** 設定為 **MultiSimple** 或者 **MultiExtended**，就會產生執行時期錯誤。*

核取清單方塊的屬性、方法和事件	說明/委派和事件引數
常用屬性	(***CheckedListBox*** *的所有屬性和事件都是繼承自* ***ListBox***。)
CheckedItems	列出所有核取的項目。這和以反白顯示的選取項目 (並不一定需要是核取的項目) 不同。[*注意*：任何時候只能選取一個項目。]
CheckedIndices	傳回核取項目的索引值。與選取項目的索引值不同。

圖 13.15　核取清單方塊 CheckedListBox 的屬性、方法和事件 (第 2 之 1 部分)。

核取清單方塊的屬性、方法和事件	說明/委派和事件引數
CheckOnClick	如果此屬性設定爲 **true**，只需要按一下滑鼠鍵就能核取或者取消核取項目。如果此屬性設定爲 **false**，就需要按兩下滑鼠鍵才能核取或者取消核取項目(按第一下選擇項目，第二下則是核取/取消核取項目)。
SelectionMode	決定有多少項目可以核取。可以設定的數值只有 **One**(允許多重核取) 或者 **None** (不允許核取任何項目)。
常用方法	
GetItemChecked	所接收索引值對應的如果就是核取的項目，則傳回 **true**。
常用事件	*(委派 **ItemCheckEventHandler**，事件引數 **ItemCheckEventArgs**)*
ItemCheck	當核取或者取消項目的核取時，所產生的事件。
ItemCheckEventArgs *的屬性*	
CurrentValue	指出目前的項目是否被核取。可能的數值是 **Checked**、**Unchecked** 和 **Indeterminate**。
Index	傳回變更項目的索引值。
NewValue	指定引發事件後的項目新狀態。

圖 13.15　核取清單方塊 CheckedListBox 的屬性、方法和事件 (第 2 之 2 部分)。

當使用者核取或者取消核取某個 **CheckedListBox** 中的項目時，就會產生 **ItemCheck** 事件。事件引數的屬性 **CurrentValue** 和 **NewValue**，就會分別傳回該項目目前狀況 (就是事件發生前的狀況) 和新狀況的 **CheckState**。列舉 **CheckState** 指定某個 **CheckedListBox** 項目的可能狀態 (就是 **Checked**、**Indeterminate**、**Unchecked**)。與這些數值比較就可以判斷 **CheckedListBox** 的項目是否被核取。控制項 **CheckedListBox** 仍然保留屬性 **SelectedItems** 和 **SelectedIndices**。(它從類別 **ListBox** 繼承這些屬性。) 然而，它也包含屬性 **CheckedItems** 和 **CheckedIndices**，可以傳回被核取項目的資訊和索引值。

圖 13.16 和圖 13.17 中的程式使用一個核取清單方塊 **CheckedListBox** 和一個清單方塊，顯示使用者所選取的書籍。核取清單方塊 **CheckedListBox** 的名稱爲 **inputCheckedListBox** (圖 13.16 中的第 45 行)，讓使用者一次可以選取幾本書名。我們在核取清單方塊中加入了幾本 Deitel 出版的書籍：C++、Java、VB、Internet & WWW、Perl 、Python、Wireless Internet and Advanced Java (縮寫字 HTP 代表"How to Program")。如果核取清單方塊的 **CheckOnClick** 屬性設定爲 **true**，則只需按一下其中的項目就可加以核取，或者取消核取。清單方塊的名稱爲 **displayListBox** (第 48 行)，顯示使用者選取的項目。在

螢幕上，核取清單方塊 **CheckedListBox** 出現在左邊，而清單方塊則在右邊。

```
1  // Fig. 13.16: Form1.h
2  // Using the checked list boxes to add items to a list box.
3
4  #pragma once
5
6
7  namespace CheckedListBoxTest
8  {
9     using namespace System;
10    using namespace System::ComponentModel;
11    using namespace System::Collections;
12    using namespace System::Windows::Forms;
13    using namespace System::Data;
14    using namespace System::Drawing;
15
16    /// <summary>
17    /// Summary for Form1
18    ///
19    /// WARNING: If you change the name of this class, you will need to
20    ///          change the 'Resource File Name' property for the managed
21    ///          resource compiler tool associated with all .resx files
22    ///          this class depends on.  Otherwise, the designers will not
23    ///          be able to interact properly with localized resources
24    ///          associated with this form.
25    /// </summary>
26    public __gc class Form1 : public System::Windows::Forms::Form
27    {
28    public:
29       Form1(void)
30       {
31          InitializeComponent();
32       }
33
34    protected:
35       void Dispose(Boolean disposing)
36       {
37          if (disposing && components)
38          {
39             components->Dispose();
40          }
41          __super::Dispose(disposing);
42       }
43
44    // list of available book titles
45    private: System::Windows::Forms::CheckedListBox *  inputCheckedListBox;
46
47    // user selection list
48    private: System::Windows::Forms::ListBox *  displayListBox;
49
50    private:
```

圖 13.16　程式中所使用的 CheckedListBox 和 ListBox，供使用者選擇之用 (第 2 之 1 部分)。

```
51         /// <summary>
52         /// Required designer variable.
53         /// </summary>
54         System::ComponentModel::Container * components;
55
56      // Visual Studio .NET generated GUI code
57
58      // item about to change, add or remove from displayListBox
59      private: System::Void inputCheckedListBox_ItemCheck(
60                  System::Object *  sender,
61                  System::Windows::Forms::ItemCheckEventArgs *  e)
62               {
63                  // obtain pointer of selected item
64                  String *item =
65                     inputCheckedListBox->SelectedItem->ToString();
66
67                  // if item checked add to listbox
68                  // otherwise remove from listbox
69                  if ( e->NewValue == CheckState::Checked )
70                     displayListBox->Items->Add( item );
71                  else
72                     displayListBox->Items->Remove( item );
73               } // end method inputCheckedListBox_ItemCheck
74      };
75   }
```

圖 13.16　程式中所使用的 CheckedListBox 和 ListBox，供使用者選擇之用 (第 2 之 2 部分)。

```
1   // Fig. 13.17: Form1.cpp
2   // Checked list boxes demonstration.
3
4   #include "stdafx.h"
5   #include "Form1.h"
6   #include <windows.h>
7
8   using namespace CheckedListBoxTest;
9
10  int APIENTRY _tWinMain(HINSTANCE hInstance,
11                         HINSTANCE hPrevInstance,
12                         LPTSTR    lpCmdLine,
13                         int       nCmdShow)
14  {
15     System::Threading::Thread::CurrentThread->ApartmentState =
16        System::Threading::ApartmentState::STA;
17     Application::Run(new Form1());
18     return 0;
19  } // end _tWinMain
```

圖 13.17　核取清單方塊 CheckedListBox 示範說明 (第 2 之 1 部分)。

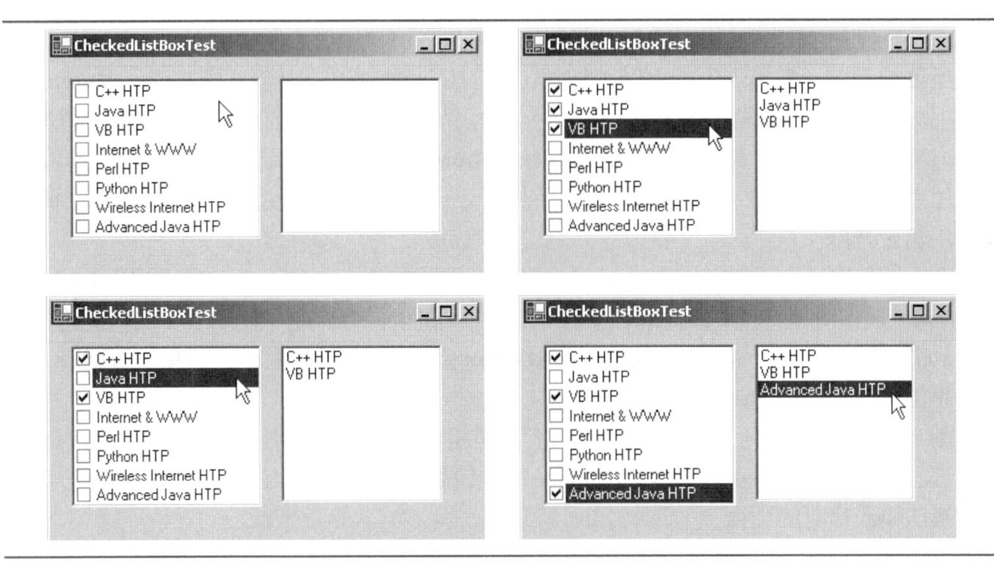

圖 13.17　核取清單方塊 CheckedListBox 示範說明 (第 2 之 2 部分)。

當使用者核取或者取消核取 **inputCheckedListBox** 中的一個項目時，就會產生 **ItemCheck** 事件。事件處理常式 **inputCheckedListBox_ItemCheck** (第 59-73 行) 就會處理這項事件。第 69-72 行會判斷是否使用者核取或者取消核取 **CheckedListBox** 中的某個項目。第 69 行使用屬性 **NewValue** 測試項目是否被核取 (**CheckState::Checked**)。如果使用者核取了某個項目，第 70 行就會將該核取的項目加入清單方塊 **displayListBox** 中。如果使用者取消核取某個項目，第 72 行就會將該對應的項目從清單方塊 **displayListBox** 中移除。

13.5　組合方塊 ComboBox

控制項*組合方塊* (*combo box*) 屬於類別 ***ComboBox***，它結合了文字方塊 **TextBox** 和下拉清單 (drop-down list) 的功能。下拉清單是一種 GUI 元件，其中包含一些數值可供使用者選擇。它通常看起來像文字方塊，只是右邊多一個向下的箭號按鈕。預設是使用者可在文字方塊的部份輸入文字，或者按一下向下箭號按鈕就可顯示一些預先定義的項目。如果使用者從清單中選出一個項目，該項目就會顯示在文字方塊內。如果清單包含的項目數量比下拉清單能夠一次顯示的數量更多，就會出現捲軸。下拉清單一次能夠顯示的項目數量是利用屬性 ***MaxDropDownItems*** 設定。圖 13.18 顯示組合方塊的三種狀態。

如同清單方塊一樣，程式開發者可以使用方法 **Add** 和 **AddRange**，利用程式將物件加入 **Items** 群集物件，或者使用「**字串群集編輯器**」(**String Collection Editor**) 以手動方式加入亦可。在圖 13.19 中，列出類別 **ComboBox** 的一般屬性和事件。

屬性 ***DropDownStyle*** 決定組合方塊的類型。樣式 ***Simple*** 不會顯示出下拉的箭號按鈕。反而是在控制項的旁邊出現捲軸，讓使用者可以從清單中選取所要的項目。使用者也可以輸入所要的選項。當按一下向下箭號按鈕 (或者按下鍵盤的向下鍵)，樣式 ***DropDown*** (預設值) 可以顯示出下拉清單。設定這個樣式，使用者也可以在組合方塊中輸入文字，就類似在清單方塊中輸入文字。最後一個樣式就是 **DropDownList**，可以顯示出下拉清單，但是不允許使用者輸入新的項目。下拉清單可以節省空間，所以當 GUI 使用的空間受到限制時，最好使用組合方塊。

組合方塊控制項有下述的屬性 **Items** (是一個群集物件)、**SelectedItem** 和 **Se-lectedIndex**，類似清單方塊 **ListBox** 中的對應屬性。在組合方塊中，使用者一次只能選擇一個項目 (如果沒有選擇任何項目，**SelectedIndex** 就會傳回 **-1**)。當選擇的項目改變時，就會產生事件 **SelectedIndexChanged**。

在圖 13.20 及圖 13.21 中的程式讓使用者利用組合方塊，可以選擇所要繪製的圖形：空心或者實心圓、橢圓形、正方形或者圓餅形。在這個範例中的組合方塊是不可編輯的，所以使用者無法輸入自訂的項目。

感視介面的觀點 13.5

只有當程式需要接收使用者輸入的資訊時，才要將清單 (例如組合方塊) 設定成可編輯。否則，使用者輸入的自訂項目就會無效。

在建立組合方塊 **imageComboBox** 後 (圖 13.20 中第 45 行)，透過「屬性」視窗將屬性 **DropDownStyle** 設定成 **DropDownList**，組合方塊就可編輯。接著，我們將項目 **Circle**、**Square**、**Ellipse**、**Pie**、**Filled Circle**、**Filled Square**、**Filled Ellipse** 和 **Filled Pie** 加入群集物件 **Items** 內。我們使用「**字串群集編輯器**」(**String Collection Editor**) 加入這些項目。每當使用者從 **imageComboBox** 選取一個項目，程式就會產生一個 **Sel-ectedIndexChanged** 事件。事件處理常式 **imageComboBox_Se-lectedIndexChanged** (第 56-125 行) 就會處理這些事件。在第 70 行，利用類別 ***Graphics*** 的方法 ***Clear***，把整個表單設定成白色 (**White**)。在第 60-67 行，建立了 **Graphics** 物件─***Pen*** 和 ***SolidBrush***，程式就利用它們在表單上繪圖。物件 **Graphics** (第 60 行) 利用幾種 **Graphics** 的方法，讓畫筆 (pen) 和筆刷 (brush) 在元件上繪圖。物件 **Pen** 可以繪製直線和曲線。方法 **DrawEllipse**、**DrawRectangle** 和 **DrawPie** (第 77 行、82-83 行、88 行和 93-94 行) 都使用 **Pen** 物件，來繪製圖形的外框。方法 **FillEllipse**、**FillRectangle** 和 **FillPie** (第 99-100 行、105-106 行、111-112 行和 117-118 行) 都使用 **SolidBrush** 物件，來繪製實心的圖形。我們將在第 16 章詳細討論 **Graphics** 類別。

程式會按照所選擇項目的索引值，繪出特定的形狀。在 **switch** 敘述式中 (第 73-124 行)，利用 **imageComboBox->SelectedIndex** 來判斷使用者所選取的項目。類別 **Graph-ics** 的方法 ***DrawEllipse*** (第 77 行) 接收的引數有物件 **Pen**、所繪橢圓形圓心的 *x* 和 y 座標，以及橢圓形的寬度和高度。座標系統的原點是定在表單的左上角；*x* 座標是向右增加，而 *y* 座標則是向下增加。正圓形是橢圓形的一種特殊狀況，就是高度和寬度相等。第 77 行繪出一個正圓形。第 88 行繪出的是高度和寬度不同的橢圓形。

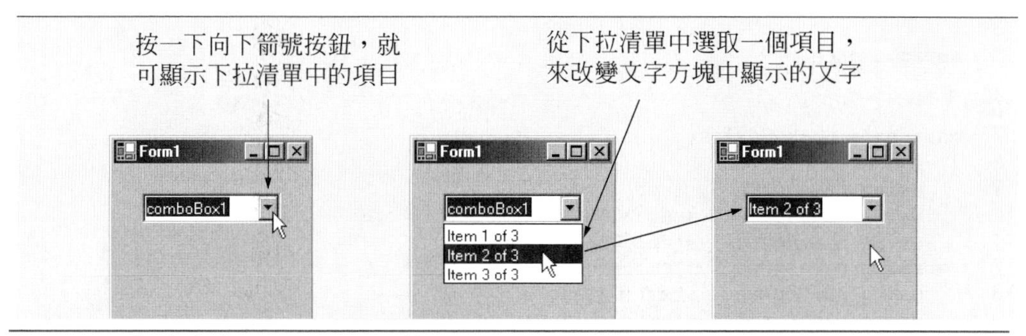

圖 13.18　組合方塊 ComboBox 示範說明。

組合方塊的事件和屬性	說明/委派和事件引數
一般的屬性	
`DropDownStyle`	此屬性可以決定組合方塊的類型。可以將列舉 ***`ComboBoxStyle`*** 中的一個值指定給組合方塊。其中的數值 **`Simple`** 意指文字區域是可以編輯的部分，而清單區域則是永遠顯示出來。數值 **`DropDown`** (預設值) 意指文字區域是可以編輯的部分，但是使用者必須按一下向下箭號按鈕才可以顯示出清單區域。數值 **`DropDownList`** 意指文字區域是不可編輯的部分，使用者必須按一下向下箭號按鈕才可以顯示出清單區域。
`Items`	指組合方塊控制項的項目群集物件。
`MaxDropDownItems`	指定在下拉清單中可以顯示項目的最大數量 (可設定爲 1 到 100 之間)。如果項目的數量超過可以顯示的最大數量，就會出現捲軸。
`SelectedIndex`	這個屬性會傳回目前所選擇項目的索引值。如果沒有選擇任何項目，這個屬性就會傳回 **`-1`**。
`SelectedItem`	這個屬性會傳回一個指標，指向目前所選擇的項目。
`Sorted`	指定清單中的項目是否按照字母排列。如果設定爲 **`true`**，則項目是按照字母順序排列。預設是 **`false`**。
一般的事件	*(委派 **`EventHandler`**，事件引數 **`EventArgs`**)*
`SelectedIndexChanged`	當選取項目的索引值改變時，就會產生此事件 (例如，當核取或者取消核取某個項目時)。

圖 13.19　組合方塊 ComboBox 的屬性和事件。

```
1  // Fig. 13.20: Form1.h
2  // Using ComboBox to select shape to draw
3
4  #pragma once
5
6
7  namespace ComboBoxTest
8  {
9     using namespace System;
10    using namespace System::ComponentModel;
11    using namespace System::Collections;
12    using namespace System::Windows::Forms;
13    using namespace System::Data;
14    using namespace System::Drawing;
15
16    /// <summary>
17    /// Summary for Form1
18    ///
19    /// WARNING: If you change the name of this class, you will need to
20    ///          change the 'Resource File Name' property for the managed
21    ///          resource compiler tool associated with all .resx files
22    ///          this class depends on.  Otherwise, the designers will not
23    ///          be able to interact properly with localized resources
24    ///          associated with this form.
25    /// </summary>
26    public __gc class Form1 : public System::Windows::Forms::Form
27    {
28    public:
29       Form1(void)
30       {
31          InitializeComponent();
32       }
33
34    protected:
35       void Dispose(Boolean disposing)
36       {
37          if (disposing && components)
38          {
39             components->Dispose();
40          }
41          __super::Dispose(disposing);
42       }
43
44    // contains shape list (circle, square, ellipse, pie)
45    private: System::Windows::Forms::ComboBox *  imageComboBox;
46
47    private:
48       /// <summary>
49       /// Required designer variable.
50       /// </summary>
51       System::ComponentModel::Container * components;
52
```

圖 13.20 使用組合方塊 ComboBox 繪製所選擇的圖形 (第 3 之 1 部分)。

```
53      // Visual Studio .NET generated GUI code
54
55      // get selected index, draw shape
56      private: System::Void imageComboBox_SelectedIndexChanged(
57                  System::Object *  sender, System::EventArgs *  e)
58               {
59                  // create graphics Object*, pen and brush
60                  Graphics *myGraphics = CreateGraphics();
61
62                  // create Pen using color DarkRed
63                  Pen *myPen = new Pen( Color::DarkRed );
64
65                  // create SolidBrush using color DarkRed
66                  SolidBrush *mySolidBrush =
67                     new SolidBrush( Color::DarkRed );
68
69                  // clear drawing area setting it to color White
70                  myGraphics->Clear( Color::White );
71
72                  // find index, draw proper shape
73                  switch ( imageComboBox->SelectedIndex ) {
74
75                     // case circle is selected
76                     case 0:
77                        myGraphics->DrawEllipse( myPen, 50, 50, 150, 150 );
78                        break;
79
80                     // case rectangle is selected
81                     case 1:
82                        myGraphics->DrawRectangle( myPen,
83                           50, 50, 150, 150 );
84                        break;
85
86                     // case ellipse is selected
87                     case 2:
88                        myGraphics->DrawEllipse( myPen, 50, 85, 150, 115 );
89                        break;
90
91                     // case pie is selected
92                     case 3:
93                        myGraphics->DrawPie( myPen,
94                           50, 50, 150, 150, 0, 45 );
95                        break;
96
97                     // case filled circle is selected
98                     case 4:
99                        myGraphics->FillEllipse( mySolidBrush,
100                          50, 50, 150, 150 );
101                       break;
102
103                    // case filled rectangle is selected
```

圖 13.20　使用組合方塊 ComboBox 繪製所選擇的圖形 (第 3 之 2 部分)。

```
104                  case 5:
105                     myGraphics->FillRectangle( mySolidBrush,
106                        50, 50, 150, 150 );
107                     break;
108
109                  // case filled ellipse is selected
110                  case 6:
111                     myGraphics->FillEllipse( mySolidBrush,
112                        50, 85, 150, 115 );
113                     break;
114
115                  // case filled pie is selected
116                  case 7:
117                     myGraphics->FillPie( mySolidBrush,
118                        50, 50, 150, 150, 0, 45 );
119                     break;
120
121                  // good programming practice to include a default case
122                  default:
123                     break;
124               } // end switch
125            } // end method imageComboBox_SelectedIndexChanged
126      };
127   }
```

圖 13.20 使用組合方塊 ComboBox 繪製所選擇的圖形 (第 3 之 3 部分)。

```
 1   // Fig. 13.21: Form1.cpp
 2   // ComboBox demonstration.
 3
 4   #include "stdafx.h"
 5   #include "Form1.h"
 6   #include <windows.h>
 7
 8   using namespace ComboBoxTest;
 9
10   int APIENTRY _tWinMain(HINSTANCE hInstance,
11                          HINSTANCE hPrevInstance,
12                          LPTSTR    lpCmdLine,
13                          int       nCmdShow)
14   {
15      System::Threading::Thread::CurrentThread->ApartmentState =
16         System::Threading::ApartmentState::STA;
17      Application::Run(new Form1());
18      return 0;
19   } // end _tWinMain
```

圖 13.21 組合方塊 ComboBox 的示範說明 (第 2 之 1 部分)。

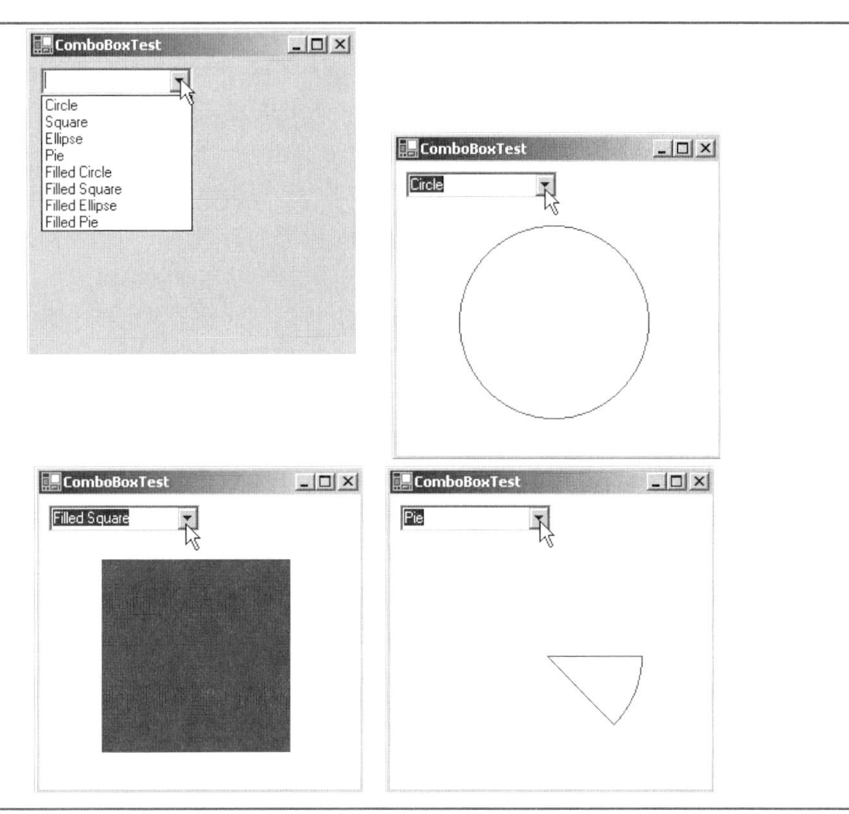

圖 13.21　組合方塊 ComboBox 的示範說明 (第 2 之 2 部分)。

類別 **Graphics** 的方法 ***DrawRectangle*** (第 82-83 行) 接收的引數有物件 **Pen**、所繪矩形左上角的 *x* 和 *y* 座標，以及矩形的寬度和高度。方法 ***DrawPie*** (第 93-94 行) 繪出部分橢圓形的一個圓餅形 (pie)。橢圓形有一個外圍的週框 (bounding rectangle)。方法 ***DrawPie*** 接收的引數有物件 **Pen**、外圍週框矩形左上角的 *x* 和 *y* 座標、矩形的寬度和高度、圓餅形的起始角度 (start angle，以度爲單位) 以及圓餅形的散出角度 (sweep angle，以度爲單位)。方法 **DrawPie** 繪製橢圓形的一部分，此部分圓餅形區域是從起始角度開始，然後展開一個由散出角度所指定的度數。角度是按照順時鐘方向增加。方法 ***FillEllipse*** (第 99-100 行和第 111-112 行)、***FillRectangle*** (第 105-106 行) 以及 ***FillPie*** (第 117-118 行) 都類似上述的對應方法，只是它們接受的是 **SolidBrush** 而不是 **Pen** 物件。在圖 13.21 底部，我們使用從螢幕擷取的畫面來顯示一些繪出的圖形。

13.6　樹狀檢視 TreeView

樹狀檢視 (*TreeView*) 控制項是以樹狀階層來顯示各個*節點* (*node*)。傳統上，節點是包含數值的物件，而且可以參考到其他的節點。*父節點* (*parent node*) 包含*子節點* (*child node*)，而子節

點又可以是其他節點的父節點。每一個子節點只可以有一個父節點。擁有相同父節點的二個子節點，可稱爲*兄弟節點* (*sibling nodes*) 樹狀結構是一個由節點組成的群集物件，通常以階層的方式架構起來。樹狀結構的第一個父節點就是*根節點* (*root node*)，樹狀檢視 **TreeView** 控制項可以有多個根節點。例如，電腦的檔案系統就可以表示成樹狀結構。頂層的目錄 (也許是 C:磁碟) 就是根節點，而 C:磁碟的每一個子資料夾就是一個子節點，每一個子資料夾也會有它各自的子節點。控制項 **TreeView** 對顯示階層的資訊很有用處，例如我們剛剛提到的檔案結構就是如此。我們會在第 22 章中更詳細討論節點和樹狀結構。

在圖 13.22 中的表單上，顯示一個 **TreeView** 控制項的例子。可按一下位於父節點左邊的+和−的方框符號，就可展開或者收起父節點。沒有子節點的節點就不會有展開或者收起的方框符號。

在樹狀檢視 **TreeView** 中顯示的節點都是類別 ***TreeNode*** 的個體。每一個樹狀節點 **TreeNode** 都有一個 ***Nodes*** 群集物件 (屬於 ***TreeNodeCollection***)，其中包含它的子節點 **TreeNode** 的清單。屬性 ***Parent*** 傳回一個指向父節點的指標 (如果該節點是一個根節點，則傳回 0) 。圖 13.23 和圖 13.24 列出 **TreeView** 和 **TreeNode** 的一般屬性，以及 **TreeView** 的一個事件。

如要以手動方式把節點加入樹狀檢視 **TreeView** 中，可以按一下「屬性」視窗中 **Nodes** 屬性旁的省略符號按鈕。就可以開啓「**TreeNode 編輯器**」(**TreeNode Editor**)，可以顯示出一個代表 **TreeView** 的空樹狀結構 (圖 13.25)。編輯器上有按鈕，可以建立根節點，新增或者刪除一個節點。

當載入程式 **TreeViewDirectoryStructureTest** (圖 13.26) 時，系統就會產生 **Load** 事件，然後交由事件處理常式 **Form1_Load** (第 90-98 行) 處理。在第 95 行，我們將根節點 (**C:**) 加入樹狀檢視 **TreeView**，名稱爲 **directoryTreeView**。C:是整個目錄結構的根資料夾。在第 96-97 行，呼叫方法 **PopulateTreeView** (第 57-87 行)，此方法接收的引數是一個目錄的名稱 (型別是字串 **String ***) 以及一個父節點。然後，方法 **PopulateTreeView** 會按照傳遞給它的目錄的子目錄，建立對應的子節點。

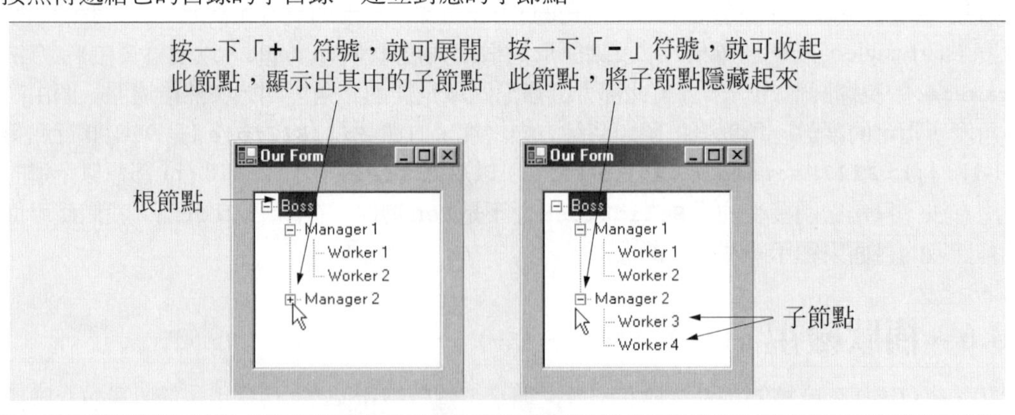

圖 13.22　樹狀檢視 TreeView 顯示樹狀結構的範例。

樹狀檢視的屬性和事件	說明/委派和事件引數
一般的屬性	
CheckBoxes	指定是否要在節點旁邊加上核取方塊。如果設定爲 **true**，就會顯示出核取方塊。預設是 **false**。
ImageList	指定節點使用 **ImageList** 來顯示圖示。***ImageList*** 是包含許多 **Image** 物件的一個群集物件。
Nodes	列出控制項中所有的樹狀節點 **TreeNodes**。此屬性包含的方法有 **Add**(新增一個 **TreeNode** 物件)、**Clear**(刪除整個群集物件)和 **Remove**(刪除特定的節點)。刪除父節點就會刪除它的全部子節點。
SelectedNode	目前選取的節點。
一般的事件	*(委派* ***TreeViewEventHandler****，事件引數* ***TreeViewEventArgs****)*
AfterSelect	當改變選擇的節點時，就會產生這個事件。

圖 13.23　樹狀檢視 TreeView 的屬性和事件。

樹狀節點的屬性和方法	說明/委派和事件引數
一般的屬性	
Checked	指出某個樹狀節點 **TreeNode** 是否被核取。必須將父樹狀檢視 **TreeView** 的屬性 **CheckBox** 設定爲 **true**。
FirstNode	指定在 **Nodes** 群集物件中的第一個節點(也就是，目前節點的第一個子節點)。
FullPath	指出從樹狀結構根節點開始的節點路徑。
ImageIndex	指定取消選取節點時，所要使用影像的索引值。
LastNode	指定在 **Nodes** 群集物件中的最後一個節點(也就是，目前節點的最後一個子節點)。
NextNode	下一個兄弟節點。
Nodes	目前節點所包含的 **TreeNodes** 群集物件(也就是，目前節點的子節點)。此屬性包含的方法有 **Add**(新增一個 **TreeNode** 物件)、**Clear**(刪除整個群集物件)和 **Remove**(刪除特定的節點)。刪除父節點就會刪除它的全部子節點。

圖 13.24　樹狀節點 TreeNode 的屬性和方法 (第 2 之 1 部分)。

樹狀節點的屬性和方法	說明/委派和事件引數
PrevNode	指定前一個兄弟節點。
SelectedImageIndex	指定選取節點所要使用影像的索引值。
Text	指定顯示在樹狀檢視 **TreeView** 上的文字。
一般的方法	
Collapse	收起某個節點。
Expand	展開某個節點。
ExpandAll	展開某個節點的所有子節點。
GetNodeCount	傳回子節點的數目。

圖 13.24　樹狀節點 TreeNode 的屬性和方法 (第 2 之 2 部分)。

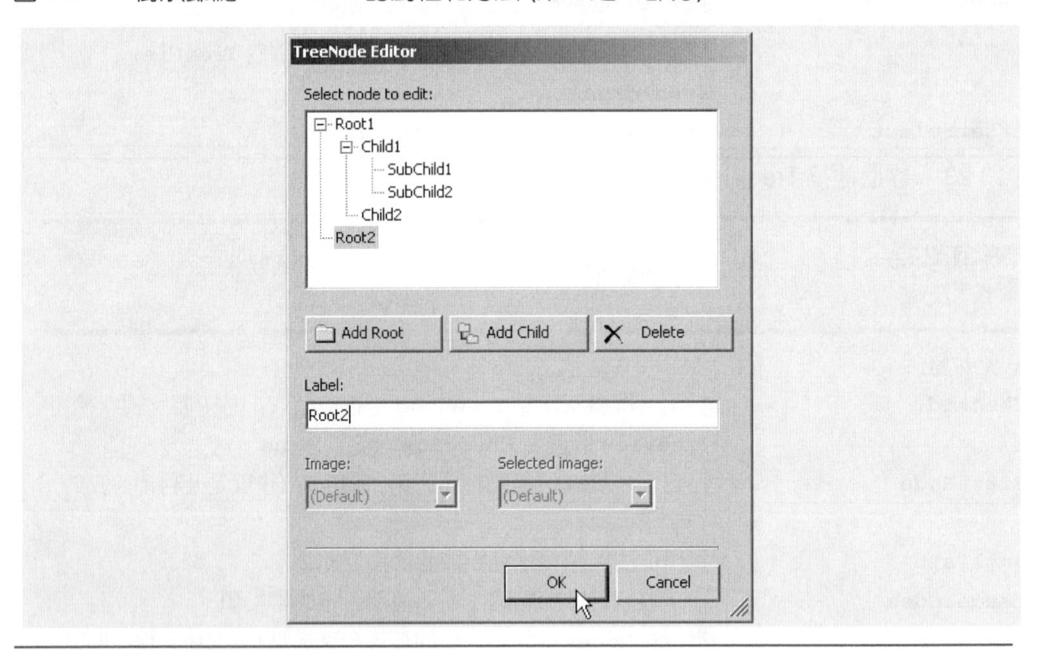

圖 13.25　TreeNode 編輯器。

要透過程式加入節點，我們首先必須建立根節點。建立一個新的 **TreeNode** 物件，然後傳給此新物件一個標示用的字串 **String ***。然後使用方法 **Add**，把這個新的 **Tree Node** 物件加入樹狀檢視 **TreeView** 的群集物件 **Nodes**。因此，要將根節點加入樹狀檢視 **myTreeView**，我們必須如下撰寫

```
myTreeView->Nodes->Add( new TreeNode( RootLabel ) )
```

其中 **myTreeView** 就是我們想要新增節點的樹狀檢視 (**TreeView**)，而 *RootLabel* 就是要在 **myTreeView** 中標示的文字。若要在根節點下加入子節點，必須把新的 **TreeNode** 物件加入根節點的 **Nodes** 群集物件。我們利用下述程式，從樹狀檢視 **TreeView** 中選定適當的根節點。

```
myTreeView->Nodes->GetItem( myIndex )
```

其中 *myIndex* 是在 *myTreeView* 的群集物件 **Nodes** 中，根節點的索引值。我們可以按照根節點加入 *myTreeView* 的相同方式，加入子節點。要把子節點加入索引值爲 *myIndex* 的根節點，我們必須如下撰寫

```
myTreeView->Nodes->GetItem( myIndex )->Nodes->Add(
   new TreeNode( ChildLabel ) )
```

在圖 13.26 及圖 13.27 的程式中，我們使用一個樹狀檢視 **TreeView** 來顯示電腦的目錄檔案結構。如果根節點是C：磁碟，則C：的每個子資料夾就成爲子節點。這和「**Windows 檔案總管**」採用的結構類似。只要按一下資料夾左邊的+號或者－號的方框，就能夠展開或者收起資料夾。圖 13.27 顯示此應用程式的進入點。

```
 1  // Fig. 13.26: Form1.h
 2  // Using TreeView to display directory structure.
 3
 4  #pragma once
 5
 6
 7  namespace TreeViewDirectoryStructureTest
 8  {
 9     using namespace System;
10     using namespace System::ComponentModel;
11     using namespace System::Collections;
12     using namespace System::Windows::Forms;
13     using namespace System::Data;
14     using namespace System::Drawing;
15     using namespace System::IO;
16
17     /// <summary>
18     /// Summary for Form1
19     ///
20     /// WARNING: If you change the name of this class, you will need to
21     ///          change the 'Resource File Name' property for the managed
22     ///          resource compiler tool associated with all .resx files
23     ///          this class depends on.  Otherwise, the designers will not
24     ///          be able to interact properly with localized resources
25     ///          associated with this form.
26     /// </summary>
27     public __gc class Form1 : public System::Windows::Forms::Form
28     {
29     public:
30        Form1(void)
31        {
```

圖 13.26　用來顯示目錄的 TreeView 樹狀檢視 (第 3 之 1 部分)。

```
32            InitializeComponent();
33         }
34
35      protected:
36         void Dispose(Boolean disposing)
37         {
38            if (disposing && components)
39            {
40               components->Dispose();
41            }
42            __super::Dispose(disposing);
43         }
44
45      // contains view of C: drive directory structure
46      private: System::Windows::Forms::TreeView *  directoryTreeView;
47
48      private:
49         /// <summary>
50         /// Required designer variable.
51         /// </summary>
52         System::ComponentModel::Container * components;
53
54      // Visual Studio .NET generated GUI code
55
56      // populate treeview with subdirectories
57      private: void PopulateTreeView( String *directoryValue,
58                  TreeNode *parentNode )
59               {
60                  // populate current node with subdirectories
61                  String *directoryArray[] =
62                     Directory::GetDirectories( directoryValue );
63
64                  // for every subdirectory, create new TreeNode,
65                  // add as child of current node and recursively
66                  // populate child nodes with subdirectories
67                  for ( int i = 0; i < directoryArray->Length; i++ ) {
68
69                     try {
70
71                        // create TreeNode for current directory
72                        TreeNode *myNode = new TreeNode(
73                           directoryArray[ i ] );
74
75                        // add current directory node to parent node
76                        parentNode->Nodes->Add( myNode );
77
78                        // recursively populate every subdirectory
79                        PopulateTreeView( directoryArray[ i ], myNode );
80                     } // end try
81                     catch ( UnauthorizedAccessException *exception ) {
82                        parentNode->Nodes->Add( String::Concat(
83                           S"Access denied\n", exception->Message ) );
84                     } // end catch
```

圖 13.26 用來顯示目錄的 TreeView 樹狀檢視 (第 3 之 2 部分)。

```
85
86                } // end for
87             } // end method PopulateTreeView
88
89       // called by system when form loads
90       private: System::Void Form1_Load(System::Object *  sender,
91                System::EventArgs *  e)
92             {
93                // add c:\ drive to directoryTreeView
94                // and insert its subfolders
95                directoryTreeView->Nodes->Add( S"C:\\" );
96                PopulateTreeView( S"C:\\",
97                   directoryTreeView->Nodes->Item[ 0 ] );
98             } // end method Form1_Load
99       };
100 }
```

13.26 用來顯示目錄的 TreeView 樹狀檢視 (第 3 之 3 部分)。

方法 **PopulateTreeView** (第 57-87 行) 利用類別 **Directory** (屬於命名空間 **System::IO**) 的方法 ***GetDirectories*** (第 62 行)，取得子目錄的清單。方法 **GetDirectories** 接收字串 **String *** (代表目前的目錄)，傳回一個 **String ***物件 (子目錄) 的陣列，然後再指定給陣列 **directoryArray**。如果指定的目錄因爲安全理由無法存取，就會拋出一個 **UnauthorizedAccessException** 例外。第 81-84 行捕捉這個例外，然後加入一個節點，此節點顯示的是" **Access Denied**" 的字樣，而不是顯示出該無法存取目錄的內容。請注意，**try** 和 **catch** 區塊都是包含在 **for** 迴圈內；在例外處理完畢之後，會繼續執行 **for** 迴圈。

如果子目錄可以存取，程式就會利用 **directoryArray** 陣列中的每一個 **String ***，建立新的子節點 (第 72-73 行)。我們使用方法 **Add** (第 76 行) 把每一個子節點加入父節點。然後遞迴地在每個子目錄呼叫方法 **PopulateTreeView** (第 79 行)，最後建立整個目錄結構。我們的遞迴演算法會讓程式在載入的時候，造成一些延遲，因爲它必須建立整個 **C:** 磁碟的樹狀結構。然而，一旦磁碟的資料夾加入適當的 **Nodes** 群集物件，它們的展開和收起就不會有任何延遲。在下一節，我們會提出一個替代演算法來解決這個問題。

13.7 清單檢視 ListView

控制項 ***ListView*** 性質上很類似清單方塊，可以顯示一些項目清單供使用者選擇其中一個或者多個項目 (型別是 ***ListViewItem***)，若要參考 **ListView** 控制項的例子，可參見圖 13.31 的輸出。這兩個類別之間的重要差異，是 **ListView** 可以在清單項目旁邊顯示各種不同的圖示 (由屬性 **ImageList** 控制)。屬性 ***MultiSelect*** (爲布林值) 可用來判斷使用者是否選擇了多個項目。把 **ListView** 的屬性 **CheckBoxes** (爲布林值) 設定爲 **true**，就可在 **ListView** 中加入核取方塊，讓 **ListView** 的外觀更類似 **CheckedListBox**。屬性 ***View*** 可以指定清單檢視的版面配置。屬性 ***Activation*** 可以用來決定使用者選取某個清單項目所需的動作。這些屬性的詳細定義在圖 13.28 中加以解釋。

```
1  // Fig. 13.27: Form1.cpp
2  // TreeView demonstration.
3
4  #include "stdafx.h"
5  #include "Form1.h"
6  #include <windows.h>
7
8  using namespace TreeViewDirectoryStructureTest;
9
10 int APIENTRY _tWinMain(HINSTANCE hInstance,
11                        HINSTANCE hPrevInstance,
12                        LPTSTR    lpCmdLine,
13                        int       nCmdShow)
14 {
15    System::Threading::Thread::CurrentThread->ApartmentState =
16       System::Threading::ApartmentState::STA;
17    Application::Run(new Form1());
18    return 0;
19 } // end _tWinMain
```

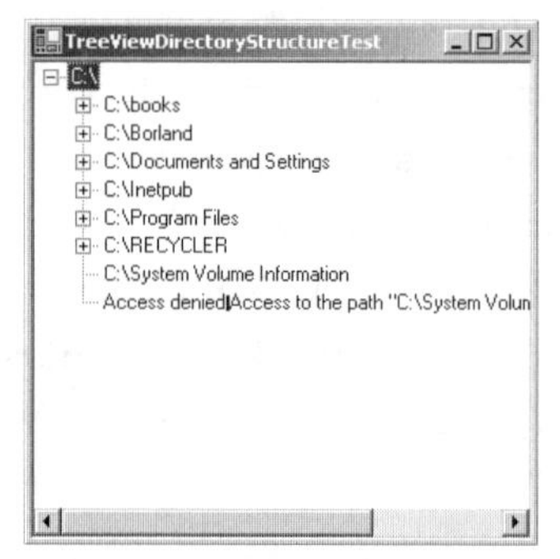

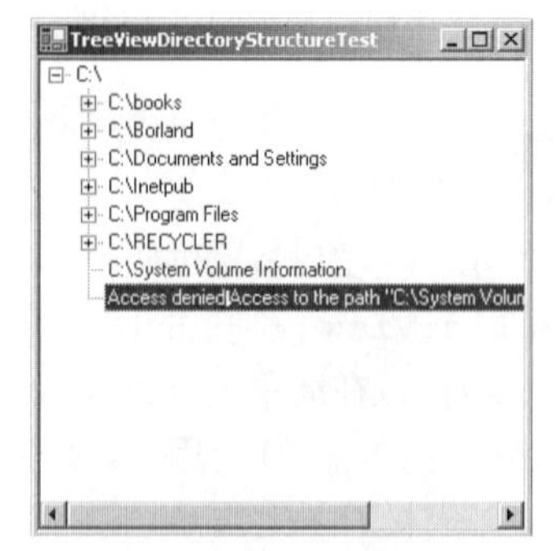

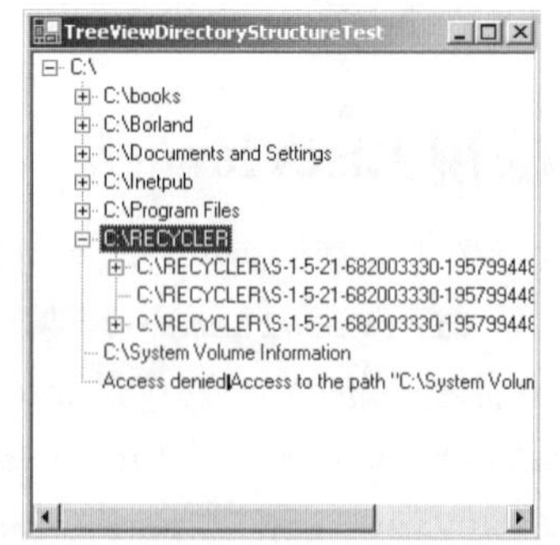

圖 13.27　樹狀檢視 TreeView 的示範說明。

清單檢視的事件和屬性	說明/委派和事件引數
一般的屬性	
Activation	決定使用者啓動某個項目時，所需採取的動作。這個屬性可接受從列舉 **ItemActivation** 取得的值。可能的值有 **OneClick** (按一下啓動，此時當滑鼠游標經過項目時，項目會改變顏色)、**TwoClick** (按兩下啓動，當選取項目時會改變顏色)、**Standard** (按兩下啓動，項目不會改變顏色)。
CheckBoxes	指出是否會在項目旁邊加上核取方塊。如果設定爲 **true**，就會顯示出核取方塊。預設是 **false**。
LargeImageList	指出要顯示大圖示時，所要使用 **ImageList** 中的影像。
Items	傳回控制項中所有的 **ListViewItem** 的群集物件。
MultiSelect	決定是否可以多重選擇。預設是 **true**，表示可以多重選擇。
SelectedItems	列出目前選擇的所有項目的群集。
SmallImageList	指出要顯示小圖示時，所要使用 **ImageList** 中的影像。
View	決定 **ListViewItem** 的外觀。列舉 **View** 包含的數值有 **LargeIcon** (顯示大圖示，項目可以多行顯示)、**SmallIcon** (顯示小圖示)、**List** (顯示小圖示，項目只可出現在一行) 和 **Details** (類似 **List**，但是每個項目可以多行顯示)。
一般的事件	*(委派 **EventHandler**，事件引數 **EventArgs**)*
ItemActivate	當選取並啓動某個 **ListView** 中的項目時，所產生的事件。不需指定啓動的項目。

圖 13.28 清單檢視 ListView 的屬性和事件。

清單檢視 **ListView** 讓我們可以定義 **ListView** 中的項目所使用的圖示影像。要顯示出圖示的影像，我們必須使用 **ImageList** 元件。先從「**工具箱**」(**ToolBox**) 將 **ImageList** 元件拖放到表單上。然後，按一下「屬性」視窗中的 **Images** 群集物件，就可顯示出圖 13.29 中的「**影像群集編輯器**」(**Image Collection Editor**)。在此編輯器中，開發者可以瀏覽加入 **ImageList** 中的影像 **Image**。一旦決定使用的影像，可將清單檢視 **ListView** 的屬性 **SmallImageList** 設定爲新選定的 **ImageList** 物件。可以透過屬性 **SmallImageList** 指定小圖示所使用的影像清單。利用屬性 **LargeImageList** 就可以設定大圖示使用的影像清單 **ImageList**。把清單檢視 **ListView** 項目的 **ImageIndex** 屬性設定成適當的陣列索引值，就可選擇清單檢視 **ListView** 項目使用的小圖示。

在圖 13.30 中，類別 **Form1** 在清單檢視 **ListView** 中顯示一些檔案和資料夾，以及一些小圖示來代表每一個檔案或者資料夾。如果某個檔案或者資料夾因爲權限設定的原因，而無法存取，就會出現一個訊息方塊。當程式在瀏覽目錄時，它會掃描目錄的內容，而不是將整個磁碟一次編定索引。函式 **_tWinMain** (圖 13.31) 定義程式 **ListViewTest** 的進入點。

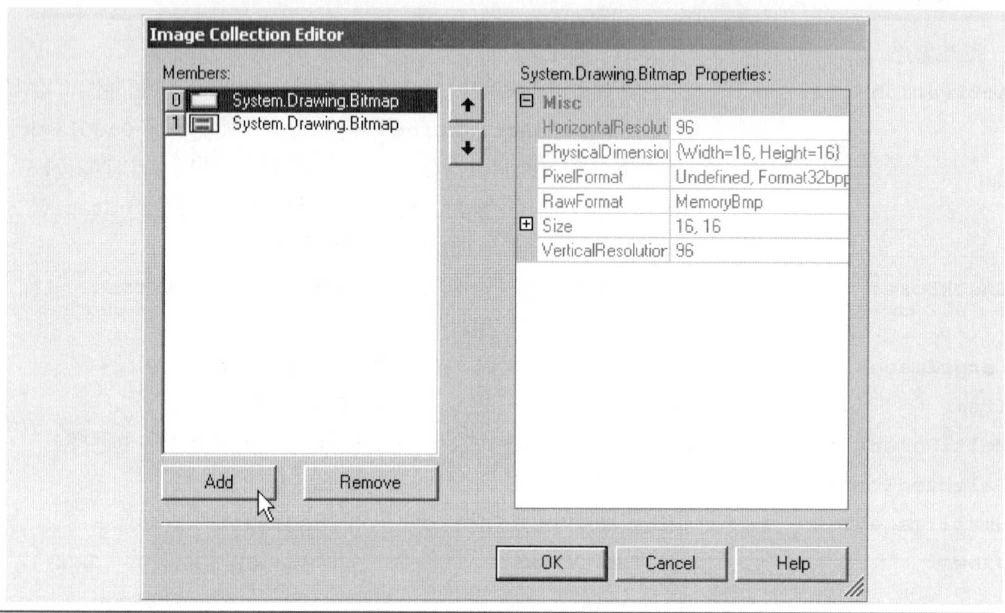

圖 13.29　元件 ImageList 的「影像群集編輯器」(Image Collection Editor)。

```
 1  // Fig. 13.30: Form1.h
 2  // Displaying directories and their contents in ListView.
 3
 4  #pragma once
 5
 6
 7  namespace ListViewTest
 8  {
 9     using namespace System;
10     using namespace System::ComponentModel;
11     using namespace System::Collections;
12     using namespace System::Windows::Forms;
13     using namespace System::Data;
14     using namespace System::Drawing;
15     using namespace System::IO;
16
17     /// <summary>
18     /// Summary for Form1
19     ///
20     /// WARNING: If you change the name of this class, you will need to
21     ///          change the 'Resource File Name' property for the managed
22     ///          resource compiler tool associated with all .resx files
23     ///          this class depends on.  Otherwise, the designers will not
24     ///          be able to interact properly with localized resources
```

圖 13.30　利用清單檢視 ListView 顯示檔案和資料夾 (第 5 之 1 部分)。

```
25      ///          associated with this form.
26      /// </summary>
27      public __gc class Form1 : public System::Windows::Forms::Form
28      {
29      public:
30         Form1(void)
31         {
32            // get current directory
33            currentDirectory = Directory::GetCurrentDirectory();
34            InitializeComponent();
35         }
36
37      protected:
38         void Dispose(Boolean disposing)
39         {
40            if (disposing && components)
41            {
42               components->Dispose();
43            }
44            __super::Dispose(disposing);
45         }
46
47      // displays labels for current location in directory tree
48      private: System::Windows::Forms::Label *  currentLabel;
49      private: System::Windows::Forms::Label *  displayLabel;
50
51      // display contents of current directory
52      private: System::Windows::Forms::ListView *  browserListView;
53
54      // specifies images for file icons and folder icons
55      private: System::Windows::Forms::ImageList *  fileFolder;
56
57      // get current directory
58      private: String *currentDirectory;
59
60      private:
61         /// <summary>
62         /// Required designer variable.
63         /// </summary>
64         System::ComponentModel::Container * components;
65
66      // Visual Studio .NET generated GUI Code
67
68      // display files/subdirectories of current directory
69      private: void LoadFilesInDirectory( String *currentDirectoryValue )
70               {
71                  // load directory information and display
72                  try {
73
74                     // clear ListView and set first item
75                     browserListView->Items->Clear();
76                     browserListView->Items->Add( S"Go Up One Level" );
```

圖 13.30　利用清單檢視 ListView 顯示檔案和資料夾 (第 5 之 2 部分)。

```
77
78                     // update current directory
79                     currentDirectory = currentDirectoryValue;
80                     DirectoryInfo *newCurrentDirectory =
81                        new DirectoryInfo( currentDirectory );
82
83                     // put files and directories into arrays
84                     DirectoryInfo *directoryArray[] =
85                        newCurrentDirectory->GetDirectories( ;
86
87                     FileInfo *fileArray[] =
88                        newCurrentDirectory->GetFiles( ;
89
90                     DirectoryInfo *dir;
91
92                     // add directory names to ListView
93                     for ( int i = 0; i < directoryArray->Length; i++ ) {
94                        dir = directoryArray[ i ];
95
96                        // add directory to ListView
97                        ListViewItem *newDirectoryItem =
98                           browserListView->Items->Add( dir->Name );
99
100                       // set directory image
101                       newDirectoryItem->ImageIndex = 0;
102                    } // end for
103
104                    FileInfo *file;
105
106                    // add file names to ListView
107                    for ( i = 0; i < fileArray->Length; i++ ) {
108                       file = fileArray[ i ];
109
110                       // add file to ListView
111                       ListViewItem *newFileItem =
112                          browserListView->Items->Add( file->Name );
113
114                       newFileItem->ImageIndex = 1;  // set file image
115                    } // end for
116                 } // end try
117
118                 // access denied
119                 catch ( UnauthorizedAccessException * ) {
120                    MessageBox::Show( String::Concat(
121                       S"Warning: Some fields may not be ",
122                       S"visible due to permission settings.\n" ),
123                       S"Attention", MessageBoxButtons::OK,
124                       MessageBoxIcon::Warning );
125                 } // end catch
126              } // end method LoadFilesInDirectory
127
```

圖 13.30　利用清單檢視 ListView 顯示檔案和資料夾 (第 5 之 3 部分)。

```
128      // browse directory user clicked or go up one level
129      private: System::Void browserListView_Click(System::Object *  sender,
130                System::EventArgs *  e)
131            {
132               // ensure item selected
133               if ( browserListView->SelectedItems->Count != 0 ) {
134
135                  // if first item selected, go up one level
136                  if ( browserListView->Items->Item[ 0 ]->Selected ) {
137
138                     // create DirectoryInfo object for directory
139                     DirectoryInfo *directoryObject =
140                        new DirectoryInfo( currentDirectory );
141
142                     // if directory has parent, load it
143                     if ( directoryObject->Parent != 0 )
144                        LoadFilesInDirectory(
145                           directoryObject->Parent->FullName );
146                  } // end if
147
148                  // selected directory or file
149                  else {
150
151                     // directory or file chosen
152                     String *chosen =
153                        browserListView->SelectedItems->Item[ 0 ]->Text;
154
155                     // if item selected is directory
156                     if ( Directory::Exists( String::Concat(
157                        currentDirectory, S"\\", chosen ) ) ) {
158
159                        // load subdirectory
160                        // if in c:\, do not need '\',
161                        // otherwise we do
162                        if ( currentDirectory->Equals( "c:\\" ) )
163                           LoadFilesInDirectory( String::Concat(
164                              currentDirectory, chosen ));
165                        else
166                           LoadFilesInDirectory( String::Concat(
167                           currentDirectory, S"\\", chosen ) );
168                     } //end if
169                  } // end else
170
171                  // update displayLabel
172                  displayLabel->Text = currentDirectory;
173               } // end if
174            } // end method browserListView_Click
175
176      // handle load event when Form displayed for first time
177      private: System::Void Form1_Load(System::Object *  sender,
178                System::EventArgs *  e)
179            {
```

圖 13.30　利用清單檢視 ListView 顯示檔案和資料夾 (第 5 之 4 部分)。

```
180                // set image list
181                Image *folderImage = Image::FromFile( String::Concat(
182                   currentDirectory, S"\\images\\folder.bmp" ) );
183
184                Image *fileImage = Image::FromFile( String::Concat(
185                   currentDirectory, S"\\images\\file.bmp" ));
186
187                fileFolder->Images->Add( folderImage );
188                fileFolder->Images->Add( fileImage );
189
190                // load current directory into browserListView
191                LoadFilesInDirectory( currentDirectory );
192                displayLabel->Text = currentDirectory;
193             } // end method Form1_Load
194    };
195 }
```

圖 13.30　利用清單檢視 ListView 顯示檔案和資料夾 (第 5 之 5 部分)。

```
 1  // Fig. 13.31: Form1.cpp
 2  // ListView demonstration.
 3
 4  #include "stdafx.h"
 5  #include "Form1.h"
 6  #include <windows.h>
 7
 8  using namespace ListViewTest;
 9
10  int APIENTRY _tWinMain(HINSTANCE hInstance,
11                         HINSTANCE hPrevInstance,
12                         LPTSTR    lpCmdLine,
13                         int       nCmdShow)
14  {
15     System::Threading::Thread::CurrentThread->ApartmentState =
16        System::Threading::ApartmentState::STA;
17     Application::Run(new Form1());
18     return 0;
19  } // end _tWinMain
```

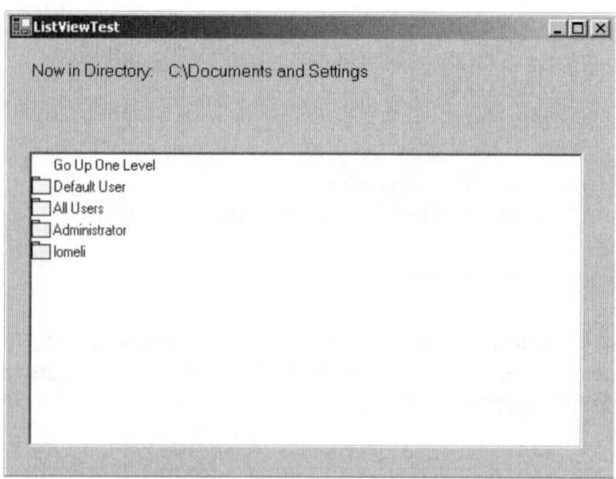

圖 13.31　清單檢視 ListView 的示範說明 (第 2 之 1 部分)。

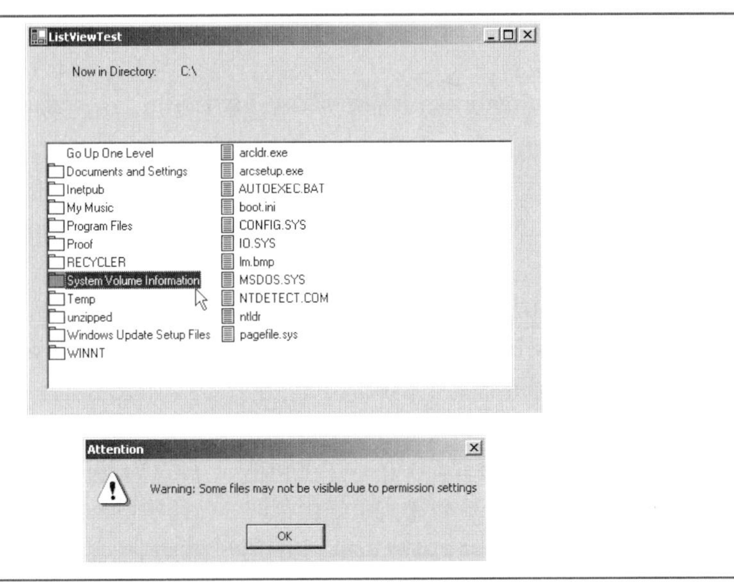

圖 13.31　清單檢視 ListView 的示範說明 (第 2 之 2 部分)。

要在清單項目旁邊顯示出圖示，我們必須先建立清單檢視 **browserListView** 的 **ImageList**(圖 13.30 中的第 52 行)。首先，先把一個 **ImageList** 控制項拖放到表單上，然後開啓「**影像群集編輯器**」(**Image Collection Editor**)。先建立兩個簡單的點陣圖影像，一個供資料夾使用 (陣列索引値爲 **0**)，另一個供檔案使用 (陣列索引値爲 **1**)。然後，在「屬性」視窗中，將物件 **browserListView** 的屬性 **SmallImageList** 設定爲新的 **ImageList** 物件。開發者可以利用任何的影像軟體來建立這些圖示，例如，Adobe ® Photoshop™、Jasc ® Paint Shop Pro™ [1] 或者 Microsoft ® 小畫家等。開發者也可利用 Visual Studio 建立這些點陣圖影像。首先，選擇「**檔案**」>「**新增**」>「**檔案…**」，就會顯示「**新增檔案**」對話方塊。選取「**Visual C++**」資料夾下的**點陣圖檔 (.bmp)**。

方法 **LoadFilesInDirectory** (第 69-126 行) 利用傳給它的目錄名稱 (**currentDirectoryValue**)，建立 **browserListView**。它會先清除 **browserListView**，然後加入元件 "Go Up One Level" 。當使用者按一下此元件，程式就嘗試移往上一層目錄結構。(我們很快會討論如何設計。) 然後這個方法會建立一個 **DirectoryInfo** 物件，並且初始化成字串 **currentDirectory**(第 80-81 行)。如果目前的目錄使用者未獲授權瀏覽，就會拋出一個例外 (此例外會在第 119-125 行捕捉)。方法 **LoadFilesInDirectory** 與前一個程式的 **PopulateTreeView** 方法 (圖 13.26) 的操作方式不同。方法 **LoadFilesInDirectory** 並不是載入整個硬碟的所有資料夾，而是只載入目前目錄的資料夾。

類別 ***DirectoryInfo*** (屬於命名空間 **System::IO**) 讓我們可以很容易地瀏覽或者操作

1　有關 Adobe 公司產品的資訊，可參觀網站 www.adobe.com。有關 Jasc 公司產品的資訊，以及免費試用版軟體的下載，可參觀網站 www.jasc.com。

目錄結構。類別 **DirectoryInfo** 的方法 **GetDirectories** (第 84-85 行) 傳回一個由 **DirectoryInfo** 物件組成的陣列，其中包含目前目錄的子目錄。同樣地，類別 **DirectoryInfo** 的方法 ***GetFiles*** (第 87-88 行) 傳回一個由類別 ***FileInfo*** 物件組成的陣列，其中包含目前目錄的檔案。類別 **DirectoryInfo** 和 **FileInfo** 兩者的屬性 ***Name*** 都只包含目錄或者檔案的名稱，例如 **temp** 而不是 **C:\myfolder\temp**。要取得完整的名稱(例如，檔案或者目錄的完整路徑)，可以使用類別 **DirectoryInfo** 的基本類別 **FileSystemInfo** 的屬性 ***FullName***。

第 93-102 行和第 107-115 行會以迭代方式搜尋目前目錄下的子目錄和檔案，然後加入 **browserListView**。第 101 行和 114 行設定新建立項目的 **ImageIndex** 屬性。如果項目是一個目錄，我們將它的圖示設定為目錄圖示 (索引為 **0**)；如果項目是一個檔案，我們將它的圖示設定為檔案圖示 (索引為 **1**)。

當使用者按一下 **browserListView** 控制項時，方法 **browserListView_Click** 會加以回應(第 129-174 行)。第 133 行會判斷是否選取了任何項目，如果有的話，第 136 行會判斷使用者選取的是不是 **browserListView** 中的第一個項目。在 **browserListView** 中的第一個項目永遠是 **"Go up one level"**，如果使用者選取這個項目，程式會嘗試移往上一層的目錄結構。第 139-140 行建立目前目錄的 **Directory Info** 物件。第 143 行測試屬性 **Parent**，以便確認使用者不是在目錄樹狀結構的根目錄。屬性 ***Parent*** 以一個 **DirectoryInfo** 物件代表父目錄，如果沒有父目錄，則會傳回 **0**。如果有父目錄，則第 144-145 行把父目錄的完整名稱傳給方法 **LoadFilesInDirectory**。

如果使用者並沒有選擇 **browserListView** 中的第一個項目，第 149-173 行就會讓使用者繼續瀏覽目錄結構。第 152-153 行建立字串 **String * chosen**，設定成所選擇項目的文字表示 (也是群集物件 **SelectedItems** 的第一個項目)。第 156-157 行測試使用者所選擇的是不是有效的目錄(而不是檔案)。程式會將變數 **currentDirectory** 和 **chosen** (新的目錄)合併，中間加上反斜線 **(\)**，然後將此值傳給類別 **Directory** 的方法 ***Exists***。如果方法 **Exists** 的 **String ***參數是一個目錄，它就會傳回 **true**。如果情況確實如此，程式就會把這個字串 **String ***傳給方法 **LoadFilesInDirectory**。請注意，當目前的目錄是 C 磁碟的時候，反斜線就不需要了，因為這個磁碟是以 **C:** 表示，已經有反斜線了 (第 163-164 行)。然而，其他的目錄就必須加上反斜線 (第 166-167 行)。最後，會以新的目錄加以更新 **displayLabel** (第 172 行)。

因為這個程式只讀取目前目錄的檔案名稱，所以它會很快地載入。這意謂著，當程式開始執行的時候，並不會造成長時間的延遲。載入新的目錄時，則會產生短時間的延遲。此外，如果目錄結構有所改變，可重新載入目錄。如果目錄結構有任何的更動，圖 13.30 及圖 13.31 中的程式就需要重新啟動。這種必須權衡取捨的情形，在軟體界是常見到的現象。在設計需要長時間執行的應用程式時，開發者會選擇在開始時稍微耽擱一段時間，以換取在執行其餘的程式時能夠提升效率。然而，如果建立的應用程式只需執行一段短的時間，開發者通常選擇最初快速的載入，而忍受在執行時期小小的耽擱。

13.8 索引標籤控制項 (tab control)

索引標籤控制項 ***TabControl*** 可用來建立標籤視窗，就如同我們在 Visual Studio .NET IDE (圖 13.32) 中常見到的一樣。這樣程式設計師就可以設計能夠容納大量控制項或者資料的使用者介面，而不需要耗用珍貴的螢幕面積。索引標籤控制項 **TabControl** 包含標籤頁 ***TabPage*** 物件，很類似面板 **Panel** 和群組方塊 **GroupBox**。程式設計師可將各種控制項加入標籤頁 **TabPage** 物件，然後將標籤頁加入索引標籤控制項 **TabControl**。一次只能顯示一個標籤頁 **TabPage**。圖 13.33 顯示索引標籤控制項 **TabControl** 的範例。

程式設計師可在設計模式下，以手動方式將索引標籤控制項 **TabControl** 拖放到表單上。要在 Visual Studio .NET 設計模式加入標籤頁 **TabPage**，可在索引標籤控制項 **TabControl** 上按一下右鍵，然後選擇「**加入索引標籤**」(**Add Tab**)，如圖 13.34 所示。也可以在「**屬性**」視窗中按一下 **TabPages** 群集物件，就可在顯示出來的「**TabPage 群集編輯器**」(**TabPage Collection Editor**) 中加入索引標籤。要變更標籤頁的標示文字，可設定標籤頁 **TabPage** 的 **Text** 屬性。

請注意，如果按鍵按下的位置是上端的標籤區域，則會選取索引標籤控制項 **TabControl**；要選取標籤頁 **TabPage**，必須按一下標籤頁下方的控制區域。要檢視不同的標籤頁 **TabPage**，按一下適當的標籤區域。索引標籤控制項 **TabControl** 的一般屬性和事件摘要列在圖 13.35 中。

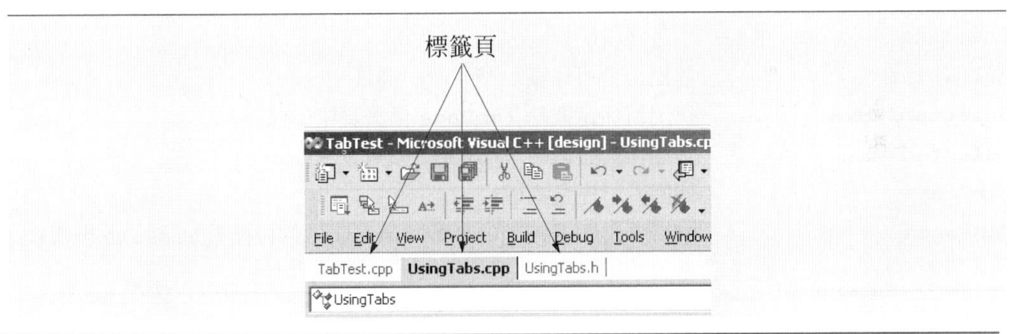

圖 13.32　Visual Studio .NET 的標籤頁。

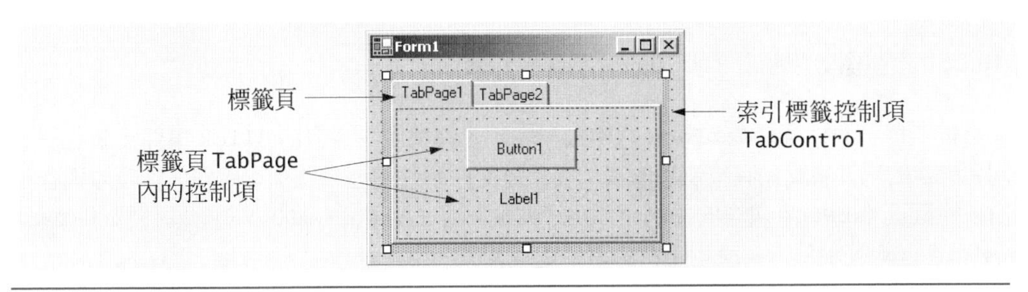

圖 13.33　加上標籤頁 TabPage 的 TabControl 索引標籤控制項。

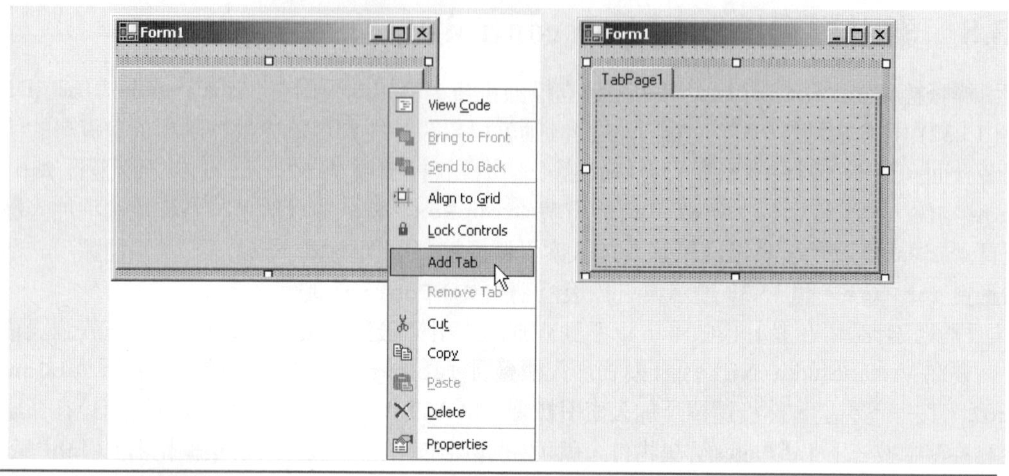

圖 13.34 將標籤頁 TabPage 加入索引標籤控制項 TabControl。

索引標籤控制項的屬性和事件	說明/委派和事件引數
常用屬性	
ImageList	指定顯示在標籤標籤上的影像。
ItemSize	指定索引標籤的大小。
MultiLine	指出是否可以顯示幾列索引標籤。
SelectedIndex	指出目前選取的 **TabPage** 標籤頁索引值。
SelectedTab	指出目前選取的 **TabPage** 標籤頁。
TabCount	傳回索引標籤的數目。
TabPages	取得索引標籤控制項 **TabControl** 內的標籤頁 **TabPage** 群集物件。
常用事件	*(委派 **EventHandler**，事件引數 **EventArgs**)*
SelectedIndexChanged	當選擇的標籤頁索引值 **SelectedIndex** 改變時，就會產生此事件 (例如，選取另一個標籤頁 **TabPage**)。

圖 13.35 索引標籤控制項 TabControl 的屬性和事件。

當按下每一個標籤頁 **TabPage** 的標籤區域時，都會產生各自的 **Click** 事件。請記得，控制項產生的事件會交由在控制項的事件委派登記的事件處理常式加以處理。這項原則也可應用在標籤頁 **TabPage** 包含的控制項。為了方便起見，Visual Studio .NET 針對標籤頁 **TabPage** 所包含的控制項，會產生空白的事件處理常式。

類別 **Form1** (圖 13.36) 使用一個索引標籤控制項 **TabControl** 來顯示幾種不同的選項，這些選項用來設定在另一個標籤上的文字顏色、大小和訊息內容 (標籤頁的標示分別為

Color、**Size** 和 **Message**)。最後一個標籤頁 **TabPage** 顯示的是「**關於**」(**About**) 的資訊，描述索引標籤控制項 **TabControl** 的用法。函式 **_tWinMain** (圖 13.37) 定義程式 **UsingTabs** 的進入點。

```
1   // Fig. 13.36: Form1.h
2   // Using TabControl to display various font settings.
3
4   #pragma once
5
6
7   namespace UsingTabs
8   {
9      using namespace System;
10     using namespace System::ComponentModel;
11     using namespace System::Collections;
12     using namespace System::Windows::Forms;
13     using namespace System::Data;
14     using namespace System::Drawing;
15
16     /// <summary>
17     /// Summary for Form1
18     ///
19     /// WARNING: If you change the name of this class, you will need to
20     ///          change the 'Resource File Name' property for the managed
21     ///          resource compiler tool associated with all .resx files
22     ///          this class depends on.  Otherwise, the designers will not
23     ///          be able to interact properly with localized resources
24     ///          associated with this form.
25     /// </summary>
26     public __gc class Form1 : public System::Windows::Forms::Form
27     {
28     public:
29        Form1(void)
30        {
31           InitializeComponent();
32        }
33
34     protected:
35        void Dispose(Boolean disposing)
36        {
37           if (disposing && components)
38           {
39              components->Dispose();
40           }
41           __super::Dispose(disposing);
42        }
43     private: System::Windows::Forms::Label *  displayLabel;
44
45     // tab control containing table pages colorTabPage,
46     // sizeTabPage, messageTabPage and aboutTabPage
47     private: System::Windows::Forms::TabControl *  optionsTabControl;
```

圖 13.36　使用 TabControl 索引標籤控制項來顯示不同字型設定 (第 3 之 1 部分)。

```
48
49      // tab page containing color options
50      private: System::Windows::Forms::TabPage *  colorTabPage;
51      private: System::Windows::Forms::RadioButton *  greenRadioButton;
52      private: System::Windows::Forms::RadioButton *  redRadioButton;
53      private: System::Windows::Forms::RadioButton *  blackRadioButton;
54
55      // tab page containing font size options
56      private: System::Windows::Forms::TabPage *  sizeTabPage;
57      private: System::Windows::Forms::RadioButton *  size20RadioButton;
58      private: System::Windows::Forms::RadioButton *  size16RadioButton;
59      private: System::Windows::Forms::RadioButton *  size12RadioButton;
60
61      // tab page containing text display options
62      private: System::Windows::Forms::TabPage *  messageTabPage;
63      private: System::Windows::Forms::RadioButton *  goodByeRadioButton;
64      private: System::Windows::Forms::RadioButton *  helloRadioButton;
65
66      // tab page containing about message
67      private: System::Windows::Forms::TabPage *  aboutTabPage;
68      private: System::Windows::Forms::Label *  messageLabel;
69
70      private:
71         /// <summary>
72         /// Required designer variable.
73         /// </summary>
74         System::ComponentModel::Container * components;
75
76      // Visual Studio .NET generated GUI code
77
78      // event handler for black color radio button
79      private: System::Void blackRadioButton_CheckedChanged(
80                  System::Object *  sender, System::EventArgs *  e)
81               {
82                  displayLabel->ForeColor = Color::Black;
83               }
84
85      // event handler for red color radio button
86      private: System::Void redRadioButton_CheckedChanged(
87                  System::Object *  sender, System::EventArgs *  e)
88               {
89                  displayLabel->ForeColor = Color::Red;
90               }
91
92      // event handler for green color radio button
93      private: System::Void greenRadioButton_CheckedChanged(
94                  System::Object *  sender, System::EventArgs *  e)
95               {
96                  displayLabel->ForeColor = Color::Green;
97               }
98
99      // event handler for size 12 radio button
100     private: System::Void size12RadioButton CheckedChanged(
```

圖 13.36 使用 TabControl 索引標籤控制項來顯示不同字型設定 (第 3 之 2 部分)。

```
101                 System::Object *  sender, System::EventArgs *  e)
102              {
103                 displayLabel->Font =
104                    new Drawing::Font( displayLabel->Font->Name, 12 );
105              }
106
107      // event handler for size 16 radio button
108      private: System::Void size16RadioButton_CheckedChanged(
109                 System::Object *  sender, System::EventArgs *  e)
110              {
111                 displayLabel->Font =
112                    new Drawing::Font( displayLabel->Font->Name, 16 );
113              }
114
115      // event handler for size 20 radio button
116      private: System::Void size20RadioButton_CheckedChanged(
117                 System::Object *  sender, System::EventArgs *  e)
118              {
119                 displayLabel->Font =
120                    new Drawing::Font( displayLabel->Font->Name, 20 );
121              }
122
123      // event handler for message "Hello!" radio button
124      private: System::Void helloRadioButton_CheckedChanged(
125                 System::Object *  sender, System::EventArgs *  e)
126              {
127                 displayLabel->Text = S"Hello!";
128              }
129
130      // event handler for message "Goodbye!" radio button
131      private: System::Void goodByeRadioButton_CheckedChanged(
132                 System::Object *  sender, System::EventArgs *  e)
133              {
134                 displayLabel->Text = S"Goodbye!";
135              }
136      };
137   }
```

圖 13.36　使用 TabControl 索引標籤控制項來顯示不同字型設定 (第 3 之 3 部分)。

依照前述方式，我們建立了物件 **optionsTabControl** (圖 13.36 中的第 47 行)、**colorTabPage** (第 50 行)、**sizeTabPage** (第 56 行)、**messageTabPage** (第 62 行) 和 **aboutTabPage** (第 67 行)。物件 **colorTabPage** 包含三個圓形按鈕，分別代表綠色 (**greenRadioButton**，第 51 行)、紅色 (**redRadioButton**，第 52 行) 和黑色 (**blackRadioButton**，第 53 行)。每一個按鈕的 **CheckChanged** 事件處理常式都會更新在標籤 **displayLabel** 內的文字顏色 (第 82、89 和 96 行)。物件 **sizeTabPage** 有三個圓形按鈕，分別對應字型的大小 20 (**size20RadioButton**，第 57 行)、16 (**size16RadioButton**，第 58 行) 和 12 (**size12RadioButton**，第 59 行)，這些按鈕分別會改變標籤 **displayLabel** 內文字的字型大小，見程式第 103-104 行、第 111-112 行和第 119-120 行。物件 **messageTabPage** 包含

兩個圓形按鈕，分別提供訊息 **"Goodbye!"** (**goodbyeRadioButton**，第 63 行) 和 **"Hello!"** (**helloRadioButton**，第 64 行)。這兩個圓形按鈕決定標籤 **displayLabel** 上所顯示的文字 (第 127 行和 134 行)。

```
 1  // Fig. 13.37: Form1.cpp
 2  // TabControl demonstration.
 3
 4  #include "stdafx.h"
 5  #include "Form1.h"
 6  #include <windows.h>
 7
 8  using namespace UsingTabs;
 9
10  int APIENTRY _tWinMain(HINSTANCE hInstance,
11                         HINSTANCE hPrevInstance,
12                         LPTSTR    lpCmdLine,
13                         int       nCmdShow)
14  {
15     System::Threading::Thread::CurrentThread->ApartmentState =
16        System::Threading::ApartmentState::STA;
17     Application::Run(new Form1());
18     return 0;
19  } // end _tWinMain
```

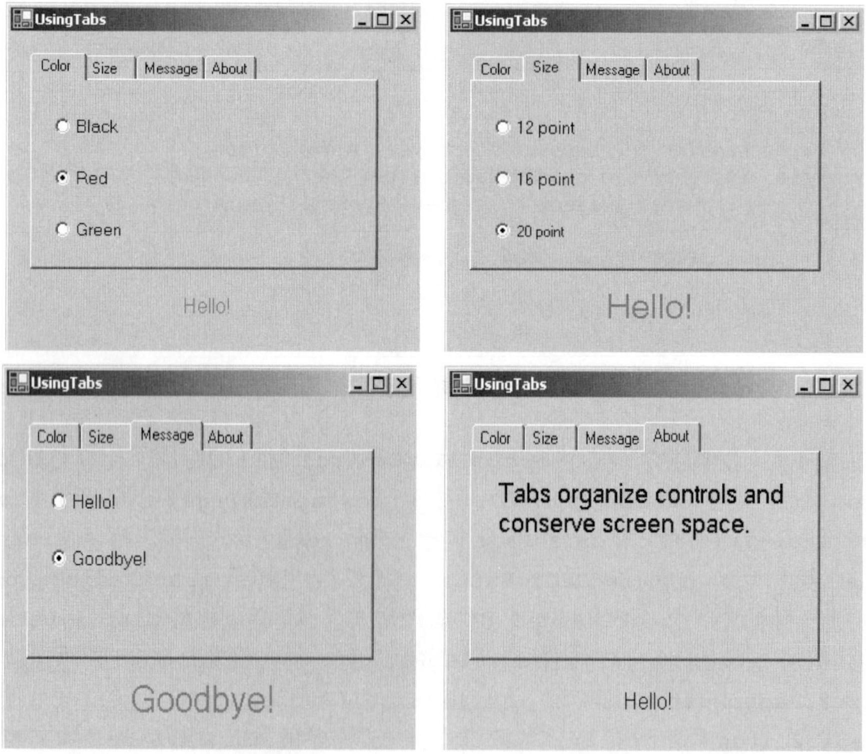

圖 13.37 TabTest 的示範說明。

軟體工程的觀點 13.2

*標籤頁 **TabPage** 可當作一個容器，包含邏輯上的一組圓形按鈕，並且令它們彼此互斥。要將多組圓形按鈕放在同一個 **TabPage** 內，程式設計師必須將這幾組圓形按鈕分別放入各自的面板 **Panel** 或者群組方塊 **GroupBox** 內，然後再放入標籤頁 **TabPage**。*

最後一個標籤頁(圖 13.36 中的第 67 行，**aboutTabPage**)包含一個標籤(第 68 行，**messageLabel**)說明這個索引標籤控制項 **TabControl** 的目的。

13.9 多重文件介面 (MDI) 視窗

在前面幾章，我們只建立了*單一文件介面* (*SDI，single-document-interface*) 的應用程式。這樣的程式(包括「記事本」或「小畫家」)一次只支援開啓一個視窗或者一份文件。若要編輯多份文件，使用者就必須另外開啓同樣的 SDI 應用程式。

多重文件介面 (*MDI, Multiple-document interface*) 的程式 (例如，PaintShop Pro 和 Adobe Photoshop) 可讓使用者一次編輯多份文件。直到現在，我們才提到前面所建立的程式是 SDI 應用程式。我們在此處才加以定義，主要是要強調兩種程式的差別。

MDI 程式的應用程式視窗稱爲*父視窗* (*parent window*)，應用程式內開啓的視窗稱爲*子視窗* (*child window*)。雖然 MDI 應用程式可以有許多子視窗，但是只能有一個父視窗。此外，一次最多只能操作一個子視窗。子視窗本身不能成爲父視窗，也無法移到它們所屬父視窗的外面。否則，子視窗不就像任何其他視窗一樣，能夠自行關閉、最小化和調整大小了嗎？子視窗可以和同一個父視窗的其他子視窗具有不同的功能。例如，某個子視窗可用來編輯圖片，另一個編輯文字，而第三個可以用圖表來顯示網路上的資訊流量，但是都屬於同一個 MDI 的父視窗。圖 13.38 顯示一個 MDI 應用程式的範例。

要建立一個 MDI 表單，只需要先建立一個新的表單，然後將它的屬性 ***IsMDIContainer*** 設定爲 **true**。這個表單的外觀接著就改變了，如圖 13.39 所示。

接著，我們建立一個子表單類別，以便加入這個表單。步驟是在「方案總管」(Solution Explorer) 內的專案名稱上按一下右鍵，選擇「**加入 Windows Form…**」，然後在對話方塊中輸入檔案的名稱。要將子表單加入父表單，我們必須先建立一個新的子表單物件，將它的屬性 **MdiParent** 設爲父表單，然後呼叫方法 **Show**。一般來說，要將子表單加入父表單，需要在父表單的類別中加入下述的程式碼：

```
ChildFormClass *frmChild = new ChildFormClass();
frmChild->MdiParent = frmParent;
frmChild->Show();
```

建立子表單的程式碼通常是出現在事件處理常式中，主要是顯示一個新視窗來回應使用者的動作。通常，利用功能表中的選項(例如，在「**檔案**」(**File**) 下選擇「**新增**」(**New**) 子功能表選項，然後再選擇「**視窗**」(**Window**) 子功能表選項) 來建立新的子視窗。

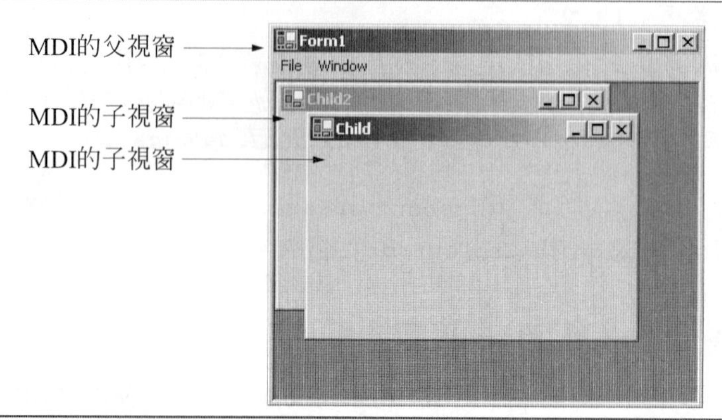

圖 13.38 MDI 的父視窗和 MDI 的子視窗。

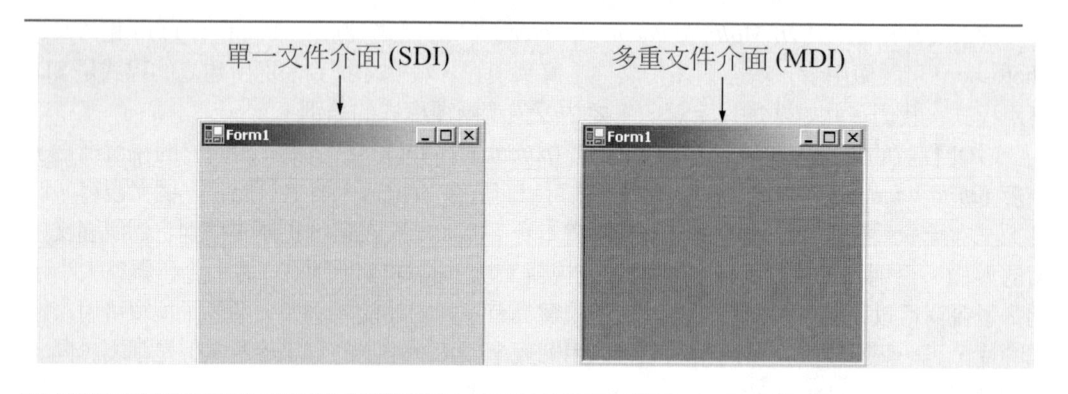

圖 13.39 SDI 和 MDI 表單。

表單 **Form** 的屬性 ***MdiChildren*** 是由一個指向子表單 **Form** 的指標所組成的陣列。當父視窗想要檢查它所有子視窗的狀態時 (例如，在關閉父視窗之前要確定所有的子視窗都已經儲存)，這個指標陣列是很有用處的。屬性 ***ActiveMdiChild*** 會傳回一個指向作用中子視窗的指標；如果沒有開啓任何的子視窗，就會傳回 0。MDI 視窗的其他功能在圖 13.40 中加以描述。

子視窗可以不受其他子視窗和父視窗的影響，自行最小化、最大化和關閉。圖 13.41 顯示兩個圖形，一個包含兩個最小化的子視窗，另一個則包含一個最大化的子視窗。當父視窗最小化或者關閉時，其中的子視窗也隨之最小化或者關閉。請注意，在圖 13.41 中第二個圖形的標題列為「**Parent Window - [Child]**」。當子視窗最大化時，它的標題列會插入父視窗的標題列內。當子視窗最小化或者最大化時，它的標題列會顯示出還原的圖示，按下此按鈕就會把子視窗恢復成先前的大小 (在最小化或者最大化之前的大小)。

父表單和子表單可以有不同的功能表，當開啓某個子視窗時，兩者就會合併。要指定功能表如何合併，程式設計師可以設定每個功能表項目 **MenuItem** 的 ***MergeOrder*** 和 ***MergeType*** 屬性 (見圖 13.3)。當兩個功能表要合併時，屬性 **MergeOrder** 決定功能表項目 **MenuItem** 合併的順序。擁有較低 **MergeOrder** 值的功能表項目 **MenuItem** 會排列在前面。例如，如果功能表 **Menu1** 有項目「**檔案**」(**File**)、「**編輯**」(**Edit**) 和「**視窗**」(**Window**)，它們的順序編號是 0、10 和 20，而功能表 **Menu2** 有項目「**格式**」(**Format**) 和「**檢視**」(**View**)，它們的順序編號是 7 和 15，則合併後的功能表項目的順序為「**檔案**」、「**格式**」、「**編輯**」、「**檢視**」和「**視窗**」。

每個功能表項目 **MenuItem** 個體都有它自己的 **MergeOrder** 屬性。有可能程式需要將兩個具有相同的 **MergeOrder** 數值的功能表項目 **MenuItem** 合併。屬性 **MergeType** 就能解決這種矛盾。

MDI 表單的事件和屬性	**說明/委派和事件引數**
常用 MDI 子表單的屬性	
IsMdiChild	指出表單 **Form** 是否是一個 MDI 子表單。如果是 **true**，表示表單 **Form** 是一個 MDI 子表單 (這是一個唯讀屬性)。
MdiParent	指定子表單的 MDI 父表單。
常用 MDI 父表單的屬性	
ActiveMdiChild	傳回目前作用中的 MDI 子表單 (如果沒有作用中的子表單，就會傳回空參考指標)。
IsMdiContainer	指出某個表單 **Form** 是否是一個 MDI 表單。如果傳回 **true**，表示這個表單 **Form** 是一個 MDI 父表單。預設是 **false**。
MdiChildren	傳回以這個表單為父表單的 MDI 子表單陣列。
常用方法	
LayoutMdi	決定子表單在 **MDI** 父表單內排列的方式。接收列舉 **MdiLayout** 作為參數，可能的值有 **ArrangeIcons**、**Cascade**、**TileHorizontal** 和 **TileVertical**。圖 13.43 顯示這些數值的效果。
常用事件	*(委派* ***EventHandler****，事件引數* ***EventArgs****)*
MdiChildActivate	當關閉或者開啓某個 MDI 子表單時，所產生的事件。

圖 13.40　MDI 父視窗和 MDI 子視窗的事件和屬性。

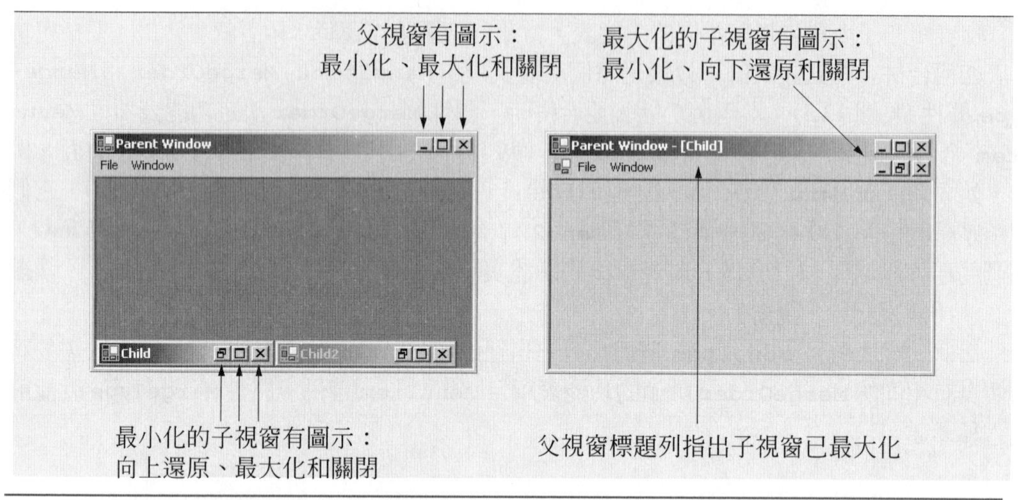

圖 13.41　最小化和最大化的子視窗。

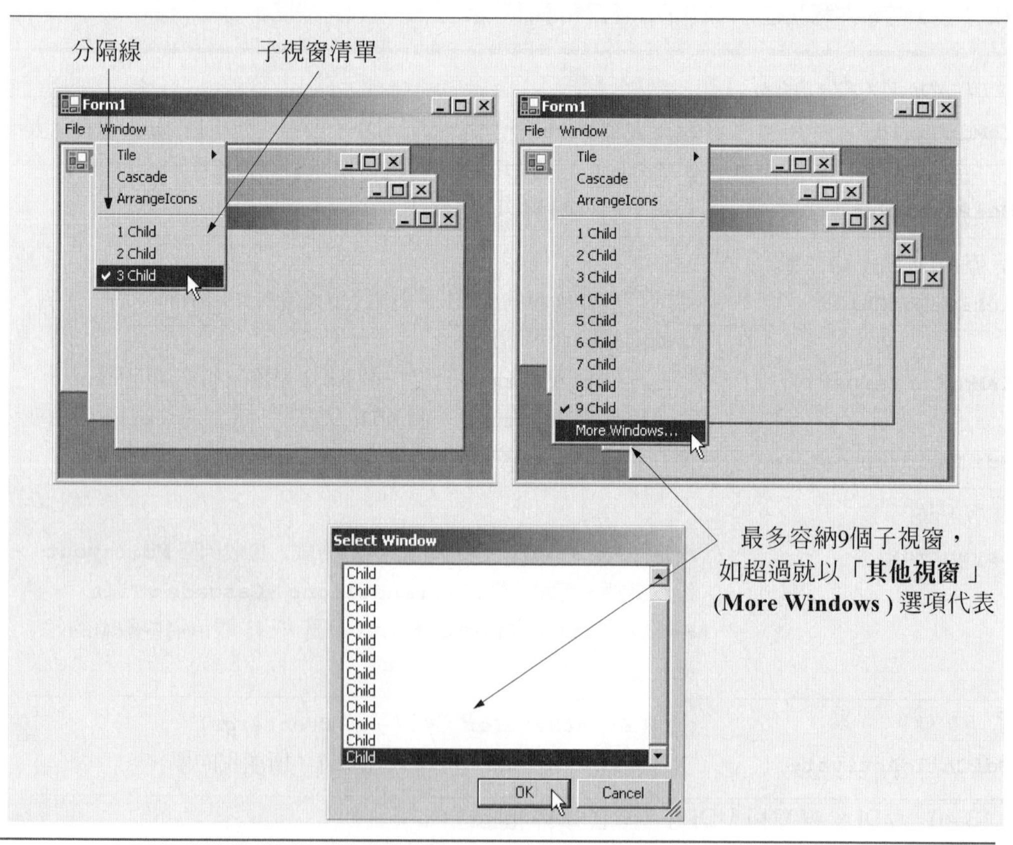

圖 13.42　功能表項目 MenuItem 屬性 MdiList 範例。

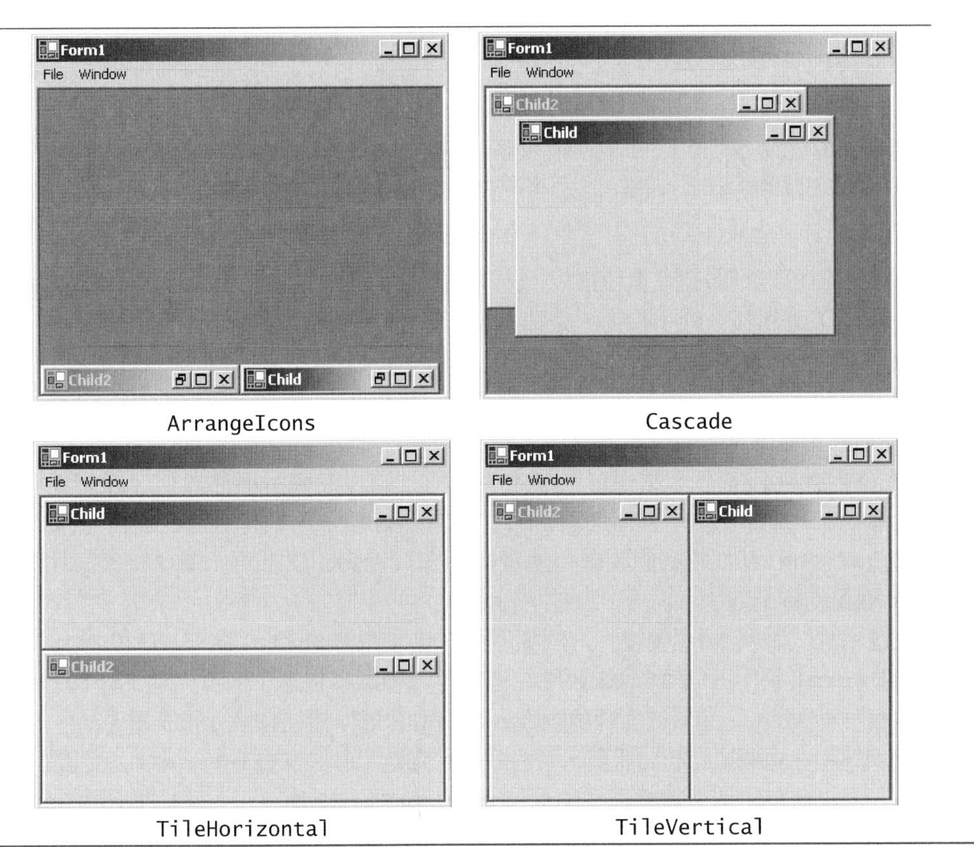

圖 13.43　MdiLayout 列舉值的排列效果。

屬性 **MergeType** 接受一個 ***MenuMerge*** 列舉值，並依據此值決定一群中有兩個具有相同 **MergeOrder** 的功能表項目，在合併時應該顯示那些功能表項目。具有 **MenuMerge** 列舉值 ***Add*** 的功能表項目會被加入它的父視窗功能表，成爲功能表列上的新功能。(父視窗的功能表項目排列在前面。) 如果子表單的功能表項目具有 **MenuMerge** 列舉值 ***Replace***，在合併時它會嘗試取代父表單上對應的功能表項目。子表單的功能表具有列舉值 ***MergeItems*** 時，就會將它的功能表項目與父表單的對應功能表合併在一起。(如果父功能表和子功能表原來位於各自表單的相同位置，則它們的子功能表會合併成一個大的功能表)。子表單的功能表項目具有列舉值 ***Remove*** 時，當它的功能表項目與父表單合併時，就會被移除。

.NET Framework 提供一個屬性，讓你能夠記錄在 MDI 容器內開啓了那些子視窗。類別 **MenuItem**的屬性***MdiList***(爲布林值)，可決定某個功能項目是否顯示出已開啓子視窗的清單。這份清單會出現在該功能表的底部，前面以一條分隔線和其他項目隔開 (見圖 13.42 中的第一個畫面)。當開啓新的子視窗時，就會在清單內加上一項。預設在開啓的子視窗數目達到九個或更多時，清單就會加上「**其他視窗…**」(**More Windows…**) 的選項，讓使用者可以使用捲軸從清單中選取一個子視窗。多個功能表項目 **MenuItem** 都可以設定它們自己的

MdiList 屬性；如此每一個都能顯示已開啓子視窗的清單。

良好的程式設計習慣 13.1

*當建立 MDI 應用程式時，加入功能表項目，可將其 **MdiList** 屬性設為 **true**。這樣可以幫助使用者快速選擇所要的子視窗，而不需要從父視窗開始搜尋。這項功能一般會出現在**視窗**功能表。*

MDI 容器視窗可以讓開發者重新排列子視窗的位置。呼叫父表單的 ***LayoutMdi*** 方法，可以重新排列 MDI 應用程式的子視窗。方法 **LayoutMdi** 接收的 ***MdiLayout*** 列舉值有—***ArrangeIcons***、***Cascade***、***TileHorizontal*** 或 ***TileVertical***。*並列視窗* (Tiled windows) 會佔滿整個父視窗，而彼此不會重疊；這些視窗可以水平並列 (設定值爲 **TileHorizontal**) 或者垂直並列 (設定值爲 **TileVertical**)。*重疊排列視窗* (Cascaded windows) 設定值爲 **Cascade**，彼此會重疊排列，每一個視窗同樣大小，而且儘可能顯示出標題列。設定值 **ArrangeIcons** 可以將最小化的子視窗加以排列。如果最小化的子視窗散在父視窗的各處，設定值 **ArrangeIcons** 可以將它們收攏，整齊排列在父視窗的左下角。圖 13.43 說明列舉 **MdiLayout** 數值的排列效果。

下一個應用程式說明 MDI 視窗。這個應用程式包含類別 **Child** (圖 13.44) 和 **Form1** (圖 13.45)。類別 **Form1** 使用三個 **Child** 類別的個體，每一個都包含一個圖片框 **PictureBox** 和一個影像檔。而 MDI 父表單包含的功能表，讓使用者可以建立和排列子表單。

MDI 父表單包含兩個頂層的功能表。第一個功能表是 **"File"** (**fileMenuItem**，圖 13.45 中的第 45 行)，包含有兩個子功能表 **"New"** (**newMenuItem**，第 46 行) 和 **"Exit"** (**exitMenuItem**，第 50 行)。第二個功能表是 **"Format"** (**formatMenuItem**，第 51 行)，提供選項排列 MDI 子視窗，加上已開啓的 MDI 子視窗清單。

在「屬性」視窗，我們將表單 **Form1** 的屬性 **IsMdiContainer** 設定爲 **True**，讓 **Form1** 成爲一個 MDI 父表單。接著，將功能表項目 **formatMenuItem** 的屬性 **MdiList** 設定爲 **True**。這樣就可以讓 **formatMenuItem** 列出開啓的 MDI 子視窗。

功能表項目 **"Cascade"** (**cascadeMenuItem**，圖 13.45 中的第 52 行) 有一個事件處理常式 (**cascadeMenuItem_Click**，第 105-109 行)，可以將子視窗重疊排列。這個事件處理常式呼叫方法 **LayoutMdi**，並傳入引數 **MdiLayout::Cascade** (第 108 行)。

功能表項目 **"Tile Horizontal"** (**tileHorizontalMenuItem**，第 53 行) 有一個事件處理常式 (**tileHorizontalMenuItem_Click**，第 112-116 行)，可以水平並列方式排列子視窗。這個事件處理常式呼叫方法 **LayoutMdi**，並傳入引數 **MdiLayout::TileHorizontal** (第 115 行)。

最後，功能表項目 **"Tile Vertical"** (**tileVerticalMenuItem**，第 54 行) 有一個事件處理常式 (**tileVerticalMenuItem_Click**，第 119-123 行)，可以垂直並列方式排列子視窗。這個事件處理常式呼叫方法 **LayoutMdi**，並傳入引數 **MdiLayout::TileVertical** (第 122 行)。

```
1   // Fig. 13.44: Child.h
2   // Child window of MDI parent.
3
4   #pragma once
5
6   using namespace System;
7   using namespace System::ComponentModel;
8   using namespace System::Collections;
9   using namespace System::Windows::Forms;
10  using namespace System::Data;
11  using namespace System::Drawing;
12  using namespace System::IO;
13
14  namespace UsingMDI
15  {
16     /// <summary>
17     /// Summary for Form1
18     ///
19     /// WARNING: If you change the name of this class, you will need to
20     ///          change the 'Resource File Name' property for the managed
21     ///          resource compiler tool associated with all .resx files
22     ///          this class depends on.  Otherwise, the designers will not
23     ///          be able to interact properly with localized resources
24     ///          associated with this form.
25     /// </summary>
26     public __gc class Child : public System::Windows::Forms::Form
27     {
28     public:
29        Child( String *title, String *fileName )
30        {
31           this->pictureBox = new PictureBox();
32           Text = title;  // set title text
33
34           InitializeComponent();
35
36           // set image to display in pictureBox
37           pictureBox->Image = Image::FromFile( String::Concat(
38              Directory::GetCurrentDirectory(), fileName ) );
39        }
40
41     protected:
42        void Dispose(Boolean disposing)
43        {
44           if (disposing && components)
45           {
46              components->Dispose();
47           }
48           __super::Dispose(disposing);
49        }
50     private: System::Windows::Forms::PictureBox *  pictureBox;
51
52     private:
```

圖 13.44　MDI 父視窗的子視窗 (第 2 之 1 部分)。

```
53          /// <summary>
54          /// Required designer variable.
55          /// </summary>
56          System::ComponentModel::Container* components;
57
58       // Visual Studio .NET generated GUI code
59       };
60    }
```

圖 13.44　MDI 父視窗的子視窗 (第 2 之 2 部分)。

```
1     // Fig. 13.45: Form1.h
2     // Demonstrating use of MDI parent and child windows.
3
4     #pragma once
5
6     #include "Child.h"
7
8     namespace UsingMDI
9     {
10       using namespace System;
11       using namespace System::ComponentModel;
12       using namespace System::Collections;
13       using namespace System::Windows::Forms;
14       using namespace System::Data;
15       using namespace System::Drawing;
16
17       /// <summary>
18       /// Summary for Form1
19       ///
20       /// WARNING: If you change the name of this class, you will need to
21       ///          change the 'Resource File Name' property for the managed
22       ///          resource compiler tool associated with all .resx files
23       ///          this class depends on.  Otherwise, the designers will not
24       ///          be able to interact properly with localized resources
25       ///          associated with this form.
26       /// </summary>
27       public __gc class Form1 : public System::Windows::Forms::Form
28       {
29       public:
30          Form1(void)
31          {
32             InitializeComponent();
33          }
34
35       protected:
36          void Dispose(Boolean disposing)
37          {
38             if (disposing && components)
39             {
40                components->Dispose();
41             }
42             __super::Dispose(disposing);
```

圖 13.45　MDI 視窗和子視窗的用法示範說明 (第 3 之 1 部分)。

```
43          }
44       private: System::Windows::Forms::MainMenu *  mainMenu1;
45       private: System::Windows::Forms::MenuItem *  fileMenuItem;
46       private: System::Windows::Forms::MenuItem *  newMenuItem;
47       private: System::Windows::Forms::MenuItem *  child1MenuItem;
48       private: System::Windows::Forms::MenuItem *  child2MenuItem;
49       private: System::Windows::Forms::MenuItem *  child3MenuItem;
50       private: System::Windows::Forms::MenuItem *  exitMenuItem;
51       private: System::Windows::Forms::MenuItem *  formatMenuItem;
52       private: System::Windows::Forms::MenuItem *  cascadeMenuItem;
53       private: System::Windows::Forms::MenuItem *  tileHorizontalMenuItem;
54       private: System::Windows::Forms::MenuItem *  tileVerticalMenuItem;
55
56       private:
57          /// <summary>
58          /// Required designer variable.
59          /// </summary>
60          System::ComponentModel::Container * components;
61
62       // Visual Studio .NET generated GUI code
63
64       // create Child 1 when menu clicked
65       private: System::Void child1MenuItem_Click(
66                   System::Object *  sender, System::EventArgs *  e)
67                {
68                   // create new child
69                   Child *formChild = new Child( S"Child 1",
70                      S"\\images\\csharphtp1.jpg" );
71                   formChild->MdiParent = this;   // set parent
72                   formChild->Show();             // display child
73                } // end method child1MenuItem_Click
74
75       // create Child 2 when menu clicked
76       private: System::Void child2MenuItem_Click(
77                   System::Object *  sender, System::EventArgs *  e)
78                {
79                   // create new child
80                   Child *formChild = new Child( S"Child 2",
81                      S"\\images\\pythonhtp1.jpg" );
82                   formChild->MdiParent = this;   // set parent
83                   formChild->Show();             // display child
84                } // end method child2MenuItem_Click
85
86       // create Child 3 when menu clicked
87       private: System::Void child3MenuItem_Click(
88                   System::Object *  sender, System::EventArgs *  e)
89                {
90                   // create new child
91                   Child *formChild = new Child( S"Child 3",
92                      S"\\images\\vbnethtp2.jpg" );
93                   formChild->MdiParent = this;   // set parent
94                   formChild->Show();             // display child
95                } // end method child3MenuItem_Click
```

圖 13.45　MDI 視窗和子視窗的用法示範說明 (第 3 之 2 部分)。

```
96
97      // exit application
98      private: System::Void exitMenuItem_Click(
99                  System::Object *  sender, System::EventArgs *  e)
100              {
101                 Application::Exit();
102              } // end method exitMenuItem_Click
103
104     // set cascade layout
105     private: System::Void cascadeMenuItem_Click(
106                 System::Object *  sender, System::EventArgs *  e)
107              {
108                 this->LayoutMdi( MdiLayout::Cascade );
109              } // end method cascadeMenuItem_Click
110
111     // set TileHorizontal layout
112     private: System::Void tileHorizontalMenuItem_Click(
113                 System::Object *  sender, System::EventArgs *  e)
114              {
115                 this->LayoutMdi( MdiLayout::TileHorizontal );
116              } // end method tileHorizontalMenuItem_Click
117
118     // set TileVertical layout
119     private: System::Void tileVerticalMenuItem_Click(
120                 System::Object *  sender, System::EventArgs *  e)
121              {
122                 this->LayoutMdi( MdiLayout::TileVertical );
123              } // end method tileVerticalMenuItem_Click
124     };
125  }
```

圖 13.45　MDI 視窗和子視窗的用法示範說明 (第 3 之 3 部分)。

```
1   // Fig. 13.46: Form1.cpp
2   // Main application.
3
4   #include "stdafx.h"
5   #include "Form1.h"
6   #include <windows.h>
7
8   using namespace UsingMDI;
9
10  int APIENTRY _tWinMain(HINSTANCE hInstance,
11                         HINSTANCE hPrevInstance,
12                         LPTSTR    lpCmdLine,
13                         int       nCmdShow)
14  {
15     System::Threading::Thread::CurrentThread->ApartmentState =
16        System::Threading::ApartmentState::STA;
17     Application::Run(new Form1());
18     return 0;
19  } // end _tWinMain
```

圖 13.46　MDI 視窗的示範說明 (第 3 之 1 部分)。

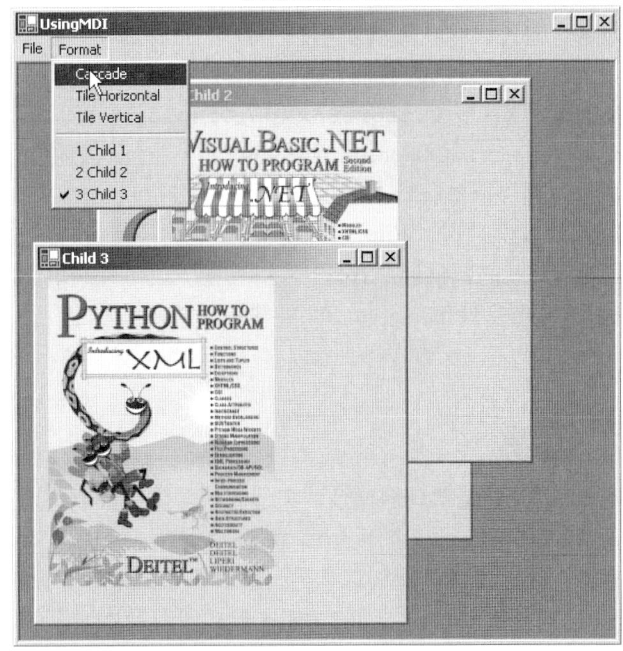

圖 13.46　MDI 視窗的示範說明 (第 3 之 2 部分)。

圖 13.46 MDI 視窗的示範說明 (第 3 之 3 部分)。

要定義 MDI 應用程式的子視窗類別，在「**方案總管**」(Solution Explorer) 內的專案名稱上按一下右鍵，選擇「**加入**」和「**加入新項目…**」。在出現的對話方塊中選擇 **"Windows Form (.NET)"**，然後輸入新類別的名稱 `Child` (圖 13.44)。

接著，我們新增一個圖片框 `PictureBox` (`picDisplay`，第 31 行) 到表單 `Child` 上。建構式會呼叫方法 `InitializeComponent` (第 34 行)，並且初始化這個表單的標題 (第 32 行)，然後將影像顯示在圖片框 `PictureBox` 中 (第 37-38 行)。

每當使用者從 MDI 父表單的 **"File"** 功能表選取新的子視窗時，父表單 (圖 13.45 和圖 13.46) 就會建立類別 `Child` 的新個體。在圖 13.45 中第 65-95 行的事件處理常式就會建立新的子表單，其中都包含一個影像檔案。每一個事件處理常式都會建立一個新的子表單個體，將它的屬性 `MdiParent` 設定為父表單，然後呼叫方法 `Show` 來顯示子視窗。

13.10 視覺化繼承

在第 9 章，我們曾討論過如何繼承其他類別，來建立新類別。我們也可以使用繼承方式來建立能夠顯示 GUI 介面的表單 `Form`，因為類別 `Form` 也是衍生自類別 `System::Windows::Forms::Form`。視覺化繼承讓我們能夠繼承另一個表單 `Form`，來建立新的表單 `Form`。衍生的 `Form` 類別包含它的基本 `Form` 類別的功能，包括所有基本類別的屬性、方法、變數和控制項。衍生類別也繼承了所有的視覺外觀，例如，大小、元件的排列、GUI 元件之間的間隔、顏色和字型，都來自於它的基本類別。

視覺化繼承可以讓開發者重複使用程式碼，使不同的應用程式有一致的外觀。例如，公司可以定義一個基本表單，其中有產品的商標、固定的背景顏色、事先定義的功能表列和其他的元件。程式設計師在整個應用程式裡都可以使用這個基本表單，以保持一貫性和產品的標誌。

類別 **VisualInheritance** (圖 13.47) 我們當作基本類別的表單，用來說明視覺化繼承。這個 GUI 介面包含兩個標籤，其中一個標示 **"Bugs, Bugs, Bugs"**，另一個則標示 **"Copyright 2004, by Bug2Bug.com."**，以及一個按鈕 (標示文字為 **"Learn More"**)。當使用者按下 **"Learn More"** 按鈕時，就會叫用方法 **learnMoreButton_Click** (第 57-64 行)。這個方法會顯示一個訊息方塊，能夠提供一些資訊。

```
1   // Fig. 13.47: VisualInheritance.h
2   // Base Form for use with visual inheritance.
3
4   #pragma once
5
6   using namespace System;
7   using namespace System::ComponentModel;
8   using namespace System::Collections;
9   using namespace System::Windows::Forms;
10  using namespace System::Data;
11  using namespace System::Drawing;
12
13
14  namespace VisualInheritance
15  {
16
17     /// <summary>
18     /// Summary for VisualInheritance
19     ///
20     /// WARNING: If you change the name of this class, you will need to
21     ///          change the 'Resource File Name' property for the managed
22     ///          resource compiler tool associated with all .resx files
23     ///          this class depends on.  Otherwise, the designers will not
24     ///          be able to interact properly with localized resources
25     ///          associated with this form.
26     /// </summary>
27     public __gc class VisualInheritance :
28        public System::Windows::Forms::Form
29     {
30     public:
31        VisualInheritance(void)
32        {
33           InitializeComponent();
34        }
35
36     protected:
37        void Dispose(Boolean disposing)
```

圖 13.47　類別 VisualInheritance 繼承自類別 Form，包含一個按鈕標示為 (Learn More) (第 2 之 1 部分)。

```
38          {
39             if (disposing && components)
40             {
41                components->Dispose();
42             }
43             __super::Dispose(disposing);
44          }
45       private: System::Windows::Forms::Label *  bugsLabel;
46       private: System::Windows::Forms::Button *  learnMoreButton;
47       private: System::Windows::Forms::Label *  label1;
48
49       private:
50          /// <summary>
51          /// Required designer variable.
52          /// </summary>
53          System::ComponentModel::Container * components;
54
55       // Visual Studio .NET generated GUI code
56
57       private: System::Void learnMoreButton_Click(
58                   System::Object *  sender, System::EventArgs *  e)
59                {
60                   MessageBox::Show(
61                      S"Bugs, Bugs, Bugs is a product of Bug2Bug.com.",
62                      S"Learn More", MessageBoxButtons::OK,
63                      MessageBoxIcon::Information );
64                } // end method learnMoreButton_Click
65       };
66    }
```

圖 13.47　類別 VisualInheritance 繼承自類別 Form，包含一個按鈕標示為 (Learn More) (第 2 之 2 部分)。

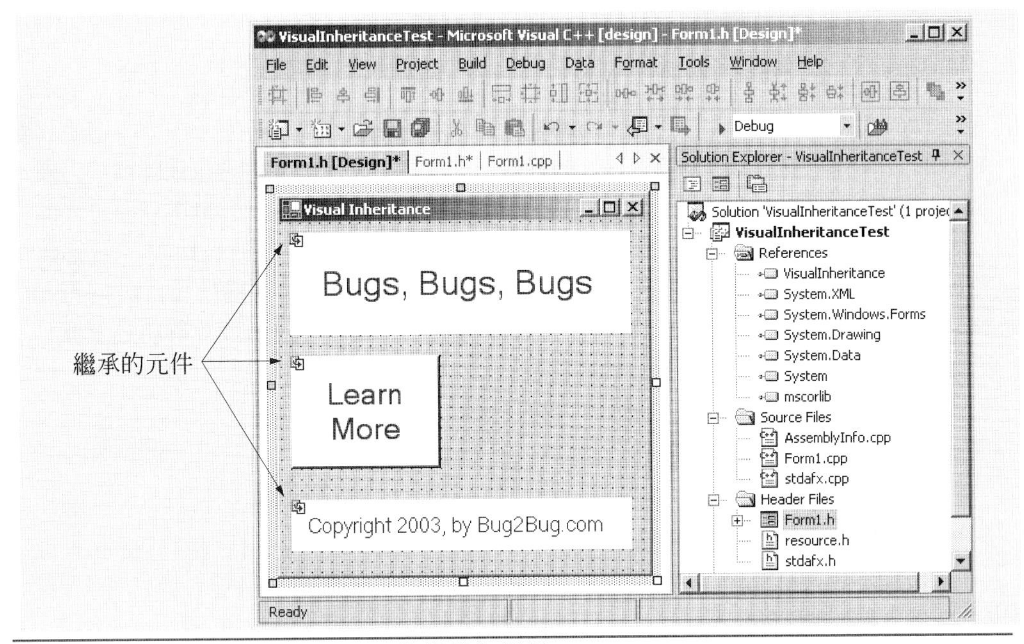

圖 13.48　「表單設計工具」顯示的視覺化繼承。

要讓另一個表單繼承類別 **`VisualInheritance`**，我們必須將這個類別包裝成動態連結程式庫 (DLL，Dynamic-Link Library)。首先建立一個「**類別庫 (.NET)**」(**Class Library (.NET)**) 型態的專案，並且命名為 **`VisualInheritance`**。接著，在「**方案總管**」(**Solution Explorer**) 內的檔案 **`VisualInheritance.h`** 和 **`VisualInheritance.cpp`** 上按一下右鍵，選擇「**移除**」(**Remove**)。就能將這些檔案從專案資料夾移除。然後，在「方案總管」內的 **`VisualInheritance`** 專案上按一下右鍵，選擇「**加入**」>「**加入新項目…**」。可將名稱為 **`VisualInheritance`** 的 **Windows Form (.NET)** 表單加入專案。使用「**表單設計工具**」(**Form Designer**) 修改表單，以符合圖 13.47 的情形。然後，將這個專案建置成組件 **`VisualInheritance.dll`**，其中包含了 **`VisualInheritance`** 類別。

要透過視覺化繼承方式建立衍生表單，必須先建立一個「**Windows Forms 應用程式 (.NET)**」(**Windows Forms Application (.NET)**) 種類的專案，並且命名為 **`VisualInheritanceTest`**。在這個專案的表單能夠繼承 **`VisualInheritance`** 類別之前，必須先設定一個指向 **`VisualInheritance`** 組件的參考。要加入這個參考，可在「**方案總管**」內的 **`VisualInheritanceTest`** 專案上按一下右鍵，選擇「**加入 Web 參考…**」。使用「**瀏覽…**」按鈕，找到並且選取 **`VisualInheritance.dll`** (在 **`VisualInheritance`** 專案的 **`Debug`** 目錄下)，然後按一下「加入參考」按鈕，就可將這項資源加入專案中。在加入參考後，必須再加入 **`using`** 指示詞，通知編譯器我們將會使用命名空間 **`VisualInheritance`** 的類別 (圖 13.49 中的第 15 行)。然後將下面這行程式碼

```
public __gc class Form1 : public System::Windows::Forms::Form
```

修改成

```
public __gc class Form1 : public VisualInheritance
```

指出類別 **Form1** 是直接繼承自類別 **VisualInheritance**。圖 13.48 顯示在完成這些改變後，繼承的表單出現在「**表單設計工具**」的外觀。請注意，繼承的元件會以箭號標示出來。

圖 13.49 中的類別 **Form1** 繼承自類別 **VisualInheritance**。這個 GUI 介面包含繼承自類別 **VisualInheritance** 的元件，另外還有加入類別 **Form1** 的按鈕，上面標示 **"Learn The Program"**。當使用者按下這個 **"Learn The Program"** 按鈕時，就會叫用方法 **learnProgramButton_Click**（圖 13.49 的第 55-62 行）。這個方法會顯示一個簡單的訊息方塊。

```
1  // Fig. 13.49: Form1.h
2  // Derived Form using visual inheritance.
3
4  #pragma once
5
6
7  namespace VisualInheritanceTest
8  {
9     using namespace System;
10    using namespace System::ComponentModel;
11    using namespace System::Collections;
12    using namespace System::Windows::Forms;
13    using namespace System::Data;
14    using namespace System::Drawing;
15    using namespace VisualInheritance;
16
17    /// <summary>
18    /// Summary for Form1
19    ///
20    /// WARNING: If you change the name of this class, you will need to
21    ///          change the 'Resource File Name' property for the managed
22    ///          resource compiler tool associated with all .resx files
23    ///          this class depends on.  Otherwise, the designers will not
24    ///          be able to interact properly with localized resources
25    ///          associated with this form.
26    /// </summary>
27    public __gc class Form1 : public VisualInheritance
28    {
29    public:
30       Form1(void)
31       {
32          InitializeComponent();
33       }
34
35    protected:
36       void Dispose(Boolean disposing)
37       {
38          if (disposing && components)
```

圖 13.49　類別 Form1 繼承自類別 VisualInheritance，其中有一個額外的按鈕（第 2 之 1 部分）。

```
39            {
40               components->Dispose();
41            }
42            __super::Dispose(disposing);
43         }
44      private: System::Windows::Forms::Button *  learnProgramButton;
45
46      private:
47         /// <summary>
48         /// Required designer variable.
49         /// </summary>
50         System::ComponentModel::Container * components;
51
52      // Visual Studio .NET generated GUI code
53
54      // invoke when user clicks Learn the Program Button
55      private: System::Void learnProgramButton_Click(
56                 System::Object *  sender, System::EventArgs *  e)
57              {
58                 MessageBox::Show(
59                    S"This program was created by Deitel & Associates.",
60                    S"Learn the Program", MessageBoxButtons::OK,
61                    MessageBoxIcon::Information );
62              } // end method learnProgramButton_Click
63      };
64   }
```

圖 13.49　類別 Form1 繼承自類別 VisualInheritance，其中有一個額外的按鈕 (第 2 之 2 部分)。

圖 13.50 說明基本類別 **VisualInheritance** (圖 13.47) 的元件、版面配置和功能都被 **Form1** 繼承。如果使用者按一下 **"Learn More"** 按鈕，基本類別的事件處理常式 **learnMoreButton_Click** 就會顯示一個訊息方塊 **MessageBox**。

13.11　使用者自訂控制項

.NET Framework 讓程式設計師能夠建立*自訂控制項* (*custom controls*)，可以放在使用者的「工具箱」內，就如同**按鈕** (**Button**)、**標籤** (**Label**) 和其他事先定義的控制項一樣，可以加入**表單** (**Form**)、**畫板** (**Panel**) 或者**群組方塊** (**GroupBox**)。建立自訂控制項的最簡單方式，就是從一個現有的 Windows Forms 控制項 (例如，**標籤 Label**) 衍生出一個類別。如果程式設計師希望在自訂控制項中仍維持現有控制項的功能，而不需要重新設計現有功能和新功能，則這種衍生方式很有用。例如，我們能夠建立一個新型態的標籤，操作就像一般的 **Label**，但是有不同的外觀。我們可以從類別 **Label** 繼承和改寫 **OnPaint** 方法，就可以做到。

```
 1  // Fig. 13.50: Form1.cpp
 2  // Entry point for application.
 3
 4  #include "stdafx.h"
 5  #include "Form1.h"
 6  #include <windows.h>
 7
 8  using namespace VisualInheritanceTest;
 9
10  int APIENTRY _tWinMain(HINSTANCE hInstance,
11                         HINSTANCE hPrevInstance,
12                         LPTSTR    lpCmdLine,
13                         int       nCmdShow)
14  {
15     System::Threading::Thread::CurrentThread->ApartmentState =
16        System::Threading::ApartmentState::STA;
17     Application::Run(new Form1());
18     return 0;
19  } // end _tWinMain
```

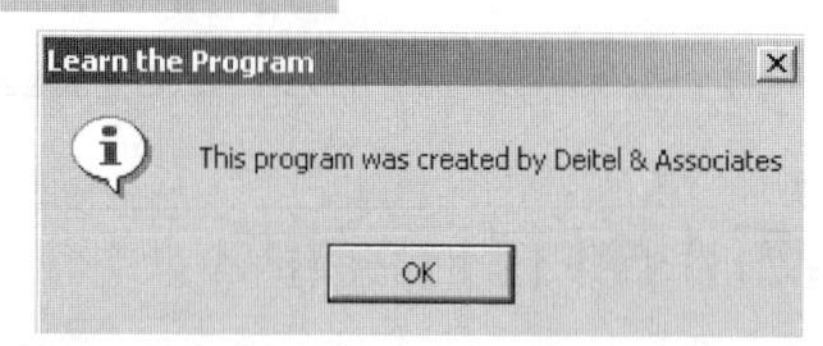

圖 13.50　視覺化繼承的示範說明。

感視介面的觀點 13.6

*要改變任何控制項的外觀，只需要改寫 **OnPaint** 方法。*

所有的控制項都包含有 ***OnPaint*** 方法，系統需要重繪元件時就會呼叫這個方法，這種需要重繪的情形有幾種，例如，調整元件大小。傳給方法 **OnPaint** 的是 ***PaintEventArgs*** 物件，此物件包含有關圖形方面的資訊，其中屬性 ***Graphics*** 是用來在控制項上繪圖的繪圖物件，而屬性 ***ClipRectangle*** 則定義了控制項的方框 (rectangular boundary)。每當系統產生 **Paint** 事件時 (例如呼叫了方法 **OnPaint**)，控制項的基本類別就會捕捉這個事件。當控制項需要重繪時，就會產生 ***Paint*** 事件。透過多型機制，就會呼叫控制項的 **OnPaint** 方法。如果新控制項需要執行基本類別的 **OnPaint** 方法的程式碼，則新控制項的 **OnPaint** 方法必須明確的呼叫基本類別的 **OnPaint** 方法。這個動作通常是改寫 **OnPaint** 方法的第一個敘述式。

要利用現有控制項來建立新控制項，請使用 ***UserControl*** 類別。加入自訂控制項的控制項，我們稱爲「**組成控制項**」(**constituent controls**)。例如，程式設計師可以建立一個自訂控制項 **UserControl**，是由按鈕、標籤和文字方塊組成，它們每一個都具有某個功能性 (例如，按鈕將文字方塊內的文字指定給標籤)。自訂控制項 **UserControl** 成爲這些加入控制項的容器。自訂控制項 **UserControl** 無法決定它的組成控制項如何繪製。在這些自訂控制項中無法改寫 **OnPaint** 方法，它們的外觀只能依靠改變每一個組成控制項的 **Paint** 事件才能修改。我們將 **PaintEventArgs** 物件傳給 **Paint** 事件處理常式，這個物件可用來在組成控制項上繪製圖形 (直線、矩形等)。

程式設計師也能從類別 **Control** 繼承，來建立一個全新的控制項。這個類別並不會定義任何特殊的性能，這項工作是留給程式設計師去煩惱。然而，類別需要處理所有與控制項有關的事務，例如，事件和調整大小的處理。方法 **OnPaint** 必須保持呼叫基本類別 **OnPaint** 方法的機制，因爲這個方法才會呼叫 **Paint** 事件處理常式。程式設計師在改寫的 **OnPaint** 方法內，加入有關自訂圖形的程式碼。這項技術可以有很大的彈性，但是仍需要仔細的計畫。所有三種方案都摘要列在圖 13.51 中。

自訂控制項技術和 **PaintEventArgs** 屬性	說明
繼承 Windows Forms 控制項	在現存控制項增加功能。如果改寫 **OnPaint** 方法，必須呼叫基本類別的 **OnPaint** 方法。只能在原有控制項增加功能，而不是重新設計它。
建立自訂控制項 **UserControl**	由幾個現有的控制項組成自訂控制項 **UserControl** (也合併它們的功能)。不可改寫自訂控制項的 **OnPaint** 方法。而是將繪圖程式碼放在 **Paint** 事件處理常式。只能改變原有控制項的外觀，而不是重新設計。
繼承類別 **Control**	定義一個全新的控制項。改寫 **OnPaint** 方法，呼叫基本類別的 **OnPaint** 方法，並且加入繪製控制項的繪圖方法。可以自訂控制項的外觀和功能。
PaintEventArgs 屬性	在方法 **OnPaint** 或者 **Paint** 內使用這個物件，以便在控制項上繪圖。
Graphics	指定控制項的繪圖物件。用來在控制項上繪圖。
ClipRectangle	指定控制項的週框。

圖 13.51　建立自訂控制項的技術。

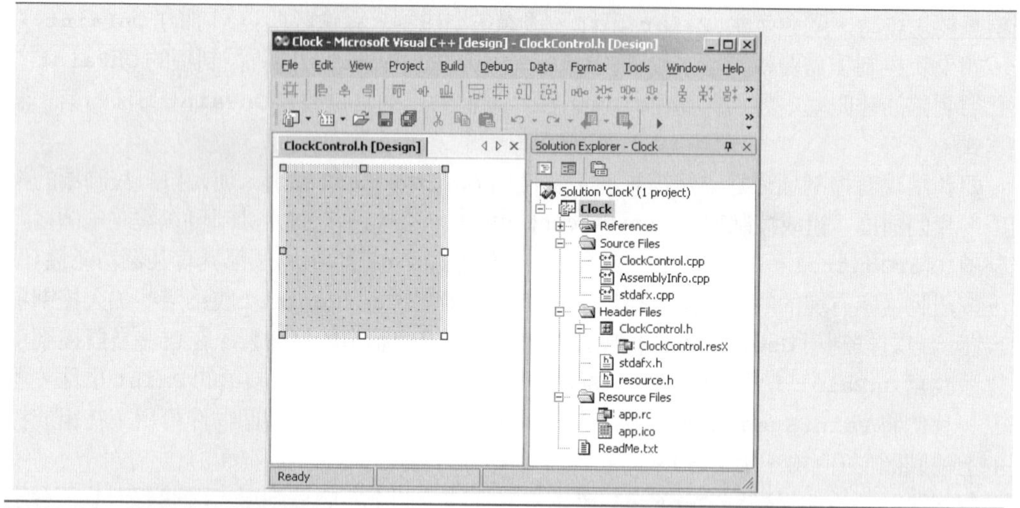

圖 13.52　建立自訂控制項。

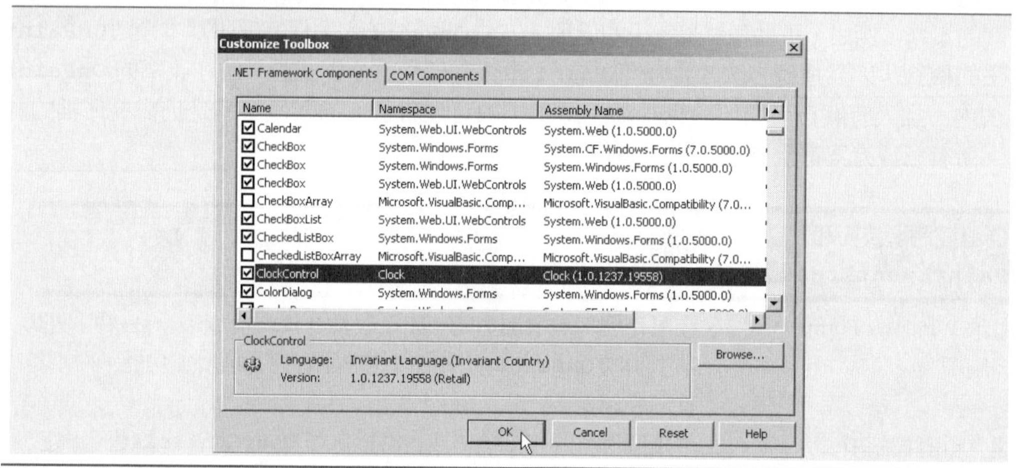

圖 13.53　將自訂控制項加入「工具箱」(ToolBox)。

我們在圖 13.55 中建立一個「時鐘」控制項。這是一個利用標籤和計時器組成的自訂控制項 **UserControl**，只要計時器產生一個事件，標籤就會更新，顯示目前的時間。

計時器 ***Timer*** (屬於命名空間 **System::Windows::Forms**) 是一個停駐在表單的隱藏元件，在設定時間間隔就會產生 ***Tick*** 事件。這個時間間隔是由計時器 **Timer** 的屬性 ***Interval*** 設定，定義每隔多少毫秒 (千分之一秒) 發生一次事件。計時器預設是關閉的 (也就是不運作)。

我們也建立了一個表單 **Form**，來顯示我們的自訂控制項 **ClockControl** (圖 13.55)。要建立一個能夠在其他方案使用的自訂控制項 **UserControl**，必須依照下述步驟執行：

1. 首先建立一個「**Windows 控制項程式庫**」(**Windows Control Library (.NET)**) 型態的專案。

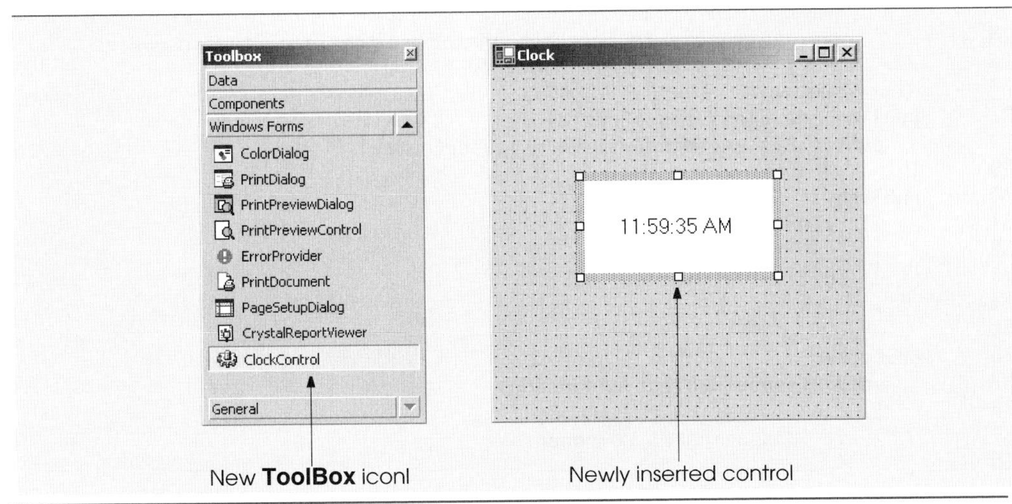

圖 13.54 將自訂控制項加入「工具箱」(ToolBox) 和表單 Form。

2. 在專案中，將控制項和功能加入 **UserControl** (圖 13.52)。
3. 建置這個專案。Visual Studio .NET 會建立這個自訂控制項 **UserControl** 的 **.dll** 檔案，放在專案的 **Debug** 目錄下。
4. 建立一個「**Windows Forms 應用程式**」(**Windows Forms Application (.NET)**) 型態的新專案。

```
1  // Fig. 13.55: ClockControl.h
2  // User-defined control with a timer and a label.
3
4  #pragma once
5
6  using namespace System;
7  using namespace System::ComponentModel;
8  using namespace System::Collections;
9  using namespace System::Windows::Forms;
10 using namespace System::Data;
11 using namespace System::Drawing;
12
13
14 namespace Clock
15 {
16    /// <summary>
17    /// Summary for ClockControl
18    /// </summary>
19    ///
20    /// WARNING: If you change the name of this class, you will need to
21    ///          change the 'Resource File Name' property for the managed
22    ///          resource compiler tool associated with all .resx files
23    ///          this class depends on.  Otherwise, the designers will not
```

圖 13.55 可以顯示目前時間的程式設計師自訂控制項 (第 2 之 1 部分)。

```
24       ///          be able to interact properly with localized resources
25       ///          associated with this form.
26       /// </summary>
27       public __gc class ClockControl :
28          public System::Windows::Forms::UserControl
29       {
30       public:
31          ClockControl(void)
32          {
33             InitializeComponent();
34          }
35
36       protected:
37          void Dispose(Boolean disposing)
38          {
39             if (disposing && components)
40             {
41                components->Dispose();
42             }
43             __super::Dispose(disposing);
44          }
45       private: System::Windows::Forms::Timer *  clockTimer;
46       private: System::Windows::Forms::Label *  displayLabel;
47       private: System::ComponentModel::IContainer *  components;
48
49       private:
50          /// <summary>
51          /// Required designer variable.
52          /// </summary>
53
54       // Visual Studio .NET generated GUI code
55
56       // update label at every tick
57       private: System::Void clockTimer_Tick(
58                   System::Object *  sender, System::EventArgs *  e)
59                {
60                   // get current time (Now), convert to string
61                   displayLabel->Text = DateTime::Now.ToLongTimeString();
62                } // end method clockTimer_Tick
63       };
64    }
```

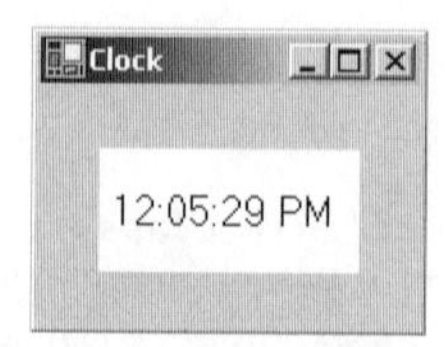

圖 13.55 可以顯示目前時間的程式設計師自訂控制項 (第 2 之 2 部分)。

5. 匯入自訂控制項 **UserControl**。在新專案中，在「工具箱」上按一下右鍵，選擇「**加入/移除項目…**」。在隨後出現的「自訂工具箱」對話方塊中，選擇「**.NET Framework 元件**」(**.NET Framework Components**) 標籤頁。尋找包含自訂控制項 **UserControl** 的 **.dll** 檔案。確認在該控制項旁邊的核取方塊已打勾核取，按一下「**確定**」按鈕 (圖 13.53)。
6. 自訂控制項 **UserControl** 出現在「**工具箱**」，能夠像其他控制項一樣加入表單 (圖 13.54)。

在圖 13.55 中，包含自訂控制項 **ClockControl** 的程式碼，以及「**Windows Forms 應用程式**」類型專案的輸出範例，此專案示範自訂控制項 **ClockControl** 的功能。

當設計自訂控制項 **ClockControl** 時，可以像在「表單設計工具」中設計 Windows 表單一樣處理，所以我們可以加入控制項(使用「**工具箱**」)和設定屬性(使用「**屬性**」視窗)。然而，我們不是要建立一個應用程式，只是要利用現有控制項來建立一個新的控制項。我們把一個計時器 (***clockTimer***，第 45 行) 和一個標籤 (**displayLabel**，第 46 行) 加入自訂控制項 **UserControl**。我們設定計時器的時間間隔為 1000 毫秒，每當事件發生時都會更新標籤 **displayLabel** 上的文字 (第 57-62 行)。請注意，必須在「屬性」視窗中，將 **Enabled** 屬性設為 **True**，才能啓動 **ClockTimer**。

結構 ***DateTime*** (命名空間為 **System**) 包含有成員 **Now**，代表目前的時間。方法 ***ToLongTimeString*** 可以將 **Now** 轉換成字串 **String ***，其中包含以 12 小時格式表示目前時間的小時、分和秒數。在第 61 行，我們將此字串設定給 **displayLabel** 的屬性 **Text**。物件 **ClockControl** 的背景顏色為白色，使它在表單中顯得突出。

今天許多成功的商用軟體都提供 GUI 介面，使得它們好用又容易操作。因為市場需要有親和力的 GUI 程式，所以設計精緻的 GUI 介面成為基本的程式設計技巧。在前兩章，我們討論了如何將各種不同的GUI元件加入程式的技術。下一章我們要開始討論*多執行緒* (*multithreading*)。在許多程式語言中，程式設計師可以建立多個*執行緒* (*thread*)，讓程式的各部分可以分享同一個處理器，或者可以在一部電腦上同時操作幾個處理器。執行緒可以讓程式設計師建立更強而有力的應用程式，更能有效地運用處理器。

摘　要

- 功能表 (Menus) 提供 Windows 應用程式一些相關命令的功能群組。功能表是 GUI 介面整體的一部分，讓使用者可以執行各種動作而不會有凌亂的 GUI 介面。
- 視窗的頂層功能表出現在螢幕的左邊，子功能表或者功能表項目則縮排方式往右排列。所有的功能表項目都有 *Alt 快速鍵* (也稱為存取快速鍵或者熱鍵) 的設定。
- 非頂層的功能表也能夠設定快速鍵，就是結合 *Ctrl*、*Shift*、*Alt*、*功能鍵 F1*、*F2* 和字母鍵等。
- 選取功能表時，會產生一個 **Click** 事件。
- 控制項 **LinkLabel** 可以顯示與其他物件 (例如，檔案或者網頁) 的連線。連線圖形可以改變顏色，指出這是新的連線、曾經瀏覽過或者正在使用的連線。

- 按一下 **LinkLabel**，就會產生 **LinkClicked** 事件。
- 清單方塊控制項讓使用者能夠檢視和從清單的幾個項目中加以選擇。
- 核取清單方塊 (**CheckedListBox**) 控制項衍生自清單方塊，在原來清單的每一個項目旁邊加上核取方塊。這樣就可以同時選取幾個項目，不會有邏輯上的限制。
- 屬性 **SelectionMode** 決定能夠選擇核取清單方塊 **CheckedListBox** 中的項目數量。
- 當使用者選取 **CheckedListBox** 中的一個新項目時，就會發生 **SelectedIndex Changed** 事件。
- 核取方塊 **CheckBox** 的屬性 **Items** 可以將清單中的所有物件當作一個群集物件傳回。屬性 **SelectedItem** 會傳回目前所選擇的項目。屬性 **SelectedIndex** 會傳回目前所選擇項目的索引值。
- 方法 **GetSelected** 所接收的索引值，如果就是對應的選取項目，則傳回 **true**。
- 核取清單方塊(**CheckedListBox**)意指其中的項目可以多重選擇，而屬性 **SelectionMode** 的值只可以是 **None** 和 **One**。**One** 可以進行多重選擇。
- 當核取清單方塊 **CheckedListBox** 中的項目將要改變時，就會產生 **ItemCheck** 事件。
- 控制項組合方塊 (**combobox**) 結合了文字方塊 **TextBox** 和下拉清單的功能。使用者可以從清單選擇一個選項或者輸入一個項目(如果程式設計師如此設計)。如果清單包含的項目數量比下拉清單一次顯示的數量更多，就會出現捲軸。
- 屬性 **DropDownStyle** 決定組合方塊的類型。
- 組合方塊控制項有下述的屬性 **Items** (是一個群集物件)、**SelectedItem** 和 **SelectedIndex**，類似清單方塊 **ListBox** 中的對應屬性。
- 當選擇的項目改變時，就會產生事件 **SelectedIndexChanged**。
- 樹狀檢視 (**TreeView**) 控制項可以樹狀階層來顯示各個節點 (node)。
- 節點是一個元件，包含數值以及指向其他節點的參考。
- 父節點 (parent node) 包含子節點 (child node)，而子節點又可以是其他節點的父節點。
- 樹狀結構是一個由節點組成的群集物件，通常以某種方式架構起來。樹狀結構中的第一個父節點通常稱爲根節點。
- 每一個節點都有一個 **Nodes** 群集物件，其中包含了它的子節點清單。
- 清單檢視 (**ListView**) 控制項很類似清單方塊，它顯示出使用者可以選擇一個或者多個項目的清單。然而，清單檢視 (**ListView**) 可以多種方式在清單項目旁邊顯示圖示。
- 清單檢視 (**ListView**) 可以用來列出目錄和檔案。
- 類別 **DirectoryInfo** (屬於命名空間 **System::IO**) 讓我們可以很容易地瀏覽或者操作目錄結構。類別 **DirectoryInfo** 的方法 **GetDirectories** 傳回一個由 **DirectoryInfo** 物件組成的陣列，其中包含目前目錄的子目錄。類別 **DirectoryInfo** 的方法 **GetFiles** 傳回一個由 **FileInfo** 物件組成的陣列，其中包含目前目錄下的檔案。
- 控制項 **TabControl** 可以建立索引標籤視窗。這樣程式設計師就可以在有限螢幕空間內，提供大量的資訊。
- 控制項 **TabControl** 包含的 **TabPage** 物件，也可以包含一些控制項。
- 當按下每一個標籤頁 **TabPage** 的標籤區域時，都會產生各自的 **Click** 事件。在標籤頁 **TabPage**

中的控制項發生事件時，仍然是由表單處理。

- 單一文件介面 (SDI) 的程式一次只支援開啟一個視窗或者一份文件。多重文件介面 (MDI) 程式讓使用者一次可以編輯多份文件。
- 應用程式視窗稱爲*父視窗* (*parent window*)，在 MDI 應用程式內的視窗稱爲*子視窗* (*child window*)。
- 要建立一個 MDI 表單，只需要將它的屬性 **IsMDIContainer** 設定爲 **True**。
- 應用程式的父視窗和子視窗可以有不同的功能表，當開啓某個子視窗時，兩者就會合併。
- 類別 **MenuItem** 的屬性 **MdiList** (爲布林値)，可允許功能表項目包含一個已開啓子視窗的清單。
- 呼叫父表單的 **LayoutMdi** 方法，可以重新排列 MDI 應用程式的子視窗。
- .NET Framework 允許程式設計師建立自訂控制項。建立自訂控制項的最簡單方式，就是從一個現有的 Windows Forms 控制項衍生出一個類別。如果我們從一個現有的 Windows Forms 控制項繼承，我們就只能加入元件，而不能重新設計它。要利用現有控制項來建立新控制項，可以使用類別 **UserControl**。如果要從頭開始建立新控制項，可從類別 **Control** 繼承。

詞　彙

& (表示功能表快速鍵) (& (menu access shortcut)
存取快速鍵 (access shortcut)
類別 **ListView** 的屬性 **Activation** (**Activation** property of class **ListView**)
類別 **LinkLabel** 的屬性 **ActiveLinkColor** (**ActiveLinkColor** property of class **LinkLabel**)
類別 **Form** 的屬性 **ActiveMdiChild** (**ActiveMdiChild** property of class **Form**)
列舉 **MenuMerge** 的成員 **Add** (**Add** member of enumeration **MenuMerge**)
類別 **TreeNodeCollection** 的方法 **Add** (**Add** method of **TreeNodeCollection**)
類別 **TreeView** 的事件 **AfterSelect** (**AfterSelect** event of class **TreeView**)
列舉 **LayoutMdi** 的數值 **ArrangeIcons** (**ArrangeIcons** value in **LayoutMdi** enumeration)
列舉 **LayoutMdi** 的數值 **Cascade** (**Cascade** value in **LayoutMdi** enumeration)
類別 **ListView** 的屬性 **CheckBoxes** (**CheckBoxes** property of class **ListView**)
類別 **TreeView** 的屬性 **CheckBoxes** (**CheckBoxes** property of class **TreeView**)
類別 **MenuItem** 的屬性 **Checked** (**Checked** property of class **MenuItem**)
類別 **TreeNode** 的屬性 **Checked** (**Checked** property of class **TreeNode**)
類別 **CheckedListBox** 的屬性 **CheckedIndices** (**CheckedIndices** property of **CheckedListBox**)
類別 **CheckedListBox** 的屬性 **CheckedItems** (**CheckedItems** property of **CheckedListBox**)
類別 **CheckedListBox** (**CheckedListBox** class)
類別 **CheckedListBox** 的屬性 **CheckOnClick** (**CheckOnClick** property of **CheckedListBox**)
子節點 (child node)
子視窗 (child window)
類別 **TreeNodeCollection** 的方法 **Clear** (**Clear** method of class **TreeNodeCollection**)
類別 **MenuItem** 的事件 **Click** (**Click** event of class **MenuItem**)
類別 **PaintEventArgs** 的屬性 **ClipRectangle** (**ClipRectangle** property of **PaintEventArgs**)
類別 **TreeNode** 的方法 **Collapse** (**Collapse** method of class **TreeNode**)

類別 TabControl 的屬性 SelectedTab (SelectedTab property of class TabControl)
列舉 SelectionMode (SelectionMode enumeration)
類別 CheckedListBox 的屬性 SelectionMode (SelectionMode property of CheckedListBox)
類別 ListBox 的屬性 SelectionMode (SelectionMode property of class ListBox)
分隔線 (separator bar)
快速鍵 (shortcut key)
類別 MenuItem 的屬性 Shortcut (Shortcut property of class MenuItem)
類別 Form 的方法 Show (Show method of class Form)
類別 MenuItem 的屬性 ShowShortcut (ShowShortcut property of class MenuItem)
組合方塊 ComboBox 的樣式 Simple (Simple style for ComboBox)
單一文件介面 (SDI) (single-document interface (SDI))
類別 ListView 的屬性 SmallImageList (SmallImageList property of class ListView)
類別 ComboBox 的屬性 Sorted (Sorted property of class ComboBox)
類別 ListBox 的屬性 Sorted (Sorted property of class ListBox)
類別 Process 的方法 Start (Start method of class Process)
子功能表 (submenu)
類別 TabControl (TabControl class)
類別 TabControl 的屬性 TabCount (TabCount property of class TabControl)
類別 TabPage (TabPage class)
類別 TabControl 的屬性 TabPages (TabPages property of class TabControl)
類別 LinkLabel 的屬性 Text (Text property of class LinkLabel)
類別 MenuItem 的屬性 Text (Text property of class MenuItem)
類別 TreeNode 的屬性 Text (Text property of class TreeNode)
類別 Timer 的事件 Tick (Tick event of class Timer)
列舉 LayoutMdi 的數值 TileHorizontal (TileHorizontal value of LayoutMdi)
列舉 LayoutMdi 的數值 TileVertical (TileVertical value of LayoutMdi)
樹狀結構 (tree)
類別 TreeNode (TreeNode class)
類別 TreeView (TreeView class)
類別 LinkLabel 的屬性 UseMnemonic (UseMnemonic property of class LinkLabel)
類別 UserControl (UserControl class)
使用者自訂控制項 (user-defined control)
類別 ListView 的屬性 View (View property of class ListView)
類別 LinkLabel 的屬性 VisitedLinkColor (VisitedLinkColor property of LinkLabel)

自我測驗

13.1 說明下列何者為*真*，何者為*偽*。如果答案是偽，請說明理由。

a) 功能表提供相關的類別群組。

b) 功能表項目可以顯示圓形按鈕、核取符號和存取快速鍵。

c) 清單方塊控制項只允許單一選擇 (類似圓形按鈕)，而核取清單方塊則允許多重選擇 (類似核取方塊)。

d) 組合方塊控制項具有下拉清單。

e) 從樹狀檢視 **TreeView** 中移除父節點，也會將它的子節點一起移除。
f) 在樹狀檢視 **TreeView** 中，使用者只能選擇一個項目。
g) 標籤頁 **TabPage** 可以容納一群有邏輯關係的圓形按鈕。
h) MDI 子視窗也可以擁有 MDI 子視窗。
i) MDI 子視窗無法在它的父視窗中最大化 (放大)。
j) 有兩種基本方法可以建立自訂控制項。

13.2 填空題：
a) 類別 **Process** 的方法 ____________ 可以開啓檔案和 Web 網頁，很像 Windows 視窗中的 **Run** 功能表的作用。
b) 如果出現的元件超過組合方塊能夠顯示的數量，就會出現 ____________。
c) 在樹狀檢視 **TreeView** 中的頂層節點就是 ____________ 節點。
d) 物件 **ImageList** 可用來在 ____________ 顯示圖示。
e) 屬性 **MergeOrder** 和 **MergeType** 可決定 ____________ 合併的方式。
f) 屬性 ____________ 可以允許功能表顯示開啓子視窗的清單。
g) 樹狀檢視 **TreeView** 的一項重要功能就是能夠顯示 ____________。
h) 類別 ____________ 讓程式設計師能夠將幾個控制項組合成一個單獨的自訂控制項。
i) ____________ 排列方式可以將幾個標籤頁疊放在一起，以節省空間。
j) ____________ 的視窗版面配置方式能夠讓所有的視窗保持相同的大小，重疊排列並且保持每一個標題列都可看到 (儘量)。
k) 通常使用 ____________ 來顯示與其他物件 (例如，檔案或者網頁) 的連線情況。

自我測驗解答

13.1 **a)** 僞。功能表提供的是相關的命令群組。**b)** 眞。**c)** 僞。兩個控制項都可以單一選擇或者多重選擇。**d)** 眞。**e)** 眞。**f)** 僞。使用者可以選擇一個或者多個項目。**g)** 眞。**h)** 僞。只有 MDI 父視窗可以有 MDI 子視窗。MDI 父視窗不可以是 MDI 子視窗。**i)** 僞。MDI 子視窗可以在它的父視窗中最大化。**j)** 僞。有三種方式：**1)** 從現有的控制項繼承 **2)** 使用 **UserControl** 或者 **3)** 從類別 **Control** 衍生，並且從頭開始設計新的控制項。

13.2 **a)** **Start**。**b)** 捲軸。**c)** 根。**d)** **ListView**。**e)** 功能表。**f)** **MdiList**。**g)** 圖示。**h)** **UserControl**。**i)** **TabControl**。**j)** **Cascade**。**k)** **LinkLabel**。

習　題

13.3 編寫一個程式，能夠在一個組合方塊中顯示出 15 個國家的名稱。當從組合方塊中選擇一個項目時，將它移除。

13.4 修改你在習題 13.3 中的方案，增加一個清單方塊。當使用者從組合方塊中選擇一個項目時，將該項目從組合方塊中移除，再把它加入清單方塊。你的程式必須檢查，確保組合方塊中最少還剩下一個項目。如果刪除的是最後一個項目，必須利用訊息方塊顯示出警告訊息，然後終止程式的執行。

13.5 編寫一個程式，能夠讓使用者在一個文字方塊中輸入字串。每一個輸入的字串都會加入一個清單方塊。當加入每一個字串時，要確認清單方塊中的字串會按照順序排列。可以使用任何的排序方法。

13.6 請依照圖 13.8 及圖 13.9、圖 13.26 及圖 13.27 和圖 13.30 及圖 13.31 中的程式，建立一個檔案瀏覽器 (類似 Windows 檔案總管)。這個檔案瀏覽器應該使用樹狀檢視 **TreeView**，讓使用者能夠瀏覽目錄。也需要具備一個清單檢視 **ListView**，顯示出所瀏覽目錄的內容 (所有的子目錄和檔案)。在清單檢視上的檔案按兩下，就可以開啓該檔案，在清單檢視或者樹狀檢視的目錄上按兩下，就可以瀏覽該目錄。如果因爲權限的設定，造成無法開啓某個檔案或者目錄，通知使用者。

13.7 建立一個MDI文字編輯器。每一個子視窗都應該包含一個可以輸入多行文字的文字方塊。MDI 的父視窗應該具有 **Format** 功能表，並且有子功能表來控制作用中子視窗的文字大小、字型和顏色。每一個子功能表都最少應該有三個選項。此外，父視窗應該有 **File** 功能表，具有功能表項目 **New**(建立新的子視窗)、**Close**(關閉作用中的子視窗) 和 **Exit**(關閉應用程式)。父視窗應該有**Window**功能表，可以顯示開啓的子視窗清單，和它們的版面配置選項。

13.8 建立一個自訂控制項 **UserControl**，並命名爲 **LoginPasswordUserControl**。這個控制項 **LoginPasswordUserControl** 包含有標籤 (**loginLabel**)，能夠顯示字串“**Login:**”，文字方塊 (**loginTextBox**)，使用者可以輸入登入名稱，另一個標籤 (**passwordLabel**)，顯示字串“**Password:**”，最後是一個文字方塊 (**passwordTextBox**)，使用者可以輸入密碼 (不要忘記將屬性 **PasswordChar** 設定爲“*****”)。控制項 **LoginPasswordUserControl** 必須提供 **public** 的唯讀屬性 **Login** 和 **Password**，讓應用程式可以從 **loginTextBox** 和 **passwordTextBox** 取得使用者的輸入。控制項 **UserControl** 必須匯入應用程式，才能在 **LoginPasswordUserControl** 控制項中顯示使用者輸入的數值。

14

多執行緒

學習目標

- 瞭解多執行緒的觀念。
- 瞭解多執行緒如何增進程式的效能。
- 瞭解如何建立、管理和移除執行緒。
- 瞭解執行緒的生命週期。
- 瞭解執行緒的同步。
- 瞭解執行緒的優先權與排程。

The spider's touch, how exquisitely fine!
Feels at each thread, and lives along the line.
Alexander Pope

A person with one watch knows what time it is; a person with two watches is never sure.
Proverb

Learn to labor and to wait.
Henry Wadsworth Longfellow

The most general definition of beauty···Multeity in Unity.
Samuel Taylor Coleridge

本章綱要

14.1 簡介

如果我們可以一次只做一件事然後把它做好，那該有多好，但這通常很難做到。人類的身體可以*平行地* (*in parallel* 或者如本章所使用的同義字 *concurrently*) 進行許多不同的活動。像是呼吸、血液循環以及消化作用，就是身體平行活動的例子。所有的感官 (視覺、觸覺、嗅覺、味覺和聽覺) 也都能同時運作。電腦也一樣，可以同時進行多項工作。目前的桌上型個人電腦都可以一邊編譯程式、一邊列印檔案並且同時上網接收電子郵件。

在過去，大部分的程式語言無法讓程式設計師令工作平行處理。程式語言大多只提供一些簡單的控制結構，讓程式設計師一次只能進行一個動作，必須執行完前一個動作後，才能執行下一個動作。今日電腦所能執行，已成為作業系統基本功能的平行處理機制，在過去只有經驗豐富的系統程式設計師才能接觸到。

由美國國防部發展的 Ada 程式語言，讓平行處理的功能廣為簽約廠商運用於建立軍事用途的命令和控制系統。然而，Ada 從未在學界或工商界廣泛使用。

.NET FCL 讓應用程式設計師也可以使用平行處理的功能。程式設計師可以指明應用程式中包含「執行緒」(threads of execution)，而這些執行緒會指派程式的某個部份可以和其他的執行緒同時執行。這項功能稱為*多執行緒* (*multithreading*)。所有的.NET 程式語言都提供多執行緒的功能，包括 MC++、C#和 Visual Basic .NET。.NET FCL 包含的多執行緒功能，是放在命名空間 **`System::Threading`** 內。

有許多利用平行處理功能設計的應用程式。例如，當程式從全球資訊網 (World Wide Web) 下載音訊或視訊的大型檔案時，使用者不希望必須等到全部檔案下載完畢後，才能開始播放。為了解決這個問題，我們可以使用多執行緒，其中一個執行緒負責下載檔案，另一個則負責播放檔案。這些活動，或者可說是工作，就可以平行處理。為了避免播放過程不順暢，我們將協調兩個執行緒同步，除非記憶體中已儲存足夠的檔案資料量能夠平順播放，才由播放的執行緒開始播放檔案。

另一個多執行緒的例子，就是MC++的廢棄記憶體自動回收(automatic garbage collection)的功能。在 C 和傳統的 C++ (unmanaged)，程式設計師要自行負責動態配置記憶體的回收工作。CLR 提供*記憶體回收執行緒 (garbage-collector thread)*，會自動回收程式不再使用的動態配置記憶體。

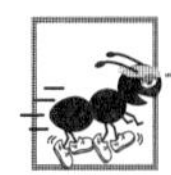

增進效能的小技巧 14.1

C 和 C++能夠風行這麼多年，其中的一個理由，就是它們的記憶體管理技術比那些使用廢棄記憶體回收技術的程式語言更有效率。事實上，managed C++的記憶體管理執行起來比 C 或者 unmanaged C++更快[1]。

良好的程式設計習慣 14.1

*當程式不再需要某個物件時，可將指向該物件的指標設為 **0** (或者 **NULL**)。這樣可以讓記憶體回收機制能夠儘早判斷該物件可以回收記憶體。如果此物件有另外一個指標指向它，則該物件就無法回收。*

撰寫多執行緒程式需要相當的技巧。儘管人的意念可以平行處理許多事情，但人們卻覺得在平行的思緒之間轉換是十分困難的一件事。請嘗試下面這個實驗，就可以體會為何多執行緒程式不易撰寫，也不容易瞭解的原因：打開三本書，各翻到第一頁，然後試著同時閱讀這三本書。先閱讀第一本書上的幾個字，再閱讀第二本書上的幾個字，然後再閱讀第三本書上的幾個字，接著繞回來再閱讀第一本書中接下來的幾個字，依此類推。做完這個實驗之後，你就能夠體會多執行緒的難度。在三本書間轉換，一次只閱讀一小段，還要記住每次讀完的位置，將要讀的書拿過來，將不讀的書擺到一邊，而且還要在這些紛亂的過程中理解書本的內容！

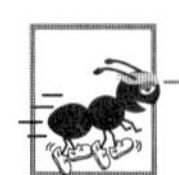

增進效能的小技巧 14.2

單執行緒應用程式的主要問題，就是冗長的操作必須先結束，才能開始其他的操作。而在多執行緒的程式裡，許多執行緒可以共享一個處理器 (或者一組處理器)，因此可以平行處理多份工作。

14.2　執行緒的狀態：執行緒的生命週期

在任何時候，執行緒必定處於某種*執行緒狀態 (thread states)*，參見圖 14.1 的說明。這一節我們將討論這些狀態，以及狀態之間的轉移。這一節也將討論會造成狀態轉移的類別 ***Thread*** 和 ***Monitor*** (均屬於命名空間 **System::Threading**) 的幾種方法。

當程式建立 **Thread** 物件，並且將 ***ThreadStart*** 委派傳給物件的建構式，它的生命週

1　E. Schanzer 所著作《.NET Framework 執行時期技術方面的效能考慮》(Performance Considerations for Run-Time Technologies in the .NET Framework)，2001 年 8 月。可參考下述網站 **<http://msdn.microsoft.com/library/default.asp?url=/library/en-us/dndotnet/html/dotnetperftechs.asp>**

期就從未啓動 (Unstarted) 狀態開始。委派 **ThreadStart** 會指定執行緒在生命週期中所應採取的各種動作，委派必須傳回 **void** 並且不接受引數的方法。這個執行緒會維持在*未啓動*狀態，直到程式呼叫執行緒的 ***Start*** 方法，將執行緒轉移到*執行狀態* (*Running*)，並且立即將控制權傳回原來呼叫 ***Start*** 方法的程式位置。然後，在一個多重處理器系統或者共享單一處理器的系統中，這個新進入執行狀態的執行緒就可以和程式中的其他執行緒一起平行處理。

當在「執行狀態」的時候，執行緒事實上可能沒有一直執行。只有當作業系統指派處理器的資源給此執行緒後，在「執行狀態」的執行緒才會執行。(在第 14.3 節，我們將討論何時不同的執行緒才能指派給處理器)。當位於執行狀態的執行緒第一次分配到處理器時，就會開始執行 **ThreadStart** 委派所指定的工作。

當它的 **ThreadStart** 委派指定工作結束時，執行中的執行緒就會進入停止狀態 (Stopped state) 或者*中止狀態* (*Aborted* state)。請注意，程式可以藉著在適當的 **Thread** 物件上，呼叫 **Thread** 類別的 ***Abort*** 方法，強迫執行緒進入停止狀態。方法 **Abort** 會從執行緒拋出一個 ***ThreadAbortException*** 例外，通常會造成執行緒終止。當執行緒進入停止狀態，而且沒有指標指向這個執行緒物件時，記憶體回收機制就會將此執行緒物件從記憶體移除。【注意：從內部來看，當呼叫執行緒的 **Abort** 方法時，執行緒在進入停止狀態之前，實際上是先進入請求中止狀態 (AbortRequested)。當執行緒在等待接收 **ThreadAbortException** 例外時，都會維持在請求中止狀態。當執行緒呼叫 **Abort** 方法時，如果它是在 *WaitSleepJoin* 狀態、*暫停狀態* (*Suspended*) 或者是*受阻狀態* (*Blocked*) ，執行緒會停留在它目前的狀態和請求中止狀態，除非它離開目前的狀態，否則無法接收到 **ThreadAbortException** 例外。】

如果即使處理器是空閒著，執行緒仍然無法使用處理器，我們可以說這個執行緒是處於*受阻狀態* (*blocked*)。例如，當執行緒發出輸入/輸出的請求時，可能會面臨「受阻」的情形。作業系統會阻止執行緒的執行，直到作業系統能夠完成目前的 I/O 操作。此時，執行緒會回到執行狀態恢復執行。另一個執行緒可能受阻的狀況，就是在執行緒進行同步的時候 (第 14.8 節討論)。進行同步的執行緒必須呼叫 **Monitor** 類別的 ***Enter*** 方法，才能鎖定某個物件[2]。如果無法鎖定，則此執行緒就會受阻，直到能夠鎖定爲止。

位於執行狀態中的執行緒有三種方式可以進入 "*WaitSleepJoin*" 狀態。如果執行緒遇到無法執行的程式碼 (通常是因爲某個條件無法滿足)，該執行緒可以呼叫 **Monitor** 類別的 ***wait*** 方法，進入 *WaitSleepJoin* 狀態。一旦執行緒進入這個狀態，只有當另一個執行緒呼叫 **Monitor** 類別的 **Pulse** 或者 **PulseAll** 方法，此執行緒才會回到執行狀態。方法 **Pulse** 會讓下一個等待的執行緒回到執行狀態。方法 **PulseAll** 會讓所有等待的執行緒回到執行狀態。

位於執行狀態的執行緒可以呼叫類別 **Thread** 的 ***Sleep*** 方法，進入 WaitSleepJoin 狀態，持續時間是由 **Sleep** 的引數所指定的毫秒數決定。休眠的執行緒在指定休眠時間到期後，就回復到執行狀態。即使在處理器是空閒的情況下，休眠的執行緒仍然不可使用處理器。

---

2 利用類別 **Monitor** 可以將各別執行緒同步化 (參見第 14.5 節)。

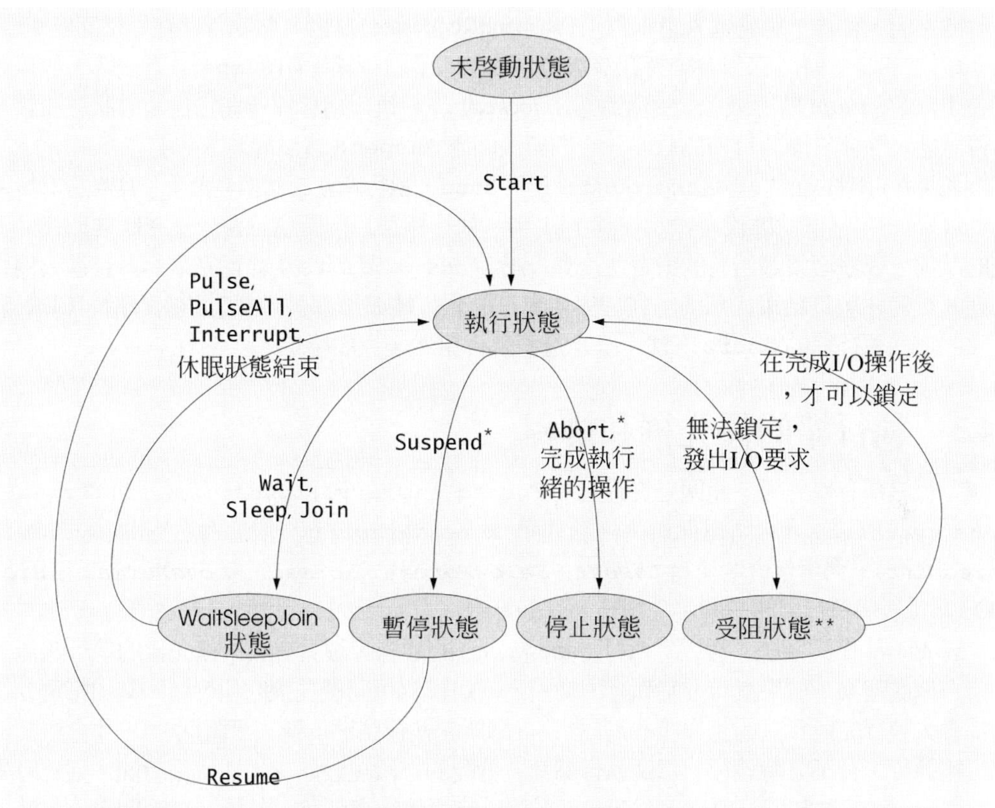

圖 14.1　執行緒的生命週期。

如果程式中有另一個執行緒呼叫了 **Thread** 類別的 ***Interrupt*** 方法，則因爲呼叫 **Monitor** 類別的 **Wait** 方法，或者 **Thread** 類別的 **Sleep** 方法，而進入 *WaitSleepJoin* 狀態的執行緒就可以離開 *WaitSleepJoin* 狀態回到執行狀態。

如果某個執行緒必須等另一個執行緒執行完畢後才能執行，我們稱爲相依執行緒 (dependent thread)，則該相依執行緒會呼叫另一個執行緒的 ***join*** 方法，以便結合這兩個執行緒，進入 *WaitSleepJoin* 狀態。當兩個執行緒結合在一起後，當另一個執行緒結束工作，並且進入*停止狀態* (*Stopped state*)，相依執行緒就可以離開 *WaitSleepJoin* 狀態。

如果呼叫執行中執行緒的 ***Suspend*** 方法，則執行中的執行緒就會進入*暫停狀態* (*Suspended state*)。當程式的另一個執行緒呼叫暫停執行緒的 ***Resume*** 方法時，暫停執行緒就會回到執行狀態。【注意：從內部來看，當呼叫執行緒的 **Suspend** 方法時，執行緒在進入暫停狀態之前，實際上是先進入請求暫停 (SuspendRequested) 狀態。當執行緒在等待回應 **Suspend** 方法的請求時，它都會維持在*請求暫停狀態*。當執行緒呼叫 **Suspend** 方法時，如果它是在 *WaitSleepJoin* 狀態或者是*受阻狀態* (*blocked*) 時，執行緒會停留在它目前的狀態和請求暫停狀態，除非它離開目前的狀態，否則無法回應 **Suspend** 方法的請求。】

如果執行緒的屬性 ***IsBackground*** 設定為 **true**，執行緒就會維持在*背景工作狀態* (*Background state*)，這個狀態沒有顯示在圖 14.1 中。執行緒可以同時處於背景工作狀態和任何其他的狀態。程序必須等所有的*前景工作執行緒* (*Foreground thread*) 執行完畢，而且進入停止狀態，程序才可以結束。然而，在程序中剩下的執行緒如果都是*背景工作執行緒*，CLR 將會呼叫這些執行緒的 **Abort** 方法，終止這些執行緒然後程序終止。

14.3 執行緒的優先權和排程

每個執行緒都有優先權，範圍是從最低的 ***ThreadPriority::Lowest*** 到最高的 ***ThreadPriority::Highest***。這兩個值來自於列舉 ***ThreadPriority*** (屬於命名空間 **System::Threading**)。列舉包含的值有 ***Lowest***、***BelowNormal***、***Normal***、***AboveNormal*** 和 ***Highest***。每一個執行緒預設的優先權是 **Normal**。

Windows 作業系統支援*分時執行* (*timeslicing*) 的觀念，讓具有相同優先權的執行緒能夠共享一個處理器。如果沒有分時執行的功能，一組具有相同優先權的執行緒，其中每個執行緒都會先執行完所負責的工作後 (除非該執行緒離開執行狀態，進入受阻狀態)，才會讓其他執行緒執行。有了分時執行，每個執行緒都會分配到一段短暫的處理器使用時間，稱為*時間量* (*quantum*) 或者*時間分段* (*time slice*)，在這段時間執行緒就可以執行。在時間量用完時，就算執行緒尚未完成工作，作業系統仍會收回處理器的使用權，分配給下一個同等優先權的執行緒。

執行緒排程器 (*thread scheduler*) 的任務，主要是確保所執行的是最高優先權的執行緒，如果最高優先權執行緒超過一個以上，就要確定這幾個執行緒每一個都能按照循環平均方式 (round-robin fashion) 各執行一個時間量。圖 14.2 說明執行緒的多層優先權佇列 (multilevel priority queue) 的執行順序。在圖 14.2 中，我們假設單一處理器的電腦，則執行緒 A 和 B 會按照循環平均方式各執行一個時間量，直到兩個執行緒都執行完畢。這意謂著 *A* 會得到一段時間量的執行時間。然後，換由 *B* 執行一段時間量。接著，再由 *A* 執行另一段時間量。然後，換由 *B* 再執行另一段時間量。這個過程會一直進行，直到某個執行緒執行完畢。然後，處理器就完全交由未完成的執行緒使用 (除非有另一個具相同優先權的執行緒也需要執行)。接著，執行緒 *C* 就會執行到結束。然後，執行緒 *D*、*E* 和 *F* 會依序地執行一個時間量，直到全部執行完畢。這個程序會持續進行，直到所有的執行緒都執行完畢。請注意，新加入的高優先權執行緒可能會延遲較低優先權執行緒的執行，甚至可能無限期的延遲，這得視作業系統而定。這種*無限延期* (*indefinite postponement*) 有個更生動的形容詞，稱為*飢餓* (*starvation*)。在 Windows 中，執行緒排程器可能會將過期的飢餓執行緒提升優先權，如此這個執行緒也

能得到一段時間量執行。一旦時間量到期，而此執行緒尚未執行完畢，則會恢復到它原來的優先權等級。如果這個執行緒仍然繼續遭到無限期延遲的待遇，則執行緒排程器就會重複這種提升優先權的操作。

我們可以利用類別 **Thread** 的 ***Priority*** 屬性調整執行緒的優先權，設定此屬性的值可取自 **ThreadPriority** 列舉。如果傳入的引數並不是一個有效的優先權常數，就會產生一個 **ArgumentException** 例外。

執行緒在結束前會斷續地執行，原因有可能因為輸入/輸出 (或其他原因) 受阻、呼叫執行緒的 **Sleep**、**Join** 方法或者類別 **Monitor** 的方法 **Wait**、強制先執行更高優先權的執行緒或是執行緒用完配置的時間量等四種原因。如果休眠的執行緒結束其休眠、或者因為 I/O 而受阻，但是目前 I/O 執行完畢、或是原來在某個物件呼叫 **Wait** 方法而後又呼叫了 **Pulse** 或 **PulseAll** 方法，或者 **Join** 在一起有更高優先權的執行緒執行完畢，這些受到影響的執行緒若具有較目前正在執行的執行緒有更高的優先權，就可以開始執行 (取得先佔執行權)。

14.4 執行緒的建立和執行

圖 14.3 至圖 14.5 說明基本的執行緒技術，包括建立 **Thread** 物件，以及使用類別 **Thread** 的 **static** 方法 **Sleep**。

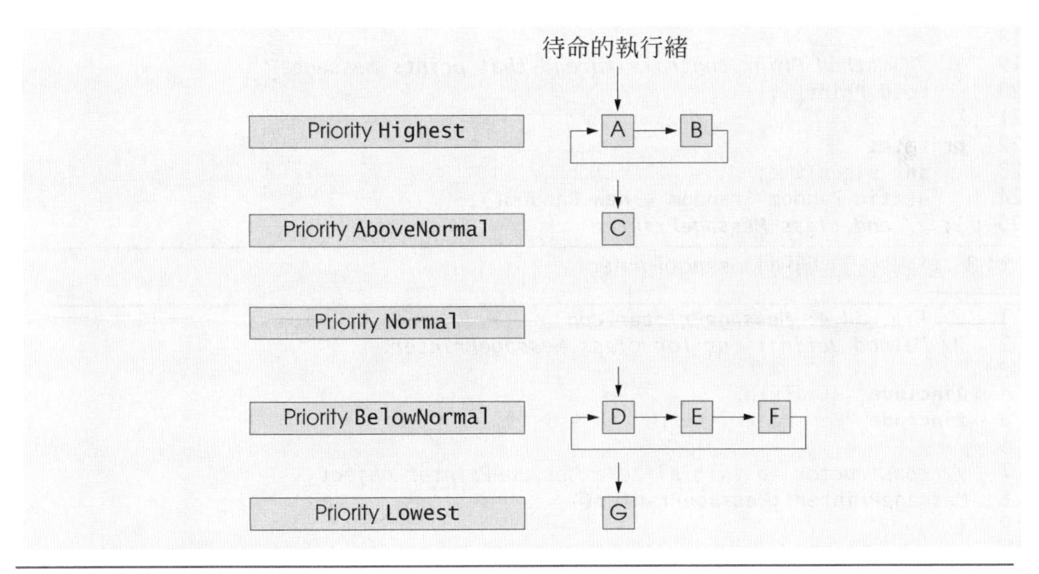

圖 14.2　執行緒的優先權排程。

這個程式建立三個執行緒，每個執行緒的優先權都是預設值 **Normal**。每個執行緒都會顯示一個訊息，指出它將休眠 0 到 5000 毫秒的隨機時間，然後就進入休眠。當每個執行緒醒來時，該執行緒會顯示其名稱，指出它已經結束休眠，然後終止並進入停止狀態。你會看到 **_tmain** 函式 (這是主要的執行緒) 會比程式先結束。這個程式是由類別 **MessagePrinter** (圖 14.3、圖 14.4，定義每個執行緒都要執行的 **Print** 方法)，以及建立三個執行緒的主程式 **ThreadTester** (圖 14.5) 所組成。

```
 1  // Fig. 14.3: MessagePrinter.h
 2  // Multiple threads printing at different intervals.
 3
 4  #pragma once
 5
 6  #using <mscorlib.dll>
 7
 8  using namespace System;
 9  using namespace System::Threading;
10
11  // Print method of this class used to control threads
12  public __gc class MessagePrinter
13  {
14  public:
15
16     // constructor to initialize a MessagePrinter object
17     MessagePrinter();
18
19     // method Print controls thread that prints messages
20     void Print();
21
22  private:
23     int sleepTime;
24     static Random *random = new Random();
25  }; // end class MessagePrinter
```

圖 14.3　控制列印的類別 MessagePrinter。

```
 1  // Fig. 14.4: MessagePrinter.cpp
 2  // Method definitions for class MessagePrinter.
 3
 4  #include "stdafx.h"
 5  #include "MessagePrinter.h"
 6
 7  // constructor to initialize a MessagePrinter object
 8  MessagePrinter::MessagePrinter()
 9  {
10     // pick random sleep time between 0 and 5 seconds
11     sleepTime = random->Next( 5001 );
12  }
13
14  // method Print controls thread that prints messages
15  void MessagePrinter::Print()
```

圖 14.4　類別 MessagePrinter 的方法定義 (第 2 之 1 部分)。

```
16  {
17     // obtain pointer to currently executing thread
18     Thread *current = Thread::CurrentThread;
19
20     // put thread to sleep for sleepTime amount of time
21     Console::WriteLine( String::Concat( current->Name,
22        S" going to sleep for ",  sleepTime.ToString() ) );
23
24     Thread::Sleep( sleepTime );
25
26     // print thread name
27     Console::WriteLine( S"{0} done sleeping", current->Name );
28  } // end method Print
```

圖 14.4　類別 MessagePrinter 的方法定義 (第 2 之 2 部分)。

```
 1  // Fig. 14.5: ThreadTester.cpp
 2  // Main program for MessagePrinter.
 3
 4  #include "stdafx.h"
 5  #include "MessagePrinter.h"
 6
 7  #using <mscorlib.dll>
 8
 9  using namespace System;
10
11  int _tmain()
12  {
13     // Create and name each thread.  Use MessagePrinter's
14     // Print method as argument to ThreadStart delegate
15     MessagePrinter *printer1 = new MessagePrinter();
16     Thread *thread1 = new Thread ( new ThreadStart( printer1,
17        &MessagePrinter::Print ) );
18     thread1->Name = S"thread1";
19
20     MessagePrinter *printer2 = new MessagePrinter();
21     Thread *thread2 = new Thread ( new ThreadStart( printer2,
22        &MessagePrinter::Print ) );
23     thread2->Name = S"thread2";
24
25     MessagePrinter *printer3 = new MessagePrinter();
26     Thread *thread3 = new Thread ( new ThreadStart( printer3,
27        &MessagePrinter::Print ) );
28     thread3->Name = S"thread3";
29
30     Console::WriteLine( S"Starting threads" );
31
32     // call each thread's Start method to place each
33     // thread in Running state
34     thread1->Start();
35     thread2->Start();
36     thread3->Start();
37
```

圖 14.5　程式 ThreadTester 示範說明類別 MessagePrinter 的操作 (第 2 之 1 部分)。

```
38      Console::WriteLine( S"Threads started\n" );
39
40      return 0;
41   } // end _tmain
```

```
Starting threads
Threads started

thread1 going to sleep for 2109
thread2 going to sleep for 2372
thread3 going to sleep for 4154
thread1 done sleeping
thread2 done sleeping
thread3 done sleeping
```

```
Starting threads
Threads started

thread1 going to sleep for 1271
thread2 going to sleep for 1083
thread3 going to sleep for 919
thread3 done sleeping
thread2 done sleeping
thread1 done sleeping
```

圖 14.5 程式 ThreadTester 示範說明類別 MessagePrinter 的操作 (第 2 之 2 部分)。

類別 **MessagePrinter** 的物件 (圖 14.3，圖 14.4) 控制由函式 **_tmain** 所建立三個執行緒的生命週期。這個 **MessagePrinter** 類別包含了變數 **sleepTime** (圖 14.3 的第 23 行)、**static** 變數 **random** (第 24 行)、建構式 (圖 14.4 的第 8-12 行) 和 **Print** 方法 (第 15-28 行)。類別 **MessagePrinter** 的建構式 (第 8-12 行)，會以 0 到 5000 的隨機整數來初始化 **sleepTime** 。每一個由 **MessagePrinter** 物件控制的執行緒，會休眠由 **MessagePrinter** 物件 **sleepTime** 所指定的時間。

方法 **Print** 一開始，透過類別 **Thread** 的 **static** 屬性 ***CurrentThread***，取得指向目前正在執行的執行緒的指標 (第 18 行)。而目前正在執行的執行緒就是呼叫 **Print** 方法的執行緒。接著，程式第 21-22 行會顯示一個訊息，說明正在執行的執行緒名稱，並且指出該執行緒將休眠特定毫秒數的時間。請注意，第 21 行使用正在執行的執行緒 ***Name*** 屬性，取得此執行緒的名稱 (每一個執行緒在函式 **_tmain** 中建立時會指定其名稱)。程式第 24 行呼叫類別 **Thread** 的 **static** 方法 **Sleep**，讓執行緒進入 *WaitSleepJoin* 狀態。此時，執行緒就無法使用處理器，系統便會執行另一個執行緒。當執行緒甦醒時，它會再次進入執行狀態，等待系統指派處理器的執行權。當 **MessagePrinter** 物件再一次執行時，程式第 27 行就會印出執行緒的名稱，指出執行緒已結束休眠；然後結束 **Print** 方法。

函式 **_tmain** (圖 14.5) 分別在第 15、20 和 25 行建立三個 **MessagePrinter** 類別的物件。第 16-17、21-22 和 26-27 行建立和初始化三個 **Thread** 物件。第 18、23 和 28 行分別設定每一個 **Thread** 物件的 **Name** 屬性，我們將在輸出時使用。請注意，每一個 **Thread** 物件

的建構式都會接收一個 **ThreadStart** 委派作爲引數。而委派 **Thread-Start** 會指定執行緒在生命週期內所應執行的動作。第 16-17 行指定 **thread1** 的委派是 **printer1** 的 **Print** 方法。當 **thread1** 第一次進入執行狀態並且開始執行時，**thread1** 會呼叫 **printer1** 的 **Print** 方法，執行指定的工作。於是，**thread1** 會列印它的名稱，顯示它將休眠的時間，然後休眠那段時間，甦醒後顯示一段訊息，指出此執行緒已結束休眠狀態。此時，方法 **Print** 即終止。當 **Thread** 物件的委派 **ThreadStart** 所指定的方法終止時，執行緒就完成它的工作，並且進入停止狀態。當 **thread2** 和 **thread3** 第一次進入執行狀態，並且開始執行時，它們分別呼叫 **printer2** 和 **printer3** 的 **Print** 方法。執行緒 **thread2** 和 **thread3** 執行跟 **thread1** 相同的工作，就是執行 **printer2** 和 **printer3** 所指向物件的 **Print** 方法 (每一個都有它自己隨機選取的休眠時間)。

避免錯誤的小技巧　14.1

*加上名稱的執行緒可以幫助在多執行緒程式的除錯工作。Visual Studio .NET 的除錯工具提供 **Threads** 視窗，可以顯示每一個執行緒的名稱，你就可以檢視程式中任何一個執行緒的執行情形。*

程式第 34-36 行呼叫每個 **Thread** 物件的 **Start** 方法，讓這些執行緒進入執行狀態，有時稱爲*啓動執行緒* (*launching a thread*)。每次呼叫方法 **Start** 後會立刻傳回控制權；然後程式第 38 行顯示全部執行緒均啓動的訊息，接著主執行緒就會終止。然而，程式本身並沒有結束，這是因爲仍有其它的執行緒在持續進行 (意指執行緒已經啓動，但是尚未進入停止狀態)。程式會等到最後一個執行緒結束後才會終止。當系統分配處理器資源給執行緒時，該執行緒即開始執行，並且呼叫執行緒的 **ThreadStart** 委派所指定的方法。在這個程式中，每一個執行緒都會呼叫正確的 **MessagePrinter** 物件的 **Print** 方法，執行先前討論過的工作。

請注意，這個程式的輸出視窗會顯示每個執行緒的名稱，以及進入休眠的時間。休眠時間最短的執行緒通常會最先醒來，然後指出它已經完成休眠並且終止執行。在第 14.8 節中，我們會討論多執行緒如何防止休眠時間最短的執行緒最先醒來的議題。

14.5　執行緒的同步和 Monitor 類別

通常會有多個執行緒操作共享的資料，如果執行緒只是讀取共享資料，就不需要防止超過一個以上的執行緒同時存取該共享資料。然而，當多個執行緒共享資料，而且這些執行緒中會有一個以上去修改資料時，就會產生無法預料的結果。如果有一個執行緒正在更新資料，而另一個執行緒也嘗試更新該資料的話，那麼，該資料只會接受第二個執行緒的更新動作。如果這個資料是一個陣列或者其它的資料結構，不同的執行緒可以同時更新該資料的不同部分，則該資料的某個部分可能由某個執行緒修改，而另一個部分則由另一個不同的執行緒修改。當這種情況發生時，程式會無法判斷何時資料才正確地更新完畢。

這個問題可以解決，只要在同一時間內只允許一個執行緒操作該共享資料。在那段時間裡，其它想要操作該項資料的執行緒都得等待。當單獨操作資料的執行緒完成工作後，等待中的執行緒才能開始操作資料。在這種方式下，每個執行緒在操作共享資料時，都會排除其它執行緒同時操作資料。這就是所謂的*彼此互斥* (*mutual exclusion*) 或是*執行緒同步* (*thread synchronization*)。

MC++使用 .NET Framework 的監控器 (monitor)[3] 執行同步的工作。**Monitor** 類別提供*鎖定物件* (*locking objects*) 的方法，實作同步存取共享資料的程序。鎖定某個物件意指一次只能有一個執行緒存取該物件。當執行緒想要取得某個物件的獨家掌控權時，該執行緒可以呼叫 **Monitor** 類別的方法 **Enter**，鎖定該資料物件。在鎖定物件後，執行緒就可以操作該物件的資料。當物件已被鎖定後，所有其他的執行緒嘗試要鎖定該物件都會受阻，無法鎖定物件。當鎖定物件的執行緒不再需要鎖定時，就可呼叫 **Monitor** 類別的方法 **Exit**，釋放鎖定該資料物件。此時，如果有一個先前受阻無法鎖定共享物件的執行緒，就可鎖定該物件開始處理資料。所有的執行緒在操作物件之前，都得嘗試鎖定該物件，但是一次只能有一個執行緒能夠操作該物件，這會確保資料的一致性。

良好的程式設計習慣 14.2

要確定所有會更新共享資料物件的程式碼，在更新之前會先鎖定該物件。否則，當一個執行緒所呼叫的方法，並不需要鎖定物件就能執行時，此時即使已經有另一個執行緒鎖定了該物件，這個執行緒仍會造成該物件的不穩定。

增進效能的小技巧 14.3

儘量在呼叫 Monitor 方法 Enter 和 Exit 之間，安排最少的程式碼來更新該物件，以便儘量減少其他執行緒等待操作該物件的時間。

常見的程式設計錯誤 14.1

當一個等待執行緒 (我們稱其為 thread1) 因為一直在等待另一個執行緒 (我們稱其為 ***thread2****) 的執行，而造成自己無法執行，同樣的，thread2 也因為等待 thread1 而無法執行，就會發生鎖死 (Deadlock) 的狀況。這兩個執行緒會互相等待對方先執行；因此，讓這兩個執行緒能夠執行的狀況就不會發生。透過文件 ms-help://MS.VSCC/MS.MSDNVS/cpguide/html/cpconthreading.htm 可以連結到更多有關執行緒和解決鎖死狀況的資料。*

如果執行緒判斷它無法在一個鎖定的物件上執行它的工作，這個執行緒可以呼叫 **Monitor** 類別的 **Wait** 方法，並且將它所要等待的物件當作引數傳給這個方法。呼叫 **Monitor::Wait** 方法，可促使該執行緒進入該物件的 *WaitSleepJoin* 狀態。當執行緒位於某個物件的

3 有興趣的讀者也可參考 Hoare C.A.R.所寫研究論文《Monitors：作業系統的架構觀念》(Monitors: An Operating System Structuring Concept)，刊登在期刊《*Communications of the ACM*》第 17 卷，1974 年十月號，第 549 — 557 頁。以及《*Communications of the ACM*》第 18 卷，1975 年二月號，第 95 頁的刊誤表。

WaitSleepJoin 狀態時，因爲另一個執行緒呼叫 **Monitor** 類別的 **Pulse** 方法或者 **PulseAll** 方法，並且將此物件當作引數傳入，這個執行緒就會離開 *WaitSleepJoin* 狀態。**Pulse** 方法會將物件的第一個等待中的執行緒，從 *WaitSleepJoin* 狀態轉移到執行狀態。**PulseAll** 方法會將物件所有位於 *WaitSleepJoin* 狀態的執行緒，轉移到執行狀態。可以讓執行緒準備繼續執行。

請注意，當呼叫 **Monitor** 類別的 **Enter** 方法，卻無法鎖定某個物件，和呼叫 **Monitor** 類別的 **Wait** 方法之間的差異。呼叫 **Monitor** 類別的 **Wait** 方法，並且將該物件當作引數傳入的執行緒，將會進入該物件的 *WaitSleepJoin* 狀態並且繼續等待。執行緒呼叫 **Monitor** 類別 **Enter** 方法，但是卻無法鎖定物件時，將會形成受阻狀態，而且會一直等待直到物件可以接受鎖定爲止。此時，受阻的執行緒中有一個執行緒就可以鎖定物件。

Monitor 類別的方法 **Enter**、**Exit**、**Wait**、**Pulse** 和 **PulseAll** 全部都是接受指向某個物件的指標，作爲它們的引數，這個指標通常就是 **this** 指標。

常見的程式設計錯誤 14.2

呼叫 ***Wait*** *方法而進入* ***WaitSleepJoin*** *狀態的執行緒，無法再進入執行狀態繼續執行，除非有另外一個執行緒呼叫* ***Monitor*** *類別的* ***Pulse*** *或者是 PulseAll 方法，並且傳入適當物件當作引數，或者是在該執行緒上呼叫* ***Thread*** *類別的* ***Interrupt*** *方法。如果這些無法做到，則等待中的執行緒將會永遠等待下去，甚至可能造成鎖死狀態。*

避免錯誤的小技巧　14.2

當多個執行緒操作一個共享物件時，使用監控器確定是否某個執行緒在該共享物件上，呼叫 ***Monitor*** *類別的* ***Wait*** *方法進入 WaitSleepJoin 狀態，最後應該有另一個執行緒會呼叫* ***Monitor*** *類別的* ***Pulse*** *方法，讓在該共享物件上等待的執行緒能夠回到執行狀態。如果有多個執行緒同時等待操作該共享物件，則應該有另一個執行緒會呼叫* ***PulseAll*** *方法，讓所有等待的執行緒能有一個執行工作的機會。*

增進效能的小技巧 14.4

為了在多執行緒程式之間能夠正確執行程式，所進行的同步操作可能會降低程式的執行速度，這是因為多了監控器的負擔，以及經常要在執行緒的執行狀態和 WaitSleepJoin 狀態之間進行轉換所造成的後果。然而，也沒什麼好批評的，為了高效能、造成不正確的多執行緒程式！

14.6　不具執行緒同步的生產者/消費者關係

在*生產者/消費者關係* (*producer/consumer relationship*) 中，程式的生產者部分會產生資料，而程式的消費者部分則使用這些資料。在多執行緒的生產者/消費者關係中，生產者呼叫 *produce* 方法產生資料，並將資料放入共享的記憶體區域，稱爲*緩衝區* (*buffer*)。消費者則會呼叫 *consume* 方法，從緩衝區讀取資料。如果生產者在等待將下一筆資料放入緩衝區時，發現消費者尚未從緩衝區讀取上一筆資料，則生產者執行緒應該呼叫 **Wait** 方法，讓消費者可以在更新前有讀取資料的機會，否則消費者將無法讀取前一筆資料 ，而該筆資料也就遺失了。當消費者讀取資料時，應該呼叫 **Pulse** 方法，讓等候中的生產者可以繼續存放下一筆資料。如果消費者發現緩衝區空了，或是前一筆資料已經讀取過，該消費者應該呼叫 **Wait**，否則消費者可能從緩衝區讀取到無用的資料，或者是重複讀到舊的資料，以上每一種可能情況都會造成應用程式的邏輯錯誤。當生產者將下一筆資料放入緩衝區時，生產者應該呼叫 **Pulse**，讓消費者執行緒可以繼續讀取資料。

讓我們考慮如果多個執行緒之間，未能同步存取共享資料，可能造成的邏輯錯誤。考慮生產者/消費者的關係，生產者將一系列數字 (我們採用 1 到 4 代表) 寫入*共享緩衝區* (*shared buffer*)，這是由多個執行緒共享的記憶體位置。消費者則從共享的緩衝區讀出這些資料，並顯示出來。我們會在程式的輸出顯示生產者寫入的資料，以及消費者讀取的資料。下一個應用程式將示範說明生產者和消費者如何在沒有任何同步狀況下，存取共享的相同記憶體單元 (型別爲 **int** 的變數 **buffer**)。消費者和生產者執行緒是以下述方式存取此記憶體單元：生產者將資料寫入此記憶單元；而消費者則從它讀取資料。我們希望每個由生產者寫入共享記憶單元的數值，會由消費者一次完整讀取。然而，本例中的兩個執行緒並未同步。因此，如果在消費者尚未讀取前一筆資料，而生產者就放入一筆新資料時，可能造成資料的遺失。同時，若是在生產者寫入下一筆資料前，消費者就再次讀取資料，則會造成重複的讀取資料。爲了說明這些可能情況，下面一個例子消費者會記錄讀出數值的總和。生產者產生 1 到 4 的數值。如果消費者只讀取每個數值一次的話，那麼總和應是 10。然而，如果你多執行這個程式幾次，將會發現總和幾乎都不是 10。同時，爲了強調我們的觀點，範例中的生產者和消費者都會在執行工作之間，休眠一段隨機時間 (最多不超過三秒鐘)。因此，我們確實無法知道生產者何時會嘗試寫入新數值，當然也無法知道消費者何時會嘗試讀取數值。

程式是由三個類別，分別是 **HoldIntegerUnsynchronized** (圖 14.6)、**Producer** (圖 14.7，圖 14.8) 和 **Consumer** (圖 14.9，圖 14.10)，以及函式 **_tmain** (圖 14.11) 組成。

類別 **HoldIntegerUnsynchronized** (圖 14.6) 是由無引數建構式 (第 17-20 行)、變數 **buffer** (第 42 行) 和屬性 **Buffer** (第 23-37 行) 組成，能夠提供 *get* 和 *set* 方法。變數 **buffer** 是利用建構式的成員初始值串列進行初始化動作 (第 18 行)。屬性 **Buffer** 的方法並不能將存取變數 **buffer** 的動作同步。請注意，每一種方法都使用類別 **Thread** 的 **static** 屬性 **CurrentThread**，取得指向目前執行中執行緒的指標，然後利用該執行緒的 **Name** 屬性，取得執行緒的名稱。

Producer 類別 (圖 14.7 及圖 14.8) 包含了變數 **sharedLocation** (圖 14.7 的第 20 行)、變數 **randomSleepTime** (第 21 行)、初始化這些變數的建構式 (圖 14.8 的第 8-12 行) 和 **Produce** 方法 (第 15-26 行)。建構式從函式 **_tmain** 接收 **HoldIntegerUnsynchronized** 物件的 **shared** 作爲引數，並用來初始化變數 **sharedLocation**。這個程式的生產者會執行 **Producer** 類別的 **Produce** 方法所指定工作。方法 **Produce** 包含一個會執行四次迴圈的 **for** 敘述式 (第 19-22 行)。每次迴圈會先呼叫 **Thread** 類別的 **Sleep** 方法，讓生產者進入 *WaitSleepJoin* 狀態，持續 0 至 3000 毫秒的隨機時間。當執行緒甦醒時，程式第 21 行會將控制變數

count 的值指定給 **HoldIntegerUnsynchronized** 物件 **sharedLocation** 的屬性 **Buffer**，就是透過這個物件的 *set* 方法，修改物件 **sharedLocation** 的 **buffer** 變數。當迴圈結束時，程式第 24-25 行會在主控台視窗上顯示一行文字訊息，說明該執行緒已產生資料並將終止，然後 **Produce** 方法就會結束，並讓生產者執行緒進入停止狀態。

```
 1  // Fig. 14.6: Unsynchronized.h
 2  // Showing multiple threads modifying a shared object without
 3  // synchronization.
 4
 5  #pragma once
 6
 7  #using <mscorlib.dll>
 8
 9  using namespace System;
10  using namespace System::Threading;
11
12  // represents a single shared int
13  public __gc class HoldIntegerUnsynchronized
14  {
15  public:
16
17     HoldIntegerUnsynchronized() :
18        buffer( -1 )
19     {
20     }
21
22     // property Buffer
23     __property int get_Buffer()
24     {
25        Console::WriteLine( S"{0} reads {1}",
26           Thread::CurrentThread->Name, buffer.ToString() );
27
28        return buffer;
29     }
30
31     __property void set_Buffer( int value )
32     {
33        Console::WriteLine( S"{0} writes {1}",
34           Thread::CurrentThread->Name, value.ToString() );
35
36        buffer = value;
37     }
38
39  private:
40
41     // buffer shared by producer and consumer threads
42     int buffer;
43  }; // end class HoldIntegerUnsynchronized
```

圖 14.6　類別 HoldIntegerUnsynchronized 採用非同步方式修改共享物件。

```
1  // Fig. 14.7: Producer.h
2  // Class Producer's Produce method controls a thread that
3  // stores values from 1 to 4 in sharedLocation.
4
5  #pragma once
6
7  #include "Unsynchronized.h"
8
9  public __gc class Producer
10 {
11 public:
12
13    // constructor
14    Producer( HoldIntegerUnsynchronized *, Random * );
15
16    // store values 1-4 in object sharedLocation
17    void Produce();
18
19 private:
20    HoldIntegerUnsynchronized *sharedLocation;
21    Random *randomSleepTime;
22 }; // end class Producer
```

圖 14.7 類別 Producer 控制將數值存入共享記憶體位置 sharedLocation 的執行緒。

```
1  // Fig. 14.8: Producer.cpp
2  // Method definitions for class Producer.
3
4  #include "stdafx.h"
5  #include "Producer.h"
6
7  // constructor
8  Producer::Producer( HoldIntegerUnsynchronized *shared, Random *random )
9  {
10    sharedLocation = shared;
11    randomSleepTime = random;
12 }
13
14 // store values 1-4 in object sharedLocation
15 void Producer::Produce()
16 {
17    // sleep for random interval up to 3000 milliseconds
18    // then set sharedLocation's Buffer property
19    for ( int count = 1; count <= 4; count++ ) {
20       Thread::Sleep( randomSleepTime->Next( 1, 3000 ) );
21       sharedLocation->Buffer = count;
22    } // end for
23
24    Console::WriteLine( S"{0} done producing.\nTerminating {0}.",
25       Thread::CurrentThread->Name );
26 } // end method Produce
```

圖 14.8 類別 Producer 的方法定義。

Consumer 類別 (圖 14.9 及圖 14.10) 包含了變數 **sharedLocation** (圖 14.9 的第 20 行)、變數 **randomSleepTime** (第 21 行)、初始化這些變數的建構式 (圖 14.10 的第 8-12 行) 和 **Consume** 方法 (第 15-29 行)。建構式從函式 **_tmain** 接收 **HoldIntegerUnsynchronized** 物件的 **shared** 作爲引數，並用來初始化變數 **sharedLocation**。這個程式的消費者執行緒會執行 **Consumer** 類別的 **Consume** 方法所指定工作。這個方法包含一個執行四次迴圈的 **for** 敘述式 (第 21-24 行)。每次迴圈先呼叫 **Thread** 類別的 **Sleep** 方法，讓消費者執行緒進入 *WaitSleepJoin* 狀態，持續 0 至 3000 毫秒的隨機時間。接著，程式第 23 行取得 **HoldIntegerUnsynchronized** 物件 **sharedLocation** 的屬性 **Buffer** 值，並將數值加入 **sum** 變數。當迴圈執行完畢後，程式第 26-28 行會在主控台視窗顯示一行文字，指出所讀取數值的總和，然後 **Consume** 方法結束，並讓消費者執行緒進入停止狀態。

【注意：我們在這個範例中使用了 **Sleep** 方法，強調在多執行緒的應用程式中，無法得知執行緒何時開始執行工作，以及會執行該項工作多久的時間。通常，這些執行緒排程問題是電腦作業系統的工作。在這個程式中，執行緒的工作非常簡單；對生產者執行緒而言，執行迴圈四次，每次執行一個指定敘述式；對消費者執行緒而言，執行迴圈四次，每次將一個數值加入 **sum** 變數。因爲不會呼叫 **Sleep** 方法，如果生產者先執行，在生產者完成它的工作之後，消費者執行緒才有執行的機會。如果消費者先執行的話，消費者會因爲無法讀取到數值，而傳回 **-1** 四次，然後就終止了，生產者還沒有機會產生第一個實際的數值。】

```
 1  // Fig. 14.9: Consumer.h
 2  // Class Consumer's Consume method controls a thread that
 3  // loops four times and reads a value from sharedLocation.
 4
 5  #pragma once
 6
 7  #include "Unsynchronized.h"
 8
 9  public __gc class Consumer
10  {
11  public:
12
13     // constructor
14     Consumer( HoldIntegerUnsynchronized *, Random * );
15
16     // read sharedLocation's value four times
17     void Consume();
18
19  private:
20     HoldIntegerUnsynchronized *sharedLocation;
21     Random *randomSleepTime;
22  }; // end class Consumer
```

圖 14.9　從 sharedLocation 讀取數值的類別 Consumer。

函式**_tmain** (圖 14.11 中的第 13-41 行) 產生下述物件的實體，包括共享物件 **HoldIntegerUnsynchronized** (第 16-17 行) 以及可用來產生隨機休眠時間的 **Random** 物件 (第 20 行)，並且將它們當作引數傳給類別 **Producer** (第 23 行) 和 **Consumer** (第 24 行) 的物件。這個 **HoldIntegerUnsynchronized** 物件包含的資料將由生產者和消費者執行緒所共享。第 28-30 行建立並命名爲 **producerThread** 的物件。這個 **producerThread** 物件的 **ThreadStart** 委派指定執行緒將執行物件 **producer** 的 **Produce** 方法。第 32-34 行建立並命名爲 **consumerThread** 的物件。這個 **consumerThread** 物件的 **ThreadStart** 委派指定執行緒將執行物件 **consumer** 的 **Consume** 方法。最後，程式第 37-38 行呼叫每個執行緒的 **Start** 方法，讓這兩個執行緒進入執行狀態。然後函式**_tmain** 終止。

```
1  // Fig. 14.10: Consumer.cpp
2  // Method definitions for class consumer.
3
4  #include "stdafx.h"
5  #include "Consumer.h"
6
7  // constructor
8  Consumer::Consumer( HoldIntegerUnsynchronized *shared, Random *random )
9  {
10    sharedLocation = shared;
11    randomSleepTime = random;
12 }
13
14 // read sharedLocation's value four times
15 void Consumer::Consume()
16 {
17    int sum = 0;
18
19    // sleep for random interval up to 3000 milliseconds
20    // then add sharedLocation's Buffer property value to sum
21    for ( int count = 1; count <= 4; count++ ) {
22       Thread::Sleep( randomSleepTime->Next( 1, 3000 ) );
23       sum += sharedLocation->Buffer;
24    } // end for
25
26    Console::WriteLine(
27       S"{0} read values totaling: {1}.\nTerminating {0}.",
28       Thread::CurrentThread->Name, sum.ToString() );
29 } // end method Consume
```

圖 14.10 類別 Consumer 的方法定義。

```
1  // Fig. 14.11: SharedCell.cpp
2  // Create and start producer and consumer threads.
3
4  #include "stdafx.h"
5  #include "Unsynchronized.h"
6  #include "Producer.h"
7  #include "Consumer.h"
```

圖 14.11 程式 SharedCell 示範說明在不同步情況下，如何存取共享的物件 (第 3 之 1 部分)。

```
 8
 9  #using <mscorlib.dll>
10
11  using namespace System;
12
13  int _tmain()
14  {
15     // create shared object used by threads
16     HoldIntegerUnsynchronized *holdInteger =
17        new HoldIntegerUnsynchronized();
18
19     // Random object used by each thread
20     Random *random = new Random();
21
22     // create Producer and Consumer objects
23     Producer *producer = new Producer( holdInteger, random );
24     Consumer *consumer = new Consumer( holdInteger, random );
25
26     // create threads for producer and consumer and set
27     // delegates for each thread
28     Thread *producerThread = new Thread( new ThreadStart(
29        producer, Producer::Produce ) );
30     producerThread->Name = S"Producer";
31
32     Thread *consumerThread = new Thread( new ThreadStart(
33        consumer, Consumer::Consume ) );
34     consumerThread->Name = S"Consumer";
35
36     // start each thread
37     producerThread->Start();
38     consumerThread->Start();
39
40     return 0;
41  } // end _tmain
```

```
Consumer reads -1
Consumer reads -1
Producer writes 1
Consumer reads 1
Consumer reads 1
Consumer read values totaling: 0.
Terminating Consumer.
```

```
Producer writes 2
Producer writes 3
Producer writes 4
Producer done producing.
Terminating Producer.
```

圖 14.11　程式 SharedCell 示範說明在不同步情況下，如何存取共享的物件 (第 3 之 2 部分)。

```
Producer writes 1
Producer writes 2
Consumer reads 2
Consumer reads 2
Producer writes 3
Consumer reads 3
Producer writes 4
Producer done producing.
Terminating Producer.
Consumer reads 4
Consumer read values totaling: 11.
Terminating Consumer.
```

```
Producer writes 1
Consumer reads 1
Producer writes 2
Consumer reads 2
Consumer writes 3
Consumer reads 3
Producer writes 4
Producer done producing.
Terminating Producer.
Consumer reads 4
Consumer read values totaling: 10.
Terminating Consumer.
```

圖 14.11 程式 SharedCell 示範說明在不同步情況下，如何存取共享的物件 (第 3 之 3 部分)。

在理想狀況下，我們希望每個由 **Producer** 物件產生的數值都會由 **Consumer** 物件恰好只讀取一次。然而，當我們研究圖 14.11 的第一個輸出時，我們發現消費者會在生產者尚未在共享緩衝區內寫入任何數值前，就先讀取數值 (**-1**)，接著又讀取數值 **1** 兩次。而且在生產者有機會寫入數值 2、3 和 4 之前，消費者就已經執行完畢。因此，這三個數值就遺失了。在第二個輸出中，我們看到數值 **1** 已經遺失；因為在消費者能夠讀取數值 **1** 之前，生產者已經連續寫入數值 1 和 2。此外，數值 2 也讀取了兩次。最後一個輸出說明有可能產生正確的結果 (帶一點運氣)，每一個生產者所產生的數值只由消費者讀取一次。這個範例清楚地說明，當平行處理的執行緒存取共享資料時，必須小心處理；否則，程式可能會產生不正確的結果。

要解決前述範例中發生的資料遺失和資料讀取多次的問題，我們可以使用 **Monitor** 類別的方法 **Enter**、**Wait**、**Pulse** 和 **Exit**，讓平行處理的生產者和消費者執行緒能夠同步存取共享的資料 (圖 14.12 到圖 14.18)。當某個執行緒使用同步操作存取共享物件時，它會鎖定共享物件，所以其他的執行緒就不可以再鎖定物件。

14.7 具執行緒同步的生產者/消費者關係

在圖 14.12 到圖 14.18 中，說明生產者和消費者利用同步機制存取共享記憶單元內的資料，消費者只有在生產者寫入資料後才能讀取資料，而生產者也必須等待消費者讀取前一筆寫入的資料後，才能繼續寫入下一筆資料。類別 **Producer** (圖 14.14 到圖 14.15)、**Consumer** (圖 14.16 到圖 14.17) 和函式 **_tmain** (圖 14.18) 幾乎等於圖 14.6 到圖 14.11 的程式，只是使用 **HoldIntegerSynchronized** 類別取代 **HoldIntegerUnsynchronized**。

HoldIntegerSynchronized 類別 (圖 14.12 到圖 14.13) 包含兩個變數，一個是 **buffer** (圖 14.12 的第 113 行) 而另一個是 **occupiedBufferCount** (第 116 行)，兩者都是利用建構式成員初始值串列加以初始化 (第 18 行)。同時，屬性 **Buffer** 的 *get* 方法 (第 23-69 行) 和 *set* 方法 (第 72-105 行) 利用類別 **Monitor** 的方法，同步存取屬性 **Buffer** 的值。變數 **occupiedBufferCount** 稱為*條件變數* (*condition variable*)，屬性 **Buffer** 的這些方法在條件式中使用這個 **int** 變數，判斷該輪到生產者或者消費者執行工作。如果 **occupiedBufferCount** 的值為 **0**，屬性 **Buffer** 的 *set* 方法就可以將一個數值放入變數 **buffer** 內，因為這個變數目前沒有包含資料。然而，這意謂著屬性 **Buffer** 的 *get* 方法目前無法讀取 **buffer** 的值。如果 **occupiedBufferCount** 的值為 **1**，屬性 **Buffer** 的 *get* 方法就可以從變數 **buffer** 讀取一個數值，因為這個變數目前確實包含資料。在目前狀況下，意謂著屬性 **Buffer** 的 *set* 方法無法將數值放入 **buffer** 內。

```
 1  // Fig. 14.12: Synchronized.h
 2  // Showing multiple threads modifying a shared object with
 3  // synchronization.
 4
 5  #pragma once
 6
 7  #using <mscorlib.dll>
 8
 9  using namespace System;
10  using namespace System::Threading;
11
12  // this class synchronizes access to an integer
13  public __gc class HoldIntegerSynchronized
14  {
15  public:
16
17     HoldIntegerSynchronized :
18        buffer( -1 ), occupiedBufferCount( 0 )
19     {
20     }
21
22     // property get_Buffer
23     __property int get_Buffer()
24     {
25        // obtain lock on this object
```

圖 14.12　類別 HoldIntegerSynchronized 可同步存取同物件 (第 3 之 1 部分)。

```
26          Monitor::Enter( this );
27
28          // if there is no data to read, place invoking
29          // thread in WaitSleepJoin state
30          if ( occupiedBufferCount == 0 ) {
31             Console::WriteLine( S"{0} tries to read.",
32                Thread::CurrentThread->Name );
33
34             DisplayState( String::Concat( S"Buffer empty. ",
35                Thread::CurrentThread->Name, S" waits." ) );
36
37             Monitor::Wait( this );
38          } // end if
39
40          // indicate that producer can store another value
41          // because a consumer just retrieved buffer value
42          occupiedBufferCount--;
43
44          DisplayState( String::Concat(
45             Thread::CurrentThread->Name, S" reads ",
46             buffer.ToString() ) );
47
48          // tell waiting thread (if there is one) to
49          // become ready to execute (Running state)
50          Monitor::Pulse( this );
51
52          // Get copy of buffer before releasing lock.
53          // It is possible that the producer could be
54          // assigned the processor immediately after the
55          // monitor is released and before the return
56          // statement executes.  In this case, the producer
57          // would assign a new value to buffer before the
58          // return statement returns the value to the
59          // consumer.  Thus, the consumer would receive the
60          // new value.  Making a copy of buffer and
61          // returning the copy ensures that the
62          // consumer receives the proper value.
63          int bufferCopy = buffer;
64
65          // release lock on this object
66          Monitor::Exit( this );
67
68          return bufferCopy;
69       } // end property get_Buffer
70
71       // property set_Buffer
72       __property void set_Buffer( int value )
73       {
74          // acquire lock for this object
75          Monitor::Enter( this );
76
77          // if there are no empty locations, place invoking
```

圖 14.12 類別 HoldIntegerSynchronized 可同步存取同物件 (第 3 之 2 部分)。

```
78          // thread in WaitSleepJoin state
79          if ( occupiedBufferCount == 1 ) {
80             Console::WriteLine( S"{0} tries to write.",
81                Thread::CurrentThread->Name );
82
83             DisplayState( String::Concat( S"Buffer full. ",
84                Thread::CurrentThread->Name, S" waits." ) );
85
86             Monitor::Wait( this );
87          } // end if
88
89          // set new buffer value
90          HoldIntegerSynchronized::buffer = value;
91
92          // indicate producer cannot store another value
93          // until consumer retrieves current buffer value
94          occupiedBufferCount++;
95
96          DisplayState( String::Concat( Thread::CurrentThread->Name,
97             S" writes ", buffer.ToString() ) );
98
99          // tell waiting thread (if there is one) to
100         // become ready to execute (Running state)
101         Monitor::Pulse( this );
102
103         // release lock on this object
104         Monitor::Exit( this );
105      } // end property set_Buffer
106
107      // display current operation and buffer state
108      void DisplayState( String * );
109
110   private:
111
112      // buffer shared by producer and consumer threads
113      int buffer;
114
115      // occupiedBufferCount maintains count of occupied buffers
116      int occupiedBufferCount;
117   }; // end class HoldIntegerSynchronized
```

圖 14.12　類別 HoldIntegerSynchronized 可同步存取同物件 (第 3 之 3 部分)。

生產者可以執行由 **Producer** 物件的 **Produce** 方法所指定的工作。當程式在第 21 行 (圖 14.15) 設定 **HoldIntegerSynchronized** 物件的屬性 **Buffer** 值時，生產者會呼叫第 72-105 行的 set 方法 (圖 14.12)。在第 75 行 (圖 14.12) 呼叫類別 **Monitor** 的方法 **Enter**，以便鎖定 **HoldIntegerSynchronized** 物件 (**this**)。在第 79-87 行的 **if** 敘述式會判斷 **occupiedBufferCount** 是否為 **1**。如果這個條件式為 **true**，第 80-81 行會輸出一個訊息，指出生產者嘗試寫入一個數值，接著第 83-84 行會呼叫 **DisplayState** 方法 (定義在圖 14.13 的第 8 行)，以便輸出另一個訊息，指出目前緩衝區已滿，而生產者正在等待。在第 86 行 (圖

14.12)呼叫類別 **Monitor** 的 **Wait** 方法，以便將呼叫的執行緒(即生產者)移入 **HoldIntegerSynchronized** 物件的 *WaitSleepJoin* 狀態，然後釋放該物件的鎖定。現在，另一個執行緒可以呼叫 **HoldIntegerSynchronized** 物件屬性 **Buffer** 的存取方法。

生產者執行緒仍然停留在 *WaitSleepJoin* 狀態，直到其他的執行緒通知它可繼續進行為止，此時，該生產者就會回到執行狀態，等待系統分配處理器資源。當這個執行緒開始執行時，隱含著這個執行緒必須要能鎖定 **HoldIntegerSynchronized** 物件；然後，*set* 方法接著執行 **Wait** 之後的下一個敘述式。第 90 行(圖 14.12)將 **value** 的值指定給 **buffer**。程式第 94 行遞增 **occupiedBufferCount** 的值，指出共享緩衝區目前含有一個數值(意指使用者可以讀取這個值，而生產者還不能寫入另一個數值)。程式第 96-97 行呼叫 **DisplayState** 方法，在主控台視窗顯示一行文字，說明生產者正將一個新數值寫入 **buffer** 中。第 101 行呼叫 **Monitor** 類別的 **Pulse** 方法，並且傳入 **HoldIntegerSynchronized** 物件作為引數。如果此時有任何的等待執行緒，則第一個等待的執行緒就會進入執行狀態，表示該執行緒可以嘗試完成工作(只要執行緒分配到處理器資源的話)。**Pulse** 方法會立刻將執行權傳回。第 104 行呼叫 **Monitor** 類別的 **Exit** 方法，將鎖定的 **HoldIntegerSynchronized** 物件釋放，而 *set* 方法會將控制權傳回呼叫者。

常見的程式設計錯誤 14.3

如果鎖定的物件已經不再需要鎖定，但是又無法釋放，則會產生邏輯錯誤。這會阻止程式中其他需要鎖定這個物件的執行緒，無法執行它們的工作。這些執行緒將被強迫等待(這是不需要的，因為這項鎖定已不再需要)。這種等待可能會導致鎖死和無限延期。

方法 *get* 和 *set* 的實作十分類似。執行由 **Consumer** 物件的 **Consume** 方法所指定的工作。消費者呼叫在圖 14.12 中的 *get* 方法，以便取得 **HoldIntegerSynchronized** 物件的屬性 **Buffer** 值(圖 14.17 中的第 26 行)。在第 26 行(圖 14.12)呼叫類別 **Monitor** 的方法 **Enter**，以便鎖定 **HoldIntegerSynchronized** 物件。

```
1   // Fig. 14.13: Synchronized.cpp
2   // Method definitions for class HoldIntegerSynchronized
3
4   #include "stdafx.h"
5   #include "Synchronized.h"
6
7   // display current operation and buffer state
8   void HoldIntegerSynchronized::DisplayState( String *operation )
9   {
10     Console::WriteLine( S"{0,-35}{1,-9}{2}\n", operation,
11        buffer.ToString(), occupiedBufferCount.ToString() );
12  } // end method DisplayState
```

圖 14.13　類別 HoldIntegerSynchronized 的方法定義。

```
1   // Fig. 14.14: Producer.h
2   // Class Producer's Produce method controls a thread that
3   // stores values from 1 to 4 in sharedLocation.
4
5   #pragma once
6
7   #include "Synchronized.h"
8
9   public __gc class Producer
10  {
11  public:
12
13     // constructor
14     Producer( HoldIntegerSynchronized *, Random * );
15
16     // store values 1 - 4 in object sharedLocation
17     void Produce();
18
19  private:
20     HoldIntegerSynchronized *sharedLocation;
21     Random *randomSleepTime;
22  }; // end class Producer
```

圖 14.14　類別 Producer 控制在記憶體位置 sharedLocation 存入數值的執行緒。

```
1   // Fig. 14.15: Producer.cpp
2   // Method definitions for class Producer.
3
4   #include "stdafx.h"
5   #include "Producer.h"
6
7   // constructor
8   Producer::Producer( HoldIntegerSynchronized *shared, Random *random )
9   {
10     sharedLocation = shared;
11     randomSleepTime = random;
12  }
13
14  // store values 1 - 4 in object sharedLocation
15  void Producer::Produce()
16  {
17     // sleep for random interval up to 3000 milliseconds
18     // then set sharedLocation's Buffer property
19     for ( int count = 1; count <= 4 ; count++ ) {
20        Thread::Sleep( randomSleepTime->Next( 1, 3000 ) );
21        sharedLocation->Buffer = count;
22     } // end for
23
24     Console::WriteLine( S"{0} done producing.\nTerminating {0}.",
25        Thread::CurrentThread->Name );
26  } // end method Produce
```

圖 14.15　類別 Producer 的方法定義。

```
1  // Fig. 14.16: Consumer.h
2  // Class Consumer's Consume method controls a thread that
3  // loops four times and reads a value from sharedLocaton.
4
5  #pragma once
6
7  #include "Synchronized.h"
8
9  public __gc class Consumer
10 {
11 public:
12
13    // constructor
14    Consumer( HoldIntegerSynchronized *, Random * );
15
16    // read sharedLocation's value four times
17    void Consume();
18
19 private:
20    HoldIntegerSynchronized *sharedLocation;
21    Random *randomSleepTime;
22 }; // end class Consumer
```

圖 14.16 類別 Consumer 從記憶體位置 sharedLocation 讀取數值。

在圖 14.12 中第 30-38 行的 **if** 敘述式會判斷 **occupiedBufferCount** 是否爲 **0**。如果這個條件式爲 **true**，第 31-32 行會輸出一個訊息，指出消費者執行緒嘗試讀取一個數值，接著第 34-35 行會呼叫**DisplayState**方法輸出另一個訊息，指出目前緩衝區是空的，而消費者正在等待。在第 37 行呼叫 **Monitor** 類別的 **Wait** 方法，以便將呼叫的執行緒 (即消費者) 移入**HoldIntegerSynchronized**物件的 *WaitSleepJoin* 狀態，然後釋放該物件的鎖定。現在，另一個執行緒可以呼叫**HoldIntegerSynchronized**物件屬性**Buffer**的存取方法。

消費者仍然停留在 *WaitSleepJoin* 狀態，直到其他的執行緒通知它可繼續進行爲止，此時，該消費者就會回到執行狀態，等待系統分配處理器資源。當這個執行緒開始執行時，隱含這個執行緒必須要能鎖定**HoldIntegerSynchronized**物件；然後，*get*方法就會接著執行 **Wait** 之後的下一個敘述式。圖 14.12 的第 42 行遞減 **occupiedBufferCount** 的值，表示共享的緩衝區目前是空的 (意指消費者不能讀取數值，但是生產者可以將另一個數值寫入共享的緩衝區)，第 44-46 行在主控台視窗顯示消費者可以讀取的數值，第 50 行呼叫類別 **Monitor** 的 **Pulse** 方法，並且傳入 **HoldIntegerSynchronized** 物件作爲引數。如果此時有任何的等待執行緒，則第一個等待的執行緒就會進入執行狀態，表示該執行緒可以嘗試完成工作 (只要執行緒分配到處理器資源的話)。**Pulse** 方法會立刻將執行權傳回。第 63 行在釋放鎖定之前，會複製 **buffer** 的一份副本。有可能在釋放鎖定 (第 66 行) 之後，和執行 **return**敘述式(第 68 行) 之前，生產者會分配到處理器資源。在這種情況下，在**return**敘述式將 **buffer** 的值傳回給消費者之前，生產者還來得及指定新值給 **buffer**。如此，消費者可能會接收到新的值。先作一份**buffer**的副本，然後將副本傳回，才能確保消費者接收到正確的值。第 66 行呼叫 **Monitor** 類別的 **Exit** 方法，將鎖定的 **HoldIntegerSynchronized** 物件釋放，而 *get* 方法會將 **bufferCopy** 傳回呼叫者。

觀察圖 14.18 的輸出。我們會發現，每個產生的整數恰好只讀取一次，且不會有資料遺失或重複讀取的情況發生。能夠做到這種地步，是因爲規定除非輪到生產者和消費者執行，否則不可以任意執行的結果。生產者會先執行；如果生產者尙未寫入資料，消費者就必須等待，因爲消費者是最後才能讀取資料；如果消費者尙未讀取生產者最近寫入的資料，生產者就必須等待。試著執行這個程式幾次，確認每個寫入的整數值只會被讀取一次。

```
 1  // Fig. 14.17: Consumer.cpp
 2  // Method definitions for class Consumer.
 3
 4  #include "stdafx.h"
 5  #include "Consumer.h"
 6
 7  // constructor
 8  Consumer::Consumer( HoldIntegerSynchronized *shared, Random *random )
 9  {
10     sharedLocation = shared;
11     randomSleepTime = random;
12  }
13
14  // read sharedLocation's value four times
15  void Consumer::Consume()
16  {
17     int sum = 0;
18
19     // get current thread
20     Thread *current = Thread::CurrentThread;
21
22     // sleep for random interval up to 3000 milliseconds
23     // then add sharedLocation's Buffer property value to sum
24     for ( int count = 1; count <= 4; count++ ) {
25        Thread::Sleep( randomSleepTime->Next( 1, 3000 ) );
26        sum += sharedLocation->Buffer;
27     } // end for
28
29     Console::WriteLine(
30        S"{0} read values totaling: {1}.\n"Terminating {0}.",
31        Thread::CurrentThread->Name, sum.ToString() );
32  } // end method Consume
```

圖 14.17　類別 Consumer 的方法定義。

```
 1  // Fig. 14.18: SharedCell.cpp
 2  // Creates and starts producer and consumer threads.
 3
 4  #include "stdafx.h"
 5  #include "Synchronized.h"
 6  #include "Producer.h"
 7  #include "Consumer.h"
 8
```

圖 14.18　程式 SharedCell 示範說明類別 Producer 和 Consumer 的用法 (第 4 之 1 部分)。

```
 9  #using <mscorlib.dll>
10
11  using namespace System;
12
13  int _tmain()
14  {
15     // create shared object used by threads
16     HoldIntegerSynchronized *holdInteger =
17        new HoldIntegerSynchronized();
18
19     // Random object used by each thread
20     Random *random = new Random();
21
22     // create Producer and Consumer objects
23     Producer *producer = new Producer( holdInteger, random );
24     Consumer *consumer = new Consumer( holdInteger, random );
25
26     // output column heads and initial buffer state
27     Console::WriteLine( S"{0,-35}{1,-9}{2}\n", S"Operation",
28        S"Buffer", S"Occupied Count" );
29     holdInteger->DisplayState( S"Initial state" );
30
31     // create threads for producer and consumer and set
32     // delegates for each thread
33     Thread *producerThread = new Thread( new ThreadStart(
34        producer, Producer::Produce ) );
35     producerThread->Name = S"Producer";
36
37     Thread *consumerThread = new Thread( new ThreadStart(
38        consumer, Consumer::Consume ) );
39     consumerThread->Name = S"Consumer";
40
41     // start each thread
42     producerThread->Start();
43     consumerThread->Start();
44
45     return 0;
46  } // end _tmain
```

```
Operation                          Buffer   Occupied Count

Initial state                      -1       0

Producer writes 1                  1        1
```

圖 14.18　程式 SharedCell 示範說明類別 Producer 和 Consumer 的用法 (第 4 之 2 部分)。

```
Operation                              Buffer   Occupied Count

Consumer reads 1                       1        0

Producer writes 2                      2        1

Producer tries to write.
Buffer full. Producer waits.           2        1

Consumer reads 2                       2        0

Producer writes 3                      3        1

Consumer reads 3                       3        0

Consumer tries to read.
Buffer empty. Consumer waits.          3        0

Producer writes 4                      4        1

Producer done producing.
Terminating Producer.

Consumer reads 4                       4        0

Consumer read values totaling: 10.
Terminating Consumer.

Initial state                          -1       0

Consumer tries to read.
Buffer empty. Consumer waits.          -1       0

Producer writes 1                      1        1

Consumer reads 1                       1        0

Consumer tries to read.
Buffer empty. Consumer waits.          1        0

Producer writes 2                      2        1

Consumer reads 2                       2        0

Producer writes 3                      3        1
```

圖 14.18　程式 SharedCell 示範說明類別 Producer 和 Consumer 的用法 (第 4 之 3 部分)。

```
Operation                               Buffer    Occupied Count

Consumer reads 3                        3         0

Producer writes 4                       4         1

Producer done producing.
Terminating Producer.

Consumer reads 4                        4         0

Consumer read values totaling: 10.
Terminating Consumer.
```

圖 14.18 程式 SharedCell 示範說明類別 Producer 和 Consumer 的用法 (第 4 之 4 部分)。

14.8 生產者/消費者關係：環狀緩衝區

圖 14.12 到圖 14.18 的程式使用執行緒同步機制，確保兩個執行緒可以正確地操作共享緩衝區的資料。然而，這個程式可能不是最理想的方式。如果這兩個執行緒執行的速度不同時，其中一個執行緒可能得多花些時間 (或大部分時間) 在等待上。例如，在圖 14.12 到圖 14.18 的程式中，我們讓兩個執行緒共享一個整數變數。如果生產者執行緒寫入數值的速度快過消費者讀取這些數值的速度，則生產者就得等待消費者，因為沒有其它的記憶體位置可以存放下一個數值。相同的，如果消費者讀取數值的速度快過生產者寫入數值的速度，則消費者就必須等待，直到生產者將下一個數值寫入記憶體中的共享位置。即使我們擁有相同速度的執行緒，在經過一段時間後，這些執行緒也可能步調不再一致，導致某個執行緒必須等待另一個執行緒。我們不能推定非同步平行執行緒的相對速度。因為與作業系統、網路、使用者和其它元件等，會有太多的互動發生，導致執行緒會以不同的速度執行。當發生這種情況時，執行緒就只有等待。當執行緒等待時，程式的效能就會降低，與使用者互動的程式反應會變慢，網路應用程式必須忍受較長時間的延遲現象，因為處理器的使用不具效率。

為了儘量減少執行緒等待分享資源的時間，且能以相同的速度執行，我們可以實作*環狀緩衝區* (*circular buffer*)，提供額外的緩衝記憶體空間，讓生產者可以寫入更多的數值，而消費者也能讀取這些數值。我們假設將緩衝區實作成一個陣列。生產者和消費者都從陣列的開端開始操作。當任何一個執行緒抵達陣列的尾端時，它只需要返回陣列的第一個元素，繼續執行工作。如果生產者寫入速度暫時超過消費者讀取數值的速度，則生產者可以將額外的數值寫入額外的緩衝區。這樣會讓生產者可以執行它的工作，即使消費者來不及讀取已經寫入的數值。相同的，如果消費者讀取數值的速度快過生產者寫入數值的速度，則消費者就可以讀取緩衝區中的數值。這樣會讓消費者可以執行它的工作，即使生產者來不及寫入額外的數值。

請注意，如果生產者和消費者以不同的速度操作的話，則環狀緩衝區並不適合。如果消費者執行的速度永遠比生產者快，那麼緩衝區就只要有一個位置即可。多出的位置只是浪費記憶體空間。如果生產者的速度永遠比消費者的速度快，則需要無窮大的位置，才能容納持續累積的寫入數值。

使用環狀緩衝區的重點，是要提供足夠的位置來容納預期中額外寫入的資料。如果經過一段時間之後，我們判斷生產者總是比消費者多寫入三個數值，則我們可以提供至少三個空間的緩衝區，容納這些額外的資料。我們不希望緩衝區的容量太小，因爲這會造成執行緒等待更多的時間。換言之，我們也不想讓緩衝區太大，因爲這會浪費記憶體空間。

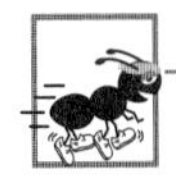

增進效能的小技巧 14.5

即使使用了環狀緩衝區，生產者執行緒仍有可能會填滿整個緩衝區，而強迫生產者執行緒必須等待，直到消費者讀取一個數值，釋放出緩衝區的一個位置。相同的，如果任何時候緩衝區是空的，則消費者執行緒也必須等待，直到生產者寫入另一個數值。使用環狀緩衝區的重點，是要將緩衝區調整到最佳的大小，儘量減少執行緒的等待時間。

圖 14.19 到圖 14.26 的程式，示範生產者和消費者執行緒在同步機制下，存取環狀緩衝區的情形 (本例中，共用的陣列擁有三個元素)。在這種生產者/消費者關係中，消費者只會在陣列不是空的情況下，才會讀取一個數值；生產者也只會在陣列仍未填滿的情況下，才會寫入一個數值。這個程式實作了一個視窗應用程式，並將結果輸出到文字方塊 **TextBox** 顯示。**Producer** 類別 (圖 14.21 到圖 14.22) 和 **Consumer** (圖 14.23 到圖 14.24) 執行的工作和前面的範例相同，只是將輸出的訊息傳給應用程式視窗的 **TextBox** 文字方塊顯示。原來在圖 14.11 和圖 14.18 中，**SharedCell.cpp** 檔案的 **_tmain** 函式內，建立和啓動執行緒物件的敘述式，現在出現在類別 **Form1** (圖 14.25) 中，**Load** 事件處理常式 (第 57-89 行) 負責執行這些工作。

在圖 14.12 到圖 14.18 中最顯著的改變就是在類別 **HoldIntegerSynchronized** (圖 14.19 到圖 14.20)，現在包含五個變數。陣列 **buffers** 具有三個整數元素，代表環狀緩衝區。變數 **occupiedBufferCount** 是條件變數，用來判斷生產者是否可以將數值寫入環狀緩衝區 (意指 **occupiedBufferCount** 是否小於陣列 **buffers** 的元素數目)，以及決定消費者是否可以從環狀緩衝區讀取數值 (意指 **occupiedBufferCount** 是否大於 0)。變數 **readLocation** 指出消費者下一個讀取數值的位置。變數 **writeLocation** 指出生產者下一個寫入數值的位置。程式是在 **outputTextBox** 顯示輸出。

屬性 **Buffer** 的 *set* 方法 (圖 14.19 的第 66-104 行) 除了一點修改外，其工作大致和圖 14.6 中的一樣。當程式呼叫類別 **Monitor** 的 **Enter** 方法 (第 70 行) 時，假設目前可以鎖定的話，執行中的執行緒就會鎖定 **HoldIntegerSynchronized** 物件 (就是 **this**)。程式第 74-80 行的 **if** 敘述式會判斷生產者是否必須等待 (意指緩衝區已塡滿)。如果生產者執行緒必須等待，第 75-77 行會將一段文字附加在 **outputTextBox** 顯示的文字訊息之後，指出生產者正在等待執行它的工作，第 79 行呼叫 **Monitor** 類別的 **Wait** 方法，將生產者執行緒移入 **HoldIn-**

tegerSynchronized物件的 *WaitSleepJoin* 狀態。當程式執行到 **if** 敘述式之後的第 84 行，生產者寫入的數值放在環狀緩衝區中的 **writeLoca-tion** 位置。接著，第 86-88 行將包含產生的數值訊息附加在文字方塊 **output TextBox** 顯示的文字訊息之後。程式第 92 行會遞增 **occupiedBufferCount** 的值，因爲緩衝區中現在至少有一個數值消費者可以讀取。然後，程式第 96 行會更新 **writeLocation** 的內容，供下次呼叫屬性 **Buffer** 的 *set* 方法時使用。在第 97 行呼叫 **CreateStateOutput** 方法 (圖 14.20 的第 21-61 行) 繼續進行輸出，此行輸出緩衝區內填滿的數目、緩衝區的內容、以及目前 **writeLocation** 和 **readLocation** 的值。程式第 101 行 (圖 14.19) 呼叫 **Monitor** 類別的 **Pulse** 方法，指出有一個在 **HoldIn-tegerSynchronized** 物件等待的執行緒，應該移轉進入執行狀態。最後，在第 103 行呼叫 **Monitor** 類別的 **Exit** 方法，以便執行緒可以釋放 **HoldIntegerSynchronized** 物件的鎖定。

```
 1  // Fig. 14.19: HoldIntegerSynchronized.h
 2  // Implementing the producer/consumer relationship with a
 3  // circular buffer.
 4
 5  #pragma once
 6
 7  #using <mscorlib.dll>
 8  #using <system.drawing.dll>
 9  #using <system.windows.forms.dll>
10
11  using namespace System;
12  using namespace System::Drawing;
13  using namespace System::Windows::Forms;
14  using namespace System::Threading;
15
16  // implement the shared integer with synchronization
17  public __gc class HoldIntegerSynchronized
18  {
19  public:
20     HoldIntegerSynchronized( TextBox * );   // constructor
21
22     // property Buffer
23     __property int get_Buffer()
24     {
25        // lock this object while getting value
26        // from buffers array
27        Monitor::Enter( this );
28
29        // if there is no data to read, place invoking
30        // thread in WaitSleepJoin state
31        if ( occupiedBufferCount == 0 ) {
32           outputTextBox->AppendText( String::Concat(
33              S"\r\nAll buffers empty. ",
34              Thread::CurrentThread->Name, S" waits." ) );
35
```

圖 14.19　類別 HoldIntegerSynchronized 透過環狀緩衝區操作執行緒 (第 3 之 1 部分)。

```
36            Monitor::Wait( this );
37         } // end if
38
39         // obtain value at current readLocation, then
40         // add string indicating consumed value to output
41         int readValue = buffers[ readLocation ];
42
43         outputTextBox->AppendText( String::Concat(
44            S"\r\n", Thread::CurrentThread->Name, S" reads ",
45            buffers[ readLocation ].ToString(), S" " ) );
46
47         // just consumed a value, so decrement number of
48         // occupied buffers
49         occupiedBufferCount--;
50
51         // update readLocation for future read operation,
52         // then add current state to output
53         readLocation = ( readLocation + 1 ) % buffers->Length;
54         outputTextBox->AppendText( CreateStateOutput() );
55
56         // return waiting thread (if there is one)
57         // to Running state
58         Monitor::Pulse( this );
59
60         Monitor::Exit( this ); // end lock
61
62         return readValue;      // end lock
63      } // end property get_Buffer
64
65      // property set_Buffer
66      __property void set_Buffer( int value )
67      {
68         // lock this object while setting value
69         // in buffers array
70         Monitor::Enter( this );
71
72         // if there are no empty locations, place invoking
73         // thread in WaitSleepJoin state
74         if ( occupiedBufferCount == buffers->Length ) {
75            outputTextBox->AppendText( String::Concat(
76               S"\r\nAll buffers full. ",
77               Thread::CurrentThread->Name, S" waits." ) );
78
79            Monitor::Wait( this );
80         } // end if
81
82         // place value in writeLocation of buffers, then
83         // add string indicating produced value to output
84         buffers[ writeLocation ] = value;
85
86         outputTextBox->AppendText( String::Concat(
87            S"\r\n", Thread::CurrentThread->Name, S" writes ",
```

圖 14.19　類別 HoldIntegerSynchronized 透過環狀緩衝區操作執行緒 (第 3 之 2 部分)。

```
88              buffers[ writeLocation ].ToString(), S" " ) );
89
90           // just produced a value, so increment number of
91           // occupied buffers
92           occupiedBufferCount++;
93
94           // update writeLocation for future write operation,
95           // then add current state to output
96           writeLocation = ( writeLocation + 1 ) % buffers->Length;
97           outputTextBox->AppendText( CreateStateOutput() );
98
99           // return waiting thread (if there is one)
100          // to Running state
101          Monitor::Pulse( this );
102
103          Monitor::Exit( this );      // end lock
104       } // end property set_Buffer
105
106       // create state output
107       String *CreateStateOutput();
108
109    private:
110
111       // each array element is a buffer
112       int buffers __gc[];
113
114       // occupiedBufferCount maintains count of occupied buffers
115       int occupiedBufferCount;
116
117       // variable that maintains read and write buffer locations
118       int readLocation, writeLocation;
119
120       // GUI component to display output
121       TextBox *outputTextBox;
122    }; // end class HoldIntegerSynchronized
```

圖 14.19 類別 HoldIntegerSynchronized 透過環狀緩衝區操作執行緒 (第 3 之 3 部分)。

避免錯誤的小技巧 14.3

*當使用 **Monitor** 類別的 **Enter** 和 **Exit** 方法管理物件的鎖定程序時，必須明確地呼叫 **Exit** 釋放鎖定。如果在呼叫 **Exit** 方法之前，某個方法發生例外，而那個例外又沒有捕捉到，則該方法可以直接結束不需要呼叫 **Exit** 方法。如果這樣處理，則鎖定狀況並未解除。為了避免這種錯誤發生，將可能拋出例外的程式碼放在 **try** 區塊中，並將呼叫 **Exit** 方法釋放鎖定的動作放在對應的 **__finally** 區塊，確保鎖定會被釋放。*

屬性 **Buffer** 的 *get* 方法 (圖 14.19 的第 23-63 行) 除了一點修改外，其工作大致和圖 14.6 中的範例一樣。在第 27 行呼叫 **Monitor** 類別的方法 **Enter**，以便鎖定 **HoldIntegerSynchronized** 物件。程式第 31-37 行，在 *get* 方法中的 **if** 敘述式判斷消費者是否必須等待 (意指緩衝區是空的)。如果消費者執行緒必須等待，第 32-34 行會將一段文字附加在 **TextBox**

顯示的文字訊息之後，指出消費者正在等待執行它的工作，第 36 行呼叫 **Monitor** 類別的 **Wait** 方法，將消費者執行緒移入 **HoldIntegerSynchronized** 物件的 *WaitSleepJoin* 狀態。當程式繼續執行到 **if** 敘述式後的第 41 行，就會將環狀緩衝區中 **readLocation** 位置的數值指定給 **readValue**。程式第 43-45 行將讀取的值附加在文字方塊 **TextBox** 顯示的文字之後。程式第 49 行遞減 **occupiedBufferCount** 的值，因爲緩衝區中至少有一個元素的位置是空的，生產者執行緒可寫入數值。然後，程式第 53 行更新 **readLocation** 的內容，供下次呼叫屬性 **Buffer** 的 *get* 方法時使用。程式第 54 行呼叫 **createStateOutput** 方法，以便輸出緩衝區填滿的數目、緩衝區的內容、以及目前的 **writeLocation** 和 **readLocation** 數值。程式第 58 行呼叫 **Pulse** 方法，將下一個等待的執行緒移轉到 **HoldIntegerSynchronized** 物件的執行狀態。最後，在第 60 行呼叫 **Monitor** 類別的 **Exit** 方法，以便執行緒可以釋放 **HoldIntegerSynchronized** 物件的鎖定，第 62 行將讀取的值傳回給呼叫的方法。

```
1   // Fig. 14.20: HoldIntegerSynchronized.cpp
2   // Method definitions for class HoldIntegerSynchronized.
3
4   #include "stdafx.h"
5   #include "HoldIntegerSynchronized.h"
6
7   // constructor
8   HoldIntegerSynchronized::HoldIntegerSynchronized( TextBox *output ) :
9      occupiedBufferCount( 0 ), readLocation( 0 ), writeLocation( 0 )
10  {
11
12     buffers = new int __gc[ 3 ];
13
14     for ( int i = 0; i < buffers->Length; i++ )
15        buffers[ i ] = -1;
16
17     outputTextBox = output;
18  }
19
20  // create state output
21  String *HoldIntegerSynchronized::CreateStateOutput()
22  {
23
24     // display first line of state information
25     String *output = String::Concat ( S"(buffers occupied: ",
26        occupiedBufferCount.ToString(), S")\r\nbuffers: " );
27
28     for ( int i = 0; i < buffers->Length; i++ )
29        output = String::Concat( output, S" ",
30           buffers[ i ].ToString(), S"  " );
31
32     output = String::Concat( output, S"\r\n" );
33
34     // display second line of state information
35     output = String::Concat( output, S"          " );
```

圖 14.20　HoldIntegerSynchronized 類別的方法定義 (第 2 之 1 部分)。

```
36
37       for ( int i = 0; i < buffers->Length; i++ )
38          output = String::Concat( output, S"---- " );
39
40       output = String::Concat( output, S"\r\n" );
41
42       // display third line of state information
43       output = String::Concat( output, S"     " );
44
45       // display readLocation (R) and writeLocation (W)
46       // indicators below appropriate buffer locations
47       for ( int i = 0; i < buffers->Length; i++ )
48          if ( ( i == writeLocation ) &&
49             ( writeLocation == readLocation ) )
50                output = String::Concat( output, S" WR  " );
51          else if ( i == writeLocation )
52             output = String::Concat( output, S" W   " );
53          else if ( i == readLocation )
54             output = String::Concat( output, S"  R  " );
55          else
56             output = String::Concat( output, S"     " );
57
58       output = String::Concat( output, S"\r\n" );
59
60       return output;
61    } // end method CreateStateOutput
```

圖 14.20 HoldIntegerSynchronized 類別的方法定義 (第 2 之 2 部分)。

```
 1  // Fig. 14.21: Producer.h
 2  // Produce the integers from 11 to 20 and place them in buffer.
 3
 4  #pragma once
 5
 6  #include "HoldIntegerSynchronized.h"
 7
 8  public __gc class Producer
 9  {
10  public:
11
12     // constructor
13     Producer( HoldIntegerSynchronized *, Random *, TextBox * );
14
15     // produce values from 11-20 and place them in
16     // sharedLocation's buffer
17     void Produce();
18
19  private:
20     HoldIntegerSynchronized *sharedLocation;
21     TextBox *outputTextBox;
22     Random *randomSleepTime;
23  }; // end class Producer
```

圖 14.21 類別 Producer 將整數放入環狀緩衝區。

```
 1  // Fig. 14.22: Producer.cpp
 2  // Method definitions for class Producer.
 3
 4  #include "stdafx.h"
 5  #include "Producer.h"
 6
 7  // constructor
 8  Producer::Producer( HoldIntegerSynchronized *shared,
 9     Random *random, TextBox *output )
10  {
11     sharedLocation = shared;
12     outputTextBox = output;
13     randomSleepTime = random;
14  }
15
16  // produce values from 11-20 and place them in
17  // sharedLocation's buffer
18  void Producer::Produce()
19  {
20
21     // sleep for random interval up to 3000 milliseconds
22     // then set sharedLocation's Buffer property
23     for ( int count = 11; count <= 20; count++ ) {
24        Thread::Sleep( randomSleepTime->Next( 1, 3000 ) );
25        sharedLocation->Buffer = count;
26     } // end for
27
28     String *name = Thread::CurrentThread->Name;
29
30     outputTextBox->AppendText( String::Concat(
31        S"\r\n", name, S" done producing.\r\n", name,
32        S" terminated.\r\n" ) );
33  } // end method Produce
```

圖 14.22　類別 Producer 的方法定義。

```
 1  // Fig. 14.23: Consumer.h
 2  // Consume the integers 1 to 10 from circular buffer.
 3
 4  #pragma once
 5
 6  #include "HoldIntegerSynchronized.h"
 7
 8  public __gc class Consumer
 9  {
10  public:
11
12     // constructor
13     Consumer( HoldIntegerSynchronized *, Random *, TextBox * );
14
15     // consume 10 integers from buffer
16     void Consume();
17
```

圖 14.23　類別 Consumer 從環狀緩衝區讀取整數 (第 2 之 1 部分)。

```
18 private:
19    HoldIntegerSynchronized *sharedLocation;
20    TextBox *outputTextBox;
21    Random *randomSleepTime;
22 }; // end class Consumer
```

圖 14.23 類別 Consumer 從環狀緩衝區讀取整數 (第 2 之 2 部分)。

```
 1 // Fig. 14.24: Consumer.cpp
 2 // Method definitions for class Consumer.
 3
 4 #include "stdafx.h"
 5 #include "Consumer.h"
 6
 7 // constructor
 8 Consumer::Consumer( HoldIntegerSynchronized *shared,
 9    Random *random, TextBox *output )
10 {
11    sharedLocation = shared;
12    outputTextBox = output;
13    randomSleepTime = random;
14 }
15
16 // consume 10 integers from buffer
17 void Consumer::Consume()
18 {
19    int sum = 0;
20
21    // loop 10 times and sleep for random interval up to
22    // 3000 milliseconds then add sharedLocation's
23    // Buffer property value to sum
24    for ( int count = 1; count <= 10; count++ ) {
25       Thread::Sleep( randomSleepTime->Next( 1, 3000 ) );
26       sum += sharedLocation->Buffer;
27    } // end for
28
29    String *name = Thread::CurrentThread->Name;
30
31    outputTextBox->AppendText( String::Concat(
32       S"\r\nTotal ", name, S" consumed: ", sum.ToString(),
33       S".\r\n", name, S" terminated.\r\n" ) );
34 } // end method Consume
```

圖 14.24 類別 Consumer 的方法定義。

```
 1 // Fig. 14.25: Form1.h
 2 // Implementing the producer/consumer
 3 // relationship with a circular buffer.
 4
 5 #pragma once
 6
 7 #include "Producer.h"
 8 #include "Consumer.h"
 9
```

圖 14.25 類別 CircularBuffer::Form1 啓動生產者和消費者執行緒 (第 3 之 1 部分)。

```
10  namespace CircularBuffer
11  {
12     using namespace System;
13     using namespace System::ComponentModel;
14     using namespace System::Collections;
15     using namespace System::Windows::Forms;
16     using namespace System::Data;
17     using namespace System::Drawing;
18
19     /// <summary>
20     /// Summary for Form1
21     ///
22     /// WARNING: If you change the name of this class, you will need to
23     ///          change the 'Resource File Name' property for the managed
24     ///          resource compiler tool associated with all .resx files
25     ///          this class depends on.  Otherwise, the designers will not
26     ///          be able to interact properly with localized resources
27     ///          associated with this form.
28     /// </summary>
29     public __gc class Form1 : public System::Windows::Forms::Form
30     {
31     public:
32        Form1(void)
33        {
34           InitializeComponent();
35        }
36
37     protected:
38        void Dispose(Boolean disposing)
39        {
40           if (disposing && components)
41           {
42              components->Dispose();
43           }
44           __super::Dispose(disposing);
45        }
46     private: System::Windows::Forms::TextBox *  outputTextBox;
47
48     private:
49        /// <summary>
50        /// Required designer variable.
51        /// </summary>
52        System::ComponentModel::Container * components;
53
54     // Visual Studio .NET generated GUI code
55
56     // start producer and consumer
57     private: System::Void Form1_Load(
58                 System::Object *  sender, System::EventArgs *  e)
59              {
60                 // create shared object
61                 HoldIntegerSynchronized *sharedLocation =
```

圖 14.25　類別 CircularBuffer::Form1 啓動生產者和消費者執行緒 (第 3 之 2 部分)。

```
62                    new HoldIntegerSynchronized( outputTextBox );
63
64                 // display sharedLocation state before producer
65                 // and consumer threads begin execution
66                 outputTextBox->Text = sharedLocation->CreateStateOutput();
67
68                 // Random object used by each thread
69                 Random *random = new Random();
70
71                 // create Producer and Consumer objects
72                 Producer *producer =
73                    new Producer( sharedLocation, random, outputTextBox );
74                 Consumer *consumer =
75                    new Consumer( sharedLocation, random, outputTextBox );
76
77                 // create and name threads
78                 Thread *producerThread = new Thread( new ThreadStart(
79                    producer, Producer::Produce ) );
80                 producerThread->Name = S"Producer";
81
82                 Thread *consumerThread = new Thread( new ThreadStart(
83                    consumer, Consumer::Consume ) );
84                 consumerThread->Name = S"Consumer";
85
86                 // start threads
87                 producerThread->Start();
88                 consumerThread->Start();
89              } // end method Form1_Load
90     };
91  }
```

圖 14.25 類別 CircularBuffer::Form1 啟動生產者和消費者執行緒 (第 3 之 3 部分)。

```
 1  // Fig. 14.26: Form1.cpp
 2  // Entry point of CircularBuffer application.
 3
 4  #include "stdafx.h"
 5  #include "Form1.h"
 6  #include <windows.h>
 7
 8  using namespace CircularBuffer;
 9
10  int APIENTRY _tWinMain(HINSTANCE hInstance,
11                         HINSTANCE hPrevInstance,
12                         LPTSTR    lpCmdLine,
13                         int       nCmdShow)
14  {
15     System::Threading::Thread::CurrentThread->ApartmentState =
16        System::Threading::ApartmentState::STA;
17     Application::Run(new Form1());
18     return 0;
19  } // end _tWinMain
```

圖 14.26 環狀緩衝區的示範說明 (第 3 之 1 部分)。

```
CircularBuffer
(buffers occupied: 0)
buffers:  -1   -1   -1
         ---- ---- ----
          WR

All buffers empty. Consumer
waits.
Producer writes 11 (buffers
occupied: 1)
buffers:  11   -1   -1
         ---- ---- ----
           R    W

Consumer reads 11 (buffers
occupied: 0)
buffers:  11   -1   -1
         ---- ---- ----
               WR

Producer writes 12 (buffers
occupied: 1)
buffers:  11   12   -1
         ---- ---- ----
                R    W

Consumer reads 12 (buffers
```

```
CircularBuffer
Consumer reads 12 (buffers
occupied: 0)
buffers:  11   12   -1
         ---- ---- ----
                    WR

All buffers empty. Consumer
waits.
Producer writes 13 (buffers
occupied: 1)
buffers:  11   12   13
         ---- ---- ----
          W         R

Consumer reads 13 (buffers
occupied: 0)
buffers:  11   12   13
         ---- ---- ----
          WR

Producer writes 14 (buffers
occupied: 1)
buffers:  14   12   13
         ---- ---- ----
           R    W
```

```
CircularBuffer
Consumer reads 14 (buffers
occupied: 0)
buffers:  14   12   13
         ---- ---- ----
               WR

Producer writes 15 (buffers
occupied: 1)
buffers:  14   15   13
         ---- ---- ----
                R    W

Producer writes 16 (buffers
occupied: 2)
buffers:  14   15   16
         ---- ---- ----
          W     R

Consumer reads 15 (buffers
occupied: 1)
buffers:  14   15   16
         ---- ---- ----
          W          R

Producer writes 17 (buffers
occupied: 2)
```

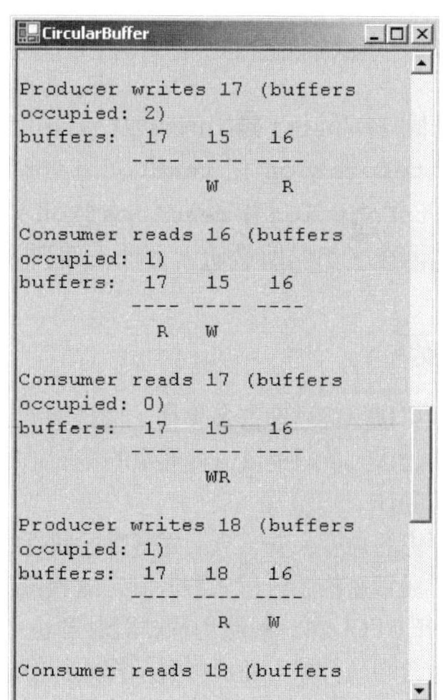
CircularBuffer
Producer writes 17 (buffers
occupied: 2)
buffers: 17 15 16
W R
Consumer reads 16 (buffers
occupied: 1)
buffers: 17 15 16
R W
Consumer reads 17 (buffers
occupied: 0)
buffers: 17 15 16
WR
Producer writes 18 (buffers
occupied: 1)
buffers: 17 18 16
R W
Consumer reads 18 (buffers

圖 14.26　環狀緩衝區的示範說明 (第 3 之 2 部分)。

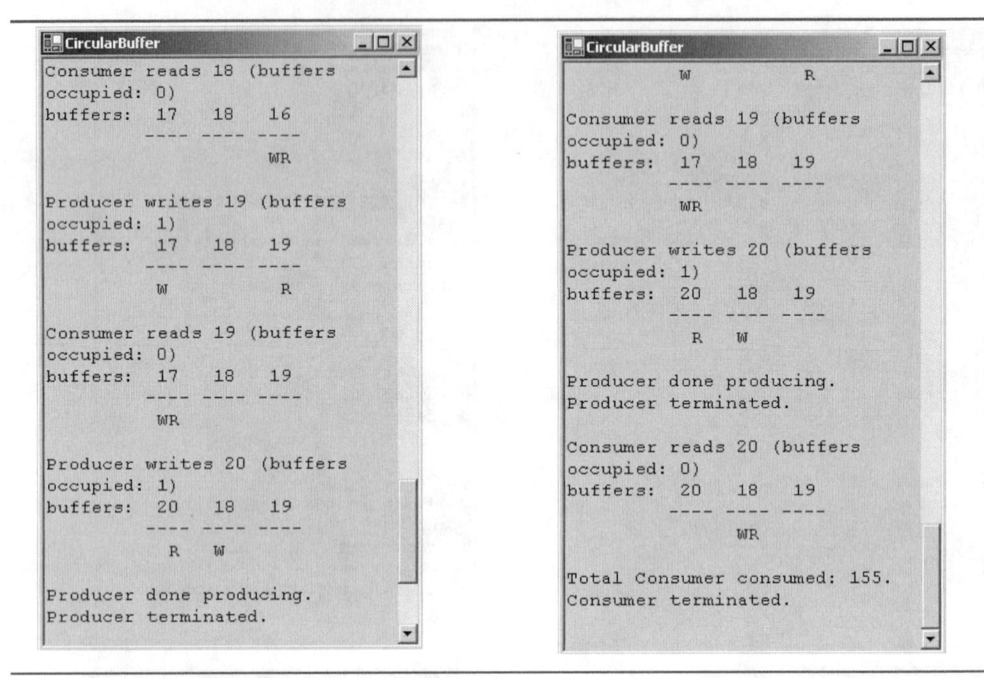
CircularBuffer
Consumer reads 18 (buffers
occupied: 0)
buffers: 17 18 16
---- ---- ----
WR
Producer writes 19 (buffers
occupied: 1)
buffers: 17 18 19
---- ---- ----
W R
Consumer reads 19 (buffers
occupied: 0)
buffers: 17 18 19
---- ---- ----
WR
Producer writes 20 (buffers
occupied: 1)
buffers: 20 18 19
---- ---- ----
R W
Producer done producing.
Producer terminated.
CircularBuffer
W R
Consumer reads 19 (buffers
occupied: 0)
buffers: 17 18 19
---- ---- ----
WR
Producer writes 20 (buffers
occupied: 1)
buffers: 20 18 19
---- ---- ----
R W
Producer done producing.
Producer terminated.
Consumer reads 20 (buffers
occupied: 0)
buffers: 20 18 19
---- ---- ----
WR
Total Consumer consumed: 155.
Consumer terminated.

圖 14.26 環狀緩衝區的示範說明 (第 3 之 3 部分)。

在圖 14.26 中，輸出內容包括目前的 **occupiedBufferCount**、緩衝區的內容以及目前的 **writeLocation** 和 **readLocation** 的數值。在輸出內容中，字母 *W* 和 *R* 分別表示目前的 **writeLocation** 和 **readLocation**。請注意，當程式將第三個數值寫入緩衝區的第三個元素位置後，第四個數值就會插入陣列開始的第一個元素位置。這就是環狀緩衝區的作法。

摘 要

- 電腦可以平行處理許多事情，像是編譯程式、列印檔案以及透過網路接收電子郵件等。
- 程式語言大多只提供一些簡單的控制結構，讓程式設計師一次只能執行一個動作，然後進行下一個動作。
- 從歷史的角度來看，今天電腦所能執行的平行處理方法已經成爲作業系統的基本功能，但是只有經驗豐富的系統程式設計師才會接觸到。
- 而.NET FCL 讓一般應用程式設計師也可以使用平行處理的功能。程式設計師可以指定應用程式包含的執行緒，而這些表示程式部份功能的執行緒，可以同時執行，這種功能稱爲「多執行緒」。
- 將剛建立的執行緒處於*未啓動狀態* (*Unstarted state*)。執行緒是利用類別 **Thread** 的建構式進行初始化動作，建構式接收 **ThreadStart** 委派。委派指定執行緒執行工作時所需使用到的方法。
- 執行緒會一直待在*未啓動狀態* (*Unstarted state*)，直到程式呼叫該程式緒的 **Start** 方法，此時執行緒就進入*執行狀態* (*Running state*)。

- 當系統指定處理器資源給某個執行緒時，位於執行狀態的執行緒就會開始執行。系統會將處理器資源指定給位於執行狀態且具有最高優先權的執行緒。
- 當執行緒的 **ThreadStart** 委派指定工作結束時，執行緒就會進入*停止狀態* (*Stopped state*) 或者*中止狀態* (*Aborted state*)。當呼叫執行緒的 **Abort** 方法時，執行緒就會被迫進入停止狀態。
- 當位於執行狀態的執行緒發出輸入/輸出要求，或者呼叫 **Monitor** 類別的 **Enter** 方法嘗試取得未獲允許的鎖定時，就會進入受阻狀態。當受阻的執行緒所等待的I/O執行完畢，或者要求的鎖定可以進行時，就會進入執行狀態。即使處理器處於空閒狀態，受阻執行緒仍不可使用處理器資源。
- 如果某個執行緒必須在另一個執行緒執行完畢後才能執行，我們將其稱爲相依執行緒 (dependent thread)，則該相依執行緒會呼叫另一個執行緒的 **Join** 方法，以便結合這兩個執行緒。當兩個執行緒結合在一起時，在另一個執行緒完成工作 (進入停止狀態) 後，相依執行緒就會離開 *WaitSleepJoin* 狀態。
- 任何位於 *WaitSleepJoin* 狀態的執行緒，如果另一個執行緒在上述執行緒呼叫 **Thread** 物件的 **Interrupt** 方法，就會讓這個執行緒離開所處的狀態。
- 如果某個執行緒呼叫 **Thread** 物件的 **Suspend** 方法(由該執行緒本身或者程式中的另一個執行緒呼叫)，該執行緒就會進入暫停狀態。如果另一個執行緒呼叫暫停執行緒的 **Thread** 物件 **Resume** 方法，該執行緒就會離開暫停狀態。
- 執行*緒排程器* (*thread scheduler*) 的任務，主要是確保所執行的是最高優先權的執行緒，如果最高優先權執行緒超過一個以上，就要確定這幾個執行緒都能按循環平均方式各執行一個時間量。
- 我們可以利用類別 **Thread** 的 **Priority** 屬性調整執行緒的優先權，設定此屬性的值可取自 **ThreadPriority** 列舉。
- 在執行緒的同步中，當執行緒遇到還無法執行的程式碼時，該執行緒可以呼叫類別 **Monitor** 的 **Wait** 方法暫停執行，等到滿足某些條件後再繼續執行。
- 如果執行緒呼叫了類別 **Monitor** 的 **Wait** 方法，則程式中另一個執行緒呼叫對應的 **Pulse** 或 **PulseAll** 方法的話，就會讓原來的執行緒由 ***WaitSleepJoin*** 狀態進入執行狀態。
- 執行緒若要更新分享的資料，必須呼叫 **Monitor** 類別的 **Enter** 方法以便鎖定該資料物件。執行緒在完成更新動作後，就會呼叫 **Monitor** 類別的 **Exit** 方法。當鎖定資料物件後，所有其他嘗試要鎖定該物件的執行緒都必須等待。

詞 彙

Thread 類別的 **Abort** 方法 (**Abort** method of class **Thread**)
中止狀態 (Aborted state)
請求中止狀態 (AbortRequested state)
背景工作狀態 (Background state)
背景工作執行緒 (background thread)
受阻狀態 (Blocked state)
受阻執行緒 (Blocked thread)
緩衝區 (buffer)
環狀緩衝區 (circular buffer)
平行處理 (concurrency)
平行處理程式設計 (concurrent programming)

條件變數 (condition variable)
消費者 (consumer)
Thread 類別的 **CurrentThread** 屬性 (**CurrentThread** property of class **Thread**)
Monitor 類別的 **Enter** 方法 (**Enter** method of class **Monitor**)
Monitor 類別的 **Exit** 方法 (**Exit** method of class **Monitor**)
前景工作執行緒 (foreground thread)
廢棄記憶體回收 (garbage collection)
廢棄記憶體回收執行緒 (garbage-collector thread)
無限延遲 (indefinite postponement)
Thread 類別的 **Interrupt** 方法 (**Interrupt** method of class **Thread**)
Thread 類別的 **IsBackground** 屬性 (**IsBackground** property of class **Thread**)
Thread 類別的 **Join** 方法 (**Join** method of class **Thread**)
啓動執行緒 (launching a thread)
鎖定物件 (locking objects)
主要執行緒 (main thread of execution)
類別 **Monitor** (**Monitor** class)
多層優先權佇列 (multilevel priority queue)
多執行緒 (multithreading)
彼此互斥 (mutual exclusion)
Thread 類別的屬性 **Name** (**Name** property of class **Thread**)
Thread 類別的屬性 **Priority** (**Priority** property of class **Thread**)
生產者 (producer)
生產者/消費者關係 (producer/consumer relationship)
Monitor 類別的 **Pulse** 方法 (**Pulse** method of class **Monitor**)
Monitor 類別的 **PulseAll** 方法 (**PulseAll** method of class **Monitor**)
時間量 (quantum)
Thread 類別的 **Resume** 方法 (**Resume** method of class **Thread**)
執行狀態 (Running state)
分享緩衝區 (shared buffer)
Thread 類別的 **Sleep** 方法 (**Sleep** method of class **Thread**)
Thread 類別的 **Start** 方法 (**Start** method of class **Thread**)
飢餓 (starvation)
停止狀態 (Stopped state)
Thread 類別的 **Suspend** 方法 (**Suspend** method of class **Thread**)
暫停狀態 (Suspended state)
要求暫停狀態 (SuspendRequested state)
同步的程式碼區塊 (synchronized block of code)
命名空間 **System::Threading** (**System::Threading** namespace)
工作 (task)
Thread 類別 (**Thread** class)
執行緒 (thread of execution)
執行緒的狀態 (thread state)
執行緒的同步 (thread synchronization)
ThreadAbortException
列舉 **ThreadPriority** (**ThreadPriority** enumeration)
委派 **ThreadStart** (**ThreadStart** delegate)
分時執行 (timeslicing)
未啓動狀態 (Unstarted state)
Monitor 類別的 **Wait** 方法 (**Wait** method of class **Monitor**)
WaitSleepJoin 狀態 (WaitSleepJoin state)

自我測驗

14.1 填空題：

a) **Monitor** 類別的方法 ________ 和 ________ 可以用來鎖定和釋放物件。

b) 在一群具有相同優先權的執行緒之間，每個執行緒都會分配到一段短暫的處理器使用時間，稱作 ________，在這段期間執行緒取得處理器資源執行它的工作。

c) CLR 提供 ________ 執行緒可以回收動態配置的記憶體。

d) 有四種狀態執行緒雖然存在但不是位於執行狀態，它們就是 ________、________、________ 和 ________。

e) 當控制執行緒生命週期的方法結束時，執行緒就進入 ________ 狀態。

f) 執行緒的優先權可以是列舉 **ThreadPriority** 中的常數 ________、________、________、________ 和 ________ 之一。

g) 執行緒可以呼叫 **Thread** 類別的 ________ 方法，在等候指定的毫秒時間後恢復執行。

h) **Monitor** 類別的方法 ________ 可以將位於 *WaitSleepJoin* 狀態的執行緒移轉到執行狀態。

i) **Monitor** 類別提供的方法可以幫助 ________ 存取共享的資料。

14.2 說明下列何者爲*眞*，何者爲*僞*。如果答案是僞，請說明理由。

a) 如果執行緒位於停止狀態，它就無法執行。

b) 擁有較高執行權的執行緒進入(或者重新進入)執行狀態，將會阻止較低優先權的執行緒執行。

c) 執行緒所要執行的程式碼式定義在 **main** 方法。

d) 位於 *WaitSleepJoin* 狀態的執行緒在呼叫 **Monitor** 類別的 **Pulse** 方法時，就一定會回到執行狀態。

e) 當執行緒休眠時，呼叫 **Thread** 類別的 **Sleep** 方法，無法取得處理器的使用時間。

f) 呼叫 **Monitor** 類別的 **Pulse** 方法，受阻的執行緒就可進入執行狀態。

g) **Monitor** 類別的 **Wait**、**Pulse** 和 **PulseAll** 方法可以使用在任何的程式碼區塊中。

h) 執行緒不可以呼叫自己的 **Abort** 方法。

i) 在呼叫 **Monitor** 類別的 **Enter** 方法後，再呼叫 **Monitor** 類別的 **Wait** 方法，則鎖定該區塊的狀態就會釋放，而呼叫 **Wait** 方法的執行緒就會進入 *WaitSleepJoin* 狀態。

自我測驗解答

14.1 **a)** **Enter, Exit**。**b)**「時間分段」或者「時間量」。**c)** 廢棄記憶體回收。**d)** 等待、休眠、暫停、受阻。**e)** 停止。**f)** **Lowest**、**BelowNormal**、**Normal**、**AboveNormal**、**Highest**。**g)** **Sleep**。**h)** **Pulse**。**i)** 同步。

14.2 **a)** 眞。**b)** 眞。**c)** 僞。執行緒所執行的程式碼式，定義在由執行緒的 **ThreadStart** 委派所指定的方法中。**d)** 僞。執行緒因爲下數幾種原因進入 *WaitSleepJoin* 狀態。只有當執行緒因爲呼叫 **Monitor** 類別的 Wait 方法進入 *WaitSleepJoin* 狀態的情況下，呼叫 **Pulse** 方法

才能將位於 *WaitSleepJoin* 狀態的執行緒移轉進入執行狀態。**e)** 眞。**f)** 僞。作業系統可以阻止執行緒的執行，但是當作業系統判斷執行緒可以繼續執行時 (例如，當 I/O 的請求完成或者執行緒嘗試鎖定的物件釋放出來時)，執行緒才可以回到執行狀態。**g)** 僞。只有目前鎖定某個物件的執行緒，才可以呼叫 **`Monitor`** 類別的方法，而且要將鎖定的物件當作引數，傳給每一個呼叫的方法。**h)** 僞。當執行緒本身或者另一個執行緒呼叫這個執行緒的 **`Abort`** 方法時，執行緒就會被迫進入停止狀態。**i)** 眞。

習 題

14.3 在第 14.8 節中，操作環狀緩衝區的程式碼也可適用於具有兩個或者多個元件的緩衝區。嘗試調整緩衝區的大小，看看它是如何影響生產者和消費者執行緒的行爲。特別的是，請注意當我們擴大緩衝區的容量時，生產者的等待情形就會減少。

14.4 編寫一個程式，示範說明當執行高優先權的執行緒時，它會延遲所有較低優先權執行緒的執行。

14.5 編寫一個程式，示範說明在幾個具有相同優先權的執行緒間，如何進行分時執行的操作。證明低優先權執行緒的執行，會受到高優先權執行緒分時執行的影響而延遲。

14.6 編寫一個程式，示範說明如何讓高優先權執行緒藉著呼叫 **`Sleep`** 方法，讓低優先權執行緒有執行的機會。

14.7 允許執行緒可以等候的模式會發生兩種可能的問題：其中一個是鎖死，就是一個或多個執行緒彼此都在等候某個不可能發生的事件，而第二個就是無限延期，一個或多個執行緒被擱置一段未指明的長時間，但是最後仍會完成。請各舉出一個範例，顯示這些問題可能在多執行緒 MC++程式中發生的情形。

14.8 (讀取緒與寫入緒的問題) 這個習題要求您開發一個 MC++的監控器程式，解決一個有名的平行控制問題。這個問題首先在 P. J. Courtois，F. Heymans 和 D. L. Parnas 的研究論文中討論並獲得解決，這篇論文「讀取緒與寫入緒的平行控制問題」(Concurrent Control with Readers and Writers) 發表在期刊《*Communications of the ACM*》第十四卷，1971 年十月號，第 667-668 頁。有興趣的讀者也可以閱讀 C. A. R. Hoare 有關監控器的後續研究論文，「監控器：作業系統的架構觀念」(Monitors: An Operating System Structuring Concept)，發表在期刊《*Communications of the ACM*》第十七卷，1974 年十月號，第 549-557 頁。以及《*Communications of the ACM*》第 18 卷，1975 年二月號，第 95 頁的刊誤表。【讀取緒與寫入緒問題，在本書作者 Deitel, H. M.的著作：《*Operating Systems*》的第 5 章有詳盡的介紹，Addison-Wesley 出版公司 1990 年出版。】

利用多執行緒機制，多個執行緒可以存取共享的資料；如我們先前所見，存取共享資料必須同步，以免損毀資料。

考慮航空公司機票訂位系統，設想許多位顧客嘗試預訂在兩個城市之間某個飛航班次的座位。所有班次和座位的資料都存放在一個共用的資料庫中。資料庫裡有許多項目，每個項目代表在不同城市之間、某天某個班次的訂位情形。典型的機票訂位流程是：客戶會先查詢資料庫中最適合的班次。因此顧客可能需要查詢多次資料庫後，才能決定預訂的班次。在查詢時仍是空位的座位，很可能在顧客決定要訂位時，才發現已被其他顧客訂走。在這種情況下，當顧客嘗試要訂位時，發現資料已經更改，該班次已經額滿。

這位查詢資料庫的顧客稱為*讀取緒*(*reader*)。而嘗試預約訂位的顧客則稱為*寫入緒*(*writer*)。所以，同時可以有任意數量的讀取緒一起查詢資料，可是寫入緒就需要以獨占方式存取共享資料，以免資料遭到損毀。

編寫一個多執行緒的MC++程式，可同時容納多個讀取執行緒和多個寫入執行緒，而且每個執行緒都嘗試存取一份訂位資料。寫入執行緒應該具備兩種交易動作：**makeReservation** 和 **cancelReservation**。而讀取執行緒只有一種交易動作：**queryReservation**。

首先，實作的程式可以不必同步存取訂位資料。以便顯示資料庫的完整性遭到損毀的情形。接下來，請將你的程式加上MC++監控器的同步機制，使用**Wait**和**Pulse**方法，建立讀寫雙方存取共享訂位資料的一套完善協定。特別是你的程式要在沒有寫入執行緒存在時，能允許多個讀取執行緒同時存取共享資料，但是，一但有一個寫入執行緒啓動，就不允許任何讀取執行緒取用共享資料。

請注意。這個問題有許多微妙的地方。例如，當多個讀取緒存在時，如果有個寫入緒想寫入資料的情況如何？如果我們允許源源不斷的讀取執行緒讀取資料，則可能會無止盡地延緩寫入執行緒的動作(寫入執行緒可能感到不耐煩，而找其他公司接洽)。為了解決這個問題，您也許會決定讓寫入執行緒優先於讀取執行緒。不過，這裡還是有一個陷阱，因為源源不斷的寫入執行緒，也可能會無止盡地延緩讀取執行緒的動作，而它們也可能會找其他公司接洽！使用下述的方法實作你的監控器：**startReading**方法，當任何讀取執行緒想要開始查詢訂位資料時，就呼叫這個方法；**stopReading** 方法，當讀取執行緒結束查詢訂位資料時，就呼叫這個方法；**startWriting**方法，當寫入執行緒想要訂位時，就呼叫這個方法；**stopWriting** 方法，當寫入執行緒完成訂位時，就呼叫這個方法。

15

字串、字元與正規表示法

學習目標

- 建立並處理String類別的不變字元字串物件。
- 建立並處理 StringBuilder 類別的可變字元字串物件。
- 使用正規表示法連接 Regex 與 Match 類別。

The chief defect of Henry King
Was chewing little bits of string.
Hilaire Belloc

Vigorous writing is concise. A sentence should contain no unnecessary words, a paragraph no unnecessary sentences.
William Strunk, Jr.

I have made this letter longer than usual, because I lack the time to make it short.
Blaise Pascal

The difference between the almost-right word and the right word is really a large matter—it' s the difference between the lightning bug and the lightning.
Mark Twain

Mum' s the word.
Miguel de Cervantes

本章綱要

15.1 簡介

在本章中，我們會介紹 FCL 中字串與字元的處理功能，並示範如何使用正規表示法去搜尋文字中的樣式。本章所使用技巧可以用在開發文字編輯器、文字處理器、頁面設計軟體、電腦化排版與其它種類的文字處理軟體。前一章已說明過幾個處理字串的功能。在本章中，我們會藉由詳細敘述以下類別的功能來延伸這個主題：**System** 命名空間的 **String** 類別與 ***Char*** 型別、**System::Text** 命名空間的 **StringBuilder** 類別與 **System::Text:: RegularExpressions** 命名空間的 **Regex** 與 **Match** 類別。

15.2 字元與字串的基本組成

字元是建立MC++原始程式碼的基本組成區塊。每個程式都是由字元組成的，而當這些字元有意義地組合時，會建成一個序列，編譯器會將這個序列解譯爲一系列描述如何完成任務的指令。除了一般字元之外，程式也包含了*字元常數* (*character constant*)。字元常數是以整數值方式呈現，稱爲*字元內碼* (*character code*)。例如，整數值 122 對應的字元是字元常數**"z"**。整數值 10 對應的是換列字元**"\n"**。在以 Windows NT 爲基礎的系統 (如 Windows NT、2000

與 XP) 中，字元常數是依據 *Unicode 字集* (character set) 而建立，它是國際化字集，包含了比 ASCII 字集 (請參閱附錄 C) 更多的符號與字母。如果要學習關於 Unicode 的資訊，請參閱附錄 D。

字串就是一串被視爲一個單元的字元。這些字元可以是大寫字母、小寫字母、數字與各式*特殊字元*，如 **+**、**-**、*****、**/**、**$**等。在 MC++中，字串就是 **System** 命名空間的 **String** 類別物件。字串是一個參考型別，所以 MC++程使用 **String***指標，處理 **String** 型別的物件。我們將字串常數 (string literal 或 string constant，通常稱爲*文字字串* (*literal* ***String***)) 寫成雙引號夾著一串字元，如下所示：

```
"John Q. Doe"
"9999 Main Street"
"Waltham, Massachusetts"
"(201) 555-1212"
```

宣告列可將字串常數指派到字串指標中。宣告如下

```
String *color = "blue";
```

會將字串指標顏色初始化爲字串常數物件 "**blue**"。

在 MC++中，字串常數也可以字母 **S** 做爲前置字元 (例如 **S** "**blue**")。以 **S** 開頭的字串常數就稱爲受控制字串常數 (managed **String** literal)。受控制字串常數是十分有用的，因爲它們的執行效能比非受控制字串常數更高。

增進效能的小技巧 15.1

如果有相同的受控制字串常數在應用程式中出現多次，程式會從每個使用此受控制字串的位置中，自動指向受控制字串常數物件的單一複本。這個情形下，程式可以共享物件，這是因為受控制字串常數物件內定是常數。如此共享，可以節省記憶體。

請注意，當我們指派"**blue**"給 **String** 指標 **color** (如上)，我們並不在它的前面加上字母 **S**。因此，我們並沒有建立受控制字串常數。沒有前置詞的字串是標準 C++字串常數。

以字母 ***L*** 做爲前置詞的字串常數 (如 **L** "**String literal**") 是標準 C++的寬字元字串常數 (wide-character string literal)。寬字元字串常數有不同於一般 C++字串常數的內部表示法[1]。在 MC++中，標準 C++字串常數 (沒有前置詞) 與寬字元字串常數 (以 **L** 爲前置詞) 都可以不經轉型，直接指派給 **String** 指標。

只有受控制字串常數 (以 **S** 爲前置詞) 與標準 C++寬字元字串常數 (以 **L** 爲前置詞) 可用於應使用 **System::String** 型別的地方。受控制字串常數不可用在應使用標準 C++字串型別的地方。

1　如需更多關於 C++字串常數的資訊，請造訪 **www.zib.de/benger/C++/clause2.html#s2.13.4** 以及 **www.tempest-sw.com/cpp/ch01.html**。

15.3 String 建構式

String 類別提供了八個建構式，依不同的方式初始化 **String**。圖 15.1 會示範如何使用其中三個建構式。

```
1  // Fig. 15.1: StringConstructor.cpp
2  // Demonstrating String class constructors.
3
4  #include "stdafx.h"
5
6  #using <mscorlib.dll>
7  #using <system.windows.forms.dll>
8
9  using namespace System;
10 using namespace System::Windows::Forms;
11
12 int _tmain()
13 {
14    String *output;
15    String *originalString;
16    String *string1, *string2, *string3, *string4;
17
18    __wchar_t characterArray __gc[] =
19       { 'b', 'i', 'r', 't', 'h', 'd', 'a', 'y' };
20
21    // string initialization
22    originalString = S"Welcome to Visual C++ .NET programming!";
23    string1 = originalString;
24    string2 = new String( characterArray );
25    string3 = new String( characterArray, 5, 3 );
26    string4 = new String( 'C', 5 );
27
28    output = String::Concat( S"string1 = ", S"\"", string1,
29       S"\"\n", S"string2 = ", S"\"", string2, S"\"\n",
30       S"string3 = ", S"\"", string3, S"\"\n",
31       S"string4 = ", S"\"", string4, S"\"\n" );
32
33    MessageBox::Show( output, S"String Class Constructors",
34       MessageBoxButtons::OK, MessageBoxIcon::Information );
35
36    return 0;
37 } // end _tmain
```

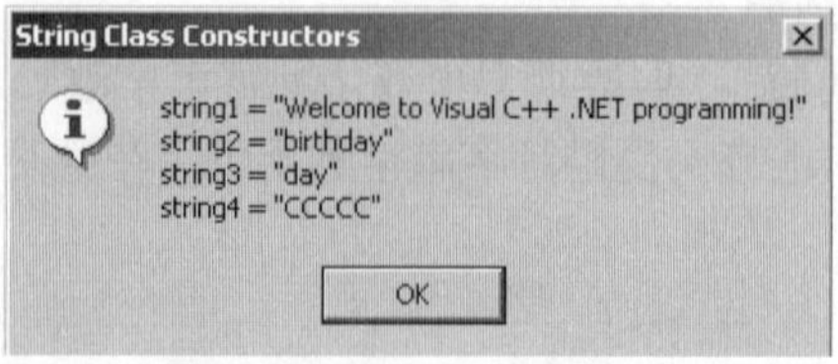

圖 15.1 字串建構式。

第 14 到 16 行宣告 **String** 指標 **output**、**originalString**、**string1**、**string2**、**string3** 與 **string4**。第 18 到 19 行配置 **__wchar_t** 陣列 **characterArray**，它包含八個字元。請回憶第 3 章中提到，**__wchar_t** 是.NET 的 **Char** 型別在 MC++中的別名，我們爲了標準C++程式設計員的便利，而使用MC++別名。我們將在 15.13 一節詳細討論 **Char**。

第 22 行會將受控制字串常數"**Welcome to Visual C++ .NET programming!**"指派給 **String** 指標 **originalString**。第 23 行將 **string1** 設定爲指向同一個字串常數。第 24 行指派新的 **String** 給 **string2**，它使用的是以一個 **__wchar_t _gc** 陣列 (受控制字元陣列) 爲引數的 **String** 建構式。新的字串包含了 **characterArray** 陣列之字元的一個複本。

軟體工程的觀點 15.1

*在大多數情況中，並不需要建立現存 **String** 的複本。所有的 **String** 都是不變的，它們的字元內容是不能在建立後改變的。再者，如果有一個或多個指標指向一 **String** (或任何相關的物件)，垃圾收集器就不能回收這個物件。*

第 25 行會將新 **String** 指派給 **string3**，它使用的 **String** 建構式，使用了受控制陣列 **__wchar__t** 與兩個 **int** 引數。第二個引數指定陣列字元複製的起始索引位置 (即 *offset*)。第三個引數代表從指定的陣列起始位置算起，複製的字元數目 (即 *count*)。新的 **String** 包含了指定的陣列字元複本。如果指定的 offset 或 count 指示程式去存取字元陣列界限以外的元素時，就會丟出 **ArgumentOutOfRangeException**。

第 26 行會指派新字串給 **string4**，它使用的 **String** 建構式以字元及 **int** 爲引數，其中 **int** 引數代表字元在 **String** 中重覆出現的次數。

15.4 String 的 Chars 屬性、Length 屬性與 CopyTo 方法

在圖 15.2 的應用程式呈現字串的索引屬性 (**Chars**)，用來擷取字串中的任何字元，而字串屬性 ***Length***，則會傳回字串長度。**String** 方法 ***CopyTo*** 會將字串中指定數目個字元複製到一個 **__wchar__t** 陣列中。這個例子會判定字串的長度，將 **String** 的字元反向輸出，以及將 **String** 中的一串字元複製到一字元陣列中。

圖 15.2 的第 24 到 25 行使用 **String** 屬性 **Length**，以判定 **string1** 所指向字串的字元數目。跟陣列一樣，**String** 總是知道自己的大小。請注意在第 25 行中，我們使用 **To-String** 方法，將長度的數字轉換爲 **String***以便顯示。這是因爲 **String::Concat** 方法並不會將它的引數自動轉換成 **String** 物件。我們將在 15.9 一節中討論 **Concat** 方法。

第 31 到 33 行會將 **string1** 的字元，以反向的順序附加到 **output**。可索引的屬性 **Chars** (屬於 **String** 類別) 會傳回字串中指定位置的字元。**Chars** 屬性被當作 **__wchar_ts** 陣列而存取。這個可索引的屬性會接收整數引數做爲*位置號碼*，並回傳這個位置的字元。跟陣列一樣，**String** 的第一個元素是在位置 **0**。

```
 1  // Fig. 15.2: StringMethods.cpp
 2  // Using String property Chars, property Length and method CopyTo.
 3
 4  #include "stdafx.h"
 5
 6  #using <mscorlib.dll>
 7  #using <system.windows.forms.dll>
 8
 9  using namespace System;
10  using namespace System::Windows::Forms;
11
12  int _tmain()
13  {
14     String *string1, *output;
15     __wchar_t characterArray __gc[];
16
17     string1 = S"hello there";
18     characterArray = new __wchar_t __gc[ 5 ];
19
20     // output string
21     output = String::Concat( S"string1: \"", string1, S"\"" );
22
23     // test Length property
24     output = String::Concat( output, S"\nLength of string1: ",
25        string1->Length.ToString() );
26
27     // loop through character in string1 and display reversed
28     output = String::Concat( output,
29        S"\nThe string reversed is: " );
30
31     for ( int i = string1->Length - 1; i >= 0; i-- )
32        output = String::Concat( output,
33           string1->Chars[ i ].ToString() );
34
35     // copy characters from string1 into characterArray
36     string1->CopyTo( 0, characterArray, 0, 5 );
37     output = String::Concat( output,
38        S"\nThe character array is: " );
39
40     for ( int i = 0; i < characterArray->Length; i++ )
41        output = String::Concat( output,
42           characterArray[ i ].ToString() );
43
44     String *output2 = String::Concat( S"Demonstrating the String",
45        S" Chars Property, Length Property and CopyTo method" );
46
47     MessageBox::Show( output, output2, MessageBoxButtons::OK,
48        MessageBoxIcon::Information );
49
50     return 0;
51  } // end _tmain
```

圖 15.2 String Chars 屬性、Length 屬性與 CopyTo 方法 (第 2 之 1 部分)。

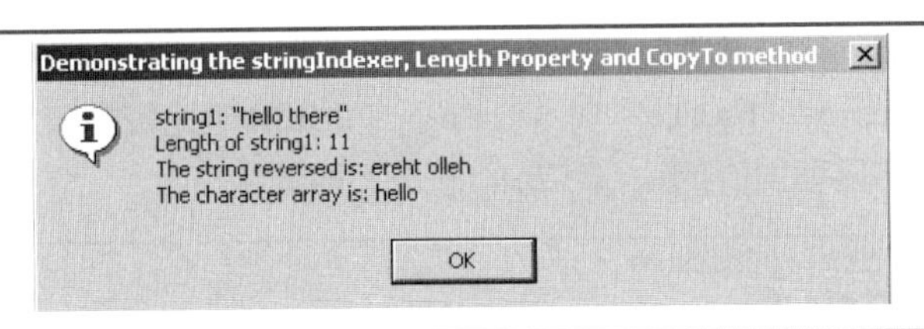

圖 15.2　String Chars 屬性、Length 屬性與 CopyTO 方法 (第 2 之 2 部分)。

常見的程式設計錯誤 15.1

*試圖存取 **String** 範圍之外的字元 (即索引小於 0 或大於等於字串長度之處的字元)，就會產生 **IndexOutOfRangeException**。*

第 36 行使用 **String** 方法 **CopyTo**，將 **string1** 的字元複製到 **characterArray**。給 **CopyTo** 的第一個引數是在 **string1** 中開始複製字元的位置索引。第二個引數是字元所要複製到的字元陣列。第三個引數是指出在字元陣列中，存放複製字元的位置索引。最後一個引數是從 **string1** 複製的字元數目。第 40 到 42 行會一次一個字元地將 **__wchar_t** 陣列內容附加到 **output** 中。

15.5　String 間的比較

接下來的兩個範例會展示 MC++中用來比較 **String** 的方法。要了解一個 **String** 如何能比另一個 **String**「大」或者是「小」，您可以想一下將一串姓名按字母順序排列的過程。無庸置疑地，我們會將 "**Jones**" 放在 "**Smith**" 之前，這是因為在字母順序中， "**Jones**" 的第一個字母是排在 "**Smith**" 之前的。字母並不只是一組 26 個字母而已，它是一個有順序的字元清單，在這個清單中，每個字母都會出現在特定的位置。例如，**Z** 並不只是一個字母而已；**Z** 是第二十六個字母。

電腦可以依字母順序排列字母，這是因為它們在內部是以數值碼的方式呈現。在比較兩個 **String** 時，MC++就是比較在 **String** 中字元的數值碼。

Equals、CompareTo 及 == 的例子

String 類別會提供幾個方式比較 **String**。圖 15.3 會展示如何使用 ***Equals*** 與 ***CompareTo*** 方法與相等運算子 **(==)**。

在 **if** 敘述式中 (第 26 行) 使用實體方法 **Equals**，比較 **string1** 與文字常數 **"hello"**，以判定它們在內容上是否相等。**Equals** 方法 (由 **String** 繼承自 **Object** 類別) 會測試兩個物件是否相等 (即檢查兩者內容是否相同)。如果兩者相等，則方法會傳回 **true**，反之則傳回 **false**。在這個例子中，前述情形會傳回 **true**，這是因為 **string1** 是指向 **String** 文字物件 "**hello**" 。**Equals** 方法使用*字典式的比較法* (*lexicographical comparison*)，將 **String**

中每個字元的整數 Unicode 值都做比較。**Equals** 方法會比較在每個 **String** 中，代表字元的 Unicode 數值。**String** "**hello**" 與 **String** "**HELLO**" 比較的結果會傳回 **false**，這是因為小寫字母的數字碼與對應的大寫字母的值是不同的。

```
 1  // Fig. 15.3: StringCompare.cpp
 2  // Comparing strings.
 3
 4  #include "stdafx.h"
 5
 6  #using <mscorlib.dll>
 7  #using <system.windows.forms.dll>
 8
 9  using namespace System;
10  using namespace System::Windows::Forms;
11
12  int _tmain()
13  {
14     String *string1 = S"hello";
15     String *string2 = S"goodbye";
16     String *string3 = S"Happy Birthday";
17     String *string4 = S"happy birthday";
18     String *output;
19
20     // output values of four strings
21     output = String::Concat( S"string1 = \"", string1, S"\"",
22        S"\nstring2 = \"", string2, S"\"", S"\nstring3 = \"",
23        string3, S"\"", S"\nstring4 = \"", string4, S"\"\n\n" );
24
25     // test for equality using Equals method
26     if ( string1->Equals( S"hello" ) )
27        output = String::Concat( output,
28           S"string1 equals \"hello\"\n" );
29     else
30        output = String::Concat( output,
31           S"string1 does not equal \"hello\"\n" );
32
33     // test for equality with ==
34     if ( string1 == S"hello" )
35        output = String::Concat( output,
36           S"string1 equals \"hello\"\n" );
37     else
38        output = String::Concat( output,
39           S"string1 does not equal \"hello\"\n" );
40
41     // test for equality comparing case
42     if ( String::Equals( string3, string4 ) )
43        output = String::Concat( output,
44           S"string3 equals string4\n" );
45     else
46        output = String::Concat( output,
47           S"string3 does not equal string4\n" );
```

圖 15.3 測試 String 以判定是否相等 (第 2 之 1 部分)。

```
48
49      // test CompareTo
50      output = String::Concat( output,
51         S"\nstring1->CompareTo( string2 ) is ",
52         string1->CompareTo( string2 ).ToString(), S"\n",
53         S"string2->CompareTo( string1 ) is ",
54         string2->CompareTo( string1 ), S"\n",
55         S"string1->CompareTo( string1 ) is ",
56         string1->CompareTo( string1 ), S"\n",
57         S"string3->CompareTo( string4 ) is ",
58         string3->CompareTo( string4 ), S"\n",
59         S"string4->CompareTo( string3 ) is ",
60         string4->CompareTo( string3 ), S"\n" );
61
62      MessageBox::Show( output, S"Demonstrating String Comparisons",
63         MessageBoxButtons::OK, MessageBoxIcon::Information );
64
65      return 0;
66   } // end _tmain
```

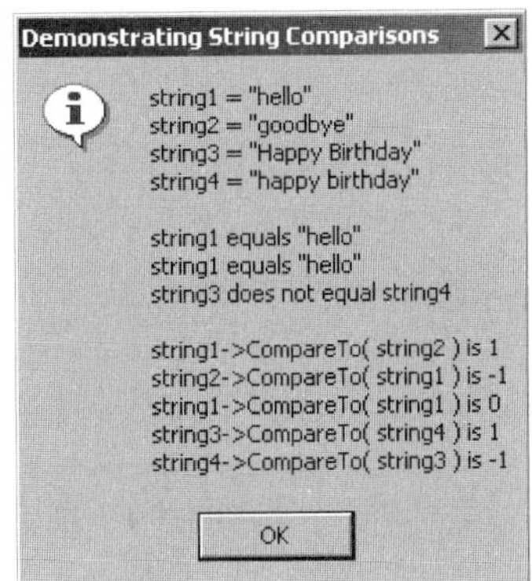

圖 15.3　測試 String 以判定是否相等 (第 2 之 2 部分)。

在第二個 **if** 敘述式 (第 34 行) 是使用相等運算子 **(==)**，來比較 **string1** 與受控制文字 “**hello**” 是否相等。在 MC++中，相等運算子比較的是兩個 **String** 的指標。所以，在 **if** 敘述式中的情形為 **true**，這是因為 **string1** 是指向受控制文字常數 “**hello**” 。如果兩個指標指向的物件是不同的，那麼這個條件式就會得到 **false**。

我們藉由比較 **string3** 與 **string4** (第 42 行) 的 **String** 相等性，來說明這些比較是區分大小寫的。這裡，**static** 方法 **Equals** (相對於第 26 行的常數方法) 是用來比較兩個 **String** 的值。 “**Happy Birthday**” 並不等於 “**happy birthday**” ，所以 **if** 敘述的條件式不成立，因此 “**string3 does not equal string4**” 的訊息就會被加到輸出訊息中 (第 46 到 47 行)。

第 50 到 60 行使用 **String** 方法 **CompareTo** 來比較 **String**。如果 **String** 是相等的，**CompareTo** 會傳回 **0**，如果叫用 **CompareTo** 的 **String** 比當作引數的 **String** 小，就傳回 **-1**，如果叫用 **CompareTo** 的 **String** 比當作引數的 **String** 大，就會傳回 1。**CompareTo** 方法會依字母順序做比較。

StartsWith 與 EndsWith 的例子

在圖 15.4 中的應用程式會展示如何測試一個 **String** 實體是否以給定的字串做爲開頭或結尾。***StartsWith*** 方法會判定 **String** 實例的開頭是不是等於傳給它做爲引數的文字常數。***EndsWith*** 方法會判定一個 **String** 實例的結尾是不是等於傳給它做爲引數的文字常數。應用程式 **StringStartEnd** 的 **_tmain** 函數會定義一個 **String** 指標的陣列 (稱爲 **strings**)，它包含了 "**started**"、"**starting**"、"**ended**" 與 "**ending**"。**_tmain** 函數的其它部份會測試陣列的元素，以判定它們是否以特定的字元組合做爲開始或結束。

第 22 行使用 **StartsWith** 方法，它使用一個 **String***爲引數。**if** 敘述的條件式是判斷在陣列索引 **i** 的 **String***是否以字元 "**st**" 爲開頭。如果是，就會傳回 **true**，並將 **strings[i]**附加到 **output** 以顯示出來。

```
1  // Fig. 15.4: StringStartEnd.cpp
2  // Demonstrating StartsWith and EndsWith methods.
3
4  #include "stdafx.h"
5
6  #using <mscorlib.dll>
7  #using <system.windows.forms.dll>
8
9  using namespace System;
10 using namespace System::Windows::Forms;
11
12 int _tmain()
13 {
14    String *strings[] =
15       { S"started", S"starting", S"ended", S"ending" };
16
17    String *output = S"";
18
19    // test every string to see if it starts with "st"
20    for ( int i = 0; i < strings->Length; i++ )
21
22       if ( strings[ i ]->StartsWith( S"st" ) )
23          output = String::Concat( output, S"\"",
24             strings[ i ], S"\" starts with \"st\"\n" );
25
26    output = String::Concat( output, S"\n" );
27
28    // test every string to see if it ends with "ed"
29    for ( int i = 0; i < strings->Length; i++ )
30
31       if ( strings[ i ]->EndsWith( S"ed" ) )
32          output = String::Concat( output, S"\"",
33             strings[ i ], S"\" ends with \"ed\"\n" );
34
```

圖 15.4 StartsWith 以及 EndsWith 方法 (第 2 之 1 部分)。

```
35      MessageBox::Show( output,
36         S"Demonstrating StartsWith and EndsWith methods",
37         MessageBoxButtons::OK, MessageBoxIcon::Information );
38
39      return 0;
40   } // end _tmain
```

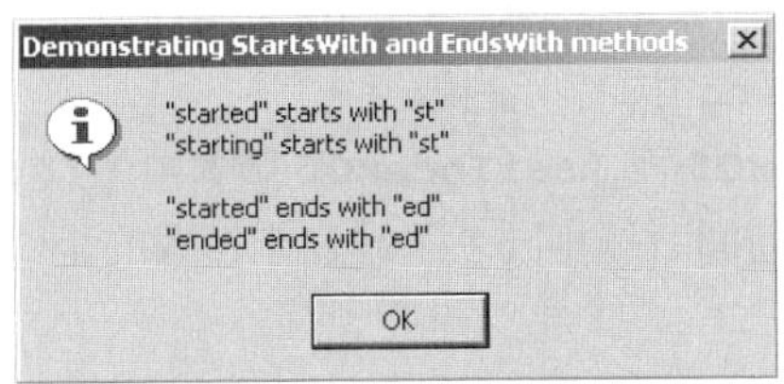

圖 15.4　StartsWith 以及 EndsWith 方法 (第 2 之 2 部分)。

第 31 行使用 **EndsWith** 方法，這個方法也是使用 **String***爲引數。**if** 敘述式中的條件式是判斷在陣列索引 **i** 中的 **String***是否以字元 "**ed**" 爲結尾。如果是，就會傳回 **true**，並將 **strings[i]** 附加到 **output** 以顯示出來。

15.6　在 String 中定位字元與子字串

在許多應用程式中，往往需要在 **String** 中搜尋一個或一組字元。例如，開發文字處理器的程式設計師會想要提供在文件內搜尋的功能。圖 15.5 會示範一些 **String** 方法如 ***IndexOf***、***IndexOfAny***、***LastIndexOf*** 與 ***LastIndexOfAny***，這些方法都可以在 **String** 中搜尋指定的字元或子字串。這個範例會在 **_tmain** 函數中的 **String** 指標 **letters** (初始化爲 "**abcdefghijklmabcdefghijklm**") 上，執行所有搜尋動作。

圖 15.5 的第 20、23 與 26 行使用 **IndexOf** 方法，指出某個字元或子字串在 **String** 中第一次出現的位置。如果 **IndexOf** 找到了一個字元，便會傳回這個字元在 **String** 中的索引，否則就傳回 **-1**。第 23 行使用兩個引數的版本的 **IndexOf** 方法，這兩個引數是想要尋找的字元，以及在 **String** 中開始搜尋位置的索引。這個方法並不會檢查出現在起始索引 (本例的 **1**) 之前的字元。第 26 行使用另一版本的 **IndexOf** 方法，它有三個引數，分別是想要搜尋的字元、起始索引與想要搜尋的字元數目。

常見的程式設計錯誤 15.2

*將 **String** 方法的引數順序搞混是常見的邏輯錯誤。*

常見的程式設計錯誤 15.3

*將索引指定給 **String** 方法時要謹慎小心。常見錯誤之一就是指定與正確值差一的值。*

第 30、34 與 38 行使用 **LastIndexOf** 方法找出字元在 **String** 中最後出現的位置。**LastIndexOf** 方法會從 **String** 的結尾搜尋到起始處。如果 **LastIndexOf** 方法找到了字

元，**LastIndexOf** 會傳回這個指定字元在 **String** 中的索引，否則，**LastIndexOf** 會傳回−**1**。在**String**中搜尋字元的**LastIndexOf**有三種版本。第 30 行使用的是 **LastIndexOf** 方法的一個引數版本，該引數爲所欲搜尋之字元。第 34 行使用的是 **LastIndexOf** 方法的兩個引數版本，兩個引數分別爲欲搜尋的字元與反向搜尋字元的起始索引。第 38 行使用 **LastIndexOf** 方法的第三個版本，這個版本使用三個引數：所欲搜尋的字元、反向搜尋字元的起始索引以及搜尋 (**String** 中) 字元的數目。

第 43-64 行使用的 **IndexOf** 與 **LastIndexOf** 版本中，以 **String***取代字元做爲第一個引數。這些版本的功能與前面所述相同，不過它們搜尋的是一串由 **String***引數所指定的字元 (或子字串) 。

第 71-97 行使用 **IndexOfAny** 與 **LastIndexOfAny** 方法，它們以一個字元陣列做爲引數。這些版本的功能也是與前面所述相同，不過它們傳回的是字元陣列中的任何字元第一次出現位置的索引。

```
 1  // Fig. 15.5: StringIndexMethods.cpp
 2  // Using String searching methods.
 3
 4  #include "stdafx.h"
 5
 6  #using <mscorlib.dll>
 7  #using <system.windows.forms.dll>
 8
 9  using namespace System;
10  using namespace System::Windows::Forms;
11
12  int _tmain()
13  {
14     String *letters = S"abcdefghijklmabcdefghijklm";
15     String *output = S"";
16     __wchar_t searchLetters __gc[] = { 'c', 'a', '$' };
17
18     // test IndexOf to locate a character in a string
19     output = String::Concat( output, S"'c' is located at index ",
20        letters->IndexOf( 'c' ).ToString() );
21
22     output = String::Concat( output, S"\n'a' is located at index ",
23        letters->IndexOf( 'a', 1 ).ToString() );
24
25     output = String::Concat( output, S"\n'$' is located at index ",
26        letters->IndexOf( '$', 3, 5 ).ToString() );
27
28     // test LastIndexOf to find a character in a string
29     output = String::Concat( output, S"\n\nlast 'c' is located at ",
30        S"index ", letters->LastIndexOf( 'c' ).ToString() );
31
32     output = String::Concat( output,
33        S"\nLast 'a' is located at index ",
34        letters->LastIndexOf( 'a', 25 ).ToString() );
35
```

圖 15.5 以 StringIndexMethods 示範 String 的搜尋功能 (第 3 之 1 部分)。

```
36        output = String::Concat( output,
37           S"\nLast '$' is located at index ",
38           letters->LastIndexOf( '$', 15, 5 ).ToString() );
39
40        // test IndexOf to locate a substring in a string
41        output = String::Concat( output,
42           S"\n\n\"def\" is located at index ",
43           letters->IndexOf( "def" ).ToString() );
44
45        output = String::Concat( output,
46           S"\n\"def\" is located at index ",
47           letters->IndexOf( "def", 7 ).ToString() );
48
49        output = String::Concat( output,
50           S"\n\"hello\" is located at index ",
51           letters->IndexOf( "hello", 5, 15 ).ToString() );
52
53        // test LastIndexOf to find a substring in a string
54        output = String::Concat( output,
55           S"\n\nLast \"def\" is located at index ",
56           letters->LastIndexOf( "def" ).ToString() );
57
58        output = String::Concat( output,
59           S"\nLast \"def\" is located at index ",
60           letters->LastIndexOf( "def", 25 ).ToString() );
61
62        output = String::Concat( output,
63           S"\nLast \"hello\" is located at index ",
64           letters->LastIndexOf( "hello", 20, 15 ).ToString() );
65
66        // test IndexOfAny to find first occurrence of character
67        // in array
68        output = String::Concat( output,
69           S"\n\nFirst occurrence of 'c', 'a', '$' is ",
70           S"located at ",
71           letters->IndexOfAny( searchLetters ).ToString() );
72
73        output = String::Concat( output,
74           S"\nFirst occurrence of 'c', 'a' or '$' is ",
75           S"located at ",
76           letters->IndexOfAny( searchLetters, 7 ).ToString() );
77
78        output = String::Concat( output,
79           S"\nFirst occurrence of 'c', 'a' or '$' is ",
80           S"located at ",
81           letters->IndexOfAny( searchLetters, 20, 5 ).ToString() );
82
83        // test LastIndexOfAny to find last occurrence of character
84        // in array
85        output = String::Concat( output,
86           S"\n\nLast occurrence of 'c', 'a' or '$' is ",
87           S"located at ",
88           letters->LastIndexOfAny( searchLetters ).ToString() );
```

圖 15.5　以 StringIndexMethods 示範 String 的搜尋功能 (第 3 之 2 部分)。

```
89
90      output = String::Concat( output,
91         S"\nLast occurrence of 'c', 'a' or '$' is",
92         S"located at ",
93         letters->LastIndexOfAny( searchLetters, 1 ).ToString() );
94
95      output = String::Concat( output,
96         S"\nLast occurrence of 'c', 'a' or '$' is located at ",
97         letters->LastIndexOfAny( searchLetters, 25, 5 ).ToString() );
98
99      MessageBox::Show( output,
100        S"Demonstrating class index methods",
101        MessageBoxButtons::OK, MessageBoxIcon::Information );
102
103     return 0;
104  } // end _tmain
```

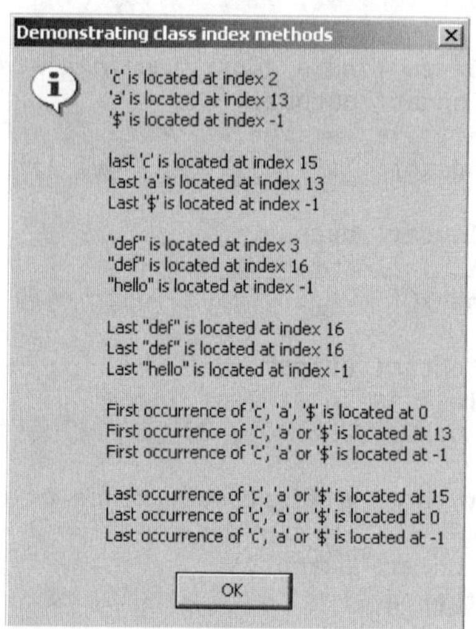

圖 15.5 以 StringIndexMethods 示範 String 的搜尋功能 (第 3 之 3 部分)。

常見的程式設計錯誤 15.4

在使用三個引數的多載方法 ***LastIndexOf*** *與* ***LastIndexOfAny*** *中，第二個引數必須要大於或等於第三個引數。這聽起來似乎不太直觀，但請記得搜尋是從字串的尾端反向搜尋到字串的開端。*

常見的程式設計錯誤 15.5

請記得如果在 ***String*** *中找不到指定的字元，* ***String*** *方法* ***IndexOf***、***IndexOfAny***、***LastIndexOf*** *與* ***LastIndexOfAny*** *是傳回* ***-1***。*因此，請不要直接使用回傳值存取* ***String*** *中的字元。為了避免* ***IndexOutOfRangeException*** *的例外發生，永遠要先確認回傳的值不是* ***-1***。

15.7　從 String 中擷取子字串

String 類別提供了兩個 ***Substring*** 方法，利用它們，可以藉由複製現存 **String** 的一部分來建立一個新的 **String**。這兩個方法都會傳回一個新的 **String***。圖 15.6 中的應用程式將示範如何使用這兩個方法。

第 20 行的敘述式使用 **SubString** 方法，這個方法使用一個 **int** 引數。這個引數指定此方法從原始 **String** 中複製字元的起始索引。回傳的子字串包含 **String** 中從起始索引到尾端複製來的字元。如果引數所指定的索引不在 **String** 範圍，那麼程式就會產生 **ArgumentOutOfRangeException**。

```
 1  // Fig. 15.6: SubString.cpp
 2  // Demonstrating the String Substring method.
 3
 4  #include "stdafx.h"
 5
 6  #using <mscorlib.dll>
 7  #using <system.windows.forms.dll>
 8
 9  using namespace System;
10  using namespace System::Windows::Forms;
11
12  int _tmain()
13  {
14     String *letters = S"abcdefghijklmabcdefghijklm";
15     String *output = S"";
16
17     // invoke Substring method and pass it one parameter
18     output = String::Concat( output,
19        S"Substring from index 20 to end is \"",
20        letters->Substring( 20 ), S"\"\n" );
21
22     // invoke Substring method and pass it two parameters
23     output = String::Concat( output,
24        S"Substring from index 0 to 6 is \"",
25        letters->Substring( 0, 6 ), S"\"" );
26
27     MessageBox::Show( output,
28        S"Demonstrating String method Substring",
29        MessageBoxButtons::OK, MessageBoxIcon::Information );
30
31     return 0;
32  } // end _tmain
```

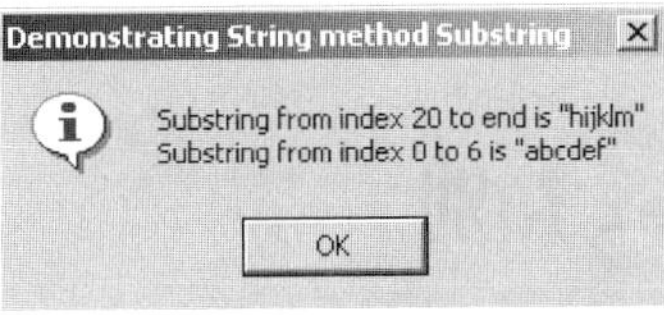

圖 15.6　從 String 產生的子字串。

SubString 方法的第二個版本 (第 25 行) 使用兩個 **int** 引數。第一個引數指定此方法從原始 **String** 中複製字元的起始索引。第二個引數指定複製的子字串長度。回傳的子字串會包含依指示從原始 **String** 複製來的字元。

15.8 其他的 String 方法

String 類別提供了幾個方法傳回修改過的 **String** 副本。圖 15.7 的應用程式會示範如何使用這些方法，包括 ***Replace***、***ToLower***、***ToUpper***、***Trim*** 以及 ***ToString*** 等 **String** 方法。

第 27 行使用 **String** 的 **Replace** 方法，傳回一個新的 **String***，並將所有在 **string1** 的字元"**e**"置換成"**E**"。**Replace** 方法使用兩個引數；即要搜尋的字元，以及與第一個引數符合時要置換的字元。還有另一個 **Replace** 方法的版本是使用 **String** 指標，而不是使用字元。原本的 **String** 並不會改變。如果在 **String** 中找不到符合第一個引數的字元，那麼方法回會傳原本的 **String**。

String 的 **ToUpper** 方法會產生一個新的 **String** (第 31 行)，將 **string1** 中的小寫字母置換爲相對應的大寫字母。這個方法會傳回一個新的 **String***，它包含了已轉換的 **String**，而原始的 **String** 則維持不變。如果沒有任何字元應被轉換爲大寫，那麼方法會傳回原本的 **String***。第 32 行使用 **String** 方法 **ToLower** 以傳回新的 **String***，在這個新字串中所有 **string2** 的大寫字母都已置換爲對應的小寫字母。原始的 **String** 維持不變。與 **ToUpper** 相同地，如果沒有任何字元應被轉換爲小寫，那麼方法 **ToLower** 會傳回原本的 **String***。

第 36 行使用 **String** 的 **Trim** 方法移除所有出現在 **String** 首尾的空白字元。這個方法不更動原本的 **String**，而是傳回一個移除了原字串前後空白字元的新 **String***。**Trim** 方法的另一個版本是傳入一個字元陣列爲引數，然後傳回一個不包含該陣列中任何字元的 **String***。

第 39-40 行使用 **String** 類別的 **ToString** 方法，以呈現在這個應用程式中使用的各種方法，並不會修改 **String1**。爲什麼要將 **ToString** 方法提供給 **String** 類別？在 MC++ 中，所有的類別都是從 **Object** 類別衍生來的，而這個類別定義了 **virtual** 方法 **ToString**。因此，可以呼叫 **ToString** 方法來取得任何物件的 **String** 表示法。如果一個繼承自 **Object** 的類別 (如 **String**) 沒有將 **ToString** 方法改寫，那麼這個類別會使用 **Object** 類別的預設版本，它會傳回一個由物件的類別名稱所組成的 **String***。類別通常會改寫 **ToString** 方法，將物件內容以文字方式呈現。**String** 類別會改寫 **ToString** 方法，因此它會傳回 **String***，而不是傳回類別名稱。

15.9 StringBuilder 類別

String 類別提供了許多處理 **String** 的功能。但是，**String** 的內容永遠都不會改變。看起來是將 **String** 連接在一起的運算，其實是建立新的 **String**。

```
1  // Fig. 15.7: StringMiscellaneous2.cpp
2  // Demonstrating String methods Replace, ToLower, ToUpper, Trim
3  // and ToString.
4
5  #include "stdafx.h"
6
7  #using <mscorlib.dll>
8  #using <system.windows.forms.dll>
9
10 using namespace System;
11 using namespace System::Windows::Forms;
12
13 int _tmain()
14 {
15    String *string1 = S"cheers!";
16    String *string2 = S"GOOD BYE ";
17    String *string3 = S"   spaces   ";
18    String *output;
19
20    output = String::Concat( S"string1 = \"", string1,
21       S"\"\n", S"string2 = \"", string2, S"\"\n",
22       S"string3 = \"", string3, S"\"" );
23
24    // call method Replace
25    output = String::Concat( output,
26       S"\n\nReplacing \"e\" with \"E\" in string1: \"",
27       string1->Replace( 'e', 'E' ), S"\"" );
28
29    // call methods ToLower and ToUpper
30    output = String::Concat( output,
31       S"\n\nstring1->ToUpper() = \"", string1->ToUpper(),
32       S"\"\nstring2->ToLower() = \"", string2->ToLower(), S"\"" );
33
34    // call method Trim
35    output = String::Concat( output,
36       S"\n\nstring3 after trim = \"", string3->Trim(), S"\"" );
37
38    // call method ToString
39    output = String::Concat( output, S"\n\nstring1 = \"",
40       string1->ToString(), S"\"" );
41
42    MessageBox::Show( output,
43       S"Demonstrating various String methods",
44       MessageBoxButtons::OK, MessageBoxIcon::Information );
45
46    return 0;
47 } // end _tmain
```

圖 15.7　String 方法 Replace、ToLower、ToUpper、Trim 與 ToString (第 2 之 1 部分)。

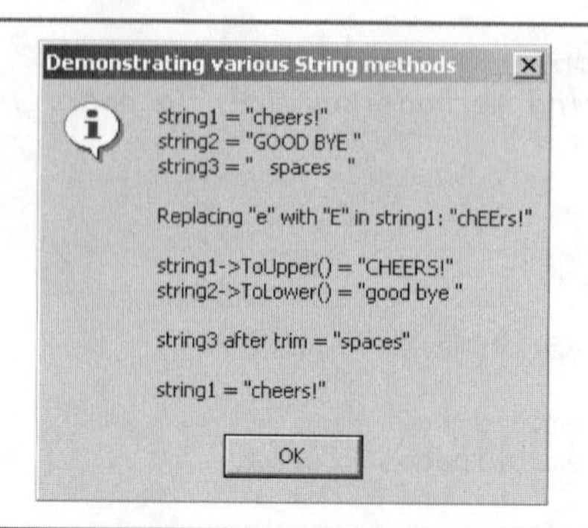

圖 15.7　String 方法 Replace、ToLower、ToUpper、Trim 與 ToString (第 2 之 2 部分)。

接下來幾節將討論 ***StringBuilder*** 類別 (命名空間 **System::Text**) 的特性，它是用來建立以及處理動態字串資訊，即*可變* (*mutable*) 字串。每個 **StringBuilder** 物件都可以儲存特定數量的字元，依據其容量而定。超過 **StringBuilder** 的容量，容量便會擴充以容納多出來的字元。您將可以看到 **StringBuilder** 的成員，如 **Append** 方法與 **AppendFormat** 方法，可以跟類別 **String** 的 **Concat** 一樣，用來連接字元。

軟體工程的觀點 15.2

String *類別的物件是常數 (不變) 的字串，而 StringBuilder 類別的物件則是可變字串。MC++可以針對受控制字串執行某些最佳化功能 (例如多個指標共享一個字串)，因為它知道這些物件並不會改變。*

增進效能的小技巧 15.2

在決定要選用 ***String*** *或是* ***StringBuilder*** *物件呈現一個字串時，如果物件內容並不會有改變的話，請使用* ***String*** *來呈現。在適當的時機使用* ***String*** *而非* ***StringBuilder*** *物件，將會增進執行效能。*

StringBuilder 會提供六個多載建構式。應用程式 StringBuilderConstructor (圖 15.8) 會示範如何使用其中三個建構式。

```
 1  // Fig. 15.8: StringBuilderConstructor.cpp
 2  // Demonstrating StringBuilder class constructors.
 3
 4  #include "stdafx.h"
 5
 6  #using <mscorlib.dll>
 7  #using <system.windows.forms.dll>
 8
 9  using namespace System;
10  using namespace System::Windows::Forms;
11  using namespace System::Text;
```

圖 15.8　StringBuilder 類別的建構式 (第 2 之 1 部分)。

```
12
13 int _tmain()
14 {
15    StringBuilder *buffer1, *buffer2, *buffer3;
16    String *output;
17
18    buffer1 = new StringBuilder();
19    buffer2 = new StringBuilder( 10 );
20    buffer3 = new StringBuilder( S"hello" );
21
22    output = String::Concat( S"buffer = \"", buffer1, S"\"\n" );
23    output = String::Concat( output, S"buffer2 = \"", buffer2, S"\"\n" );
24    output = String::Concat( output, S"buffer3 = \"", buffer3, S"\"\n" );
25
26    MessageBox::Show( output,
27       S"Demonstrating StringBuilder class constructors",
28       MessageBoxButtons::OK, MessageBoxIcon::Information );
29
30    return 0;
31 } // end _tmain
```

Demonstrating StringBuilder class constructors

buffer = ""
buffer2 = ""
buffer3 = "hello"

OK

圖 15.8　StringBuilder 類別的建構式 (第 2 之 2 部分)。

第 18 行使用無引數的 **StringBuilder** 建構式，建立一個沒有包含任何字元，並擁有預設初始容量 (16 個字元) 的 **StringBuilder**。第 19 行使用含一個 **int** 引數的 **StringBuilder** 建構式，建立一個沒有包含任何字元，且擁有 **int** 引數 (即 **10**) 所指定的初始容量的 **StringBuilder**。第 20 行使用含一個 **String***引數的 **StringBuilder** 建構式，建立含有 **String***引數所指向之字元的 **StringBuilder**。初始容量是比 **String***引數所指向的 **String** 字元數目還要大的最小二的指數。在這個例子中，容量爲八，因爲八是比五大的最小二指數，五就是 "**hello**" 的字元數。

第 22-24 行會將 **StringBuilders** 附加到輸出 **String** 中。請注意我們並不需要使用 **StringBuilder** 的 **ToString** 方法來取得 **StringBuilder** 內容的 **String***表示法 (例如 **buffer1->ToString**)。這是因爲 **String::Concat** 可以接受以 **StringBuilder** 爲引數。第 26 到 28 行顯示一個包含輸出字串的訊息方塊。

15.10　StringBuilder 的 Length 與 Capacity 屬性，以及 EnsureCapacity 方法

StringBuilder 類別會提供 ***Length*** 與 ***Capacity*** 屬性，分別傳回目前在 **StringBuilder** 的字元數目與 **StringBuilder** 不用再配置更多記憶體，就可以存放的字元數目。這些屬性

也可以用來增減 **StringBuilder** 的容量。

EnsureCapacity 方法可讓程式設計師確保 **StringBuilder** 擁有大於或等於所指定的容量。這個方法有助於降低需要增加容量的次數。**EnsureCapacity** 方法會接收一個整數值，如果這個值比 **StringBuilder** 目前的容量還要大，它會將 **StringBuilder** 的容量提高爲大於或等於這個值。如果 **StringBuilder** 的容量大或等於指定的容量，那就不會有任何變動。圖 15.9 中的程式將示範如何使用這些方法與屬性。

良好的程式設計習慣 15.1

*意外地將 **Capacity** 指定得低於 **StringBuilder** 目前的 **Length**，會造成一個 **ArgumentOutOfRangeException** 例外。更動 **StringBuilder** 物件的 **Capacity** 屬性時，一定要使用 **EnsureCapacity**，。*

```
1   // Fig. 15.9: StringBuilderFeatures.cpp
2   // Demonstrating some features of class StringBuilder.
3
4   #include "stdafx.h"
5
6   #using <mscorlib.dll>
7   #using <system.windows.forms.dll>
8
9   using namespace System;
10  using namespace System::Windows::Forms;
11  using namespace System::Text;
12
13  int _tmain()
14  {
15     StringBuilder *buffer = new StringBuilder( S"Hello, how are you?" );
16
17     // use Length and Capacity properties
18     String *output = String::Concat( S"buffer = ",
19        buffer, S"\nLength = ", buffer->Length.ToString(),
20        S"\nCapacity = ", buffer->Capacity.ToString() );
21
22     // use EnsureCapacity method
23     buffer->EnsureCapacity( 75 );
24
25     output = String::Concat( output, S"\n\nNew capacity = ",
26        buffer->Capacity.ToString() );
27
28     // truncate StringBuilder by setting Length property
29     buffer->Length = 10;
30
31     output = String::Concat( output, S"\n\nNew length = ",
32        buffer->Length.ToString(), S"\nbuffer = " );
33
34     // use StringBuilder indexed property
35     for ( int i = 0; i < buffer->Length; i++ )
36        output = String::Concat( output, buffer->Chars[ i ].ToString() );
```

圖 15.9 StringBuilder 大小調整 (第 2 之 1 部分)。

```
37
38    MessageBox::Show( output, S"StringBuilder features",
39       MessageBoxButtons::OK, MessageBoxIcon::Information );
40
41    return 0;
42 } // end _tmain
```

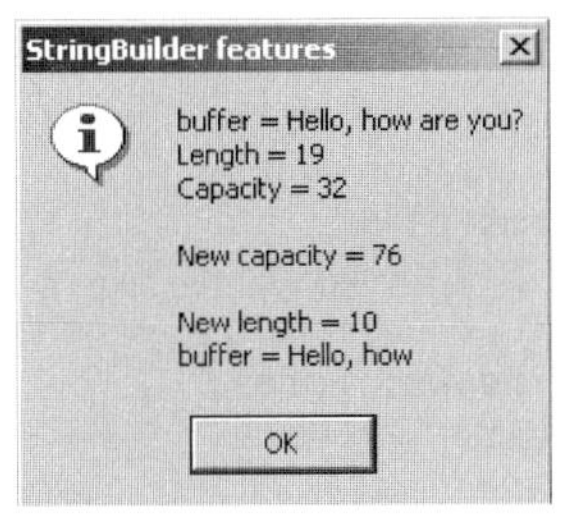

圖 15.9　StringBuilder 大小調整 (第 2 之 2 部分)。

這個程式包含了一個 **StringBuilder**，稱爲 **buffer**。程式的第 15 行使用 **StringBuilder** 建構式，它利用一個 **String***引數產生 **StringBuilder**，並將它的值初始化爲 "**Hello, how are you?**"。第 18-20 行會將 **StringBuilder** 的內容、長度與容量附加到 **output** 中。在輸出視窗中，請注意 **StringBuilder** 的容量本來是 16。還有要記住，使用一個 **String***引數的 **StringBuilder** 建構式建立的 **StringBuilder** 物件，其初始化容量是比引數 **String***的字元數目還大的最小二的指數。

第 23 行會將 **StringBuilder** 的容量延伸到至少 76 字元，大於等於指定的容量 **(75)**。如果有新的字元加到 **StringBuilder** 導致長度比容量還大時，容量便會擴大以容納額外的字元。

第 29 行使用 **Length** 的 *set* 方法，將 **StringBuilder** 的長度設定爲 **10**。如果指定的長度比在 **StringBuilder** 目前的字元數目還少，那麼 **StringBuilder** 的內容會縮短成指定的長度 (即程式會丟棄 **StringBuilder** 中，出現在指定長度之後的字元)。如果指定的長度比 **StringBuilder** 目前的字元數目大，空字元 (代表 **String** 結尾的字元) 會附加到 **StringBuilder**，一直到 **StringBuilder** 的字元總數等於指定的長度。空字元的數值表示法是 **0**，字元常數表示法是 "**\0**" (反斜線符號後再加 **0**)。

常見的程式設計錯誤 15.6

*將 **NULL** 指派到 **String** 指標會導致邏輯錯誤。**NULL** 是表示一個空指標，而不是一個字串。不要將 **NULL** 與空字串" " (長度為 **0**、不包含任何字元的字串) 搞混。*

15.11 StringBuilder 的 Append 與 AppendFormat 方法

StringBuilder 類別提供了 19 個多載的 ***Append*** 方法，用來將各種不同的資料型別值加到 **StringBuilder** 尾端。MC++提供了各種版本以供各種原始資料型別、字元陣列、**String**

指標與 **Object** 指標之用。每個方法都會使用一個引數，將它轉換成 **String**，並附加到 **StringBuilder**。圖 15.10 示範幾個 **Append** 方法的用法。

```
 1  // Fig. 15.10: StringBuilderAppend.cpp
 2  // Demonstrating StringBuilder Append methods.
 3
 4  #include "stdafx.h"
 5
 6  #using <mscorlib.dll>
 7  #using <system.windows.forms.dll>
 8
 9  using namespace System;
10  using namespace System::Windows::Forms;
11  using namespace System::Text;
12
13  int _tmain()
14  {
15     Object *objectValue = S"hello";
16     String *stringValue = S"goodbye";
17     __wchar_t characterArray __gc[] = { 'a', 'b', 'c', 'd', 'e', 'f' };
18
19     bool booleanValue = true;
20     __wchar_t characterValue = 'Z';
21     int integerValue = 7;
22     long longValue = 1000000;
23     float floatValue = 2.5;
24     double doubleValue = 33.333;
25
26     StringBuilder *buffer = new StringBuilder();
27
28     // use method Append to add values to buffer
29     buffer->Append( objectValue );
30     buffer->Append( S"  " );
31     buffer->Append( stringValue );
32     buffer->Append( S"  " );
33     buffer->Append( characterArray );
34     buffer->Append( S"  " );
35     buffer->Append( characterArray, 0, 3 );
36     buffer->Append( S"  " );
37     buffer->Append( booleanValue );
38     buffer->Append( S"  " );
39     buffer->Append( characterValue );
40     buffer->Append( S"  " );
41     buffer->Append( integerValue );
42     buffer->Append( S"  " );
43     buffer->Append( longValue );
44     buffer->Append( S"  " );
45     buffer->Append( floatValue );
46     buffer->Append( S"  " );
47     buffer->Append( doubleValue );
48     buffer->Append( S"  " );
```

圖 15.10　StringBuilder 的 Append 方法 (第 2 之 1 部分)。

```
49
50      MessageBox::Show( String::Concat( S"buffer = ", buffer ),
51         S"Demonstrating StringBuilder Append method",
52         MessageBoxButtons::OK, MessageBoxIcon::Information );
53
54      return 0;
55   } // end _tmain
```

```
Demonstrating StringBuilder Append method
buffer = hello goodbye abcdef abc True Z 7 1000000 2.5 33.333
OK
```

圖 15.10　StringBuilder 的 Append 方法 (第 2 之 2 部分)。

第29-48行使用十個不同的多載**Append**方法，將在15到24行中指派的值附加到**StringBuilder** 的結尾處。**Append** 與 **Concat** 方法類似，但 **Concat** 是用在 **String** 中。

StringBuilder 類別也提供 ***AppendFormat*** 方法，它會將 **String** 轉換成指定的格式，然後將它附加到 **StringBuilder** 中。圖 15.11 的範例示範如何使用這個方法。

第 19 行會建立一個包含格式化資訊的 **String***。在大括號之中的資訊會判定如何將特定的資訊格式化。這個格式的形式為 {**X[,Y][:FormatString]**}，其中 **X** 是要格式化的引數數目，從零開始計算。**Y** 是非必須的引數，它可為正數或負數，指出格式化的結果中應該有多少個字元。如果結果 **String** 比 **Y** 還小，**String** 就會加入空白，以彌補這個差異。正整數會將 **String** 向右對齊；而負整數則是將它向左對齊。非必須的 **FormatString** 用來將引數套用上特定格式 (如貨幣數、十進位數、科學記號等)，**{0}**表示第一個引數會被列印出來。**{1:C}**代表第二個引數會被格式化為一個貨幣數。

第 22 行建立 **objectArray** 陣列，而第 24 到 25 行將兩個項目插入到 **Object** 陣列中。注意第 25 行必須要先使用MC++關鍵字 **__box** 將數值型別 **(1234.56)** 轉換成受控制的 **Object**。請參考第 12 章關於關鍵字 **__box** 的討論。

第 28 行使用的 **AppendFormat** 版本採用兩個參數，一個 **String***用來指定格式，與一個物件陣列做為格式 **String** 的引數。**{0}** 代表的引數位於物件陣列索引 **0** 之處，以此類推。

第 31-33 行會定義另一個用來格式化的 **String***。第一個格式 **{0:d3}** 指定第一個引數被格式化成十進位的三位數，這表示低於三位數的數字前端會被加上零，以彌補不足的位數。第二個格式 **{0,4}** 指定格式化後的 **String** 應該有四個字元並且靠右對齊的。第三個格式 **{0,-4}** 指定 **String** 為靠左對齊。如需更多有關格式化選項的資訊，請參考文件。

第 36 行使用的 **AppendFormat** 版本採用兩個參數：一個指定格式用的 **String***，與一個要套用該格式的物件。在這個例子中，物件是數字 **5**。圖 15.11 的輸出顯示套用這兩個使用不同引數的 **AppendFormat** 版本的結果。

```
 1  // Fig. 15.11: StringBuilderAppendFormat.cpp
 2  // Demonstrating method AppendFormat.
 3
 4  #include "stdafx.h"
 5
 6  #using <mscorlib.dll>
 7  #using <system.windows.forms.dll>
 8
 9  using namespace System;
10  using namespace System::Windows::Forms;
11  using namespace System::Text;
12
13  int _tmain()
14  {
15     StringBuilder *buffer = new StringBuilder();
16     String *string1, *string2;
17
18     // formatted string
19     string1 = S"This {0} costs: {1:C}.\n";
20
21     // string1 argument array
22     Object *objectArray[] = new Object*[ 2 ];
23
24     objectArray[ 0 ] = S"car";
25     objectArray[ 1 ] = __box( 1234.56 );
26
27     // append to buffer formatted string with argument
28     buffer->AppendFormat( string1, objectArray );
29
30     // formatted string
31     string2 = String::Concat( S"Number: {0:d3}.\n",
32        S"Number right aligned with spaces:{0, 4}.\n",
33        S"Number left aligned with spaces:{0, -4}." );
34
35     // append to buffer formatted string with argument
36     buffer->AppendFormat( string2, __box( 5 ) );
37
38     // display formatted strings
39     MessageBox::Show( buffer->ToString(), S"Using AppendFormat",
40        MessageBoxButtons::OK, MessageBoxIcon::Information );
41
42     return 0;
43  } // end _tmain
```

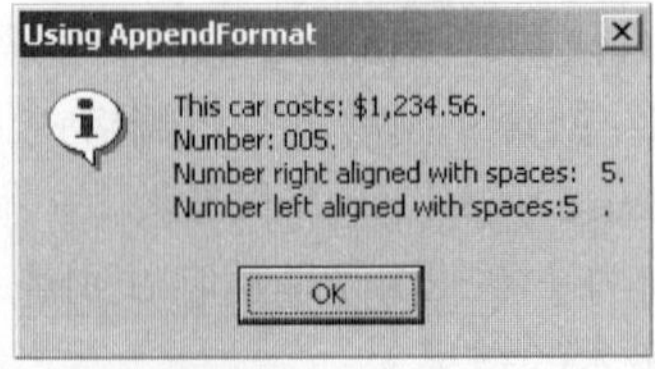

圖 15.11　StringBuilder 的 AppendFormat 方法。

15.12 StringBuilder 的 Insert、Remove 與 Replace 方法

StringBuilder 類別提供 18 個多載的 ***Insert*** 方法，用以將各種不同的資訊型別值插入到 **StringBuilder** 的任何位置。這個類別提供各種版本以供各種原始資料型別、字元陣列、**String** 指標與 **Object** 物件之用。每個 **Insert** 版本都會將第二個引數轉換成一個 **String**，並將該 **String** 插入到 **StringBuilder** 中、第一個引數所指定的索引之前。第一個引數指定的索引必須要大於或等於 **0**，並且小於 **StringBuilder** 的長度；不然的話，程式會拋出一個 **ArgumentOutOfRangeException** 例外。

StringBuilder 類別也提供 ***Remove*** 方法，用以刪除 **StringBuilder** 的任何　部分。**Remove** 方法會使用兩個引數，代表開始刪除的索引位置與將要刪除的字元數目。起始索引與要刪除的字元數目之和必須要小於 **StringBuilder** 長度；否則程式會拋出一個 **ArgumentOutOfRangeException**。圖 15.12 示範 **Insert** 與 **Remove** 方法的使用。

StringBuilder 的另一個實用方法是 ***Replace***，它會搜尋指定的 **String** 或字元，並用另一個 **String** 或字元加以替代。圖 15.13 示範這個方法的用法。

圖 15.13 的第 21 行使用 **Replace** 方法，將 **builder1** 中所有的 **String "Jane"** 實例替代成 **String "Greg"**。這個方法的另一個多載版本使用兩個字元做爲參數，用以將第一個字元出現的地方替代成第二個字元。第 22 行使用一個多載的 **Replace**，它使用四個參數，前兩個是字元，而後兩個則是 **int**。

```
 1  // Fig. 15.12: StringBuilderInsertRemove.cpp
 2  // Demonstrating methods Insert and Remove of the
 3  // StringBuilder class.
 4
 5  #include "stdafx.h"
 6
 7  #using <mscorlib.dll>
 8  #using <system.windows.forms.dll>
 9
10  using namespace System;
11  using namespace System::Windows::Forms;
12  using namespace System::Text;
13
14  int _tmain()
15  {
16     Object *objectValue = S"hello";
17     String *stringValue = S"good bye";
18     __wchar_t characterArray __gc[] = { 'a', 'b', 'c', 'd', 'e', 'f' };
19     bool booleanValue = true;
20     __wchar_t characterValue = 'K';
21     int integerValue = 7;
22     long longValue = 10000000;
23     float floatValue = 2.5;
24     double doubleValue = 46.789;
25
```

圖 15.12　StringBuilder 的文字插入與移除 (第 2 之 1 部分)。

```
26      StringBuilder *buffer = new StringBuilder();
27      String *output;
28
29      // insert value into buffer
30      buffer->Insert( 0, objectValue );
31      buffer->Insert( 0, "  " );
32      buffer->Insert( 0, stringValue );
33      buffer->Insert( 0, "  " );
34      buffer->Insert( 0, characterArray );
35      buffer->Insert( 0, "  " );
36      buffer->Insert( 0, booleanValue );
37      buffer->Insert( 0, "  " );
38      buffer->Insert( 0, characterValue );
39      buffer->Insert( 0, "  " );
40      buffer->Insert( 0, integerValue );
41      buffer->Insert( 0, "  " );
42      buffer->Insert( 0, longValue );
43      buffer->Insert( 0, "  " );
44      buffer->Insert( 0, floatValue );
45      buffer->Insert( 0, "  " );
46      buffer->Insert( 0, doubleValue );
47      buffer->Insert( 0, "  " );
48
49      output = String::Concat( S"buffer after inserts: \n",
50         buffer, S"\n\n" );
51
52      buffer->Remove( 10, 1 );  // delete 2 in 2.5
53      buffer->Remove( 2, 4 );   // delete 46.7 in 46.789
54
55      output = String::Concat( output, S"buffer after Removes:\n", buffer );
56
57      MessageBox::Show( output,
58         S"Demonstrating StringBuilder Insert and Remove methods",
59         MessageBoxButtons::OK, MessageBoxIcon::Information );
60
61      return 0;
62   } // end _tmain
```


圖 15.12 StringBuilder 的文字插入與移除 (第 2 之 2 部分)。

```
1   // Fig. 15.13: StringBuilderReplace.cpp
2   // Demonstrating method Replace.
3
4   #include "stdafx.h"
5
```

圖 15.13 StringBuilder 的文字替代 (第 2 之 1 部分)。

```
 6  #using <mscorlib.dll>
 7  #using <system.windows.forms.dll>
 8
 9  using namespace System;
10  using namespace System::Windows::Forms;
11  using namespace System::Text;
12
13  int _tmain()
14  {
15     StringBuilder *builder1 = new StringBuilder( S"Happy Birthday Jane" );
16     StringBuilder *builder2 = new StringBuilder( S"goodbye greg" );
17
18     String *output = String::Concat( S"Before replacements:\n",
19        builder1, S"\n", builder2 );
20
21     builder1->Replace( S"Jane", S"Greg" );
22     builder2->Replace( 'g', 'G', 0, 5 );
23
24     output = String::Concat( output, S"\n\nAfter replacements:\n",
25        builder1, S"\n", builder2 );
26
27     MessageBox::Show( output, S"Using StringBuilder method Replace",
28        MessageBoxButtons::OK, MessageBoxIcon::Information );
29
30     return 0;
31  } // end _tmain
```

圖 15.13　StringBuilder 的文字替代 (第 2 之 2 部分)。

這個方法會將第一個字元替代成第二個，替代的動作開始於第一個**int**所指定的索引，直到字元數等於第二個 **int** 所指定的數為止。因此，在這個例子中，**Replace** 只會搜尋從索引 **0** 算起的五個字元。如同輸出結果所說明的，這個版本的**Replace**將字串“**goodbye**”的 **g** 替代成 **G**，但不更動“**greg**”。這是因為“**greg**”中的 **g** 並不在 **int** 引數所指定的範圍內 (即索引 **0** 與 **4** 之間)。

15.13　Char 方法

MC++提供一個稱為*結構* (*structure*) 的資料型別，它與類別相似，同樣包含方法與屬性。兩者都使用相同的指定詞 (如 **public**、**private** 與 **protected**)，並透過成員存取運算子 **(.)**、箭號成員存取運算子 **(->)** 與範圍解析運算子 **(::)** 來存取成員。但是，類別的預設存取指

定詞都是 **private**，而結構的預設存取指定詞則為 **public**。類別是使用關鍵字 **class** 所建立，而結構則是使用 ***struct***。

如同在本書之前所討論到的，許多我們在本書所使用到的原始資料型別其實是結構的別名。例如，在 MC++中，一個 **int** 是由結構 **System::Int32** 所定義，而 **bool** 是被 **System::Boolean** 定義等等。這些結構是衍生自 ***ValueType*** 類別，而這個類別又是衍生自 **Object** 類別。在本小節中，我們會示範結構 ***Char***，它是字元的結構。請回想在 MC++中，**__wchar_t** 是 **Char** 的別名。

大多數的 **Char** 方法是 **static**，接收至少一個字元引數，執行對字元的測試或處理。我們會在接下來的範例中示範其中的幾個方法。圖 15.14 到 15.15 示範測試字元以判定它們是否為特定字元型別的 **static** 方法，以及轉換字元大小寫的 **static** 方法。

```
1   // Fig. 15.14: Form1.h
2   // Demonstrating static character testing methods
3   // from Char structure.
4
5   #pragma once
6
7
8   namespace StaticCharMethods
9   {
10     using namespace System;
11     using namespace System::ComponentModel;
12     using namespace System::Collections;
13     using namespace System::Windows::Forms;
14     using namespace System::Data;
15     using namespace System::Drawing;
16
17     /// <summary>
18     /// Summary for Form1
19     ///
20     /// WARNING: If you change the name of this class, you will need to
21     ///          change the 'Resource File Name' property for the managed
22     ///          resource compiler tool associated with all .resx files
23     ///          this class depends on.  Otherwise, the designers will not
24     ///          be able to interact properly with localized resources
25     ///          associated with this form.
26     /// </summary>
27     public __gc class Form1 : public System::Windows::Forms::Form
28     {
29     public:
30        Form1(void)
31        {
32           InitializeComponent();
33        }
34
35     protected:
36        void Dispose(Boolean disposing)
37        {
```

圖 15.14 Char 的 static 字元測試方法與大小寫轉換方法 (第 3 之 1 部分)。

```
38            if (disposing && components)
39            {
40               components->Dispose();
41            }
42            __super::Dispose(disposing);
43         }
44      private: System::Windows::Forms::Label *  enterLabel;
45      private: System::Windows::Forms::TextBox *  inputTextBox;
46      private: System::Windows::Forms::Button *  analyzeButton;
47      private: System::Windows::Forms::TextBox *  outputTextBox;
48
49      private:
50         /// <summary>
51         /// Required designer variable.
52         /// </summary>
53         System::ComponentModel::Container * components;
54
55      // Visual Studio .NET generated GUI code
56
57      // handle analyzeButton_Click
58      private: System::Void analyzeButton_Click(
59                  System::Object *  sender, System::EventArgs *  e)
60               {
61                  __wchar_t character =
62                     Convert::ToChar( inputTextBox->Text );
63                  BuildOutput( character );
64               } // end method analyzeButton_Click
65
66      // display character information in outputTextBox
67      private: void BuildOutput( __wchar_t inputCharacter )
68               {
69                  String *output;
70
71                  output = String::Concat( S"is digit: ",
72                     Char::IsDigit( inputCharacter ).ToString(), S"\r\n" );
73
74                  output = String::Concat( output, S"is letter: ",
75                     Char::IsLetter( inputCharacter ).ToString(), S"\r\n" );
76
77                  output = String::Concat( output, S"is letter or digit: ",
78                     Char::IsLetterOrDigit( inputCharacter ).ToString(),
79                     S"\r\n" );
80
81                  output = String::Concat( output, S"is lower case: ",
82                     Char::IsLower( inputCharacter ).ToString(), S"\r\n" );
83
84                  output = String::Concat( output, S"is upper case: ",
85                     Char::IsUpper( inputCharacter ).ToString(), S"\r\n" );
86
87                  output = String::Concat( output, S"to upper case: ",
88                     Char::ToUpper( inputCharacter ).ToString(), S"\r\n" );
89
```

圖 15.14　Char 的 static 字元測試方法與大小寫轉換方法 (第 3 之 2 部分)。

```
90                output = String::Concat( output, S"to lower case: ",
91                   Char::ToLower( inputCharacter ).ToString(), S"\r\n" );
92
93                output = String::Concat( output, S"is punctuation: ",
94                   Char::IsPunctuation( inputCharacter ).ToString(),
95                   S"\r\n" );
96
97                output = String::Concat( output, S"is symbol: ",
98                   Char::IsSymbol( inputCharacter ).ToString() );
99
100               outputTextBox->Text = output;
101            } // end method BuildOutput
102    };
103 }
```

圖 15.14 Char 的 static 字元測試方法與大小寫轉換方法 (第 3 之 3 部分)。

```
1   // Fig. 15.15: Form1.cpp
2   // Demonstrates Char methods.
3
4   #include "stdafx.h"
5   #include "Form1.h"
6   #include <windows.h>
7
8   using namespace StaticCharMethods;
9
10  int APIENTRY _tWinMain(HINSTANCE hInstance,
11                         HINSTANCE hPrevInstance,
12                         LPTSTR    lpCmdLine,
13                         int       nCmdShow)
14  {
15     System::Threading::Thread::CurrentThread->ApartmentState =
16        System::Threading::ApartmentState::STA;
17     Application::Run(new Form1());
18     return 0;
19  } // end _tWinMain
```

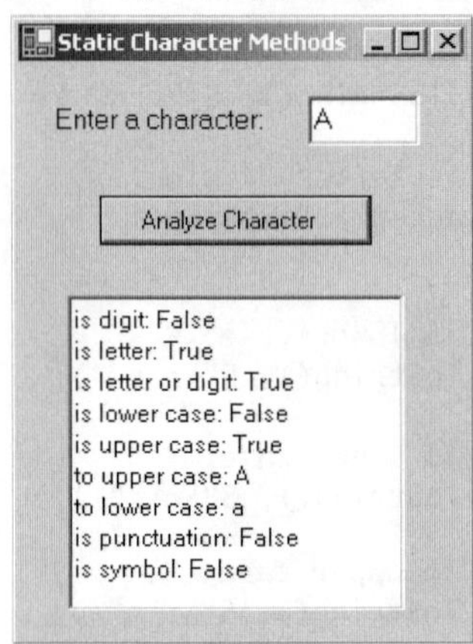

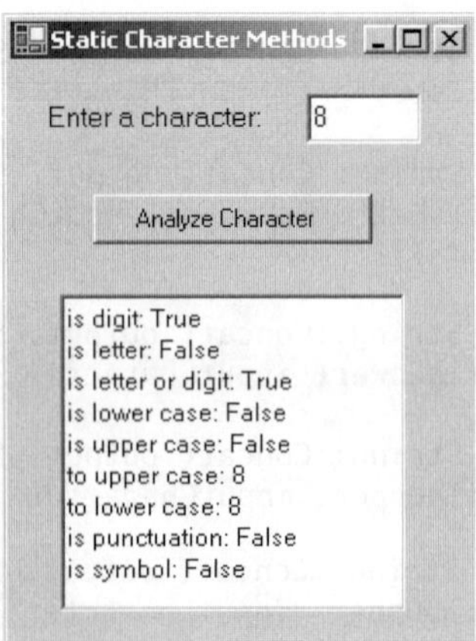

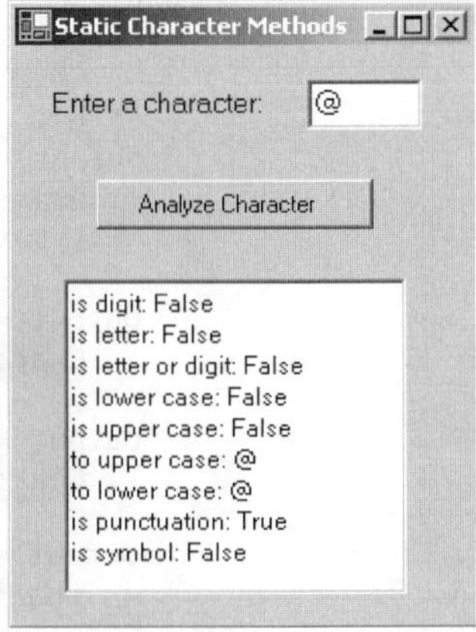

圖 15.15 Char 方法示範。

這個視窗應用程式包含提示、一個供使用者輸入字元的 **TextBox**、一個使用者在輸入字元後按下的按鈕與顯示分析結果用的第二個 **TextBox**。當使用者按下 **Analyze Character** 按鈕時，會引發事件處理方法 **analyzeButton_Click**(圖 15.14 的第 58 到 64 行)。這個方法會使用 **Convert::ToChar** 方法將輸入的資料從 **String***轉換到 **Char** (第 62 行)。第 63 行會呼叫定義在第 67-101 行中的 **BuildOutput** 方法。

每個名稱以"**Is**"爲開頭的方法，都會傳回 **true** 或 **false**。第 72 使用 **Char** 方法 ***IsDigit***，以判定字元 **inputCharacter** 是否被定義爲數字。第 75 行使用 **Char** 方法 ***IsLetter*** 以判定字元 **inputCharacter** 是否爲字母。第 78 行使用 **Char** 方法 ***IsLetterOrDigit***，判定字元 **inputCharacter** 是字母或數字。第 82 行使用 **Char** 方法 ***IsLower*** 以判定字元 **inputCharacter** 是否爲小寫字母。第 85 行使用 **Char** 方法 ***IsUpper***，判定字元 **inputCharacter** 是否爲大寫字母。第 88 行使用 **Char** 方法 ***ToUpper***，將字元 **inputCharacter** 轉換爲相對應的大寫字元。如果字元有對應的大寫字元，這個方法會傳回轉換過的字元；不然的話，方法會傳回它原本的引數。第 91 行使用 **Char** 方法 ***ToLower***，將字元 **inputCharacter** 轉換成相對應的小寫字元。如果字元有對應的小寫字元，該方法會傳回轉換過的字元；否則該方法會傳回它原本的引數。第 94 行使用 **Char** 方法 ***IsPunctuation***，判定字元 **inputCharacter** 是否爲標點符號。第 98 行使用 **Char** 方法 ***IsSymbol***，判定字元 **inputCharacter** 是否爲符號。

Char 結構還包含一些在本例中沒出現的方法。其中的 **static** 方法有許多是相似的；例如，***IsWhiteSpace*** 是用來判定字元是否爲空白字元(例如換行、定位或空格)。該結構也包含了幾個 **public** 實體方法；它們之中有很多是我們在其它類別中看到過的，例如 **ToString** 與 **Equals** 方法。這組方法包含了用來比較 2 個字元之值的 ***CompareTo*** 方法。

15.14　洗牌與發牌模擬

在本節中，我們使用隨機數，撰寫模擬洗牌與發牌的程式。寫好之後，這個程式就可以用在其它模擬撲克牌遊戲的應用程式中。

Card 類別 (圖 15.16 到圖 15.17) 包含兩個 **String***變數 (**face** 與 **suit**) 用以儲存紙牌的點數與花色名稱。這個類別的建構式會接收兩個 **String** 指標，這兩個指標是用來初始化 **face** 與 **suit**。**ToString** 方法 (圖 15.17 的第 14-17 行) 會建立一個由紙牌的 **face** 與 **suit** 所組成的 **String***。

在圖 15.18 到圖 15.19 的應用程式中，使用 **Card** 物件建立一副 52 張的牌組。使用者可以按下 **Deal Card** 按鈕來發牌。所發的每張牌會顯示在 **Label**。使用者也可以隨時按下 **Shuffle Cards** 按鈕洗牌。

事件處理方法 **Form1_Load** (圖 15.18 的第 61-77 行) 使用 **for** 敘述式 (第 75-76 行)，將 **Card** 填入 **deck** 陣列中。請注意每個 **Card** 是以兩個 **String** 指標做具現化與初始化，其中一個指標是來自 **faces** 陣列 ("**Ace**" 到 "**King**")，另一個是來自 **suits** 陣列 ("**Hearts**"、"**Diamonds**"、"**Clubs**" 或 "**Spades**")。運算式 **i % 13** 會產生從 **0** 到 **12** 的值 (**faces**

陣列的第十三個下標)，而運算式 **i % 4** 則會產生從 **0** 到 **3** 的值(**suits** 陣列的第四個下標)。初始化後 **deck** 陣列中的牌，包含每組花色的 **ace** 到 **king** 的點數。

在使用者按下 **Deal Card** 按鈕時，事件處理方法 **dealButton_Click** (第 80-96 行) 會引發方法 **DealCard**(在第 120-133 行所定義的)，從 **deck** 陣列中取得下一張牌。如果 **deck** 不是空的，則該方法傳回 **Card** 指標；否則傳回 **NULL**。如果指標不是 **NULL**，那麼第 88 到 90 行會將 **Card** 顯示在 **displayLabel**，並且將牌號顯示在 **statusLabel**。

如果 **DealCard** 傳回 **NULL** 指標，在 **displayLabel** 中會顯示 **String** "**NO MORE CARDS TO DEAL**"，而在 **statusLabel** 中則會顯示 **String** "**Shuffle cards to continue**" (第 93-94 行)。

```
 1  // Fig. 15.16: Card.h
 2  // Stores suit and face information of each card.
 3
 4  #pragma once
 5
 6  #using <mscorlib.dll>
 7
 8  using namespace System;
 9
10  // representation of a card
11  public __gc class Card
12  {
13  public:
14     Card( String *, String * );
15     String *ToString();
16
17  private:
18     String *face, *suit;
19  }; // end class Card
```

圖 15.16　Card 類別儲存 suit 與 face 資訊。

```
 1  // Fig. 15.17: Card.cpp
 2  // Method definitions for class Card.
 3
 4  #include "stdafx.h"
 5  #include "Card.h"
 6
 7  Card::Card( String *faceValue, String *suitValue )
 8  {
 9     face = faceValue;
10     suit = suitValue;
11  }
12
13  // override ToString
14  String *Card::ToString()
15  {
16     return String::Concat( face, S" of ", suit );
17  } // end method ToString
```

圖 15.17　Card 類別方法定義。

```
1  // Fig. 15.18: Form1.h
2  // Simulates card drawing and shuffling.
3
4  #pragma once
5
6  #include "Card.h"
7
8  namespace DeckOfCards
9  {
10    using namespace System;
11    using namespace System::ComponentModel;
12    using namespace System::Collections;
13    using namespace System::Windows::Forms;
14    using namespace System::Data;
15    using namespace System::Drawing;
16
17    /// <summary>
18    /// Summary for Form1
19    ///
20    /// WARNING: If you change the name of this class, you will need to
21    ///          change the 'Resource File Name' property for the managed
22    ///          resource compiler tool associated with all .resx files
23    ///          this class depends on.  Otherwise, the designers will not
24    ///          be able to interact properly with localized resources
25    ///          associated with this form.
26    /// </summary>
27    public __gc class Form1 : public System::Windows::Forms::Form
28    {
29    public:
30       Form1(void)
31       {
32          InitializeComponent();
33       }
34
35    protected:
36       void Dispose(Boolean disposing)
37       {
38          if (disposing && components)
39          {
40             components->Dispose();
41          }
42          __super::Dispose(disposing);
43       }
44    private: System::Windows::Forms::Button *  dealButton;
45    private: System::Windows::Forms::Button *  shuffleButton;
46    private: System::Windows::Forms::Label *  displayLabel;
47    private: System::Windows::Forms::Label *  statusLabel;
48
49    private: static Card *deck[] = new Card *[ 52 ];
50    private: int currentCard;
51
52    private:
```

圖 15.18　DeckOfCards::Form1 類別模擬洗牌與抽牌 (第 3 之 1 部分)。

```
53         /// <summary>
54         /// Required designer variable.
55         /// </summary>
56         System::ComponentModel::Container * components;
57 
58      // Visual Studio .NET generated GUI code
59 
60      // handles form at load time
61      private: System::Void Form1_Load(
62                 System::Object *  sender, System::EventArgs *  e)
63              {
64                 String *faces[] = { S"Ace", S"Deuce", S"Three", S"Four",
65                    S"Five", S"Six", S"Seven", S"Eight", S"Nine", S"Ten",
66                    S"Jack", S"Queen", S"King" };
67 
68                 String *suits[] = { S"Hearts", S"Diamonds", S"Clubs",
69                    S"Spades" };
70 
71                 // no cards have been drawn
72                 currentCard = -1;
73 
74                 // initialize deck
75                 for ( int i = 0; i < deck->Length; i++ )
76                    deck[ i ] = new Card( faces[ i % 13 ], suits[ i % 4 ] );
77              } // end method Form1_Load
78 
79      // handles dealButton_Click
80      private: System::Void dealButton_Click(
81                 System::Object *  sender, System::EventArgs *  e)
82              {
83                 Card *dealt = DealCard();
84 
85                 // if dealt card is null, then no cards left
86                 // player must shuffle cards
87                 if ( dealt != NULL ) {
88                    displayLabel->Text = dealt->ToString();
89                    statusLabel->Text = String::Concat( S"Card #: ",
90                       currentCard.ToString() );
91                 } // end if
92                 else {
93                    displayLabel->Text = S"NO MORE CARDS TO DEAL";
94                    statusLabel->Text = S"Shuffle cards to continue";
95                 } // end else
96              } // end method dealButton_Click
97 
98      // shuffle cards
99      private: void Shuffle()
100             {
101                Random *randomNumber = new Random();
102                Card *temporaryValue;
103 
104                currentCard = -1;
105 
```

圖 15.18　DeckOfCards::Form1 類別模擬洗牌與抽牌 (第 3 之 2 部分)。

```
106                 // swap each card with random card
107                 for ( int i = 0; i < deck->Length; i++ ) {
108                    int j = randomNumber->Next( 52 );
109
110                    // swap cards
111                    temporaryValue = deck[ i ];
112                    deck[ i ] = deck[ j ];
113                    deck[ j ] = temporaryValue;
114                 } // end for
115
116                 dealButton->Enabled = true;
117              } // end method Shuffle
118
119     // deal the cards
120     private: Card *DealCard()
121              {
122                 // if there is a card to deal, then deal it;
123                 // otherwise, signal that cards need to be shuffled by
124                 // disabling dealButton and returning null
125                 if ( currentCard + 1 < deck->Length ) {
126                    currentCard++;
127                    return deck[ currentCard ];
128                 } // end if
129                 else {
130                    dealButton->Enabled = false;
131                    return NULL;
132                 } // end else
133              } // end method DealCard
134
135     // handles shuffleButton_Click
136     private: System::Void shuffleButton_Click(
137                 System::Object *  sender, System::EventArgs *  e)
138              {
139                 displayLabel->Text = S"SHUFFLING...";
140                 Shuffle();
141                 displayLabel->Text = S"DECK IS SHUFFLED";
142                 statusLabel->Text = S"";
143              } // end method shuffleButton_Click
144     };
145  }
```

圖 15.18　DeckOfCards::Form1 類別模擬洗牌與抽牌 (第 3 之 3 部分)。

當使用者按下 **Shuffle Cards** 按鈕時，它的事件處理方法 **shuffleButton_Click** (第 136-143 行) 會引發方法 **Shuffle** (定義在第 99-117 行) 進行洗牌。這個方法的迴圈會經過這 52 張牌 (陣列下標 **0** 到 **51**)。對每張牌來說，該方法從 **0** 到 **51** 中隨機取一數字，然後將目前的 **Card** 物件與陣列中隨機選取的 **Card** 物件交換。洗牌時，**Shuffle** 會將整個陣列掃過一遍，做 52 次的交換。在洗牌完成後，**displayLabel** 會顯示 **String** "**DECK IS SHUFFLED**"。圖 15.19 顯示這個應用程式的執行情形。

```
 1  // Fig. 15.19: Form1.cpp
 2  // Demonstrates card-shuffling program.
 3
 4  #include "stdafx.h"
 5  #include "Form1.h"
 6  #include <windows.h>
 7
 8  using namespace DeckOfCards;
 9
10  int APIENTRY _tWinMain(HINSTANCE hInstance,
11                         HINSTANCE hPrevInstance,
12                         LPTSTR    lpCmdLine,
13                         int       nCmdShow)
14  {
15     System::Threading::Thread::CurrentThread->ApartmentState =
16        System::Threading::ApartmentState::STA;
17     Application::Run(new Form1());
18     return 0;
19  } // end _tWinMain
```

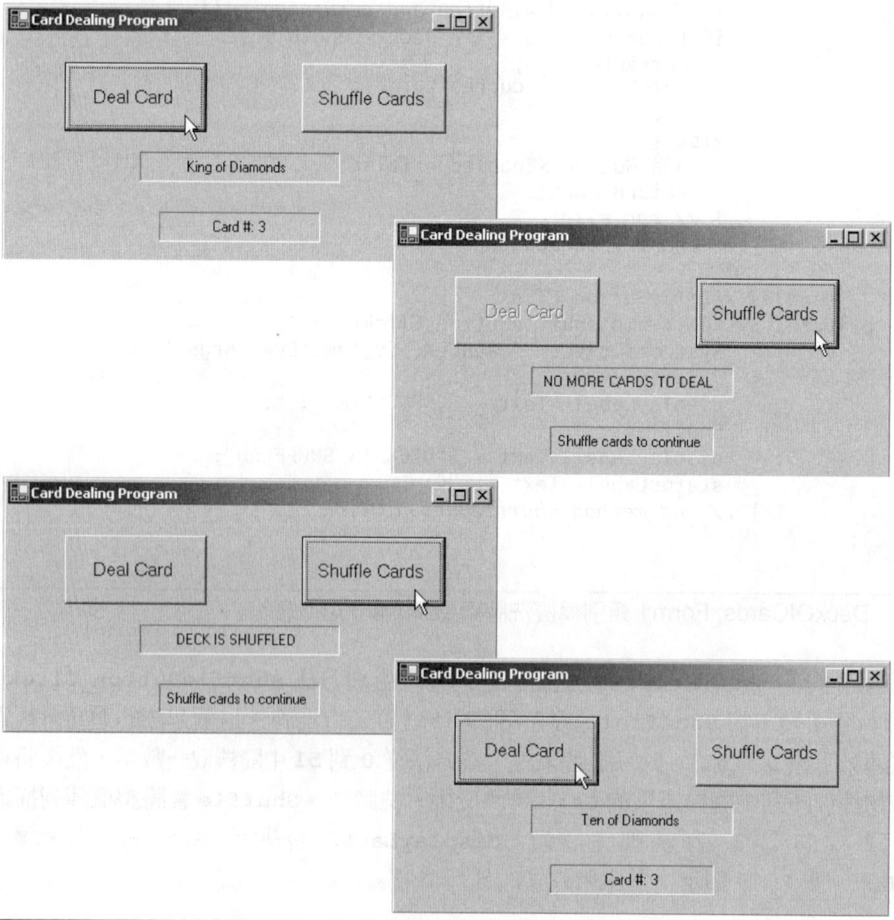

圖 15.19　洗牌示範。

15.15　正規表示法與 Regex 類別

正規表示法 (*regualr expression*) 是特殊格式的 **String**，用來找到文字中的樣式，在確認資訊時也很有用，它可以確保資料符合特定的格式。例如，郵遞區必須要由五個數字組成，而姓必須要以大寫字母開頭。

.NET Framework 提供幾個類別，以幫助設計人員辨別並處理正規表示法。類別 ***Regex*** (**System::Text::RegularExpressions** 命名空間) 代表一個不變的正規表示法。它包含一些 **static** 方法，允許程式使用 **Regex** 類別時不須明白地具現化這個類別的物件。***Match*** 類別會呈現正規表示法比對運算的結果。

Regex 類別提供 ***Match*** 方法，它會傳回 **Match** 類別的物件，代表與正規表示法相符的比對結果。**Regex** 也提供 ***Matches*** 方法，它會找到任意一 **String** 中符合正規表示法的所有比對結果，並傳回 ***MatchCollection*** 物件－即一組 **Match** 物件。

常見的程式設計錯誤 15.7

使用正規表示法時，請別將 ***Match*** *類別與* ***Match*** *方法搞混，* ***Match*** *方法是屬於* ***Regex***。

字元類別

圖 15.20 的表格會指定一些可以使用在正規表示法的*字元類別*。字元類別是一個逸出序列，它代表一組字元。

常見的程式設計錯誤 15.8

在指定字元類別時，要確定使用的是正確的大小寫。將字元類別的大小寫搞混會導致程式搜尋到的資料與你想找的正好相反。

字組字元 (*word character*) 指的是任何字母、數字字元或底線。*空白* (*white space*) 字元是一個空白、定位、歸位、換行或跳頁。*數字* (*digit*) 字元是表示數值用的字元。不過，正規表示法並不限於這些字元類別。此表示法使用各種不同的運算子與其它標示法來搜尋複雜的樣式。我們將在接下來幾個範例中討論其中的幾個技巧。

字元	對比	字元	對比
`\d`	任何數字	`\D`	任何非數字
`\w`	任何字組字元	`\W`	任何非字組字元
`\s`	任何空白	`\S`	任何非空白

圖 15.20　字元類別。

使用 Matches 方法

圖 15.21 說明一個使用正規表示法的簡單範例。這個程式將幾個生日與正規表示法比對看看是否相符。只有不在四月、並且是名字“J”開頭的人的生日才符合這個表示法。

第 18 行建立一個**Regex**類別的實例，並且定義正規表示法樣式以供**Regex**搜尋之用。在正規表示法的第一個字元“J”，被視爲一個文字字元。這表示任何符合這個正規表示式的 **String** 都必須是以“J”爲開頭。

```
 1  // Fig. 15.21: RegexMatches.cpp
 2  // Demonstrating Class Regex.
 3
 4  #include "stdafx.h"
 5
 6  #using <system.dll>
 7  #using <system.windows.forms.dll>
 8
 9  using namespace System;
10  using namespace System::Windows::Forms;
11  using namespace System::Text::RegularExpressions;
12
13  int _tmain()
14  {
15     String *output = "";
16
17     // create regular expression
18     Regex *expression = new Regex( S"(J.*\\d[0-35-9]-\\d\\d-\\d\\d)" );
19
20     String *string1 = String::Concat(
21        S"Jane's Birthday is 05-12-75\n",
22        S"Dave's Birthday is 11-04-68\n",
23        S"John's Birthday is 04-28-73\n",
24        S"Joe's Birthday is 12-17-77" );
25
26     // declare an object of Match
27     Match *myMatch = 0;
28
29     // match regular expression to string and
30     // print out all matches
31     for ( int i = 0; i < expression->Matches( string1 )->Count; i++ ) {
32           myMatch = expression->Matches( string1 )->Item[ i ];
33           output = String::Concat( output, myMatch->ToString(), S"\n" );
34     } // end for
35
36     MessageBox::Show( output, S"Using class Regex",
37        MessageBoxButtons::OK, MessageBoxIcon::Information );
38
39     return 0;
40  } // end _tmain
```

圖 15.21 使用正規表示法檢查生日 (第 2 之 1 部分)。

圖 15.21　使用正規表示法檢查生日 (第 2 之 2 部分)。

在正規表示法中，點字元 “.” 與換行字元除外的任何單一字元相符。但是，若點字元後面跟著一個星號，如表示法 “.*”，它就與任意數目的不特定字元相符。一般而言，將運算子 “*” 用到任意表示法時，表示與該表示法出現零到多次的狀況相符。相較之下，若在表示法中使用運算子 “+”，表示與該表示法出現一到多次的狀況相符。例如，“**A***” 與 “**A+**” 都會與 “**A**” 相符，但只有 “**A***” 會與空 **String** 相符。

如同在圖 15.20 所指出的，“**\d**” 會與任何數字比對。注意如果要將字元類別指定給傳入 **Regex** 建構式的 **String***，我們就必須在每個類別之前 (如\d) 加上跳脫字元 (escape character，\)。如果要指定字元類別以外的其它字元組合，我們可以將這些字元列在中括號 **[]** 中。例如，樣式 “**[aeiou]**” 可以用來比對母音字元。字元的範圍可以表示成兩個字元中間加上一個減號 (-)。在這個範例中，“**[0-35-9]**” 表示只有落在指定範圍內的數字才會相符。在這個例子中，樣式會與任何介於 **0** 到 **3** 或 **5** 到 **9** 之間的數字相符；因此，除了 **4** 以外的數字都相符。如果在中括號內的第一個字元是 “**^**”，那麼表示法接受指定字元之外的任何字元。然而，很重要的一點就是，要注意 “**[^4]**” 並不等於 “**[0-35-9]**”，前者會與 4 之外的任何非數字字元相符。

雖然字元 “-” 放在中括號時，是表示一個範圍，但放在群組化表示法以外的 “-” 字元則被視做文字字元。因此，在第 18 行的正規表示法所搜尋的 **String** 是以字母 “**J**” 開頭，之後跟著任何數目的字元、二位數數字 (其中第二個數字不可爲 4)，之後是一個減號，另一組二位數數字、減號與另一組二位數數字。

第 31-34 行使用 **for** 迴圈，重覆地以 **string1** 做爲 **expression->Matches** 的引數，取得 **Match** 並處理之。圖 15.21 的輸出表示在 **string1** 中找到的兩組相符字串。請注意兩組字串都符合正規表示法所指定的樣式。

使用量詞驗證輸入字串

在前一個範例所提到的星號 (*) 與加號 (+) 稱爲*量詞* (*quantifiers*)。量詞用在比對一個樣式出現多次的情形，而非只出現一次的情形。圖 15.22 列出不同的量詞與使用方法。

常見的程式設計錯誤 15.9

在正規表示法中一定要使用正確的量詞。把量詞搞錯是常見的程式設計錯誤，而使用錯誤的量詞會產生錯誤的結果。

量詞	比對
*	此樣式出現零或多次
+	此樣式出現一或多次
?	此樣式出現零或一次
{n}	正好出現 n 次
{n,}	至少出現 n 次
{n,m}	出現 n 到 m 次 (含 n 次與 m 次)

圖 15.22　正規表示法中使用的量詞。

我們已經討論過如何使用星號 (*****) 與加號 (**+**)。問號 (**?**) 比對的是表示法出現零或一次的情形。大括號裡包含一個數字 (**{n}**) 比對的是表示法正好出現 **n** 次的情形。我們將在下一個例子中示範如何使用這個量詞。在大括號中如果在數字後包含一個逗號，比對的就是表示法至少出現 **n** 次的情形。大括號中如果包含兩個數字 (**{n,m}**)，那麼比對的是表示法出現次數介於 **n** 到 **m** 之間的情形。所有的量詞都是*貪心的*，這表示如果有符合，它們會想要符合得愈多愈好。但是，如果這個量詞之後還跟著一個問號 (**?**)，那麼量詞就會變得*懶惰*。如果有符合，它會想要符合得愈少愈好。

圖 15.23 到圖 15.24 的視窗應用程式是一個更複雜的例子，它使用正規表示法來驗證使用者輸入的字串。

```
1   // Fig. 15.23: Form1.h
2   // Using regular expressions to validate user information.
3
4   #pragma once
5
6
7   namespace Validate
8   {
9      using namespace System;
10     using namespace System::ComponentModel;
11     using namespace System::Collections;
12     using namespace System::Windows::Forms;
13     using namespace System::Data;
14     using namespace System::Drawing;
15     using namespace System::Text::RegularExpressions;
16
17     /// <summary>
18     /// Summary for Form1
19     ///
20     /// WARNING: If you change the name of this class, you will need to
21     ///          change the 'Resource File Name' property for the managed
22     ///          resource compiler tool associated with all .resx files
23     ///          this class depends on.  Otherwise, the designers will not
```

圖 15.23　使用正規表示法驗證使用者資訊 (第 5 之 1 部分)。

```
24     ///          be able to interact properly with localized resources
25     ///          associated with this form.
26     /// </summary>
27     public __gc class Form1 : public System::Windows::Forms::Form
28     {
29     public:
30        Form1(void)
31        {
32           InitializeComponent();
33        }
34
35     protected:
36        void Dispose(Boolean disposing)
37        {
38           if (disposing && components)
39           {
40              components->Dispose();
41           }
42           __super::Dispose(disposing);
43        }
44     private: System::Windows::Forms::Label *  phoneLabel;
45     private: System::Windows::Forms::Label *  zipLabel;
46     private: System::Windows::Forms::Label *  stateLabel;
47     private: System::Windows::Forms::Label *  cityLabel;
48     private: System::Windows::Forms::Label *  addressLabel;
49     private: System::Windows::Forms::Label *  firstLabel;
50     private: System::Windows::Forms::Label *  lastLabel;
51     private: System::Windows::Forms::Button *  OkButton;
52     private: System::Windows::Forms::TextBox *  phoneTextBox;
53     private: System::Windows::Forms::TextBox *  zipTextBox;
54     private: System::Windows::Forms::TextBox *  stateTextBox;
55     private: System::Windows::Forms::TextBox *  cityTextBox;
56     private: System::Windows::Forms::TextBox *  addressTextBox;
57     private: System::Windows::Forms::TextBox *  firstTextBox;
58     private: System::Windows::Forms::TextBox *  lastTextBox;
59
60     private:
61        /// <summary>
62        /// Required designer variable.
63        /// </summary>
64        System::ComponentModel::Container * components;
65
66     // Visual Studio .NET generated GUI code
67
68     // handles OkButton_Click event
69     private: System::Void OkButton_Click(
70                 System::Object *  sender, System::EventArgs *  e)
71              {
72                 // ensures no textboxes are empty
73                 if ( lastTextBox->Text->Equals( String::Empty ) ||
74                    firstTextBox->Text->Equals( String::Empty ) ||
75                    addressTextBox->Text->Equals( String::Empty ) ||
```

圖 15.23　使用正規表示法驗證使用者資訊 (第 5 之 2 部分)。

```
76              cityTextBox->Text->Equals( String::Empty ) ||
77              stateTextBox->Text->Equals( String::Empty ) ||
78              zipTextBox->Text->Equals( String::Empty ) ||
79              phoneTextBox->Text->Equals( String::Empty ) ) {
80
81              // display popup box
82              MessageBox::Show( S"Please fill in all fields.",
83                 S"Error", MessageBoxButtons::OK,
84                 MessageBoxIcon::Error );
85
86              // set focus to lastTextBox
87              lastTextBox->Focus();
88
89              return;
90           } // end if
91
92           // if last name format invalid show message
93           if ( !Regex::Match( lastTextBox->Text,
94              S"^[A-Z][a-zA-Z]+$" )->Success ) {
95
96              // last name was incorrect
97              MessageBox::Show( S"Invalid Last Name", S"Message",
98                 MessageBoxButtons::OK, MessageBoxIcon::Error );
99              lastTextBox->Focus();
100
101             return;
102          } // end if
103
104          // if first name format invalid show message
105          if ( !Regex::Match( firstTextBox->Text,
106             S"^[A-Z][a-zA-Z]+$" )->Success ) {
107
108             // first name was incorrect
109             MessageBox::Show( S"Invalid First Name", S"Message",
110                MessageBoxButtons::OK, MessageBoxIcon::Error );
111             firstTextBox->Focus();
112
113             return;
114          } // end if
115
116          // if address format invalid show message
117          if ( !Regex::Match( addressTextBox->Text, String::Concat(
118             S"^[0-9]+\\s+([a-zA-Z]+|[a-zA-Z]+",
119             S"\\s[a-zA-Z]+)$" ) )->Success ) {
120
121             // address was incorrect
122             MessageBox::Show( S"Invalid Address", S"Message",
123                MessageBoxButtons::OK, MessageBoxIcon::Error );
124             addressTextBox->Focus();
125
126             return;
127          } // end if
128
```

圖 15.23 使用正規表示法驗證使用者資訊 (第 5 之 3 部分)。

```
129            // if city format invalid show message
130            if ( !Regex::Match( cityTextBox->Text,
131               S"^([a-zA-Z]+|[a-zA-Z]+\\s[a-zA-Z]+)$" )->Success ) {
132
133               // city was incorrect
134               MessageBox::Show( S"Invalid City", S"Message",
135                  MessageBoxButtons::OK, MessageBoxIcon::Error );
136               cityTextBox->Focus();
137
138               return;
139            } // end if
140
141            // if state format invalid show message
142            if ( !Regex::Match( stateTextBox->Text,
143               S"^([a-zA-Z]+|[a-zA-Z]+\\s[a-zA-Z]+)$" )->Success ) {
144
145               // state was incorrect
146               MessageBox::Show( S"Invalid State", S"Message",
147                  MessageBoxButtons::OK, MessageBoxIcon::Error );
148               stateTextBox->Focus();
149
150               return;
151            } // end if
152
153            // if zip code format invalid show message
154            if ( !Regex::Match( zipTextBox->Text,
155               S"^\\d{5}$" )->Success ) {
156
157               // zip was incorrect
158               MessageBox::Show( S"Invalid Zip Code", S"Message",
159                  MessageBoxButtons::OK, MessageBoxIcon::Error );
160               zipTextBox->Focus();
161
162               return;
163            } // end if
164
165            // if phone number format invalid show message
166            if ( !Regex::Match( phoneTextBox->Text,
167               S"^[1-9]\\d{2}-[1-9]\\d{2}-\\d{4}$" )->Success ) {
168
169               // phone number was incorrect
170               MessageBox::Show( S"Invalid Phone Number", S"Message",
171                  MessageBoxButtons::OK, MessageBoxIcon::Error );
172               phoneTextBox->Focus();
173
174               return;
175            } // end if
176
177            // information is valid, signal user and exit application
178            this->Hide();
179            MessageBox::Show( S"Thank You!", S"Information Correct",
180               MessageBoxButtons::OK, MessageBoxIcon::Information );
181
```

圖 15.23　使用正規表示法驗證使用者資訊 (第 5 之 4 部分)。

```
182                     Application::Exit();
183                  } // end method OkButton_Click
184     };
185  }
```

圖 15.23 使用正規表示法驗證使用者資訊 (第 5 之 5 部分)。

當使用者按下 **OK** 按鈕時，程式會使用 **String** 欄位 ***Empty*** 來確認這些欄位都不是空的(圖 15.23 的第 73-79 行)。**String::Empty** 是一個唯讀的欄位，它的值是空字串" "。我們可以將每個 **String::Empty** 都替代成空字串，而程式仍舊會照同樣的方式執行。

```
1   // Fig. 15.24: Form1.cpp
2   // Demonstrates validation of user information.
3
4   #include "stdafx.h"
5   #include "Form1.h"
6   #include <windows.h>
7
8   using namespace Validate;
9
10  int APIENTRY _tWinMain(HINSTANCE hInstance,
11                         HINSTANCE hPrevInstance,
12                         LPTSTR    lpCmdLine,
13                         int       nCmdShow)
14  {
15     System::Threading::Thread::CurrentThread->ApartmentState =
16        System::Threading::ApartmentState::STA;
17     Application::Run(new Form1());
18     return 0;
19  } // end _tWinMain
```

Validate

Last Name: Doe
First Name: Jane
Address: 123 Some Street
City: Some City
State: Some State
Zip: 123
Phone:

OK

Error

Please fill in all fields.

OK

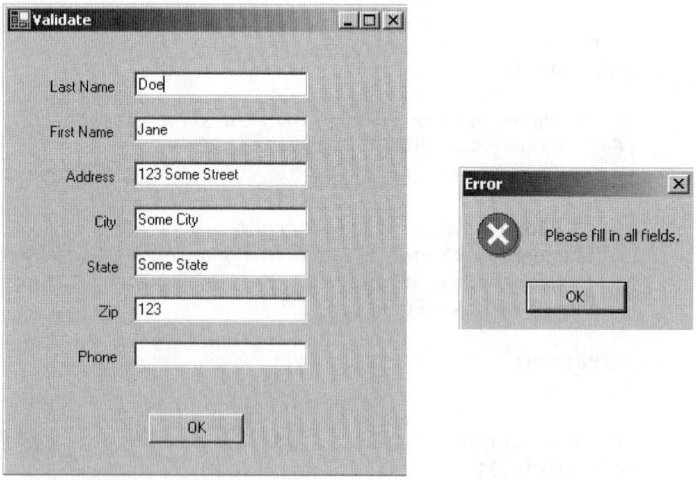

圖 15.24 示範如何驗證使用者資訊 (第 2 之 1 部分)。

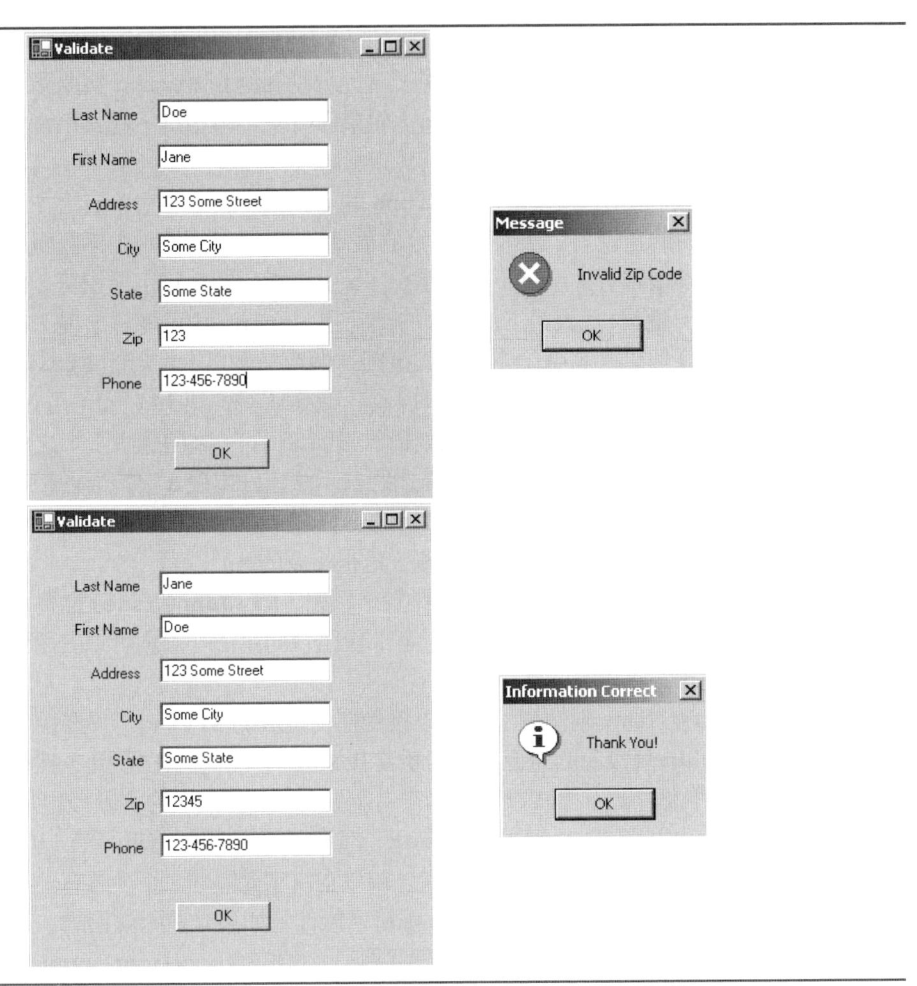

圖 15.24　示範如何驗證使用者資訊 (第 2 之 2 部分)。

如果有一個或一個以上的欄位是空的，程式會發出訊息給使用者，提醒他們所有的欄位都必須要填，程式才會開始驗證輸入資訊 (第 82-84)。第 87 行會呼叫類別 **TextBox** 的實體方法 ***Focus***。**Focus** 方法會將游標放在呼叫 **Focus** 的文字方塊 (本例中的 **lastTextBox**)。然後程式會離開事件處理方法 (第 89 行)。如果沒有欄位是空的，那麼使用者輸入的文字就會被檢驗。最先檢驗的是 **Last Name** (第 93-94 行)。如果它通過檢驗 (即 **Match** 常式的 ***Success*** 屬性為真)，程式接下來會檢驗 **First Name** (第 105-106 行)。這個程序會持續到所有 **TextBox** 都檢驗過，或是有測試失敗 (**Success** 為假)、程式傳送一個適當的錯誤訊息為止。如果所有的欄位都包含合格的資訊，便發出成功的訊息，然後程式結束。

在前一個範例中，我們搜尋的是與正規表示法相符的子字串。在這個範例中，我們要檢查的則是 **String** 是否整個都遵守正規表示法。例如，我們接受 "**Smith**" 是一個姓，但不接受“9@Smith#”。為了要達到這個效果，我們可以在每個正規表示法的開頭加入“^”字元，並在結尾處加入“$”字元。“^”與“$” 字元分別對應到 String 與開頭與尾端的位置。這可以強迫正規表示法評估整個 String，如果僅有子字串相符，程式不會傳回該項結果。

在這個程式中，我們使用 Regex 方法 Match 的 static 版本，它會使用一個額外的參數，以指定我們要比對的正規表示法。第 94 行的表示法 (圖 15.23) 使用中括號與範圍符號表示第一個字母大寫，其後跟著大小寫不拘的字母；a-z 會與所有小寫字母相符，而 A-Z 則會與所有大寫字母相符。量詞+代表第二個範圍的字元在 String 中可能會出現一次以上。因此，這個表示法會與任何以大寫字母開頭，其後跟一個或一個以上字母的 String 相符。

符號\s 會與單一空白字元比對 (第 118-119 行、第 131 行與第 143 行)。用在 **Zip** (郵遞區號) 欄位的表示法\d{5}，會與任意五位數相符 (第 155 行)。請回想一下，之前介紹過大括號裡包含一個數字的組合({n})會與它所描述的表示法正好出現 n 次的情形相符。因此，表示法\d跟著大括號內夾著正整數x(\d{x})，會與任意x位數相符。(要注意“^”與“$”字元用在避免讓過多位數的郵遞區號通過驗證，是很重要的。)

字元“|”代表以表示法的左邊或右邊做比對。例如，Hi(John|Jane)會與Hi John和Hi Jane相符。請注意使用括號將正規表示法各部份組合的寫法。量詞可以套用到括號內的樣式中，以建立更複雜的正規表示法。

Last Name 與 **First Name** 兩個欄位都可以接受任何長度的 String，只要這個字串是以大寫字母開頭的。**Address** 接受的是至少一位數之後跟著至少一個空白字元，然後是一個以上的字母，或另一組多個字母、其後跟著一個空白及另一串一個以上的字母 (第 117-119 行)。因此，“10 Broadway”與“10 Main Street”都是有效的地址。**City** (第 130-131 行) 與 **State** (第 142-143 行) 會與至少一個字元的單字，或以空白字元隔開、至少各有一字元的二個單字相符。這表示 Waltham 與 West Newton 都符合條件。如果之前所說過的，**Zip** (郵遞區號) 必須是五位數 (第 154-155 行)。**Phone** (電話號碼) 必須符合 xxx-yyy-yyyy 的形式，這裡的 x 代表的是區域碼，而 y 則代表電話號碼 (第 166-167 行)。第一個 x 與第一個 y 都不可以為零。

取代子字串與分割字串

有的時候根據正規表示法將 String 的一部份替代成其它字元，或是將 String 做分割，是很有用的。為了達成這個目的，Regex 類別提供了 Replace 與 Split 方法的 static 實體版本，而這些都將在圖 15.25 中示範。

Replace 方法會在原始 String 與正規表示法相符的位置，用新的文字替代 String 中的文字。我們在圖 15.25 中說明這個方法的兩個版本。第一個版本 (第 23 行) 是 static 的，它使用三個參數，分別是指向要修改的 String 的指標、包含用來比對的正規表示法的 String* ，以及指向替代用的 String 的指標。在這裡 Replace 會將每個 testString1 中的“*”替代成“^”。注意正規表示法(“*”)中，字元* 之前有個反斜號\。一般而言，*是個量詞，用來指出符合正規表示法的是在*之前的樣式出現次數不限的情形。但是在第 23 行中，我們想找的是所有文字字元*出現的地方，要完成這個功能，我們就必須要用字元\當作*的跳脫字元。藉由字元\跳脫特殊的正規表示法字元，程式告知正規表示法的比對引擎去找到這個字元，而非將它視為在正規表示法中代表的特殊意義。**Replace** 方法的第二個版本 (第 28 行) 是一個實體方法，它使用傳給建構式的正規表示法 (第 17 行)，供 **testRegex1** 執行替代運算之用。在這個例子中，每個 **testString1** 中符合正規表示法 "**stars**" 之處會被 "**carets**" 替代。注意，我們現在套用兩個引數到 **Replace** 方法，亦即指向要修改的 **String** 的指標與指向替代 **String** 的指標。用來比對的正規表示法是由 **testRegex1** 所提供的，它就是方法的呼叫者。

```
 1  // Fig. 15.25: RegexSubstitution.cpp
 2  // Using Regex method Replace.
 3
 4  #include "stdafx.h"
 5
 6  #using <system.dll>
 7  #using <system.windows.forms.dll>
 8
 9  using namespace System;
10  using namespace System::Windows::Forms;
11  using namespace System::Text::RegularExpressions;
12
13  int _tmain()
14  {
15     String *testString1 = S"This sentence ends in 5 stars *****";
16     String *testString2 = S"1, 2, 3, 4, 5, 6, 7, 8";
17     Regex *testRegex1 = new Regex( S"stars" );
18     Regex *testRegex2 = new Regex( S"\\d" );
19     String *results[];
20     String *output = String::Concat( S"Original String 1\t\t\t",
21        testString1 );
22
23     testString1 = Regex::Replace( testString1, S"\\*", S"^" );
24
25     output = String::Concat( output, S"\n^ substituted for ",
26        S"*\t\t\t",testString1 );
27
28     testString1 = testRegex1->Replace( testString1, S"carets" );
29
30     output = String::Concat( output, S"\n\"carets\" ",
31        S"substituted for \"stars\"\t", testString1 );
32
33     output = String::Concat( output, S"\nEvery word replaced ",
34        S"by \"word\"\t", Regex::Replace(
35        testString1, S"\\w+", S"word" ) );
36
37     output = String::Concat( output, S"\n\nOriginal ",
38        S"String 2\t\t\t", testString2 );
39
```

圖 15.25　Regex 方法 Replace 與 Split (第 2 之 1 部分)。

```
40        output = String::Concat( output, S"\nFirst 3 digits ",
41           S"replaced by \"digit\"\t", testRegex2->Replace(
42           testString2, S"digit", 3 ) );
43
44        output = String::Concat( output, S"\nString split at ",
45           S"commas\t\t[" );
46
47        results = Regex::Split( testString2, S",\\s*" );
48
49        String *resultString;
50
51        for ( int i = 0; i < results->Length; i++ ) {
52           resultString = results->Item[ i ]->ToString();
53           output = String::Concat( output, S"\"", resultString, S"\", " );
54        } // end if
55
56        output = String::Concat( output->Substring( 0,
57           output->Length - 2 ), S"]" );
58
59        MessageBox::Show( output, S"Substitution Using Regular Expressions" );
60
61        return 0;
62     } // end _tmain
```

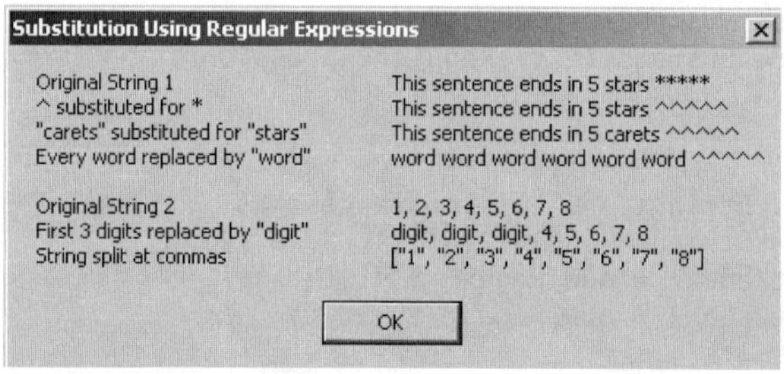

```
Substitution Using Regular Expressions

Original String 1                    This sentence ends in 5 stars *****
^ substituted for *                  This sentence ends in 5 stars ^^^^^
"carets" substituted for "stars"     This sentence ends in 5 carets ^^^^^
Every word replaced by "word"        word word word word word word ^^^^^

Original String 2                    1, 2, 3, 4, 5, 6, 7, 8
First 3 digits replaced by "digit"   digit, digit, digit, 4, 5, 6, 7, 8
String split at commas               ["1", "2", "3", "4", "5", "6", "7", "8"]

OK
```

圖 15.25 Regex 方法 Replace 與 Split (第 2 之 2 部分)。

第 18 行使用“\\d”引數具現化 **testRegex2**。在第 41-42 行中，被呼叫的實例方法 **Replace** 是使用三個引數－即指向要修改的 **String** 的指標、包含替代文字的 **String***，以及指出替代次數的 **int**。換句話說，這個版本的 **Replace** 會將 **testString2** 中的前三個數字（“\d”）實例取代成文字“**digit**”(第 41-42 行)。第 56-57 行移除尾端的空白與引號，並新增一個中括號，標示出一串數字的結尾。

Split 方法會將 **String** 分成幾個子字串。原始的 **String** 在與特定正規表示法相符的位置被分割。**Split** 方法會傳回正規表示法切割的子字串陣列。在第 47 行中，我們使用 **Split** 方法的 **static** 版本，來區隔以逗號分隔開的整數 **String**。第一個引數是指向要分割之 **String** 的指標，第二個引數則是正規表示法。在這個例子中，我們使用正規表示法“**,\\s***”，在逗號出現之處分割子字串。比對空白字元時，便將多餘的空白從結果子字串中刪除。

摘　要

- 字元是 Visual C++ .NET 程式碼的基本組成區塊。每個程式都是由一連串字元組成，而編譯器會將這些字元解譯成一系列用來完成任務的指令。
- **String** 是一串被視為同一單元的字元。字串會包含大寫字母、小寫字母、數字與各式特殊字元，如**+**、**-**、*****、**/**、**$**等。
- 所有字元都會有一個對應的數值碼。當電腦比較兩個 **String** 時，實際上是比較 **String** 中字元的數值碼。
- **Equals** 方法使用字典式的比較，這表示如果某一 **String** 的值比另一 **String** 更大，那它就會被排在字典中比較後面的位置。**Equals** 方法會比較在每個 **String** 中，代表字元的數字 Unicode 值。
- 如果 **String** 是相等的，方法 **CompareTo** 會傳回 **0**，如果叫用 **CompareTo** 的 **String** 比引數 **String** 小，就傳回 **-1**，如果叫用 **CompareTo** 的 **String** 比引數 **String** 大，就傳回 **1**。**CompareTo** 方法使用的是字典式的比較。
- 雜湊表儲存資訊，對所要儲存的物件做特殊的計算以產生一個雜湊碼。雜湊碼是用來選擇表格中儲存物件的位置。
- **String** 類別提供兩個 **Substring** 方法，可複製現有 **String** 的一部份來建立新的 **String**。
- **String** 方法 **IndexOf** 可用以找出一字元或子字串在 **String** 中第一次出現位置，方法 **LastIndexOf** 可用以找出一字元或子字串在 **String** 中最後一次出現位置。
- **String** 方法 **StartsWith** 會判定 **String** 是否以指定為引數的字元做開頭。**String** 方法 **EndsWith** 會判定 **String** 是否以指定為引數的字元做結束。
- **String** 類別提供許多處理 **String** 的功能。
- 方法 **IndexOf**、**LastIndexOf**、**StartsWith**、**EndsWith**、**Concat**、**Replace**、**ToUpper**、**ToLower**、**Trim** 以及 **Remove**，是用來處理 **String** 的。
- 然而，一旦 **String** 建立之後，內容就永遠不會改變。
- **StringBuilder** 類別可以用來建立及處理動態 **String**，亦即可變更的 **String**。
- 類別 **StringBuilder** 會提供 **Length** 與 **Capacity** 屬性，分別用來傳回目前在 **StringBuilder** 的字元數目，以及 **StringBuilder** 不必額外再配置記憶體就可以存放的字元數目。這些屬性也可以用來增減 **StringBuilder** 的長度和容量。
- **EnsureCapacity** 方法允許程式設計人員確保 **StringBuilder** 的容量大於或等於所指定的值。這個方法有助於降低容量必須提升的次數。
- **StringBuilder** 類別提供 19 個多載的 **Append** 方法，以允許將各種不同的資訊型別值加到 **StringBuilder** 的尾端。針對原始資料型別、字元陣列、**String** 指標與 **Object** 指標，都提供了適用的版本。
- 格式化 **String** 中的括號是用來指示如何將一特定的資訊格式化。格式的形式為**{X[,Y][:FormatString]}**，其中 **X** 是要格式化的引數數目，從零開始計算。**Y** 是選擇性的引數，它可以為正數，也可為負數。**Y** 指出格式化結果所應有的字元數目，如果結果產生的 **String** 少於這個數目，便加入空白以彌補這個差異。正整數表示 **String** 會靠右對齊，而負整數則表示靠左對齊。選擇性的 **FormatString** 指定引數套用的的格式：貨幣數、小數、科學記號或其它。

- **StringBuilder** 類別會提供 18 個多載的 **Insert** 方法，以允許將各種不同的資訊型別值插入到 **StringBuilder** 的任何位置。針對原始資料型別、字元陣列、**String** 指標與 **Object** 指標，都提供了適用的版本。
- **StringBuilder** 類別也提供 ***Remove*** 方法，以刪除 **StringBuilder** 中的任意部分。
- **StringBuilder** 包含的另一個實用方法是 **Replace**。**Replace** 會搜尋給定的 **String** 或字元，然後用其它的字元取代它。
- MC++會提供一個稱爲*結構*的資料型別，它與類別相似。
- 跟類別一樣，結構包含了方法與屬性。兩者都使用相同的指定詞 (如 **public**、**private** 與 **protected**)，並透過成員存取運算子(**.**)、箭號成員存取運算子(**->**)與範圍解析運算子(**::**)來存取成員。但是，類別的預設存取指定詞都是**private**，而結構的預設存取指定詞則爲**public**。
- 類別是使用關鍵詞 **class** 來建立。結構則是使用關鍵詞 **struct** 來建立。
- 許多我們使用的原始資料型別其實都是結構的別名。這些結構是衍生自 ***ValueType*** 類別，而該類別又是衍生自 **Object** 類別中。
- 正規表示法用來在文字中尋找樣式。
- .NET Framework 提供幾個類別，以幫助設計人員辨識並處理正規表示法。**Regex** 提供方法 **Match**，它會傳回類別 **Match** 的物件。這個物件代表正規表示法中比對符合的結果。**Regex** 也提供 **Matches** 方法，它會在任意 **String** 中找出與正規表示法相符的比對結果，並傳回 **MatchCollection** 物件；即一組 **Match** 物件。
- **Regex** 與 **Match** 類別都是在命名空間 **System::Text::RegularExpressions** 中。

詞　彙

+運算子 (+ operator)
= =比較運算子 (= = comparison operator)
以字母順序 (alphabetizing)
類別 **StringBuilder** 的 **Append** 方法(**Append** method of class **StringBuilder**)
StringBuilder 的 **AppendFormat** 方法 (**AppendFormat** method of **StringBuilder**)
ArgumentOutOfRangeException
類別 **StringBuilder** 的 **Capacity** 屬性 (**Capacity** property of class **StringBuilder**)
Char 結構 (**Char** structure)
字元 (character)
字元類別 (character class)
類別 **String** 的 **Chars** 屬性 (**Chars** property of class **String**)
類別 **String** 的 **CompareTo** 方法 (**CompareTo** method of class **String**)
結構 **Char** 的 **CompareTo** 方法 (**CompareTo** method of structure **Char**)
類別 **String** 的 **CopyTo** 方法 (**CopyTo** method of class **String**)
類別 **Control** 的 **Enabled** 屬性 (**Enabled** property of class **Control**)
類別 **String** 的 **EndsWith** 方法 (**EndsWith** method of class **String**)

StringBuilder 的 EnsureCapacity 方法 (EnsureCapacity method of StringBuilder)
類別 String 的 Equals 方法 (Equals method of class String)
格式化字串 (format string)
垃圾收集者 (garbage collector)
貪心的量詞 (greedy quantifier)
雜湊碼 (hash code)
雜湊表 (hash table)
不變的 String (immutable String)
類別 String 的 IndexOf 方法 (IndexOf method of class String)
類別 String 的 IndexOfAny 方法 (IndexOfAny method of class String)
結構 Char 的 IsDigit 方法 (IsDigit method of structure Char)
結構 Char 的 IsLetter 方法 (IsLetter method of structure Char)
結構 Char 的 IsLetterOrDigit 方法 (IsLetterOrDigit method of structure Char)
結構 Char 的 IsLower 方法 (IsLower method of structure Char)
結構 Char 的 IsPunctuation 方法 (IsPunctuation method of structure Char)
結構 Char 的 IsSymbol 方法 (IsSymbol method of structure Char)
結構 Char 的 IsUpper 方法 (IsUpper method of structure Char)
結構 Char 的 IsWhiteSpace 方法 (IsWhiteSpace method of structure Char)
類別 String 的 LastIndexOf 方法 (LastIndexOf method of class String)
類別 String 的 LastIndexOfAny 方法 (LastIndexOfAny method of class String)
懶惰的量詞 (lazy quantifier)
類別 String 的 Length 屬性 (Length property of class String)
類別 StringBuilder 的 Length 屬性 (Length property of class StringBuilder)
字典式的比較 (lexicographical comparison)
文字字串 (literal strings)
Match 類別 (Match class)
MatchCollection 類別 (MatchCollection class)
頁面設計軟體 (page-layout software)
結構 Char 的 Parse 方法 (Parse method of structure Char)
量詞 (quantifier)
產生隨機亂數 (random-number generation)
Regex 類別 (Regex class)
類別 StringBuilder 的 Remove 方法 (Remove method of class StringBuilder)
類別 Regex 的 Replace 方法 (Replace method of class Regex)
類別 String 的 Replace 類別 (Replace method of class String)
類別 StringBuilder 的 Replace 方法 (Replace method of class StringBuilder)
特殊字元 (special characters)
類別 Regex 的 Split 方法 (Split method of class Regex)
類別 String 的 StartsWith 方法 (StartsWith method of class String)
String 類別 (String class)
字串文字 (string literal)
String 參考 (String reference)
StringBuilder 類別 (StringBuilder class)
struct 關鍵字 (struct keyword)
結構 (structure)
類別 String 的 Substring 方法 (Substring method of class String)
類別 Match 的 Success 屬性 (Success property of class Match)
System 命名空間 (System namespace)

System::Text 命名空間 (**System::Text** namespace)
System::Text::RegularExpressions 命名空間 (**System::Text::RegularExpressions** namespace)
文字編輯器 (text editor)
類別 **String** 的 **ToLower** 方法 (**ToLower** method of class **String**)
結構 **Char** 的 **ToLower** 方法 (**ToLower** method of structure **Char**)
類別 **String** 的 **ToString** 方法 (**ToString** method of class **String**)
StringBuilder 的 **ToString** 方法 (**ToString** method of **StringBuilder**)
類別 **String** 的 **ToUpper** 方法 (**ToUpper** method of class **String**)
結構 **Char** 的 **ToUpper** 方法 (**ToUpper** method of structure **Char**)
尾端空白字元 (trailing white-space characters)
類別 **String** 的 **Trim** 方法 (**Trim** method of class **String**)
Unicode 字元組 (**Unicode** character set)
ValueType 類別 (**ValueType** class)
空白字元 (white-space characters)
字組字元 (word character)

自我測驗

15.1 請說明下列敘述爲眞或僞。如果爲僞，請解釋。

a) 將兩個 **String***以==做比較時，如果它們 指向同個物件時，結果爲*眞*。
b) **String** 在建立後可以修改內容。
c) **String** 類別並沒有 **ToString** 方法。
d) **StringBuilder** 的 **EnsureCapacity** 方法可用來將 **StringBuilder** 實例的容量設定爲引數的值。
e) **Trim** 方法會移除 **String** 開始與尾端的所有空白。
f) 正規表示法會將 **String** 與樣式做比對。
g) 類別 **StringBuilder** 提供 **Length** 以傳回在 **StringBuilder** 中，不需額外再配置記憶體就可儲存的字元數目。
h) 類別 **String** 的 **ToUpper** 方法只會將 **String** 的第一個字母大寫。
i) 正規表示法的**\d** 表示法代表所有字母。

15.2 在下列敘述的空白處填入適當答案：

a) 要連接兩個 **String**，可以使用 **String** 的方法 ________。
b) 類別 **String** 的 **Compare** 方法是以 ________ 方式比較 **String**。
c) 類別 **Regex** 是位在命名空間 ________。
d) **StringBuilder** 的方法 ________ 會先格式化指定的 **String**，然後再將它連接到 **StringBuilder** 的尾端。
e) 如果呼叫 **Substring** 方法時引數超出範圍，會產生 ________ 例外。
f) **Regex** 方法 ________ 會將出現在 **String** 中的樣式變更爲指定的 **String**。
g) **StringBuilder** 方法 ________ 允許將不同的資料型別值，插入到 **StringBuilder** 中的任意位置。

h) 正規表示法中的量詞 ________ 比對的是表示法出現零或多次的情形。
i) 中括號中的正規表示法運算子________ 表示括號中的所有字元在比對時皆不相符。

自我測驗解答

15.1 **a)** 眞。**b)** 僞。**String** 是不變的，建立後即不可變更。**StringBuilder** 在建立後可以變更。**c)** 僞。類別 **String** 會將 **Object** 類別的 **ToString** 方法覆寫。**d)** 僞。**StringBuilder** 方法 **EnsureCapacity** 會將 **StringBuilder** 實例的容量設定成大於或等於引數值的值。**e)** 眞。**f)** 眞。**g)** 僞。**StringBuilder** 類別提供 **Capacity** 會傳回在 **StringBuilder** 中，不須額外配置記憶體就可儲存的字元數目。**h)** 僞。**String** 類別的 **ToUpper** 方法可將所有 **String** 的字母轉換爲大寫。**i)** 僞。在正規表示法中，表示法 **\d** 用來代表所有的數字。

15.2 **a)** **Concat** **b)** 字典式 **c)** **System::Text::RegularExpressions** **d)** **AppendFormat** **e)** **ArgumentOutOfRangeException** **f)** **Replace** **g)** **Insert** **h)** ***** **i)** **^** 。

習　題

15.3 修改圖 15.16 到圖 15.19 的程式，讓發牌方法一次發五張牌。然後加入以下方法：
a) 判定這副牌是否含有一個對子。
b) 判定這副牌是否含有兩個對子。
c) 判定這副牌有三條 (如三張 11)。
d) 判定這副牌是否有鐵隻 (如四張 1)。
e) 判定這副牌是否爲同花 (即五張牌都同一花色)。
f) 判定這副牌是否有順子 (即五張牌有連續點數)。
g) 判定這副牌是否有葫蘆 (即五張牌中兩張點數相同且另三張點數相同)。

15.4 請使用練習 **15.3** 的方法，撰寫可以發兩副五張牌的程式，並判斷哪一副牌比較好。

15.5 請撰寫一個使用 **String** 方法 **CompareTo** 的應用程式，以比較使用者輸入的兩個 **String**。請輸出 **String** 是小於、等於或大於第二個 **String**。

15.6 撰寫一個利用隨機亂數的應用程式來建立句子。使用四個稱爲 **article**、**noun**、**verb** 與 **preposition** 的 **String** 陣列。依下列順序從每個陣列中隨機選取一個字：**article**、**noun**、**verb**、**preposition**、**article** 與 **noun**。每選取一個字之後，便將它接在句子中的前一個字之後，並且以空白字將這些字隔開。當最後句子要輸出時，它必須以一個大寫字母開頭，並以句號結束。這個程式產生隨機的句子，並將它們輸出到文字方塊中。

陣列中填入的文字如下：**article** 陣列應該要包含冠詞 “**the**”、“**a**”、“**one**”、“**some**” 與 “**any**”，**noun** 陣列應該包含名詞 “**boy**”、“**girl**”、“**dog**”、“**town**” 與 “**car**”；**verb** 陣列應該包含過去式動詞 “**drove**”、“**jumped**”、“**ran**”、“**walked**” 與 “**skipped**”；**preposition** 陣列應該包含介詞 “**to**”、“**from**”、“**over**”、“**under**” 與 “**on**”。

在前述程式已撰寫完畢後，請修改程式，以產生一個由數個句子組成的小故事。(用隨機撰寫報告是不是有無限的可能性呢!)

15.7 (*Pig Latin*) 撰寫一個應用程式，將英文片語編碼成 Pig Latin。Pig Latin 是一個經常用來娛樂的編碼語言。有許多方法可用來建立 pig Latin。爲了簡單化，請使用下列演算法：

爲了將每個英文字翻譯爲 pig Latin 字，請將英文字的第一個字母放到單字的最後，並加上“**ay**”。如此，“**jump**”會變成“**umpjay**”，而"**the**”會變成“**hetay**”，“**computer**”則變成了“**omputercay**”。字中間的空白維持不變。假設如下：英文片語是由空白字元分隔的單字組成，沒有標點符號，各單字由兩個以上的字母組成。請讓使用者輸入句子，並利用本章所介紹的技巧，將句子分隔成單字。方法**GetPigLatin**負責將一個單字翻譯成 pig Latin，然後將轉換過程的結果顯示在文字方塊中。

15.8 撰寫一個程式，它會從使用者端讀取五個字母的單字，然後產生從這五個字母中取三個字母的所有可能組合。例如，從"bathe"所產生的三個字母的單字爲“ate”、“bat”、“bet”、“tab”、“hat”、“the”及“tea”。在這個練習中，你不須要判斷這三個字母的組合是否爲一個正確的字。因此“bathe”應該也會產生“ath”、“het”等。

16

繪圖與多媒體

學習目標

- 了解繪圖內容與繪圖物件
- 操作色彩及文字
- 了解並使用 GDI+ Graphics 方法畫出線條、矩形、String 及影像
- 使用 Image 類別處理並顯示影像
- 使用GraphicsPath類別將簡單圖形組合出複雜圖形
- 在 MC++應用程式中加入 Windows Media Player 及 Microsoft 小幫手

One picture is worth ten thousand words.

Chinese proverb

Treat nature in terms of the cylinder, the sphere, the cone, all in perspective.

Paul Cezanne

Nothing ever becomes real till it is experienced—even a proverb is no proverb to you till your life has illustrated it.

John Keats

A picture shows me at a glance what it takes dozens of pages of a book to expound.

Ivan Sergeyevich

本章綱要

16.1 簡介

本章將介紹 Visual C++.NET 中用於畫出二維圖形與控制色彩與字型的工具。Visual C++.NET 支援繪圖功能，讓程式設計師可以設計出更具視覺化效果的程式。FCL (Framework Class Library) 含有許多常用的繪圖功能，如命名空間 ***System::Drawing*** 以及其它許多命名空間，組成了.NET *GDI+*。GDI+是圖形裝置介面 (GDI) 的擴充版本。GDI+是一種程式設計介面 (API)，提供各種類別達成以下功能：產生二維向量圖形 (一種描述圖形的方式，以便使用高效能技術簡單地處理圖形)、操作文字字型、插入影像圖片等。GDI+強化了 GDI 的功能，簡化設計模型並加入許多新的特徵，如圖形路徑功能、支援更多圖形檔案格式及支援*不透明度混合* (*alpha blending*，見 16.3 節)。此外，使用 GDI+ API 讓設計師在建立影像時不需考慮到有關硬體的平台規格細節。

我們會先介紹.NET 架構中的繪圖功能，然後再介紹更多強大的繪圖功能，例如改變圖形的線條形式、或控制填滿圖形的色彩或樣式。

圖 16.1 列出命名空間 **System::Drawing** 及 **System::Drawing:: Drawing2D** 的部分內容，其中包含許多本章所涵蓋的基本圖形類別和結構。GDI+中最常用的元件大多位於命名空間 **System::Drawing** 及 **System::Drawing::Drawing2D** 中。

Graphics 類別含有許多可在 **Control** 中畫出文字、線條、圖形或其他形狀的方法，這些方法通常必須使用物件 ***Pen*** 或 ***Brush*** 繪出圖形；**Pen** 用於畫出圖形的外框，而 **Brush** 畫出實心圖形。

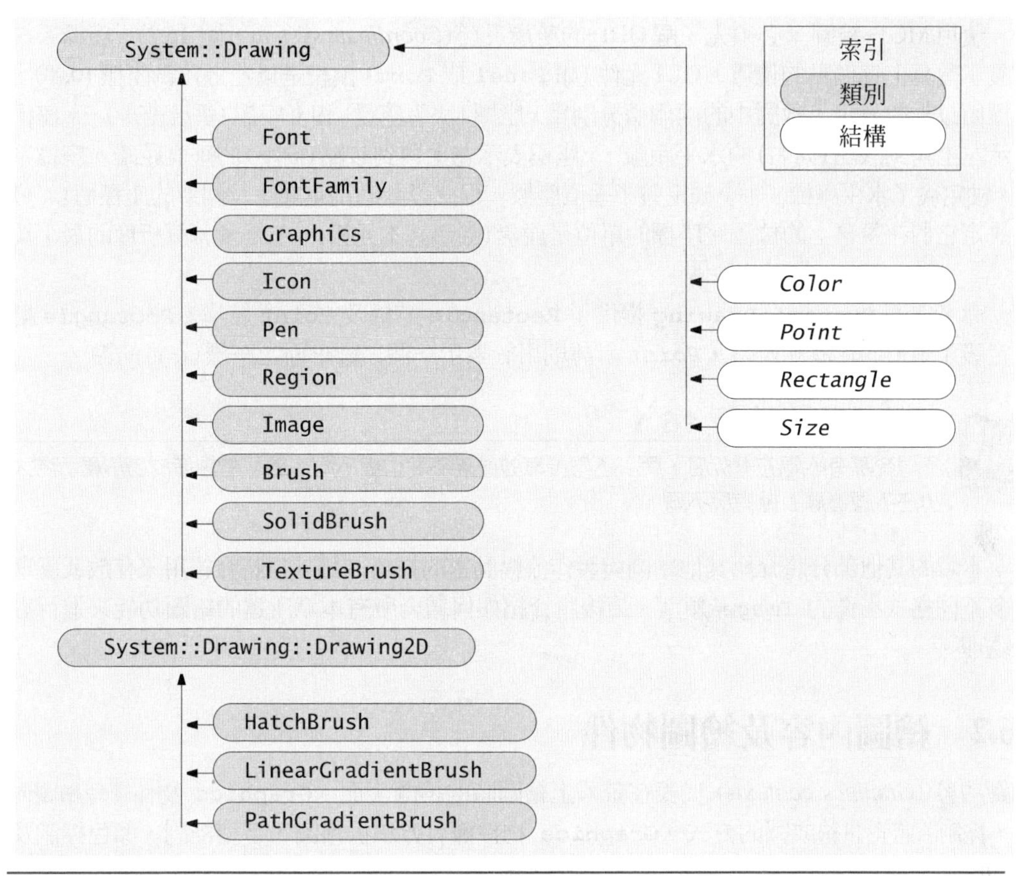

圖 16.1　命名空間 System::Drawing 中的類別與結構。

Color 結構含有許多 **static** 屬性 (用於設定各種圖形元件的顏色) 以及許多供使用者產生新色彩的方法。***Font*** 類別則含有用來定義字型的屬性，類別 ***FontFamily*** 則含有取得字型資訊的方法。

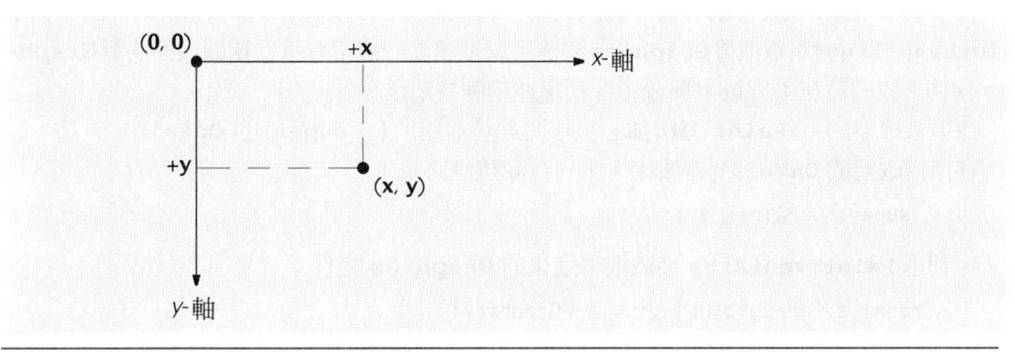

圖 16.2　GDI+座標系統，其單位為像素。

使用 MC++繪圖，必須先了解 GDI+的*座標系統* (*Coordinate system*，圖 16.2)。座標系統定義了螢幕上每個點的位置。GUI 元件 (如 **Panel** 或 **Form**) 預設是以左上角為座標 (0, 0)。座標值以數對表示，數對中的兩個值分別為 *x* 座標 (*水平座標*) 和 *y* 座標 (*垂直座標*)。*x* 座標表示左上角到該點 (向右) 的水平距離，*y* 座標表示左上角到該點 (向下) 的垂直距離。座標系的 *x* 軸定義了水平座標，而 *y* 軸定義了垂直座標。程式設計師指定文字及圖形的座標值 (*x*, *y*) 以決定它們在螢幕上的位置。座標的單位是*像素* (圖形基本元素)，它是螢幕解析度的最小單位。

命名空間 **System::Drawing** 提供了 **Rectangle** 結構及 **Point** 結構。***Rectangle*** *結構*定義了矩形的形狀和維度，***Point*** *結構*則用於表示一個二維平面上座標 (*x*, *y*) 的點。

可攜性的小技巧 16.1

不同螢幕有不同的解析度，所以不同螢幕的像素密度也會不同。這可能會造成圖形顯示的大小在不同螢幕上會有所不同。

本章的其他部分將介紹其他繪圖與製作流暢動畫的技巧。另外也將介紹用來存放或處理許多不同格式影像的 ***Image*** 類別。最後將介紹如何結合所有本章所述的繪圖功能來進行影像處理。

16.2 繪圖內容及繪圖物件

繪圖內容 (*Graphics contexts*) 代表在螢幕上繪圖時的繪圖表面。**Graphics** 物件管理繪圖內容，控制著將資訊繪成圖的方式。**Graphics** 物件擁有方法供繪圖、字型控制、顏色控制及其他圖形相關行為之用。每一個衍生自 **System::Windows::Forms::Form** 類別的視窗程式都繼承了事件處理常式 **virtual *OnPaint***，可在其中進行大部分的圖形運算。**OnPaint** 的其中一個參數是 **PaintEventArgs***物件指標，可用來取得控制項的 **Graphics** 物件。呼叫 **OnPaint** 方法時都必須先取得 **Graphics** 物件，因為它所代表的繪圖內容可能會被修改。**OnPaint** 方法驅動 **Control** 的 ***Paint*** 事件，指示控制項應被繪出或重繪。

在 **Form** 的用戶區中顯示圖形資訊之時，程式設計師可以改寫 **OnPaint** 方法，利用 **PaintEventArgs***引數取得 **Graphics** 物件，或是建立一個帶有適當繪圖表面的新 **Graphics** 物件。我們將在本章後半部分中介紹這些繪圖技巧。

每個被改寫的 **OnPaint** 方法都必須呼叫其基本類別(**__super**)的 **OnPaint** 方法。因此，在所欲改寫的 **OnPaint** 方法中，第一行敘述應該是：

```
__super::OnPaint( e );
```

接著，利用 **PaintEventArgs** 參數取得進來的 **Graphics** 物件：

```
Graphics *graphicsObject = e->Graphics;
```

如此一來，就可以利用變數 **graphicsObject** 在表單中畫出圖形或文字了。

程式設計師很少會直接呼叫 **OnPaint** 方法，因為繪圖是一種*事件驅動的程序* (*event-driven process*)。事件 (例如置於其他視窗上層或下層、改變視窗大小) 會呼叫相對應的 **OnPaint** 方法。同樣的，在顯示控制項 (如 **TextBox** 或 **Label**) 的時候，程式也會呼叫該控制項的 **Paint** 方法。

如果設計師需要明確地執行 **OnPaint**，也不應該直接呼叫 **OnPaint**，而是要呼叫繼承自 **Control** 的 ***Invalidate*** 方法。這個方法可以令控制項的用戶區重新顯示，等於間接的引發了 **OnPaint** 方法。有許多多載的 ***Invalidate*** 方法可用來更新用戶區的一部分。

常見的程式設計錯誤 16.1

*在衍生類別的 **OnPaint** 方法中忘記呼叫基本類別中的 **OnPaint** 方法會造成錯誤。這樣一來，**Paint** 事件不會被引發。*

增進效能的小技巧 16.1

*呼叫 **Invalidate** 方法重新顯示 **Control** 通常較沒有效率，比較好的做法是呼叫 Invalidate 時傳入 Rectangle 參數，指定欲重新顯示的矩形區域並且僅重新顯示該部分，如此可提高繪圖效率。*

呼叫 **OnPaint** 方法也會引發 **Paint** 事件。設計師也可以為 **Paint** 事件新增一事件處理常式，取代改寫 **OnPaint** 的做法。**Paint** 事件處理常式的形式為：

```
void className::controlName_Paint( Object *sender, PaintEventArgs *e )
```

其中 *controlName* 為控制項名稱，**Paint** 處理常式就是為該控制項而定義。使用 **OnPaint** 可以直接處理 **Paint** 事件處理，而不必透過委派先行註冊。

顯示控制項 (如 **TextBox** 或 **Label**) 時，程式會呼叫該控制項的 **Paint** 處理常式。所以當我們想要定義一個只更新某個控制項 (而不是像 **OnPaint** 一樣影響整個 **Form**) 的方法時，只需要為該控制項的 **Paint** 事件新增一處理常式即可。我們會在之後的例子中介紹上述用法。

控制項 (如 **Label** 或 **Button**) 大多沒有專屬的繪圖內容 (亦即，通常無法在這些控制項上繪圖)，但我們還是可以為它們建立繪圖內容。在控制項上繪圖，必須先叫用 ***CreateGraphics*** 方法產生繪圖物件：

```
Graphics *graphicsObject = controlName->CreateGraphics();
```

其中，*graphicsObject* 是 **Graphics** 類別的實例，而 *controlName* 為控制項名稱。如此一來，設計師便可以利用 **Graphics** 類別所提供的方法在控制項上繪圖。

16.3　色彩控制

顏色可以加強程式外觀並協助表達其內涵。例如，紅綠燈中的紅燈代表停止，黃燈代表注意、而綠燈代表前進。

Color 結構定義了許多控制顏色的方法與常數。由於 **Color** 是一個簡單的物件，它提供的運算不多，又只包含了 **static** 的欄位，所以將它設計成「結構」而不是「類別」。

顏色的建立是以不透明度 (Alpha)、紅色、綠色和藍色四種元素組合而成，簡稱為 *ARGB 值*。ARGB 中的四個數字都是 **byte**，代表 0 到 255 的整數值。Alpha 值代表顏色的不透明度。例如，alpha 值若等於 0 代表顏色完全透明，255 則表示完全不透明，而介於 0 到 255 之間 (包含 255) 的 Alpha 值則決定了圖形顏色與背景顏色的 RGB 值混合的權重，達成半透明的效果。RGB 中的第一個數字代表紅色的濃度，第二個數字代表綠色濃度，第三個數字則代表藍色濃度，數值越大表示所包含的該原色濃度越高。Visual C++ .NET 提供設計師將近一千七百萬種色彩可使用，若是使用者的電腦無法顯示出某種顏色，系統將會選擇最相近的色彩或是使用*遞色* (*dithering*，用許多色點模擬該顏色) 的方法模擬出該顏色。圖 16.3 摘錄了一些預先定義好的 **Color** 常數，圖 16.4 則顯示一些 **Color** 方法及屬性。

圖 16.4 中的表格顯示了兩種呼叫 ***FromArgb*** 的方式。其中一種需要三個 **int** 參數，另一種需要四個 **int** 參數 (參數都必須為 0 到 255 的整數值)。這兩種方式都需要指定紅色、綠色及藍色濃度，但其中被多載成須要四個參數的版本額外要求了 alpha 參數，而三個參數的版本會將 alpha 值設為預設值 255。兩種呼叫方式都會傳回使用者指定色彩的 **Color** 物件。**Color** 的屬性 *A*、*R*、*G*、*B* 都是傳回 **byte**，代表 0 到 255 的 **int** 值，它們分別代表不透明度、紅色、綠色及藍色的濃度。Color 結構的方法不允許使用者更改目前色彩的特徵，若欲使用不同的顏色，必須產生一個新的 **Color** 物件。

繪出圖形或文字時必須使用 **Pen** 或 **Brush** 物件。**Pen** 就像一般的筆，可用以畫出線條，大部分的繪圖方法都需要 **Pen** 物件。多載的 **Pen** 建構式可讓程式設計師指定線條的顏色和粗細。命名空間 **System::Drawing** 中也提供了許多預先定義好的 **Pen**。

所有衍生自抽象類別 **Brush** 的類別都可定義物件用來填滿圖形內部，如類別 **SolidBrush**，其建構式使用一 **Color** 物件，供著色時使用。大部分的 **Fill** 方法中，使用 **Brush** 以一顏色、樣式或影像填滿圖形內部。圖 16.5 摘錄了一些 **Brush** 和 **Brush** 的函式。

Color結構中的色彩常數 (皆為公用靜態 public static)	RGB 值	Color結構中的色彩常數 (皆為公用靜態 public static)	RGB 值
`Orange`	255, 200, 0	`White`	255, 255, 255
`Pink`	255, 175, 175	`Gray`	128, 128, 128
`Cyan`	0, 255, 255	`DarkGray`	64, 64, 64
`Magenta`	255, 0, 255	`Red`	255, 0, 0
`Yellow`	255, 255, 0	`Green`	0, 255, 0
`Black`	0, 0, 0	`Blue`	0, 0, 255

圖 16.3 Color 結構中的靜態常數及其 RGB 值。

Color結構中的方法與性質	說明
共用方法	
static FromArgb	可由傳入的三原色參數值產生一顏色物件的方法。三原色爲：紅色、綠色及藍色，其值均爲0~255間的整數。另一個多載版本使用的參數爲不透明度與三原色，值的範圍亦爲0~255的整數值。
static FromName	以傳入的色彩名稱 (型別爲 String) 產生顏色物件的方法。
共用屬性	
A	表示不透明濃度、其值爲0~255的整數。
R	表示紅色濃度、其值爲0~255的整數。
G	表示綠色濃度、其值爲0~255的整數。
B	表示藍色濃度、其值爲0~255的整數。

圖 16.4　Color 結構成員。

類　別	說　明
HatchBrush	使用矩形筆刷以特定樣式填滿一區域。這個樣式定義在 **HatchStyle** 列舉的一個成員、前景色 (繪製樣式所用的顏色) 和背景色。
LinearGradientBrush	在一區域填入漸層色彩 (從一種顏色轉變爲另一種)，線性斜度是延著一直線而定義的。漸層的兩個顏色、漸層線的方向角度、以及代表漸層範圍的矩形或兩點間的寬度都是可指定的。
SolidBrush	以某一顏色填滿指定區域。該顏色由 **Color** 物件指定。
TextureBrush	重覆繪製指定的 **Image** 物件，以填滿一區域的表面。

圖 16.5　一些衍生自 Brush 類別的類別。

圖 16.6 和圖 16.7 的應用程式使用了許多圖 16.4.提到的方法與屬性，該程式顯示兩個互相重疊的矩形，讓使用者試驗不同的顏色值或顏色名稱。使用者輸入的顏色名稱必須是 **Color** 結構中預先定義好的。

本程式開始執行時會呼叫類別的 **OnPaint** 方法描繪出視窗，如 16.2 節中所提到的，第 75 行中呼叫 **__super::OnPaint** (**paint** 事件)，第 77 行 (圖 16.6) 取得 **PaintEventArgs** 所指向的繪圖物件，並將這個物件指定給變數 **graphicsObject**。第 **80** 和 83 行產生黑色及白色的 **SolidBrush** 用於表單的繪圖。由於 **SolidBrush** 衍生自抽象基底類別 **Brush**，

SolidBrush 可用以畫出填滿顏色的圖形。

```
 1  // Fig. 16.6: Form1.h
 2  // Using different colors in Visual C++ .NET.
 3
 4  #pragma once
 5
 6
 7  namespace ShowColors
 8  {
 9     using namespace System;
10     using namespace System::ComponentModel;
11     using namespace System::Collections;
12     using namespace System::Windows::Forms;
13     using namespace System::Data;
14     using namespace System::Drawing;
15
16     /// <summary>
17     /// Summary for Form1
18     ///
19     /// WARNING: If you change the name of this class, you will need to
20     ///          change the 'Resource File Name' property for the managed
21     ///          resource compiler tool associated with all .resx files
22     ///          this class depends on.  Otherwise, the designers will not
23     ///          be able to interact properly with localized resources
24     ///          associated with this form.
25     /// </summary>
26     public __gc class Form1 : public System::Windows::Forms::Form
27     {
28     public:
29        Form1(void)
30        {
31           this->frontColor = Color::FromArgb( 100, 0 , 0, 255 );
32           this->behindColor = Color::Wheat;
33           InitializeComponent();
34        }
35
36     protected:
37        void Dispose(Boolean disposing)
38        {
39           if (disposing && components)
40           {
41              components->Dispose();
42           }
43           __super::Dispose(disposing);
44        }
45
46     // color for back rectangle
47     private: Color behindColor;
48
49     // color for front rectangle
50     private: Color frontColor;
51
```

圖 16.6　顯示顏色及不透明度的範例 (第 3 之 1 部分)。

```
52     private: System::Windows::Forms::GroupBox *  nameGroup;
53     private: System::Windows::Forms::GroupBox *  colorValueGroup;
54     private: System::Windows::Forms::TextBox *  colorNameTextBox;
55     private: System::Windows::Forms::TextBox *  alphaTextBox;
56     private: System::Windows::Forms::TextBox *  redTextBox;
57     private: System::Windows::Forms::TextBox *  greenTextBox;
58     private: System::Windows::Forms::TextBox *  blueTextBox;
59     private: System::Windows::Forms::Button *  colorValueButton;
60     private: System::Windows::Forms::Button *  colorNameButton;
61
62     private:
63        /// <summary>
64        /// Required designer variable.
65        /// </summary>
66        System::ComponentModel::Container * components;
67
68     // Visual Studio .NET generated GUI code
69
70     protected:
71
72        // override Form OnPaint method
73        void OnPaint( PaintEventArgs *paintEvent )
74        {
75           __super::OnPaint( paintEvent ); // call base OnPaint method
76
77           Graphics *graphicsObject = paintEvent->Graphics; // get graphics
78
79           // create text brush
80           SolidBrush *textBrush = new SolidBrush( Color::Black );
81
82           // create solid brush
83           SolidBrush *brush = new SolidBrush( Color::White );
84
85           // draw white background
86           graphicsObject->FillRectangle( brush, 4, 4, 275, 180 );
87
88           // display name of behindColor
89           graphicsObject->DrawString( this->behindColor.Name, Font,
90              textBrush, 40, 5 );
91
92           // set brush color and display back rectangle
93           brush->Color = this->behindColor;
94
95           graphicsObject->FillRectangle( brush, 45, 20, 150, 120 );
96
97           // display ARGB values of front color
98           graphicsObject->DrawString( String::Concat(
99              S"Alpha: ", frontColor.A.ToString(),
100             S" Red: ", frontColor.R.ToString(),
101             S" Green: ", frontColor.G.ToString(),
102             S" Blue: ", frontColor.B.ToString() ),
103             Font, textBrush, 55, 165 );
104
```

圖 16.6　顯示顏色及不透明度的範例 (第 3 之 2 部分)。

```
105          // set brush color and display front rectangle
106          brush->Color = frontColor;
107
108          graphicsObject->FillRectangle( brush, 65, 35, 170, 130 );
109       } // end method OnPaint
110
111    // handle colorValueButton click event
112    private: System::Void colorValueButton_Click(
113                System::Object *  sender, System::EventArgs *  e)
114             {
115                try {
116
117                   // obtain new front color from text boxes
118                   frontColor = Color::FromArgb(
119                      Convert::ToInt32( alphaTextBox->Text ),
120                      Convert::ToInt32( redTextBox->Text ),
121                      Convert::ToInt32( greenTextBox->Text ),
122                      Convert::ToInt32( blueTextBox->Text ) );
123
124                   // refresh Form
125                   Invalidate( Rectangle( 4, 4, 275, 180 ) );
126                } // end try
127                catch ( FormatException *formatException ) {
128                   MessageBox::Show( formatException->Message, S"Error",
129                      MessageBoxButtons::OK, MessageBoxIcon::Error );
130                } // end catch
131                catch ( ArgumentException *argumentException ) {
132                   MessageBox::Show( argumentException->Message, S"Error",
133                      MessageBoxButtons::OK, MessageBoxIcon::Error );
134                } // end catch
135             } // end method colorValueButton_Click
136
137    // handle colorNameButton click event
138    private: System::Void colorNameButton_Click(
139                System::Object *  sender, System::EventArgs *  e)
140             {
141                // set behindColor to color specified in text box
142                behindColor = Color::FromName( colorNameTextBox->Text );
143
144                Invalidate( Rectangle( 4, 4, 275, 180 ) ); // refresh Form
145             } // end method colorNameButton_Click
146    };
147 }
```

圖 16.6　顯示顏色及不透明度的範例 (第 3 之 3 部分)。

Graphics 的 ***FillRectangle*** 方法可畫出一個實心矩形，它的第一個參數爲 **Brush**，所以矩形中將填滿 **Brush** 所代表的顏色或圖案。第 86 行以先前設定好的 **brush** 爲參數呼叫 **FillRectangle** 方法，因此將畫出一個填滿白色的矩形。**FillRectangle** 的其他參數爲：一個以 x、y 座標表示的點及欲畫出矩形的長度與寬度，其中點座標參數代表了矩形的左上角位置。第 89-90 行使用 ***DrawString*** 方法以顏色名稱顯示出 **Brush** 的 **color** 屬性。

設計師可以使用多種多載的**DrawString**方法，而在第 89-90 行中所使用的**DrawString**方法需要下列參數：指向欲顯示之 **String** (字串) 的指標、**Font** (字型)、**Brush** (筆刷)及文字第一個字母的座標位置。

第31-32行指定**behindColor**的顏色值。第32行中將**behindColor**初始化為**Color::Wheat**，並將筆刷的顏色也設為 **Color::Wheat**，然後畫出一個矩形。第 98-103 行取得並顯示 **frontColor** 的 ARGB 值，第 106 及 108 行則顯示一個填滿該顏色的矩形，並將它疊放於前一個矩形之上。

```
 1  // Fig. 16.7: Form1.cpp
 2  // Entry point for application.
 3
 4  #include "stdafx.h"
 5  #include "Form1.h"
 6  #include <windows.h>
 7
 8  using namespace ShowColors;
 9
10  int APIENTRY _tWinMain(HINSTANCE hInstance,
11                         HINSTANCE hPrevInstance,
12                         LPTSTR    lpCmdLine,
13                         int       nCmdShow)
14  {
15     System::Threading::Thread::CurrentThread->ApartmentState =
16        System::Threading::ApartmentState::STA;
17     Application::Run(new Form1());
18     return 0;
19  } // end _tWinMain
```

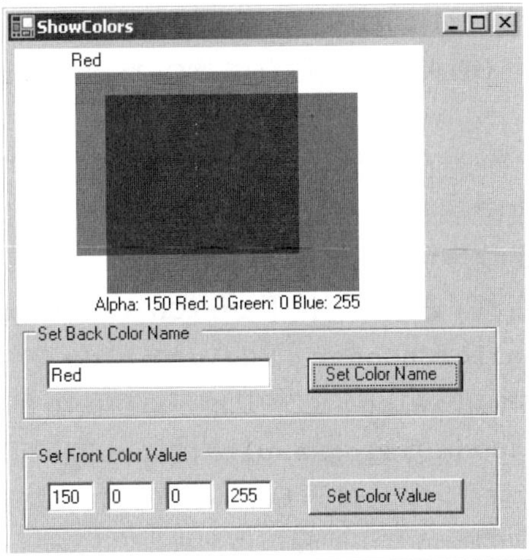

圖 16.7　顏色示範程式的進入點。

按鍵處理常式 **colorValueButton_Click** (第 112-135 行) 使用 **FromArgb** 方法產生一個新的 **Color** 物件，其顏色值爲使用者在文字方塊所輸入的 ARGB 值，並將 **frontColor** 指定爲這個新的 **Color** 物件。第 127-134 行中的 **catch** 區塊將會檢查使用者輸入的顏色值是否合法。按鍵處理常式 **colorNameButton_Click** (第 138-145 行) 使用 **color** 的 **FromName** 方法，依照使用者在文字輸入框中所輸入的顏色名稱 (**colorName**) 產生新的顏色物件，並且將 **behindColor** 指定成這個顏色。**FromName** 方法使用的顏色名稱定義在列舉 ***KnownColor***[1] (於命名空間 **System::Drawing**) 內中。若使用者輸入未被定義的顏色名稱，則會使用 ARGB 值爲 **0** 的預設顏色。

請注意，這裡的 **colorValueButton_Click** 和 **colorNameButton_Click** 在呼叫 **Invalidate** 方法時都是以 **Rectangle** 作爲參數，而 **Rectangle** 的座標與第 86 行中表單中白色背景部分的座標是相同的，所以，只有表單中白色背景的部分才會被重新顯示。

使用者若給予 **frontColor** 0 到 255 間的不透明度，則文字顯示將會半透明呈現。在圖示中可以見到，下層的紅色矩形和上方的藍色矩形在疊合的部分因半透明而會變成紫色。

軟體工程的觀點 16.1

Color 結構中的方法不允許程式設計師修改目前的顏色物件，所以，欲使用不同顏色時必須產生新的 Color 物件。

使用 ColorDialog 選擇顏色

GUI 內建的元件 ***ColorDialog*** (*顏色對話盒*) 是一個可供使用者利用調色盤選擇喜好顏色的對話盒，它同時也提供自訂色彩的功能。圖 16.8 到圖 16.9 的程式介紹如何使用顏色對話盒。當使用者選取某顏色並按下 OK 時，程式便會透過 **ColorDialog** 的 ***Color*** 屬性取得使用者選擇的顏色。

這個程式的 GUI 介面包含兩個按鈕，使用者可以利用位於上方的按鈕 **backgroundColorButton** 改變表單和按鈕的背景顏色，也可以利用下方的按鈕 **textColorButton** 改變按鈕的文字色彩。

圖 16.8 的第 55-70 行定義了當使用者按下 **textColorButton** 按鈕時將會呼叫的事件處理常式，該常式產生名爲 **colorChooser** 的 **ColorDialog** 物件，並呼叫其 ***ShowDialog*** 方法以顯示對話盒視窗。**ShowDialog** 方法的功能是取得使用者所按下的按鈕爲 **OK** (**DialogResult::OK**) 或是 **Cancel** (**DialogResult::Cancel**)，將結果 **DialogResult(result)** 傳回程式。若使用者選取色彩後按下 **OK**，則第 69 行會將表單中文字 (包含按鈕文字) 的顏色設定爲使用者所選取的顏色，這個顏色也會被儲存於 **colorChooser** 的 **Color** 屬性中。

1. KnownColor 列舉俗所定義的顏色列表請見 msdn.microsoft.com/library/default.asp? url=/library/en-us/cpref/html/frlrfsystemdrawingknowncolorclasstopic.asp.

```
1  // Fig. 16.8: Form1.h
2  // Change the background and text colors of a form.
3
4  #pragma once
5
6
7  namespace ShowColorsComplex
8  {
9     using namespace System;
10    using namespace System::ComponentModel;
11    using namespace System::Collections;
12    using namespace System::Windows::Forms;
13    using namespace System::Data;
14    using namespace System::Drawing;
15
16    /// <summary>
17    /// Summary for Form1
18    ///
19    /// WARNING: If you change the name of this class, you will need to
20    ///          change the 'Resource File Name' property for the managed
21    ///          resource compiler tool associated with all .resx files
22    ///          this class depends on.  Otherwise, the designers will not
23    ///          be able to interact properly with localized resources
24    ///          associated with this form.
25    /// </summary>
26    public __gc class Form1 : public System::Windows::Forms::Form
27    {
28    public:
29       Form1(void)
30       {
31          InitializeComponent();
32       }
33
34    protected:
35       void Dispose(Boolean disposing)
36       {
37          if (disposing && components)
38          {
39             components->Dispose();
40          }
41          __super::Dispose(disposing);
42       }
43    private: System::Windows::Forms::Button *  backgroundColorButton;
44    private: System::Windows::Forms::Button *  textColorButton;
45
46    private:
47       /// <summary>
48       /// Required designer variable.
49       /// </summary>
50       System::ComponentModel::Container * components;
51
52    // Visual Studio .NET generated GUI code
53
```

圖 16.8　改變表單中的背景及文字色彩 (第 2 之 1 部分)。

```
54      // change text color
55      private: System::Void textColorButton_Click(
56                  System::Object *  sender, System::EventArgs *  e)
57               {
58                  // create ColorDialog object
59                  ColorDialog *colorChooser = new ColorDialog();
60                  Windows::Forms::DialogResult result;
61
62                  // get chosen color
63                  result = colorChooser->ShowDialog();
64
65                  if ( result == DialogResult::Cancel )
66                     return;
67
68                  // assign forecolor to result of dialog
69                  this->ForeColor = colorChooser->Color;
70               } // end method textColorButton_Click
71
72      // change background color
73      private: System::Void backgroundColorButton_Click(
74                  System::Object *  sender, System::EventArgs *  e)
75               {
76                  // create ColorDialog object
77                  ColorDialog *colorChooser = new ColorDialog();
78                  Windows::Forms::DialogResult result;
79
80                  // show ColorDialog and get result
81                  colorChooser->FullOpen = true;
82                  result = colorChooser->ShowDialog();
83
84                  if ( result == DialogResult::Cancel )
85                     return;
86
87                  // set background color
88                  this->BackColor = colorChooser->Color;
89               } // end method backgroundColorButton_Click
90      };
91   }
```

圖 16.8 改變表單中的背景及文字色彩 (第 2 之 2 部分)。

第 73-89 行定義按鈕 **backgroundColorButton** 的事件處理常式，這個常式可將表單的背景顏色重設爲對話盒的 **Color** 屬性。這個方法也產生一個新的 **ColorDialog**，其屬性 ***FullOpen*** 設定爲 **true**，所以對話盒中將顯示所有可供選擇的顏色，如圖 16.9 所示。將所有顏色功能的顯示可更便於使用者的選取。但一般的對話盒是不會顯示右半邊的選取區域。

使用者可直接使用的顏色並非只有對話盒中左邊所示的 48 種而已，欲產生一個自訂顏色，使用者可以在右邊的調色盤中點選顏色，利用捲軸調整濃度及其他細節，調整好後，按下 **Add to Custom Colors** 按鈕，便可將剛剛自訂的顏色加入對話盒中的自訂顏色區域，接著按下 **OK** 便可將 **ColorDialog** 的 **Color** 屬性設爲該顏色。選擇一個顏色後按下對話盒中的 **OK** 鍵便可將程式的背景顏色改爲使用者選取的顏色。

```
1  // Fig. 16.9: Form1.cpp
2  // Entry point for application.
3
4  #include "stdafx.h"
5  #include "Form1.h"
6  #include <windows.h>
7
8  using namespace ShowColorsComplex;
9
10 int APIENTRY _tWinMain(HINSTANCE hInstance,
11                        HINSTANCE hPrevInstance,
12                        LPTSTR    lpCmdLine,
13                        int       nCmdShow)
14 {
15    System::Threading::Thread::CurrentThread->ApartmentState =
16       System::Threading::ApartmentState::STA;
17    Application::Run(new Form1());
18    return 0;
19 } // end _tWinMain
```

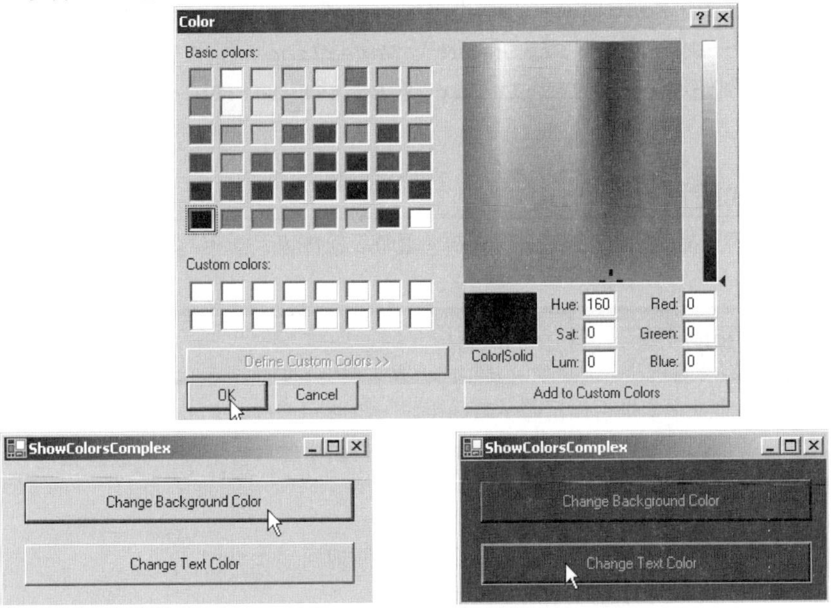

圖 16.9 背景及文字的色彩設定範例程式。

16.4 字型控制

本節介紹有關文字控制的方法及常數。當 **Font** 物件產生後，便無法修改其屬性，所以若程式設計師需要使用不同的 **Font**，必須產生新的 **Font** 物件。**Font** 建構式有許多多載版本，可產生自訂的 **Font**。圖 16.10 摘錄 **Font** 類別的一些屬性。

請注意，**Size** 屬性回傳以設計單位表示的字型大小；而 **SizeInPoints** 是以點 (常用的測量單位) 為單位來表示字型大小。**Size**屬性可配合多種單位來表示字型大小，如英吋或毫米。有些 **Font** 建構式需要 ***GraphicsUnit*** 為參數，讓使用者可以指定這個參數表示字型大小的測量單位。使用者可使用的字型尺寸單位定義在**GraphicsUnit** 列舉中，包括：***Point***(1/72 英吋)、***Display***(1/75 英吋)、***Document***(1/300 英吋)、***Millimeter***、***Inch*** 以及 ***Pixel***。定義好尺寸單位，**Size** 中的值將會配合單位來顯示的字型大小，同時 **SizeInPoints** 屬性中將會把剛設定好的字型尺寸轉換成以 **point** 為單位時的字型大小。舉例來說，我們設定字型大小為 1 且單位為**GraphicsUnit::Inch**，則**Size**屬性將顯示為 **1**，而 **SizeInPoints** 屬性將顯示為 **72**。若是設計師在呼叫 **Font**建構式時給予了不存在於**GraphicsUnit**列舉中的錯誤單位時，程式將使用預設值**GraphicsUnit::Point**為字型大小的單位 (如此一來則屬性 **Size** 和屬性 **SizeInPoint** 中的值將會相等)。

Font 類別含有許多不同版本的建構式，大部分都需要傳入 **String ***，代表目前系統支援字型的*字型名稱*。常用字型包括微軟的 ***SansSerif*** 及 ***Serif***。**Font** 建構式通常也需要傳入*字型大小*作為引數。最後，**Font** 建構式通常也需要*字型樣式*，以 ***FontStyle*** 列舉指定之，包括：***Bold***、***Italic***、***Regular***、***Strikeout*** 及 ***Underline***。利用 '**+**' 運算子可以合併使用不同的字型樣式 (例如 **FontStyle::Italic + FontStyle::Bold** 會使文字變成斜體且粗體)。

常見的程式設計錯誤 16.2

指定一個系統不支援的字型會造成邏輯錯誤。這時系統將使用預設字型顯示該文字。

屬性	說明
Bold	測試字型是否為粗體，若為粗體，將傳回 "true"。
FontFamily	取得與該Font物件關聯的FontFamily(定義具有相似基本設計和特定樣式變化的字體群組) 物件。
Height	表示字體的高度。
Italic	測試字型是否為斜體，若為斜體，將傳回 " true "。
Name	用以表示字型名稱的 String 指標。
Size	回傳指定單位表示目前文字大小，其型態為 float。(指定單位是用以測量字體大小的單位)
SizeInPoin	以點為單位所測得的文字尺寸大小。
Strikeout	測試字型是否含刪除線，若含刪除線，將傳回 "true"。
Underline	測試字型是否含底線，若含底線，將傳回 "true"。

圖 16.10　Font 類別中唯讀的屬性。

圖 16.11 到圖 16.12 顯示四種不同的字型和尺寸，這個程式使用 **Font** 建構式初始化 **Font** 物件 (圖 16.11 中第 63-81 行)，每次呼叫 **Font** 建構式時都會將字型名稱以字串指標 **String*** 傳入 (如 Arial、Times New Roman、Courier New 或 Tahoma) 、並且傳入文字大小 (以 **float** 表示) 及 **FontStyle** 物件 (以 **style** 表示) 等參數。**Graphics** 類別下的方法 **DrawString** 會依據所有傳入的參數設定文字，並且在指定位置處繪出文字。第 60 行產生一個顏色爲 **DarkBlue** 的 **SolidBrush** 物件 **brush**，利用筆刷繪出的所有 **String** 都是深藍色。第 73-74 行則利用 "+" 運算子，使文字型態爲粗體加斜體，請注意這個結果必須強制轉型成 **FontStyle** 才能使用。

```
 1  // Fig. 16.11: Form1.h
 2  // Demonstrating various font settings.
 3
 4  #pragma once
 5
 6
 7  namespace UsingFonts
 8  {
 9     using namespace System;
10     using namespace System::ComponentModel;
11     using namespace System::Collections;
12     using namespace System::Windows::Forms;
13     using namespace System::Data;
14     using namespace System::Drawing;
15
16     /// <summary>
17     /// Summary for Form1
18     ///
19     /// WARNING: If you change the name of this class, you will need to
20     ///          change the 'Resource File Name' property for the managed
21     ///          resource compiler tool associated with all .resx files
22     ///          this class depends on.  Otherwise, the designers will not
23     ///          be able to interact properly with localized resources
24     ///          associated with this form.
25     /// </summary>
26     public __gc class Form1 : public System::Windows::Forms::Form
27     {
28     public:
29        Form1(void)
30        {
31           InitializeComponent();
32        }
33
34     protected:
35        void Dispose(Boolean disposing)
36        {
37           if (disposing && components)
38           {
39              components->Dispose();
```

圖 16.11　字型與型態 (第 3 之 1 部分)。

```
40          }
41          __super::Dispose(disposing);
42       }
43
44    private:
45       /// <summary>
46       /// Required designer variable.
47       /// </summary>
48       System::ComponentModel::Container * components;
49
50    // Visual Studio .NET generated GUI code
51
52    protected:
53
54       // demonstrate various font and style settings
55       void OnPaint( PaintEventArgs *paintEvent )
56       {
57          __super::OnPaint( paintEvent ); // call base OnPaint method
58
59          Graphics *graphicsObject = paintEvent->Graphics;
60          SolidBrush *brush = new SolidBrush( Color::DarkBlue );
61
62          // arial, 12 pt bold
63          FontStyle style = FontStyle::Bold;
64          Drawing::Font *arial =
65             new Drawing::Font( S"Arial", 12, style );
66
67          // times new roman, 12 pt regular
68          style = FontStyle::Regular;
69          Drawing::Font *timesNewRoman =
70             new Drawing::Font( S"Times New Roman", 12, style );
71
72          // courier new, 16 pt bold and italic
73          style = static_cast< FontStyle >( FontStyle::Bold +
74             FontStyle::Italic );
75          Drawing::Font *courierNew =
76             new Drawing::Font( S"Courier New", 16, style );
77
78          // tahoma, 18 pt strikeout
79          style = FontStyle::Strikeout;
80          Drawing::Font *tahoma =
81             new Drawing::Font( S"Tahoma", 18, style );
82
83          graphicsObject->DrawString( String::Concat( arial->Name,
84             S" 12 point bold." ), arial, brush, 10, 10 );
85
86          graphicsObject->DrawString( String::Concat(
87             timesNewRoman->Name, S" 12 point plain." ),
88             timesNewRoman, brush, 10, 30 );
89
90          graphicsObject->DrawString( String::Concat( courierNew->Name,
91             S" 16 point bold and italic." ), courierNew,
92             brush, 10, 54 );
```

圖 16.11 字型與型態 (第 3 之 2 部分)。

```
93
94            graphicsObject->DrawString( String::Concat( tahoma->Name,
95               S" 18 point strikeout." ), tahoma, brush, 10, 75 );
96         } // end method OnPaint
97      };
98   }
```

圖 16.11　字型與型態 (第 3 之 3 部分)。

```
 1   // Fig. 16.12: Form1.cpp
 2   // Entry point for application.
 3
 4   #include "stdafx.h"
 5   #include "Form1.h"
 6   #include <windows.h>
 7
 8   using namespace UsingFonts;
 9
10   int APIENTRY _tWinMain(HINSTANCE hInstance,
11                          HINSTANCE hPrevInstance,
12                          LPTSTR    lpCmdLine,
13                          int       nCmdShow)
14   {
15      System::Threading::Thread::CurrentThread->ApartmentState =
16         System::Threading::ApartmentState::STA;
17      Application::Run(new Form1());
18      return 0;
19   } // end _tWinMain
```

UsingFonts

Arial 12 point bold.

Times New Roman 12 point plain.

Courier New 16 point bold and italic.

~~Tahoma 18 point strikeout.~~

圖 16.12　字型與型態的設定範例程式。

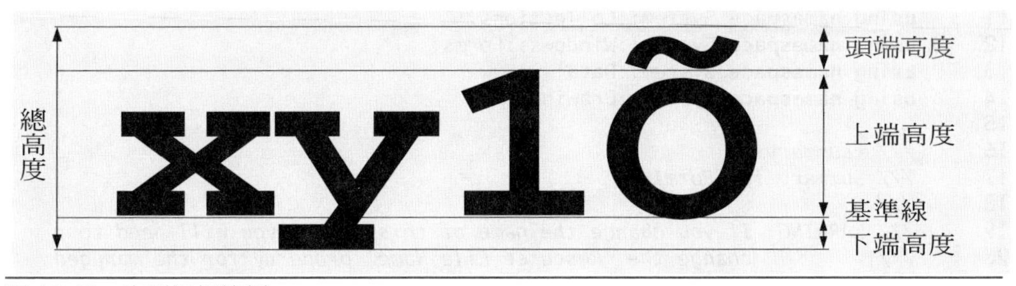

圖 16.13　字型規格範例。

在產生一個 **Font** 物件時，程式設計師可以指定 **Font** 的詳細*規格* (*metrics*) 或屬性，如*總高度*、*下端高度* (文字下端與基準線的距離) 和*上端高度* (文字上端與基準線的距離)、*頭端高度* (本行文字上端與上一行文字下端的距離) 等規格。圖 16.13 圖示出這些屬性，程式設計師也可以利用這些屬性得知已產生之 **Font** 物件的規格。

FontFamily類別定義了常用字型的規格，並提供方法得知一系列字型共用的規格，圖 16.14 摘要列出這些方法。

圖 16.15 到圖 16.16 顯示了兩種文字的規格，第 63 行 (圖 16.15) 產生了 **Font**的物件 **arial**，並將該物件的尺寸設定爲 12 點。第 64 行使用 **Font** 的屬性 **FontFamily** 取得 **arial** 物件的 **FontFamily**物件。第 69-70 行在螢幕上以文字敘述顯示出目前使用的字型。接著，第 72-86 行使用類別 **FontFamily** 中的方法取得該文字的上端高度、下端高度、總高度以及頭端高度等規格 (以整數表示)。第 89-108 行則將上述程序重複套用在衍生自 MS SansSerif **FontFamily** 的 **sansSerif** 物件上。

方法	說　明
GetCellAscent	回傳一個 **int**，代表上端高度 (單位爲設計單位)。
GetCellDescent	回傳一個 **int**，代表下端高度 (單位爲設計單位)。
GetEmHeight	回傳一個 **int**，代表字型高度 (單位爲設計單位)。
GetLineSpacing	回傳一個 **int**，代表連續兩行之間的距離 (單位爲設計單位)。

圖 16.14　使用 FontFamily 方法取得字型規格。

```
 1  // Fig. 16.15: Form1.h
 2  // Displaying font metric information.
 3
 4  #pragma once
 5
 6
 7  namespace UsingFontMetrics
 8  {
 9     using namespace System;
10     using namespace System::ComponentModel;
11     using namespace System::Collections;
12     using namespace System::Windows::Forms;
13     using namespace System::Data;
14     using namespace System::Drawing;
15
16     /// <summary>
17     /// Summary for Form1
18     ///
19     /// WARNING: If you change the name of this class, you will need to
20     ///          change the 'Resource File Name' property for the managed
21     ///          resource compiler tool associated with all .resx files
22     ///          this class depends on.  Otherwise, the designers will not
23     ///          be able to interact properly with localized resources
24     ///          associated with this form.
25     /// </summary>
```

圖 16.15　使用類別 FontFamily 取得字型規格 (第 3 之 1 部分)。

```
26      public __gc class Form1 : public System::Windows::Forms::Form
27      {
28      public:
29         Form1(void)
30         {
31            InitializeComponent();
32         }
33
34      protected:
35         void Dispose(Boolean disposing)
36         {
37            if (disposing && components)
38            {
39               components->Dispose();
40            }
41            __super::Dispose(disposing);
42         }
43
44      private:
45         /// <summary>
46         /// Required designer variable.
47         /// </summary>
48         System::ComponentModel::Container * components;
49
50      // Visual Studio .NET generated GUI code
51
52      protected:
53
54         // displays font information
55         void OnPaint( PaintEventArgs *paintEvent )
56         {
57            __super::OnPaint( paintEvent ); // call base OnPaint method
58
59            Graphics *graphicsObject = paintEvent->Graphics;
60            SolidBrush *brush = new SolidBrush( Color::DarkBlue );
61
62            // Arial font metrics
63            Drawing::Font *arial = new Drawing::Font( S"Arial", 12 );
64            FontFamily *family = arial->FontFamily;
65            Drawing::Font *sanSerif = new Drawing::Font(
66               S"Microsoft Sans Serif", 14, FontStyle::Italic );
67
68            // display Arial font metrics
69            graphicsObject->DrawString( String::Concat
70               ( S"Current Font: ", arial ), arial, brush, 10, 10 );
71
72            graphicsObject->DrawString( String::Concat( S"Ascent: ",
73               family->GetCellAscent( FontStyle::Regular ).ToString() ),
74               arial, brush, 10, 30 );
75
76            graphicsObject->DrawString( String::Concat( S"Descent: ",
77               family->GetCellDescent( FontStyle::Regular ).ToString() ),
78               arial, brush, 10, 50 );
```

圖 16.15　使用類別 FontFamily 取得字型規格 (第 3 之 2 部分)。

```
79
80             graphicsObject->DrawString( String::Concat( S"Height: ",
81                family->GetEmHeight( FontStyle::Regular ).ToString() ),
82                arial, brush, 10, 70 );
83
84             graphicsObject->DrawString( String::Concat( S"Leading: ",
85                family->GetLineSpacing( FontStyle::Regular ).ToString() ),
86                arial, brush, 10, 90 );
87
88             // display Sans Serif font metrics
89             family = sanSerif->FontFamily;
90
91             graphicsObject->DrawString( String::Concat( S"Current Font: ",
92                sanSerif ), sanSerif, brush, 10, 130 );
93
94             graphicsObject->DrawString( String::Concat( S"Ascent: ",
95                family->GetCellAscent( FontStyle::Regular ).ToString() ),
96                sanSerif, brush, 10, 150 );
97
98             graphicsObject->DrawString( String::Concat( S"Descent: ",
99                family->GetCellDescent( FontStyle::Regular ).ToString() ),
100               sanSerif, brush, 10, 170 );
101
102            graphicsObject->DrawString( String::Concat( S"Height: ",
103               family->GetEmHeight( FontStyle::Regular ).ToString() ),
104               sanSerif, brush, 10, 190 );
105
106            graphicsObject->DrawString( String::Concat( S"Leading: ",
107               family->GetLineSpacing( FontStyle::Regular ).ToString() ),
108               sanSerif, brush, 10, 210 );
109         } // end method OnPaint
110      };
111   }
```

圖 16.15 使用類別 FontFamily 取得字型規格 (第 3 之 3 部分)。

```
1   // Fig. 16.16: Form1.cpp
2   // Entry point for application.
3
4   #include "stdafx.h"
5   #include "Form1.h"
6   #include <windows.h>
7
8   using namespace UsingFontMetrics;
9
10  int APIENTRY _tWinMain(HINSTANCE hInstance,
11                         HINSTANCE hPrevInstance,
12                         LPTSTR    lpCmdLine,
13                         int       nCmdShow)
14  {
15     System::Threading::Thread::CurrentThread->ApartmentState =
16        System::Threading::ApartmentState::STA;
```

圖 16.16 設定 UsingFontMetrics 的範例程式 (第 2 之 1 部分)。

```
17        Application::Run(new Form1());
18        return 0;
19    } // end _tWinMain
```

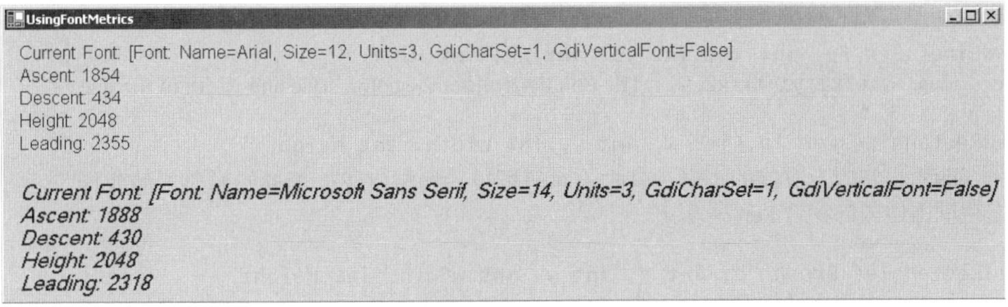

圖 16.16　設定 UsingFontMetrics 的範例程式 (第 2 之 2 部分)。

16.5　畫出線條、矩形及橢圓

本節介紹畫出線條、矩形及橢圓的 **Graphics** 方法。每種繪圖方法都具有多個多載版本。例如，在畫出線條時大多使用以四個整數爲參數 (線條起點和終點的座標) 的版本。而呼叫畫出圖形外框的方法時，我們通常使用以 **Pen** 物件和及四個整數爲參數的版本。若呼叫畫出實心圖形的方法時，我們大多使用以 **Brush** 物件和四個整數爲參數的版本。在這兩種狀況中，前兩個整數參數代表所繪圖形的左上角座標或其邊界矩形的左上角，而後兩個整數參數則代表該圖形的寬和高。圖 16.17 是各種 **Graphics** 方法及其參數的摘要。

圖 16.18 到圖 16.19 中的程式可用來畫出線條、矩形及橢圓，這個程式也示範畫出空心和實心圖形。

FillRectangle 和 ***DrawRectangle*** 方法 (圖 16.18 第 64 及 73 行) 在螢幕上畫出矩形。這兩種方法的第一個參數分別指定所使用的繪圖物件：**DrawRectangle** 方法使用的是 **Pen** 物件，而 **FillRectangle** 方法使用的是 **Brush** 物件 (本例中的 **Brush** 是一個衍生自 **Brush** 類別的 **SolidBrush** 個體)。後面的兩個參數指定了圖形或其邊界矩形的左上角座標，用以指定出圖形被畫出的位置。第四和第五個參數則指定矩形的寬度與高度。**DrawLine** 方法 (第 67-70 行) 則使用 **Pen** 和兩對整數座標 (用來指定線條起點和終點) 爲參數，依據 **Pen** 的屬性畫出一直線。

圖 16.18 中第 79 行和第 86 行中的 ***FillEllipse***、***DrawEllipse*** 方法 (可多載) 都使用五個參數的版本。這兩個方法的第一個參數均爲所使用的繪圖物件，其後的兩個參數則指定了邊界矩形的左上角以決定畫出橢圓的位置 (邊界矩形用來指定圖形外切的最大矩形範圍)。最後的兩個參數則指定了邊界矩形的寬度及高度。

圖 16.20 顯示橢圓及其邊界矩形的關係。橢圓的最高、最低、最左及最右點都與邊界矩形相切。邊界矩形用於協助繪圖但並不會眞正顯示在螢幕上。

圖形化繪圖方法及說明

Note: Many of these methods are overloaded—consult the documentation for a full listing.

`DrawLine( Pen *p, int x1, int y1, int x2, int y2 )`
Draws a line from (x1, y1) to (x2, y2). The Pen determines the color, style and width of the line.

`DrawRectangle( Pen *p, int x, int y, int width, int height )`
繪出一個指定寬度及高度的矩形，其左上角座標被設爲點(x, y)。矩形的顏色、型態及邊框粗細由傳入的物件Pen所指定。

`FillRectangle( Brush *b, int x, int y, int width, int height )`
畫出一個指定寬度及高度的實體矩形，其左上角座標被設爲點(x, y)。填滿矩形內部的圖案由傳入的Brush物件所決定。

`DrawEllipse( Pen *p, int x, int y, int width, int height )`
畫出一個與矩形內切的橢圓，且矩形的左上角座標爲點(x, y)。橢圓的顏色、型態及邊線粗細由傳入的Pen物件所決定。

`FillEllipse( Brush *b, int x, int y, int width, int height )`
畫出一個與矩形內切的實體橢圓，且矩形的左上角座標爲點(x, y)。填滿橢圓內部的圖案由傳入的Brush物件所決定。

圖 16.17 畫出線條、矩形及橢圓的 Graphics 方法。

```
1  // Fig. 16.18: Form1.h
2  // Demonstrating lines, rectangles and ovals.
3
4  #pragma once
5
6
7  namespace LinesRectanglesOvals
8  {
9     using namespace System;
10    using namespace System::ComponentModel;
11    using namespace System::Collections;
12    using namespace System::Windows::Forms;
13    using namespace System::Data;
14    using namespace System::Drawing;
15
16    /// <summary>
17    /// Summary for Form1
18    ///
19    /// WARNING: If you change the name of this class, you will need to
20    ///          change the 'Resource File Name' property for the managed
21    ///          resource compiler tool associated with all .resx files
22    ///          this class depends on.  Otherwise, the designers will not
23    ///          be able to interact properly with localized resources
24    ///          associated with this form.
```

圖 16.18 畫出線條、矩形及橢圓的範例 (第 3 之 1 部分)。

```
25        /// </summary>
26        public __gc class Form1 : public System::Windows::Forms::Form
27        {
28        public:
29           Form1(void)
30           {
31              InitializeComponent();
32           }
33
34        protected:
35           void Dispose(Boolean disposing)
36           {
37              if (disposing && components)
38              {
39                 components->Dispose();
40              }
41              __super::Dispose(disposing);
42           }
43
44        private:
45           /// <summary>
46           /// Required designer variable.
47           /// </summary>
48           System::ComponentModel::Container * components;
49
50        // Visual Studio .NET generated GUI code
51
52        protected:
53
54           void OnPaint( PaintEventArgs *paintEvent )
55           {
56              __super::OnPaint( paintEvent ); // call base OnPaint method
57
58              // get graphics object
59              Graphics *graphicsObject = paintEvent->Graphics;
60              SolidBrush *brush = new SolidBrush( Color::Blue );
61              Pen *pen = new Pen( Color::AliceBlue );
62
63              // create filled rectangle
64              graphicsObject->FillRectangle( brush, 90, 30, 150, 90 );
65
66              // draw lines to connect rectangles
67              graphicsObject->DrawLine( pen, 90, 30, 110, 40 );
68              graphicsObject->DrawLine( pen, 90, 120, 110, 130 );
69              graphicsObject->DrawLine( pen, 240, 30, 260, 40 );
70              graphicsObject->DrawLine( pen, 240, 120, 260, 130 );
71
72              // draw top rectangle
73              graphicsObject->DrawRectangle( pen, 110, 40, 150, 90 );
74
75              // set brush to red
76              brush->Color = Color::Red;
```

圖 16.18　畫出線條、矩形及橢圓的範例 (第 3 之 2 部分)。

```
77
78          // draw base Ellipse
79          graphicsObject->FillEllipse( brush, 280, 75, 100, 50 );
80
81          // draw connecting lines
82          graphicsObject->DrawLine( pen, 380, 55, 380, 100 );
83          graphicsObject->DrawLine( pen, 280, 55, 280, 100 );
84
85          // draw Ellipse outline
86          graphicsObject->DrawEllipse( pen, 280, 30, 100, 50 );
87       } // end method OnPaint
88    };
89 }
```

圖 16.18 畫出線條、矩形及橢圓的範例 (第 3 之 3 部分)。

```
 1 // Fig. 16.19: Form1.cpp
 2 // Entry point for application.
 3
 4 #include "stdafx.h"
 5 #include "Form1.h"
 6 #include <windows.h>
 7
 8 using namespace LinesRectanglesOvals;
 9
10 int APIENTRY _tWinMain(HINSTANCE hInstance,
11                        HINSTANCE hPrevInstance,
12                        LPTSTR    lpCmdLine,
13                        int       nCmdShow)
14 {
15    System::Threading::Thread::CurrentThread->ApartmentState =
16       System::Threading::ApartmentState::STA;
17    Application::Run(new Form1());
18    return 0;
19 } // end _tWinMain
```

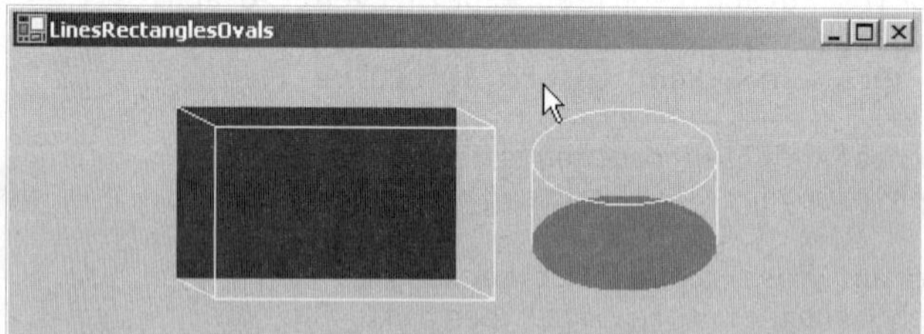

圖 16.19 LinesRectanglesOvals 範例程式。

16.6 畫出弧線

弧線是橢圓的一部份，其單位以角度表示，從*起始角度* (*starting angle*) 開始，延續達某個給定角度 (也就是所謂的弧線角度)。我們的說法是，一道弧線從起始角度*掃過* (*sweep*) 或*畫過* (*traverse*) 某弧線角度。若弧線前進方向為順時鐘方向，表示弧線角度為正數，反之則為負數。圖 16.21 顯示了兩條弧線，左邊的弧線從 0 度向下掃了 110 度，而右邊的弧線則從 0 度向上掃了 −110 度。

在圖 16.21 中可以看到弧線外圍框有虛線矩形，由於弧線便等於橢圓的一部份 (去除掉橢圓其他多餘部分)。而畫出橢圓時便是利用邊界矩形定出橢圓的大小，所以圖 16.21 中的虛線矩形也相當於邊界矩形對橢圓所產生的功能一樣，用於指定出弧線的位置和大小。**Graphics** 類別的 **DrawArc**、**DrawPie** 及 **FillPie** 方法可用於畫出弧線，我們將這些方法顯示在圖 16.22 中。

圖 16.23 和圖 16.24 中的範例程式利用圖 16.22 所介紹方法畫出六個圖形範例(三道弧線和三個實體扇形)，為了表示出弧線和邊界矩形的關係，我們也畫出屬性(左上角 *x*、*y* 座標位置和寬度、高度等) 均與弧線相同的紅色矩形，從圖形的顯示上可以看出弧線位於該紅色矩形之中並與矩形相切，便可以了解弧線與邊界矩形之間的關係。

圖 16.23 中的第 59 到 64 行產生了畫出弧線時所必須使用到的物件：**Rectangles**、**SolidBrush** 及 **Pens** 等繪圖物件。第 67 到 68 行畫出一個矩形及一道位在矩形中的弧線。弧線彎曲角度為 360 度，因此這條弧線將形成圓形。第 71 行中則更改矩形的位置，將其 **Location** 屬性設為 **Point**，**Point** 建構式將取得 *x*、*y* 座標並將座標值寫入矩形的 **Location** 屬性中所以矩形的左上角便等於 **Location** 屬性中的座標值。畫出矩形後，程式繼續畫出一道從 0 度掃向 110 度的弧線，由於 Visual C++.NET 中規定角度以順時鐘方向為正，所以這個弧線將會向下掃過。

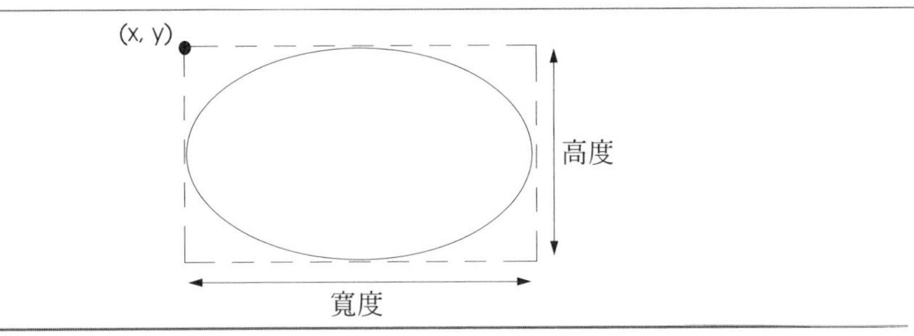

圖 16.20　橢圓及其邊界矩形。

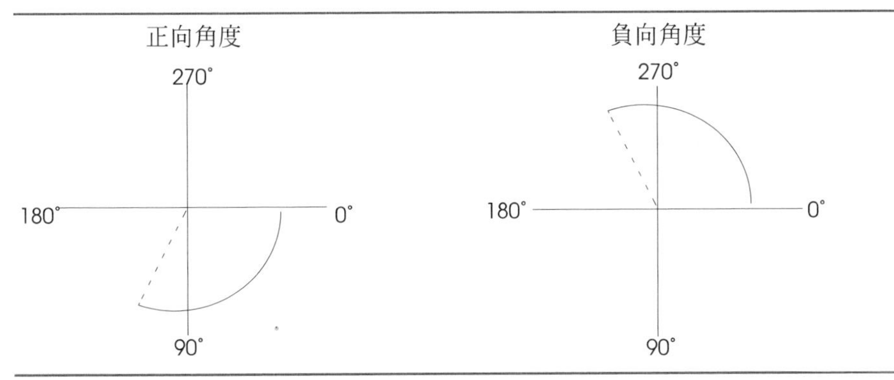

圖 16.21　角度分別為正、負的弧線。

圖形方法與說明

註：下列的方法大多具有多載版本——可翻閱技術文件以獲得完整的說明。

`DrawArc( Pen *p, int x, int y, int width, int height, int startAngle, int sweepAngle )`

畫出一道由開始角度startAngle掃向彎曲弧度sweepAngle的弧線。該弧線也可說是橢圓的一部分，大小和位置由邊界矩形的高度、寬度及左上角座標(x, y)所指定，而傳入的物件參數Pen也指定了弧線的顏色、框線及型態。

`DrawPie( Pen *p, int x, int y, int width, int height, int startAngle, int sweepAngle )`

畫出一道由開始角度startAngle掃向彎曲弧度sweepAngle的扇形。扇形也可說是橢圓的一部分，大小和位置由邊界矩形的高度、寬度及左上角座標(x, y)所指定，而傳入的物件參數Pen也指定了弧線的顏色、框線及型態。

`FillPie( Brush *b, int x, int y, int width, int height, int startAngle, int sweepAngle )`

相似於的函式，但畫出的扇形是填滿圖案的，內部的圖案由Brush物件決定。

圖 16.22　畫出弧線的 Graphics 方法。

```
 1  // Fig. 16.23: Form1.h
 2  // Drawing various arcs on a form.
 3
 4  #pragma once
 5
 6
 7  namespace DrawArcs
 8  {
 9     using namespace System;
10     using namespace System::ComponentModel;
11     using namespace System::Collections;
12     using namespace System::Windows::Forms;
13     using namespace System::Data;
14     using namespace System::Drawing;
15
16     /// <summary>
17     /// Summary for Form1
18     ///
19     /// WARNING: If you change the name of this class, you will need to
20     ///          change the 'Resource File Name' property for the managed
21     ///          resource compiler tool associated with all .resx files
22     ///          this class depends on.  Otherwise, the designers will not
23     ///          be able to interact properly with localized resources
24     ///          associated with this form.
25     /// </summary>
26     public __gc class Form1 : public System::Windows::Forms::Form
27     {
28     public:
29        Form1(void)
30        {
```

圖 16.23　畫出弧線的範例程式 (第 3 之 1 部分)。

```
31            InitializeComponent();
32         }
33
34      protected:
35         void Dispose(Boolean disposing)
36         {
37            if (disposing && components)
38            {
39               components->Dispose();
40            }
41            __super::Dispose(disposing);
42         }
43
44      private:
45         /// <summary>
46         /// Required designer variable.
47         /// </summary>
48         System::ComponentModel::Container * components;
49
50      // Visual Studio .NET generated code
51
52      protected:
53
54         void OnPaint( PaintEventArgs *paintEvent )
55         {
56            __super::OnPaint( paintEvent ); // call base OnPaint method
57
58            // get graphics object
59            Graphics *graphicsObject = paintEvent->Graphics;
60            Rectangle rectangle1 = Rectangle( 15, 35, 80, 80 );
61            SolidBrush *brush1 = new SolidBrush( Color::Firebrick );
62            Pen *pen1 = new Pen( brush1, 1 );
63            SolidBrush *brush2 = new SolidBrush( Color::DarkBlue );
64            Pen *pen2 = new Pen( brush2, 1 );
65
66            // start at 0 and sweep 360 degrees
67            graphicsObject->DrawRectangle( pen1, rectangle1 );
68            graphicsObject->DrawArc( pen2, rectangle1, 0, 360 );
69
70            // start at 0 and sweep 110 degrees
71            rectangle1.Location = Point( 100, 35 );
72            graphicsObject->DrawRectangle( pen1, rectangle1 );
73            graphicsObject->DrawArc( pen2, rectangle1, 0, 110 );
74
75            // start at 0 and sweep -270 degrees
76            rectangle1.Location = Point( 185, 35 );
77            graphicsObject->DrawRectangle( pen1, rectangle1 );
78            graphicsObject->DrawArc( pen2, rectangle1, 0, -270 );
79
80            // start at 0 and sweep 360 degrees
81            rectangle1.Location = Point( 15, 120 );
82            rectangle1.Size = Drawing::Size( 80, 40 );
```

圖 16.23 畫出弧線的範例程式 (第 3 之 2 部分)。

```
83            graphicsObject->DrawRectangle( pen1, rectangle1 );
84            graphicsObject->FillPie( brush2, rectangle1, 0, 360 );
85
86            // start at 270 and sweep -90 degrees
87            rectangle1.Location = Point( 100, 120 );
88            graphicsObject->DrawRectangle( pen1, rectangle1 );
89            graphicsObject->FillPie( brush2, rectangle1, 270, -90 );
90
91            // start at 0 and sweep -270 degrees
92            rectangle1.Location = Point( 185, 120 );
93            graphicsObject->DrawRectangle( pen1, rectangle1 );
94            graphicsObject->FillPie( brush2, rectangle1, 0, -270 );
95         } // end method OnPaint
96      };
97   }
```

圖 16.23　畫出弧線的範例程式 (第 3 之 3 部分)。

```
1   // Fig. 16.24: Form1.cpp
2   // Entry point for application.
3
4   #include "stdafx.h"
5   #include "Form1.h"
6   #include <windows.h>
7
8   using namespace DrawArcs;
9
10  int APIENTRY _tWinMain(HINSTANCE hInstance,
11                         HINSTANCE hPrevInstance,
12                         LPTSTR    lpCmdLine,
13                         int       nCmdShow)
14  {
15     System::Threading::Thread::CurrentThread->ApartmentState =
16        System::Threading::ApartmentState::STA;
17     Application::Run(new Form1());
18     return 0;
19  } // end _tWinMain
```

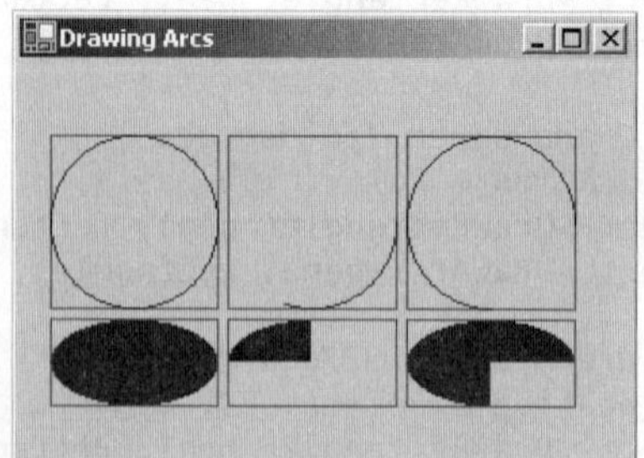

圖 16.24　DrawArcs 範例程式。

第 76-78 行的程式碼執行與上述內容相似的動作，但是將弧線的角度更改為 −270 度。同樣的這裡也以 **Rectangle** 的 **Size** 屬性決定弧線的寬度及高度。第 82 行則改變了 **Rectangle** 的 **Size** 屬性為另一個 **Size** 物件，藉此更改矩形的大小。

本程式中其他部分除了 **FillPie** 方法所使用的參數為 **SolidBrush** 以及矩形和圖形大小的改變之外，其他內容大致均與上述內容相同，程式所畫出的實心扇形顯示在圖 16.24 的下半部分中。

16.7　畫出多邊形及折線

多邊形 (*Polygons*) 是含有許多邊的形狀，Graphics 物件提供了許多畫出多邊形的方法：**DrawLines** 可畫出折線(一連串的點並以直線相連)，**DrawPolygon** 可畫出封閉多邊形，而 **FillPolygon** 可畫出實心的多邊形。這些方法列在圖 16.25 中。圖 16.26 及圖 16.27 中的範例程式則利用圖 16.25 中所顯示的方法，供使用者自行畫出多邊形和折線。

圖 16.26 中的第 52 行中宣告了用於存放 **Point** 物件的陣列 ***ArrayList***，使用者在表單中所點取的所有點都會放在 ***ArrayList*** 這個陣列中。(命名空間 **System::Collections** 下的) **ArrayList** 類別模仿傳統陣列的功能，卻又使用該類別下的方法動態更改 **ArrayList** 陣列的大小。**ArrayLists** 內容可存放指向 **Object** 的指標，由於所有類別均衍生自 **Object** 類別，因此 **ArrayLists** 中放的可以是各種型別的物件。在這個範例中，我們使用類別 **ArrayList** 存放 **Point** 物件。有關 **ArrayList** 類別的討論將在第 22 章中作更進一步的介紹。

第 55-56 行宣告了為圖形上色的 **Pen** 和 **Brush**。**Panel drawPanel** 物件的 **MouseDown** 事件 (圖 16.26 第 67-73 行) 使用方法 **Add** 將按下滑鼠的位置加入在 **ArrayList** 中。**ArrayList** 的 **Add** 方法把新的元素加到 **ArrayList** 的尾部。

第 72 行的程式碼呼叫 **drawPanel** 的 **Invalidate** 方法，確定面板重繪，加入新的點。請注意這裡我們只呼叫了 **drawPanel** 的 **Invalidate** 方法而並非呼叫整個表單的 **Invalidate** 方法，因為我們只希望更新 **drawPanel**。**drawPanel_Paint** 方法 (第 75-107 行) 負責處理 **Panel** 的 **Paint** 事件，它取得畫板的繪圖物件 (第 79 行)，當 **ArrayList points** 含有了兩個以上的點時，便會以 **ArrayList** 中的所有點，及使用者在 GUI 介面中所選出的繪圖方法畫出多邊形 (第 82-106 行)。第 85 行到第 90 行中，我們使用含索引的 **Item** 屬性，自 **ArrayList** 中逐一取出 **Point** 物件。**ArrayList** 中的每一點可以用 **ArrayList** 中的 **Item** 屬性，利用陣列表示法和其索引值 (**[]**) 依序取得，(如 **points->Item[i]**)。然而必須注意到的是，第 90 行中使用 **dynamic_cast** 將傳回的指標將型態強制轉換為 **Point ***。因為 **ArrayList** 的內容為物件指標，所以必須以強制的方式將 **Object *** 轉換成 **Point *** (第 90 行)。

clearButton_Click 方法 (第 110-116 行) 負責處理當使用者按下 **Clear** 按鈕時所發生的事件。它將產生一個空的 **ArrayList** (或是將原來舊的內容清空)，並將繪圖區域重新顯示為空白。第 119-137 行定義了按下 **CheckedChanged** 會發生的事件處理常式，每一種方法都會重新顯示繪圖區域以確保使用者的選擇被確實畫出。事件方法 **colorButton_Click** (第 140-157 行) 讓使用者可利用 **ColorDialog** 選取繪圖顏色。對話盒使用方式和圖 16.9 中所介紹的相同。

圖形方法與說明
註：下列的方法大多具有多載版本——可翻閱技術文件以獲得完整的說明。
`DrawLines( Pen *p, Point[] )` 畫出一連串相連的線段。每一個線段端點的座標存放在 `Point` 物件陣列中。若最後一個點座標不等於起始點的座標，將畫出不封閉的圖形。
`DrawPolygon( Pen *p, Point[] )` 畫出一個多邊形，每一個頂點的座標都放在 `Point` 陣列中。即使最後一點的座標與起始點座標不同，本方法還是會自動畫出封閉圖形。
`FillPolygon( Brush *b, Point[] )` 畫出一個實體多邊形，所有頂點的座標放在 `Points` 陣列中。若最後一個點座標不等於起始點的座標，將畫出不封閉的圖形。

圖 16.25 畫出多邊形的 Graphics 方法。

```
 1  // Fig. 16.26: Form1.h
 2  // Demonstrating polygons.
 3
 4  #pragma once
 5
 6
 7  namespace DrawPolygons
 8  {
 9     using namespace System;
10     using namespace System::ComponentModel;
11     using namespace System::Collections;
12     using namespace System::Windows::Forms;
13     using namespace System::Data;
14     using namespace System::Drawing;
15
16     /// <summary>
17     /// Summary for Form1
18     ///
19     /// WARNING: If you change the name of this class, you will need to
20     ///          change the 'Resource File Name' property for the managed
21     ///          resource compiler tool associated with all .resx files
22     ///          this class depends on.  Otherwise, the designers will not
23     ///          be able to interact properly with localized resources
24     ///          associated with this form.
25     /// </summary>
26     public __gc class Form1 : public System::Windows::Forms::Form
27     {
28     public:
29        Form1(void)
30        {
31           InitializeComponent();
32        }
33
```

圖 16.26 畫出多邊形的範例 (第 2 之 1 部分)。

```
34      protected:
35         void Dispose(Boolean disposing)
36         {
37            if (disposing && components)
38            {
39               components->Dispose();
40            }
41            __super::Dispose(disposing);
42         }
43      private: System::Windows::Forms::Button *  colorButton;
44      private: System::Windows::Forms::Button *  clearButton;
45      private: System::Windows::Forms::GroupBox *  typeGroup;
46      private: System::Windows::Forms::RadioButton *  filledPolygonOption;
47      private: System::Windows::Forms::RadioButton *  lineOption;
48      private: System::Windows::Forms::RadioButton *  polygonOption;
49      private: System::Windows::Forms::Panel *  drawPanel;
50
```

圖 16.26　畫出多邊形的範例 (第 2 之 2 部分)。

```
 1   // Fig. 16.27: Form1.cpp
 2   // Entry point for application.
 3
 4   #include "stdafx.h"
 5   #include "Form1.h"
 6   #include <windows.h>
 7
 8   using namespace DrawPolygons;
 9
10   int APIENTRY _tWinMain(HINSTANCE hInstance,
11                          HINSTANCE hPrevInstance,
12                          LPTSTR    lpCmdLine,
13                          int       nCmdShow)
14   {
15      System::Threading::Thread::CurrentThread->ApartmentState =
16         System::Threading::ApartmentState::STA;
17      Application::Run(new Form1());
18      return 0;
19   } // end _tWinMain
```

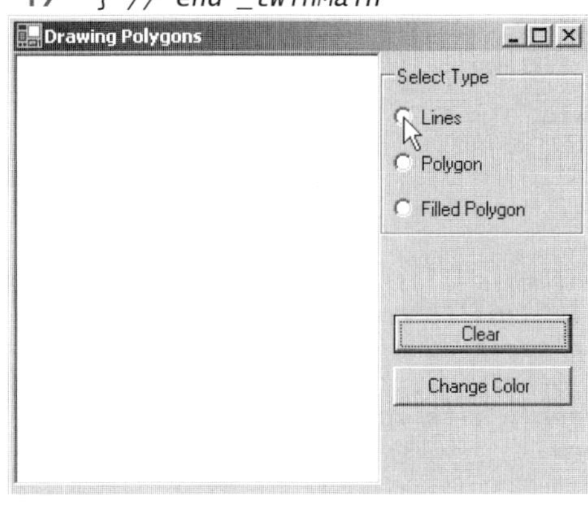

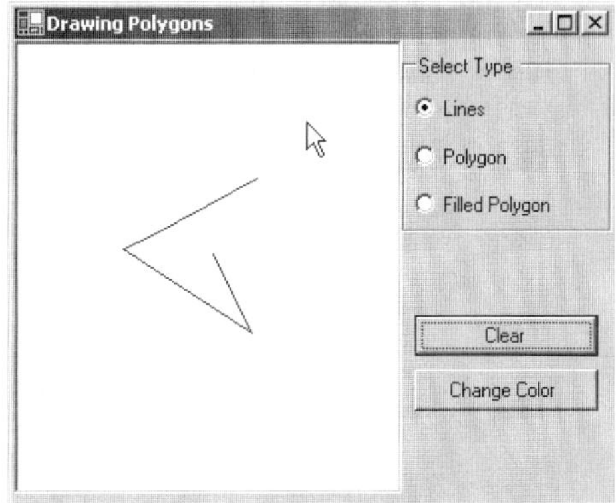

圖 16.27　使用 PolygonForm 程式範例 (第 2 之 1 部分)。

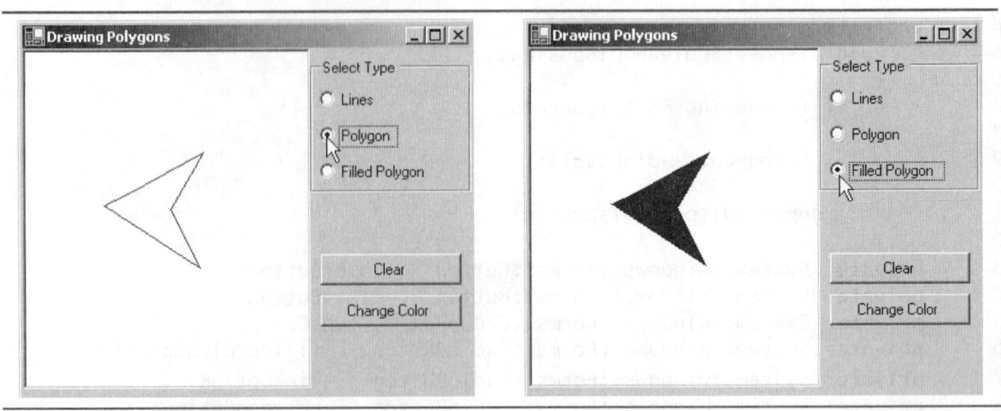

圖 16.27　使用 PolygonForm 程式範例 (第 2 之 2 部分)。

16.8　進階的繪圖功能

.NET 提供了許多額外的繪圖功能，如 ***HatchBrush***、***LinearGradientBrush***、***PathGradientBrush*** 及 ***TextureBrush*** 等便是繼承自 **Brush** 類別的類別。

圖 16.28 到圖 16.29 介紹了多種繪圖功能，如虛線、粗線或使用圖案填滿圖形，而這些都是命名空間 **System::Drawing** 中所包含的一部分功能。

```
 1  // Fig. 16.28: Form1.h
 2  // Drawing various shapes on a form.
 3
 4  #pragma once
 5
 6
 7  namespace DrawShapes
 8  {
 9     using namespace System;
10     using namespace System::ComponentModel;
11     using namespace System::Collections;
12     using namespace System::Windows::Forms;
13     using namespace System::Data;
14     using namespace System::Drawing;
15     using namespace System::Drawing::Drawing2D;
16
17     /// <summary>
18     /// Summary for Form1
19     ///
20     /// WARNING: If you change the name of this class, you will need to
21     ///          change the 'Resource File Name' property for the managed
22     ///          resource compiler tool associated with all .resx files
23     ///          this class depends on.  Otherwise, the designers will not
24     ///          be able to interact properly with localized resources
25     ///          associated with this form.
26     /// </summary>
```

圖 16.28　在表單中畫出圖形 (第 3 之 1 部分)。

```
27      public __gc class Form1 : public System::Windows::Forms::Form
28      {
29      public:
30         Form1(void)
31         {
32            InitializeComponent();
33         }
34
35      protected:
36         void Dispose(Boolean disposing)
37         {
38            if (disposing && components)
39            {
40               components->Dispose();
41            }
42            __super::Dispose(disposing);
43         }
44
45      private:
46         /// <summary>
47         /// Required designer variable.
48         /// </summary>
49         System::ComponentModel::Container * components;
50
51      // Visual Studio .NET generated GUI code
52
53      protected:
54
55         // draw various shapes on form
56         void OnPaint( PaintEventArgs *paintEvent )
57         {
58            __super::OnPaint( paintEvent ); // call base OnPaint method
59
60            // pointer to object we will use
61            Graphics *graphicsObject = paintEvent->Graphics;
62
63            // ellipse rectangle and gradient brush
64            Rectangle drawArea1 = Rectangle( 5, 35, 30, 100 );
65            LinearGradientBrush *linearBrush =
66               new LinearGradientBrush( drawArea1, Color::Blue,
67               Color::Yellow, LinearGradientMode::ForwardDiagonal );
68
69            // pen and location for red outline rectangle
70            Pen *thickRedPen = new Pen( Color::Red, 10 );
71            Rectangle drawArea2 = Rectangle( 80, 30, 65, 100 );
72
73            // bitmap texture
74            Bitmap *textureBitmap = new Bitmap( 10, 10 );
75
76            // get bitmap graphics
77            Graphics *graphicsObject2 = Graphics::FromImage( textureBitmap );
78
```

圖 16.28　在表單中畫出圖形 (第 3 之 2 部分)。

```
79          // brush and pen used throughout program
80          SolidBrush *solidColorBrush = new SolidBrush( Color::Red );
81          Pen *coloredPen = new Pen( solidColorBrush );
82
83          // draw ellipse filled with a blue-yellow gradient
84          graphicsObject->FillEllipse( linearBrush, 5, 30, 65, 100 );
85
86          // draw thick rectangle outline in red
87          graphicsObject->DrawRectangle( thickRedPen, drawArea2 );
88
89          // fill textureBitmap with yellow
90          solidColorBrush->Color = Color::Yellow;
91          graphicsObject2->FillRectangle( solidColorBrush, 0, 0, 10, 10 );
92
93          // draw small black rectangle in textureBitmap
94          coloredPen->Color = Color::Black;
95          graphicsObject2->DrawRectangle( coloredPen, 1, 1, 6, 6 );
96
97          // draw small blue rectangle in textureBitmap
98          solidColorBrush->Color = Color::Blue;
99          graphicsObject2->FillRectangle( solidColorBrush, 1, 1, 3, 3 );
100
101         // draw small red square in textureBitmap
102         solidColorBrush->Color = Color::Red;
103         graphicsObject2->FillRectangle( solidColorBrush, 4, 4, 3, 3 );
104
105         // create textured brush and
106         // display textured rectangle
107         TextureBrush *texturedBrush = new TextureBrush( textureBitmap );
108         graphicsObject->FillRectangle( texturedBrush, 155, 30, 75, 100 );
109
110         // draw pie-shaped arc in white
111         coloredPen->Color = Color::White;
112         coloredPen->Width = 6;
113         graphicsObject->DrawPie( coloredPen, 240, 30, 75, 100, 0, 270 );
114
115         // draw lines in green and yellow
116         coloredPen->Color = Color::Green;
117         coloredPen->Width = 5;
118         graphicsObject->DrawLine( coloredPen, 395, 30, 320, 150 );
119
120         // draw a rounded, dashed yellow line
121         coloredPen->Color = Color::Yellow;
122         coloredPen->DashCap = DashCap::Round;
123         coloredPen->DashStyle = DashStyle::Dash;
124         graphicsObject->DrawLine( coloredPen, 320, 30, 395, 150 );
125      } // end method OnPaint
126   };
127 }
```

圖 16.28 在表單中畫出圖形 (第 3 之 3 部分)。

```
 1  // Fig. 16.29: Form1.cpp
 2  // Entry point for application.
 3
 4  #include "stdafx.h"
 5  #include "Form1.h"
 6  #include <windows.h>
 7
 8  using namespace DrawShapes;
 9
10  int APIENTRY _tWinMain(HINSTANCE hInstance,
11                         HINSTANCE hPrevInstance,
12                         LPTSTR    lpCmdLine,
13                         int       nCmdShow)
14  {
15     System::Threading::Thread::CurrentThread->ApartmentState =
16        System::Threading::ApartmentState::STA;
17     Application::Run(new Form1());
18     return 0;
19  } // end _tWinMain
```

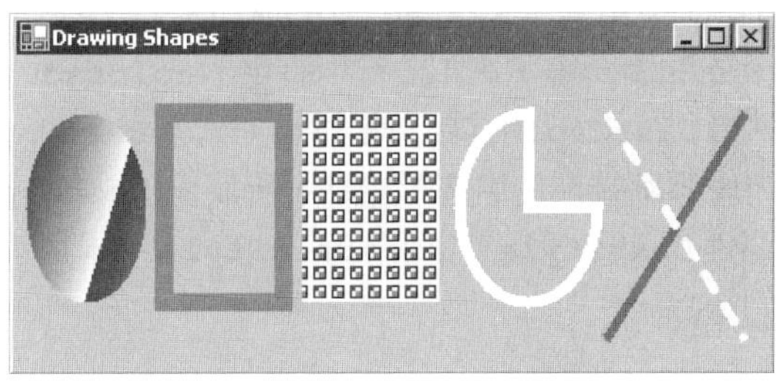

圖 16.29　DrawShapes 範例程式。

第 56-125 行 (圖 16.28) 定義了表單的 **OnPaint** 方法。第 65-67 行產生了一個位於命名空間 **System::Drawing::Drawing2D** 下、**LinearGradientBrush** 類別的物件 **linearBrush**。**LinearGradientBrush** 用於畫出漸層顏色。本例中所使用的 **LinearGradientBrush** 版本需要四個參數：一個 **Rectangle** 物件、兩個 **Color** 物件及一個 ***LinearGradientMode*** 列舉中所定義的成員。在 Visual C++.NET 中，所有顏色漸層都以直線表示漸層。這個直線可以用一條直線的起點和終點表示，也可以用矩形的對角線來表示。本例中，***LinearGradientBrush linearBrush*** 使用 **Rectangle drawArea1** 做爲指定漸層線段的第一個參數，這個矩形代表線性漸層的兩個端點：矩形左上角爲線段起點，右下角爲線段終點。第二和第三個參數指定了參與漸層的兩種顏色。本例中使用從 **Color::Blue** 到 **Color::Yellow** 的顏色漸層。最後一個參數使用列舉 ***LinearGradientMode*** 中的其中一項成員指定漸層線的方向。我們使用 ***LinearGradientMode::ForwardDiagona*** 將漸層方向定爲從左上到右下的。最後在第 84 行中使用繪圖方法 **FillEllipse** 用剛才設定好的 **linearBrush** 畫出橢圓，如前面所設定的，橢圓的顏色會從藍色漸層的變成黃色。

在第 70 行中，我們產生了一個 **Pen** 物件 **thickRedPen**，並傳給其建構式兩個參數：

Color::Red 及整數 **10**。這表示我們希望 **thickRedPen** 畫出一條紅色且寬度為 10 像素的直線。

第 74 行中產生了一個 ***Bitmap*** 影像，目前還是空白的。**Bitmap** 類別可產生出彩色或灰階的影像。而程式中產生的 **Bitmap** 其寬度為 10 高度也為 10。***FromImage*** 方法 (第 77 行) 是一個 **Graphics** 類別中的靜態成員，可取得 **image** 的 **Graphics** 物件，用於在影像的 **Graphics**。第 94-108 行中我們在 **Bitmap** 上畫了含有黑色矩形、藍色矩形、紅色矩形、黃色矩形和許多線條的圖案。**TextureBrush** 屬於筆刷的一種，用於在影像內部填滿圖案。第 107-108 行中，**TextureBrush** 的物件 **textureBrush** 使用我們畫的 **Bitmap** 未填滿矩形，這裡使用的 **TextureBrush** 建構式版本需要一個圖案作為參數，用來當作填滿該影像的圖案。

接著，我們畫出一個以白色粗線為邊的扇形。第 111-112 行設定 **coloredPen** 的顏色為白色，線條粗細為六個像素。然後以下列物件指定扇形的規格：**Pen**、*x* 座標、*y* 座標、邊界矩形的長度、寬度、弧線起始角度及散出角度，最後在表單中畫出這個扇形。

最後，第 122-123 行中，使用列舉 **System::Drawing::Drawing2D** 中的 **Dash Cap** 及 **DashStyle** 畫出以虛線表示的對角線，第 122 行中設定了 **coloredPen** 的屬性 **DashCap** (和列舉 **DashCap** 不同) 為列舉 **DashCap** 的其中一項成員。列舉 **DashCap** 含有多種不同的虛線端點形式。本例中我們將虛線兩端都使用圓形端點，所以為 **DashCap::Round**。第 123 行中設定 **coloredPen** 的屬性 **DashStyle** (和列舉 **DashStyle** 不同) 為 **DashStyle::Dash**，因為我們希望畫出完整的虛線。

圖形路徑

下一個範例中將介紹如何使用*圖形路徑* (*general path*) 的功能。使用*圖形路徑*是利用基本線條和圖形所組合出複雜圖形的方法。***GraphicsPath*** 類別 (位於命名空間 **System::Drawing::Drawing2D**) 下所產生的物件代表一個圖形路徑。**GraphicsPath** 類別可產生出由許多基本繪圖物件 (可用向量表示法表示) 所組成的複雜圖形，所以 **GraphicsPath** 物件是許多基本形狀的圖形所組成。以圖形路徑產生圖形時，會將每一個向量圖形物件 (如直線或弧線) 的起點以直線與前一個物件的終點相連。而當呼叫 **GraphicsPath** 的 ***CloseFigure*** 方法時，會將最後一個向量圖物件的終點與第一個繪圖物件的起點以直線相連接，再開始下一個圖形的繪圖。而 **GraphicsPath** 的另一個 ***StartFigure*** 方法則是不封閉先前路徑，直接由前一路徑繼續畫出新的圖案。

圖 16.30 到圖 16.31 畫出一個有五個頂點的星形圖形路徑。第 72 行 (圖 16.30) 設定了 **Graphics** 物件的起點。方法 ***TranslateTransform*** 表示將起點移到座標點 (150, 150)，第 65-66 行宣告兩個整數陣列，分別代表星形中每個頂點的 *x* 及 *y* 座標。第 69 行宣告了 **GraphicsPath** 物件 **star**。然後，**for** 迴圈產生了每條連到星形頂點上的線，並將這些線加入圖形路徑中。我們使用 **GraphicsPath** 的方法 ***AddLine*** 將這些線段加入圖形路徑中。**Ad-**

dLine 的參數爲線段端點的座標，每呼叫一次 **AddLine**，都會加入一條以前一頂點及目前頂點爲兩端點的線段。最後，第 80 行使用 **GraphicsPath** 的 **CloseFigure** 方法完成圖形的繪圖。

圖 16.30 中的第 83-91 行中的 **for** 迴圈，將這個 **star** 繞著原點旋轉，重新畫 18 次。第 84 行使用 **Graphics** 方法 ***RotateTransform*** 將每次畫出星形的位置移動，也以參數設定星形每次旋轉的角度。**FillPath** 方法 (第 90 行) 畫出填滿色彩 (使用的 **Color** 物件在第 86 到 88 行所產生) 的 **star**，並使用 **Random** 的 **Next** 方法隨機的指定 **SolidBrush** 的顏色。

16.9 多媒體簡介

Visual C++.NET 提供了許多便利的方式將圖片或動畫放入應用程式。過去人們對電腦的用途大多在數學的運算處理上，但隨著許多新技術的發展形成，我們開始感受到電腦運算能力的重要性。直至目前爲止已發展出許多展現於電腦上的 3D 程式，其中，多媒體程式便是一種與娛樂相關並十分嶄新的領域，但同時也對電腦處理能力產生很大的挑戰性。

多媒體程式需要配備具有高度運算能力的硬體，過去，很少電腦可達成這種能力。但是今日超強運算功能的處理器已經十分普遍化，也使得多媒體程式隨之而普遍。隨著多媒體市場的迅速發展，使用者也會進一步的購買更快的處理器、更大的記憶體並擴充更大的網路頻寬以支援多媒體程式。這樣需求無論對電腦硬體、軟體及通訊廠商來說都是有好處的，並且也更進一步的刺激了多媒體的發展。

```
 1  // Fig. 16.30: Form1.h
 2  // Using paths to draw stars on the form.
 3
 4  #pragma once
 5
 6
 7  namespace DrawStars
 8  {
 9     using namespace System;
10     using namespace System::ComponentModel;
11     using namespace System::Collections;
12     using namespace System::Windows::Forms;
13     using namespace System::Data;
14     using namespace System::Drawing;
15     using namespace System::Drawing::Drawing2D;
16
17     /// <summary>
18     /// Summary for Form1
19     ///
20     /// WARNING: If you change the name of this class, you will need to
21     ///          change the 'Resource File Name' property for the managed
22     ///          resource compiler tool associated with all .resx files
23     ///          this class depends on.  Otherwise, the designers will not
```

圖 16.30　在表單中使用路徑畫出一串星形 (第 3 之 1 部分)。

```
24    ///             be able to interact properly with localized resources
25    ///             associated with this form.
26    /// </summary>
27    public __gc class Form1 : public System::Windows::Forms::Form
28    {
29    public:
30       Form1(void)
31       {
32          InitializeComponent();
33       }
34
35    protected:
36       void Dispose(Boolean disposing)
37       {
38          if (disposing && components)
39          {
40             components->Dispose();
41          }
42          __super::Dispose(disposing);
43       }
44
45    private:
46       /// <summary>
47       /// Required designer variable.
48       /// </summary>
49       System::ComponentModel::Container * components;
50
51    // Visual Studio .NET generated GUI code
52
53    protected:
54
55       // create path and draw stars along it
56       void OnPaint( PaintEventArgs *paintEvent )
57       {
58          __super::OnPaint( paintEvent ); // call base OnPaint method
59
60          Graphics *graphicsObject = paintEvent->Graphics;
61          Random *random = new Random();
62          SolidBrush *brush = new SolidBrush( Color::DarkMagenta );
63
64          // x and y points of the path
65          int xPoints[] = { 55, 67, 109, 73, 83, 55, 27, 37, 1, 43 };
66          int yPoints[] = { 0, 36, 36, 54, 96, 72, 96, 54, 36, 36 };
67
68          // create graphics path for star;
69          GraphicsPath *star = new GraphicsPath();
70
71          // translate the origin to (150, 150)
72          graphicsObject->TranslateTransform( 150, 150 );
73
74          // create star from series of points
75          for ( int i = 0; i <= 8; i += 2 )
```

圖 16.30 在表單中使用路徑畫出一串星形 (第 3 之 2 部分)。

```
76              star->AddLine( xPoints[ i ], yPoints[ i ],
77                 xPoints[ i + 1 ], yPoints[ i + 1 ] );
78
79           // close the shape
80           star->CloseFigure();
81
82           // rotate the origin and draw stars in random colors
83           for ( int i = 1; i <= 18; i++ ) {
84              graphicsObject->RotateTransform( 20 );
85
86              brush->Color = Color::FromArgb(
87                 random->Next( 200, 256 ), random->Next( 256 ),
88                 random->Next( 256 ), random->Next( 256 ) );
89
90              graphicsObject->FillPath( brush, star );
91           } // end for
92        } // end method OnPaint
93     };
94  }
```

圖 16.30　在表單中使用路徑畫出一串星形 (第 3 之 3 部分)。

```
1   // Fig. 16.31: Form1.cpp
2   // Entry point for application.
3
4   #include "stdafx.h"
5   #include "Form1.h"
6   #include <windows.h>
7
8   using namespace DrawStars;
9
10  int APIENTRY _tWinMain(HINSTANCE hInstance,
11                         HINSTANCE hPrevInstance,
12                         LPTSTR    lpCmdLine,
13                         int       nCmdShow)
14  {
15     System::Threading::Thread::CurrentThread->ApartmentState =
16        System::Threading::ApartmentState::STA;
17     Application::Run(new Form1());
18     return 0;
19  } // end _tWinMain
```

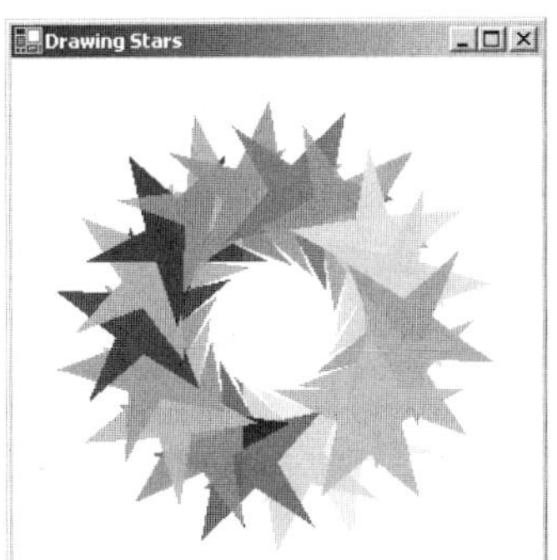

圖 16.31　DrawStars 範例程式。

本章後面的幾節中將介紹影像的操作技巧及多媒體的特徵和功能。第 16.10 節討論如何載入、顯示及調整影像。第 16.11 節介紹動畫的製作，第 16.12 節介紹了 Windows Media Player 控制項的播放影片功能，最後，第 16.13 節將介紹如何使用 Microsoft 小幫手功能。

16.10 載入、顯示和調整影像

Visual C++.NET 所含有的多媒體功能包括了繪圖、影像、顯示動畫及播放影片等功能。前面幾節中介紹了以向量爲基礎的繪圖功能，本節中將介紹相關的影像處理功能。我們已經在圖 16.32 和圖 16.33 所產生的表單中介紹了如何載入一個 **Image** 物件 (位於命名空間 **System::Drawing**)。而本節的範例程式可讓使用者可指定 **Image** 物件所顯示的高度和寬度，或是將該影像以使用者所指定的大小重新顯示出來。

第 49 行 (圖 16.32) 宣告了一個 **Image** 類別的指標 **image**，**Image** 的 **static** 方法 ***FromFile*** 將會取得磁碟中的一張影像並將其指定給 **image** 變數 (第 49 行)。請注意到這裡我們用右斜線 (**/**) 而不是以兩個反斜線 (****) 當作區分字元。這些有關區分字元的討論，將在第 17 章中討論。

第 92 行 (圖 16.32) 使用 **Form** 的 **CreateGraphics** 方法產生出一個和 **Form** 有關的 **Graphics** 物件，我們將利用這個物件在 **Form** 上作圖。所有的視窗控制項，如 **Button** 或 **Panel**，都提供繼承自 **Control** 類別的 **CreateGraphic** 方法，所以一旦使用者按下了 **Set** 時，會從 **TextBoxes** 讀取寬度和高度這兩個參數 (第 67-68 行)，而在第 70-81 行中的 **catch** 區塊會檢查使用者輸入的值是否被允許，若輸入錯誤值時，將通知使用者輸入值錯誤。

接著，第 85 行將確定顯示尺寸不會過大，如果參數合法的話，第 95 行會呼叫 **Graphics** 的方法 ***Clear***，將整個表單都重繪成和背景一致的顏色。第 98 行會用以下參數呼叫 **Graphics** 的 ***DrawImage*** 方法： 欲顯示的影像，顯示位置的左上角 *x* 座標及 *y* 座標，顯示影像的寬度和高度。若指定的顯示區域大小和原來影像大小不一致，則顯示的影像將會被調整成我們所指定的大小。

16.11 動畫製作

下面所顯示的範例會將一連串放在陣列中的影像製作成動畫。這個範例使用了圖 16.32 所介紹的，載入並顯示影像的技巧。這裡使用的圖片是以 Adobe Photoshop 所產生。

圖 16.34 及圖 16.35 使用 **PictureBox** 顯示所有動畫圖片。我們使所有圖片週期性的循環顯示以形成動畫，每一張圖片的顯示時間是 50 毫秒，以變數 **count** 爲陣列索引表示目前顯示的圖片，當間隔時間一到 **count** 便會自動加一以顯示下一張圖片。影像陣列中包含了 30 張影像 (索引值爲 0 到 29)，當顯示第 29 張圖片時，下一個顯示的圖片將會回到第 0 張。這些動畫中的圖片必須先放在程式專案目錄的 **images** 目錄下。

```
 1  // Fig. 16.32: Form1.h
 2  // Displaying and resizing an image.
 3
 4  #pragma once
 5
 6
 7  namespace DisplayLogo
 8  {
 9     using namespace System;
10     using namespace System::ComponentModel;
11     using namespace System::Collections;
12     using namespace System::Windows::Forms;
13     using namespace System::Data;
14     using namespace System::Drawing;
15
16     /// <summary>
17     /// Summary for Form1
18     ///
19     /// WARNING: If you change the name of this class, you will need to
20     ///          change the 'Resource File Name' property for the managed
21     ///          resource compiler tool associated with all .resx files
22     ///          this class depends on.  Otherwise, the designers will not
23     ///          be able to interact properly with localized resources
24     ///          associated with this form.
25     /// </summary>
26     public __gc class Form1 : public System::Windows::Forms::Form
27     {
28     public:
29        Form1(void)
30        {
31           InitializeComponent();
32        }
33
34     protected:
35        void Dispose(Boolean disposing)
36        {
37           if (disposing && components)
38           {
39              components->Dispose();
40           }
41           __super::Dispose(disposing);
42        }
43     private: System::Windows::Forms::Button *  setButton;
44     private: System::Windows::Forms::TextBox *  heightTextBox;
45     private: System::Windows::Forms::Label *  heightLabel;
46     private: System::Windows::Forms::TextBox *  widthTextBox;
47     private: System::Windows::Forms::Label *  widthLabel;
48
49     private: static Image *image = Image::FromFile( S"images/Logo.gif" );
50
51     private:
52        /// <summary>
53        /// Required designer variable.
```

圖 16.32　影像的大小調整 (第 2 之 1 部分)。

```
54         /// </summary>
55         System::ComponentModel::Container * components;
56
57      // Visual Studio .NET generated GUI code
58
59      private: System::Void setButton_Click(
60                  System::Object *  sender, System::EventArgs *  e)
61               {
62                  int width, height;
63
64                  try {
65
66                     // get user input
67                     width = Convert::ToInt32( widthTextBox->Text );
68                     height = Convert::ToInt32( heightTextBox->Text );
69                  } // end try
70                  catch ( FormatException *formatException ) {
71                     MessageBox::Show( formatException->Message, S"Error",
72                        MessageBoxButtons::OK, MessageBoxIcon::Error );
73
74                     return;
75                  } // end catch
76                  catch ( OverflowException *overflowException ) {
77                     MessageBox::Show( overflowException->Message, S"Error",
78                        MessageBoxButtons::OK, MessageBoxIcon::Error );
79
80                     return;
81                  } // end catch
82
83                  // if dimensions specified are too large
84                  // display problem
85                  if ( width > 375 || height > 225 ) {
86                     MessageBox::Show( S"Height or Width too large" );
87
88                     return;
89                  } // end if
90
91                  // obtain graphics object
92                  Graphics *graphicsObject = this->CreateGraphics();
93
94                  // clear Windows Form
95                  graphicsObject->Clear( this->BackColor );
96
97                  // draw image
98                  graphicsObject->DrawImage( image, 5, 5, width, height );
99               } // end method setButton_Click
100     };
101  }
```

圖 16.32 影像的大小調整 (第 2 之 2 部分)。

第 33-35 行 (圖 16.34) 載入了所有共 30 張影像，並將它們放入陣列 **ArrayList**。第 34 到 35 行用 **ArrayList** 的 **Add** 方法載入每張影像。第 38-39 行使用 **ArrayList** 的屬性 **Item**

取得第一張圖片，並將第一張圖片顯示於 **PictureBox** 之中。第 42 行重設 **PictureBox** 的大小，使其等於顯示 **Image** 的大小。**timer** 的 **Tick** 事件處理常式 (第 68-77 中) 將在間隔時間到時顯示 **ArrayList** 中的下一張圖片。

```
 1  // Fig. 16.33: Form1.cpp
 2  // Entry point for application.
 3
 4  #include "stdafx.h"
 5  #include "Form1.h"
 6  #include <windows.h>
 7
 8  using namespace DisplayLogo;
 9
10  int APIENTRY _tWinMain(HINSTANCE hInstance,
11                         HINSTANCE hPrevInstance,
12                         LPTSTR    lpCmdLine,
13                         int       nCmdShow)
14  {
15     System::Threading::Thread::CurrentThread->ApartmentState =
16        System::Threading::ApartmentState::STA;
17     Application::Run(new Form1());
18     return 0;
19  } // end _tWinMain
```

Display Logo
Width
100
Height
225
Set

Display Logo
Width
375
Height
150
Set

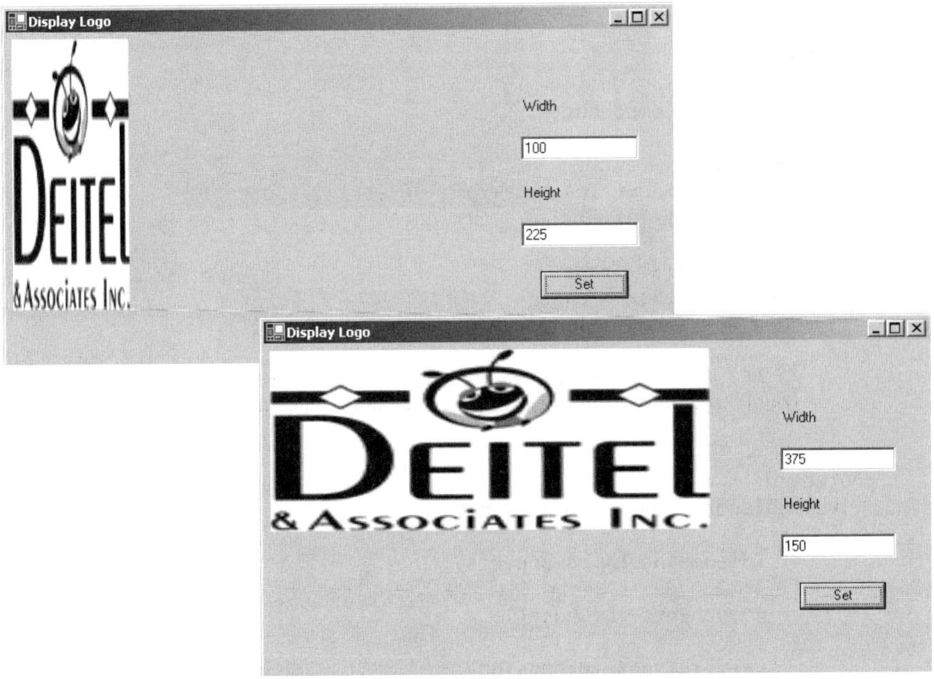

圖 16.33　類別 DisplayLogoForm.的範例程式。

```
1  // Fig. 16.34: Form1.h
2  // Program that animates a series of images.
3
4  #pragma once
5
6
7  namespace LogoAnimator
8  {
9     using namespace System;
10    using namespace System::ComponentModel;
11    using namespace System::Collections;
12    using namespace System::Windows::Forms;
13    using namespace System::Data;
14    using namespace System::Drawing;
15
16    /// <summary>
17    /// Summary for Form1
18    ///
19    /// WARNING: If you change the name of this class, you will need to
20    ///          change the 'Resource File Name' property for the managed
21    ///          resource compiler tool associated with all .resx files
22    ///          this class depends on.  Otherwise, the designers will not
23    ///          be able to interact properly with localized resources
24    ///          associated with this form.
25    /// </summary>
26    public __gc class Form1 : public System::Windows::Forms::Form
27    {
28    public:
29       Form1(void)
30       {
31          InitializeComponent();
32
33          for ( int i = 0; i < 30; i++ )
34             images->Add( Image::FromFile( String::Concat(
35             S"images/deitel", i.ToString(), S".gif" ) ) );
36
37          // load first image
38          logoPictureBox->Image =
39             dynamic_cast< Image* >( images->Item[ 0 ] );
40
41          // set PictureBox to be the same size as Image
42          logoPictureBox->Size = logoPictureBox->Image->Size;
43       }
44
45    protected:
46       void Dispose(Boolean disposing)
47       {
48          if (disposing && components)
49          {
50             components->Dispose();
51          }
52          __super::Dispose(disposing);
53       }
```

圖 16.34 用一系列影像製作動畫 (第 2 之 1 部分)。

```
54      private: System::Windows::Forms::PictureBox *  logoPictureBox;
55      private: System::Windows::Forms::Timer *  timer;
56      private: System::ComponentModel::IContainer *  components;
57
58      private: static ArrayList *images = new ArrayList();
59      private: static int count = -1;
60
61      private:
62         /// <summary>
63         /// Required designer variable.
64         /// </summary>
65
66      // Visual Studio .NET generated GUI code
67
68      private: System::Void timer_Tick(
69               System::Object *  sender, System::EventArgs *  e)
70            {
71               // increment counter
72               count = ( count + 1 ) % 30;
73
74               // load next image
75               logoPictureBox->Image =
76                  dynamic_cast< Image* >( images->Item[ count ] );
77            } // end method timer_Tick
78      };
79   }
```

圖 16.34　用一系列影像製作動畫 (第 2 之 2 部分)。

碰撞偵測及局部更新

以下的西洋棋範例程式將會介紹 GDI+中另外兩種和棋類遊戲有關的功能，包括*二維碰撞偵測* (collision detection) 及*局部更新* (regional invalidation，僅重新顯示螢幕的某一部份)。二維碰撞偵測用於偵測繪圖物件是否重疊。接下來的範例中，我們將介紹最簡單的碰撞偵測，檢查某一點 (使用者按下滑鼠的點座標) 是否位在某個矩形 (棋子) 之中。

類別 **ChessPiece** (圖 16.36) 包含了所有棋子，第 22-30 行產生了一個 **public** 的列舉型別，指定每一個棋子的型別及使用的影像。更多有關列舉的用法可參考第六章的說明。請注意到我們宣告列舉型態時使用了 MC++的關鍵字 **__value**，可確保該列舉的型態為數字。而有關關鍵字 **__value** 的介紹可參考第 10 章。

Rectangle 的物件 **targetRectangle** (圖 16.37 中的第 14 行中) 定義棋子圖片在棋盤上所出現的位置。而 **ChessPiece** 建構式分別指定每一個棋子圖片的 *x*、*y* 座標，且所有棋子尺寸的寬度跟高度均為 75。

ChessPiece 建構式 (第 8-19 行) 所需要的參數有：呼叫該建構式的類別 (用於定義棋子型態)，棋子位置的 *x*、*y* 座標，以及代表棋子的圖片 **Bitmap**。我們將棋子的圖片作為參數傳入類別中，而不是在類別中載入，這樣可以避免逐次載入每一張橫子圖片的處理負擔，也提高了方便性，可讓使用者在類別中修改棋子圖片。例如本範例中，我們只需要一個類別便可以處理黑白兩種棋子。第 17-18 行定義一張含有所有棋子的子影像，使用下列方式：一張排列有六個棋子的影像，因為每個棋子都是 75 像素的正方形，所以整張影像將會是 450 乘 75 像素的大小。我們使用 **Bitmap** 的方法 **Clone** 取得單一棋子的影像，該方法讓我們可以指定每一個影像的位置及像素格式。每一個棋子的放置於 75 乘 75 像素大小的區塊，其左上角的 *x* 座標等於 **75*type**、*y* 座標等於 0。由於像素格式 (type) 被設為常數 **DontCare**，所以原來的圖片大小不會被改變。

Draw 方法 (第 22-25 行) 讓 **ChessPiece** 傳入的 **Graphics** 物件在 **targetRectangle** 中畫出 **pieceImage** 這個棋子。**GetBounds** 方法使用碰撞偵測並傳回 **targetRectangle**，而 **SetLocation** 則允許呼叫該方法的類別指定棋子位置。

圖 16.38 中的類別 **Form1** 定義了遊戲及圖形的程式碼。第 51-62 行宣告了程式中將使用的類別領域變數。用於存放棋盤影像的 **ArrayList chessTile** (第 51 行)，它含有四種影像： 兩種淺色方塊及兩種深色方塊 (深淺各兩種顏色可增加棋盤的變化性)。**ArrayList chessPieces** (第 54 行) 存放所有的 **ChessPiece** 物件，而索引值 **selectedIndex** (第 57 行) 用於表示目前選到的棋子。**board** (第 59 行) 是一個 8 乘 8 大小，二維的整數陣列，它代表了棋盤上的每個方格。每一個 board 的陣列值都是從 0 到 3 反覆排列的 **chessTile**，可依序排列出棋盤的一黑一白的方格。整數常數 **TILESIZE** (第 62 行) 定義了每一個棋格的大小。

```
 1  // Fig. 16.35: Form1.cpp
 2  // Entry point for application.
 3
 4  #include "stdafx.h"
 5  #include "Form1.h"
 6  #include <windows.h>
 7
 8  using namespace LogoAnimator;
 9
10  int APIENTRY _tWinMain(HINSTANCE hInstance,
11                         HINSTANCE hPrevInstance,
12                         LPTSTR    lpCmdLine,
13                         int       nCmdShow)
14  {
15     System::Threading::Thread::CurrentThread->ApartmentState =
16        System::Threading::ApartmentState::STA;
17     Application::Run(new Form1());
18     return 0;
19  } // end _tWinMain
```

圖 16.35　LogoAnimator 範例程式。

```
1  // Fig. 16.36: ChessPiece.h
2  // Storage class for chess piece attributes.
3
4  #pragma once
5
6
7  #using <mscorlib.dll>
8  #using <system.dll>
9  #using <system.drawing.dll>
10 #using <system.windows.forms.dll>
11
12 using namespace System;
13 using namespace System::Drawing;
14 using namespace System::Collections;
15 using namespace System::Windows::Forms;
16
17 public __gc class ChessPiece
18 {
19 public:
20
21    // define chess-piece type constants (values 0-5)
22    __value enum Types
23    {
24       KING,
25       QUEEN,
26       BISHOP,
27       KNIGHT,
28       ROOK,
29       PAWN
30    };
31
32    ChessPiece( int, int, int, Bitmap * );
33    void Draw( Graphics * );
34    Rectangle GetBounds();
35    void SetLocation( int , int );
36
37 private:
38    int currentType;            // this object's type
39    Bitmap *pieceImage;         // this object's image
40    Rectangle targetRectangle; // default display location
41 }; // end class ChessPiece
```

圖 16.36　包含所有棋子的類別。

這個棋局遊戲的圖形介面包含了一個畫出棋盤的表單 **Form1**，畫出棋子的視窗 **pieceBox** (請注意，**pieceBox** 的背景被設定爲透明)，以及讓使用者重新開始棋局的 **Menu** 選單。即使棋子和棋格畫可以在同一個表單中，但這樣將造成顯示效率的降低，因爲每當控制項被更新的時候便必須重新顯示棋盤和棋子。

Form1 的 **Load** 事件 (圖 16.38 中的第 73-84 行) 會將每個棋格的影像載入 **chessTile**，並且呼叫 **ResetBoard** 方法更新表單以準備開始遊戲。**ResetBoard** 方法 (第 89-192 行) 將黑色

與白色的 **chessPieces** 指定為新的 **ArrayList** 陣列，並產生 **Bitmap selected** 指出目前被選到的影像。第 114-191 行中將棋盤中的 64 個棋格用迴圈的方式填滿黑色或白色的方格，並在適當位置擺放棋子，將棋盤顯示為遊戲開始的狀態。第 117-118 行將第五列後的棋子改用影像 **whitePieces** 顯示 (改放置白色棋子)，並且，若目前放置的列數為第一列或最後一列時，第 125-161 行會在 **chessPieces** 加入新的棋子。棋子的型態由我們正在設定的行的位置所決定，擺放位置則用下列由左至右的順序排列：城堡 (rook)、騎士 (knight)、主教 (bishop)、皇后 (queen)、國王 (king)、主教、騎士和城堡。第 164-170 行中則設定若目前所繪的 **row** 為第二或第七行 (索引值為 1 或 6) 時將在目前位置畫出士兵 (pawn) 的棋子。

```
 1  // Fig. 16.37: ChessPiece.cpp
 2  // Method definitions for class ChessPiece.
 3
 4  #include "stdafx.h"
 5  #include "ChessPiece.h"
 6
 7  // construct piece
 8  ChessPiece::ChessPiece( int type, int xLocation,
 9     int yLocation, Bitmap *sourceImage )
10  {
11     currentType = type; // set current type
12
13     // set current location
14     targetRectangle = Rectangle( xLocation, yLocation, 75, 75 );
15
16     // obtain pieceImage from section of sourceImage
17     pieceImage = sourceImage->Clone( Rectangle( type * 75, 0, 75, 75 ),
18        Drawing::Imaging::PixelFormat::DontCare );
19  } // end constructor
20
21  // draw chess piece
22  void ChessPiece::Draw( Graphics *graphicsObject )
23  {
24     graphicsObject->DrawImage( pieceImage, targetRectangle );
25  } // end method Draw
26
27  // obtain this piece's location rectangle
28  Rectangle ChessPiece::GetBounds()
29  {
30     return targetRectangle;
31  } // end method GetBounds
32
33  // set this piece's location
34  void ChessPiece::SetLocation( int xLocation, int yLocation )
35  {
36     targetRectangle.X = xLocation;
37     targetRectangle.Y = yLocation;
38  } // end method SetLocation
```

圖 16.37　類別方法 ChessPiece 的定義。

```
1   // Fig. 16.38: Form1.h
2   // Chess Game graphics code.
3
4   #pragma once
5
6
7   #include "ChessPiece.h"
8
9   namespace ChessGame
10  {
11     using namespace System;
12     using namespace System::ComponentModel;
13     using namespace System::Collections;
14     using namespace System::Windows::Forms;
15     using namespace System::Data;
16     using namespace System::Drawing;
17
18     /// <summary>
19     /// Summary for Form1
20     ///
21     /// WARNING: If you change the name of this class, you will need to
22     ///          change the 'Resource File Name' property for the managed
23     ///          resource compiler tool associated with all .resx files
24     ///          this class depends on.  Otherwise, the designers will not
25     ///          be able to interact properly with localized resources
26     ///          associated with this form.
27     /// </summary>
28     public __gc class Form1 : public System::Windows::Forms::Form
29     {
30     public:
31        Form1(void)
32        {
33           InitializeComponent();
34        }
35
36     protected:
37        void Dispose(Boolean disposing)
38        {
39           if (disposing && components)
40           {
41              components->Dispose();
42           }
43           __super::Dispose(disposing);
44        }
45     private: System::Windows::Forms::PictureBox *  pieceBox;
46     private: System::Windows::Forms::MainMenu *  GameMenu;
47     private: System::Windows::Forms::MenuItem *  gameItem;
48     private: System::Windows::Forms::MenuItem *  newGameItem;
49
50     // ArrayList for board tile images
```

圖 16.38　西洋棋遊戲的程式碼 (第 7 之 1 部分)。

```
51      private: static ArrayList *chessTile = new ArrayList();
52
53      // ArrayList for chess pieces
54      private: static ArrayList *chessPieces = new ArrayList();
55
56      // define index for selected piece
57      private: static int selectedIndex = -1;
58
59      private: static int board[,] = new int __gc[ 8, 8 ]; // board array
60
61      // define chess tile size in pixels
62      private: static const int TILESIZE = 75;
63
64      private:
65         /// <summary>
66         /// Required designer variable.
67         /// </summary>
68         System::ComponentModel::Container * components;
69
70      // Visual Studio .NET generated GUI code
71
72      // load tile bitmaps and reset game
73      private: System::Void Form1_Load(
74                  System::Object *  sender, System::EventArgs *  e)
75               {
76                  // load chess board tiles
77                  chessTile->Add( Bitmap::FromFile( S"lightTile1.png" ) );
78                  chessTile->Add( Bitmap::FromFile( S"lightTile2.png" ) );
79                  chessTile->Add( Bitmap::FromFile( S"darkTile1.png" ) );
80                  chessTile->Add( Bitmap::FromFile( S"darkTile2.png" ) );
81
82                  ResetBoard(); // initialize board
83                  Invalidate(); // refresh form
84               } // end method Form1_Load
85
86      private:
87
88         // initialize pieces to start and rebuild board
89         void ResetBoard()
90         {
91            int current = -1;
92            ChessPiece *piece;
93            Random *random = new Random();
94            bool light = true;
95            int type;
96
97            // ensure empty arraylist
98            chessPieces = new ArrayList();
99
100           // load whitepieces image
```

圖 16.38 西洋棋遊戲的程式碼 (第 7 之 2 部分)。

```
101          Bitmap *whitePieces =
102             dynamic_cast < Bitmap * >(
103                Image::FromFile( S"whitePieces.png" ) );
104
105          // load blackpieces image
106          Bitmap *blackPieces =
107             dynamic_cast < Bitmap * >(
108                Image::FromFile( S"blackPieces.png" ) );
109
110          // set whitepieces drawn first
111          Bitmap *selected = blackPieces;
112
113          // traverse board rows in outer loop
114          for ( int row = 0; row <= board->GetUpperBound( 0 ); row++ ) {
115
116             // if at bottom rows, set to black pieces images
117             if ( row > 5 )
118                selected = whitePieces;
119
120             // traverse board columns in inner loop
121             for ( int column = 0;
122                column <= board->GetUpperBound( 1 ); column++ ) {
123
124                // if first or last row, organize pieces
125                if ( row == 0 || row == 7 ) {
126
127                   switch ( column ) {
128                      case 0:
129                      case 7: // set current piece to rook
130                         current = ChessPiece::Types::ROOK;
131                         break;
132
133                      case 1:
134                      case 6: // set current piece to knight
135                         current = ChessPiece::Types::KNIGHT;
136                         break;
137
138                      case 2:
139                      case 5: // set current piece to bishop
140                         current = ChessPiece::Types::BISHOP;
141                         break;
142
143                      case 3: // set current piece to queen
144                         current = ChessPiece::Types::QUEEN;
145                         break;
146
147                      case 4: // set current piece to king
148                         current = ChessPiece::Types::KING;
149                         break;
150
```

圖 16.38 西洋棋遊戲的程式碼 (第 7 之 3 部分)。

```
151                    default:
152                       break;
153                 } // end switch
154
155                 // create current piece at start position
156                 piece = new ChessPiece( current, column * TILESIZE,
157                    row * TILESIZE, selected );
158
159                 // add piece to arraylist
160                 chessPieces->Add( piece );
161              } // end if
162
163              // if second or seventh row, organize pawns
164              if ( row == 1 || row == 6 ) {
165                 piece = new ChessPiece( ChessPiece::Types::PAWN,
166                    column * TILESIZE, row * TILESIZE, selected );
167
168                 // add piece to arraylist
169                 chessPieces->Add( piece );
170              } // end if
171
172              // determine board piece type
173              type = random->Next( 0, 2 );
174
175              if ( light ) {
176
177                 // set light tile
178                 board[ row, column ] = type;
179                 light = false;
180              } // end if
181              else {
182
183                 // set dark tile
184                 board[ row, column ] = type + 2;
185                 light = true;
186              } // end else
187           } // end inner for
188
189           // account for new row tile color switch
190           light = !light;
191        } // end outer for
192     } // end method ResetBoard
193
194  protected:
195
196     // display board in OnPaint method
197     void OnPaint( PaintEventArgs *e )
198     {
199        __super::OnPaint( e ); // call base OnPaint method
200
```

圖 16.38 西洋棋遊戲的程式碼 (第 7 之 4 部分)。

```
201           // obtain graphics object
202           Graphics *graphicsObject = e->Graphics;
203
204           for ( int row = 0; row <= board->GetUpperBound( 0 ); row++ ) {
205
206              for ( int column = 0;
207                 column <= board->GetUpperBound( 1 ); column++ ) {
208
209                 // draw image specified in board array
210                 graphicsObject->DrawImage(
211                    dynamic_cast < Image * >(
212                    chessTile->Item[ board[ row, column ] ] ),
213                    Point( TILESIZE * column, TILESIZE * row ) );
214              } // end inner for
215           } // end outer for
216        } // end method OnPaint
217
218     private:
219
220        // return index of piece that intersects point
221        // optionally exclude a value
222        int CheckBounds( Point point, int exclude )
223        {
224           Rectangle rectangle; // current bounding rectangle
225
226           for ( int i = 0; i < chessPieces->Count; i++ ) {
227
228              // get piece rectangle
229              rectangle = GetPiece( i )->GetBounds();
230
231              // check if rectangle contains point
232              if ( rectangle.Contains( point ) && i != exclude )
233                 return i;
234           } // end for
235           return -1;
236        } // end method CheckBounds
237
238     // handle pieceBox paint event
239     private: System::Void pieceBox_Paint(System::Object *  sender,
240              System::Windows::Forms::PaintEventArgs *  e)
241           {
242              // draw all pieces
243              for ( int i = 0; i < chessPieces->Count; i++ )
244                 GetPiece( i )->Draw( e->Graphics );
245           } // end method pieceBox_Paint
246
247     private: System::Void pieceBox_MouseDown(System::Object *  sender,
248              System::Windows::Forms::MouseEventArgs *  e)
249           {
```

圖 16.38　西洋棋遊戲的程式碼 (第 7 之 5 部分)。

```
250                // determine selected piece
251                selectedIndex = CheckBounds( Point( e->X, e->Y ), -1 );
252             } // end method pieceBox_MouseDown
253
254     // if piece is selected, move it
255     private: System::Void pieceBox_MouseMove(System::Object *  sender,
256                System::Windows::Forms::MouseEventArgs *  e)
257             {
258                if ( selectedIndex > -1 ) {
259                   Rectangle region = Rectangle(
260                      e->X - TILESIZE * 2, e->Y - TILESIZE * 2,
261                      TILESIZE * 4, TILESIZE * 4 );
262
263                   // set piece center to mouse
264                   GetPiece( selectedIndex )->SetLocation(
265                      e->X - TILESIZE / 2, e->Y - TILESIZE / 2 );
266
267                   // refresh immediate are
268                   pieceBox->Invalidate( region );
269                } // end if
270             } // end method pieceBox_MouseMove
271
272     // on mouse up deselect piece and remove taken piece
273     private: System::Void pieceBox_MouseUp(System::Object *  sender,
274                System::Windows::Forms::MouseEventArgs *  e)
275             {
276                int remove = -1;
277                int maxLocation = 7 * TILESIZE;
278
279                //if chess piece was selected
280                if ( selectedIndex > -1 ) {
281                   Point current = Point( e->X, e->Y );
282                   Point newPoint = Point(
283                      current.X - ( current.X % TILESIZE ),
284                      current.Y - ( current.Y % TILESIZE ) );
285
286                   // ensure that new point is within bounds of board
287                   if ( newPoint.X < 0 )
288                      newPoint.X = 0;
289                   else if ( newPoint.X > maxLocation )
290                      newPoint.X = maxLocation;
291
292                   if ( newPoint.Y < 0 )
293                      newPoint.Y = 0;
294                   else if ( newPoint.Y > maxLocation )
295                      newPoint.Y = maxLocation;
296
297                   // check bounds with point, exclude selected piece
298                   remove = CheckBounds( newPoint, selectedIndex );
299
```

圖 16.38 西洋棋遊戲的程式碼 (第 7 之 6 部分)。

```
300                    // snap piece into center of closest square
301                    GetPiece( selectedIndex )->SetLocation( newPoint.X,
302                       newPoint.Y );
303
304                    // deselect piece
305                    selectedIndex = -1;
306
307                    // remove taken piece
308                    if ( remove > -1 )
309                       chessPieces->RemoveAt( remove );
310                 } // end if
311
312                 // refresh pieceBox to ensure artifact removal
313                 pieceBox->Invalidate();
314              } // end method pieceBox_MouseUp
315
316     private:
317
318        // helper method to convert ArrayList object to ChessPiece
319        ChessPiece* GetPiece( int i )
320        {
321           return dynamic_cast < ChessPiece* >( chessPieces->Item[ i ] );
322        } // end method GetPiece
323
324     // handle NewGame menu option click
325     private: System::Void newGameItem_Click(
326                 System::Object *  sender, System::EventArgs *  e)
327              {
328                 ResetBoard(); // reinitialize board
329                 Invalidate(); // refresh form
330              } // end method newGameItem_Click
331     };
332  }
```

圖 16.38　西洋棋遊戲的程式碼 (第 7 之 7 部分)。

棋盤是用交替的深色及淺色棋格影像排列而成，每一列開始的顏色等於上一列中最後一個棋格的顏色。第 175-186 行中將目前棋格的顏色設定為 **board** 陣列中的值，第 173 行在第一次時隨機選取填入深色或淺色的棋格，而其後的 **light** 變數 (**bool** 型別的變數) 則用於在排列時交替變換棋格顏色。如先前所述，索引值 **0**、**1** 代表淺色棋格，而 **2**、**3** 代表深色棋格。第 190 行則設定每一列的最後一個 **light** 的值不變，以同樣棋格填入下一列的第一個位置當中。

OnPaint 方法 (第 197-216 行) 負責處理 **Form** 類別的 **Paint** 事件並根據每個棋格的位置畫出棋盤。方法 **pieceBox_Paint** (第 239-245 行)負責處理 **pieceBox** 的 Paint 事件，使 **ArrayList chessPiece** 陣列中的所有陣列值 (棋子) 都呼叫 **Draw** 方法，以繪出所有棋子。

事件處理常式 **MouseDown** (第 247-252 行) 將使用者所按下滑鼠的位置作為參數呼叫 **CheckBounds** 方法 (第 222-236 行)，以確定使用者是否表示選取了一個棋子。**CheckBounds** 傳回一個整數，代表該點發生碰撞的位置。

事件處理常式**MouseMove**(第 255-270 行)將目前選取的棋子隨著滑鼠移動，第 264-265 行設定被選到的棋子位置爲滑鼠游標目前的位置，並調整影像位置，各加上半個棋格大小以使棋子的中心點正好位於指標上。第 268 行則定義出一塊 **Panel** 隨時範圍，以滑鼠目前位置的上下左右各加上兩片棋格爲**Panel**位置和大小，並使**Panel**重新顯示。因爲這個**Panel**便是滑鼠抓住、移動的棋子的範圍。本章先前提到使用物件的 **Invalidate** 方法重新繪圖是比較慢的，這表示事件處理常式**MouseMove**在物件的**Invalidate**方法執行完畢前可能早已被呼叫很多次，所以如果使用者使用的電腦處理速度過慢但移動滑鼠的速度卻很快的話，可能會造成程式的*假象*(*artifacts*)，也就是程式中非預期的顯示異常。因爲許多狀況下我們都必須重繪這個滑鼠抓取棋子的區域，所以爲了提高效率，我們在 **MouseMove** 事件中直接重繪整個元件。

第 273-314 行定義了**MouseUp**事件處理常式，若先前已握住了某個棋子，則第 280-310 行會檢查使用者放開滑鼠的地方是否與 **chessPieces** 中的棋子發生碰撞，若有，則移除棋盤上被碰撞的棋子，並將手上的棋子放於該處，最後將這個棋子取消選取。上述檢查棋子是否發生碰撞的過程，是用於表示使用者是否用手上的棋子「吃掉」棋盤上的棋子。第 287 到 295 行檢查滑鼠目前的位置是否位於棋盤之內 (**0** 至 **TILESIZE*7**)，若滑鼠已經移動到棋盤之外了，程式將會把滑鼠位置限制在棋盤的邊緣上。第 298 行用於檢查是否有棋子 (包含手上的棋子) 已經放置在滑鼠選擇的位置之上，若有，表示碰撞發生，則將整數變數 **remove** 設爲被碰撞的棋子索引值。第 301-302 行找到離滑鼠最近的棋格中心並將手上的棋子「喀」一聲放到該位置上。若 **remove** 變數是一個正數 (表示移除了某個棋子)，則第 309 行中將會移除 **chessPieces** 陣列中的那個棋子物件。最後，在 313 行中將重繪 **Panel** 以顯示棋盤狀態並移除所有移動滑鼠時所產生的假象。

CheckBounds 方法 (第 222-236 行) 是一個協助偵測碰撞的方法，我們以一個點座標爲參數傳入 (本例中爲滑鼠位置處的點座標)，它將在 **chessPieces ArrayList** 中依序尋找該點位在哪個棋子當中，並傳回該棋子的索引值。**CheckBounds** 方法可預先設定不需檢查的棋子，(在本例中，我們可不須檢查在 **MouseUp** 事件處理常式中已被滑鼠握住的那顆棋子)。

第 319-322 行定義 **GetPiece** 方法，這個方法將 **ArrayList chessPieces** 中的物件型態轉換爲 **ChessPiece** 型態。**newGameItem_Click** 方法負責處理選單選項 **NewGame** 被按下的事件，它將呼叫 **RefreshBoard** 重新開始棋局並呼叫整個表單的 **Invalidates** 以重繪表單。圖 16.39 顯示了棋局程式的內容。

16.12 Windows Media Player

Windows Media Player 讓應用程式能夠播放許多多媒體格式影片及聲音的功能，可用 Media Player 播放的檔案包括 MPEG (*動態影像壓縮標準，Motion Pictures Experts Group*)、*AVI* (*audio-video interleave*)、*WAV* (*Windows wave-file format*) 以及 *MIDI* (*Musical Instrument Digital*

Interface) 等聲音視訊檔案。使用者可以在網路上搜尋到許多音訊及影像檔，或是使用現有的聲音、影像和文字製作出相關類型的檔案。

Windows Media Player 是一種 *ActiveX 控制項*。ActiveX 是 Windows 作業系統中可重複使用的 GUI 元件。Windows 系統會在安裝系統時自行安裝許多 ActiveX 控制項，如 Windows Media Player 控制項。

```
 1  // Fig. 16.39: Form1.cpp
 2  // Entry point for application.
 3
 4  #include "stdafx.h"
 5  #include "Form1.h"
 6  #include <windows.h>
 7
 8  using namespace ChessGame;
 9
10  int APIENTRY _tWinMain(HINSTANCE hInstance,
11                         HINSTANCE hPrevInstance,
12                         LPTSTR    lpCmdLine,
13                         int       nCmdShow)
14  {
15     System::Threading::Thread::CurrentThread->ApartmentState =
16        System::Threading::ApartmentState::STA;
17     Application::Run(new Form1());
18     return 0;
19  } // end _tWinMain
```

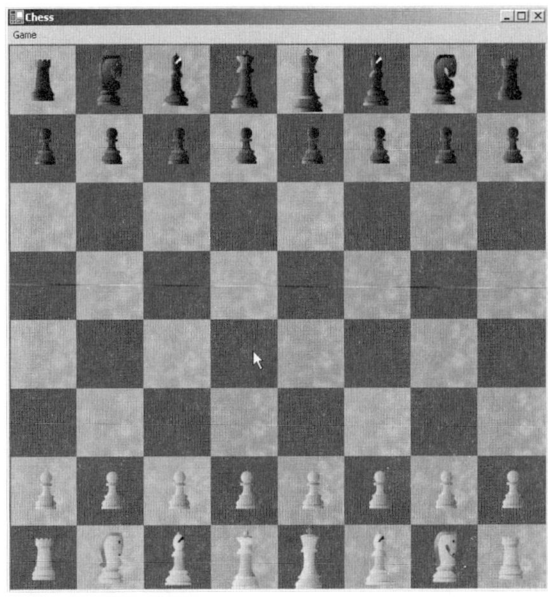

圖 16.39　棋局遊戲的範例介紹 (第 2 之 1 部分)。

圖 16.39 棋局遊戲的範例介紹 (第 2 之 2 部分)。

在程式的表單中欲插入 Windows Media Player 控制項，必須先將 Windows Media Player 控制項加入 **Toolbox** 中：在 **Toolbox** 上按右鍵並選擇 **Add/Remove Items…**，在 **Customize Toolbox** 對話盒中的 **COM Components** 頁籤上，檢查 **Windows Media Player** 旁邊的內容是否為 `c:\winnt\system32\msdxm.ocx` (或 `c:\Windows\system32\msdxm.ocx`)，最後

按下 **OK** (圖 16.40)[2]。如此一來，Windows Media Player 元件將會顯示在 **Toolbox** 上，我們便可以如操作其他元件一樣將 Media Player 控制項插入於表單中。圖 16.41 及圖 16.42 顯示了 Windows Media Player 控制項。

第 49 行宣告一個型態爲 **`AxMediaPlayer`** 的 Windows Media Player 控制項物件。這個 Windows Media Player 控制項物件提供許多按鈕，使用者可以播放目前檔案、暫停、停止、播放上一檔案、回轉、快轉以及播放下一檔案。另外還包含了音量控制，以及可拖曳播放位置的捲軸 (trackbar)。

範例程式中含有一個主選單，包含 **File** 及 **About** 兩個子選單。**File** 選單含有 **Open** 和 **Exit** 兩個選單內容。**About** 選單則只含有 **About Windows Media Player** 一個選項。

當使用者在 **File** 選單中選擇 **Open** 時，將會呼叫事件處理常式 **`openItem_Click`** (圖 16.41 中的第 61-75 行)。第 64 行呼叫了 ***`OpenFileDialog`*** 的方法 ***`ShowDialog`***，類別 **`Open-FileDialog`** 爲開啓舊檔的對話盒，供使用者選取欲開啓的檔案，而 **`ShowDialog`** 方法則是用於顯示該對話盒。

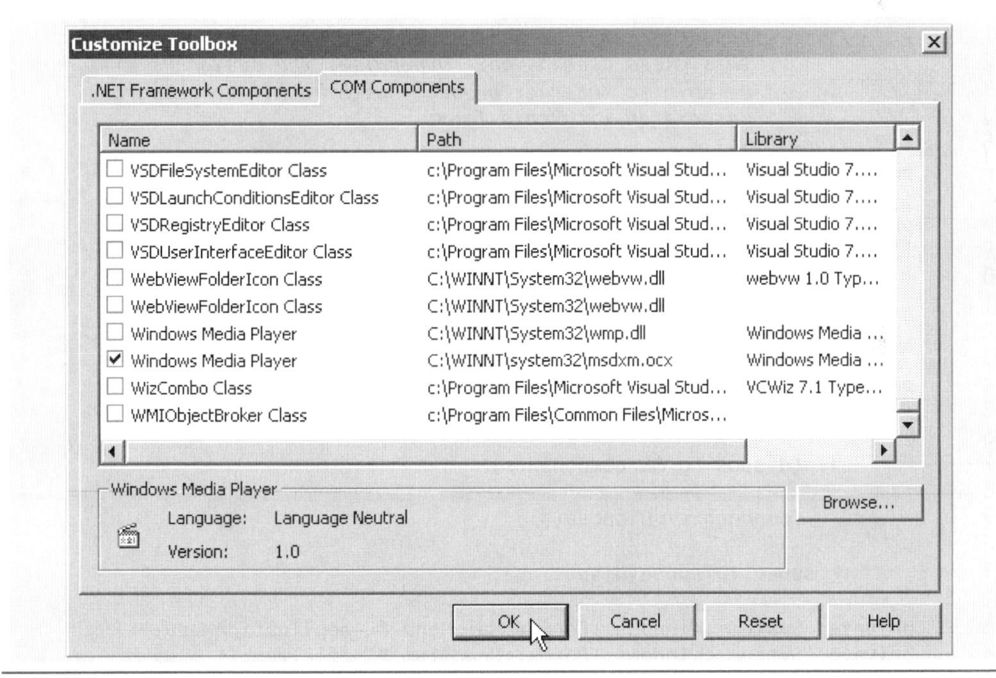

圖 16.40　在 Toolbox 中新增 ActiveX 控制項。

2　在使用 ActiveX 控制項時，您可能必須將 ActiveX 控制項向系統註冊 (msdxm.ocx) 才可使用。選擇開始功能表 **Start > Run** 並在提示號下鍵入 **`C:\WINNT\system32\msdxm.ocx`**。(指令中的 WINNT 可更換成 Windows)。然後，在 Command Prompt 視窗中開啓資料夾 **`C:\Program Files\Microsoft Visual Studio.NET 2003\SDK\v1.1\Bin`**，鍵入 **`AxImp C:\WINNT\system32\msdxm.ocx`** 或是 **`AxImp C:\Windows\system32\msdxm.ocx`**.這些指令將產生出.dll 檔，此後您便可以在應用程式中加入 ActiveX 控制項。

```
 1  // Fig. 16.41: Form1.h
 2  // Demonstrates the Windows Media Player control.
 3
 4  #pragma once
 5
 6
 7  namespace MyMediaPlayer
 8  {
 9     using namespace System;
10     using namespace System::ComponentModel;
11     using namespace System::Collections;
12     using namespace System::Windows::Forms;
13     using namespace System::Data;
14     using namespace System::Drawing;
15
16     /// <summary>
17     /// Summary for Form1
18     ///
19     /// WARNING: If you change the name of this class, you will need to
20     ///          change the 'Resource File Name' property for the managed
21     ///          resource compiler tool associated with all .resx files
22     ///          this class depends on.  Otherwise, the designers will not
23     ///          be able to interact properly with localized resources
24     ///          associated with this form.
25     /// </summary>
26     public __gc class Form1 : public System::Windows::Forms::Form
27     {
28     public:
29        Form1(void)
30        {
31           InitializeComponent();
32        }
33
34     protected:
35        void Dispose(Boolean disposing)
36        {
37           if (disposing && components)
38           {
39              components->Dispose();
40           }
41           __super::Dispose(disposing);
42        }
43     private: System::Windows::Forms::MainMenu *  applicationMenu;
44     private: System::Windows::Forms::MenuItem *  fileItem;
45     private: System::Windows::Forms::MenuItem *  openItem;
46     private: System::Windows::Forms::MenuItem *  exitItem;
47     private: System::Windows::Forms::MenuItem *  aboutItem;
48     private: System::Windows::Forms::MenuItem *  aboutMessageItem;
49     private: AxInterop::MediaPlayer::AxMediaPlayer *  player;
50     private: System::Windows::Forms::OpenFileDialog *  openMediaFileDialog;
51
52     private:
```

圖 16.41 Windows Media Player 介紹 (第 2 之 1 部分)。

```
53          /// <summary>
54          /// Required designer variable.
55          /// </summary>
56          System::ComponentModel::Container * components;
57
58       // Visual Studio .NET generated GUI code
59
60       // open new media file in Windows Media Player
61       private: System::Void openItem_Click(
62                   System::Object *  sender, System::EventArgs *  e)
63                {
64                   openMediaFileDialog->ShowDialog();
65
66                   player->FileName = openMediaFileDialog->FileName;
67
68                   // adjust the size of the Media Player control and
69                   // the Form according to the size of the image
70                   player->Size.Width = player->ImageSourceWidth;
71                   player->Size.Height = player->ImageSourceHeight;
72
73                   this->Size.Width = player->Size.Width + 20;
74                   this->Size.Height = player->Size.Height + 60;
75                } // end method openItem_Click
76
77       private: System::Void exitItem_Click(
78                   System::Object *  sender, System::EventArgs *  e)
79                {
80                   Application::Exit();
81                } // end method exitItem_Click
82
83       private: System::Void aboutMessageItem_Click(
84                   System::Object *  sender, System::EventArgs *  e)
85                {
86                   player->AboutBox();
87                } // end method aboutMessageItem_Click
88       };
89    }
```

圖 16.41　Windows Media Player 介紹 (第 2 之 2 部分)。

```
1   // Fig. 16.42: Form1.cpp
2   // Entry point for application.
3
4   #include "stdafx.h"
5   #include "Form1.h"
6   #include <windows.h>
7
8   using namespace MyMediaPlayer;
9
10  int APIENTRY _tWinMain(HINSTANCE hInstance,
11                         HINSTANCE hPrevInstance,
12                         LPTSTR    lpCmdLine,
13                         int       nCmdShow)
```

圖 16.42　MyMediaPlayer 的範例程式 (第 2 之 1 部分)。

```
14  {
15     System::Threading::Thread::CurrentThread->ApartmentState =
16        System::Threading::ApartmentState::STA;
17     Application::Run(new Form1());
18     return 0;
19  } // end _tWinMain
```

圖 16.42 MyMediaPlayer 的範例程式 (第 2 之 2 部分)。

然後，程式將設定 **`player`** (Windows Media Player 控制項物件，型態爲 **`AxMediaPlayer`**) 的 ***`FileName`*** 屬性，使其等於使用者所選取的檔案名稱。**`FileName`** 屬性表示 Windows Media Player 目前播放的檔案名稱。第 70-74 行將依檔案影像大小調整 **`player`** 的視窗大小。

當使用者從 **File** 選單 (第 77-81 行) 中選擇 **Exit** 時會引發事件處理常式呼叫 **`Application::Exit`** 結束該程式。而若使用者選擇了 **About** 選單下的 **About Windows Media Player** (第 83-87 行) 會啓動處理常式呼叫 palyer 的 ***`AboutBox`*** 方法，該方法將會開啓訊息視窗以顯示有關 Windows Media Player 的訊息。

16.13 Microsoft 小幫手

Microsoft 小幫手 (*Micorsoft Agent*) 是 Microsoft 所提供的*互動式人物* (*interactive animated characters*)，程式設計師可以在視窗程式或網頁上加入這項功能。Microsoft 小幫手最主要的特徵就是提供人機互動功能，可以利用語音辨識或語音合成說出或回應使用者的輸入。Microsoft 在許多應用程式中也使用了小幫手服務，如 Word、Excel 和 PowerPoint。這些程式中的小幫手可協助使用者尋找問題的答案、或更進一步的了解程式所提供的功能。

Microsoft 小幫手提供四種已設定的人物，*Genie* (精靈)、*Merlin* (巫師)、*Peedy* (鸚鵡) 以及 *Robby* (機器人)。每一個角色都有專屬的動畫，程式設計師可以使用他們介紹程式的特點及功能。例如，Peedy 的動畫裡包含了許多飛翔的動畫，程式設計師便可以使用這些動畫讓 Peedy 在螢幕上飛翔。Microsoft 在下列網址中提供小幫手的基本資訊：

```
www.microsoft.com/msagent/downloads/default.asp
```

Microsoft 小幫手讓使用者可以利用語音，也就是人類最原始的溝通方式，與程式或網頁溝通。當使用者利用麥克風說出語音時，小幫手控制項將使用*語音辨識引擎* (*speech recognition engine*)，將輸入的聲音訊息轉換成電腦語言。小幫手控制項也可使用*文字轉語音引擎* (*text-to-speech engine*) 將文字轉換成語音輸出。文字轉語音引擎可以將印刷體文字轉換成音訊，讓使用者可以利用連接到電腦上的耳機或喇叭聽到文字內容。Microsoft 在下列網址中也提供了多種語言的語音辨識及文字轉語音引擎：

```
www.microsoft.com/msagent/downloads/user.asp
```

設計師甚至可以利用 *Microsoft Agent Character Editor* 及 *Microsoft Linguistic Sound Editing Tool* 創造出自訂的動畫人物，這些產品可以免費在下列網址下載：

```
www.microsoft.com/msagent/downloads/developer.asp
```

本節將介紹小幫手控制項的基本功能，更多有關小幫手控制項的敘述，可以參考：

```
www.microsoft.com/msagent/downloads/default.asp
```

接下來的範例 (Peedy's Pizza Palace) 是一個由 Microsoft 所製作用來顯示小幫手功能的程式， Peedy's Pizza Palace 是一個線上的比薩訂購程式，也接受使用者利用語音購買比薩。Peedy 將會協助使用者選擇產品並計算訂購數量與價錢。

讀者可以在下列網址開啓這個範例：

```
agent.microsoft.com/agent2/sdk/samples/html/peedypza.htm
```

執行這個範例程式前必須先下載 Peedy 的動畫檔案、文字轉語音引擎及語音辨識引擎。載入網頁時，瀏覽器便會主動提示你必須下載這些工具，您只需依照 Microsoft 所提供的提示訊息操作可以完成安裝。

當視窗開啓時，Peedy 會先做自我介紹 (圖 16.43)，Preedy 說話的內容也會以文字顯示在他上方的對話框中。我們可以見到，Peedy 的動作也會隨著文字內容而改變。

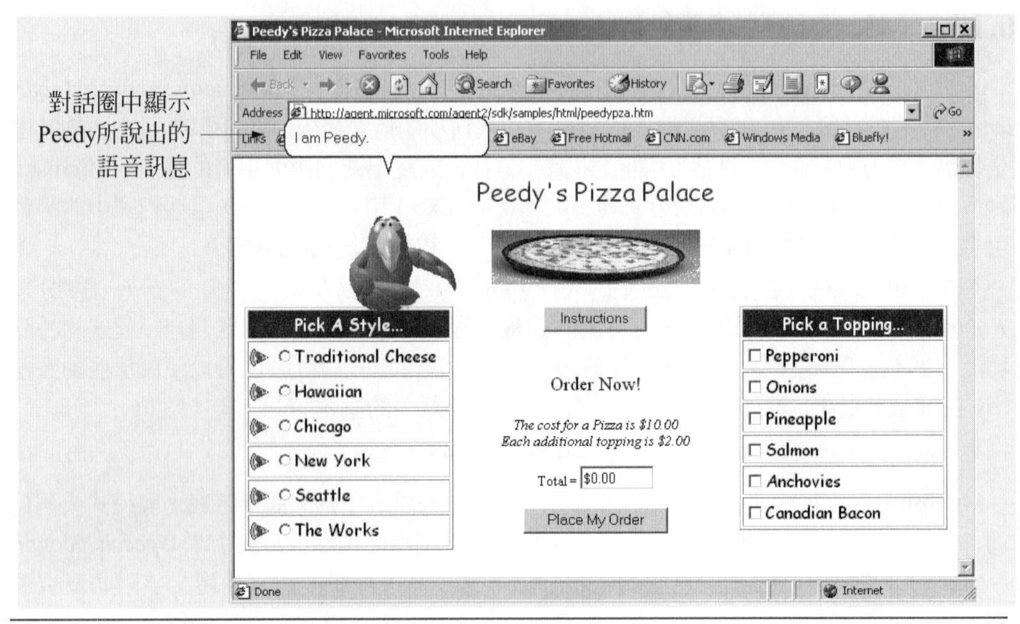

圖 16.43 視窗開啓時，Peedy 的自我介紹。

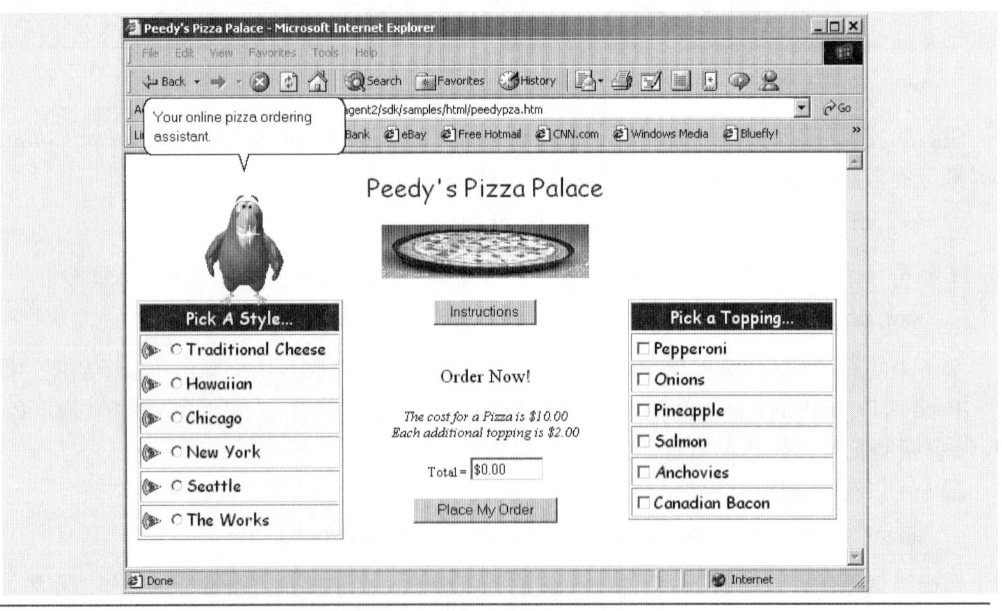

圖 16.44 Peedy 的 Pleased (歡喜的) 動畫。

程式設計師可以將讓小幫手的動作配合說話的內容以加強表達敘述內容的重點或角色的個性，例如在圖 16.44 中使用了 Peedy 的 **`Pleased`** (*歡喜的*) 動畫。Peedy 的動畫集中含有八十五張均不相同，且爲 Peedy 專屬的動畫。

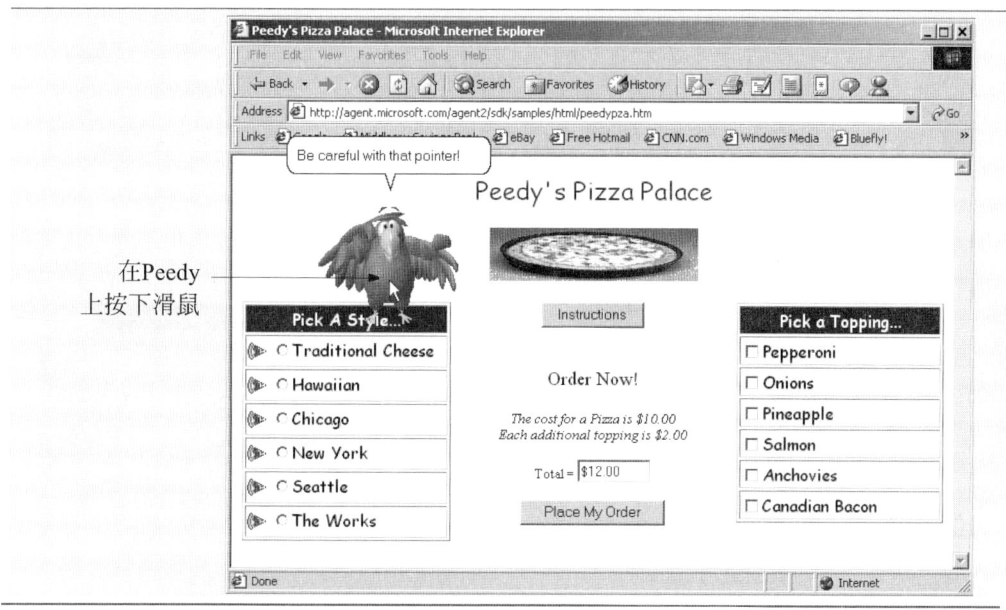

圖 16.45　Peedy 被滑鼠按到時的反應。

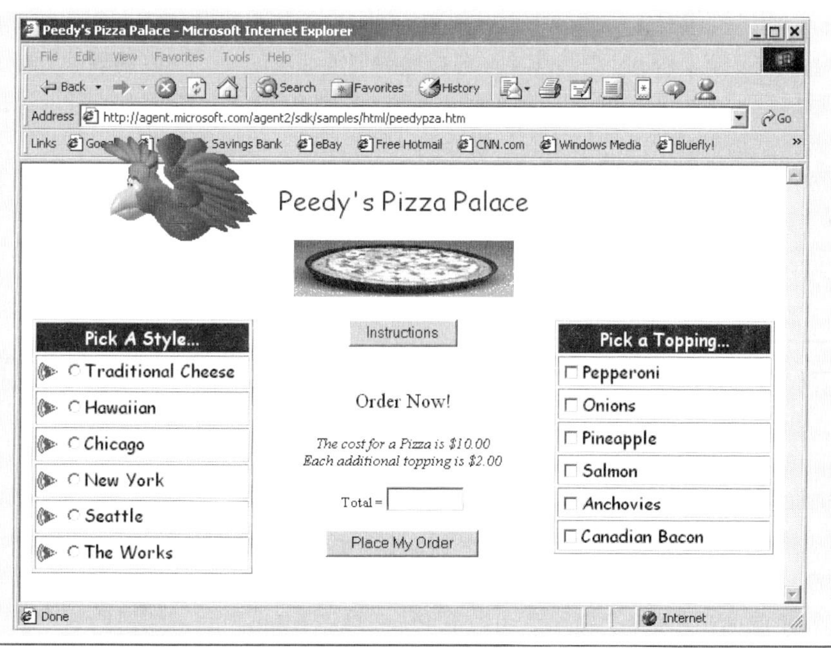

圖 16.46　Peedy 的飛翔動畫。

感視介面的觀點 16.1

執行具有小幫手的程式時，小幫手會出現於所有視窗的最上層，所以動畫的顯示不會受瀏覽器或程式視窗大小的限制。

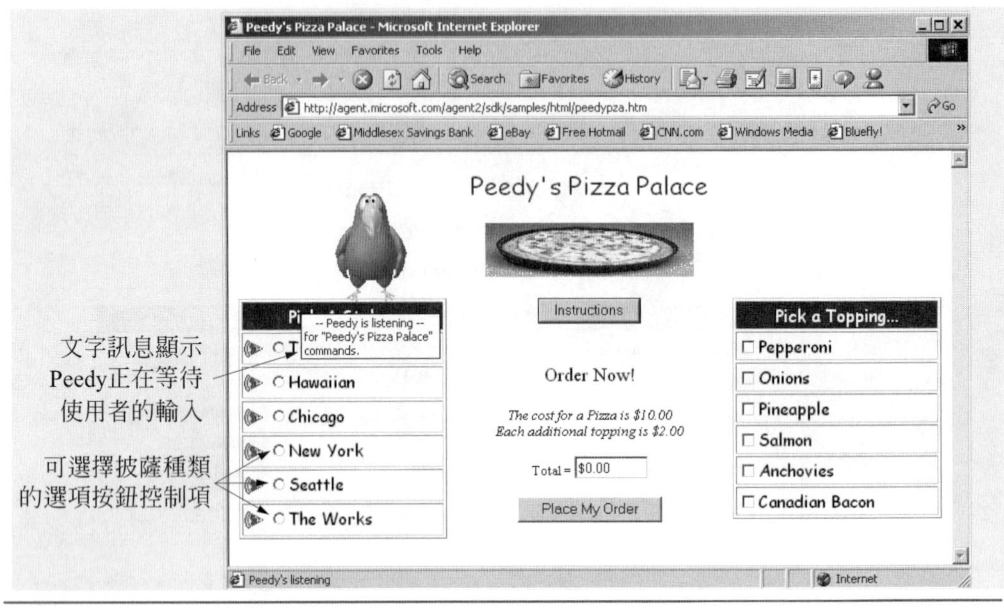

圖 16.47 Peedy 正在等待語音輸入。

Peedy 對鍵盤或滑鼠的輸入也會有反應，圖 16.45 顯示當使用者用滑鼠指標按住 Peedy 時所會產生的反應：Peedy 會跳起來，豎起他的羽毛並大叫：「有點癢啊！」或是「注意一下你的滑鼠！」。使用者也可以使用滑鼠拖曳、移動 Peedy 的位置。雖然 Peedy 的位置被改變了，但它還是會繼續進行剩餘的動畫表演。

許多移動小幫手位置的命令都會引起小幫手開始動畫，例如移動 Peedy 時，Peedy 會從螢幕的一頭跳到另一頭，或是用飛翔的方式移動他的位置 (圖 16.46)。

當 Peedy 完成剛開始的所有動作之後，他的下方會出現一個文字方塊表示 Peedy 正在等候命令 (圖 16.47)，使用者可以用麥克風說出欲訂購的比薩名稱，或是使用一般的滑鼠選取方法。

如果使用者選擇用語音輸入，Peedy 的下方將會出現一個文字方塊顯示出 Peedy 所聽到的文字 (也就是由語音辨識引擎所轉換出來的文字)。若使用者的輸入辨識成功，Peedy 會覆述出使用者所選擇的比薩。如圖 16.48 便顯示了使用者選擇 **Seattle** 比薩的結果。

選擇披薩後，Peedy 會繼續詢問使用者是否要增加餡料，使用者仍然可以透過語音或滑鼠選擇。並且可以從餡料的核取方塊和比薩的選取方塊中看到選擇結果。圖 16.49 顯示了使用者選擇鯷魚餡料，Peedy 會對使用者的選擇回應一些俏皮話。

使用者完成所有決定之後，便可按下 **Place My Order** 按鈕，或是對麥克風說出 "Place order" 以送出訂單。Peedy 將會開始計算訂購數目並寫在他的記事本上 (圖 16.50)，然後將數量及金額告知使用者 (圖 16.51)。

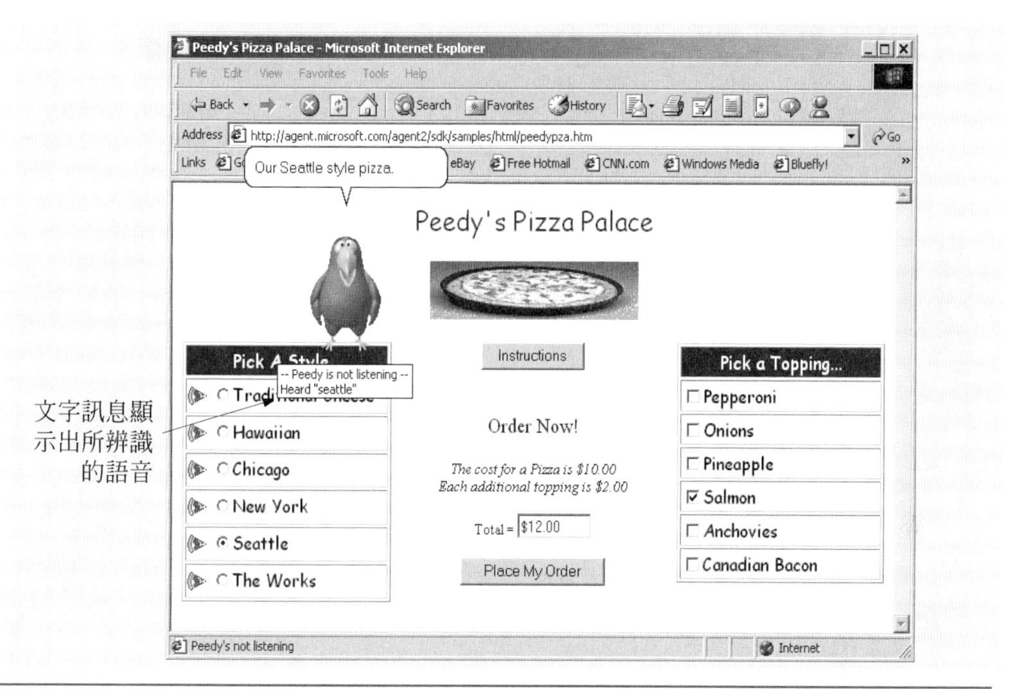

圖 16.48　Peedy 覆誦出使用者選擇了 Seattle 比薩。

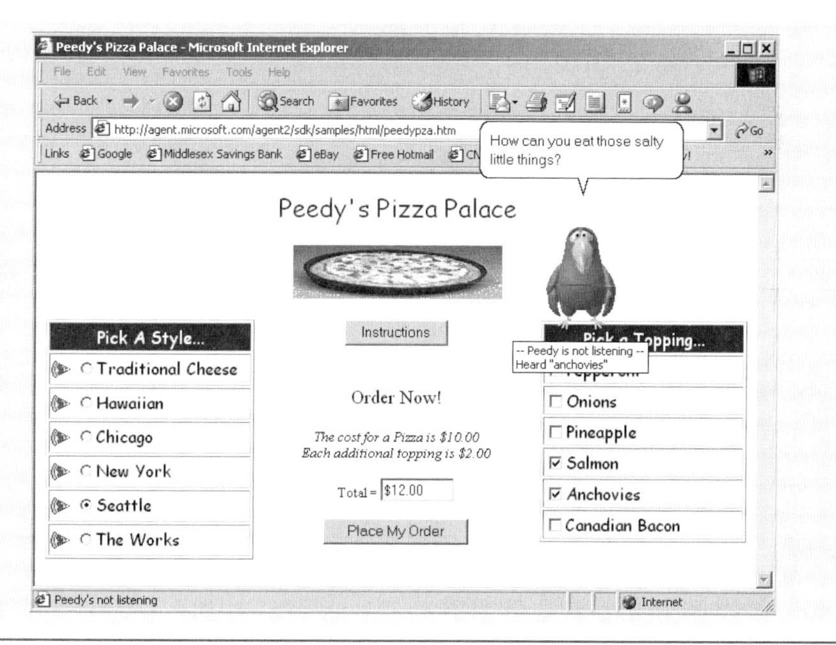

圖 16.49　Peedy 覆誦出使用者選擇了鯷魚餡料。

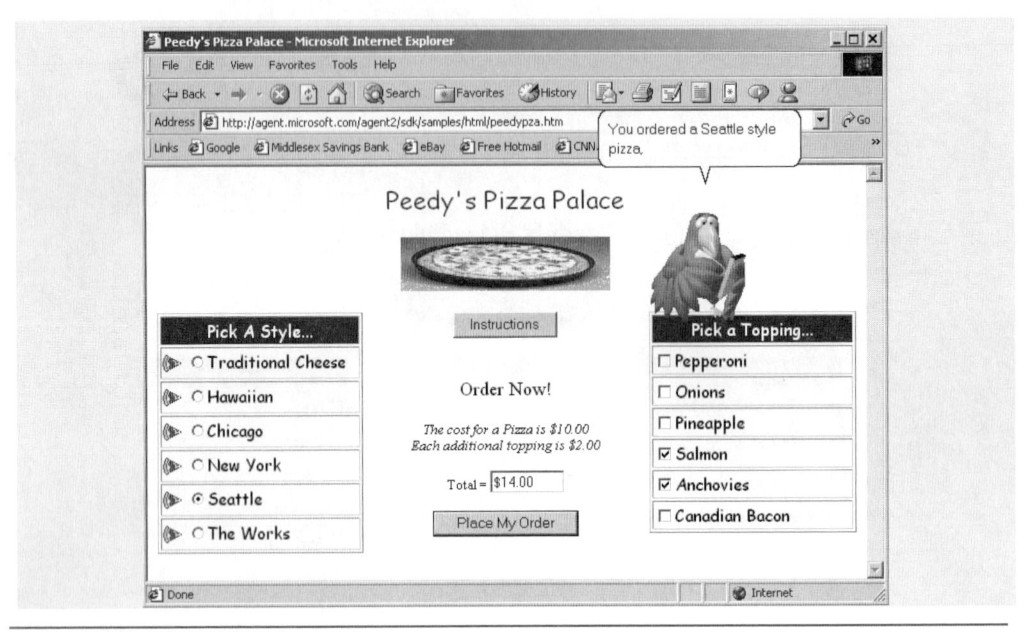

圖 16.50　Peedy 計算訂貨數量。

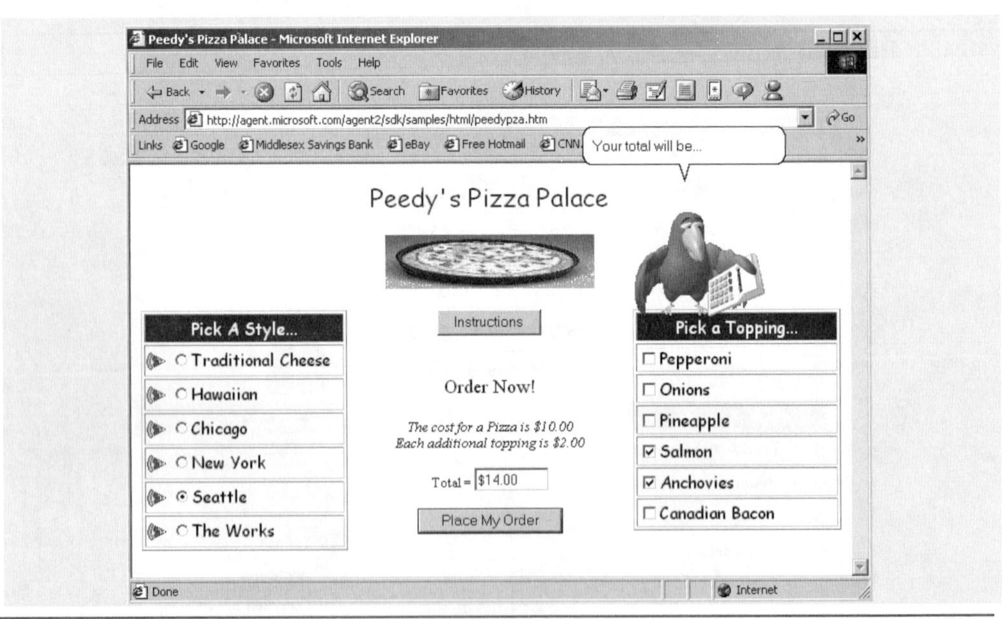

圖 16.51　Peedy 算出總金額。

圖 16.52 與圖 16.53 的程式介紹顯示如何在應用程式中加入小幫手。這個範例中含有兩個下拉式選單供使用者選擇小幫手及小幫手顯示的動畫內容。當使用者做好選擇後，程式便會呼叫指定的小幫手表演指定動畫。程式中由於使用了語音辨識及合成的功能，因此可以也

利用語音操作小幫手的動作或發音。使用者在語音操作上只要按下鍵盤上的 *Scroll Lock* 鍵並透過麥克風發音，便可以呼叫小幫手執行相關命令及動作。

在這個程式中，使用者只需要對麥克風呼叫小幫手的名字便可以叫出小幫手，而且我們自訂了一個新命令，稱爲 **MoveToMouse**。除此之外，小幫手也會說出使用者在文字輸入框中鍵入的文字。執行這個範例以前，您必須先從 Microsoft 小幫手網站上下載下列這些元件：控制項、語音辨識引擎、文字轉語音引擎以及小幫手的設定檔。

欲在程式中加入小幫手控制項，必須在 **Toolbox** 先加入小幫手元件：在 **Toolbox** 上按右鍵並選擇 **Add/Remove Items…**. 在 **Customize Toolbox** 對話盒中，選擇 **COM Components** 頁籤 (圖 16.40)，檢查在 **Microsoft Agent Control 2.0** 旁是否爲 **C:\winnt\msagent\agentctl.dll** (也可以是 **C:\Windows\msagent\agentctl.dll**)，並且按下 **OK**。現在 **Microsoft Agent Control 2.0** 元件將會出現在 **Toolbox** 中並且可以像其他元件一樣的拖曳新增到程式表單中。圖 16.54 顯示了如何在表單中加入 Microsoft 小幫手控制項元件。

第 51 宣告了一個小幫手物件 **mainAgent** (型態爲 ***AxAgent***)，除了能處理所有動畫人物的小幫手物件 **mainAgent** 之外，我們還需要一個型態爲 ***IAgentCtlCharacter*** 的物件 (位於命名空間 ***Interop::AgentObjects*** 中) 以表示目前使用的小幫手人物。我們在第 56 行中宣告這個物件名稱爲 **speaker**。

```
 1  // Fig. 16.52: Form1.h
 2  // Demonstrates Microsoft Agent.
 3
 4  #pragma once
 5
 6
 7  namespace MicrosoftAgent
 8  {
 9     using namespace System;
10     using namespace System::ComponentModel;
11     using namespace System::Collections;
12     using namespace System::Windows::Forms;
13     using namespace System::Data;
14     using namespace System::Drawing;
15     using namespace System::IO;
16     using namespace System::Threading;
17
18     /// <summary>
19     /// Summary for Form1
20     ///
21     /// WARNING: If you change the name of this class, you will need to
22     ///          change the 'Resource File Name' property for the managed
23     ///          resource compiler tool associated with all .resx files
24     ///          this class depends on.  Otherwise, the designers will not
25     ///          be able to interact properly with localized resources
26     ///          associated with this form.
27     /// </summary>
28     public __gc class Form1 : public System::Windows::Forms::Form
```

圖 16.52　小幫手範例程式 (第 6 之 1 部分)。

```
29      {
30      public:
31         Form1(void)
32         {
33            InitializeComponent();
34         }
35
36      protected:
37         void Dispose(Boolean disposing)
38         {
39            if (disposing && components)
40            {
41               components->Dispose();
42            }
43            __super::Dispose(disposing);
44         }
45
46      private: System::Windows::Forms::ComboBox *  actionsCombo;
47      private: System::Windows::Forms::ComboBox *  characterCombo;
48
49      private: System::Windows::Forms::Button *  speakButton;
50      private: System::Windows::Forms::GroupBox *  characterGroup;
51      private: AxInterop::AgentObjects::AxAgent *  mainAgent;
52
53      private: System::Windows::Forms::TextBox *  speechTextBox;
54      private: System::Windows::Forms::TextBox *  locationTextBox;
55
56      private: Interop::AgentObjects::IAgentCtlCharacter *speaker;
57
58      private:
59         /// <summary>
60         /// Required designer variable.
61         /// </summary>
62         System::ComponentModel::Container * components;
63
64      // Visual Studio .NET generated GUI code
65
66      // KeyDown event handler for locationTextBox
67      private: System::Void locationTextBox_KeyDown(System::Object *  sender,
68                  System::Windows::Forms::KeyEventArgs *  e)
69               {
70                  if ( e->KeyCode == Keys::Enter ) {
71
72                     // set character location to text box value
73                     String *location = locationTextBox->Text;
74
75                     // initialize the characters
76                     try {
77
78                        // load characters into agent object
79                        mainAgent->Characters->Load( S"Genie",
80                           String::Concat( location, S"Genie.acs" ) );
81
```

圖 16.52　小幫手範例程式 (第 6 之 2 部分)。

```
82                   mainAgent->Characters->Load( S"Merlin",
83                      String::Concat( location, S"Merlin.acs" ) );
84
85                   mainAgent->Characters->Load( S"Peedy",
86                      String::Concat( location, S"Peedy.acs" ) );
87
88                   mainAgent->Characters->Load( S"Robby",
89                      String::Concat( location, S"Robby.acs" ) );
90
91                   // disable TextBox for entering the location
92                   // and enable other controls
93                   locationTextBox->Enabled = false;
94                   speechTextBox->Enabled = true;
95                   speakButton->Enabled = true;
96                   characterCombo->Enabled = true;
97                   actionsCombo->Enabled = true;
98
99                   // set current character to Genie and show him
100                  speaker = mainAgent->Characters->Item[ S"Genie" ];
101
102                  // obtain an animation name list
103                  GetAnimationNames();
104                  speaker->Show( 0 );
105               } // end try
106               catch( FileNotFoundException * ) {
107                  MessageBox::Show( S"Invalid character location",
108                     S"Error", MessageBoxButtons::OK,
109                     MessageBoxIcon::Error );
110               } // end catch
111            } // end if
112         } // end method locationTextBox_KeyDown
113
114   private: System::Void speakButton_Click(
115            System::Object *  sender, System::EventArgs *  e)
116         {
117            // if textbox is empty, have the character ask
118            // user to type the words into textbox, otherwise
119            // have character say the words in textbox
120            if ( speechTextBox->Text->Equals( S"" ) )
121               speaker->Speak(
122                  S"Please, type the words you want me to speak",
123                  S"" );
124            else
125               speaker->Speak( speechTextBox->Text, S"" );
126
127         } // end method speakButton_Click
128
129   // click event for agent
130   private: System::Void mainAgent_ClickEvent(System::Object *  sender,
131            AxInterop::AgentObjects::_AgentEvents_ClickEvent *  e)
132         {
```

圖 16.52　小幫手範例程式 (第 6 之 3 部分)。

```
133                 speaker->Play( S"Confused" );
134                 speaker->Speak( S"Why are you poking me?", S"" );
135                 speaker->Play( S"RestPose" );
136              } // end method mainAgent_ClickEvent
137
138     // combobox changed event, switch active agent
139     private: System::Void characterCombo_SelectedIndexChanged(
140                 System::Object *  sender, System::EventArgs *  e)
141              {
142                 ChangeCharacter( characterCombo->Text );
143              } // end method characterCombo_SelectedIndexChanged
144
145     private:
146
147        void ChangeCharacter( String *name )
148        {
149           speaker->Hide( 0 );
150           speaker = mainAgent->Characters->Item[ name ];
151
152           // regenerate animation name list
153           GetAnimationNames();
154           speaker->Show( 0 );
155        } // end method ChangeCharacter
156
157     private:
158
159        // get animation names and store in arraylist
160        void GetAnimationNames()
161        {
162           Monitor::Enter( this );  // ensure thread safety
163
164           // get animation names
165           IEnumerator *enumerator = mainAgent->Characters->Item[
166              speaker->Name ]->AnimationNames->GetEnumerator();
167
168           String *voiceString;
169
170           // clear actionsCombo
171           actionsCombo->Items->Clear();
172           speaker->Commands->RemoveAll();
173
174           // copy enumeration to ArrayList
175           while ( enumerator->MoveNext() ) {
176
177              //remove underscores in speech string
178              voiceString = __try_cast< String * >( enumerator->Current );
179              voiceString = voiceString->Replace( S"_", S"underscore" );
180
181              actionsCombo->Items->Add( enumerator->Current );
182
183              // add all animations as voice enabled commands
184              speaker->Commands->Add(
```

圖 16.52 小幫手範例程式 (第 6 之 4 部分)。

```
185                     __try_cast< String * >( enumerator->Current ),
186                     enumerator->Current, voiceString,
187                     __box( true ), __box( false ) );
188             } // end while
189
190             // add custom command
191             speaker->Commands->Add(
192                S"MoveToMouse", S"MoveToMouse", S"MoveToMouse",
193                __box( true ), __box( true ) );
194
195             Monitor::Exit( this );
196          } // end method GetAnimationNames
197
198       // user selects new action
199       private: System::Void actionsCombo_SelectedIndexChanged(
200                   System::Object *  sender, System::EventArgs *  e)
201                {
202                   speaker->StopAll( S"Play" );
203                   speaker->Play( actionsCombo->Text );
204                   speaker->Play( S"RestPose" );
205                } // end method actionsCombo_SelectedIndexChanged
206
207       // handles agent commands
208       private: System::Void mainAgent_Command(System::Object *  sender,
209                   AxInterop::AgentObjects::_AgentEvents_CommandEvent *  e)
210                {
211                   // get UserInput object
212                   Interop::AgentObjects::IAgentCtlUserInput *command =
213                      __try_cast<Interop::AgentObjects::IAgentCtlUserInput *>
214                      ( e->userInput );
215
216                   // change character if user speaks character name
217                   if ( command->Voice->Equals( S"Peedy" ) ||
218                      command->Voice->Equals( S"Robby" ) ||
219                      command->Voice->Equals( S"Merlin" ) ||
220                      command->Voice->Equals( S"Genie" ) ) {
221                      ChangeCharacter( command->Voice );
222
223                      return;
224                   } // end if
225
226                   // send agent to mouse
227                   if ( command->Voice->Equals( S"MoveToMouse" ) ) {
228                      speaker->MoveTo(
229                         Convert::ToInt16( Cursor->Position.X - 60 ),
230                         Convert::ToInt16( Cursor->Position.Y - 60 ),
231                         __box( 5 ) );
232
233                      return;
234                   }
235
236                   // play new animation
```

圖 16.52 小幫手範例程式 (第 6 之 5 部分)。

```
237                  speaker->StopAll( S"Play" );
238                  speaker->Play( command->Name );
239               } // end method mainAgent_Command
240      };
241   }
```

圖 16.52　小幫手範例程式 (第 6 之 6 部分)。

```
1   // Fig. 16.53: Form1.cpp
2   // Entry point for application.
3
4   #include "stdafx.h"
5   #include "Form1.h"
6   #include <windows.h>
7
8   using namespace MicrosoftAgent;
9
10  int APIENTRY _tWinMain(HINSTANCE hInstance,
11                       HINSTANCE hPrevInstance,
12                       LPTSTR    lpCmdLine,
13                       int       nCmdShow)
14  {
15     System::Threading::Thread::CurrentThread->ApartmentState =
16        System::Threading::ApartmentState::STA;
17     Application::Run(new Form1());
18     return 0;
19  } // end _tWinMain
```

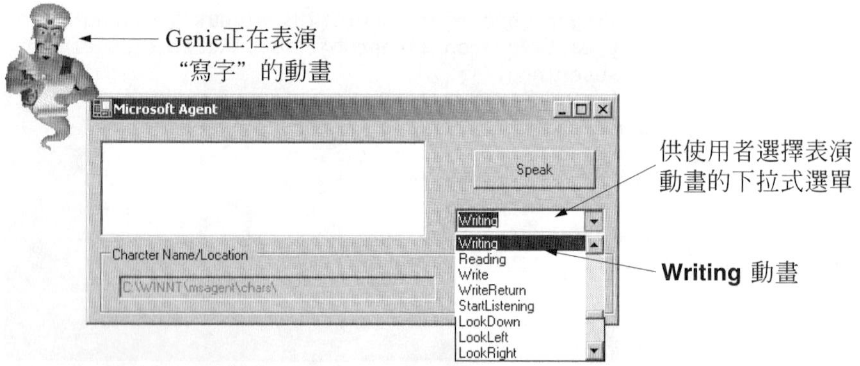

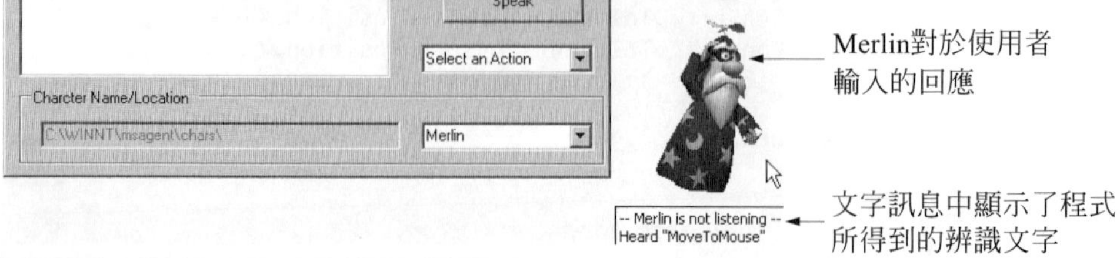

圖 16.53　MicrosoftAgent 範例程式 (第 2 之 1 部分)。

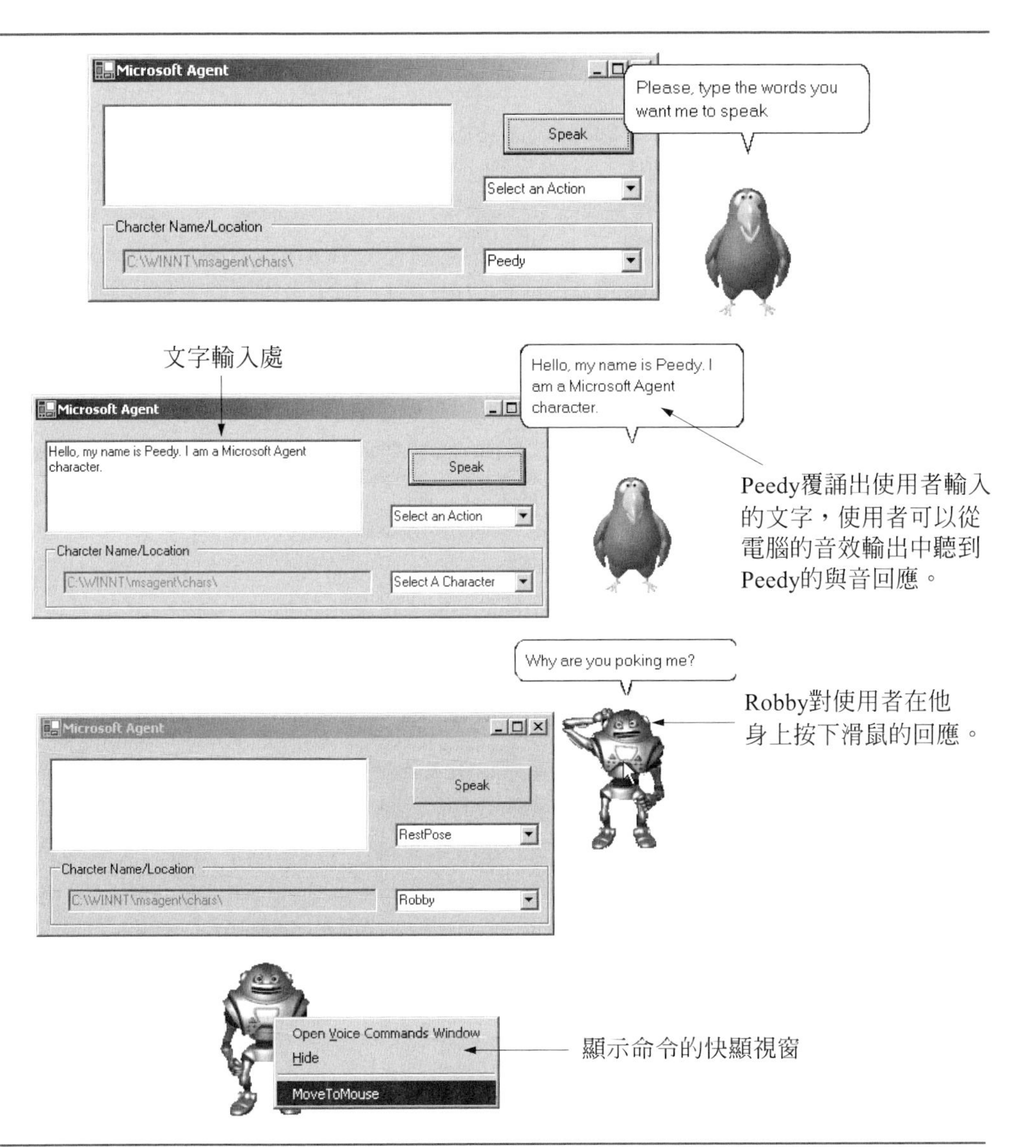

圖 16.53　MicrosoftAgent 範例程式 (第 2 之 2 部分)。

程式開始時，唯一可接受使用者輸入的控制項是 **locationTextBox**。這個文字方塊預設值爲人物檔案的預設位置，但使用者可以將位置指向其他也存放有人物檔案的位置。當使用者在 TextBox 中按下 *Enter* 後將會呼叫事件處理常式 **locationTextBox_KeyDown** (圖 16.42 中的第 67-112 行)。第 79-89 行載入內建的動畫人物說明，若指定位置錯誤或人物尋找失敗，將會發出 **FileNotFoundException** 的錯誤處理。

第 93-97 行使 **locationTextBox** 暫停接受使用者輸入並開啓其他控制項的輸入功能。第 100-104 行設定 Genie 爲預設動畫人物，並利用方法 **GetAnimationNames** 取得所有人物名稱。使用 **IagentCtlCharacter** 方法 ***Show*** 顯示動畫人物。我們經由 **mainAgent** 的 **Characters**屬性取得動畫人物，因為***Characters***中已經包含了所有已被載入的人物，所以可以利用指定 **Characters** 的陣列值去找出目前所要用到的人物 “Genie” 。

當使用者指著某人物時 (例如，在該人物上按下滑鼠)，會引發事件處理常式 **main-Agent_ClickEven**(第 130-136 行)。處理常式所執行的第一步，將會呼叫 **speaker** 的方法 *Play* 開始播放動畫。*Play* 方法需要一個字串參數來指定小幫手所要表演的動畫。(每個小幫手所具有的動畫名稱可以在 Microsoft Agent 網站上找到。每個小幫手都擁有超過 70 種的動畫)。本範例中傳給 Play 的參數是 **"Confused"** (困惑)，每個小幫手都擁有這項動畫，但不同的人物會用不同的動作去表達這項動畫內容。接著，透過呼叫 *Speak* 方法，小幫手會說出**"Why are you poking me?"**這句話。最後小幫手會執行 ***RestPose*** 動畫暫時休息。

我們可以對小幫手使用的命令列出於 **IAgentCtlCharacter** 物件 (如本例中的 **spe-aker**) 的 ***Commands*** 屬性之中。當使用者在小幫手上按下右鍵，將會跳出 **Commands** 快顯視窗，視窗中將會列出小幫手可被操作的命令 (如圖 16.53 的最後一個部分所示)。方法 ***Add*** (第 184-187 行) 可用於在命令列中新增對小幫手的命令，它需要三個字串 (**String***) 和兩個 **bool** 變數為參數：第一個字串參數代表命令的名稱，可簡短的描述出該命令的功能。第二個字串參數表示這個命令在 **Commands** 快顯視窗上所顯示出的文字，最後一個字串參數表示使用語音輸入時所需輸入的語音內容。而第一個 **bool** 參數用於表示該命令是否被執行中，第二個**bool** 參數則代表該命令是否可顯示在**Commands**快顯視窗中。當使用者從**Commands**快顯視窗中選擇一項命令或是利用麥克風輸入語音訊號命令時，便會觸發該命令，並且由控制項 **AxAgent** 的 ***Command*** 事件處理決定命令是否合法啓動。除此之外，小幫手也提供了許多內建的公用命令供設計師使用 (例如用語音輸入呼叫小幫手名稱便使小幫手顯示於螢幕上)。

方法 **GetAnimationNames** (第 160-196 行) 在下拉式選單 **actionsCombo ComboBox** 中列出小幫手的所有動畫。這個方法使用了 **Monitor::Enter** (第 162 行) 和 **Monitor::Exit** (第 195 行) 以防止角色變化過快所可能造成的錯誤。

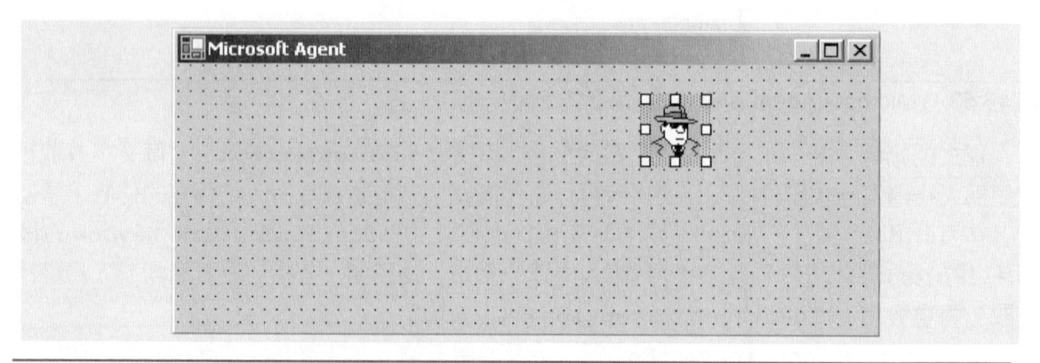

圖 16.54 在表單中加入小幫手控制項元件。

第 165-166 行經由介面 ***Ienumerato*** (亦稱爲 *enumerator* 或 *iterator*) 取得目前人物的動畫。介面 **IEnumerator** (位於命名空間 **System::Collections** 中) 可用於從集合中一次取出一項內容，第 171-172 行清除下拉式選單的每一個項目並清除人物的每一項 **Commands** 屬性。第 175-188 則對每一個動畫名稱利用 **enumerator** 介面一一開始下列進行處理：將每一個動畫 (第 178 行) 名稱傳給字串 **voiceString**，第 179 行則會將字串中的下底線 (**_**) 置換成文字 **"underscore"**。如此一來使用者才能在使用語音命令時將該字元符號發音。**Add** 方法 (第 184-187 行) 對目前的小幫手新增命令，使用了下列參數： 動畫名稱 **name** (如命令名稱或是命令標題之類可用於代表動畫名稱的字串)、使用語音功能時啓動命令的文字 **voice-String**、及一個 bool 參數用以表示啓動命令但卻使這個命令不會出現在快顯視窗 **Commands** 中 (所以，這項命令將只能用語音方式啓動)。第 191-193 行新增了一項可顯示在快顯視窗中的 **MoveToMouse** 命令。

呼叫 **GetAnimationNames** 方法之後，使用者便可以從下拉式選單 **actionsCombo** 中選擇小幫手的顯示動畫。使用者選取動畫後，事件處理常式 **actionsCombo_Sel-ectedIndexChanged** (第 199-205 行) 會停止目前的動畫，改顯示使用者所選擇的動畫。

在這個程式中，使用者也可以在文字輸入盒中輸入文字並按下 **Speak**，此時事件處理常式 **speakButton_Click** (第 114-127 行) 便會被啓動，將文字輸入盒 **speechTextBox** 中的文字以參數傳給 **speaker** 的 **Speak** 方法。如果使用者未輸入任何文字就按下 **Speak** 的話，人物便會說出：**"Please, type the words you want me to speak"** (請輸入語音文字)。

使用者可以在任何時候改選擇其他小幫手。當使用者更改小幫手時，將會啓動 **charac-terCombo** 的事件處理常式 **SelectedIndexChanged** (第 139-143 行)。這個常式會呼叫 **ChangeCharacter** 方法 (第 147-155 行)，並將 **characterCombo** 中的所選擇的文字當作參數傳給 **ChangeCharacter**。**ChangeCharacter** 方法呼叫 **speaker** 的 **Hide** 方法 (第 149 行) 將前一個小幫手移除，然後在第 150 行中將 **speaker** 指定爲新選擇的人物。第 153 行改顯示出 Speaker 的動畫和命令，最後第 154 行呼叫 **Show** 方法顯示這個新選出的小幫手。

當使用者按下 *Scroll Lock* 鍵並對麥克風說出命令時，或是在快顯視窗 **Commands** 中選擇了一項命令時，便會啓動事件處理常式 **mainAgent_Command** (第 208-239 行)。這個方法所需的參數爲 **AxAgentObjects::_AgentEvents_CommandEvent**，它只含有一項 **userInput** 屬性。**userInput** 屬性中爲一個用於表示使用者輸入的物件，其型態可被轉成 ***AgentObjects::IAgentCtlUserInput***。然後，將 userInput 物件指定給 **IAgentCtlUse-rInput** 類別的 **command** 物件以執行這個命令。第 217-224 行中表示，當使用者說出另一個人物名稱時，程式將會使用 **ChangeCharacter** 方法更換顯示的小幫手。使用者可以利用語音直接呼叫小幫手，並且利用適當的控制，可以確保每次在螢幕上顯示的小幫手只有一位。第 227-234 行表示當使用者使用 **MoveToMouse** 命令時，會將小幫手移到滑鼠目前位置之下。這個 ***MoveTo*** 方法需要 *x* 及 *y* 座標參數來表示位置，以及另一個動畫名稱參數以顯示移動小幫手時所表演的動畫。最後，我們在第 238 行中以動畫顯示其他命令名稱。

本章中我們介紹了多種 GDI+中的繪圖功能，包括 pen、brush 和 image 及一些 .NET 架構中的類別函式庫所提供的多媒體功能。下一章中我們將介紹循序或非循序的檔案存取方式，以及 Visual Studio.NET 中許多不同型態的資料流處理。

摘 要

- 座標系統用來定義螢幕上每一點的位置。
- GUI 元件的左上角座標為 (0, 0)。座標內容由一個 *x* 座標 (水平座標) 及一個 *y* 座標 (垂直座標) 所組成。
- 座標單位為像素，也就是螢幕顯示解析度的最小單位。
- 繪圖內容表示顯示於螢幕上的繪圖介面。繪圖物件提供了控制項繪圖內容的存取。
- 繪圖物件含有許多繪圖、字型操作、顏色操作及其他圖形相關的方法。
- 類別 **Pen** 的物件可用於畫出線條。
- 衍生自抽象類別 **Brush** 的類別所產生出的物件可用於畫出填滿圖案的圖形。
- **Point** 結構可以用來表示一個位於二維平面上的點。
- **OnPaint** 方法經常用於回應事件的發生，例如將視窗移到上層的事件便會呼叫 **OnPaint** 方法。這個方法也會啓動 **Paint** 事件。
- **Color** 結構定義了程式中所有顏色的常數值。**Color** 結構的屬性 R、G 和 B 為 0 到 255 間的整數值，分別代表顏色中紅色、綠色及藍色的色彩濃度。數值越大表示該原色濃度越大。
- Visual C++ .NET 提供 **ColorDialog** 類別讓使用者可以透過顏色對話盒選取顏色。
- 大部分元件都有的 **BackColor** 屬性可用以改變該元件的背景顏色。
- **Font** 類別的建構式至少需要三個參數：字型名稱、字型大小及字體型態。字型名稱必須為系統所支援的字型，而字體型態則必須是列舉 **FontStyle** 中所定義的型態。
- **FontMetrics** 類別含有許多可取得字型規格的方法。
- **Font** 類別提供 **Bold**、**Italic**、**trikeout** 及 **Underline** 等屬性，若該字體為粗體，則其 **Bold** 屬性將為眞。以此類推。
- **Font** 類別的 **Name** 屬性為字型名稱的字串。
- **Font** 類別的 **Size** 及 **SizeInPoints** 屬性，分別表示以指定單位測量的字型大小及固定以點為測量單位的字體大小。
- **FontFamily** 類別提供有關字型規格，如字型間距或字型高度等資訊。
- **FontFamily** 類別也提供了 **GetCellAscent**、**GetCellDescent**、**GetEmHeight** 及 **GetLineSpacing** 等方法，分別取得字型的上端高度、下端高度、總高度及行距等規格 (以點為單位)。
- **Graphics** 類別擁有 **DrawLine**、**DrawRectangle**、**DrawEllipse**、**DrawArc**、**DrawLines**、**DrawPolygon** 及 **DrawPie** 等方法，用於畫出線條或圖形外框。
- **Graphics** 類別也含有 **FillRectangle**、**FillEllipse**、**FillPolygon** 及 **FillPie** 等方法，用於畫出被填滿圖案的圖形。
- 類別 **HatchBrush**、**LinearGradientBrush**、**PathGradientBrush** 及 **TextureBrush** 均衍

生自 **Brush** 類別，代表許多填滿圖形的方式。
- **Graphics** 方法 **FromImage** 可傳入一個影像檔案爲參數，並取得該影像爲 **Graphics** 物件。
- 列舉 **DashStyle** 及 **DashCap** 定義了虛線形式及虛線的端點形式。
- **GraphicsPath** 類別是一種以線條和曲線所組成的圖形。
- **GraphicsPath** 的 **AddLine** 方法可用線條連接圖形以組合成一個圖形路徑物件。
- **GraphicsPath** 的 **CloseFigure** 方法可封閉 **GraphicsPath** 物件的作圖。
- **Image** 類別用於處理影像。
- **Image** 類別的 **FromFile** 方法可取得磁碟中的影像，並將它載入 Image 類別物件中。
- **Graphics** 的 **Clear** 方法使用設計師選擇的背景顏色填滿所有控制項以表示清除。
- **Graphics** 方法 **DrawImage** 可在控制項中填滿指定的影像。
- 程式設計師可以使用 Visual Studio.NET 及 MC++的元件 (如 Windows Media Player 或 Microsoft Agent) 於應用程式中。
- Windows Media Player 讓應用程式具有播放多媒體檔案的功能。
- Microsoft 小幫手讓設計師可以在應用程式中加入互動的人物角色。

辭　彙

AxMediaPlayer 中的 **AboutBox** 方法 (**AboutBox** method of **AxMediaPlayer**)
類別 **ArrayList** 中的 **Add** 方法 (**Add** method of class **ArrayList**)
類別 **GraphicsPath** 中的 **AddLine** 方法 (**AddLine** method of class **GraphicsPath**)
動態人物 (animated characters)
動畫製作 (animating a series of images)
動畫 (animation)
弧線角度 (arc angle)
arc 方法 (arc method)
ARGB 值 (ARGB values)
ArrayList 類別 (**ArrayList** class)
字型的上端高度 (ascent of a font)
影音檔案 (AVI) (audio-video interleave (AVI))
AxAgent 類別 (**AxAgent** class)
AxMediaPlayer 類別 (**AxMediaPlayer** class)
頻寬 (bandwidth)
Bitmap 類別 (**Bitmap** class)
類別 **Font** 的 **Bold** 屬性 (**Bold** property of class **Font**)
橢圓的邊界矩形 (bounding rectangle for an oval)
Brush 類別 (**Brush** class)
類別 **AxAgent** 的 **Characters** 屬性 (**Characters** property of class **AxAgent**)
封閉多邊形 (closed polygon)
類別 **GraphicsPath** 的 **CloseFigure** 屬 (**CloseFigure** method of class **GraphicsPath**)
色彩常數 (color constants)
顏色操作 (color manipulation)
Color 方法及屬性 (**Color** methods and properties)
類別 **ColorDialog** 的 **Color** 屬性 (**Color** property of class **ColorDialog**
Color 結構 (**Color** structure)
ColorDialog 類別 (**ColorDialog** class)
複雜曲線 (complex curve)
相連線條 (connected lines)
座標系統 (coordinate system)
「座標值(0, 0)」("coordinates (0, 0) ")
曲線 (curve)
自訂 **Toolbox** (customizing the **Toolbox**)
DashCap 列舉 (**DashCap** enumeration)
類別 **Pen** 中的 **DashCap** 方法 (**DashCap** property of class **Pen**)

FontStyle 的 Strikeout 成員 (Strikeout member of FontStyle)
類別 Font 的 Strikeout 屬性 (Strikeout property of class Font)
字體型態 (style of a font)
命名空間 System::Drawing (System::Drawing namespace)
命名空間 System::Drawing::Drawing2D (System::Drawing::Drawing2D namespace)
TextureBrush 類別 (TextureBrush class)
三維應用程式 (three-dimensional application)
類別 Timer 的 Tick 事件 (Tick event of class Timer)
Timer 類別 (Timer class)
Graphics 的 TranslateTransform 方法 (TranslateTransform method of Graphics)
二維圖形 (two-dimensional shape)
類別 Font 的 Underline 屬性 (Underline property of class Font)
GUI 元件的左上角 (upper-left corner of a GUI component)
垂直座標 (vertical coordinate)
WAV (WAV)
Windows Media Player
視窗音波檔案格式 (WAV) (Windows wave file format (WAV))
x 軸 (*x*-axis)
x 座標 (*x*-coordinate)
y 軸 (*y*-axis)
y 座標 (*y*-coordinate)

自我測驗

16.1 是非題：請說明下列的眞僞，若答案爲僞，請解釋原因。

a) Font 物件的大小無法從 Size 屬性中更改。
b) GDI+ 座標系統中，*x* 軸座標由左向右遞增。
c) FillPolygon 方法可使用指定的 Brush 畫出實體多邊形。
d) DrawArc 方法允許弧線角度爲負値。
e) Font 的屬性 Size 可傳回目前字型以公分爲單位的大小。
f) 像素座標値爲 (0, 0) 表示螢幕的中心點。
g) HatchBrush 用於畫出線條。
h) Color 的 FromPredefinedName 方法可產生以其字串參數爲名稱的色彩。
i) 每一個控制項都有其相關的 Graphics 物件。
j) 每一個 Form 都繼承了 OnPaint 方法。

16.2 填充題。請在空白處填上正確答案：

a) 類別 __________ 可用於畫出不同顏色和粗細的線條。
b) 類別 __________ 及類別 __________ 可用漸層的顏色填滿圖形。
c) Graphics 類別的方法 __________可畫出兩點之間的直線。
d) ARGB 是 __________、__________、__________ 以及 __________ 的簡寫。
e) 字型大小通常以 __________ 爲單位。
f) 類別__________可以用 Bitmap 中的圖案填滿圖形。
g) 應用程式中加入了__________ 便可以播放多媒體檔案。
h) 類別 __________ 代表由線條與曲面所組成的圖形路徑。

i) FCL(Framework Class Library)的繪圖功能由命名空間 ________ 及 ________ 所提供。

j) 方法 ________ 可將磁碟機中的影像載入到 **Image** 物件中。

自我測驗答案

16.1 **a)** 僞。**Size** 是唯讀的屬性。**b)** 眞。**c)** 眞。**d)** 眞。**e)** 僞。將以指定單位描述字型大小。**f)** 僞。座標値 (0,0) 表示該 GUI 元件的左上角。**g)** 僞 **Pen** 用於畫出直線，**HatchBrush** 用於將圖形塡滿圖案。**h)** 僞。**Color** 方法 **FromName** 可利用外界呼叫所傳入的字串文字，產生一個以該文字爲名的顏色。**i)** 眞。 **j)** 眞。

16.2 **a)** **Pen**。**b)** **LinearGradientBrush**，**PathGradientBrush**。**c)** **DrawLine**。**d)** 不透明度，紅色，綠色，藍色。**e)** 點。**f)** **TextureBrush**。**g)** Windows Media Player。**h)** **GraphicsPath**。**i)** **System::Drawing**，**System::Drawing::Drawing2D**。**j)** **FromFile**。

習 題

16.3 請寫出一個可畫出角錐 (四面體) 的程式，您可利用 **GraphicsPath** 類別及 **DrawPath** 方法寫出這個程式。

16.4 請寫出一個讓使用者可利用滑鼠、徒手作圖的程式，使用者可以自行改變畫筆的顏色及粗細，程式中並含有一個用於清除繪圖區域的按鈕。

16.5 請寫出一個可使圖片閃爍的程式，你可以用一張圖片及一張背景交替顯示製造出閃爍效果。

16.6 當你想要強調某張圖片的重要性時，可以在圖片周圍加上燈泡的邊框。請寫出一個如此顯示的圖片。你可以讓燈泡同時閃爍，或循著順序一個接著一個的閃爍。

16.7 (八皇后問題) 這是一個知名的棋奕問題。我們將其內容簡述如下： 如何才能在一個空的棋盤上同時放下八個皇后，而不使任何一個皇后可吃掉對方。(也就是，任兩個皇后均不可在同一行、同一列、以及同一個對角線上)。

請寫出一個 GUI 介面的程式，讓使用者可在棋盤上放下或拿起皇后。您可以利用圖 16.39 中的圖形。棋盤旁放置了八個皇后棋子 (圖 16.55)，使用者可以自行一一拖曳棋子到棋盤上，當使用者取走一個棋子後，待放區的棋子也會跟著減少一個。當使用者放棋子的位置和其他皇后產生衝突時，程式便發出警告訊息並將這個皇后移回待放區中。

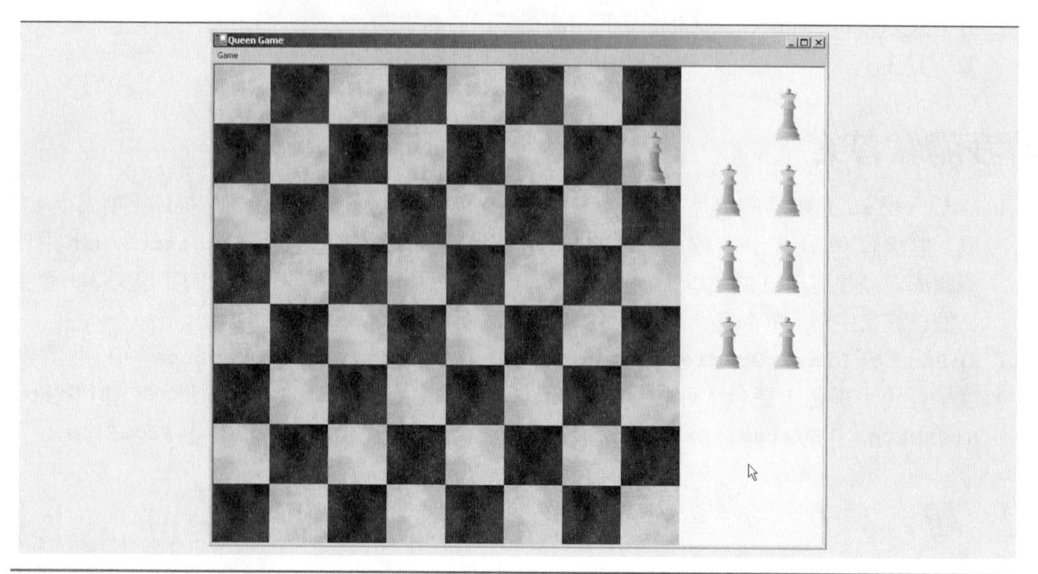

圖 16.55　八皇后問題的 GUI。

17

檔案和資料流

學習目標

- 產生、讀取、寫入、更新檔案
- 了解.NET Framework 的資料流類別階層
- 使用 **File** 和 **Directory** 類別
- 使用 **FileStream** 和 **BinaryFormatter** 類別，從檔案讀取、寫入物件
- 熟悉檔案循序存取和隨機取存

I can only assume that a "Do Not File" document is filed in a "Do Not File" file.
Senator Frank Church
Senate Intelligence Subcommittee Hearing, 1975

Consciousness ⋯ does not appear to itself chopped up in bits.⋯ A "river" or a "stream" are the metaphors by which it is most naturally described.
William James

I read part of it all the way through.
Samuel Goldwyn

本章綱要

17.1 簡介

變數和陣列提供資料暫存空間，當物件的記憶體回收或是程式結束時，資料會流失。相較之下，*檔案* (*files*) 可以當做資料的長期儲存空間，即使產生資料的程式結束後還可以保留資料。檔案中保留的資料通常稱爲*持久性資料* (*persistent data*)。電腦可以把檔案放在*輔助儲存裝置* (*secondary storage devices*)，例如磁碟片、光碟、磁帶。在本章我們會介紹如何在 MC++程式中產生、更新、處理資料檔。我們會討論「循序存取」檔和「隨機存取」檔，分別說明最適合的應用程式類型。在本章我們有兩個目標：介紹循序存取和隨機存取的檔案處理範列，並且讓讀者擁有足夠的資料流處理能力，可以支援我們在 21 章介紹的功能：資料流 socket 和資料包。

檔案處理是程式語言最重要的能力之一，因爲商用程式通常要處理大量的持久性資料，程式語言要支援這種能力。本章探討 .NET Framework 既強大又豐富的檔案處理、資料流輸入/輸出功能。

17.2 資料階層

最終，電腦處理的所有資料都化爲零與壹的組合。因爲建造可以接受兩種穩定狀態的裝置 (0 代表一個狀態，1 代表另一個)，是既方便又經濟的。驚奇的是電腦各種讓人印象深刻的功能，只用最基本的 0 與 1 處理。

電腦支援最小的資料稱爲*位元* (*bits*，這是“binary digit”的縮寫，代表一個可以有兩個值之一的數字)。每個資料或位元可以有 0 值或 1 值。電腦電路處理各種簡單的位元運算，例如檢查一個位元的值、設定一個位元的值、反轉一個位元 (從 1 變成 0，或者從 0 變成 1)。

寫程式處理低階的位元形式的資料是很麻煩的。程式比較方便處理的資料形式是十進位數字 (decimal digits，也就是 0、1、2、3、4、5、6、7、8、9)、*字母* (letters，也就是 A 到 Z、a 到 z)、*特殊符號* (*special symbols*，也就是$、"%、&、*、(、)、-、+、"、:、?、/，和其他符號)。數字、字母和特殊符號稱爲字元 (characters)。在一台特定的電腦上，所有可用做寫程式和表示資料的字元集合，稱爲這台電腦的字元集 (character set)。電腦只能處理 1 與 0，所以電腦的字元集是以 1 與 0 的模式表示。位元組 (bytes) 是由八個位元構成。例如，System::String 物件的字元是*統一碼* (*Unicode*) 字元，這是由 2 個位元組 (或 16 個位元) 構成的字元。程式設計師以字元寫程式和資料，而電腦用位元模式處理這些字元。更多關於統一碼的資料可以參考附錄 D。

電腦可以處理的各種資料可以形成一個*資料階層* (*data hierarchy*，圖 17.1)，當我們從位元到字元、再到欄位 (很快會介紹)、再到更大的資料結構，資料變得愈來愈大、愈複雜。【*說明*：我們在這一節介紹的結構並不是檔案唯一的結構，我們只是提供這個結構當範例，讓我們可以在本章使用。】

字元由位元構成，同樣地，*欄位* (*fields*) 由字元構成。欄位是一群字元，表達某種意義。例如，一個由大寫和小寫字元組成的欄位，可以表示人的姓名。

記錄 (*record*) 通常由幾個欄位構成。例如在一個薪資系統中，某個員工的記錄可能包括下列欄位：

1. 員工編號
2. 姓名
3. 住址
4. 時薪
5. 免稅款項
6. 目前年度所得
7. 預扣稅款

所以，記錄是一群相關的欄位。在上述的例子中，每個欄位和是同一個員工有關的。一群相關的記錄構成一個*檔案* (*file*)[1]。公司的薪資檔案通常每個員工各有一筆記錄。所以，一個小公司的薪資檔案可能只有 22 筆記錄，而一個大公司的薪資檔案可能有 100,000 筆記錄。一個公司有很多檔案並不罕見，有些檔案包含幾百萬、幾十億、甚至幾兆位元的資訊。

想要從一個檔案中方便地取回指定的記錄，每個記錄就至少要有一個欄位當成獨特的*記錄鍵* (*record key*)。記錄鍵辨認屬於某個人或個體的記錄，和其他的記錄做區別。在前述的薪資記錄中，通常會選員工編號當成記錄鍵。

有很多方式把記錄整理在一個檔案，最常見一種整理方式稱爲*循序存取檔* (*sequential file*)，記錄通常按記錄鍵欄位的順序儲存。在薪資檔案中，記錄通常依照員工編號放置。檔案中第一個員工記錄有最小的員工編號，之後的記錄有逐漸增大的員工編號。

1　一般而言，檔案裡可以存放任何格式的資料。在大多數的作業系統中，檔案就是一群位元組的集合：在這種情況下，應用程式的程式設計師便可以依照需要而組織檔案中的位元組（例如組織為記錄）。

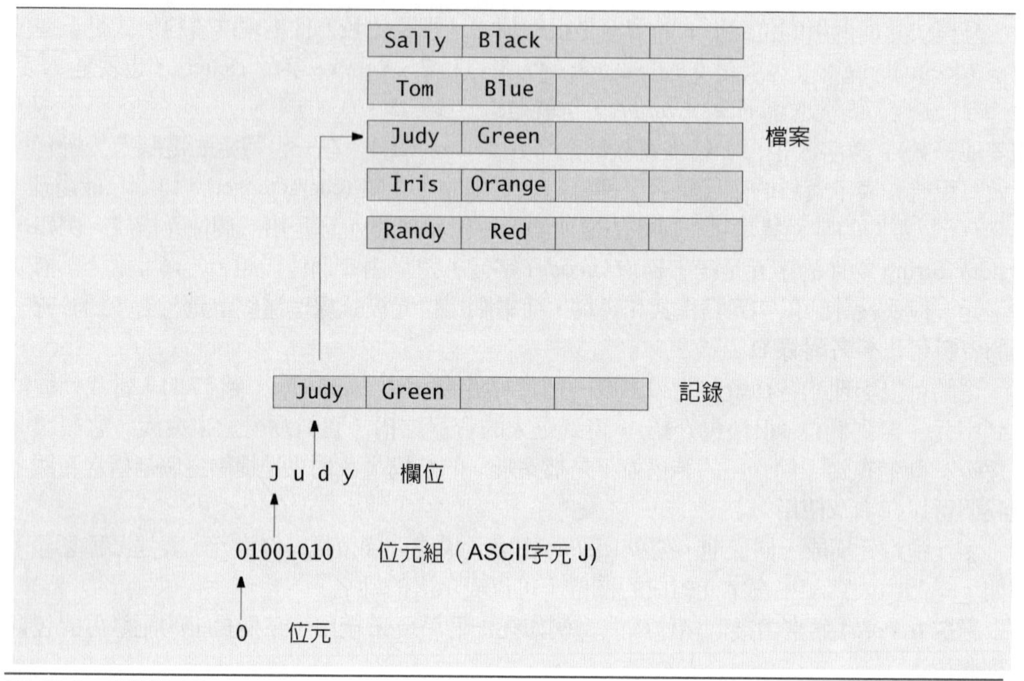

圖 17.1 資料階層。

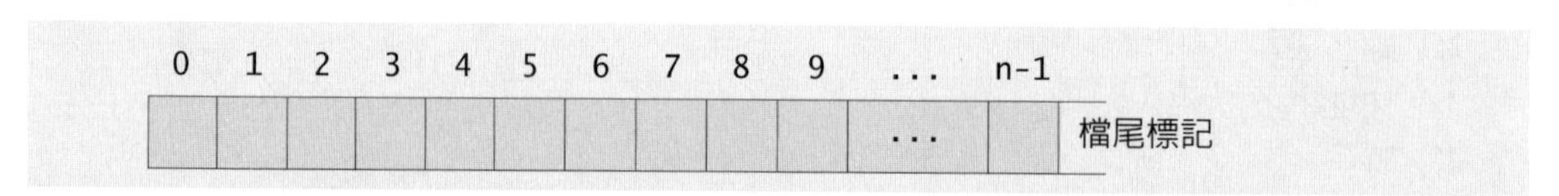

圖 17.2 .NET Framework 看待 n 位元組的檔案。

大部分的企業用許多不同的檔案儲存資料，例如，一個公司可能有薪資檔案、應收帳款檔案 (列出應該從客戶收到的錢)、應付帳款檔案 (列出應該給供應商的錢)、庫存檔案 (列出企業處理的所有物品)、還有很多其他類型的檔案。有時候，一群相關的檔案稱爲*資料庫* (*database*)，設計成產生、處理資料庫的程式，稱爲資料庫管理系統 (database management system，DBMS)。我們在第 19 章詳細探討資料庫。

17.3 檔案和資料流

.NET Framework 把每個檔案視爲位元組的循序*資料流* (*stream*) (圖 17.2)。每個檔案結尾是*檔尾標記* (*end-of-file marker*) 或是系統管理資料結構記錄的特殊位元組號碼。當檔案*開啓* (*open*) 時，Common Language Runtime (CLR) 產生一個物件，然後把一個資料流和這個物件關聯在一起。當程式開始執行時，執行環境會產生三個資料流物件，分別透過屬性 **`Console::Out`**、**`Console::In`**、**`Console::Error`** 存取。這些物件有助於程式和某個檔案或裝置溝通。屬性 **`Console::In`** 傳回*標準輸入資料流物件* (*standard input stream object*)，讓程式可以從鍵盤讀取資料。屬性 **Console::Out** 傳回*標準輸出資料流物件* (*standard output stream object*)，讓程式可以輸出資料到螢幕。屬性 **Console::Error** 傳回*標準錯誤資料流物件* (*standard error stream object*)，讓程式可以輸出錯誤訊息到螢幕。我們已經在主控台應用程式使用過 **Console::Out** 和 **Console::In**，**Console** 函式 **Write** 和 **WriteLine** 使用 **Console::Out** 輸出資料，函式 **Read** 和 **ReadLine** 使用 **Console::In** 輸入資料。想要在 MC++中處理檔案，必須要引用 **System::IO** 命名空間。這個命名空間包括一些資料流類別的定義，例如 *StreamReader* (從資料流讀出文字)、*StreamWriter* (輸出文字到資料流)、*FileStream* (從檔案輸入輸出)。檔案經過產生這些資料流類別物件而開啓，這些類別分別繼承自 **abstract** 類別 *TextReader*、*TextWriter*、*Stream*。事實上，**Console** 類別的屬性 **In** 和 **Out** 分別是 **TextReader** 和 **TextWriter**。

.NET Framework 提供 *BinaryFormatter* 類別，可以和 **Stream** 物件共同使用，對物件進行輸入輸出。*序列化* (*serialization*) 把物件轉換成可以寫到檔案，又不會損失資料的格式；*還原序列化* (*deserialization*) 從檔案讀取這個格式，並且以此重建原來的物件。**BinaryFormatter** 可以把物件序列化到指定的資料流，也可以從資料流還原序列化物件。

抽象類別 ***Stream*** (**System::IO** 命名空間) 提供把資料流表示成位元組的功能。類別 ***FileStream***、***MemoryStream***、***BufferedStream*** (都來自 **System::IO** 命名空間) 繼承類別 **Stream**。我們在本章稍後會使用 **FileStream**，從循序存取檔和隨機存取檔讀取、寫入資料。**MemoryStream** 類別可以從記憶體直接讀寫資料，會比其他資料傳輸方式快很多 (例如從磁碟)。**BufferedStream** 類別使用*緩衝* (*buffering*) 的方式從資料流讀寫資料。緩衝是一種提昇效能的技術，把每個 I/O 操作導到一個記憶體區塊【稱爲*緩衝區* (*buffer*)】，這個區塊足夠存放多次 I/O 操作的資料。進行輸出時，每當緩衝區滿載才會做一次*實體輸出操作* (*physical output operation*)，真正地把資料傳送到輸出裝置。輸出操作被導到記憶體中的輸出緩衝區，通常稱爲*邏輯輸出操作* (*logical output operations*)。

.NET Framework 提供許多類別進行輸入輸出。在本章，我們使用一些重要的資料流類別，實作各種檔案處理程式，產生、操作、刪除循序存取檔和隨機存取檔。在第 21 章我們會廣泛地使用資料流類別，實作網路應用程式。

17.4 File 和 Directory 類別

電腦中的資料儲存在檔案，而檔案整理在目錄中。***File*** 類別用來處理檔案，而 ***Directory*** 類別用來處理目錄。**File** 類別無法直接讀寫檔案，我們會在下一節介紹讀寫檔案的函式。

請注意，在 Windows 系統中的目錄和檔案路徑是以*分隔字元* (*separator character*) **** *分隔。在 UNIX 系統中，分隔字元是* **/**。在 Visual C++ .NET 中，兩個字元在路徑名稱中都當成一樣處理。這表示，如果我們指定路徑 **c:\visual_cpp/README**，各使用一個分隔字元，這個檔案仍然可以正常處理。【*說明*：請記住，以 **String** 指定路徑時，必須要逸出反斜線字元 (例如，**c:\\visual_cpp/README**)】。圖 17.3 列出 **File** 類別的一些函式，這些函式可以處理檔案和取得資訊。**File** 類別只有 **static** 函式，所以你不能產生 **File** 型別的物件。我們在圖 17.5 到圖 17.6 的範例，使用其中一些函式。

Directory 類別提供處理目錄的能力，圖 17.4 列出一些函式，可以用來處理目錄。我們在圖 17.5 到圖 17.6 的範例，使用其中一些函式。

static函式	說　明
AppendText	傳回附在現存檔案的StreamWriter，如果檔案不存在的話產生檔案。
Copy	複製檔案到新檔。
Create	產生檔案並傳回相關的FileStream。
CreateText	產生文字檔並傳回相關的StreamWriter。
Delete	刪除指定的檔案。
Exists	如果指定的檔案存在（而且呼叫者有正確的權限）就傳回true；否則傳回false。
GetCreationTime	傳回代表檔案產生時間的DateTime物件。
GetLastAccessTime	傳回代表上次檔案存取時間的DateTime物件。
GetLastWriteTime	傳回代表上次檔案修改時間的DateTime物件。
Move	搬動指定檔案到指定位置。
Open	傳回指定檔案相關的FileStream，並且有指定的讀寫權限。
OpenRead	傳回指檔案相關的唯讀FileStream。
OpenText	傳回指定檔案相關的StreamReader。
OpenWrite	傳回指定檔案相關的讀寫FileStream。

圖 17.3　File 類別的函式 (非完整列表)。

static函式	說　明
CreateDirectory	產生一個目錄並且傳回相關的DirectoryInfo。
Delete	刪除指定的目錄。
Exists	如果指定的目錄存在，傳回true；否則傳回false。
GetLastWriteTime	傳回DateTime物件，代表目錄上次修改的時間。
GetDirectories	傳回String *陣列，代表指定目錄的子目錄名稱。
GetFiles	傳回String *陣列，代表指定目錄的檔案名稱。

圖 17.4　Directory 類別的函式 (非完整列表) (第 2 之 1 部分)。

static函式	說　明
GetCreationTime	傳回DateTime物件，代表目錄建立的時間。
GetLastAccessTime	傳回DateTime物件，代表目錄最後存取的時間。
Move	搬移指定的目錄到指定位置。
SetCreationTime	設定代表目錄產生時間的DateTime物件。
SetLastAccessTime	設定代表目錄最後存取時間的DateTime物件。
SetLastWriteTime	設定代表目錄最後寫入時間的DateTime物件。

圖 17.4　Directory 類別的函式 (非完整列表) (第 2 之 2 部分)。

取得檔案和目錄的資訊

CreateDirectory 函式傳回的 ***DirectoryInfo*** 物件，包含一個目錄有關的資訊。許多這類的資訊可以透過 **Directory** 類別的函式取得。**Form1** 類別 (圖 17.5) 使用圖 17.3 和圖 17.4 說明的函式，取得檔案和目錄資訊。**inputTextBox** (圖 17.5，第 46 行) 讓使用者輸入檔案或目錄名稱，使用者在文字方塊中按每按一個鍵，程式會呼叫 **inputTextBox_KeyDown** 函式 (圖 17.5，第 57-121 行)。如果使用者按 *Enter* 鍵 (第 61 行)，這個函式會依照使用者在 **TextBox** 輸入的文字，印出檔案或目錄內容，(請注意，如果使用者沒有按 *Enter* 鍵，這個函式直接返回，不會印出任何內容)。第 69 行使用 **File** 類別的 **Exists** 函式，判斷使用者指定的文字是不是一個現存檔案的名稱。如果使用者是指定現存的檔案，在第 73 行呼叫 **private** 函式 **GetInformation** (第 126-146 行)，這個函式會呼叫 **File** 類別的 **GetCreationTime** 函式 (第 134 行)、**GetLastWriteTime** 函式 (第 138 行)、**GetLastAccessTime** 函式 (第 142 行)，取得檔案資訊。當 **GetInformation** 函式返回時，第 79-80 行產生 **StreamReader**，可以從檔案讀取文字。**StreamReader** 建構式的參數是 **String ***，內容是開啓檔案的名稱。在第 81 到 82 行呼叫 **StreamReader** 的 ***ReadToEnd*** 函式，讀取檔案內容，然後印在 **outputTextBox**。

如果在圖 17.5 第 69 行判斷使用者指定的文字不是一個檔案，在第 93 行會用 **Directory** 類別的 **Exists** 函式，判斷是不是一個目錄。如果使用者指定一個現存的目錄，在第 97 行會呼叫 **GetInformation** 函式，讀取目錄資訊。在第 101 行會呼叫 **Directory** 類別的 **GetDirectories** 函式，取得一個 **String ***陣列，內容是指定目錄的子目錄名稱。第 108-111 行印出 **String ***陣列中每個元素。請注意，如果使用者指定的文字既不是檔案，也不是目錄的話，在第 116-118 行會通知使用者 (透過 **MessageBox**) 檔案或目錄不存在。

```
1   // Fig. 17.5: Form1.h
2   // Using classes File and Directory.
3
4   #pragma once
5
6
7   namespace FileTest
8   {
9      using namespace System;
10     using namespace System::ComponentModel;
11     using namespace System::Collections;
12     using namespace System::Windows::Forms;
13     using namespace System::Data;
14     using namespace System::Drawing;
15     using namespace System::IO;
16
17     /// <summary>
18     /// Summary for Form1
19     ///
20     /// WARNING: If you change the name of this class, you will need to
21     ///          change the 'Resource File Name' property for the managed
22     ///          resource compiler tool associated with all .resx files
23     ///          this class depends on.  Otherwise, the designers will not
24     ///          be able to interact properly with localized resources
25     ///          associated with this form.
26     /// </summary>
27     public __gc class Form1 : public System::Windows::Forms::Form
28     {
29     public:
30        Form1(void)
31        {
32           InitializeComponent();
33        }
34
35     protected:
36        void Dispose(Boolean disposing)
37        {
38           if (disposing && components)
39           {
40              components->Dispose();
41           }
42           __super::Dispose(disposing);
43        }
44     private: System::Windows::Forms::TextBox *  outputTextBox;
45     private: System::Windows::Forms::Label *  directionsLabel;
46     private: System::Windows::Forms::TextBox *  inputTextBox;
47
48     private:
49        /// <summary>
50        /// Required designer variable.
51        /// </summary>
52        System::ComponentModel::Container * components;
53
```

圖 17.5　FileTest 類別示範使用 File 和 Directory 類別 (第 3 之 1 部分)。

```
54       // Visual Studio .NET generated GUI code
55
56       // invoked when user presses key
57       private: System::Void inputTextBox_KeyDown(System::Object *  sender,
58                   System::Windows::Forms::KeyEventArgs *  e)
59                {
60                   // determine whether user pressed Enter key
61                   if ( e->KeyCode == Keys::Enter ) {
62
63                      String *fileName; // name of file or directory
64
65                      // get user-specified file or directory
66                      fileName = inputTextBox->Text;
67
68                      // determine whether fileName is a file
69                      if ( File::Exists( fileName ) ) {
70
71                         // get file's creation date,
72                         // modification date, etc.
73                         outputTextBox->Text = GetInformation( fileName );
74
75                         // display file contents through StreamReader
76                         try {
77
78                            // obtain reader and file contents
79                            StreamReader *stream =
80                               new StreamReader( fileName );
81                            outputTextBox->Text = String::Concat(
82                               outputTextBox->Text, stream->ReadToEnd() );
83                         } // end try
84
85                         // handle exception if StreamReader is unavailable
86                         catch ( IOException * ) {
87                            MessageBox::Show( S"File Error", S"File Error",
88                               MessageBoxButtons::OK, MessageBoxIcon::Error );
89                         } // end catch
90                      } // end if
91
92                      // determine whether fileName is a directory
93                      else if ( Directory::Exists( fileName ) ) {
94
95                         // get directory's creation date,
96                         // modification date, etc.
97                         outputTextBox->Text = GetInformation( fileName );
98
99                         // obtain file/directory list of specified directory
100                        String *directoryList[] =
101                           Directory::GetDirectories( fileName );
102
103                        outputTextBox->Text =
104                           String::Concat( outputTextBox->Text,
105                           S"\r\n\r\nDirectory contents:\r\n" );
106
```

圖 17.5　FileTest 類別示範使用 File 和 Directory 類別 (第 3 之 2 部分)。

```
107                     // output directoryList contents
108                     for ( int i = 0; i < directoryList->Length; i++ )
109                        outputTextBox->Text =
110                           String::Concat( outputTextBox->Text,
111                           directoryList[ i ], S"\r\n" );
112                  } // end if
113                  else {
114
115                     // notify user that neither file nor directory exists
116                     MessageBox::Show( String::Concat( inputTextBox->Text,
117                        S" does not exist" ), S"File Error",
118                        MessageBoxButtons::OK, MessageBoxIcon::Error );
119                  } // end else
120               } // end if
121            } // end method inputTextBox_KeyDown
122
123      private:
124
125         // get information on file or directory
126         String *GetInformation( String *fileName )
127         {
128            // output that file or directory exists
129            String *information =
130               String::Concat( fileName, S" exists\r\n\r\n" );
131
132            // output when file or directory was created
133            information = String::Concat( information, S"Created: ",
134               ( File::GetCreationTime( fileName ) ).ToString(), S"\r\n" );
135
136            // output when file or directory was last modified
137            information = String::Concat( information, S"Last modified: ",
138               ( File::GetLastWriteTime( fileName ) ).ToString(), S"\r\n" );
139
140            // output when file or directory was last accessed
141            information = String::Concat( information, S"Last accessed: ",
142               ( File::GetLastAccessTime( fileName ) ).ToString(),
143               S"\r\n\r\n" );
144
145            return information;
146         } // end method GetInformation
147      };
148   }
```

圖 17.5 FileTest 類別示範使用 File 和 Directory 類別 (第 3 之 3 部分)。

```
1   // Fig. 17.6: Form1.cpp
2   // Entry point for application.
3
4   #include "stdafx.h"
5   #include "Form1.h"
6   #include <windows.h>
7
8   using namespace FileTest;
```

圖 17.6 FileTest 的進入點 (第 2 之 1 部分)。

```
 9
10  int APIENTRY _tWinMain(HINSTANCE hInstance,
11                         HINSTANCE hPrevInstance,
12                         LPTSTR    lpCmdLine,
13                         int       nCmdShow)
14  {
15     System::Threading::Thread::CurrentThread->ApartmentState =
16        System::Threading::ApartmentState::STA;
17     Application::Run(new Form1());
18     return 0;
19  } // end _tWinMain
```

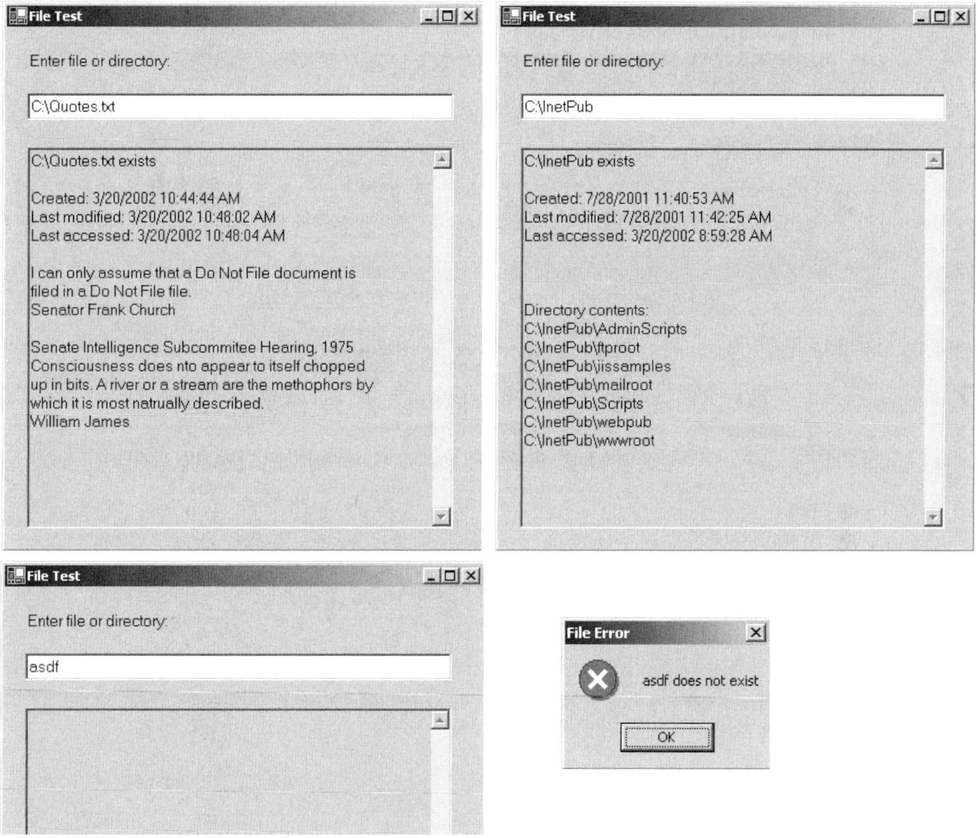

圖 17.6　FileTest 的進入點 (第 2 之 2 部分)。

處理延伸檔名

我們現在介紹另一個範例，使用 .NET Framework 的檔案和目錄處理功能。**Form1** 類別 (圖 17.7) 用 **File** 和 **Directory** 類別，搭配處理規則運算式的類別，回報指定目錄中每種檔案型態的檔案個數。這個程式也是「清理」工具，當程式遇到以 **.bak** 結尾的檔案 (也就是備份檔)，會秀出一個 **MessageBox**，詢問是否要移除檔案，然後依照使用者的輸入做適當處理。

```
1   // Fig. 17.7: Form1.h
2   // Using regular expressions to determine file types.
3
4   #pragma once
5
6
7   namespace FileSearch
8   {
9      using namespace System;
10     using namespace System::ComponentModel;
11     using namespace System::Collections;
12     using namespace System::Windows::Forms;
13     using namespace System::Data;
14     using namespace System::Drawing;
15     using namespace System::IO;
16     using namespace System::Text::RegularExpressions;
17     using namespace System::Collections::Specialized;
18
19     /// <summary>
20     /// Summary for Form1
21     ///
22     /// WARNING: If you change the name of this class, you will need to
23     ///          change the 'Resource File Name' property for the managed
24     ///          resource compiler tool associated with all .resx files
25     ///          this class depends on.  Otherwise, the designers will not
26     ///          be able to interact properly with localized resources
27     ///          associated with this form.
28     /// </summary>
29     public __gc class Form1 : public System::Windows::Forms::Form
30     {
31     public:
32        Form1(void)
33        {
34           found = new NameValueCollection();
35           InitializeComponent();
36        }
37
38     protected:
39        void Dispose(Boolean disposing)
40        {
41           if (disposing && components)
42           {
43              components->Dispose();
44           }
45           __super::Dispose(disposing);
46        }
47     private: System::Windows::Forms::TextBox *  outputTextBox;
48     private: System::Windows::Forms::TextBox *  inputTextBox;
49     private: System::Windows::Forms::Button *  searchButton;
50     private: System::Windows::Forms::Label *  directionsLabel;
51     private: System::Windows::Forms::Label *  directoryLabel;
52
```

圖 17.7 使用規則運算式判斷檔案型態 (第 4 之 1 部分)。

```
53      private: String *searchDirectory;
54
55      // store extensions found and number found
56      private: NameValueCollection *found;
57
58      private:
59         /// <summary>
60         /// Required designer variable.
61         /// </summary>
62         System::ComponentModel::Container * components;
63
64      // Visual Studio .NET generated GUI code
65
66      // invoked when user types in text box
67      private: System::Void inputTextBox_KeyDown(System::Object *  sender,
68                  System::Windows::Forms::KeyEventArgs *  e)
69               {
70                  // determine whether user pressed Enter
71                  if ( e->KeyCode == Keys::Enter )
72                     searchButton_Click( sender, e );
73               } // end method inputTextBox_KeyDown
74
75      // invoked when user clicks "Search Directory" button
76      private: System::Void searchButton_Click(
77                  System::Object *  sender, System::EventArgs *  e)
78               {
79                  // check for user input; default is current directory
80                  if ( inputTextBox->Text != S"" ) {
81
82                     // verify that user input is valid directory name
83                     if ( Directory::Exists( inputTextBox->Text ) ) {
84                        searchDirectory = inputTextBox->Text;
85
86                        // reset input text box and update display
87                        directoryLabel->Text = String::Concat(
88                           S"Current Directory:\r\n", searchDirectory );
89                     } // end if
90                     else {
91
92                        // show error if invalid directory
93                        MessageBox::Show( S"Invalid Directory", S"Error",
94                           MessageBoxButtons::OK, MessageBoxIcon::Error );
95
96                        return;
97                     } // end else
98                  } // end if
99
100                 // clear text boxes
101                 inputTextBox->Text = S"";
102                 outputTextBox->Text = S"";
103
104                 Cursor::Current = Cursors::WaitCursor; // set wait cursor
```

圖 17.7 使用規則運算式判斷檔案型態 (第 4 之 2 部分)。

```
105
106                 SearchDirectory( searchDirectory ); // search directory
107
108                 Cursor::Current = Cursors::Default; // set default cursor
109
110                 // summarize and print results
111                 for ( int current = 0;
112                    current < found->Count; current++ ) {
113                    outputTextBox->AppendText( String::Concat(
114                       S"* Found ", found->Get( current ), S" ",
115                       found->GetKey( current ), S" files.\r\n" ) );
116                 } // end for
117
118                 // clear output for new search
119                 found->Clear();
120              } // end method searchButton_Click
121
122     private:
123
124        // search directory using regular expression
125        void SearchDirectory( String *currentDirectory )
126        {
127           // for file name without directory path
128           try {
129              String *fileName = S"";
130
131              // regular expression for extensions matching pattern
132              Regex *regularExpression = new Regex(
133                 S"[a-zA-Z0-9]+\\.(?<extension>\\w+)" );
134
135              // stores regular-expression-match result
136              Match *matchResult;
137
138              String *fileExtension; // holds file extensions
139
140              // number of files with given extension in directory
141              int extensionCount;
142
143              // get directories
144              String *directoryList[] =
145                 Directory::GetDirectories( currentDirectory );
146
147              // get list of files in current directory
148              String *fileArray[] =
149                 Directory::GetFiles( currentDirectory );
150
151              // iterate through list of files
152              for ( int myFile = 0; myFile < fileArray->Length; myFile++ ) {
153
154                 // remove directory path from file name
155                 fileName = fileArray[ myFile ]->Substring(
156                    fileArray[ myFile ]->LastIndexOf( S"\\" ) + 1 );
157
```

圖 17.7 使用規則運算式判斷檔案型態 (第 4 之 3 部分)。

```
158                 // obtain result for regular-expression search
159                 matchResult = regularExpression->Match( fileName );
160 
161                 // check for match
162                 if ( matchResult->Success )
163                    fileExtension = matchResult->Result( S"${extension}" );
164                 else
165                    fileExtension = S"[no extension]";
166 
167                 // store value from container
168                 if ( !( found->Get( fileExtension ) ) )
169                    found->Add( fileExtension, S"1" );
170                 else {
171                    extensionCount = Int32::Parse(
172                       found->Get( fileExtension ) ) + 1;
173 
174                    found->Set( fileExtension, extensionCount.ToString() );
175                 } // end else
176 
177                 // search for backup(.bak) files
178                 if ( fileExtension->Equals( S"bak" ) ) {
179 
180                    // prompt user to delete (.bak) file
181                    Windows::Forms::DialogResult result = MessageBox::Show(
182                       String::Concat( S"Found backup file ", fileName,
183                       S". Delete?" ), S"Delete Backup",
184                       MessageBoxButtons::YesNo, MessageBoxIcon::Question );
185 
186                    // delete file if user clicked 'yes'
187                    if ( result == DialogResult::Yes ) {
188                       File::Delete( fileArray[ myFile ] );
189 
190                       extensionCount =
191                          Int32::Parse( found->Get( S"bak" ) ) - 1;
192 
193                       found->Set( S"bak", extensionCount.ToString() );
194                    } // end inner if
195                 } // end outer if
196              } // end for
197 
198              // recursive call to search files in subdirectory
199              for ( int i = 0; i < directoryList->Length; i++ )
200                 SearchDirectory( directoryList[ i ] );
201           } // end try
202 
203           // handle exception if files have unauthorized access
204           catch ( UnauthorizedAccessException * ) {
205              MessageBox::Show( String::Concat(
206                 S"Some files may not be visible due to permission ",
207                 S"settings\n" ), S"Warning",
208                 MessageBoxButtons::OK, MessageBoxIcon::Information );
209           } // end catch
210        } // end method SearchDirectory
211     };
212  }
```

圖 17.7　使用規則運算式判斷檔案型態 (第 4 之 4 部分)。

當使用者按 *Enter* 鍵，或是按 **Search Directory** 鈕，程式會呼叫 **searchButton_Click** 函式 (圖 17.7，第 76-120 行)，遞迴搜尋使用者指定的目錄。如果使用者在 **TextBox** 輸入文字，第 83 行會呼叫 **Directory** 類別的 **Exists** 函式，判斷該文字是否代表正確的目錄。如果使用者指定錯誤的目錄，第 93 到 94 行會通知使用者發生錯誤，第 96 行從這個函式返回。

如果目錄是正確的，第 101-102 行清除 **TextBox**。然後在第 104 行使用 ***Cursor*** 類別 (在 **System::Windows::Forms** 命名空間)，改變使用者的滑鼠游標。**Cursor** 類別表示滑鼠游標使用的影像。***Cursors*** 類別 (也在 **System::Windows::Forms** 命名空間) 包含一些程式設計師可以使用的 **Cursor** 物件。第 104 行設定 **Cursor** 的 **Current** 屬性成為 ***Cursors:: WaitCursor***，這是一個代表 *wait cursor* 的 **Cursor** 物件，通常是沙漏符號。所以，當程式在搜尋時，會使用沙漏符號當做滑鼠游標[2]，這在圖 17.8 最後的螢幕截圖有示範。

然後第 106 行以目錄名稱當成 **private** 函式 **SearchDirectory** 的參數 (第 125-210 行)。這個函式要找符合第 132-133 行規則運算式的檔案，符合任意個數字或字母跟著一個句點和一個以上的字母。請注意 **Regex** 建構式 (第 133) 參數的片段字串格式 (**?<extension>** *regular-expression*)。這造成部分符合*規則運算式* (*regular-expression*) 的 **String**，儲存在指定的變數 **extension**。在這個程式，我們設定 **extension** 變數的值是符合一個以上的字元 (也就是**\w+**)，符合的 String 可以在之後使用。

第 144-145 行呼叫 **Directory** 類別的 **GetDirectories** 函式，取得目前目錄的所有子目錄名稱。在第 148-149 行會呼叫 **Directory** 類別的 **GetFiles** 函式，取得一個 **String *** 陣列 **fileArray**，內容是目前目錄的檔案名稱。在第 152-196 行的 **for** 迴圈分析目前目錄的每個檔案，然後對目前目錄的每個子目錄再遞迴呼叫 **SearchDirectory**。第 155-156 行移除目錄名稱，所以程式在使用規則運算式時，可以只測試檔名。第 159 行使用 **Regex** 物件的 **Match** 函式，比對規則運算式和檔名，然後結果存在 Match 型別的物件 **matchResult**。如果比對成功，第 163 行使用 **matchResult** 物件的 **Result** 函式，從 **matchResult** 物件儲存 **extension** 變數到 **fileExtension** (請注意第 133 行在變數 **extension** 中儲存這個 **String**，內容包含目前檔案的延伸檔名)。使用 **Result** 函式取回變數的語法是 **$**{變數名稱} (例如，**$**{extension})。如果比對失敗，第 165 行會設定 **fileExtension** 的值為 "**[no extension]**"。

Form1 類別使用一個 ***NameValueCollection*** 類別的實體 (在圖 17.7，第 34 行產生)，儲存每個延伸檔名型態，以及每種型態的檔案個數。**NameValueCollection** 包含一組鍵值對 (兩者都是 **String ***)，並且提供 **Add** 函式增加鍵值對。索引製作人可以根據資料加入順序、或是根據欄位鍵，製作索引。第 168 行 (圖 17.7) 使用 **NameValueCollection found**，判斷這是不是第一次出現的延伸檔名。如果是的話，第 **169** 把這個延伸檔名當成鍵加到 **found**，值設定為 **1**。如果這個延伸檔名已經存在，第 171-174 行增加這個延伸檔名在 **found** 中的值，代表這個延伸檔名又出現一次。

---

2 若想要瞭解如何更改滑鼠游標的資料，請參閱：
msdn.microsoft.com/library/default.asp? url=/library/en-us/cpref/html/frlrfSystemWindowsFormsCursorClassTopic.asp.

```
1   // Fig. 17.8: Form1.cpp
2   // Entry point for application.
3
4   #include "stdafx.h"
5   #include "Form1.h"
6   #include <windows.h>
7
8   using namespace FileSearch;
9
10  int APIENTRY _tWinMain(HINSTANCE hInstance,
11                         HINSTANCE hPrevInstance,
12                         LPTSTR    lpCmdLine,
13                         int       nCmdShow)
14  {
15     System::Threading::Thread::CurrentThread->ApartmentState =
16        System::Threading::ApartmentState::STA;
17     Application::Run(new Form1());
18     return 0;
19  } // end _tWinMain
```

Using Regular Expressions
Current Directory:
c:\
等待游標
Delete Backup
Found backup file Qoutes.bak. Delete?
Yes
No

Using Regular Expressions
Current Directory:
c:\
Enter Path to Search:
預設游標
Search Directory
* Found 329 BAT files.
* Found 338 ini files.
* Found 1 PRV files.
* Found 434 TXT files.
* Found 8 DOS files.
* Found 33 COM files.
* Found 408 SYS files.
* Found 3582 [no extension] files.
* Found 2 cnf files.
* Found 110 LOG files.
* Found 302 DAT files.
* Found 1 1ST files.
* Found 146 fon files.
* Found 4761 dll files.

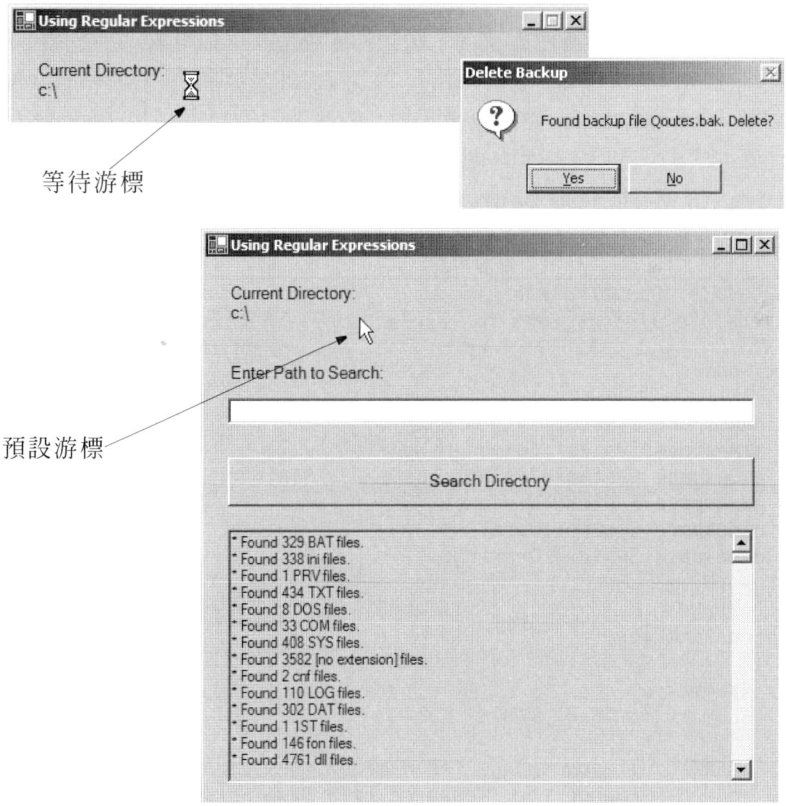

圖 17.8　FileSearch 的進入點。

第 178 判斷 **fileExtension** 是否等於 **"bak"**，也就是檔案是備份檔。如果是的話，第 181-184 行通知使用者，詢問是否要移除這個檔案。如果使用者按 **Yes** (第 187 行)，第 188-193 行刪除檔案並且減少 **"bak"** 檔案型態在 **found** 的值。

第 200 行對每個子目錄呼叫 **SearchDirectory** 函式。使用遞迴的方式，我們可以確定程式對每個子目錄，會用同樣的邏輯搜尋 **bak** 檔。在每個子目錄都分析過後，**SearchDirectory** 函式完成任務。然後在第 108 行使用 ***Cursors:: Default*** 類別，把使用者的滑鼠游標回復成*預設游標* (*default cursor*)，通常是箭頭符號。最後，第 111-115 行在 **outputTextBox** 印出搜尋結果。

17.5 產生循序存取檔

.NET Framework 沒有限定檔案的結構 (也就是沒有「記錄」的概念)，這表示程式設計師必須建構符合應用程式需求的檔案。在下個範列，我們用文字和特殊字元，組織我們自己想像的「記錄」。

下個範例是銀行帳戶管理應用程式，示範如何處理檔案。這些程式都有類似的使用者介面，所以我們產生 **BankUIForm** 類別 (圖 17.9) 封裝基礎類別的圖形使用者介面。(請見圖 17.9 的螢幕截圖)。**BankUIForm** 類別包含四個 Labels (圖 17.9，第 43、46、49、52 行) 和四個 **TextBox** (第 44、47、50、53 行)。函式 **ClearTextBoxes** (圖 17.9，第 79-92 行)、**SetTextBoxValues** (第 95-115 行)、**GetTextBoxValues** (第 118-129 行) 分別是清除、設定、取得 **TextBox** 的值。

```
 1  // Fig. 17.9: BankUIForm.h
 2  // A reusable windows form for the examples in this chapter.
 3
 4  #pragma once
 5
 6  using namespace System;
 7  using namespace System::ComponentModel;
 8  using namespace System::Collections;
 9  using namespace System::Windows::Forms;
10  using namespace System::Data;
11  using namespace System::Drawing;
12
13
14  namespace BankLibrary
15  {
16     /// <summary>
17     /// Summary for BankUIForm
18     ///
19     /// WARNING: If you change the name of this class, you will need to
20     ///          change the 'Resource File Name' property for the managed
21     ///          resource compiler tool associated with all .resx files
22     ///          this class depends on.  Otherwise, the designers will not
23     ///          be able to interact properly with localized resources
```

圖 17.9　用在我們的檔案處理應用程式的圖形使用者介面基礎類別 (第 4 之 1 部分)。

```
24     ///          associated with this form.
25     /// </summary>
26     public __gc class BankUIForm : public System::Windows::Forms::Form
27     {
28     public:
29        BankUIForm(void)
30        {
31           InitializeComponent();
32        }
33
34     protected:
35        void Dispose(Boolean disposing)
36        {
37           if (disposing && components)
38           {
39              components->Dispose();
40           }
41           __super::Dispose(disposing);
42        }
43     public: System::Windows::Forms::Label *  accountLabel;
44     public: System::Windows::Forms::TextBox *  accountTextBox;
45
46     public: System::Windows::Forms::Label *  firstNameLabel;
47     public: System::Windows::Forms::TextBox *  firstNameTextBox;
48
49     public: System::Windows::Forms::Label *  lastNameLabel;
50     public: System::Windows::Forms::TextBox *  lastNameTextBox;
51
52     public: System::Windows::Forms::Label *  balanceLabel;
53     public: System::Windows::Forms::TextBox *  balanceTextBox;
54
55     protected: static int TextBoxCount = 4; // number of TextBoxes on Form
56
57     public:
58
59        // enumeration constants specify TextBox indices
60        __value enum TextBoxIndices
61        {
62           ACCOUNT,
63           FIRST,
64           LAST,
65           BALANCE
66        }; // end enum
67
68     private:
69        /// <summary>
70        /// Required designer variable.
71        /// </summary>
72        System::ComponentModel::Container* components;
73
74     // Visual Studio .NET generated GUI code
75
```

圖 17.9　用在我們的檔案處理應用程式的圖形使用者介面基礎類別 (第 4 之 2 部分)。

```
76     public:
77
78        // clear all TextBoxes
79        void ClearTextBoxes()
80        {
81           // iterate through every Control on form
82           for ( int i = 0; i < Controls->Count; i++ ) {
83              Control *myControl = Controls->Item[ i ]; // get control
84
85              // determine whether Control is TextBox
86              if ( myControl->GetType() == __typeof( TextBox ) ) {
87
88                 // clear Text property (set to empty string)
89                 myControl->Text = S"";
90              } // end if
91           } // end for
92        } // end method ClearTextBoxes
93
94        // set text box values to String array values
95        void SetTextBoxValues( String *values[] )
96        {
97           // determine whether String array has correct length
98           if ( values->Length != TextBoxCount ) {
99
100             // throw exception if not correct length
101             throw ( new ArgumentException( String::Concat(
102                S"There must be ", ( TextBoxCount + 1 ).ToString(),
103                S" strings in the array" ) ) );
104          } // end if
105
106          // set array values if array has correct length
107          else {
108
109             // set array values to text box values
110             accountTextBox->Text = values[ TextBoxIndices::ACCOUNT ];
111             firstNameTextBox->Text = values[ TextBoxIndices::FIRST ];
112             lastNameTextBox->Text = values[ TextBoxIndices::LAST ];
113             balanceTextBox->Text = values[ TextBoxIndices::BALANCE ];
114          } // end else
115       } // end method SetTextBoxValues
116
117       // return text box values as string array
118       String *GetTextBoxValues() []
119       {
120          String *values[] = new String*[ TextBoxCount ];
121
122          // copy text box fields to string array
123          values[ TextBoxIndices::ACCOUNT ] = accountTextBox->Text;
124          values[ TextBoxIndices::FIRST ] = firstNameTextBox->Text;
125          values[ TextBoxIndices::LAST ] = lastNameTextBox->Text;
126          values[ TextBoxIndices::BALANCE ] = balanceTextBox->Text;
127
```

圖 17.9 用在我們的檔案處理應用程式的圖形使用者介面基礎類別 (第 4 之 3 部分)。

```
128            return values;
129         } // end method GetTextBoxValues
130      };
131   }
```

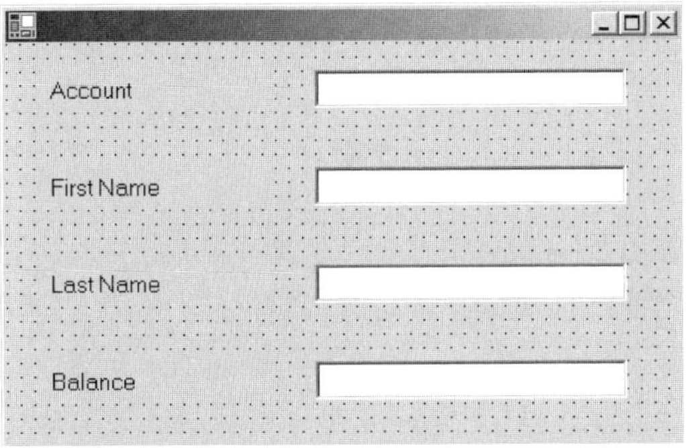

Account
First Name
Last Name
Balance

圖 17.9　用在我們的檔案處理應用程式的圖形使用者介面基礎類別 (第 4 之 4 部分)。

請注意，**GetTextBoxValues** 函式的第 128 行傳回一個 **String***物件的 **managed** 陣列 (values)。記得在第四章有提到，任何傳回 **managed** 陣列的函式，必須要在定義的結尾加上陣列維度。因此，第 118 行的 **GetTextBoxValues** 函式宣告成

```
String *GetTextBoxValues() []
```

[] 記號表示 **GetTextBoxValues** 函式會傳回一維的 managed 陣列。

爲了要重複使用 **BankUIForm** 類別，我們產生一個 **Managed C++ Class Library** 型態的專案，把這個圖形使用者介面編譯成 DLL (動態連結程式庫)。(我們產生的這個 DLL 稱爲 **BankLibrary.dll**) 這個程式庫可以在書末的 CD 中找到。請見 8.16 節，有關於如何產生、重用動態連結程式庫的資訊。

圖 17.10 到圖 17.11 有 Record 類別，這個類別在圖 17.12 到圖 17.13、圖 17.15 到圖 17.16、圖 17.17 到圖 17.18 用來從檔案循序地讀寫記錄。這個類別也屬於 BankLibrary DLL，所以和 **BankUIForm** 類別位在同一個專案。

```
 1   // Fig. 17.10: Record.h
 2   // Serializable class that represents a data record.
 3
 4   #pragma once
 5
 6   #using <mscorlib.dll>
 7
 8   using namespace System;
 9
10   namespace BankLibrary
11   {
12      [Serializable]
13      public __gc class Record
14      {
15      public:
```

圖 17.10　可序列化類別代表資料記錄 (第 3 之 1 部分)。

```
16
17          // default constructor sets members to default values
18          Record();
19          Record( int, String *, String *, double );
20
21          // set method for property Account
22          __property void set_Account( int value )
23          {
24             account = value;
25          }
26
27          // get method for property Account
28          __property int get_Account()
29          {
30             return account;
31          }
32
33          // set method for property FirstName
34          __property void set_FirstName( String *value )
35          {
36             firstName = value;
37          }
38
39          // get method for property FirstName
40          __property String *get_FirstName()
41          {
42             return firstName;
43          }
44
45          // set method for property LastName
46          __property void set_LastName( String *value )
47          {
48             lastName = value;
49          }
50
51          // get method for property LastName
52          __property String *get_LastName()
53          {
54             return lastName;
55          }
56
57          // set method for property Balance
58          __property void set_Balance( double value )
59          {
60             balance = value;
61          }
62
63          // get method for property Balance
64          __property double get_Balance()
65          {
66             return balance;
67          }
68
```

圖 17.10 可序列化類別代表資料記錄 (第 3 之 2 部分)。

```
69      private:
70         int account;
71         String *firstName;
72         String *lastName;
73         double balance;
74      }; // end class Record
75   } // end namespace BankLibrary
```

圖 17.10 可序列化類別代表資料記錄 (第 3 之 3 部分)。

```
1   // Fig. 17.11: Record.cpp
2   // Method definitions for class Record.
3
4   #include "stdafx.h"
5   #include "Record.h"
6
7   using namespace BankLibrary;
8
9   // default constructor sets members to default values
10  Record::Record()
11  {
12     Account = 0;
13     FirstName = S"";
14     LastName = S"";
15     Balance = 0.0;
16  }
17
18  // overloaded constructor sets members to parameter values
19  Record::Record( int accountValue, String *firstNameValue,
20     String *lastNameValue, double balanceValue )
21  {
22     Account = accountValue;
23     FirstName = firstNameValue;
24     LastName = lastNameValue;
25     Balance = balanceValue;
26  } // end constructor
```

圖 17.11 Record 類別函式定義。

Serializable 屬性 (圖 17.10，第 12 行) 告訴編譯器，**Record** 類別的物件是可以*序列化* (serialized)，也就是可以從資料流讀寫物件。我們想要從資料流讀寫的物件，他們的類別定義必須要包括這個屬性。相反地，***NonSerialized*** 屬性可以指示某些欄位不應該序列化 [3]。*屬性* (Attributes) 是識別字 (在中括號內)，可以在宣告時指定額外的資訊。屬性也可用來定義類別、函式、變數的底層行為。定義屬性的程式碼會在執行時期使用。

Record 類別包含資料成員 **account**、**firstName**、**lastName**、**balance** (第 70-73 行)，全部代表儲存記錄資料所需的資訊。預設建構式 (圖 17.11，第 10-16 行) 設定這些成員為預設值 (也就是空的)，多載建構式 (第 19-26 行) 設定這些成員為指定的參數值。**Record** 類別也提供屬性 **Account** (圖 17.10，第 22-31 行)、**FirstName** (第 34-43 行)、**LastName**

3 更多關於.NET 的序列化資訊，請見 **www.msdnaa.net/interchange/preview.asp? PeerID=1399**

(第 46-55 行)、**Balance** (第 58-67 行)，分別存取每個顧客的帳戶號碼、名、姓、餘額。

Form1 類別 (圖 17.12) 使用 **Record** 類別的實體，產生一個循序存取檔，可能用在應收帳款系統(整理關於公司客戶欠款的程式)。對於每個客戶，程式有帳號號碼和客戶的姓名、餘額(也就是前次服務後，客戶還給公司的錢)。每個客戶獲得的資料組成一筆客戶記錄。在這個應用程式，帳戶號碼代表記錄鍵，檔案是依照帳戶號碼順序產生和維護。這個程式假設使用者依照帳戶號碼順序輸入記錄。然而，一套詳細的應收帳款系統要提供排序功能。使用者可以按任意順序輸入記錄，這些記錄會排序好，再按順序寫到檔案。(請注意，本章所有的輸出是一行接著一行，每行由左至右)。

```
 1  // Fig. 17.12: Form1.h
 2  // Creating a sequential-access file.
 3
 4  #pragma once
 5
 6
 7  namespace CreateSequentialAccessFile
 8  {
 9     using namespace System;
10     using namespace System::ComponentModel;
11     using namespace System::Collections;
12     using namespace System::Windows::Forms;
13     using namespace System::Data;
14     using namespace System::Drawing;
15     using namespace System::IO;
16     using namespace System::Runtime::Serialization;
17     using namespace System::Runtime::Serialization::Formatters::Binary;
18     using namespace BankLibrary;    // Deitel namespace
19
20     /// <summary>
21     /// Summary for Form1
22     ///
23     /// WARNING: If you change the name of this class, you will need to
24     ///          change the 'Resource File Name' property for the managed
25     ///          resource compiler tool associated with all .resx files
26     ///          this class depends on.  Otherwise, the designers will not
27     ///          be able to interact properly with localized resources
28     ///          associated with this form.
29     /// </summary>
30     public __gc class Form1 : public BankUIForm
31     {
32     public:
33        Form1(void)
34        {
35           InitializeComponent();
36        }
37
38     protected:
```

圖 17.12 CreateSequentialAccessFile 程式 (第 4 之 1 部分)。

```
39          void Dispose(Boolean disposing)
40          {
41             if (disposing && components)
42             {
43                components->Dispose();
44             }
45             __super::Dispose(disposing);
46          }
47       private: System::Windows::Forms::Button *  saveButton;
48       private: System::Windows::Forms::Button *  enterButton;
49       private: System::Windows::Forms::Button *  exitButton;
50
51       // serializes Record in binary format
52       private: static BinaryFormatter *formatter = new BinaryFormatter();
53
54       // stream through which serializable data is written to file
55       private: FileStream *output;
56
57       private:
58          /// <summary>
59          /// Required designer variable.
60          /// </summary>
61          System::ComponentModel::Container * components;
62
63       // Visual Studio .NET generated GUI code
64
65       // invoked when user clicks Save button
66       private: System::Void saveButton_Click(
67                   System::Object *  sender, System::EventArgs *  e)
68                {
69                   // create dialog box enabling user to save file
70                   SaveFileDialog *fileChooser = new SaveFileDialog();
71
72                   Windows::Forms::DialogResult result =
73                      fileChooser->ShowDialog();
74
75                   String *fileName; // name of file to save data
76
77                   // allow user to create file
78                   fileChooser->CheckFileExists = false;
79
80                   // exit event handler if user clicked "Cancel"
81                   if ( result == DialogResult::Cancel )
82                      return;
83
84                   // get specified file name
85                   fileName = fileChooser->FileName;
86
87                   // show error if user specified invalid file
88                   if ( ( fileName->Equals( S"" ) ) )
89                      MessageBox::Show( S"Invalid File Name", S"Error",
90                         MessageBoxButtons::OK, MessageBoxIcon::Error );
91                   else {
```

圖 17.12 CreateSequentialAccessFile 程式 (第 4 之 2 部分)。

```
92
93                     // save file via FileStream if user specified valid file
94                     try {
95
96                        // open file with write access
97                        output = new FileStream( fileName,
98                           FileMode::OpenOrCreate, FileAccess::Write );
99
100                       // disable Save As button and enable Enter button
101                       saveButton->Enabled = false;
102                       enterButton->Enabled = true;
103                    } // end try
104
105                    // handle exception if file does not exist
106                    catch ( FileNotFoundException * ) {
107
108                       // notify user if file does not exist
109                       MessageBox::Show( S"File Does Not Exist", S"Error",
110                          MessageBoxButtons::OK, MessageBoxIcon::Error );
111                    } // end catch
112                 } // end else
113              } // end method saveButton_Click
114
115     // invoke when user clicks Enter button
116     private: System::Void enterButton_Click(
117                 System::Object *  sender, System::EventArgs *  e)
118              {
119                 // store TextBox values string array
120                 String *values[] = GetTextBoxValues();
121
122                 // Record containing TextBox values to serialize
123                 Record *record = new Record();
124
125                 // determine whether TextBox account field is empty
126                 if ( values[ TextBoxIndices::ACCOUNT ] != S"" ) {
127
128                    // store TextBox values in Record and serialize Record
129                    try {
130
131                       // get account number value from TextBox
132                       int accountNumber = Int32::Parse(
133                          values[ TextBoxIndices::ACCOUNT ] );
134
135                       // determine whether accountNumber is valid
136                       if ( accountNumber > 0 ) {
137
138                          // store TextBox fields in Record
139                          record->Account = accountNumber;
140                          record->FirstName =
141                             values[ TextBoxIndices::FIRST ];
142                          record->LastName =
143                             values[ TextBoxIndices::LAST ];
144                          record->Balance = Double::Parse(
145                             values[ TextBoxIndices::BALANCE ] );
```

圖 17.12　CreateSequentialAccessFile 程式 (第 4 之 3 部分)。

```
146
147                         // write Record to FileStream (serialize object)
148                         formatter->Serialize( output, record );
149                      } // end if
150                      else {
151
152                         // notify user if invalid account number
153                         MessageBox::Show(
154                            S"Invalid Account Number", S"Error",
155                            MessageBoxButtons::OK, MessageBoxIcon::Error );
156                      } // end else
157                   } // end try
158
159                   // notify user if error occurs in serialization
160                   catch ( SerializationException * ) {
161                      MessageBox::Show( S"Error Writing to File", S"Error",
162                         MessageBoxButtons::OK, MessageBoxIcon::Error );
163                   } // end catch
164
165                   // notify user if error occurs from parameter format
166                   catch( FormatException * ) {
167                      MessageBox::Show( S"Invalid Format", S"Error",
168                         MessageBoxButtons::OK, MessageBoxIcon::Error );
169                   } // end catch
170                } // end if
171
172                ClearTextBoxes(); // clear TextBox values
173             } // end method enterButton_Click
174
175    // invoked when user clicks Exit button
176    private: System::Void exitButton_Click(
177                System::Object *  sender, System::EventArgs *  e)
178             {
179                // determine whether file exists
180                if ( output != 0 ) {
181
182                   // close file
183                   try {
184                      output->Close();
185                   } // end try
186
187                   // notify user of error closing file
188                   catch ( IOException * ) {
189                      MessageBox::Show( S"Cannot close file", S"Error",
190                         MessageBoxButtons::OK, MessageBoxIcon::Error );
191                   } // end catch
192                } // end if
193
194                Application::Exit();
195             } // end method exitButton_Click
196    };
197 }
```

圖 17.12　CreateSequentialAccessFile 程式 (第 4 之 4 部分)。

圖 17.12 有 **Form1** 類別的程式碼，這個類別產生檔案、或是開啓檔案 (如果檔案存在)，然後讓使用者把銀行資訊寫到這個檔案。第 18 行匯入 **BankLibrary** 命名空間，這個命名空間包含 **Form1** 類別繼承的 **BankUIForm** 類別 (第 30 行)。因爲繼承的關係，**Form1** 的圖形使用者介面和 **BankUIForm** 類別相似 (如圖 17.13 的輸出)，除了繼承類別有按鈕 **Save As**、**Enter**、**Exit**。請復習 13.10 節有關於虛擬繼承的資訊。

當使用者按 **Save As** 鈕時，程式會呼叫 **saveButton_Click** 函式 (圖 17.12，第 66-113 行)。第 70 行產生 ***SaveFileDialog*** 類別的物件，這是屬於 **System::Windows::Forms** 命名空間。這個類別的物件是用來選擇檔案 (如圖 17.13 的第二個影像)。第 73 行呼叫 **SaveFileDialog** 物件的 ***ShowDialog*** 函式，秀出 **SaveFileDialog**。此時，**SaveFileDialog** 不會讓使用者接觸程式中其他的視窗，直到使用者按 **Save** 或 **Cancel** 關閉 **SaveFileDialog** 爲止。這種風格的對話窗稱爲*強制回應對話窗* (*modal dialogs*)。使用者選擇適合的磁碟機、目錄、檔名，然後按 **Save**。**ShowDialog** 函式傳回一個整數，代表使用者按哪個鈕 (**Save** 或 **Cancel**) 關閉對話窗。在這個範例中，**Form** 的屬性 **DialogResult** 接收這個整數。第 81 行比較 **DialogResult** 屬性的傳回值和常數 ***DialogResult::Cancel***，測試使用者是否按了 **Cancel**。如果兩個值一樣，**saveButton_Click** 函式返回 (第 82 行)。如果兩個值不一樣 (也就是使用者按了 **Save**，而不是按 **Cancel**)，第 85 行用 **SaveFileDialog** 類別的 ***FileName*** 屬性取得使用者選擇的檔案。

如同我們在本章前面所述，我們可以產生 **FileStream** 類別的物件，開啓檔案處理。在這個範例中，我們要把檔案開啓然後印出，所以在第 97-98 行產生一個 **FileStream** 物件。我們使用的 **FileStream** 的建構式接收三個參數：一個 **String ***包含開啓檔案的名稱、一個常數表示如何開啓檔案、一個常數表示檔案的權限。第 98 行把常數 **FileMode::OpenOrCreate** 傳入 **FileStream** 的建構式，當成建構式的第二個參數。這個常數表示，如果檔案存在的話，**FileStream** 物件應該開啓檔案，如果檔案不存在的話，就產生這個檔。.NET Framework 提供其他的 **FileMode** 常數，描述如何開啓檔案；我們在範例使用到的時候再介紹這些常數。第 98 行也把常數 **FileAccess::Write** 傳入 **FileStream** 的建構式，當成建構式的第三個參數，這個常數確保程式對這個 **FileStream** 物件只做寫入的動作。.NET Framework 提供另外兩個常數可以當這個參數：**FileAccess::Read** 代表唯讀、**FileAccess::ReadWrite** 代表可以同時讀寫。

良好的程式設計習慣 17.1

*當開啓檔案時，使用 **FileAccess** 列舉控制使用者存取這些檔案。*

```
1  // Fig. 17.13: Form1.cpp
2  // Entry point for application.
3
```

圖 17.13　CreateSequentialAccessFile 的進入點 (第 3 之 1 部分)。

```
 4  #include "stdafx.h"
 5  #include "Form1.h"
 6  #include <windows.h>
 7
 8  using namespace CreateSequentialAccessFile;
 9
10  int APIENTRY _tWinMain(HINSTANCE hInstance,
11                         HINSTANCE hPrevInstance,
12                         LPTSTR    lpCmdLine,
13                         int       nCmdShow)
14  {
15     System::Threading::Thread::CurrentThread->ApartmentState =
16        System::Threading::ApartmentState::STA;
17     Application::Run(new Form1());
18     return 0;
19  } // end _tWinMain
```

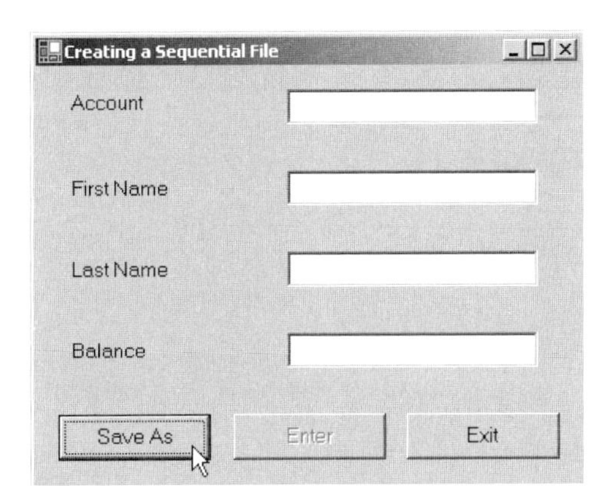

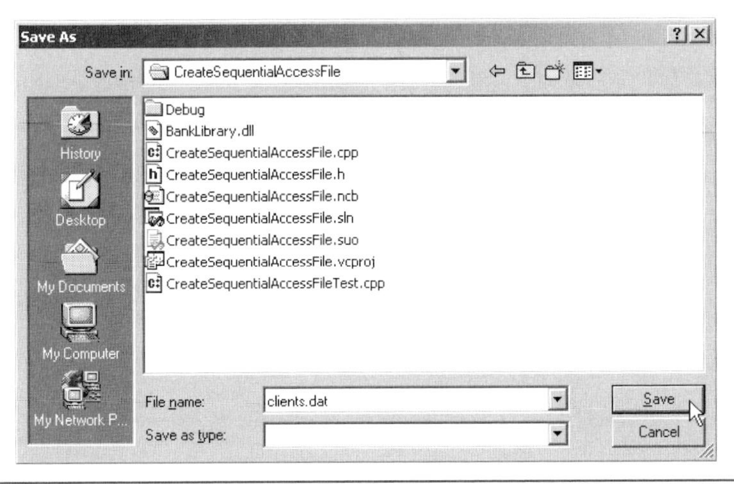

圖 17.13　CreateSequentialAccessFile 的進入點 (第 3 之 2 部分)。

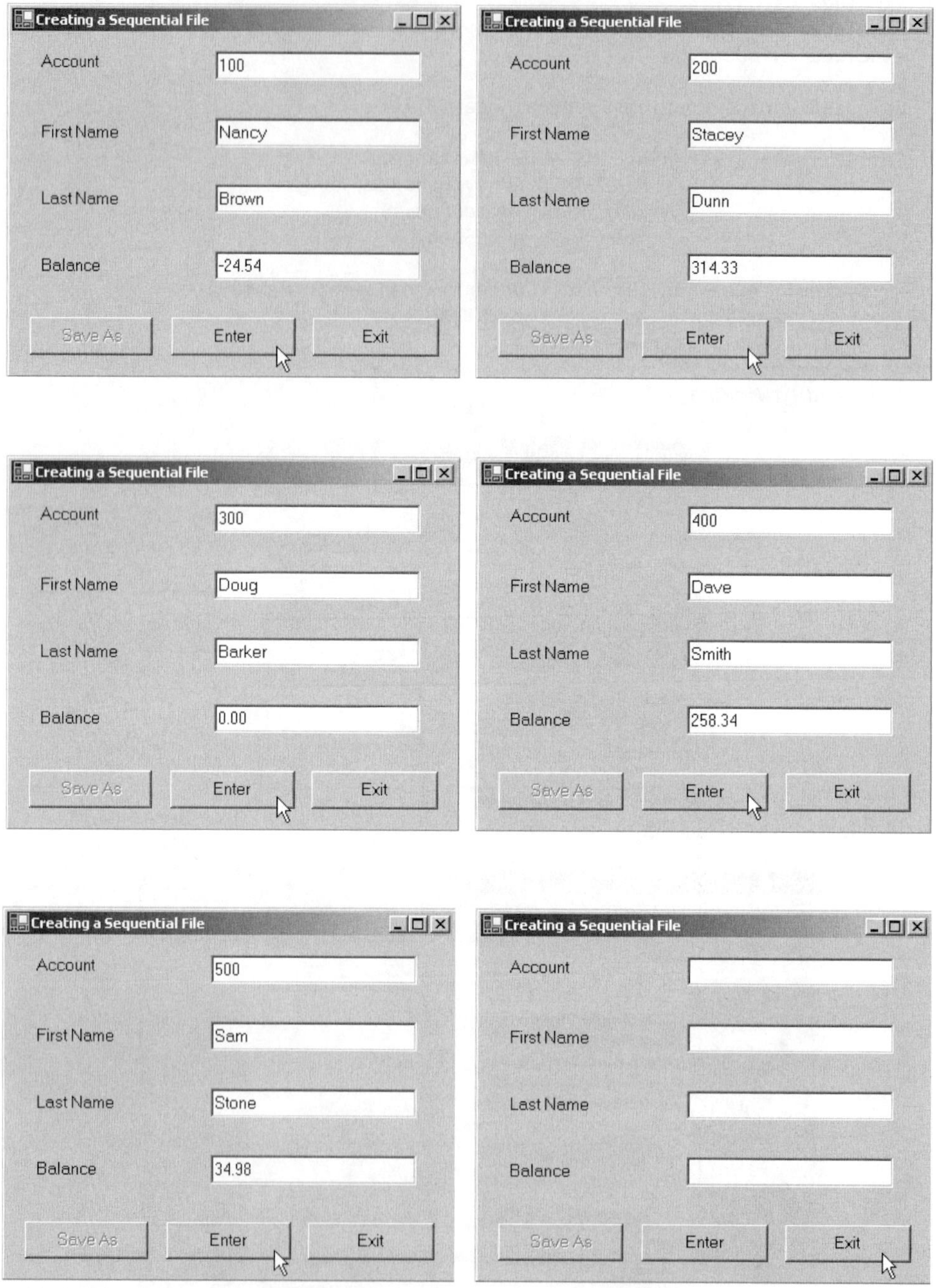

圖 17.13 CreateSequentialAccessFile 的進入點 (第 3 之 3 部分)。

使用者在每個 **TextBox** 輸入資訊後，按 **Enter** 鈕呼叫 **enterButton_Click** 函式 (第 116-173 行) 從 **TextBox** 儲存資料到使用者指定的檔案。如果使用者輸入正確的帳戶號碼 (也就是大於零的整數)，第 139-145 行會儲存 **TextBox** 的值到 **Record** 型別的物件。如果使用者在 **TextBox** 輸入錯誤的資料 (例如在 **Balance** 欄位輸入非數字的字元)，程式會丟擲 **FormatException**。在第 166-169 行的 **catch** 區塊會處理這種異常情況，通知使用者 (透過 **MessageBox**) 格式不正確。如果使用者輸入正確的資料，第 148 行會呼叫 **BinaryFormatter** 物件 (在圖 17.12，第 52 行產生) 的 **Serialize** 函式，把記錄寫到檔案。**BinaryFormatter** 類別使用函式 ***Serialize*** 和 ***Deserialize*** 分別從資料流寫入、讀出物件。**Serialize** 函式把物件的結構寫到資料流，**Deserialize** 函式從資料流中讀出這個結構，重建原來的物件。如果在序列化或還原序列化時發生錯誤 (當嘗試存取不存在的資料流或記錄時產生錯誤)，這兩個函式都會丟擲 **SerializationException**。**Serialize** 函式和 **Deserialize** 函式都需要一個 **Stream** 物件 (例如 **FileStream**) 當成參數，所以 **BinaryFormatter** 可以存取正確的檔案。**BinaryFormatter** 類別屬於 ***System::Runtime::Serialization::Formatters::Binary*** 命名空間。

常見的程式設計錯誤 17.1

程式在嘗試存取檔案之前，沒有開啓檔案成功，是一種邏輯錯誤。

當使用者按 **Exit** 鈕時，程式會呼叫 **exitButton_Click** 函式 (圖 17.12，第 176-195 行) 離開應用程式。如果有 **FileStream** 開啓的話，在第 184 行會把他關閉，而在第 194 行離開程式。

增進效能的小技巧 17.1

程式不再需要存取的檔案，要明確地關閉。這可以減少程式使用的資源，不會在用完特定檔案後還繼續佔住。明確關閉檔案的習慣也會增加程式的清晰度。

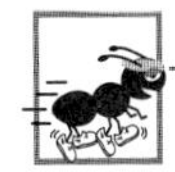

增進效能的小技巧 17.2

明確地釋放不再需要的資源，可以讓他們立即重複使用，增加資源使用率。

帳　號	名	姓	餘　額
100	Nancy	Brown	-25.54
200	Stacey	Dunn	314.33
300	Doug	Barker	0.00
400	Dave	Smith	258.34
500	Sam	Stone	34.98

圖 17.14　圖 17.12 到圖 17.13 的程式使用的範例資料。

同樣執行圖 17.12 到圖 17.13 的程式，我們輸入五個帳戶 (圖 17.14)。程式沒有描述資料記錄如何存在檔案中，想要驗證檔案已經成功產生，我們在下一節寫程式從檔案讀資訊印出來。

17.6 從循序存取檔讀取資料

資料儲存在檔案裡，所以需要的時候就可以取出來處理。前一節示範如何在循序存取的應用程式產生檔案，在這一節，我們介紹如何從檔案循序地讀取資料。

Form1 類別 (圖 17.15) 從圖 17.12 到圖 17.13 的程式產生的檔案，讀取資料然後印出每個記錄的內容。這個範例中大部分的程式和圖 17.12 到圖 17.13 類似，所以我們只介紹程式獨特的部分。

```
 1  // Fig. 17.15: Form1.h
 2  // Reading a sequential-access file.
 3
 4  #pragma once
 5
 6
 7  namespace ReadSequentialAccessFile
 8  {
 9     using namespace System;
10     using namespace System::ComponentModel;
11     using namespace System::Collections;
12     using namespace System::Windows::Forms;
13     using namespace System::Data;
14     using namespace System::Drawing;
15     using namespace System::IO;
16     using namespace System::Runtime::Serialization;
17     using namespace System::Runtime::Serialization::Formatters::Binary;
18     using namespace BankLibrary;    // Deitel namespace
19
20     /// <summary>
21     /// Summary for Form1
22     ///
23     /// WARNING: If you change the name of this class, you will need to
24     ///          change the 'Resource File Name' property for the managed
25     ///          resource compiler tool associated with all .resx files
26     ///          this class depends on.  Otherwise, the designers will not
27     ///          be able to interact properly with localized resources
28     ///          associated with this form.
29     /// </summary>
30     public __gc class Form1 : public BankUIForm
31     {
32     public:
33        Form1(void)
34        {
35           InitializeComponent();
36        }
```

圖 17.15 ReadSequentialAccessFile 讀取循序存取檔 (第 3 之 1 部分)。

```
37
38      protected:
39         void Dispose(Boolean disposing)
40         {
41            if (disposing && components)
42            {
43               components->Dispose();
44            }
45            __super::Dispose(disposing);
46         }
47      private: System::Windows::Forms::Button *  openButton;
48      private: System::Windows::Forms::Button *  nextButton;
49
50      // stream through which serializable data are read from file
51      private: FileStream *input;
52
53      // object for deserializing Record in binary format
54      private: static BinaryFormatter *reader = new BinaryFormatter();
55
56      private:
57         /// <summary>
58         /// Required designer variable.
59         /// </summary>
60         System::ComponentModel::Container * components;
61
62      // Visual Studio .NET generated GUI code
63
64      // invoked when user clicks Open File button
65      private: System::Void openButton_Click(
66                  System::Object *  sender, System::EventArgs *  e)
67               {
68                  // create dialog box enabling user to open file
69                  OpenFileDialog *fileChooser = new OpenFileDialog();
70                  Windows::Forms::DialogResult result =
71                     fileChooser->ShowDialog();
72                  String *fileName; // name of file containing data
73
74                  // exit event handler if user clicked Cancel
75                  if ( result == DialogResult::Cancel )
76                     return;
77
78                  // get specified file name
79                  fileName = fileChooser->FileName;
80                  ClearTextBoxes();
81
82                  // show error if user specified invalid file
83                  if ( ( fileName->Equals( S"" ) ) )
84                     MessageBox::Show( S"Invalid File Name", S"Error",
85                     MessageBoxButtons::OK, MessageBoxIcon::Error );
86                  else {
87
88                     // create FileStream to obtain read access to file
89                     input = new FileStream( fileName, FileMode::Open,
90                        FileAccess::Read );
```

圖 17.15 ReadSequentialAccessFile 讀取循序存取檔 (第 3 之 2 部分)。

```
 91
 92                    // enable next record button
 93                    nextButton->Enabled = true;
 94                 } // end else
 95              } // end method openButton_Click
 96
 97      // invoked when user clicks Next Record button
 98      private: System::Void nextButton_Click(
 99                 System::Object *  sender, System::EventArgs *  e)
100              {
101                 // deserialize Record and store data in TextBoxes
102                 try {
103
104                    // get next Record available in file
105                    Record *record = dynamic_cast< Record *>(
106                       reader->Deserialize( input ) );
107
108                    // store Record values in temporary string array
109                    String *values[] = { record->Account.ToString(),
110                       record->FirstName->ToString(),
111                       record->LastName->ToString(),
112                       record->Balance.ToString() };
113
114                    // copy string array values to TextBox values
115                    SetTextBoxValues( values );
116                 } // end try
117
118                 // handle exception when no Records in file
119                 catch ( SerializationException * ) {
120
121                    // close FileStream if no Records in file
122                    input->Close();
123
124                    // enable Open File button
125                    openButton->Enabled = true;
126
127                    // disable Next Record button
128                    nextButton->Enabled = false;
129
130                    ClearTextBoxes();
131
132                    // notify user if no Records in file
133                    MessageBox::Show( S"No more records in file", S"",
134                       MessageBoxButtons::OK, MessageBoxIcon::Information );
135                 } // end catch
136              } // end method nextButton_Click
137      };
138  }
```

圖 17.15 ReadSequentialAccessFile 讀取循序存取檔 (第 3 之 3 部分)。

當使用者按 **Open File** 鈕時，程式會呼叫 **openButton_Click** 函式 (圖 17.15，第 65-95 行)。第 69 行產生 ***OpenFileDialog*** 類別的物件，第 71 行呼叫這個物件的 ***ShowDialog*** 函

式，秀出 **Open** 對話窗。(請見圖 17.16 的第二個螢幕截圖)。這個對話窗的圖形使用者介面、行為，和 **SaveFileDialog** 一樣 (除了 **Save** 換成 **Open**)。如果使用者輸入正確的檔案名稱，第 89-90 行會產生一個 **FileStream** 物件，並且指定給 **input** 指標。我們把常數 **FileMode::Open** 當成第二個參數，傳入 **FileStream** 的建構式。這個常數表示，如果檔案存在的話，FileStream 應該開啓檔案；如果檔案不存在的話，就應該丟擲 **FileNotFoundException**。(在這個範例中，**FileStream** 的建構式不會丟擲 **FileNotFoundException**，因為 **OpenFileDialog** 需要使用者輸入存在的檔案名稱)。在上一個範列中 (圖 17.12 到圖 17.13)，我們使用 **FileStream** 物件，以唯寫的權限寫文字到檔案在這個範例中 (圖 17.15 到圖 17.16)，我們把常數 **FileAccess::Read** 當成 **FileStream** 建構式的第三個參數，指定唯讀存取。

```
1   // Fig. 17.16: Form1.cpp
2   // Entry point for application.
3
4   #include "stdafx.h"
5   #include "Form1.h"
6   #include <windows.h>
7
8   using namespace ReadSequentialAccessFile;
9
10  int APIENTRY _tWinMain(HINSTANCE hInstance,
11                         HINSTANCE hPrevInstance,
12                         LPTSTR    lpCmdLine,
13                         int       nCmdShow)
14  {
15     System::Threading::Thread::CurrentThread->ApartmentState =
16        System::Threading::ApartmentState::STA;
17     Application::Run(new Form1());
18     return 0;
19  } // end _tWinMain
```

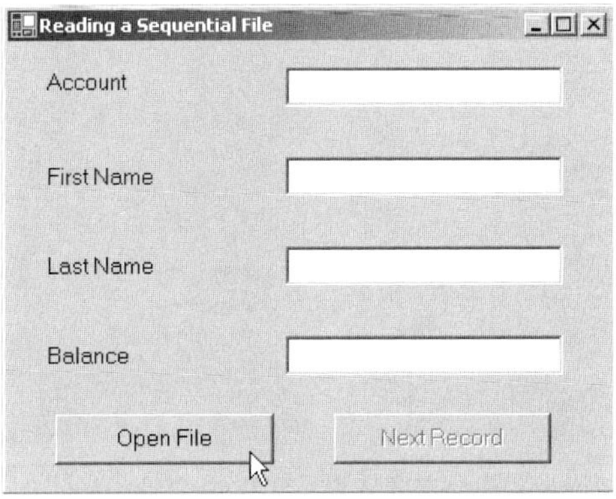

圖 17.16 ReadSequentialAccessFile 的進入點 (第 3 之 1 部分)。

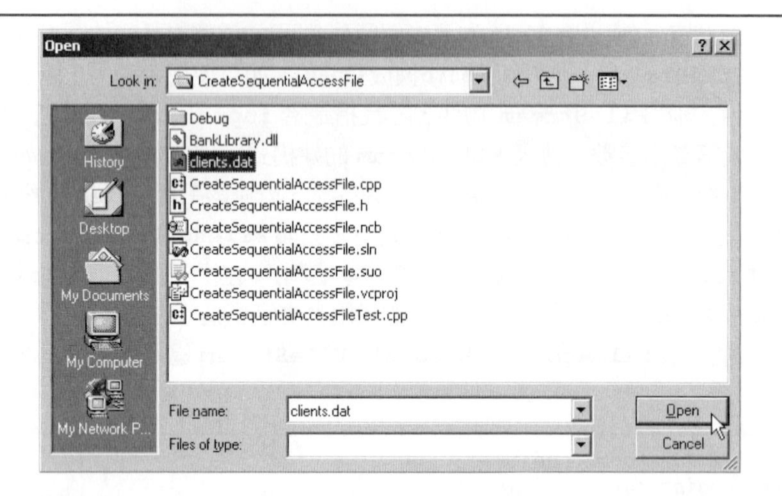

圖 17.16　ReadSequentialAccessFile 的進入點 (第 3 之 2 部分)。

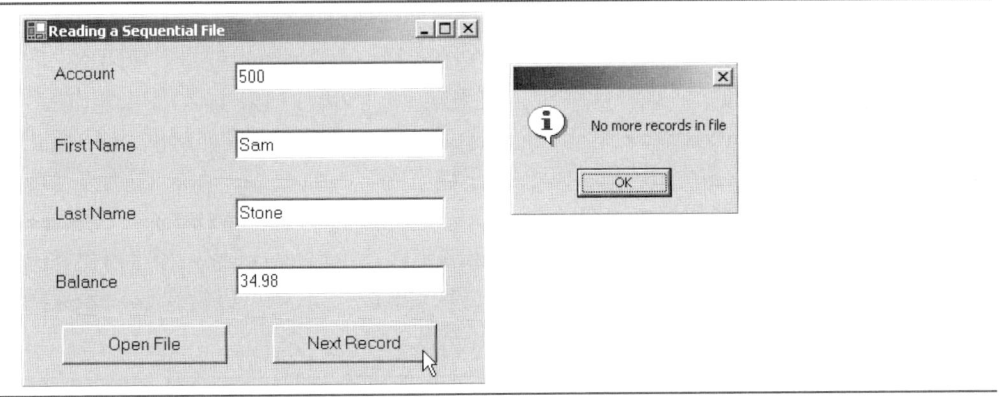

圖 17.16　ReadSequentialAccessFile 的進入點 (第 3 之 3 部分)。

測試和除錯的小技巧 避免錯誤的小技巧 17.1

如果檔案的內容不該更動，就要以 **`FileAccess::Read`** *的檔案開啓模式開啓檔案，避免無意間修改檔案內容。*

當使用者按 **Next Record** 鈕，程式會呼叫 **`nextButton_Click`** 函式 (第 98-136 行)，從使用者指定的檔案讀取下一個記錄。(使用者必須在開啓檔案看到第一個記錄後才按 **Next Record**)。第 106 行呼叫 **`BinaryFormatter`** 物件的 **`Deserialize`** 函式，讀取下一筆記錄並且轉型成 **`Record`**。轉型是必要的，因爲 **`Deserialize`** 傳回 **`Object`** 型別的物件。然後第 109 到 115 行在 **`TextBox`** 中印出 **`Record`** 的值。當 **`Deserialize`** 函式想把一筆不存在的記錄還原序列化時 (也就是程式已經印出所有的記錄)，函式會丟擲 **`SerializationException`**。處理這個異常情況的 **`catch`** 區塊 (第 119-135) 會關閉 **`FileStream`** 物件 (第 122 行)，並且通知使用者已經沒有更多記錄 (第 133-134 行)。

爲了從檔案循序讀取資料，程式正常地從檔案頭開始，連續地讀取資料，直到發現想要的資料爲止。在程式執行的時候，有時需要循序地處理檔案幾次 (從檔頭開始) **`FileStream`** 物件可以移動他的*檔案位置指標* (*file-position pointer*，包含下一個要從檔案讀寫的位元組的位元組號碼) 到檔案的任何位置，當我們介紹隨機存取檔案處理時會說明這個功能。當 **`FileStream`** 物件開啓時，他的檔案位置指標設定成零 (也就是檔案開頭)。

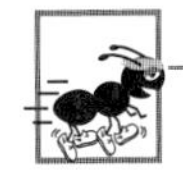

增進效能的小技巧 17.3

想要移動檔案位置指標到檔案開頭，因而關閉再開啓檔案，這是很浪費時間的，常常這麼做會降低程式的效能。

信用查詢程式

我們現在介紹一個更大的程式 (圖 17.17 到圖 17.18)，是根據圖 17.15 到圖 17.16 使用的概念而建立。

Form1 類別 (圖 17.17) 是信用查詢程式，讓信用部經理可以看到那些有貸餘額 (也就是公司向他借錢的客戶)、零餘額(也就是客戶沒有欠公司錢)、借餘額(也就是客戶因爲之前的貨品或服務，而欠公司錢)的客戶帳戶資訊。請注意第 48 行 (圖 17.17) 宣告用來秀出帳戶資訊的 ***RichTextBox***，**RichTextBox** 比正常的 **TextBox** 多一些功能，例如提供 ***Find*** 函式可以搜尋特定字串，還有 ***LoadFile*** 函式可以秀出檔案內容。**RichTextBox** 類別沒有繼承 **TextBox** 類別，可是兩個類別都直接繼承 **abstract** 類別 ***System::Windows::Forms::TextBoxBase***。我們在這個範例使用 **RichTextBox**，因爲 **RichTextBox** 預設可以秀出多行文字，而正常的 **TextBox** 只能秀出一行。還有另一個辦法，我們可以設定 **TextBox** 物件的 **Multiline** 屬性成爲 **true**，就可以讓他秀出多行文字。

```
1  // Fig. 17.17: Form1.h
2  // Read a file sequentially and display contents based on
3  // account type specified by user (credit, debit or zero balances).
4
5  #pragma once
6
7
8  namespace CreditInquiry
9  {
10    using namespace System;
11    using namespace System::ComponentModel;
12    using namespace System::Collections;
13    using namespace System::Windows::Forms;
14    using namespace System::Data;
15    using namespace System::Drawing;
16    using namespace System::IO;
17    using namespace System::Runtime::Serialization;
18    using namespace System::Runtime::Serialization::Formatters::Binary;
19    using namespace BankLibrary;    // Deitel namespace
20
21    /// <summary>
22    /// Summary for Form1
23    ///
24    /// WARNING: If you change the name of this class, you will need to
25    ///          change the 'Resource File Name' property for the managed
26    ///          resource compiler tool associated with all .resx files
27    ///          this class depends on.  Otherwise, the designers will not
28    ///          be able to interact properly with localized resources
29    ///          associated with this form.
30    /// </summary>
31    public __gc class Form1 : public System::Windows::Forms::Form
32    {
33    public:
34       Form1(void)
35       {
36          InitializeComponent();
37       }
38
```

圖 17.17 CreditInquiry 示範從循序存取檔讀取內容並秀出 (第 5 之 1 部分)。

```
39      protected:
40         void Dispose(Boolean disposing)
41         {
42            if (disposing && components)
43            {
44               components->Dispose();
45            }
46            __super::Dispose(disposing);
47         }
48      private: System::Windows::Forms::RichTextBox *  displayTextBox;
49
50      private: System::Windows::Forms::Button *  doneButton;
51      private: System::Windows::Forms::Button *  zeroButton;
52      private: System::Windows::Forms::Button *  debitButton;
53      private: System::Windows::Forms::Button *  creditButton;
54      private: System::Windows::Forms::Button *  openButton;
55
56      // stream through which serializable data are read from file
57      private: FileStream *input;
58
59      // object for deserializing Record in binary format
60      private: static BinaryFormatter *reader = new BinaryFormatter();
61
62      // name of file that stores credit, debit and zero balances
63      private: String *fileName;
64
65      private:
66         /// <summary>
67         /// Required designer variable.
68         /// </summary>
69         System::ComponentModel::Container * components;
70
71      // Visual Studio .NET generated GUI code
72
73      // invoked when user clicks Open File button
74      private: System::Void openButton_Click(
75                  System::Object *  sender, System::EventArgs *  e)
76               {
77                  // create dialog box enabling user to open file
78                  OpenFileDialog *fileChooser = new OpenFileDialog();
79                  Windows::Forms::DialogResult result =
80                     fileChooser->ShowDialog();
81
82                  // exit event handler if user clicked Cancel
83                  if ( result == DialogResult::Cancel )
84                     return;
85
86                  // get name from user
87                  fileName = fileChooser->FileName;
88
89                  // show error if user specified invalid file
90                  if ( fileName->Equals( S"" ) )
```

圖 17.17　CreditInquiry 示範從循序存取檔讀取內容並秀出 (第 5 之 2 部分)。

```
91                     MessageBox::Show( S"Invalid File Name", S"Error",
92                        MessageBoxButtons::OK, MessageBoxIcon::Error );
93                  else {
94
95                     // enable all GUI buttons, disable Open File button
96                     openButton->Enabled = false;
97                     creditButton->Enabled = true;
98                     debitButton->Enabled = true;
99                     zeroButton->Enabled = true;
100                 } // end else
101              } // end method openButton_Click
102
103     // invoked when user clicks Credit Balances,
104     // Debit Balances or Zero Balances button
105     private: System::Void get_Click(
106                 System::Object *  sender, System::EventArgs *  e)
107              {
108                 // convert sender explicitly to object of type button
109                 Button *senderButton = dynamic_cast< Button* >( sender );
110
111                 // get text from clicked Button, which stores account type
112                 String *accountType = senderButton->Text;
113
114                 // read and display file information
115                 try {
116
117                    // close file from previous operation
118                    if ( input != NULL )
119                       input->Close();
120
121                    // create FileStream to obtain read access to file
122                    input = new FileStream( fileName, FileMode::Open,
123                       FileAccess::Read );
124
125                    displayTextBox->Text = S"The accounts are:\r\n";
126
127                    // traverse file until end of file
128                    while ( true ) {
129
130                       // get next Record available in file
131                       Record *record = dynamic_cast< Record * >(
132                          reader->Deserialize( input ) );
133
134                       // store record's last field in balance
135                       double balance = record->Balance;
136
137                       // determine whether to display balance
138                       if ( ShouldDisplay( balance, accountType ) ) {
139
140                          // display record
141                          String *output = String::Concat(
142                             ( record->Account ).ToString(), S"\t",
143                             record->FirstName, S"\t", record->LastName,
```

圖 17.17 CreditInquiry 示範從循序存取檔讀取內容並秀出 (第 5 之 3 部分)。

```
144                           S"      ", S"\t" );
145
146                         // display balance with correct monetary format
147                         output = String::Concat( output, String::Format(
148                            S"{0:F}", balance.ToString() ), S"\r\n" );
149
150                         // copy output to screen
151                         displayTextBox->Text = String::Concat(
152                            displayTextBox->Text, output );
153                      } // end if
154                   } // end while
155                } // end try
156
157                // handle exception when file cannot be closed
158                catch ( IOException * ) {
159                   MessageBox::Show( S"Cannot Close File", S"Error",
160                      MessageBoxButtons::OK, MessageBoxIcon::Error );
161                } // end catch
162
163                // handle exception when no more records
164                catch ( SerializationException * ) {
165
166                   // close FileStream if no Records in file
167                   input->Close();
168                } // end catch
169             } // end method get_Click
170
171    // invoked when user clicks Done button
172    private: System::Void doneButton_Click(
173                System::Object *  sender, System::EventArgs *  e)
174             {
175                // determine whether file exists
176                if ( input != NULL ) {
177
178                   // close file
179                   try {
180                      input->Close();
181                   } // end try
182
183                   // handle exception if FileStream does not exist
184                   catch ( IOException * ) {
185
186                      // notify user of error closing file
187                      MessageBox::Show( S"Cannot close file", S"Error",
188                         MessageBoxButtons::OK, MessageBoxIcon::Error );
189                   } // end catch
190                } // end if
191
192                Application::Exit();
193             } // end method doneButton_Click
194
195    private:
196
```

圖 17.17 CreditInquiry 示範從循序存取檔讀取內容並秀出 (第 5 之 4 部分)。

```
197       // determine whether to display given record
198       bool ShouldDisplay( double balance, String *accountType )
199       {
200          if ( balance > 0 ) {
201
202             // display credit balances
203             if ( accountType->Equals( S"Credit Balances" ) )
204                return true;
205          } // end if
206          else if ( balance < 0 ) {
207
208             // display debit balances
209             if ( accountType->Equals( S"Debit Balances" ) )
210                return true;
211          } // end if
212          else { // balance == 0
213
214             // display
215             if ( accountType->Equals( S"Zero Balances" ) )
216                return true;
217          } // end else
218
219          return false;
220       } // end method ShouldDisplay
221    };
222 }
```

圖 17.17　CreditInquiry 示範從循序存取檔讀取內容並秀出 (第 5 之 5 部分)。

圖 17.17 到圖 17.18 的程式秀出幾個按鈕，讓信用部經理可以取得信用資訊。**Open File** 按鈕會開啓檔案供收集資料使用，**Credit Balances** 按鈕會秀出有貸餘額的帳戶列表，**Debit Balances** 按鈕會秀出有借餘額的帳戶列表，**Zero Balances** 按鈕會秀出有零餘額的帳戶列表，**Done** 按鈕會離開這個應用程式。

```
1  // Fig. 17.18: Form1.cpp
2  // Entry point for application.
3
4  #include "stdafx.h"
5  #include "Form1.h"
6  #include <windows.h>
7
8  using namespace CreditInquiry;
9
10 int APIENTRY _tWinMain(HINSTANCE hInstance,
11                       HINSTANCE hPrevInstance,
12                       LPTSTR    lpCmdLine,
13                       int       nCmdShow)
14 {
15    System::Threading::Thread::CurrentThread->ApartmentState =
16       System::Threading::ApartmentState::STA;
17    Application::Run(new Form1());
18    return 0;
```

圖 17.18　CreditInquiry 的進入點 (第 3 之 1 部分)。

```
19 } // end _tWinMain
```

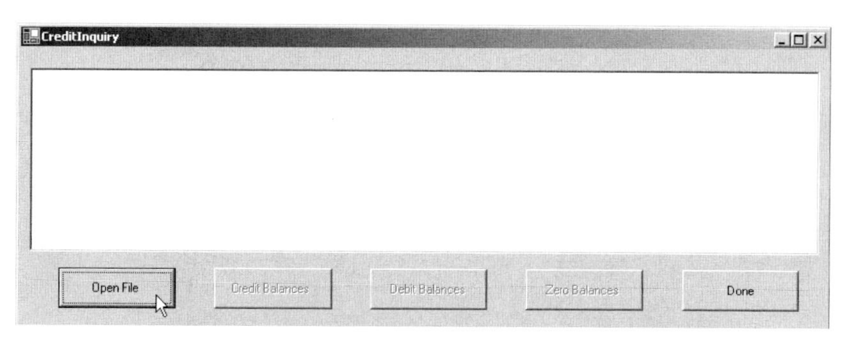

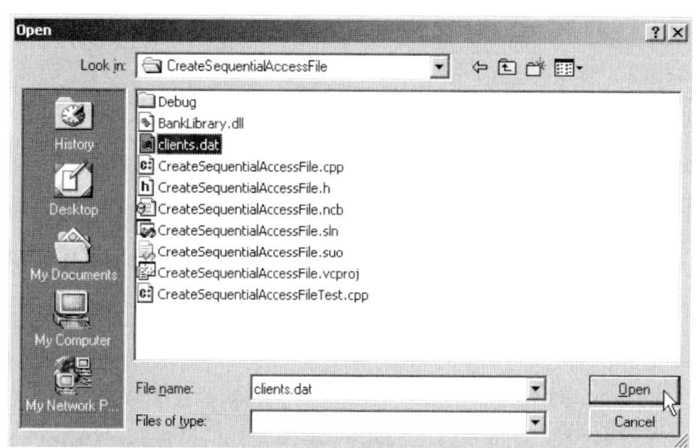

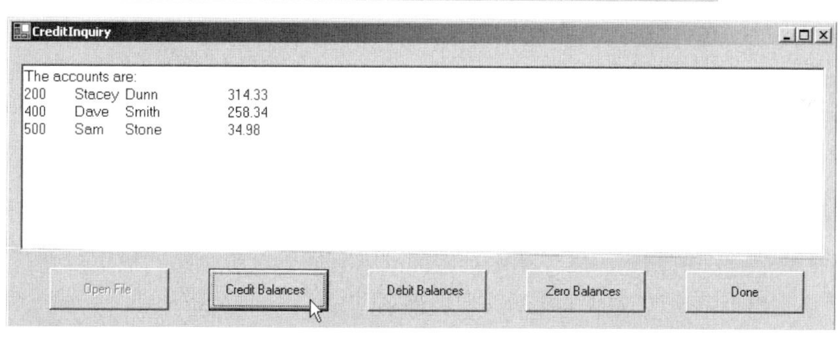

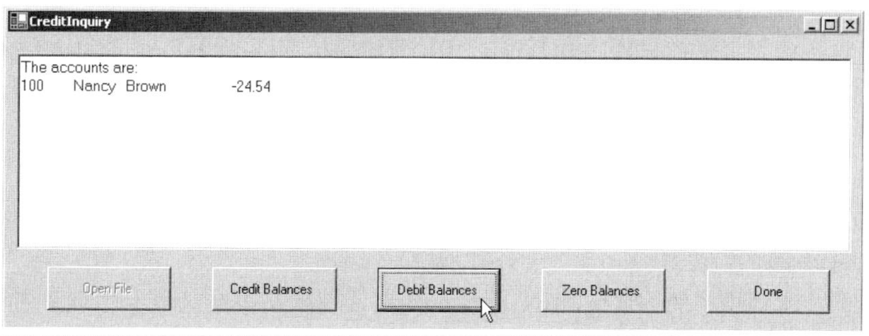

圖 17.18　CreditInquiry 的進入點 (第 3 之 2 部分)。

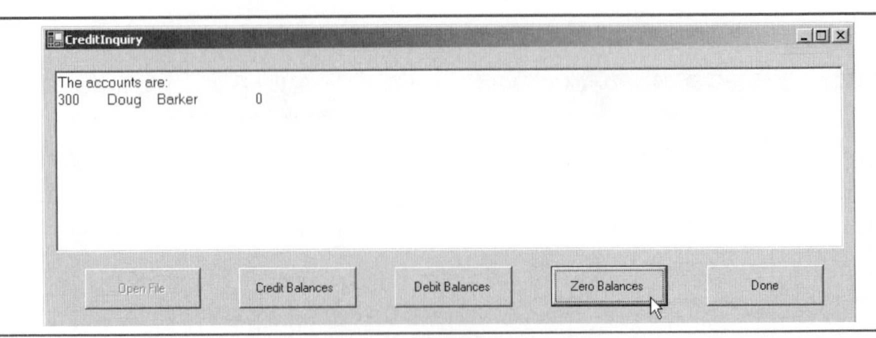

圖 17.18 CreditInquiry 的進入點 (第 3 之 3 部分)。

當使用者按 **Open File** 鈕時，程式會呼叫 **openButton_Click** 函式 (圖 17.17，第 74-101 行)。第 78 行產生 **OpenFileDialog** 類別的物件，第 80 行呼叫這個物件的 **ShowDialog** 函式，秀出 **Open** 對話窗，讓使用者輸入要開啓的檔名。

當使用者按 **Credit Balances**、**Debit Balances**、或 **Zero Balances** 時，程式會呼叫 **get_Click** 函式 (第 105-169 行)。第 109 把參數 **sender** (這是一個指向發送事件物件的指標) 轉型成 **Button** 指標。然後第 112 行可以取得 **Button** 物件的文字，儲存到變數 **accountType**，程式使用這個變數判斷使用者按到哪個圖形使用者介面的 **Button**。第 122-123 行產生一個唯讀權限的 **FileStream** 物件，指派給指標 **input**。第 128-154 行定義一個 **while** 迴圈，使用 **private** 函式 **ShouldDisplay** (第 198-220 行) 判斷是否要秀出檔案的每筆記錄。**while** 迴圈不斷地呼叫 **FileStream** 物件的 **Deserialize** 函式 (第 131-132 行)，取得每筆記錄。當檔案位置指標到達檔案結尾時，**Deserialize** 函式會丟擲 **SerializationException**，然後會在第 164-168 行的 **catch** 區塊做處理。第 167 行呼叫 **FileStream** 的 **Close** 函式關閉檔案，並且 **get_Click** 函式在此返回。

17.7 隨機存取檔

到目前爲止，我們已經解釋如何產生循序存取檔，還有如何搜尋這類的檔案找到特定資訊。然而，循序存取檔不適合所謂的*「立即存取」應用程式* (*"instant-access" applications*)，這類的程式要能立即找到特定記錄的資訊。常見的立即存取應用程式包括航空訂位系統、銀行系統、銷售點系統、自動櫃員機、和其他的交易處理系統 (transaction-processing systems)，這些都需要快速取得特定的資料。銀行可能有幾十萬，甚至是幾百萬個客戶，每個人各有一個帳戶。可是當客戶使用自動櫃員機時，在要幾秒內就從正確的帳戶取出足夠的現款。這類的立即存取可以用*隨機存取檔* (*random-access files*) 達成。隨機存取檔的每筆記錄可以直接 (且快速地) 存取，不必像循序存取檔一樣找遍可能很多的其他記錄。隨機存取檔有時稱爲*直接存取檔* (*direct-access files*)。

就像我們在本章稍早的說明，.NET Framework 沒有限制檔案結構，所以使用隨機存取檔的應用程式，必須實作隨機存取的功能。有各種產生隨機存取檔的技術，也許最簡單的一種需要檔案中的所有記錄都是固定長度。使用固定長度記錄讓程式可以計算 (用記錄大小和記錄鍵的函式) 每筆記錄，距離檔頭的正確距離。我們很快就會示範如何立即存取特定記錄，甚至是對大檔案。

圖 17.19 說明由固定長度記錄組成的隨機存取檔架構 (圖中每筆記錄是 100 個位元組)。學生可以把隨機存取檔類比成有很多車廂的火車，有些車廂是空的，有些有內容。

資料可以直接插入隨機存取檔，不會破壞檔案中其他資料。此外，之前儲存的資料可以更新或是刪除，不用整個檔案重寫。在下面幾節，我們會解釋如格產生隨機存取檔，寫資料到檔案中，循序和隨機地讀取資料，更新資料、刪除不需要的資料。

圖 17.20 到圖 17.21 有 **RandomAccessRecord** 類別，這個類別在本章用於處理隨機存取檔的應用程式。這個類別也屬於 **BankLibrary** DLL，也就是和 **BankUIForm**、**Record** 類別在同一個專案。(在增加 **RandomAccessRecord** 類別到這個包含 **BankUIForm** 和 **Record** 的專案時，記得要重新編譯這個專案)。

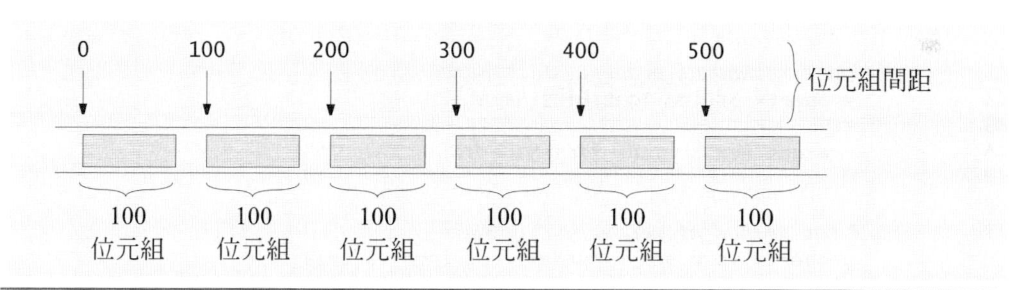

圖 17.19　有固定長度記錄的隨機存取檔。

```
 1  // Fig. 17.20: RandomAccessRecord.h
 2  // Data-record class for random-access applications.
 3
 4  #pragma once
 5
 6  #using <mscorlib.dll>
 7
 8  using namespace System;
 9
10  // length of firstName and lastName
11  #define CHAR_ARRAY_LENGTH 15
12
13  #define SIZE_OF_CHAR sizeof( Char )
14  #define SIZE_OF_INT32 sizeof( Int32 )
15  #define SIZE_OF_DOUBLE sizeof( Double )
16
17  namespace BankLibrary
18  {
19     public __gc class RandomAccessRecord
20     {
21     public:
22
```

圖 17.20　用在隨機存取應用程式的資料記錄類別 (第 3 之 1 部分)。

```
23         // length of record
24         static const int SIZE = ( SIZE_OF_INT32 + 2 * (
25            SIZE_OF_CHAR * CHAR_ARRAY_LENGTH ) + SIZE_OF_DOUBLE );
26
27         // default constructor sets members to default values
28         RandomAccessRecord();
29         RandomAccessRecord( int, String *, String *, double );
30
31         // get method of property Account
32         __property int get_Account()
33         {
34            return account;
35         }
36
37         // set method of property Account
38         __property void set_Account( int value )
39         {
40            account = value;
41         }
42
43         // get method of property FirstName
44         __property String *get_FirstName()
45         {
46            return new String( firstName );
47         }
48
49         // set method of property FirstName
50         __property void set_FirstName( String *value )
51         {
52            // determine length of string parameter
53            int stringSize = value->Length;
54
55            // firstName string representation
56            String *firstNameString = value;
57
58            // append spaces to string parameter if too short
59            if ( stringSize <= CHAR_ARRAY_LENGTH ) {
60               firstNameString = String::Concat( value, new String( ' ',
61                  CHAR_ARRAY_LENGTH - stringSize ) );
62            } // end if
63            else {
64
65               // remove characters from string parameter if too long
66               firstNameString = value->Substring( 0, CHAR_ARRAY_LENGTH );
67            } // end else
68
69            // convert string parameter to char array
70            firstName = firstNameString->ToCharArray();
71
72         } // end set
73
74         // get method of property LastName
75         __property String *get_LastName()
```

圖 17.20 用在隨機存取應用程式的資料記錄類別 (第 3 之 2 部分)。

```
76          {
77             return new String( lastName );
78          }
79
80          // set method of property LastName
81          __property void set_LastName( String *value )
82          {
83             // determine length of string parameter
84             int stringSize = value->Length;
85
86             // lastName string representation
87             String *lastNameString = value;
88
89             // append spaces to string parameter if too short
90             if ( stringSize <= CHAR_ARRAY_LENGTH ) {
91                lastNameString = String::Concat( value, new String( ' ',
92                   CHAR_ARRAY_LENGTH - stringSize ) );
93             } // end if
94             else {
95
96                // remove characters from string parameter if too long
97                lastNameString = value->Substring( 0, CHAR_ARRAY_LENGTH );
98             } // end if
99
100            // convert string parameter to char array
101            lastName = lastNameString->ToCharArray();
102
103         } // end set
104
105         // get method of property Balance
106         __property double get_Balance()
107         {
108            return balance;
109         }
110
111         // set method of property Balance
112         __property void set_Balance( double value )
113         {
114            balance = value;
115         }
116
117      private:
118
119         // record data
120         int account;
121         __wchar_t firstName __gc[];
122         __wchar_t lastName __gc[];
123         double balance;
124      }; // end class RandomAccessRecord
125   } // end namespace BankLibrary
```

圖 17.20　用在隨機存取應用程式的資料記錄類別 (第 3 之 3 部分)。

```
1   // Fig. 17.21: RandomAccessRecord.cpp
2   // Method definitions for class RandomAccessRecord.
3
4   #include "stdafx.h"
5   #include "RandomAccessRecord.h"
6
7   using namespace BankLibrary;
8
9   // default constructor sets members to default values
10  RandomAccessRecord::RandomAccessRecord()
11  {
12     firstName = new __wchar_t __gc[ CHAR_ARRAY_LENGTH ];
13     lastName = new __wchar_t __gc[ CHAR_ARRAY_LENGTH ];
14     FirstName = "";
15     LastName = "";
16     Account = 0;
17     Balance = 0.0;
18  }
19
20  // overloaded counstructor sets members to parameter values
21  RandomAccessRecord::RandomAccessRecord( int accountValue,
22     String *firstNameValue, String *lastNameValue,
23     double balanceValue )
24  {
25     Account = accountValue;
26     FirstName = firstNameValue;
27     LastName = lastNameValue;
28     Balance = balanceValue;
29  } // end constructor
```

圖 17.21　RandomAccessRecord 類別函式定義。

RandomAccessRecord 類別就像 **Record** 類別 (圖 17.10 到圖 17.11) 一樣，包含 **private** 資料成員 (圖 17.20，第 120-123 行) 用來儲存記錄資訊、兩個建構式用來設定這些成員成爲預設值或參數指定值、還有存取這些成員的屬性。然而，**RandomAccessRecord** 類別在定義之前沒有 **[Serializable]** 屬性，我們不能序列化這個類別，因爲 .NET Framework 沒有提供在執行時期獲得物件大小的方法。這意味著，如果我們要序列化這個類別，我們不能保證固定的記錄長度。

我們沒有序列化這個類別，反而採用固定長度的資料成員，然後把這些資料當成位元組資料流寫到檔案。爲了要固定長度，屬性 **FirstName** (第 50-72 行) 和 **LastName** (第 75-103 行) 的 **set** 函式要確定，**firstName** 和 **lastName** 成員是剛好 15 個元素的陣列。兩個函式分別接收代表名和姓的 **String *** 當參數。如果參數 **String *** 參照的 **String** 少於 15 個字元，這個屬性的 **set** 函式會把 **String** 的值複製到 **_wchar_t** 陣列，然後把剩下的空間補上空白字元。如果 **String** 有超過 15 個字元，**set** 函式只會儲存 **String** 的前 15 個字元到 **_wchar_t** 陣列。【*說明*：這個 **String** 爲了方便而截斷，在商用程式中，截斷資料可能是不行的。一個解決方案是把截斷的資料存在另一個位置，另一個代價更高的方法是設定欄位的

大小夠大，那麼資料就再也不會被截斷。如果這些方法都無效，可能要考慮其他儲存資料的方式。】

請注意，我們在 **set** 函式沒有使用數值常數 15，反而使用在第 11 行定義的*符號常數* (*symbolic constant*) **CHAR_ARRAY_LENGTH**。我們這麼做是爲了將來如果有需要的話，可以很容易修改這個數值。符號常數 (用符號代表的常數) 用*前置指令* (*preprocessor directive*) ***#define*** 定義，前置指令#define 的格式爲

#define *識別字　替換文字*

在檔案中出現這行時，程式編譯之前所有的 (不包括字串裡的) *識別字* (*identifier*) 都會取代成*替換文字* (*replacement-text*)。所以在程式編譯之前，所有的 **CHAR_ARRAY_LENGTH** 都被取代成數字常數 **15**。

第 13-15 行用類似的方式宣告符號常數 **SIZE_OF_CHAR**、**SIZE_OF_INT32**、**SIZE_OF_DOUBLE**。前置處理器會呼叫*單元運算子* (*unary operator*) ***sizeof***，判斷各型別的大小 (例如，**sizeof(Int32)** 傳回 Int32 型別佔幾個位元組)，前置處理器再以這個值取代每個常數。我們使用 **sizeof** 運算子，確定每個記錄都以正確的位元組個數儲存。

第 24-25 行宣告 **const SIZE**，指定記錄的長度。每個記錄包括 **account** (佔 4 個位元組的 **int**，或 **Int32**)、**firstName** 和 **lastName** (兩個 15 元素的 **_wchar_t** 陣列，每個 **_wchar_t** 或 **Char** 佔兩個位元組，所以總共有 60 個位元組)、**balance** (佔 8 個位元組的 **double**，或 **Double**)。在這個範例中，每筆記錄 (也就是我們的程式會從檔案讀寫的四個 **private** 資料成員) 佔 72 位元組 (4 位元組+60 位元組+8 位元組)。【*說明*：我們把 **SIZE** 當成 **const** 資料成員，而不是資料常數，因爲我們在下面的範例中多次使用這個值。】

17.8　產生隨機存取檔

請思考以下這個關於信用交易程式的問題：

寫一個交易處理程式，可以儲存最多 100 筆固定長度的記錄，因爲一個公司最多有 100 位顧客。每筆記錄包含帳戶號碼 (當成記錄鍵)、姓、名、餘額。程式可以更新帳戶、產生帳戶、刪除帳戶。

以下幾節會介紹可以寫這種信用交易程式的技術，我們現在說明產生隨機存取檔的程式，本節之後的程式會處理這些資料。**CreateRandomAccessFile** 類別 (圖 17.22 到圖 17.23) 產生隨機存取檔，

_tmain 函式開始執行程式，這個程式呼叫使用者定義的 **SaveFile** 函式 (圖 17.23，第 8-84 行)，產生隨機存取檔。**SaveFile** 函式會把一個檔案填滿 **100** 個預設值 (也就是空白)，當成 **RandomAccessRecord** 類別的資料成員 **account**、**firstName**、**lastName**、**balance**。圖 17.23 的第 20-21 行產生 **SaveFileDialog** 並秀出，這個對話盒讓使用者可以指定程式要寫資料到哪個檔案。第 40-41 行產生 **FileStream**，請注意，第 41 行傳入常數 **FileMode::Create**，會產生指定的檔案 (如果檔案不存在)，不然就覆蓋指定的檔案 (如果檔案存在)。第

44-45 行設定 **FileStream** 的長度等於每個 **RandomAccessRecord** 的大小 (取自常數 **RandomAccessRecord::SIZE**) 乘上我們要複製的記錄個數〔取自常數**NUMBER_OF_RECORDS** (圖 17.22，第 15 行)，我們設定成 100〕。

```
 1  // Fig. 17.22: CreateRandomAccessFile.h
 2  // Creating a random access file.
 3
 4  #pragma once
 5
 6  #using <mscorlib.dll>
 7  #using <system.windows.forms.dll>
 8
 9  using namespace System;
10  using namespace System::IO;
11  using namespace System::Windows::Forms;
12  using namespace BankLibrary;    // Deitel namespace
13
14  // number of records to write to disk
15  #define NUMBER_OF_RECORDS 100
16
17  public __gc class CreateRandomAccessFile : public Form
18  {
19  public:
20     void SaveFile();
21  }; // end class CreateRandomAccessFile
```

圖 17.22 產生檔案供隨機存取檔處理程式使用。

```
 1  // Fig. 17.23: CreateRandomAccessFile.cpp
 2  // Method definitions for class CreateRandomAccessFile.
 3
 4  #include "stdafx.h"
 5  #include "CreateRandomAccessFile.h"
 6
 7  // write records to disk
 8  void CreateRandomAccessFile::SaveFile()
 9  {
10     // record for writing to disk
11     RandomAccessRecord *blankRecord = new RandomAccessRecord();
12
13     // stream through which serializable data are written to file
14     FileStream *fileOutput = NULL;
15
16     // stream for writing bytes to file
17     BinaryWriter *binaryOutput = NULL;
18
19     // create dialog box enabling user to save file
20     SaveFileDialog *fileChooser = new SaveFileDialog();
21     Windows::Forms::DialogResult result = fileChooser->ShowDialog();
22
23     // get file name from user
```

圖 17.23 CreateRandomAccessFile 類別函式定義 (第 3 之 1 部分)。

```
24      String *fileName = fileChooser->FileName;
25
26      // exit event handler if user clicked Cancel
27      if ( result == DialogResult::Cancel )
28         return;
29
30      // show error if user specified invalid file
31      if ( fileName->Equals( S"" ) )
32         MessageBox::Show( S"Invalid File Name", S"Error",
33         MessageBoxButtons::OK, MessageBoxIcon::Error );
34      else {
35
36         // write records to file
37         try {
38
39            // create FileStream to hold records
40            fileOutput = new FileStream( fileName,
41               FileMode::Create, FileAccess::Write );
42
43            // set length of file
44            fileOutput->SetLength( RandomAccessRecord::SIZE *
45               NUMBER_OF_RECORDS );
46
47            // create object for writing bytes to file
48            binaryOutput = new BinaryWriter( fileOutput );
49
50            // write empty records to file
51            for ( int i = 0; i < NUMBER_OF_RECORDS; i++ ) {
52
53               // set file position pointer in file
54               fileOutput->Position = i * RandomAccessRecord::SIZE;
55
56               // write blank record to file
57               binaryOutput->Write( blankRecord->Account );
58               binaryOutput->Write( blankRecord->FirstName );
59               binaryOutput->Write( blankRecord->LastName );
60               binaryOutput->Write( blankRecord->Balance );
61            } // end for
62
63            // notify user of success
64            MessageBox::Show( S"File Created", S"Success",
65               MessageBoxButtons::OK, MessageBoxIcon::Information );
66         } // end try
67
68         // handle exception if error occurs during writing
69         catch ( IOException *fileException ) {
70
71            // notify user of error
72            MessageBox::Show( fileException->Message, S"Error",
73               MessageBoxButtons::OK, MessageBoxIcon::Error );
74         } // end catch
75      } // end else
```

圖 17.23 CreateRandomAccessFile 類別函式定義 (第 3 之 2 部分)。

```
76
77      // close FileStream
78      if ( fileOutput == NULL )
79         fileOutput->Close();
80
81      // close BinaryWriter
82      if ( binaryOutput == NULL )
83         binaryOutput->Close();
84   } // end method SaveFile
```

圖 17.23 CreateRandomAccessFile 類別函式定義 (第 3 之 3 部分)。

```
 1  // Fig. 17.24: CreateRandom.cpp
 2  // Entry point for application.
 3
 4  #include "stdafx.h"
 5  #include "CreateRandomAccessFile.h"
 6
 7  #using <mscorlib.dll>
 8
 9  using namespace System;
10
11  int _tmain()
12  {
13     // create random file, then save to disk
14     CreateRandomAccessFile *file = new CreateRandomAccessFile();
15     file->SaveFile();
16
17     return 0;
18  } // end _tmain
```

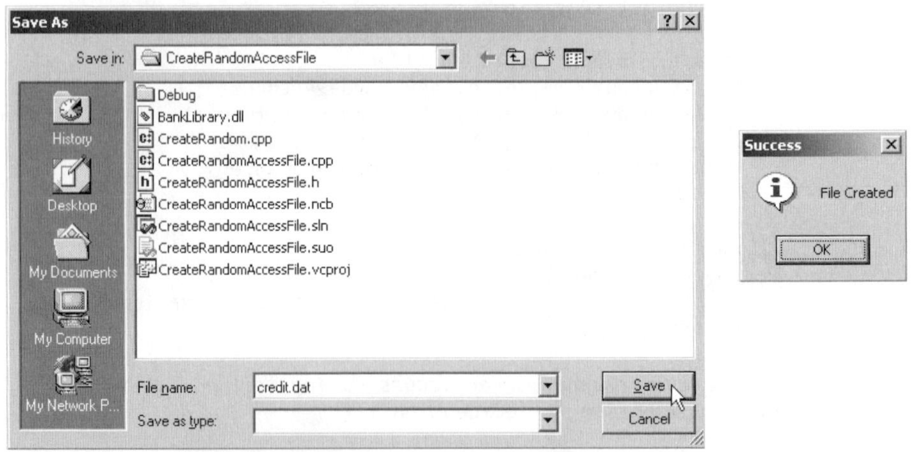

圖 17.24 產生新的隨機存取檔。

System::IO 命名空間的 ***BinaryWriter*** 類別提供寫位元組到資料流的函式。**BinaryWriter** 建構式接收一個指向 **Stream** 類別實體的指標，**BinaryWriter** 透過這個指標寫資料。**FileStream** 類別提供寫資料流到檔案的函式，這個類別繼承自 **Stream** 類別，所以

我們可以給 **BinaryWriter** 建構式傳入 **FileStream** 指標當參數 (圖 17.23，第 48 行)。現在我們使用 **BinaryWriter** 直接寫資料到檔案，

第 51-61 行把檔案填滿 100 筆空記錄 (也就是 **RandomAccessRecord** 類別的 **private** 資料成員預設值)。第 54 行改變檔案位置指標，指向下一筆空記錄的位置。我們正在處理隨機存取檔，所以必須使用 **FileStream** 物件的 **Position** 屬性，明確地設定檔案指標。這個屬性接收的 **long** 值參數是代表和檔頭的相對距離，在這個範例，我們設定指標讓他前進一筆記錄的大小 (取自 **RandomAccessRecord::SIZE**)。第 57-60 行呼叫 **BinaryWriter** 物件的 ***Write*** 函式，寫入資料。**Write** 函式是多載函式，接收任何基本資料型別，然後寫到位元組資料流。在 **for** 迴圈離開後，第 78-83 行關閉 **FileStream** 和 **BinaryWriter** 物件。

17.9 「隨機地」寫資料到隨機存取檔

因為我們已經產生空白的隨機存取檔，我們使用 **Form1** 類別 (圖 17.25) 寫資料到這個檔案。當使用者按 **Open File** 鈕，程式會呼叫 **openButton_Click** 函式 (圖 17.25，第 65-107 行) 秀出 **OpenFileDialog**，讓使用者指定要序列化資料到哪個檔案 (第 69-71 行)。然後程式使用指定的檔案，產生唯寫權限的物件 (第 90-91 行)。第 94 行使用 **FileStream** 指標產生 **BinaryWriter** 類別的物件，讓程式可以寫資料到檔案。我們在 **CreateRandomAccessFile** 類別 (圖 17.22 到圖 17.23) 使用同樣的方式。

```
 1  // Fig. 17.25: Form1.h
 2  // Write data to a random-access file.
 3
 4  #pragma once
 5
 6  // number of RandomAccessRecords to write to disk
 7  #define NUMBER_OF_RECORDS 100
 8
 9  namespace WriteRandomAccessFile
10  {
11     using namespace System;
12     using namespace System::ComponentModel;
13     using namespace System::Collections;
14     using namespace System::Windows::Forms;
15     using namespace System::Data;
16     using namespace System::Drawing;
17     using namespace System::IO;
18     using namespace BankLibrary;   // Deitel namespace
19
20     /// <summary>
21     /// Summary for Form1
22     ///
23     /// WARNING: If you change the name of this class, you will need to
```

圖 17.25　把記錄寫入隨機存取檔 (第 4 之 1 部分)。

```
24    ///        change the 'Resource File Name' property for the managed
25    ///        resource compiler tool associated with all .resx files
26    ///        this class depends on.  Otherwise, the designers will not
27    ///        be able to interact properly with localized resources
28    ///        associated with this form.
29    /// </summary>
30    public __gc class Form1 : public BankUIForm
31    {
32    public:
33       Form1(void)
34       {
35          InitializeComponent();
36       }
37
38    protected:
39       void Dispose(Boolean disposing)
40       {
41          if (disposing && components)
42          {
43             components->Dispose();
44          }
45          __super::Dispose(disposing);
46       }
47    private: System::Windows::Forms::Button *  openButton;
48    private: System::Windows::Forms::Button *  enterButton;
49
50    // stream through which data are written to file
51    private: FileStream *fileOutput;
52
53    // stream for writing bytes to file
54    private: BinaryWriter *binaryOutput;
55
56    private:
57       /// <summary>
58       /// Required designer variable.
59       /// </summary>
60       System::ComponentModel::Container * components;
61
62    // Visual Studio .NET generated code
63
64    // invoked when user clicks Open File button
65    private: System::Void openButton_Click(
66                System::Object *  sender, System::EventArgs *  e)
67             {
68                // create dialog box enabling user to open file
69                OpenFileDialog *fileChooser = new OpenFileDialog();
70                Windows::Forms::DialogResult result =
71                   fileChooser->ShowDialog();
72
73                // get file name from user
74                String *fileName = fileChooser->FileName;
75
```

圖 17.25　把記錄寫入隨機存取檔 (第 4 之 2 部分)。

```
76                  // exit event handler if user clicked Cancel
77                  if ( result == DialogResult::Cancel )
78                     return;
79
80                  // show error if user specified invalid file
81                  if ( fileName->Equals( S"" ) )
82                     MessageBox::Show( S"Invalid File Name", S"Error",
83                        MessageBoxButtons::OK, MessageBoxIcon::Error );
84                  else {
85
86                     // open file if file already exists
87                     try {
88
89                        // create FileStream to hold records
90                        fileOutput = new FileStream( fileName,
91                           FileMode::Open, FileAccess::Write );
92
93                        // create object for writing bytes to file
94                        binaryOutput = new BinaryWriter( fileOutput );
95
96                        // disable Open File button and enable Enter button
97                        openButton->Enabled = false;
98                        enterButton->Enabled = true;
99                     } // end try
100
101                    // notify user if file does not exist
102                    catch ( IOException * ) {
103                       MessageBox::Show( S"File Does Not Exits", S"Error",
104                          MessageBoxButtons::OK, MessageBoxIcon::Error );
105                    } // end catch
106                 } // end else
107              } // end method openButton_Click
108
109     // invoked when user clicks Enter button
110     private: System::Void enterButton_Click(
111                 System::Object *  sender, System::EventArgs *  e)
112              {
113                 // TextBox values string array
114                 String *values[] = GetTextBoxValues();
115
116                 // write record to file at appropriate position
117                 try {
118
119                    // get account number value from TextBox
120                    int accountNumber = Int32::Parse(
121                       values[ TextBoxIndices::ACCOUNT ] );
122
123                    // determine whether accountNumber is valid
124                    if ( accountNumber > 0 &&
125                       accountNumber <= NUMBER_OF_RECORDS ) {
126
127                       // move file position pointer
128                       fileOutput->Seek( ( accountNumber - 1 ) *
129                          RandomAccessRecord::SIZE, SeekOrigin::Begin );
```

圖 17.25　把記錄寫入隨機存取檔 (第 4 之 3 部分)。

```
130
131                         // write data to file
132                         binaryOutput->Write( accountNumber );
133                         binaryOutput->Write(
134                            values[ TextBoxIndices::FIRST ] );
135                         binaryOutput->Write(
136                            values[ TextBoxIndices::LAST ] );
137                         binaryOutput->Write( Double::Parse(
138                            values[ TextBoxIndices::BALANCE ] ) );
139                     } // end if
140                     else {
141
142                        // notify user if invalid account number
143                        MessageBox::Show( S"Invalid Account Number",
144                           S"Error", MessageBoxButtons::OK,
145                           MessageBoxIcon::Error);
146                     } // end else
147                  } // end try
148
149                  // handle number-format exception
150                  catch ( FormatException * ) {
151
152                     // notify if error occurs when formatting numbers
153                     MessageBox::Show( S"Invalid Account/Balance", S"Error",
154                        MessageBoxButtons::OK, MessageBoxIcon::Error );
155
156                     return;
157                  } // end catch
158
159
160                  ClearTextBoxes(); // clear text box values
161               } // end method enterButton_Click
162     };
163  }
```

圖 17.25　把記錄寫入隨機存取檔 (第 4 之 4 部分)。

```
1  // Fig. 17.26: Form1.cpp
2  // Entry point for application.
3
4  #include "stdafx.h"
5  #include "Form1.h"
6  #include <windows.h>
7
8  using namespace WriteRandomAccessFile;
9
10 int APIENTRY _tWinMain(HINSTANCE hInstance,
11                       HINSTANCE hPrevInstance,
12                       LPTSTR    lpCmdLine,
13                       int       nCmdShow)
14 {
15    System::Threading::Thread::CurrentThread->ApartmentState =
16       System::Threading::ApartmentState::STA;
17    Application::Run(new Form1());
18    return 0;
19 } // end _tWinMain
```

圖 17.26　WriteRandomAccessFile 的進入點 (第 3 之 1 部分)。

Write Random-Access File

Account

First Name

Last Name

Balance

Open File　Enter

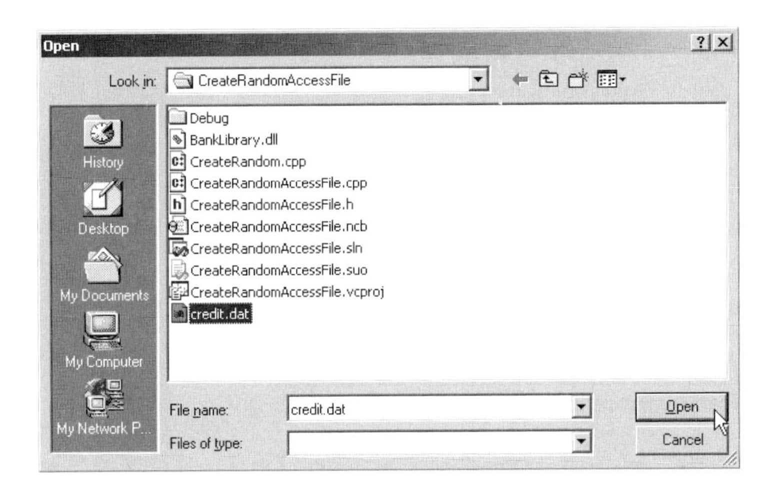

Write Random-Access File

Account 37

First Name Doug

Last Name Barker

Balance 0.00

Open File　Enter

Write Random-Access File

Account 29

First Name Nancy

Last Name Brown

Balance -24.54

Open File　Enter

圖 17.26　WriteRandomAccessFile 的進入點 (第 3 之 2 部分)。

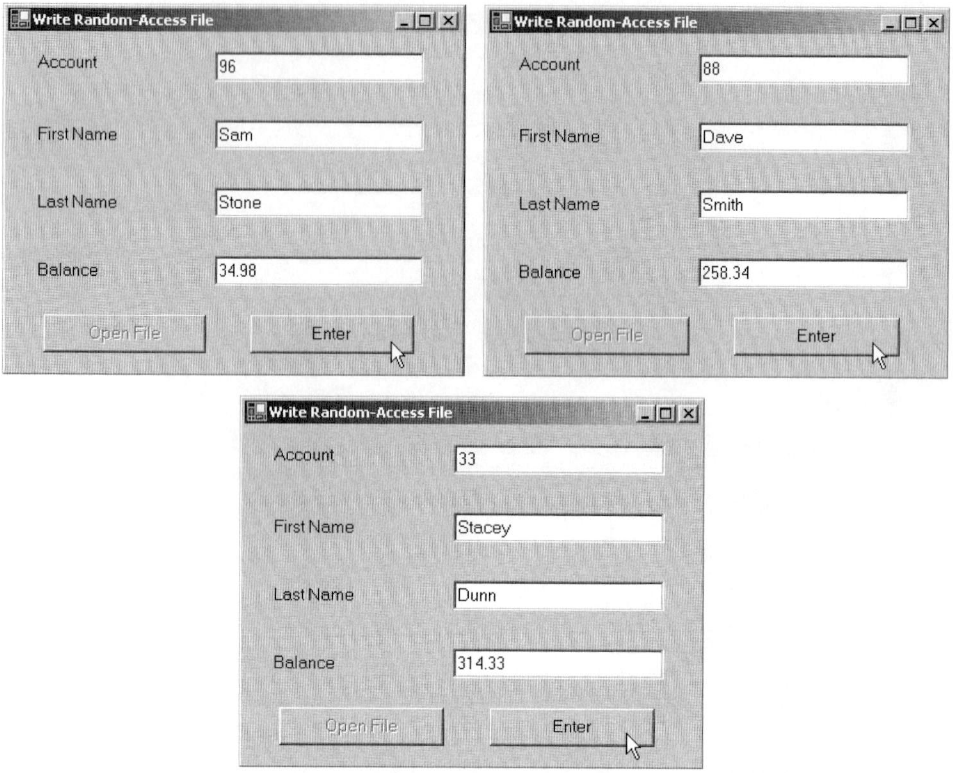

圖 17.26　WriteRandomAccessFile 的進入點 (第 3 之 3 部分)。

使用者在 **TextBox** 輸入帳戶號碼、名、姓、餘額。當使用者按 **Enter** 鈕，程式會呼叫函式 (第 110-161 行)，把 **TextBox** 的資料寫入檔案。第 114 行呼叫 **GetTextBoxValues** 函式 (基底類別 **BankUIForm** 提供) 取回資料，第 124-125 行判斷 **Account Number TextBox** 是否有正確的資訊 (也就是帳戶號碼在 1 到 100 之間)。

Form1 類別必須計算 **TextBox** 的資料要插入 **FileStream** 的位置，第 128-129 行使用 **FileStream** 物件的 ***Seek*** 函式，找到檔案中的正確位置。在這種情況，函式設定 **FileStream** 物件的檔案位置指標，指向計算 **(accountNumber-1) * RandomAccessRecord::SIZE** 得到的位元組位置。帳戶號碼從 1 到 100，所以我們在計算記錄的位元組位置時，就把帳戶號碼減 **1**。例如，我們使用 **Seek** 函式設定第一個記錄的檔案位置指標，指向檔案第 0 個位元組的位置 (檔案開頭)。**Seek** 函式的第二個參數是列舉型別 ***SeekOrigin*** 的其中一個，指定這個函式應該從何處開始移動。我們使用 **const *SeekOrigin::Begin***，因為我們要讓函式移動相對於檔頭的位置。在程式決定要在何處放記錄之後，第 132-138 行使用 **BinaryWriter** (在前一節介紹的) 把記錄寫入檔案。

17.10 從隨機存取檔按順序讀取資料

我們在前一節產生隨機存取檔，並且寫資料到檔案。我們在這裡要開發一個程式 (圖 17.27 到圖 17.28)，這個程式會開啓檔案、從中讀取記錄、並且只顯示含有資料的記錄 (也就是那些帳戶號碼不是零的記錄)。這個程式也有額外的好處，你應該要想一想到底是什麼，我們會在本節結尾揭曉。

```
1  // Fig. 17.27: Form1.h
2  // Reads and displays random-access file contents.
3
4  #pragma once
5
6
7  namespace ReadRandomAccessFile
8  {
9     using namespace System;
10    using namespace System::ComponentModel;
11    using namespace System::Collections;
12    using namespace System::Windows::Forms;
13    using namespace System::Data;
14    using namespace System::Drawing;
15    using namespace System::IO;
16    using namespace BankLibrary;   // Deitel namespace
17
18    /// <summary>
19    /// Summary for Form1
20    ///
21    /// WARNING: If you change the name of this class, you will need to
22    ///          change the 'Resource File Name' property for the managed
23    ///          resource compiler tool associated with all .resx files
24    ///          this class depends on.  Otherwise, the designers will not
25    ///          be able to interact properly with localized resources
26    ///          associated with this form.
27    /// </summary>
28    public __gc class Form1 : public BankUIForm
29    {
30    public:
31       Form1(void)
32       {
33          InitializeComponent();
34       }
35
36    protected:
37       void Dispose(Boolean disposing)
38       {
39          if (disposing && components)
40          {
41             components->Dispose();
42          }
43          __super::Dispose(disposing);
44       }
```

圖 17.27　從隨機存取檔按順序讀取記錄 (第 4 之 1 部分)。

```
45      private: System::Windows::Forms::Button *  openButton;
46      private: System::Windows::Forms::Button *  nextButton;
47
48      // stream through which data are read from file
49      private: FileStream *fileInput;
50
51      // stream for reading bytes from file
52      private: BinaryReader *binaryInput;
53
54      // index of current record to be displayed
55      private: int currentRecordIndex;
56
57      private:
58         /// <summary>
59         /// Required designer variable.
60         /// </summary>
61         System::ComponentModel::Container * components;
62
63      // Visual Studio .NET generated GUI code
64
65      // invoked when user clicks Open File button
66      private: System::Void openButton_Click(
67                  System::Object *  sender, System::EventArgs *  e)
68               {
69                  // create dialog box enabling user to open file
70                  OpenFileDialog *fileChooser = new OpenFileDialog();
71                  Windows::Forms::DialogResult result =
72                     fileChooser->ShowDialog();
73
74                  // get file name from user
75                  String *fileName = fileChooser->FileName;
76
77                  // exit eventhandler if user clicked Cancel
78                  if ( result == DialogResult::Cancel )
79                     return;
80
81                  // show error if user specified invalid file
82                  if ( fileName->Equals( S"" ) )
83                     MessageBox::Show( S"Invalid File Name", S"Error",
84                        MessageBoxButtons::OK, MessageBoxIcon::Error );
85                  else {
86
87                     // create FileStream to obtain read access to file
88                     fileInput = new FileStream( fileName,
89                        FileMode::Open, FileAccess::Read );
90
91                     // use FileStream for BinaryWriter to read from file
92                     binaryInput = new BinaryReader( fileInput );
93
94                     openButton->Enabled = false; // disable Open File button
95                     nextButton->Enabled = true; // enable Next button
96
```

圖 17.27　從隨機存取檔按順序讀取記錄 (第 4 之 2 部分)。

```
97                  currentRecordIndex = 0;
98                  ClearTextBoxes();
99               } // end else
100           } // end method openButton_Click
101
102       // invoked when user clicks Next button
103       private: System::Void nextButton_Click(
104                System::Object *  sender, System::EventArgs *  e)
105             {
106                // record to store file data
107                RandomAccessRecord *record = new RandomAccessRecord();
108
109                // read record and store data in TextBoxes
110                try {
111
112                   // get next record available in file
113                   while ( record->Account == 0 ) {
114
115                      // set file position pointer to next record in file
116                      fileInput->Seek(
117                         currentRecordIndex * RandomAccessRecord::SIZE,
118                         SeekOrigin::Begin );
119
120                      currentRecordIndex += 1;
121
122                      // read data from record
123                      record->Account = binaryInput->ReadInt32();
124                      record->FirstName = binaryInput->ReadString();
125                      record->LastName = binaryInput->ReadString();
126                      record->Balance = binaryInput->ReadDouble();
127                   } // end while
128
129                   // store record values in temporary string array
130                   String *values[] = {
131                      record->Account.ToString(),
132                      record->FirstName->ToString(),
133                      record->LastName->ToString(),
134                      record->Balance.ToString() };
135
136                   // copy string array values to TextBox values
137                   SetTextBoxValues( values );
138                } // end try
139
140                // handle exception when no records in file
141                catch ( IOException * ) {
142
143                   // close streams if no records in file
144                   fileInput->Close();
145                   binaryInput->Close();
146
147                   openButton->Enabled = true; // enable Open File button
148                   nextButton->Enabled = false; // disable Next button
149                   ClearTextBoxes();
150
```

圖 17.27　從隨機存取檔按順序讀取記錄 (第 4 之 3 部分)。

```
151                     // notify user if no records in file
152                     MessageBox::Show( S"No more records in file", S"",
153                        MessageBoxButtons::OK, MessageBoxIcon::Information );
154                  } // end catch
155               } // end method nextButton_Click
156    };
157 }
```

圖 17.27 從隨機存取檔按順序讀取記錄 (第 4 之 4 部分)。

當使用者按 **Open File** 鈕，**Form1** 類別會呼叫 **openButton_Click** 函式 (圖 17.27，第 66-100 行)，秀出 **OpenFileDialog** 讓使用者指定從哪個檔案讀資料。第 88-89 行產生 **FileStream** 物件，這個物件開啓一個唯讀的檔案。第 92 行產生一個 ***BinaryReader*** 類別的實體，從資料流讀取資料。我們把 **FileStream** 指標當成參數傳入 **BinaryReader** 的建構式，讓 **BinaryReader** 可以從檔案讀取資料。

```
 1  // Fig. 17.28: Form1.cpp
 2  // Entry point for application.
 3
 4  #include "stdafx.h"
 5  #include "Form1.h"
 6  #include <windows.h>
 7
 8  using namespace ReadRandomAccessFile;
 9
10  int APIENTRY _tWinMain(HINSTANCE hInstance,
11                         HINSTANCE hPrevInstance,
12                         LPTSTR    lpCmdLine,
13                         int       nCmdShow)
14  {
15     System::Threading::Thread::CurrentThread->ApartmentState =
16        System::Threading::ApartmentState::STA;
17     Application::Run(new Form1());
18     return 0;
19  } // end _tWinMain
```

Read Random-Access File

Account

First Name

Last Name

Balance

Open File　　Next

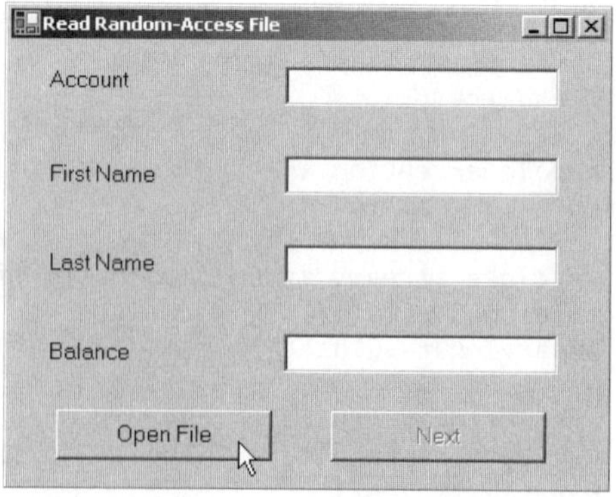

圖 17.28 ReadRandomAccessFile 的進入點 (第 3 之 1 部分)。

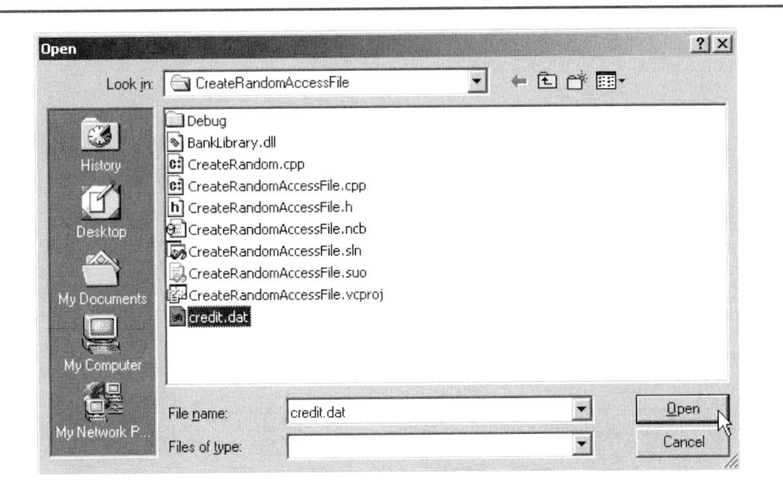

Read Random-Access File
Account 29
First Name Nancy
Last Name Brown
Balance -24.54
Open File
Next

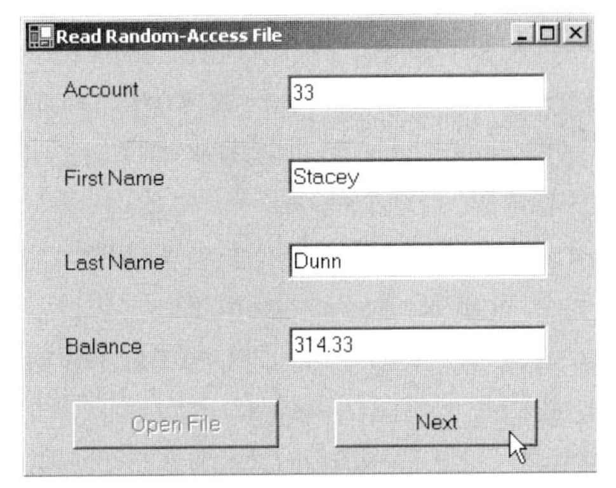

Read Random-Access File
Account 37
First Name Doug
Last Name Barker
Balance 0
Open File
Next

Read Random-Access File
Account 88
First Name Dave
Last Name Smith
Balance 258.34
Open File
Next

圖 17.28　ReadRandomAccessFile 的進入點 (第 3 之 2 部分)。

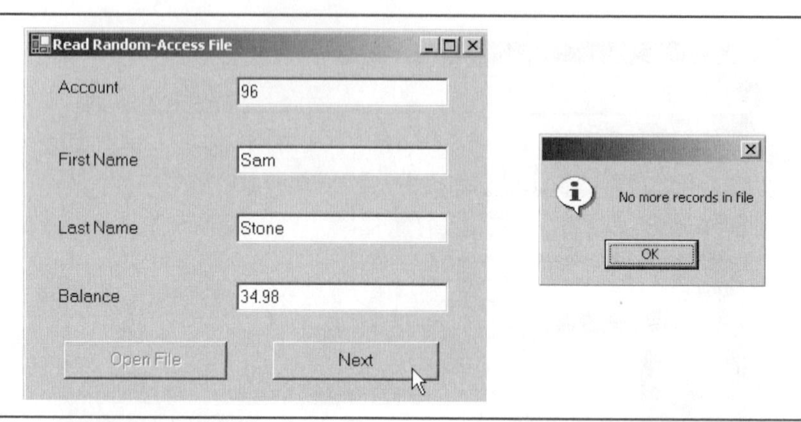

圖 17.28　ReadRandomAccessFile 的進入點 (第 3 之 3 部分)。

當使用者按 **Next** 鈕，程式會呼叫 **nextButton_Click** 函式 (第 103-155 行)，從檔案讀取下一筆記錄。第 107 行產生 **RandomAccessRecord**，用來存放檔案中的記錄。第 113-127 行從檔案讀資料，直到有一個帳戶號碼非零的記錄出現為止。(**0** 是每個帳戶號碼的初始值，代表一個空的記錄)。第 116-118 行呼叫 **FileStream** 物件的 **Seek** 函式，移動檔案位置指標到適當的位置，此處的記錄一定要讀取。因此，**Seek** 函式使用 **int** 值 **currentRecord-Index**，這個值包含已經讀取的記錄個數。第 123-126 行使用 **BinaryReader** 物件，儲存檔案資料到 **RandomAccessRecord** 物件。請回想一下，**BinaryWriter** 類別提供多載的 **Write** 函式，用來寫資料。然而，**BinaryReader** 類別沒有提供多載的 **Read** 函式讀資料。這表示我們必須要使用 ***ReadInt32*** 函式讀取一個 **int**、使用 **ReadString** 函式讀取一個 **String ***、使用 ***ReadDouble*** 函式讀取一個 **double**。請注意，這些函式必須按照 **Binar-yWriter** 物件寫入每個資料的順序呼叫。當 **BinaryReader** 讀到一個正確的帳戶號碼 (也就是非零的值)，迴圈就會終止，第 130-137 行會在 **TextBox** 秀出記錄的值。當程式已經秀出所有的記錄，**Seek** 函式會丟擲 **IOException** (因為 **Seek** 函式想要移動檔案位置指標，但是卻超出檔案結尾標記)。**catch** 區塊 (第 141-154 行) 會處理這個異常狀況，先把 **FileSt-ream** 和 **BinaryReader** 物件關閉 (第 144-145 行)，然後再通知使用者已經沒有多的記錄 (第 152-153 行)。

那我們保證的額外好處是什麼？如果讀者在程式執行時有觀察圖形使用者介面的話，會注意到程式是依照帳戶號碼遞增的順序秀出記錄。這個結果是因為我們用直接取存技術，把這些記錄儲存在檔案，用直接存取技術排序也很快。我們讓檔案足夠大到存放使用者每一筆可能產生的記錄，而達到這種速度。當然，這代表大部分的時間檔案會很稀疏，造成空間的浪費。這是另一個空間和時間取捨的例子，使用大量的空間，我們可以開發快速的排序演算法。

17.11　案例研究：交易處理程式

我們現在使用隨機存取檔達到「立即存取」的處理，開發許多交易處理程式 (圖 17.29 到圖 17.37)，程式要維護銀行的帳戶資訊，程式的使用者可以增加新帳戶、更新現有帳戶、刪除不再需要的帳戶。首先，我們說明交易處理的流程 (也就這個類別，可以增加、更新、移除帳戶) 然後我們介紹圖形使用者介面，這個介面包含秀出帳戶資訊的視窗，並且讓使用者可以呼叫程式的交易處理功能。請注意，這個範例只是簡單的交易處理程式，更多關於.NET 的交易處理資訊，請見

msdn.microsoft.com/library/default.asp?url=/library/en-us/cpguide/html/cpconprocessingtransactions.asp

```
1   // Fig. 17.29: Transaction.h
2   // Handles record transactions.
3
4   #pragma once
5
6   #using <mscorlib.dll>
7
8   using namespace System;
9   using namespace System::IO;
10  using namespace System::Windows::Forms;
11  using namespace BankLibrary;    // Deitel namespace
12
13  // number of records to write to disk
14  #define NUMBER_OF_RECORDS 100
15
16  public __gc class Transaction
17  {
18  public:
19     void OpenFile( String * );
20     RandomAccessRecord *GetRecord( String * );
21     bool AddRecord( RandomAccessRecord *, int );
22
23  private:
24
25     // stream through which data moves to and from file
26     FileStream *file;
27
28     // stream for reading bytes from file
29     BinaryReader *binaryInput;
30
31     // stream for writing bytes to file
32     BinaryWriter *binaryOutput;
33  }; // end class Transaction
```

圖 17.29　交易處理程式的類別。

交易處理行爲

在這個案例研究，我們產生 **Transaction** 類別 (圖 17.29 到圖 17.30)，當成所有交易處理的代理人。這個程式的物件自己沒有提供交易處理的能力，反而使用 **Transaction** 的實體，讓 **Transaction** 當成代理人提供需要的功能。我們使用代理人的方式，封裝交易處理行爲在一個類別，讓我們的程式中其他各種類別可以重用這個行爲。再者，如果我們決定修改這個行爲，我們只需要修改代理人 (也就是 **Transaction** 類別)，而不必修改每個使用代理人的類別。

```
 1  // Fig. 17.30: Transaction.cpp
 2  // Method definitions for class Transaction.
 3
 4  #include "stdafx.h"
 5  #include "Transaction.h"
 6
 7  // create/open file containing empty records
 8  void Transaction::OpenFile( String *fileName )
 9  {
10     // write empty records to file
11     try {
12
13        // create FileStream from new file or existing file
14        file = new FileStream( fileName, FileMode::OpenOrCreate );
15
16        // use FileStream for BinaryWriter to read bytes from file
17        binaryInput = new BinaryReader( file );
18
19        // use FileStream for BinaryWriter to write bytes to file
20        binaryOutput = new BinaryWriter( file );
21
22        // determine whether file has just been created
23        if ( file->Length == 0 ) {
24
25           // record to be written to file
26           RandomAccessRecord *blankRecord =
27              new RandomAccessRecord();
28
29           // new record can hold NUMBER_OF_RECORDS records
30           file->SetLength( RandomAccessRecord::SIZE *
31              NUMBER_OF_RECORDS );
32
33           // write blank records to file
34           for ( int i = 1; i <= NUMBER_OF_RECORDS; i++ )
35              AddRecord( blankRecord, i );
36
37        } // end if
38     } // end try
39
```

圖 17.30 Transaction 類別處理記錄交易 (第 3 之 1 部分)。

```
40      // notify user of error during writing of blank records
41      catch ( IOException *fileException ) {
42         MessageBox::Show( fileException->Message, S"Error",
43            MessageBoxButtons::OK, MessageBoxIcon::Error );
44      } // end catch
45   } // end method OpenFile
46
47   // retrieve record depending on whether account is valid
48   RandomAccessRecord *Transaction::GetRecord(
49      String *accountValue )
50   {
51      // store file data associated with account in record
52      try {
53
54         // record to store file data
55         RandomAccessRecord *record = new RandomAccessRecord();
56
57         // get value from TextBox's account field
58         int accountNumber = Int32::Parse( accountValue );
59
60         // if account is invalid, do not read data
61         if ( accountNumber < 1 || accountNumber > NUMBER_OF_RECORDS ) {
62
63               // set record's account field with account number
64               record->Account = accountNumber;
65         } // end if
66
67         // get data from file if account is valid
68         else {
69
70            // locate position in file where record exists
71            file->Seek( ( accountNumber - 1 ) *
72               RandomAccessRecord::SIZE, SeekOrigin::Begin );
73
74            // read data from record
75            record->Account = binaryInput->ReadInt32();
76            record->FirstName = binaryInput->ReadString();
77            record->LastName = binaryInput->ReadString();
78            record->Balance = binaryInput->ReadDouble();
79         } // end else
80
81         return record;
82      } // end try
83
84      // notify user of error during reading
85      catch ( IOException *fileException ) {
86         MessageBox::Show( fileException->Message, S"Error",
87            MessageBoxButtons::OK, MessageBoxIcon::Error );
88      } // end catch
89
90      return 0;
91   } // end method GetRecord
92
```

圖 17.30 Transaction 類別處理記錄交易 (第 3 之 2 部分)。

```
93  // add record to file at position determined by accountNumber
94  bool Transaction::AddRecord( RandomAccessRecord *record,
95     int accountNumber )
96  {
97     // write record to file
98     try {
99
100       // move file position pointer to appropriate position
101       file->Seek( ( accountNumber - 1 ) *
102          RandomAccessRecord::SIZE, SeekOrigin::Begin );
103
104       // write data to file
105       binaryOutput->Write( record->Account );
106       binaryOutput->Write( record->FirstName );
107       binaryOutput->Write( record->LastName );
108       binaryOutput->Write( record->Balance );
109    } // end try
110
111    // notify user if error occurs during writing
112    catch ( IOException *fileException ) {
113       MessageBox::Show( fileException->Message, S"Error",
114          MessageBoxButtons::OK, MessageBoxIcon::Error );
115
116       return false; // failure
117    } // end catch
118
119    return true; // success
120 } // end method AddRecord
```

圖 17.30 Transaction 類別處理記錄交易 (第 3 之 3 部分)。

Transaction 類別包括 **OpenFile**、**GetRecord**、**AddRecord** 函式。**OpenFile** 函式 (圖 17.30，第 8-45 行) 使用常數 **FileMode::OpenOrCreate** (第 14 行)，從現有的檔案或是還沒有的檔案，產生 **FileStream** 物件。第 17-20 行使用這個 **FileStream**，產生 **BinaryReader** 和 **BinaryWriter** 物件，分別從檔案讀寫資料。如果檔案是新的，第 26-35 行把 **FileStream** 物件填滿空記錄。第 26-27 行產生新的 **RandomAccessRecord** (帳戶號碼 0)。然後在第 34-35 行的 **for** 迴圈，在檔案的每個位置加入空記錄 (也就是帳戶號碼在 **1** 到 **NUMBER_OF_RECORDS** 之間)。

GetRecord 函式 (第 48-91 行) 傳回帳戶號碼參數指定的記錄。第 55 行產生 **RandomAccessRecord**，用來存放檔案中的記錄。如果帳戶號碼是正確的，第 71-72 行呼叫 **FileStream** 物件的 **Seek** 函式，用參數計算指定記錄在檔案中的位置。然後第 75-78 行使用 **BinaryReader** 物件的 **ReadInt32**、**ReadString**、**ReadDouble** 函式，儲存檔案資料到 **RandomAccessRecord** 物件。第 81 行傳回 **RandomAccessRecord** 物件，我們在 17.10 節使用過這些技術。

AddRecord 函式 (第 94-120 行) 把一個記錄插入檔案。第 101-102 行呼叫 **FileStream** 物件的 **Seek** 函式，使用參數找到記錄要插入檔案的位置。第 105-108 行呼叫 **BinaryWriter**

物件的 **Write** 多載函式，把 **RandomAccessRecord** 物件的資料寫入檔案。我們在 17.9 節使用過這些技術。請注意，如果在加入記錄時發生錯誤 (也就是 **FileStream** 或 **BinaryWriter** 丟擲 **IOException**)，第 112-114 行通知使用者這個錯誤，並且傳回 **false** (故障)。

處理程式的圖形使用者介面

這個程式的圖形使用者介面使用多重文件介面。**Form1** 類別 (圖 17.31) 是父視窗，包含相關的子視窗 **StartDialog** (圖 17.33)、**NewDialog** (圖 17.35)、**UpdateDialog** (圖 17.36)、**DeleteDialog** (圖 17.37)。**StartDialog** 讓使用者開啟包含帳戶資訊的檔案，並且提供接觸 **NewDialog**、**UpdateDialog**、**DeleteDialog** 等內部框架，這些框架分別可以讓使用者更新、產生、刪除記錄。

```
 1  // Fig. 17.31: Form1.h
 2  // MDI parent for transaction-processor application.
 3
 4  #pragma once
 5
 6  #include "StartDialog.h"
 7
 8  namespace TransactionProcessor
 9  {
10     using namespace System;
11     using namespace System::ComponentModel;
12     using namespace System::Collections;
13     using namespace System::Windows::Forms;
14     using namespace System::Data;
15     using namespace System::Drawing;
16
17     /// <summary>
18     /// Summary for Form1
19     ///
20     /// WARNING: If you change the name of this class, you will need to
21     ///          change the 'Resource File Name' property for the managed
22     ///          resource compiler tool associated with all .resx files
23     ///          this class depends on.  Otherwise, the designers will not
24     ///          be able to interact properly with localized resources
25     ///          associated with this form.
26     /// </summary>
27     public __gc class Form1 : public System::Windows::Forms::Form
28     {
29     public:
30        Form1(void)
31        {
32           InitializeComponent();
33
34           startDialog = new StartDialog();
35           startDialog->MdiParent = this;
```

圖 17.31　TransactionProcessor 示範交易處理程式 (第 2 之 1 部分)。

```
36            startDialog->Show();
37         }
38
39      protected:
40         void Dispose(Boolean disposing)
41         {
42            if (disposing && components)
43            {
44               components->Dispose();
45            }
46            __super::Dispose(disposing);
47         }
48
49      // pointer to StartDialog
50      private: StartDialog *startDialog;
51
52      private:
53         /// <summary>
54         /// Required designer variable.
55         /// </summary>
56         System::ComponentModel::Container * components;
57
58      // Visual Studio .NET generated GUI code
59      };
60   }
```

圖 17.31 TransactionProcessor 示範交易處理程式 (第 2 之 2 部分)。

```
1   // Fig. 17.32: Form1.cpp
2   // Entry point for application.
3
4   #include "stdafx.h"
5   #include "Form1.h"
6   #include <windows.h>
7
8   using namespace TransactionProcessor;
9
10  int APIENTRY _tWinMain(HINSTANCE hInstance,
11                         HINSTANCE hPrevInstance,
12                         LPTSTR    lpCmdLine,
13                         int       nCmdShow)
14  {
15     System::Threading::Thread::CurrentThread->ApartmentState =
16        System::Threading::ApartmentState::STA;
17     Application::Run(new Form1());
18     return 0;
19  } // end _tWinMain
```

圖 17.32 TransactionProcessor 的進入點。

首先，**Form1** 秀出 **StartDialog** 物件，這個視窗提供使用者許多選項，包含四個按鈕，可以讓使用者產生或開啓檔案、產生記錄、更新現有的記錄、刪除現有的記錄。

使用者在修改記錄之前，必須要產生或開啓檔案。當使用者按 **New/Open File** 鈕，程式會呼叫 **openButton_Click** 函式 (圖 17.33，第 77-134 行)，開啓檔案讓程式修改記錄。第 81-97 行秀出 **OpenFileDialog**，可以指定要從哪個檔案讀取資料，然後使用這個檔案產生 **FileStream** 物件。請注意，第 87 行設定 **OpenFileDialog** 物件的 **CheckFileExists** 屬性成爲 **false**，讓使用者可以在檔案不存在的時候，產生新的檔案。如果這個屬性是 **true** (預設值)，對話窗會通知使用者指定的檔案不存在，所以不會讓使用者產生檔案。

```
 1  // Fig. 17.33: StartDialog.h
 2  // Initial dialog box displayed to user. Provides buttons for
 3  // creating/opening file and for adding, updating and removing
 4  // records from file.
 5
 6  #pragma once
 7
 8  using namespace System;
 9  using namespace System::ComponentModel;
10  using namespace System::Collections;
11  using namespace System::Windows::Forms;
12  using namespace System::Data;
13  using namespace System::Drawing;
14  using namespace BankLibrary;   // Deitel namespace
15
16  #include "NewDialog.h"
17  #include "UpdateDialog.h"
18  #include "DeleteDialog.h"
19  #include "MyDelegate.h"
20
21  namespace TransactionProcessor
22  {
23     /// <summary>
24     /// Summary for StartDialog
25     ///
26     /// WARNING: If you change the name of this class, you will need to
27     ///          change the 'Resource File Name' property for the managed
28     ///          resource compiler tool associated with all .resx files
29     ///          this class depends on.  Otherwise, the designers will not
30     ///          be able to interact properly with localized resources
31     ///          associated with this form.
32     /// </summary>
33     public __gc class StartDialog : public System::Windows::Forms::Form
34     {
35     public:
36        StartDialog(void)
37        {
38           InitializeComponent();
39        }
40
41     protected:
42        void Dispose(Boolean disposing)
43        {
```

圖 17.33　StartDialog 類別讓使用者接觸各種處理的對話盒 (第 5 之 1 部分)。

```
44          if (disposing && components)
45          {
46             components->Dispose();
47          }
48          __super::Dispose(disposing);
49       }
50    private: System::Windows::Forms::Button *  updateButton;
51    private: System::Windows::Forms::Button *  newButton;
52    private: System::Windows::Forms::Button *  deleteButton;
53    private: System::Windows::Forms::Button *  openButton;
54
55    private: System::ComponentModel::IContainer *  components;
56
57    // pointer to dialog box for adding record
58    private: NewDialog *newDialog;
59
60    // pointer to dialog box for updating record
61    private: UpdateDialog *updateDialog;
62
63    // pointer to dialog box for removing record
64    private: DeleteDialog *deleteDialog;
65
66    // pointer to object that handles transactions
67    private: Transaction *transactionProxy;
68
69    private:
70       /// <summary>
71       /// Required designer variable.
72       /// </summary>
73
74    // Visual Studio .NET generated GUI code
75
76    // invoked when user clicks New/Open File button
77    private: System::Void openButton_Click(
78                System::Object *  sender, System::EventArgs *  e)
79             {
80                // create dialog box enabling user to create or open file
81                OpenFileDialog *fileChooser = new OpenFileDialog();
82                Windows::Forms::DialogResult result;
83                String *fileName;
84
85                // enable user to create file if file does not exist
86                fileChooser->Title = S"Create File / Open File";
87                fileChooser->CheckFileExists = false;
88
89                // show dialog box to user
90                result = fileChooser->ShowDialog();
91
92                // exit event handler if user clicked Cancel
93                if ( result == DialogResult::Cancel )
```

圖 17.33 StartDialog 類別讓使用者接觸各種處理的對話盒 (第 5 之 2 部分)。

```
94                  return;
95
96               // get file name from user
97               fileName = fileChooser->FileName;
98
99               // show error if user specified invalid file
100              if ( fileName->Equals( S"" ) )
101                 MessageBox::Show( S"Invalid File Name", S"Error",
102                    MessageBoxButtons::OK, MessageBoxIcon::Error );
103
104              // open or create file if user specified valid file
105              else {
106
107                 // create Transaction with specified file
108                 transactionProxy = new Transaction();
109                 transactionProxy->OpenFile( fileName );
110
111                 // enable GUI buttons except for New/Open File button
112                 newButton->Enabled = true;
113                 updateButton->Enabled = true;
114                 deleteButton->Enabled = true;
115                 openButton->Enabled = false;
116
117                 // instantiate dialog box for creating records
118                 newDialog = new NewDialog( transactionProxy,
119                    new MyDelegate( this, ShowStartDialog ) );
120
121                 // instantiate dialog box for updating records
122                 updateDialog = new UpdateDialog( transactionProxy,
123                    new MyDelegate( this, ShowStartDialog ) );
124
125                 // instantiate dialog box for removing records
126                 deleteDialog = new DeleteDialog( transactionProxy,
127                    new MyDelegate( this, ShowStartDialog ) );
128
129                 // set StartDialog as MdiParent for dialog boxes
130                 newDialog->MdiParent = this->MdiParent;
131                 updateDialog->MdiParent = this->MdiParent;
132                 deleteDialog->MdiParent = this->MdiParent;
133              } // end else
134           } // end method openButton_Click
135
136     // invoked when user clicks New Record button
137     private: System::Void newButton_Click(
138                 System::Object *  sender, System::EventArgs *  e)
139           {
140              Hide(); // hide StartDialog
141              newDialog->Show(); // show NewDialog
142           } // end method newButton_Click
143
144     private: System::Void updateButton_Click(
```

圖 17.33　StartDialog 類別讓使用者接觸各種處理的對話盒 (第 5 之 3 部分)。

```
145                  System::Object *  sender, System::EventArgs *  e)
146               {
147                  Hide(); // hide StartDialog
148                  updateDialog->Show(); // show UpdateDialog
149               } // end method updateButton_Click
150
151      private: System::Void deleteButton_Click(
152                  System::Object *  sender, System::EventArgs *  e)
153               {
154                  Hide(); // hide StartDialog
155                  deleteDialog->Show(); // show DeleteDialog
156               }  // end method deleteButton_Click
157
158      protected:
159
160         void ShowStartDialog()
161         {
162            Show();
163         }
164      };
165   }
```

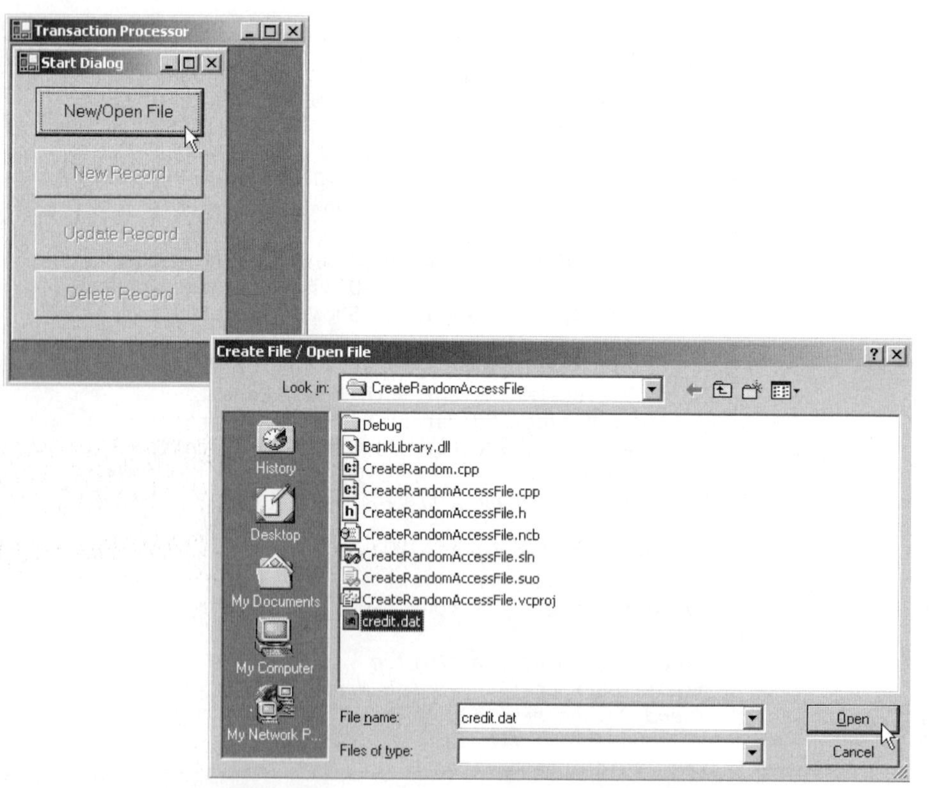

圖 17.33　StartDialog 類別讓使用者接觸各種處理的對話盒 (第 5 之 4 部分)。

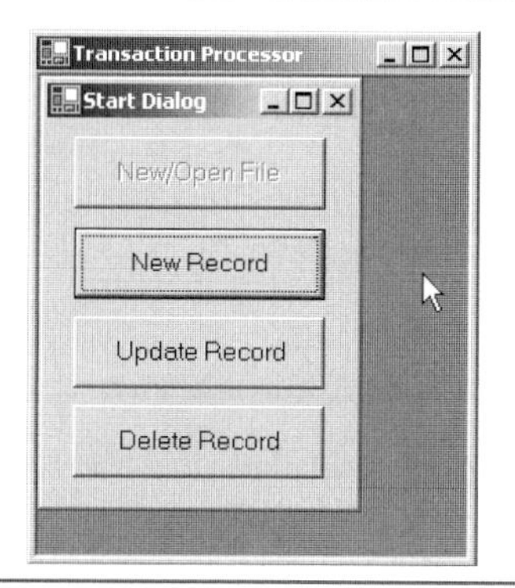

圖 17.33 StartDialog 類別讓使用者接觸各種處理的對話盒 (第 5 之 5 部分)。

如果使用者指定檔名，(圖 17.33) 第 108 行產生 **Transaction** 類別 (圖 17.29 及圖 17.30) 的物件當成代理人，負責產生、讀寫記錄到隨機存取檔。第 109 行呼叫 **Transaction** 的 **OpenFile** 函式，會依照檔案是否存在，產生或開啟指定的檔案。

StartDialog 類別也會產生內部視窗，讓使用者產生、更新、刪除記錄。我們沒有使用預設建構式，反而使用多載建構式，這個建構式的參數是 **Transaction** 物件和指向 **ShowStartDialog** 函式 (第 160-163 行) 的委派物件。當使用者關閉子視窗時，每個子視窗都使用第二個委派參數秀出 **StartDialog** 的圖形使用者介面。第 118-127 行產生 **UpdateDialog**、**NewDialogForm**、**DeleteDialog** 等類別的物件，當成子視窗使用。

當使用者按 **Start Dialog** 的 **New Record** 鈕，程式會呼叫 **StartDialog** 類別的 **newButton_Click** 函式 (圖 17.33，第 137-142 行)，秀出 **NewDialogForm** 內部框架 (圖 17.35)。

NewDialogForm 類別讓使用者在 **StartDialog** 開啟 (或產生) 的檔案中產生記錄。圖 17.34 把 **MyDelegate** 定義成一個函式的委派，這個函式沒有傳回值，也沒有參數；**StartDialog** 類別的 **ShowStartDialog** 函式 (圖 17.33，第 160-163 行) 符合這些要求。**NewDialogForm** 類別接收一個 **MyDelegate** 指標指向這個函式，所以當使用者離開 **NewDialogForm** 時，**NewDialogForm** 可以呼叫這個函式秀出 **StartDialog**。**UpdateDialog** 和 **DeleteDialog** 類別也接收 **MyDelegate** 指標當參數，讓他們可以在完成任務後秀出 **StartDialog**。

使用者在 **NewDialogForm** 的 **TextBox** 輸入資料並且按 **Save Record** 鈕之後，程式呼叫 **saveButton_Click** 函式 (圖 17.35，第 83-97 行) 把記錄寫入磁碟。第 86-88 行呼叫 **Transaction** 物件的 **GetRecord** 函式，傳回一個空的 **RandomAccessRecord**。如果 **GetRecord** 函式傳回一個有資料的 **RandomAccessRecord**，使用者會想要把這個 **RandomAccessRecord** 覆蓋新的值，第 92 行呼叫 **private** 函式 **InsertRecord** (第 102-144)，如果使用者想要覆蓋現有的記錄，第 113-115 行通知使用者記錄已經存在，並且從函式返回。否則，**RandomAccessRecord** 是空的而且 **InsertRecord** 函式呼叫 **Transaction** 物件的 **AddRecord** 函式 (第 130-131 行)，把新產生的 **RandomAccessRecord** 加到檔案。

```
1  // Fig. 17.34: MyDelegate.h
2  // Declares MyDelegate as a delegate with no input or return values.
3
4  #pragma once
5
6  __delegate void MyDelegate();
```

圖 17.34　在交易處理研究個案的委派宣告。

```
1  // Fig. 17.35: NewDialog.h
2  // Enables user to insert new record into file.
3
4  #pragma once
5
6  using namespace System;
7  using namespace System::ComponentModel;
8  using namespace System::Collections;
9  using namespace System::Windows::Forms;
10 using namespace System::Data;
11 using namespace System::Drawing;
12 using namespace BankLibrary;   // Deitel namespace
13
14 #include "Transaction.h"
15 #include "MyDelegate.h"
16
17 namespace TransactionProcessor
18 {
19    /// <summary>
20    /// Summary for NewDialog
21    ///
22    /// WARNING: If you change the name of this class, you will need to
23    ///          change the 'Resource File Name' property for the managed
24    ///          resource compiler tool associated with all .resx files
25    ///          this class depends on.  Otherwise, the designers will not
26    ///          be able to interact properly with localized resources
27    ///          associated with this form.
28    /// </summary>
29    public __gc class NewDialog : public BankUIForm
30    {
31    public:
32       NewDialog(void)
33       {
34          InitializeComponent();
35       }
36
37       NewDialog( Transaction *transactionProxyValue,
38          MyDelegate *delegateValue )
39       {
40          InitializeComponent();
41          showPreviousWindow = delegateValue;
42
```

圖 17.35　NewDialog 類別讓使用者產生新記錄 (第 4 之 1 部分)。

```
43          // instantiate object that handles transactions
44          transactionProxy = transactionProxyValue;
45       }
46
47    protected:
48       void Dispose(Boolean disposing)
49       {
50          if (disposing && components)
51          {
52             components->Dispose();
53          }
54          __super::Dispose(disposing);
55       }
56    private: System::Windows::Forms::Button *  saveButton;
57    private: System::Windows::Forms::Button *  cancelButton;
58
59    // delegate for method that displays previous window
60    public: MyDelegate *showPreviousWindow;
61
62    // pointer to object that handles transactions
63    private: Transaction *transactionProxy;
64
65    private:
66       /// <summary>
67       /// Required designer variable.
68       /// </summary>
69       System::ComponentModel::Container* components;
70
71    // Visual Studio .NET generated GUI code
72
73    // invoked when user clicks Cancel button
74    private: System::Void cancelButton_Click(
75                System::Object *  sender, System::EventArgs *  e)
76             {
77                Hide();
78                ClearTextBoxes();
79                showPreviousWindow->Invoke();
80             } // end method cancelButton_Click
81
82    // invoked when user clicks Save Record button
83    private: System::Void saveButton_Click(
84                System::Object *  sender, System::EventArgs *  e)
85             {
86                RandomAccessRecord *record =
87                   transactionProxy->GetRecord( GetTextBoxValues()
88                   [ TextBoxIndices::ACCOUNT ] );
89
90                // if record exists, add it to file
91                if ( record != NULL )
92                   InsertRecord( record );
93
94                Hide();
```

圖 17.35　NewDialog 類別讓使用者產生新記錄 (第 4 之 2 部分)。

```
95                  ClearTextBoxes();
96                  showPreviousWindow->Invoke();
97               } // end method saveButton_Click
98
99      private:
100
101        // insert record in file at position specified by accountNumber
102        void InsertRecord( RandomAccessRecord *record )
103        {
104           //store TextBox values in string array
105           String *textBoxValues[] = GetTextBoxValues();
106
107           // store TextBox account field
108           int accountNumber = Int32::Parse(
109              textBoxValues[ TextBoxIndices::ACCOUNT ] );
110
111           // notify user and return if record account is not empty
112           if ( record->Account != 0 ) {
113              MessageBox::Show(
114                 S"Record Already Exists or Invalid Number", S"Error",
115                 MessageBoxButtons::OK, MessageBoxIcon::Error );
116
117              return;
118           } // end if
119
120           // store values in record
121           record->Account = accountNumber;
122           record->FirstName = textBoxValues[ TextBoxIndices::FIRST ];
123           record->LastName = textBoxValues[ TextBoxIndices::LAST ];
124           record->Balance = Double::Parse(
125              textBoxValues[ TextBoxIndices::BALANCE ] );
126
127           // add record to file
128           try {
129
130              if ( transactionProxy->AddRecord(
131                 record, accountNumber ) == false )
132
133                 return; // if error
134           } // end try
135
136           // notify user if error occurs in parameter mismatch
137           catch ( FormatException * ) {
138              MessageBox::Show( S"Invalid Balance", S"Error",
139                 MessageBoxButtons::OK, MessageBoxIcon::Error );
140           } // end catch
141
142           MessageBox::Show( S"Record Created", S"Success",
143              MessageBoxButtons::OK, MessageBoxIcon::Information );
144        } // end method InsertRecord
145     };
146  }
```

圖 17.35 NewDialog 類別讓使用者產生新記錄 (第 4 之 3 部分)。

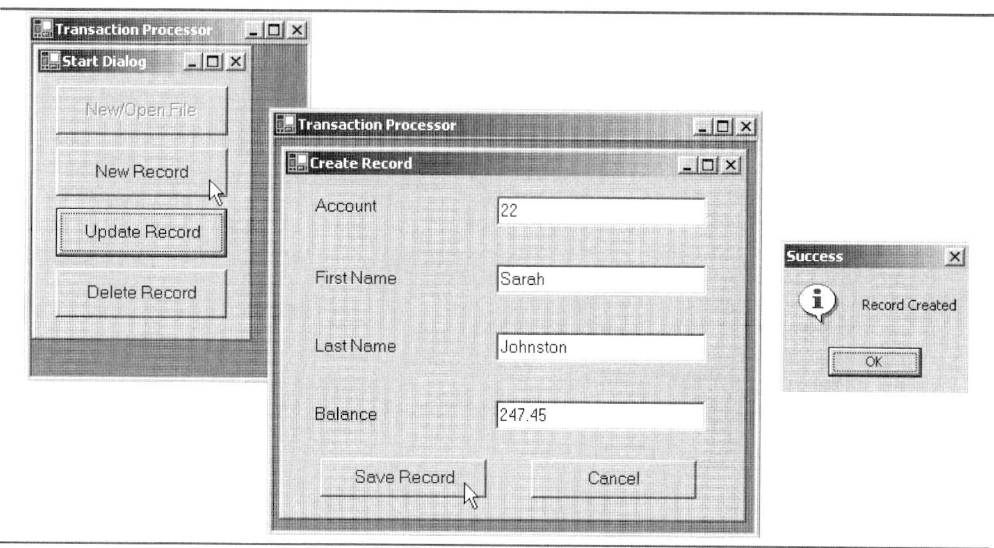

圖 17.35　NewDialog 類別讓使用者產生新記錄 (第 4 之 4 部分)。

當使用者按 **Start Dialog** 的 **Update Record** 鈕，程式會呼叫 **StartDialog** 類別的 **updateButton_Click** 函式 (圖 17.33，第 144-149 行)，秀出 **UpdateDialog** 內部框架 (圖 17.36)。**UpdateDialog** 類別讓使用者可以更新檔案中存在的記錄，使用者想要更新記錄，必須輸入該記錄的帳號。當使用者按 *Enter*，**UpdateDialog** 呼叫 **accountTextBox_KeyDown** 函式 (圖 17.36，第 77-113 行)，秀出記錄內容。這個函式呼叫 **Transaction** 物件的 **GetRecord** 函式 (第 84-86 行)，取回指定的 **RandomAccessRecord**。如果記錄不是空的，第 96-103 行把 **TextBox** 填上 **RandomAccessRecord** 的值。

Transaction TextBox 剛開始有字串 **[Charge or Payment]**。使用者應該選取這段文字，輸入交易金額 (正數代表取款，或是負數代表付款)，然後按 ***Enter***。程式呼叫 **transactionTextBox_KeyDown** 函式 (第 116-158 行)，把使用者指定的交易金額加到目前的餘額。

使用者按 **Save Changes** 鈕，把改過的 **TextBox** 內容寫入檔案。(請注意，按 **Save Changes** 鈕不會更新欄位。使用者在按 **Save Changes** 之前，必須按 *Enter* 更新這個欄位。) 當使用者按 **Save Changes** 鈕，程式呼叫 **saveButton_Click** 函式，這個函式會呼叫 **private** 函式 **UpdateRecord** (第 189-219 行)。這個函式呼叫 **Transaction** 物件的 **AddRecord** 函式 (第 204-205 行)，把 **TextBox** 的值存到 **RandomAccessRecord** ，並且以這個有新資料的 **RandomAccessRecord** 覆蓋現存的檔案記錄。

當使用者按 **Start Dialog** 的 **Delete Record** 鈕，程式會呼叫 StartDialog 類別的 **deleteButton_Click** 函式 (圖 17.33，第 151-156 行)，秀出 **DeleteDialog** 內部框架 (圖 17.36)。**DeleteDialog** 類別讓使用者可以移除檔案中存在的記錄，使用者想要移除記錄，必須輸入該記錄的帳號。當使用者按 **Delete Record** 鈕 (從 **DeleteDialog** 內部框架)，**DeleteDialog** 呼叫 **deleteButton** 函式 (圖 17.37，第 77-89 行)。這個函式呼叫 **DeleteRecord** 函式 (第

102-133 行)，確定要刪除的記錄存在，然後呼叫 **Transaction** 物件的 **AddRecord** 函式 (第 119-120 行)，把檔案的記錄覆蓋成空記錄。

```
 1  // Fig. 17.36: UpdateDialog.h
 2  // Enables user to update records in file.
 3
 4  #pragma once
 5
 6  using namespace System;
 7  using namespace System::ComponentModel;
 8  using namespace System::Collections;
 9  using namespace System::Windows::Forms;
10  using namespace System::Data;
11  using namespace System::Drawing;
12  using namespace BankLibrary;   // Deitel namespace
13
14  #include "Transaction.h"
15  #include "MyDelegate.h"
16
17  namespace TransactionProcessor
18  {
19     /// <summary>
20     /// Summary for UpdateDialog
21     ///
22     /// WARNING: If you change the name of this class, you will need to
23     ///          change the 'Resource File Name' property for the managed
24     ///          resource compiler tool associated with all .resx files
25     ///          this class depends on.  Otherwise, the designers will not
26     ///          be able to interact properly with localized resources
27     ///          associated with this form.
28     /// </summary>
29     public __gc class UpdateDialog : public BankUIForm
30     {
31     public:
32        UpdateDialog(void)
33        {
34           InitializeComponent();
35        }
36
37        // initialize components and set members to parameter values
38        UpdateDialog( Transaction *transactionProxyValue,
39           MyDelegate *delegateValue )
40        {
41           InitializeComponent();
42           showPreviousWindow = delegateValue;
43
44           // instantiate object that handles transactions
45           transactionProxy = transactionProxyValue;
46        }
47
48     protected:
49        void Dispose(Boolean disposing)
50        {
```

圖 17.36　UpdateDialog 類別讓使用者可以更新交易處理研究案例的記錄 (第 6 之 1 部分)。

```
51            if (disposing && components)
52            {
53               components->Dispose();
54            }
55            __super::Dispose(disposing);
56         }
57      private: System::Windows::Forms::Button *  saveButton;
58      private: System::Windows::Forms::TextBox *  transactionTextBox;
59      private: System::Windows::Forms::Label *  transactionLabel;
60      private: System::Windows::Forms::Button *  cancelButton;
61
62      // pointer to object that handles transactions
63      private: Transaction *transactionProxy;
64
65      // delegate for method that displays previous window
66      private: MyDelegate *showPreviousWindow;
67
68      private:
69         /// <summary>
70         /// Required designer variable.
71         /// </summary>
72         System::ComponentModel::Container* components;
73
74      // Visual Studio .NET generated GUI code
75
76      // invoked when user enters text in account TextBox
77      private: System::Void accountTextBox_KeyDown(System::Object *  sender,
78                  System::Windows::Forms::KeyEventArgs *  e)
79               {
80                  // determine whether user pressed Enter key
81                  if ( e->KeyCode == Keys::Enter ) {
82
83                     // retrieve record associated with account from file
84                     RandomAccessRecord *record =
85                        transactionProxy->GetRecord( GetTextBoxValues()
86                        [ TextBoxIndices::ACCOUNT ] );
87
88                     // return if record does not exist
89                     if ( record == 0 )
90                        return;
91
92                     // determine whether record is empty
93                     if ( record->Account != 0 ) {
94
95                        // store record values in string array
96                        String *values[] = { record->Account.ToString(),
97                           record->FirstName->ToString(),
98                           record->LastName->ToString(),
99                           record->Balance.ToString() };
100
101                       // copy string array value to TextBox values
102                       SetTextBoxValues( values );
```

圖 17.36　UpdateDialog 類別讓使用者可以更新交易處理研究案例的記錄 (第 6 之 2 部分)。

```
103                         transactionTextBox->Text = S"[Charge or Payment]";
104
105                      } // end if
106                      else {
107
108                         // notify user if record does not exist
109                         MessageBox::Show( S"Record Does Not Exist", S"Error",
110                            MessageBoxButtons::OK, MessageBoxIcon::Error );
111                      } // end else
112                   } // end if
113                } // end method accountTextBox_KeyDown
114
115       // invoked when user enters text in transaction TextBox
116       private: System::Void transactionTextBox_KeyDown(
117                   System::Object *  sender,
118                   System::Windows::Forms::KeyEventArgs *  e)
119                {
120                   // determine whether user pressed Enter key
121                   if ( e->KeyCode == Keys::Enter ) {
122
123                      // calculate balance using transaction TextBox value
124                      try {
125
126                         // retrieve record associated with account from file
127                         RandomAccessRecord *record =
128                            transactionProxy->GetRecord( GetTextBoxValues()
129                            [ TextBoxIndices::ACCOUNT ] );
130
131                         // get transaction TextBox value
132                         double transactionValue =
133                            Double::Parse( transactionTextBox->Text );
134
135                         // calculate new balance (old balance + transaction)
136                         double newBalance =
137                            record->Balance + transactionValue;
138
139                         // store record values in string array
140                         String *values[] = { record->Account.ToString(),
141                            record->FirstName->ToString(),
142                            record->LastName->ToString(),
143                            newBalance.ToString() };
144
145                         // copy string array value to TextBox values
146                         SetTextBoxValues( values );
147
148                         // clear transaction TextBox
149                         transactionTextBox->Text = S"";
150                      } // end try
151
152                      // notify user if error occurs in parameter mismatch
153                      catch ( FormatException * ) {
154                         MessageBox::Show( S"Invalid Transaction", S"Error",
```

圖 17.36 UpdateDialog 類別讓使用者可以更新交易處理研究案例的記錄 (第 6 之 3 部分)。

```
155                     MessageBoxButtons::OK, MessageBoxIcon::Error );
156                 } // end catch
157              } // end if
158           } // end method transactionTextBox_KeyDown
159
160     // invoked when user clicks Save Changes button
161     private: System::Void saveButton_Click(
162              System::Object *  sender, System::EventArgs *  e)
163           {
164              RandomAccessRecord *record =
165                 transactionProxy->GetRecord( GetTextBoxValues()
166                 [ TextBoxIndices::ACCOUNT ] );
167
168              // if record exists, update in file
169              if ( record != 0 )
170                 UpdateRecord( record );
171
172              Hide();
173              ClearTextBoxes();
174              showPreviousWindow->Invoke();
175           }  // end method saveButton_Click
176
177     // invoked when user clicks Cancel button
178     private: System::Void cancelButton_Click(
179              System::Object *  sender, System::EventArgs *  e)
180           {
181              Hide();
182              ClearTextBoxes();
183              showPreviousWindow->Invoke();
184           } // end method cancelButton_Click
185
186     public:
187
188        // update record in file at position specified by accountNumber
189        void UpdateRecord( RandomAccessRecord *record )
190        {
191           // store TextBox values in record and write record to file
192           try {
193              int accountNumber = record->Account;
194              String *values[] = GetTextBoxValues();
195
196              // store values in record
197              record->Account = accountNumber;
198              record->FirstName = values[ TextBoxIndices::FIRST ];
199              record->LastName = values[ TextBoxIndices::LAST ];
200              record->Balance = Double::Parse(
201                 values[ TextBoxIndices::BALANCE ] );
202
203              // add record to file
204              if ( transactionProxy->AddRecord(
205                 record, accountNumber ) == false )
206
```

圖 17.36　UpdateDialog 類別讓使用者可以更新交易處理研究案例的記錄 (第 6 之 4 部分)。

```
207                 return; // if error
208           } // end try
209
210           // notify user if error occurs in parameter mismatch
211           catch ( FormatException * ) {
212              MessageBox::Show( S"Invalid Balance", S"Error",
213                 MessageBoxButtons::OK, MessageBoxIcon::Error );
214              return;
215           } // end catch
216
217           MessageBox::Show( S"Record Updated", S"Success",
218              MessageBoxButtons::OK, MessageBoxIcon::Information );
219        } // end method UpdateRecord
220     };
221  }
```

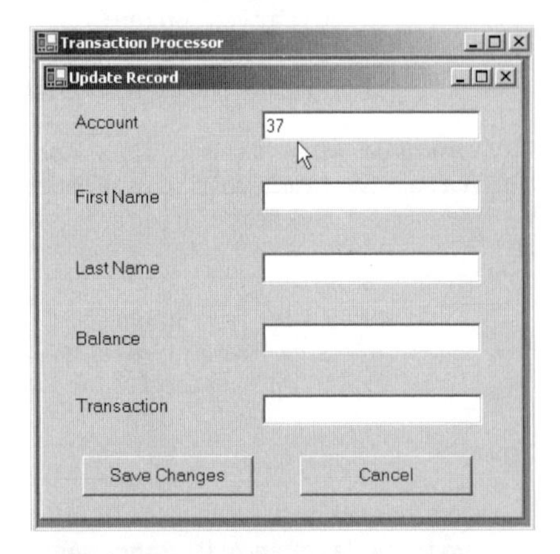

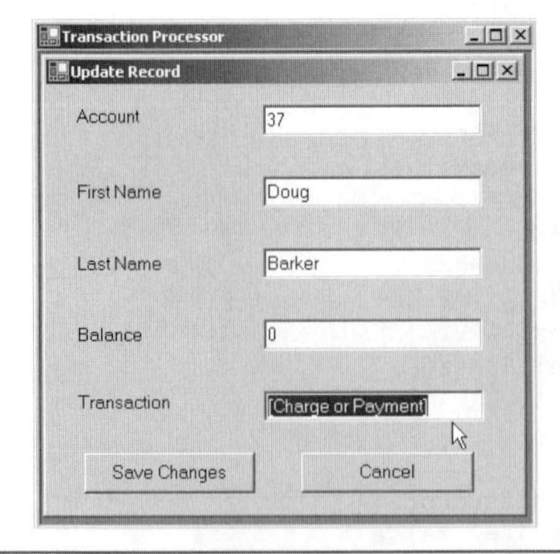

Transaction Processor
Update Record
Account
37
First Name
Doug
Last Name
Barker
Balance
0
Transaction
87.99
Save Changes
Cancel

圖 17.36 UpdateDialog 類別讓使用者可以更新交易處理研究案例的記錄 (第 6 之 5 部分)。

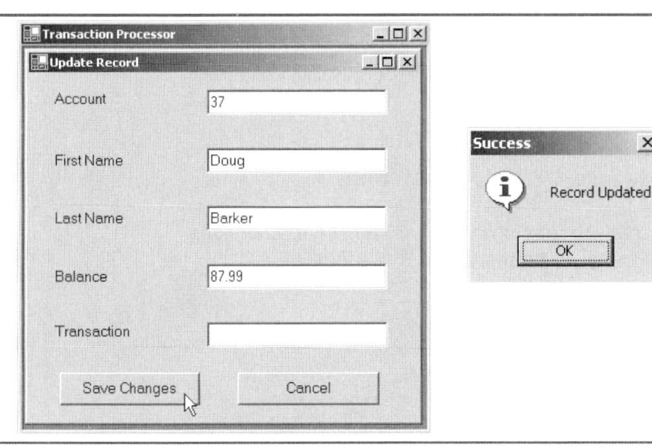

圖 17.36 UpdateDialog 類別讓使用者可以更新交易處理研究案例的記錄 (第 6 之 6 部分)。

```
 1  // Fig. 17.37: DeleteDialog.h
 2  // Enables user to delete records in file.
 3
 4  #pragma once
 5
 6  using namespace System;
 7  using namespace System::ComponentModel;
 8  using namespace System::Collections;
 9  using namespace System::Windows::Forms;
10  using namespace System::Data;
11  using namespace System::Drawing;
12  using namespace BankLibrary;   // Deitel namespace
13
14  #include "Transaction.h"
15  #include "MyDelegate.h"
16
17  namespace TransactionProcessor
18  {
19     /// <summary>
20     /// Summary for DeleteDialog
21     ///
22     /// WARNING: If you change the name of this class, you will need to
23     ///          change the 'Resource File Name' property for the managed
24     ///          resource compiler tool associated with all .resx files
25     ///          this class depends on.  Otherwise, the designers will not
26     ///          be able to interact properly with localized resources
27     ///          associated with this form.
28     /// </summary>
29     public __gc class DeleteDialog : public System::Windows::Forms::Form
30     {
31     public:
32        DeleteDialog(void)
33        {
34           InitializeComponent();
35        }
36
```

圖 17.37 DeleteDialog 類別讓使用者可以移除交易處理研究案例的記錄 (第 4 之 1 部分)。

```
37         // initialize components and set members to parameter values
38         DeleteDialog( Transaction *transactionProxyValue,
39            MyDelegate *delegateValue )
40         {
41            InitializeComponent();
42            showPreviousWindow = delegateValue;
43
44            // instantiate object that handles transactions
45            transactionProxy = transactionProxyValue;
46         }
47
48      protected:
49         void Dispose(Boolean disposing)
50         {
51            if (disposing && components)
52            {
53               components->Dispose();
54            }
55            __super::Dispose(disposing);
56         }
57      private: System::Windows::Forms::Label *  accountLabel;
58      private: System::Windows::Forms::Button *  cancelButton;
59      private: System::Windows::Forms::TextBox *  accountTextBox;
60      private: System::Windows::Forms::Button *  deleteButton;
61
62      // pointer to object that handles transactions
63      private: Transaction *transactionProxy;
64
65      // delegate for method that displays previous window
66      private: MyDelegate *showPreviousWindow;
67
68      private:
69         /// <summary>
70         /// Required designer variable.
71         /// </summary>
72         System::ComponentModel::Container* components;
73
74      // Visual Studio .NET generated GUI code
75
76      // invoked when user clicks Delete Record button
77      private: System::Void deleteButton_Click(
78                  System::Object *  sender, System::EventArgs *  e)
79               {
80                  RandomAccessRecord *record =
81                     transactionProxy->GetRecord( accountTextBox->Text );
82
83                  // if record exists, delete it in file
84                  if ( record != NULL )
85                     DeleteRecord( record );
86
87                  this->Hide();
88                  showPreviousWindow->Invoke();
```

圖 17.37　DeleteDialog 類別讓使用者可以移除交易處理研究案例的記錄 (第 4 之 2 部分)。

```
89             } // end method deleteButton_Click
90
91     // invoked when user clicks Cancel button
92     private: System::Void cancelButton_Click(
93                System::Object *  sender, System::EventArgs *  e)
94             {
95                this->Hide();
96                showPreviousWindow->Invoke();
97             } // end method cancelButton_Click
98
99     public:
100
101       // delete record in file at position specified by accountNumber
102       void DeleteRecord( RandomAccessRecord *record )
103       {
104          int accountNumber = record->Account;
105
106          // display error message if record does not exist
107          if ( record->Account == 0 ) {
108             MessageBox::Show( S"Record Does Not Exist", S"Error",
109                MessageBoxButtons::OK, MessageBoxIcon::Error );
110             accountTextBox->Clear();
111
112             return;
113          } // end if
114
115          // create blank record
116          record = new RandomAccessRecord();
117
118          // write over file record with empty record
119          if ( transactionProxy->AddRecord(
120             record, accountNumber ) == true )
121
122             // notify user of successful deletion
123             MessageBox::Show( S"Record Deleted", S"Success",
124                MessageBoxButtons::OK, MessageBoxIcon::Information );
125          else
126
127             // notify user of failure
128             MessageBox::Show( S"Record could not be deleted",
129                S"Error", MessageBoxButtons::OK,
130                MessageBoxIcon::Error );
131
132          accountTextBox->Clear();
133       } // end method DeleteRecord
134    };
135 }
```

圖 17.37 DeleteDialog 類別讓使用者可以移除交易處理研究案例的記錄 (第 4 之 3 部分)。

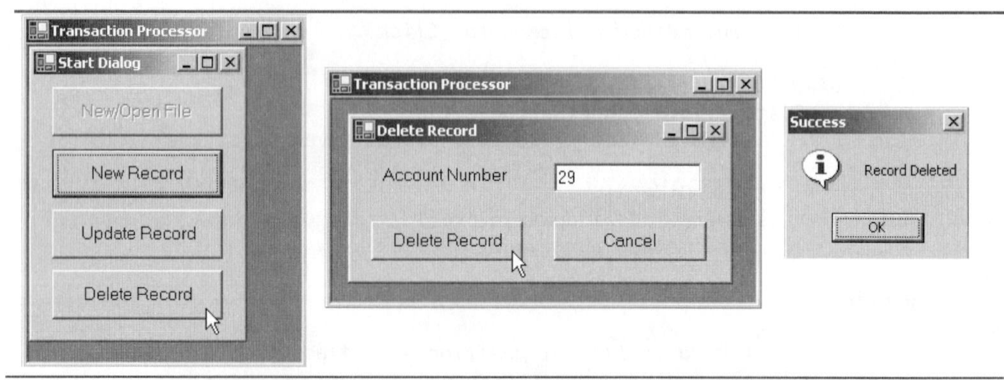

圖 17.37 DeleteDialog 類別讓使用者可以移除交易處理研究案例的記錄 (第 4 之 4 部分)。

我們在本章示範如何從檔案讀寫資料，使用循序和隨機存取的檔案處理技術。我們使用 **BinaryFormatter** 類別，從資料流序列化和還原序列化物件。然後我們使用 **FileStream**、**BinaryWriter**、**BinaryReader** 從檔案讀寫物件。在第 18 章，我們會介紹目前廣泛支援的*延伸標記語言* (*Extensible Markup Language*，XML)，這項技術用來描述資料。我們可以使用 XML 描述任何型態的資料，例如數學公式、音樂、財務報告。

摘 要

- 電腦處理的所有資料最終都化爲零與壹的組合。
- 電腦支援的最小資料稱爲位元，值可以是 **0** 或 **1**。
- 數字、字母和特殊符號稱爲字元。在一台特定的電腦上，所有可用做寫程式和表示資料的字元集合，稱爲這台電腦的字元集。電腦字元集的每個字元都可以表示成 1 和 0 的組合 (**System::String** 物件的字元是統一碼，由 2 位元組或 16 位元構成)。
- 記錄是一群相關的欄位。
- 記錄中至少有一個欄位選作記錄鍵，用來指出記錄屬性某個人或個體，並且用來辨別和檔案中其他記錄的不同。
- 檔案是一群相關的記錄。
- 檔案可以當做資料的長期儲存空間，即使產生資料的程式結束後還可以保留資料。
- 檔案中保留的資料通常稱爲持久性資料。
- 有時候，一群相關的檔案稱爲資料庫。
- 設計成產生、處理資料庫的程式，稱爲資料庫管理系統 (DBMS)。
- **File** 類別讓程式可以取得檔案相關資訊。
- **Directory** 類別讓程式可以取得目錄相關資訊。
- **FileStream** 類別提供 **Seek** 函式，可以移動檔案位置指標 (檔案中下一個要讀寫的位元組位置) 到檔案中任何位置。
- .NET Framework 把每個檔案視爲位元組的循序資料流。
- 資料流提供檔案和程式溝通的管道。

- 當檔案開啓時會產生一個物件，並且有和這個物件有關的資料流。
- 爲了從檔案循序讀取資料，程式正常地從檔案頭開始，連續地讀取資料，直到發現想要的資料爲止。
- 每個檔案的結尾是檔尾標記，標記的格式和機器有關。
- **OpenFileDialog** 和 **SaveFileDialog** 類別的物件分別用來開啓和儲存檔案。這些類別的 ShowDialog 函式會秀出對話窗。
- 當 **OpenFileDialog** 和 **SaveFileDialog** 秀出時，會防止使用者和其他程式視窗互動，直到對話窗關閉爲止。這種風格的對話窗稱爲強制回應對話窗。
- 想要在 MC++中處理檔案，必須要引用 **System::IO** 命名空間。這個命名空間包含 **Stream-Reader**、**StreamWriter**、**FileStream** 等資料流類別的定義。產生這些資料流類別開啓檔案。
- 程式設計師使用 **FileAccess** 列舉，控制使用者存取這些檔案。
- .NET Framework 沒有限定檔案的結構 (也就是沒有「記錄」的概念)，程式設計師必須適當地組織每個檔案，符合應用程式的需要。
- 最常見一種檔案整理方式是循序存取檔，記錄通常按記錄鍵欄位的順序儲存。
- 對於循序存取檔，連續的輸入/輸出要求會讀寫檔案中下一個相鄰的資料。
- 使用隨機存取檔可以達到立即資料存取，程式可以直接 (且快速) 地存取隨機存取檔的個別記錄，而不必搜尋其他記錄。隨機存取檔有時稱爲直接存取檔。
- 對於隨機存取檔，每個連續輸入/輸出要求可以直接對檔案的任一部分，可以距離前一次要求的任何位置。
- 有各種產生隨機存取檔的技術，也許最簡單的一種需要檔案中的所有記錄都是固定長度。
- 使用固定長度記錄可以讓程式很容易計算 (用記錄大小和記錄鍵的函式) 每筆記錄，距離檔頭的正確距離。
- 資料可以直接插入隨機存取檔，不會破壞檔案中其他資料。使用者也可以更新或刪除先前儲存的資料，而不必重寫整個檔案。
- 隨機存取檔案處理程式很少寫單獨一個欄位到檔案，通常會一次寫一個物件。
- **BinaryFormatter** 使用 **Serialize** 和 **Deserialize** 函式，分別寫入、讀出物件。Serialize 函式把物件的結構寫到資料流，**Deserialize** 函式從資料流中讀出這個結構，重建原來的物件。
- 只有包含 **Serializable** 屬性的類別，可以從資料流序列化和還原序列化。
- **Serialize** 和 **Deserialize** 函式每都需一個 **Stream** 物件當參數，讓 **BinaryFormatter** 可以存取正確的資料流。
- **BinaryReader** 和 **BinaryWriter** 類別分別提供讀寫資料到資料流的函式，**BinaryReader** 和 **BinaryWriter** 的建構式接收一個引用 **System::IO::Stream** 類別實體當參數。
- **FileStream** 類別繼承自 **Stream** 類別，所以我們可以傳遞 **FileStream** 物件給 **BinaryRea-der** 或 **BinaryWriter** 建構式當參數，產生一個可以直接從檔案讀寫資料的物件。
- 用直接存取技術排序很快，讓檔案足夠大到存放使用者每一筆可能產生的記錄，而達到這種速度。當然，這代表大部分的時間檔案會很稀疏，可能會浪費記憶體。

詞　彙

屬性 (attribute)
二進位數字 (binary digit (bit))
BinaryFormatter 類別 (**BinaryFormatter** class)
BinaryReader 類別 (**BinaryReader** class)
BinaryWriter 類別 (**BinaryWriter** class)
位元運算 (bit manipulation)
BufferedStream 類別 (**BufferedStream** class)
字元 (character)
字元集 (character set)
StreamReader 類別的 **Close** 函式 (**Close** method of class **StreamReader**)
關閉檔案 (closing a file)
Console 類別 (**Console** class)
File 類別的 **Copy** 函式 (**Copy** method of class **File**)
File 類別的 **Create** 函式 (**Create** method of class **File**)
Directory 的 **CreateDirectory** 函式 (**CreateDirectory** method of **Directory**)
File 類別的 **CreateText** 函式 (**CreateText** method of class **File**)
資料階層 (data hierarchy)
資料庫 (database)
資料庫管理系統 (database management system (DBMS))
Directory 類別的 **Delete** 函式 (**Delete** method of class **Directory**)
File 類別的 **Delete** 函式 (**Delete** method of class **File**)
BinaryFormatter 的 **Deserialize** 函式 (**Deserialize** method of **BinaryFormatter**)
直接存取檔 (direct-access files)
Directory 類別 (**Directory** class)
DirectoryInfo 類別 (**DirectoryInfo** class)
檔尾標記 (end-of-file marker)
Console 類別的 **Error** 屬性 (**Error** property of class **Console**)
逸出字元 (escape sequence)
Directory 類別的 **Exists** 函式 (**Exists** method of class **Directory**)
欄位 (field)
檔案 (file)
File 類別 (**File** class)
FileAccess 列舉 (**FileAccess** enumeration)
檔案位置指標 (file-position pointer)
檔案處理程式 (file-processing programs)
FileStream 類別 (**FileStream** class)
固定長度記錄 (fixed-length records)
Directory 類別的 **GetCreationTime** 函式 (**GetCreationTime** method of class **Directory**)
File 類別的 **GetCreationTime** 函式 (**GetCreationTime** method of class **File**)
Directory 類別的 **GetDirectories** 函式 (**GetDirectories** method of class **Directory**)
Directory 類別的 **GetFiles** 函式 (**GetFiles** method of class **Directory**)
Directory 的 **GetLastAccessTime** 函式 (**GetLastAccessTime** method of **Directory**)
File 類別的 **GetLastAccessTime** 函式 (**GetLastAccessTime** method of class **File**)
Directory 類別的 **GetLastWriteTime** 函式 (**GetLastWriteTime** method of class **Directory**)
File 類別的 **GetLastWriteTime** 函式 (**GetLastWriteTime** method of class **File**)
Console 類別的 **In** 屬性 (**In** property of class **Console**)
IOException
「立即存取」應用程式 (“instant-access” application)
Managed C++ Class Library 專案 (**Managed C++ Class Library** project)
MemoryStream 類別 (**MemoryStream** class)

強制回應對話窗 (modal dialog)
Directory 類別的 **Move** 函式 (**Move** method of class **Directory**)
File 類別的 **Move** 函式 (**Move** method of class **File**)
File 類別的 **Open** 函式 (**Open** method of class **File**)
OpenFileDialog 類別 (**OpenFileDialog** class)
File 類別的 OpenRead 函式 (**OpenRead** method of class **File**)
File 類別的 OpenText 函式 (**OpenText** method of class **File**)
File 類別的 OpenWrite 函式 (**OpenWrite** method of class **File**)
Console 類別的 **Out** 屬性 (**Out** property of class **Console**)
1 和 **0** 的組合 (pattern of 1s and 0)
持久性資料 (persistent data)
隨機存取檔 (random-access file)
Console 類別的 **Read** 函式 (**Read** method of class **Console**)
BinaryReader 的 **ReadDouble** 函式 (**ReadDouble** method of **BinaryReader**)
BinaryReader 的 **ReadInt32** 函式 (**ReadInt32** method of **BinaryReader**)
Console 類別的 **ReadLine** 函式 (**ReadLine** method of class **Console**)
StreamReader 類別的 **ReadLine** 函式 (**ReadLine** method of class **StreamReader**)
BinaryReader 的 **ReadString** 函式 (**ReadString** method of **BinaryReader**)
記錄 (record)
記錄鍵 (record key)
規則運算式 (regular expression)
SaveFileDialog 類別 (**SaveFileDialog** class)
輔助儲存裝置 (secondary storage devices)
FileStream 類別的 Seek 函式 (**Seek** method of class **FileStream**)
SeekOrigin 列舉 (**SeekOrigin** enumeration)
分隔字元 (separator character)
循序存取檔 (sequential-access file)
Serializable 屬性 (**Serializable** attribute)
SerializationException
BinaryFormatter 類別的 Serialize 函式 (**Serialize** method of class **BinaryFormatter**)
OpenFileDialog 類別的 **ShowDialog** 函式 (**ShowDialog** method of class **OpenFileDialog**)
SaveFileDialog 類別的 ShowDialog 函式 (**ShowDialog** method of class **SaveFileDialog**)
標準錯誤資料流物件 (standard error-stream object)
標準輸入資料流物件 (standard input-stream object)
標準輸出資料流物件 (standard output-stream object)
Stream 類別 (**Stream** class)
位元組資料流 (stream of bytes)
資料流處理 (stream processing)
StreamReader 類別 (**StreamReader** class)
StreamWriter 類別 (**StreamWriter** class)
System::IO 命名空間 (**System::IO** namespace)
System::Runtime::Serialization::Formatters::Binary 命名空間 (**System::Runtime::Serialization::Formatters::Binary** namespace)
TextReader 類別 (**TextReader** class)
TextWriter 類別 (**TextWriter** class)
交易處理系統 (transaction-processing system)
BinaryWriter 類別的 **Write** 函式 (**Write** method of class **BinaryWriter**)
Console 類別的 **Write** 函式 (**Write** method of class **Console**)
StreamWriter 類別的 **Write** 函式 (**Write** method of class **StreamWriter**)
Console 類別的 **WriteLine** 函式 (**WriteLine** method of class **Console**)
StreamWriter 類別的 **WriteLine** 函式 (**WriteLine** method of class **StreamWriter**)

自我測驗

17.1 說明下列問題是真或僞，如果是僞的話請解釋。

a) 產生 `File` 和 `Directory` 類別的實體是不可能的。
b) 循序存取檔通常是依照記錄鍵欄位的順序儲存記錄。
c) `StreamReader` 類別繼承自 `Stream` 類別。
d) 任何類別的物件可以序列化到檔案。
e) 在隨機存取檔循序地找特定的記錄是不必要的。
f) `FileStream` 類別的 `Seek` 函式總是移動相對於檔頭的位置。
g) .NET Framework 提供 `Record` 類別，讓隨機存取檔案處理程式可以儲存記錄。
h) 銀行系統、銷售點系統、自動櫃員機都是交易處理系統的一種。
i) `StreamReader` 和 `StreamWriter` 類別可以用來處理循序存取檔。
j) 因爲 `Stream` 是抽象類別，所以不能產生 `Stream` 型別的物件。

17.2 在下列的敘述的空白處填上答案：

a) 最終，電腦處理的所有資料都化爲 ________ 的組合。
b) 電腦可以處理的最小資料稱爲 ________ 。
c) ________ 是一群相關的記錄。
d) 數字、字母和特殊符號稱爲 ________ 。
e) 有時候，一群相關的檔案稱爲 ________ 。
f) `StreamReader` 的 ________ 函式從檔案讀取一行文字。
g) `StreamWriter` 的 ________ 函式把一行文字寫入檔案。
h) `BinaryFormatter`類別的`Serialize`函式接收 ________ 和 ________ 當成參數。
i) ________ 命名空間包含 MC++中大部分的檔案處理類別。
j) ________ 命名空間包含 `BinaryFormatter` 類別。

自我測驗解答

17.1 **a)** 眞。**b)** 眞。**c)** 僞 `StreamReader` 繼承自 `TextReader`。**d)** 僞只有包含 `Serializable` 屬性的類別物件才可以序列化。**e)** 眞。**f)** 僞。是依照傳入的參數 `SeekOrigin` 列舉，相對於這個位置移動。**g)** 僞。.NET Framework 沒有限定檔案的結構(也就是沒有「記錄」的概念)，**h)** 眞。**i)** 眞。**j)** 眞。

17.2 **a)** 1，0。**b)** 位元。**c)** 檔案。**d)** 字元。**e)** 資料庫。**f)** `ReadLine`。**g)** WriteLine。**h)** 資料流，物件。**i)** `System::IO`。**j)** `System::Runtime::Serialization::Formatters::Binary`。

習　題

17.3 寫一個程式把學生成績存在文字檔，檔案應該包含每位學生的姓名、學號、修習的課、成績。讓使用者可以讀取成績檔，並且在唯讀的文字方塊秀出內容。應該要以下列的方式秀出內容：

姓，名：學號 課名 成績

我們以下列出幾個資料：

瓊恩，鮑伯：1 「計算機概論」 "**A-** "
強生，莎拉：2 「資料結構」 "**B+**"
史密斯，山姆：3 「資料結構」 "**C**"

17.4 修改上一個程式，使用可以序列化和還原序列化到檔案的類別物件。固定姓、名、課名、成績等欄位的長度，確保記錄長度固定。

17.5 擴充 **StreamReader** 和 **StreamWriter** 類別。讓 **StreamReader** 的衍生類別有 **ReadInteger**、**ReadBoolean**、**ReadString** 等函式，讓 **StreamWriter** 的衍生類別有 **WriteInteger**、**WriteBoolean**、**WriteString** 等函式，請思考如何設計寫入函式，讓讀取函式可以讀出寫入的資料。設計 **WriteInteger** 和 **WriteBoolean** 寫入固定長度的字串，所以 **ReadInteger** 和 **ReadBoolean** 可以正確地讀取這些值。請確認 **ReadString** 和 **WriteString** 用同樣的字元分隔字串。

17.6 寫一個程式融合圖 17.12 到圖 17.23、圖 17.15 到圖 17.16 的想法，讓使用者可以從檔案讀寫記錄。在記錄增加一個額外的欄位，型別為 **bool**，代表這個帳戶有沒有透支保障。

17.7 在商用資料處理中，每個應用程式通常都有一些檔案。例如在應收帳款系統，通常有一個主檔案包含每個客戶的詳細資料，例如客戶名稱、住址、電話號碼、餘額、信用額度、折扣、契約規劃，可能還有最近購買的償還記錄。

當交易處理時 (也就是買賣成交，而且付款以郵件寄達)，要把他輸入檔案。在每個經營週期(例如，某些公司是一個月，其他是一週，有些是一天)結束時，交易檔(**trans.dat**)必須應用到主檔案 (**oldmast.dat**)，更新每筆帳戶的購買和付款記錄。在更新時，主檔案重寫成新檔(**newmast.dat**)，一直使用到下次更新資料之前。

檔案比對程式必須要處理某些單一檔案程式不會遇到的問題，例如，比對可能永遠不會符合。在主檔案中的客戶可能在目前的經營週期沒有購買或付款，所以交易檔案不會出現這個客戶的任何記錄。同樣地，有購買或付款的客戶可能剛進社會，而且公司還沒有機會幫這個客戶建立主記錄。

當比對符合時 (也就是同樣的帳號出現在主檔案和交易檔)，就增加交易檔的金額到主檔案的餘額，並且寫入 **newmast.dat** 記錄。(假設購買在交易檔是用正數表示，付款是以負責表示)。當某個客戶有主記錄卻沒有對應的交易記錄時，就把主記錄直接寫入 **newmast.dat**。當有交易記錄卻沒有對應的主記錄時，印出訊息「交易記錄沒有帳號…」(從交易記錄填上帳號)。

17.8 你是一個五金行的老闆，想要記錄你賣的工具庫存，每個庫存多少、價錢多少。寫一個程式，產生有 100 筆空記錄的隨機存取檔，讓你可以輸入相關工具的資料、列出所有的工具、刪除某個沒有的工具、在檔案更新任何資訊。工具的編號應該是記錄的號碼，使用圖 17.38 的資訊建立你的檔案。

記錄號碼	工具名稱	數量	價格
3	電動磨沙機	18	35.99
19	榔頭	128	10.00
26	曲線鋸	16	14.25
39	除草機	10	79.50
56	動力鋸	8	89.99
76	螺絲起子	236	4.99
81	大榔頭	32	19.75
88	扳手	65	6.48

圖 17.38　五金行的庫存。

18

可延伸標記語言

學習目標

- 使用 XML 來標記資料。
- 了解 XML 命名空間的概念。
- 了解 DTD、Schema 及 XML 之間的關係。
- 建立 Schema。
- 建立並使用簡單的 XSLT 文件。
- 使用 **XslTransform** 類別將 XML 文件轉換為 XHTML

Knowing trees, I underst and the meaning of patience.
Knowing grass, I can appreciate persistence.
Hal Borland

Like everything metaphysical、the harmony between thought and reality is to be found in the grammar of the language.
Ludwig Wittgenstein

I played with an idea and grew willful, tossed it into the air; transformed it; let it escape and recaptured it; made it iridescent with fancy, and winged it with paradox.
Oscar Wilde

本章綱要

18.1 簡介

可延伸標記語言 (*Extensible Markup Language*，簡稱 XML) 是於 1996 年由全球資訊網聯盟 (World Wide Web Consortium，簡稱 W3C) 底下的 XML 工作小組 (Working Group) 所發展而成。XML 是用來描述資料的一項開放技術 (亦即無專利限制)，具可攜性且廣受支援。XML 已逐漸成爲應用程式之間儲存交換資料的標準。文件的作者可以使用 XML 描述任何種類的資料，包括數學方程式、軟體設定指令、音樂、食譜及財務報告等。XML 文件對人及電腦而言皆爲可讀。

.NET Framework 對 XML 的使用極廣泛。FCL 提供了一整套與 XML 相關的類別。Visual Studio .NET 內部的構成部份亦大幅使用 XML。Visual Studio .NET 內也包括了一個 XML 編輯器及檢測器[1]。於本章中，我們將介紹 XML、XML 相關技術，以及一些建立及操作 XML 文件時所需要的重要類別。

18.2 XML 文件

在此小節中，我們將呈現第一份 XML 文件，它所描述的是爲一篇文章 (圖 18.1)。【請注意：此處所示的行數編號並非 XML 文件的一部份】。

---

1 若要取得 Visual Studio .NET 內與 XML 相關的資料，連上網站 **msdn.microsoft.com/library/default.asp? url=/library/en-us/vsintro7/html/vxorixmlinvisualstudio.asp**.

```
1   <?xml version = "1.0"?>
2
3   <!-- Fig. 18.1: article.xml      -->
4   <!-- Article structured with XML. -->
5
6   <article>
7
8      <title>Simple XML</title>
9
10     <date>August 6, 2003</date>
11
12     <author>
13        <firstName>Su</firstName>
14        <lastName>Fari</lastName>
15     </author>
16
17     <summary>XML is pretty easy.</summary>
18
19     <content>In this chapter, we present a wide variety of examples
20        that use XML.
21     </content>
22
23  </article>
```

圖 18.1　用 XML 標記一篇文章。

這份文件的開頭爲 *XML 宣告* (*XMLdeclaration*)，它可有可無 (第 1 行)，用以指出此文件爲一份 XML 文件。版本資料參數 (version information) 則是指示這份文件所用 XML 的版本。XML 的註解 (第 3-4 行) 前後須加上**<!--**及**-->**，它可置於 XML 文件內的各處。XML 使用註解做爲說明之用，與 MC++程式相同。

常見的程式設計錯誤 18.1

在 XML 宣告之前不得有任何字元，包括空白，否則將造成語法錯誤。

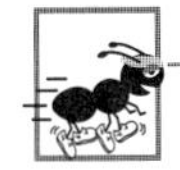

增進效能的小技巧 18.1

雖然 XML 宣告為非必要，文件仍應加入宣告部份以指定所用 XML 的版本。否則，未做 XML 宣告的文件在將來可能會被當作符合最新版的 XML 而造成錯誤。

在 XML 中，資料以*標籤* (*tags*) 做標記，它是包含在一對*角括弧* (**<>**) 內的名稱。標籤皆需成對使用，用以界定字元資料範圍。(例如，第 8 行的 **Simple XML**)。*標記* (*markup*) 開始之處的標籤 (亦即 XML 資料) 稱爲*起始標籤* (*start tag*)，標記結束的標籤則稱爲*結束標籤* (*end tag*)。例如**<article>**和**<title>**皆爲起始標籤 (分別於第 6 行及第 8 行)。結束標籤與起始標籤的不同點爲它在 **<** 字元之後緊接著一個*斜線* (**/**) 字元。例如**</title>**和**</article>**皆爲結束標籤 (分別於第 8 行及第 23 行)。XML 文件內不限定使用標籤的數目。

常見的程式設計錯誤 18.2

起始標籤後若未加上對應的結束標籤將造成語法錯誤。

標記的每一個個別單元(亦即，在一對起始標籤及結束標籤內所包含的任何東西)皆稱為*元素* (*element*)。一份 XML 文件包含了一個內含所有元素的元素，稱為根元素 (root element) 或文件元素 (document element)。根元素必須為 XML 宣告之後的第一個元素。於圖 18.1，**article** (第 6 行) 即為根元素。各元素之間形成巢狀結構以組成階層式架構，而根元素便位於此架構的頂端。如此一來文件的作者便可在資料之間建立明確的關係。舉例而言，**title**、**date**、**author**、**summary** 及 **content** 等元素皆位於 **article** 之內。**firstName** 及 **lastName** 等元素則位於 **author** 之內。

常見的程式設計錯誤 18.3

若在一份 XML 文件內建立兩個以上的根元素將造成語法錯誤。

title 元素 (第 8 行) 包含這篇文章的名稱 **Simple XML**，它是字元資料。同樣的，**date** (第 10 行)、**summary** (第 17 行) 及 **content** (第 19-21 行) 分別包含了日期、摘要以及文章內容等，它們也都是字元資料。XML 元素名稱長度不限，可使用字母、數字 底線、連字號及句號，但開頭必須為字母或底線。

常見的程式設計錯誤 18.4

XML 會區分大小寫。XML 元素名稱若誤用大小寫 (例如用於起始標籤或結束標籤等)，則將造成語法錯誤。

這份文件本身即是一個簡單的文字檔，名稱為 **article.xml**。雖然並未強制要求，但大多數的 XML 文件仍以 ***.xml*** 做為副檔名。處理 XML 文件需要一種稱為 *XML 語法剖析器* (*XMLparser*) 的程式，它亦稱為 *XML 處理器* (*XMLprocessor*)。語法剖析器用於檢查 XML 文件的語法，並且處理 XML 文件內的資料以供應用程式使用。XML 語法剖析器內建於 Visual Studio .NET 等應用程式，或可由網路下載取得。包括微軟的 *MSXML* (**msdn.microsoft.com/library/default.asp? url=/library/en-us/xmlsdk/htm/sdk_intro_6g53.asp**) 及 Apache Software Foundation 的 *Xerces* (**xml.apache.org**) 和 IBM 的 *XML4J* (**www-106.ibm.com/developerworks/xml/library/x-xml4j/**) 等，皆為常見的語法剖析器。在本章中，我們使用 MSXML。

當使用者將 **article.xml** 載入至 Internet Explorer (IE)[2]，MSXML 便剖析這份文件並將剖析過的資料傳送至 IE。IE 接著使用一份內建的*樣式表* (*style sheet*) 將資料做格式化。請注意資料格式化的結果 (圖 18.2) 與圖 18.1 所示的 XML 文件相似。接下來我們將說明，樣式表在轉換 XML 資料格式以供顯示之用時，扮演了重要且強大的角色。

2. IE 5 以上的版本。

請注意圖 18.2 中的減號 (-) 及加號 (+)。雖然這些並不屬 XML 文件的內容，IE 將它們放在每一個*容器*元素 (container element，亦即內含其他元素的元素) 的旁邊。容器元素亦稱爲*父元素* (*parent element*)。一個減號意謂此父元素的*子元素* (*child element*，*亦即包含在巢狀架構內*的元素) 已被顯示。若在其上按一下，IE 便將此容器元素收起來並隱藏其子元素，而減號便換成一個加號。相反的，按加號便能展開容器元素並將加號變爲減號。這與 Windows 系統內以檔案總管查看資料夾架構的動作相類似。事實上，資料夾的架構一般採用一連串的樹狀結構，其中每個磁碟機代號 (例如，C: 等) 代表了樹狀結構的*根節點* (*root*)。每一個資料夾則爲此樹的一個*節點* (*node*)。語法剖析器 通常將 XML 資料置於樹狀結構中，使運算更有效率。我們將於 18.4 小節詳細討論。

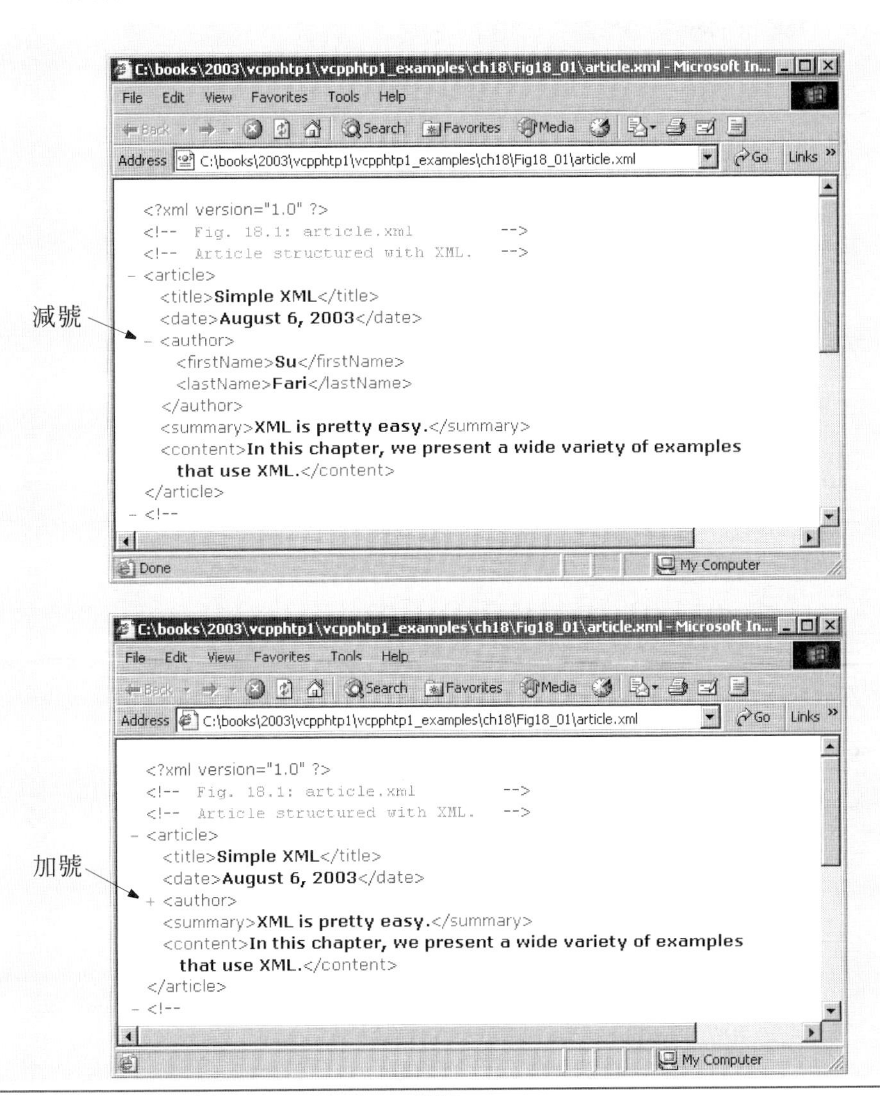

圖 18.2　article.XML 以 Internet Explorer 顯示。

```
1  <?xml version = "1.0"?>
2
3  <!-- Fig. 18.3: letter.xml                  -->
4  <!-- Business letter formatted with XML. -->
5
6  <letter>
7     <contact type = "from">
8        <name>Jane Doe</name>
9        <address1>Box 12345</address1>
10       <address2>15 Any Ave.</address2>
11       <city>Othertown</city>
12       <state>Otherstate</state>
13       <zip>67890</zip>
14       <phone>555-4321</phone>
15       <flag gender = "F" />
16    </contact>
17
18    <contact type = "to">
19       <name>John Doe</name>
20       <address1>123 Main St.</address1>
21       <address2></address2>
22       <city>Anytown</city>
23       <state>Anystate</state>
24       <zip>12345</zip>
25       <phone>555-1234</phone>
26       <flag gender = "M" />
27    </contact>
28
29    <salutation>Dear Sir:</salutation>
30
31    <paragraph>It is our privilege to inform you about our new
32       database managed with <technology>XML</technology>. This
33       new system allows you to reduce the load on
34       your inventory list server by having the client machine
35       perform the work of sorting and filtering the data.
36    </paragraph>
37
38    <paragraph>Please visit our Web site for availability
39       and pricing.
40    </paragraph>
41
42    <closing>Sincerely</closing>
43
44    <signature>Ms. Doe</signature>
45 </letter>
```

圖 18.3 用 XML 標記商業書信。

常見的程式設計錯誤 18.5

*標籤的巢狀結構編寫不當將造成語法錯誤。例如，**<x><y>hello</x></y>**是錯誤的，因為此子元素的結束標籤 (**</y>**) 必須位在父元素的結束標籤之前 (**</x>**)。*

我們現在討論第二份 XML 文件 (圖 18.3)，它標記的是一份商業書信。這份文件內含的資料比前一份 XML 文件明顯增多。

根元素 **letter** (第 6-45 行) 內含了子元素 **contact** (第 7-16 行及第 18-27 行)，**salutation** (第 29 行)，**paragraph** (第 31-36 行及第 38-40 行)，**closing** (第 42 行) 及 **signature** (第 44 行)。資料除了能放在標籤之間，亦可放在*屬性* (*attributes*) 之內，它是成對的名稱與值，並在起始標籤內以 **=** 隔開。元素在起始標籤內的屬性數目不限。第一個 **contact** 元素 (第 7-16 行) 有一個屬性 **type**， 其*屬性值* (*attribute value*) 爲 **"from"**，意謂此 **contact** 元素標記了此書信寄件者的資訊。第二個 **contact** 元素 (第 18-27 行) 有一個屬性 **type**，其值爲 **"to"**，意爲此 **contact** 元素標記了此信收件者的資訊。如同元素名稱，屬性名稱的長度不限，可使用字母、數字、底線、連字號及句號，並且其開頭必須爲字母或底線字元。一個 **contact** 元素內含了一個連絡人的名稱、地址、電話號碼及性別。元素 **salutation** (第 29 行) 則包含了這封信的開頭稱呼語。第 31-40 行以 **paragraph** 元素標記這封信的內文。**closing** (第 42 行) 及 **signature** (第 44 行) 兩元素則分別標記了信件的結尾及寄件人的簽名。

常見的程式設計錯誤 18.6

*屬性值的前後若未加上雙引號 (**""**) 或單引號 (**''**) 將造成語法錯誤。*

常見的程式設計錯誤 18.7

同一個元素內若有兩個屬性名稱相同將造成語法錯誤。

在第 15 行我們介紹空元素 **flag**，用來指定連絡人的性別。空元素之內不含字元資料 (亦即，其起始標籤和結束標籤之間不含文字)。這類元素可以用一個斜線作爲結束 (如第 15 行所示) 或將結束標籤寫出，例如

```
<flag gender = "F"></flag>
```

請注意第 21 行的 **address2** 元素內亦不含資料。因此，我們可以將第 21 行更改爲 **<address2 />**，不必擔心發生錯誤。然而，若把此元素完全省略便不太聰明，因爲有些 *DTD* (文件格式定義) 或 *Schema* 可能會用到它。我們於 18.5 小節將做詳細的討論。

18.3　XML 命名空間

.NET 架構把類別庫分類放到命名空間，這些命名空間能避免程式設計師自定的識別名稱和類別庫內識別名稱之間的*名稱衝突* (*naming collisions*) 例如，我們可能會使用類別 **Book** 來表示我們的某份出版品；然而，某位集郵家可能使用使用類別 **Book** 來表示某一本的集郵冊。若我們在同一個組件使用，卻未用命名空間將其分別，則會發生名稱衝突。

如同 .NET 架構，XML 也提供*命名空間*，提供唯一識別各 XML 元素的方法。此外，根基於 XML 的語言稱爲 *vocabularies*，例如 XML Schema (18.5 小節) 以及可延伸樣式表語言

(Extensible Stylesheet Language) (18.6 小節)，便經常使用命名空間來識別元素。

元素是以*命名空間前置字串* (*namespace prefixes*) 來做爲區別，定義某元素屬於哪個命名空間。例如，

```
<flag gender = "F"></flag>
```

將元素 **book** 加上命名空間前置字串 **deitel**，表示元素 **book** 爲命名空間 **deitel** 的一部份。除了命名空間前置字串 ***xml*** 必須保留不能使用，文件作者可使用任何名稱作爲命名空間前置字串。

常見的程式設計錯誤 18.8

若將建置的命名空間前置字串命名為 **xml**(不論是大小寫)，*將造成語法錯誤。*

圖 18.4 所示爲命名空間的標記。此份 XML 文件包含了兩個 **file** 元素，並以命名空間做爲區別。

軟體工程的觀點 18.1

程式設計師能選擇是否將屬性加上命名空間前置字串，然而這並非必需，因為屬性必定是與一個已加上命名空間的元素相關連。

第 6-7 行 (18.4 圖) 使用了屬性 ***xmlns*** 建立了兩個命名空間前置字串：text 和 image。每一個命名空間前置字串皆與一群稱爲*通用資源識別碼* (*uniform resource identifier*，簡稱 *URI*) 的字元相關連，並藉此唯一識別此命名空間。文件的作者可以自行建立命名空間前置字串及 URI。請注意，我們在建置 **text** 命名空間前置字串的同一行內亦使用此前置字串 (第 6 行)。

爲了確保命名空間不會互相重覆，文件作者必須提供唯一的 URI。此處，我們使用這段文字 **urn:deitel:textInfo** 及 **urn:deitel:imageInfo** 做爲 URI。通常我們會使用*通用資源定位碼* (*Uniform Resource Locators*；*URL*) 做爲 URI，因爲 URL 所使用的網域名稱 (如 **www.deitel.com**) 必定爲唯一。例如，第 6-7 行亦可寫爲

```
<text:directory xmlns:text =
   "http://www.deitel.com/xmlns-text"
   xmlns:image = "http://www.deitel.com/xmlns-image">
```

在此例中，我們使用了關連到 Deitel & Associates Inc 網域名稱的 URL 做爲命名空間的一部份。XML 語法剖析器並不會連上這些 URL，它們只是單純使用一串的字元爲名稱做區別。此處的 URL 不需要參考眞正的網頁，結構亦不需完整。

第 9-11 行使用命名空間前置字串 **text** 將 **file** 及 **description** 兩元素定義爲屬於命名空間 **"urn:deitel:textInfo"**。請注意，命名空間前置字串亦使用在結束標籤。第 13-16 行使用命名空間前置字串 **image** 於 **file**、**description** 及 **size** 等三個元素。

爲了免去在每一個元素之前加上一個命名空間前置字串，文件作者可以指定一個*預設命名空間* (*default* namespace)。圖 18.5 所示即爲預設命名空間。

```
1   <?xml version = "1.0"?>
2
3   <!-- Fig. 18.4: namespace.xml  -->
4   <!-- Demonstrating namespaces. -->
5
6   <text:directory xmlns:text = "urn:deitel:textInfo"
7      xmlns:image = "urn:deitel:imageInfo">
8
9      <text:file filename = "book.xml">
10        <text:description>A book list</text:description>
11     </text:file>
12
13     <image:file filename = "funny.jpg">
14        <image:description>A funny picture</image:description>
15        <image:size width = "200" height = "100" />
16     </image:file>
17
18  </text:directory>
```

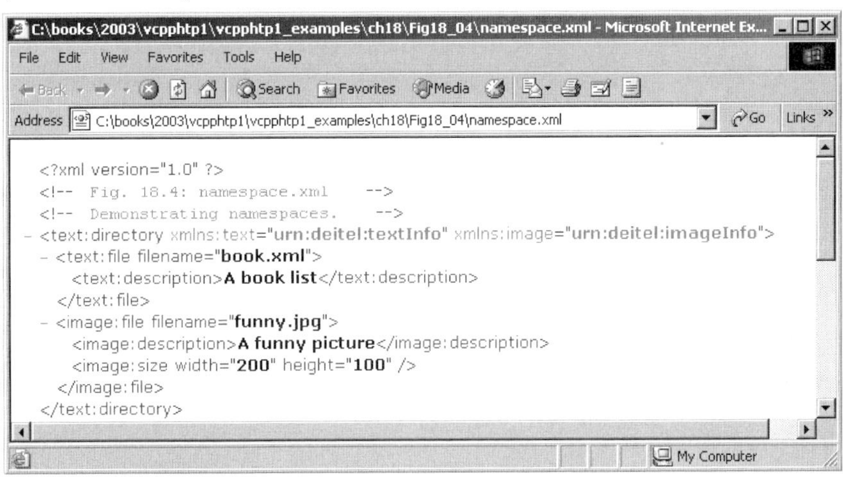

圖 18.4　XML 命名空間示例。

第 6 行 (圖 18.5) 使用屬性 **xmlns** 宣告一個預設命名空間，其值為一個 URI。一旦我們定義此預設命名空間，屬於此命名空間的子元素便不需要再加上命名空間前置字串。元素 **file** (第 9-11 行) 便是在命名空間 **urn:deitel:textInfo**，請與圖 18.4 做比較，此圖中我們將 **file** 及 **description** 皆加上前置字串 **text**。(第 9-11 行)

此預設命名空間應用於 **directory** 元素以及所有未加上命名空間前置字串的元素。然而，我們可以為某一個特定的元素另使用一個命名空間前置字串加以區別。例如，於第 13 行的 **file** 元素便加上前置字串 **image** 指出它位在命名空間 **urn:deitel:imageInfo**，而不在預設命名空間內。

```
1  <?xml version = "1.0"?>
2
3  <!-- Fig. 18.5: defaultnamespace.xml  -->
4  <!-- Using default namespaces.        -->
5
6  <directory xmlns = "urn:deitel:textInfo"
7     xmlns:image = "urn:deitel:imageInfo">
8
9     <file filename = "book.xml">
10       <description>A book list</description>
11    </file>
12
13    <image:file filename = "funny.jpg">
14       <image:description>A funny picture</image:description>
15       <image:size width = "200" height = "100" />
16    </image:file>
17
18 </directory>
```

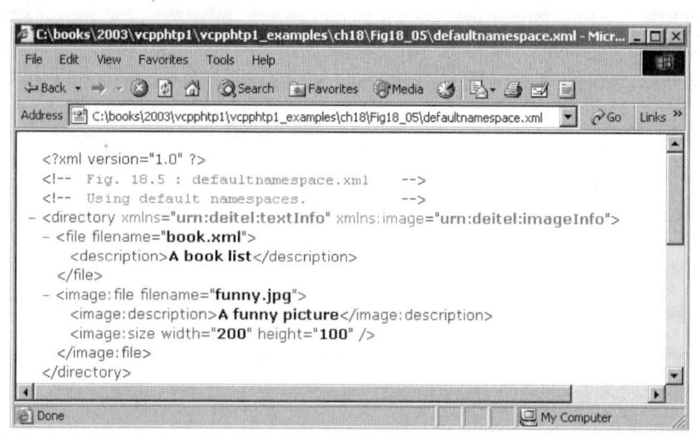

圖 18.5 預設命名空間示例。

18.4 文件物件模型

雖然 XML 文件為文字檔案，若要以循序式檔案的存取方式由其中取得資料則不合實際且效率不彰，尤其當資料必須動態增減時。

當文件剖析完成後，有些 XML 語法剖析器將文件資料以樹狀結構儲存於記憶體中。圖 18.6 所示為圖 18.1 內的文件 **article.xml** 的結構樹。這個階層式的結構樹稱為*文件物件模型* (*Document Object Model*，簡稱 *DOM*) 結構樹，而建立這類結構的 XML 剖析器便稱為 (文件物件模型剖析器 *DOM parser*)。DOM 結構樹以結構內的一個節點代表 XML 文件內對應的元件 (例如 **article**、**date**、**firstName** 等)。包含其他節點 (稱為子節點 *child node*) 的節點 (例如 **author**) 稱為*父節點* (*parent node*)。屬於同一個父節點的節點 (如 **firstName** 和 **lastName**) 稱為*兄弟節點* (*sibling node*)。某節點的*子孫節點* (*descendant node*) 包括了它的子節點、子節點的子節點等。同理，某節點的祖先節點 (ancestor node) 便包括了此節點的父節點、父節點的父節點等，以此類推。每一個 DOM 結構樹皆有一個唯一的根節點 (root node)，其中包含這份元件內所有其他的節點，如註解及元素等。

建立、讀取以及控制 XML 文件的類別皆位於命名空間 ***System::Xml*** 之內。此命名空間亦包含了其他含有與 XML 相關類別的命名空間。

以程式建立 DOM 結構樹

在此小節中，我們列出幾個使用 DOM 結構樹的例子。第一個範例，圖 18.7 到圖 18.8 的程式將圖 18.1 的 XML 文件載入並將其資料顯示於一個文字方塊。此範例使用類別 ***XmlNodeReader*** (由 ***XmlReader*** 衍生而來)，逐一拜訪 XML 文件內的每一個節點。類別 **XmlReader** 爲一個 **abstract** 爲類別，提供介面以供讀取 XML 文件。

第 15 行 (圖 18.7) 內含 **System::Xml** 命名空間，它包括了本範例所使用的 XML 類別。第 60 行 (圖 18.7) 建立一個指標指向 ***XmlDocument*** 物件，它在概念上代表一個空的 XML 文件。當第 61 行呼叫 **Load** 方法後，XML 文件 **article.xml** 便被剖析並載入到 **XmlDocument** 物件中，使其資料能以程式讀取及控制。在此例中，我們讀取 **XmlDocument** 內的每一個節點，它代表了DOM結構樹。在接下來的章節中，我們將說明如何控制節點內的值。

第 64 行建立了一個 **XmlNodeReader** 並指派到指標 **reader**，讓我們能從 **XmlDocument** 中一次讀取一個節點。**XmlNodeReader** 的 ***Read*** 方法由 DOM 結構樹中讀取一個節點。將此敘述式放到 **while** 迴圈內 (第 73-122 行) 使 **reader** 讀取文件內所有的節點。**switch** 敘述式 (第 75-121 行) 處理每一個節點。不論是 ***Name*** 屬性值 (第 84 行)，它內含此節點的名稱，或是 ***Value*** 屬性值 (第 96 行)，它內含此節點的資料，皆被格式化並串成一個 **String** 顯示於 **outputTextBox**。***NodeType*** 屬性值內含節點的類型 (指定此節點是一個元素、註解、文字等)。請注意，每一個 **case** 指定一種類型，使用 ***XmlNodeType*** 列舉常數。

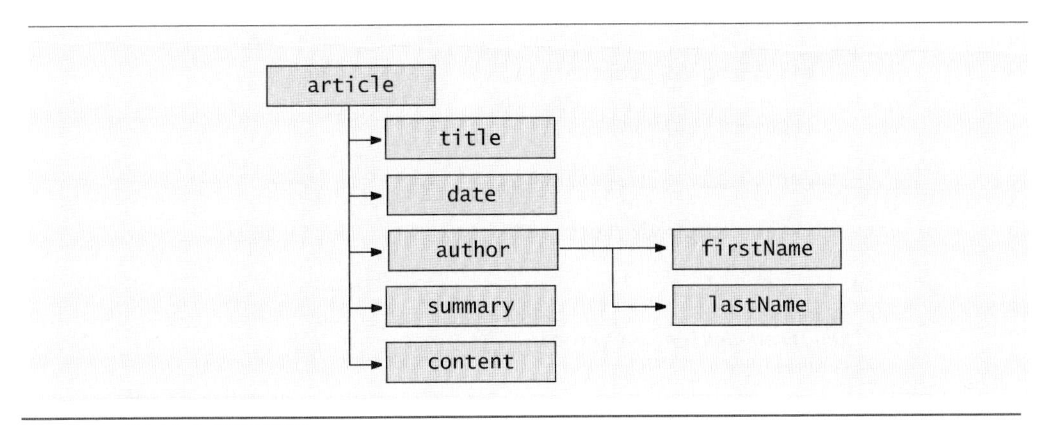

圖 18.6 圖 18.1 的結構樹。

```
 1  // Fig. 18.7: Form1.h
 2  // Reading an XML document.
 3
 4  #pragma once
 5
 6
 7  namespace XmlReaderTest
 8  {
 9     using namespace System;
10     using namespace System::ComponentModel;
11     using namespace System::Collections;
12     using namespace System::Windows::Forms;
13     using namespace System::Data;
14     using namespace System::Drawing;
15     using namespace System::Xml;
16
17     /// <summary>
18     /// Summary for Form1
19     ///
20     /// WARNING: If you change the name of this class, you will need to
21     ///          change the 'Resource File Name' property for the managed
22     ///          resource compiler tool associated with all .resx files
23     ///          this class depends on.  Otherwise, the designers will not
24     ///          be able to interact properly with localized resources
25     ///          associated with this form.
26     /// </summary>
27     public __gc class Form1 : public System::Windows::Forms::Form
28     {
29     public:
30        Form1(void)
31        {
32           InitializeComponent();
33           PrintXml();
34        }
35
36     protected:
37        void Dispose(Boolean disposing)
38        {
39           if (disposing && components)
40           {
41              components->Dispose();
42           }
43           __super::Dispose(disposing);
44        }
45     private: System::Windows::Forms::TextBox *  outputTextBox;
46
47     private:
48        /// <summary>
49        /// Required designer variable.
50        /// </summary>
```

圖 18.7　逐一拜訪 XML 文件的每一個元素 (第 3 之 1 部分)。

```
51          System::ComponentModel::Container * components;
52
53       // Visual Studio .NET generated GUI code
54
55       private:
56
57          void PrintXml()
58          {
59             // create and load XMLDocument
60             XmlDocument *document = new XmlDocument();
61             document->Load( S"article.xml" );
62
63             // create XmlNodeReader for document
64             XmlNodeReader *reader = new XmlNodeReader( document );
65
66             // show form before outputTextBox is populated
67             this->Show();
68
69             // tree depth is -1, no indentation
70             int depth = -1;
71
72             // display each node's content
73             while ( reader->Read() ) {
74
75                switch ( reader->NodeType ) {
76
77                   // if Element, display its name
78                   case XmlNodeType::Element:
79
80                      // increase tab depth
81                      depth++;
82                      TabOutput( depth );
83                      outputTextBox->AppendText( String::Concat(
84                         S"<", reader->Name, S">\r\n" ) );
85
86                      // if empty element, decrease depth
87                      if ( reader->IsEmptyElement )
88                         depth--;
89
90                      break;
91
92                   // if Comment, display it
93                   case XmlNodeType::Comment:
94                      TabOutput( depth );
95                      outputTextBox->AppendText( String::Concat(
96                         S"<!--", reader->Value, S"-->\r\n" ) );
97                      break;
98
99                   // if Text, display it
100                  case XmlNodeType::Text:
```

圖 18.7　逐一拜訪 XML 文件的每一個元素 (第 3 之 2 部分)。

```
101                         TabOutput( depth );
102                         outputTextBox->AppendText( String::Concat(
103                            S"\t", reader->Value, S"\r\n" ) );
104                         break;
105
106                      // if XML declaration, display it
107                      case XmlNodeType::XmlDeclaration:
108                         TabOutput( depth );
109                         outputTextBox->AppendText( String::Concat( S"<?",
110                            reader->Name, S" ", reader->Value, S" ?>\r\n" ) );
111                         break;
112
113                      // if EndElement, display it and decrement depth
114                      case XmlNodeType::EndElement:
115                         TabOutput( depth );
116                         outputTextBox->AppendText( String::Concat(
117                            S"</", reader->Name, S">\r\n" ) );
118                         depth--;
119                         break;
120
121                   } // end switch
122                } // end while
123             } // end method PrintXml
124
125       private:
126
127          // insert tabs
128          void TabOutput( int number )
129          {
130             for ( int i = 0; i < number; i++ )
131                outputTextBox->AppendText( S"\t" );
132          } // end method TabOutput
133       };
134    }
```

圖 18.7　逐一拜訪 XML 文件的每一個元素 (第 3 之 3 部分)。

```
 1  // Fig. 18.8: Form1.cpp
 2  // Entry point for application.
 3
 4  #include "stdafx.h"
 5  #include "Form1.h"
 6  #include <windows.h>
 7
 8  using namespace XmlReaderTest;
 9
10  int APIENTRY _tWinMain(HINSTANCE hInstance,
11                         HINSTANCE hPrevInstance,
12                         LPTSTR    lpCmdLine,
13                         int       nCmdShow)
14  {
15     System::Threading::Thread::CurrentThread->ApartmentState =
16        System::Threading::ApartmentState::STA;
```

圖 18.8　XmlReaderTest 進入點 (第 2 之 1 部分)。

```
17      Application::Run(new Form1());
18      return 0;
19   } // end _tWinMain
```

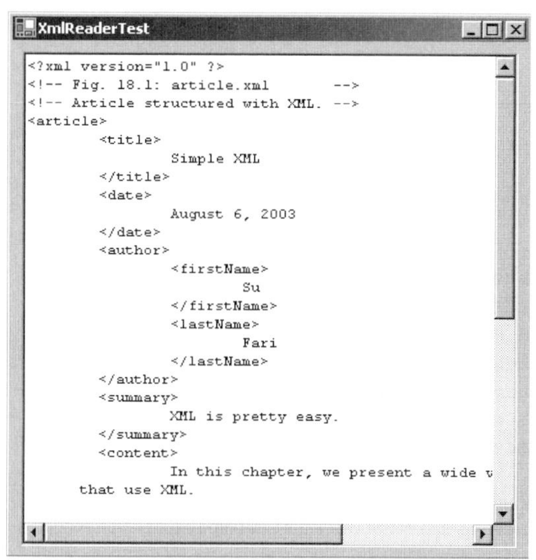

圖 18.8　XmlReaderTest 進入點 (第 2 之 2 部分)。

請注意，此處顯示的輸出強調 XML 文件的結構。變數 **depth** (第 70 行) 用於設定每個元素使用多少個 tab 做縮排。每遇到一個 Element 深度便會遞增，而遇到 **EndElement** 或空元素時便會遞減。我們在下一個範例中使用一個類似的技巧，在顯示 XML 文件時用於強調其架構。請注意，我們使用 **"\r\n"** 做為斷句字元，代表在輸入完整的一句後跳到下一行。此為視窗環境下應用程式及控制項的標準斷行。

以程式控制 DOM 結構樹

圖 18.9 到圖 18.10 所列的程式說明如何以程式控制 DOM 結構樹。首先將 **letter.xml** (圖 18.3) 載入到 DOM 結構樹，接著建立第二個 DOM 結構樹，複製 **letter.xml** DOM 結構樹的內容。此應用程式的 GUI 包含了一個文字區塊、一個 **TreeView** 控制項及三個控制鈕：**Build**、**Print** 及 **Reset**。按下 **Build** 鈕，則複製 **letter.xml** 並在 **TreeView** 控制項內顯示此文件的結構樹，**Print** 則將 XML 元素值顯示於文字區塊內，而 **Reset** 則清除 **TreeView** 控制及文字區塊內容。

第 62 及 65 行 (圖 18.9) 建立指標指向 **XmlDocument source** 及 **copy**。建構式內第 39 行指派一個 **XmlDocument** 物件給指標 **source**。第 40 行接著呼叫方法 **Load** 載入 **letter.xml** 並剖析。我們稍待將討論指標 **copy**。

不幸的是，**XmlDocument** 並未提供任何功能將其內容以圖像顯示。在此範例中，我們透過一個 **TreeView** 控制項來顯示此文件的內容。我們使用 **TreeNode** 類別的物件來代表結構樹的每個節點。類別 **TreeView** 及類別 **TreeNode** 為命名空間 **System::Windows::Forms** 的一部份。將 **TreeNodes** 加入 **TreeView** 是為了強調此 XML 文件的架構。

```
1   // Fig. 18.9: Form1.h
2   // Demonstrates DOM tree manipulation.
3
4   #pragma once
5
6
7   namespace XmlDom
8   {
9      using namespace System;
10     using namespace System::ComponentModel;
11     using namespace System::Collections;
12     using namespace System::Windows::Forms;
13     using namespace System::Data;
14     using namespace System::Drawing;
15     using namespace System::IO;
16     using namespace System::Xml;
17
18     // contains TempFileCollection
19     using namespace System::CodeDom::Compiler;
20
21     /// <summary>
22     /// Summary for Form1
23     ///
24     /// WARNING: If you change the name of this class, you will need to
25     ///          change the 'Resource File Name' property for the managed
26     ///          resource compiler tool associated with all .resx files
27     ///          this class depends on.  Otherwise, the designers will not
28     ///          be able to interact properly with localized resources
29     ///          associated with this form.
30     /// </summary>
31     public __gc class Form1 : public System::Windows::Forms::Form
32     {
33     public:
34        Form1(void)
35        {
36           InitializeComponent();
37
38           // create XmlDocument and load letter.xml
39           source = new XmlDocument();
40           source->Load( S"letter.xml" );
41
42           // initialize pointers to 0
43           copy = 0;
44           tree = 0;
45        }
46
47     protected:
48        void Dispose(Boolean disposing)
```

圖 18.9　一份 XML 文件的 DOM 結構以類別顯示 (第 6 之 1 部分)。

```
49          {
50             if (disposing && components)
51             {
52                components->Dispose();
53             }
54             __super::Dispose(disposing);
55          }
56       private: System::Windows::Forms::Button *  resetButton;
57       private: System::Windows::Forms::Button *  buildButton;
58       private: System::Windows::Forms::TreeView *  xmlTreeView;
59       private: System::Windows::Forms::TextBox *  consoleTextBox;
60       private: System::Windows::Forms::Button *  printButton;
61
62       private: XmlDocument *source; // pointer to "XML document"
63
64       // pointer copy of source's "XML document"
65       private: XmlDocument *copy;
66
67       private: TreeNode *tree; // TreeNode pointer
68
69       private:
70          /// <summary>
71          /// Required designer variable.
72          /// </summary>
73          System::ComponentModel::Container * components;
74
75       // Visual Studio .NET generated GUI code
76
77      // event handler for buildButton click event
78      private: System::Void buildButton_Click(
79                  System::Object *  sender, System::EventArgs *  e)
80               {
81                  // determine if copy has been built already
82                  if ( copy != 0 )
83                     return;  // document already exists
84
85                  // instantiate XmlDocument and TreeNode
86                  copy = new XmlDocument();
87                  tree = new TreeNode();
88
89                  // add root node name to TreeNode and add
90                  // TreeNode to TreeView control
91                  tree->Text = source->Name;      // assigns #root
92                  xmlTreeView->Nodes->Add( tree );
93
94                  // build node and tree hierarchy
95                  BuildTree( source, copy, tree );
96
97                  printButton->Enabled = true;
98                  resetButton->Enabled = true;
99               } // end method buildButton_Click
100
```

圖 18.9　一份 XML 文件的 DOM 結構以類別顯示 (第 6 之 2 部分)。

```
101     // event handler for printButton click event
102     private: System::Void printButton_Click(
103                 System::Object *  sender, System::EventArgs *  e)
104              {
105                 // exit if copy does not point to an XmlDocument
106                 if ( copy == 0 )
107                    return;
108
109                 // create temporary XML file
110                 TempFileCollection *file = new TempFileCollection();
111
112                 // create file that is deleted at program termination
113                 String *filename = file->AddExtension( S"xml", false );
114
115                 // write XML data to disk
116                 XmlTextWriter *writer = new XmlTextWriter( filename,
117                    System::Text::Encoding::UTF8 );
118                 copy->WriteTo( writer );
119                 writer->Close();
120
121                 // parse and load temporary XML document
122                 XmlTextReader *reader = new XmlTextReader( filename );
123
124                 // read, format and display data
125                 while ( reader->Read() ) {
126
127                    if ( reader->NodeType == XmlNodeType::EndElement )
128                       consoleTextBox->AppendText( S"/" );
129
130                    if ( reader->Name != String::Empty )
131                       consoleTextBox->AppendText(
132                          String::Concat( reader->Name, S"\r\n" ) );
133
134                    if ( reader->Value != String::Empty )
135                       consoleTextBox->AppendText(
136                          String::Concat( S"\t", reader->Value, S"\r\n" ) );
137                 } // end while
138
139                 reader->Close();
140              } // end method printButton_Click
141
142     // handle resetButton click event
143     private: System::Void resetButton_Click(
144                 System::Object *  sender, System::EventArgs *  e)
145              {
146                 // remove TreeView nodes
147                 if ( tree != 0 )
148                    xmlTreeView->Nodes->Remove( tree );
149
150                 xmlTreeView->Refresh(); // force TreeView update
151
```

圖 18.9　一份 XML 文件的 DOM 結構以類別顯示 (第 6 之 3 部分)。

```
152                 // delete XmlDocument and tree
153                 copy = 0;
154                 tree = 0;
155
156                 consoleTextBox->Text = S"";  // clear text box
157
158                 printButton->Enabled = false;
159                 resetButton->Enabled = false;
160              } // end method resetButton_Click
161
162     private:
163
164        // construct DOM tree
165        void BuildTree( XmlNode *xmlSourceNode,
166           XmlNode *document, TreeNode *treeNode )
167        {
168           // create XmlNodeReader to access XML document
169           XmlNodeReader *nodeReader = new XmlNodeReader( xmlSourceNode );
170
171           // represents current node in DOM tree
172           XmlNode *currentNode = 0;
173
174           // treeNode to add to existing tree
175           TreeNode *newNode = new TreeNode();
176
177           // points to modified node type for CreateNode
178           XmlNodeType modifiedNodeType;
179
180           while ( nodeReader->Read() ) {
181
182              // get current node type
183              modifiedNodeType = nodeReader->NodeType;
184
185              // check for EndElement, store as Element
186              if ( modifiedNodeType == XmlNodeType::EndElement )
187                 modifiedNodeType = XmlNodeType::Element;
188
189              // create node copy
190              currentNode = copy->CreateNode( modifiedNodeType,
191                 nodeReader->Name, nodeReader->NamespaceURI );
192
193              // build tree based on node type
194              switch ( nodeReader->NodeType ) {
195
196                 // if Text node, add its value to tree
197                 case XmlNodeType::Text:
198                    newNode->Text = nodeReader->Value;
199                    treeNode->Nodes->Add( newNode );
200
201                    // append Text node value to currentNode data
202                    dynamic_cast< XmlText * >( currentNode )->
203                       AppendData( nodeReader->Value );
204                    document->AppendChild( currentNode );
```

圖 18.9 一份 XML 文件的 DOM 結構以類別顯示 (第 6 之 4 部分)。

```
205                     break;
206
207                  // if EndElement, move up tree
208                  case XmlNodeType::EndElement:
209                     document = document->ParentNode;
210                     treeNode = treeNode->Parent;
211                     break;
212
213                  // if new element, add name and traverse tree
214                  case XmlNodeType::Element:
215
216                     // determine if element contains content
217                     if ( !nodeReader->IsEmptyElement ) {
218
219                        // assign node text, add newNode as child
220                        newNode->Text = nodeReader->Name;
221                        treeNode->Nodes->Add( newNode );
222
223                        // set treeNode to last child
224                        treeNode = newNode;
225
226                        document->AppendChild( currentNode );
227                        document = document->LastChild;
228                     } // end if
229
230                     // do not traverse empty elements
231                     else {
232
233                        // assign NodeType string to newNode
234                        newNode->Text =
235                           __box( nodeReader->NodeType )->ToString();
236
237                        treeNode->Nodes->Add( newNode );
238                        document->AppendChild( currentNode );
239                     } // end else
240
241                     break;
242
243                  // all other types, display node type
244                  default:
245                     newNode->Text =
246                        __box( nodeReader->NodeType )->ToString();
247                     treeNode->Nodes->Add( newNode );
248                     document->AppendChild( currentNode );
249                     break;
250               } // end switch
251
252               newNode = new TreeNode();
253            } // end while
254
255            // update the TreeView control
256            xmlTreeView->ExpandAll();
```

圖 18.9 一份 XML 文件的 DOM 結構以類別顯示 (第 6 之 5 部分)。

```
257             xmlTreeView->Refresh();
258          } // end method BuildTree
259       };
260 }
```

圖 18.9　一份 XML 文件的 DOM 結構以類別顯示 (第 6 之 6 部分)。

```
 1  // Fig. 18.10: Form1.cpp
 2  // Entry point for application.
 3
 4  #include "stdafx.h"
 5  #include "Form1.h"
 6  #include <windows.h>
 7
 8  using namespace XmlDom;
 9
10  int APIENTRY _tWinMain(HINSTANCE hInstance,
11                         HINSTANCE hPrevInstance,
12                         LPTSTR    lpCmdLine,
13                         int       nCmdShow)
14  {
15     System::Threading::Thread::CurrentThread->ApartmentState =
16        System::Threading::ApartmentState::STA;
17     Application::Run(new Form1());
18     return 0;
19  } // end _tWinMain
```

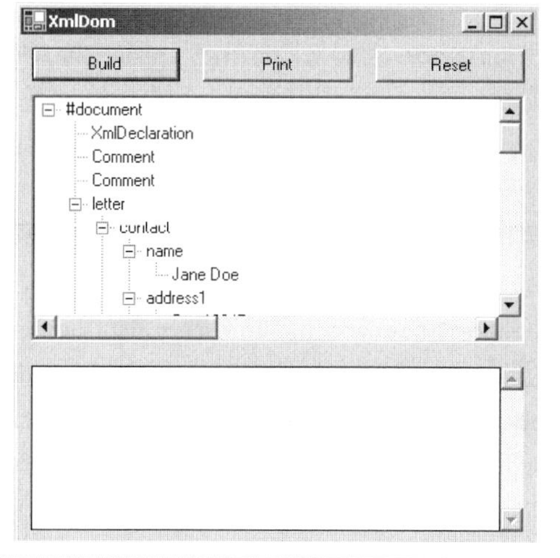

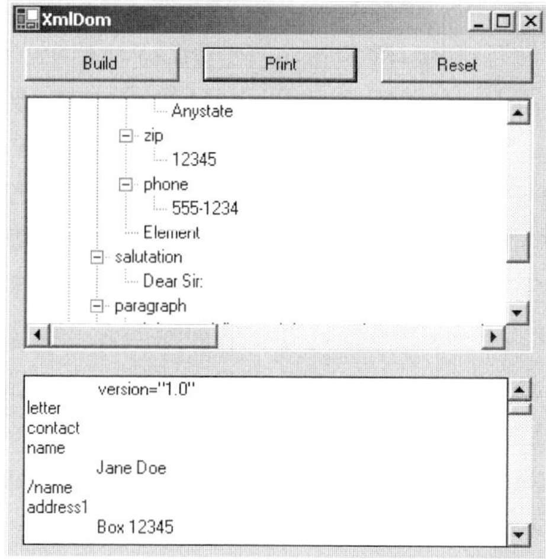

圖 18.10　XmlDom 進入點 (第 2 之 1 部分)。

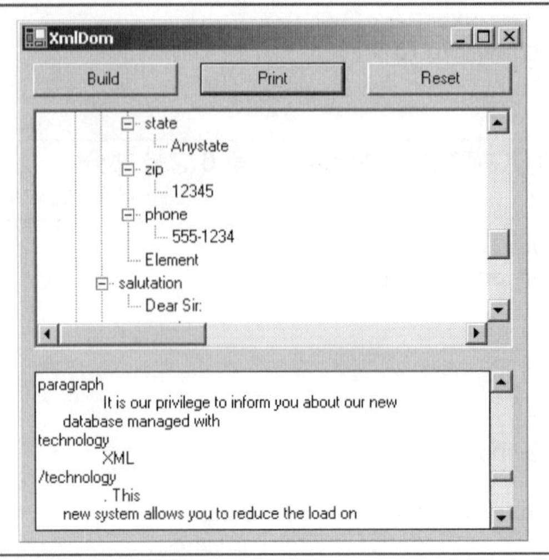

圖 18.10 XmlDom 進入點 (第 2 之 2 部分)。

當按下 **Build** 控制鈕，便引發了事件處理常式 **buildButton_Click** (第 78-99 行)，自動複製 **letter.xml**。新的 **XmlDocument** 及 **TreeNodes** (亦即用於圖像顯示在 **TreeView** 的節點)。於第 86-87 行建立。第 91 行取得此節點的 **Name**，它是以指標 **source** 所指 (亦即，**#Document**，代表了文件的根) 並將其指派給 **tree** 的 **Text** 屬性值。接著將 **TreeNode** 插入到 **TreeView** 控制項的節點清單。接下來呼叫方法 **Add** 將每一個新的 **TreeNode** 加入到 **TreeView** 的 **Nodes** 集合中。(第 92 行) 第 95 行呼叫方法 **BuildTree** 複製由 **source** 所指的 **XMLDocument** 來更新 **TreeView**。

方法 **BuildTree** (第 165-258 行) 接受一個 **XmlNode** 代表來源節點、一個空 **XmlNode** 及一個 **treeNode** 將放到 DOM 結構樹中。變數 **treeNode** 指到結構樹上現在所在的位置 (亦即，最近加入到 **TreeView** 控制項的 **TreeNode**)。第 169 行所示爲一個新的 **XmlNodeReader** 其作用是拜訪過整個 DOM 結構樹。第 172 行及 175 行宣告 **XmlNode** 及 **TreeNode** 兩指標指向下一個 **Document** 要加入的節點。(亦即，由 **copy** 所指向的 DOM 結構樹) 及 **treeNode**。第 180-253 行拜訪過結構樹的每一個節點。

第 190-191 行 建立一個節點內含一份目前的 **nodeReader** 節點的複製。**XMLDocument** 的方法 ***CreateNode*** 使用一個 **NodeType**、一個 **Name** 及一個*命名空間 URI* 作爲參數。**NodeType** 不能是一個 **EndElement** 否則方法 **CreateNode** 會丟出一個 **ArgumentOutOfRangeException**。如果 **NodeType** 是型別 **EndElement**，則第 186-187 行便指派 **modifiedNodeType** 爲 **Element** 型別。

第 194-250 行的 **switch** 敘述式決定節點的型別，建立並加入節點到 **TreeView** 並更新 DOM 結構樹。當遇上一個文字節點，新 **TreeNode** 的 **newNode** 的 **Text** 屬性值便指定爲現正作業節點的值。將 **TreeNode** 加入 **TreeView** 控制項。第 202-204 行將 **currentNode** 將向下指到 **XmlText** 將此節點的值附加上去。接著便將 **currentNode** 附加上 **document**。第

208-211 行比對一個 **EndElement** 節點型別。將 **case** 往結構樹的上方移動，因為一個元素已拜訪到最底了。***ParentNode*** 及 ***Parent*** 屬性值分別取得 **document** 及 **treeNode** 的父節點。

第 214 行比對 **Element** 節點型別。每一個非空的 **Element**(第 217 行) 皆增加結構樹的深度，因此，我們指派現正作業中的 **nodeReader** 的 **Name** 到 **NewNode** 的 **Text** 屬性值並加入 **NewNode** 到 **treeNode** 節點清單。第 220-224 行將節點清單內的節點重新排序以確保 **New-Node** 為節點清單內的最後一個 **TreeNode**。將 **XmlNode currentNode** 附加到 document 作為最後一個子節點，並且 **document** 設定至其 ***LastChild***，亦即我們剛加入的子節點。對於一個空元素 (第 231 行)，我們將 **NodeType** 的 **String** 方式指定到的 **Text** 屬性值。接下來，將 **NewNode** 加入到 **treeNode** 節點清單。第 238 行將 **currentNode** 附加到 **Document**。在 **default** 情形下，將節點型別的字串表示指派到 **NewNode Text** 屬性值，將 **NewNode** 加入到 **TreeNode** 節點清單並將 **currentNode** 附加到 **Document**。

將 DOM 結構樹建立完成後，**TreeNode** 節點清單便顯示於 **TreeView** 控制項。按下 **TreeView** 內的節點 (亦即，**+**或**-**方塊) 可將其展開或收聚。按下 **Print** 則呼叫事件處理器 **printButton_Click**(第 102-140 行)。第 110 及 113 行建立一個暫存檔儲存此 XML。第 110 行建立一個類別 ***TempFileCollection*** 的實例(命名空間 ***System::CodeDom::Compiler***)。此類別可用於建立 並刪除暫存檔(亦即，儲存暫用資訊的檔案) 第 113 行呼叫 **TempFileC-ollection** 的方法 ***AddExtension.*** 我們使用此方法中接受兩個參數的版本。第一個參數是一個 **String*** 指定建立檔案所需的副檔名一此例為 **"xml"**。第二個參數為一個 **bool** 指定此類的暫存檔 (**xml**) 在使用後是否存留 (亦即，當 **TempFileCollection** 物件被刪去時)。我們傳遞 **false** 值，指出此暫存檔案(類型為 xml) 在 **TempFileCollection** 被刪去時應該一併刪除 (亦即，排除於作業範圍之外)。方法 **AddExtension** 將剛剛建立的檔名傳回，我們將其儲存於 **String* filename**。

第 116-117 行接著建立一個 **XmlTextWriter** 讓串流的 XML 資料存回磁碟中。**XmlTex-tWriter** 建構式的第一個參數是它將利用來輸出資料用的檔名 (**filename**)。第二個傳遞給 **XmlTextWriter** 建構式的參數 指定所要使用的編碼方式。我們指定 *UTF-8*，它是用於 Unicode 的一種 8 位元的編碼方式。若要取得更多有關 Unicode 的資訊，請參考 **Appendix D**。

第 118 行呼叫方法 ***WriteTo*** 將 XML 表示式寫入到 ***XmlTextWriter*** 串流中。第 122 行建立一個 ***XmlTextReader*** 以讀取檔案。while 迴圈 (第 125-137 行) 讀取 DOM 結構樹內的每一個節點並將其標籤名稱及字元資料寫入到文字區塊內。若其為最後一個元素，將加入一個斜線。若此節點有一個 **Name** 或 **Value**，則將其名稱或值加入到文字區塊內的文字中。

Reset 控制鈕的事件處理常式 **resetButton_Click** (第 143-160 行)，將動態產生的結構樹刪除，並更新 **TreeView** 控制項的顯示。指標 **copy** 設為 **0**(讓它在第 153 行能做廢棄記憶體回收)，而 **TreeNode** 節點清單的指標 **tree** 亦設為 **0**。

XPath 運算式

雖然 **XmlReader** 包含了讀取及修改節點值的方法，然而它在尋找 DOM 結構樹的位置時並非最有效率的方法。NET 架構提供類別 ***XPathNavigator*** 於命名空間 ***System::Xml::XPath***，用於拜訪節點清單以比對搜尋指令，稱爲 *XPath 運算式* (*XPath expressions*)。XPath (XMLPath 語言) 提供了一個語法用於有效並有效率地定位 XML 文件內的節點。XPath 是一個根基於字串的語言運算式，使用於 XML 及許多相關的技術 (例如 XSLT，我們將於 18.6 小節討論)。

圖 18.11 至圖 18.12 所示爲如何以 **XPathNavigator** 瀏覽一份 XML 文件。如同圖.18.9 至圖 18.10，此程式使用一個 **TreeView** 控制項及 **TreeNode** 物件來顯示 XML 文件的結構，不過，每當 **XPathNavigator** 定位到一個新的節點時，便更新 **TreeNode** 節點清單，而非顯示整個 DOM 結構樹。它將 **TreeView** 內的節點加入或刪除以反應 **XPathNavigator** 在 DOM 結構樹內的位置。我們將此範例中所使用的 XML 文件 **sports.xml** 列於圖 18.13.

此程式 (圖 18.11 至圖 18.12) 傳遞此文件的名稱給 **XPathDocument** 建構式，用以載入 XML 文件 **sports.xml** (圖 18.13) 至一個 ***XPathDocument*** 物件 (圖 18.11 的第 36 行)。方法 ***createNavigator*** (第 39 行) 建立並傳回一個 **XPathNavigator** 指標指向 **XPathDocument** 的結構樹。

```
 1  // Fig. 18.11: Form1.h
 2  // Demonstrates Class XPathNavigator.
 3
 4  #pragma once
 5
 6
 7  namespace PathNavigator
 8  {
 9     using namespace System;
10     using namespace System::ComponentModel;
11     using namespace System::Collections;
12     using namespace System::Windows::Forms;
13     using namespace System::Data;
14     using namespace System::Drawing;
15     using namespace System::Xml;
16     using namespace System::Xml::XPath; // contains XPathNavigator
17
18     /// <summary>
19     /// Summary for Form1
20     ///
21     /// WARNING: If you change the name of this class, you will need to
22     ///          change the 'Resource File Name' property for the managed
23     ///          resource compiler tool associated with all .resx files
24     ///          this class depends on.  Otherwise, the designers will not
25     ///          be able to interact properly with localized resources
26     ///          associated with this form.
27     /// </summary>
```

圖 18.11 XPathNavigator 用於瀏覽所選節點的類別 (第 6 之 1 部分)。

```
28      public __gc class Form1 : public System::Windows::Forms::Form
29      {
30      public:
31         Form1(void)
32         {
33            InitializeComponent();
34
35            // load in XML document
36            document = new XPathDocument( S"sports.xml" );
37
38            // create navigator
39            xpath = document->CreateNavigator();
40
41            // create root node for TreeNodes
42            tree = new TreeNode();
43            tree->Text = __box( xpath->NodeType )->ToString();  // #root
44            pathTreeViewer->Nodes->Add( tree );       // add tree
45
46            // update TreeView control
47            pathTreeViewer->ExpandAll();
48            pathTreeViewer->Refresh();
49            pathTreeViewer->SelectedNode = tree;     // highlight root
50         }
51
52      protected:
53         void Dispose(Boolean disposing)
54         {
55            if (disposing && components)
56            {
57               components->Dispose();
58            }
59            __super::Dispose(disposing);
60         }
61      private: System::Windows::Forms::Button *  firstChildButton;
62      private: System::Windows::Forms::Button *  parentButton;
63      private: System::Windows::Forms::Button *  nextButton;
64      private: System::Windows::Forms::Button *  previousButton;
65      private: System::Windows::Forms::Button *  selectButton;
66      private: System::Windows::Forms::TreeView *  pathTreeViewer;
67      private: System::Windows::Forms::ComboBox *  selectComboBox;
68      private: System::Windows::Forms::TextBox *  selectTreeViewer;
69      private: System::Windows::Forms::GroupBox *  navigateBox;
70      private: System::Windows::Forms::GroupBox *  locateBox;
71
72      // navigator to traverse document
73      private: XPathNavigator *xpath;
74
75      // points to document for use by XPathNavigator
76      private: XPathDocument *document;
77
78      // points to TreeNode list used by TreeView control
79      private: TreeNode *tree;
80
```

圖 18.11　XPathNavigator 用於瀏覽所選節點的類別 (第 6 之 2 部分)。

```
81      private:
82         /// <summary>
83         /// Required designer variable.
84         /// </summary>
85         System::ComponentModel::Container * components;
86
87      // Visual Studio .NET generated GUI code
88
89      // traverse to first child
90      private: System::Void firstChildButton_Click(
91                  System::Object *  sender, System::EventArgs *  e)
92               {
93                  TreeNode *newTreeNode;
94
95                  // move to first child
96                  if ( xpath->MoveToFirstChild() )    {
97                     newTreeNode = new TreeNode(); // create new node
98
99                     // set node's Text property to either
100                    // navigator's name or value
101                    DetermineType( newTreeNode, xpath );
102
103                    // add node to TreeNode node list
104                    tree->Nodes->Add( newTreeNode );
105                    tree = newTreeNode; // assign tree newTreeNode
106
107                    // update TreeView control
108                    pathTreeViewer->ExpandAll();
109                    pathTreeViewer->Refresh();
110                    pathTreeViewer->SelectedNode = tree;
111                 } // end if
112                 else // node has no children
113                    MessageBox::Show( S"Current Node has no children.",
114                       S"", MessageBoxButtons::OK,
115                       MessageBoxIcon::Information );
116              } // end method firstChildButton_Click
117
118     // traverse to node's parent on parentButton click event
119     private: System::Void parentButton_Click(
120                 System::Object *  sender, System::EventArgs *  e)
121              {
122                 // move to parent
123                 if ( xpath->MoveToParent() ) {
124                    tree = tree->Parent;
125
126                    // get number of child nodes, not including subtrees
127                    int count = tree->GetNodeCount( false );
128
129                    // remove all children
130                    tree->Nodes->Clear();
131
132                    // update TreeView control
133                    pathTreeViewer->ExpandAll();
```

圖 18.11 XPathNavigator 用於瀏覽所選節點的類別 (第 6 之 3 部分)。

```
134                    pathTreeViewer->Refresh();
135                    pathTreeViewer->SelectedNode = tree;
136                 } // end if
137                 else // if node has no parent (root node)
138                    MessageBox::Show( S"Current node has no parent.", S"",
139                       MessageBoxButtons::OK,
140                       MessageBoxIcon::Information );
141              } // end method parentButton_Click
142
143     // find next sibling on nextButton click event
144     private: System::Void nextButton_Click(
145                 System::Object *  sender, System::EventArgs *  e)
146              {
147                 TreeNode *newTreeNode = 0, *newNode = 0;
148
149                 // move to next sibling
150                 if ( xpath->MoveToNext() ) {
151                    newTreeNode = tree->Parent; // get parent node
152
153                    newNode = new TreeNode(); // create new node
154                    DetermineType( newNode, xpath );
155                    newTreeNode->Nodes->Add( newNode );
156
157                    // set current position for display
158                    tree = newNode;
159
160                    // update TreeView control
161                    pathTreeViewer->ExpandAll();
162                    pathTreeViewer->Refresh();
163                    pathTreeViewer->SelectedNode = tree;
164                 } // end if
165                 else // node has no additional siblings
166                    MessageBox::Show( S"Current node is last sibling.",
167                       S"", MessageBoxButtons::OK,
168                       MessageBoxIcon::Information );
169              } // end method nextButton_Click
170
171     // get previous sibling on previousButton click
172     private: System::Void previousButton_Click(
173                 System::Object *  sender, System::EventArgs *  e)
174              {
175                 TreeNode *parentTreeNode = 0;
176
177                 // move to previous sibling
178                 if ( xpath->MoveToPrevious() ) {
179                    parentTreeNode = tree->Parent; // get parent node
180
181                    // delete current node
182                    parentTreeNode->Nodes->Remove( tree );
183
184                    // move to previous node
185                    tree = parentTreeNode->LastNode;
186
```

圖 18.11　XPathNavigator 用於瀏覽所選節點的類別 (第 6 之 4 部分)。

```
187                // update TreeView control
188                pathTreeViewer->ExpandAll();
189                pathTreeViewer->Refresh();
190                pathTreeViewer->SelectedNode = tree;
191             } // end if
192             else // if current node has no previous siblings
193                MessageBox::Show( S"Current node is first sibling.",
194                   S"", MessageBoxButtons::OK,
195                   MessageBoxIcon::Information );
196          } // end method previousButton_Click
197
198    // process selectButton click event
199    private: System::Void selectButton_Click(
200                System::Object *  sender, System::EventArgs *  e)
201             {
202                XPathNodeIterator *iterator; // enables node iteration
203
204                // get specified node from ComboBox
205                try {
206                   iterator = xpath->Select( selectComboBox->Text );
207                   DisplayIterator( iterator ); // print selection
208                } // end try
209
210                // catch invalid expressions
211                catch ( ArgumentException *argumentException ) {
212                   MessageBox::Show( argumentException->Message,
213                      S"Error", MessageBoxButtons::OK,
214                      MessageBoxIcon::Error );
215                } // end catch
216
217                // catch empty expressions
218                catch ( XPathException * ) {
219                   MessageBox::Show( S"Please select an expression",
220                      S"Error", MessageBoxButtons::OK,
221                      MessageBoxIcon::Error );
222                } // end catch
223             } // end method selectButton_Click
224
225    private:
226
227       // print values for XPathNodeIterator
228       void DisplayIterator( XPathNodeIterator *iterator )
229       {
230          selectTreeViewer->Text = S"";
231
232          // prints selected node's values
233          while ( iterator->MoveNext() ) {
234             selectTreeViewer->Text =
235                String::Concat( selectTreeViewer->Text,
236                iterator->Current->Value->Trim(), S"\r\n" );
237          } // end while
238       } // end method DisplayIterator
239
```

圖 18.11 XPathNavigator 用於瀏覽所選節點的類別 (第 6 之 5 部分)。

```
240     private:
241
242        // determine if TreeNode should display current node name or value
243        void DetermineType( TreeNode *node, XPathNavigator *xPath )
244        {
245           // if Element, get its name
246           if ( xPath->NodeType == XPathNodeType::Element ) {
247
248              // get current node name, remove white space
249              node->Text = xPath->Name->Trim();
250           } // end if
251           else {
252
253              // get current node value, remove white space
254              node->Text = xPath->Value->Trim();
255           } // end else
256        } // end method DetermineType
257     };
258  }
```

圖 18.11　XPathNavigator 用於瀏覽所選節點的類別 (第 6 之 6 部分)。

圖 18.11 內 **XPathNavigator** 用於瀏覽的方法爲 ***MoveToFirstChild*** (第 96 行)、***MoveToParent*** (第 123 行)、***MoveToNext*** (第 150 行) 及 ***MoveToPrevious*** (第 178 行)。每一個方法所執行的動作皆與其名稱相符。方法 **MoveToFirstChild** 將指標移到 **XPathNavigator** 現在所指節點的第一個子節點，**MoveToParent** 將指標移到 **XPathNavigator** 現在所指節點的父節點，**MoveToNext** 將指標移到 **XPathNavigator** 現在所指節點的下一個兄弟節點，而 **MoveToPrevious** 將指標移到 **XPathNavigator** 現在所指節點的前一個兄弟節點。每一個方法皆傳回一個 **bool** 指出移動是否完成。當移動失敗時，我們在一個 **MessageBox** 內顯示警告。按下控制鈕後，其事件處理器便呼叫與其名稱相對應的 **XPathNavigator** 方法。(例如，控制鈕 First Child 引發 **firstChildButton_Clickendtag** (第 90 行)，它將呼叫 **MoveToFirstChild**)。

每當我們透過 **XPathNavigator** 往前移動，(例如使用 **MoveToFirstChild** 及 **MoveToNext**) 便會將節點加入至 **TreeNode** 節點清單方法 **DetermineType** 是一個 **private** 方法 (定義於第 243-256 行) 指定了應該指派 **Node** 的 **Name** 屬性值或是 **Value** 屬性值給 **TreeNode** (第 249 行及第 254 行)。每當 **MoveToParent** 被呼叫時，此父節點的所有子節點皆不再顯示。同樣的，呼叫 **MoveToPrevious** 便會刪除這一個兄弟節點。請注意，這些節點單單只由 **TreeView** 內刪除，而不是從這份文件的結構樹內刪除。

另一個事件處理常式則回應控制鈕 Select (第 199-223 行)。方法 ***Select*** (第 206 行) 的搜尋條件形式可爲 ***XPathExpression*** 或代表 XPath 運算式的 **String***， 並將所有符合搜尋條件的節點以一個 **XPathNodeIterator** 物件傳回。我們將此程式組合方塊內所用的 XPath 運算式摘要於圖 18.14。第 211-222 行的 **catch** 區塊用於在使用者輸入一個錯誤的或空的運算式時，捕捉每一個例外事件 (**ArgumentException** 或 **XPathException**)。

方法 **DisplayIterator** (定義於圖 18.11 的第 228-238 行) 從給定的 **XPathNodeIterator** 將這些節點值附加到 **selectTreeViewer** 文字方塊。請注意，我們呼叫 **String** 方法 **Trim** 將多餘的空白字元刪除。方法 ***MoveNext*** (第 233 行) 進入到下一個節點，其可透過屬性值 ***Current*** (第 236 行) 進行存取。

```
1   // Fig. 18.12: PathNavigatorTest.cpp
2   // Entry point for application.
3
4   #include "stdafx.h"
5   #include "Form1.h"
6   #include <windows.h>
7
8   using namespace PathNavigator;
9
10  int APIENTRY _tWinMain(HINSTANCE hInstance,
11                         HINSTANCE hPrevInstance,
12                         LPTSTR    lpCmdLine,
13                         int       nCmdShow)
14  {
15     System::Threading::Thread::CurrentThread->ApartmentState =
16        System::Threading::ApartmentState::STA;
17     Application::Run(new Form1());
18     return 0;
19  } // end _tWinMain
```

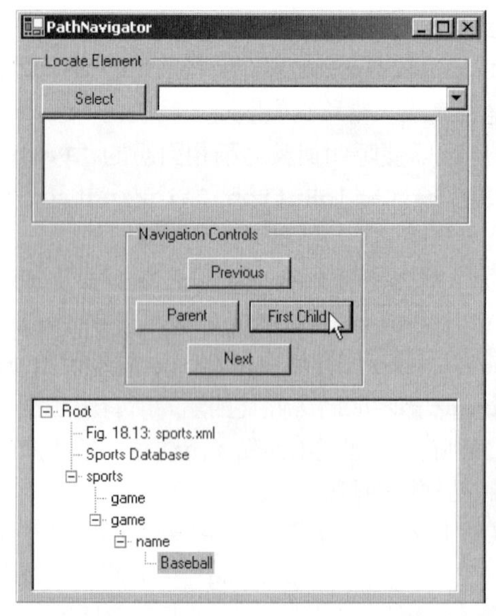

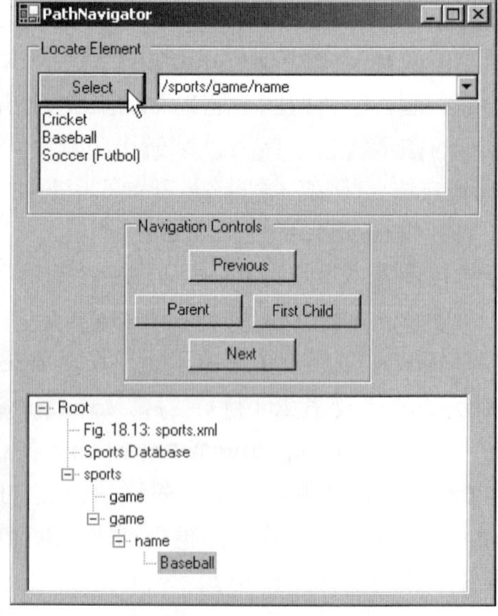

圖 18.12　PathNavigator 進入點 (第 2 之 1 部分)。

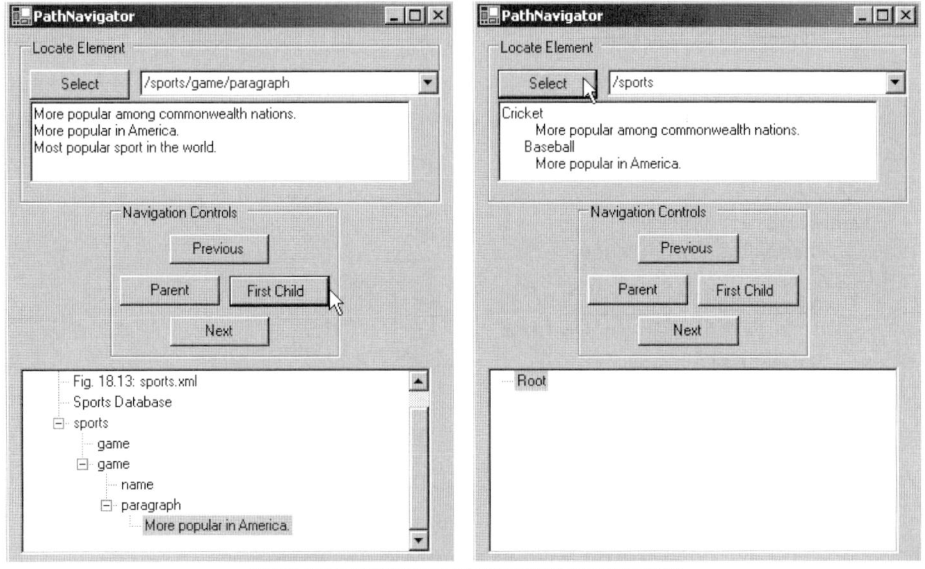

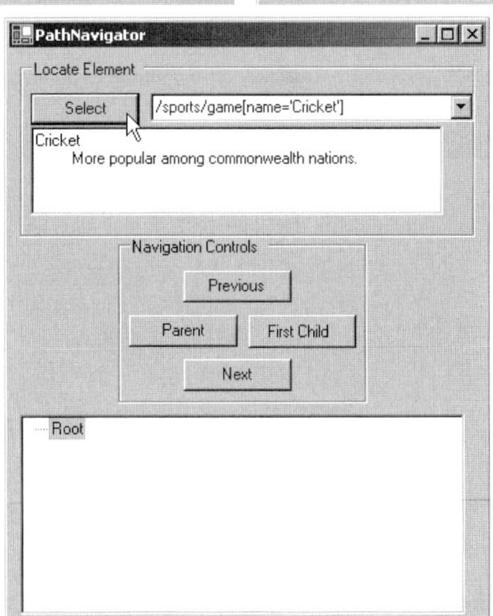

圖 18.12　PathNavigator 進入點 (第 2 之 2 部分)。

```
1   <?xml version = "1.0"?>
2
3   <!-- Fig. 18.13: sports.xml  -->
4   <!-- Sports Database         -->
5
6   <sports>
7
```

圖 18.13　描述多種運動的 XML (第 2 之 1 部分)。

```
 8     <game id = "783">
 9        <name>Cricket</name>
10
11        <paragraph>
12           More popular among Commonwealth nations.
13        </paragraph>
14     </game>
15
16     <game id = "239">
17        <name>Baseball</name>
18
19        <paragraph>
20           More popular in America.
21        </paragraph>
22     </game>
23
24     <game id = "418">
25        <name>Soccer (Futbol)</name>
26        <paragraph>Most popular sport in the world</paragraph>
27     </game>
28  </sports>
```

圖 18.13　描述多種運動的 XML (第 2 之 2 部分)。

運算式	說明
/sports	核對找出 sports 節點，條件爲文件根節點的子節點。此節點包含根元素
/sports/game/name	核對找出 game 所有子節點中的 sports 節點。此處的 game 節點必須爲 sports 的子節點，而 sports 必須爲一個根元素節點。
/sports/game/paragraph	核對找出game所有子節點中的paragraph節點。此處的game節點必須爲的子節點，而 sports 必須爲一個根元素節點。
/sports/game[name='Cricket']	核對找出內含子元素 name 值爲 Cricket的所有 game 節點。此處的game 節點必須爲 sports 的子節點，而sports 必須爲一個根元素節點。

圖 18.14　圖 18.11 及圖 18.12 所用的 XPath 運算式及其描述。

18.5　文件類型定義、綱要及驗證

XML 文件可選擇參考如何架構 XML 文件的相關文件。這些可供選擇的文件稱爲文件類型定義 (Document Type Definition；DTD) 及*綱要* (*Schema*)。若已提供一個 DTD 或 Schema 文件，則有些語法剖析器 (稱爲 *validating parser*) 能讀取 DTD 或 Schema 並以此爲準做爲檢查 XML 文件的結構之用。若 XML 文件符合 DTD 或 Schema，則此 XML 文件便爲*有效的* (*valid*)。無法檢查文件是否符合 DTD 或 Schema 的語法剖析器稱爲*非驗證語法剖析器* (*non-*

validating parser)。若 XML 語法剖析器 (驗證的或非驗證的) 能處理一份 XML 文件 (不須參考 DTD 或 Schema)，則此份 XML 文件便視爲*結構良好的* (*well formed*，亦即其語法正確)。依定義，一份有效的 XML 文件亦是一份結構良好的 XML 文件，若一份文件並非結構良好，則語法剖析將終止，剖析器並發出一個錯誤訊息。

軟體工程的觀點 軟體工程的觀點 18.2

在企業對企業 (business-to-business：B2B) 交易及任務重要的系統中，DTD 及 Schema 文件可說是 XML 文件中重要的元件。這些文件有助於確保 XML 文件為有效。

軟體工程的觀點 軟體工程的觀點 18.3

XML 文件的內容架構可能很多種，所以應用程式無法決定它所取得的文件是否完整、資料是否遺漏或是順序錯誤。DTD 及 Schema 提供了一個可擴充的方法來描述一份文件的內容，故解決了這個難題。應用程式 可使用 DTD 或 Schema 文件對文件的內容進行驗證。

18.5.1　文件類型定義

文件類型定義 (Document type definitions，簡稱 DTD) 提供了一個查驗 XML 文件類型的方法，並可驗證其*有效性* (*validity*，確認元素是否內含正確的屬性、元素的順序是否正確等)。DTD 使用*延伸 Backus-Naur 形式文法* (*Extended Backus-Naur Form grammar，簡稱 EBNF 文法*) 描述一份 XML 文件的內容 XML 語法剖析器須要額外的功能讀取 EBNF 文法，因爲它並不屬於 XML 語法。雖然 DTD 爲非必須，但可用於確此份文件格式符合。圖 18.15 內的 DTD 定義了一套規則 (亦即文法) 用於架構圖 18.16 內的商務書信文件。

增進效能的小技巧 18.2

DTD 確保在不同的程式所產生的 XML 文件之間能保有一致性。

第 4-5 行使用 ***Element*** *元素型別宣告* (*element type declaration*) 定義元素 **letter** 的規則。在此例中，**letter** 依序內含了一個或一個以上的 **contact** 元素、一個 **salutation** 元素、一個或一個以上的 **paragraph** 元素、一個 **closing** 元素及一個 **signature** 元素*正號出現指示器* (*plus sign* **(+)** *occurrence indicator*) 指定某個元素至少需出現一次以上。另有其他指示器如*星號* **(*)**，指定某個選擇性的元素可以出現任意次數。*問號* **(?)** 指定某個選擇性的元素最多只能出現一次。若省略指示器，則只能恰好出現一次。

contact 元素宣告 (第 7-8 行) 指定其內含依序是 **name**、**address1**、**address2**、**city**、**state**、**zip**、**phone** 及 **flag** 元素。每一個皆恰好出現一次。

第 9 行使用 ***ATTLIST*** *屬性清單宣告* (*attribute-list declaration*) 爲 **contact** 元素定義一個屬性 (亦即其類型)。關鍵字 ***#IMPLIED*** 則用於指定，若語法剖析器發現某個 **contact** 元素沒有 **type** 屬性，則應用程式可以自行提供一個值或者忽略此值。若是缺少 **type** 屬性則此文件可能便無法運作。其他預設的型別包括***#REQUIRED*** 及***#FIXED*** 關鍵字**#REQUIRED** 指定文件內必須有此屬性。關鍵字**#FIXED** 指定此屬性若存在，則必須指定爲某特定值。例如，

```
<!ATTLIST address zip #FIXED "01757">
```

意爲此值 **01757** 必須用於屬性 **zip**，否則此文件爲無效。若此值不存在，則語法剖析器預設使用定義在 ATTLIST 定義欄內的固定值。旗標 ***CDATA*** 指定屬性 **type** 內含一個不被語法剖析器處理的 **String**，而是被傳遞至應用程式。

軟體工程的觀點 18.4

DTD 語法並不提供任何機制可用於描述某個元素的 (或屬性的) 資料型別。

旗標***#PCDATA*** (第 11 行) 指定此元素可儲存*剖析後的字元資料* (*parsed character data*；亦即文字)。剖析後的字元資料無法內含標記。字元*小於* (*less than*；**<**) 及 *ampersand* (**&**) 必須以其 *entity* 代替 (亦即，**<**及**&**) 。附錄 G 有列出事先定義的 entity 清單。

第 18 行宣告一個空元素名爲 **flag** 關鍵字 ***EMPTY*** 指定此元素不能內含字元資料，通常使用空元素爲其屬性。

第 19 行所示爲一個*列舉屬性型別* (*enumerated attribute type*)，它宣告一個屬性所有可用值的清單。此屬性必須指派一個此清單內的值，以符合此 DTD。列舉型別的各個值之間以垂直線字元 (pipe characters；**|**) 分開。第 19 行內含一個列舉屬性型別宣告，讓屬性 **gender** 的值爲 **M** 或 **F**。其預設值設爲**"M"**，位於此元素屬性型別的右側。

```
1  <!-- Fig. 18.15: letter.dtd       -->
2  <!-- DTD document for letter.xml. -->
3
4  <!ELEMENT letter ( contact+, salutation, paragraph+,
5     closing, signature )>
6
7  <!ELEMENT contact ( name, address1, address2, city, state,
8     zip, phone, flag )>
9  <!ATTLIST contact type CDATA #IMPLIED>
10
11 <!ELEMENT name ( #PCDATA )>
12 <!ELEMENT address1 ( #PCDATA )>
13 <!ELEMENT address2 ( #PCDATA )>
14 <!ELEMENT city ( #PCDATA )>
15 <!ELEMENT state ( #PCDATA )>
16 <!ELEMENT zip ( #PCDATA )>
17 <!ELEMENT phone ( #PCDATA )>
18 <!ELEMENT flag EMPTY>
19 <!ATTLIST flag gender (M | F) "M">
20
21 <!ELEMENT salutation ( #PCDATA )>
22 <!ELEMENT closing ( #PCDATA )>
23 <!ELEMENT paragraph ( #PCDATA )>
24 <!ELEMENT signature ( #PCDATA )>
```

圖 18.15 商業書信的文件類型定義 (DTD)。

常見的程式設計錯誤 18.9

任何元素、屬性或關係未宣告在 DTD 之內，將產生一份無效文件。

XML 文件必須參考一個用於驗證的 DTD。圖 18.16 爲示爲一份遵照 letter.dtd 格式的 XML 文件 (圖 18.15)。

```
1   <?xml version = "1.0"?>
2
3   <!-- Fig. 18.16: letter2.xml             -->
4   <!-- Business letter formatted with XML -->
5
6   <!DOCTYPE letter SYSTEM "letter.dtd">
7
8   <letter>
9      <contact type = "from">
10        <name>Jane Doe</name>
11        <address1>Box 12345</address1>
12        <address2>15 Any Ave.</address2>
13        <city>Othertown</city>
14        <state>Otherstate</state>
15        <zip>67890</zip>
16        <phone>555-4321</phone>
17        <flag gender = "F" />
18     </contact>
19
20     <contact type = "to">
21        <name>John Doe</name>
22        <address1>123 Main St.</address1>
23        <address2></address2>
24        <city>Anytown</city>
25        <state>Anystate</state>
26        <zip>12345</zip>
27        <phone>555-1234</phone>
28        <flag gender = "M" />
29     </contact>
30
31     <salutation>Dear Sir:</salutation>
32
33     <paragraph>It is our privilege to inform you about our new
34        database managed with XML. This new system
35        allows you to reduce the load on your inventory list
36        server by having the client machine perform the work of
37        sorting and filtering the data.
38     </paragraph>
39
40     <paragraph>Please visit our Web site for availability
41        and pricing.
42     </paragraph>
43     <closing>Sincerely</closing>
44     <signature>Ms. Doe</signature>
45  </letter>
```

圖 18.16　XML 文件參考與其相關的 DTD。

此 XML 文件和圖 18.3 的文件類似。第 6 行參考一份 DTD 檔案。此標記內含了三個部份：所用 DTD 的根元素名稱 (第 8 行的 **`letter`**)，關鍵字 ***SYSTEM*** (此例中定義一個外部 ***DTD***；*external DTD*—定義於另一個檔案的 DTD) 及此 DTD 的名稱及位置 (亦即，目前子目錄下的 **`letter.dtd`**)。雖然大部份的副檔名皆可使用，然而 DTD 文件一般使用 ***.dtd*** 為副檔名。

有許多工具(其中亦有許多為免費)可檢驗文件是否合於 DTD 及 Schema(稍候討論)。圖 18.17 所示為 **`letter2.xml`** 使用 Microsoft 的 XMLValidator 驗證後的結果。請上網站 **`www.w3.org/XML/Schema.html`** 可以取得一份驗證工具的清單。Microsoft 的 XMLValidator 的免費下載位址為 **`msdn.microsoft.com/downloads/samples/Internet/xml/xml_validator/sample.asp`**。

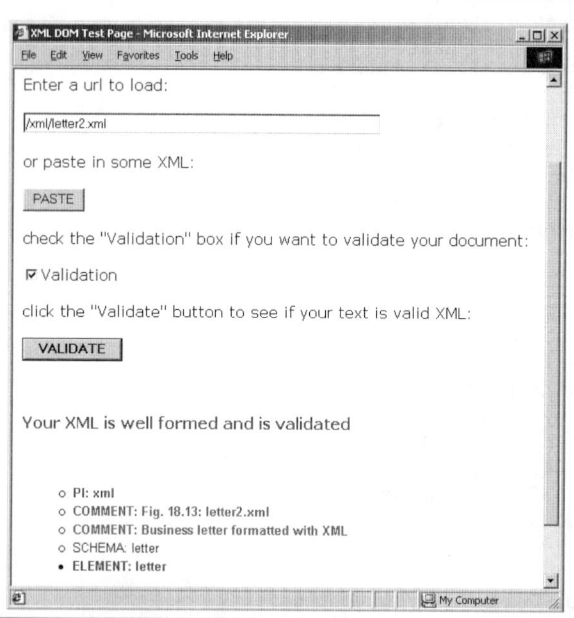

圖 18.17　XML 驗證器依一份 DTD 對 XML 文件執行驗證。

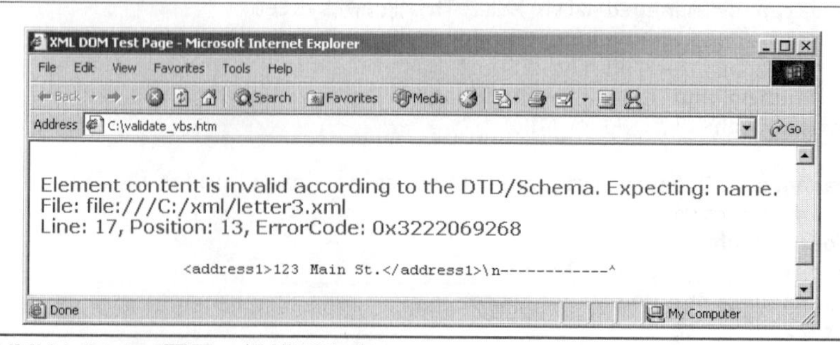

圖 18.18　XMLValidator 顯示一份錯誤訊息。

Microsoft 的 XMLValidator 可以依照本地端的 DTD 對 XML 文件執行驗證，亦可將此文件上傳至 XMLValidator 的網站。在此，**letter2.xml** 及 **letter.dtd** 置於檔案夾 **C:\XML** 內。此 XML 文件 **(letter2.xml)** 爲結構良好並且格式合於 **letter.dtd**。

未通過驗證的 XML 文件仍然可爲一份結構良好的文件。當一份文件格式不合於 DTD 或 Schema 時，Microsoft XMLValidator 便顯示一份錯誤訊息。例如，圖 18.15 的 DTD 指出 **contacts** 元素必須內含子元素 **name**。若此文件省略此元素，則此文件雖爲結構良好，但非有效的。在此狀況下，Microsoft XMLValidator 顯示圖 18.18 內的錯誤訊息。

MC++ 程式可使用 MSXML 依照 DTD 對做 XML 文件驗證。若要取得相關作法，請上網站

```
msdn.microsoft.com/library/en-us/cpguide/html/
cpconvalidationagainstdtdwithxmlvalidatingreader.asp
```

Schema 爲.NET 之下於定義 XML 文件結構時較佳的方法。雖然有許多型態的 Schema，然而以 Microsoft Schema 及 W3C Schema 這兩種較爲普遍。我們於下一個小節內討論 Schema。

18.5.2 Microsoft XML Schema [3]

在此小節，我們介紹在定義一份 XML 文件的結構時，除了 DTD 之外的另一個選擇稱爲 Schema。許多使用 XML 的社群覺得 DTD 的彈性不足以應付今日程式設計的需求。例如，DTD 的操控方式 (例如，做搜尋、以程式做修改等)。和 XML 文件不同，因爲 DTD 並不是 XML 文件。此外，DTD 無法描述一個元素的 (或屬性的) 資料型別。

和 DTD 不同的是，Schema 並非使用延伸 Backus-Naur 格式 (EBNF) 文法。取而代之的是，Schema 爲 XML 文件並且和其他文件一樣可以控制。(例如，元素可以增減等)。和 DTD 相同的是，Schema 亦需要驗證用的語法剖析器。

在此小節，我們將焦點擺在 Microsoft 的 *XML Schema* 詞彙。圖 18.19 所示爲一個 XML 文件，它的格式符合圖 18.20 所列的 Microsoft Schema 文件。依照慣例，Microsoft XML Schema 文件使用副檔名 ***.xdr***，爲 *XML-Data Reduced* 的簡稱。第 6 行 (圖 18.19) 參考 Schema 文件 **book.xdr**。一份使用 Microsoft XML Schema 的文件使用屬性 **xmlns** 參考其 schema，它透過一個 URI，其開頭爲 **x-schema**，後面接一個冒號 **(:)** 及此 schema 文件的名稱。

軟體工程的觀點 18.5

Schema 為 XML 文件，符合定義其內容的 DTD。這些內含於剖析器的 DTD 可以驗證作者建立的 Schema。

3　我們在 18.5.3 小節所討論的 W3C Schema 已逐漸成為描述 XML 文件架構用的業界標準。在未來的兩年內，我們認為大部份的程式設計者皆會使用 W3C Schema。

```
1  <?xml version = "1.0"?>
2
3  <!-- Fig. 18.19: bookxdr.xml              -->
4  <!-- XML file that marks up book data. -->
5
6  <books xmlns = "x-schema:book.xdr">
7     <book>
8        <title>Visual C++ .NET: A Managed Code Approach for
9           Experienced Programmers</title>
10    </book>
11
12    <book>
13       <title>C# for Experienced Programmers</title>
14    </book>
15
16    <book>
17       <title>Visual Basic .NET for Experienced Programmers
18       </title>
19    </book>
20
21    <book>
22       <title>Java Web Services for Experienced Programmers
23       </title>
24    </book>
25
26    <book>
27       <title>Web Services: A Technical Introduction</title>
28    </book>
29 </books>
```

圖 18.19 一份格式合於 Microsoft Schema 文件的 XML 文件。

```
1  <?xml version = "1.0"?>
2
3  <!-- Fig. 18.20: book.xdr                          -->
4  <!-- Schema document to which book.xml conforms. -->
5
6  <Schema xmlns = "urn:schemas-microsoft-com:xml-data">
7     <ElementType name = "title" content = "textOnly"
8        model = "closed" />
9
10    <ElementType name = "book" content = "eltOnly" model = "closed">
11       <element type = "title" minOccurs = "1" maxOccurs = "1" />
12    </ElementType>
13
14    <ElementType name = "books" content = "eltOnly" model = "closed">
15       <element type = "book" minOccurs = "0" maxOccurs = "*" />
16    </ElementType>
17 </Schema>
```

圖 18.20 含有供 bookxdr.xml 對照的架構的 Microsoft Schema 檔案。

軟體工程的觀點 18.6

許多機構及個人現正建立各種 DTD 及 Schema (例如，財務交易，醫藥處方等)。通常這些集合稱為 repositories，可從網路上免費下載[4]。

圖 18.20 的第 6 行，根元素 ***Schema*** 的開頭爲 Schema 標記。Microsoft Schema 使用命名空間 URI ***"urn:schemas-microsoft-com:xml-data"***。第 7-8 行使用元素 ***ElementType*** 定義元素 **title**。屬性 ***content*** 指定此元素內含剖析過的字元資料 (亦即，只有文字資料)。將 ***model*** 屬性設爲 ***"closed"*** 意爲此元素只能內含所指定的 Schema 所定義的元素。第 10 行定義元素 ***book***；此元素的 **content** 爲 "只爲元素" (亦即，***eltOnly***)。意爲此元素不能內含混合的內容 (亦即，文字及其他元素)。在名爲 **book** 的 **ElementType** 元素之內，***Element*** 元素指出 **title** 爲 **book** 的一個 **child** 元素。屬性 ***minOccurs*** 及 ***maxOccurs*** 設爲 **"1"**，意爲一個 **book** 元素必須內含恰好一個元素。第 15 行的星號 **(*)** 意爲此 Schema 允許元素 **books** 內含任意數目的 **book** 元素。我們在 18.5.4 小節討論如何以 **book.xdr** 以驗證 **book-xdr.xml**。

18.5.3 W3C XML Schema[5]

在此小節，我們將焦點擺在 W3C XML Schema[6]，這是 W3C 所建立的 schema。W3C XML Schema 是一個建議案 (Recommendation；亦即一份適用於業界的穩定標準)。圖 18.21 所示爲一個合於 Schema 的 XML 文件，名稱爲 **bookxsd.xml**，而圖 18.22 所示爲定義了 **bookxsd.xml** 結構的 W3C XML Schema 文件 (**book.xsd**)。雖然 Schema 的作者可使用任何的副檔名，W3C XML Schema 一般使用 ***.xsd*** 做爲副檔名。我們在下一個小節討論如何以 **book.xsd** 驗證 **bookxsd.xml**。

```
 1  <?xml version = "1.0"?>
 2
 3  <!-- Fig. 18.21: bookxsd.xml                   -->
 4  <!-- Document that conforms to W3C XML Schema. -->
 5
 6  <deitel:books xmlns:deitel = "http://www.deitel.com/booklist">
 7     <book>
 8        <title>Perl How to Program</title>
 9     </book>
10     <book>
11        <title>Python How to Program</title>
12     </book>
13  </deitel:books>
```

圖 18.21　格式合於 W3C XML Schema 的 XML 文件。

4　例子可參見 **opengis.net/schema.htm**。

5　我們提供一份有關 W3C Schema 的詳細論述於 ***XML for Experienced Programmers*** (2003 末出版)。

6　欲取得 W3C XML Schema 的最新資訊，請上網站 **www.w3.org/XML/Schema**。

```
1  <?xml version = "1.0"?>
2
3  <!-- Fig. 18.22: book.xsd           -->
4  <!-- Simple W3C XML Schema document. -->
5
6  <xsd:schema xmlns:xsd = "http://www.w3.org/2001/XMLSchema"
7     xmlns:deitel = "http://www.deitel.com/booklist"
8     targetNamespace = "http://www.deitel.com/booklist">
9
10    <xsd:element name = "books" type = "deitel:BooksType"/>
11
12    <xsd:complexType name = "BooksType">
13       <xsd:sequence>
14          <xsd:element name = "book" type = "deitel:BookType"
15          minOccurs = "1" maxOccurs = "unbounded"/>
16       </xsd:sequence>
17    </xsd:complexType>
18
19    <xsd:complexType name = "BookType">
20       <xsd:sequence>
21          <xsd:element name = "title" type = "xsd:string"/>
22       </xsd:sequence>
23    </xsd:complexType>
24
25 </xsd:schema>
```

圖 18.22　bookxsd.xml 所依照的 XSD Schema 文件。

W3C XML Schemas 使用命名空間 URI **www.w3.org/2001/XMLSchema**，並經常使用*命名空間前置字串 xsd*(於圖 18.22 的第 6 行)。根元素 ***schema*** (第 6 行) 內含定義此份 XML 文件結構的元素。第 7 行將 URI **http://www.deitel.com/booklist** 連到命名空間前置字串 **deitel**。第 8 行指定 ***targetNamespace***，它是此 schema 所定義的元素及屬性的命名空間。

在 W3C XML Schema 內，元素 ***Element*** (第 10 行) 定義了一個元素。屬性 ***name*** 及 ***type*** 分別指定此 **Element** 的名稱及資料型別。在此狀況下，此元素的名稱爲 **books** 而其資料型別爲 **deitel:BooksType**。任一個內含屬性或子元素的元素 (例如 **books**) 必須定義一個 *complex 型別*，用於定義每一個屬性及子元素。型別 **deitel:BooksType** (第 12-17 行) 是一個 complex 型別的例子。我們將 **deitel** 做爲 **BooksType** 的前置字串，因爲它是我們所建立的一個 complex 型別，而不是現存於 W3C XML Schema 的 complex 型別。

第 12-17 行將元素 ***complexType*** 用於定義型別 **BooksType** (使用於第 10 行)。在此，我們定義 **BooksType** 爲一個元素型別，其中含有一個稱爲 **book** 的子元素。因爲 **book** 亦內含一個子元素，其型別必須是一個 complex 型別 (例如 **BookType**，我們將於稍候定義) 屬性 ***minOccurs*** 指定 **books** 必須至少內含一個 **book** 元素。屬性 ***maxOccurs***，內含值 ***unbounded*** (第 15 行)，指定 **books** 可以擁有任意數目的 **book** 子元素。元素 ***sequence*** 指定 complex 型別內元素的順序。

第 19-23 行定義 **complexType BookType**。第 21 行以型別 ***xsd:string*** 定義元素 **title**。當某元素為一個*簡單型別 (simple type)* 如 **xsd:string**，便不能內含屬性及子元素。W3C XML Schema 提供了極多種的資料型別，如 xsd:date 用於日期、***xsd:int*** 用於整數、***xsd:double*** 用於浮點數字以及 ***xsd:time*** 用於時間。

良好的程式設計習慣 18.1

依照慣例，W3C XML Schema 的作者參考 URI **http://www.w3.org/2001/XMLSchema** *時，使用命名空間前置字串* **xsd** *或* **xs**。

18.5.4　於 Visual C++ .NET 內做 Schema 驗證

在此小節內，我們呈現一個 MC++ 應用程式 (圖 18.23 至圖 18.24)，它使用.NET FCL 內的類別，用於依照其對應的 Schema 對前兩個小節的 XML 文件做驗證的工作。我們使用 ***XmlValidatingReader*** 的一個實例執行驗證。

第 39 行 (圖 8.23) 建立一個名為 **schemas** 的 ***XmlSchemaCollection*** 指標。第 40 行呼叫方法 ***Add*** 加入一個 ***XmlSchema*** 物件到 Schema 集合中。方法 **Add** 收到一個指定 Schema 的名稱 (亦即 **"book"**) 及 Schema 檔案的名稱 (亦即 **"book.xdr"**)。第 41 行呼叫方法 **Add** 加入一個 W3C XML Schema。第一個參數指定命名空間的 URI (亦即圖 18.22 的第 8 行) 而第二個參數指定了 schema 檔案 (亦即 **"book.xsd"**)。這是驗證 **bookxsd.xml** 所使用的 Schema。

第 75-76 行建立一個 **XmlTextReader**，給予使用者由 **filesComboBox** 所選取的檔案。XML 文件若要根據一個內含於 **XmlSchemaCollection** 的 Schema 執行驗證，則必須被傳遞到 **XmlValidatingReader** 建構式 (第 79-80 行) 當使用者在 **filesComboBox** 內未輸入檔名或輸入一個無效的檔名時，第 106-117 行的 **catch** 區塊便負責處理任何的例外 (**ArgumentException** 或 **IOException**)。

第 83 行將 **schemas** 所指的 Schema 集合加入到 *Schemas 屬性值 (Schemas property)*。此屬性值設定使用於驗證此文件的 Schema。***ValidationType*** 屬性值 (第 86 行) 被設入 ***ValidationType*** 列舉常數中，用於自動指定 Schema 的型別 (亦即 XDR 或 XSD)。第 89-90 行將方法 **ValidationError** 登記於 ***ValidationEventHandler***。若文件為無效或發生了一個錯誤，例如文件不存在，則呼叫方法 **ValidationError** (第 123-128 行)。若無法將一個方法登記於 **ValidationEventHandler** 內則當文件找不到或無效時，便會引發一個例外事件。

驗證呼叫方法 ***Read*** (第 93 行)，一個節點執行後換一個節點。每一個對 **Read** 的呼叫皆會執行驗證文件內的下一個節點。當所有節點皆驗證完成 (而 **valid** 仍為 **true**) 或某一個節點驗證失敗 (而 **valid** 於第 127 行被設為 **false**)，此迴圈便結束。依照其對應的 Schema 驗證後，圖 18.19 及圖 18.21 的 XML 文件驗證工作完成。

圖 18.25 及圖 18.26 列出兩個分別與 **book.xdr** 及 **book.xsd** 格式不合的 XML 文件。在兩份文件內，在 **book** 元素內一個多餘的 **title** 元素致使文件驗證失敗。在圖 18.25 及圖

18.26 內，可找到此多餘的元素分別位於第 9 行及第 21 行。雖然這兩份文件皆為無效，但仍屬於結構良好的。

```
 1  // Fig. 18.23: Form1.h
 2  // Validating XML documents against Schemas.
 3
 4  #pragma once
 5
 6
 7  namespace ValidationTest
 8  {
 9     using namespace System;
10     using namespace System::ComponentModel;
11     using namespace System::Collections;
12     using namespace System::Windows::Forms;
13     using namespace System::Data;
14     using namespace System::Drawing;
15     using namespace System::Xml;
16     using namespace System::Windows::Forms;
17     using namespace System::Xml::Schema;  // contains Schema classes
18
19     /// <summary>
20     /// Summary for Form1
21     ///
22     /// WARNING: If you change the name of this class, you will need to
23     ///          change the 'Resource File Name' property for the managed
24     ///          resource compiler tool associated with all .resx files
25     ///          this class depends on.  Otherwise, the designers will not
26     ///          be able to interact properly with localized resources
27     ///          associated with this form.
28     /// </summary>
29     public __gc class Form1 : public System::Windows::Forms::Form
30     {
31     public:
32        Form1(void)
33        {
34           InitializeComponent();
35
36           valid = true;  // assume document is valid
37
38           // get Schema(s) for validation
39           schemas = new XmlSchemaCollection();
40           schemas->Add( S"book", S"book.xdr" );
41           schemas->Add( S"http://www.deitel.com/booklist", S"book.xsd" );
42        }
43
44     protected:
45        void Dispose(Boolean disposing)
46        {
47           if (disposing && components)
48           {
49              components->Dispose();
50           }
```

圖 18.23 Schema 驗證範例 (第 3 之 1 部分)。

```
51            __super::Dispose(disposing);
52         }
53      private: System::Windows::Forms::Button *  validateButton;
54      private: System::Windows::Forms::Label *  consoleLabel;
55      private: System::Windows::Forms::ComboBox *  filesComboBox;
56
57      private: XmlSchemaCollection *schemas;  // Schemas collection
58      private: bool valid;                    // validation result
59
60      private:
61         /// <summary>
62         /// Required designer variable.
63         /// </summary>
64         System::ComponentModel::Container * components;
65
66      // Visual Studio .NET generated GUI code
67
68      // handle validateButton click event
69      private: System::Void validateButton_Click(
70                  System::Object *  sender, System::EventArgs *  e)
71               {
72                  try {
73
74                     // get XML document
75                     XmlTextReader *reader =
76                        new XmlTextReader( filesComboBox->Text );
77
78                     // get validator
79                     XmlValidatingReader *validator =
80                        new XmlValidatingReader( reader );
81
82                     // assign Schema(s)
83                     validator->Schemas->Add( schemas );
84
85                     // set validation type
86                     validator->ValidationType = ValidationType::Auto;
87
88                     // register event handler for validation error(s)
89                     validator->ValidationEventHandler +=
90                        new ValidationEventHandler( this, ValidationError );
91
92                     // validate document node-by-node
93                     while ( validator->Read() ) ; // empty body
94
95                     // check validation result
96                     if ( valid )
97                        consoleLabel->Text = S"Document is valid";
98
99                     valid = true; // reset variable
100
101                    // close reader stream
```

圖 18.23　Schema 驗證範例 (第 3 之 2 部分)。

```
102                     validator->Close();
103                  } // end try
104
105                  // no filename has been specified
106                  catch ( ArgumentException * ) {
107                     MessageBox::Show( S"Please specify a filename",
108                        S"Error", MessageBoxButtons::OK,
109                        MessageBoxIcon::Error );
110                  } // end catch
111
112                  // an invalid filename has been specified
113                  catch ( System::IO::IOException *fileException ) {
114                     MessageBox::Show( fileException->Message,
115                        S"Error", MessageBoxButtons::OK,
116                        MessageBoxIcon::Error );
117                  } // end catch
118               } // end method validateButton_Click
119
120      private:
121
122         // event handler for validation error
123         void ValidationError( Object *sender,
124            ValidationEventArgs *arguments )
125         {
126            consoleLabel->Text = arguments->Message;
127            valid = false; // validation failed
128         } // end method ValidationError
129      };
130   }
```

圖 18.23　Schema 驗證範例 (第 3 之 3 部分)。

```
 1   // Fig. 18.24: Form1.cpp
 2   // Entry point for application.
 3
 4   #include "stdafx.h"
 5   #include "Form1.h"
 6   #include <windows.h>
 7
 8   using namespace ValidationTest;
 9
10   int APIENTRY _tWinMain(HINSTANCE hInstance,
11                          HINSTANCE hPrevInstance,
12                          LPTSTR    lpCmdLine,
13                          int       nCmdShow)
14   {
15      System::Threading::Thread::CurrentThread->ApartmentState =
16         System::Threading::ApartmentState::STA;
17      Application::Run(new Form1());
18      return 0;
19   } // end _tWinMain
```

圖 18.24　ValidationTest 進入點 (第 2 之 1 部分)。

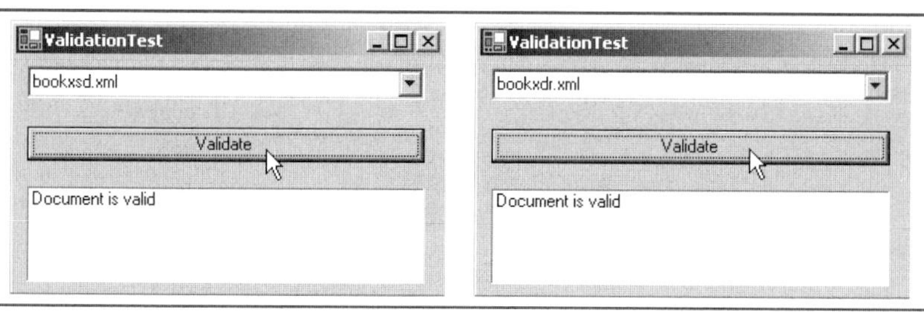

圖 18.24 ValidationTest 進入點 (第 2 之 2 部分)。

```
 1  <?xml version = "1.0"?>
 2
 3  <!-- Fig. 18.25: bookxsdfail.xml                        -->
 4  <!-- Document that does not conforms to W3C Schema.  -->
 5
 6  <deitel:books xmlns:deitel = "http://www.deitel.com/booklist">
 7     <book>
 8        <title>Java Web Services for Experienced Programmers</title>
 9        <title>C# for Experienced Programmers</title>
10     </book>
11     <book>
12        <title>Visual C++ .NET: A Managed Code Approach</title>
13     </book>
14  </deitel:books>
```

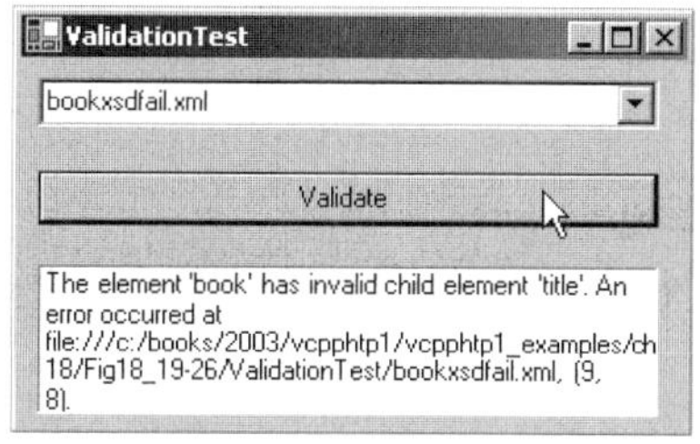

圖 18.25 與圖 18.22 的 XSD schema 格式不合的 XML 文件。

```
 1  <?xml version = "1.0"?>
 2
 3  <!-- Fig. 18.26: bookxdrfail.xml                         -->
 4  <!-- XML file that does not conform to Schema book.xdr. -->
 5
 6  <books xmlns = "x-schema:book.xdr">
 7     <book>
 8        <title>Web Services: A Technical Introduction</title>
 9     </book>
10
11     <book>
12        <title>Java Web Services for Experienced Programmers</title>
13     </book>
14
```

圖 18.26 與圖 18.20 的 schema 格式不合的 XML 檔案 (第 2 之 1 部分)。

```
15      <book>
16         <title>Visual Basic .NET for Experienced Programmers</title>
17      </book>
18
19      <book>
20         <title>C++ How to Program, 4/e</title>
21         <title>Python How to Program</title>
22      </book>
23
24      <book>
25         <title>C# for Experienced Programmers</title>
26      </book>
27   </books>
```

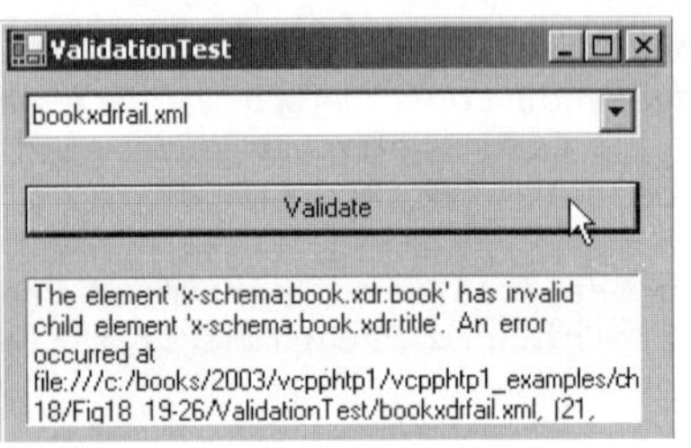

圖 18.26　與圖 18.20 的 schema 格式不合的 XML 檔案 (第 2 之 2 部分)。

18.6　可延伸樣式語言及 XslTransform

可延伸樣式語言 (*Extensible Stylesheet Language*，簡稱 *XSL*) 是一份用於編排 XML 資料格式的 XML 字彙。在此小節，我們將討論 XSL 如何由 XML 文件建立格式化的文字文件 (包括其他 XML 文件)。此作業過程稱為*轉換* (*transformation*)，過程中需要兩個結構樹：*來源樹* (*source tree*)，即用於轉換的 XML 文件，及*結果樹* (*result tree*)，即轉換的結果 (可以為任何一種根基於文字的格式，如 XHTML 或 XML)[7]。當轉換發生時，並不會更動來源樹。

若要執行轉換，則需要一個 XSLT 處理器。常用的 XSLT 處理器有 Microsoft 的 MSXML 及 Apache 軟體協會的 *Xalan* (**xml.apache.org**)。圖 18.27 所示的 XML 文件以 MSXML 轉換為一份 XHTML 文件 (圖 18.28)。

第 6 行為一個*處理指令* (*processing instruction*，簡稱 *PI*)，內含置入於 XML 文件中與應用程式相關的資訊。在此例中，這裡的處理指令只適用於 IE，它指定了轉換此份 XML 文件的 XSLT 文件的位置**<?**及**?>**字元內所包圍的即為一個處理指令，它含有一個 *PI 標的* (*PI target*；例如 **xml:stylesheet**) 及 *PI 值* (*PI value*；例如 **type = "text/xsl" href = " sorting.xsl"**)。此 PI 值內接在 **href** 後面的部份指定了所需樣式的名稱及位置，此例為 **sorting.xsl**，與此 XML 文件位於同一個子目錄內。

7　可延伸超文字標記語言 (Extensible HyperText Markup Language；XHTML) 為 W3C 的技術建議案，用於代替 HTML 在網路上標記內容。若要取得更多 XHTML 的相關資訊，請參見 XHTML Appendices E 及 F，或連上網站 visit **www.w3.org**。

```
 1  <?xml version = "1.0"?>
 2
 3  <!-- Fig. 18.27: sorting.xml          -->
 4  <!-- Usage of elements and attributes. -->
 5
 6  <?xml:stylesheet type = "text/xsl" href = "sorting.xsl"?>
 7
 8  <book isbn = "999-99999-9-X">
 9     <title>Deitel&apos;s XML Primer</title>
10
11     <author>
12        <firstName>Paul</firstName>
13        <lastName>Deitel</lastName>
14     </author>
15
16     <chapters>
17        <frontMatter>
18           <preface pages = "2"/>
19           <contents pages = "5"/>
20           <illustrations pages = "4"/>
21        </frontMatter>
22
23        <chapter number = "3" pages = "44">
24           Advanced XML</chapter>
25        <chapter number = "2" pages = "35">
26           Intermediate XML</chapter>
27        <appendix number = "B" pages = "26">
28           Parsers and Tools</appendix>
29        <appendix number = "A" pages = "7">
30           Entities</appendix>
31        <chapter number = "1" pages = "28">
32           XML Fundamentals</chapter>
33     </chapters>
34
35     <media type = "CD"/>
36  </book>
```

圖 18.27　含有書籍資訊的 XML 文件。

圖 18.28 所示爲用於將 **sorting.XML** (圖 18.27) 轉換爲 XHTML 的 XSLT 文件 (**sorting.xsl**)。

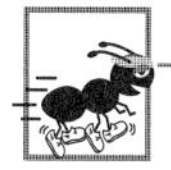

增進效能的小技巧 18.1

使用客戶端的 Internet Explorer 處理 XSLT 文件可以使用客戶端的計算能力，藉以保留伺服器資源 (而不使用伺服器為多個客戶端處理 XSLT 文件)。

圖 18.28 的第 1 行內含 XML 宣告。請記得一份 XSL 文件亦是一份 XML 文件。第 6-7 行內含 **xsl:stylesheet** 的根元素.屬性 ***version*** 指定用於確認此文件的 XSLT 版本此處定義命名空間前置字串 xsl 並將其連接到 W3C 所定義的 XSLT URI。處理之後，第 10-13 行將

文件型別宣告寫入到結果樹。屬性 ***method*** 指定爲"**xml**"，意爲此份 XML 正被輸出到結果樹。屬性 ***omit-xml-declaration*** 指定爲"**no**"，它將一個 XML 宣告輸出到結果樹。屬性 ***doctype-system*** 及 ***doctype-public*** 將 **Doctype** DTD 資訊寫入到結果樹。

XSLT 文件內含一個以上的 ***xsl:template*** 元素，用於指定輸出到結果樹的資訊爲何。第 16 行的暫存區 ***match*** 來源樹的文件根節點。遇到文件的根節點後，便應用此暫存區，此元件所標記的任何文字若不在 **xsl** 所指的命名空間內則輸出到結果樹。第 18 行將所有對應到文件根節點的子節點的 **template** 輸出。第 23 行指定一個 **match** 元素 **book** 的 **template**。

第 25-26 行建立此 XHTML 文件的標題。我們從屬性 **isbn** 取得此書的 ISBN 加上元素 **title** 的內容建立此標題字串 **ISBN 999-99999-9-X-Deitel's XML Primer**。元素 **xsl:value-of** 用於選取 **book** 元素的 **isbn** 屬性。

```
 1  <?xml version = "1.0"?>
 2
 3  <!-- Fig. 18.28: sorting.xsl                          -->
 4  <!-- Transformation of book information into XHTML. -->
 5
 6  <xsl:stylesheet version = "1.0"
 7     xmlns:xsl = "http://www.w3.org/1999/XSL/Transform">
 8
 9     <!-- write XML declaration and DOCTYPE DTD information -->
10     <xsl:output method = "xml" omit-xml-declaration = "no"
11        doctype-system =
12           "http://www.w3.org/TR/xhtml1/DTD/xhtml1-strict.dtd"
13        doctype-public = "-//W3C//DTD XHTML 1.0 Strict//EN"/>
14
15     <!-- match document root -->
16     <xsl:template match = "/">
17        <html xmlns = "http://www.w3.org/1999/xhtml">
18           <xsl:apply-templates/>
19        </html>
20     </xsl:template>
21
22     <!-- match book -->
23     <xsl:template match = "book">
24        <head>
25           <title>ISBN <xsl:value-of select = "@isbn" /> -
26              <xsl:value-of select = "title" /></title>
27        </head>
28
29        <body>
30           <h1 style = "color: blue">
31              <xsl:value-of select = "title"/></h1>
32
33           <h2 style = "color: blue">by <xsl:value-of
34              select = "author/lastName" />,
35              <xsl:value-of select = "author/firstName" /></h2>
36
```

圖 18.28 將 sorting.XML (圖 18.27) 轉換為 XHTML 的 XSL 文件 (第 3 之 1 部分)。

```
37            <table style =
38               "border-style: groove; background-color: wheat">
39
40               <xsl:for-each select = "chapters/frontMatter/*">
41                  <tr>
42                     <td style = "text-align: right">
43                        <xsl:value-of select = "name()" />
44                     </td>
45
46                     <td>
47                       ( <xsl:value-of select = "@pages" /> pages )
48                     </td>
49                  </tr>
50               </xsl:for-each>
51
52               <xsl:for-each select = "chapters/chapter">
53                  <xsl:sort select = "@number" data-type = "number"
54                       order = "ascending" />
55                  <tr>
56                     <td style = "text-align: right">
57                        Chapter <xsl:value-of select = "@number" />
58                     </td>
59
60                     <td>
61                        ( <xsl:value-of select = "@pages" /> pages )
62                     </td>
63                  </tr>
64               </xsl:for-each>
65
66               <xsl:for-each select = "chapters/appendix">
67                  <xsl:sort select = "@number" data-type = "text"
68                       order = "ascending" />
69                  <tr>
70                     <td style = "text-align: right">
71                        Appendix <xsl:value-of select = "@number" />
72                     </td>
73
74                     <td>
75                        ( <xsl:value-of select = "@pages" /> pages )
76                     </td>
77                  </tr>
78               </xsl:for-each>
79            </table>
80
81            <br /><p style = "color: blue">Pages:
82               <xsl:variable name = "pagecount"
83                  select = "sum(chapters//*/@pages)" />
84               <xsl:value-of select = "$pagecount" />
85            <br />Media Type:
86               <xsl:value-of select = "media/@type" /></p>
87         </body>
88      </xsl:template>
89
90   </xsl:stylesheet>
```

圖 18.28　將 sorting.XML (圖 18.27) 轉換為 XHTML 的 XSL 文件 (第 3 之 2 部分)。

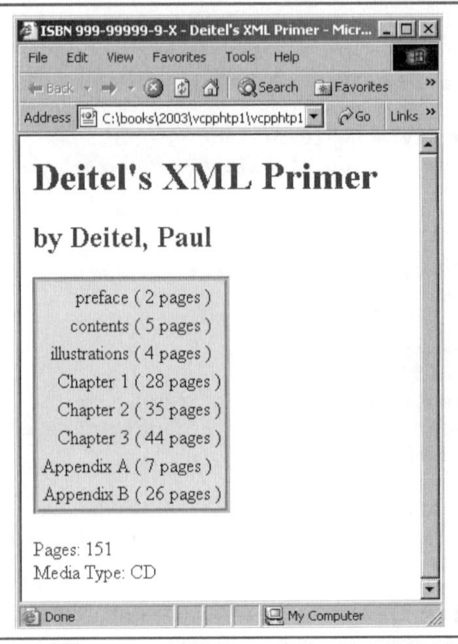

圖 18.28 將 sorting.XML (圖 18.27) 轉換為 XHTML 的 XSL 文件 (第 3 之 3 部分)。

第 33-35 行建立一個內含此書作者的標頭元素。*context 節點* (亦即目前處理中的節點) 爲 **book**，故 XPath 運算式 **author/lastName** 用於選取作者的姓，而運算式 **author/firstName** 用於選取作者的名。

第 40 行選取每一個 **frontMatter** 元素 (以一個星號表示) 的子元素。第 43 行呼叫 *node-set 的功能* ***name*** 取得目前節點的元素名稱 (例如 **preface**)。目前的節點即爲指定於 **xsl:for-each** (第 40 行) 的 context 節點。

第 53-54 行依數字大小將 **chapter** 從小到大排列。屬性 **select** 選取 context 節點 **chapter** 的屬性 **number** 的值。屬性 ***data-type***，其值爲 **"number"**，指定了數字排序，而屬性 ***order*** 指定「*從小到大*」的順序。屬性 **data-type** 的值亦可指定爲 ***"text"*** (第 67 行)，而屬性 **order** 的值亦可指定爲「*從大到小*」。

第 82-83 行使用一個 **XSL** 變數儲存此書頁數統計的值並將其輸出至結果樹。屬性 **name** 指定此變數的名稱，而屬性 **select** 則指定一個值給它。函數 ***sum*** 將所有 **page** 屬性的值做加總。**chapters** 及*****之間的兩個斜線意爲 **chapters** 底下的所有節點皆經過搜尋，爲尋找一個內含屬性名稱爲 **pages** 的元素。

System::Xml::Xsl 命名空間提供了一些類別用於將 XSLT 樣式應用於 XML 文件。尤其是一個 ***XslTransform*** 類別的物件可以用於執行轉換。

圖 18.29 至圖 18.30 將一個樣式表 (**sports.xsl**) 應用於 **sports.XML** (圖 18.13)。轉換的結果寫入到一個文字區塊及一個檔案。我們亦將結果載入到 IE 以顯示轉換爲 HTML 的結果。

```
1  // Fig. 18.29: Form1.h
2  // Applying a style sheet to an XML document.
3
4  #pragma once
5
6
7  namespace TransformTest
8  {
9     using namespace System;
10    using namespace System::ComponentModel;
11    using namespace System::Collections;
12    using namespace System::Windows::Forms;
13    using namespace System::Data;
14    using namespace System::Drawing;
15    using namespace System::Xml;
16    using namespace System::Xml::XPath;
17    using namespace System::Xml::Xsl;
18    using namespace System::IO;
19
20    /// <summary>
21    /// Summary for Form1
22    ///
23    /// WARNING: If you change the name of this class, you will need to
24    ///          change the 'Resource File Name' property for the managed
25    ///          resource compiler tool associated with all .resx files
26    ///          this class depends on.  Otherwise, the designers will not
27    ///          be able to interact properly with localized resources
28    ///          associated with this form.
29    /// </summary>
30    public __gc class Form1 : public System::Windows::Forms::Form
31    {
32    public:
33       Form1(void)
34       {
35          InitializeComponent();
36
37          // load XML data
38          document = new XmlDocument();
39          document->Load( S"sports.xml" );
40
41          // create navigator
42          navigator = document->CreateNavigator();
43
44          // load style sheet
45          transformer = new XslTransform();
46          transformer->Load( S"sports.xsl" );
47       }
48
49    protected:
50       void Dispose(Boolean disposing)
51       {
52          if (disposing && components)
53          {
```

圖 18.29 應用於一份 XML 文件的 XSL 樣式表 (第 2 之 1 部分)。

```
54                components->Dispose();
55            }
56            __super::Dispose(disposing);
57        }
58     private: System::Windows::Forms::TextBox *  consoleTextBox;
59     private: System::Windows::Forms::Button *  transformButton;
60
61     private: XmlDocument *document;     // Xml document root
62     private: XPathNavigator *navigator; // navigate document
63     private: XslTransform *transformer; // transform document
64     private: StringWriter *output;      // display document
65
66     private:
67        /// <summary>
68        /// Required designer variable.
69        /// </summary>
70        System::ComponentModel::Container * components;
71
72     // Visual Studio .NET generated GUI code
73
74     // transformButton click event
75     private: System::Void transformButton_Click(
76                 System::Object *  sender, System::EventArgs *  e)
77              {
78                 // transform XML data
79                 output = new StringWriter();
80                 transformer->Transform( navigator, 0, output );
81
82                 // display transformation in text box
83                 consoleTextBox->Text = output->ToString();
84
85                 // write transformation result to disk
86                 FileStream *stream = new FileStream( S"sports.html",
87                    FileMode::Create );
88                 StreamWriter *writer = new StreamWriter( stream );
89                 writer->Write( output->ToString() );
90
91                 // close streams
92                 writer->Close();
93                 output->Close();
94              } // end method transformButton_Click
95     };
96  }
```

圖 18.29　應用於一份 XML 文件的 XSL 樣式表 (第 2 之 2 部分)。

第 63 行 (圖 18.29) 宣告 **XslTransform** 指標 **transformer**。XML 資料轉換爲其他格式時需要一個此型別的物件。於第 39 行，此 XML 文件經過剖析並透過呼叫 **Load** 方法將其載入到記憶體。第 42 行呼叫方法 **createNavigator** 用以建立一個 **XPathNavigator** 物件，用於在轉換時瀏覽此份 XML 文件。呼叫類別 **XslTransform**(第 46 行) 的方法 ***Load*** 將剖析並載入此應用程式所使用的樣式。傳遞的參數內含此樣式的名稱及位置。

```
 1  // Fig. 18.30: Form1.cpp
 2  // Entry point for application.
 3
 4  #include "stdafx.h"
 5  #include "Form1.h"
 6  #include <windows.h>
 7
 8  using namespace TransformTest;
 9
10  int APIENTRY _tWinMain(HINSTANCE hInstance,
11                         HINSTANCE hPrevInstance,
12                         LPTSTR    lpCmdLine,
13                         int       nCmdShow)
14  {
15     System::Threading::Thread::CurrentThread->ApartmentState =
16        System::Threading::ApartmentState::STA;
17     Application::Run(new Form1());
18     return 0;
19  } // end _tWinMain
```

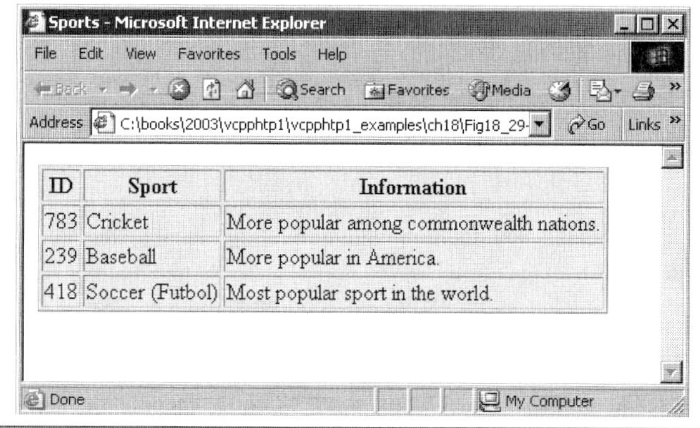

ID	Sport	Information
783	Cricket	More popular among commonwealth nations.
239	Baseball	More popular in America.
418	Soccer (Futbol)	Most popular sport in the world.

圖 18.30　TransformTest 進入點。

事件處理常式 **transformButton_Click** (第 75-94 行) 呼叫類別 **XslTransform** 的方法 ***Transform*** 將樣式 (**sports.xsl**) 應用到 **sports.XML** (第 80 行)。此方法使用三個參

數：一個 **XPathNavigator**(由 **sports.xml** 的 **XMLDocument** 所建立)，一個類別 ***XsltArgumentList***的實例，它是可以應用於樣式的 **String***變數的清單，此例爲 **0** 及一個 **TextWriter** 衍生類別的實例 (此例爲一個類別 **StringWriter** 的實例)。轉換的結果儲存於 **output** 所指向的 **StringWriter** 物件。第 86-89 行將轉換結果寫入至磁碟。第三個螢幕抓圖所示爲此處建立的 XHTML 文件顯示於 IE。

在此章中，我們研究了可延伸標記語言以及一些相關的技術。在第 19 章中，我們將開始討論資料庫，它對於多層次應用程式的撰寫極爲關鍵。

18.7 網際網路上的資源

www.w3.org/xml

網際網路協會 (W3C；World Wide Web Consortium) 致力於發展通用的通訊協定以增進網路的相容性。其 XML 網頁上的資訊包括了最新的消息、出版品、軟體及討論群組。請連上其網站讀取 XML 的最新發展。

www.w3.org/TR/REC-xml

這份 W3C 網頁句含 XML 的一份簡介以及 XML 的最新規格。

www.w3.org/XML/1999/XML-in-10-points

這份 W3C 網頁以簡單的十點描述 XML 的基本觀念。對於 XML 的新手而言非常有用。

www.xml.org

xml.org 提供有關 XML、DTD、schema 及命名空間的參考資料。

www.w3.org/style/XSL

這份 W3C 提供與 XSL 相關的資訊，其主題包括 XSL 的發展、如何學習 XSL、應用 XSL 的工具、XSL 相關規格、FAQ 及 XSL 的歷史。

www.w3.org/TR

這份網頁提供 W3C 的技術報告及出版品。它含有工作草案、提出的建議案及其他資源的連結。

www.xmlbooks.com

此網站提供了一份 Charles Goldfarb 推薦與 XML 相關書目的清單，他是 GML (通用標記語言；General Markup Language，SGML 亦是依此而衍生) 的原創者之一。

www.xml-zone.com

The Development Exchange XMLZone 提供與 XML 相關的資訊非常完整。此網站包含一份 FAQ、相關新聞、相關文章、以及其他 XML 網站和新聞群組的連結。

wdvl.internet.com/Author ing/Languages/XML

Web Developer's Virtual Library XML 網站包含了相關教學、一份 FAQ、最新消息及 XML 網站和軟體下載的連結。

www.xml.com

XML.com 提供 XML 的最新消息和相關資訊、研討會清單，以主題分類的 XML 網頁資源連結、可用工具及其他資源。

msdn.microsoft.com/xml/default.asp

The MSDN Online XMLDevelopment Center 包含了 XML 的相關文章、Ask the Experts 聊天室、範例及 demo、新聞群組及其他有用的相關資訊。

msdn.microsoft.com/downloads/samples/Internet/ xml/xml_validator/sample.asp

Microsoft 的 XML 驗證器，可由此網站下載，可選擇線上或在本地端驗證文件。

www.oasis-open.org/cover/xml.html

SGML/XML 網頁的內容很豐富，包含了數個 FAQ 的連結、線上資源、業界提議、demo、研討會以及教學。

www-106.ibm.com/developerworks/xml

IBM XMLZone 網站對於程式設計師而言很有用。它提供了最新消息、工具、一個程式庫、案例研究以及活動和相關標準的資訊。

developer.netscape.com/tech/xml

The XMLand Metadata Developer Central 網站包含了範例、技術文件及 XML 相關的新聞稿。

www.ucc.ie/xml

此網站是一份詳細的 XML FAQ，.程式設計師可以查閱常見問題的解答，或透過網站自行提問。

摘　要

- XML 是用於資料交換的一項*開放技術*(亦即非專屬性)，具高度支援性。XML 快速得成爲應用程式保存資料的標準。
- XML 具高度可攜性。任何支援 ASCII 或 Unicode 字元的文字編輯器皆可編輯或顯示 XML 文件。XML 的元素用於描述其所內含的資料，故人和機器皆可讀。
- XML 允許文件作者自行建立任意種型別資訊所用的標記如此的可延伸性讓文件作者可建立全新的標記語言，可用於描述特定種類的資料，包括數學方程式、化學的分子式、音樂、食譜等。
- 處理 XML 文件 (通常其所存檔案的附檔名爲 **.xml**) 需要一個稱爲 XML 語法剖析器的程式。語法剖析器負責判讀 XML 文件的各個元件接著將這些元件以資料結構儲存以供其他操作。
- XML 文件可以選擇參考其他的文件用於定義此 XML 文件的結構。用於定義結構的文件有兩種：文件格式定義 (Document Type Definitions；DTD) 及 XML Schemas。
- 這份文件的開頭爲 XML 宣告 (XMLdeclaration)，它可有可無 (第 1 行)，用於定義此文件爲一份 XML 文件*版本資料參數* (*version information 變數*) 則指定了這份文件所用 XML 的版本。
- XML 的註解前後須加上**<!—**及**-->**。資料以*標籤* (*tags*) 做標記，是包含在一對尖括弧 (*angle*

brackets, **<>**) 內的名稱。標籤皆成對使用將標記前後圍起。開始標記的標籤稱爲起始標籤；結束標記的標籤稱爲結束標籤。結束標籤與起始標籤的不同點爲它包含了一個*斜線* (*forward slash*；**/**) 字元。

- 標記後的每一個個別單元皆稱爲元素，其爲建立 XML 最基本的區塊。XML 文件內含一個稱爲根元素的元素，文件內所有其他的元素皆包含於其內。各元素之間形成巢狀結構形成階層式的架構一而根元素便位於此架構的最高層。
- 資料除了可放在標籤之內，亦可放在屬性之內，它是起始標籤內的「名稱－值」的配對。元素可內含的屬性數目不限。
- XML 允許文件作者自行建立標籤，所以可能發生命名衝突。和 .NET 架構相仿，XML 命名空間爲文件作者提供了一個避免衝突的方法。命名空間前置字串用於加在元素之前指定此元素所屬的命名空間。
- 每一個命名空間前置字串皆連到一個通用資源定位標籤 (uniform resource identifier；URI) 用於唯一識別此命名空間。文件作者可自行建立命名空間前置字串。除了保留的命名空間前置字串 **xml** 之外，命名空間前置字串可以使用任何名稱。
- 爲了省去在每一個元素前加一個命名空間前置字串，文件作者可以爲某元素及其子元素指定一個預設的命名空間。
- 當 XML 語法剖析器完成剖析一份文件後，它便在記憶體儲存一個含有此份文件資料的結構樹。這個具有階層式架構的樹稱爲一個文件物件模型 (Document Object Model；DOM) 結構樹。此 DOM 結構樹 將此份 XML 文件的每一個元件以樹上的一個節點表示。DOM 結構樹有一個唯一的根節點內含此文件內所有其他的節點。
- 命名空間 **System::XML** 內含有類別用於建立、讀取並操控 XML 文件。
- 類別 **XmlReader** 是一個 **abstract** 類別，它定義了讀取 XML 文件的介面。
- **XmlReader** 衍生的類別 **XmlNodeReader** 拜訪過 XML 文件內的每一個節點。
- 一個 **XMLDocument** 物件在概念上代表一份空的 XML 文件。
- **XMLDocument** 的 **createNode** 方法使用一個 **NodeType**、一個 **Name** 及一個命名空間 URI 做爲參數。
- 當呼叫 **Load** 方法時，XML 文件便被剖析並載入一個 **XMLDocument** 物件。一旦 XML 文件載入至一個 **XMLDocument**，其資料便可透過程式讀取及操控。
- **XmlNodeReader** 讓我們能從一個 XMLDocumentread 中一次讀取一個節點。
- **XmlReader** 的 **Read** 方法從 DOM 結構樹讀取一個節點。
- **Name** 屬性值節點的名稱，**Value** 屬性值內含節點的資料而 **NodeType** 屬性值節點的型別 (亦即，元素、註解或文字等)。
- **XmlTextWriter** 將 XML 資料 化爲一個串流。方法 **WriteTo** 將 XML 的一種表示法寫入 XmlTextWriter 串流中。
- **XmlTextReader** 從串流中讀取 XML 資料。
- **System::Xml::XPath** 命名空間內的類別 **XPathNavigator** 將拜訪過符合搜尋條件的節點清單，搜尋條件以 XPath 運算式撰寫。
- XPath (XMLPath 語言) 提供了一個可以在 XML 文件中描述某特定節點位置的語法，有效且效率佳。XPath 是一個以字串為主的語言，其運算式可用於 XML 及其他相關的技術。

- **XPathNavigator** 的瀏覽方法包括 **MoveToFirstChild**、**MoveToParent**、**MoveToNext** 及 **MoveToPrevious**。
- XML 僅能包含資料，而 XSLT 能將 XML 轉換為任何文字為主的文件 (亦可為另一份 XML 文件)。XSLT 文件一般的副檔名為 **.xsl**。
- 當透過 XSLT 轉換一份 XML 文件時，其過程使用兩個結構樹：來源樹，代表轉換中的 XML 文件；以及結果樹，為轉換的結果 (例如，XHTML)。
- node-set 的函數 **name** 擷取目前節點的元素名稱。
- 屬性 **select** 選取目前節點的屬性的值。
- XML 文件能透過 MC++撰寫程式進行轉換。**System::Xml::Xsl** 命名空間用於將 XSLT 樣式表應用到 XML 文件。
- 類別 **XsltArgumentList** 是可用於樣式的 **String** 變數的列表。

詞　彙

字元 (@character)
類別 **XmlSchemaCollection** 的 **Add** 方法 (**Add** method of class **XmlSchemaCollection**)
祖先節點 (ancestor node)
星號 (*) 出現指示器 (asterisk (*) occurrence indicator)
ATTLIST
屬性 (attribute)
屬性節點 (attribute node)
屬性的值 (attribute value)
CDATA 字元資料 (**CDATA** character data)
子元素 (child element)
子節點 (child node)
容器元素 (container element)
目前節點 (context node)
XPathDocument 類別的 **CreateNavigator** 方法 (**CreateNavigator** method of class **XPathDocument**)
類別 **XMLDocument** 的 **CreateNode** 方法 (**CreateNode** method of class **XMLDocument**)
XPathNodeIterator 的目前屬性值 (**Current** property of **XPathNodeIterator**)
data-type 屬性 (**data-type** attribute)
預設命名空間 (default namespace)
子孫節點 (descendant node)
doctype-public 屬性 (**doctype-public** attribute)
doctype-system 屬性 (**doctype-system** attribute)
文件的根節點 (document root)
文件格式定義 (Document Type Definition (DTD))
文件物件模型 (DOM (Document Object Model))
延伸 Backus-Naur 格式文法 (EBNF (Extended Backus-Naur Form) grammar)
Element 元素類型宣告 (**Element** element type declaration)
空元素 (empty element)
Empty 關鍵字 (**Empty** keyword)
結束標籤 (end tag)
可延樣式表語言 (Extensible Stylesheet Language (XSL))
外部 DTD (external DTD)
斜線 (forward slash)
#IMPLIED 旗標 (**#IMPLIED** flag)
無效文件 (invalid document)
XmlNodeReader 類別的 **IsEmptyElement** 屬性值(**IsEmptyElement** property of class **XmlNodeReader**)

自我測驗

18.1 下列何者爲有效的 XML 元素名稱？

a) `yearBorn`
b) `year.Born`
c) `year Born`
d) `year-Born1`
e) `2_year_born`
f) `--year/born`
g) `year*born`
h) `.year_born`
i) `_year_born_`
j) `y_e-a_r-b_o-r_n`

18.2 請敘述以下所列是眞或僞。若是僞，請解釋其原因。

a) XML 是一項建立標記語言的技術。
b) XML 標記前後需加上斜線及反斜線。(/ 及\)
c) 所有的 XML 起始標籤皆需對應到一個結束標籤。
d) 語法剖析器用於檢驗 XML 文件的語法。
e) XML 不支援命名空間。
f) 建立新的 XML 元素時，文件作者必須使用 W3C 所定的 XML 標籤。
g) 井字號 (**#**)、錢字號 (**$**)、ampers (**&**) 大於 (**>**) 及小於 (**<**) 皆爲 XML 的保留字元。

18.3 請填滿下列敘述內的空格：

a) 有助於防止命名衝突。
b) 將應用程式相關的資訊置入 XML 文件中。
c) 爲 Microsoft 的 XML 語法剖析器
d) XSL 元素 __________ 將一個 DOCTYPE 寫入到結果樹。
e) Microsoft XMLSchema 文件的根元素爲 __________ 。
f) 若要於 DTD 內定義一個屬性，必須使用 __________ 。
g) XSL 元素 __________ 爲一份 XSL 文件的根元素。
h) XSL 元素 __________ 利用重覆動作選取某些特定的 XML 元素。

18.4 請敘述下列是眞或僞。若是僞，請說明原因。

a) XML 不區分大小寫。
b) 在 .NET 內定義 XML 文件的結構時，**Schemas** 爲較佳的方法。
c) DTD 爲 XML 的一份詞彙集。
d) **Schema** 爲 XML 文件定義資訊位置的一項技術。

18.5 於圖 18.1，我們已將 **author** 元素再細分爲更詳盡的小部份。請問如何再細分 **date** 元素？

18.6 請撰寫一道用於 Internet Explorer 的處理指令，需內含樣式表 wap.xsl。

18.7 請填滿下列敘述中的空格：

a) 內含其他節點的節點稱爲 __________ 節點。

b) 左右相鄰的節點稱爲 __________ 節點。

c) 類別 **`XMLDocument`** 與結構樹的 __________ 相似。

d) 方法 __________ 將一個 **`XmlNode`** 加入一棵 **`XmlTree`** 做爲目前節點的子節點。

18.8 請撰寫一個 XPath 運算式用於找出 **`letter.xml`** 之內 **`contact`** 節點的位置 (圖 18.3)。

18.9 請描述 **`XPathNavigator`** 的 **`Select`** 方法。

自我測驗解答

18.1 a、b、d、i、j。 [c 選項不正確因其包含一個空白字元。e 選項不正確因爲第一個字元爲數字。f 選項不正確因其內含一個斜線(/)且開頭不爲字母或底線。g 選項不正確因其內含一個星號 **`(*)`**；**`h`** 選項不正確因爲第一個字元爲句點。(.)且開頭不是字母或底線。]

18.2 **a)** 眞，**b)** 僞，在一份 XML 文件中，標記文字的前後爲尖括號 (**<** 及 **>**)，並於結束標籤內加上一個斜線。**c)** 眞。**d)** 眞。**e)** 僞，XML 支援命名空間。**f)** 僞，建立新標籤時，文件作者可以使用除了保留字 XML(以及 XML、Xml 等) 之外可以使用任何名稱。**g)** 僞，XML 的保留字元包括 ampers (&)、左尖括號(<)及右尖括號(>)，但不包括 **`#`** 及 **`$`**。

18.3 **a)** 命名空間。**b)** 處理指令。**c)** MSXML。**d)** **`xsl:output`**。**e)** **`Schema`**。**f)** ATTLIST。**g)** **`xsl:stylesheet`**。**h)** **`xsl:for-each`**。

18.4 **a)** 僞，XML 區分大小寫。**b)** 眞。**c)** 僞，DTDs 使用 EBNF 文法且其不屬於 XML 語法。**d)** 僞。XPath 爲 XML 文件內定義資訊位置的技術。

18.5
```
<date>
    <month>August</month>
    <day>6</day>
    <year>2003</year>
</date>.
```

18.6
```
<?xsl:stylesheet type = "text/xsl" href = "wap.xsl"?>
```

18.7 **a)** 父。**b)** 兄弟。**c)** 根。**d)** AppendChild。

18.8 **`/letter/contact`**

18.9 **`Select`** 使用一個 **`XPathExpression`** 或內含一個 **`XPathExpression`** 的 **`String`** 參數做爲選取被瀏覽器所參考的節點之用。

習　題

18.10 建立一個標記一包餅乾營養標示表的 XML 文件。一包餅乾的食用份量單位爲 1 包，而每個份量的營養值如下：260 卡路里、100 脂肪卡路里、脂肪 11 克、飽和脂肪 2 克、膽固醇 5 毫克、鈉 210 毫克、碳水化合物總量 36 克、纖維質 2 克、糖 15 克及蛋白質 5 克。將此文件命名爲 **`nutrition.xml`**。將此份 XML 文件載入 Internet Explorer [提示：你所撰寫的標記內容其元素應能描述產品名稱、食用份量、卡路里數、鈉含量、膽固醇、蛋白質等。以上所列的各營養成份皆須標記。

18.11 請撰寫一份 XSLT 樣式表作為習題 18.10 的解答，將此營養標示表顯示於一個 XHTML 表格。修改圖 18.29 至圖 18.30 (應用程式 **TransformTest**) 用於輸出 XHTML 檔案：**nutrition.html**。將 **nutrition.html** 顯示於網路瀏覽器內。

18.12 為圖 18.27 撰寫一份 Microsoft Schema。

18.13 更改圖 18.23 至圖 18.24 (應用程式 ValidationTest) 將一份 Schemas 的清單和一份 XML 檔案的清單加入一個下拉式選單。 允許使用者測試任何一個 XML 檔案是否滿足某特定的 Schema。使用 **books.xml**、**books.xsd**、**nutrition.xml**、**nutrition.xsd** 及 **fail.xml**。

18.14 修改 **XmlReaderTest** (圖 18.7 至圖 18.8) 使 **letter.XML** (圖 18.3) 顯示於一個 **TreeView**，而非一個文字區塊。

18.15 修改圖 18.28 (**sorting.xsl**) 將每一個小節 (亦即前言、章節及附錄) 以頁數而非章節數做排序。將修改後的文件取名為 **sorting_byPage.xsl**。

18.16 修改 **TransformTest** (圖 18.29 至圖 18.30) 輸入 **sorting.XML** (圖 18.27)、**sorting.xsl** (圖 18.28) 及 **sorting_byPage.xsl**，將 **sorting.xml** 轉換後的 XHTML 文件輸出為兩個 XHTML 檔案：**sorting_byPage.html** 及 **sorting_byPage.html**。

本書第 19~20 章及附錄 A~
Z 收錄於光碟之中

Getting Started with Microsoft® Visual C++™ 6 with an Introduction to MFC

BOOK / CD-ROM

©2000, 163 pp., paper (0-13-016147-0)

Visual C++ .NET® How To Program

BOOK / CD-ROM

©2004, 1400 pp., paper (0-13-437377-4)

Written by the authors of the world's best-selling introductory/intermediate and C++ textbooks, this comprehensive book thoroughly xamines Visual C++® .NET. *Visual C++® .NET How to Program* egins with a strong foundation in the introductory and interıediate programming principles students will need in industry, ıcluding fundamental topics such as arrays, functions and ontrol structures. Readers learn the concepts of object-oriented rogramming, including how to create reusable software omponents with classes and assemblies. The text then xplores such essential topics as networking, databases, XML nd multimedia. Graphical user interfaces are also extensively overed, giving students the tools to build compelling and fully ıteractive programs using the "drag-and-drop" techniques rovided by the latest version of Visual Studio .NET, Visual tudio .NET 2003.

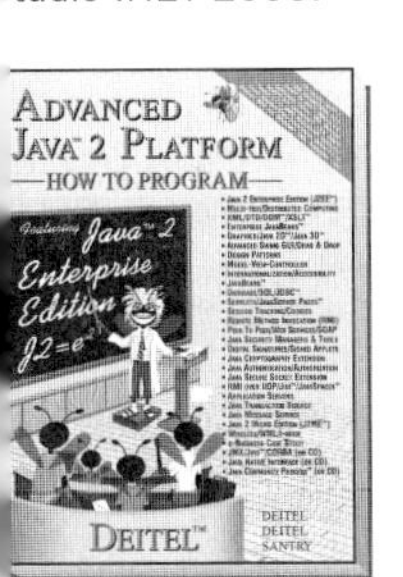

Advanced Java™ 2 Platform How to Program

BOOK / CD-ROM

©2002, 1811 pp., paper (0-13-089560-1)

Expanding on the world's best-selling Java textbook—*Java™ How to Program*—*dvanced Java™ 2 Platform How To Program* presents advanced ava topics for developing sophisticated, user-friendly GUIs; ignificant, scalable enterprise applications; wireless applications nd distributed systems. Primarily based on Java 2 Enterprise dition (J2EE), this textbook integrates technologies such as ML, JavaBeans, security, JDBC™, JavaServer Pages (JSP™), ervlets, Remote Method Invocation (RMI), Enterprise JavaBeans™ EJB) and design patterns into a production-quality system that llows developers to benefit from the leverage and platform ndependence Java 2 Enterprise Edition provides. The book lso features the development of a complete, end-to-end -business solution using advanced Java technologies. Additional opics include Swing, Java 2D and 3D, XML, design patterns, CORBA, Jini™, JavaSpaces™, Jiro™, Java Management Extensions (JMX) and Peer-to-Peer networking with an introduction to JXTA. This textbook also introduces the Java 2 Micro Edition (J2ME™) for building applications for handheld and wireless devices using MIDP and MIDlets. Wireless technologies covered include WAP, WML and i-mode.

C# How to Program

BOOK / CD-ROM

©2002, 1568 pp., paper (0-13-062221-4)

An exciting addition to the *How to Program Series, C# How to Program* provides a comprehensive introduction to Microsoft's new object-oriented language. C# builds on the skills already mastered by countless C++ and Java programmers, enabling them to create powerful Web applications and components—ranging from XML-based Web services on Microsoft's .NET platform to middle-tier business objects and system-level applications. *C# How to Program* begins with a strong foundation in the introductory- and intermediate-programming principles students will need in industry. It then explores such essential topics as object-oriented programming and exception handling. Graphical user interfaces are extensively covered, giving readers the tools to build compelling and fully interactive programs. Internet technologies such as XML, ADO .NET and Web services are covered as well as topics including regular expressions, multithreading, networking, databases, files and data structures.

Visual Basic® .NET How to Program Second Edition

BOOK / CD-ROM

©2002, 1400 pp., paper (0-13-029363-6)

Learn Visual Basic .NET programming from the ground up! The introduction of Microsoft's .NET Framework marks the beginning of major revisions to all of Microsoft's programming languages. This book provides a comprehensive introduction to the next version of Visual Basic—Visual Basic .NET—featuring extensive updates and increased functionality. *Visual Basic .NET How to Program, Second Edition* covers introductory programming techniques as well as more advanced topics, featuring enhanced treatment of developing Web-based applications. Other topics discussed include an extensive treatment of XML and wireless applications, databases, SQL and ADO .NET, Web forms, Web services and ASP .NET.

nd many other fields. Concise introductions to Java, JavaServer Pages, VBScript, Active erver Pages and Perl/CGI provide readers with the essentials of these programming lanuages and server-side development technologies to enable them to work effectively with ML. The book also covers cutting-edge topics such as XSL, DOM™ and SAX, plus a realorld e-commerce case study and a complete chapter on Web accessibility that addresses oice XML. It includes tips such as Common Programming Errors, Software Engineering bservations, Portability Tips and Debugging Hints. Other topics covered include XHTML, SS, DTD, schema, parsers, XPath, XLink, namespaces, XBase, XInclude, XPointer, XSLT, SL Formatting Objects, JavaServer Pages, XForms, topic maps, X3D, MathML, OpenMath, ML, BML, CDF, RDF, SVG, Cocoon, WML, XBRL and BizTalk™ and SOAP™ Web resources.

Perl How to Program

BOOK / CD-ROM

©2001, 1057 pp., paper (0-13-028418-1)

This comprehensive guide to Perl programming emphasizes the use of the Common Gateway Interface (CGI) with Perl to create powerful, dynamic multi-tier Web-based client/server applications. The book begins with a clear and careful introduction to programming concepts at a level suitable for beginners, and proceeds through advanced topics such as references nd complex data structures. Key Perl topics such as regular expressions and string nanipulation are covered in detail. The authors address important and topical issues uch as object-oriented programming, the Perl database interface (DBI), graphics nd security. Also included is a treatment of XML, a bonus chapter introducing the ython programming language, supplemental material on career resources and a complete hapter on Web accessibility. The text includes tips such as Common Programming rrors, Software Engineering Observations, Portability Tips and Debugging Hints.

e-Business & e-Commerce How to Program

BOOK / CD-ROM

©2001, 1254 pp., paper (0-13-028419-X)

This innovative book explores programming technologies for developing Web-based e-business and e-commerce solutions, and covers e-business and e-commerce models and business issues. Readers learn a full range of options, from "build-your-own" to turnkey solutions. The book examines scores of he top e-businesses (examples include Amazon, eBay, Priceline, Travelocity, etc.), xplaining the technical details of building successful e-business and e-commerce ites and their underlying business premises. Learn how to implement the dominant -commerce models—shopping carts, auctions, name-your-own-price, comparison hopping and bots/ intelligent agents—by using markup languages (HTML, Dynamic HTML and XML), scripting languages (JavaScript, VBScript and Perl), server-side technologies (Active Server Pages and Perl/CGI) and database (SQL and ADO), security and nline payment technologies. Updates are regularly posted to `www.deitel.com` nd the book includes a CD-ROM with software tools, source code and live links.

Visual Basic® 6 How to Program

BOOK / CD-ROM

©1999, 1015 pp., paper (0-13-456955-5)

Visual Basic® 6 How to Program was developed in cooperation with Microsoft to cover important topics such as graphical user interfaces (GUIs), multimedia, object-oriented programming, networking, database programming, VBScript®, COM/DCOM and ActiveX®.

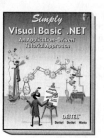

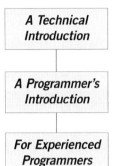

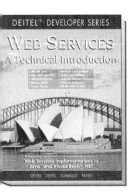

BOOK/MULTIMEDIA PACKAGES

Complete Training Courses

Each complete package includes the corresponding *How to Program Series* textbook and interactive multimedia Windows-based CD-ROM Cyber Classroom. *Complete Training Courses* are perfect for anyone interested in Web and e-commerce programming. They are affordable resources for college students and professionals learning programming for the first time or reinforcing their knowledge.

Intuitive Browser-Based Interface

You'll love the *Complete Training Courses'* new browser-based interface, designed to be eas and accessible to anyone who's ever used a Web browser. Every *Complete Training Course* features the full text, illustrations and program listings of its corresponding *How to Prograr* book—all in full color—with full-text searching and hyperlinking.

Further Enhancements to the Deitels' Signature LIVE-CODE Approach

Every code sample from the main text can be found in the interactive, multimedia, CD-ROM based *Cyber Classrooms* included in the *Complete Training Courses*. Syntax coloring of code is included for the *How to Program* books that are published in full color. Even the recent two-color and one-color books use effective syntax shading. The *Cyber Classroom* products are always in full color.

Audio Annotations

Hours of detailed, expert audio descriptions of thousands of lines of code help reinforce concepts.

Easily Executable Code

With one click of the mouse, you can execute the code or save it to your hard drive to manipulate using the programming environment of your choice. With selected *Complete Training Courses*, you can also load all of the code into a development environment such as Microsoft® Visual Studio® .NET, enabling you to modify and execute the programs with ease.

Abundant Self-Assessment Material

Practice exams test your understanding of key concepts with hundreds of test questions an answers in addition to those found in the main text. The textbook includes hundred of programming exercises, while the *Cybe Classrooms* include answers to about half the exercises.

BOOK/MULTIMEDIA PACKAGES

The Complete C++ Training Course, Fourth Edition
(0-13-100252-X)

The Complete Java™ Training Course, Fifth Edition
(0-13-101766-7)

The Complete Visual Basic® .NET Training Course, Second Edition
(0-13-042530-3)

The Complete C# Training Course
(0-13-064584-2)

The Complete Internet & World Wide Web Programming Training Course, Second Edition
(0-13-089550-4)

The Complete XML Programming Training Course
(0-13-089557-1)

The Complete e-Business & e-Commerce Programming Training Course
(0-13-089549-0)

The Complete Perl Training Course
(0-13-089552-0)

The Complete Visual Basic® 6 Training Course
(0-13-082929-3)

The Complete Python Training Course
(0-13-067374-9)

The Complete Wireless Internet & Mobile Business Programming Training Course
(0-13-062335-0)

All of these ISBNs are retail ISBNs. College and university instructors should contact your local Prentice Hall representative or write to `cs@prenhall.com` *for the corresponding student edition ISBNs.*

---

f you would like to urchase the Cyber lassrooms separately...

rentice Hall offers Multimedia Cyber lassroom CD-ROMs to accompany he *How to Program Series* texts for the opics listed at right. If you have already urchased one of these books and would ke to purchase a stand-alone copy of he corresponding *Multimedia Cyber lassroom,* you can make your purchase t the following Web site:

www.informit.com/cyberclassrooms

C++ Multimedia Cyber Classroom, 4/E, ISBN # 0-13-100253-8

C# Multimedia Cyber Classroom, ask for product number 0-13-064587-7

e-Business & e-Commerce Cyber Classroom, ISBN # 0-13-089540-7

Internet & World Wide Web Cyber Classroom, 2/E, ISBN # 0-13-089559-8

Java Multimedia Cyber Classroom, 5/E, ISBN # 0-13-101769-1

Perl Multimedia Cyber Classroom, ISBN # 0-13-089553-9

Python Multimedia Cyber Classroom, ISBN # 0-13-067375-7

Visual Basic 6 Multimedia Cyber Classroom, ISBN # 0-13-083116-6

Visual Basic .NET Multimedia Cyber Classroom, 2/E, ISBN # 0-13-065193-1

XML Multimedia Cyber Classroom, ISBN # 0-13-089555-5

Wireless Internet & Mobile Business Programming Multimedia Cyber Classroom, ISBN # 0-13-062337-7

EITEL® BUZZ ONLINE NEWSLETTER

Our official e-mail newsletter, the DEITEL® BUZZ ONLINE, is a free publication designed to keep you updated on our publishing program, instructor-led corporate training courses, hottest industry trends and topics and more.

Issues of our newsletter include:

- **Technology Spotlights** that feature articles and information on the hottest industry topics drawn directly from our publications or written during the research and development process.
- **Anecdotes** and/or **challenges** that allow our readers to interact with our newsletter and with us. We always welcome and appreciate your comments, answers and feedback. We will summarize all responses we receive in future issues.
- **Highlights** and **Announcements** on current and upcoming products that are of interest to professionals, students and instructors.
- Information on our **instructor-led corporate training courses delivered at organizations worldwide**. Complete course listings and special course highlights provide readers with additional details on DEITEL® training offerings.
- Our newsletter is available in both **full-color HTML** or **plain-text** formats depending on your viewing preferences and e-mail client capabilities.

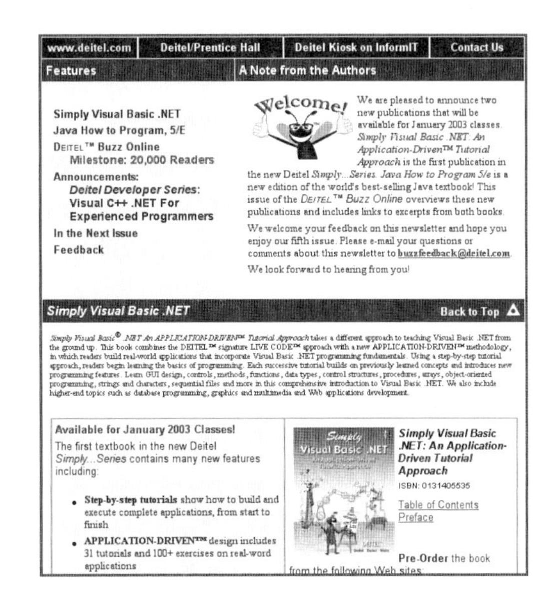
www.deitel.com | Deitel/Prentice Hall | Deitel Kiosk on InformIT | Contact Us

Features

Simply Visual Basic .NET
Java How to Program, 5/E
DEITEL™ Buzz Online Milestone: 20,000 Readers
Announcements: *Deitel Developer Series:* Visual C++ .NET For Experienced Programmers
In the Next Issue
Feedback

A Note from the Authors

Welcome!

We are pleased to announce two new publications that will be available for January 2003 classes. *Simply Visual Basic .NET: An Application-Driven™ Tutorial Approach* is the first publication in the new Deitel *Simply...Series*. *Java How to Program 5/e* is a new edition of the world's best-selling Java textbook! This issue of the *DEITEL™ Buzz Online* overviews these new publications and includes links to excerpts from both books.

We welcome your feedback on this newsletter and hope you enjoy our fifth issue. Please e-mail your questions or comments about this newsletter to buzzfeedback@deitel.com.

We look forward to hearing from you!

Simply Visual Basic .NET — Back to Top

Simply Visual Basic® .NET An APPLICATION-DRIVEN™ Tutorial Approach takes a different approach to teaching Visual Basic .NET from the ground up. This book combines the DEITEL™ signature LIVE CODE™ approach with a new APPLICATION-DRIVEN™ methodology, in which readers build real-world applications that incorporate Visual Basic .NET programming fundamentals. Using a step-by-step tutorial approach, readers begin learning the basics of programming. Each successive tutorial builds on previously learned concepts and introduces new programming features. Learn GUI design, controls, methods, functions, data types, control structures, procedures, arrays, object-oriented programming, strings and characters, sequential files and more in this comprehensive introduction to Visual Basic .NET. We also include higher-end topics such as database programming, graphics and multimedia and Web applications development.

Available for January 2003 Classes!
The first textbook in the new Deitel *Simply...Series* contains many new features including:

- **Step-by-step tutorials** show how to build and execute complete applications, from start to finish
- **APPLICATION-DRIVEN™** design includes 31 tutorials and 100+ exercises on real-word applications

Simply Visual Basic .NET: An Application-Driven Tutorial Approach
ISBN: 0131405535
Table of Contents
Preface

Pre-Order the book from the following Web sites:

- Learn about the history of Deitel & Associates, our brands, the bugs and more in the **Lore and Legends** section of the newsletter.
- **Hyperlinked Table of Contents** allows readers to navigate quickly through the newsletter by jumping directly to specific topics of interest.

To sign up for the *DEITEL® BUZZ ONLINE* newsletter, visit `www.deitel.com/newsletter/subscribe.html`.

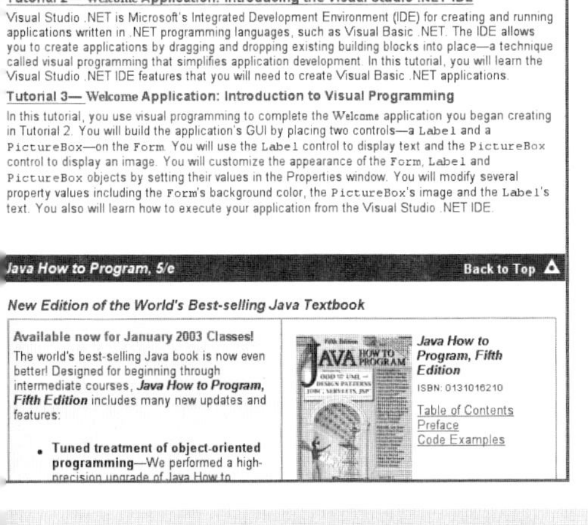
***Simply Visual Basic .NET* Sample Tutorials**

Tutorial 2— Welcome Application: Introducing the Visual Studio .NET IDE
Visual Studio .NET is Microsoft's Integrated Development Environment (IDE) for creating and running applications written in .NET programming languages, such as Visual Basic .NET. The IDE allows you to create applications by dragging and dropping existing building blocks into place—a technique called visual programming that simplifies application development. In this tutorial, you will learn the Visual Studio .NET IDE features that you will need to create Visual Basic .NET applications.

Tutorial 3— Welcome Application: Introduction to Visual Programming
In this tutorial, you use visual programming to complete the `Welcome` application you began creating in Tutorial 2. You will build the application's GUI by placing two controls—a `Label` and a `PictureBox`—on the `Form`. You will use the `Label` control to display text and the `PictureBox` control to display an image. You will customize the appearance of the `Form`, `Label` and `PictureBox` objects by setting their values in the Properties window. You will modify several property values including the `Form`'s background color, the `PictureBox`'s image and the `Label`'s text. You also will learn how to execute your application from the Visual Studio .NET IDE.

Java How to Program, 5/e — Back to Top

New Edition of the World's Best-selling Java Textbook

Available now for January 2003 Classes!
The world's best-selling Java book is now even better! Designed for beginning through intermediate courses, ***Java How to Program, Fifth Edition*** includes many new updates and features:

- **Tuned treatment of object-oriented programming**—We performed a high-precision upgrade of Java How to

Java How to Program, Fifth Edition
ISBN: 0131016210
Table of Contents
Preface
Code Examples

D.BUG
Turn the page to find
out more about
Deitel & Associates!

The Deitels are the authors of best-selling Java™, C++, C#, C, Visual Basic® and Internet and World Wide Web books and multimedia packages.

Corporate Training Delivered Worldwide

Deitel & Associates, Inc. provides intensive, lecture-and-laboratory courses to organizations worldwide. The programming courses use our signature *Live-Code Approach*, presenting complete working programs.

Deitel & Associates, Inc. has trained over one million students and professionals worldwide through corporate training courses, public seminars, university teaching, *How to Program Series* textbooks, *Deitel® Developer Series* books, *Simply Series* textbooks, *Cyber Classroom Series* multimedia packages, *Complete Training Course Series* textbook and multimedia packages, broadcast-satellite courses and Web-based training.

Educational Consulting

Deitel & Associates, Inc. offers complete educational consulting services for corporate training programs and professional schools including:

- Curriculum design and development
- Preparation of Instructor Guides
- Customized courses and course materials
- Design and implementation of professional training certificate programs
- Instructor certification
- Train-the-trainers programs
- Delivery of software-related corporate training programs

Visit our Web site for more information on our corporate training curriculum and to purchase our training products.

`www.deitel.com/training`

Would you like to review upcoming publications?

If you are a professor or senior industry professional interested in being a reviewer of our forthcoming publications, please contact us by email at **`deitel@deitel.com`**. Insert "Content Reviewer" in the subject heading.

Are you interested in a career in computer education, publishing and training?

We offer a limited number of full-time positions available for college graduates in computer science, information systems, information technology, management information systems, English and communications, marketing, multimedia technology and other areas. Please check our Web site for the latest job postings or contact us by email at **`deitel@deitel.com`**. Insert "Full-time Job" in the subject heading.

Are you a Boston-area college student looking for an internship?

We have a limited number of competitive summer positions and 20-hr./week school-year opportunities for computer science, English and business majors. Students work at our worldwide headquarters west of Boston. We also offer full-time internships for students taking a semester off from school. This is an excellent opportunity for students looking to gain industry experience and earn money to pay for school. Please contact us by email at **`deitel@deitel.com`**. Insert "Internship" in the subject heading.

Would you like to explore contract training opportunities with us?

Deitel & Associates, Inc. is looking for contract instructors to teach software-related topics at our clients' sites in the United States and worldwide. Applicants should be experienced professional trainers or college professors. For more information, please visit **`www.deitel.com`** and send your resume to Abbey Deitel at **`abbey.deitel@deitel.com`**.

Are you a training company in need of quality course materials?

Corporate training companies worldwide use our *Complete Training Course Series* book and multimedia packages, our *Web-Based Training Series* courses and our *Deitel® Developer Series* books in their classes. We have extensive ancillary instructor materials for each of our products. For more details, please visit **`www.deitel.com`** or contact us by email at **`deitel@deitel.com`**.

Sign up now for the new *Deitel® Buzz Online* newsletter at:
`www.deitel.com/newsletter/subscribe.html`

國家圖書館出版品預行編目資料

VISUAL C++.NET程式設計藝術 / H. M. Deitel
等原著 ; 周伯毓、蔡昌憲編譯. — 初版.
— 臺北市 : 臺灣培生教育出版 : 全華發行,
2006[民95]
面 ; 公分
譯自 : Visual C++ .NET : how to program
ISBN 986-154-236-1(平裝附光碟片)

1. C++(電腦程式語言)

312.932C 94020806

VISUAL C++.NET程式設計藝術

Visual C++ .NET : How to Program

原　　著　H. M. Deitel 、P. J. Deitel 、J. P. Liperi、C. H. Yaeger
編　　譯　周伯毓、蔡昌憲
執行編輯　陳明利
封面設計　劉美珠
出 版 者　台灣培生教育出版股份有限公司
地址 / 台北市重慶南路一段147號5樓
電話 / 02-2370-8168 (總機)
傳真 / 02-2370-8169
E-mail / hed.srv@PearsonEd.com.tw
發 行 所　全華科技圖書股份有限公司
總 代 理　台北市龍江路76巷20號2樓
電話 / 02-2507-1300 (總機)
傳真 / 02-2506-2993
網址：http://www.chwa.com.tw
http://www.opentech.com.tw
郵政帳號 / 0100836-1號
印 刷 者　宏懋打字印刷股份有限公司
登 記 證　局版北市業第0701號
圖書編號　05564007
出版日期　2006年5月初版一刷
定　　價　750元
I S B N　986-154-236-1 (平裝附光碟)

歡迎加入

全華書友 行列

● 參加「全華書友」的辦法

a. 填妥二張書友服務卡並寄回本公司即可加入。

b. 親自在本公司，購書二本以上者，可直接向門市人員提出申請。

全華書友證

● 成為「全華書友」的好處

a. 於有效期間內，享有中文８折、原文書９折特價優惠(限全華&全友門市、郵購及信用卡傳真購書使用)

b. 不定期享有專案促銷活動訊息。

全華科技網 www.opentech.com.tw
E-mail:service@ms1.chwa.com.tw

※本會員制，以最新修訂制度為準，造成不便，敬請見諒。

廣 告 回 信
台灣北區郵政管理局登記證
北台字第1689號

行銷企劃部 收

全華科技圖書股份有限公司

104 台北市中山區龍江路76巷20號2樓

填寫日期：　/　/

為加強對您的服務，只要您填妥本卡寄回全華圖書(免貼郵票)，
即可成為全華書友！(詳情見背面說明)

姓　名/＿＿＿＿　生　日/(西元)＿年＿月＿日　性　別/☐男　☐女

☐☐☐

地　址/＿縣/市＿鄉/鎮 市/區＿街/路＿段＿巷 弄＿號 樓之＿

電話/(H)＿＿＿(O)＿＿＿(行動)＿＿＿(FAX)＿＿＿

E-mail/＿＿＿＿

教育程度/☐1.高中、職　☐2.專科　☐3.大學　☐4.研究所(含以上)

職　業/☐1.工程師　☐2.教師　☐3.學生　☐4.軍　☐5.公

☐6.其他＿＿＿

服務單位/學校、公司＿＿＿　科系、部門＿＿＿

購買圖書/書號＿＿＿　書名＿＿＿

您的閱讀嗜好/☐A.電子　☐B.電機　☐C.計算機工程　☐D.資訊　☐E.機械

☐F.汽車　☐I.工管　☐K.化工　☐L.設計　☐M.商管

☐O.其他＿＿＿

您購買本書的原因/☐1.個人需要　☐2.幫公司採購　☐3.老師推薦

您從何處購買本書/☐1.網站　☐2.書局　☐3.書友特惠活動　☐4.團購

☐5.書展　☐6.其他＿＿＿

您對本書的評價/1.非常滿意　2.滿意　3.普通　4.不滿意　5.非常不滿意(請填代號)

☐內容　☐版面編排　☐圖片　☐文筆流暢　☐封面設計

您希望全華加強那些服務/☐1.電子報　☐2.定期目錄　☐3.促銷活動

☐4.專業展覽通知　☐5.其他＿＿＿

◎請詳填、並書寫端正，謝謝！

93.07 450,000份

親愛的書友：

感謝您對全華圖書的支持與愛用，雖然我們很慎重的處理每一本書，但尚有疏漏之處，若您發現本書有任何錯誤的地方，請填寫於勘誤表內並寄回，我們將於再版時修正。您的批評與指教是我們進步的原動力，謝謝您！

全華科技圖書　敬上

勘誤表

書號		書名		作者	
頁數	**行數**	**錯誤或不當之詞句**		**建議修改之詞句**	

我有話要說：(其它之批評與建議，如封面、編排、內容、印刷品質等....)